OPTIK UND SPEKTROSKOPIE
ALLER WELLENLÄNGEN

PHYSIKALISCHE GESELLSCHAFT
IN DER DEUTSCHEN DEMOKRATISCHEN REPUBLIK

OPTIK UND SPEKTROSKOPIE ALLER WELLENLÄNGEN

TAGUNG DER PHYSIKALISCHEN GESELLSCHAFT
IN DER DEUTSCHEN DEMOKRATISCHEN REPUBLIK

27.—31. Oktober 1960 in Jena

Mit 496 Abbildungen, 37 Tabellen und 25 Tafeln

AKADEMIE-VERLAG · BERLIN
1962

5·1-63

Herausgegeben im Auftrag der Physikalischen Gesellschaft
in der Deutschen Demokratischen Republik

VERANTWORTLICHER REDAKTEUR:

Prof. Dr. Dr. h. c. Paul Görlich

Direktor für Forschung und Entwicklung des VEB Carl Zeiss JENA
und Direktor am Institut für Optik und Spektroskopie
der Deutschen Akademie der Wissenschaften zu Berlin

Erschienen im Akademie-Verlag GmbH, Berlin W 8, Leipziger Straße 3—4

Lizenznummer 202 • 100/711/62
Gesamtherstellung: VEB Druckerei „Thomas Müntzer" Bad Langensalza
Bestellnummer: 5440 · ES 18 B 5 · Preis: DM 120.—

INHALTSVERZEICHNIS

1. Grundlagen der Optik

2. Physiologische Optik

3. Beugung, Interferenz, dünne Schichten

4. Geometrische Optik

5. Mikroskopie

6. Objektivprüfung

7. Technische Optik, Photometrie, Photographie

8. Röntgen-Untersuchungen

9. Spektroskopie

10. Spektralapparate, Methoden

11. Anwendungen der Optik und Spektroskopie

12. Lichtquellen

13. Randgebiete

14. Empfänger

1. Grundlagen der Optik

P. GÖRLICH, H. LUCAS und R. TIEDEKEN, Jena

Gedenken an Ernst Abbe anläßlich seines 55. Todesjahres

„Mir erscheint die Poesie des Neugestaltens der Zukunft unvergleichlich viel gewaltiger als die des wehmütigen Erinnerns an Vergangenes ...“. So sprach Wilhelm Ostwald. Eingedenk dieser Worte und eingedenk der zahlreichen Würdigungen, die das große wissenschaftliche Werk Abbes seit seinem Ableben am 14. Januar 1905 gefunden hat, eingedenk aber auch der Verpflichtung, die uns Wissenschaftlern obliegt, derer zu gedenken, die vor uns unsere Wissensgebiete bearbeiteten, somit mit uns gemeinsam in einem zeitlich hintereinander wirkenden Kollektiv auf das innigste verbunden sind, haben wir uns die Aufgabe gestellt zu untersuchen, mit welchen seiner persönlichen Eigenschaften und mit welchen wissenschaftlichen Leistungen Abbe auf die Gestaltung der Probleme unserer Tage direkt einwirkt. Wollten wir uns schon der bloßen Erinnerung hingeben, so vermöchten wir doch nicht mit ergreifenderen Worten Abbes lautere Persönlichkeit zu ehren, wie diese Würdigung Berufeneren gelungen ist, Siegfried Czapski [1], seinem Schüler und frühzeitig verstorbenem Künder seiner Lehre, oder Moritz von Rohr [2], dem vorzüglichsten seiner Biographen, nicht dabei der liebenswürdig geschilderten persönlichen Erinnerungen Fritz Löwes zu vergessen, die dieser anläßlich der Feier des 50. Todestages Ernst Abbes im Volkshaussaale wohl erstmalig öffentlich mitteilte und damit der Zukunft bewahrte. Und auch über das große wissenschaftliche Werk Abbes vermöchten wir nicht bessere Aussagen zu treffen, als sie niedergelegt sind durch den im Todesjahre Abbes amtierenden Professor für Physik an der Universität Jena A. Winkelmann [3] oder gar durch Hans Boegehold [4] mit seiner tiefgründigen Behandlung des Stoffes, praktisch die gesamte Literatur über Abbe, einschließlich der „Gesammelten Abhandlungen“

Abb. 1. Ernst Abbe vor seinem Hause in Jena (1904)

und des Czapski-Eppensteinschen Werkes übersehend. Wir wollen uns bescheiden, einige Gedanken zum Ausdruck zu bringen über Abbes Tätigkeit als Hochschullehrer, über einige akute optische Fragen unserer Tage, die direkt an Abbes Überlegungen anknüpfen, und über das Problem der wissenschaftlichen Untermauerung des modernen Gerätebaus, wozu Abbe nach unserer Meinung entscheidende fundamentale Hinweise gegeben hat.

Wenden wir uns zunächst der Frage zu, was uns Abbe als Hochschullehrer, gültig für unsere heutige Zeit, lehrt. Schütz sagte in seinem Fakultätskolloquium aus Anlaß der 400-Jahr-Feier der Friedrich-Schiller-Universität Jena am 13. Oktober 1958 [5]: Abbe war „der erste schöpferisch tätige Physiker, der durch

Abb. 2. Das Zeisswerk im Jahre 1905

seine wissenschaftlichen, technischen und organisatorischen Leistungen die Physik an der Universität Jena in das Blickfeld der Weltöffentlichkeit rückte". Angesichts des Wachstums der Jenaer Zeisswerke bedarf es eines Beweises dieser Behauptung nicht. Die Existenz des Werkes zeugt von einem wesentlichen Charakterzug Abbes, den aufzuzeigen unser Anliegen ist und mit dem Abbe zeitnahe wirkt, dem Charakterzug, strenge Wissenschaftlichkeit mit den praktischen Belangen der Technik, der Produktion zu vereinen, oder um mit unseren heutigen Worten zu sprechen, die neue Technik mit den modernsten Erkenntnissen der Wissenschaft zu fördern bzw. zu durchsetzen. Um dieses Ziel zu erreichen, mußte letzten Endes Abbe an der Universität und im Werke wirksam sein. Er lebte gemäß dem Helmholtzschen Satz: „Das Wissen muß sich im Leben betätigen" und Czapski konnte ihn den „Vorkämpfer der auf Wissenschaft gegründeten Technik" nennen [1].

Fragen wir uns zunächst, ob Abbe entsprechend seinen persönlichen Neigungen den Weg zur Industrie ohne innere Überwindung gehen konnte. Wir glauben, diese Frage verneinen zu müssen. Es dürfte ihm nicht leicht gefallen sein, schließlich einer rein wissenschaftlichen Tätigkeit an der Universität Jena entsagen zu müssen und Berufungen abzulehnen, um seine ganze Kraft einzusetzen, dem Werk für die Zukunft die Existenz zu sichern. Aus Abbes Munde selbst kennen wir seine Einstellung. Er schrieb an Dohrn nach dem Besuch von Helmholtz 1878 in Jena: „Im Frühjahr war Helmholtz hier, um mich für eine Spezialprofessur für Optik an der Berliner Universität zu engagieren. Ich will nicht leugnen, daß ich diesen mir geradezu auf den Leib geschnittenen Posten mit schwerem Herzen, wenn auch nicht ohne das geringste Bedenken, abgelehnt habe. Umso leichter ist es mir geworden, den Antrag, in die hiesige Fakultät einzutreten, abzulehnen; und so hat man mich denn definitiv und in aller Form

Abb. 3. Das Zeisswerk im Jahre 1911

als Honorarprofessor in das eiserne Inventar der Universität eingereiht". Es steht außer Zweifel, daß sich Abbe in gewisser Weise als ein Nachfolger Fraunhofers auf dem Gebiete der technischen Optik ansah, damit die Verpflichtung auf sich nehmend, die Arbeit Fraunhofers fortzusetzen [2]. Worin bestand dieser Teil der Fraunhoferschen Arbeit, für den sich Abbe als Vollender verantwortlich fühlte? Von Carl Zeiss sagte Abbe in seiner Gedächtnisrede zur Feier des 50-jährigen Bestehens der Jenaer Optischen Werkstätte, daß dieser das Verdienst in Anspruch nehmen könne, „das geordnete Zusammenwirken von Wissenschaft und technischer Kunst auf seinem besonderen Arbeitsfeld zielbewußt angebahnt zu haben". Und zum gleichen Thema in bezug auf Fraunhofer äußerte sich Abbe weiter: „Zum erstenmal auf irgend einem Feld der Technik überhaupt rein durchgeführt ist jene Idee, glaube ich, erst im Anfang dieses Jahrhunderts durch Joseph Fraunhofer, und zwar ist es zum erstenmal geschehen gerade auf dem Felde der praktischen Optik ...". Wir wissen, daß Fraunhofers Werkstätte, die erste optische Werkstätte Deutschlands, „nur in handwerksmäßiger Weise fortgeführt wurde, verknöcherte" (wie sich Moritz von Rohr ausgedrückt hat) und daß der Betrieb in den 80er Jahren eingestellt wurde. Die Hauptursache, daß nach Fraunhofers Tod das erste optische Unternehmen Deutschlands zum unaufhaltsamen Abstieg verurteilt war, lag wohl darin, daß keiner der Nachfolger fähig war, das älteste wissenschaftlich geleitete Unternehmen mit klarer Einsicht fortzusetzen. Das Gemeinsame zwischen den Werkstätten in Benediktbeuern und in Jena war das Streben nach Durchsetzung der Produktion mit wissenschaftlichen Erkenntnissen, das Verfeinern der Arbeitsmethoden und die fortwährende Verbesserung der Rohstoffe, dort in Benediktbeuern die Arbeitsfülle auf den Schultern Fraunhofers lastend, hier auf den Schultern Abbes. Abbe mußte, um das Anliegen Fraunhofers, das gleichzeitig das seinige war, zu erfüllen, ganz in der Sorge um das Werk aufgehen und die Nachfolge in sichere Hände legen.

Abb. 4. Das Zeisswerk nach seinem Wiederaufbau nach dem zweiten Weltkrieg

Seiner persönlichen Neigung nach war Abbe ein reiner Wissenschaftler. Czapski spricht es auch aus: „Die ganze Atmosphäre der Universität sagte Abbe im Grunde zu ...". Er „pries den wohltätigen Zwang des Haltens von Vorlesungen, die die Aufmerksamkeit des Dozenten in wachsender Folge mannigfachen Gegenständen zuwenden, so vor Vereinseitigung bewahrend, und ihn nötigen, die betreffenden Gebiete im Zusammenhang anderen und damit sich selbst darzustellen und zu vergegenwärtigen ...", „allem Anschein nach fühlte sich E. Abbe bis zuletzt im Grunde als Gelehrter, als deutscher Professor, er sah seine Verbindungen mit industriellen Unternehmungen als eine mehr durch die äußeren Umstände herbeigeführte, erzwungene Entfremdung von seinem ursprünglichen und eigentlichen Berufe an ...". Wir dürfen eben nicht vergessen, daß Abbe bereits im Realgymnasium in Eisenach, getrieben von der Sucht nach Wissenschaft, dem Studium zustrebte, dort sein Abitur mit besonderer Auszeichnung bestand, daß seine Dissertation in Göttingen Wilhelm Weber und später nochmal Carl

Snell in Jena zu höchstem Lobe veranlaßte, daß neben Wilhelm Weber in Göttingen Georg Friedrich Bernhard Riemann sein Denken auf das Stärkste beeinflußte und daß es in der Beurteilung seiner in Jena eingereichten Habilitationsschrift „Über die Gesetzmäßigkeit in der Verteilung der Fehler bei Beobachtungsreihen" heißt: „Übrigens liefern die Resultate ... einen erfreulichen Beweis von der Sicherheit, mit welcher der Verfasser in den höchsten und abstraktesten Regionen der Mathematik zu denken versteht". Einen Berufeneren jedoch, der uns ein Testat über die Größe des Abbeschen Forschergeistes aus eigenem Erleben geben könnte, als ebenfalls einen Meister der Optik, können wir nicht finden; es ist dies Otto Lummer, der selbst durch seine (gemeinsam mit Pringsheim) durchgeführten Präzisionsmessungen der Energieverteilung der schwarzen Strahlung Max Planck die Möglichkeit der Aufstellung seiner Strahlungsformel gab, dadurch die Geburtsstunde der Quantenphysik entscheidend beeinflussend, Otto Lummer, dessen Name mit exzellenten optischen Geräten und Erscheinungen für alle Zeiten verknüpft ist. Lummer (seines 100. Geburtstages gedenken wir in diesem Jahre) gab 1910 gemeinsam mit Fritz Reiche, „Dem Andenken Ernst Abbes" gewidmet, dessen Vorlesung über „Die Lehre von der Bildentstehung im Mikroskop" heraus. Der Band enthält ein von Lummer verfaßtes Vorwort, dem wir wörtlich einige Stellen entnehmen und die wir als Zeugnis werten wollen, welches ein großer Meister der Optik einem anderen ebenso großen ausgestellt hat.

Abb. 5. Modell des im Bau befindlichen Forschungsgebäudes des VEB Carl Zeiss

„Vor mehr als 20 Jahren wurde ich als Beamter der Physik.-Techn. Reichsanstalt nach Jena zu Prof. Ernst Abbe gesandt, um seine Vorlesungen über theoretische Optik zu hören und die Rechnungsmethoden der praktischen Optik kennen zu lernen.

Selten brachte Abbe sein theoretisches Kolleg zu Ende. Um so mehr freute er sich, diesmal vor einem geschulteren Kreise seine Theorien vortragen zu können. Nahmen doch außer mir noch Prof. Winkelmann, Dr. Czapski, Dr. Rudolph und cand. phil. Straubel, der jetzige Nachfolger Abbes, am Kolleg teil.

Diese Winterzeit 1887 gehört zu meinen schönsten Erinnerungen. War es uns doch vergönnt in die geistige Werkstatt eines unserer größten Meister der theoretischen und praktischen Physik einen Blick zu werfen und sein Werk gleichsam vor unseren Augen entstehen zu sehen. Denn wenn auch die Abbesche Lehre von der mikroskopischen Bildentstehung schon lange vorher von ihm entwickelt worden war, und die daraus gezogenen Konsequenzen schon damals das Zeiss-Werk zu hoher Blüte gebracht hatten, so entstanden doch die Abbeschen Vorlesungen recht eigentlich erst zu jener Zeit.

Es war daher nicht leicht, Abbe zu folgen, und oft hat Abbe sich selbst verbessert, indem er den gegebenen Beweis verwarf und durch einen strengeren ersetzte. Aber gerade das bildete den Reiz jener Kollegs, der noch durch die Diskussionen auf dem sonntäglichen Spaziergang in die reizende Umgebung Jenas erhöht wurde. Gibt es eine Rückbeugung, d. h. kann die auf einen sehr engen Spalt auffallende Energie nach der Seite der Lichtquelle zurückgebeugt werden? Solche und ähnliche Fragen wurden eifrig diskutiert und erst beim Spaziergang wurde durch mündliche Aussprache das Verständnis vertieft.

Hand in Hand mit der rein theoretischen Vorlesung ging die Einführung in die praktische Optik und die experimentelle Bestätigung der Abbeschen Lehre von der Abbildung nichtselbstleuchtender Objekte. Herr Dr. Czapski führte uns ein in die geometrische Optik, die Abbesche Theorie der Strahlenbegrenzung und in die Durchrechnung der Objektive mit Hilfe der Abbeschen Näherungsformeln. Abbe selbst demonstrierte uns die Unähnlichkeit der Abbildung mikroskopischer Objekte bei künstlicher Abblendung. Es war eine herrliche Zeit!

Jahrzehnte sind seitdem verflossen und stets hofften wir die Abbeschen Vorlesungen von seiner Hand formuliert schwarz auf weiß lesen zu können. Denn nach jenem Winter hatte sich bei Abbe die Absicht befestigt, seine Theorie der mikroskopischen Abbildung im Druck erscheinen zu lassen. Wir warteten vergeblich! In der langen seitdem verflossenen Zeit raffte der Tod nicht nur unseren Meister dahin, sondern bald darauf schied auch sein Schüler, Dr. Czapski, plötzlich aus dem Leben.

So schien die von Abbe selbst gegebene Herleitung seiner Theorie für immer begraben zu sein; denn was bisher von der Abbeschen Lehre in die Öffentlichkeit gedrungen ist, sind nur die aus ihr gezogenen Konsequenzen und ihre populären Ableitungen im Dippel „Theorie des Mikroskops“ und in der von mir auf Abbes Veranlassung geschriebenen Optik des von Pfaundler herausgegebenen Lehrbuches „Müller-Pouillet“. Auch die im Anhang aufgezählten Abhandlungen, zum Teil theoretischer Natur, enthalten keine systematische, analytische Entwicklung dieser Lehre im Sinne Abbes.

Wer aber wie ich die Abbesche Lehre ausgearbeitet hatte und die darin ruhenden Schätze scharfsinnigen Denkens kannte, dem konnte es keine Ruhe lassen, bis sie gehoben waren. Waren die beiden Berufenen daran verhindert worden, so trat die Ehrenpflicht an mich heran, das Versäumte nachzuholen“.

Wir dürfen hier einflechten, daß Abbe der Veröffentlichung wissenschaftlicher Ergebnisse nicht feindlich gegenüberstand. Ihm mangelte es seiner großen Überlastung wegen an der Zeit, seine Ergebnisse selbst niederzulegen. Czapski hat Abbes Ansicht über die Notwendigkeit der Publizierung mit den Worten umrissen: „Es sei die Pflicht eines jeden auf geistigem Gebiete schaffenden, seine Ergebnisse der Mitwelt bekanntzugeben, wofern er sie dessen nicht geradezu für unwert erachte. Denn jeder müsse anerkennen, daß er selbst ohne solche Veröffentlichungen anderer so gut wie hilflos oder ohnmächtig dastehen würde und jeder Fortschritt aufs äußerste erschwert wäre".

Uns scheint der Beweis, daß die reine Wissenschaft Abbes ureigenstes Anliegen war, erbracht, sein Einsatz für eine weitgehende Verbindung zwischen Wissenschaft und Praxis, also für eine praxisverbundene Wissenschaft, entsprang zweifelsohne seinem Verantwortungsgefühl gegenüber der Gemeinschaft. In diesem Verhalten ist uns Abbe als Vorbild heute verbundener denn je.

Es ist äußerst reizvoll, aus den zur Verfügung stehenden Veröffentlichungen herauszulesen, wie sich Abbe im Laufe seiner Lehrtätigkeit an der Universität Jena durch Wahl der Vorlesungen und durch die Themenstellung für Dissertationen bemühte, einen praxisverbundenen Nachwuchs zu erziehen, insbesondere im Hinblick auf das Werk. Moritz von Rohr [2] hat eine nahezu vollständige Aufstellung (soweit es die Unterlagen des Universitäts-Archivs zulassen, ergänzt durch F. Stier [6]) der 126 Vorlesungen Abbes veröffentlicht, aus der hervorgeht, daß besonders seit dem SS 1874 in immer stärkerem Maße die praxisgerichteten optischen Vorlesungen hervortreten. Abbe las 1869 zum ersten Male „Optische Instrumente", wiederholte diese Vorlesung im WS 1878/79, benannte sie um in „Dioptrik und Theorie der optischen Instrumente" für das SS 1880, WS 1881/82 und SS 1883 und setzte sie als „Geometrische Optik und Theorie der optischen Instrumente" im SS 1885 fort, um sie in dieser Form im WS 1886/87, SS 1888, WS 1888/89 und WS 1890/91 zu wiederholen. Zu dieser am häufigsten gehaltenen Vorlesung gesellen sich die Kollegs „Mathematische Optik" (1877/78), „Einleitung in die analytische Optik" (1879 bis 1885) und seine letzten beiden Vorlesungen „Diffusion des Lichts" (WS 1892/93) und „Diffraktion des Lichts" (WS 1897/98). In den Jahren 1876 und 1877 gab Abbe zusätzlich auch „Anleitung zum optischen Experimentieren". Seine letzte Vorlesung im WS 1897/98, außerordentliche Anforderungen an die Hörer stellend, wurde von 5 Hörern besucht, Otto Eppenstein, Hans Boegehold (beides spätere Mitarbeiter im Werk), Friedrich Martens (Mitarbeiter der optischen Fabrik Schmidt und Haensch, Berlin), Oskar Lange aus Jena und Paul Schmidt aus Kassel.

Mit Sicherheit läßt sich fehlender Hinweise wegen nicht feststellen, welche Themen Abbe für Dissertationen ausgegeben hat. Man darf aber mit großer Wahrscheinlichkeit annehmen, daß Abbe bei der Stellung des Themas und der Betreuung mitwirkte anläßlich der Promotion Schuster 1878 mit der Dissertation „Beugungsbilder eines Spaltes in durchsichtiger Umgebung", anläßlich der Promotion Toepel 1878 mit der Dissertation „Die Achromasie von Linsensystemen insofern als sie von der Brennweite abhängig sind", anläßlich der Promotion Riedel 1879 mit der Dissertation „Theorie der Beugungserscheinungen, welche entstehen bei Anwendung von Gittern, deren Stäbe Licht von beliebiger Intensität durchlassen, mit Rücksicht auf die hierdurch entstehenden Phasendifferenzen" und anläßlich der Habilitation Straubel 1893 mit der Habilitationsschrift

„Theorie der Beugungserscheinungen kreisförmig begrenzter, symmetrischer, nicht sphärischer Wellen“. Straubel wurde 1903 von Abbe als sein Nachfolger in die Geschäftsleitung berufen, nachdem sich Straubel bereits seit 1894 nebenberuflich dem Werk zur Verfügung gestellt hatte.

Aus den genannten Themen der Dissertationen und Habilitationen läßt sich das rege Interesse Abbes für die Beugungstheorie erkennen, und wir wissen, Abbe hat eine Revolution in der Theorie des Mikroskopes durch seine Beugungstheorie verursacht. Carl Zeiss konnte nicht ahnen, welche weittragende Bedeutung die Aufgabe hatte, die er Ende der 60iger Jahre an Ernst Abbe herangetragen hatte, nämlich die Bestimmung der Konstruktionsdaten für Mikroskopoptik wissenschaftlich zu fundieren. Abbe hat sich nicht nur die Formeln für die Berechnung des Strahlenverlaufs durch das Mikroskopobjektiv selbst entwickelt und Näherungsformeln für die einzelnen Bildfehler aufgestellt, er hat sich auch über die für die Helligkeit des Bildes charakteristische numerische Apertur Klarheit verschafft und schließlich hat er die Sinusbedingung aufgestellt. Nach zweijähriger Arbeit konnte Abbe die Erfahrungen seiner Vorgänger bestätigen, die darin bestanden, daß die nach diesen Erkenntnissen berechneten Mikroskopobjektive mit geringer Apertur trotz sehr guter Korrektion keinerlei Auflösung feiner Strukturen zeigten. Abbe stellte zahlreiche Versuche an, aus denen er schließen konnte, daß die Beugung eine entscheidende Rolle spielte. Die Beugungserscheinungen waren damals grundsätzlich schon Gemeingut der Optik, Abbe erkannte jedoch die Bedeutung der numerischen Apertur des Mikroskopobjektivs und zeigte, daß das im Okular sichtbare Bild dem mikroskopischen Objekt umso ähnlicher wird, je mehr von den Beugungsbildern der Lichtquelle vom Objektiv aufgenommen werden. Das Bild der regelmäßigen Struktur, das das Okular zeigt, ergibt sich als Interferenzbild der verschiedenen vom Mikroskopobjektiv aufgenommenen Beugungsbilder der Lichtquelle, die selbst als sekundäre Lichtquellen wirken. Es kann, wenn nicht alle Beugungsbilder der Lichtquelle vom Objektiv aufgenommen werden, eine völlig andere Struktur zeigen. Wenn nur das Beugungsbild nullter Ordnung aufgenommen wird, zeigt das Bild keinerlei Struktur. Es ist verständlich, daß eine solche umwälzende Theorie nicht von allen Mikroskopikern sofort anerkannt wurde. Die Abbesche Theorie der Bildentstehung im Mikroskop ist daher nicht die einzige geblieben. Sie behandelt nicht den Fall der selbstleuchtenden Objekte. Als eine andere Betrachtungsweise führt beispielsweise Michel die „Airysche“ an [7].

Die Beugungstheorie läßt sich der Feinheit der betrachteten Strukturen wegen aus der Theorie des Mikroskopes nicht mehr wegdenken. In der Astrooptik stellt sie in Anbetracht der hier meist kleinen relativen Öffnungen ein wichtiges Hilfsmittel zum Studium der Bildqualität dar. Photooptik dagegen ist jahrzehntelang berechnet worden, ohne auf die Beugungstheorie Rücksicht zu nehmen. Die immer weiter getriebene Verbesserung der Bildqualität verlangt jetzt gebieterisch auch auf dem Gebiet der Photooptik die Berücksichtigung der Beugung. Vor allem versucht man heute, neben geometrisch-optischen Verfahren zur Ermittlung der Kontrastübertragungsfunktion auch den exakten Weg der beugungstheoretischen Untersuchung zu beschreiten.

Auch andere grundlegende Erkenntnisse, die ABBE bei der Beschäftigung mit der Theorie der Mikrooptik gewonnen hat, wirken noch direkt in unsere Tage hinein. ABBES Invarianten-Methode, die zur Ableitung der einzelnen SEIDELschen Abbildungsfehler geführt hatte, erwies sich als sehr vielseitig anwendbar und einer von uns hat sie bei der Aufstellung von Näherungsformeln dritten Grades für die Umgebung eines Hauptstrahles in rotationssymmetrischen Systemen neuerdings wieder als Ausgangsbasis benutzt [8].

Die bereits erwähnte und in erster Linie mit ABBES Namen verknüpfte Sinusbedingung (ungefähr zu gleicher Zeit stieß HELMHOLTZ auf Grund energetischer Überlegungen auf die Sinusbedingung) stellt, wie als bekannt vorausgesetzt werden darf, ein Kriterium dafür dar, daß auch in unmittelbarer Nachbarschaft der Achse eine punktförmige Vereinigung der Lichtstrahlen erfolgt, vorausgesetzt, daß eine solche im Achsenpunkt erreicht worden ist. Streng genommen läßt sich die punktförmige Vereinigung im Achsenpunkt nie ganz erreichen. Die für bestimmte Strahlen auskorrigierte sphärische Aberration zeigt für andere Strahlen des Achsenbündels immer noch Zonenfehler. Daher stellt die 1919 von STAEBLE [9] und unabhängig von diesem von LIHOTZKY [10] aufgestellte Isoplanasiebedingung eine außerordentlich wichtige Ergänzung der ABBEschen Sinusbedingung dar. Die STAEBLE-LIHOTZKY-Bedingung wird heute auf allen Gebieten der rechnenden Optik angewandt. Die Praxis hat ergeben, daß die Erfüllung der Isoplanasiebedingung — je nach dem Typ einer Optik — sich auch auf die Koma für endliche Bildwinkel auswirken kann.

Der Aufbau der Theorie des Mikroskops erforderte Klärung auch über die Frage der Strahlenbegrenzung. Während in der GAUSSschen Optik die Zuordnung des Bildes zum Objekt ohne Berücksichtigung der Strahlenbegrenzung erfolgen kann, läßt schon die SEIDELsche Theorie die Wichtigkeit der Zuordnung der Strahlen des Bildraumes zu denen des Objektraumes erkennen. Es war ABBE, der klare Begriffe in die Lehre der Strahlenbegrenzung eingeführt hat. Vielleicht ist es nicht allgemein bekannt, daß er 1871 eine allerdings nur „als Bruchstück veröffentlichte Erörterung über die Bestimmung der Lichtstärke optischer Instrumente“ [11] hinterlassen hat, die weitgehend als Grundlage für unsere heutigen Anschauungen angesehen werden muß. ABBE hat die uns bei lichttechnischen Untersuchungen heute selbstverständliche Trennung zwischen der Lichtröhre einerseits und der Leuchtdichte andererseits angegeben, er arbeitete mit Elementarlichtröhren und führte, wenn auch noch unter der Benennung „Öffnungsbild“, die Begriffe der Eintritts- und Austrittspupille ein. Auch Arbeitsmethoden, wie sie einer von uns (TIEDEKEN) seit langem benutzt, ohne sich über den Ursprung dieser Methode hinreichend Rechenschaft abzulegen, sind in der genannten Arbeit angeführt, nämlich die Untersuchung der lichttechnischen Wirkung eines Kondensors dadurch, daß man einzelne Strahlen aus der gesamten Lichtröhre herausgreift und, ihren Verlauf rückwärts verfolgend, feststellt, ob sie durch das Leuchtfeld stoßen oder nicht. Die Blendenlehre ist später von MORITZ VON

ROHR weiterentwickelt worden. Galt sie auch danach als abgeschlossen, so ergab sich doch vor einigen Jahren die Notwendigkeit, einige weitere Begriffsunterscheidungen einzuführen. Unser unter uns weilender Altmeister der rechnenden Optik, HANS BOEGEHOLD, und einer von uns haben 1958 unter dem Titel „Grundbegriffe der Strahlenbegrenzung" über diesen Gegenstand veröffentlicht [12]. Der Letztere hat auch in zwei Arbeiten [13], [14] eine Weiterführung der ABBEschen Grundgedanken über Lichtberechnungen gebracht, ohne sich voll bewußt gewesen zu sein, wie weit ABBE den Grundstein schon gelegt hatte.

Aus den Vorschlägen ABBES, an die wir heute wieder direkt anknüpfen, wählen wir noch das äußerst reizvolle Gebiet der asphärischen Flächen. Die Verwendung asphärischer Flächen zur Behebung der sphärischen Aberration war schon vor ABBE bekannt, man denke nur an die Überlegungen von DESCARTES über aberrationsfreie Flächen. ABBE hat aber als erster asphärische Flächen benutzt, um die Bündel außeraxialer Bildpunkte zu beeinflussen [15]. Auch mit den Problemen der Prüfung asphärischer Flächen hat sich ABBE beschäftigt, wie aus der Patentschrift DRP 131 536 vom 16. 11. 1899 hervorgeht. Nach ersten Erprobungen der Herstellung asphärischer Beleuchtungslinsen, die von Hand durch SIEDENTOPF angefertigt waren, wurde nach den Vorrechnungen ABBES ein symmetrisches Aufnahmeobjektiv 6,3/140 mit zwei außenliegenden asphärischen Flächen von MORITZ VON ROHR errechnet und wiederum von SIEDENTOPF als Muster hergestellt. Dieses Objektiv befriedigte damals, die asphärischen Flächen wurden jedoch nicht gefertigt, weil ihre Herstellung zu teuer wurde. Viel später erst, in den Jahren von 1926 bis 1933, wurden dann maschinelle Herstellungsverfahren für asphärische Flächen von MACKENSEN ausgearbeitet, über die im Zuge der Folgen des 2. Weltkrieges von TWYMAN berichtet wurde [16]. Wenn auch durch maschinelle Fertigung asphärische Flächen verhältnismäßig billig hergestellt werden konnten, so ergab sich leider, daß die Flächengüte nicht an die sphärischer Flächen heranreichte. Erneute Versuche, in Photoobjektiven asphärische Flächen zu verwenden, wurden daher, auch nach den Vorschlägen von WANDERSLEB und MERTÉ nicht weiterverfolgt. Erst vor einigen Jahren sind in der Literatur [17] wieder Nachrichten erschienen, aus denen hervorgeht, daß die ABBEschen Gedanken über asphärische Flächen weiterleben.

ABBE hat sich auch mit anderen asphärischen Flächen als den zur optischen Achse rotationssymmetrischen befaßt. Der von ABBE als Leiter der 1888 gegründeten Photoabteilung eingesetzte PAUL RUDOLPH, sein Schüler, entwickelte 1897 ein System von Zylinderlinsen, das in bestimmten Ebenen eine punktförmige, aber verzerrte Abbildung ergab. ABBE stellte eine umfassende Theorie derartiger als Anamorphote bezeichneten Linsenfolgen auf, die in dem im selben Jahre angemeldeten Patent DRP 99 722 dargelegt worden ist. Wenn auch das Patent später zurückgezogen wurde, weil eine der geschützten Anordnungen schon 1862 von FARRENC angegeben worden war, so bleibt der Wert der umfassenden Theorie, die ABBE über die anamorphotischen Systeme aufgestellt hat, davon völlig unberührt. Wir bewundern den Weitblick ABBES, wie er die Möglichkeiten der Konstruktion solcher Systeme eingeschätzt hat. Es heißt in seiner

Patentschrift: ,,Beabsichtigt man, die Abbildung mit Büscheln größerer Öffnung herbeizuführen, so wird es sich empfehlen, eine Trennung der hauptsächlich sammelnden und der verzerrenden Wirkung vorzunehmen. Zu diesem Zweck schaltet man in den Strahlengang eines gut korrigierten sphärischen Objektivs, welches eine streng ähnliche Abbildung in bestimmtem Maßstabe liefert, entweder Systeme von Zylinderlinsen oder Prismenkombinationen ein, welche nunmehr durch einseitige Änderung der Konvergenz des ursprünglichen Strahlenganges eine Verzerrung herbeiführen". Liegt das verzerrt aufzunehmende Objekt im Unendlichen, so ist es nach den eben wiedergegebenen Gedanken von Abbe naheliegend, einen teleskopischen Verzerrungsvorsatz vor einem Objektiv anzu-

Abb. 6. Ernst Abbe und Otto Schott begutachten auf der Straße das kettenlose Fahrrad von Paul Rudolph (1898)
links — Dr. Paul Rudolph Mitte — Prof. Dr. Ernst Abbe rechts — Dr. Otto Schott

ordnen. Wir wollen mit dieser Feststellung nicht das Verdienst von Chrétien schmälern, der der Kinotechnik neue Wege gewiesen hat, indem er die teleskopischen Zylinderlinsenvorsätze eingeführt hat. Es liegt uns nur daran, zu zeigen, wie Abbes Ideen und Vorschläge noch nach Jahrzehnten tragfähig geworden sind. Abbes Vorschlag, die Verzerrung durch Prismen zu erreichen, ist von uns im Prokimaskop, das zur Entzerrung der komprimiert aufgenommenen Filme bei der Projektion im Kinotheater hergestellt wurde, realisiert worden.

Im Vorwort der ,,Gesammelten Abhandlungen" [18] nennt Czapski als drittes großes Verdienst Abbes die ,,Fortschritte in der Erkenntnis vom Wesen der optischen Instrumente". Uns scheint, daß auch in dieser Äußerung Czapskis die Gegenwartsnähe Abbescher Gedankengänge voll zum Ausdruck kommt. Wir dürfen mit Fug und Recht annehmen, daß Abbe eine ganz klare Vorstellung von einem gesetzmäßigen Aufbau einer Gerätetechnik hatte, mag auch in diesem Punkte Carl Zeiss wiederum den Anstoß zum Nachdenken gegeben haben, wie man aus Abbes Ausführungen [18] selbst entnehmen kann: ,,Wie der Architekt ein

Bauwerk, bevor eine Hand zur Ausführung sich rührt, schon im Geiste vollendet hat, nur unter Beihilfe von Zeichenstift und Feder zur Fixierung seiner Idee, so muß auch, dachte sich Zeiss, das komplizierte Gebilde von Glas und Metall, wie das Mikroskop es erfordert, sich aufbauen lassen rein verstandesmäßig, in allen Elementen bis ins letzte vorausbestimmt in rein geistiger Arbeit, durch theoretische Ermittlung der Wirkung aller Teile, bevor diese Teile noch körperlich ausgeführt sind. Der arbeitenden Hand dürfe keine andere Funktion mehr bleiben als die genaue Verwirklichung der durch die Rechnung bestimmten Formen und Abmessungen aller Konstruktionselemente und der praktischen Erfahrung keine andere Aufgabe als die Beherrschung der Methoden und Hilfsmittel, die für letzteres, die körperliche Verwirklichung geeignet sind.“

Wie legte ABBE den Grundstein für eine moderne Gerätetechnik! Wir erwähnten bereits, daß er zu wiederholten Malen die Vorlesung „Theorie der optischen Instrumente“ hielt, wir wissen, daß er zugleich mit der Schaffung der theoretischen Grundlagen über die Entstehung des mikroskopischen Bildes und mit der Berechnung der Krümmungsradien und der Abstände der Linsen die Prüf- und Justiermittel erarbeitete, die erforderlich sind, um die Bauelemente und die Eigenschaften der Werkstoffe, insbesondere des Glases, zu prüfen und das fertige Gerät zu justieren. Kurz nach seinem Eintritt in die ZEISSsche Werkstätte führte ABBE schon eingehende Untersuchungen zur Messung des Brechungsverhältnisses und der Dispersion des Glases, von Balsamen, Harzen und anderen wichtigen Werkstoffen aus. Durch die ihm eigene Art, alle technischen Nebenprobleme wissenschaftlich genau so exakt durchzuführen wie die Hauptaufgabe selbst, ergaben sich auch bei dieser Prüfarbeit grundlegende neue Erkenntnisse, die er in einer 1874 erschienenen Arbeit [19] über Apparate zur Bestimmung des Brechungsverhältnisses und der Dispersion so umfassend und erschöpfend niedergelegt hat, daß wir von dieser Substanz heute noch zehren können.

Für die genaue spektrometrische Bestimmung des Brechungsverhältnisses suchte ABBE systematisch das FRAUNHOFERsche Verfahren der Minimalablenkung zu vervollkommnen, und zwar durch:

„1. Möglichste Vereinfachung des Instrumentes durch Beseitigung aller irgend entbehrlichen Teile.
2. Leichtigkeit und Sicherheit der Justierung, mit dem Anspruch, daß alle dem Instrument dauernd angehörigen Teile einmal reguliert, ihre Lage unverändert beibehalten, die zu untersuchenden Prismen aber, was auch ihre Gestalt und Größe sein mag, durch wenige Handgriffe in die verlangte Stellung gebracht werden können.
3. Ermittlung aller zu einer vollständigen Messung erforderlichen Data ohne jede Veränderung des Instrumentes.“

ABBE legte deshalb seinem Spektrometer die von LITTROW gefundene Methode der Autokollimation zugrunde, bei welcher der Kollimator und das Aufsuchen des Minimums der Ablenkung wegfallen und bei welchem weitere technische Verfeinerungen zur bequemen und schnellen Justierung und Messung vorhanden sind. Das Abbe-Spektrometer findet bis auf den heutigen Tag in der optischen Meßtechnik Benutzung.

Die spektrometrische Messung von Flüssigkeiten im Hohlprisma erwies sich als außerordentlich umständlich und beschwerlich, so daß es nicht wunder nimmt, daß Abbe auch hierfür nach einer neuen besseren Meßmethode suchte. Er erschloß der Technik schließlich das Meßverfahren der Beobachtung im totalreflektierten Lichte, die Refraktometrie. Abbe erkannte sofort den Wert dieser Meßmethode für andere Industriezweige, insonderheit für die chemische Industrie zur Reinheitsuntersuchung und Konzentrationsbestimmung in binären Gemischen und zur Bestimmung des Zuckergehaltes in Zuckerlösungen. Er führte für letzteren Fall anstelle der Brechwertskala die Prozentskala ein, die ohne jede Rechnung die direkte Ablesung der Zuckerkonzentration gestattet.

Alle aus dem Gedankenkreis Abbes resultierenden Refraktometer sind bis zum heutigen Tage Standardinstrumente geblieben und werden demgemäß, bis auf Abwandlungen, um sie speziellen technischen Anforderungen besser anzupassen, im Grundsätzlichen unverändert produziert.

Durch die Fertigungsaufnahme der Refraktometer wurde die Meß-Abteilung nach der Mikro-Abteilung die zweitälteste Abteilung des Werkes. Zunächst erwartete Abbe durch die Bildung einer Abteilung für die Weiterentwicklung und Fertigung dieses Meßgerätes keinen direkten kommerziellen Nutzen, vielmehr legte er der Gründung der Meß-Abteilung indirekte Bedeutung bei, wie aus seinen Wünschen und Anträgen an die Weimarischen Behörden im Juni 1891 zu erkennen ist [2]. Er schreibt: „Außerdem ist aber eine Weiterentwicklung der optischen Werkstätte noch möglich in Hinsicht auf einen Betriebszweig anderer Art, der zwar in der Hauptsache fabrikatorischer Entwicklung nicht fähig ist, deshalb unmittelbar auch nie eine erhebliche wirtschaftliche Bedeutung gewinnen oder eine nennenswerte Einnahmequelle werden wird, dem aber ein großer indirekter Wert für das hiesige Unternehmen deshalb beizulegen ist, weil er eine stete Schule der feineren Technik ist und Gelegenheit bietet, eine größere Anzahl von tüchtigen technischen und auch wissenschaftlichen Kräften im Dienst der Werkstatt zu erhalten, und ein heilsames Gegengewicht darbietet gegen die unvermeidliche Vereinseitigung und gegen die Routine-Tendenz vorwiegend fabrikatorischer Arbeit. Dieser Betriebszweig ist die Herstellung von optischen Meßinstrumenten verschiedener Art für wissenschaftlichen Gebrauch.“ Und an anderer Stelle, zur Feier des 50jährigen Bestehens der optischen Werkstätte sagte Abbe: „Aber noch unter einem ganz anderen — und wie ich glaube sogar wichtigeren — Gesichtspunkt bedeutet die enge Begrenzung des Arbeitsfeldes eine Gefahr. Innerhalb eines so beschränkten Aufgabenkreises muß zu irgendeiner Zeit einmal eine Periode der Stagnation eintreten, weil Gedanken, die längere Zeit treibende Kraft betätigt haben, einmal ausgelebt und erschöpft sein werden. Was als Ganzes in eine solche Periode der Stagnation gerät, verfällt fast rettungslos innerer Verflachung und dauerndem Verlust der tieferen Triebkräfte. Nur aus einer Mannigfaltigkeit von Aufgaben, und zwar von Aufgaben, die in verschiedenen Interessen wurzeln, kann ein Unternehmen fortgesetzt die neuen Anregungen und Antriebe schöpfen, die, wenn auch Einzelnes zeitweilig stagniert, doch dem Ganzen das höhere Niveau der Tätigkeit und Triebkräfte neuen Fortschrittes erhalten.

Das schließliche Durchdringen dieser Erwägungen hat die Bestrebungen veranlaßt und geleitet, die eine planmäßige Ausdehnung des Arbeitsfeldes auf ganz verschiedene Gebiete der praktischen Optik im Laufe des letzten Jahrzehntes herbeigeführt haben."

Mit diesen Gedanken ist Abbe ganz und gar aktuell. Man darf gewiß zum Ausdruck bringen, daß Verletzungen dieser Erkenntnisse in einer Zeit, in der die Wissenschaft einschließlich der technischen Wissenschaften steilste Gradienten des Entwicklungsanstiegs aufweisen, tödlich wirkenden Stößen gleichkommen.

Leider ist bis zum heutigen Tag ein „Handbuch des modernen Gerätebaues" noch nicht geschrieben worden. Es darf aber als Gewißheit vorausgesehen werden, daß Abbes Gedanken über die Gerätetechnik als Fundament in einem solchen Handbuch zu finden sein werden. Man darf nicht ungestraft gegen Fundamente verstoßen; auch heute gilt das Abbesche Prinzip, im Abbe-Längenmesser verwirklicht: „Der Apparat ist stets so anzuordnen, daß die zu messende Strecke die geradlinige Fortsetzung der als Maßstab dienenden Teilung bildet."

Erdrückend ist die Fülle gegenwartsnaher Gedanken in Abbes wissenschaftlichem Nachlaß. Wir müssen uns mit den wenigen Hinweisen begnügen, um den Rahmen unseres Gedenkens an ihn nicht zu sprengen.

VEB Carl Zeiss JENA

Literatur

[1] Czapski, S., Verh. Dtsch. Phys. Ges. **7** (1905).
[2] von Rohr, M., Deutsche Opt. Wochenschr. **16** (1930) 45; Naturwiss. **23** (1935); Forschungen zur Geschichte der Optik (1936) 1; (1937) 160; (1938) 253, 295.
[3] Winkelmann, A., Ernst Abbe. Verlag Gustav Fischer, Jena 1905.
[4] Boegehold, H., Z. phys. chem. Unt. **53** (1940) 53.
[5] Schütz, W., in Beiträge zur Geschichte der Math.-naturwiss. Fakultät der Friedrich-Schiller-Universität Jena anläßlich der 400-Jahr-Feier, VEB Verlag, Gustav Fischer Jena 1959; Wiss. Z. d. Friedrich-Schiller-Universität Jena **7** (1957/58) 363.
[6] Stier, F., Jenaer Reden u. Schrift n, Heft 3 (1955).
[7] Michel, K., Grundlagen der Theorie des Mikroskopes, Stuttgart 1950.
[8] Tiedeken, R., Jenaer Jahrbuch 1950, S. 49.
[9] Staeble, F., Münchner Sitzungsber. (1919) 163.
[10] Lihotzky, E., Wiener Sitzungsber. **128** (1919) 85.
[11] von Rohr, M., Ernst Abbe. Jena 1940, S. 48.
[12] Boegehold, H. u. Tiedeken, R., Jenaer Jahrbuch 1958 II, S. 22.
[13] Tiedeken, R., Jenaer Jahrbuch 1959 I, S. 44.
[14] Tiedeken, R., Aus „Optik aller Wellenlängen". Akademie-Verlag, Berlin 1960, S. 377.
[15] S. DRP. 119 915 v. 27. 4. 1899, Abbe ist hierin nach den damaligen Gepflogenheiten zwar nicht genannt, nach den Ausführungen von Moritz von Rohr kann aber die Urheberschaft von Abbe an diesem Patent nicht angezweifelt werden (vgl. [11] S. 185).

[16] Twyman, F., Prism and lens making. 2. Aufl., London 1952.
[17] Ginsberg, R. H., Photo-Technik und -Wirtschaft 7 (1956) H. 9, S. 385.
[18] Abbe, E., Sozialpolitische Schriften. Verlag Gustav Fischer, Jena 1906, S. 64.
[19] Abbe, E., Neue Apparate zur Bestimmung des Brechungs- und Zerstreuungsvermögens fester und flüssiger Körper. Jena 1874.

E. MENZEL, Darmstadt

Probleme der optischen Übertragung

Übertragung bedeutet im allgemeinsten Falle den Transport irgendwelcher Strukturen der Außenwelt in das menschliche Bewußtsein oder in einen Regelkreis. Dieser Transport vollzieht sich durch den Raum oder, wenn er eine Speicherung bedeutet, auch durch die Zeit. Dabei werden meist nur ausgewählte Teilstrukturen übertragen, etwa die Wortfolge einer Rede nicht aber ihr Klangcharakter. Diese Teilstrukturen werden dafür in eine geeignete Form (Verschlüsselung) gebracht. So gelangt etwa Sprache oder Schrift durch die Stromschwankungen der elektrischen Übertragung und nachfolgende schriftliche Fixierung zum Empfänger. Die Signale hängen hier nur von einer Dimension, der Zeit, ab.

In der Optik gilt die Aufgabe der Übertragung von körperlichen Strukturen durch das Licht. Die Dimensionen dieses Problems umfassen die drei Raumkoordinaten des Objekts, seinen Spektralcharakter (Farbe) und zeitliche Veränderungen, dazu kommen noch die Polarisationseigenschaften des von ihm ausgehenden Lichts. Für die Übertragung muß man meist auf einen Teil dieser Dimensionen verzichten und sich etwa auf eine Photographie in Schwarz-Weiß beschränken. Die Dimensionen der Abbildung können andersartige Objektdimensionen darstellen; so gibt ein Spektrum die Spektraleigenschaften des Objekts in geometrischer Form wieder; oder man beschreibt bei farbigen Schlierenverfahren die Veränderungen der Objekttiefe durch Farben.

Sinn der Übertragung ist der Rückschluß auf die Struktur des Originals. Dieser Rückschluß soll sich innerhalb der übertragenen Eigenschaften möglichst quantitativ vollziehen lassen. Die formale Darstellung der verschiedenen Übertragungsvorgänge dient diesem Zweck und ist die Aufgabe der Übertragungstheorie.

Die Informationstheorie beschäftigt sich darüber hinaus mit der Auswahl der optimalen Übertragung für einen bestimmten Zweck. Sie bewertet und vergleicht verschiedene Übertragungskanäle und berücksichtigt dabei Störungen (Rauschen) und die statistischen Eigenschaften der zu übertragenden Objekte.

1. Übertragungen mit Licht

Das meist behandelte Kapitel der optischen Übertragung beschäftigt sich mit der Abbildung von ebenen, selbstleuchtenden oder diffus beleuchteten Objekten. Hier wird die örtliche Kontrastverteilung des Objekts durch das optische System in eine Kontrastverteilung im Bilde überführt. Der Kontrast kennzeichnet relative Intensitätsunterschiede in Objekt und Bild; diese Größe ist also von der absoluten Intensität der Beleuchtung unabhängig. Der Bildkontrast ergibt sich rechnerisch durch die Faltung des Objektkontrasts mit dem Bildkontrast eines punktförmigen Objekts; das Punktbild, die sogenannte Verwaschungsfunktion, ist die FOURIER-Transformierte der bekannten Kontrastübertragungsfunktion D. Die Wirkung der Optik wird von D für alle denkbaren Objektstrukturen beschrieben. (Bei nicht-isoplanatischer Optik hängt D noch vom Bildort und der Richtung der betrachteten Struktur ab; das bedeutet jedoch keine grundsätzliche Schwierigkeit.) Der skizzierte Zusammenhang zwischen Objekt und Bildkontrast ist eine *lineare Operation*; die Linearität der Übertragung bewirkt, daß bei einer Verdoppelung des Objektkontrasts sich auch der Bildkontrast verdoppelt; weitere Veränderungen treten dabei im Bilde nicht auf. Wegen dieses linearen Zusammenhangs kann bei merklichen Abbildungsfehlern der Objektkontrast aus dem gemessenen Bildkontrast ohne allzugroße Schwierigkeiten errechnet werden; das ist natürlich stets nur mit begrenzter Genauigkeit möglich. Ungenauigkeiten werden verursacht durch Fehler der Bildmessung; diese Fehler wirken sich um so stärker aus, je weiter D unterhalb von Eins liegt.

Das lineare Verhalten der Kontrastübertragung ist bedingt durch die Eigenschaft von selbstleuchtenden Objekten, Licht gleichmäßig in alle Richtungen auszusenden. Dies oder eine diffuse, *inkohärente Beleuchtung* bewirkt, daß bei der Durchrechnung der Abbildung mit Hilfe der Lichtamplituden schließlich nur Objekt- und Bildkontrast vorkommen; von ihnen läßt sich die Kontrastübertragungsfunktion D separieren.

In vielen Fällen werden die Objekte aber nur aus einem begrenzten Raumwinkel von Licht getroffen, außerdem streuen sie das Licht nicht gleichmäßig nach allen Richtungen; diese Beleuchtung heißt *partiell–kohärent*. Beispiele geben der Projektionsapparat und das Mikroskop; hier hängt die Übertragung auch noch von der Form der Lichtquelle ab. Abb. 1 gibt dafür ein Beispiel: Ein Siemensstern wird von einem Projektionsapparat unscharf abgebildet. Im linken Teilbild ist das Objekt inkohärent beleuchtet, weil zwischen ihm und der Lichtquelle eine Mattscheibe steht. In diesem Teilbild ist die Verminderung des Bildkontrasts, sein Verschwinden und Wiedererscheinen mit negativem Vorzeichen nur eine Funktion des Strichabstandes oder seiner Reziproken, der Orts-

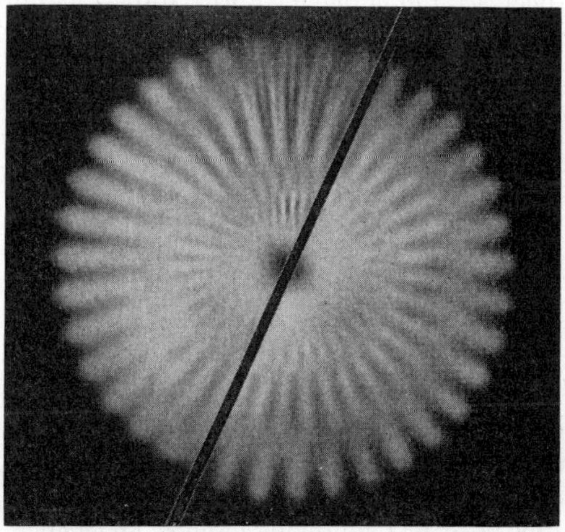

Abb. 1
Extrafokale Abbildung eines Siemenssterns. Links mit inkohärenter Beleuchtung; rechts mit partiell-kohärenter Beleuchtung.

frequenz R; das Bild ist rotationssymmetrisch. Bei dem rechten Teilbild ist keine Mattscheibe im Spiel. Die unscharfe Abbildung zeigt wegen der Begrenzung der Lichtquelle eine größere Tiefenschärfe. Außerdem hängt die Ortsfrequenz R, bei der der Bildkontrast verschwindet, vom Azimut ab; Grund dafür ist die längliche Gestalt der verwendeten Glühlampe.

Die Durchrechnung solcher Abbildungen mit partiell-kohärenter Beleuchtung ist eines der neueren Probleme der optischen Übertragung. Es zeigt sich, daß der Bildkontrast nicht nur vom Objektkontrast sondern auch von den Phaseneigenschaften φ des Objekts abhängt. Die Rechnung führt hier im allgemeinen Falle nicht zu einem ähnlich übersichtlichen Ergebnis wie bei der inkohärenten Beleuchtung. Es ist nicht möglich, stets eine Übertragungsfunktion abzutrennen, die nur die Eigenschaften des optischen Apparats und der Beleuchtung enthält. Die Übertragung wird nichtlinear, das bedeutet zum Beispiel für die Abbildung eines Objekts mit $\cos^2$-förmiger Kontrastverteilung, daß im Bilde meist nicht nur die Ortsfrequenz (reziproke Periode) des Objekts auftritt sondern auch Vielfache dieser Objektfrequenz; sie entsprechen den Obertönen bei einer elektroakustischen Übertragung durch einen nichtlinearen Kanal. Ähnlich wie dort kann man von einem *Klirrfaktor* des Verfahrens sprechen, der mit der Aussteuerung also mit den Kontrasten oder der Phasenschwankung im Objekt anwächst. Nur für den Fall kleiner Objektkontraste oder Phasendifferenzen ist die Übertragung näherungsweise linear; nur unter dieser Bedingung lassen sich die Eigenschaften der Objekte und die des Apparats rechnerisch separieren.

Die folgenden Ergebnisse der Rechnung [1] werden aus Gründen der Übersichtlichkeit nur für eine Lateralkoordinate ξ bzw. x angeschrieben. Für ein Objekt mit kleiner Aussteuerung geht der Objektkontrast $2\,p(\xi)$ und die Objektphase $\varphi(\xi)$ in einfacher Form in die Lichtamplitude $u(\xi)$ unmittelbar hinter dem Objekt ein. Es gilt $u(\xi) = 1 + p(\xi) + i\,\varphi(\xi)$. Die Bildintensität ergibt sich dann zu $I(x) = 1 + \mathfrak{F}(D) * 2\,p(\xi) + \mathfrak{F}(B) * \varphi(\xi)$. Die Übertragungsfunktionen D und B hängen von der Ortsfrequenz R ab. D ist die bekannte Kontrastübertragungsfunktion; B beschreibt die Übertragung der Objektphase in den Bildkontrast; für B wurde der Name *Phasenkontrastfunktion* vorgeschlagen. $\mathfrak{F}$ ist das Symbol für die Fourier-Transformation von D und B in den Bildraum. Diese Transformation ergibt die entsprechenden Verwaschungsfunktionen, also die Kontrastverläufe in den Bildern punktförmiger Absorptions- bzw. Phasenobjekte. Die Faltungen dieser Verwaschungsfunktionen mit den Kontrast- und Phasenverläufen im Objekt ergeben den jeweiligen Anteil am Bildkontrast.

Als Beispiel sind in Abb. 2 die beiden Übertragungsfunktionen des Phasenkontrastverfahrens nach Zernike skizziert. Es wurde dabei mit der gezeichneten Pupille gerechnet. Sie hat die Breite $2\,P = 2\,A/\lambda$. A ist die numerische Apertur des Objektivs und λ die Lichtwellenlänge. Die Ortskoordinaten in der Pupille sind also in reziproken Längen angegeben. Die Pupille enthält einen Phasenstreifen für positiven Phasenkontrast der Breite $2\,M$, darin liegt das Bild der Lichtquelle; es hat die Breite $2\,N$. Die Phasenkontrastfunktion B ist für kleine Raumfrequenzen R gleich Null. Das bedeutet eine Bandfiltereigenschaft des

Zernike-Verfahrens, diese bedingt die bekannten Halos im Phasenkontrastbilde und den geringen Bildkontrast für größere Phasenobjekte mit verlaufenden Kanten. Die Kontrastübertragungsfunktion D hat den entgegengesetzten Verlauf, deshalb werden nur größere absorbierende Objektdetails mit gutem Kontrast wiedergegeben. Ähnliche Übertragungsfunktionen wurden für den Interferenzkontrast, Schneidenverfahren, extrafokale Abbildungen und Differentialinterferenzen berechnet [1].

Die Möglichkeit, auch bei partiell-kohärenter Beleuchtung mit linearer Übertragung zu rechnen, legt die Frage nach dem Fehler nahe, mit dem die lineare Näherung die Wirklichkeit beschreibt. Für diesen Fehler konnte H. Hauser eine obere Schranke abschätzen [2], indem er rechnerisch bei den Übergängen zwischen der Objektphase, den Lichtamplituden und den Intensitäten auch quadratische Glieder berücksichtigte.

Die Abbildung mit partiell-kohärenter Beleuchtung ist noch für weitere optische Prozesse von Bedeutung. So gewinnt man etwa durch Auswahl einer geeigneten Lichtquellengestalt neue verfügbare Parameter bei Filterungsexperimenten [3]. Optische Filterungen sollen bei der Reproduktion von Bildern bestimmte Bereiche der Raumfrequenz bevorzugt wiedergegeben, während andere Bereiche zurückgehalten werden. Zu diesem Zweck realisiert man Kontrastübertragungsfunktionen mit vorgeschriebenen Eigenschaften [4].

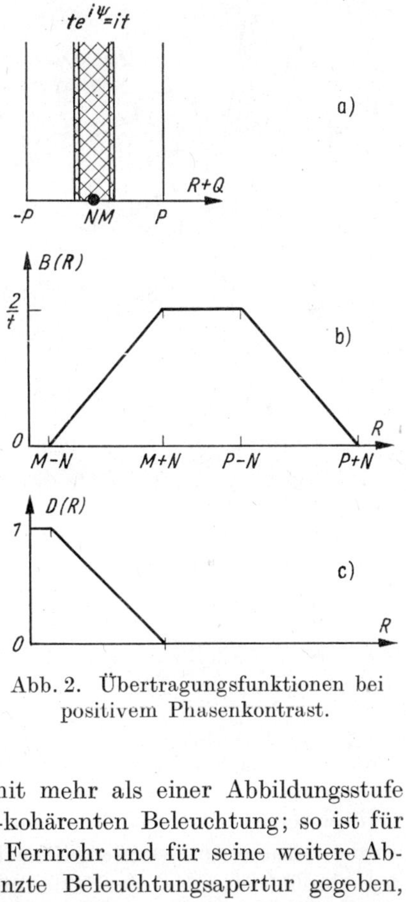

Abb. 2. Übertragungsfunktionen bei positivem Phasenkontrast.

Bei allen optischen Instrumenten, die mit mehr als einer Abbildungsstufe arbeiten, erscheint das Problem der partiell-kohärenten Beleuchtung; so ist für das Zwischenbild bei einem astronomischen Fernrohr und für seine weitere Abbildung durch das Okular nur eine begrenzte Beleuchtungsapertur gegeben, nämlich das Öffnungsverhältnis des Objektivs. Solche Hintereinanderschaltungen von optischen Systemen wurden durch H. Hauser untersucht [5].

2. Reliefübertragung

Zum Bereich der Optik kann man auch Prozesse zählen, an denen das Licht nur indirekt beteiligt ist. So bedeutet der Entwicklungsprozeß eines photographischen Bildes einen nicht-optischen Schritt innerhalb der mehrgliedrigen

Übertragungskette vom Objekt bis zur Auswertung seiner Photographie. Von einer anderen Übertragung im Interesse der Optik aber ohne unmittelbare Beteiligung des Lichts soll im Folgenden die Rede sein.

Von E. Ingelstam [6] wurde ein Unsicherheitsprinzip der Mikroskopie angegeben; es sagt aus, daß die mikroskopische Auflösungsgrenze Δx für Lateralstrukturen und die Auflösungsgrenze Δz für Tiefen- und Phasenstrukturen gekoppelt sind durch die Beziehung $\Delta x \cdot \Delta z \geq N \cdot \lambda^2$. Darin ist λ die Lichtwellenlänge und N eine wenig von Eins verschiedene apparative Konstante.

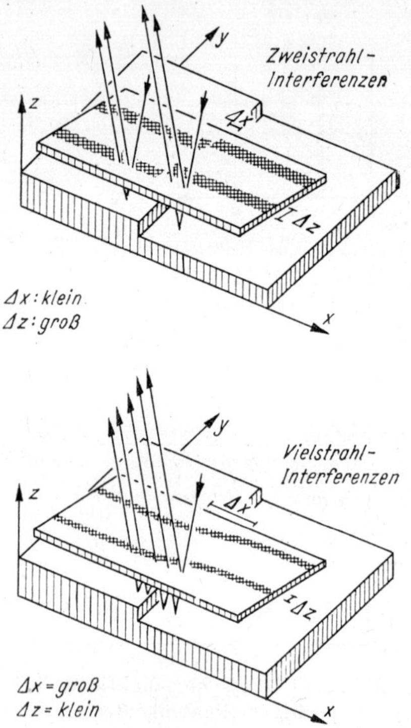

Abb. 3. Zum Unsicherheitsprinzip von Ingelstam.

Dieses Prinzip wurde bisher diskutiert im Interesse an Phasenmessungen höchster Empfindlichkeit; hier wächst Δx deutlich an, wenn Δz verringert wird. Diese Erfahrungstatsache werde durch Abb. 3 erläutert: Die Höhe einer Stufe werde zunächst durch Zweistrahlinterferenzen ausgemessen; die Interferenzstreifen haben eine weiche, $\cos^2$-förmige Intensitätsverteilung, deshalb ist Δz, der Meßfehler der Stufenhöhe, ziemlich groß, dagegen liefert der Sprung der Interferenzstreifen die Lage der Stufe mit einem kleinen Meßfehler Δx. Erfolgt die Stufenmessung hingegen mit Vielstrahlinterferenzen — dazu muß die Vergleichsplatte durchlässig verspiegelt sein — so werden die Interferenzstreifen schmaler, damit sinkt Δz. Wegen der vielfachen Reflexion des Lichts zwischen Objekt und Vergleichsplatte werden nun Strahlen durchmischt, die von beiden Seiten der Stufe herrühren. Deshalb ist der Sprung der Streifen an der Stufe weniger scharf, die Stufe kann nur mit größerer Ungenauigkeit Δx lokalisiert werden. Das eben Gesagte gilt auch bei senkrechter Beleuchtung des Objekts, denn durch Beugung an der Stufe entstehen stets schief verlaufende Lichtstrahlen.

Das Prinzip von Ingelstam besagt aber auch, daß Δx wesentlich verkleinert werden kann, wenn man ein großes Δz zuläßt, wenn man also weitgehend auf Information über die Objektphase verzichtet. Dies steht scheinbar in Widerspruch zu der von Abbe formulierten lateralen Auflösungsgrenze $\Delta x \geq \lambda/2\,A$.

Eine Verkleinerung von Δx ist jedoch möglich, wenn man die Objektstruktur vor der mikroskopischen Beobachtung gleichmäßig dehnt und so eine mechanische Lateralvergrößerung V_m durchführt [7]. Damit wird eine auf das Objekt bezogene laterale Auflösungsgrenze $\Delta x \geq \lambda/2\,A \cdot V_m$ möglich. Durch die Dehnung ist die Tiefenstruktur des Objekts flacher geworden, damit hat sich die Auflösungsgrenze für Tiefenmessungen verringert.

Bei Objekten mit einer Reliefstruktur kann man die mechanische Vorvergrößerung in der folgenden Weise verwirklichen [8]: Das Objekt wird mit einer vulkanisierbaren Kautschuklösung übergossen und in horizontaler Lage getrocknet. Danach wird der Kautschuk in heißem Wasser vulkanisiert; dann wird die Gummifolie vom Objekt abgezogen, sie trägt das Relief des Objekts. Die Folie wird über der kreisförmigen Öffnung eines kleinen Windkessels luftdicht befestigt. Die Dehnung erfolgt durch Aufblasen der Folie zu einem kugelförmigen Gebilde. Auf diese Weise wird mit dem heute verfügbaren Material eine Vorvergrößerung bis zum Sechsfachen möglich. Von der vergrößerten Struktur des Objekts wird ein Lackabdruck genommen, bei dem der Lack an einem Glasträger haftet. Dieser Abdruck wird schließlich mit einem Phasenkontrast- oder Interferenzmikroskop betrachtet und vermessen.

K. Hohlfeld hat das beschriebene Verfahren weiterentwickelt und seine Leistungsfähigkeit geprüft. Zur Beurteilung der lateralen Auflösung wurden Versuche mit geätzten Perlitschliffen gemacht. Abb. 4 zeigt ein solches Objekt nach mechanischer Vorvergrößerung im Phasenkontrast; es wurde ein Objektiv mit Ölimmersion verwendet. Aus der Abbildung ist eine Auflösungsgrenze von besser als 0,1 μ zu entnehmen. Inhomogenitäten in der Gummifolie stellen ein optisches Rauschen dar. Durch Verbesserung der Präparationstechnik wurden diese Störungen inzwischen so weit vermindert, daß die angegebene Auflösungsgrenze wirklich genutzt werden kann.

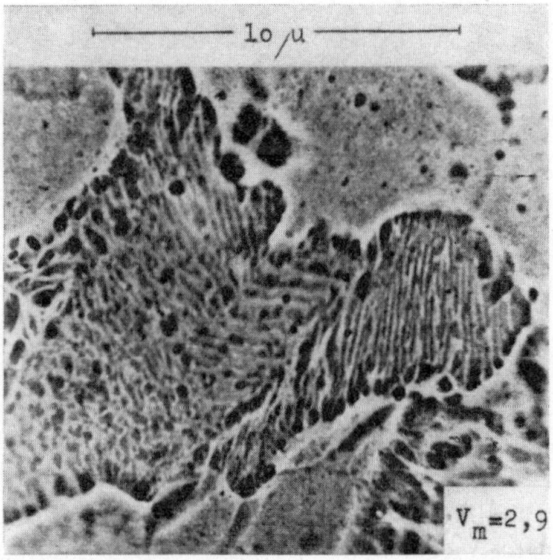

Abb. 4. Perlit, mechanische Vorvergrößerung und Phasenkontrast mit Ölimmersion. Aufnahme K. Hohlfeld.

Die übliche Auflösungsgrenze des Lichtmikroskops wurde also überspielt, ohne daß weitere Energie — etwa als Licht von kürzerer Wellenlänge oder in einer anderen Form — in die Übertragung gepumpt worden wäre. Die zur Dehnung des Gummis aufgewendete Energie darf man dabei nicht zählen, denn sie könnte nachträglich bei einer Entspannung des Gummis im Prinzip vollständig zurückgewonnen werden.

Es wurde versucht, die Übertragungseigenschaften des Gummiabdrucks und seiner Dehnung formal genau so zu beschreiben wie eine Abbildung. Für den Fall einer linearen Übertragung geht $z'(x')$, die Reliefstruktur des gedehnten Abdrucks, aus dem Relief $z(x)$ des Originals durch die Faltung mit der Fourier-Tansformierten der *Reliefübertragungsfunktion* $M(R)$ hervor; es gilt $z'(x') =$

$= \mathfrak{F}(M) * z(x)$. $M(R)$ läßt sich bestimmen, indem der Abdruck von möglichst rechtwinkligen Glimmerstufen mit einem Interferenzmikroskop untersucht wird. Das Original habe die Höhe z; sein gedehnter Abdruck zeigt im Prinzip das in Abb. 5 skizzierte Profil; der Sprung unmittelbar an der Stufe ist $z'_0 = z/V_m^2$. In größerer Entfernung von der Stufe zeigt sich eine etwas kleinere Stufenhöhe. Das Stufenprofil erinnert an die Haloerscheinung im Phasenkontrastbild von Phasenstufen; das bedeutet eine Reliefübertragungsfunktion mit Bandfiltercharakter, sie ist in Abb. 6 skizziert. Höhere Raumfrequenzen R werden mit größerem Gewicht wiedergegeben als kleine R. Diese Eigenschaft des Verfahrens

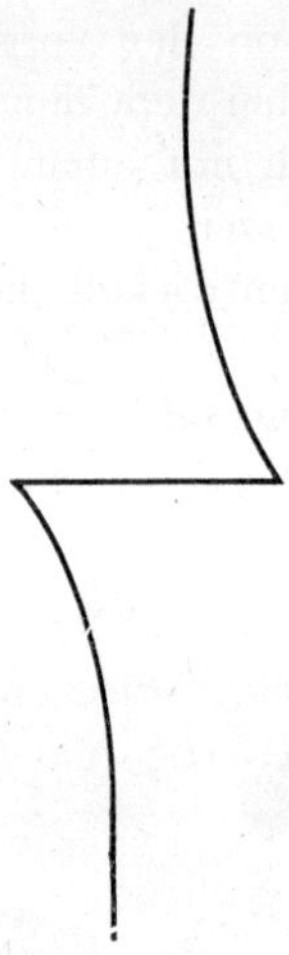

Abb. 5. Profil des gedehnten Abdrucks einer Glimmerstufe.

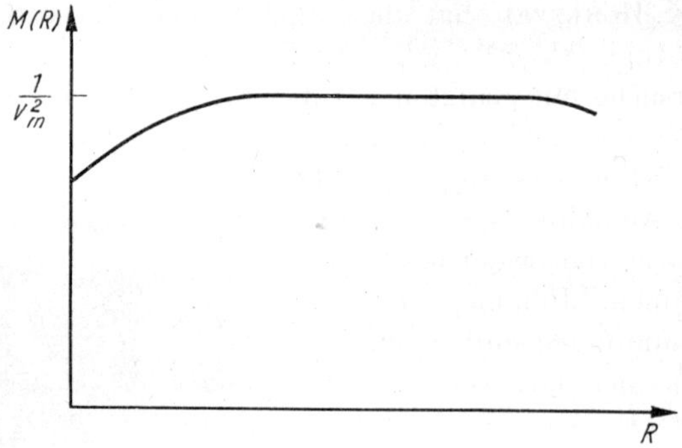

Abb. 6. Reliefübertragungsfunktion.

ist sehr nützlich, wenn es um höchste laterale Auflösung geht, denn so wird der Leistungsabfall des Mikroskops bei höheren Frequenzen zum Teil kompensiert.

Die beschriebene Darstellung der mechanischen Vorvergrößerung ist nur anwendbar für Höhen der Objektstufe unter 1 μ und für Vorvergrößerungen unter dem Vierfachen. Objekte und Dehnungen außerhalb dieses Bereichs ergeben andere Übertragungsfunktionen mit kleinerem M. Dies ist ein Kennzeichen für das Hervortreten von Nichtlinearität in dieser Übertragung. Ebenso wie beim Phasenkontrast zeigt sich diese Eigenschaft, wenn Objekte von gröberer Struktur übertragen werden sollen; andererseits tritt sie in Erscheinung, wenn die Empfindlichkeit der Übertragungen sehr hoch getrieben wird, sei es durch extreme Dehnung oder beim Phasenkontrast durch starke Absorption im Phasenplättchen, mit der man sich dem Bereich der völlig nichtlinearen Dunkelfeldmikroskopie nähert. Für nur qualitative Beobachtungen stört die Nichtlinearität der mechanischen Vorvergrößerung kaum; die Betonung der höheren Frequenzen durch eine Art von Bandfilterwirkung bleibt auch hier erhalten. Die Grenzen der

Linearität sind hier wohl durch Materialeigenschaften des Gummis gegeben im Gegensatz zu den prinzipiellen Grenzen bei den rein optischen Verfahren.

Andere Möglichkeiten zur Darstellung von Tiefenstrukturen finden sich im Lichtschnittverfahren oder bei Interferenzmikroskopen, die mit Streifen gleicher Dicke arbeiten. Hier wird die Objekttiefe z in eine Lateralkoordinate y übertragen. Auch diese z-y-Übertragungen sind ein genaueres Studium wert, denn für kleine Objektdetails geht auch die für derartige Prozesse denkbare Übertragungsfunktion gegen Null. Das genannte Prinzip von INGELSTAM nimmt eine Einzelheit aus einer derartigen künftigen Theorie vorweg.

3. Kontrastwahrnehmung

Das letzte Glied jeder Übertragungskette ist der Übergang einer objektiv gegebenen Leuchtdichteverteilung in das menschliche Bewußtsein. Die rein optische Wirkung des Auges wurde schon mehrfach untersucht und die Kontrastübertragungsfunktion an lebenden und toten Augen gemessen. Der letzte Schritt, der in das Bewußtsein, wird von der Struktur der Netzhaut, von neurologischen und psychologischen Vorgängen bestimmt. Hier sind Untersuchungen weitaus problematischer als im Falle der reinen Optik.

Ein einfacher Versuch hierzu wurde vom Autor unternommen [9]. Falls eine lineare Übertragung die Leuchtdichteverteilung $I(\alpha)$ in eine subjektiv wahrgenommene Helligkeitsverteilung $H(\alpha)$ überführt, so muß dies, wie schon mehrfach gesagt, durch eine Faltung darstellbar sein; es gilt dann $H(\alpha) = \mathfrak{F}(W) * I(\alpha)$. Dabei ist α der Sehwinkel, als dessen Funktion $I(\alpha)$ dem Auge dargeboten wird; $W(\varrho)$ ist die Übertragungsfunktion, also die *Kontrastwahrnehmungsfunktion*; ϱ ist die zu α reziproke *Angularfrequenz*. $W(\varrho)$ wurde versuchsweise gegenläufig definiert zu dem Schwellenkontrast, bei dem ein Beobachter noch die Struktur in einer harmonischen Verteilung der Leuchtdichte zu erkennen meint; diese Verteilung besitzt die Periode $\alpha = 1/\varrho$. Bei Perioden zwischen 0,2° bis 3° hat dieser Schwellenkontrast etwa den aus dem WEBER-FECHNERschen Gesetz her bekannten Wert von 1%. Er nimmt für kleinere Perioden zu, da man sich jetzt der Auflösungsgrenze des Auges nähert. Aber auch für Perioden von mehr als 3° nimmt der Schwellenkontrast zu; $W(\varrho)$ hat also Bandfiltercharakter. Diese Eigenschaft der Kontrastwahrnehmungsfunktion gestattet eine Deutung der MACHschen Streifen; sie kommen formal ebenso zustande wie die Haloerscheinungen beim Phasenkontrast, nämlich durch eine Unterdrückung kleinster Frequenzen.

Gerade die MACHschen Streifen werden oft als Argument für eine Nichtlinearität des Sehvorgangs benutzt; dieses Argument besteht also nicht zu Recht. Dennoch muß in vielen weiteren Versuchen und Überlegungen die Tragfähigkeit einer linearen Beschreibungsweise des Sehvorgangs geprüft werden.

Physikalisches Institut der Technischen Hochschule Darmstadt

Literatur

[1] MENZEL, E., Optik **15** (1958) 460 und Optics in Metrology. Pergamon Press, London 1960, S. 283ff.
[2] HAUSER, H., Optik, **17** (1960) 552.
[3] HAUSER, H., MENZEL, E., Phys. Blätter im Druck.
[4] LOHMANN, A., Optica Acta **6** (1959) 319.
[5] HAUSER, H., Phys. Verhandl. **11** (1960) 129.
[6] INGELSTAM, E., Ark. Fysik **7** (1953) 309.
[7] MENZEL, E., Naturwiss. **46** (1959) 105.
[8] MENZEL, E., J. Phys. Radium im Druck.
[9] MENZEL, E., Naturwiss. **46** (1959) 316.

A. LOHMANN, Braunschweig

Die Informationstheorie in der Optik

Die Informationslehre befaßt sich mit der Erzeugung, mit dem Transport und mit der Verarbeitung von Nachrichten. Der theoretische Teil, die sogenannte Informationstheorie, interessiert uns hauptsächlich aus zwei Gründen: einmal ist es praktisch wichtig zu wissen, welche Grenzen den Bemühungen um die optimale Art der Nachrichtenübermittlung gesetzt sind. Andererseits erlauben Analogiebetrachtungen der Informationsverarbeitung einige Beiträge zum Verständnis der menschlichen Denk- und Erkenntnisprozesse.

Was die Information eigentlich ist (bzw. nicht ist), hat v. WEIZSÄCKER [1] untersucht. Die Definitionen der Grundbegriffe, wie „Informationsgehalt einer Quelle“ oder „Informationskapazität eines Kanals“, werden in vielen Monographien auseinandergesetzt.

Um die Durchdringung der Optik mit informationstheoretischen Gedankengängen haben sich GABOR [2] und viele andere [3] verdient gemacht. Als Vorstufe kann man die Kontrastübertragungstheorie der optischen Abbildung betrachten. Die erste Grundaufgabe der Informationstheorie ist die Berechnung der Anzahl der Freiheitsgrade in einem Bild. Dieses Problem wurde im Rahmen der klassischen Wellenoptik schon vor rund 50 Jahren von MAX VON LAUE [4] gelöst. Das Ergebnis lautet: die Zahl der Freiheitsgrade (= zur Beschreibung notwendige Parameter) ist endlich wegen der nicht verschwindenden Wellenlänge. Dabei wurden einige Vernachlässigungen gemacht, die in Sonderfällen bedeutungsvoll sein können (WOLTER [5]). Bei der zweiten Grundaufgabe der Informationstheorie berücksichtigt man außerdem die Meßfehler bei der Bildauswertung. Wegen der Quantenstruktur von Energie und Materie sind Meßfehler prinzipiell unvermeidbar. Daraus folgt dann, daß ein optischer Apparat nur endlich viele unterscheidbare Bilder liefern kann, obwohl die Zahl der verschieden-möglichen Objekte natürlich unendlich ist. Es liegt dann nahe, die Anzahl der unterscheidbaren Bilder als ein Qualitätsmaß für den optischen Apparat zu nehmen. Ob dieses Qualitätsmaß irgendwie mit der subjektiven Güte der Bilder zusammenhängt, ist noch ziemlich unbekannt.

In den meisten Arbeiten zur optischen Nachrichtentheorie beschränkt man sich auf lineare und isoplanatische Abbildungssysteme. Solche Systeme kommen (wenigstens näherungsweise) am häufigsten vor und sind mathematisch relativ einfach zu behandeln (FOURIER, Faltung). Wir wollen hier jedoch darauf hinweisen, daß in Fällen mit a-priori-Wissen über die zu erwartenden Objekte oft nicht-lineare oder nicht-stationäre optische Systeme vorteilhaft sind. Wir geben hier nur zwei Beispiele. Ausführliche Untersuchungen werden später an anderer Stelle folgen.

Die photographische Schwärzungskurve dient bekanntlich zur Beschreibung eines nicht-linearen Prozesses. Falls man nun a priori von den zu photographierenden Objekten weiß, daß sie nur einen geringen Kontrastumfang ($I_1 \leq I(x, y) \leq I_2$) besitzen werden, wird man eine ,,harte Emulsion" benutzen. Ist der steile Bereich der Schwärzungskurve sinnvoll auf den Kontrastumfang abgestimmt, so bedeutet das zweifellos eine Verbesserung für die Bildanalyse (verglichen mit dem Fall $\gamma = 1$). Für die theoretische Begründung der Verbesserung muß man das Rauschen im Empfänger in Betracht ziehen.

Stationär (Verallgemeinerung von ,,isoplanatisch") nennen wir eine Abbildungseinrichtung, falls eine seitliche Verschiebung des Objektes eine entsprechende Verschiebung des Bildes nach sich zieht. Dabei darf sich aber die Struktur des Bildes nicht verändern. Weil die Aberrationen für jeden Bildort anders sind, gilt das nur näherungsweise. Einen krassen Effekt erlebt man aber, falls man das Objekt aus dem Objektfeld heraus hinter die Objektfeldblende schiebt. Die Objektfeldblende als ein fester Bestandteil des Abbildungsapparates verhindert also Stationärität in der unendlich ausgedehnten Objektebene.

Am Bildort der Kante der Objektfeldblende, wo also die Stationärität stark gestört ist, kann man unerwartete Effekte beobachten. Das zeigen Experimente von Wolter [5], die allerdings mit einer anderen Zielsetzung angestellt worden sind. Man sieht dort andeutungsweise ein Gitter, das eigentlich gar nicht abgebildet werden dürfte, weil es etwas feiner ist als die Auflösungslänge für Gitter. Der Widerspruch ist nur scheinbar. Zwar gilt für Fourier-Perioden (Perioden, die sich in einem unendlichen Intervall wiederholen) eine scharfe Grenzfrequenz, wie es Abbe gezeigt hat. Aber für ,,Momentan-Perioden" (die sich nur endlich oft wiederholen) gibt es keine prinzipielle obere Grenze für ihre Reproduzierbarkeit bei der Abbildung. Das gilt nicht nur für eine Abbildung mit Objektfeldblende. Fast jedes beliebige Hilfsobjekt, irgendwo zwischen Objekt und Bild in den Strahlengang gebracht, kann zur Überlistung der Abbe-Grenze dienen.

Physikalisches Institut der
Technischen Hochschule Braunschweig
(Prof. Dr. Cario)

Literatur

[1] v. Weizsäcker, C. F., in ,,Die Sprache", München 1959.
[2] Gabor, D., in ,,Astronomical Optics" (Z. Kopal), Manchester 1955.
[3] Black, G., Linfoot, E. H., Proc. Roy. Soc. A **239** (1957) 522.
Fellgett, P., Linfoot, E. H., Phil. Trans. Roy. Soc. A **247** (1955) 369.
Linfoot, E. H., in ,,Astronomical Optics" (Z. Kopal) Manchester 1955; J. O. S. A. **45** (1955) 808; **46** (1956) 740; Opt. Acta **4** (1957) 12; **6** (1959) 387; **7** (1960) 65.
Blanc-Lapierre, A., in ,,Communication Theory" (W. Jackson), s. 513, London 1953.
Blanc-Lapierre, A., Perrot, M. Péri G.: Opt. Acta **2** (1955) 1.
Toraldo di Francia, G., J.O.S.A. **45** (1955) 497; Opt. Acta **2** (1955) 5; IRE—AP **4** (1956) 473.

KING, G. W., EMSLIE, A. G., J.O.S.A. **41** (1951) 405; **43** (1953) 658, 664; **44** (1954) 397.
SCHOBER, H., Optik **13** (1956) 350.
RÖHLER, R., Phot. Korr. 3. Sonderheft 1959, S. 54; Studium Generale **13** (1960) 511.
[4] v. LAUE, M., in Encykl. math. Wiss., VI, 450, Leipzig 1909—1926; siehe auch MYIAMOTO, K., J. O. S. A. **50** (1960) H. 9.
[5] WOLTER, H., Physica **24** (1958) 457; AEÜ **12** (1958) 335; **13** (1959) 101, 171, 267, 393; Optica Acta **7** (1960) 53.

2. Physiologische Optik

E.-G. KIND und G. SCHULZ, Berlin

Visuelle Schwelle und Quantenstruktur

1. Allgemeine Betrachtungen

Die vorliegenden Ausführungen befassen sich — ebenso wie ein früherer Vortrag [1] — mit dem Problem, die visuelle Schwelle des menschlichen Auges zu ermitteln. Dabei wird unter der visuellen Schwelle s die Mindestzahl von Lichtquanten verstanden, die in der Netzhaut wirksam absorbiert werden müssen, damit eine Lichtempfindung eintritt.

Zur Bestimmung dieser Mindestzahl haben wir folgende Versuchsbedingungen gewählt: Die Lichtenergie wird dem Auge in Form schwacher Lichtblitze dargeboten. Die Lichtblitzdauer beträgt 0,04 sec; die Blitze folgen jeweils im Abstand von 1,75 sec aufeinander; sie werden extrafoveal beobachtet, und zwar im Winkelabstand 7° von der Fovea entfernt. Der Winkeldurchmesser der Blitze beträgt etwa 4′. Die Beobachtung beginnt nach einer Stunde Dunkeladaptation.

Die visuelle Schwelle scheint nur wenige Quanten zu betragen. Ihre Ermittlung auf Grund von Absolutmessungen der Lichtenergie ist aus verschiedenen Gründen problematisch, z. B. wegen der Schwierigkeit, den Anteil der *wirksam* absorbierten Quanten festzustellen.

Demgegenüber wird im folgenden ein anderes Verfahren zugrunde gelegt. Dabei werden nur Relativmessungen der Lichtenergie benötigt. Dem Auge wird eine Serie schwacher Lichtblitze dargeboten, in unserem Fall etwa 60 Blitze umfassend. Alle Blitze haben die gleiche Energie, genauer, die gleiche mittlere Energie; denn bei der hier geringen Zahl absorbierter Quanten machen sich die bekannten quantenhaften Schwankungen bereits erheblich bemerkbar. Es wird nun folgende Erscheinung beobachtet: Einige Blitze dieser Serie werden vom Beobachter wahrgenommen, einige nicht. Ein Grund hierfür ist offensichtlich der Umstand, daß die schwankende Lichtenergie einmal für eine Lichtempfindung ausreicht, ein anderes Mal nicht. Als zweiter Grund können jedoch auch biologische Schwankungen in der Empfindlichkeit des Wahrnehmungsapparates in Frage kommen. — Die Wahrnehmungswahrscheinlichkeit w für jene Serie ist der Quotient:

$$w = \frac{\text{Zahl der wahrgenommenen Blitze}}{\text{Gesamtzahl der dargebotenen Blitze}}.$$

Für andere Serien mit anderer mittlerer Blitzenergie E ermittelt man ein anderes w. Diese verschiedenen E-Werte lassen sich relativ zu einem willkürlichen Wert E_0 ohne Schwierigkeit messen. Dabei sind also die E-Werte bis auf einen gemeinsamen unbekannten Faktor bekannt. In einem Diagramm wird nun w in Abhängigkeit von $\lg E$ aufgetragen. Diese logarithmische Darstellung ist deswegen zweckmäßig, weil so die erhaltene Kurve bis auf eine unbekannte Parallelverschiebung völlig festliegt. (Denn einer unbekannten multiplikativen Konstanten bei E entspricht eine unbekannte additive Konstante bei $\lg E$.) Aus der (damit völlig festliegenden) Gestalt jener $w(\lg E)$-Kurve kann man nun, wie sich zeigt, auf die visuelle Schwelle s schließen. — Die hier zur Anwendung kommenden Methoden gehen auf Gedanken von Barnes und Czerny [2] zurück. Entsprechende Überlegungen wurden dann später von zahlreichen anderen Autoren ihren Arbeiten zugrunde gelegt; insbesondere sind hier zu nennen: Wawilow und Mitarbeiter [3], Hecht, Pirenne und Mitarbeiter [4]—[8], van der Velden, Bouman und Mitarbeiter [9]—[11], Baumgardt [12], [13].

Die Grundmethode beruht dabei auf folgender Hypothese: Ein Lichtblitz wird genau dann wahrgenommen, wenn die Anzahl der von der Netzhaut wirksam absorbierten Quanten s oder mehr beträgt, wobei also s die gesuchte Schwelle ist; sie wird dabei als konstant angenommen. Legt man diese Hypothese zugrunde, so erhält man für die theoretisch zu erwartende Wahrnehmungswahrscheinlichkeit w nach Anwendung der Formel für die Poisson-Verteilung folgenden Ausdruck:

$$w = 1 - e^{-m} \sum_{\sigma=0}^{s-1} \frac{m^\sigma}{\sigma!} .$$

Dabei ist m der Mittelwert (Erwartungswert) der pro Blitz wirksam absorbierten Quanten innerhalb einer Serie. m ist also ein Maß für die Energie E der Lichtblitze dieser Serie.

So erhält man für jeden Wert von s eine (theoretisch abgeleitete) $w(\lg m)$-Kurve, siehe Abb. 1. Durch Gestaltvergleich der experimentell aufgenommenen $w(\lg E)$-

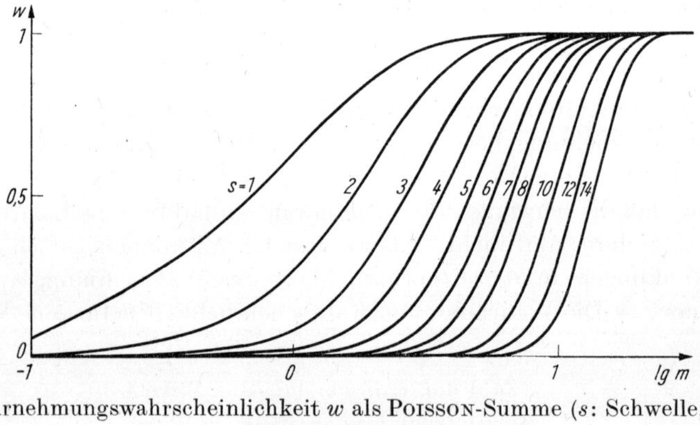

Abb. 1. Wahrnehmungswahrscheinlichkeit w als Poisson-Summe (s: Schwelle, m: mittlere Zahl von Quanten).

Kurve (siehe oben) mit diesen theoretischen $w(\lg m)$-Kurven wird die gesuchte Schwelle s ermittelt: s ist der Parameter derjenigen $w(\lg m)$-Kurve, die sich mit der experimentellen $w(\lg E)$-Kurve durch Parallelverschiebung am besten zur Deckung bringen läßt. Auf diese Weise haben die verschiedenen Autoren (neben Anwendung anderer Methoden) für die visuelle Schwelle Werte zwischen 2 und etwa 40 Quanten gefunden. Über den *wahren* Wert bzw. die Ursachen der Abweichungen zwischen den einzelnen Autoren herrscht bisher keine einheitliche Auffassung.

Der oben zugrunde gelegten Hypothese entspricht ein vereinfachtes Netzhautmodell. Es beruht auf der Voraussetzung, daß es gleichgültig sei, an welchen Stellen des Blitzbildes auf der Netzhaut die Quanten im einzelnen absorbiert werden. Die tatsächlich sehr verwickelte Netzhautstruktur mit ihren komplizierten Schaltsystemen legt jedoch die Vermutung nahe, daß kompliziertere Netzhautmodelle in Betracht gezogen werden müssen. Diese Modelle führen zu anderen theoretischen Kurven. Dadurch schließt man aus der gleichen experimentellen $w(\lg E)$-Kurve unter Umständen auf verschiedene s-Werte, je nachdem, welches Netzhautmodell angenommen wird. Diese Zusammenhänge sind ausführlich in dem zitierten Vortrag [1] behandelt worden.

Derartige Modellunterschiede, die auf die Netzhautstruktur zurückgehen, sollen im folgenden jedoch unberücksichtigt bleiben; wir legen das Grundmodell (Abb. 1) zugrunde. Dagegen werden nunmehr die biologischen Schwankungen des Wahrnehmungsapparates in den Vordergrund gestellt. Solche Schwankungen haben nämlich zur Folge, daß andere experimentelle Kurven erhalten werden als für den Fall des Fehlens biologischen Schwankungen. Die angeschnittene Problematik werden wir an Hand eigener Experimente diskutieren.

2. Experimentelle Anordnung

Die verwendete experimentelle Anordnung ist im wesentlichen folgende (Abb. 2a): Eine von einem Akkumulator mit Unterspannung gespeiste Glühlampe G, deren Stromkonstanz laufend geprüft wird, beleuchtet eine kreisförmige Blende K von $^1/_2$ mm Durchmesser. Diese wird auf die Stelle B 1:1 abgebildet. Eine periodische Unterbrechung des Lichtstromes geschieht durch die rotierende Scheibe S, deren Rand so ausgeschnitten ist, daß der Lichtstrom während eines kleinen Zeitintervalls freigegeben, während der übrigen Zeit eines Umlaufs jedoch unterbrochen ist. Auf diese Weise werden an der Stelle B Blitze erzeugt. Jeder der dargebotenen (im gleichen Abstand aufeinanderfolgenden) Blitze wird durch ein akustisches Signal angezeigt. Die Konstanz der Umlaufgeschwindigkeit wird ebenfalls laufend kontrolliert. Ein Aggregat G aus einem kontinuierlich veränderlichen Graukeil und einem Stufenkeil besorgt die Änderung des Erwartungswertes E der Blitzenergie von Serie zu Serie. Zwischen G und B sind zwei Filter F eingeschaltet (eine Schott-Filterkombination 546 mμ und ein SIF-Filter 546 mμ). Die ganze Anordnung ist in ein Gehäuse, wie gezeichnet, eingeschlossen. Unmittelbar an der Öffnung $\ddot{O}$ befindet sich das Auge des Beobachters; sein Kopf ruht auf einer Kinnstütze. Die Entfernung $\ddot{O}B$ beträgt etwa 40 cm (zur Erzielung einer bequemen Akkommodationslage wird nach Bedarf eine geeignete Linse bei $\ddot{O}$ angebracht). Seitlich vom Ort B des Lichtblitzes liegen die beiden Fixpunkte P_1 und P_2 (Abb. 2b); sie werden durch eine weitere mit Unterspannung betriebene

Glühlampe und einen Spiegel in geeigneter Weise erzeugt, wobei ihre Helligkeit so gehalten ist, daß sie (im direkten Sehen) gerade noch ohne Anstrengung wahrnehmbar sind. *Zwei* (benachbarte) Fixpunkte wurden statt des sonst meist üblichen einen deshalb gewählt, weil ein ununterbrochenes Fixieren *eines* leuchtenden Punktes sehr bald zu Ermüdungs- oder anderen Erscheinungen führt, die die Ergebnisse fälschen oder unbrauchbar machen können.

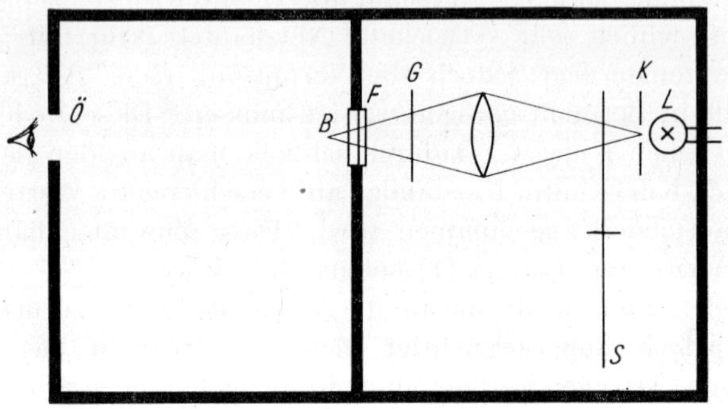

a)

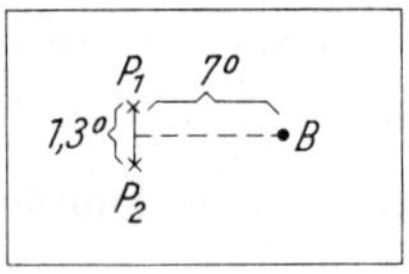

b)

Abb. 2. Experimentelle Anordnung, schematisch.
a) Gesamtanordnung im seitlichen Schnitt;
b) Lichtblitz und Fixpunkte, vom Beobachter aus gesehen.

3. Beobachtungen und ihre Auswertung

Es wurden im wesentlichen 4 Versuchspersonen in insgesamt etwa 35 Sitzungen getestet. In jeder Sitzung (Dauer etwa 1 bis $1^1/_2$ Stunden) wurden vom Beobachter etwa 15 Blitzserien bei 6 bis 7 verschiedenen Intensitäten beobachtet. 4 solcher Serien sind in Abb. 3 als typische Beispiele herausgegriffen. Man bemerkt, daß die Verteilung der gesehenen und der nicht gesehenen Blitze nicht immer unbedingt eine statistische ist. Vielmehr machen sich hier schon stellenweise biologische Schwankungen bzw. eine Inkonstanz des Wahrnehmungsapparates bemerkbar, auch bei geübten Beobachtern. Insbesondere bemerkt man ein Absinken der Häufigkeit der gesehenen Blitze innerhalb einer Serie. Ein solches Absinken der Empfindlichkeit des Wahrnehmungsapparates ist zuweilen von Störerscheinungen begleitet, die dem Beobachter als scheinbare Blendeffekte, Vorüberziehen heller Wolken [3] oder in sonstiger Weise bewußt werden. Teilweise jedoch geht jenes Absinken nur aus den Versuchsprotokollen hervor, ohne daß es während der Beobachtung von bewußtgewordenen Störerscheinungen begleitet war. — Gäbe es nur die physikalischen (quantenhaften) Schwankungen der wirksam absorbierten Lichtenergie, dürften keine Abweichungen von einer statistischen Verteilung der gesehenen und der nicht gesehenen Blitze bemerkbar sein. — Andere Autoren setzen zumeist die statistische Verteilung voraus; WAWILOW [3] versucht, sie durch eine Probe nachzuweisen.

Die beobachteten Serien (vgl. Abb. 3) wurden nun weiter ausgewertet: Für jede Serie wurde in einem Diagramm die Wahrnehmungswahrscheinlichkeit w über

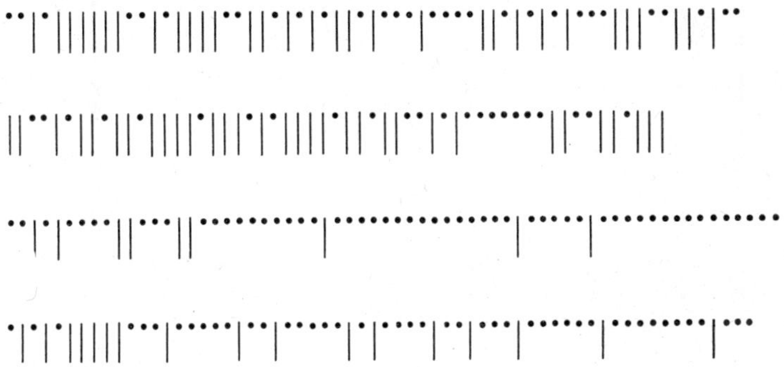

Abb. 3. Beispiele für Blitzserien. Jede Zeile gibt eine Serie wieder, die Striche bedeuten gesehene, die Punkte nicht gesehene Blitze.

der Energie E (genauer lg E) aufgetragen. Beispiele dafür zeigen die Abbildungen 4 bis 7. Die Meßpunkte sind in der Reihenfolge ihrer Aufnahme numeriert. — In Abb. 4 kann durch die dort dargestellte Punktfolge recht gut eine Kurve aus der Kurvenschar von Abb. 1 hindurchgelegt werden. Dasselbe gilt für Abb. 5. — In Abb. 6 ist demgegenüber deutlich ein Abwandern der Meßpunkte mit wachsender Nummer nach rechts zu erkennen; d. h. es wird nahegelegt, die dortige Punktmenge nicht durch eine einzige, festliegende Kurve aus Abb. 1, sondern durch mehrere Kurven darzustellen, die sich allmählich von links nach rechts verlagern. Würde man dagegen eine solche Verlagerung nicht annehmen und statt dessen alle zu gleichem lg E gehörenden w-Werte mitteln, so erhielte man durch die so gewonnenen Punkte eine merklich *flachere* Kurve. Das bedeutet, daß bei einer solchen Mittelung ein zu geringer Schwellenwert gefunden wird. — Auch in Abb. 7 sind Empfindlichkeitsänderungen festzustellen, jedoch gegenüber Abb. 6 nicht im wesentlichen monoton abnehmend, sondern mehr wellenförmig.

Die hier zutage tretenden Empfindlichkeitsänderungen können nun als Schwellenänderungen gedeutet werden; d. h. also, es schwankt die Mindestzahl an Lichtquanten, die für eine Lichtempfindung wirksam absorbiert werden müssen. Jene Empfindlichkeitsänderungen können aber auch so gedeutet werden, daß der Anteil der wirksam absorbierten Quanten (von den insgesamt einfallenden Quanten) nicht konstant bleibt, z. B. dadurch, daß sich die Pupillengröße ändert oder zeitweise einige Rezeptoren ausfallen. Beide Deutungsmöglichkeiten sind hier für uns praktisch nicht unterscheidbar. Wir haben uns (formal) für die erstere Deutungsmöglichkeit entschieden.

Es ergibt sich nun die Frage, wie unter Berücksichtigung dieser (biologischen) Schwellenschwankungen die Schwellenermittlung vor sich gehen kann. Für diese Ermittlung haben wir zwei Methoden angewendet. — Die erste Methode verwendet

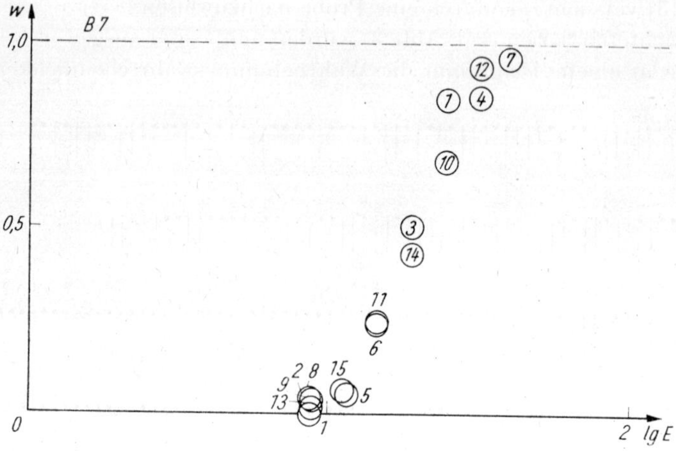

Abb. 4. Punktdiagramm.

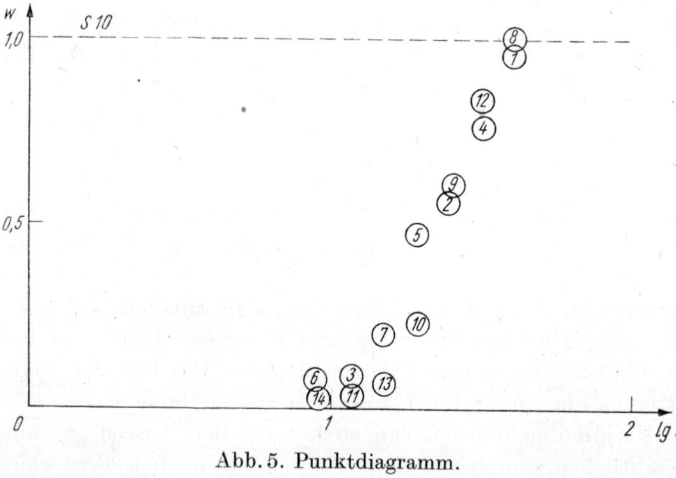

Abb. 5. Punktdiagramm.

Verfahren der Ausgleichsrechnung. Dazu macht man für den zeitlichen Verlauf der Schwelle einen plausiblen Ansatz mit unbekannten Konstanten, die dann nach den üblichen Methoden errechnet werden. — Die zweite der angewendeten Methoden ist mehr graphischer Natur. Man legt ein Diagramm, wie es z. B. Abb. 4, 5 usw. zeigen, auf die Kurvenschar aus Abb. 1. Unbestimmt ist dabei zunächst noch der optimale Abstand der beiden Ordinatenachsen voneinander.

Diesen bestimmt man auf folgende Weise: Es werden verschiedene plausibel erscheinende Lagen angenommen. Für jede dieser Lagen wird ein Schwellendiagramm angefertigt, siehe Abb. 8. Ein solches Schwellendiagramm entsteht folgendermaßen: Für jeden Meßpunkt aus dem Punktdiagramm wird der zugehörige Schwellenwert aus der darunterliegenden Kurvenschar entnommen und

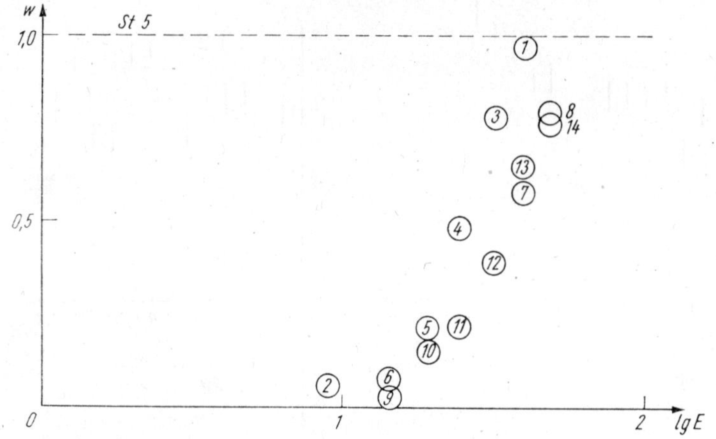

Abb. 6. Punktdiagramm.

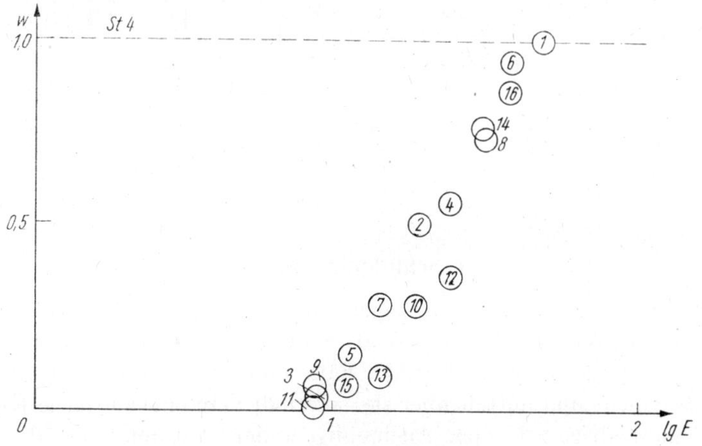

Abb. 7. Punktdiagramm.

zusammen mit seinem mittleren Fehler in das Schwellendiagramm eingetragen. Dieser mittlere Fehler läßt sich leicht aus dem bekannten mittleren Fehler von w bestimmen; der zugehörige Fehlerbereich wird durch die jeweilige Strichlänge in Abb. 8 dargestellt. Nun werden die Schwellendiagramme der verschiedenen Lagen miteinander verglichen. Je zwei solcher Diagramme sind in Abb. 8 übereinander gezeichnet, d. h. die beiden rechten entstammen *einem* Punktdiagramm, die beiden linken einem anderen. Man sieht, daß der in den beiden unteren Diagrammen sich ergebende Schwellenverlauf plausibler ist als oben. Auf diese Weise ermittelt man für jedes Punktdiagramm den wahrscheinlichsten Schwellenverlauf.

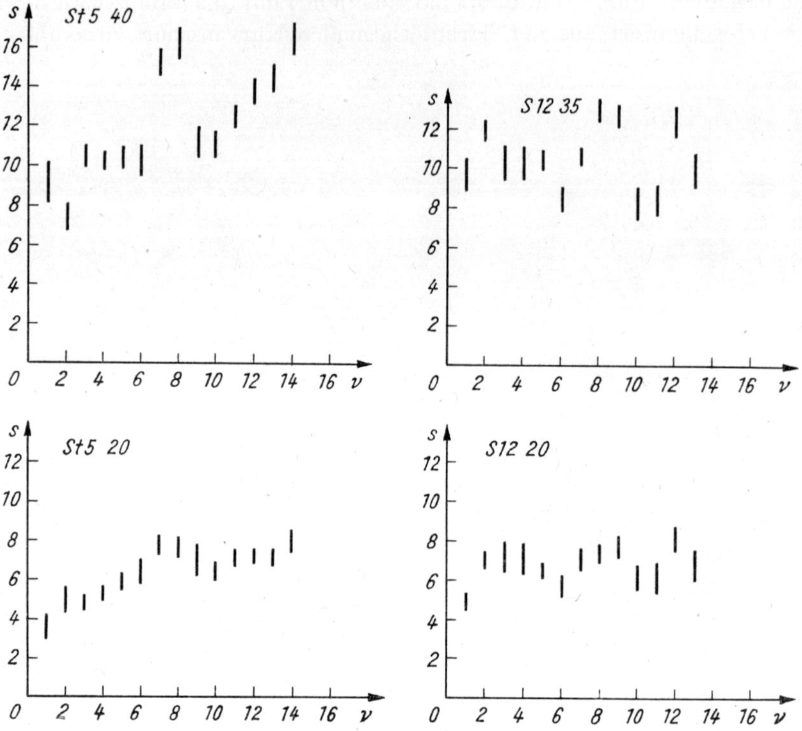

Abb. 8. Schwellendiagramme.

4. Schlußfolgerungen

Die sich bei den Experimenten zeigenden biologischen Schwankungen lassen sich als Schwellenschwankungen oder als Schwankungen im Anteil der wirksam absorbierten Quanten deuten. Auf alle Fälle müssen sie berücksichtigt werden. Tut man dies nicht und mittelt über sie, so erhält man eine zu flache Kurve und damit eine zu niedrige Schwelle. Auch einige andere Autoren haben die Möglichkeit biologischer Schwankungen bereits erörtert, so Hecht (l. c.) Pirenne (l. c.), le Grand [14] und Schneidereit [15]. Soweit dabei quantitative Angaben gemacht werden, besagen sie, daß die bei Vorhandensein biologischer Schwankungen (in der üblichen Weise) ermittelte Schwelle tiefer liegt als der Mittelwert der Einzelschwellen. Darüber hinaus läßt sich sogar zeigen, daß sie noch tiefer liegen kann als die *unterste* der Einzelschwellen [1].

Insgesamt lassen sich die biologischen Schwankungen in verschiedene Gruppen aufgliedern: *Sehr* langsame Schwankungen (zwischen mehreren Sitzungen an verschiedenen Tagen) lassen sich am einfachsten feststellen und sind bereits von anderen Autoren ermittelt worden. Schwankungen zwischen verschiedenen Serien innerhalb *einer* Sitzung haben wir oben diskutiert und ihren Einfluß auf die Schwellenermittlung quantitativ erfaßt (unter Zugrundelegung vereinfachender Annahmen). Schwankungen innerhalb einer *Serie* sind noch schwieriger auszuwerten. Man kann etwa eine angenähert gleichförmig abfallende Wahrnehmungswahrscheinlichkeit (siehe z. B. 3. u. 4. Zeile in Abb. 3) durch die errechnete Ausgleichsgerade darstellen und in entsprechende Schwellenänderungen umrechnen; das Ergebnis liefert einen Hinweis auf die tatsächliche Empfindlichkeitsänderung. Die *sehr* kurzperiodischen Schwankungen endlich (Empfindlichkeitsänderungen schon nach jeweils wenigen Blitzen) lassen sich überhaupt nicht mehr abseparieren. In ihren Auswirkungen sind sie von den physikalischen Schwankungen der Lichtenergie praktisch nicht unterscheidbar. Nur wenn sie stark ausgeprägt sind, führen sie zu einer charakteristischen Gestaltsänderung der $w(\lg E)$-Kurve (relativ flacher Kurvenfuß).

Unter Berücksichtigung der durchgeführten Überlegungen liefern unsere Messungen folgendes Ergebnis über die Schwelle s: s liegt meist zwischen 6 und 9 Quanten und schwankt innerhalb einer Sitzung oft um etwa 2 Quanten; die tatsächlichen Werte können jedoch noch höher liegen[1]); denn z. B. die evtl. vorhandenen sehr kurzperiodischen Schwankungen konnten aus den erwähnten Gründen nicht berücksichtigt werden.

Ein Sachverhalt soll noch mitgeteilt werden: Manche Blitze erscheinen dem Beobachter recht hell und (trotz des extrafovealen Sehens) punktförmig, andere derselben Serie nur als schwache flächenhafte Schimmer; dazwischen gibt es Übergänge. Darüber hinaus gibt es sogar Blitze, bei denen dem Beobachter die Entscheidung schwierig erscheint, ob er den Blitz gesehen hat oder nicht. Jedenfalls erfaßt eine bloße Ja-Nein-Entscheidung, wie sie bisher lediglich behandelt wurde, offenbar nicht alles, was vielleicht erfaßt werden könnte. Möglicherweise ist es zweckmäßig, die verschiedenen Blitzqualitäten bei der statistischen Auswertung zu berücksichtigen.

Berlin-Adlershof, Institut für Optik und Spektroskopie
der Deutschen Akademie der Wissenschaften zu Berlin

Literatur

[1] Kind, E.-G. u. Schulz, G., Statistische Ermittlung der visuellen Schwelle in Beziehung zu Schaltmodellen für die Reizweiterleitung, Vortrag auf der Tagung der Deutschen Gesellschaft für angewandte Optik im Juni 1960 in Karlsruhe, erschienen in Z. Naturforschg. **16** b (1961) 217.
[2] Barnes, R. B., Czerny, M., Z. Phys. **79** (1932) 436.
[3] Wawilow, S. I., Die Mikrostruktur des Lichtes. Akademie-Verlag, Berlin 1954.
[4] Hecht, S., Shlaer, S., Pirenne, M. H., Science **93** (1941) 585.

[1]) Insbesondere dürfte die Möglichkeit, daß die visuelle Schwelle allgemein 2 Quanten beträgt [9] — [11], auszuschließen sein.

[5] Pirenne, M. H., Denton, E. J., J. Opt. Soc. Amer. **41** (1951) 426.
[6] Pirenne, M. H., Marriott, F. H. C., J. Opt. Soc. Amer. **45** (1955) 909.
[7] Pirenne, M. H., Vision and Eye. London 1948.
[8] Pirenne, M. H., Biol. Rev. **31** (1956) 194.
[9] van der Velden, H. A., Physica **11** (1944) 179; Ophthalmologica **111** (1946) 321.
[10] Bouman, M. A., van der Velden, H. A., J. Opt. Soc. Amer. **37** (1947) 908.
[11] Bouman, M. A., van der Velden, H. A., J. Opt. Soc. Amer. **38** (1948) 231.
[12] Baumgardt, E., Les théories photochimiques classiques et quantiques de la vision. Paris 1950.
[13] Baumgardt, E., Naturwiss. **39** (1952) 388.
[14] le Grand, Y., C. R. **229** (1949) 1089.
[15] Schneidereit, R., Naturwiss. **44** (1957) 58.

E. NOTEBOOM, Jena

Anwendung der Koinzidenz-Einstellung von Testteilen auf die Messung von Brechwerten

(Kurze Inhaltsangabe[1]))

Für die Koinzidenz-Einstellung von Testteilen bei optischen Messungen kann das Auge eine Fehleinstellung von 5 bis 30″ noch erkennen (Nonien-Sehschärfe). Dies bedeutet eine wesentliche Erhöhung der Genauigkeit gegenüber der sonst benutzten Scharf-Einstellung des Testbildes. Hierbei geht aber die sphärische Aberration in anderer Weise in die Messung ein. Bei dem Koinzidenz-Verfahren werden nämlich durch die erforderlichen, sogenannten Scheinerblenden außeraxial liegende Strahlenbündel benutzt. Das GAUSSsche Total-Undeutlichkeits-Integral[2]) versagt hier, und daher wird ein anderes Einstell-Kriterium aufgestellt, und zwar die Bedingung, daß der „Lichtschwerpunkt" des vom Achsenpunkt des Testes entworfenen Bildes auf der Achse liegt. Es folgen die Ableitung und die Berechnung der Meßwertabweichungen bei Brillengläsern und Haftschalen von dem in der Achse vorliegenden Brechwert nebst Angaben über die zu erwartende Genauigkeit. Diese ist höher als die der Scharfeinstellung und könnte daher auch bei Messungen von optischen Systemen mit bekannter Aberration, insbesondere bei der Paarung von Systemen von Nutzen sein.

[1]) Ausführliche Veröffentlichung: Jenaer Jahrbuch 1961/I, 67.
[2]) S. KORFF, Zeitschrift für Instrumentenkunde **62** (1942) 285.

E. HARTMANN, München

Neuere Untersuchungen zur physiologischen Blendung

Im Bereich der physiologischen Blendung haben sich im Verlauf der letzten 30 Jahre zwei Auffassungen durchgesetzt. Die eine, deren Hauptvertreter HARRISON ist, versucht die wichtigsten Größen, von denen die Wirkung der Blendung voraussichtlich abhängt, in einer Blendformel zusammenzufassen und mit geeigneten Exponenten zu versehen. Die andere Auffassung nach HOLLADAY erklärt die Wirkung von Störlichtquellen mit der Änderung des Adaptationsniveaus. Die Adaptationsleuchtdichte setzt sich nach dieser Theorie zusammen aus der Grundadaptation, welche durch die durchschnittliche Gesichtsfeldleuchtdichte gegeben ist und einer zusätzlichen Adaptationsleuchtdichte, hervorgerufen durch die Blendquelle, die als Quotient zwischen der Beleuchtungsstärke am Auge und dem Quadrat des Blendwinkels dargestellt wird. Der Blendwinkel ist durch die Geraden Auge — Sehobjekt und Auge — Störlichtquelle bestimmt. Durch die Wirkung einer Blendquelle steigt die Adaptationsleuchtdichte an und damit ergibt sich nach einer vorgegebenen Gesetzmäßigkeit die Mindestleuchtdichtedifferenz zwischen Objekt und Hintergrund, die notwendig ist, um das Objekt gerade erkennbar zu machen.

Als Beitrag zur Klärung des Blendproblems haben wir auf breiter Grundlage Untersuchungen durchgeführt, welche die Wirkung und das Zusammenwirken der einzelnen Parameter klären sollten. Dabei sind in erster Linie die Größen untersucht worden, die in den oben genannten Blendformeln vorkommen. Darüber hinaus wurde noch der Frage der farbigen Blendung besondere Aufmerksamkeit gewidmet und der Gültigkeitsbereich der genannten Formeln untersucht. Die im folgenden beschriebenen Messungen sind statisch durchgeführt, d. h. die Versuchspersonen hatten bei jeder einzelnen Messung ausreichend Zeit, ihre Adaptation optimal einzustellen. Als Testzeichen wurde das Innere eines LANDOLTschen Ringes, also eine Kreisfläche mit einer quadratischen Nase verwendet, wobei die Nasenbreite $^1/_4$ des Kreisdurchmessers betrug. Vom Auge der Testperson aus gemessen entsprach dieser Prüffleck einem Winkel von einem Grad. Das ist vorteilhaft, weil nach Untersuchungen von ARNDT für kleinere Winkel der physiologische Kontrast flächenabhängig wird und andererseits durch größere Prüfflächen die Blickrichtung nicht mehr genau genug fixiert ist. Der Prüffleck wurde auf einem Umfeld von 16 Grad dargeboten und konnte gedreht werden. Gemessen wurde der Kontrast, der notwendig ist, um in einer gewissen Blendsituation die Stellung der Nase mit einer vorgegebenen Wahrscheinlichkeit zu erkennen. Dem Reziprokwert dieses Kontrastes entspricht dann die Unterschiedsempfindlichkeit $B/\Delta B$. Die Leuchtdichte des Umfeldes konnte im Bereich von 0,03—30 000 asb variiert werden, der Prüffleck erhielt eine zusätzliche Leuchtdichte von 0—400 asb. Die Entfernung Prüffleck — Auge betrug 350 cm und liegt somit in dem von BOUMAN angegebenen Bereich maximaler Sehschärfe. Die Versuchsperson war durch Kinn- und Stirnstütze fixiert. Verschiedene Blendquellen konnten an einem großen Perimeterbogen, sowie in speziellen Anordnungen dargeboten werden. Die Leuchtdichten der Blendquellen lagen zwischen einigen Zehntel sb und 2000 sb. Die ganze Anlage war elektronisch stabilisiert und konnte von einem Schalttisch aus gesteuert werden.

Als erstes wurde der Einfluß der Lichtfarbe auf den Blendvorgang untersucht. Zu diesem Zweck sind mit geeigneten Schott-Filtern die Farben Rot, Grün, Blau, Gelb und Weiß sowohl für die Blendquelle, als auch für Umfeld und Prüffleck erzeugt und gegeneinander permutiert worden. Es zeigt sich im Rahmen der bei heterochromen Problemen auftretenden Meßgenauigkeit (mittlere Streuung 4,7%) keine Abhängigkeit der Unterschiedsempfindlichkeit von der Farbe der Blendquelle oder derjenigen des Umfeldes bzw. des Prüffleckes.

Anschließend versuchten wir die Frage zu klären, ob die Fläche der Blendquelle einen Einfluß auf die Unterschiedsempfindlichkeit bzw. das Formenerkennen ausübt. Variiert man die Fläche einer Blendquelle, wobei alle anderen Größen konstant gehalten werden, so erhält man eine bestimmte Kurve, welche die Abhängigkeit der Unterschiedsempfindlichkeit von der Fläche darstellt. Wird nun unter sonst gleichen Bedingungen bei voller Fläche die Leuchtdichte der Blendquelle so verändert, daß die Beleuchtungsstärke am Auge jeweils die gleiche ist, wie bei den verschiedenen Flächen, so erhält man eine gleichartige Kurve, welche nur ganz wenig unter der erstgenannten liegt. Dieser Versuch zeigt bereits, daß die Flächenwirkung nicht sehr groß ist. Da eine Veränderung der Fläche einer Blendquelle aber gleichbedeutend mit einer Veränderung des Blendwinkels ist, muß man zur genauen Klärung dieser Frage anders vorgehen.

Auf einem Kreis, dessen Ebene senkrecht zur Blickrichtung steht und durch dessen Mittelpunkt diese geht, werden einzelne Blendquellen dargeboten. Auf diese Weise kann durch Zu- oder Abschalten von Lampen bei konstantem Blendwinkel die Fläche vergrößert oder verkleinert werden. Dieses Verfahren setzt allerdings voraus, daß es für den Blendvorgang gleichgültig ist, ob sich eine Blendquelle bei gleichem Winkel seitlich oder über bzw. unterhalb der Blickrichtung befindet. Entsprechende Versuche bestätigen diese Annahme für Winkel unter etwa 15 Grad. Die dann innerhalb dieses Blendwinkelbereiches nach der eben genannten Methode durchgeführten Messungen der Flächenabhängigkeit zeigen, daß die zunehmende Fläche der Blendquelle bei konstanter Beleuchtungsstärke am Auge zwar die Unterschiedsempfindlichkeit verringert, daß dieser Einfluß aber unerwartet gering ist.

Bei der Untersuchung der Winkelabhängigkeit zeigt sich, daß die Unterschiedsempfindlichkeit umgekehrt proportional dem Blendwinkel hoch k ist, wobei k für Winkel kleiner als 10° zwischen 2 und 3, für Winkel größer als 10° zwischen 0 und 2 liegt. Voraussetzung ist allerdings, daß echte Blendung vorliegt, d. h. daß die Adaptationsleuchtdichte durch die Blendquelle bestimmt wird und die Grundadaptation demgegenüber vernachlässigbar ist. Die Ergebnisse führen zu einer weitgehenden Bestätigung der HOLLADAYschen Auffassung, wobei allerdings Abweichungen bei kleinen und großen Blendwinkeln auftreten und die reine Flächenabhängigkeit nicht berücksichtigt ist.

Institut für med. Optik der Universität München

R. RÖHLER, München

Messung der Kontrastübertragungsfunktion von Tieraugen

Einleitung

Die Frage nach den Abbildungseigenschaften der Augenmedien tritt in zwei Problemkreisen auf, nämlich bei der Beurteilung optischer Systeme und bei der Untersuchung des Zusammenhanges zwischen Reiz und Erregung der Netzhautrezeptoren.

Beschreibt man nämlich die Abbildungseigenschaften eines optischen Systems durch eine Kontrastübertragungsfunktion (KF), so erhält man dadurch den Vorteil, daß die KF mehrerer aufeinander folgender Abbildungen sich als Produkt der KFen der einzelnen Abbildungen darstellen läßt. In den meisten Fällen leistet das menschliche Auge die letzte Stufe der Abbildung; daher müssen seine Eigenschaften bei der Beurteilung optischer Instrumente berücksichtigt werden. Es besteht u. U. auch die Möglichkeit, die KFen optischer Instrumente so auf die des Auges abzustimmen, daß eine optimale Gesamtfunktion entsteht.

In dem an den optischen Teil anschließenden nervösen Übertragungsweg des Gesichtssinnes treten nichtlineare Prozesse auf, so daß für diesen Teil keine KF definiert werden kann. Trotzdem ist auch für die Untersuchung dieses Übertragungsweges die Kenntnis der KF der Augenmedien notwendig, weil dadurch erst die Möglichkeit entsteht, den wirklichen Netzhautreiz aus dem dargebotenen optischen Signal zu berechnen.

Die Übertragungseigenschaften von Augen sind mit objektiven physikalischen Methoden in zwei Arbeiten untersucht worden. F. Flamant untersuchte die Lichtverteilung eines auf die Netzhaut abgebildeten Spaltes am lebenden menschlichen Auge, während D. de Mott das Spaltbild an enukliierten Rinder- und Katzenaugen gemessen hat. F. Flamant berechnete außerdem aus dem Spaltbild die KF. Obwohl de Mott die Veränderungen des Auges nach dem Tode untersuchte und berücksichtigte und außerdem Gründe dafür angab, daß die Abbildungseigenschaften der von ihm untersuchten Tieraugen von denen menschlicher Augen nicht wesentlich verschieden sein sollten, bestehen zwischen den Ergebnissen der beiden Autoren erhebliche Differenzen.

Für eine weitere Untersuchung dieses Problems ist es wichtig zu wissen, ob die Differenzen in der unterschiedlichen Meßmethode oder in den Unterschieden der untersuchten Objekte begründet sind. Wie in Abschnitt 4 ausgeführt wird, sind beide Verfahren nicht ohne gewisse Annahmen über die Abbildung äquivalent, und es besteht daher die Möglichkeit, daß beide Meßverfahren, auch wenn sie auf das gleiche Objekt angewendet werden, zu verschiedenen Ergebnissen führen. In der vorliegenden Arbeit werden die Abbildungseigenschaften enukliierter Rinderaugen mit zwei Methoden, die denen von F. FLAMANT und D. DE MOTT sehr ähnlich sind, untersucht. Das Ergebnis zeigt, daß mit beiden Methoden übereinstimmende Ergebnisse erzielt werden können. Die Ergebnisse werden mit denen von FLAMANT und DE MOTT verglichen.

1. Beschreibung der experimentellen Anordnung

Zum Unterschied zu den beiden genannten Arbeiten wurde nicht die Lichtverteilung eines Spaltbildes, sondern diejenige eines Punktbildes auf der Netzhaut ermittelt. Die Verwendung eines Spaltes ist nur dann zulässig, wenn die Abbildungseigenschaften des zu untersuchenden Systems sich über die Längsausdehnung des Spaltes nicht ändern. Ob diese Annahme gerechtfertigt ist, muß zunächst geprüft werden. Gerade beim Auge ist diese Voraussetzung nicht selbstverständlich, weil die Netzhaut stark gekrümmt ist und subjektiv eine starke Abhängigkeit der Sehschärfe vom Netzhautort besteht.

Bei der ersten Methode wird eine punktförmige Lichtquelle auf die Netzhaut abgebildet. Das von der Netzhaut diffus reflektierte Licht wird, nachdem es die Augenmedien zum zweiten Male durchsetzt hat, auf einen photographischen Film abgebildet. Man erhält auf dem Film demnach das Punktbild, das bei zweimaligem Durchgang durch die Augenmedien entsteht. Das optische System ist in Abb. 1 dargestellt. Das als Kondensor dienende Photoobjektiv O bildet die als Lichtquelle verwendete Quecksilberhöchstdrucklampe auf die Lochblende B (50 μ Durchmesser) ab. Die Lochblende dient als punktförmige Lichtquelle, deren Licht in das Objektiv O' und als paralleles Bündel nach Durchsetzung des halbdurchlässigen Spiegels S auf die Pupille des Auges A fällt. Die Augenmedien verengen das Bündel auf der Netzhaut zum Punktbild. Von diesem Punktbild entwerfen die Augenmedien wieder ein Bild im Unendlichen, das sich über den halb-

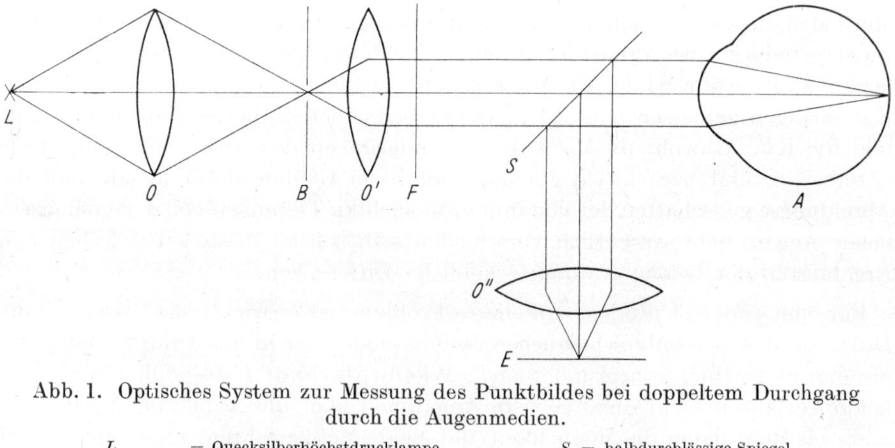

Abb. 1. Optisches System zur Messung des Punktbildes bei doppeltem Durchgang durch die Augenmedien.

L	= Quecksilberhöchstdrucklampe	S	= halbdurchlässige Spiegel
$O, O' O''$	= Objektive „Ysarex" F = 105 mm	A	= Auge
B	= Lochblende 50 μ Durchmesser	E	= fotographische Emulsion.
F	= Graufilter		

durchlässigen Spiegel und das Objektiv O'' auf die photographische Emulsion E abbildet. In das Strahlenbündel lassen sich Graufilter F von verschiedenem Transmissionsgrad einschieben. Außerdem befand sich bei allen Aufnahmen an dieser Stelle ein UV-Filter.

Aus dem auf der Emulsion entstehenden Punktbild läßt sich wegen der Nichtlinearität und schlechten Reproduzierbarkeit der photographischen Charakteristik nicht unmittelbar die aufgefallene Beleuchtungsstärke entnehmen. Bei der Auswertung des auf der Emulsion erzeugten Bildes fand daher folgendes Verfahren Anwendung. Unter Variation der Graufilter zwischen 100% und 0,02% Transmission wurde mit konstanter Belichtungszeit eine Serie von Punktbildern hergestellt und zusammen entwickelt. Unter dieser Bedingung ist zur Erreichung einer bestimmten Schwärzung immer die gleiche Beleuchtungsstärke erforderlich. Die Stellen gleicher Schwärzung auf den verschiedenen Bildern entsprechen demnach den Stellen des Lichtgebirges im Punktbild, an denen sich die Beleuchtungsstärken umgekehrt proportional zum Transmissionsgrad des Filters verhalten. Zur Verdeutlichung dieses Zusammenhanges möge Abb. 2 dienen. Hier ist schematisch die Schwärzung des Punktbildes in Abhängigkeit vom Radius für zwei verschiedene Graufilter dargestellt. Die Beleuchtungsstärken in der Filmebene, die zu einer bestimmten Schwärzung $S = S_0$ führen, sind gleich.

Bezeichnet man die Beleuchtungsstärke, die ohne Graufilter auf der Emulsion entstehen würde, in Abhängigkeit vom Radius r mit $I(r)$, so gilt für die beiden die in Abb. 2 markierten Stellen r_1, r_2:

$$I(r_1)\,\tau_1 = I(r_2)\,\tau_2\,.$$

Trägt man daher den Radius der Zonen, in denen die mit den verschiedenen Filtern hergestellten Punktbilder die Schwärzung S_0 erreichen, als Abszisse und die Kehrwerte der zugehörigen Transmissionsgrade als Ordinate auf, so erhält man die gesuchte Lichtverteilung im Punktbild. Um die Ausmessung der Radien mit möglichst großer Genauigkeit durchführen zu können, wurde als Aufnahmematerial ein Dokumentenfilm mit steiler Gradation gewählt. Die Radien wurden für $S_0 = 1$ gemessen.

Das optische System für die zweite Methode ist in Abb. 3 wiedergegeben. Es ist bis zur Abbildung der Lochblende auf die Netzhautebene das gleiche wie bei der ersten Methode. Im Gegensatz zu dieser ist jedoch hier an der Rückseite ein Fenster in das Auge geschnitten worden, so daß die durch die Pupille eintretenden Strahlen dort wieder austreten können. Ein Mikroobjektiv entwirft von dem in der Netzhautebene entstehenden Punktbild ein vergrößertes Bild auf der Emulsion. Die Auswertung des photographischen Bildes geschah in der gleichen Weise wie bei der ersten Methode.

Bei beiden Methoden war die Apparatur so angeordnet, daß das Auge mit der Pupille nach unten in einer halbkugelartigen Form aus Gips ruhte, die durch Abformung eines Auges hergestellt war. Die senkrechte Anordnung erwies sich als vorteilhaft, weil eine horizontale Lagerung leicht zu Verformungen des Auges führte und einen Astigmatismus hervorrief. Zur Stabilisierung des Augendrucks

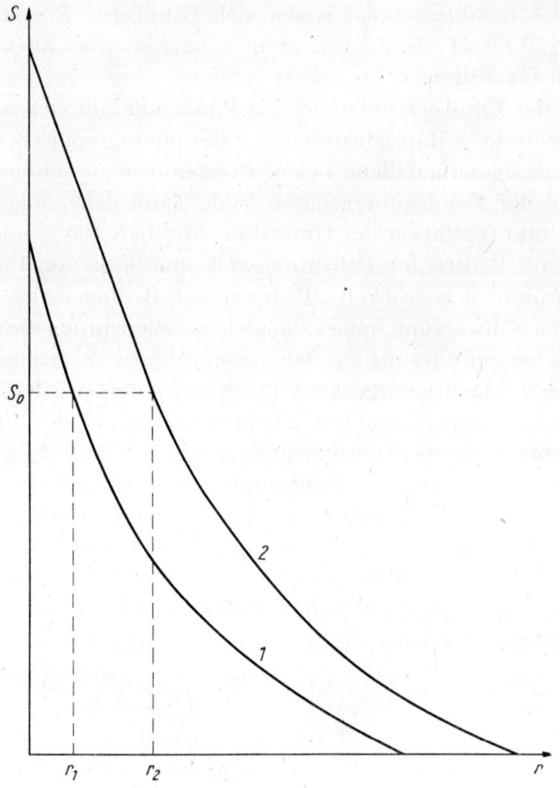

Abb. 2. Zur Ermittlung der Beleuchtungsstärke aus der Schwärzung der Punktbilder (schematisch).

Die Kurven 1, 2 entsprechen der Schwärzung S des Punktbildes in Abhängigkeit vom Radius R für zwei Graufilter mit den Transmissionsgraden τ_1, τ_2. Bei r_1, r_2 erreicht die Kurve 1 bzw. 2 den Schwärzungswert S_0.

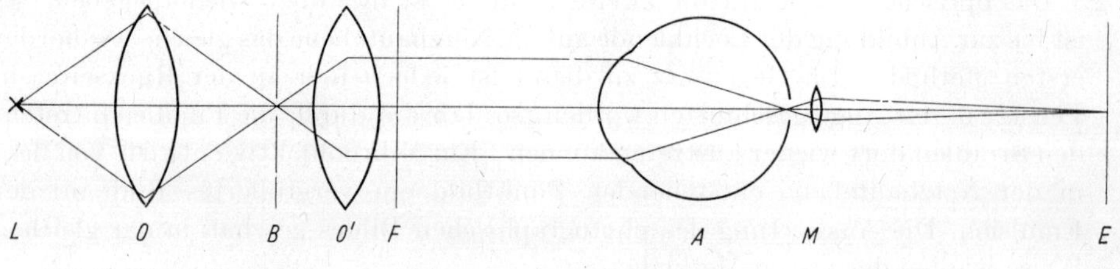

Abb. 3. Optisches System zur Messung des Punktbildes bei einfachem Durchgang durch die Augenmedien.

L	= Quecksilberhöchstdrucklampe	A	= Auge
O, O'	= Objektive ,,Ysarex", F = 105 mm	M	= Mikroskop — Objektiv
B	= Lochblende 50 μ Durchmesser	E	= fotographische Emulsion
F	= Graufilter		

wurde seitlich eine Injektionsnadel in den Glaskörper gestochen und mit einem Glasrohr verbunden. Auf diese Weise ließ sich der Druck der Augenmedien konstant auf 30 cm Wassersäule einstellen. Vor der Herstellung dieses Augendruckes hatten die meisten untersuchten Augen eine Kurzsichtigkeit von 6—8 dptr. Auch nach der Einstellung des Drucks waren die Augen noch schwach kurzsichtig. Diese restliche Kurzsichtigkeit ließ sich am besten durch geringe mechanische Verformung des Auges durch Druck auf die Rückseite korrigieren. Eine Korrektur der Fehlsichtigkeit durch Linsen verursachte Streulicht und Spiegelflecken, die die Messung beeinträchtigten. Das bei der zweiten Meßmethode erforderliche Fenster an der Augenrückseite wurde mit einem Trepan hergestellt. Es war ein kreisrundes Loch von 2 mm Durchmesser. Das Loch wurde durch ein Mikroskopdeckglas abgedeckt, damit eine optisch einwandfreie Fläche zwischen Luft und Glaskörper entstand.

Zur Messung fanden Rinderaugen Verwendung, die unmittelbar nach dem Tode der Tiere entnommen wurden. Der Transport vom Schlachthof zum Institut dauerte ca. 20 Minuten. Während dieser Zeit lagen die Augen in physiologischer Kochsalzlösung. Die Messung dauerte ca. 15 Minuten.

2. Zusammenhänge zwischen Punkt- und Spaltbild und Kontrastübertragungsfunktion

Zum Vergleich der Ergebnisse beider Methoden untereinander und mit den Ergebnissen der genannten Autoren müssen die funktionalen Zusammenhänge zwischen den verschiedenen gemessenen Lichtverteilungen untersucht werden.

Am durchsichtigsten ist die zweite Methode gemäß Abb. 3. Das auf der Emulsion entstehende Bild ist, sofern man die Aberrationen der Apparatur gegen die des Auges vernachlässigen kann, unmittelbar das vergrößerte Netzhautbild eines leuchtenden Punktes. Daß die Aberrationen der Apparatur vernachlässigt werden dürfen, wird im nächsten Abschnitt gezeigt.

Bezeichnen x, y die rechtwinkligen Koordinaten in der Netzhautebene, so möge $B(x, y)$ die Lichtverteilung des Punktbildes sein. Wegen der anzunehmenden Rotationssymetrie ist

$$B(x, y) = B(r)\,, \qquad r = \sqrt{x^2 + y^2} \tag{1}$$

zu setzen. Die KF ist die Fourier-Transformierte des Punktbildes:

$$D(u, v) = \int_{-\infty}^{+\infty} \int_{-\infty}^{+\infty} B(x, y)\, e^{-2\pi i (ux+vy)} dx\, dy\,. \tag{2}$$

Da die Fourier-Transformierte wiederum Rotationssymetrie besitzen muß, braucht man jedoch nur eine Variable zu transformieren und die zweite gleich Null zu setzen. Es ist dann

$$D(u, 0) = \int_{-\infty}^{+\infty} \int_{-\infty}^{+\infty} B(x, y)\, e^{-2\pi i u x}\, dx\, dy \tag{3}$$

oder mit Einführung von Polarkoordinaten $x = r\cos\psi$, $y = r\sin\varphi$, $u^2 + v^2 = \varrho^2$

$$D(\varrho) = D(u, 0) = \int\limits_0^\infty \int\limits_{-\pi}^{+\pi} B(r)\, e^{2\pi i r u \cos\psi}\, r\, dr\, d\psi$$

$$= 2\pi \int\limits_0^\infty B(r)\, I_0(2\pi r u)\, r\, dr\,. \tag{4}$$

Hier ist I_0 die Bessel-Funktion erster Art von der Ordnung Null. Um aus $B(r)$ das entsprechende Spaltbild $\overline{B}(x)$ zu berechnen, das bei der Abbildung eines Spaltes durch das gleiche System entstehen würde, hat man offenbar zu bilden

$$\overline{B}(x) = \int\limits_{-\infty}^{+\infty} B(x, y)\, dy\,. \tag{5}$$

Man kann das Spaltbild jedoch auch aus $D(\varrho)$ berechnen. Gemäß (3) ist

$$D(\varrho) = \int\limits_{-\infty}^{+\infty} \overline{B}(x)\, e^{-2\pi i \varrho x}\, dx\,, \tag{6}$$

also

$$\overline{B}(x) = \int\limits_{-\infty}^{+\infty} D(\varrho)\, e^{2\pi i \varrho x}\, d\varrho\,. \tag{7}$$

Um das durch die oben beschriebene erste Methode gewonnene Punktbild $B_1(r)$ in diesem Zusammenhang einzufügen, muß man das Reziprozitätstheorem der optischen Abbildung heranziehen. Dies besagt, daß die Orte von Objekt und Bild bei einem abbildenden System vertauscht werden können, wenn man gleichzeitig die geometrische Vergrößerung zwischen Objekt und Bild in den reziproken Wert verwandelt. Bei einer Abbildung eines leuchtenden Punktes von der Netzhaut auf die Emulsion und von der Emulsion auf die Netzhaut würden also geometrisch ähnliche Bilder entstehen. Da die Abbildung des Objektivs keine Änderung an der geometrischen Gestalt des Punktbildes hervorruft, entsteht demnach auf der Emulsion durch das in Abb. 1 gezeigte System ein Bild, das durch zweimalige Abbildung eines Punktes aus dem Unendlichen auf die Netzhaut erzeugt ist. $B_1(x, y)$ ist also bei Berücksichtigung der geometrischen Vergrößerung gleich der Faltung des Punktbildes $B(x, y)$ mit sich selbst

$$B_1(x, y) = \int\limits_{-\infty}^{+\infty} \int\limits_{-\infty}^{+\infty} B(\xi, \eta)\, B(x - \xi,\ y - \eta)\, d\xi\, d\eta\,. \tag{8}$$

Bezeichnet man mit $D_1(u, v)$ die Fourier-Transformierte von $B_1(x, y)$, so gilt nach dem Faltungssatz für Fourier-Integrale

$$D_1(u, v) = D^2(u, v)\,. \tag{9}$$

Zum Vergleich der beiden gemessenen Funktionen $B_1(r)$, $B(r)$ hat man demnach deren Hankel-Transformierte $D_1(\varrho)$, $D(\varrho)$ zu bilden. Es muß gelten

$$\sqrt{D_1(\varrho)} = D(\varrho)\,. \tag{10}$$

Da die experimentellen Kurven für $B_1(r)$, $B(r)$, wie sich zeigen wird, durch zwei Exponentialfunktionen angenähert werden können, läßt sich die HANKEL-Transformation analytisch ausführen. Man erhält den Zusammenhang [4]

$$\int_0^\infty r\, I_0\,(2\,\pi\, r\, \varrho)\, e^{-\alpha r} dr = \frac{C\,\alpha}{\{\alpha^2 + (2\,\pi\,\varrho)^2\}^{3/2}}\,. \qquad (11)$$

Da $D(\varrho)$ eine KF sein soll, muß die Konstante C so bestimmt werden, daß

$$D(O) = 1 \qquad (12)$$

wird.

Die inverse FOURIER-Transformation von $D(\varrho)$ läßt sich ebenfalls in geschlossener Form ausführen. Das Ergebnis lautet [1]

$$\overline{B}(x) = \int_{-\infty}^{+\infty} \frac{C\,\alpha}{\{\alpha^2 + (2\,\pi\,\varrho)^2\}^{3/2}}\, e^{2\pi i \varrho x} d\varrho = C_1\, \alpha^{3/4}\, x^{1/4}\, K_{1/4}\,(\alpha\, x)\,. \qquad (13)$$

Dabei ist $K_{1/4}(x)$ eine HANKELfunktion mit imaginärem Argument:

$$K_{1/4}(x) = 1/2\,\pi\, i^{5/4}\, H^{(1)}_{1/4}\,(i\, x)\,. \qquad (14)$$

3. Meßergebnisse

Die Abbildung 4 zeigt typische Punktbilder $B(r)$, $B_1(r)$ für einfachen bzw. doppelten Durchgang durch die Augenmedien, die an dem gleichen Rinderauge gemessen wurden. Auf der Abszisse ist der Radius auf der Netzhaut in mm aufgetragen. Die Ordinate trägt eine logarithmische Teilung in willkürlichen Einheiten für die Intensität. In der Abbildung sind je zwei Exponentialfunktionen mit gestrichelten und deren Summe mit einer ausgezogenen Linie eingezeichnet. Man sieht, daß durch eine Summe aus zwei Exponentialfunktionen die Meßwerte in befriedigender Weise wiedergegeben werden können. Eine derartige Approximation war bei allen gemessenen Punktbildern möglich. Daher bereitet die HANKEL-Transformation dieser Meßkurven keine Schwierigkeiten. Man gelangt dabei zu den in Abb. 5 wiedergegebenen KFen $D(\varrho)$ bzw. $\sqrt{D_1(\varrho)}$, die überraschend gut übereinstimmen. Als Abszisse sind Linien pro mm auf der Netzhaut aufgetragen. Ähnlich gute Übereinstimmung in beiden Meßmethoden konnte bei einer Reihe weiterer Rinderaugen erreicht werden.

Die KFen verschiedener Augen weisen beträchtliche Unterschiede auf. Die beste und schlechteste der bisher gemessenen Kurven sind in Abb. 6 dargestellt. Zugleich ist in diese Figur die KF der Apparatur eingezeichnet, die entstand, als man das Auge durch ein gutes photographisches Objektiv und einen weißen Schirm in dessen Brennebene ersetzte. Es ist ersichtlich, daß die KF der Apparatur erst bei Ortsfrequenzen berücksichtigt werden müßte, bei denen die Messung an den Tieraugen bereits keine große Genauigkeit mehr besitzt. Die Korrektur ist daher nicht durchgeführt worden.

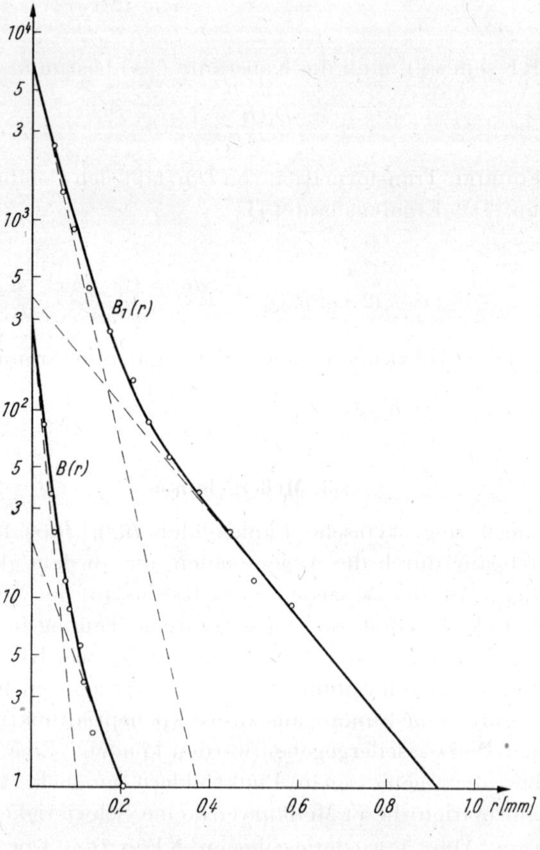

Abb. 4. Lichtverteilung im Punktbild.

Beleuchtungsstärke $B(r)$, $B_1(r)$ in einem von den Augenmedien erzeugten Punktbild in Abhängigkeit vom Radius. Ordinate logarithmisch in willkürliche Einheiten geteilt.
$B(r)$ bei einfachem, $B_1(r)$ bei doppeltem Durchgang durch die Augenmedien.
Gestrichelte Linien: Exponentialfunktionen
Ausgezogene Linien: Summe zweier Exponentialfunktionen als Approximation der Meßpunkte.

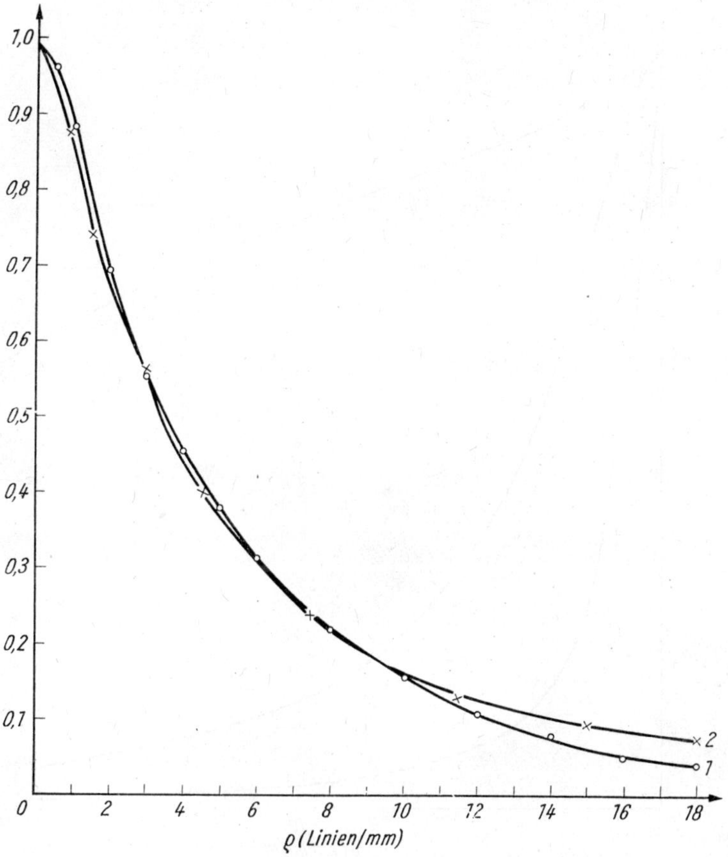

Abb. 5. Kontrastübertragungsfunktion eines Rinderauges.

Kurve 1: Kontrastübertragungsfunktion $D(\varrho)$, ermittelt bei einfachem Durchgang durch die Augenmedien nach Abb. 3 entsprechend der HANKEL-Transformierten von $B(r)$.

Kurve 2: Kontrastübertragungsfunktion $\sqrt{D_1(\varrho)}$, ermittelt bei doppeltem Durchgang durch die Augenmedien nach Abb. 1 entsprechend der Wurzel aus der HANKEL-Transformierten von $B_1(r)$.

Die angegebenen Punkte sind aus den entsprechenden Kurven in Abb. 4 berechnet und durch die ausgezogenen Kurven interpoliert. Als Abszisse sind Linien pro Millimeter auf der Netzhaut angegeben.

Damit die Veränderung des Punktbildes bei Abbildung außerhalb der Achse untersucht werden konnte, wurde der Augenhalter drehbar montiert und das Punktbild bei $\pm 15°$, $\pm 10°$, $\pm 5°$, $0°$ Neigung der Augenachse gegen die optische Achse der Apparatur gemessen. Die Ergebnisse sind in Abb. 7 dargestellt. Die waagerechten Striche deuten die Streubreite der Meßpunkte bei den sieben Win-

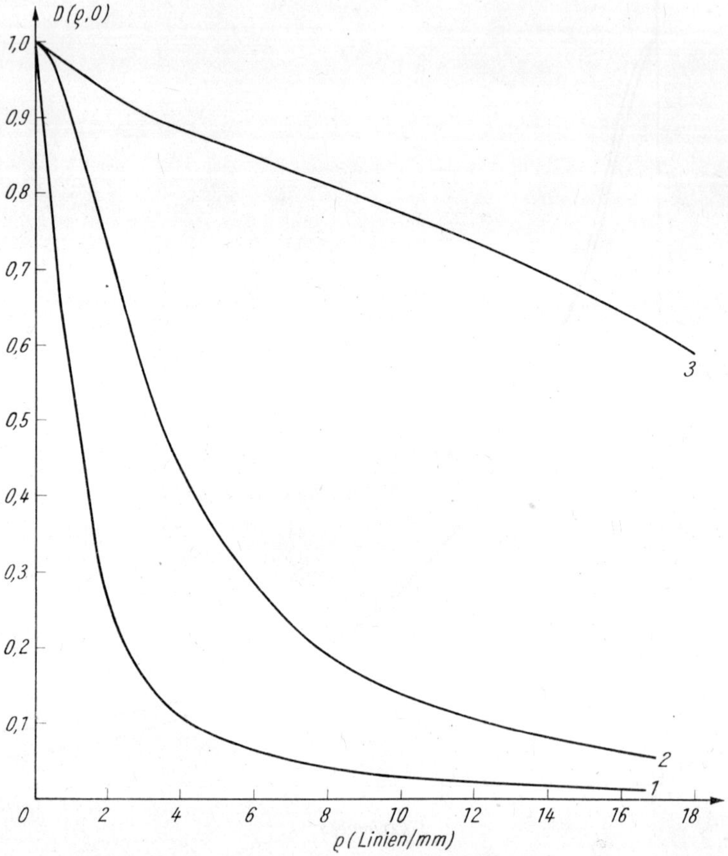

Abb. 6. Unterschiede in den Kontrastübertragungsfunktionen verschiedener Rinderaugen. (1) schlechteste, (2) beste bisher an Rinderaugen gemessene Kontrastübertragungsfunktion. Zum Vergleich die Kontrastübertragungsfunktion der Apparatur ohne Auge (3). Abszisse: Linien pro Millimeter auf der Netzhaut.

kelstellungen an. Die ausgezogene Kurve ist willkürlich durch die Meßpunkte gelegt worden. Während der relativ langen Zeit (ca. 90 Min.), die diese Messung beanspruchte, sind Veränderungen des Punktbildes infolge Trübung der Augenmedien und Austrocknung der Hornhaut denkbar. Daher wurden für jedes Graufilter alle Winkelstellungen nacheinander photographiert, bevor zur nächsten Filterstufe übergegangen wurde. Die Meßwerte für die einzelnen Werte der Beleuchtungsstärke des Punktbildes in Abb. 7 liegen also zeitlich dicht beieinander.

Die Ergebnisse für die verschiedenen Winkelstellungen zeigen keine systematische Abweichung voneinander. Die Streubreite kann aus den örtlichen Schwankungen des Reflexionsvermögens im Bereiche der Blutgefäße der Netzhaut erklärt werden. Da die Einstellung der Winkel für jede Filterstufe wiederholt werden mußte, waren kleine Abweichungen bei der Einstellung nicht zu vermeiden. Dabei konnten durch solche Blutgefäße der Netzhaut leicht Schwankungen im Reflexionsgrad der Netzhaut entstehen. Bei Berücksichtigung dieses Umstandes kann das Meßergebnis von Abb. 7 als Bestätigung der Isolplanasie in einem Netzhautbereich von 15° Ausdehnung angesehen werden.

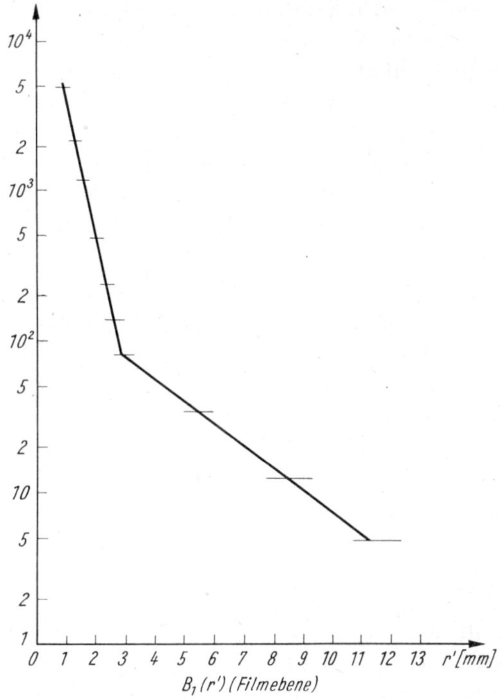

Abb. 7. Variationen des Punktbildes bei verschiedener Neigung des Auges gegen die Bündelachse.

Die waagrechten Striche deuten die Variation des Punktbildes bei 7 verschiedenen Winkeln der Augenachse gegen die optische Achse der Apparatur (Abb. 1) ± 15°, ± 10°, ± 5°, 0° an. Die ausgezogene Kurve interpoliert annäherungsweise die Schwerpunkte der 7 Meßwerte. Als Abszisse ist der Durchmesser des Punktbildes in der Filmebene angegeben (Seitenvergrößerung zwischen Filmebene und Netzhaut 4,9-fach).

4. Diskussion der Ergebnisse

Wie der Vergleich der Messungen nach den beiden benutzten Methoden (Abb. 5) zeigt, stimmen die Ergebnisse im Rahmen der Meßgenauigkeit überein. Die Abweichungen der aus den Punktbildern berechnenden KFen bei höheren Ortsfrequenzen lassen sich leicht erklären. Die Meßpunkte lassen zweifellos in der Extrapolation der Kurve $B(r)$ bzw. $B_1(r)$ gegen den Wert bei $r = 0$, der experimentell nicht zugänglich ist, eine Unsicherheit. Die Approximation der Meßpunkte durch eine Exponentialfunktion enthält demnach eine gewisse Willkür. Bei der Hankel-Transformation wirkt sich aber gerade der Verlauf bei $r = 0$ besonders auf die Gestalt der Transformierten $D(\varrho)$ bzw. $D_1(\varrho)$ bei großen Werten von ϱ aus. Demnach ist eine kleine Diskrepanz zwischen $\sqrt{D_1(\varrho)}$ und $D(\varrho)$ bei großen Werten von ϱ leicht zu erklären.

Damit die Beziehung

$$\sqrt{D_1(\varrho)} = D(\varrho)$$

als gültig angenommen werden kann, muß vorausgesetzt werden, daß das bei der Messung von $B_1(r)$ auf die Netzhaut auftreffende Licht inkohärent reflektiert wird, da sonst die Multiplikation von KFen nicht gestattet ist. Ferner muß die Reflexion diffus erfolgen, da anderenfalls für das austretende Licht eine andere Pupillenöffnung wirksam ist als für das eintretende. Das würde für ein- und austretendes Licht verschiedene KFen bedingen. Die Struktur der Netzhaut und der Stiles-Crawford-Effekt lassen eine gerichtete Reflexion an der Netzhaut möglich erscheinen. Außerdem muß bedacht werden, daß die Netzhaut unter dem Einfluß von Licht gebleicht wird und dadurch ihr Reflexionsvermögen ändert, so daß das helle Zentrum des Punktbildes stärker reflektiert wird als die dunkle Randzone. Dieser Effekt ist bei toten Augen nicht sehr ausgeprägt, weil der Sehpurpur in der toten Netzhaut nur bis zu einem gewissen Grade regeneriert wird, und spielt bei den beschriebenen Untersuchungen keine Rolle. Beim lebenden Auge wird er dagegen möglicherweise berücksichtigt werden müssen. Der Effekt bewirkt eine Überhöhung des Zentrums und dadurch eine größere Steilheit des Punktbildes. Die Folge ist eine scheinbar bessere KF. Die gefundene Übereinstimmung der beiden Methoden zeigt, daß die genannten Voraussetzungen hinreichend gut erfüllt waren.

Um die gewonnenen Resultate mit denen von F. Flamant und D. de Mott vergleichen zu können, muß man das Punktbild in das entsprechende Spaltbild umrechnen. Dazu dient die Beziehung (13). Die Resultate sind in Abb. 8 wiedergegeben. Die Abszisse dieser Abbildung ist in Sehwinkelminuten statt in mm geteilt, damit ein direkter Vergleich zwischen menschlichen und Tieraugen möglich ist. Zur Umrechnung wurde die reduzierte auf Luft bezogene Brennweite des Rinderauges zu 21 mm ermittelt. Die Abb. 8 enthält das Ergebnis von Flamant, das einen Mittelwert aus einer großen Zahl von Messungen darstellt, das Ergebnis von de Mott und die Umrechnung der beiden in Abb. 6 dargestellten KFen, also die Grenzfälle der bei der hier beschriebenen Untersuchung erhaltenen Funktionen. Außerdem sind noch Werte eingetragen, die de Mott aus Meßergebnissen von Flamant berechnete. Man sieht, daß die de Mottschen Ergebnisse in den bei der vorliegenden Untersuchung gefundenen Variationsbereich fallen, daß die Gestalt des Spaltbildes aber wesentlich verschieden ist. Die Messung von F. Flamant zeigt einen stärkeren Abfall aber eine ähnliche Gestalt des Spaltbildes. Möglicherweise ist in dem Flamantschen Ergebnis die Auswirkung der eben erwähnten Netzhautausbleichung zu berücksichtigen. Der Verfasser kann sich allerdings der Ansicht von DE MOTT, daß die Rinderaugen die gleiche KF wie menschlichen Augen haben sollten, nicht anschließen. Die bei fast allen Augen bemerkte Kurzsichtigkeit deutet darauf hin, daß die Seheigenschaften unterschiedlich sind. Außerdem hatte bei der Anordnung von DE MOTT der abgebildete Spalt einen undefinierten und für die normale Augenfunktion zu kurzen

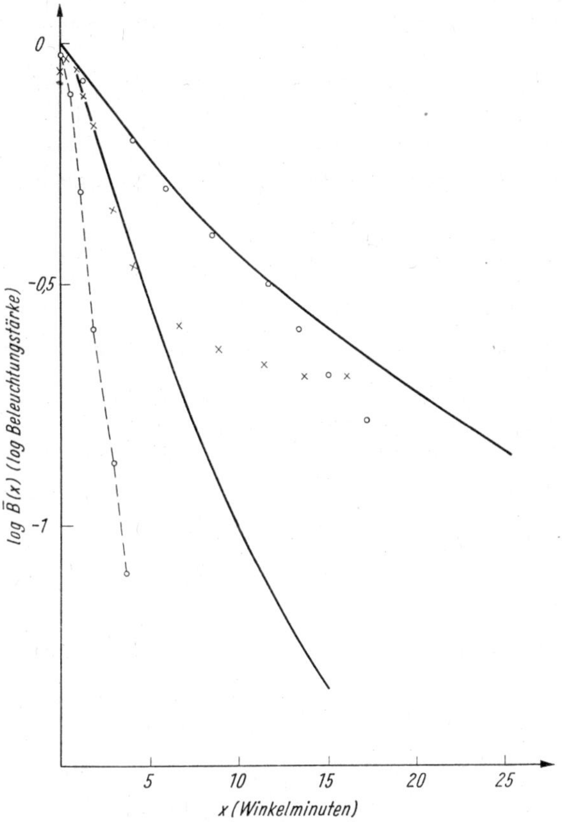

Abb. 8. Lichtverteilung im Spaltbild auf der Netzhaut nach verschiedenen Untersuchungen.
Gestrichelte Kurve: Spaltbild auf der Netzhaut des lebenden menschlichen Auges nach F. FLAMANT. Kreuze: Spaltbild auf der Netzhaut enukliierter Rinderaugen (nach Messungen von D. DE MOTT). Kreise: Spaltbild auf der Netzhaut des lebenden menschlichen Auges (nach Messungen von F. FLAMANT, berechnet von D. DE MOTT). Ausgezogene Kurven: Spaltbilder auf der Netzhaut enukliierter Rinderaugen, aus den in dieser Arbeit mitgeteilten Messungen des Punktbildes (Abb. 6) berechnet für das beste und das schlechteste der untersuchten Augen. Die Abszisse ist in Sehwinkelminuten geteilt.

Abstand von der Hornhaut. Die abweichende Gestalt kann dadurch verursacht sein. Durch Messung der toten Tieraugen ist nach Ansicht des Verfassers über die KF menschlicher Augen kaum genauere Kenntnis zu erlangen.

Es ist beabsichtigt, nach Feststellung der Äquivalenz der zwei beschriebenen Methoden Untersuchungen an menschlichen Augen auszuführen.

Zusammenfassung

Das optische Bild, das von einer punktförmigen Lichtquelle auf der Netzhaut enukliierter Rinderaugen erzeugt wird, wurde mit zwei verschiedenen Methoden ausgemessen. Bei der einen Methode wurde in die Rückseite des Auges ein Fenster geschnitten, so daß das Punktbild unmittelbar zugänglich war.

Die zweite Methode nutzte die diffuse Reflexion des Lichtes an der Netzhaut aus und lieferte das Punktbild nach zweimaligem Durchgang durch die Augenmedien.

Beide Methoden führten zu übereinstimmenden Resultaten. Es zeigte sich, daß das Punktbild an einem Bereich von 15° isoplanatisch ist. Die Punktbilder wurden in die entsprechende Kontrastübertragungsfunktion und Spaltbilder umgerechnet und mit den Ergebnissen anderer Autoren verglichen.

Institut für med. Optik der Universität München

Literatur

[1] Campbell, G. A. and Foster, R. M., Fourier integrals for practical applications. New York 1951, S. 61.

[2] Flamant, F., Etude de la repartition de lumière dans l'image rétinienne d'une fente. Revue d'Optique **34** (1955) 433—459.

[3] de Mott, D. W., Direct measures of the retinal image. J. opt. Soc. Am. **49** (1959) 571—579.

[4] Watson, G. N., A treatise on the theory of Bessel functions. Cambridge 1922, S. 386.

H. SCHOBER, München

Die gegenwärtigen Vorstellungen über die Entstehung der Gesichtsempfindung

Die experimentellen Untersuchungen und die auf ihnen fußenden Theorien, die von den großen Sinnesphysiologen in der zweiten Hälfte des 19. und zu Beginn dieses Jahrhunderts entwickelt worden sind, haben feste und selbst in ihren Einzelheiten bis in die allerletzte Zeit niemals ernstlich umstrittene Vorstellungen über den Mechanismus der photochemischen Reizaufnahme in der Netzhaut entstehen lassen. Die 1877 durch Boll erfolgte Entdeckung des *Sehpurpurs* (Rhodopsin) und die in der Folgezeit durch die ausführlichen und exakten Arbeiten von Kühne, Lasareff, Trendelenburg, Hecht, Lythgoe u. a. begründete Deutung dieser Substanz als lichtempfindlicher Sehstoff für das nächtliche Sehen wurde vor allem im ersten Jahrzehnt unseres Jahrhunderts durch die in den Gartenschen *Optogrammen* anschaulich gezeigte Analogie zur photographischen Emulsion, d. h. durch die Sichtbarmachung der einer photographischen Aufnahme verblüffend ähnlichen Ausbleichungsbilder des Sehpurpurs in der Netzhaut, selbst den der Naturwissenschaft und Medizin ferner stehenden Kreisen deutlich gemacht. Unter diesen Umständen ist verständlich, daß nahezu ausnahmslos alle in dieser Zeit entwickelten Theorien des Sehvorgangs ausgesprochen photochemische Gedanken wiedergeben.

Der Sehpurpurzerfall wurde vor allem durch die Arbeiten von S. Hecht und seiner Schüler geradezu zum Paradebeispiel eines photochemischen Vorganges, den man heute auch im Reagenzglas analytisch und molekularkinetisch bis in die letzten Einzelheiten verfolgen kann. Durch die Untersuchungen von Houston, Broda, Goudeve und Lythgoe, von Hubbard und nicht zuletzt von G. Wald ist bewiesen, daß es sich beim Sehpurpur um ein großes Eiweißmolekül mit dem ungefähren Molekulargewicht von 40 000 handelt, das in die Gruppe der sogenannten Chromoproteide gehört, als deren wichtigster Vertreter das Hämoglobin des Blutes bekannt ist. Neben der Hauptform des Sehpurpurs, dem *Rhodopsin*, mit einem Absorptionsmaximum bei 503 nm gibt es vor allem in bestimmten Fischaugen eine Nebenform, das *Porphyropsin*, dessen Absorptionsmaximum bei 522 nm liegt. Beide Substanzen unterscheiden sich lediglich in der dem Eiweißrest angehängten Farbträgergruppe. Der über eine Reihe von Zwischenstufen (Sehorange, Indikatorgelb usw.) ablaufende Ausbleichungsvorgang des Sehpurpurs zum Sehgelb (Retinen) ist eindeutig photochemisch bedingt; er gehorcht dem Massenwirkungsgesetz und kehrt sich im Dunkeln um, während die weitere Ausbleichung des Retinens zum Sehweiß (Vitamin A) aller Wahrscheinlichkeit nach durch enzymatisch gesteuerte Vorgänge erfolgt.

In einem einzigen Netzhautstäbchen findet man zwischen 5 Millionen und 2 Milliarden Sehpurpurmoleküle, wie aus Gewichtsmessungen bekannt ist. Die Sehpurpurmoleküle bilden also rund 20% der Stäbchenmasse. Mit Hilfe des Elektronenmikroskops konnte Sjöstrand vor einigen Jahren zeigen, daß die Stäbchenaußenglieder in Kammern von etwa 4,1 nm Breite eingeteilt sind, deren Dimensionen recht gut mit dem von Hubbard berechneten Durchmesser des Sehpurpurmoleküls übereinstimmen. Man kann also vermuten, daß jede einzelne Kammer ein Sehpurpurmolekül trägt. Diese Beobachtung hat für die weiter unten erörterte Deutung der Vorgänge bei der Empfindungsschwelle zu ganz bestimmten Hypothesen geführt.

Die Existenz von zwei verschiedenen spektralen Empfindungskurven, nämlich der sogenannten Tageskurve (*Zapfenkurve*) und der Kurve für das nächtliche Sehen (*Stäbchenkurve*), das Bestehen von zwei äußerlich gut unterscheidbaren Rezeptorarten nicht nur in der menschlichen, sondern auch in der Netzhaut vieler Tiere, nämlich der kolbig aufgetriebenen Zapfen und der feingliederigen Stäbchen, weiter das vom Prager Physiologen E. Purkinje, einem Zeitgenossen Goethes, entdeckte Phänomen (Helligkeitswechsel der Farben bei abnehmender Gesichtsfeldleuchtdichte), die ungleichmäßige Verteilung von Zapfen und Stäbchen in der menschlichen Netzhaut und endlich die damit in Verbindung gebrachte Tatsache, daß nur der zapfentragende zentrale Teil der Netzhautgrube, die Foveola, nachtblind ist, während umgekehrt die nahezu zapfenfreie, aber stäbchenreiche Netzhautperipherie bereits am Tage genauso farbenblind ist wie die gesamte Netzhaut in der Nacht, haben J. v. Kries zu Beginn dieses Jahrhunderts zur Aufstellung seiner so außerordentlich fruchtbaren *Duplizitätstheorie* des Sehens veranlaßt. Demnach besitzt die Netzhaut zwei verschiedene Rezeptorsysteme, nämlich die hochempfindlichen, dafür aber farbenblinden und durch geringe Sehschärfe ausgezeichneten Stäbchen für das nächtliche Sehen und die zwar wesentlich unempfindlicheren, dafür aber farbentüchtigen und in der Foveola durch ihre hohe Sehschärfe ausgezeichneten Zapfen für das Tagessehen. Nur bei sehr niedrigen Leuchtdichten (unter 0,03 cd/m^2) wird die Gesichtsempfindung allein durch die Stäbchen und nur bei sehr hohen Leuchtdichten (über 300 cd/m^2) wird die Gesichtsempfindung allein durch die Zapfen vermittelt; im Zwischenbereich des Dämmerungssehens sind beide Rezeptororgane in wechselnden Anteilen nebeneinander tätig. Die von Kriessche Duplizitätstheorie ist in der Folgezeit durch eine große Reihe weiterer Beobachtungen an den zapfenfreien Netzhäuten der Nachttiere und an stäbchenfreien Netzhäuten anderer Tiere, durch Adaptationsuntersuchungen, durch Bestimmung der Empfindungszeit, durch die elektrophysiologischen Beobachtungen von Einthoven, Piper und viele andere weiter untermauert worden. Sie hat ihre praktische Bewährung in der Trendelenburgschen Adaptationsbrille gefunden, deren Rotfilter das Eindringen von kurzwelligerer Strahlung als 620 nm ins Auge verhindert. Da für Strahlung oberhalb dieser Wellenlänge zwar die Zapfen, nicht aber die Stäbchen der Netzhaut empfindlich sind, kann während des Tragens der Trendelenburgschen Adaptationsbrille bei ausreichender Beleuchtung zwar noch genügend gesehen werden, dennoch aber die Stäbchenadaptation ungehindert ablaufen und damit die Adaptationszeit beträchtlich verkürzt werden.

Die großen Erfolge der photochemischen Deutung aller mit dem Sehpurpur und dem nächtlichen Sehen zusammenhängenden Fragen und die restlose Übereinstimmung zwischen den theoretischen Berechnungen und den experimentellen Erfahrungen ließen es in Anbetracht der eben geschilderten Existenz von zwei verschiedenen, aber in ihrem Aufbau sehr ähnlichen *spektralen Empfindlichkeitskurven* des menschlichen Auges für das Tages- und Nachtsehen in jeder Weise begreiflich erscheinen, daß man in beiden Fällen den gleichen photochemischen Vorgang zu Grunde legen wollte und daher sofort die Suche nach Sehstoffen für das Tagessehen, den sogenannten *Zapfensehstoffen*, aufnahm. Hier mußte man aber eine bis zum heutigen Tag bestehende herbe Enttäuschung hinnehmen. Die erwarteten Zapfensehstoffe wurden nämlich niemals aufgefunden. Jede Meldung über ihre Entdeckung mußte nach mehr oder weniger langer Zeit wieder dementiert werden. Das gilt sowohl von den STUDNITZschen Tagessehstoffen als auch für den neuerdings von G. WALD in der Kückennetzhaut entdeckten Sehstoff Iodopsin, dessen Existenz zwar in der stäbchenfreien Hühnernetzhaut einwandfrei ist, der aber in der Netzhaut von Säugetieren oder gar der menschlichen Netzhaut nicht aufgefunden werden konnte. Dieser Zustand ist um so verwunderlicher, als viele Autoren zur Erklärung der noch zu besprechenden YOUNG-HELMHOLTZschen Dreifarbentheorie nicht nur einen, sondern sogar drei verschiedene Zapfensehstoffe forderten. Man hat ob dieses merkwürdigen Paradoxons begreiflicherweise auch sehr oft darüber diskutiert, ob nicht vielleicht der Sehpurpur in den Netzhautzapfen als Tagessehstoff oder zumindest als einer der Tagessehstoffe wirken könne (WEIGERT, TALBOT, WILLMER u. a.). Gewisse Anhaltspunkte für eine solche Auffassung ergaben sich aus verschiedenen experimentellen Beobachtungen, so vor allem aus dem auffallenden Zusammenhang zwischen einer Einschränkung des Blau-Gesichtsfeldes und dem Auftreten von Nachtblindheit (PILLAT, SCHOBER), der von A. KÖNIG entdeckten und neuerdings von WRIGHT und WILLMER bestätigten *Blaublindheit* der stäbchenfreien Zone in der Foveola usw. Selbst der Elektrophysiologe R. GRANIT und die schon genannten physiologischen Chemiker S. HECHT und R. LYTHGOE standen einer solchen Auffassung nicht unbedingt ablehnend gegenüber. Bevor aber über diese Frage weiter gesprochen werden soll, erscheint es notwendig, noch einige weitere Ausführungen über das Farbensehen zu machen.

Nachdem schon I. NEWTON die Dreidimensionalität der Farberregung (Farbvalenz) erkannt und im Jahre 1853 der Physiker J. GRASSMANN mit seinen bis heute unangefochten gebliebenen drei Grundgesetzen für die Farbmischung auch klar begründet hatte, kam es zu der zuerst von TH. YOUNG und später besonders von H. v. HELMHOLTZ aufgestellten *Dreifarbenhypothese*, durch die eine besonders einfache Deutung für die Dreidimensionalität des Farbvalenzraumes, eine Erklärung der Farbenfehlsichtigkeit (die als partielle Farbenfehlsichtigkeit ebenfalls in drei Formen auftritt) und eine heute in mehreren Farbmeßgeräten auch technisch benutzte Kennzeichnung und Methodik der farbmetrischen Rechnungen möglich wurde. Während Helmholtz noch die Möglichkeit einer Drei-Rezeptoren-Hypothese oder einer Drei-Sehstoff-Hypothese offen ließ, hat sein Schüler W. v. Bezold der letzteren das bei weitem stärkere Gewicht gegeben und die bis heute noch nicht zur Ruhe gekommene Suche nach den drei Tagessehstoffen veranlaßt.

Die Young-Helmholtzsche Dreifarbenhypothese ist niemals so allgemein anerkannt worden wie die v. Kriessche Duplizitätstheorie für die Unterschiede zwischen Tages- und Nachtsehen. Schon der bedeutendste physiologisch tätige Zeitgenosse von Helmholtz, nämlich E. Hering, hat einen großen Teil der bei der Dreifarbenhypothese auftretenden Schwierigkeiten klar erkannt und eine Gegenhypothese aufgestellt, die leider vor allem in den Kreisen der Physiker und Chemiker, aber auch bei vielen Physiologen, nicht die genügende Beachtung gefunden hat. Wegen ihrer heute wiedererkannten Bedeutung seien auch ihre Grundgedanken kurz erläutert. Nach Hering entstehen die drei polaren Valenzgruppen Schwarz—Weiß, Rot—Grün und Blau—Gelb durch den jeweiligen Zerfalls- bzw. Wiedervereinigungsprozeß von drei verschiedenen Sehstoffarten, die jeweils auf ihnen entsprechenden Rezeptoren sitzen. Stehen der Zerfalls- und Wiedervereinigungsprozeß der Sehstoffe im Gleichgewicht, so wird nur „Unbunt" empfunden. Das ist beispielsweise bei der gleichteiligen Mischung von Rot und Grün, oder Blau und Gelb der Fall. Überwiegt am Rot—Grün-Rezeptor der Zerfallsprozeß (dissimilatorischer Prozeß), so handelt es sich um eine rötliche Farbvalenz, die zu einer Rotempfindung führt; überwiegt der Wiederbildungsprozeß (assimilatorischer Prozeß), so handelt es sich um eine grünliche Farbvalenz, die zu einer Grünempfindung führt. Am Blau—Gelb-Rezeptor kommt beim Überwiegen des dissimilatorischen Prozesses eine gelbliche, beim Überwiegen des assimilatorischen Prozesses eine bläuliche Empfindung zustande. Dadurch reguliert der Schwarz—Weiß-Rezeptor zu einem wesentlichen Anteil die Helligkeit und Sättigung des Farbeindrucks. Beim Gleichgewicht von assimilatorischen und dissimilatorischen Prozessen an sämtlichen Rezeptoren entsteht eine ganz bestimmte mittlere Grauempfindung, das sogenannte *Eigengrau der Netzhaut*. Es entspricht dem Eindruck bei geschlossenen Augen oder bei vollkommener Dunkelheit.

Obwohl die Young-Helmholtzsche Dreifarbentheorie, wie bereits erwähnt, die Grassmannschen Gesetze der Farbmetrik und die Erscheinungen der Farbenfehlsichtigkeit außerordentlich einfach deuten kann, führt sie doch zu einer Reihe von Schwierigkeiten, die im folgenden erörtert werden sollen. Einmal ist es bis zum heutigen Tage weder gelungen, auch nur einen, geschweige denn, drei verschiedene Arten von Tagessehstoffen, oder unterschiedliche Arten von Netzhautzapfen zu finden. Im Gegenteil deuten die neueren histologischen und elektronenmikroskopischen Studien an den Netzhautrezeptoren im Tierreich, aber auch beim Menschen, in der Richtung, daß nicht einmal zwischen dem Feinbau der Zapfen und Stäbchen ein signifikanter Unterschied vorhanden ist. Bei vergleichenden anatomischen Studien findet man wohl geringfügige Variationen, aber letzten Endes alle Übergangsformen zwischen Zapfen und Stäbchen, niemals jedoch unter den Zapfen selbst drei charakteristische Typen, obwohl die GRASSMANNschen Gesetze in entsprechender Variation der Primärvalenzen (Grundfarben) selbst für Insekten gelten, wie VON FRISCH bei den Bienen zeigen konnte. Noch größere Schwierigkeiten macht es aber, daß man bei einer Dreisehstoffhypothese eine der wichtigsten Forderungen der Nervenphysiologie, das von J. MÜLLER vor fast 150 Jahren entdeckte Gesetz der spezifischen Sinneserregung und das „Alles — oder Nichtsgesetz" verletzen muß. Da nämlich die einzelne Nervenfaser einen frequenzmodulierten Wechselstrom weiterleitet, hat sie nur die Fähigkeit, Informationen über ein einziges Merkmal zu übermitteln. Sie könnte daher auch nicht zwischen der durch einen Sehstoff hervorgerufenen Helligkeitserregung und beispielsweise der Farberregung durch einen anderen Sehstoff unterscheiden. Jede Drei-Sehstoff-Hypothese ist daher nur in Verbindung mit einer Drei-Faser-Hypothese und damit letzten Endes auch einer Drei-Rezeptoren-Hypothese denkbar. Eine weitere wesentliche Schwierigkeit für die YOUNG-HELMHOLTZsche Theorie ergibt sich aus der Farbunabhängigkeit der Sehschärfe, die mehrfach experimentell überprüft und bestätigt wurde (SCHOBER und YOUNG, HARTRIDGE, ROAF, SHLAER, SMITH und CHASE). Dabei wurde die chromatisch bedingte Fehlsichtigkeit des abbildenden Systems im Auge korrigiert, um zu vermeiden, daß eine Herabsetzung der Sehschärfe durch sie bedingt ist. Ein Ausweg aus diesem Dilemma läßt sich nur durch die von HARTRIDGE und SILBERSTEIN aufgestellte „*Haufentheorie der Rezeptoren*" finden. Nach ihr sollen die einzelnen Farbrezeptoren in der Netzhaut nicht nach statistischen Gesetzmäßigkeiten, sondern in mehr oder weniger großen gleichartigen Haufen angeordnet sein. In Folge dieser bis heute allerdings ebenfalls unbewiesen gebliebenen Annahme müßte beim Übergang von einer Farbe zur andern die Fixierrichtung wechseln. HARTRIDGE glaubt, das „Farbfunkeln der Sterne" und den von HOLMGREEN beobachteten momentanen Farbwechsel bei mit starrem Blick angesehenen Fixsternen auf diesem Wege deuten zu können. Von weiteren, mehr die psychologische Seite, also die Farbempfindung, betreffenden Schwierigkeiten der YOUNG-HELMHOLTZschen Theorie, wie beispielsweise der kaum deutbaren empfindungsgemäßen Beobachtung von vier Grundfarben (Urrot, Urgelb, Urgrün und Urblau), der Entstehung von Gegenfarben, der Schwierigkeit bei der Klärung verschiedener Kontrastphänomene, der auf diesem Wege nicht zu erwartenden Identität des in der Netzhautperipherie gesehenen „Stäbchenweiß" mit dem „Zapfenweiß" der Foveola usw. soll hier nicht weiter die Rede sein, da es sich nicht um grundsätzlich unlösbare Probleme handelt.

Gegen die HERINGsche Theorie, wenn sie ebenfalls als Sehstofftheorie gedeutet wird, bestehen aber noch größere Bedenken. Vor allem sind nirgendwo im biologischen Geschehen lichtempfindliche Substanzen gefunden worden, die sich so verhalten, wie es HERING fordern muß. Eine andere Grundforderung der HERINGschen Theorie, nämlich die Forderung nach einem Vierfarbensystem, bietet hingegen, wie SCHOUTEN rechnerisch gezeigt hat, keine grundsätzliche Schwierigkeit. Man kann auch auf dem Wege der HERINGschen Theorie die GRASSMANNschen Farbmischregeln erfassen und darüber hinaus sogar noch eine allerdings etwas gekünstelte Erklärung weiterer physiologisch-optischer Phänomene, wie des PURKINJEschen, des BRÜCKE-BEZOLDschen und des BEZOLD-ABNEYschen Phänomens geben. Das PURKINJEsche Phänomen bedeutet das Hellerwerden der blauen und das Dunklerwerden der roten Farbvalenzen beim Übergang von Tages- zum nächtlichen Sehen, das BRÜCKE-BEZOLDsche Phänomen zeigt, daß bei geringer Helligkeit nur mehr zwei Farbvalenzen, nämlich Rot und Grün, das BEZOLD-ABNEYsche Phänomen, daß bei hoher Helligkeit nur Gelb und Blauviolett erkannt werden können. Große Schwierigkeiten bereitet der HERINGschen Theorie dagegen die Deutung der verschiedenen Arten von partieller Farbenfehlsichtigkeit. Nach ihr würde man nur zwischen Rot—Grün und Blau—Gelb-Störungen unterscheiden können; der mit Hilfe des NAGELschen Anomaloskops auch quantitativ beobachtbare Unterschied zwischen Proto- und Deutero-Störungen wäre in keiner Weise begründet.

Da die Untersuchungen über das Farbensehen uns zunächst in der Forschung der Grundvorgänge des Sehprozesses nicht weitergeführt haben, hat man versucht, auf anderen Wegen eine Einsicht in den Vorgang der optischen Sinneserregung zu bekommen. Hier kommt zweifellos den experimentellen Erfahrungen über die absolute Sehschwelle und ihrem Zusammenhang mit der Quantenabsorption eine Schlüsselstellung zu. Zahlreiche Autoren (v. KRIES und EYSTER, HECHT, SHLAER und PIRENNE, VAN DER VELDEN, MÜLLER-LIMMROTH, RITZLER, MEURERS und ESPER, REEVES u. a.) haben nachgewiesen, daß die Schwelle für die Gesichtsempfindung nicht nur durch die Hornhautbeleuchtungsstärke und Wellenlänge der erregenden Strahlung, sondern wesentlich auch durch die Ausdehnung und Lage des Netzhautbildes bestimmt wird. Für sehr ausgedehnte Lichtquellen, also ausgedehnte Netzhautbilder, hat man weitgehend übereinstimmend für die Wellenlänge von 512 nm (das Gebiet der höchsten Stäbchenempfindlichkeit) die absolute Schwelle im parafovealen Sehen bei einer auf die Hornhaut auffallenden Beleuchtungsstärke von 10^{-9} lx gefunden. Unter Berücksichtigung des Zahlenwertes für das mechanische Lichtäquivalent und der Größe der Lichtquanten bei 512 nm erhält man daraus einen Betrag von rund 100 auf die Hornhaut auffallenden Strahlungsquanten. Von diesen erreicht allerdings ein großer Teil die Sehpurpurmoleküle nicht. Man kann aber aus Messungen über die Absorption der Augenmedien und dem prozentualen Anteil des Sehpurpurs am Netzhautgewicht zum Schluß kommen, daß rund 5 Lichtquanten notwendig sind, um in der Netzhaut eine Sinneserregung hervorzurufen. Auf ähnliche Werte kommt man auch mit Hilfe der *Treffertheorie*, vor allem mit Überlegungen über das POISSONsche Gesetz und die sogenannte CROZIER-Konstante. Alle diese Berechnungen weisen in die gleiche Größenordnung, nämlich auf einen Betrag zwischen 2 und 10 Lichtquanten hin, die für die Schwellenerregung notwendig sind. Eine genaue Entscheidung, wieviele Lichtquanten im Minimum erforderlich sind, ist experimentell nicht zu fällen. Man kann lediglich nach der POISSONschen Kurve mit Sicherheit aussagen, daß es mehr als 1 Lichtquant sein muß. Wenn auch ein Sehpurpurmolekül in einem einzigen Netzhautstäbchen ohne weiteres imstande ist, ein einzelnes Lichtquant zu absorbieren, so reicht das offensichtlich noch nicht aus, „die Barriere der nervösen Zentren in der Retina zu überwinden“. Zur Schwellenempfindung kommt es allerdings erst durch eine räumliche oder zeitliche Summation von Einzelreaktionen. Das bedeutet aber auch, daß das grundlegende „Alles- oder Nichts-Gesetz“ der Nervenphysiologie für die Sinneserregung der Netzhaut ungültig ist. Dadurch bleiben aber auch Netzhautprozesse nicht mehr linear, und infolgedessen können gewisse, in der physikalischen Optik selbstverständliche Voraussetzungen, wie etwa die lineare Summierbarkeit inkohärenten Lichtes, und damit einige der wichtigsten Grundlagen für die Kontrastübertragungstheorie, nicht mehr ohne weiteres benutzt werden. Eine zusätzliche Erschwerung geht aus den Experimenten von SCHOBER und HARDTKE hervor, durch die der Zusammenhang zwischen der Schwellenempfindung und den zu ihrer Hervorrufung notwendigen Röntgenquanten festgestellt worden ist. Obwohl die Röntgenquanten wesentlich schwerer als Lichtquanten sind und jedes einzelne in ein Stäbchen eingedrungene Röntgenquant eine größere Anzahl von Sehpurpurmolekülen zerstören kann, wird für die Sinneserregung doch genau die gleiche Zahl an Röntgenquanten wie an Lichtquanten benötigt. Das bedeutet, daß höchst wahrscheinlich auch noch Fluoreszenzprozesse in der Netzhaut beteiligt sein müssen.

Da auf der Reizseite elektromagnetische Strahlungsenergie in Form der Lichtenergie, auf der Erregungsseite aber der frequenzmodulierte Wechselstrom in den Nervenfasern steht, mußte ein besonderes Interesse der Frage zugewandt werden, wie die Lichtenergie in elektrische Energie umgewandelt wird. Die ersten Ansätze für eine Elektrophysiologie des Auges und die ersten wichtigen Feststellungen von Gesetzmäßigkeiten auf diesem Gebiet sind wesentlich früher gemacht worden als die photochemischen Untersuchungen. Schon 1755 wurde von LE ROY entdeckt, daß bei Entladung einer Leidener Flasche durch das Auge eine Gesichtsempfindung entsteht, und ähnliche Beobachtungen wurden in der Folgezeit von zahlreichen Autoren gemacht. DU BOIS-REYMOND hat in zahlreichen Untersuchungen, die mit besonderem Erfolg sein Schüler EINTHOVEN fortgesetzt hat, schon vor hundert Jahren und schon vor Kenntnis der photochemischen Vorgänge in der Netzhaut die noch heute gültigen Grundgesetze der Elektrophysiologie des Auges aufgefunden. Die Entstehung bioelektrischer Potentiale in Zellen und in Gewebsflüssigkeiten ist seit den klassischen Froschschenkelversuchen von GALVANI bekannt. Die näheren Zusammenhänge sind vor allem durch NERNST, OSTWALD, SCHAEFER, NETTER u. a. erforscht worden. Bei jedem chemischen Prozeß mit Ionenbildung entstehen nicht nur Potentialdifferenzen, es entsteht auch ein Ionenausgleichstrom zwischen den Grenzflächen, der durch die Diffusionsschranke der Zellmembran bestimmt ist. Im Zellinnern besteht in der Regel eine höhere Kaliumkonzentration als in der Umspülungsflüssigkeit, die wieder gegenüber den Zellen an Natriumsalzen angereichert ist. Die Natriumionen bewegen sich langsamer als die Kaliumionen, weil sie einen dicken Hydratationsmantel tragen. Ähnliches gilt auch von den anderen Ionengruppen, vor allem von den Magnesium-, Calzium-, Chlor- und Sulfationen. Da die Moleküle, vor allem die Lipoidmoleküle, polar ausgerichtet sind, also Dipoleigenschaften besitzen, wird auch die Membran immer elektrisch geladen sein und zwar so, daß die Kationen an die äußeren Teile und die Anionen an die inneren Teile der Zellmembran wandern. Durch diese Vorgänge ändert sich aber auch die Permeabilität der Zellmembran. Es entsteht an der Zelloberfläche ein Kationen- und im Zellinnern ein Anionenüberschuß, die sogenannte Helmholtz-*sche Doppelschicht*, durch deren Wirkung gleichnamig geladene Ionen von der Zelle abgestoßen, entgegen gesetzt geladene aber angezogen und je nach dem Konzentrationsgefälle ausgetauscht und wieder abgegeben werden. Durch die Depolarisation der Zellmembran und die Verbesserung der Natriumleitfähigkeit durch verschiedene hier nicht weiter erörterte Umstände wird der Ioneneinstrom in die Zelle soweit gesteigert, daß er dem schon im Ruhezustand vorhandenen Austritt von Kaliumionen entspricht. Sobald dieser Zustand eingetreten ist, wird die Reizschwelle erreicht, und bei weiterer Steigerung des in die Zelle eindringenden Natriumionenstroms wird das *Aktionspotential* der Zelle ausgelöst. Dadurch steigt der Natriumstrom weiter an und wird erst unterbrochen, wenn er selbst das Potential der Zellmembran festlegt. Wenn dieser Zustand eintritt, ist aber die Zelloberfläche negativ zum Zellinnern und die Zellmembran gegenüber dem Ruhezustand umgeladen. Damit kann der entgegengesetzte Vorgang, nämlich das verstärkte Austreten von Kaliumionen wieder ablaufen und den ursprünglichen Ausgangszustand wieder herstellen. Sowohl das Ruhepotential als auch das Aktionspotential sind durch chemische Vorgänge, vor allem durch pharmakologische Einflüsse, durch physikalische Faktoren wie Erwärmung und Abkühlung, weitgehend beeinflußbar.

Obwohl die Grundlagen der Elektrophysiologie des Auges, wie bereits erwähnt, schon lange bekannt waren und die Forschung auf diesem Gebiet immer weiter getrieben wurde, hat es sehr lange gedauert, bis man die eigentliche Bedeutung dieser Vorgänge für die Entstehung der Sinneserregung erkannt hat. Der erste Anstoß in dieser Richtung ist auch gar nicht von seiten der Elektrophysiologen, sondern von seiten der Anatomie und Histologie der Netzhaut gekommen. Im Jahre 1941 hat der nach den USA. ausgewanderte Jugoslawe Polyak ein umfangreiches Buchwerk mit dem Titel „Retina“ veröffentlicht, in dem er seine Untersuchungen zur Netzhautstruktur zusammenfaßt. Er konnte dabei zeigen, daß nicht allein, wie man früher immer angenommen hat, die eigentliche Rezeptorenschicht, nämlich die Zapfen- und Stäbchen, für die Sinneserregung entscheidend ist. Beinahe die gleiche, wenn nicht sogar eine höhere Bedeutung (vgl. Abb. 1) haben die sogenannten Schaltschichten, die aus verschiedenen Zellarten, vor allem den Bipolar-, Ganglien- und amakrinen Zellen bestehen. Über den Zusammenhang zwischen der Rezeptoren- und Schaltschicht schreibt Polyak wörtlich:

„Die Stäbchen und Zapfen der Netzhaut haben Verbindung (sie bilden „Synapsen“) mit den verschiedensten Arten von Bipolarzellen. Manche dieser Verbindungen gehören der multisynaptischen Art an, z. B. solche, die nach Art eines Staubwedels gebaut sind und die dazu dienen, den Impulsen von mehreren Stäbchen und Zapfen den Weg zu bahnen. In diesen Fällen gibt es keine „Eins-zu Eins"-Beziehungen zwischen Zapfen und Stäbchen und Bipolarzellen. Darüber hinaus gibt es aber Zwergbipolarzellen (Midget Bipolars), welche anscheinend dieser letztgenannten speziellen Bindung dienen. Diese Zellen haben einen einfachen Faserbaum, den Dendriten, welcher sich in der Nachbarschaft eines Zapfenfußes in eine größere Zahl von kurzen, dickeren und dünneren sekundären und tertiären Ästchen verzweigt, so daß dort ein kompaktes Faserbündel, ein Faserstrauß, entsteht, der wie eine halbgeöffnete Löwenzahnblüte aussieht; die Form dieses Faserbündels paßt genau auf den Zapfenfuß; dadurch entsteht eine monosynaptische (Einzel-)Verbindung zwischen einem Zapfen und dieser Type

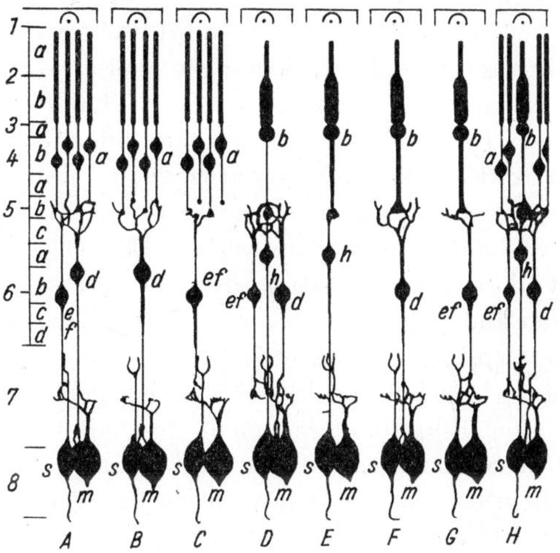

Abb. 1. Histologisches Bild der Netzhaut nach POLYAK.

An das Pigmentepithel (1) schließt sich das Niveau der Zapfen und Stäbchen (2) an. Dieses ist auf verschiedenen Wegen über das Niveau der Bipolarzellen(5 und 6) an das Niveau der Ganglienzellen angeschlossen. Man betrachte zuerst den Fall A (reines Stäbchensystem). Hier werden mehrere Stäbchen von den Endfasern der Bipolarzellen (*d*), (*e*) und (*f*) umfaßt. Die Niveaus werden in der Literatur folgendermaßen bezeichnet: (1) Pigmentepithel, (2a) Zapfen- bzw. Stäbchen-Endglieder, (2b) Zapfen- bzw. Stäbchen-Fußteil, (3) äußere Grenzmembran, (4a und b) äußere und innere Zone der äußeren Körnerschicht, (5a, b und c) äußerer, mittlerer und innerer Teil der äußeren plexiformen Schicht, (6a, b, c und d) innere Körnerschicht, (7) innere plexiforme Schicht, (8) Ganglienzellenschicht, (9) Sehnervenfaserschicht, (10) innere Grenzmembran. Von den Bipolarzellen gehen Fasern zu den beiden Ganglienzellen (*s*) und (*m*). Im Falle *B* ist der Vorgang durch das Vorhandensein einer einzigen Bipolarzelle noch vereinfacht. Ähnliches gilt vom Fall *C*. Die Fälle *D* bis *G* stellen die Einzelschaltungsmöglichkeiten von Zapfen aus der Netzhautgrube über eine oder mehrere Bipolarzellen auf die zugehörigen Ganglienzellen der Netzhaut dar. Der Fall *H* zeigt die typische Schaltung in der Netzhautperipherie, die gemeinsame Erfassung von Stäbchen und Zapfen über die Bipolarzellen durch das Ganglienzellensystem.

von Bipolarzellen in der Art, daß *ein* Zapfen nur mit *einer* dieser Zellen Verbindung erhält. In ähnlicher Weise konnten in der Netzhaut Zwergganglionzellen (Midget Ganglion Cells) gefunden werden, welche in praktisch allen untersuchten Fällen eine individuelle Synapse mit dem Achsenzylinder einer bestimmten Zwergbipolarzelle bilden, so daß jedes winzige Bäumchen der letzteren durch den Baumgipfel des Faserbaums einer einzelnen Zwergganglionzelle eingehüllt wird, wobei der Baumgipfel annähernd die gleiche Gestalt hat wie die Bipolarzelle. Bemerkenswerterweise gibt es, streng gesprochen, überhaupt keine absolute „Eins-zu-Eins"-Koppelung zwischen Zapfen, Bipolar- und Ganglionzellen, da selbst im zentralen Bereich der Netzhautgrube neben den Zwergbipolarzellen auch noch diffuse Bipolarzellen zu finden sind. Ähnlich, wie die Zwergbipolarzelle eine „private“ Synapse mit der Zwergganglionzelle bildet, hat sie auch Kontakt mit den verschiedenen Arten anderer Bipolarzellen. Die „Eins-zu-Eins“-Beziehung besteht nur zur Wirksamkeit einer speziellen synaptischen Verbindung zwischen einem Zapfen und einer ihm zugehörigen Zwergbipolar- und -Ganglionzelle. Ein Teil der in einem Zapfen hervorgerufenen Impulse läuft immer in Nebenkanäle (diffuse Bipolar-, horizontale und amakrine Zellen), nur der allgemeine oder spezifische Einfluß des Zapfens scheint auf den monosynaptischen Teil beschränkt zu sein“.

Der wesentliche und auch von POLYAK selbst richtig erkannte Fortschritt, der durch seine histologischen Untersuchungen erzielt wurde, ist einmal die Feststellung, daß einzeln an die Sehnervenfaser geschaltete Rezeptoren außerordentlich selten sind. Dieser Fall kommt nur im innersten Zentrum der Netzhautgrube in einem Sehwinkelbereich von etwa 20 Minuten und auch dann nur bei heller Tagesbeleuchtung vor. Nur in einem solchen Fall kann man von einer Einzelschaltung der Netzhautzapfen sprechen. Das Gegenstück, die Einzelschaltung, ja selbst die Gruppenschaltung der Netzhautstäbchen, gibt es überhaupt nicht. An jeder anderen Stelle, außer dem schon erwähnten engen Bereich im Zentrum der Netzhautgrube, sind es immer mehrere Zapfen, die mit einer gegen die Peripherie wachsenden Anzahl von Stäbchen gemeinsam an eine Nervenfaser zum sogenannten Empfindungselement geschaltet sind. Weiter zeigten die POLYAKschen Untersuchungen, daß die Zahl der an eine Faser geschalteten Rezeptoren nicht allein örtlich, sondern auch zeitlich veränderlich ist und daß damit die Größe des Empfindungselementes der Netzhaut von einer Reihe von Umständen abhängt, unter denen in erster Linie als physikalische Größe die Netzhaut-Beleuchtungsstärke zu nennen wäre. Das Zusammenschalten einer größeren Rezeptorengruppe an eine Netzhautfaser wird durch fehlende physikalische Reize gefördert (erhöhte Empfindlichkeit der Netzhaut durch Parallelschaltung der Rezeptoren im Schwellenbereich), durch hohe Reizstärke, also große Beleuchtungsstärke auf der Netzhaut, verhindert. Ebenso können die Synapsen und Querverbindungen im Schaltzellenbereich der Netzhaut pharmakologisch, z. B. durch Strychnin, gehemmt werden. Die POLYAKschen Untersuchungen zeigen darüber hinaus, daß die Unterschiede zwischen dem Sehen bei heller und bei geringer Beleuchtung gar nicht allein durch die Gestalt und Art der Rezeptoren, sondern in erster Linie durch die Schaltmechanismen bedingt sind. Die schon erwähnte Duplizitätstheorie von v. KRIES ist also nicht eine Theorie für die Dualität zwischen Zapfen und Stäbchen, sondern eine Theorie, die aus den Schaltmechanismen in der Netzhaut hervorgehen mußte.

Der zweite entscheidende Einbruch in die sogenannten klassischen Vorstellungen über die Entstehung des Sehprozesses ist schon viel früher erfolgt, als man nämlich gelernt hat, nicht nur den Potentialverlauf, sondern auch den Frequenzverlauf bei Erregung der Netzhaut zu untersuchen. Er hat sich allmählich zu einem immer größeren Ausmaß entwickelt und man kann heute sagen, daß die elektrophysiologischen Frequenzbetrachtungen eine weitaus größere Bedeutung und einen weitaus größeren Umfang erreicht haben als die photochemischen Überlegungen. Im Jahre 1927 haben die Engländer ADRIAN und MATTHEWS erstmalig vom Sehnerven des niederen Krebses „Limulus" die Entladungen abgeleitet und dabei gefunden, daß die Amplitude unabhängig von der Reizstärke konstant bleibt, daß aber die Frequenz sich in ihrem zeitlichen Ablauf nach einer ganz bestimmten Gesetzmäßigkeit ändert. Der Krebs „Limulus" war für die Versuche deshalb ausgewählt worden, weil seine Schaltmechanismen in der Netzhaut und die Übergänge von den Rezeptoren zu den Sehnervenfasern gleichartig und sehr einfach sind. Kurz darauf haben HARTLINE und vor allem der jetzige Direktor des Nobelinstituts für Physiologie in Stockholm, R. GRANIT, die sogenannte Mikroelektrodentechnik eingeführt. Dadurch ist es in immer weiterer Verfeinerung gelungen, die Entladungsvorgänge von den einzelnen Sehnervenfasern (und nicht von der Gesamtheit des Faserbündels) auch bei höheren Tieren, vor allem Vögeln und Säugetieren, abzuleiten. Auch hier wieder ist zunächst die Gültigkeit des „Alles- oder Nichts-Gesetzes", nämlich die Unabhängigkeit der Reizamplitude von der Reizstärke nachgewiesen worden. Es wurde weiter gezeigt, daß die Entladung nach einer gewissen Latenzzeit einsetzt, deren Länge durch die Reizstärke bestimmt wird. Diese Latenzzeit hat aber offensichtlich nichts mit den photochemischen Vorgängen zu tun, denn es kann vorkommen, daß bei sehr kurzdauernden Reizen die Entladungen erst nach Abklingen des Reizes einsetzen, d. h. also daß die Latenzzeit größer wird als die Reizdauer. In der Regel ist die Impulsfrequenz am Anfang, d. h. unmittelbar nach der Latenzzeit, höher als im weiteren Verlauf. Es kommt aber sehr häufig nach dieser ersten heftigen Impulsserie zu einer „Silent period", d. h. trotz weiterem Andauern des Reizes zu einem Ausbleiben der Impulse. Diese setzen erst nach der „Silent period" wieder ein und bleiben dann während der weiteren Dauer der Belichtung konstant. Bei kräftigen Reizen gibt es unmittelbar nach dem Abschalten des Reizes oder unmittelbar nach der „Silent period" wieder eine Reihe von deutlichen Impulszacken.

Man kennt heute eine ganze Reihe von derartigen Frequenzverläufen und unterscheidet die frequenzerregenden Elemente (vgl. Abb. 2) je nach dem Einsetzen und dem Verlauf ihrer Erregung als On-(Einschalt)-Elemente, Off-(Ausschalt)-Elemente und On-Off (Ein-Ausschalt)-Elemente. Daneben gibt es nach JUNG noch eine Reihe weiterer Elemente, die aber in ihren Eigenschaften nicht so einfach darzustellen sind. Alle diese Entladungselemente kommen nicht nur im Schaltbereich der Netzhaut, sondern auch in den Umschaltstellen des Sehnerven im Gehirn, nämlich im seitlichen Kniehöcker (Corpus geniculatum laterale) und in der Hinterhaupthirnrinde vor. Je komplizierter das optische Erregungssystem aufgebaut ist und je mehr Querverbindungen zwischen den einzelnen Zellen in den Schaltschichten vorhanden sind, desto komplizierter wird dieser ganze Mechanismus. ADRIAN und MATTHEWS konnten im Aalauge nur On- und Off-Reaktionen nachweisen. Beim Frosch nehmen nach HARTLINE die On-Off-Elemente bereits 50% der Fasern in Anspruch. 30% werden von Off-Elementen und 20% von On-Elementen bedient. Nach Granit und Tansley sind in der Netzhaut der Katze sogar 79% On-Off-, 16% On- und nur 5% Off-Elemente vorhanden. Reine On-Reaktionen findet man nur bei den Netzhautstäbchen und beim Sehen in der Dunkelheit. Die Off-Elemente und On-Off-Elemente sind für das Tagessehen, also das sogenannte Zapfensehen, unentbehrlich.

Die Untersuchungen über das Verhalten der einzelnen Elemente und die besonders durch Granit und seine Schule zu besonderer Feinheit entwickelte Mikroelektrodentechnik haben uns einen weiten Einblick in die elektrischen Netzhautvorgänge geschaffen. Von besonderem Interesse waren von jeher das Verhalten dieser Elemente gegen Adaptationsvorgänge, gegen Flimmerlicht und

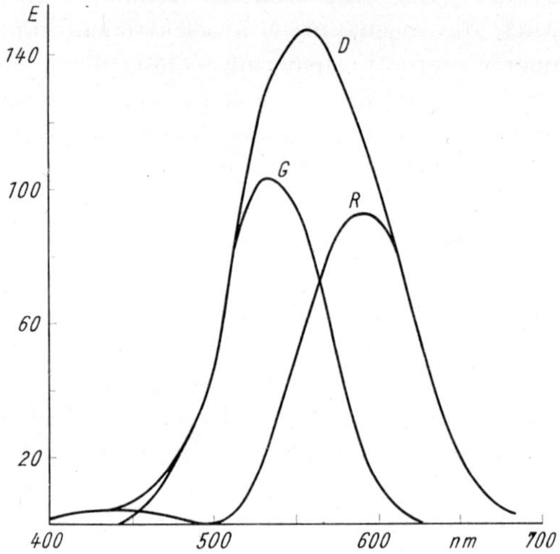

Abb. 2. Die Impulselemente in den Schaltsystemen der Netzhaut.
(1) On- (Einschalt-) Elemente, (2) Off- (Ausschalt-) Elemente und (3) On-Off (Einschalt-Ausschalt-) Elemente.

gegen Veränderungen der Lichtfarbe. Granit und Svaetichin haben schon 1939 zeigen können, daß in der helladaptierten Froschnetzhaut elektrische Empfindungselemente vorkommen, die eine außerordentlich geringe spektrale Reizbreite haben (vgl. Abb. 3). Granit hat diesem Reaktionssystem den Namen *Modulator* gegeben und macht es für die Empfindung des Farbtones und der Farbsättigung verantwortlich. Im Laufe der Zeit hat man eine große Reihe solcher Modulatoren entdeckt. Die ursprüngliche Annahme, daß es nur drei Modulatoren gäbe und daß aus den Granitschen Untersuchungen ein Beweis der Young-Helmholtzschen Dreirezeptorentheorie abzuleiten wäre, hat sich in keiner Weise bewahrheitet. Man kann lediglich — aber auch nur mit einer gewissen Willkür — die Modulatoren in drei Gruppen, nämlich eine Rot-, eine Grün- und eine Blaugruppe ordnen. Die Modulatorkurven werden von einer Hüllkurve umfaßt, die von Granit *Dominatorkurve* genannt wird. Diese zuletzt genannte Hüllkurve (Abb. 4) entspricht zweifellos der spektralen Empfindlichkeit des Auges. Man hat bei ausgesprochenen Nachttieren wie beispielsweise Katzen, Meerschweinchen usw. Dominatorkurven, sogenannte skotopische Dominatoren gefunden, die genau der spektralen Absorptionskurve des Sehpurpurs entsprechen, während man bei anderen Tieren echte Tages-Dominatorkurven (photopische Dominatoren) entdeckt hat, bei denen das Maximum der Hell-

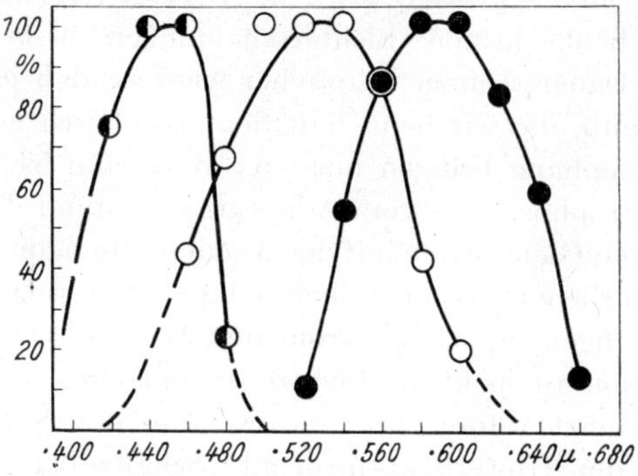

bb. 3. Die GRANITschen Modulatorkurven.

empfindlichkeit des menschlichen Auges, nämlich dem Wert 555 nm, entspricht. Auch das PURKINJEsche Phänomen und die Adaptationsvorgänge sind an den Dominatorkurven beobachtet worden.

Die GRANITschen Ergebnisse haben nicht allein größtes Aufsehen in der Fachwelt hervorgerufen, sie sind auch direkt und indirekt durch die Versuche zahl-

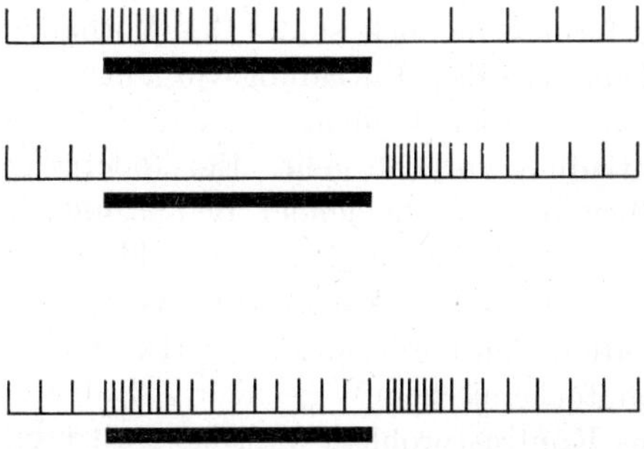

Abb. 4. Die GRANITsche Dominatorkurve als Hüllkurve der Modulatorkurven.

reicher anderer Autoren bestätigt worden. Zu den indirekten Bestätigungen zählen vor allem Mikroreizung der Netzhaut mit verschieden farbigen Lichtreizen, die als Fortsetzung älterer Arbeiten aus dem vorigen Jahrhundert von HOLMGREN und FICK durch HARTRIDGE zu einer gewissen technischen Vollkommenheit gebracht wurden. Er hat für diesen Zweck ein eigenes Beleuchtungsmikroskop entwickelt, mit dessen Hilfe er die einzelnen Netzhautbereiche abtasten kann. Besonders eindrucksvoll war, daß es verschiedenen Autoren, vor allem dem Japaner MOTOKAWA und seinen Schülern gelungen ist, mit Hilfe der Elektrophosphene nach Farbadaptation der Netzhaut ebenfalls die Existenz der Modulatorkurven nachzuweisen. Unter einem *Elektrophosphen* wird die Gesichtsempfindung verstanden, die beim Durchgang von elektrischem Strom durch das Auge beobachtet wird. Sie ist schon 1755 von LE ROY entdeckt und 1792 von VOLTA ausführlich beschrieben worden. Bereits RITTER hat 1798 gezeigt, daß die im Auge beobachteten Lichterscheinungen beim Schließungsstrom deutlicher und bei Dauerströmen schwächer werden, daß es sich also hier um Vorgänge handeln muß, die wir heute mit den eben beschriebenen On-Off-Entladungen in Zusammenhang bringen müssen. Weiterhin ist es schon lange bekannt, daß die Elektrophosphene vom Adaptationszustand des Auges abhängen und bei Benutzung von Gleichstrom auf der Anodenseite beim dunkel adaptierten Auge wesentlich deutlicher als beim hell adaptierten Auge sind. MOTOKAWA hat seine Untersuchungen mit Gleichstrom und Wechselströmen und nach vorangehender Adaptation an spektrale Lichtreize gemacht.

Wie bereits ausgeführt wurde, gibt es sowohl in der Netzhaut als auch im Kniehöcker und in der Hinterhaupthirnrinde Schaltzellen, durch die die unmittelbare Stromleitung unterbrochen wird. An ihnen bilden sich elektrische Potentialsprünge aus, die wahrscheinlich zur Entstehung der beobachteten Wirkung führen. Bei der Schwierigkeit der experimentellen Mikroelektrodenuntersuchung und der großen Variabilität der Zellformen bei den verschiedenen Tierarten ist heute noch kein abschließendes Bild zu erwarten. Vor allem ist die Frage nicht entschieden, ob ein bestimmtes Entladungselement nur nach einer ganz bestimmten Entladungsform, also nur als On-Element oder nur als Off- bzw. On-Off-Element reagieren kann, oder ob dem einzelnen Element verschiedene Entladungsformen möglich sind. Das Vorhandensein von Potentialsprüngen bedeutet lediglich, daß Entladungsvorgänge beim Ausgleich des Potentialsprunges gebahnt werden können, es sagt aber nichts darüber aus, in welcher Form die Entladung vor sich geht. Ein anderes gesichertes experimentelles Ergebnis ist aber von entscheidender Bedeutung und gibt einen Ausweg aus dem bei den Theorien des Farbsehens geschilderten Dilemma, das ist das Auftreten einer Potentialumkehr. Auf diesem Wege wird elektrophysiologisch die Möglichkeit geschaffen, den Forderungen der HERINGschen Theorie der Gegenfarben, die auf rein photochemischem Wege nicht erfüllt werden konnten, gerecht zu werden. Auch das Kontrastproblem und das Auftreten von Nachbildern ist auf elektrophysiologischem Weg beinahe zwanglos zu erklären, während die photochemische Erklärung auch hier von jeher große Schwierigkeiten gemacht hat. Endlich gelingt aber auf diesem Wege auch noch ein wesentlich größerer Fortschritt in der Erkenntnis, nämlich die Erfüllung der Forderungen des „Alles- oder Nichts-Gesetzes" und damit die Wiedergabe von mehr als einem einzigen Informationsmerkmal durch die Kombination Rezeptor-Ganglienzelle-Nervenfaser. Wenn nämlich die Entladungselemente unterschiedlich reagieren können, besteht die Möglichkeit, daß nicht nur das Vorhandensein eines Reizes und die Reizstärke, sondern auch der Differentialquotient des Sehstoffzerfalles und damit die Farbqualität registriert wird. Das bedeutet dann allerdings, daß für die Entstehung einer Sinneserregung in der Nervenfaser nicht die Endprodukte beim photochemischen Zerfall, sondern vielmehr der Ablauf der Zerfallsvorgänge selbst wichtig ist. Er wird (was physikalisch und chemisch ohne weiteres verständlich ist) von der spektralen Zusammensetzung des Reizlichtes und damit von der „Lichtfarbe" abhängen. Es wäre auch hier verfrüht, endgültige Aussagen zu machen. Dazu muß das experimentelle Material, vor allem die Untersuchung der Reizvorgänge bei Flimmerlicht, das Auftreten von Farben bei Flimmerbeleuchtung (BENHAMsche Scheibe) usw. noch weiter experimentell untersucht werden. Ebenso müssen noch bestehende Differenzen zwischen den Versuchsergebnissen von GRANIT und seiner Schule auf der einen und von SVAETICHIN auf der anderen Seite über den Übergang vom Zapfen- auf das Stäbchensehen, die Entstehung der Kontrastphänomene und Nachbilder und einiges andere weiter durchforscht werden. Endlich ist es notwendig, die Vorgänge in den Netzhautschaltzellen von jenen im Kniehöcker und in der Hinterhaupthirnrinde genau auseinander zu halten. Nach JUNG findet man im Gehirn im Bereich der optischen Sehsphäre fünf verschiedene Arten von Entladungselementen, nämlich:

1. A-Neurone

Sie reagieren nicht auf Licht, geben aber ständig spontane Entladungen ab und erzeugen in der Dunkelheit den sogenannten Rhythmus im Elektro-Enzephalogramm.

2. B-Neurone

Sie entsprechen den On-Elementen der Netzhaut. Sie werden durch Licht erregt. Die Entladung ist unmittelbar nach der Erregung durch etwa drei bis sechs Impulsstöße gekennzeichnet, während des ganzen Belichtungsvorganges ist deutliche Aktivität zu bemerken. Nach der Belichtung entsteht zunächst eine „Silent period" und dann eine kurze Nachaktivierung.

3. Die C-Neurone

werden durch intensive Lichtblitze gehemmt, bei längeren Belichtungen oder bei Dunkelpausen reagieren sie nicht. Sie entsprechen also in einigen ihrer Funktionen den On-Off-Elementen der Netzhaut.

4. Die D-Neurone

entsprechen den Off-Elementen der Netzhaut. Sie werden durch das Ausschalten des Lichtreizes aktiviert und während der Dauer des Lichtreizes gehemmt.

5. Die E-Neurone

ähneln den On-Off-Elementen der Netzhaut am meisten. Sie erzeugen eine intensive Impulssalve beim Ausschalten der Lichtquelle und bei Belichtung nach einer „Silent period" eine ähnliche, allerdings schwächere Salve. Gewisse Typen dieser Neurone scheinen auch auf Lichtbewegungen und Flächenveränderungen anzusprechen.

Der komplizierte Aufbau der Sehrinde und des Schaltsystems im Kniehöcker ist begreiflicherweise noch nicht so durchforscht, daß auch nur die wichtigsten Gesetzmäßigkeiten und Zusammenhänge zweifelsfrei begründet sind. Hier wird vor allem noch das Studium der krankhaften Erscheinungen, vor allem das Verhalten der Hirnverletzten eine besondere Rolle spielen müssen. Immerhin lassen sich aber doch auch jetzt schon einige wichtige Feststellungen machen. So findet das bei absoluter Dunkelheit empfundene „*Eigengrau des Gesichtsfeldes*" sein elektrophysiologisches Gegenstück in einem mittlerem Entladungsgleichgewicht der B- und D-Neuronen, also der On- und Off-Elemente der Sehrinde. Die im Eigengrau des Gesichtsfeldes immer wieder auftretenden Helligkeitsschwankungen (sich bewegende und kreisende Lichtnebel) lassen sich nach VERZEANO zwanglos durch das Schwanken der Entladungsaktivität in den Hirnneuronen erklären. Jede Aktivierung der B- und gleichzeitige Hemmung der D-Neuronen muß zu einer Helligkeitsempfindung, jede Aktivierung der D- und gleichzeitige Hemmung der B-Neuronen zur Empfindung von Dunkelheit führen. Wechseln die Aktivierung und Hemmung der B- und D-Neuronen periodisch, so entsteht der Sukzessivkontrast, während bei örtlicher Hemmung von B-Neuronen, die stark erregten B-Neuronen benachbart sind, der Simultankontrast und die Empfindung von Konturen entsteht. Derartige Vorgänge, die schon von TSCHERMAK-SEYSSENEGG vermutet hat, sind elektrophysiologisch von HARTLINE, KUFFLER, BARLOW und BAUMGARTNER nachgewiesen worden. Eine interessante Folge dieses Verhaltens ist der sogenannte Straßeneckeneffekt, der zuerst von HERMANN als optische Täuschung beschrieben worden ist (vgl. Abb. 5). Blickt man in die Kreuzungspunkte von schwarzen oder auch weißen Gitterlinien, so sieht man dort scheinbare Aufhellungen bzw. Verdunklungen, die offensichtlich dadurch entstehen, daß im Bereich der Netzhautgrube die Empfindungselemente kleiner sind (größere Sehschärfe!) als in der Netzhautperipherie und daß daher in der Netzhautgrube die eben beschriebenen Konturenerscheinungen und der Simultankontrast früher auftreten als in der Netzhautperipherie. Aus der gleichen Ursache, nämlich dem Übergewicht von Informationen aus der Netzhautgrube infolge der feineren Empfindungselemente erklärt GRÜSSER die Tatsache, daß binokular die Helligkeitssummation nicht mehr exakt gilt. Die binokulare Helligkeitsempfindung ist nämlich keineswegs die Summe der beiden monokularen Empfindungen. Ebenso deutet er den binokularen Wettstreit (Stereoskopischen Glanz) als gegenseitige Hemmung monokulare Impulse aus den beiden Augen im Gehirn.

Abb. 5. Das HERMANNsche Gitter.

Beim flüchtigen Anblick der Kreuzungspunkte der schwarzen oder weißen Gitterstriche sieht man im Kreuzungspunkt eine weiße bzw. schwarze Fläche, die sofort verschwindet, wenn man den Kreuzungspunkt fixiert.

Eine Schlüsselstellung kommt begreiflicherweise allen jenen Funktionen zu, die, wie bereits im Simultan- und Sukzessivkontrast gezeigt wurde, eine zeitliche oder örtliche Veränderung des Reizzustandes oder der Erregung voraussetzen. Hier sind vor allem Vorgänge um die Verschmelzungsfrequenz bei Flimmerlicht zu nennen. Eine Aufeinanderfolge mehrerer starker Lichtblitzserien führt zu einer „Überlastungs-Hemmung" der B-Neuronen, wodurch ein mittleres Erregungsniveau in der Hirnrinde hervorgerufen wird (JUNG, CREUZFELDT und GRÜSSER, AKIMOTO und CREUZFELDT). Auf ähnliche Weise haben GRÜSSER und CREUZFELDT den BRÜCKE-BARTLEY-Effekt, nämlich die merkwürdigen Erscheinungen, die man bei Änderung des Hell-Dunkelintervalls in der Nähe der Verschmelzungsfrequenz beobachtet, zwanglos deuten können.

Besonders interessant sind die Untersuchungen von SVAETICHIN auf der einen und DE VALOIS auf der Seite über die elektrophysiologischen Vorgänge beim Auftreten von Gegenfarben oder Nachbildfarben.

Es zeigt sich hier eindeutig, daß man mit den Betrachtungen der HERINGschen Theorie sehr weit kommt, wenn man die Polarität der Gegenfarben in der Polarität der auftretenden elektrischen Potentiale sieht. Wenn auch hier das letzte Wort noch nicht gesprochen ist, ergibt sich vielleicht als interessanteste Folgerung, daß die in den letzten Jahrzehnten so deutlich ausgedrückte Vorliebe für die YOUNG-HELMHOLTZsche Dreifarbenhypothese und die damit verbundene Verurteilung der HERINGschen Gegenfarbenhypothese keineswegs berechtigt ist. Es erscheint vielmehr notwendig, hier noch sehr viele Untersuchungen zu machen, um sich vor voreiligen Urteilen zu bewahren.

Die Elektrophysiologie der Netzhaut und Hirnrinde hat uns allen aber deutlich gemacht, daß der zuerst von SCHADE ausgesprochene Vergleich zwischen Auge und Fernsehkamera weit zutreffender ist als der zwischen Auge und photographischer Kamera. Denn nicht die photochemischen, sondern vielmehr die elektrophysiologischen Vorgänge sind für den Übergang vom physikalischen Strahlungsreiz zur Sinnesempfindung entscheidend.

Institut für medizinische Optik der Universität München

Literatur

a) Zusammenfassende Darstellungen:

[1] MÜLLER-LIMMROTH, W., Elektrophysiologie des Gesichtssinns. Springer-Verlag, Berlin 1959.

[2] SCHOBER, H.: Das Sehen. VEB Fachbuchverlag Leipzig, Bd. I 1960, Bd. II 1958.

b) Spezielle Aufsätze:

[3] ABNEY, W., Researches in Colour Vision and the Trichromatic Theory. Verlag Longmans Green, London 1913.

[4] ADRIAN, E. D. u. MATTHEWS, R., The action of light on the eye. Pt. I. The discharge of impulse in the optic nerve and its relation to the electric changes in the retina. Journ. Physiol. **63** (1927) 378—414, Pt. II. The processes involved in retinal excitation. Journ. Physiol. **64** (1927) 279—301. Pt. III. The interaction of retinal neurones. Journ. Physiol. **65** (1928) 273—298.

[5] Akimoto, H. u. Creutzfeld, O., Arch. Phychiatr. Nervenkr. **196** (1958) 520; Arch. Psychiatr. u. Z. Neur. **196** (1958) 494.
[6] Barlow, H. B., J. Physiol. **119** (1957) 69.
[7] v. Baumgarten, R. u. Jung, R., Rev. Neurol. **87** (1952) 151.
[8] Baumgartner, G. u. Jung, R., Pflügers Archiv ges. Phys. **261** (1955) 434.
[9] v. Bezold, W. u. Engelhardt, Über die Fluoreszenz der lebenden Netzhaut. Ber. Bayr. Akad. Wiss. **7** (1878) 226.
[10] Boll, F., Zur Anatomie und Physiologie der Retina, Archiv (Anat. u. Physiol.) 1877, S. 4ff.
[11] Boll, F., Thesen und Hypothesen zur Licht- und Farbempfindung, Archiv f. (Anat. u.) Physiologie 1881, S. 1—38.
[12] Broda, E. E., Goodeve, C. F. u. Lythgoe, R. J., The weight of the chromophore carrier in the visual purple molecule. Journ. Physiol. **98** (1940) 397—404.
[13] Brücke, E., Die Physiologie der Farben, für die Zwecke der Kunstgewerbe bearbeitet. Leipzig 1866.
[14] Creutzfeldt, O. u. Grüsser, O.-J., Dtsch. med. Wschr. (1957) 1050.
[15] Du Bois-Reymond, E., Untersuchungen über tierische Elektrizität, Bd. II (1849) 256—257.
[16] Einthoven, W. u. Jolly, W. A., The Form and Magnitude of the Electrical Response of the Eye to Stimulation by Light at Various Intensities. Quart. Journ. Physiol. **1** (1908) 373—394.
[17] v. Frisch, K., Wie Insekten in die Welt schauen. Studium Generale **10** (1957) 204—210.
[18] Granit, R., The retinal mechanism of colour reception. Journ. Opt. Soc. Amer. **31** (1941) 170—580.
[19] Granit, R., The components of the retinal action potential in mammals and their relation to the discharge in the optic nerve. Journ. of Physiol. **77** (1933) 207—239.
[20] Granit, R. u. Svaetichin, G., Principles and technique of the electrophysiological analysis of colour reception with the aid of microelectrodes. Festschr. f. F. G. Goethlin, Upsala 1939.
[21] Granit, R. u. Tansley, K., Rods, Cones and the Localisation of Preexcitatory Inhibition in the Mammalian Retina. Journ. of Physiology **107** (1948) 54—66.
[22] Grassmann, H., Zur Theorie der Farbmischung, Ges. Abhandlungen, Verlag B. G. Teubner, Leipzig 1902.
[23] Grüsser, O.-J., Naturwissensch. **44** (1957) 522.
[24] Hartline, H. K., The response of single optic nerve fibers of the vertebrate eye to illumination of the retina. Amer. Journ. Physiol. **121** (1938) 400—415.
[25] Hartline, H. K., The Receptive Field of the Optic Nerve Fibers. Amer. Journ. Physiol. **130** (1940) 690—699.
[26] Hartline, H. K., The Effects of Spatial Summation in the Retina on the Excitation of the Fibers of the Optic Nerve. Amer. Journ. Physiol. **130** (1940) 700—711.
[27] Hartridge, H., Recent Advances in the Physiology of Vision. Verlag Churchill Ltd., London 1950. Approcaition of the Colour of Small Ojects. Journ. Physiol. Amer. **103** (1944) 4.
[28] Hecht, S., The visibility of the spectrum. Journ. Opt. Soc. Amer. **9** (1924) 211—222. The Nature of the Visual Process, Harvey lectures, Bd. 137 u. 138.
[29] v. Helmholtz, H., Versuch, das psychophysische Gesetz auf die Farbunterschiede trichromatischer Augen anzuwenden. Ztschr. für Psychologie **3** (1892) S. 1 und 517.
[30] v. Helmholtz, H., Kürzeste Linien im Farbensystem, Zeitschr. für Psychologie **3** (1892) 108—135.
[31] v. Helmholtz, H., Hdb, d. Physiol. Optik, Bd. I, II, III. Verlag Voss, Hamburg u. Leipzig, 1. Auflage 1856—1866; 2. Auflage mit Aufsätzen von Gullstrand, Nagel, v. Kries 1900—1911.
[32] Hering, E., Wissensch. Abhandlungen. Hrsg. v. d. Sächs. Akad. d. Wissensch. Leipzig, Bd. I u. II. Verlag Thieme, Leipzig 1931.

[33] Holmgreen, F., Über die Retinaströme. Unters. Phys. Inst. Heidelberg **3** (1880) 278—291.
[34] Holmgreen, F., Über die subjektive Farbempfindung des Farbenblinden. Zbl. med. Wissensch. **18**, S. 893—913.
[35] Houston, R. A., Theory of colour vision. J. Opt. Soc. Amer. **45** (1955) 589—592.
[36] Hubbard, R., The visual purple. Nature **181** (1958) 1126—1128.
[37] Hubbard, R. u. Wald, G., Cis-trans-Isomers of Vitamin A und Retinene in the Rhodopsin System. Journ. gen. Physiol. **36** (1952) 269—315.
[38] Hubbard, R. u. Wald, G., Synthesis of Rhodopsin from Vitamin A. Ber. 18. Intern. Physiologenkongreß Kopenhagen, (1950) 261—266.
[39] Jung, R., 3. int. EEG Kongr. Symp. 1953, 57.
[40] König, A., Gesammelte Abhandlungen zur Physiologischen Optik. Verlag J. A. Barth, Leipzig 1903.
[41] v. Kries, J., Über die Funktionseinteilung im Sehorgan und die Theorie der Nachtblindheit. Klin. Mbl. f. Augenhkd. **49** (1911) 241—269.
[42] v. Kries, J. u. Eysler, J. A. F., Zeitschr. für Sinnesphysiologie **41** (1907) 394.
[43] Kühne, W., Chemische Vorgänge in der Netzhaut. Hermanns Hdb. d. Physiol. Bd. III, Verlag Hirschwald, Berlin 1879.
[44] Kühne, W., Photochemie der Netzhaut. Unters. Phys. Inst. Heidelberg, Bd. I (1878),
[45] Kühne, W., Zur Darstellung des Sehpurpurs. Zeitschr. f. Biologie **32** (1895) 21—28.
[46] Kuffler, S. W., J. Neurophysiol. **16** (1953) 37.
[47] Lasareff, P., Über das Ausbleichen von Farbstoffen im sichtbaren Spektrum. Ann. d. Phys. IV. **24** (1907) 661—693 und **37** (1912) 812—831.
[48] Le Roy, Mem. nat. phys. Acad. Roy. Sci. (Paris) 1755, 60—98.
[49] Lythgoe, R. J., The absorption spectra of visual purple and indicator yellow. Journ. Physiol. **39** (1937) 331—358.
[50] Lythgoe, R. J., The mechanism of dark adaptation. A critical resumé. Brit. Journ. Ophthalm. **24** (1948) 21.
[51] Motokawa, K. u. Mita, T., Über eine einfache Untersuchungsmethode und Eigenschaften der Aktionsströme der Netzhaut des Menschen. Tohoku Journ. Exp. Med. **42** (1942) 114—133.
[52] Müller, J., Zur vergl. Physiol. d. Gesichtssinnes des Menschen u. d. Tiere. Leipzig 1826.
[53] Nagel, W. A., Zwei Apparate für die augenärztliche Funktionsprüfung; Adaptometer und kleines Spektralphotometer (Anomaloskop). Zschr. Augenheilkunde **17** (1907) 216—243.
[54] Nernst, W., Z. phys. Chemie **9** (1892) 137.
[55] Netter, H., Biologische Physikochemie. Akad. Verlagsgesellschaft Athenaion, Potsdam 1951.
[56] Newton, I., Opticks or a treatise of the reflections, refractions, inflections and colours of light. London 1730.
[57] Ostwald, W., Zschr. phys. Chemie **6** (1890) 71.
[58] Pillat, A., Die klassischen Symptome des Vitamin-A-Mangels und der Vitamin-A-Mangel als Gesamterkrankung des Körpers. Münchn. med. Wchschr. (1940) I. S. 225 und II S. 779—783.
[59] Piper, H., Untersuchungen über das elektromotorische Verhalten der Netzhaut bei Warmblütern. Arch. f. (Anat. u.) Physiolog. Erg. Bd. (1905) 133—195.
[60] Piper, H., Über die Netzhautströme. Archiv für (Anat. u.) Physiol. (1911) 85—132.
[61] Pirenne, M. u. Danton, E. J., Quanta and Visual Threshold. Journ. of Opt. Soc. Amer. **41** (1951) 426—427.
[62] Polyak, S. L., The Retina. Verlag Chicago University Press, 1948.
[63] Purkinje, E., Beobachtungen und Versuche zur Physiologie der Sinne. Bd. I, Prag 1825; Bd. II, Berlin 1825.

[64] Reeves, J., The Effect of Various Physical Stimuli on the Pupillary Area and Retinal Sensibility. Journ. Ophthalm. u. Otol. Amer. **23** (1917) 616—626; Autoref.: Journ. Opt. Soc. Amer. **1** (1917) 136.
[65] Riezler, W., Meurers, H. u. Esper, F., Die Abhängigkeit der Reizschwelle des menschlichen Auges von der Dauer der Lichtimpulse und der Wellenlänge des Lichtes. Zschr. Phys. **137** (1954) 238—255.
[65] Ritter, J. W., Ständiger Galvanismus im Tierreich, Weimar, Verlag des Industriecomptoirs 1798.
[67] Ritter, J. W., Beitrag zur näheren Kenntnis des Galvanismus 1819.
[68] Schade, O. H., Journ. Opt. Soc. Amer. **46** (1956) 721.
[69] Schaefer, H., Elektrophysiologie. Bd. I Deuticke, Wien 1940, Bd. II Deuticke, Wien 1942.
[70] Schaefer, H., Klin. Wochenschr. (1953) 221.
[71] Schober, H., Nachtmyopie und ihre Ursachen. Graefes Archiv für Ophthalmologie **148** (1947) 171—186.
[72] Schober, H., Neuere Untersuchungen über das Nachtsehen. Ärztl. Wschr. **1** (1947) 668—670.
[73] Schober, H. u. Hardke, H. B., Unters. über die physikalischen Primärprozesse in der Netzhaut bei der Wahrnehmung der Röntgenstrahlung. Dissertation Hamburg 1956.
[74] Schober, H. u. Jung, H., Die Ursachen der verschiedenen Sehschärfe des normalen Auges bei weißem und farbigem Licht. Zschr. Techn. Physik **17** (1936) 84—93.
[75] Schouten, I. F., Die Grundlage einer neuen Vierfarbentheorie. Proc. Kon. Acad. Wetensch. Amsterdam **38** (1935) 590—603.
[76] Shlear, S., Smith, E. L. u. Chase, A. M., Journ. gen. Physiol. **25** (1942) 553.
[77] Sjöstrand, F. S., An Electron Microscope Study of the Retinal Rods of the Guinea Pig. Journ. Cell. Comp. Physiol. **33** (1949) 383—397.
[78] Sjöstrand, F. S., The Ultrastructure of the Inner Segments of the Retinal Rods of the Guinea Pig Eye as revealed by Electron Microscopy. Journ. Cell. Comp. Physiol. **42** (1953) 45—70.
[79] Sjöstrand, F. S., The Ultrastructure of the Outer Segments of the Rods and Cones of the Eye as revealed by Electron Microscope. Journ. Cell. Comp. Physiol. **42** (153) 15—44.
[80] v. Studnitz, G., Sehphysiologische Untersuchungen an menschlichen Netzhäuten. I. Die Farbsubstanzen. Klin. Mbl. für Augenhkd. **111** (1946) 154—173.
[81] v. Studnitz, G., Physiologie des Sehens. 2. Aufl., Akad. Verlagsges., Leipzig 1952.
[82] Svaetichin, G., Acta physiol. scand. **39**, Suppl. 134.
[83] Trendelenburg, W., Quantitative Untersuchungen über die Bleichung des Sehpurpurs im monochromatischen Licht. Zschr. f. Sinnesphysiologie **37** (1904) 1—36.
[84] Trendelenburg, W., Die objektiv feststellbaren Lichtwirkungen an der Netzhaut. Erg. Physiol. **11** (1909) 1.
[85] Trendelenburg, W., Die Adaptationsbrille, ein Hilfsmittel für Röntgendurchleuchtungen. Münch. med. Wochenschr. (1916) 245—246.
[86] Trendelenburg, W., Fortschr. Röntgenstr. **25** (1916) 30—32 und **33** (1925) 1—4.
[87] v. Tschermak-Seysenegg, A., Über die funktionelle Gliederung und Einteilung der Netzhaut. Zschr. f. Augenhkd. **66** (1928) 35—49.
[88] Van der Velden, H. A., The Number of Quanta, Necessary for the Perception of Light. Ophthalmologica **111** (1946) 321.
[89] Volta, A., Galvanismus und Entdeckung des Säulenapparats (1796—1800). Veröffentlicht: A. I. Öttingen, Engelmann, Leipzig 1900.
[90] Wald, G., The chemistry of rod vision. Science **113** (1951) 287—291. The biochemistry of vision. Ann. Rev. Biochem. **22** (1953) 497—526.
[91] Wald, G., Brown, P. K. u. Smith, P. H., Iodopsin. Fed. Proc. **11** (1952) 309—319.
[92] Weigert, F., Photochemisches zur Theorie des Farbensehens. In Bethe-Bergmann, Hdb. d. norm. u. path. Physiologie, Bd. XII 1. Teil, Verlag J. Springer, Berlin 1931.

[93] WEIGERT, F., Photochemisches Modell der Retina. Pflügers Archiv **190** (1921) 177 bis 197.
[94] WEIGERT, F. u. MORTON, R., Photochemical studies on colour vision. Ophthalmologica **99** (1940) 145—179.
[95] WILLMER, E. M., Observations on the Physiology of Colour Vision. Nature **151** (1943) 213—215.
[96] WILLMER, E. M., Colour of Small Objects. Nature **153** (1944) 774—775.
[97] WRIGHT, W. D. u. WILLMER, E. M., Colour Sensitivity of the Fovea Centralis. Nature **156** (1945) 119—121.
[98] YOUNG, TH., On the Theory of Light and Colours. Phil. Trans. Roy. Soc. London **92** (1802) 12.

3. Beugung, Interferenz, dünne Schichten

H. POHLACK, Jena

Optik dünner Schichten — Ein Überblick über den Stand der Entwicklung in Theorie und Praxis[1])

Vorbemerkung

Die Optik dünner Schichten, wie sie sich uns heute darstellt [1], [2], [3], [4], [5], [6], [7], [8], [9], besitzt ihre Wurzeln in mehreren sehr verschiedenartigen und voneinander unabhängigen Ausgangsbereichen, und es ist interessant und aufschlußreich, wenigstens eine dieser Wurzeln aufzusuchen: Man gelangt dabei u. a. in einen Bereich, der bezeichnet werden kann als werkstoffmäßige (nichtoptische) *Vergütung* optischer Materialien.

Ein paar Bemerkungen zu diesem Terminus:

Unter ,,Vergütung" versteht man bekanntlich in der Hüttenkunde das Verbessern der mechanischen Eigenschaften metallischer Werkstoffe durch eine Wärmebehandlung. Mit diesem Prozeß, der einen tiefgehenden Eingriff in die Struktur des Materials darstellt, steht das, was man heute unter dem verbreiteten Begriff ,,*optische Glasvergütung*" versteht, zunächst scheinbar in keinem engeren Zusammenhang. Wer die moderne Optik dünner Schichten in ihrer Entwicklung etwas genauer verfolgt, wird jedoch feststellen, daß zum Teil rein *werkstoffkundliche*, also nichtoptische Probleme am Beginn dieser Entwicklung gestanden haben (vgl. z. B. [10]).

Um das näher zu erläutern, zeigt Abb. 1 ein fleckenempfindliches Schwerkronglas, das längere Zeit tropischer Atmosphäre ausgesetzt war. Die eine Flächenhälfte trägt einen dünnen durchsichtigen Schutzüberzug, der zugleich die Funktion einer Reflexionsverminderung erfüllt (Ursache dafür, daß dieser Flächenbereich im Auflicht dunkel erscheint). Bei der Herstellung solcher ,,Korrosionsschutzschichten" muß nun selbstverständlich darauf geachtet werden, daß die Eigenschaften der hochwertigen feinstbearbeiteten Glasoberfläche nicht ungünstig verändert werden. Man ist daher auf Verfahren beschränkt, die sehr dünne, trübungsfreie und gleichmäßige Schichten hervorbringen (z. B. erfüllt das Auftragen von Lacken diese Forderungen gewiß nicht) und gelangt daher zu Schichtdicken in der Größenordnung der Lichtwellen-

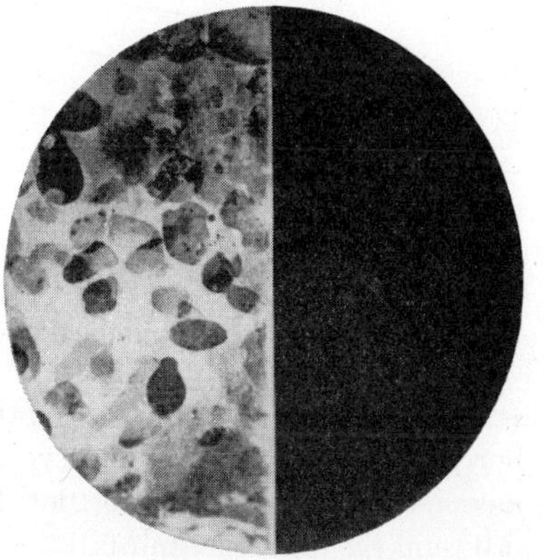

Abb. 1
Fleckenbildung auf ,,korrosions"empfindlichem Schwerkronglas (zur Hälfte bedeckt mit einer dünnen Schutzschicht).

[1]) Gekürzte Fassung des Vortrags.

längen, also Schichtdicken, die unter bestimmten Voraussetzungen Interferenzerscheinungen zeigen. Es finden sich also tatsächlich enge Berührungspunkte zwischen den ursprünglichen Zielen der Glasvergütung zwecks Korrosionsschutz und der z. T. aus ihr hervorgegangenen und vor 15—20 Jahren zur technischen Reife entwickelten Interferenzschichtoptik, die für spezielle Anwendungsgebiete mit der nicht gerade eindeutigen und treffenden Bezeichnung „Vergütungsoptik“ belegt worden ist.

Zur Theorie der nichtabsorbierenden (Interferenz-) Schichten

Bekanntlich werden durch jede Grenzfläche zwischen zwei optischen Medien einfache spektrale Lichtteilungsfunktionen realisiert: Durchlässigkeit und Reflexion als Funktion der Wellenlänge. In Abb. 2 sind Durchlaßgrad und Reflexions-

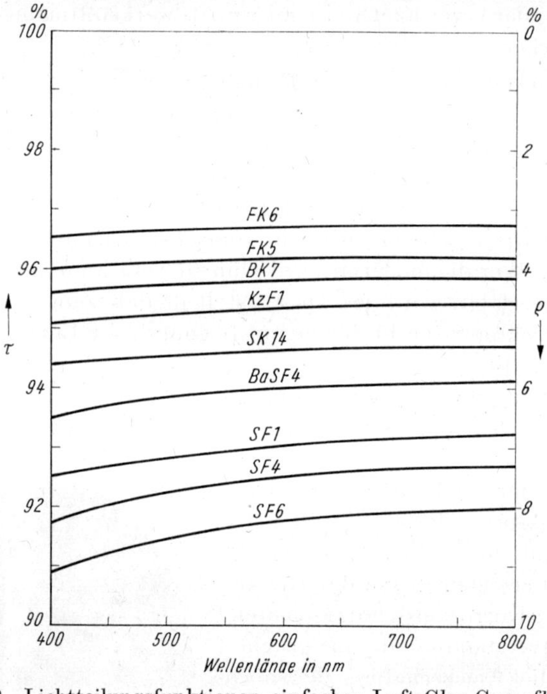

Abb. 2. Lichtteilungsfunktionen einfacher Luft-Glas-Grenzflächen.

grad (gegenläufig) für einige optische Glassorten über dem sichtbaren Spektralbereich aufgetragen. Der Kurvenverlauf drückt einen allbekannten Sachverhalt aus, nämlich das Ergebnis der Fresnelschen Formeln, hier für den Spezialfall senkrechten Lichteinfalls. An Hand dieser einfachen Darstellung ist es aber bereits möglich, die Aufgaben der Optik dünner Schichten in voller Allgemeinheit zu formulieren. Sie besteht darin, die *spektralen Lichtteilungsfunktionen einfacher Grenzflächen* (Abb. 2) *gesetzmäßig in andere spektrale Funktionen zu überführen.*

Für diese Aufgabe stehen im wesentlichen zwei optische Eigenschaften dünner Schichten zur Verfügung; in erster Linie wird man an die *Interferenzerscheinungen* denken.

Die *dünne Interferenzschicht* hat den Ausgangspunkt ihrer wellentheoretischen Behandlung bei der Interferenz der planparallelen Platte (Abb. 3), unterscheidet sich jedoch durch den geringen Gangunterschied der einzelnen Teilwellen. Als Folge davon wird bei dünnen Schichten — um in den Begriffen der Interferenzspektroskopie zu sprechen — die Interferenzordnung m klein und das Dispersionsgebiet $\Delta\lambda$, also der „noch verarbeitbare Spektralbereich“, groß (Abb. 4). Bei der LUMMER-GEHRCKE-Platte z. B. liegt m in der Größenordnung von 10^4, bei dünnen Interferenzschichten bei 1 bis maximal 3. $\Delta\lambda$ kommt also in die Größenordnung der Wellenlänge selbst. Reflexionsgrad und Durchlaßgrad dünner Interferenzschichten interessieren daher als *Spektralfunktionen in ausgedehnten Wellenlängenintervallen.*

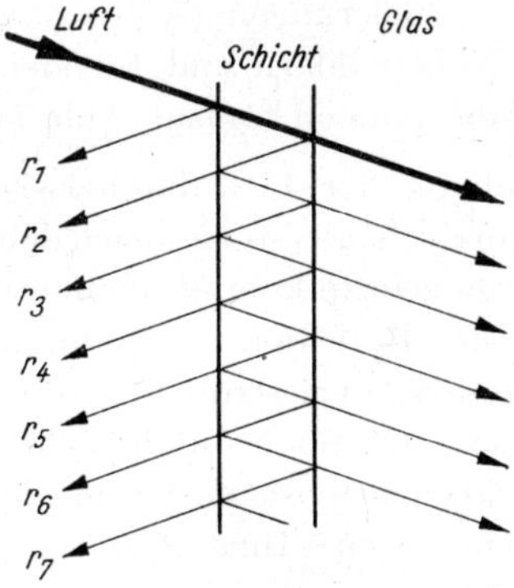

Abb. 3. Zur Aufspaltung einer einfallenden Lichtwelle an einer planparallelen Platte (Interferenzschicht).

„Dispersionsgebiet“ $\Delta\lambda = \frac{\lambda}{m}$

LUMMER-GEHRCKE-Platte $m \cong 10^4$

dünne Interferenzschicht $m \cong 1 \ldots 3$

Abb. 4. Dispersionsgebiet $\Delta\lambda$.

Wir vergegenwärtigen uns an Abb. 5, wie ein solcher spektraler Verlauf in sehr einfachen Fällen aussehen kann: Gezeigt ist der spektrale Reflexionsgrad dünner nichtabsorbierender Einfachschichten auf einer Glasoberfläche. Parameter ist die Schichtbrechzahl. Die Glasreflexion (das ist die Waagerechte bei 4%) wird immer dann erreicht, wenn die Schichtdicke ein Vielfaches von $\lambda/2$ beträgt; das folgt bereits aus den grundlegenden Gesetzen der Interferenz. Interessant ist dabei aber folgendes: Je nach Höhe der Schichtbrechzahl sind die Werte der anderen Extrema unterschiedlich; sie können sowohl unterhalb wie auch wesentlich oberhalb der Glasreflexion liegen. Maßgebend für das „Umschlagen“ ist der Phasensprung an der Schicht-Glas-Grenzfläche, letzten Endes also die Brechzahldifferenz Schicht-Glas.

Es handelt sich bei den Kurvenscharen Abb. 5 um ein noch sehr einfach überschaubares Verhalten mit zweidimensionaler Mannigfaltigkeit: Höhe der Extrema und deren Lage im Spektrum, entsprechend den beiden Variablen Schichtbrechzahl und Schichtdicke. Trotzdem ist es zweckmäßig, noch etwas bei der *einfachen* Interferenzschicht zu verweilen. Um die Verhältnisse anschaulich werden zu lassen, wollen wir an dieser Stelle bereits vorgreifen auf eines der erst später zu behandelnden Anwendungsgebiete und zwar speziell auf die *Reflexionsverminderung durch Einfach-Interferenzschichten.*

Die Aufgabenstellung ist bekannt (Abb. 2): Die Lichtteilungsfunktionen optischer Materialien (Gläser, Kristalle, Kunststoffe) sollen verändert werden und zwar hier speziell im Sinne verringerter Reflexion. Ziele dieser Maßnahme:

1. Beseitigung der Zickzackreflexionen im Inneren optischer Systeme, damit Kontraststeigerung und Vermeidung von Bildverschleierungen (Abb. 6); in besonders drastischen Fällen Unterdrücken von Nebenbildern und Blendenabbildungen, die durch Zickzackreflexionen zustande kommen können (Abb. 7).
2. Erhöhung der Lichtdurchlässigkeit optischer Systeme (nach dem Energieprinzip kommt die unterdrückte Reflexion dem durchgehenden Lichtstrom zugute). Abb. 8 zeigt einen durchleuchteten Glasplattensatz, der in der kreisförmigen Innenzone entspiegelt ist.

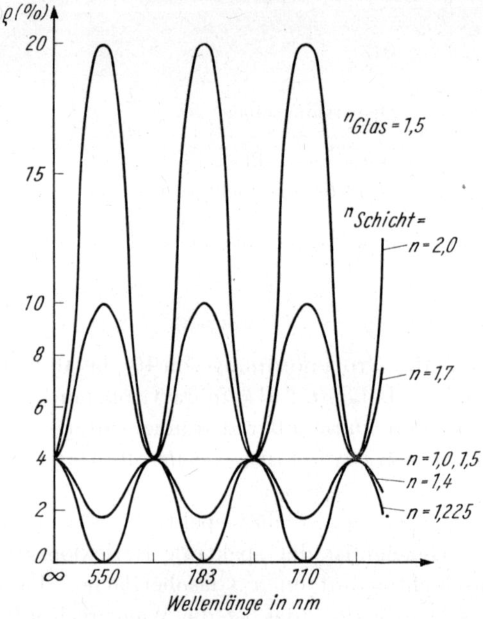

Abb. 5. Spektraler Reflexionsgrad von Einfach-Interferenzschichten.

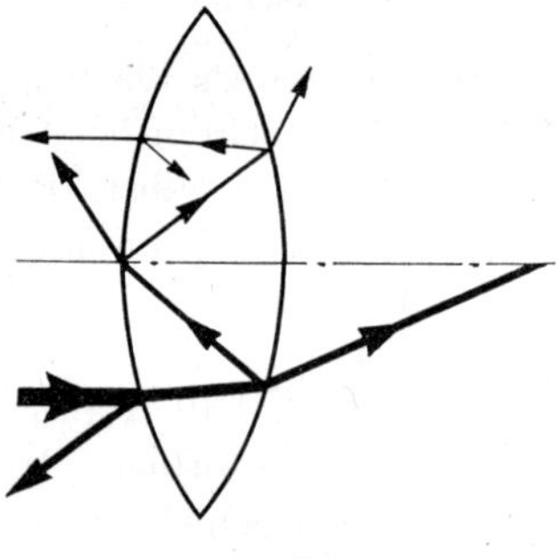

Abb. 6. Mehrfachreflexionen in einer Linse.

Über dem vereinfachten Entspiegelungsschema Abb. 9 steht die sogenannte Amplituden- und Phasenbedingung für Schichtbrechzahl und Schichtdicke zur vollständigen Reflexionsauslöschung, Formeln, deren verhältnismäßig triviale Herleitung hier nicht interessiert. Wichtig aber ist folgendes: Wie die Gleichungen sofort zeigen, lassen sich die Bedingungen nur für *hochbrechende Gläser* und für *diskrete Wellenlängen* optimal erfüllen. Man bekommt also Lichtteilungsfunktionen, wie in Abb. 10 dargestellt; Parameter ist die Glasbrechzahl. Die Kurvenverläufe machen es plausibel, daß reflexmindernde Einfachschichten in der Draufsicht einen zur Schwerpunktwellenlänge komplementären Farbstich be-

Abb. 7. Vergleichsaufnahmen mit dem gleichen Photoobjektiv ohne und mit Linsenentspiegelung.

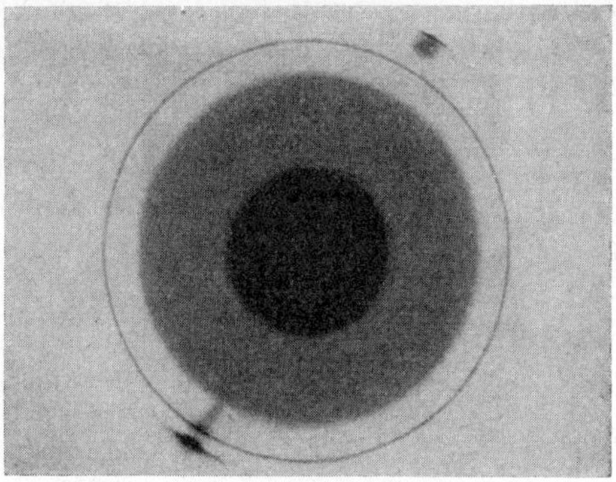

Abb. 8. Teilweise entspiegelter Glasplattensatz. (Negativ!)

Vollständige Reflexionsauslöschung	
$n_{\text{Schicht}} = \sqrt{n_{\text{Glas}}}$	Amplitudenbedingung
$n_{\text{Schicht}} \cdot d = \lambda/4$	Phasenbedingung

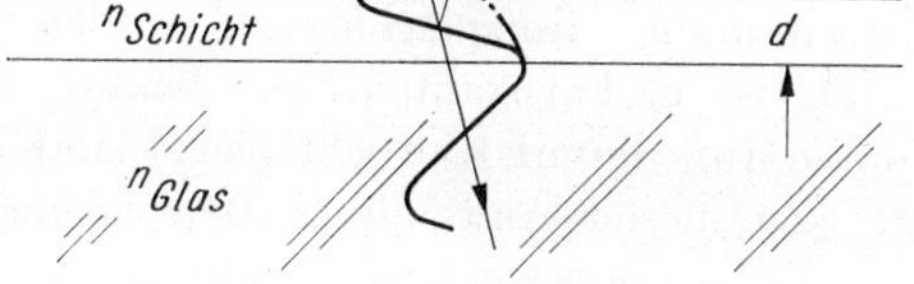

Abb. 9. Reflexionsauslöschung durch einfache Interferenzschicht.

Abb. 10. Reflexionsgrad als Funktion der Lichtwellenlänge für Gläser verschiedener Brechzahlen (belegt mit der gleichen Interferenzschicht).

sitzen, also für eine Entspiegelung bei 555 nm (im Maximum der Augenempfindlichkeit) das bekannte Rot-Purpur bis Violett.[1])

Die Anwendung von *Einfach-Interferenzschichten* kann also nur zu beschränkten Erfolgen führen; das wurde hier am Beispiel der Reflexminderung nachgewiesen, das gilt aber für alle später noch zu behandelnden Anwendungsgebiete im entsprechenden Sinn. Frei von diesen Beschränkungen oder Nachteilen wird man dann, wenn man statt nur einer Schicht mehrere übereinander aufgebrachte Schichten ansetzt, die dann einzeln nach Dicke und Brechzahl der gewünschten optischen Wirkung anzupassen sind: Je mehr Schichten, desto größer wird die Freiheit im Spektralkurvenverlauf und umso besser gelingt die Anpassung an geforderte Eigenschaften. (Als Beispiel zeigt Abb. 11 eine spezielle und willkürliche Intensitätsfunktion von 7 Schichten, die nun bereits einen wesentlich anderen Charakter als die Kurvenverläufe von Abb. 2 besitzt.)

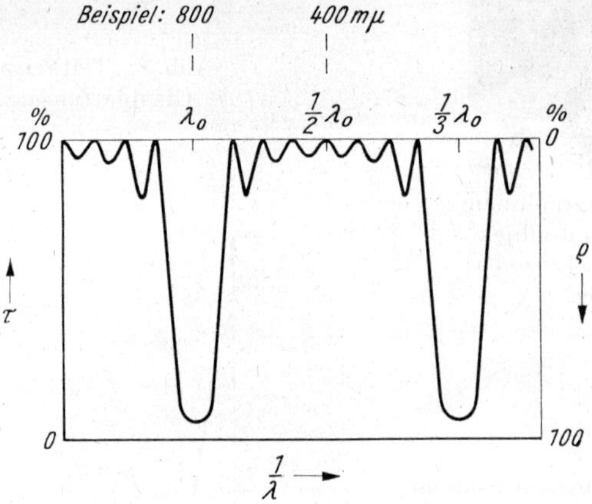

Abb. 11. Eigenschaften eines Systems von sieben Interferenzschichten (willkürliches Beispiel).

Die Aufgabe, Methoden für eine übersichtliche theoretische Behandlung von Mehrfachschichtsystemen zu entwickeln, erwies sich daher als dringend und lohnend im gleichen Maße, wie es von der technologischen Seite her gelang, die Herstellung von Vielfachschichten zu beherrschen. Zunächst muß man aber wissen, welche *Schichtanzahlen* bei modernen Schichtsystemen überhaupt in Frage kommen. Hierzu drei Beispiele: Breitbandige Entspiegelungen werden mit 3 bis 4 Einzelschichten realisiert; bei Interferenz-Farbkantenfiltern benutzt man 9 bis 15 Schichten, und die sogenannten Interferenz-Kaltlichtspiegel sind aus 10 bis 30 Einzelschichten aufgebaut. (Zu diesen Anwendungs-Beispielen nachher noch Näheres.)

---

[1]) Im Vortrag wurden Farb-Diapositive verschiedener beschichteter Glassorten gezeigt (Auflicht-Photos): Je höher die Glasbrechzahl (je steiler der Kurvenverlauf Abb. 10), desto gesättigter der Farbton des reflektierten Lichtes.

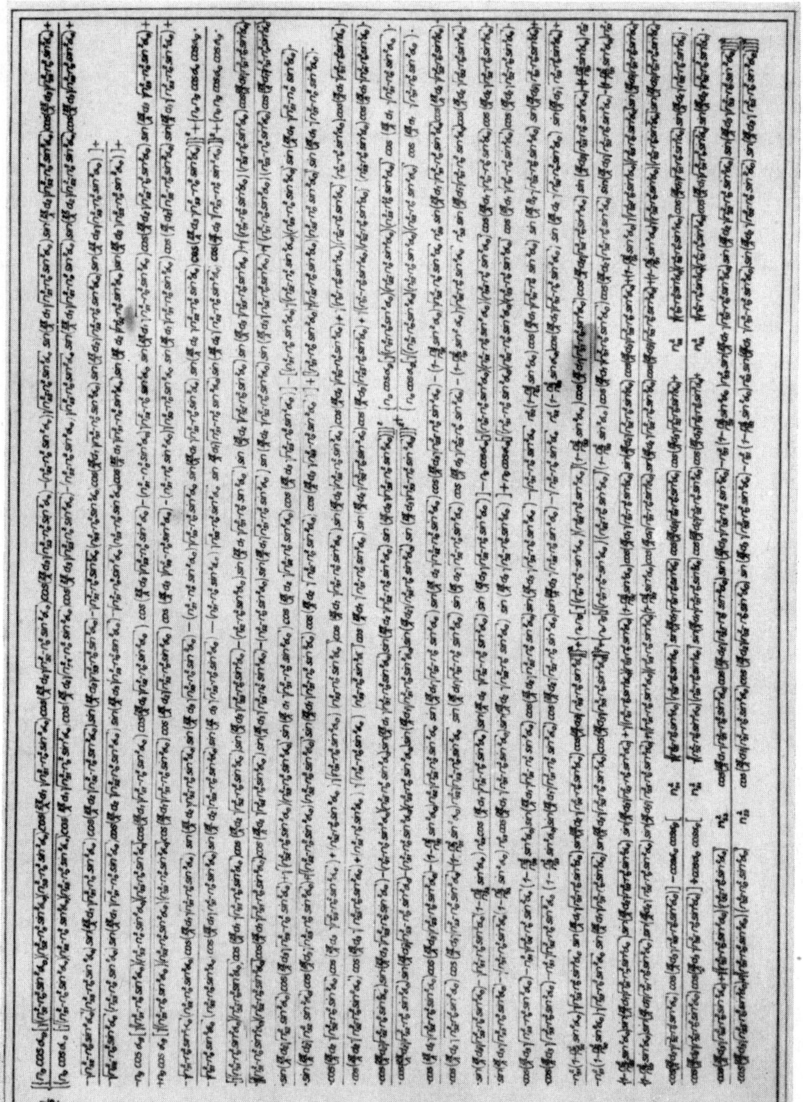

Abb. 12. Formel für den Reflexionsgrad eines Dreifach-Interferenzschichtsystems (allgemeinste Lösung).

Drei Schichten sind also in der Schichtoptik keine große Zahl. Entwickelt man nun die explizite Formel des Reflexionsgrades für den allgemeinsten Fall, so erhält man jedoch bereits bei nur drei Schichten einen Formelausdruck, wie er in Abb. 12 wiedergegeben ist: Zehn Parameter gehen in die Funktion ein, die Brechzahlen des Schichtträgers und des vorgelagerten Mediums, die drei Schichtbrechzahlen, die drei Schichtdicken, der Einfallswinkel und die Lichtwellenlänge. Von einer Übersicht, in welcher Weise die einzelnen Parameter den Funktionsverlauf beeinflussen, kann dabei natürlich keine Rede sein. Bei mehr als drei Schichten wächst der Aufwand im expliziten Formelfall rasch ins Uferlose.

Man könnte nun zur Lösung der Aufgabe an *graphische Verfahren* (Zeiger-Diagramme) denken; doch werden solche Methoden kompliziert, wenn man mehr als die jeweils ersten reflektierten Teilwellen berücksichtigt; andererseits ist die erste Näherung (d. h. ohne Berücksichtigung der Vielfachreflexionen) für Mehrfachschichten im allg. unbrauchbar, so daß solche Verfahren ausscheiden. Für eine sinnvolle *analytische* Behandlung des Problems kommen prinzipiell zwei Möglichkeiten in Frage: einmal die Anwendung der erweiterten Airyschen Formeln, also unendliche Reihenbildungen (das führt aber zu recht unübersichtlichen Rekursionsformeln), oder aber die Heranziehung der elektromagnetischen Lichttheorie unter Berücksichtigung der Stetigkeitsbedingungen für die Feldgrößen in den Grenzflächen. Für diese zweite Methode ergeben sich, kurz skizziert, die folgenden Überlegungen:

n_{Schicht}	
$\leftarrow d \rightarrow$	
E_1	E_2
H_1	H_2

$$E_1 = \mathfrak{K}_{11} E_2 + \mathfrak{K}_{12} H_2$$
$$H_1 = \mathfrak{K}_{21} E_2 + \mathfrak{K}_{22} H_2$$

Abb. 13. Zusammenhang der Feldgrößen an den Grenzen eines von einer elektromagnetischen Welle durchsetzten planparallelen Mediums.

| 1 | 2 | 3 |

$$E_1 = \mathfrak{K}^{(1)}_{11} E_2 + \mathfrak{K}^{(1)}_{12} H_2$$
$$H_1 = \mathfrak{K}^{(1)}_{21} E_2 + \mathfrak{K}^{(1)}_{22} H_2$$
$$E_2 = \mathfrak{K}^{(2)}_{11} E_3 + \mathfrak{K}^{(2)}_{12} H_3$$
$$H_2 = \mathfrak{K}^{(2)}_{21} E_3 + \mathfrak{K}^{(2)}_{22} H_3$$
$$\vdots \quad \vdots \quad \vdots$$

Abb. 14. Zusammenhang der Feldgrößen an den Grenzen mehrerer von einer elektromagnetischen Welle durchsetzten planparallelen Medien.

1. Schritt: Denkt man sich ein isotropes Medium durch planparallele Flächen begrenzt, so überlagern sich auf Grund der inneren Vielfachreflexion die in positiver und negativer Fortpflanzungsrichtung laufenden Teilwellen, und man erhält zwischen den Feldgrößen in den beiden Grenzflächen einfache lineare Beziehungen (Abb. 13). Die Koeffizienten $\mathfrak{K}$ enthalten die Größen Brechzahl und Dicke.

2. Schritt: Man berücksichtigt die Stetigkeit der Tangentialkomponenten der Feldstärken in den Grenzflächen und bekommt auf diese Weise bei mehreren geschichteten Medien den Anschluß von einem Medium zum anderen, mithin die Hintereinanderschaltung von Lineartransformationen (Abb. 14).

3. Schritt: Da man bei der Berechnung optischer Schichtsysteme unmittelbar an den Beziehungen zwischen der ersten und letzten Grenzfläche interessiert ist, sind die Zwischenglieder aus dem Gleichungssystem zu eliminieren. Für diesen Schritt bietet sich folgerichtig die Anwendung einfacher Regeln des Matrizenkalküls an: Schreibt man die Gleichungen in Matrizenform (Abb. 15), so reduziert sich nämlich das Verfahren der Elimination zur einfachen formalen Multiplikation der Koeffizienten-Matrizen mit der Produkt-Matrix als Repräsentant des gesamten Schichtsystems (Abb. 16).

$$E_1 = \mathfrak{K}_{11} E_2 + \mathfrak{K}_{12} H_2$$
$$H_1 = \mathfrak{K}_{21} E_2 + \mathfrak{K}_{22} H_2$$
$$\begin{Vmatrix} E_1 \\ H_1 \end{Vmatrix} = \begin{Vmatrix} \mathfrak{K}_{11} & \mathfrak{K}_{12} \\ \mathfrak{K}_{21} & \mathfrak{K}_{22} \end{Vmatrix} \cdot \begin{Vmatrix} E_2 \\ H_2 \end{Vmatrix}$$

Abb. 15. Zur Matrizenschreibweise der benutzten Gleichungssysteme.

Mit dieser Schreibweise ist man nun aber zu einer außerordentlich übersichtlichen und bestechend einfachen Gliederung des rechnerischen Problems gelangt dadurch, daß jeder

$$\begin{Vmatrix} \mathfrak{K}^{(1)}_{11} & \mathfrak{K}^{(1)}_{12} \\ \mathfrak{K}^{(1)}_{12} & \mathfrak{K}^{(1)}_{22} \end{Vmatrix} \cdot \begin{Vmatrix} \mathfrak{K}^{(2)}_{11} & \mathfrak{K}^{(2)}_{12} \\ \mathfrak{K}^{(2)}_{21} & \mathfrak{K}^{(2)}_{22} \end{Vmatrix} \cdot \begin{Vmatrix} \mathfrak{K}^{(3)}_{11} & \mathfrak{K}^{(3)}_{12} \\ \mathfrak{K}^{(3)}_{21} & \mathfrak{K}^{(3)}_{22} \end{Vmatrix} \cdots \quad \cdots \begin{Vmatrix} \mathfrak{K}^{(m)}_{11} & \mathfrak{K}^{(m)}_{12} \\ \mathfrak{K}^{(m)}_{21} & \mathfrak{K}^{(m)}_{22} \end{Vmatrix} = \begin{Vmatrix} \mathfrak{K}_{11} & \mathfrak{K}_{21} \\ \mathfrak{K}_{12} & \mathfrak{K}_{22} \end{Vmatrix}$$

Abb. 16. Hintereinanderschaltung von Interferenzschichten und Matrizenmultiplikation.

Matrizenfaktor die optischen Größen einer und nur einer Schicht enthält. Auf Einzelheiten des Verfahrens soll hier nicht eingegangen werden (vgl. u. a. [11], [12], [13]). Doch sind noch ein paar allgemeinere Bemerkungen nützlich:

Die hier angewandte Verknüpfung zwischen den elektrischen Größen am Ein- und Ausgang eines „Systems" ist aus einem anderen physikalisch-technischen Bereich geläufig und bekannt, lange bevor an eine praktische Anwendung von

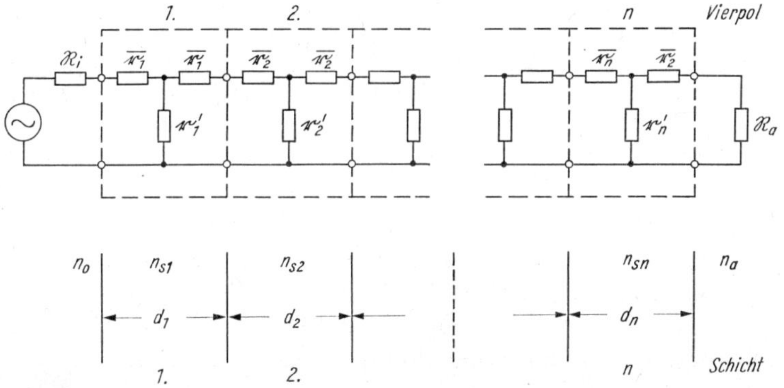

Abb. 17. Entsprechung von Vierpol-Kettenschaltungen und optischen Schichtsystemen.

Vielfach-Interferenzschichten zu denken war und zwar aus der Theorie der Schwachstromtechnik: Elektrische Vierpol-Kettenschaltungen lassen sich nämlich formal in genau der gleichen Weise behandeln, so daß optische Schichtsysteme geradezu als *Vierpolketten* aufgefaßt werden können (Abb. 17).

Über diese Analogie ist vor etwa zehn Jahren viel geschrieben worden; im deutschen Schrifttum hat Schuster als erster auf sie aufmerksam gemacht [14] und in dem Zusammenhang einige für die praktische Optik dünner Schichten wichtige Beziehungen aufgedeckt. Es hat nicht an kritischen Einwänden gefehlt, die in der Behandlung dieser Analogie kaum mehr als eine formal-mathematische Spielerei sehen wollten. Tatsächlich handelt es sich aber um weit mehr als nur eine formale Analogie, was vor allem daraus erhellt, daß diese Analogiebetrachtungen einige bemerkenswerte *praktische* Resultate gezeitigt haben. Man denke z. B. an die *Synthese optischer Schichtsysteme* [15], [16], [17]. Anfangs war es nur möglich, die spektralen Intensitätseigenschaften jeweils *vorgegebener* Schichtsysteme zu berechnen. Ein solches Verfahren ist jedoch wenig geeignet, allgemeine Aussagen über Art und Mannigfaltigkeit der zu erwartenden spektralen Intensitätskurven zu machen oder konstruktive Aufgaben in befriedigender Weise zu lösen. Die elektrische Vierpoltheorie aber hat es seit langem besonders mit derartigen Problemen der Synthese zu tun, wie z. B. mit der Bestimmung von Siebkreisschaltgliedern für vorgegebene Siebeigenschaften. Gerade diese in der Vierpoltheorie zu hoher Vollkommenheit entwickelten Methoden haben eine Fülle von Anregungen für analoge Aufgaben der Interferenzschichtoptik geliefert. Als Beispiel das folgende:

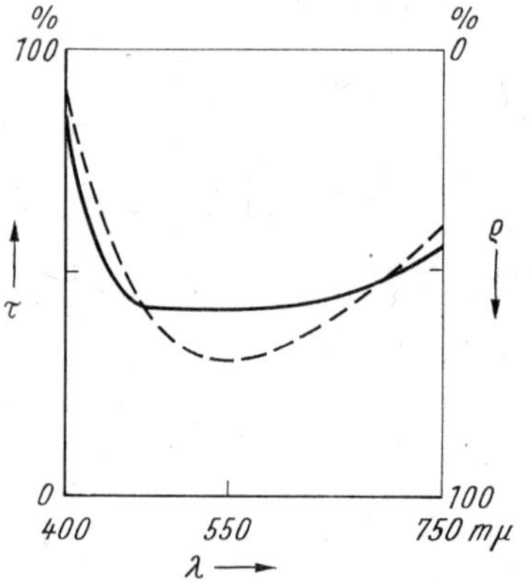

Abb. 18. Interferenz-Lichtteilungsspiegel.

Lichtteilungsspiegel lassen sich verlustlos herstellen durch Anwendung mehrerer Interferenzschichten mit abwechselnd hoher und niedriger Brechzahl. Der spektrale Reflexions- und Transmissionsverlauf zeigt dabei jedoch einen Charakter, wie er durch die gestrichelte Kurve Abb. 18 dargestellt wird, es ergibt sich also ein starker Farbstich. Läßt sich nun dieser Kurvenverlauf durch Zusatzschichten „glätten", der Lichtteiler also „neutral" machen? Und welche Eigenschaften müssen solche Zusatzschichten besitzen? Das ist eine charakteristische Aufgabe für eine *Schichtsynthese*, die früher nicht oder höchstens in Einzelfällen durch rechnerisches Probieren gelöst wurde. Heute werden durch Anwendung von „Glättungsschichten" verlustarme *neutrale Teilungsspiegel* (durchgezogene Kurve Abb. 18) hergestellt [18], [19].

Das nur als triviales Beispiel zum Problem Schichtsynthese.

Einige Bemerkungen zur Optik absorbierender Medien

Der bisherige Überblick befaßte sich ausschließlich mit der *Interferenz* als der charakteristischen Eigenschaft dünner durchsichtiger Schichten. Mit zunehmender *Absorption* des Schichtmaterials treten die Interferenzerscheinungen mehr und mehr zurück, und es charakterisieren nunmehr die vielfältigen Erscheinungen und Folgerungen der Strahlungsdämpfung das optische Verhalten der Schicht (vgl. z. B. [20]—[23]).

Es ist nicht möglich, hier auch nur einen einigermaßen erschöpfenden Überblick über die Theorie der absorbierenden Schichten zu geben; dazu birgt dieses Gebiet zu viel komplexe Einzelprobleme in sich. Man denke nur an die Bestimmungsmethoden der optischen Metallkonstanten bei dünnen Schichten mit ihren Anomalien, an die komplizierten Strukturprobleme, an optische Halbleiterprobleme und vieles andere.

Es soll jedoch in diesem Zusammenhang wenigstens *eine* Aufgabenstellung genannt werden, die uns vor einigen Jahren intensiv beschäftigt hat, nämlich die Frage nach dem Gültigkeitsbereich des Reziprozitätstheorems bei dünnen Schichten (vgl. [24]). Anlaß hierzu war die Beschäftigung mit einem alten Gedankenexperiment von Lord Rayleigh (das zunächst mit Schichten gar nichts zu tun hat)

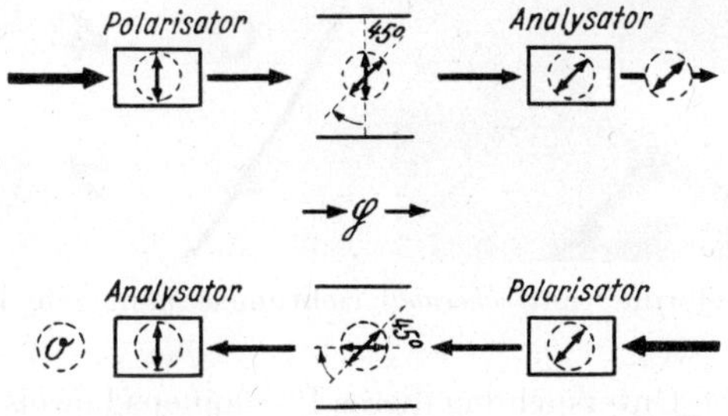

Abb. 19. Lichtfalle nach Lord Rayleigh.

und die Fragestellung, ob noch andere (einfachere) optische Systeme gefunden werden können, die, ebenso wie die Rayleighsche Anordnung, den Helmholzschen Reziprozitätssatz verletzen. (Die sogenannte ,,Lichtfalle" nach Abb. 19 ist in einer Richtung lichtdurchlässig, in der anderen lichtundurchlässig; die Wirkung wird im wesentlichen hervorgerufen durch eine (absolute) 45°-Drehung der Polarisationsebene im longitudinalen Magnetfeld, also durch ein optisches Element, das den Faraday-Effekt realisiert.)

Es lag nun nahe, die Eigenschaften von Systemen dünner absorbierender Schichten ebenfalls auf ihr Reziprozitätsverhalten hin zu untersuchen und zwar besonders deshalb, weil bereits an der einfachen Grenzfläche zwischen zwei Medien mit unterschiedlicher Absorption gewisse ,,Störungen" der an sich erwarteten Durchlässigkeitsinvarianz auftreten [25]. Außerdem ist ein recht trivialer ,,Lichtventileffekt", der mit geeigneten Anordnungen aus durchsichtigen Metallschichten erzielbar ist, bereits bekannt:

Abb. 20 zeigt eine Strahlenschutzbrille; die Gläser sind in bestimmter Anordnung mit dünnen Metall- und Nichtmetall-Schichten belegt. Für den gegenüberstehenden Betrachter ist die Durchsicht zu den Augen der Brillenträgerin vollkommen gesperrt, die Gläser erscheinen undurchlässig. Vom Brillenträger selbst aus ist jedoch eine nur wenig gedämpfte Durchsicht ,,nach außen" möglich.

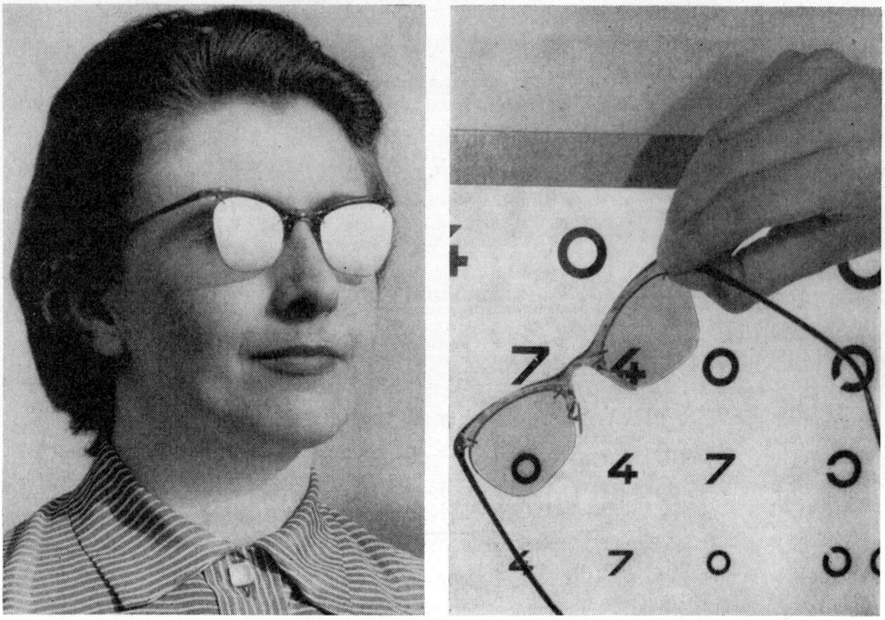

Abb. 20. „Spiegelbrille" mit *scheinbar* richtungsabhängigem Durchlaßgrad.

Die photometrische Untersuchung dieses Phänomens beweist selbstverständlich sofort, daß es sich hier im Sinne des „objektiven Lichtventils" nur um einen Scheinerfolg handelt; es ist im wesentlichen eine Unsymmetrie der Reflexion im Spiel, unterstützt durch unsymmetrische Beleuchtung. Das Ergebnis zeigt aber immerhin, daß eine Reziprozitätsuntersuchung bei dünnen Schichten nicht ganz trivial ist. Tatsächlich hat es auch einiger Anstrengung bedurft, um die allgemeinen Aussagen in dieser Richtung zu formulieren; dabei gelang es exakt zu beweisen, daß Schichtanordnungen, die „als Ganzes abgeschlossen" sind, also Anordnungen, um die es sich im meßtechnisch realisierbaren Fall immer handelt, tatsächlich invariant gegenüber einer Vertauschung von Strahlungsquelle und -empfänger sind, also keine Lichtfalle realisieren können [26], [27].

Damit sollen diese vorwiegend theoretischen Fragen, deren Behandlung in einer umfangreichen Spezialliteratur erfolgt ist, hier abgeschlossen werden, und wir wollen uns nunmehr vorwiegend Aufgaben der Praxis zuwenden.

Über einige apparatetechnische, technologische und physikalische Probleme, die sich aus der Herstellung dünner optischer Schichten ergeben

Zunächst einige Bemerkungen zu den *Methoden* der Schichtherstellung.

Weiteste Verbreitung von allen optischen Beschichtungsverfahren besitzt das *Aufdampfen im Hochvakuum.* In Abb. 21 ist das Prinzipielle in starker Vereinfachung dargestellt: Man legt die Schichtsubstanz in Drahtspiralen, auf dünne

Bleche oder in Tiegel aus schwerschmelzendem Material, bringt sie (meist durch elektrische Widerstandserhitzung) zum Verdampfen und läßt die Dampfatome bzw. Molekeln auf der zu beschichtenden Oberfläche kondensieren. Der Verdampfungsvorgang findet unter Hochvakuum statt, um die mittlere freie Weglänge der Restgasmoleküle in die Größenordnung des Aufdampfabstandes zu bringen. Eine einfache Abschätzung ergibt, daß (bei den üblichen Aufdampfabständen von einigen Dezimetern) Vakua in der Größenordnung von 10^{-5} Torr erforderlich sind.

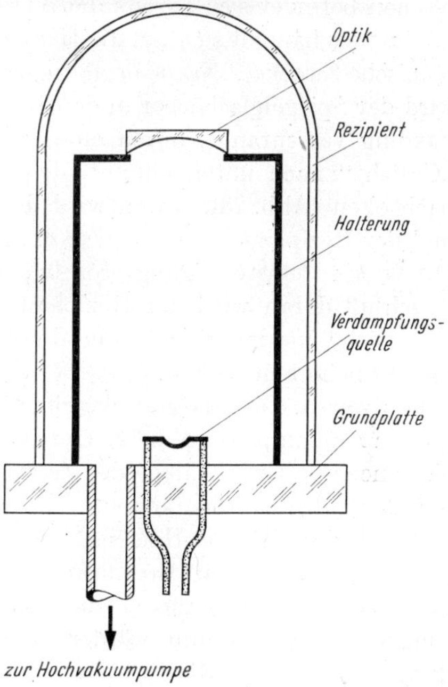

Abb. 21. Schema einer Hochvakuumverdampfungseinrichtung (stark vereinfacht).

Auf Einzelheiten des recht komplizierten Kondensationsmechanismus, also der eigentlichen Schichtbildung, soll hier nicht eingegangen werden. Um aber die Vorstellung, die man sich von diesen Vorgängen machen kann, zu unterstützen, zeigen wir als Beispiel einige sehr instruktive elektronenmikroskopische Aufnahmen von der Entstehung einer Silberschicht (Abb. 22). Man bemerkt, daß das Schichtwachstum (Reihenfolge im Bild von oben nach unten) keineswegs — wie man zunächst annehmen könnte — als homogene Bedeckung vor sich geht, sondern, daß im allgemeinen eine körnige Struktur entsteht, die im einzelnen natürlich wieder stark abhängig ist von der Schichtsubstanz, von Beschaffenheit und Temperatur der Unterlage, von der Dampfstrahldichte und zahlreichen weiteren Faktoren (z. B. [29]).

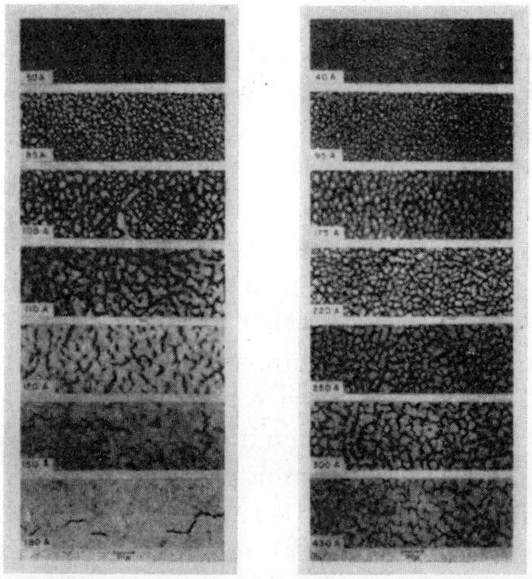

Abb. 22. Elektronenmikroskopische Aufnahmen dünner Silberschichten (nach [28]).

Und nun ein paar Bemerkungen zu *apparativen* Problemen: Abb. 23 zeigt eine Hochvakuumbedampfungsanlage, wie sie für umfangreiche Beschichtungsversuche entwickelt und eingesetzt ist. Im folgenden einige kurze Einzelerläuterungen des technologischen Vorgangs speziell mit dieser Apparatur:

Bei ausgefahrenem Stahlrezipienten (Abb. 24) werden die im Kreis angeordneten Verdampfungsquellen mit ihren elektrischen Anschlüssen und Verdrahtungen zugänglich (Abb. 25). Abb. 26 zeigt das Einspannen der sogenannten Verdampfungsschiffchen zwischen die Stromzuleitungen. Auf den Wolframblechen befindet sich bereits das Verdampfungsgut (Abb. 27), hier reinstes Aluminium (es handelt sich um die Herstellung eines Vorderflächenspiegels für astronomische Zwecke). Nach sorgfältiger mechanischer und chemischer Vorreinigung wird der Spiegelglaskörper in den Rezipienten gebracht. Hierzu wird er in einer Fassung verschraubt, durch einen Greifer erfaßt und geschwenkt, so daß das „Gesicht" nach unten kommt, denn die Verdampfung erfolgt hier von unten nach oben (Abb. 28). Dann wird der Glaskörper in die Apparatur eingefahren und der Rezipient geschlossen (Abb. 29). Anschließend findet bei vermindertem Druck als Feinstreinigungsprozeß eine elektrische Glimmentladung statt. Im Anschluß daran wird der Rezipient bis zum Hochvakuum evakuiert, und die eigentliche Verdampfung kann durchgeführt werden. Auf Abb. 30 der belegte Spiegel beim Schwenken.

Das waren, kurz dargestellt, einige wesentliche Arbeitsgänge an einer mittelgroßen Aufdampfanlage beim Verspiegeln. Abb. 31 zeigt noch die Gesamtansicht einer neueren Groß-Anlage des Zeißwerkes, in der Spiegel bis zum Durchmesser von 2 m belegt werden können.

Soweit zum Thema Hochvakuumbedampfungsverfahren.

Aus einer größeren Anzahl anderer, meist weniger bekannter und gebräuchlicher Herstellungsmethoden für optische Schichten soll jetzt noch ein Beschichtungsverfahren erwähnt werden, das (bei Beschränkung auf spezielle Anwendungszwecke) ebenfalls gute Ergebnisse liefert. Es handelt sich um einen „*Gasreaktionsprozeß*", der unter normalem Atmosphärendruck stattfindet. Dabei wird der Dampfstrom von leicht zersetzlichen Verbindungen unmittelbar vor dem Auftreffen auf die vorher erhitzte Glasoberfläche mit geeigneten Reaktionspartnern gemischt; es schlagen sich dann sehr harte und haftfeste Oxydschichten nieder (vgl. [10]). Der technologisch recht komplizierte Beschichtungsvorgang kann durch geeignet geführte Düsen gesteuert werden. Abb. 32 und 33 zeigen eine moderne Labor-Großanlage, die nach diesem Prinzip arbeitet: hinten die Durchflußströmungsmesser für die einzelnen Gase und Dämpfe, auf dem Mittelteil die Heizplatte, in die die Schichtträger eingebettet werden, darüber der Düsenwagen. Vorn das Schaltpult für die Steuerung des gesamten Vorganges.

Das möge genügen als Hinweise zur apparativen Technik des Belegungsvorganges. Die eigentlich *physikalischen Probleme* finden sich jedoch unabhängig von diesem technisch-apparativen Bereich. Im folgenden sollen nunmehr einige *dieser* Probleme erläutert werden.

Unsere Schichten müssen für den praktischen Gebrauch (abgesehen von den gezielten *optischen* Eigenschaften) vor allem *haftfest, hart* und *trübungsfrei* sein (vgl. u. a. [30]). Das erfordert zunächst ein sehr intensives Reinigen der Schichtträgerfläche, wobei dieser Vorgang weit über das hinausgeht, was man üblicherweise unter „Reinigung" versteht. Ziel ist es, für den Beschichtungsvorgang eine Fläche bereitzustellen, auf der die fremdschichtfreie Bindung zwischen Unterlage

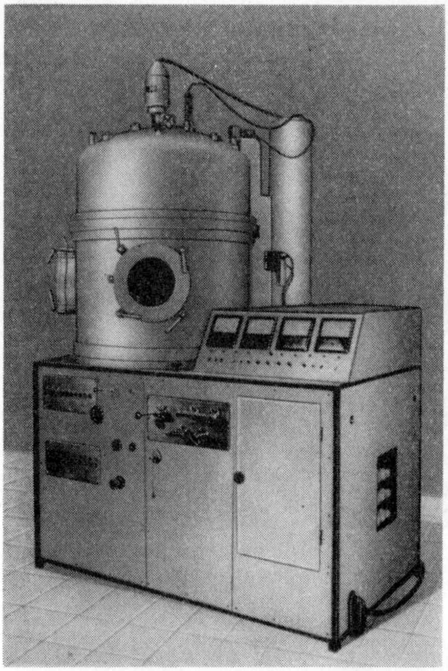

Abb. 23. Hochvakuumbedampfungsanlage (vorwiegend für Verspiegelung).

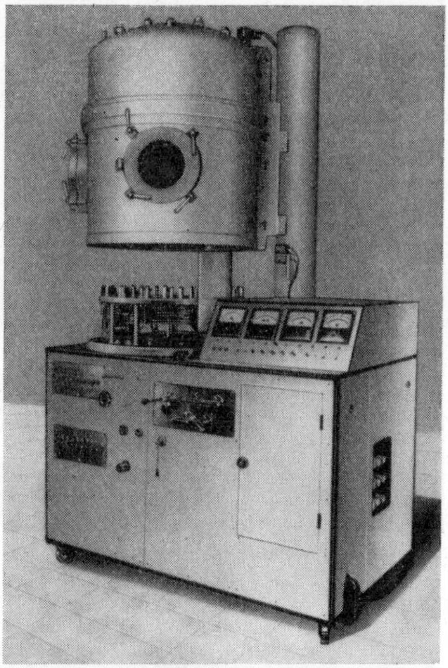

Abb. 24. Anlage wie Abb. 23 mit gehobenem Rezipienten.

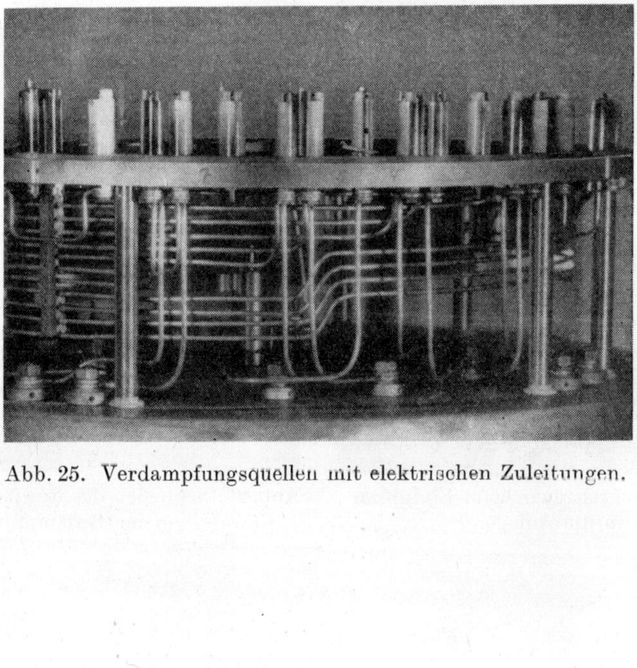

Abb. 25. Verdampfungsquellen mit elektrischen Zuleitungen.

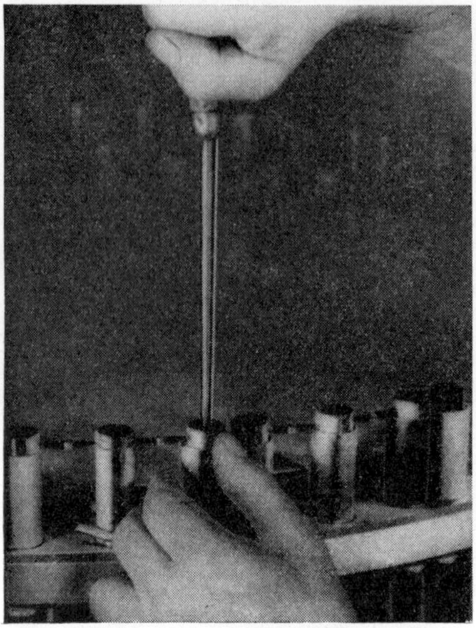

Abb. 26. Einspannen der Verdampfungs-„schiffchen“.

Abb. 27. Verdampfungsschiffchen, mit Aluminium bestückt.

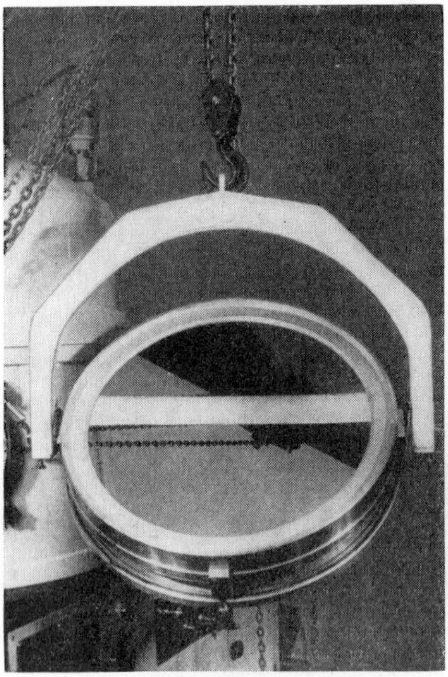

Abb. 28. Spiegelträger beim Einführen in die Anlage.

Abb. 29. Schließen des Rezipientendeckels vor der Bedampfung.

Abb. 30. Herausnehmen des bedampften Spiegels. (In der hochreflektierenden Fläche spiegelt sich der Photograph.)

Abb. 31. Bedampfungsanlage für 2 m-Spiegel.

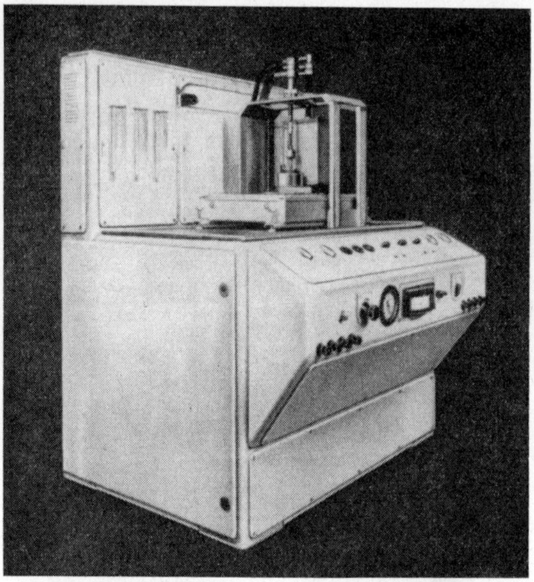

Abb. 32. Beschichtungsanlage für Gasreaktionsprozeß.

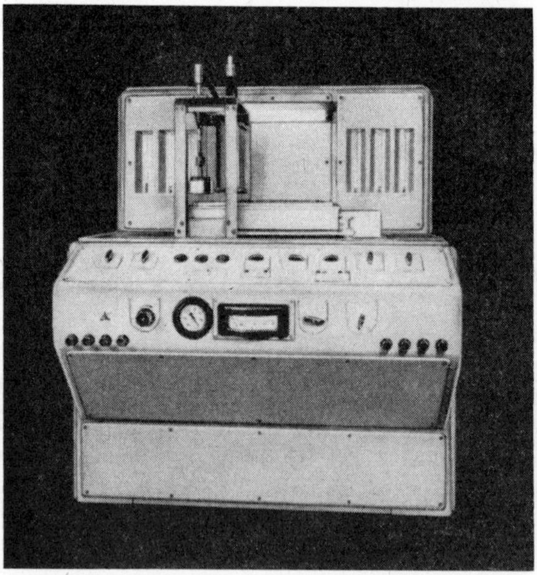

Abb. 33. Beschichtungsanlage für Gasreaktionsprozeß.

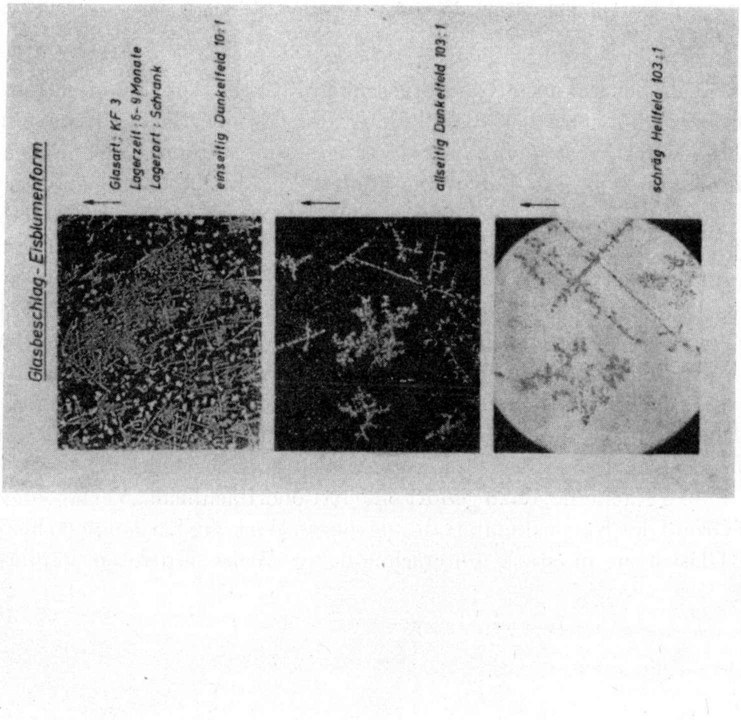

Abb. 34. Beschlagbildung auf empfindlichen Glasoberflächen (s. Text).

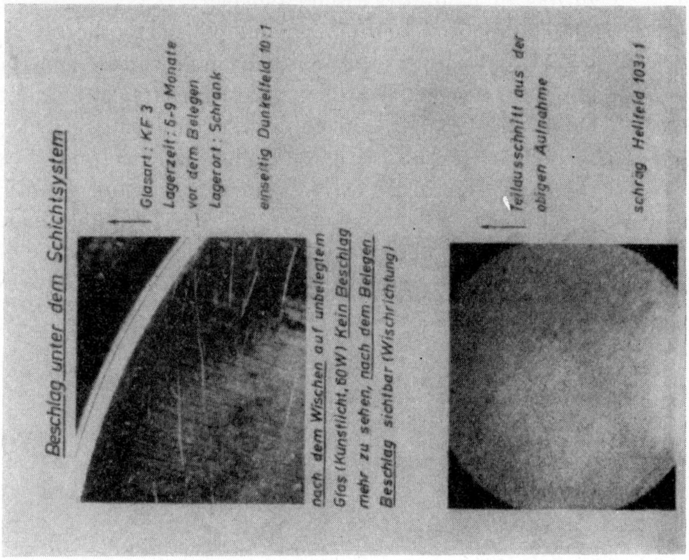

Abb. 35. Beschlagbildung zwischen Glas und Beschichtung (s. Text).

und optischem Belagsystem ermöglicht wird. Das ist ein Problem von großer praktischer Bedeutung. Welche unerfreulichen Wirkungen sich andernfalls ergeben können, dazu das folgende drastische Beispiel:

Abb. 34 zeigt Dunkelfeldaufnahmen einiger gut polierter (allerdings chemisch relativ empfindlicher) Plangläser, die etwa ein Jahr in geschlossenem Raum unter normaler Atmosphäre aufbewahrt wurden. Die eigenartigen Strukturen der „angelaufenen" Oberflächen brauchen hier nicht beachtet zu werden (vgl. [31]). Wichtig aber ist folgendes: Durch kräftiges Wischen läßt sich der Beschlag beseitigen und zwar so, daß mit keinem noch so empfindlichen optischen Prüfmittel eine Veränderung gegenüber der frischpolierten Grenzfläche feststellbar ist. Dennoch bilden sich *nach* der Hochvakuumbedampfung wiederum starke Trübungen unter der Schicht aus, die ein empfindliches Kriterium dafür sind, daß der Chemismus der Oberflächen eben doch, auch wenn das nicht sichtbar war, vom Zustand des reinen frischen Glases abweicht (Abb. 35).

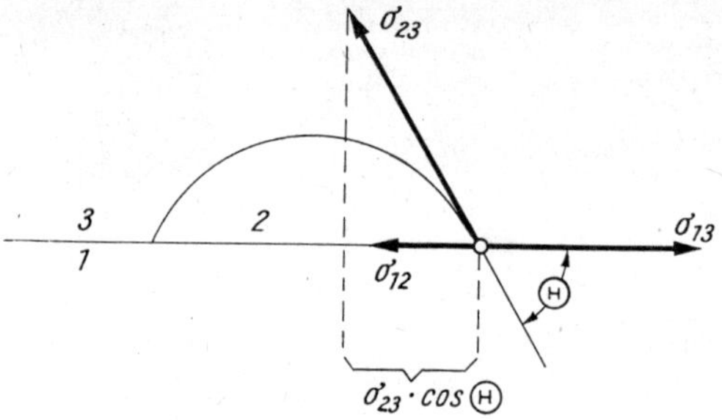

Abb. 36. Kontaktwinkelmessung (Schema).

Um nun auch bei unklarer Glasvorgeschichte bereits vor dem Belegen Aussagen machen zu können über die Eignung der Glasoberfläche, kann mit Erfolg die Methode der *Kontaktwinkelmessung* angewandt werden, das ist also nichts anderes als eine Messung des Benetzungsgrades. In Abb. 36 das Prinzipielle, gemessen wird der Winkel Θ. Abb. 37 zeigt ein einfaches Kontaktwinkelmeßgerät für Mikrobeobachtung. In Abb. 38 ist als Beispiel eine Versuchsreihe dargestellt, die zeigen soll, wie Gläser mit differenzierter Vorgeschichte durch intensive Reinigungsprozesse stufenweise einander angeglichen werden können (vgl. [32]).

Nun ein paar Worte zu der bereits erwähnten elektrischen Glimmentladung zwecks Feinstreinigung. Sie wird bei einigen 1000 Volt durchgeführt, wobei die zu „bombardierenden" Optikoberflächen in die eine Elektrode eingebettet werden können. Dieser Prozeß liefert einen besonders kleinen Kontaktwinkel, mit anderen Worten einen hohen Benetzungsgrad, also hohe Fremdschichtfreiheit; er besitzt aber auch Nachteile, dazu gehört eine Art oberflächliche „Verfärbung" der Gläser auf Grund der Korpuskularstrahlung, deren Wirkung bei den verschiedenen optischen Glassorten in stark unterschiedlicher Weise auftreten kann (z. B. Abb. 39).

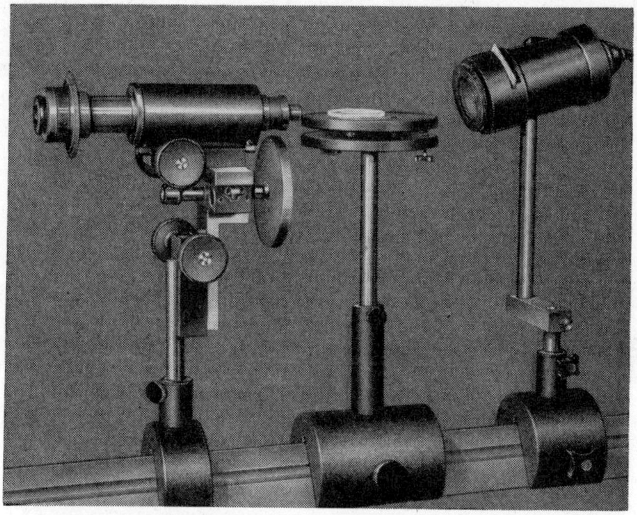

Abb. 37. Beobachtungsvorrichtung zur Bestimmung des Benetzungsgrades.

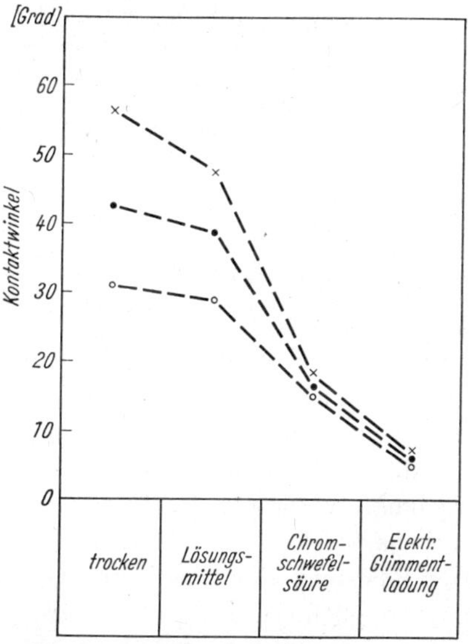

Abb. 38. Zusammenhang zwischen Benetzungsgrad und „Reinigung" einer polierten Glasoberfläche.

Dieser hier höchst unerwünschte Effekt kann zwar durch eine thermische Nachbehandlung rückgängig gemacht werden; doch gelingt das wiederum nicht für alle Glassorten in ausreichendem Maße bei noch verträglichen Temperaturen. Es hat bei den ca. 180 verschiedenen optischen Glastypen recht umfangreicher Versuche bedurft, um den günstigsten Kompromiß zwischen einerseits möglichst energiereichem Bombardement und andererseits noch erträglichen „Glimmschäden" zu finden. Allerdings hat diese Glasverfärbung aber auch wieder ihre positiven Seiten. Sie gestattet nämlich, in relativ einfacher Weise die Homogenität der Glimmwirkung über eine möglichst große Fläche hinweg zu prüfen, was mit anderen Mitteln exakt nachzuweisen sehr schwierig ist. Wir haben uns das zunutze gemacht, um Elektrodenformen zu entwickeln, die — im Gegensatz zu früher — eine gleichmäßige Auftreffdichte der Korpuskularstrahlung auf die gesamte nutzbare Bedampfungsfläche auch in größeren Rezipienten sichern.

Soviel zu der Vorbehandlung der „Schichtträgerfläche“ in Hinblick auf die Stabilität der Schicht.

Was nun die exakte *quantitative* Bestimmung dieser Stabilitätseigenschaften (also der *mechanischen Festigkeit*) dünner optischer Schichten anbetrifft, so ist das eine Aufgabe, die keineswegs so trivial ist, wie das auf den ersten Blick erscheinen könnte. Die üblichen Härtemeßmethoden (BRINELL-, ROCKWELL-, VICKERS-Härteprüfung u. a.) kommen auf Grund der zu geringen Tiefe der Schicht nicht in Frage (man würde im wesentlichen einen undefinierten Zwischenwert von Schicht- und Glassubstanz messen). Zuverlässige Relativwerte der mechanischen Festigkeit können nur durch eine „Wischprüfung“ mit rotierendem Stempel

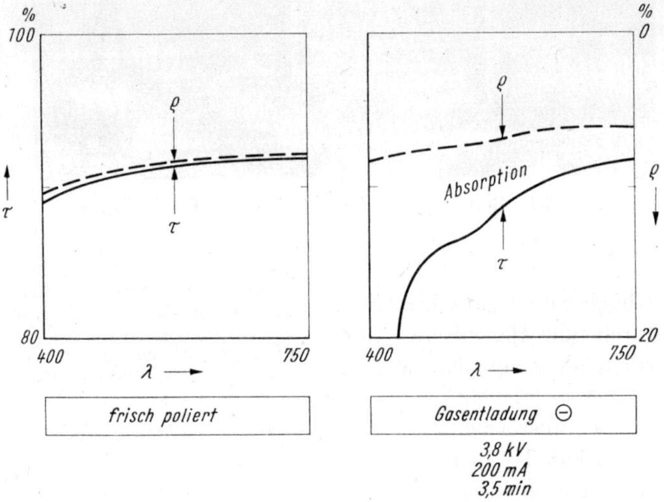

Abb. 39. Durchlässigkeit, Reflexion und Absorption eines Zinkkronglases vor und nach dem Beglimmen bei etwa 4000 Volt.

ermittelt werden (Abb. 40). Allerdings hat die jahrelange Praxis auf diesem Gebiet gezeigt, daß exakte Prüfungen der mechanischen Haltbarkeitseigenschaften einer dünnen Schicht äußerst schwierig und heikel sind, wenn man reproduzierbare Ergebnisse verlangt. Doch ist man mit diesen Prüfmethoden jedenfalls in der Lage nachzuweisen, daß z. B. die modernen hochwertigen Schichtsysteme in ihrer Resistenz der unbelegten Glasoberfläche größenordnungsmäßig durchaus gleichkommen, ja, daß viele Beläge den Festigkeitseigenschaften einer Reihe von Glasarten sogar eindeutig überlegen sind, so daß man in diesen Fällen von einer zusätzlichen mechanischen Schutzwirkung der Schichten sprechen kann.

Von weiteren nichtoptischen Schichteigenschaften interessieren vor allem die *chemische Resistenz*, die *thermische Belastbarkeit* und die *Feuchtwarmbeständigkeit*. Auf die entsprechenden nicht einfachen Prüfmethoden kann aber hier nicht eingegangen werden.

Auch die Methoden zur Bestimmung der *optischen Eigenschaften* dünner Schichtsysteme sollen hier nicht erläutert werden. Abb. 41 zeigt nur schematisch eine Spezialvorrichtung, wie man sie benutzt, um den Schichtaufbau während der Aufdampfung messend zu verfolgen, also um die Schichtsysteme in bezug auf die Einzelschichtdicken richtig zu steuern. Dabei ist es zweckmäßig, Wechsellichtmethoden anzuwenden, um das von dem Verdampfungsschiffchen kommende „Falschlicht", das beträchtliche Fehler verursachen kann, auszuschalten.

Abb. 40. Wischfestigkeitsprüfgerät für dünne Schichten.

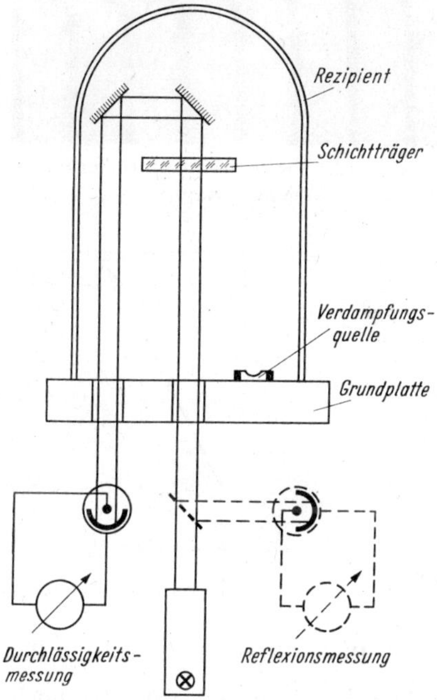

Abb. 41. Photometriereinrichtung für Hochvakuumbeschichtungen.

Auch über die Fragen der genauen *Schichtdickenbestimmung* erübrigen sich nähere Bemerkungen. Von den vielfältigen Methoden sind vor allem die zahlreichen Tolansky-Varianten, über die an vielen Stellen veröffentlicht wurde, dem Physiker oder wenigstens dem Physiko-Optiker weitgehend bekanntgeworden: Durch Vielfachstrahlinterferenz wird die Schichtkante in scharfer Weise gewissermaßen „topographisch" sichtbar gemacht und gegen die Wellenlänge vermessen (Abb. 42).

Schließlich muß noch das Problem der *gleichmäßigen Schichtdickenverteilung* beim Aufdampfen über größere Flächen hinweg erwähnt werden, eine Aufgabe, deren Lösung vor allem für scharfe Interferenzfilter von Wichtigkeit ist [33]. Die hier auftretenden Schwierigkeiten sind in erster Linie gekennzeichnet durch das recht unreproduzierbare Verhalten der einzelnen Schichtsubstanzen einmal als

Punkt- und zum anderen als Flächenstrahler in der Schmelze (Abb. 43). Durch rechnerische Behandlung des Problems gelingt es allerdings, Bewegungsvorrichtungen zu finden, die im Mittel eine optimale Gleichmäßigkeit der Belagdichte bewirken.

Eine Aufzählung der physikalischen Aufgaben und Probleme, die in das Arbeitsgebiet der „Optik dünner Schichten" hineinspielen und von diesem Gebiet aus beherrscht werden müssen, könnte noch sehr weit getrieben werden. Das soll jedoch hier nicht geschehen, vielmehr mögen diese wenigen Andeutungen genügen.

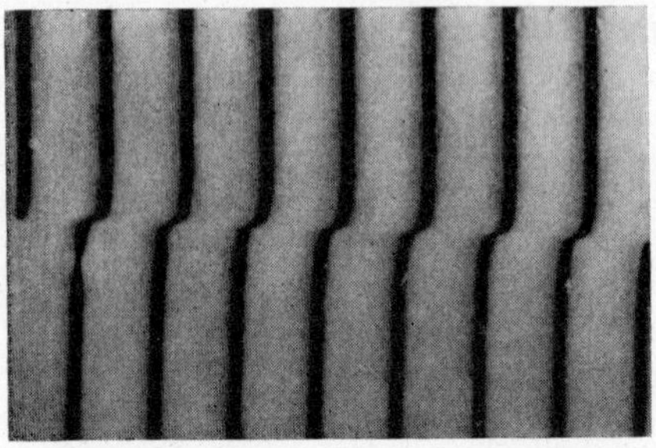

Abb. 42. Vielfachstrahlinterferenz (Schichtkante).

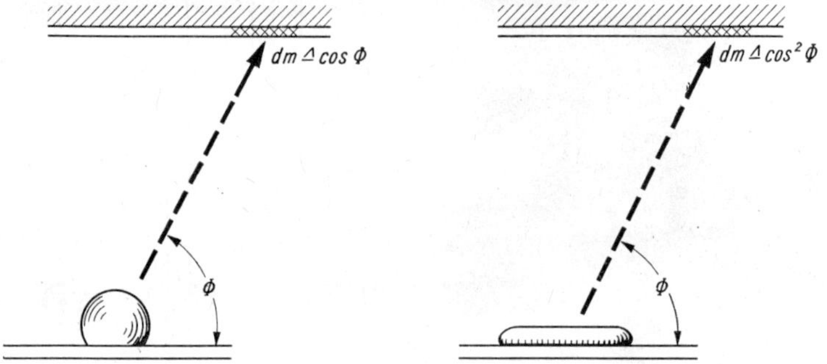

Abb. 43. Zur Flächenverteilung beim Aufdampfen.

Einige Konstruktions- und Bauelemente der Optik dünner Schichten

Zunächst beziehen wir uns noch einmal auf das Anwendungsgebiet „*Reflexionsverminderung*" und auf die Aussage, daß die Entspiegelung durch Einfachschichten keine optimalen Ergebnisse liefern kann: Es stehen keine Schichten zur Verfügung, deren Brechzahlen für „normale" Gläser Reflexionsauslöschung bewirken; außerdem erhält man nur ein einfaches Reflexionsminimum im Spektrum [34]. Abb. 44 zeigt nun im Vergleich zur Einfachschicht die Restreflexion eines geeigneten *Mehrfachschichtsystems* auf Glas, mit dem an zwei Stellen im sichtbaren Spektrum nahezu vollständige Entspiegelung und eine große Bandbreite der wirksamen Reflexminderung erreicht wird. Es handelt sich um drei Schichten mit unterschiedlichen Brechzahlen und Dicken. Der Herstellungsaufwand dieser Anordnung ist natürlich entsprechend größer als bei der Einfachschicht.

Neuerdings wird die Reflexminderung für einen Effekt ausgenutzt, der über die eigentliche Entspiegelung hinaus recht weitreichende Bedeutung besitzt. Wir nennen diese Maßnahme „*Farbortkorrektur*":

Es ist eine Erfahrungstatsache, daß unterschiedliche optische Systeme, zusammengesetzt aus unterschiedlichen optischen Glassorten, einen sehr unterschiedlichen spektralen Durchlaßgrad besitzen können (Abb. 45). Das hat seine Ursache einmal in der Brechzahldispersion, aber auch in der Glaseigenfärbung (selektive Absorption im Sichtbaren), die zwar nur gering ist, bei hochbrechenden schweren Glassorten und großen Lichtwegen im Glas jedoch u. U. schon als deutliche Gelbfärbung visuell bemerkbar wird. Bei solchen optischen Systemen, die von der gewünschten farbneutralen Wiedergabe stark abweichen, ist es nun möglich, diesen „Farbstich" weitgehend zu kompensieren, und zwar geschieht das durch geeignete Schichtdickendimensionierung der reflexmindernden Beläge. Dabei spricht der Farbwert überraschend empfindlich auf solche Dickenänderungen an. Die quantitative Kontrolle dieses Korrektur-Effektes geschieht zweckmäßig durch eine farbreizmetrische Auswertung, also eine Ermittlung des Farbortes im Farbdreieck; daher unsere Bezeichnung „Farbortkorrektur" [35].

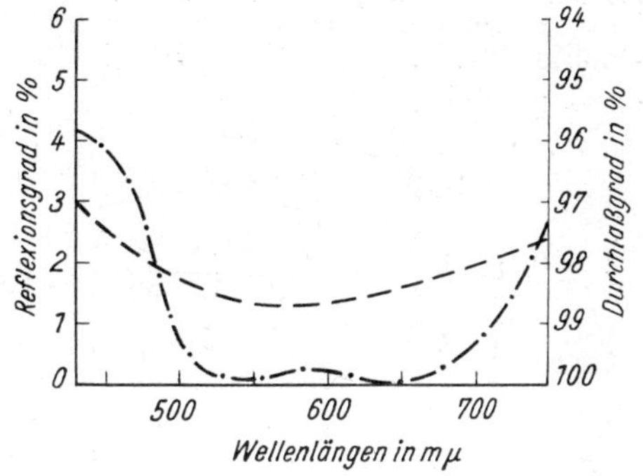

Abb. 44. Reflexminderung durch Einfach- und Mehrfachschichten.

Es leuchtet ein, daß diese Maßnahme für mehrere Anwendungsbereiche in Frage kommt, z. B. für Projektionsoptiken (bei Berücksichtigung der durch den Farb-

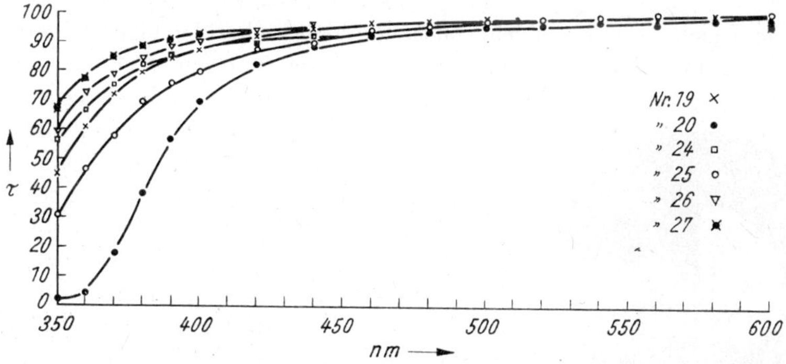

Abb. 45. Spektrale Durchlaßgrade mehrerer (willkürlich ausgewählter) optischer Linsen-Systeme (Kurvenverläufe etwas vereinfacht).

film gegebenen besonderen „Empfängereigenschaften" aber auch für Objektive zur Farbphotographie), nämlich überall da, wo der Einfluß einer Glaseigenfärbung Verfälschungen oder Unreproduzierbarkeiten für die Benutzung des Systems hervorruft.[1])

[1]) Im Vortrag wurden zwei gleich aufgebaute Laufbildprojektoren vorgeführt, von denen das eine „normal" (d. h. maximal im Maximum der Augenempfindlichkeit) und das andere „farbortkorrigiert" entspiegelt war. Das erste System zeigte eine deutliche Gelbfärbung des Projektionslichtes, während das zweite einwandfrei „weiße" Bilder lieferte.

Jetzt zum *Oberflächenspiegel.* Abb. 46 zeigt in den ausgezogenen Kurven (als Auswahl aus zahlreichen Möglichkeiten) den spektralen Reflexionsgrad von undurchlässigen Silber-, Aluminium-, Rhodium- und Chromschichten. Die höchste Reflexion besitzen Silber und Aluminium; doch sind deren mechanische und

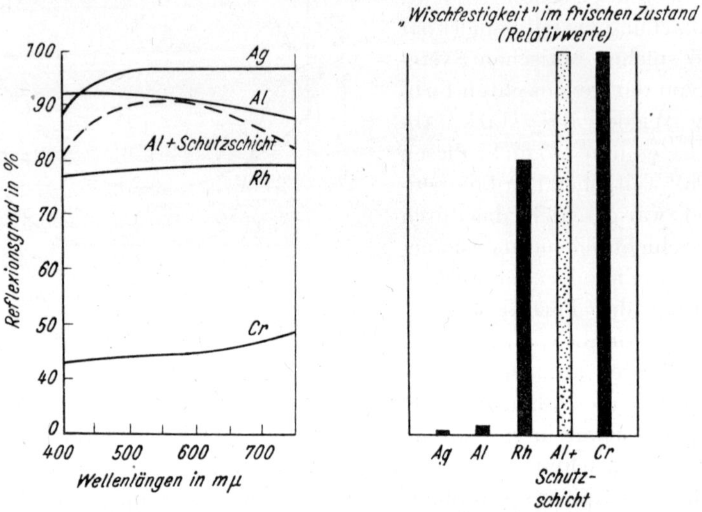

Abb. 46. Meßergebnisse an einfachen Oberflächenspiegeln.

chemische Eigenschaften schlecht. Man überzieht daher den eigentlichen Spiegelbelag häufig mit einer widerstandsfähigen durchsichtigen „Schutzschicht", die als Interferenzbelag ausgebildet wird, also so bemessen ist, daß sich die an vorderer und rückwärtiger Schichtbegrenzung reflektierten Teilwellen verstärkend überlagern. Damit werden Festigkeiten erzielt, die dem sehr harten Chrom nahe kommen, wie man aus Abb. 46 (rechts) erkennt. Durch Anwendung mehrerer zusätzlicher Interferenzschichten ist es sogar möglich, im Sichtbaren mit dem Reflexionsgrad nahe an 100% heranzukommen.

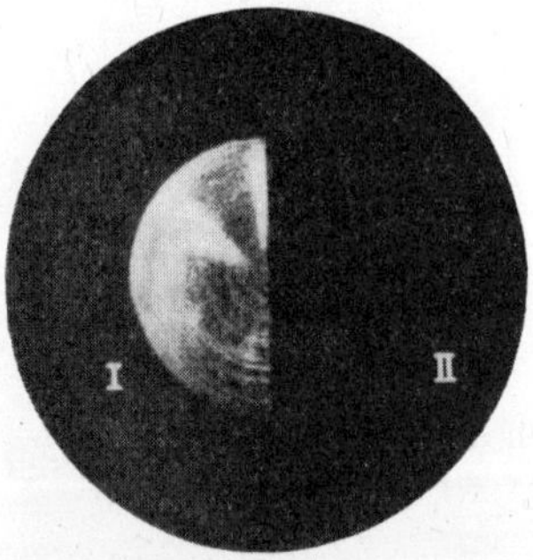

Abb. 47. Wischfestigkeitsprobe an einem Aluminium-Oberflächenspiegel (s. Text).

Abb. 47 zeigt einen Aluminiumspiegel, der zur Hälfte mit extrem harten Schutzschichten versehen ist, nach einer Wischfestigkeitsprobe mit rotierendem Stempel (vgl. Abb. 40). Die Wirksamkeit der Schutzschicht ist in eindrucksvoller Weise zu erkennen.

Auch auf dem Anwendungsgebiet der *durchlässigen Verspiegelungen* sind in den letzten Jahren interessante Fortschritte erzielt worden:

Mit geeignet bemessenen dielektrischen Zusatzschichten zu einem metallischen Lichtteilerbelag kann eine Absorptionsverminderung erreicht, also die Lichtausbeute bei gleicher Neutralität gesteigert werden (Abb. 48 unten). Die Kurvenglättung, also das Neutralmachen, verlustfreier lichtteilender Systeme war bereits im Zusammenhang mit der Synthese optischer Schichtsysteme erwähnt worden (Abb. 48 oben).

Ein großes Teilgebiet der Optik dünner Schichten ist durch die Gruppe der *Interferenzfilter* gegeben.

Bevor Interferenzfilter existierten, wurden optische Filterwirkungen vorwiegend durch Absorptionsfiltergläser oder -folien realisiert. Leider lassen sich aber damit viele erwünschte spektrale Wirkungen nur grob annähern oder gar nicht verwirklichen. So ist es z. B. noch nicht möglich, befriedigende „Kurzfilter" herzustellen; auch Schmalbandfilter, die bei geringen Lichtverlusten einen engen

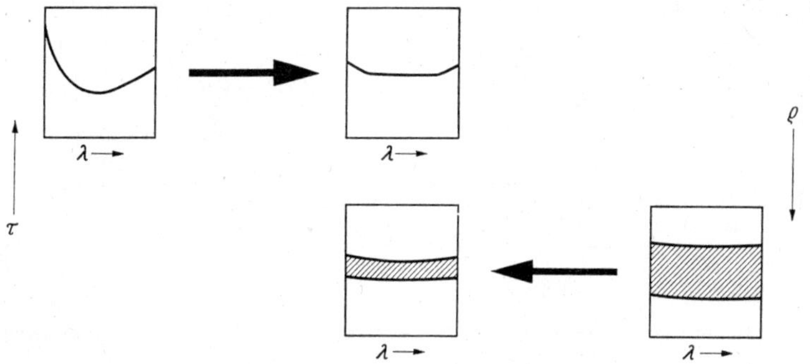

Abb. 48. Funktionsverbesserung von Teilungsspiegeln. Oben: Interferenzschichtsysteme ohne und mit „Glättungsschicht". Unten: Lichtdurchlässige Metallschicht ohne und mit absorptionsvermindernder Zusatzschicht.

Spektralbereich isolieren, gibt es unter den Farbgläsern nicht, oder sie sind nur durch umständliche Kombination zu realisieren. Es bedeutete daher einen Fortschritt, als man die große Mannigfaltigkeit der spektralen „Lichtteilungseigenschaften" optischer Interferenzschicht-Systeme auch für die Herstellung optischer *Filter* nutzen lernte. Wir wollen hier nur auf wenige Filtertypen eingehen, deren Wirkungsweise jedoch für das gesamte Gebiet der Interferenzschichtenfilter charakteristisch ist. Dazu gehört das *Wärmereflexions*-Filter. Im Gegensatz dazu sind *absorbierende* Wärmeschutzgläser seit langem bekannt und finden an zahlreichen Stellen Anwendung. Von diesen Filtern wird das sichtbare Licht (meist etwas gedämpft) durchgelassen, während das nahe Ultrarot, in dem die meisten künstlichen Lichtquellen ihr Strahlungsmaximum besitzen, im Glas selbst absorbiert wird. Dabei tritt ein Wärmestau auf, das Glas kann bei starker Strahlungsbelastung springen, oder es müssen unter Umständen komplizierte Vorrichtungen zur Wärmeableitung angebracht werden. Diese Schwierigkeiten umgeht das Wärmeschutz-Interferenzfilter mit seiner ganz andersartigen Funktion. Hier wird die unerwünschte Wärmestrahlung nicht vom Filter selbst aufgenommen, sondern aus dem Strahlengang heraus reflektiert (Abb. 49 links).

Auch die zum Wärmereflexionsfilter „komplementäre“ Wirkung läßt sich durch Interferenzschichtsysteme realisieren. Das Ergebnis ist der *Kaltlichtspiegel*. Hier wird der sichtbare Spektralbereich mit hoher Intensität reflektiert, während die Wärmestrahlung zu einem hohen Prozentsatz hindurchgeht (Abb. 49 Mitte).[1]) An dieser Stelle ist es zweckmäßig, wenn man sich einmal den Grad der technologischen Schwierigkeiten klar macht, die mit der Herstellung brauchbarer Interferenz-Kaltlichtspiegel verbunden sind: Es handelt sich um Systeme, die aus 10—30 Schichten von abwechselnd unterschiedlichen Materialien zusammengesetzt sind (mit Einzelschichtdicken in der Größenordnung von 1/10 μm!). Solche

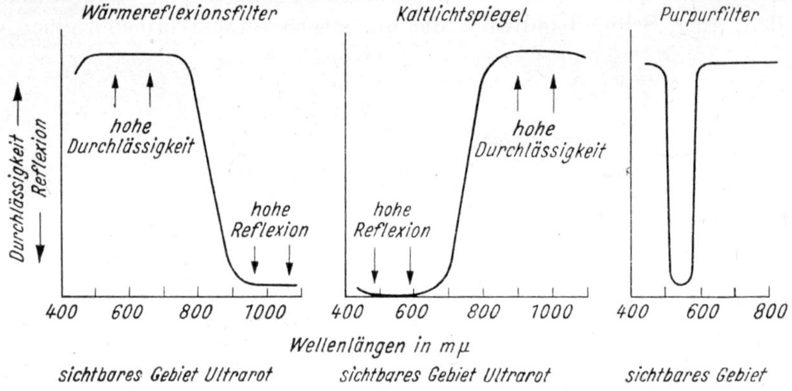

Abb. 49. Interferenzfiltertypen (Kurvenverläufe schematisch).

Anordnungen besitzen natürlich allein auf Grund der unterschiedlichen Ausdehnungskoeffizienten der verschiedenen Schichtmaterialien erhebliche innere mechanische Spannungen, wenn sie — wie das bei Kaltlichtspiegeln gefordert werden muß — Oberflächentemperaturen bis zu etwa 300 °C ausgesetzt sind. Es bedarf daher besonderer verfahrenstechnischer Maßnahmen, um diese Schichtsysteme auch für den rauhen Betrieb haftfest und „in sich haltbar“ zu machen.

Weiter lassen sich Interferenzfilter herstellen, die dadurch charakterisiert sind, daß aus dem sichtbaren Spektralbereich ein schmales Wellenlängenintervall herausgetrennt wird (Abb. 49 rechts); man nennt derartige Filtertypen auf Grund dieser Funktion *Interferenz-„Minusfilter“*; es lassen sich auf diese Weise Farbwerte hoher Sättigung und Helligkeit erzielen, vor allem Purpur- und verwandte Farbtöne. Die „Minusfilter“ stellen daher, vor allem auf Grund der Möglichkeit, mit Variation der Schichtdicken den Farbwert nahezu beliebig variieren zu können, eine wertvolle Ergänzung zu den bisher handelsüblichen (Purpur-) Farb-Gläsern und -Folien dar [36].

[1]) Im Vortrag wurde eine Gegenüberstellung zwischen der Wirkung eines normalen Al-Oberflächenspiegels und eines Interferenzkaltlichtspiegels demonstriert. Beim Al-Spiegel führte die Temperaturerhöhung der in das Bildfenster einer Projektionseinrichtung über diesen Spiegel abgebildeten Lichtquelle zum sofortigen Entflammen des Films, während dieser bei Verwendung des Kaltlichtspiegels über längere Zeit unverändert blieb.

Ein interessanter Anwendungsbereich ist den Interferenzfiltern durch die Entwicklungen auf dem Gebiet des *Farbfernsehens* gegeben [37].

Bei der Farbübertragung eines Bildes macht man Gebrauch von der Erfahrungstatsache, daß es möglich ist, eine Mannigfaltigkeit von Farbwerten durch drei geeignet gewählte reelle Grundfarben additiv zu ermischen, also den Informationsgehalt eines vom Gegenstand entworfenen farbigen Bildes durch drei unabhängige Signale zu repräsentieren. In Abb. 50 ist das vereinfachte Schema einer Farbfernsehkamera dargestellt. Das zu übertragende Objekt wird durch die Aufnahmeoptik über ein System, bestehend aus Teilungsspiegeln und drei Grundfarbfiltern, auf die Photokathoden der Aufnahmeröhren projiziert; hier erfolgt die Umsetzung in elektrische Signale entsprechend dem üblichen Schwarz-Weiß-Verfahren.

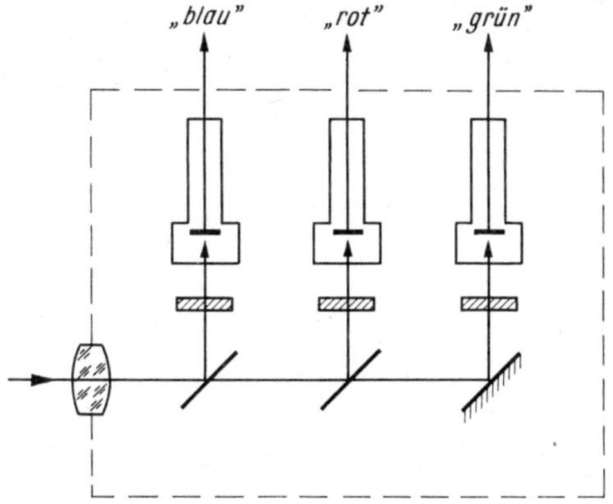

Abb. 50. Schema einer Farbfernsehkamera.

Zunächst liegt es nahe, als Grundfarbenfilter im Strahlengang die üblichen absorbierenden Farbfiltergläser zu verwenden; eine solche Anordnung würde jedoch schwerwiegende Nachteile bewirken: Die Farbfilter nutzen jeweils nur einen Bruchteil der auftreffenden Strahlungsenergie aus; der Rest wird im Filter absorbiert (Abb. 51). Es leuchtet ein, daß eine solche Methode in Anbetracht der bei allen Aufnahmeprozessen peinlich zu vermeidenden Lichtverluste praktisch untragbar ist.

Eine entscheidende Verbesserung kann jedoch erzielt werden, wenn die Funktion der Farbfilter und der Lichtteilungsspiegel vereinigt und von geeigneten absorptionsfreien *dichromatischen Strahlenteilern* wahrgenommen wird. Es handelt sich hier also um *Interferenz-Kantenfilter* gemäß Abb. 52, die einen jeweils komplementären Spektralbereich durchlassen und reflektieren. Abb. 53 zeigt das Schema der Gesamtanordnung, die nun den gesamten Lichtstrom ungeschwächt ausnutzt.[1])

Wenn man von „*Interferenzfiltern*" im *engeren Sinne* spricht, so werden dabei meist die bekannten *Linienfilter* gemeint, also Filter, die im Gegensatz zu ent-

[1]) Im Vortrag wurde die trichromatische Lichtteilung an einem Demonstrationsmodell nach Abb. 53 vorgeführt.

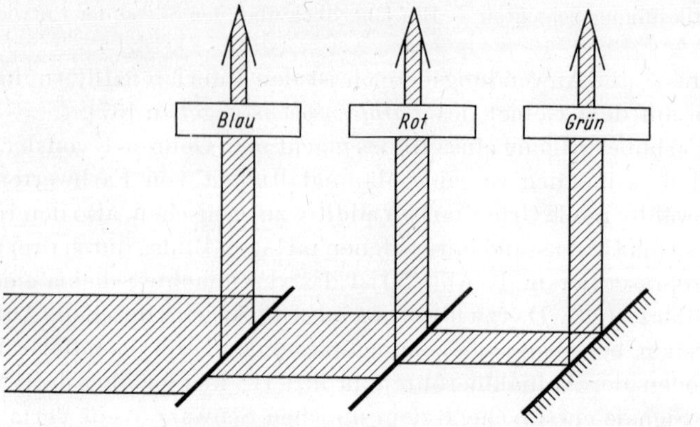

Abb. 51. Lichtverluste in einem absorbierenden Filtersystem (schematisch).

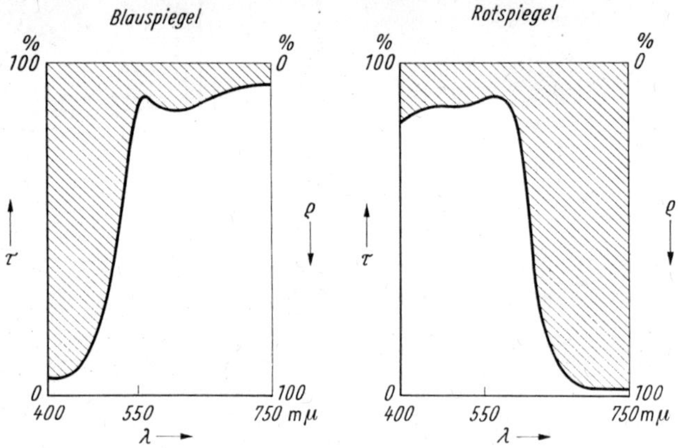

Abb. 52. Interferenzschicht-Kanten-Spiegelfilter (Kurvenverläufe etwas vereinfacht).

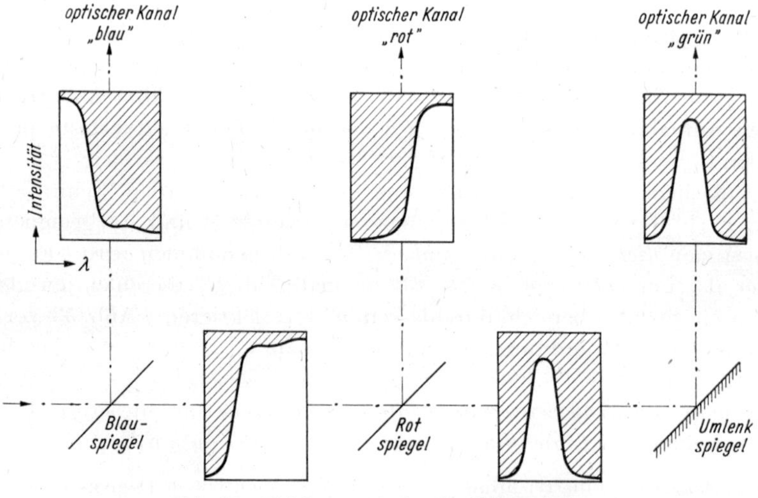

Abb. 53. Trichromatische Strahlenteilung.

sprechenden Farbglaskombinationen bei geringer „Halbwertsbreite“ ein hohes Durchlässigkeitsmaximum besitzen (Abb. 54). Die Theorie des Interferenz-Linienfilters ist, der großen Bedeutung dieses optischen Elementes entsprechend, in einer umfangreichen Spezialliteratur niedergelegt worden (vgl. u. a. [38]). Wir wollen darauf verzichten, die zahlreichen Varianten dieses Filtertyps zu behandeln und hier nur hinweisen auf *eine* interessante Anwendung, bei der ein „verlaufendes“, also ein keiliges Schmalbandfilter, kombiniert mit Graukeil, zur Ermittlung der spektralen Empfindlichkeit von Photo-Aufnahmematerial eingesetzt wird [39].

Zum Schluß noch ein paar Bemerkungen über *elektrisch leitende Transparentschichten*; gemeint sind hier dünne „*Halbleiterschichten*“, die in letzter Zeit für verschiedene elektro-optische Anwendungszwecke Bedeutung erlangt haben. Der

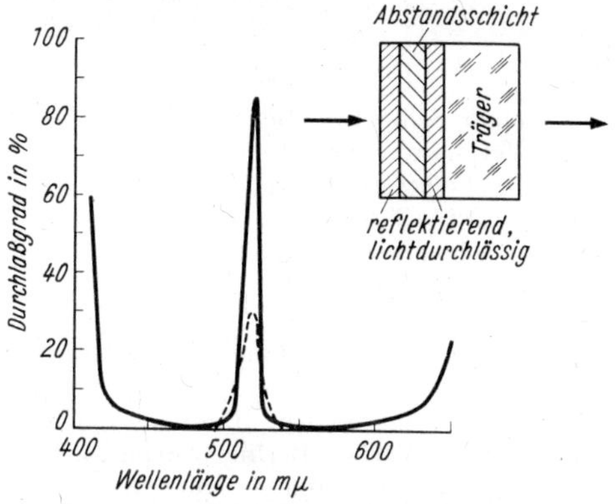

Abb. 54. Interferenz-Linienfilter („Metall-Interferenzfilter“ schraffiert).

Vorteil gegenüber dem einfachen Aufbringen durchsichtiger *Metallschichten* liegt in deren körniger Struktur begründet und in der damit verbundenen Notwendigkeit, die Metallschichtdicke — um endliche Leitfähigkeit zu erzwingen — relativ dick zu machen, also in der mehr oder minder starken Lichtdämpfung bei der Metallschicht-Durchstrahlung, wohingegen die Halbleiterschichten im sichtbaren Spektralbereich praktisch vollkommen absorptionsfrei sind.[1])

Es bedeutet eine gewisse Willkür, die Aufzählung und Erläuterung der optischen Schichtelemente an dieser Stelle zu beenden; denn die bisher diskutierten Anwendungsbeispiele der dünnen optischen Schichten stellen nur eine *Auswahl* dar, allerdings eine charakteristische Auswahl aus einer großen Vielzahl von Möglichkeiten. Recht interessante Probleme treten übrigens auch noch auf im Zusammenhang mit der heute so wichtigen *Kunststoffbedampfung* oder aber bei der Anwendung dünner Aufdampfschichten für *Korrosions-* und *Anlaufschutz*. Doch greifen diese Dinge bereits so stark in nichtoptische Bereiche ein, daß die Grenzen der Themenstellung hier energisch Halt gebieten.

---

[1]) Im Vortrag wurde eine transparente Halbleiterschicht und daneben eine Goldschicht mit gleichem Flächenwiderstand als durchleuchtetes Diapositiv projiziert; der Lichtdurchlässigkeitsunterschied war deutlich zu erkennen.

Schlußbemerkung

Die vorliegende Darstellung ist kein lückenloser Bericht und keine Monographie der Optik dünner Schichten, und die Auswahl der behandelten Probleme ist nicht frei von Willkür. Ziel des Referates war es, Anregungen für den *Einsatz optischer Schichtelemente* zu vermitteln und Verständnis zu wecken für die *besonderen Aufgaben*, die auf dem Gebiet der Optik dünner Schichten vorliegen.

Literatur

Aus der Vielzahl der einschlägigen Veröffentlichungen kann hier nur ein kleiner Auszug wiedergegeben werden. Umfangreiche weitere Literaturangaben findet man in den ausführlicheren Arbeiten [1] · · · [9].

a) Zusammenfassende Veröffentlichungen

[1] MAYER, H., Physik dünner Schichten, Bd. I (Herstellung, Dickenmessung, Optische Eigenschaften). Wiss. Verlagsges., Stuttgart 1950.
[2] SCHRÖDER, H., Über die Lichtteilungsfunktionen dünner Metallschichten und ihre Anwendungen. Z. angew. Physik **3** (1951) 53.
[3] METHFESSEL, S., Dünne Schichten. VEB Wilh.-Knapp-Verlag, Halle 1953.
[4] HEAVENS, O. S., Optical Properties of Thin Solid Films. Butterworths Scient. Publ., London 1955.
[5] HOLLAND, L., Vacuum Deposition of Thin Films. Chapman u. Hall Ltd., London 1956.
[6] WOLTER, H., Optik dünner Schichten (in: Handbuch der Physik Bd. XXIV, herausgeg. von S. FLÜGGE). Springer-Verlag, Berlin, Göttingen, Heidelberg 1956.
[7] POHLACK, H., Dünne optische Schichten — Über die Aufgaben der optischen Glasvergütung. Feingerätetechnik **6** (1957) 307, 363.
[8] VAŠÍČEK, A., Optics of Thin Films. North-Holland Publ. Co., Amsterdam 1960.
[9] ROSENBERG, G. W., Optika tonkosloinych pokrytij. Gosudarstvennoje isdatjelstvo fisiko-matematitscheskoj Literatury, Moskau 1958.

b) Veröffentlichungen über spezielle Probleme

[10] GEFFCKEN, W., Glastechn. Ber. **24** (1951) 143.
[11] POHLACK, H., Ann. Physik (6) **5** (1950) 311 und Jenaer Jahrbuch 1950, S. 125.
[12] POHLACK, H., Jenaer Jahrbuch 1952, S. 103.
[13] POHLACK, H., Feingerätetechnik **2** (1953) 499.
[14] SCHUSTER, K., Ann. Physik (6) **4** (1949) 352.
[15] POHLACK, H., Jenaer Jahrbuch 1952, S. 181.
[16] POHLACK, H., Ann. Physik (6) **11** (1953) 383 und in: Optics of Thin Layers (Herausg.: Phys. Soc. Jap., 1955).
[17] POHLACK, H., Synthesis of System of Thin Films with given Spektral Transmissivity. Beitrag in VAŠÍČEK, A. [8].
[18] POHLACK, H., Jenaer Jahrbuch 1956, S. 79.
[19] POHLACK, H., Wiss. Zeitschr. Hochschule f. Elektrotechnik Ilmenau **3** (1957) 277; Feingerätetechnik **7** (1958) 171; Jenaer Rundschau **3** (1958) 82 und 123.
[20] POHLACK, H., Jenaer Jahrbuch 1953, S. 241.
[21] POHLACK, H., Jenaer Jahrbuch 1954/I, S. 76.
[22] POHLACK, H., Jenaer Jahrbuch 1954/II, S. 430.
[23] POHLACK, H., Jenaer Jahrbuch 1956, S. 87.
[24] POHLACK, H., in „Optik aller Wellenlängen". Akademie-Verlag, Berlin 1959, S. 369.

[25] v. Fragstein, C., Ann. Physik (6), **7** (1950) 63.
[26] v. Fragstein, C., Optik **9** (1952) 337.
[27] Pohlack, H., Ann. Physik (6) **11** (1952) 145.
[28] Sennett, R. S. und Scott, G. D., Journ. Opt. Soc. Am. **40** (1950) 203.
[29] Schopper, H., Fortschritte der Physik **2** (1954) 275.
[30] Pohlack, H., Jenaer Rundschau **2** (1957) 40.
[31] Kaller, A., Feingerätetechnik **8** (1959) 359.
[32] Pohlack, H. und Wendler, S., Jenaer Jahrbuch 1958/I, S. 41.
[33] Koch, H., Jenaer Jahrbuch 1958/I, S. 275.
[34] Pohlack, H., Jenaer Jahrbuch 1951, S. 144.
[35] Pohlack, H., Jenaer Jahrbuch 1959/I, S. 59.
[36] Pohlack, H., Jenaer Jahrbuch 1958/II, S. 102.
[37] Pohlack, H. und Koch, H., Jenaer Jahrbuch 1957, S. 74.
[38] Günzler, H., Feingerätetechnik **7** (1958) 354.
[39] Rötger, H., Exp. Technik d. Physik **3** (1955) 88.

H. KOCH, Jena

Interferenzschichtoptik im mittleren Ultrarot

Die Interferenzschichtoptik im mittleren Ultrarot — darunter sei das Spektralgebiet von ca. 4—25 μm verstanden — hat einen Stand erreicht, der es nahelegt, darüber zu referieren. Wir wollen uns hierbei auf drei spezielle Filtertypen beschränken:

1. Halbleiterfilter unter besonderer Berücksichtigung ihrer Entspiegelung.
2. Interferenzschicht-Kantenfilter.
3. Nichtabsorbierende FABRY-PEROT-Schmalband-Interferenzfilter.

1. Entspieglung von Halbleiterfiltern

Eine große Zahl von Halbleitersubstanzen eignet sich zur Herstellung von Sperrfiltern für kurzwelliges Licht, an denen es im UR-Gebiet bislang mangelte (Abb. 1). Der starken Absorption im Sperrgebiet entsprechen Elektronenüber-

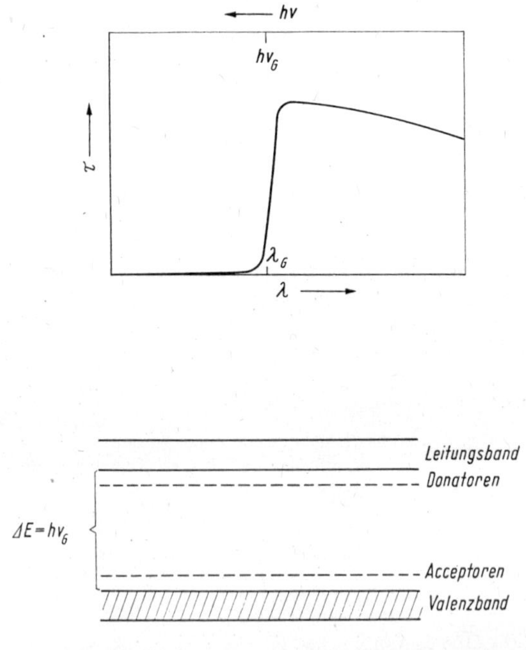

Abb. 1. Optische Eigenschaften von Halbleitern und Bändermodell.

gänge vom Valenz- ins Leitungsband. Die Lage der Eigenabsorptionskante wird im wesentlichen durch die Breite der verbotenen Zone des verwendeten Halbleiters bestimmt. Für Wellenlängen größer als die Eigenabsorptionskante sind Halbleiter nahezu nicht absorbierend, vor allen Dingen wenn es sich um ein eigenleitendes Material und um Halbleiter mit gegenüber $k\,T$ großer verbotener Zone handelt, da dann die Absorption durch freie Ladungsträger (Elektronen oder Löcher) vernachlässigt werden kann[1]). Andere noch mögliche Absorptionsmechanismen im Durchlaßgebiet, z. B. Absorption auf Grund von Übergängen von Störstellentermen ins Leitungsband oder Absorption an Gitterschwingungen (Reststrahlenabsorption), werden meist erst bei Wellenlängen größer als ca. 50 μm wirksam und sind hier ohne Interesse.

In Abb. 2 ist für verschiedene Halbleitersubstanzen die Breite der verbotenen Zone bzw. die zugehörige Lage der Absorptionskante im Spektrum wiedergegeben.

Substanz	ungefähre Lage der Durchlaßkante [eV]	ungefähre Lage der Durchlaßkante [μm]	mittl. Brechungszahl n im Durchlaßgebiet
Si	1,0	1,2	3,4
Ge	0,73	1,7	4,0
Te	0,41—0,35	3,0—3,5	4,8
InSb	0,18	7,0	4,0
InAs	0,33	3,8	3,4
InP	1,24	1,0	3,3
GaSb	0,69	1,8	3,8
Bi_2Te_3	0,13	9,5	9,2
PbS	0,41	3,0	4,2
PbTe	0,33	3,8	5,5

Abb. 2. Optische Eigenschaften einiger Halbleitersubstanzen.

Die meisten der Substanzen mit Kanten bei Wellenlängen größer als 2 μm haben eine Brechungszahl größer als 3. (Für Ge: $n \approx 4$; für Te: $n \approx 5$). Deshalb besitzen im Durchlaßgebiet Halbleiterfilter trotz ihrer Absorptionsfreiheit einen niedrigen Transmissionsgrad, da mit steigender Brechungszahl die Lichtverluste wegen der hohen Grenzflächenreflexion rasch zunehmen (s. Abb. 3).

Während für $n = 1{,}5$ der Transmissionsgrad einer nichtabsorbierenden Platte 92% beträgt, was etwa den Verhältnissen entspricht, wie man sie im sichtbaren Spektrum von den optischen Gläsern her gewohnt ist, beträgt z. B. für eine Ge-Platte ($n \approx 4$) der Transmissionsgrad im absorptionsfreien Gebiet nur ca. 40% und für eine Te-Platte ($n \approx 5$) z. B. nur ca. 30%.

Die Entspiegelung von Halbleiterfiltern ist daher *eine* der Aufgaben, die der Interferenzschichtoptik im UR zukommen. Am einfachsten und für viele Zwecke ausreichend ist die Entspieglung mittels einer Einfachschicht. Mit einer nichtabsorbierenden Schicht der optischen Dicke $n_s\, d = \lambda_0/4 = 1/4\, \nu_0$ wird bekanntlich

[1]) k = BOLTZMANN-Konstante, T = absolute Temperatur.

eine optimale Entspieglung bei den Wellenlängen λ_0, $\lambda_0/3$, $\lambda_0/5$, ... bzw. bei den Wellenzahlen ν_0, $3\,\nu_0$, $5\,\nu_0$, ... erzielt, wenn gleichzeitig die Amplitudenbedingung: $n_s = \sqrt{n_T}$ (n_s = Schichtbrechungszahl, n_T = Brechungszahl des nichtabsorbierenden Trägers) erfüllt ist. Bei den Wellenlängen ∞, $\lambda_0/2$, $\lambda_0/4$, $\lambda_0/6$, bzw. bei den Wellenzahlen 0, $2\,\nu_0$, $4\,\nu_0$, ... ist die Entspieglungsschicht unwirksam.

Für die Entspieglung von Halbleiterfiltern, deren Brechungszahlen im Durchschnitt zwischen 4 bis 5 liegen, sind daher nichtabsorbierende Schichtsubstanzen mit Brechungszahlen zwischen 2 bis 2,3 erforderlich.

Am geeignetsten für diesen Zweck sind die Sulfide und Selenide der mittleren Gruppen des periodischen Systems, z. B. ZnS, Sb_2S_3, As_2S_3 u. ä., und teilweise auch einige Oxyde oder Chloride (s. Abb. 4).

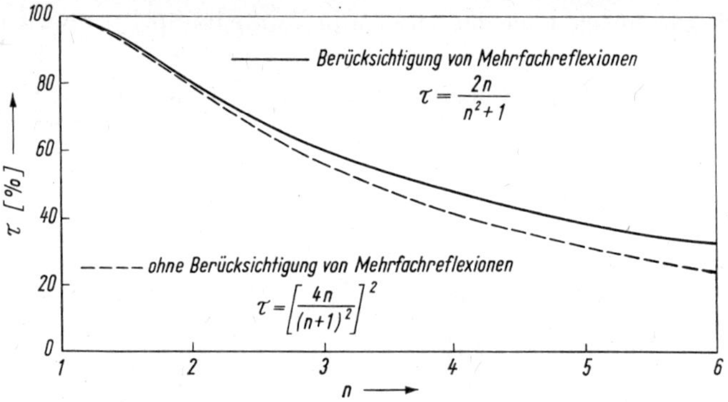

Abb. 3. Transmissionsgrad dicker Platten verschiedener Brechungszahl.

Von einer Schichtsubstanz muß aber mehr gefordert werden als geeignete optische Eigenschaften, nämlich: Einfache Schichtherstellung und Haltbarkeit der Schicht. Eine Entspieglungsschicht der Brechungszahl 2 für die Wellenlänge 10 μm besitzt immerhin eine geometrische Dicke von 1,25 μm. Optisch *und* mechanisch einwandfreie Schichten solcher Dicke nach dem meist angewandten Aufdampfverfahren herzustellen, stößt aber bereits bei den meisten Schichtsubstanzen auf beträchtliche Schwierigkeiten, wobei im wesentlichen zwei Effekte beobachtet werden:

1. Aufreißen der Schicht und Ablösung von der Unterlage.
2. Streueffekte (Kristallitbildung).

Der erste Effekt ist auf innere Spannungen in den Schichten zurückzuführen und wird dann bevorzugt beobachtet, wenn durch große Aufdampfgeschwindigkeit oder durch zu niedrige Trägertemperatur den auf den Träger bzw. später auf die Schicht auftreffenden Molekülen oder Atomen die Möglichkeit genommen wird, sich vernünftig in den Kristallverband einzuordnen.

Der zweite Effekt dagegen tritt gerade bei hohen Trägertemperaturen und beim langsamen Aufdampfen bevorzugt in Erscheinung und hat seine Ursache in der Bildung „körniger" Schichten mit Kristallitgrößen in der Größenordnung der

Wellenlänge. Die Tendenz zur Kristallitbildung nimmt mit wachsender Schichtdicke zu.

Welcher der beiden Effekte bevorzugt auftritt, hängt natürlich nicht nur von den Aufdampfbedingungen, sondern auch von den physikalischen Eigenschaften der Schichtsubstanz ab. Bei den meisten Schichtsubstanzen können je nach Versuchsdurchführung beide Effekte beobachtet werden, und es ist daher schwierig,

Substanzen mit $n \approx 2$

Substanz	Absorptionsfreies Gebiet		mittlere Brechungszahl
	kurzw. Grenze [μm]	langw. Grenze [μm]	
ZnS	0,4	14	2,3—2,2
CdS	0,5	14	2,3
Sb_2S_3	0,6	15	2,5
As_2S_3	0,7	15	2,3
Se	0,7	>25	2,5
TiO_2	0,4	9	2,3
CeO_2	0,4	?	2,2
SnO_2	0,35	10	1,9
SiO	0,4	8	1,6—1,9
$PbCl_2$	0,3	14	1,9

Substanzen mit $n > 1,6$

Substanz	Absorptionsfreies Gebiet		mittlere Brechungszahl
	kurzw. Grenze [μm]	langw. Grenze [μm]	
NaCl	0,17	35	1,5
KBr	0,19	50	1,5
Kryolith	—	10	1,3
NaF	0,13	19	1,3
LiF	0,13	12	1,4
CaF_2	0,13	17	1,4
MgF_2	0,14	10	1,5

Abb. 4. Schichtsubstanzen mittlerer ($n \approx 2$) und niedriger Brechungszahl ($n < 1,6$) für das mittlere Ultrarot. (Über hochbrechende Schichtsubstanzen vgl. Abb. 2.)

die Aufdampfbedingungen so zu wählen, daß keiner der beiden Effekte in starkem Maße sich auswirkt, da sie ja von der Trägertemperatur und der Aufdampfgeschwindigkeit in entgegengesetzter Richtung abhängen. Meist nimmt man aber lieber die Streuung in Kauf, als daß man auf die Herstellung dicker, nichtabplatzender Schichten überhaupt verzichtet.

In der Tabelle der Abb. 4 sind noch Schichtsubstanzen niedriger Brechungszahl aufgeführt. Es sind dies die Alkali- bzw. Erdalkalihalogenide mit Brechungszahlen um 1,5. Die angegebenen langwelligen Grenzen des absorptionsfreien Ge-

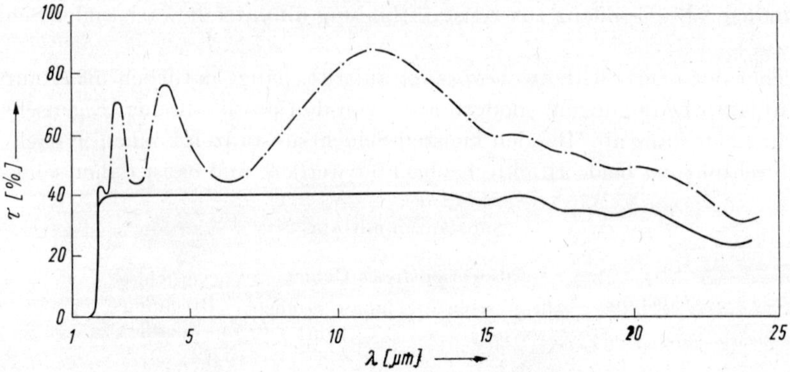

Abb. 5. Entspiegelung eines Germanium-Filters.

— = ohne Entspiegelung —·— = beidseitige Entspiegelung mittels Einfachschichten.

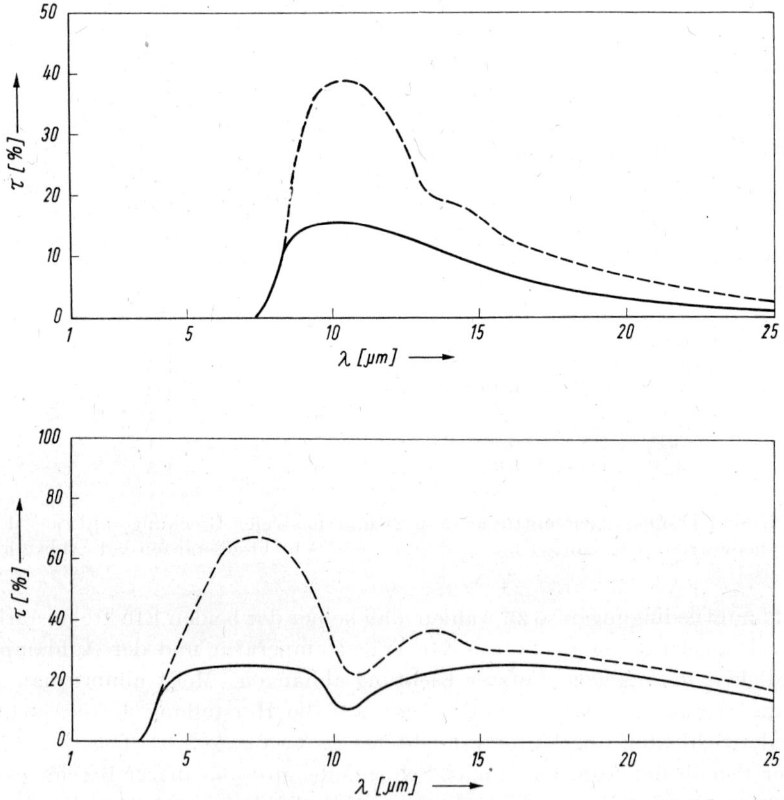

Abb. 6. Entspiegelung eines Tellurfilters (unten) bzw. eines InSb-Filters (oben).

— = ohne Entspiegelung — — — = nach beidseitiger Entspiegelung mittels Einfachschichten.

bietes beziehen sich auf dünne Schichten mit solchen Dicken, wie sie die Interferenzschichtoptik benötigt. Die Substanzen sind im allgemeinen bis knapp an das jeweilige Reststrahlengebiet heran brauchbar.

Die Abbildungen 5 und 6 bringen einige Beispiele für die Entspieglung von Halbleiterfiltern mit Einfachschichten.

Abb. 5 zeigt den spektralen Transmissionsgrad einer für $\lambda = 12\,\mu$m entspiegelten Germanium-Platte (unbelegte Platte zum Vergleich). Die Platte wurde absichtlich für eine so große Wellenlänge entspiegelt, um an Hand der Abb. 5 nochmals auf die Periodizität der Entspieglungswirkung hinweisen zu können.

Abb. 6 (unten) gibt den spektralen Transmissionsgrad einer für $\lambda = 7{,}5\,\mu$m entspiegelten Tellurplatte wieder. Der Transmissionsgrad im Entspieglungs-Schwerpunkt erreicht deshalb keine 100%, da bei dieser Te-Platte die Absorption durch freie Ladungsträger relativ hoch ist.

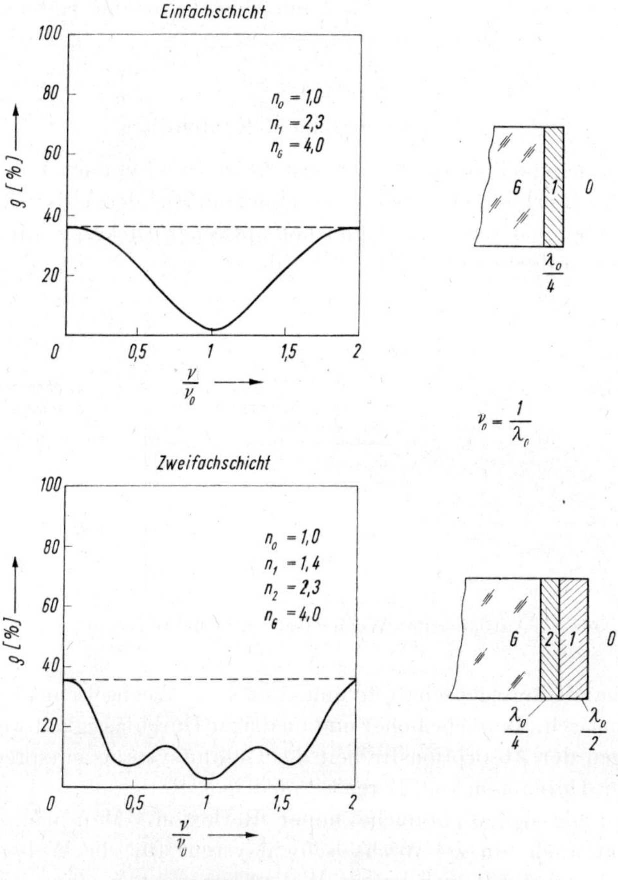

Abb. 7. Zur Bandbreite von Entspieglungsbelägen.

(— — — = Reflexionsgrad der unbelegten Fläche zum Vergleich).

Ähnliches gilt für die entspiegelte InSb-Platte (s. Abb. 6, oben). Besonders deutlich wird hier an der nicht entspiegelten Platte die — auch aus der Theorie sich ergebende — Zunahme der Absorption durch freie Ladungsträger (hier Elektronen) mit wachsender Wellenlänge.

Die Entspieglung mittels Einfachschichten hat den Nachteil, daß nur in einem relativ engen Spektralgebiet eine wirksame Entspieglung erzielt werden kann. Wesentlich bessere Ergebnisse in dieser Richtung erhält man bei der Verwendung von Mehrfachschichten, wofür die Abb. 7 ein Beispiel sein möge. Sie zeigt die Wellenzahl-Abhängigkeit des Reflexionsgrades für eine Einfachschicht (oben) bzw. für eine Zweifachschicht (unten). ν_0 ist die zur Mitte des Periodizitätsintervalles gehörige Wellenzahl. Es ist vielleicht erwähnenswert, daß bei der Entspieglung mit Mehrfachschichten im UR gerade solche Brechzahl- und Schichtdickenkombinationen eine Rolle spielen, die bei der Entspieglung von Gläsern im Sichtbaren ohne praktisches Interesse sind. Umgekehrt sind die im Sichtbaren gebräuchlichen Brechungszahl- und Schichtdickenkombinationen für die Entspieglung hochbrechender UR-Substanzen wenig geeignet.

2. Interferenzschicht-Kantenfilter

Ein Interferenzschicht-Kantenfilter besteht in seiner einfachsten Ausführungsform aus nichtabsorbierenden Schichten hoher und niedriger Brechungszahl, die abwechselnd übereinander — mit gleicher optischer Dicke — auf einen durchlässigen Träger aufgebracht werden (s. Abb. 8).

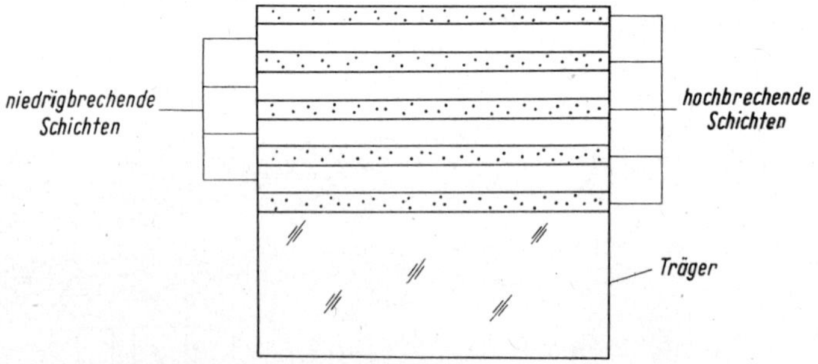

Abb. 8. Aufbau eines Wechselschichtsystems (schematisch).

Die Breitbandfiltereigenschaften eines solchen Wechselschichtsystems zeigt Abb. 9 schematisch. Bereiche hoher und niedriger Durchlässigkeit wechseln einander ab. Wegen der Absorptionsfreiheit des Gesamtsystems entsprechen den Bereichen hoher Durchlässigkeit Bereiche niedriger Reflexion und den Bereichen niedriger Durchlässigkeit Bereiche hoher Reflexion. Man nennt ein solches Schichtsystem auch ein $\lambda/4$-Wechselschichtsystem für die Wellenlänge λ_0, da das erste Reflexionsband (von langen Wellen her gesehen) dann bei der Wellenlänge λ_0 liegt, wenn die optischen Dicken der Einzelschichten gleich einem Viertel

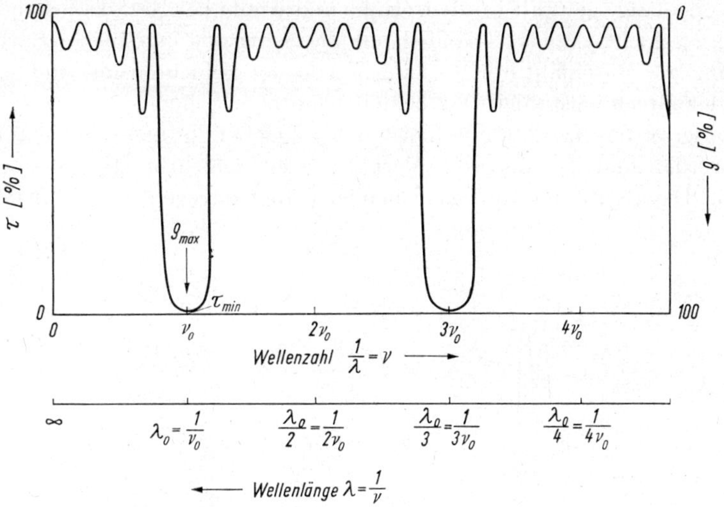

Abb. 9. Die Breitbandfiltereigenschaften von Wechselschichtsystemen (s. auch Text).

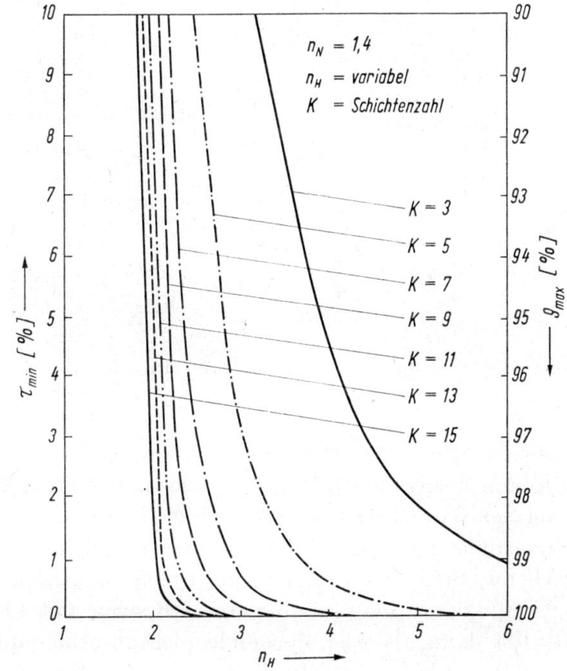

Abb. 10. $\lambda/4$-Wechselschichtsysteme: Transmissionsgrad $\tau_{\min}$ im Sperrgebiet in Abhängigkeit von der Brechungszahl n_H der hochbrechenden Schichtsubstanz. Brechungszahl der niedrigbrechenden Schichtsubstanz $n_N = 1{,}4 = \text{const.}$ Zahl der Wechselschichten K als Parameter.

dieser Wellenlänge gewählt werden. Höhe und Breite der Reflexionsbanden eines $\lambda/4$-Wechselschichtsystems — und damit die Sperrwirkung solcher Systeme bei Benutzung als Durchlaßfilter — hängen von der Schichtenzahl und vom Verhältnis der Brechungszahlen der beiden benutzten Schichtsubstanzen ab. Der Reflexionsgrad im Bandmaximum ist um so größer, je mehr Schichten aufgebracht werden und je größer das Verhältnis der Schichtbrechungszahlen ist (s. Abb. 10). Die Breite der Reflexionsbanden hängt dagegen im wesentlichen nur

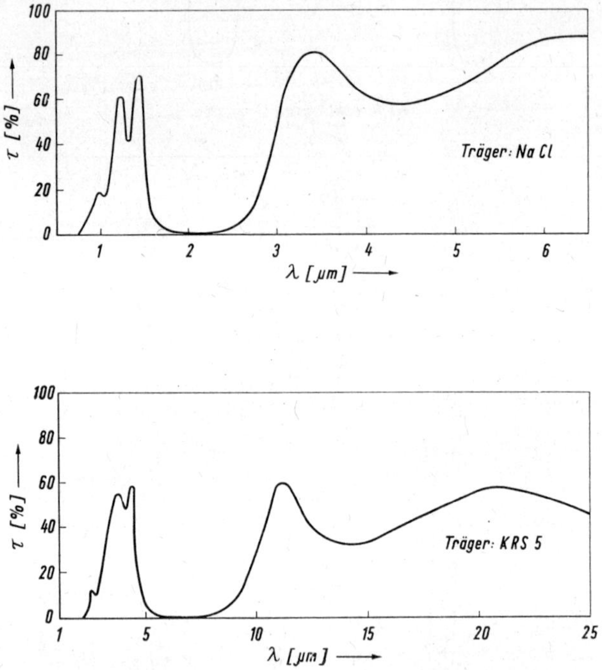

Abb. 11. Experimentelle Transmissionskurven zweier Interferenzschicht-Kantenfilter.

vom Brechungszahlverhältnis ab. Der Transmissionsgrad in den Durchlaßbereichen ist im Mittel nur wenig niedriger als der eines unbeschichteten Trägers.

Während man im sichtbaren Spektralgebiet mehr als 9 Schichten benötigt, um $\lambda/4$-Wechselschichtsysteme mit guter Sperrwirkung aufzubauen, da nichtabsorbierende hochbrechende Schichtsubstanzen mit Brechungszahlen größer als ca. 2,4 nicht bekannt sind, kommt man im mittleren UR schon mit 3 bis 5 Schichten aus (vgl. Abb. 10), da dann als hochbrechende nichtabsorbierende Schichtsubstanzen Halbleiterstoffe eingesetzt werden können, die, wie bereits im ersten Teil darauf hingewiesen wurde, Brechungszahlen von 4 oder noch darüber besitzen. Als niedrigbrechende Schichtsubstanzen eignen sich sowohl im Sichtbaren als auch im mittleren UR Alkali- und Erdalkalihalogenide.

Die Abbildungen 11 und 12 zeigen einige experimentelle spektrale Transmissionskurven von $\lambda/4$-Wechselschichtsystemen für das mittlere UR.

Derartige $\lambda/4$-Wechselschichtsysteme können z. B. als Kantenfilter eingesetzt werden. Die Lage der Durchlaßkante kann beliebig im Spektrum verschoben werden; es brauchen dann nur die Dicken der Einzelschichten anders gewählt werden. Meist wird man solche Filter in Verbindung mit Halbleiterfiltern einsetzen müssen, die das kurzwellige Durchlaßband dann wegzufiltern haben.

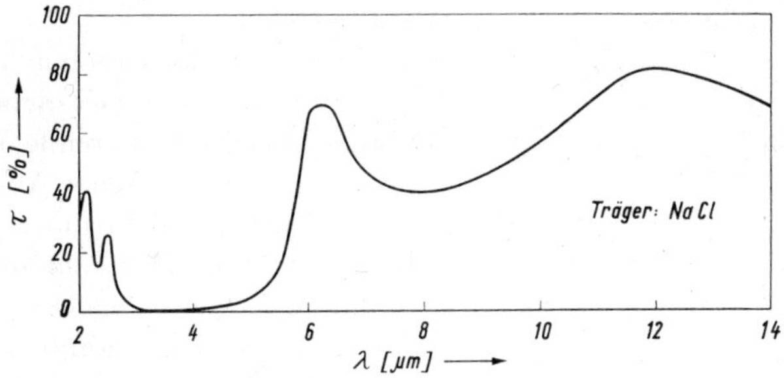

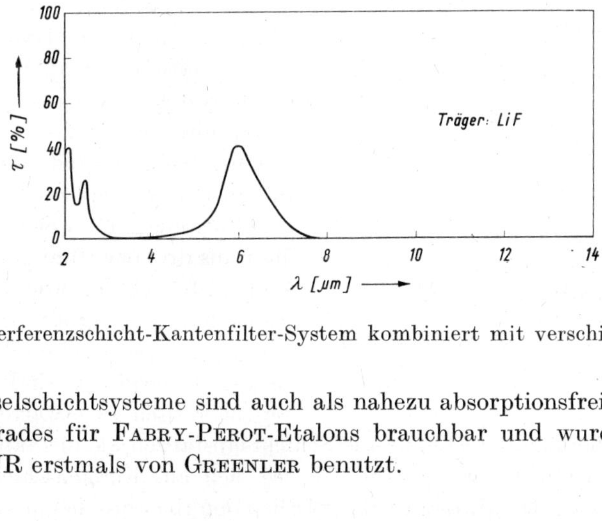

Abb. 12. Interferenzschicht-Kantenfilter-System kombiniert mit verschiedenen Trägern.

$\lambda/4$-Wechselschichtsysteme sind auch als nahezu absorptionsfreie Beläge hohen Reflexionsgrades für Fabry-Perot-Etalons brauchbar und wurden für diesen Zweck im UR erstmals von Greenler benutzt.

3. Nichtabsorbierende Fabry-Perot-Schmalbandfilter

Ein Fabry-Perot-Schmalbandfilter besteht im Prinzip aus einer planparallelen nichtabsorbierenden Abstandsschicht, die von zwei durchlässigen Schichten oder Schichtsystemen hohen Reflexionsgrades umgeben wird (s. Abb. 13). Die Halbwertsbreite $\Delta\lambda$ eines solchen Schmalbandfilters hängt allein vom Reflexionsgrad der beiden Schichtsysteme I und II für Lichteinfall von der Abstandsschicht her ab. Der Transmissionsgrad im Filterschwerpunkt wird durch zwei Faktoren bestimmt:

1. Er nimmt mit zunehmender Absorption der beiden Systeme I und II ab.
2. Er wird ferner um so kleiner, je mehr die beiden Systeme I und II sich in ihrem Reflexionsgrad unterscheiden. Dieser letzten Tatsache wird im allgemeinen zu wenig Aufmerksamkeit geschenkt.

Sind die beiden Systeme I und II nichtabsorbierend und ihre Reflexionsgrade für Lichteinfall von der Abstandsschicht her gleich, so wird der Transmissionsgrad im Filterschwerpunkt optimal gleich 1.

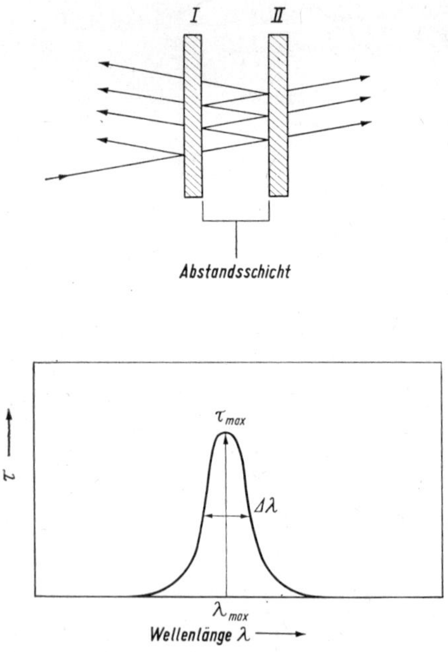

Abb. 13. Fabry-Perot-Schmalbandfilter (schematisch).

Als reflexionserhöhende Schichten bzw. Schichtsysteme eignen sich entweder hochreflektierende Metallschichten mit nur schwacher Absorption (für das sichtbare Spektrum z. B. Ag- oder Al-Schichten) oder auch nichtabsorbierende $\lambda/4$-Wechselschichten. Da im UR Metalle oder metallähnliche Substanzen mit geeigneten optischen Eigenschaften z. Zt. noch nicht bekannt sind, andererseits aber brauchbare Schichtsubstanzen für die Herstellung von $\lambda/4$-Wechselschichtsystemen zur Verfügung stehen, liegt es nahe, diese als reflexionserhöhende Systeme einzusetzen, wobei man schon mit wenigen $\lambda/4$-Schichten auskommt. Abb. 14 zeigt den Schichtenaufbau und den gemessenen spektralen Transmissionsgrad zweier Schmalbandfilter aus drei bzw. fünf „nichtabsorbierenden" Schichten. Die experimentell ermittelten Kenngrößen dieser Filter sind in den beigefügten Tabellen vermerkt. Gleichzeitig sind eingetragen die theoretisch zu erwartenden Kenngrößen, wenn bei der Berechnung die Schichtsubstanzen als nichtabsorbierende, mit einer mittleren Brechungszahl, wie sie sich aus Einfachschichten ergibt, betrachtet werden. Die Unterschiede zwischen den theoretischen und experimentellen Werten sind beträchtlich, vor allen Dingen für das Filter aus 5 Schichten.

Man findet:

$$\tau_{\text{exp}} = 0{,}77\,\tau_{\text{theor}} \qquad \Delta\lambda_{\text{exp}} = 1{,}9\,\Delta\lambda_{\text{theor}} \qquad \text{(3 Schichten)},$$

$$\tau_{\text{exp}} = 0{,}37\,\tau_{\text{theor}} \qquad \Delta\lambda_{\text{exp}} = 2{,}3\,\Delta\lambda_{\text{theor}} \qquad \text{(5 Schichten)}.$$

Wie erklären sich diese Unterschiede zwischen den theoretischen und den experimentellen Werten?

Sie sind auf die mit wachsender Schichtdicke bzw. Schichtenzahl zunehmende Trübung der Schichten zurückzuführen, deren unangenehme Wirkung besonders bei den die Abstandsschicht begrenzenden Schichtsystemen I und II stark ins Gewicht fällt, indem diese (scheinbar) absorbierend werden, bei gleichzeitiger Verminderung ihres Reflexionsgrades.

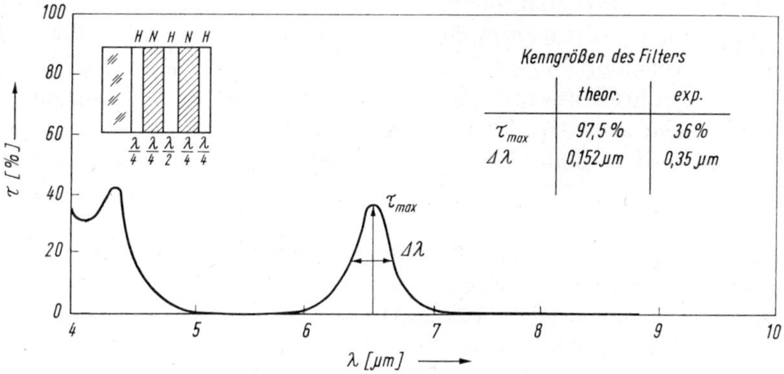

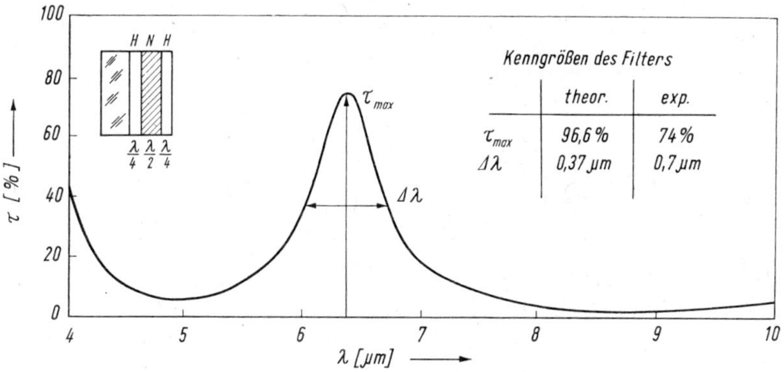

Abb. 14. Experimentelle Transmissionskurven für zwei FABRY-PEROT-Schmalbandfilter (5 und 3 Schichten).

Die gegenüber dem Erwartungswert verminderte Reflexion der Begrenzungssysteme I und II äußert sich als Vergrößerung der Halbwertsbreite. Es wurde ja bereits darauf hingewiesen, daß die Halbwertsbreite eines Filters allein von den Reflexionsgraden der beiden Systeme I und II abhängt.

Dagegen bewirkt die Absorption der Systeme I und II die Herabsetzung der Maximaldurchlässigkeit der Filter. Das braucht aber nicht unbedingt die einzige Ursache zu sein, denn die Maximaldurchlässigkeit kann auch dadurch vermindert werden, daß die Reflexionsgrade der beiden reflexionserhöhenden Systeme sich stärker unterscheiden, als man theoretisch erwartet, was auf die bereits angedeutete Zunahme der Körnigkeit der Schichten mit wachsender Dicke schließen läßt. Welche der beiden Möglichkeiten bevorzugt bei der Herabsetzung der Maximaldurchlässigkeit eine Rolle spielt, läßt sich nicht unterscheiden.

Das Fabry-Perot-Schmalbandfilter ist ein gegenüber Streueffekten besonders empfindlicher Filtertyp, und nur wenn es gelingt, trübungsfreiere Schichten als bisher herzustellen, wird man in der Lage sein, Filter kleinerer Halbwertsbreite und hoher Maximaldurchlässigkeit zu schaffen.

Im Falle der Interferenzschicht-Kantenfilter dagegen werden im allgemeinen die Streueffekte nicht als störend empfunden, wenn die Filter nur in Durchlaßrichtung benutzt werden. Man kann dann u. U. sogar die nach kurzen Wellen hin zunehmende Streuung der Schichten ausnutzen, um kurzwellige, unerwünschte Durchlaßbanden zu unterdrücken.

Wenn auch nur über drei spezielle Anwendungsmöglichkeiten der Interferenzschichtoptik in Ultrarot berichtet werden konnte, so bleibt dennoch zu hoffen, daß es gelungen ist aufzuzeigen, daß die Optik dünner Schichten einen nicht unbedeutenden Beitrag bei der Lösung bestimmter optischer Probleme in diesem Spektralgebiet zu leisten vermag.

VEB Carl Zeiss JENA

H. KOCH, Jena

Einseitig entspiegelte Referenzbeläge für die Beobachtung von transmissionsähnlichen Mehrstrahlinterferenzen hoher Schärfe im reflektierten Licht

Bei Untersuchungen mit Mehrstrahlinterferenzen im reflektierten Licht, z. B. bei topographischen Untersuchungen, ist es üblich, die eine der beiden den Luftkeil begrenzenden Flächen — die Objektfläche — mit einer undurchsichtigen, hochreflektierenden Schicht (meist Silber oder Aluminium) zu versehen und die

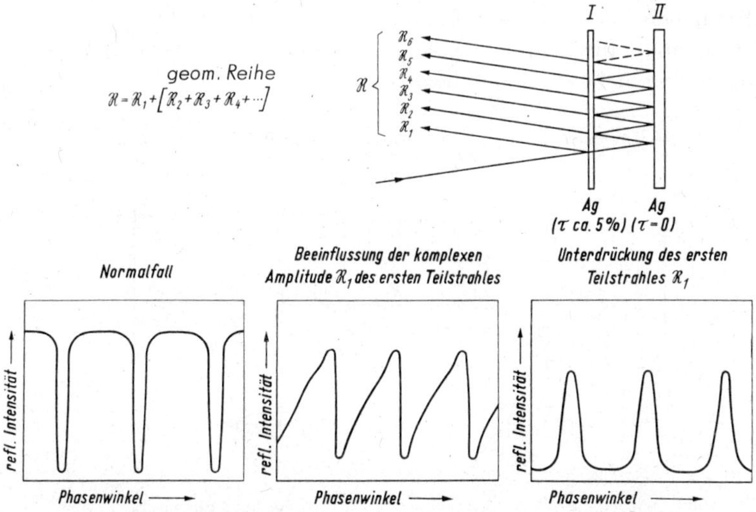

Abb. 1. Oben: Mehrstrahlinterferenzen im reflektierten Licht an einem „normal" versilberten Luftkeil (schematisch).
Unten: Intensitätsverteilung ohne und mit Beeinflussung der komplexen Amplitude des ersten Teilstrahles (schematisch).

zweite Grenzfläche — die Referenzfläche — mit einem hochreflektierenden, möglichst absorptionsfreien, teildurchlässigen Belag zu beschichten (s. Abb. 1, rechts oben). Als Beläge für die Referenzplatte eignen sich Silber- oder Aluminiumschichten mit Durchlässigkeiten von einigen Prozent oder auch absorptionsfreie $\lambda/4$-Wechselschichtsysteme. Man erhält mit solchen Anordnungen schmale, dunkle Streifen auf hellem Untergrund, die schwach unsymmetrisch sind (s. Abb. 1, links unten). Die, meist kaum merkliche, Unsymmetrie der Streifen ist dadurch bedingt, daß die komplexe Amplitude des ersten reflektierten Teilstrahles nicht in die Amplituden der restlichen Teilstrahlen hineinpaßt, die eine geometrische Reihe bilden.

Durch Veränderung der komplexen Amplitude des ersten Teilstrahles ist es möglich, weitaus unsymmetrischere („sägezahnartige") Interferenzstreifen als im obigen Normalfall zu erzeugen (s. Abb. 1, unten Mitte). Wird insbesondere der erste Teilstrahl *vollständig* unterdrückt, so wird in Reflexion ein Streifensystem aus symmetrischen hellen Streifen auf dunklem Grund beobachtet, das bis auf einen konstanten Faktor die Intensitätsverteilung der Durchlicht-Mehrstrahlinterferenzen besitzt (Abb. 1, rechts unten). Darauf hat Lummer bereits hingewiesen [1].

Experimentelle Anordnungen zur Erzeugung von „sägezahnartigen" oder von transmissionsartigen Reflexionsinterferenzen haben verschiedene Autoren beschrieben:

Blanke und Lohmann [2] veränderten mit polarisationsoptischen Mitteln die komplexe Amplitude des ersten Teilstrahles, indem sie einen Eingriff in der hinteren Brennebene des Beobachtungsobjektives vornahmen, wo bei genügend großem Keilwinkel die den einzelnen Teilstrahlen zuzuordnenden Bilder des Beleuchtungsspaltes nebeneinander liegen (Abb. 2).

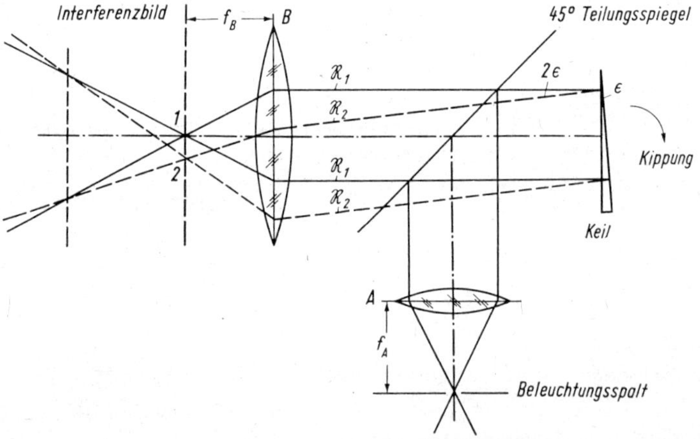

Abb. 2. Experimentelle Anordnung zur Beobachtung von Mehrstrahlinterferenzen im reflektierten Licht.

Farrands [3] überlagert in einem modifizierten Twyman-Green-Interferometer den vom Interferenzkeil kommenden Teilstrahlen zusätzlich eine kohärente Welle, deren Phase und Amplitude variabel ist. Zu diesem Zweck wird oberhalb des Teilungsspiegels der Abb. 2 ein zusätzlicher Planspiegel angebracht, der die durch den Teilungsspiegel hindurchtretende Welle über den Teilungsspiegel hinweg zurück in das Beobachtungssystem reflektiert, wo sie sich der vom Keil kommenden Welle überlagert.

Durch Änderung des Abstandes des Zusatzspiegels und durch Einbau von Schwächungselementen in den Strahlengang kann die Zusatzwelle nach Betrag und Phase verändert werden.

Kimmel [4] blendet den ersten Teilstrahl in der hinteren Brennebene des Beobachtungsobjektives vollständig aus und erhält streng transmissionsähnliche Mehrstrahlinterferenzen. Oft genügt es auch, das Beobachtungssystem oder den Keil geeignet zu kippen, um den ersten Teilstrahl, zumindest teilweise, mittels der Objektivbegrenzung auszublenden.

Alle diese Verfahren, die auf einem Eingriff von außen in den Strahlengang beruhen, erfordern aber umständliche und zeitraubende Justiermaßnahmen. Sie versagen — mit Ausnahme der Farrandsschen Anordnung — bei kleinen Keilwinkeln, da dann die Spaltbilder verschiedener Ordnung in der hinteren Brennebene sich überdecken.

Um die eben geschilderten Schwierigkeiten zu vermeiden, kann man einen prinzipiell anderen Weg beschreiten, um transmissionsähnliche Interferenzen zu erzeugen: Man muß die optischen Eigenschaften der Referenzschicht von vornherein so wählen, daß ein geeignetes Verhältnis der komplexen Amplitude des

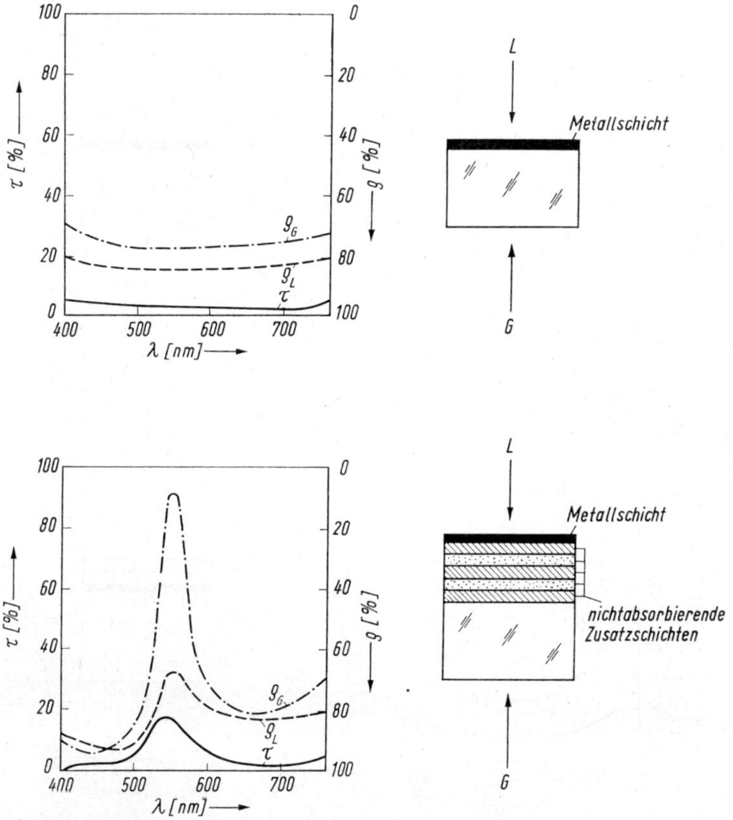

Abb. 3. Spektrale Transmissions- bzw. Reflexionseigenschaften einer Al-Schicht.
Oben: ohne nichtabsorbierende Zusatzschichten. Unten: mit nichtabsorbierenden Zusatzschichten.

ersten Teilstrahles zur komplexen Amplitude der Summe der restlichen Teilstrahlen gewährleistet ist.

Für den speziellen, in der Praxis meist interessierenden Fall der vollständigen Unterdrückung des ersten Teilstrahles heißt das, man braucht eine Referenzschicht mit dem Reflexionsgrad 0 für Lichteinfall von der Lichtquelle her und mit einem hohen Reflexionsgrad für Lichteinfall vom Luftkeil her.

Welche Möglichkeiten gibt es, um derartige *einseitig entspiegelte* Referenzbeläge zu realisieren?

Abb. 3 (oben) zeigt den spektralen Verlauf des Transmissionsgrades und des Reflexionsgrades einer Al-Schicht auf einem Glasträger, z. B. auf einer Referenzplatte. Während die Durchlässigkeit unabhängig von der Lichteinfallsrichtung ist, hängt der Reflexionsgrad von der Lichteinfallsrichtung ab und damit, wegen der Gültigkeit des Energiesatzes, auch der Absorptionsgrad. Das gilt allgemein für absorbierende Schichtsysteme, wenn ihr Aufbau unsymmetrisch ist (ein-

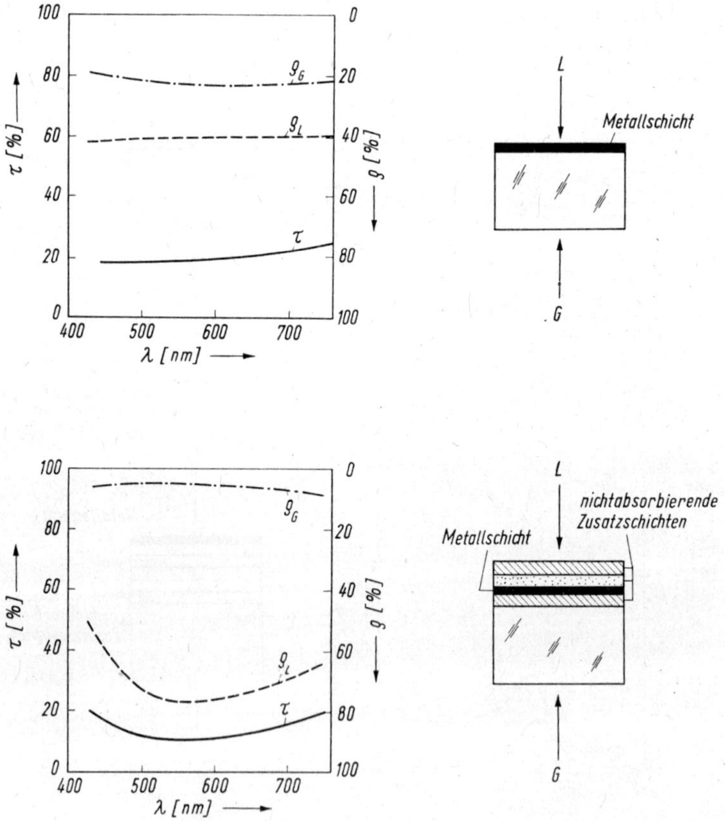

Abb. 4. Spektrale Transmissions- bzw. Reflexionseigenschaften einer Cr-Schicht.
Oben: ohne nichtabsorbierende Zusatzschichten. Unten: mit nichtabsorbierenden Zusatzschichten.

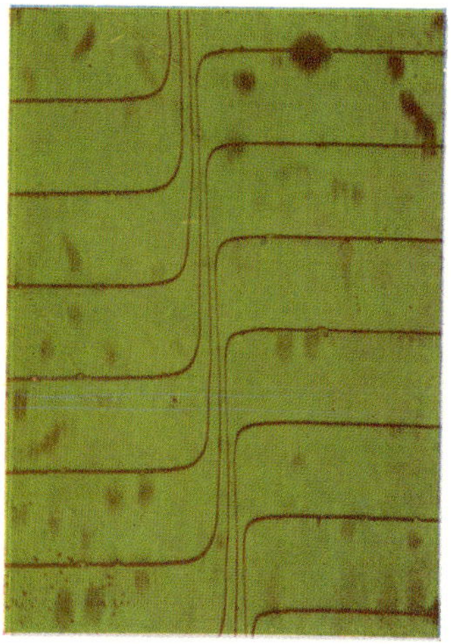

5 a

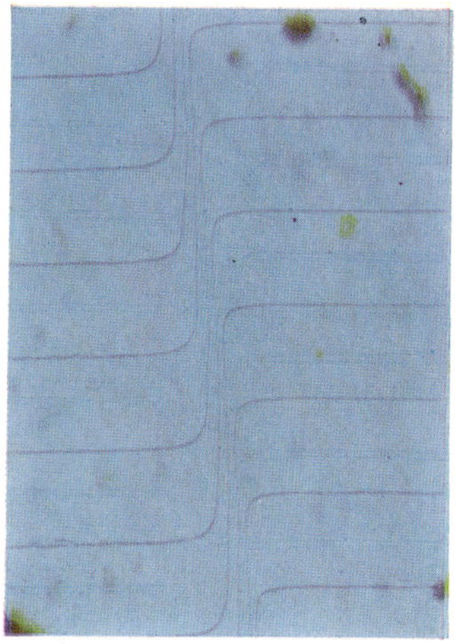

5 b

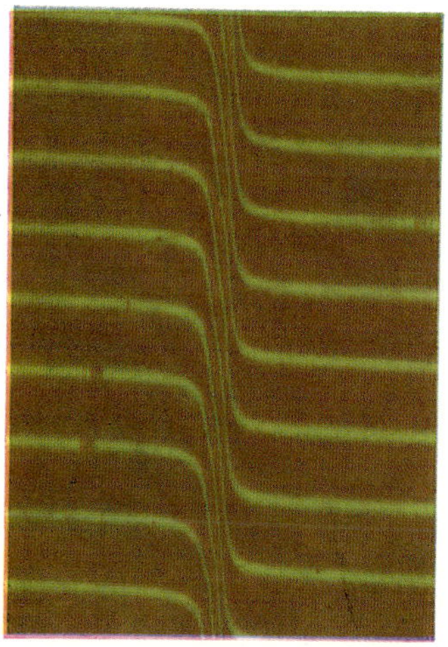

5 c

5 d

5e

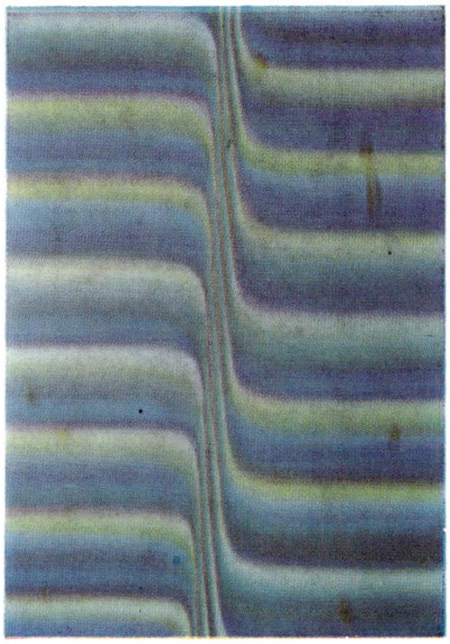

5f

Abb. 5. Mehrstrahlinterferenzen gleicher Dicke im reflektierten Licht.

Linke Seite: im monochromatischen Licht ($\lambda = 5461$ Å)

Rechte Seite: im ungefilterten Hg-Licht.

Verwendete Referenzschichten:

a, b: $\lambda/4$-Wechselschichtsystem ($\tau = 0,1$; $\varrho_L = \varrho_G = 0,9$)

c, d: Cr mit nichtabsorbierenden Zusatzschichten ($\tau = 0,11$; $\varrho_G \approx 0$; $\varrho_L = 0,76$; vgl. Abb. 4)

e, f: Cr mit nichtabsorbierenden Zusatzschichten ($\tau = 0,21$, $\varrho_G = 0,06$, $\varrho_L = 0,58$)
ϱ- bzw. τ-Werte für $\lambda = 550$ nm.

schließlich des Trägers!). Mit einer so beschichteten Referenzplatte beobachtet man die „normalen“ Reflexionsinterferenzen.

Durch Vor- oder Nachschalten von nichtabsorbierenden Interferenzschichten können bekanntlich die Lichtteilungseigenschaften dünner Metallschichten in weiten Grenzen verändert werden [5], [6], [7].

So zeigt z. B. Abb. 3 (unten) den spektralen Verlauf des Transmissionsgrades bzw. Reflexionsgrades, wie er sich ergibt, wenn zwischen die Al-Schicht der Abb. 3 (oben) und den Glasträger ein geeignet gewähltes System von fünf nichtabsorbierenden Schichten eingeschoben wird. Wird eine solche Referenzplatte in einer Mehrstrahlinterferenzordnung benutzt, so erhält man in reflektiertem Licht transmissionsähnliche Interferenzstreifen, wenn man mit dem Licht einer Wellenlänge beobachtet, die dem Entspieglungsminimum von der Glasseite her entspricht, da für diese Wellenlänge der erste Teilstrahl unterdrückt wird.

Eine einseitige Entspieglung einer Al-Schicht in einem ausgedehnteren Spektralgebiet würde eine weitaus größere Anzahl abgestimmter dielektrischer Zusatzschichten erfordern, als in Abb. 3b (unten) angegeben ist, oder man müßte auf absorbierende Zusatzschichten zurückgreifen und hätte mit einer schlechteren Lichtausbeute zu rechnen.

Wesentlich günstiger ist es, beim Aufbau solcher einseitig entspiegelter Referenzbeläge von Chromschichten auszugehen.

Abb. 4 zeigt die spektralen Transmissions- bzw. Reflexionswerte für eine Chromschicht ohne und mit nichtabsorbierenden Zusatzschichten. Es sei bemerkt, daß außer der „Entspieglungsschicht“ auf der Glasseite zusätzlich Verstärkerschichten auf der luftnahen Seite der Cr-Schicht aufgebracht wurden, um einen hohen Reflexionsgrad von dieser Seite her zu erzielen. Man beachte die weitgehend achromatische Entspiegelung von der Glasseite her und den hohen Reflexionsgrad von der Luftseite.

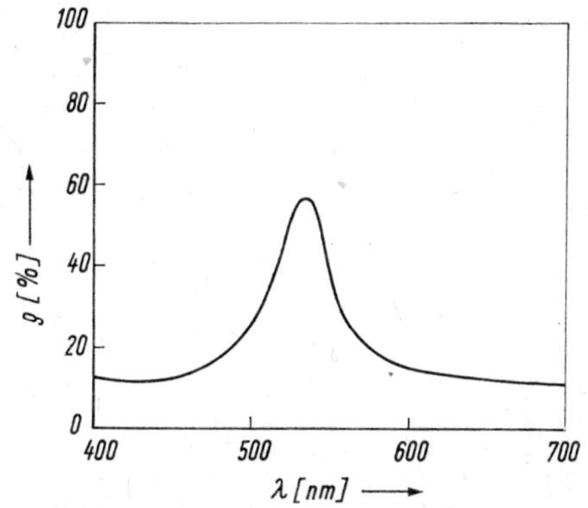

Abb. 6. Filterkurve eines Schmalband-Reflexionsfilters. (Wegen eines Übertragungsfehlers sind von den ϱ [%]-Werten jeweils 4% noch abzuziehen.)

Für die Brauchbarkeit solcher unsymmetrischer Referenzbeläge mit breitem Entspieglungsband sollen die Abbildungen 5c bis f als Beispiele dienen. Es handelt sich um Interferenzen gleicher Dicke, die im monochromatischen ($\lambda = 5461$ Å) bzw. im ungefilterten Quecksilberlicht aufgenommen wurden. Je schlechter eine Referenzplatte einseitig entspiegelt ist, umso heller erscheint der Untergrund und um so sägezahnartiger werden die Interferenzstreifen (Abb. 5e und f).

Zum Vergleich sind Aufnahmen mit einem „normalen“ Referenzbelag ($\lambda/4$-Wechselschichtsystem) beigefügt (Abb. 5a und b).

Im ungefilterten Hg-Licht ist im Falle der transmissionsähnlichen Interferenzen eine Zuordnung von Streifen, z. B. wie bei den gezeigten Beispielen längs eines Dickensprunges, leicht möglich. Sie ist aber fast unmöglich, wenn mit „normalen" Reflexionsinterferenzen gearbeitet wird.

Zum Schluß noch eine Bemerkung: Wird der Luftkeil durch eine planparallele Schicht ersetzt, so erhält man ein Schmalband-Reflexionsinterferenzfilter kleiner Halbwertsbreite. Die Filterfunktion eines solchen Filters zeigt Abb. 6. Um die Untergrundintensität noch weiter herabzudrücken, wäre eine noch vollkommenere einseitige Entspieglung der Referenzschicht erforderlich, als es hier geschehen ist.

Es besteht die Absicht, mit Hilfe von einseitig entspiegelten Referenzbelägen Interferenzkontrast-Untersuchungen im reflektierten Licht durchzuführen, z. B. an Metalloberflächen o. ä.

VEB Carl Zeiss JENA

Literatur

[1] Lummer, O., Gehrkes Handbuch der phys. Optik **1**, S. 416.
[2] Blanke, W. u. Lohmann, A., Optik **14** (1957) 361.
[3] Farrands, J. L., Optik **16** (1959) 14.
[4] Kimmel, Z. f. ang. Physik **7** (1955) 294.
[5] Pohlack, H., Jenaer Jahrbuch Teil I (1954) 76.
[6] Pohlack, H., Jenaer Jahrbuch Teil II (1954) 430.
[7] Pohlack, H., Optik aller Wellenlängen. Akademie-Verlag, Berlin 1959, S. 369.

L. MEIER, Jena

Polarisationsinterferenzfilter mit hoher Durchlässigkeit und großem Öffnungswinkel

Das erste Polarisationsinterferenzfilter ist von dem Franzosen LYOT gebaut worden. Dieses LYOT-Filter ist auch der Ausgangspunkt für einen großen Teil der heute verwendeten Filter. Sein Aufbau läßt sich wie folgt beschreiben:

Eine Reihe von n Platten doppeltbrechender Kristalle, deren Grund- und Deckfläche parallel zur Kristallachse geschliffen sind, und deren Dicke einer geometrischen Reihe folgen, werden zusammen mit $n + 1$ Polarisatoren so hintereinander gestellt, daß jede Kristallplatte von zwei Polarisatoren eingeschlossen ist. Die Schwingungsrichtungen der Polarisatoren liegen in einer Ebene und die Kristallachsen in einer um 45° dazu gedrehten Ebene. Für eine Platte der Dicke d zwischen zwei Polarisatoren in der beschriebenen Anordnung wird die Intensität des durchtretenden Lichtes in Abhängigkeit von der Wellenlänge proportional $\cos^2 \frac{\pi d\mu}{\lambda}$, wenn λ die Wellenlänge und $\mu = \omega - \varepsilon$ die Differenz der Brechungsindizes vom ordentlichen und außerordentlichen Strahl bedeuten. Für die Intensität des durch das LYOT-Filter tretenden Lichtes ergibt sich somit

$$I \sim \prod_{i=1}^{n} \cos^2 \left(\frac{2^{i-1} d\pi \mu}{\lambda} \right),$$

d. h. man erhält, abgesehen von geringen Nebendurchlässigkeiten, einige wenige enge, über das Spektrum verteilte Durchlässigkeitsgebiete, deren Abstand durch die Dicke der kleinsten Platte und deren Halbwertsbreiten im wesentlichen durch die Dicke der größten Platte bestimmt werden. Durch Farbgläser kann eines dieser Durchlässigkeitsgebiete ausgeblendet werden. Das Filter wird damit zum Monochromator. Filter dieser Art sind mit Halbwertsbreiten bis in die Größenordnung von 1 Å gebaut worden.

Es bestehen nun zwei entscheidende Nachteile, die die Brauchbarkeit dieses LYOT-Filters einschränken. Der erste Nachteil ist die geringe Durchlässigkeit:

Benutzt man Polarisationsfolien, die für polarisiertes Licht eine Durchlässigkeit von 70% besitzen, dann schwächen allein die Polarisatoren im Filter das Licht um den Faktor $0{,}5 \times 0{,}7^{n+1}$. Für $n = 10$ ist das rund 1/100. Die Verbesserungen des Filters laufen somit darauf hinaus, Anordnungen mit weniger Polarisatoren zu finden.

Der zweite Nachteil ist der geringe Öffnungswinkel:

Die Lage des Durchlaßbereiches des Filters ist sehr empfindlich gegen Abweichungen vom senkrechten Strahleneinfall. Bei der Beobachtung eines größeren

Feldes wird der Durchlaßbereich des Filters für jeden Strahl, je nach seiner Neigung, um einen verschieden großen Betrag innerhalb des Spektrums verschoben. Außerdem treten bei Neigung der Strahlen größere Nebendurchlässigkeiten auf, die die Wirkung des Filters als Monochromator zunichte machen. Somit laufen die Bemühungen weiterhin darauf hinaus, Filterarten mit größerem brauchbaren Öffnungswinkel zu erhalten. Im folgenden seien einige Filtertypen aufgeführt, die einer der beiden Forderungen bzw. beiden zugleich Rechnung tragen.

1. Filter höherer Durchlässigkeit

Die Möglichkeit, als Polarisatoren keine Polarisationsfolien, sondern die weit durchlässigeren Nicols zu verwenden, ist in der Praxis wegen der geforderten großen Filterdurchmesser von 30—40 mm, nur äußerst selten realisiert worden.

Dagegen zeigte Evans, daß man zwei Glieder eines Lyot-Filters, wozu drei Polarisatoren nötig sind, ersetzen kann durch ein Element, das aus drei Kristallplatten und nur zwei Polarisatoren besteht. Die Anordnung ist in Abb. 1 zu erkennen. Der Vorteil ist offensichtlich. Durch Einsparung von Polarisatoren wird die Durchlässigkeit für das gesamte Filter bereits beachtlich größer. Diese Ersetzung zweier Lyot-Glieder durch ein solches Element ist aber nicht allge-

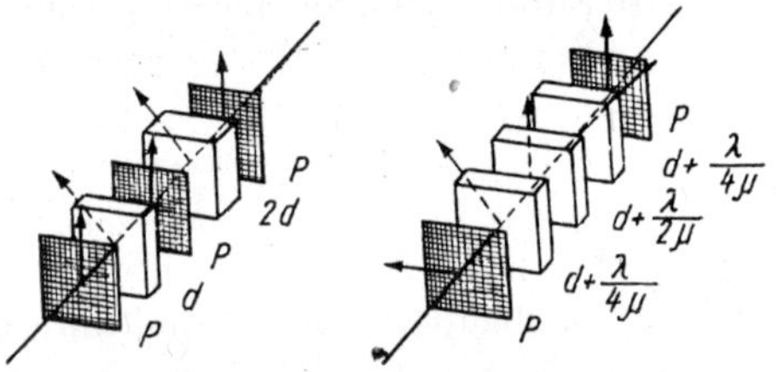

Abb. 1. Filterglied nach Evans.

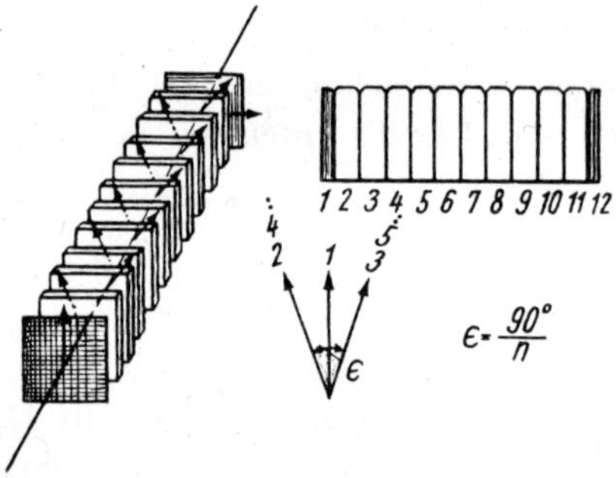

Abb. 2. Šolc-Filter.

mein und uneingeschränkt möglich, da die beiden Filter streng genommen nur in einem sehr engen Spektralbereich die gleiche Wirkung zeigen. Und zwar liegt das daran, daß die Platten, wenn sie geschliffen sind, eben nur für eine bestimmte Wellenlänge die Dicken $\frac{\lambda}{4\mu}$ usw. haben können. Diese Tatsache bewirkt das Auftreten von stärkeren Nebendurchlässigkeiten in entfernteren Spektralbereichen.

Trotzdem bleiben noch genügend Möglichkeiten, bei denen dieses Filterglied nach Evans erfolgreich angewendet werden kann.

Ein weiterer Schritt zur Erzielung hoher Durchlässigkeiten war mit der Erfindung des vom Lyot-Filter grundsätzlich verschiedenen Šolc-Filters getan.

Und zwar handelt es sich hier um ein Filter, bei dem nur noch zwei Polarisatoren nötig sind. Platten gleicher Dicke werden so hintereinander gesetzt, daß die Kristallachsen abwechselnd um die Winkel $-\frac{\varepsilon}{2}$ und $+\frac{\varepsilon}{2}$ geneigt sind. Dabei bestimmt sich ε bei Verwendung von n Platten aus $\varepsilon = \frac{90°}{n}$ (Abb. 2). Die Interferenzfunktion ist hier auch grundsätzlich von der des Lyot-Filters verschieden. Es wird die Intensität

$$I \sim \left[\frac{\sin n\chi}{\sin \chi} \cos \chi \operatorname{tg} \varepsilon\right]^2,$$

wobei

$$\cos \chi = \cos\left(\frac{\pi\, d\mu}{\lambda} + \frac{\pi}{2}\right) \cdot \cos \varepsilon\,.$$

Dieses Filter hat den großen Vorteil, daß es eine sehr hohe Durchlässigkeit besitzt und nur Kristallplatten gleicher Dicke verwendet.

Jedoch ergeben sich Schwierigkeiten; einmal bei der Fertigung von engbandigen Filtern dieses Types, weil hier eine sehr große Anzahl von dünnen Platten mit einem sehr kleinen schwer einzuhaltenden Verdrehungswinkel ε nötig wird, und zum anderen ist es auch empfindlich gegen Abweichungen vom senkrechten Strahleneinfall. Sehr vorteilhaft wird dieses Filter angewendet, wenn keine zu geringen Bandbreiten verlangt werden, z. B. bei der Beobachtung von Protuberanzen. Von diesem Filtertyp existieren auch noch mehrere Varianten.

2. Filter mit großem Öffnungswinkel

Lyot selbst beschrieb bereits drei Möglichkeiten, wie man ein Glied seines Filters so abändern kann, daß die Lage der Durchlaßbereiche im Spektrum nur gering oder überhaupt nicht von der Strahlenneigung abhängig ist. Verwirklichen ließ sich bis jetzt mit Quarz und Kalkspat nur eine davon. Diese Möglichkeit beruht darauf, daß man eine Platte im Lyot-Filter halbiert, die beiden Hälften um 90° gegeneinander verdreht und eine $\frac{\lambda}{2}$-Platte dazwischen setzt (Abb. 3). Während man bei einer Platte des ursprünglichen Filters einen Gangunterschied

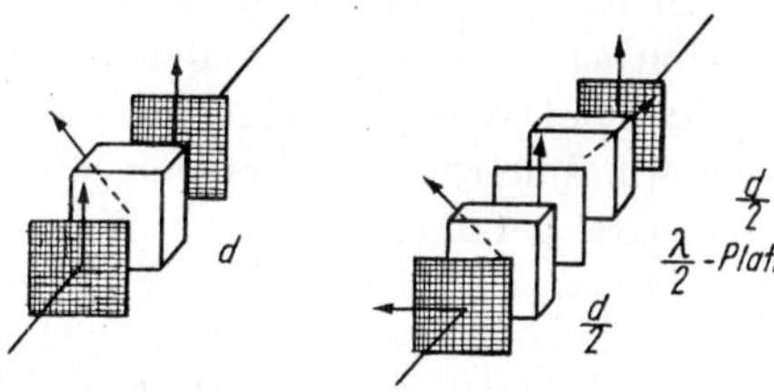

Abb. 3. Weitwinkelglied nach Lyot.

$$G_0 = \frac{\pi\, d\mu}{\lambda}\left(1 + \frac{\varphi^2}{2\,\omega}\left(\frac{\cos^2\Theta}{\varepsilon} - \frac{\sin^2\Theta}{\omega}\right)\right)$$

bei der Strahlenneigung φ und dem Azimut Θ hatte, so ergibt sich für das Weitwinkelglied

$$G_w = \frac{\pi\, d\mu}{\lambda}\left(1 + \frac{\varphi^2}{4\,\omega}\left(\frac{1}{\varepsilon} - \frac{1}{\omega}\right)\right);$$

der Faktor vor φ^2 ist wesentlich kleiner (und dazu unabhängig vom Azimut Θ), d. h. die Strahlenneigung ist von geringem Einfluß.

Diese Methode zur Erzielung eines größeren Öffnungswinkels läßt sich nur bei jedem Glied des Lyot-Filters einzeln anwenden. Man braucht somit die gesamte Anzahl der Polarisatoren und muß die geringe Durchlässigkeit des Filters in Kauf nehmen.

3. Vereinigung beider Eigenschaften in einem Filter

Es ist verständlich, daß die verschiedensten Versuche unternommen wurden, die erwähnten Arten auf irgendeine günstige Weise zu kombinieren. So sind z. B. viele der heute verwendeten Filter im Prinzip Lyot-Filter, bei denen die dicksten Platten durch Weitwinkelglieder ersetzt werden, während man für die dünneren Platten Elemente nach Evans benutzt. Man hat damit in beiden Richtungen einen Gewinn erzielt.

Es liegt weiterhin nahe, zu versuchen, in dem lichtstärkeren Glied nach Evans zusätzlich eine Aufspaltung zur Erzielung größerer Winkel einzuführen. Das gelang erstmalig dem Franzosen Dollfus. Jedoch treten neben der $\frac{\lambda}{2}$-Platte bei jeder Platte seines Filtertypes solche zusätzlichen Dicken $\frac{\lambda}{4\mu}$ auf. Damit ergeben sich bereits große Schwierigkeiten für die Fertigung, und störende Nebendurchlässigkeiten treten auf. Die von Dollfus gefundene Anordnung ist nun nicht die einzige dieser Art, ja, es existieren sogar Varianten davon, die sich einfacher fertigen lassen und dabei sogar noch geringere Nebendurchlässigkeiten aufweisen.

Einen gewissen Idealfall würde man erreichen, wenn sich das Šolc-Filter, das nur 2 Polarisatoren benötigt, zu einem Weitwinkelfilter ausbauen ließe. Es fehlt in dieser Richtung auch nicht an Versuchen. Jedoch haben sie bis zum heutigen Tag sämtlich noch kein befriedigendes Ergebnis gebracht.

Zusammenfassend kann gesagt werden, daß seit der Erfindung des ersten Polarisationsinterferenzfilters eine Reihe von Weiterentwicklungen und Verbesserungen gefunden wurden. Wenn diese neuen Arten auch vielfach noch Mängel besitzen, so hat man doch die Möglichkeit, aus einer Vielzahl von Filtertypen diejenigen auszusuchen, die jeweils im speziellen Fall den gestellten Anforderungen am besten gerecht werden.

VEB Carl Zeiss JENA

G. SCHREIBER und M. O. WENDT, Berlin

Eine Apparatur zur Herstellung dielektrischer Vielfachschichten

Dielektrische Vielfachschichten bestehen aus aufgedampften Schichten dielektrischer Substanzen mit verschiedenen Brechungsindizes. Sie können entweder bei Reflexionsverminderung zur Entspiegelung von Glasoberflächen oder bei Reflexionserhöhung für die Benutzung als Spiegel hohen Reflexionsvermögens dienen. Da die verwendeten Substanzen keinerlei Absorption in den verwendeten Spektralbereichen besitzen, eignen sich derartige Verspiegelungen vorzüglich als Strahlungsteiler und besonders für die Verspiegelungen eines FABRY-PEROT-Interferometers (FPI) [1]. Gegenüber den Metallspiegeln besitzen dielektrische Verspiegelungen beim Gebrauch im FPI verschiedene Vorteile. Einerseits lassen sich nämlich Vielfachschichten unter Verwendung geeigneter Substanzen für das ultraviolette, sichtbare und infrarote Spektralgebiet herstellen [1], [2], und andererseits haben sie keinerlei Absorption, so daß photographische Aufnahmen mit dem FPI keine allzulangen Belichtungszeiten erfordern oder sogar die photoelektrische Registrierung ermöglichen [3]. Weiterhin ergibt sich noch der Vorteil, daß ihre optische Homogenität nicht in so starkem Maße wie bei den Metallspiegeln von der Aufdampfgeschwindigkeit abhängt. Dielektrische Vielfachschichten lassen sich leichter und in ihren Daten reproduzierbarer herstellen.

Zur Ent- oder Verspiegelung werden vorzugsweise Schichten der optischen Dicke einer Viertelwellenlänge aufgedampft. Das Reflexionsvermögen derartiger Schichten wird am besten mit Hilfe der Vierpoltheorie [4] berechnet, wobei die Formeln für den senkrechten Einfall und für die optische Dicke $n \cdot d = \lambda/4$ bei Vernachlässigung der Absorption recht einfach werden. So erhält man das Reflexionsvermögen für N Schichten zu

$$R = \left(\frac{x-1}{x+1}\right)^2,$$

wobei

$$x = \frac{n_0}{n_T} \cdot \left(\frac{n_1}{n_2}\right)^2 \cdot \left(\frac{n_3}{n_4}\right)^2 \cdots \left(\frac{n_{N-1}}{n_N}\right)^2$$

für gerades N und

$$x = \frac{n_0\, n_T}{n_1^2} \cdot \left(\frac{n_2}{n_3}\right)^2 \cdot \left(\frac{n_4}{n_5}\right)^2 \cdots \left(\frac{n_{N-1}}{n_N}\right)^2$$

für ungerades N ist.

Dabei ist n_0 der Brechungsindex der Luft, n_T der Brechungsindex des Schichtträgers und n_i der Brechungsindex der i-ten Schicht vom Träger aus gerechnet. Werden die Brechungsindizes so gewählt, daß $x = 1$ ist, so ist der Träger entspiegelt. Hohe Werte für das Reflexionsvermögen erhält man für sehr große und sehr kleine Werte von x, was bei Schichten mit abwechselnd hohem und niedrigem Brechungsindex erreicht wird. In diesem Fall wird

$$x = \frac{n_0}{n_T} \cdot \left(\frac{n_1}{n_2}\right)^N$$

für gerades N und

$$x = \frac{n_0\, n_T}{n_1^2} \cdot \left(\frac{n_2}{n_1}\right)^{N-1}$$

für ungerades N.

Für die Werte $n_0 = 1{,}00$ (Luft), $n_1 = 2{,}40$ (Zinksulfid), $n_2 = 1{,}38$ (Kryolith) und $n_T = 1{,}53$ (Glas) erhält man folgende Werte für x und R:

N	0	1	2	3	4	5	6	7	8	9
x	0,658	0,265	1,99	0,0874	6,03	0,0289	18,3	0,00953	55,4	0,00315
R (%)	4,25	33,9	11,0	70,6	51,2	89,2	80,0	96,2	93,5	98,8

Die für das Reflexionsvermögen erhaltenen Werte sind für $\lambda/4$-Schichten in Abhängigkeit von der Schichtdicke relative Extrema. Bei gerader Schichtenzahl hat das Reflexionsvermögen ein Minimum und bei ungerader Schichtenzahl ein Maximum. Man ersieht, daß für eine ungerade Anzahl von Schichten das Reflexionsvermögen mit der Anzahl der Schichten schnell ansteigt.

Experimentelle Anordnung

Die dielektrischen Vielfachschichten werden im Hochvakuum aufgedampft, das mit einer dreistufigen Quecksilberdiffusionspumpe erzeugt wird. Besonderer Wert wird auf das Ausfrieren vom Dämpfen gelegt. Daher wurde außer der gebräuchlichen Kühlfalle zwischen Pumpe und Ventil noch eine zweite Kühlfalle zwischen Ventil und Rezipient geschaltet. Eine Teilansicht der Apparatur ohne Rezipient zeigt die Abb. 1. Das erreichte Vakuum von $2 \cdot 10^{-5}$ Torr erwies sich als ausreichend. Abb. 2 zeigt die Anordnung der Schiffchen, die aus Molybdän hergestellt sind und aus denen die Substanzen verdampft werden. Es lassen sich drei Schiffchen anordnen, so daß ohne Lufteinlaß drei verschiedene Substanzen nacheinander verdampft werden können. Die Entfernung des zu bedampfenden Trägers von den Schiffchen beträgt 40 cm.

Die Messung der Schichtdicke geschieht während des Aufdampfens mit einer Zweistrahl-Wechsellicht-Methode. Werden alternierende Schichten aufgedampft, so haben die Verspiegelungen bei einer Wellenlänge des Lichts ein relatives Extremum der Reflexion, wenn die optische Dicke jeder Schicht $\lambda/4$ beträgt. Diese Extrema werden zur Bestimmung der optischen Schichtdicke benutzt, die während der Bildung der Schicht messend verfolgt werden kann. Dazu wird die Intensität des von der Vielfachschicht reflektierten Lichtes ständig mit einer

Abb. 1
Teilansicht der Aufdampfapparatur.

1 — Diffusionspumpe; *2* — Kühlfallen; *3* — Ventil; *4* — Umschaltung für die Beheizung der Schiffchen; *5* — Bedienungsknöpfe für die Graukeile; *6* — Halterung für Schichtträger; *7* — optische Meßapparatur; *8* — Bedienung für die Abdeckblende.

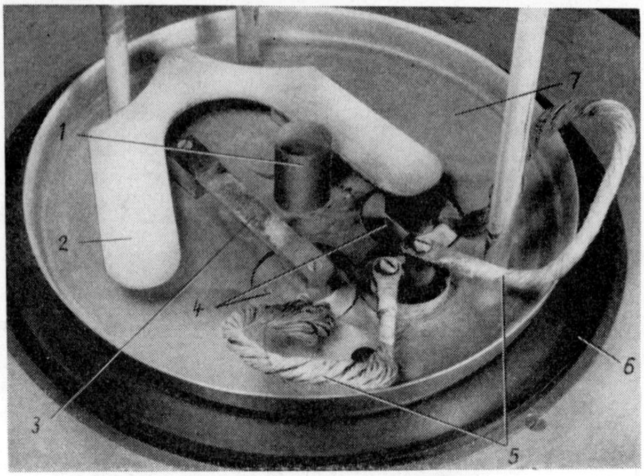

Abb. 2. Anordnung der Schiffchen.

1 — Schutzrohr, Eintritt des Meßstrahls; *2* — Abdeckblende; drehbar von außen durch Tombakrohr; *3* — Schiffchen aus Molybdän; *4* — Specksteinisolierung für Schiffchenhalterung; zwischen den isolierten Zuführungen kann ein drittes Schiffchen angebracht werden; *5* — Stromzuführungen; *6* — Dichtungsring aus Perbunan für Rezipienten; *7* — Schutzteller.

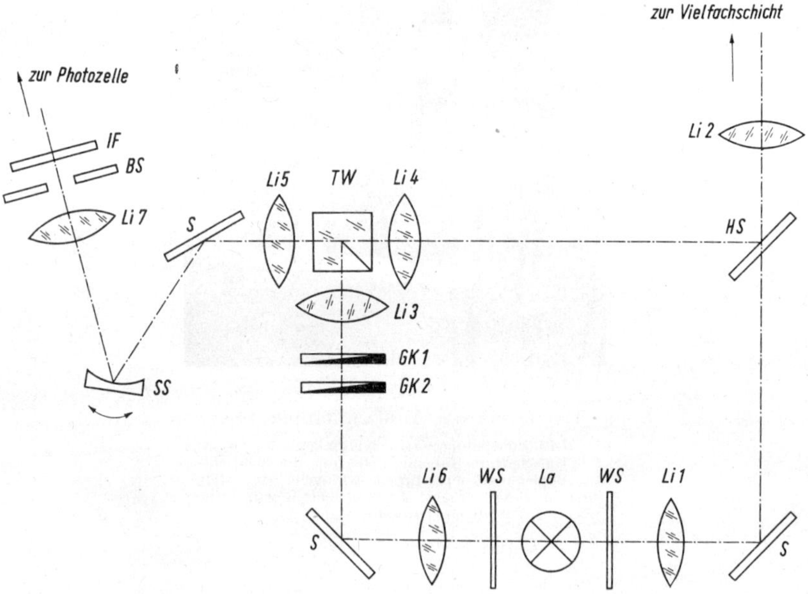

Abb. 3. Schema der optischen Meßapparatur, Erklärung im Text.

bekannten und veränderbaren Intensität eines Vergleichstrahls verglichen. Ist das Extremum erreicht, so wird durch Abdecken des Schiffchens und Unterbrechung des Heizstromes die Aufdampfung abgebrochen. Abb. 3 zeigt schematisch den optischen Teil der Meßeinrichtung. Der Meßstrahl kommt von der Lampe *La*, durchläuft einen halbdurchlässigen Spiegel *HS* und tritt bei der Linse *Li* 2 senkrecht in die Bedampfungsapparatur ein. Das vom zu bedampfenden Träger reflektierte Licht fällt über den halbdurchlässigen Spiegel *HS* auf den Trennwürfel *TW*. Dieser Würfel besteht aus zwei verkitteten 90°-Prismen, wobei die halbe Diagonalfläche des Würfels parallel zu den Kanten verspiegelt ist. Dieser Spiegel ermöglicht es, daß der Meßstrahl und der Vergleichsstrahl parallel nebeneinander verlaufen. Der Vergleichsstrahl, der von der Lampe *La* über die Linse *Li* 6 und *Li* 3 zum Trennwürfel gelangt, wird auf diesem Wege durch zwei Graukeile *Gk* 1 und *Gk* 2, einen diskret und einen kontinuierlich veränderbaren, meßbar geschwächt. An diesen Graukeilen kann z. B. nach Abgleich der Intensitäten ($I_m = I_v$) das Reflexionsvermögen des Trägers abgelesen werden. Die Spiegelkante des Trennwürfels vignettiert die beiden Strahlenbündel, so daß auf der Linse *Li* 5 die Bilder der halben Linsen *Li* 1 und *Li* 6 nebeneinander liegen. Ein Schwingspiegel *SS* bildet die Linse *Li* 5 auf den Begrenzerspalt *BS* ab. Als Schwingspiegel wird der Spiegel einer Meßschleife eines Oszillographen verwendet, so daß bei Erregung der Meßschleife mit einer Wechselspannung abwechselnd Licht vom Vergleichsstrahl und vom Meßstrahl auf eine Photozelle fällt. Die Frequenz des Wechsellichts beträgt 20,5 Hz.

Das Licht der Wellenlänge, für das die Ver- oder Entspiegelung hergestellt werden soll, wird durch ein Interferenzfilter *IF* aus dem Spektrum der Lampe *La* ausgefiltert. Als Lampe wurde eine HBO 107 verwendet; es lassen sich aber auch Lichtquellen mit kontinuierlichen Spektren verwenden, z. B. eine Xenon-Hochdrucklampe. Der optische Teil der Meßeinrichtung befindet sich auf einer Grundplatte (Abb. 4), die unterhalb des Rezipiententellers befestigt ist.

Abb. 5 zeigt das Blockschaltbild der gesamten Zweistrahl-Wechsellicht-Meßanordnung. Die Photozelle ist kapazitiv an einen Vorverstärker angeschlossen, der in das Photozellengehäuse eingebaut ist. An diesen Verstärker schließt sich ein dreistufiger schmalbandiger Verstärker hoher Verstärkung an. Amplitude und Phase der Wechselspannung werden am Ausgang eines phasenempfindlichen Gleichrichters (lock-in) angezeigt, der in einem größeren Bereich linear arbeitet, so daß während des Bedampfens der Meßstrahl gegen den Vergleichsstrahl mit Hilfe der Graukeile nicht genau abgeglichen zu werden braucht.

Mit der beschriebenen Apparatur lassen sich ebene dielektrische Vielfachschichten bis zu einem Durchmesser von 150 mm herstellen. Da die optische Meßapparatur zunächst nur Glaslinsen enthält, lassen sich nur Schichten herstellen, deren Reflexionsextrema im sichtbaren Spektralbereich liegen. Eine Quarzoptik ist für die Meßeinrichtung vorgesehen.

Die Einhaltung der Schichtdicke bei dem Aufdampfprozeß bereitet einige Schwierigkeiten, da nach Abbruch des Aufdampfens die optische Dicke der Schicht weiter wächst. Das hat zweierlei Gründe. Erstens kristallisiert der noch im Rezipienten befindliche Dampf weiter an der Schicht an und zweitens wird der kristalline Zustand der Schicht erst langsam angenommen, da die mit der kinetischen Energie der auftreffenden Moleküle zugeführte thermische Energie erst durch Strahlung abgegeben werden muß. Der zweite Grund ist der vorherrschende. Die optische Dicke wird also erst dann einen Endwert annehmen,

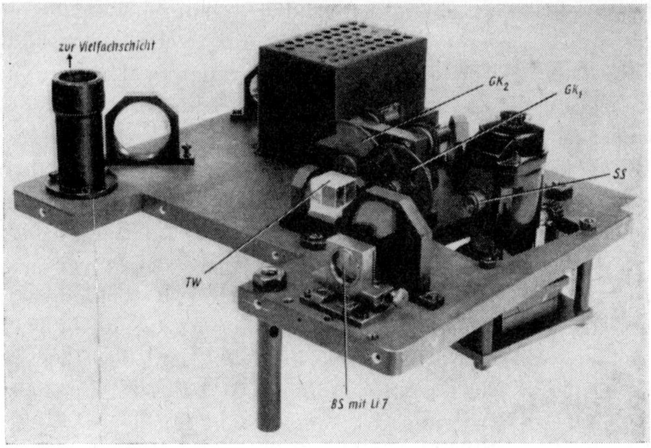

Abb. 4. Optischer Teil der Meßapparatur.
Gk 1 und *Gk* 2 Graukeile, *TW* Trennwürfel, *SS* Schwingspiegel, *BS* mit *Li* 7 Begrenzerspalt mit Linse 7.

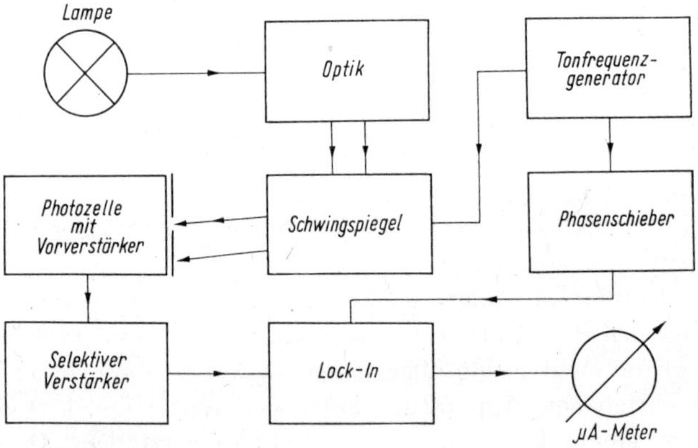

Abb. 5. Blockschaltbild der gesamten Meßapparatur.

wenn der kristalline Zustand erreicht ist und wenn die Schicht die Umgebungstemperatur angenommen hat, da außerdem noch der Brechungsindex von der Temperatur abhängt. Genauere Untersuchungen über diese Prozesse sollen vorgenommen werden.

Es wurden u. a. zwei Vielfachschichten bestehend aus jeweils 7 alternierenden $\lambda/4$-Schichten aus Kryolith und Zinksulfid hergestellt, deren Reflexionsmaxima bei der Wellenlänge 436 nm liegen. Die verspiegelten Platten wurden als FPI-Platten verwendet und die Hyperfeinstruktur der Hg *e*-Linie 4358 Å aufgenommen. Der Plattenabstand betrug 0,3 cm, so daß der nutzbare Dispersionsbereich $\Delta\sigma = \frac{1}{2 \cdot 0{,}3} \approx 1{,}67\ \mathrm{cm}^{-1}$ groß ist. Die Hg *e*-Linie hat jedoch eine Hyperfeinstruktur von einer Breite von 1,8 cm^{-1}, so daß sich bei den Aufnahmen die äußeren Komponenten überschneiden, wie es aus dem Registrogramm der

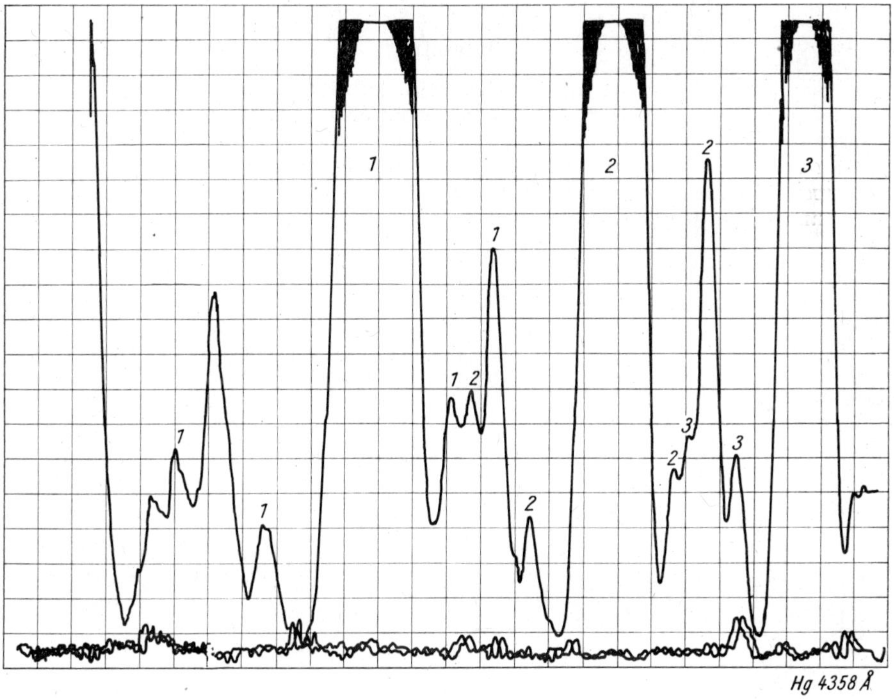

Abb. 6. Registrogramm der photographischen Aufnahme der Hyperfeinstruktur der Hg *e*-Linie 4358 Å. Die Ziffern bezeichnen Linien gleicher Ordnung.

photographischen Aufnahme zu ersehen ist (Abb. 6). Das FPI wurde mit einem Gitterspektrographen gekreuzt, die Belichtungszeit betrug 30 s. Die Linie wurde von einem Quarz-Torontobrenner, einem Niederdruckbrenner, emittiert; sie wurde an diesem Brenner bereits früher von G. Schreiber mit einem Gitterspektrographen untersucht [5].

Herrn Prof. Dr. R. Ritschl sei für die ständige Förderung dieser Arbeit und für sein stetes Interesse vielmals gedankt.

Zusammenfassung

Es wird eine Apparatur zur Herstellung dielektrischer Vielfachschichten beschrieben. Die optische Dicke der Schicht wird während des Aufdampfprozesses mit Licht einer bestimmten Wellenlänge über das Reflexionsvermögen mittels eines Zweistrahl-Wechsellicht-Verfahrens gemessen, wodurch die Bestimmung der Schichtdicke weitgehend unabhängig von äußeren störenden Einflüssen wird. Es wurde ein FABRY-PEROT-Interferometer mit dielektrischen Vielfachschichten hergestellt und die Hyperfeinstruktur der Hg *e*-Linie 4358 Å eines Quecksilber-Niederdruckbrenners aufgenommen.

Literatur

[1] PENSELIN, S. u. STEUDEL, A., Zeitschr. Phys. **142** (1955) 21.
[2] HASS, G., SCHROEDER, H. H. u. TURNER, A. F., J. O. S. A. **46** (1956) 31.
[3] STEUDEL, A., Über den Stand der Hyperfeinstrukturforschung der Atomspektren. Fünf Vorträge über Spektroskopie. Akademie-Verlag, Berlin 1958.
[4] SCHUSTER, K., Ann. Physik **4** (1949) 352.
[5] SCHREIBER, G., Optik **15** (1958) 724.

I. ŠANTAVÝ, Brno

Ein Satz über die Umkehrbarkeit des Lichtes für Systeme leitender Schichten

In der Optik der dünnen Schichten verwendet man die Beziehungen, die aus der Möglichkeit der Umkehrung des Strahlenganges folgen. Diese Umkehrbarkeit des Lichtes ist allgemein unter dem Namen „STOKESsche Reversibilitätsprinzip“ bekannt. Dieses Prinzip hat folgenden Inhalt: „Es seien zwei Strahlen, die durch Reflexion und Brechung auf einer ebenen Trennfläche zweier dielektrischen Medien aus einem von dem ersten Dielektrikum einfallenden Strahl entstanden sind. Kehren wir sie beide um und lassen jeden von ihnen auf der Trennfläche reflektieren und brechen. Dann entsteht im ersten Dielektrikum der umgekehrte ursprüngliche Strahl, während im zweiten Dielektrikum das Totalfeld gleich Null ist.“ Bezeichnet man die relative komplexe Amplitude des reflektierten Strahles mit r, die des gebrochenen mit t, so bekommt man für diese Größen die bekannten Beziehungen

$$\left.\begin{aligned} r_R\, r_R^* + t_R\, t_L^* &= 1\,, \\ r_R\, t_R^* + t_R\, r_L^*\, r_L &= 0\,. \end{aligned}\right\} \tag{1}$$

Das Sternchen bezeichnet, wie üblich, die komplex konjugierte Größe, der Index R bezeichnet die Richtung nach rechts und L die nach links. Diese Gleichungen, die von STOKES für eine einfache Trennfläche abgeleitet wurden, behalten ihre Gültigkeit auch für Systeme von dünnen Schichten, wie von KNITTL bewiesen wurde.

Im Falle von leitenden Medien verliert das STOKESsche Prinzip seine Gültigkeit. Doch im Falle einer einfachen Trennfläche Metall/Dielektrikum erfüllen die FRESNELschen Amplituden die Gleichungen

$$\left.\begin{aligned} r_R\, r_R + t_R\, t_L &= 1\,, \\ r_R\, t_R + t_R\, r_L &= 0\,. \end{aligned}\right\} \tag{2}$$

Man kann auch diese Gleichungen als einen Ausdruck der Reversibilität interpretieren. In der letzten Zeit wurde eine Diskussion über das gegenseitige Verhältnis der Gleichungen (1) und (2) geführt.

Ich habe die beiden Paare von diesen Gleichungen von dem Standpunkt der MAXWELLschen Theorie untersucht. Es zeigte sich dabei, daß sie nicht nur eine ähnliche Form haben, sondern daß zwischen ihnen ein enger Zusammenhang existiert. Diese Gleichungen sind nämlich nur zwei Sonderfälle eines allgemeinen Satzes über Reversibilität der elektromagnetischen Wellen. Ich gestatte mir, Sie mit diesem Satze bekannt zu machen.

Nehmen wir ein System von leitenden oder nichtleitenden Schichten mit den Parametern ε, μ, σ. Über die Halbräume an beiden Seiten des Systems 2 (siehe Abb.) werden wir voraussetzen, daß sie homogen sind. Ihre Parameter bezeichnen wir mit $\varepsilon_j, \mu_j, \sigma_j, j = 1, 3$. Wir werden den Fall betrachten, daß auf dieses System eine monochromatische ebene Welle von links einfällt. Einfachheitshalber werden wir voraussetzen, daß sie die Richtung der Achse $0x$ hat, und daß sie linear polarisiert ist.

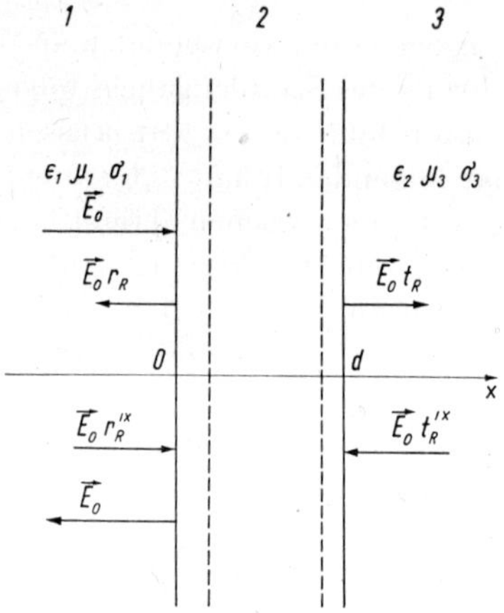

Abb. 1

Das elektromagnetische Feld in beiden Halbräumen 1, 3 ist dann durch die Gleichungen

$$\vec{E}_1 = \vec{E}_0 \left[e^{i(k_1 x - \omega t)} + r_R\, e^{i(-k_1 x - \omega t)}\right] \qquad \text{für} \quad x < 0\,, \tag{3}$$

$$\vec{E}_3 = \vec{E}_0\, t_R\, e^{i(k_3 x - \omega t)} \qquad \text{für} \quad x > d \tag{4}$$

beschrieben. $\vec{E}_0$ ist ein realer Vektor und $k_j^2 = \varepsilon_j \mu_j \omega^2 + i \mu_j \sigma_j \omega$. Der Vektor $\vec{H}$ ist durch ähnliche Gleichungen gegeben, die wir hier nicht ausführlich schreiben wollen. Die so gegebenen Vektoren $\vec{E}$ und $\vec{H}$ erfüllen die MAXWELLschen Gleichungen für leitende Medien

$$\operatorname{rot} \vec{E} = -\mu \frac{\partial \vec{H}}{\partial t} \qquad \operatorname{div}(\varepsilon \vec{E}) = \varrho\,,$$

$$\operatorname{rot} \vec{H} = \sigma \vec{E} + \varepsilon \frac{\partial \vec{E}}{\partial t} \qquad \operatorname{div}(\mu \vec{H}) = 0\,.$$

Diese Gleichungen sind erfüllt im ganzen Raume, mit der Ausnahme der Unstetigkeitsflächen der Parameter ε, μ, σ, wo die Grenzbedingungen erfüllt werden müssen, die aus den MAXWELLschen Gleichungen abgeleitet werden.

Die angeführten MAXWELLschen Gleichungen sind invariant gegen die Transformation

$$\vec{E}' = \vec{E}, \quad \vec{H}' = -\vec{H}, \quad t' = -t, \quad \varrho' = \varrho, \quad \sigma' = -\sigma,$$

welche nicht nur die Größen des elektromagnetischen Feldes, sondern auch die spezifische Leitfähigkeit aller Medien transformiert.

Wenn aber die Formeln (3) und (4) eine Lösung der MAXWELLschen Gleichungen darstellen, erhalten wir als ihre Lösung auch die Vektoren

$$\vec{E}_1' = \vec{E}_0 \left[e^{i(k_1' x - \omega t')} + r_R' \, e^{i(-k_1' x - \omega t')}\right],$$

$$\vec{E}_3' = \vec{E}_0 \, t_R' \, e^{i(k_3' x - \omega t')}.$$

Die Größen k_j', r_R', t_R' bekommt man aus den entsprechenden Größen k_j, r_R, t_R, indem man das Vorzeichen aller σ ändert, z. B.

$$k_1 = \sqrt{\varepsilon_1 \mu_1 \omega^2 + i \mu_1 (-\sigma_1) \omega}.$$

In ähnlicher Weise erhält man die Vektoren $\vec{H}_j'$. Wenn man jetzt zu den Vektoren $\vec{E}_j'^*$, $\vec{H}_j'^*$ übergeht, die zu den Vektoren $\vec{E}_j'$, $\vec{H}_j'$ komplex konjugiert sind, so bekommt man die Lösung der MAXWELLschen Gleichungen in der Form

$$\vec{E}_1'^* = \vec{E}_0 \left[e^{i(-k_1 x - \omega t)} + r_R'^* \, e^{i(k_1 x - \omega t)}\right], \tag{5}$$

$$\vec{E}_3'^* = \vec{E}_0 \, t_R'^* \, e^{i(-k_3 x - \omega t)}. \tag{6}$$

Die Bedeutung der einzelnen Glieder in dieser Lösung ist klar: Das zweite Glied in der Gleichung (5) stellt eine Welle mit der Amplitude $\vec{E}_0 \, r_R'^*$ dar, die in der Richtung von links auf das Schichtensystem fällt, während die Formel (6) eine von rechts einfallende Welle mit der Amplitude $\vec{E}_0 \, t_R'^*$ darstellt. Das erste Glied der Formel (5) gibt eine Welle mit der Amplitude $\vec{E}_0$, die in der Richtung nach links geht. Das bedeutet: Wir kehren den reflektierten Strahl um und ändern seine Amplitude von $\vec{E}_0 \, r_R$ zu $\vec{E}_0 \, r_R'^*$. Gleichzeitig kehren wir auch den durchgegangenen Strahl um und ändern seine Amplitude von $\vec{E}_0 \, t_R$ zu $\vec{E}_0 \, t_R'^*$. Dann bekommen wir als Resultat im ersten Medium den umgekehrten Strahl mit der Amplitude $\vec{E}_0$, während das Feld an der rechten Seite gleich Null ist. In dieser Weise kann man also die Strahlen auch in leitenden Medien umkehren.

Wenn wir jetzt die Totalfelder des umgekehrten durchgegangenen Strahles sowie des umgekehrten reflektierten Strahles ausdrücken und die so entstandenen Formeln mit den Gleichungen (5) und (6) vergleichen, so erhalten wir die Beziehungen

$$\left.\begin{aligned} r_R'^* \, r_R + t_R'^* \, t_L &= 1, \\ r_R'^* \, t_R + t_R'^* \, r_L &= 0. \end{aligned}\right\} \tag{7}$$

Analoge Beziehungen bekommt man für den Fall, daß die ursprüngliche Welle auf das System von der rechten Seite aus fällt.

Da die Operationen, die durch Striche und Sterne angedeutet sind, vertauschbar sind, d. h. es gilt z. B. $r'^* = r^{*'}$ usw., so bekommt man durch ihre nachfolgende Anwendung auf die Gleichungen (7) die Beziehungen

$$\left.\begin{aligned} r_R\, r_R'^* + t_R\, t_L'^* &= 1\,, \\ r_R\, t_R'^* + t_R\, r_L'^* &= 0\,. \end{aligned}\right\} \qquad (8)$$

Diese Gleichungen sowie die mit ihnen äquivalenten Gleichungen (7) stellen die Verallgemeinerung der bisher bekannten Reversibilitätsprinzipien für leitende Medien dar. Die Gleichungen (1) und (2) sind ihre Spezialfälle:

a) Im Falle einer einfachen Trennfläche Dielektrikum/Dielektrikum haben wir $\sigma = 0$, $r' = r$, $r^* = r$, so daß die Gleichungen (8) die Form (2) bekommen.

b) Im Falle einer einfachen Trennfläche Metall/Dielektrikum oder Metall/Metall gilt $r'^* = r$ usw. Die Gleichungen (8) bekommen wieder die Form (2).

c) Im Falle eines Systems von dielektrischen Schichten haben wir $\sigma = 0$, $r'^* = r^*$ usw. Die Gleichungen (8) bekommen die Form (1).

Bemerken wir noch, daß wir den Nullpunkt auf der $0x$-Achse für alle Medien fest gewählt haben. Wenn man statt der Formel (4) einen anderen Ausdruck für die durchgegangene Welle gewählt hätte und zwar

$$\vec{E}_3 = \vec{E}_0\, t_R\, e^{i[k_3(x-d)-\omega t]}\,,$$

und in gleicher Weise in anderen Gleichungen, hätten jetzt die Größen t_R, r_L die Bedeutung der Amplituden im Punkte $x = d$. Alle Beziehungen, die wir für t und r abgeleitet haben, bleiben auch in diesem Falle richtig.

Am Ende möchte ich bemerken, daß der verallgemeinerte Reversibilitätsatz die Beziehungen zwischen relativen komplexen Amplituden gibt. Es ist aber bekannt, daß das Stokessche Prinzip auch eine energetische Interpretation zuläßt. Ich habe mich bemüht, solche Interpretation auch im Falle der verallgemeinerten Gleichungen (8) zu finden, oder einen ähnlichen Satz für die Energien abzuleiten. Ich habe über diese Sache vielmals mit Herrn Prof. Vašíček diskutiert, welcher diese Idee in einigen seiner Arbeiten sowie auch in seinem Buche „Optics of Thin Films" verfolgte, doch bin ich bisher in dieser Richtung zu keinem positiven Ergebnis gekommen. In kurzer Zeit wird Prof. Vašíček eine Arbeit über diese Fragen in der Zeitschrift für Physik veröffentlichen.

Es muß gleichzeitig bemerkt werden, daß der verallgemeinerte Reversibilitätsatz auf Grund der makroskopischen Theorie des elektromagnetischen Feldes abgeleitet wurde, und daß er also nicht die reellen Verhältnisse in absorbierenden Medien in Betracht zieht.

Der abgeleitete Satz ermöglicht es, einige Methoden, die bisher nur in der Optik der nichtleitenden Medien benutzt werden, auch in die Optik der Metalle zu übertragen. Einige interessante Folgen wurden schon von Dr. Knittl abgeleitet. Seine Ergebnisse werden in kurzer Zeit veröffentlicht werden.

F. LOGES, Halle

Die Berechnung des Transmissionsfaktors bei der Beugung einer p-polarisierten ebenen, elektromagnetischen Welle am Spalt mittels einer Näherungslösung

Es ist bekannt, daß die klassische KIRCHHOFFsche Beugungstheorie keinesfalls als strenge Theorie oder als Näherung einer solchen anzusehen ist. In einer strengen Theorie der Beugung elektromagnetischer Wellen hat man die MAXWELLschen Gleichungen unter Vorgabe bestimmter Zusatzbedingungen zu integrieren. Solche Zusatzbedingungen sind die nachstehend aufgeführten:

1. Die Stetigkeitsforderungen für die tangentiellen Komponenten der Vektoren der elektrischen Feldstärke $\mathfrak{E}$ und der magnetischen Erregung $\mathfrak{H}$ an der Grenzfläche zweier sich berührender Medien.
2. Vorgegebene Singularitäten, welche als Quellen des Wellenfeldes angesehen werden können (ein von solchen Singularitäten freies Wellenfeld hat man, wenn es sich um die Beugungserscheinungen ebener Wellen handelt).
3. Bedingungen, welche sich auf das Verhalten der auftretenden Funktionen im Unendlichen beziehen.
4. Forderungen über das Verhalten der auftretenden Funktionen, wenn die Beugung an Objekten mit Kanten erfolgt.

Speziell beim Spaltbeugungsproblem hat man es damit zu tun, daß sich in der x, z-Ebene eines kartesischen Koordinatensystems ein idealleitender Schirm von verschwindender Dicke befindet, der parallel zur z-Achse eine spaltförmige Öffnung der Breite $2c$ enthält. Aus dem Halbraum $y > 0$ falle eine ebene, monochromatische, elektromagnetische Welle ein, welche durch den Vektor der elektrischen Feldstärke in folgender Weise charakterisiert sei:

$$\mathfrak{E} = e^{ik(x\cos\alpha + y\sin\alpha)}\, e^{+i\omega t}\, \mathfrak{k}\,. \tag{1}$$

Der Wellennormalenvektor $\mathfrak{n} = \cos\alpha\, \mathfrak{i} + \sin\alpha\, \mathfrak{j}$ liegt also parallel zur $x\,y$-Ebene und die Ausbreitung erfolgt entgegen der Richtung von $\mathfrak{n}$ (Abb. 1). Ferner ist $\mathfrak{E}$ ein Vektor parallel zu den Spaltkanten ($\mathfrak{H}$ also ein solcher parallel zur Einfallsebene), weshalb man von sog. p-Polarisation spricht. Eine explizite Abhängigkeit von der z-Koordinate tritt nicht auf.

Durch die Anwesenheit des Schirmes wird (1) abgewandelt in

$$\mathfrak{E} = u(x, y)\, e^{+i\omega t}\, \mathfrak{k}\,. \tag{2}$$

Darin muß die Funktion $u(x, y)$ als zeitfreie kartesische Koordinate von $\mathfrak{E}$ der Wellengleichung

$$\Delta u + k^2 u = 0 \tag{3}$$

genügen und ferner als Folge der als ideal vorausgesetzten Leitfähigkeit des Schirmmaterials auf dem Schirm verschwinden:

$$u = 0 \quad \text{für} \quad y = 0, \quad |x| \geq c. \tag{4}$$

Im Unendlichen hat man zu fordern:

$$\left.\begin{aligned} u &\to e^{ik(x\cos\alpha + y\sin\alpha)} - e^{ik(x\cos\alpha - y\sin\alpha)} && \text{für} \quad y \to +\infty, \\ u &\to 0 && \text{für} \quad y \to -\infty. \end{aligned}\right\} \tag{5}$$

Schließlich besagt die Meixnersche Kantenbedingung

$$\lim_{r_{1,2} \to 0} r_{1,2} \operatorname{grad} u = 0; \quad r_{1,2} = \sqrt{(x \pm c)^2 + y^2}, \tag{6}$$

daß die Schirmkanten weder Quellen noch Senken der Energie sind.

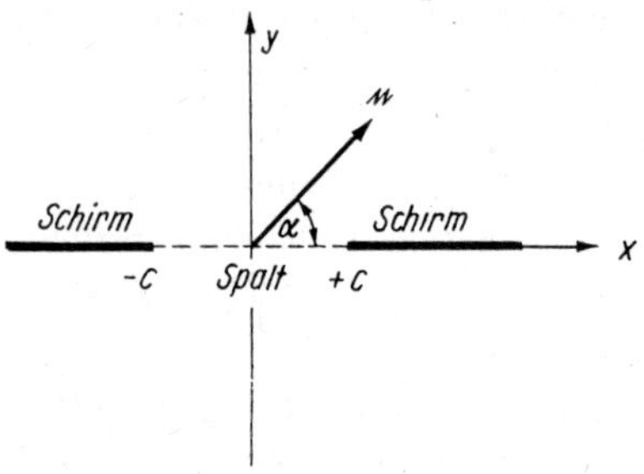

Abb. 1

Das so skizzierte Problem konnte auf Anregung von M. Hieke angenähert in Koordinaten des elliptischen Zylinders gelöst werden [1]. Die Näherungslösung erfüllt die in den Relationen (3), (5) und (6) gestellten Forderungen, während die Randbedingung (4) verletzt wird. Jedoch konnte mittels geeigneter Integrale auslaufender Wellen erreicht werden, daß die Funktion $u(x, y)$ an den Spaltkanten verschwindet. Die Näherung wird durch einen für das gesamte Wellenfeld einheitlichen, endlichen Ausdruck dargestellt, in dem neben elementaren und elementaren transzendenten Funktionen nur die aus der klassischen Beugungstheorie hinreichend bekannten Fresnelschen Integrale auftreten. Dagegen hat man es bei allen Versuchen, das Spaltbeugungsproblem exakt zu behandeln, in irgendeiner Weise mit Reihenentwicklungen zu tun, welche nur für bestimmte kc-Werte gut konvergieren.

Man interessiert sich häufig für den sog. Transmissionsfaktor T, mit welchem man ein Mittel hat, die verschiedensten Theorien summarisch zu vergleichen. Man erhält T, wenn man die Energie berechnet, die im Zeitmittel über eine Periode von einem Spaltstück die Höhe 1 hindurchgelassen wird und diese ins Verhältnis setzt zur entsprechenden Energie im geometrisch optischen Grenzfalle. Aus der allgemeinen Theorie folgt der Ausdruck

$$T = \frac{1}{2\,k\,c\sin\alpha}\,\Re\mathrm{e}\left\{i\int\limits_{-c}^{+c} u(x,0)\,\frac{\partial u^*}{\partial y}\bigg|_{y=0}\,dx\right\}. \tag{7}$$

Für u und die Normalableitung der dazu konjugiert komplexen Größe, beide in der Spaltöffnung genommen, setzen wir die sich aus unserer Näherungslösung ergebenden Werte ein. Die Auswertung von (7) führt dann nach einigen Umformungen auf den Ausdruck:

$$\left.\begin{aligned}
T = \Re\mathrm{e}\Bigg[&\frac{(1+i)}{2\,k\,c\,(1+\cos\alpha)}\left\{\Phi\,(2\,k\,c\,(1+\cos\alpha))\left(\frac{i}{2}+2\,k\,c\,(1+\cos\alpha)\right)\right.\\
&\qquad\left.-\frac{i\sqrt{2\,k\,c\,(1+\cos\alpha)}}{\sqrt{2\,\pi}}\,e^{-2\,i\,k\,c\,(1+\cos\alpha)}\right\}\\
&+\frac{(1+i)}{2\,k\,c\,(1-\cos\alpha)}\left\{\Phi\,(2\,k\,c\,(1-\cos\alpha))\left(\frac{i}{2}+2\,k\,c\,(1-\cos\alpha)\right)\right.\\
&\qquad\left.-\frac{i\sqrt{2\,k\,c\,(1-\cos\alpha)}}{\sqrt{2\,\pi}}\,e^{-2\,i\,k\,c\,(1-\cos\alpha)}\right\}\\
&+A_1\,\frac{\sin k\,c\,(1-\cos\alpha)}{k\,c\,(1-\cos\alpha)}+A_2\,\frac{\sin k\,c\,(1+\cos\alpha)}{k\,c\,(1+\cos\alpha)}-1\\
&+\frac{A_1\,(1-i)\,e^{-i\,k\,c\,(1-\cos\alpha)}}{2\,k\,c\,(1-\cos\alpha)}\left\{-e^{2\,i\,k\,c\,(1-\cos\alpha)}\,\Phi\,(4\,k\,c)+\frac{\Phi\,(2\,k\,c\,(1+\cos\alpha))}{\sqrt{(1+\cos\alpha)/2}}\right\}\\
&+\frac{A_2\,(1-i)\,e^{-i\,k\,c\,(1+\cos\alpha)}}{2\,k\,c\,(1+\cos\alpha)}\left\{-e^{2\,i\,k\,c\,(1+\cos\alpha)}\,\Phi\,(4\,k\,c)+\frac{\Phi\,(2\,k\,c\,(1-\cos\alpha))}{\sqrt{(1-\cos\alpha)/2}}\right\}\Bigg].
\end{aligned}\right\} \tag{8}$$

Darin sind A_1 und A_2 zwei nur von α und kc abhängige Größen, welche für unsere Näherung spezifisch sind. Ferner ist

$$\Phi(\sigma) = \frac{1}{\sqrt{2\,\pi}}\int\limits_0^{\sigma}\frac{e^{-i\tau}}{\sqrt{\tau}}\,d\tau\,,$$

wovon Real-Imaginärteil von LOMMEL [2] tabelliert sind.

Die Größen A_1, A_2 und T wurden im Wertebereich $0 \leq k\,c \leqq 10$, $0 \leq \alpha \leq 90°$ tabelliert. Das Ergebnis der Berechnung von T ist in den Abbildungen 2 und 3 wiedergegeben. Es sind das die jeweiligen ausgezogenen Kurven. In Abb. 2 geben die Kreise die von SKAVLEM [3] mitgeteilten Werte wieder, welche mittels einer Separationsmethode für senkrechten Einfall berechnet wurden. Für schrägen Einfall standen zum Vergleich Kurven zur Verfügung, welche von MORSE u. RUBENSTEIN [4] mittels MATHIEUscher Funktionen berechnet wurden. Es sind das in Abb. 3 die gestrichelten Kurven, welche von unseren etwas abweichen. Hierzu muß jedoch bemerkt werden, daß auf der entsprechenden Kurve für senkrechte Incidenz ebenfalls keine genaue Übereinstimmung besteht, während eine solche mit der SKAVLEMschen in befriedigender Weise erreicht wird. Es wäre von Interesse, die SKAVLEMsche Methode auch auf den schrägen Einfall anzuwenden.

Zusammenfassend können wir sagen, daß die mit unserer Näherung gewonnenen Ergebnisse die Verhältnisse für nicht zu enge Spalte ($kc > 1$) befriedigend wiedergeben.

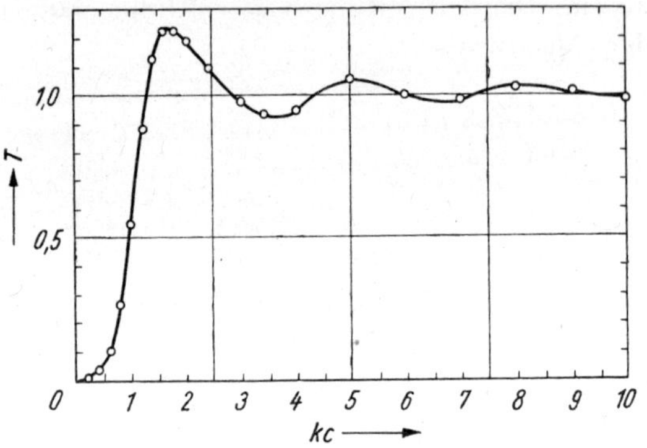

Abb. 2. Der Transmissionsfaktor für senkrechten Einfall nach SKAVLEM (Kreise) und nach Formel (8) (ausgezogene Kurve).

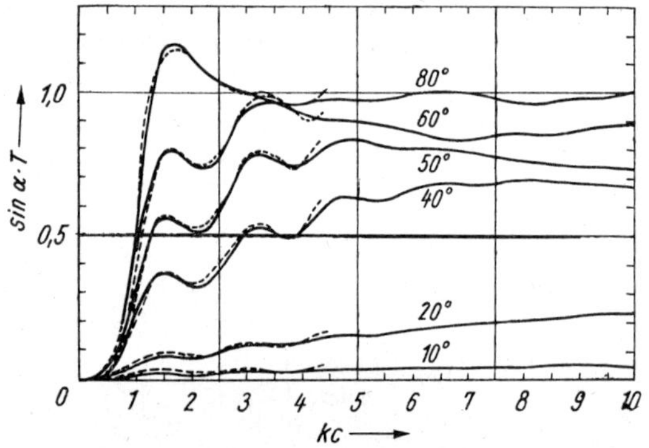

Abb. 3. Der Transmissionsfaktor für schrägen Einfall nach MORSE-RUBENSTEIN (gestrichelte Kurven) und nach Formel (8) (ausgezogene Kurven).

Da der Berechnung von T nur die Lösung im Spalt selbst zugrunde liegt, ergibt sich, daß mittels unserer Näherung auch das Beugungsfeld in der „Nahzone“ bei nicht zu großem Beugungswinkel berechnet werden kann, was von der klassischen Beugungstheorie in keiner Weise geleistet wird. Denn der durch das Nichterfülltsein der Randbedingung bedingte Fehler wird mit wachsendem Abstand von der Schirmebene mehr und mehr zurücktreten. Für extrem enge Spalte treten dagegen merkliche Abweichungen auf.

Hier wurde im wesentlichen über Ergebnisse berichtet; die ausführliche Veröffentlichung in der „Optik“ ist in Vorbereitung [5].

Halle, Institut für Theoretische Physik der
Martin-Luther-Universität

Literatur

[1] Loges, F., Optik **17** (1960) 75.
[2] Lommel, E., Abhlg. d. math. phys. Cl. d. k. b. Akad. d. Wiss. 15 (1886) 529.
[3] Skavlem, St., Arch. f. Math. Natur v. 51 (1952) 61.
[4] Morse, Ph. M., u. Rubenstein, P. J., Phys. Rev. 54 (1938) 895.
[5] (Anmerkung bei der Korrektur): Inzwischen erschienen in „Optik“ 18 (1961) 49.

4. Geometrische Optik

H. LEIPOLD, Jena

Über Pupillenteilung nach dem Tandemprinzip mit Anwendungsbeispielen aus Kino- und Fernsehtechnik

1.1

Um von einem Objekt mehrere Bilder gleichzeitig zu erzeugen, ist die Pupillenteilung neben anderen Wegen — z. B. der physikalischen Lichtteilung mittels eines teildurchlässigen Spiegels — ein für bestimmte Anwendungen besonders günstiges optisches Prinzip. Die Bezeichnung „Pupillenteilung" ist dabei nicht völlig exakt; denn die Aufteilung einer durch Objektfeld—Pupille—Bildfeld definierten Lichtröhre kann im allgemeinen nicht genau in der Pupille des abbildenden Objektivs erfolgen, da diese meist eine virtuelle Abbildung der wirksamen Blende ist und im System liegt. Dem allgemeinen Gebrauch folgend wollen wir trotzdem unter „Pupillenteilung" die Auftrennung einer Lichtröhre verstehen, die durch flächenmäßige Aufteilung eines in möglichster Nähe der Pupillenebene liegenden Lichtröhrenquerschnitts bewirkt wird. Entscheidend für die Lage dieser Querschnittsebene ist, daß an ihrem Ort die zu den verschiedenen Objekt- bzw. Bildpunkten gehörenden Strahlenbüschel noch nicht wesentlich auseinandergeschert sind (Abb. 1). Abschattungsfreie Pupillenteilung ist nur in dem durch die kritischen Grenzkomastrahlen I und II begrenzten Bereich möglich, der in Abb. 1 schraffiert ist.

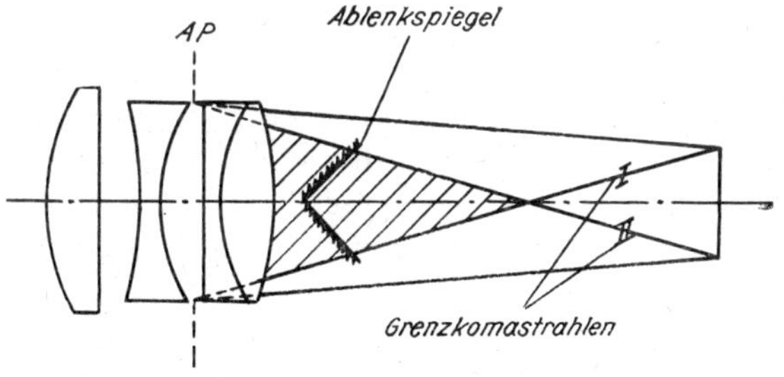

Abb. 1. Bereich für abschattungsfreie Pupillenteilung.

1.2

Die flächenmäßige Aufteilung eines durch die Grenzkomastrahlen festgelegten kritischen Querschnitts kann sowohl ringförmig konzentrisch als auch sektorenmäßig durch Herausblenden meist seitlich der Achse liegender Flächenteile erfolgen.

1.21 Bei der konzentrischen Pupillenteilung werden, indem den verschiedenen Ringzonen verschiedene Brechkräfte zugeteilt werden, von einem Objekt mehrere in der Tiefe gestaffelte Bilder mit gemeinsamer Achse erzeugt, bzw. es werden in der Umkehrung des Prinzips mehrere in verschiedenen Entfernungen liegende Objektebenen einer gemeinsamen Bildebene konjugiert. Ein Beispiel für die letztere Anwendung ist die als Sucherbildfeldlinse für einäugige Reflexkameras bestimmte Fresnellinse mit zwei Brennweiten nach dem westdeutschen Patent von Hans Rühle, Zeiss Ikon [1]. Hierbei sind die sehr schmalen Fresnelringe abwechselnd für f_1 und f_2 berechnet, so daß zwei in verschiedenen Entfernungen liegende Pupillenebenen mit je einem Teilbild gemeinsam in die Ebene des Augenpunktes abgebildet werden. Für die konzentrische Pupillenteilung wären ebenfalls die bisphärischen Flächen anzuführen, über die H. E. Fincke auf der gleichen Tagung 1958 berichtet hat [2].

1.22 Wesentlich geläufiger ist die sektorenmäßige Pupillenteilung zur Erzeugung mehrerer seitlich der optischen Hauptachse entstehender Bilder von einem Objekt. Als optische Mittel zum Herausblenden einzelner Flächenteile aus dem oben erläuterten kritischen Querschnitt seien beispielsweise hier angeführt: Spiegel, Rhomboederprismen, keilförmige Biprismensysteme — wie etwa für Stereoaufnahme- und Wiedergabevorsätze — sowie insbesondere Objektive, die innerhalb des kritischen Querschnitts, zur optischen Achse des Hauptobjektivs parallelversetzt, angeordnet sind. Der letztgenannte Weg — die Pupillenteilung nach dem Tandemprinzip — soll im folgenden behandelt werden.

2.1

Zunächst seien einige Bemerkungen zum Tandemprinzip vorausgeschickt.

Analog dem radsportlichen Vorbild soll unter dieser Bezeichnung die in Lichtrichtung gemeinte Nacheinanderanordnung zweier jeweils für sich korrigierter Objektive mit unendlich oder doch relativ weit entferntem Zwischenbild zwischen ihnen verstanden werden. Dabei liegen die korrigierten Brennpunkte der beiden Objektive voneinander abgekehrt bzw. die jeweils unkorrigierten Brennpunkte einander zugekehrt, d. h., um in dem wie üblich etwas hinkenden Bild zu bleiben, auf unserem optischen Tandem sitzen die Fahrer sich gegenüber.

2.2

Nachfolgend sollen die wesentlichen optischen Zusammenhänge des einfachen oder koaxialen Tandemsystems kurz behandelt werden, da sie zugleich auch für das Tandemsystem mit Pupillenteilung gelten. Sodann werden einige speziell für das letztere geltende Beziehungen untersucht.

Wir unterscheiden beim Tandemsystem einmal die Stellung mit unendlich entferntem Zwischenbild, wobei das Objekt im (korrigierten) Brennpunkt des Objektives I und zwangsläufig das Bild im (korrigierten) Brennpunkt des Objektives II steht, und zum anderen die Stellung mit einem in endlicher Entfernung stehenden Zwischenbild.

2.21 Im ersten Fall (Abb. 2) gelten:

2.211 bezüglich des Abbildungsmaßstabes β':

$$\beta'_T = \frac{y'_T}{y_T} = \frac{y'_{II}}{-\overleftarrow{y}'_I} = \frac{-f'_{II} \cdot \tan \sigma_{II}}{f'_I \cdot \tan \overleftarrow{\sigma}_I},$$

und wegen $\overleftarrow{\sigma}_I = \sigma_{II}$,

$$\beta'_T = -\frac{f'_{II}}{f'_I} = \text{const.}, \tag{1}$$

wobei immer der dem Tandemsystem insgesamt zukommende Wert mit dem Index „T" gekennzeichnet ist;

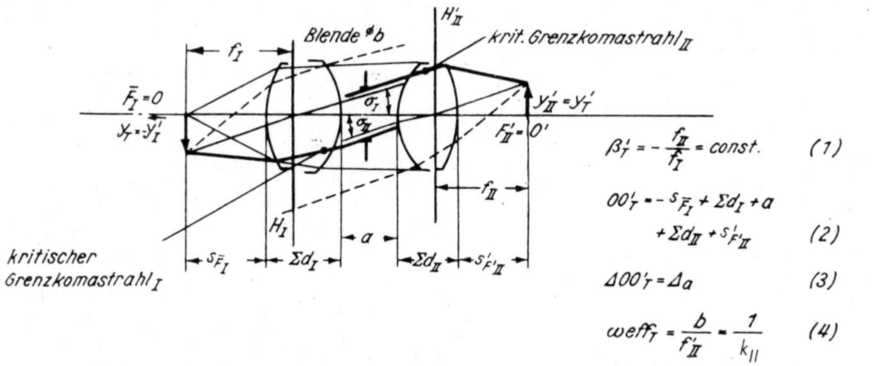

Abb. 2. Tandemanordnung mit unendlich entferntem Zwischenbild.

2.212 bezüglich der Übertragungsstrecke OO'_T:

$$OO'_T = -s_{\bar{F}_I} + \Sigma\, d_I + a + \Sigma\, d_{II} + s'_{F'_{II}}, \tag{2}$$

$$\Delta OO'_T = \Delta a, \tag{3}$$

wobei a dem Scheitelabstand zwischen den einander zugekehrten Objektiven entspricht und wobei — wie auch weiterhin durchgeführt — die Indices nicht analog der optischen Rechnung der Einzelobjektive sondern entsprechend der Lichtrichtung im Tandemsystem eingesetzt sind. Die Gesamtbrennweite, die nach der bekannten Dupletformel

$$f'_T = \frac{f'_I \cdot f'_{II}}{f'_I + f'_{II} - e}$$

zu berechnen wäre, ist für die hier interessierenden Beziehungen im Tandemsystem ohne wesentlichen Belang.

2.213 Bezüglich der Abschattungs- und Blendenverhältnisse gilt: Während sich der Durchmesser des zum Achsenpunkt gehörenden Büschels bei Vergrößerung des Scheitelabstandes a nicht ändert, wird für die außeraxialen Punkte mit Anwachsen von σ und a der Büschelquerschnitt rasch kleiner und damit auch der Durchmesser der abschattungsfreien Blende. Maßgebend dafür ist das Zusammenwirken der kritischen Grenzkomastrahlen und zwar beim Objektiv I des unteren Grenzkomastrahles und beim Objektiv II des oberen Grenzkomastrahles. Jeder dieser Grenzkomastrahlen bestimmt — rotationssymmetrisch gedacht — in den achsensenkrechten Ebenen, die im Scheitelzwischenraum möglich sind, einen kritischen Querschnitt. Wie leicht aus Abb. 2 zu ersehen, liegt die maximale abschattungsfreie Blende in der Ebene, in der die kritischen Querschnitte für beide Objektive gleichgroß sind. Bezeichnet man den Durchmesser der so gefundenen Blende, die für beide Objektive als eine Vorderblende wirkt, mit „b", so bestimmt sich das effektive Öffnungsverhältnis ω_{eff} des Tandemsystems mit

$$\omega_{\text{eff}\,T} = \frac{b}{f'_{\text{II}}} = 1 : k_{\text{II}}\,, \tag{4}$$

wobei k_{II} die auf den Blendendurchmesser b bezogene Öffnungszahl des Objektives II ist.

2.22 In der Praxis stehen jedoch geeignete Objektive meist nicht genau in dem Brennweitenverhältnis zur Verfügung, das dem geforderten Wert von β'_T entspricht — allein schon auf Grund der Fertigungstoleranzen. Außerdem kann eine kontinuierliche Veränderungsmöglichkeit von β'_T in gewissen Grenzen gefordert sein wie z. B. bei Filmumkopieroptiken zum Ausgleich der Filmschrumpfung. Hierbei ist noch zusätzlich die apparativ gegebene Übertragungsstrecke OO'_T konstant zu halten. In diesen Fällen muß das Tandemsystem mit in endlicher Entfernung liegendem Zwischenbild verwendet werden (Abb. 3).

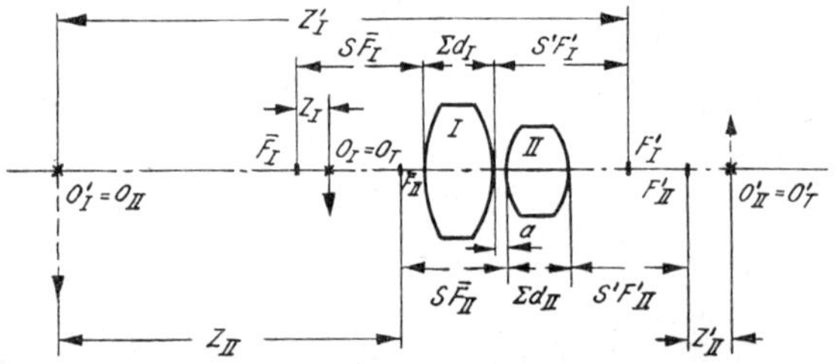

Abb. 3. Tandemanordnung mit endlich entferntem Zwischenbild.

Es gelten hierfür unter den vorgenannten Bedingungen $\left(\beta'_T \neq -\frac{f'_{\text{II}}}{f'_{\text{I}}}\right.$ und $\left.OO'_T = \text{const}\right)$ die folgenden aus den bekannten Abbildungsgleichungen [3] herzuleitenden Beziehungen:

2.221
$$\beta'_T = \beta'_{\text{I}} \cdot \beta'_{\text{II}}\,; \qquad \beta'_{\text{II}} = \frac{\beta'_T}{\beta'_{\text{I}}}\,, \tag{5a/b}$$

wobei die Werte von β'_{I} und β'_{II} immer mit wechselndem Vorzeichen auftreten. Es handelt sich also immer um das Zusammenwirken einer reellen und einer virtuellen Abbildung bzw. umgekehrt.

2.222 Weiter ergibt sich aus Abb. 3

$$OO'_T = \text{const} = -z_{\mathrm{I}} + \overline{F}_{\mathrm{I}}\, F'_{\mathrm{I}} + z'_{\mathrm{I}} - z_{\mathrm{II}} + \overline{F}_{\mathrm{II}}\, F'_{\mathrm{II}} + z'_{\mathrm{II}} \tag{6}$$

$$z_{\mathrm{I}} = \frac{f'_{\mathrm{I}}}{\beta'_{\mathrm{I}}}\,; \quad z'_{\mathrm{I}} = -f'_{\mathrm{I}} \cdot \beta'_{\mathrm{I}} \tag{7a/b}$$

$$z_{\mathrm{II}} = \frac{f'_{\mathrm{II}}}{\beta'_{\mathrm{II}}} = \frac{f'_{\mathrm{II}}}{\beta'_T} \cdot \beta'_{\mathrm{I}} \tag{8}$$

$$z'_{\mathrm{II}} = -f'_{\mathrm{II}} \cdot \beta'_{\mathrm{II}} = -\frac{f'_{\mathrm{II}} \cdot \beta'_T}{\beta'_{\mathrm{I}}} \tag{9}$$

(wegen 5b) [gilt für (8) und (9)]

und nach Einsetzen von (7) bis (9) in (6)

$$OO'_T = -\frac{f'_{\mathrm{I}}}{\beta'_{\mathrm{I}}} + \overline{F}_{\mathrm{I}}\, F'_{\mathrm{I}} - f'_{\mathrm{I}}\, \beta'_{\mathrm{I}} - \frac{f'_{\mathrm{II}}}{\beta'_T} \cdot \beta'_{\mathrm{I}} + \overline{F}_{\mathrm{II}}\, F'_{\mathrm{II}} - \frac{f'_{\mathrm{II}} \cdot \beta'_T}{\beta'_{\mathrm{I}}}\,. \tag{10}$$

Aus Gleichung (10) ergibt sich die quadratische Gleichung

$$\beta'^2_{\mathrm{I}}\left(f'_{\mathrm{I}} + \frac{f'_{\mathrm{II}}}{\beta'_T}\right) + \beta'_{\mathrm{I}}\,(OO'_T - \overline{F}_{\mathrm{I}}\, F'_{\mathrm{I}} - \overline{F}_{\mathrm{II}}\, F'_{\mathrm{II}}) + f'_{\mathrm{I}} + f'_{\mathrm{II}} \cdot \beta'_T = 0\,. \tag{11}$$

2.223 Für eine realisierbare Lösung von (11) muß für den Scheitelabstand a die Bedingung $a > 0$ erfüllt sein, d. h. die Objektive dürfen sich nicht gegenseitig durchdringen. Aus Abb. 3 ist abzuleiten

$$a = s'_{F'_{\mathrm{I}}} + z'_{\mathrm{I}} - z_{\mathrm{II}} - s_{\overline{F}_{\mathrm{II}}}\,, \tag{12}$$

wobei sich die Werte für z'_{I} und z'_{II} nach Einsetzen der Lösung von (11) in (8b) und (9) ergeben.

2.3

Die für das koaxiale Tandemsystem — sowohl mit unendlich als auch endlich entferntem Zwischenbild — dargelegten optischen Beziehungen gelten grundsätzlich auch für entsprechende Tandemsysteme mit Pupillenteilung. Sie sind lediglich für zwei neuhinzutretende Größen zu ergänzen — nämlich für die Achsversetzung „v_A“ der einzelnen Gegenobjektive und die Bildmittenversetzung „v_B“ bezogen auf die optische Hauptachse (Abb. 4).

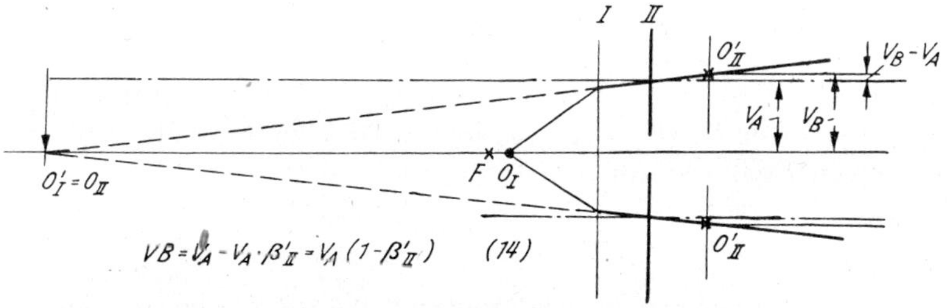

Abb. 4. Meridionale Querfehler eines Tandemsystems.

Es gelten bei dem Tandemsystem mit Pupillenteilung — bzw. exakter ausgedrückt — mit achsenversetzten Gegenobjektiven:

2.31 für die Anordnung mit unendlich entferntem Zwischenbild

$$v_B = v_A\,, \tag{13}$$

2.32 für die Anordnung mit endlich entferntem Zwischenbild laut Abb. 4

$$v_B = v_A - v_A \cdot \beta'_{\mathrm{II}} = v_A\,(1 - \beta'_{\mathrm{II}})\,. \tag{14}$$

2.33 Es sei hier nur kurz festgestellt, daß der meridionale Korrektionszustand eines Tandemsystems aus dem bekannten Korrektionszustand der einzeln für sich korrigierten Objektive leicht ableitbar ist (Abb. 5) und zwar für Querfehler nach der Gleichung:

$$\Delta y'_T = \Delta y'_{\mathrm{II}} + \Delta y'_{\mathrm{I}}\,\beta'_T \quad (\text{wobei } \beta'_T < 0)\,. \tag{15}$$

und für Längsfehler z. B. die Paraxialchromasie nach:

$$\Delta s'_T = \Delta s'_{\mathrm{II}} + \Delta s'_{\mathrm{I}}\,\beta'^2_T\,, \tag{16}$$

wobei die das Objektiv I betreffenden Werte hier im Sinne seiner optischen Rechnung gemeint sind. Die Zuordnung der zusammen betrachteten Strahlen ergibt sich über die jeweiligen Durchstoßpunkte in einer gemeinsamen Bezugsebene zwischen beiden Objektiven.

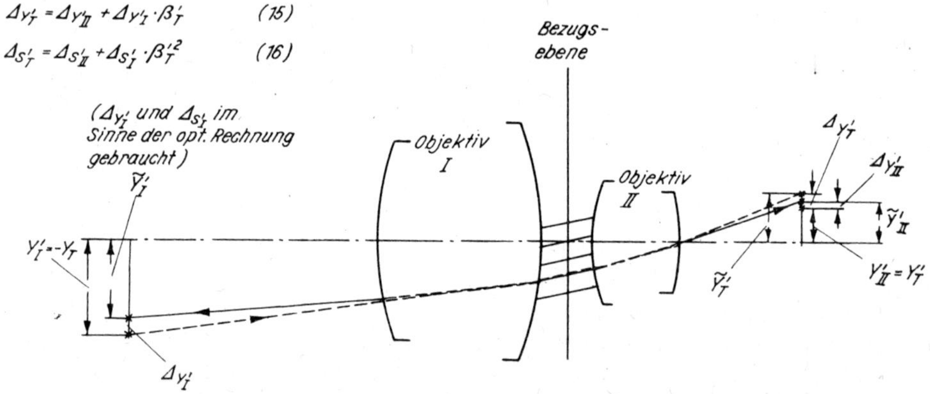

Abb. 5. Tandemsystem mit Pupillenteilung, Achs- und Bildversetzung bei endlich entferntem Zwischenbild.

In dieses unter 2.2 und 2.3 entwickelte Gleichungssystem können die gemessenen Istgrundgrößen vorhandener Objektive, sowie die für $O\,O'_T$ und β'_T bzw. $\Delta\beta'_T$ geforderten Werte eingesetzt werden und die für die Konstruktion und Einstellung von Tandemsystemen erforderlichen Werte bestimmt werden.

3.

Im folgenden sollen einige optische Anordnungen beschrieben werden, die nach dem dargelegten Prinzip gebaut sind.

3.1

Abb. 6 zeigt das Schema des optischen Aufbaus der Filmumkopieroptik 35/2×16. Sie stellt ein Tandemsystem mit Pupillenteilung dar zur gleichzeitigen Umkopierung eines 35-mm-Normalfilmnegativs auf zwei 16-mm-Schmalfilme bei einer festen Übertragungsstrecke $OO'_T = 273$ mm. Dem auf der Negativ- oder Vorlagenseite angeordneten Prokinar 2,4/120 sind auf der Positiv- oder Kopierseite zwei Tessare 4,5/57 als Gegenobjektive gegenübergestellt. Die große Öffnung und günstige Blendenlage des Prokinars erlauben eine abschattungsfreie

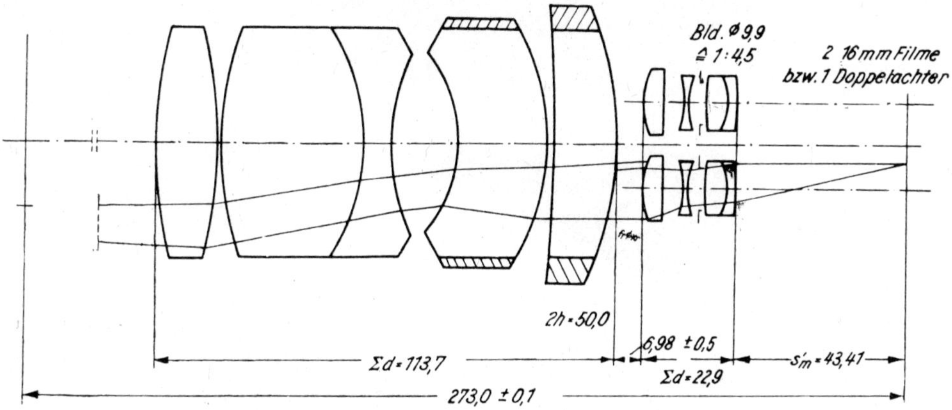

Abb. 6. Optikschema der Umkopieroptik 35/2 × 16 mit Prokinar 2,4/120 und 2 × Tessar 4,5/57.

Verschiebung der Gegenobjektive zur Hauptachse bis zu je ca. 11 mm. Das Verhältnis der gerechneten Brennweiten entspricht mit

$$\frac{f_{II}}{f_I} = \frac{56,89}{120,10} = \frac{1}{2,112}$$

ziemlich genau dem geforderten mittleren Verkleinerungsverhältnis 1:2,115 zwischen Normal- und Schmalfilm. In diesem Verkleinerungsverhältnis ist eine mittlere Schrumpfung des Negativfilms von 0,6% erfaßt. Die genaue Abstimmung auf diesen Mittelwert erfolgt nach den oben dargelegten Gleichungen unter Berücksichtigung der gemessenen Effektivwerte für f' und s'.

Zum Ausgleich kleinerer oder größerer Schrumpfungswerte kann das Verkleinerungsverhältnis β'_T symmetrisch zu dem Mittelwert in den Grenzen 1:2,110 bis 1:2,120 variiert werden. Die Grenzen ergeben sich aus der zugelassenen Toleranz der Abweichung der Bildmitten zu den Filmfenstermitten auf der Kopierseite gemäß (14). β'_T wird durch axiale Verschiebung des Hauptobjektivs nach Skala eingestellt, während der Gegenobjektivblock auf Schärfe verstellt wird. Um eine einwandfreie Justierung aller an der Abbildung beteiligten Elemente untereinander bezüglich Fluchtung, Abstand und Parallelität zu garantieren, sind die zugehörigen Filmfenster nach einem Vorschlag von P. SCHMIDT dur h spezielle Träger mit der Optik verbunden (Abb. 7).

Bei der Testung dieses Systems hat sich eine Auflösung von 100 L/mm in den Bildmitten und 50 L/mm in den Bildecken ergeben — gemessen auf Agfa-Mikratplatte.

Abb. 7. Umkopieroptik 35/2 × 16 mit Montageelementen und Filmfensterträgern.

3.2

Eine konsequente Anwendung der Pupillenteilung nach den Tandemprinzip zeigt die Umkopieroptik 35/4×8 (Abb. 8 u. 9).

Abb. 8. Umkopieroptik 35/4× 8.

Sie ermöglicht eine äußerst rationelle Herstellung von 8-mm-Kopien von Normalfilmnegativen. Es werden von der Vorlage gleichzeitig vier verkleinerte Bilder erzeugt und also bei einem Negativdurchlauf vier 8-mm-Filme kopiert.

In der Pupille eines Prokinars 2,5/140, bzw. genauer in dem durch die entsprechenden Grenzkomastrahlen bestimmten kritischen Querschnitt, sind als Gegenobjektive vier Tessare 4,5/31,2 angeordnet, wie in Abb. 9 schematisch dargestellt ist. Je zwei Tessare arbeiten auf einen Doppelachterfilm. Wegen der

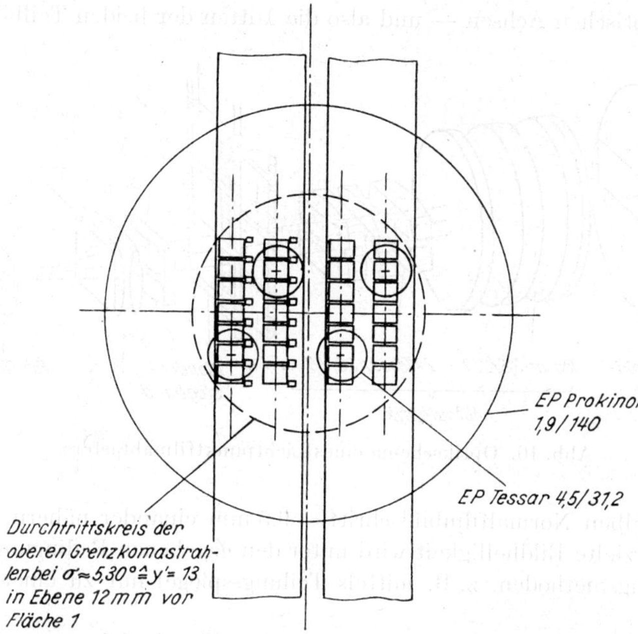

Abb. 9. Stellung der 4 Gegenobjektive zur Hauptpupille bei der Umkopieroptik 35/4 × 8.

infolge der Öffnung notwendigen Abmessungen sind sie jeweils um vier Bilder in Filmlaufrichtung zueinander versetzt. Die Auflösungswerte liegen für die Kopierseite, gemessen auf Agfa-Mikratplatte, bei 170 L/mm in den Bildmitten und bei 110 L/mm in den Bildecken.

3.3

Als ein weiteres Anwendungsbeispiel des geschilderten Prinzips sei aus dem Gebiet der Fernsehtechnik eine Optik zur Lichtpunktabtastung von Filmen im Zwischenzeilenverfahren kurz beschrieben (Abb. 10). Hierbei besteht die optische Aufgabe darin, von dem Lichtpunktraster einer Kathodenstrahlröhre zwei gleichgroße Bilder auf dem Film zu entwerfen und die beiden getrennten Strahlengänge nach dem Durchsetzen des Filmes auf der Fotofläche des

Multipliers wieder zusammenzuführen. Die fernsehtechnischen Bedingungen dieser Aufgabenstellung sollen hierbei nicht erörtert werden.

3.31 Die Teilung des Strahlenganges, wie sie sich im ersten Teil, der eigentlichen Abtastoptik, darstellt, ist uns nunmehr geläufig. Einem Tessar 3,5/210 sind zwei übereinander angeordnete Tessare 2,8/50 gegenübergestellt. Eine Besonderheit ist lediglich, daß die Gegenobjektive symmetrisch zu ihren Achsen soweit beschnitten sind, daß nur noch ein schmaler, praktisch rechteckiger Objektivquerschnitt übrigbleibt. Dies geschieht, um bei einem maximalen Inhalt der Teillichtröhren die optischen Achsen — und also die Mitten der beiden Teilbilder — bis

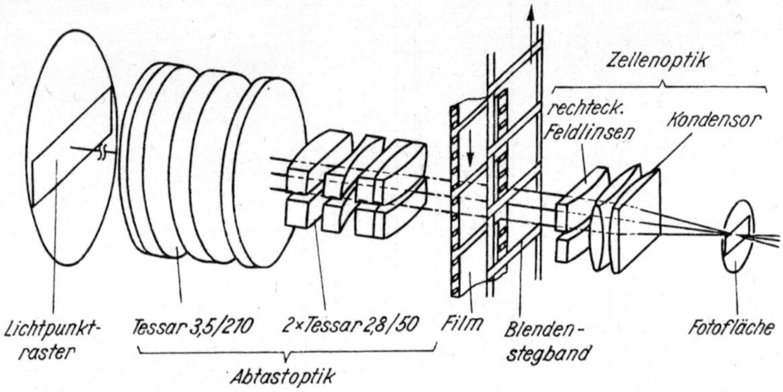

Abb. 10. Optikschema eines Lichtpunktfilmabtasters.

auf einen halben Normalfilmbildschritt = 9,5 mm einander nähern zu können. Die damit erzielte Bildhelligkeit wird unter den gegebenen Bedingungen mit anderen Teilungsmethoden, z. B. mittels Teilungsspiegel nur zu einem Bruchteil erreicht.

3.32 Um die beiden Teillichtröhren hinter dem Film in der sogenannten Zellenoptik wieder zu vereinigen, wird das gleiche zur Teilung benutzte optische Prinzip im umgekehrten Sinne angewandt — als Pupillenvereinigung nach dem Tandemprinzip. Es wird von zwei getrennten Objekten, nämlich den Pupillen der beiden Gegenobjektive, ein einziges gemeinsames Bild auf der Fotofläche des Multipliers erzeugt. Hierzu bilden die ebenfalls rechteckig beschnittenen Feldlinsen die jeweilige Pupille ins Unendliche ab. Diese beiden parallel gerichteten Strahlengänge werden von einem gemeinsamen Kondensorteil aufgenommen. Der Kondensor entwirft in seiner Brennebene (= Fotoflächenebene) von den beiden Pupillen ein einziges Bild. Alle sonst unvermeidbaren Lichtverluste durch Teilungsflächen, Spiegel und Prismen fallen damit weg.

Die Anwendung des beschriebenen Prinzips und die sich daraus ergebende wesentliche Vereinfachung der Zellenoptik sind jedoch erst dadurch möglich geworden, daß zur Verwirklichung der notwendigen Wechselblende ein von Paul Schmidt vorgeschlagenes Blendenstegband eingeführt worden ist, das zwischen Film und Feldlinsen synchron und kontinuierlich durchläuft.

Zusammenfassung

Einführend wird über den Begriff und verschiedene Möglichkeiten der Pupillenteilung gesprochen. In einem theoretischen Teil werden nach Definition des Tandemprinzips einige optische Beziehungen sowohl des einfachen als auch insbesondere des Tandemsystems mit Pupillenteilung behandelt. Zu dem letzteren werden als praktisch ausgeführte Beispiele eine Zweifach- und eine Vierfachumkopieroptik sowie eine Optik für einen Lichtpunktfilmabtaster beschrieben.

VEB Carl Zeiss JENA

Literatur

[1] DBP Nr. 1047470 Mehrbrennweitige Linse (H. Rühle).
[2] Fincke, H. E., Über den Einfluß einer bisphärischen Korrektion des Öffnungsfehlers photographischer Objektive auf die Definitionshelligkeit. Optik aller Wellenlängen. Akademie-Verlag, Berlin 1959.
[3] Tiedeken, R., Lehrbuch für den Optik-Konstrukteur. Fachbuchverlag, Leipzig 1956, S. 56ff.

R. RIEKHER und G. MINKWITZ, Berlin

Über nichtrotationssymmetrische Asphären

In der Optik werden heutzutage zum überwiegenden Teil sphärische Flächen verwendet. Daneben jedoch erlangen *asphärische Rotationsflächen* eine immer breitere Anwendung, die eigentlich nur in technologischen Schwierigkeiten bei der Fertigung ihre Begrenzung findet. Sie können nicht so genau und rationell hergestellt werden wie Kugelflächen.

Zahlreiche Wissenschaftler haben sich seit DESCARTES mit der Untersuchung der optischen Eigenschaften asphärischer Rotationsflächen beschäftigt. Sehr neu und noch wenig bekannt ist dagegen die Anwendung von *symmetrischen Asphären*, die *keine* Rotationsflächen sind. Solche Flächen haben eigentlich erst in den letzten Jahren ein aktuelles Interesse gewonnen.

Vorausgeschickt sei, daß wir zu den nichtrotationssymmetrischen Asphären nicht jene Flächen zählen dürfen, bei denen die Rotationsachse nicht mit der optischen Achse des benutzten Systems zusammenfällt. Das ist z. B. der Fall bei torischen Flächen, zylindrischen Flächen und außeraxial benutzten Flächenteilen von asphärischen Spiegeln, wie sie unter anderem in schiefen CASSEGRAINschen Spiegelsystemen vorkommen. Bei den genannten Fällen haben wir es stets mit Rotationsflächen zu tun. Die Fertigung der letztgenannten Spiegel kann allerdings ein sehr schwieriges Problem sein, weil die Rotationsachse nicht durch das zu bearbeitende Flächenstück geht.

Die Verwendung von nichtrotationssymmetrischen Asphären ist aktuell geworden durch das Problem, für alterssichtige Menschen ein Brillenglas zu schaffen, das die fehlende Akkommodation ersetzt bzw. die noch vorhandene Akkommodation unterstützt. Hierzu ist es erforderlich, daß sich die Brechkraft des Glases stetig ändert, so daß beim Hindurchblicken durch die verschiedenen Teile des Glases in verschiedenen Abständen scharf gesehen werden kann (Abb. 1).

Ein derartiges Glas wird man nur durch Verwendung einer geeignet gewählten Asphäre verwirklichen können. Stetige Brechzahländerung des Werkstoffes wäre eine zweite Möglichkeit, die aber kaum zu realisieren ist.

Bei den Betrachtungen beschränken wir uns stets auf die dem Auge abgewandte vordere Fläche. Nach welchen Gesichtspunkten kann man nun an den Aufbau solcher Flächen gehen? Betrachten wir zunächst an einer Kugelfläche den Übergang von Luft in ein Medium der Brechzahl n. Längs einer Normalen dieser Sphäre falle aus der Luft ein enges, paralleles Strahlenbündel ein. In Anlehnung an den Begriff „paraxial" wollen wir solche Bündel parallele, *parnormale* Bündel nennen. Die Strahlen des Bündels schneiden sich nach der Brechung auf der Normalen im

Abstande f' vom Einfallspunkt. Es gilt dann die Relation

$$D = \frac{n-1}{r} = \frac{n}{f'}, \tag{1}$$

wobei r den Radius der Kugel bezeichnet und D die Brechkraft der Sphäre heißt. D wird gewöhnlich in Dioptrien gemessen.

Die Kugel, einschließlich der Ebene, hat nun die schöne Eigenschaft, daß in jedem Punkt, den man gerade betrachtet, die Normalschnitte alle die gleiche Krümmung $1/r$ haben. — Als Normalschnitt einer Fläche in einem Punkt bezeichnet man die Kurve, die als Schnittgebilde entsteht, wenn man eine Ebene,

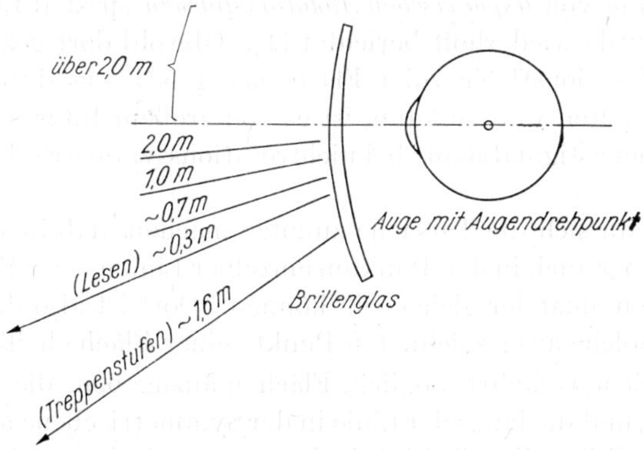

Abb. 1. Zusammenhang zwischen Durchblickstelle des Brillenglases und Beobachtungsentfernung.

die die Flächennormale des Punktes enthält, mit der Fläche koinzidieren läßt. — Bei einer *Asphäre* ändert sich leider in der Regel die Krümmung eines Normalschnittes bei der Drehung der Schnittebene um die Flächennormale von einem Maximalwert $1/r_1$ zu einem Minimalwert $1/r_2$.

Dementsprechend ändert sich auch die Brechkraft in einem Flächenpunkt zwischen einem

$$\text{Maximalwert } D_1 = \frac{n-1}{r_1} \tag{2.1}$$

und einem

$$\text{Minimalwert } D_2 = \frac{n-1}{r_2}. \tag{2.2}$$

Ein paralleles Parnormalbündel vereinigt sich also im allgemeinen nicht wieder in einem Punkt, sondern längs der Normalen in einem Geradenstück — aus dem stigmatischen wird ein astigmatisches Bündel. Als Maß für diesen durch die Fläche verursachten Astigmatismus wurde die Differenz der Hauptbrechkräfte

$$A = D_1 - D_2 = (n-1)\left(\frac{1}{r_1} - \frac{1}{r_2}\right) \tag{3}$$

gewählt und dafür der Ausdruck *Flächenastigmatismus* geprägt. Andererseits kann man natürlich nur von einer mittleren Flächenbrechkraft

$$D_m = \frac{D_1 + D_2}{2} \tag{4}$$

sprechen.

Das Konstruktionsprinzip asphärischer Flächen, wie es von uns angewendet wurde, geht von der Fiktion aus, daß auf eine Fläche nur parallele Parnormalbündel treffen.[1]) Man muß dann versuchen, einen gewünschten Verlauf der mittleren Flächenbrechkraft zu realisieren bei möglichst kleinem Flächenastigmatismus.

Über die Eignung von *asphärischen Rotationsflächen* speziell für das erwähnte Brillenproblem wurde wiederholt berichtet [1]. Obwohl dort gezeigt wurde, daß auch schon bei Rotationsflächen der Flächenastigmatismus durchaus in erträglichen Grenzen gehalten werden kann, ist es von großem Interesse, festzustellen, wie sich der Flächenastigmatismus bei nichtrotationssymmetrischen Flächen verhält.

Hierbei kann man sich die Tatsache zunutze machen, daß in vereinzelten isolierten Punkten, aber auch in den Punkten einzelner Linien einer Fläche die beiden Hauptkrümmungen einander gleich sein können. Dort ist also der Flächenastigmatismus Null. Solche ausgezeichneten Punkte einer Fläche heißen *Nabelpunkte*.

Es ist nun auch umgekehrt möglich, Flächen anzugeben, die zu einer Ebene symmetrisch sind, und die längs der Linie in der Symmetrieebene aus lauter Nabelpunkten bestehen. Wir wollen die Linie in der Symmetrieebene *Scheitellinie* nennen. Betrachten wir dazu Abb. 2.

In der x-y-Ebene befindet sich die Scheitellinie. Sie besitzt in jedem Punkt eine Tangente $\mathfrak{t}$. Auf ihr senkrecht steht die Normalebene mit dem Koordinatensystem ξ, η. Setzt man in jedem Punkt P der Scheitellinie eine Kurve in der Normalebene an, die in P die gleiche Krümmung hat wie die Scheitellinie dort selbst, so besteht die Scheitellinie aus Nabelpunkten. Der einfachste Fall ist wohl der, daß als Normalschnitte Kreise gewählt werden.

Abb. 3 zeigt die Aufnahme der Oberfläche eines Modells, für dessen Scheitellinie die Kurve

$$y = \mathfrak{Cof}\ x$$

gewählt wurde, und bei dem die Normalschnitte der Scheitellinie aus Kreisbögen bestehen.

Bevor wir an Hand einiger ausgewählter Beispiele, die sich auf das Brillenproblem beziehen, zeigen, wie sich Flächenastigmatismus und Flächenbrechkraft außerhalb der Scheitellinie verhalten, seien einige historische Bemerkungen eingeschaltet.

---

[1]) Bei der Untersuchung der aus zwei Flächen aufgebauten Brillengläser sind natürlich schiefe Bündel und der dadurch erzeugte Astigmatismus schiefer Bündel zu berücksichtigen. Hier sollen jedoch nur die Eigenschaften *einer* Fläche betrachtet werden.

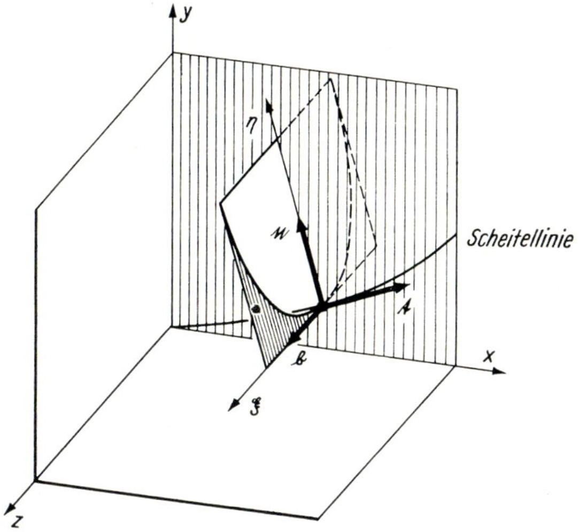

Abb. 2. Perspektivische Darstellung des Normalschnittes in einem Punkt der Scheitellinie.

Abb. 3. Modell einer nichtrotationssymmetrischen Asphäre, bei der die Scheitellinie aus Nabelpunkten besteht.

Zum erstenmal wurde die Verwendung von nichtrotationssymmetrischen Asphären für Brillengläser im Jahre 1911 in einem Schweizer Patent von Poillain und Cornet vorgeschlagen. Für die Herstellung der Flächen haben die Erfinder eine komplizierte Maschine entwickelt, bei der die Fläche durch eine schnellrotierende Schleifscheibe in Punktberührung erzeugt wird. Die Patentschrift enthält jedoch keinerlei Angaben über die optischen Eigenschaften der Flächen und den Flächenastigmatismus außerhalb der Scheitellinie. Untersuchungen in dieser Richtung wurden anscheinend nicht durchgeführt.

Das gleiche gilt für ein weiteres Patent über nichtrotationssymmetrische Asphären für Brillengläser, welches von Evans 1931 in den USA angemeldet wurde. Auch dieser Erfinder hat den Flächenastigmatismus anscheinend nicht weiter beachtet.

Der erste, der darauf aufmerksam macht, daß außerhalb der Scheitellinie Fehler auftreten, war J. Birchall. Von Birchall wurde 1932 in England und 1934 in Frankreich ein Verfahren zum Patent angemeldet, das zur Herstellung von nichtrotationssymmetrischen Flächen für Brillengläser dienen soll. Bei den durchgeführten Versuchen scheint Birchall darauf aufmerksam geworden zu sein, daß in den seitlichen Teilen der Gläser erhebliche Fehler auftreten. Er hat nämlich unter Hinweis auf diese Fehler 1945 ebenfalls in England und 1948 in Frankreich ein neues Verfahren unter Schutz stellen lassen, nach welchem Gläser mit geringeren Fehlern hergestellt werden sollen. Über Ergebnisse und Rechnungen ist uns nichts bekannt.

Ende 1953 wurde von Maitenaz in Paris ein Patent angemeldet, bei dem Nichtrotationsasphären für Brillengläser durch ein Topfwerkzeug hergestellt werden sollten. Bei der Weiterentwicklung dieses Verfahrens hat sich anscheinend gezeigt, daß die Variationsmöglichkeiten für die erzielbaren Flächen zu gering sind. Den letzten Ausführungen von Maitenaz im Mai 1960 ist zu entnehmen, daß die Bearbeitung mit Topfwerkzeug verlassen wurde und an Stelle dessen kegelförmige Werkzeuge benutzt wurden, wie sie schon Birchall 1932 vorgeschlagen hat. Die nach diesem Verfahren hergestellten Gläser sind bereits im Handel erhältlich. Sie sind im Fernbereich praktisch frei von Astigmatismus. Seitlich des Nahbereichs steigt der Astigmatismus jedoch auf etwa den doppelten Betrag der Brechkraftänderung entlang der Scheitellinie an, während die mittlere Brechkraft stark abnimmt.

Unsere im folgenden angeführten Beispiele sollen veranschaulichen, wie sich Flächenastigmatismus und Flächenbrechkraft in Punkten außerhalb der Scheitellinie verhalten. Diese zur Demonstration ausgewählten Flächen dürfen hinsichtlich Flächenbrechkraft und Flächenastigmatismus nicht als optimal angesehen werden.

Abb. 4a zeigt in der mittleren Figur den von uns gewählten Dioptrieverlauf als Funktion der Bogenlänge s. Als Normalschnitte der Fläche in der Scheitellinie wurden Kreisbögen gewählt. Jeder Punkt der Fläche ist durch seine Koordinaten ξ (vgl. Abb. 2) und s festgelegt. Von der einen Hälfte der Fläche wurden die Linien gleichen Betrages des Flächenastigmatismus und gleichen Betrages der mittleren Flächenbrechkraft im ξ,s-System gezeichnet.

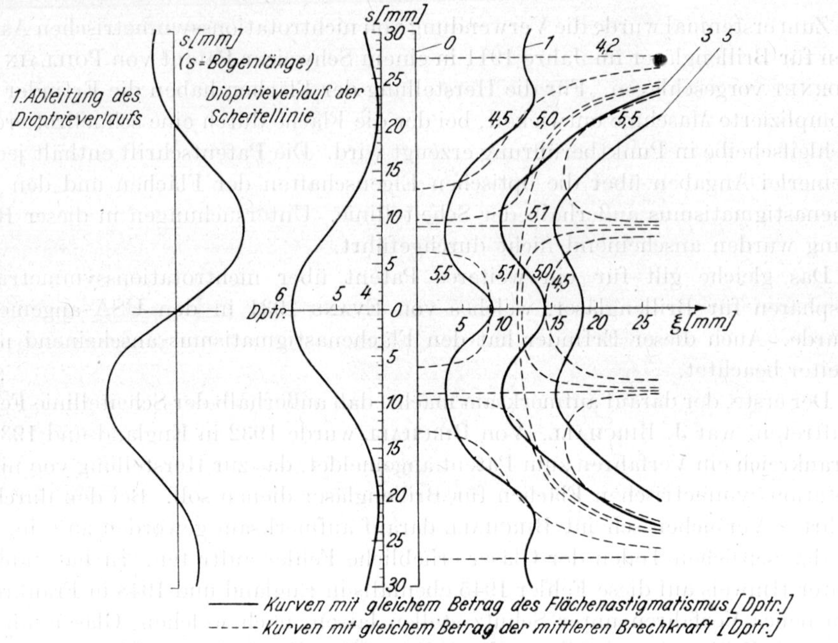

Abb. 4a. Flächenastigmatismus und mittlere Brechkraft bei einer Fläche, deren Normalschnitte der Scheitellinie aus Kreisen bestehen.

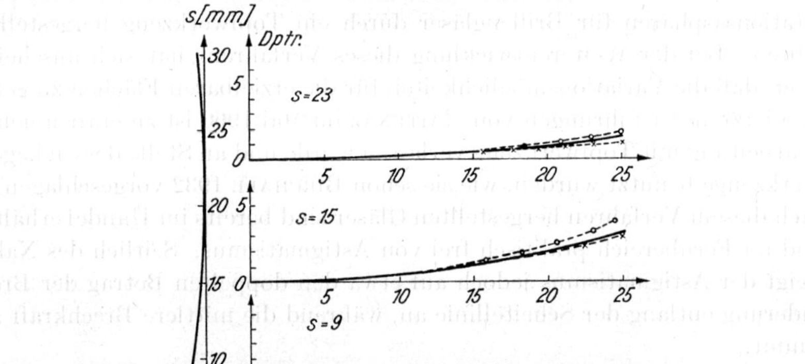

Abb. 4b. Darstellung der Änderung der mittleren Flächenbrechkraft.

Was kann man dieser Abbildung an Wesentlichem entnehmen? Es besteht augenscheinlich ein enger Zusammenhang zwischen der Schnelligkeit in der Änderung des Dioptrieverlaufs der Scheitellinie und dem Astigmatismus. Dort, wo er am größten ist, d. h. wo die Linien mit konstantem Astigmatismus der Scheitellinie mit dem Astigmatismus Null am nächsten kommen, besitzt die erste Ableitung einen Extremwert. Die Werte der ersten Ableitung sind der Abbildung ganz links zu entnehmen. Dort, wo die Ableitung kleine Werte annimmt, ist auch der Astigmatismus gering. Ansonsten ist der Astigmatismus so hoch, daß eine derartige Fläche nicht für praktische Zwecke zu verwenden wäre.

Eigentümlicherweise ist an der Stelle, an der der Astigmatismus maximal wird (auf Abb. 4a bei $s = 9$ mm) die mittlere Flächenbrechkraft für alle ξ-Werte konstant. Dies wird noch deutlicher in Abb. 4b gezeigt, auf dem die Änderung der mittleren Brechkraft für einige s-Schnitte dargestellt ist. Hierzu wurde in allen 4 Schnitten bei $\xi = 0$ stets mit 0 dptr begonnen, um einen einheitlichen Ausgangswert zu erhalten. Der eigentliche Brechwert bei $\xi = 0$ ist jeweils dem Brechwert in der Scheitellinie (in der Abb. links) zu entnehmen unter Beachtung der Ausgangsbrechkraft von 6 dptr bei $s = 0$.

Man sieht, wie bei kleinen s-Werten die mittlere Brechkraft fällt, je weiter man sich von der Scheitellinie entfernt. Bei $s = 9$ bleibt die mittlere Brechkraft konstant. Bei größeren s-Werten ($s = 15$ und $s = 23$) steigt die mittlere Brechkraft mit wachsenden ξ-Werten langsam an.

In Abb. 4c ist in ähnlicher Weise der Astigmatismus der Fläche für verschiedene s-Schnitte in Abhängigkeit von ξ dargestellt (rechte Hälfte der Abbildung). In der linken Hälfte sind die Linien gleichen Betrages des Flächenastigmatismus

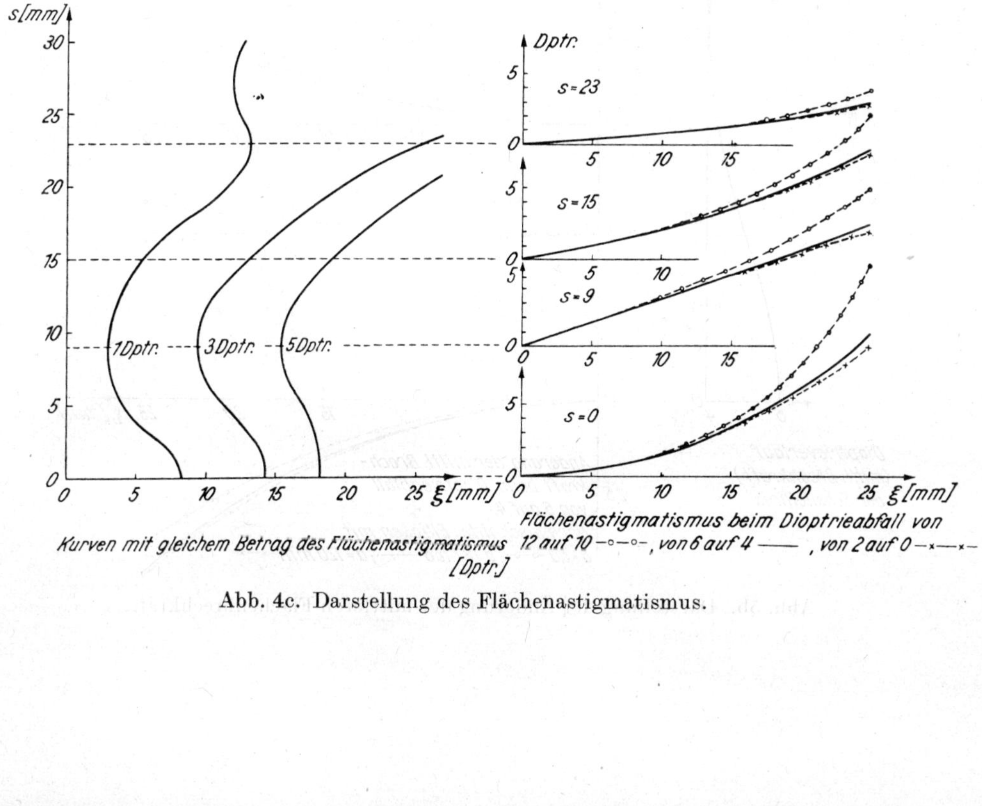

Abb. 4c. Darstellung des Flächenastigmatismus.

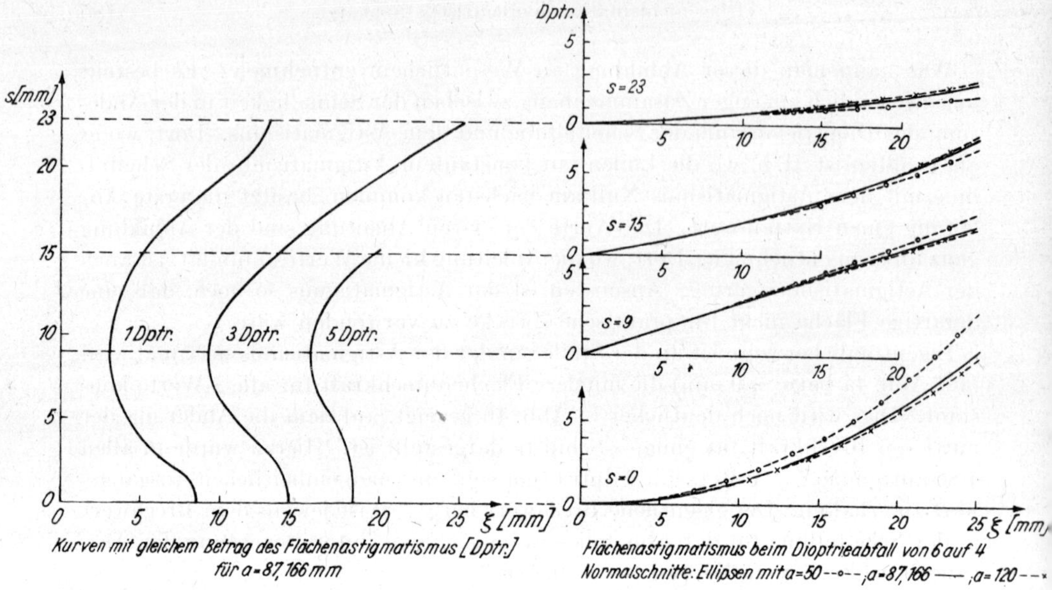

Abb. 5a. Flächenastigmatismus bei Flächen, deren Normalschnitte der Scheitellinie aus Ellipsen bestehen.

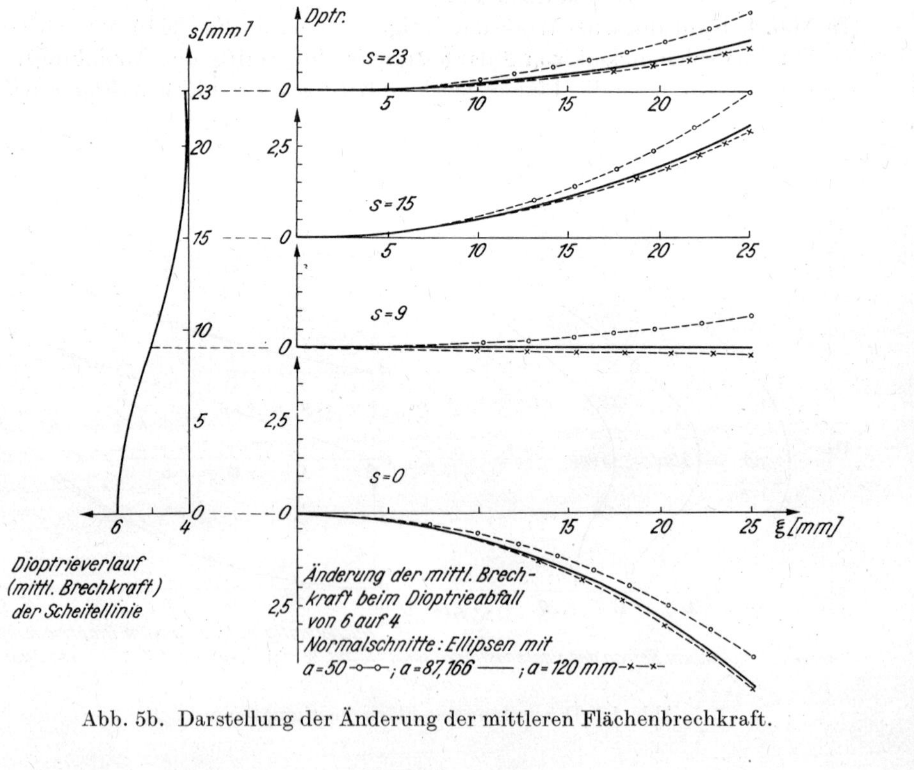

Abb. 5b. Darstellung der Änderung der mittleren Flächenbrechkraft.

wiedergegeben. Zusätzlich sind in den beiden letzten Abbildungen noch durch gestrichelte Linien die Werte eingezeichnet für eine Fläche, bei der die Scheitellinie einen Dioptrieverlauf besitzt, der mit 12 dptr bzw. mit 2 dptr bei $s = 0$ beginnt. Man sieht, daß durch diese „Durchbiegung" der Fläche, bei der die Dioptrienänderung in der Scheitellinie erhalten bleibt, sich die Werte für Flächenastigmatismus und Flächenbrechkraft nur wenig beeinflussen lassen.

Weitere Flächen kann man z. B. dadurch erhalten, daß man als Normalschnitte in der Scheitelfläche nicht Kreisbögen, sondern Ellipsen ansetzt. Hier sollen die Werte von drei Flächen gezeigt werden, bei denen die eine halbe Achse der Ellipsen durchweg für alle s-Werte konstant gleich 50 bzw. 87, 166 und 120 mm gehalten wurde. Die andere halbe Achse ist dann dadurch bestimmt, daß auf der Scheitellinie Nabelpunkte entstehen sollen.

In Abb. 5a ist in der gleichen Darstellungsweise wie bei der Abb. 4 der Flächenastigmatismus für verschiedene s-Schnitte und daneben die Kurven mit gleichem Betrag des Flächenastigmatismus gezeigt. Abb. 5b veranschaulicht die zugehörige Änderung der Flächenbrechkraft. Man bemerkt an den letzten Abbildungen, daß der Einfluß von a nur gering ist.

Ein kritischer Vergleich der verschiedenen Beispiele zeigt nur unwesentliche Unterschiede. Obwohl die Normalschnitte einen ganz anderen Krümmungsverlauf haben, sind der Flächenastigmatismus und die mittlere Flächenbrechkraft praktisch gleich geblieben. Das gilt zumindest für den Bereich, der für Brillengläser interessant ist.

Die Astigmatismusfreiheit entlang der Nabelpunktlinie wird also bei derartigen Flächen durch einen relativ hohen Astigmatismus in den seitlichen Teilen erkauft. Trotzdem ist es nicht ausgeschlossen, daß in der Zukunft die Verwendung derartiger Flächen in der Optik ein breiteres Interesse finden wird.

Berlin-Adlershof, Institut für Optik und Spektroskopie der DAdW

Literatur

[1] Riekher, R., Über Brillengläser mit gleitender Dioptrienzahl. Optik aller Wellenlängen. Akademie-Verlag, Berlin 1959, S. 163—173. Dort weitere Literaturangaben.

R. TIEDEKEN, Jena

Neue Auffassungen der Blendenlehre

In dem einleitenden Vortrag hat Herr Prof. GÖRLICH bereits auf ABBES Einfluß auf die Blendenlehre hingewiesen. Wesentliche Bausteine hat zu dem Begriffsgebäude MORITZ VON ROHR beigetragen. Vor einigen Jahren hat ein Kollektiv von Fachleuten des VEB Carl Zeiss JENA einige Präzisierungen in dem Begriffsgebäude vorgeschlagen, über die, wie schon von Herrn Prof. GÖRLICH erwähnt wurde, H. BOEGEHOLD und der Vortragende im Jenaer Jahrbuch 1958 II S. 22—36 berichtet haben. Inzwischen sind auch diese Vorschläge in der TGL 34—5 als für die DDR verbindlich niedergelegt worden. Es dürfte daher angeraten sein, in diesem Kreise die Grundgedanken dieser Vorschläge aufzureißen. Sie sollen dann ergänzt werden durch eine Klärung der Frage, wie die Pupillen beim Vorhandensein mehrerer Aperturblenden bestimmt werden.

Zunächst sei auf die neuen Auffassungen in der Lehre von der Begrenzung des Feldes hingewiesen — früher wurde von „Gesichtsfeld" gesprochen —. Die frühere Definition der Feldblende, wonach ihr Bild etwa im Dingraum von der Mitte der EP aus unter dem kleinsten Winkel erscheint, ist durch eine näherliegende und gleichzeitig allgemeinere Definition ersetzt worden. Die Feldblende ist diejenige körperliche Blende, die am Ding- oder Bildort oder auch am Ort eines Zwischenbildes das Ding und sein Bild begrenzt. Die Bilder der Feldblende nannte VON ROHR „Luken". Wir haben dafür vorgeschlagen, allgemein von Sichtfeld, speziell von Dingfeld und Bildfeld zu sprechen.

Neu eingeführt wurde der Begriff der „Abschattblende". Hierunter sind alle Blenden zu verstehen, die weder Aperturblende noch Feldblende sind, aber zur Strahlenbegrenzung außeraxialer Bildpunkte beitragen.

Die Bilder der Abschattblenden sollen unter Änderung des Sinnes, den VON ROHR dem Worte gegeben hatte, jetzt „Luken" genannt werden. Mit Hilfe dieser Begriffe ist es jetzt möglich, zu klären, inwieweit die neue Definition der Feldblende weitergeht als die VON ROHRsche: Wenn durch eine Luke der Hauptstrahl zu einem innerhalb des Feldes liegenden Punkt abgeschattet wird, so ist nach der Auffassung von VON ROHR die zugeordnete Abschattblende die Feldblende, während die neue Auffassung die Feldblende unabhängig von der Abschattung immer am Ort des Dinges oder Bildes usw. definiert.

Eine weitere für die Praxis der Rechenbüros wichtige begriffliche Klarstellung ist die Einführung des Begriffes „Bezugsstrahl" als ein von einem außeraxialen Dingpunkt ausgehender Meridionalstrahl, auf den die Berechnung der außeraxialen Bildfehler bezogen wird. Als Unterbegriffe werden dann eingeführt: der

Hauptstrahl als der Blendenmittenstrahl und der Schwerstrahl als der durch den Schwerpunkt der abschattungsfreien Pupillenfläche verlaufende Meridionalstrahl.

Schließlich seien noch einige neu vorgeschlagene Benennungen erwähnt. MORITZ VON ROHR sprach von „Abbild" und „Abbildsbild", es wird vorgeschlagen, dafür „Flachding" und „Flachbild" zu sagen. Hierbei ist unter „Flachding" die Projektion eines räumlichen Gegenstandes auf die Einstellebene von der Mitte der EP aus zu verstehen, das „Flachbild" ist das paraxiale Bild des Flachdings in der Bildebene.

Weiterhin wurde von uns als neuer Begriff der der „Projektionsfigur" vorgeschlagen, die wiederum als „dingseitige" und als „bildseitige Projektionsfigur" auftritt. Unter der dingseitigen Projektionsfigur ist folgendes zu verstehen: „Die außerhalb der Einstellebene liegenden Dingpunkte eines räumlich ausgedehnten Gegenstandes ergeben in der Einstellebene eine meistens kreisförmige (dingseitige) Projektionsfigur als Projektion der EP vom Dingpunkt aus." Die bildseitige Projektionsfigur entsteht in entsprechender Weise und ist das GAUSSsche Bild der

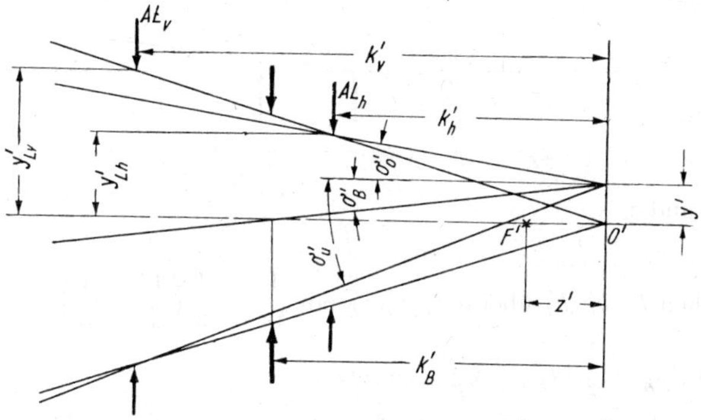

Gegeben: k'_v, y'_{Lv}, k'_h, y'_{Lh} mit Nebenbedingung $\frac{y'_{Lv}}{k'_v} = \frac{y'_{Lh}}{k'_h}$

Gesucht: k'_B, so daß $\tan \sigma'_B = \frac{1}{2}(\tan \sigma'_o + \tan \sigma'_n) = \frac{y'}{k'_B}$

$$= -\frac{1}{2}\left(\frac{y'_{Lh} - y'}{k'_h} + \frac{-y' - y'_{Lv}}{k'_v}\right) = \frac{1}{2}\,y'\left(\frac{1}{k'_h} + \frac{1}{k'_v}\right)$$

ergibt $\frac{1}{k'_B} = \frac{1}{2}\left(\frac{1}{k'_h} + \frac{1}{k'_v}\right)$

Entsprechend im Dingraum bei endlichem k $\frac{1}{k_B} = \frac{1}{2}\left(\frac{1}{k_h} + \frac{1}{k_v}\right)$

Durch k_B, k'_B sind konjugierte Punkte bestimmt, denn da O, O' konjugiert sind,

gilt $\frac{z'}{k'_v} + \frac{z}{k_v} = -1$ und $\frac{z'}{k'_h} + \frac{z}{k_h} = -1$,

also auch $\frac{z'}{k'_B} + \frac{z}{k_B} = \frac{z'}{2}\left(\frac{1}{k'_h} + \frac{1}{k'_v}\right) + \frac{z}{2}\left(\frac{1}{k_h} + \frac{1}{k'_v}\right) = -\frac{1}{2} - \frac{1}{2} = -1$

Abb. 1. Bestimmung der Pupillen beim Zusammenwirken mehrerer Aperturblenden. O, O' im Endlichen.

dingseitigen. „Das Wort Projektionsfigur soll eine klare Abgrenzung geben gegenüber der durch Abweichungen von der Gaussschen Abbildung entstehenden, oft anders geformten Zerstreuungsfigur.“

Wenn diese neue Benennung vielleicht auch nicht besonders glücklich ist, so ist die begriffliche Trennung zwischen Zerstreuungsfigur und Projektionsfigur im Rahmen der technischen Strahlenoptik durchaus zweckmäßig. Es wäre erfreulich, wenn aus dem Kreise der Anwesenden bessere Vorschläge für diese Benennungen kommen würden.

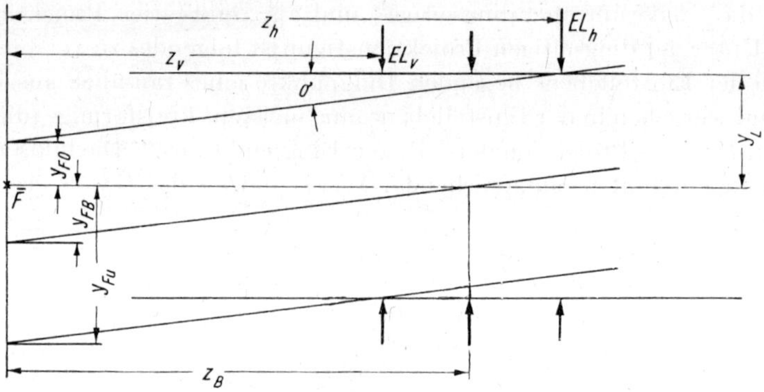

Gegeben: y_L, z_h und z_v

Gesucht: z_B

Im Bildraum gehen k'_v, k'_h, k'_B über in z'_v, z'_h, z'_B mit $\frac{1}{z'_B} = \frac{1}{2}\left(\frac{1}{z'_v} + \frac{1}{z'_h}\right)$

Im Dingraum ist $y_{FB} = \frac{1}{2}(y_{Fo} + y_{Fu})$ zu setzen

$y_{FB} = z_B \tan\sigma = \frac{1}{2}(+ z_h \tan\sigma + y_L + z_v \tan\sigma - y_L)$ liefert $z_B = \frac{1}{2}(z_h + z_v)$

Da z_v, z'_v und z_h, z'_h konjugierte Punkte bestimmen, also $z_v = \frac{\bar{f}f'}{z'_v}$ $z_h = \frac{\bar{f}f'}{z'_h}$ gilt,

ist auch $z_B = \frac{1}{2}(z_h + z_v) = \frac{1}{2}\left(\frac{\bar{f}f'}{z'_h} + \frac{\bar{f}f'}{z'_v}\right) = \frac{\bar{f}f'}{z'_B}$, also bestimmen z_B, z'_B konjugierte Punkte

Abb. 2. Bestimmung der Pupillen beim Zusammenwirken mehrerer Aperturblenden O in ∞, O' in F'.

Schließlich haben wir Vorschläge gemacht, den sprachlichen Wirrwarr bezüglich Schärfentiefe und Tiefenschärfe zu beseitigen. Wir raten, nur von der Tiefe zu sprechen und zwar bildseitig von „Abbildungstiefe“ und dingseitig von „Schärfentiefe“.

Nach diesen referierenden Ausführungen soll nun noch kurz die Frage behandelt werden, wie im Falle mehrerer Aperturblenden die Pupillen zu bestimmen sind. Die Verhältnisse seien an Hand zweier Bilder erläutert.

Es können bekanntlich mehrere Aperturblenden vorhanden sein — früher sind die sämtlichen freien Durchmesser der Objektivlinsen vielfach durch das Bündel, das zum axialen Bildpunkt zielt, bestimmt worden. Für außeraxiale Nachbarpunkte wirken dann die Bilder der ersten und letzten Aperturblende als Luken. Durch diese wird der Schwerstrahl bestimmt, der seinerseits die Austritts- bzw. Eintrittspupille im Gaussschen Gebiet festlegt. Die Lage der Pupillen ist für die verschiedensten Fragen, z. B. bei Lichtstromberechnungen usw., wichtig. Die Überlegungen sind so übersichtlich, daß ich mir gestatten möchte, Ihnen anhand der Abbildungen diese kurz darzulegen. Es sind zwei Fälle zu unterscheiden:

1. Dingpunkt O und Bildpunkt O' liegen beide im Endlichen. Dann kann in beiden Räumen mit den Strahlungsweiten k, k' gearbeitet werden.
2. In diesem Falle — beispielsweise O im ∞, O' im F' — kann dagegen mit den brennpunktbezogenen Koordinaten z, z' gearbeitet werden.

Es sei noch bemerkt, daß bei der Erarbeitung der Formeln auch mein Mitarbeiter, Koll. Reichel, mitgeholfen hat.

VEB Carl Zeiss, JENA

5. Mikroskopie

M. FRANÇON, Paris

Microscopes interférentiels à polarisation

L'application à la microscopie des interférences s'est particulièrement développée depuis dix ans. Les interférences permettent en effet d'obtenir des images dont l'interprétation est facile et par ailleurs il est possible de faire des observations quantitatives. Comme dans toutes les méthodes interférentielles on mesure des chemins optiques produits d'une longueur par un indice. On peut donc mesurer l'épaisseur d'un objet si on connait son indice ou inversement son indice si on connait son épaisseur. Nous nous limitons dans ce qui suit aux microscopes interférentiels à polarisation en lumière transmise. D'une façon générale on peut classer les microscopes interférentiels à polarisation en 3 catégories suivant les principes qu'ils utilisent:

1. — les microscopes interférentiels utilisant la méthode du dédoublement latéral total.
2. — les appareils basés sur la méthode differentielle.
3. — les appareils basés sur la méthode du dédoublement longitudinal.

1. Microscopes utilisant la méthode du dédoublement latéral total

La source S est au foyer du condenseur C (fig. 1). En réalité on projette une mage de la source en S sur le diaphragme iris situé au dessous du condenseur. La

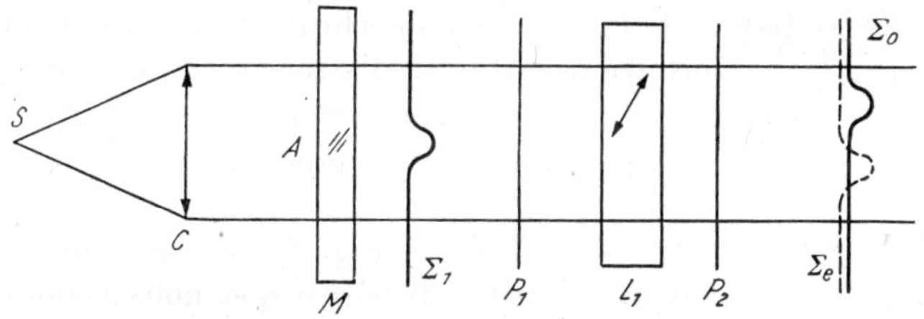

Fig. 1. Principe d'un microscope interférentiel à dédoublement latéral (élément biréfringent placé en lumière parallèle).

préparation M contient un objet transparent A, par exemple une variation d'indice. Après traversée de M, l'onde incidente plane est déformée et devient l'onde Σ_1. Elle traverse une lame biréfringente L_1 à faces parallèles. La lame L_1 est taillée inclinée par rapport à son axe. L'onde Σ_1 est donc dédoublée en 2 ondes Σ_o et Σ_e. Pour que ces 2 ondes puissent interférer il faut qu'elles soient cohérentes. C'est la raison pour laquelle il faut placer un polariseur P_1 n'importe où avant L_1. Mais les vibrations transportées par Σ_o et Σ_e sont perpendiculaires. Il faut donc placer un autre polariseur P_2 n'importe où après L_1. Les deux ondes Σ_o et Σ_e peuvent alors interférer. L'observation de l'objet A se fait avec un microscope ordinaire placé à droite de L_1 sur la figure 1. Bien entendu la figure 1 est un schéma de principe car les éléments P_1 L_1 et P_2 peuvent être incorporés au microscope comme nous le verrons plus loin.

Les deux ondes Σ_o et Σ_e n'ont pas partout la même différence de marche. Dans les régions où elles sont planes, c'est-à-dire où il n'y a pas d'image de l'objet,

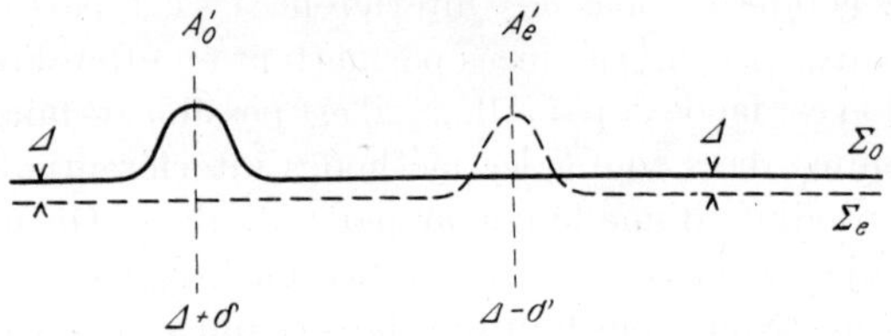

Fig. 2. Disposition des ondes dans la méthode du dédoublement latéral total.

la différence de marche est Δ (fig. 2). Dans les deux régions A'_o et A'_e occupées par les deux images A'_o et A'_e de l'objet A la différence de marche est $\Delta + \delta$ ou $\Delta - \delta$ si δ est la différence de marche introduite par l'objet lui-même. Les 2 ondes ont même amplitude et l'intensité en un point quelconque de l'image est proportionnelle à $\cos^2 \Delta/2$ dans les régions autres que A'_o et A'_e et proportionnelle à $\cos^2 \frac{\Delta + \delta}{2}$ et $\cos^2 \frac{\Delta - \delta}{2}$ en A'_o et A'_e. L'objet transparent A est rendu visible mais à chaque objet correspond deux images.

Si le dédoublement est suffisant, les deux images ne se recouvrent pas et l'observation se fait sans difficulté.

Dans le cas de la fig. 1 la différence de marche Δ produite par L_1 n'est pas petite et il faut employer de la lumière monochromatique. Pour remédier à cet inconvénient il suffit d'associer à L_1 une lame identique L_2 et tournée de 90°. Le retard pris entre Σ_o et Σ_e dans L_1 est compensé par une avance égale prise dans la deuxième lame.

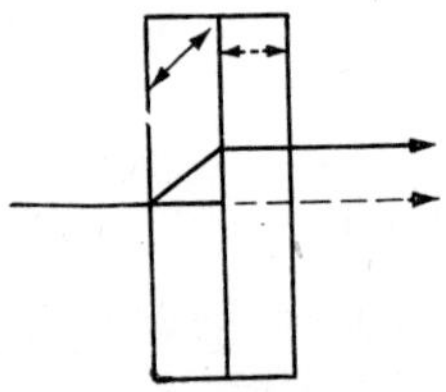

Fig. 3. Polariscope de SAVART.

L'ensemble L_1 L_2 (fig. 3) constitue un polariscope de SAVART. Dans le dispositif que nous venons de décrire, le système biréfringent est constitué par une ou plusieurs lames à faces parallèles qui sont placées en faisceau parallèle. On peut remplacer les systèmes biréfringents de ce type par des éléments travaillant en lumière convergente. Après traversée de l'objectif O du microscope (fig. 4) la lumière converge au foyer F. On place en F un prisme de WOLLASTON qui remplace le dédoublement linéaire dupolariscope de SAVART par un dédoublement angulaire. Un seul des deux éléments de W obligerait à travailler en lumière monochromatique. L'emploi de 2 prismes identiques et croisés qui constituent le „prisme“ de WOLLASTON permet d'utiliser de la lumière blanche. Sur la fig. 4 nous n'avons pas représenté les 2 polariseurs qui doivent être placés, l'un avant W et l'autre après.

La sensibilité de ces dispositifs est celle qui est obtenue avec les interférences à 2 ondes classiques.

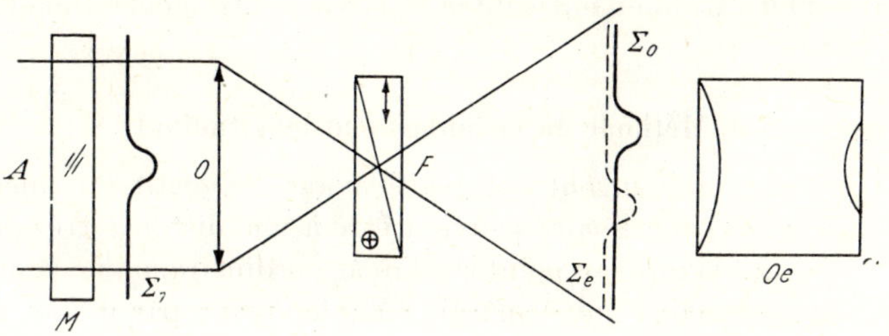

Fig. 4. Principe d'un microscope interférentiel à dédoublement latéral (élément biréfringent placé en lumière convergente).

2. Microscopes utilisant la méthode différentielle

Le principe reste celui des figures 1 et 4 mais on choisit un dédoublement petit par rapport à la largeur de l'objet. Pour ne pas être obligé d'adopter le dédoublement à chaque type d'objet nous avons proposé d'employer un dédoublement fixé une fois pour toutes au voisinage du pouvoir séparateur du système d'observation placé après l'élément biréfringent. Ceci est justifié car la plupart des préparations transparentes sont constituées par des détails dont les variations de phase sont rapides. On peut ainsi réaliser un dispositif permettant l'observation d'objets quelconques sans être gêné par le dédoublement, mais bien entendu la sensibilité est

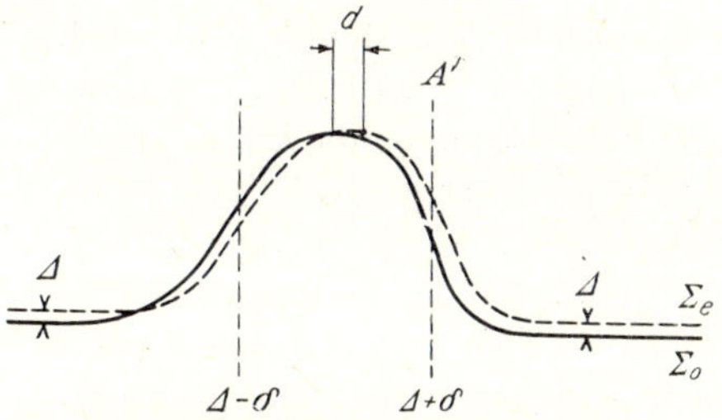

Fig. 5. Disposition des ondes dans la méthode différentielle.

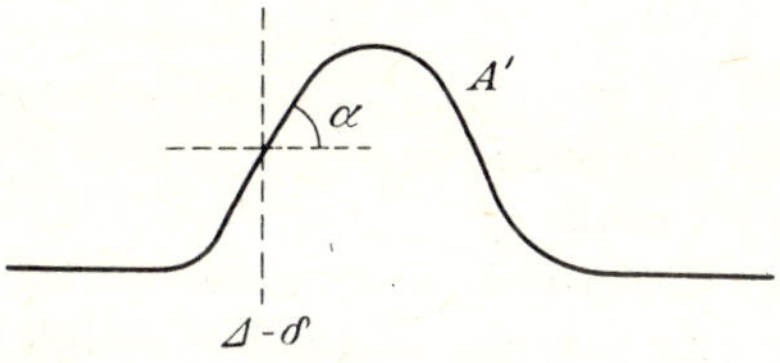

Fig. 6. La méthode différentielle met en évidence la pente de la surface d'onde.

moindre que dans la méthode précédente. La fig. 5 représente la disposition des ondes Σ_0 et Σ_e dans la méthode à très faible dédoublement. Dans les régions où il n'y a pas d'objet, la différence de marche est Δ. Dans la région occupée par l'image A' de l'objet A la différence de marche n'est pas la même. Les deux ondes Σ_0 et Σ_e sont suposées confondues sur la fig. 6. La différence de marche est proportionnelle à la pente α de la surface d'onde et au dédoublement d. Dans une région de pente α la différence de marche est

$$\Delta \pm \delta = \Delta \pm \alpha d .$$

Les variations d'intensité traduisent maintenant les pentes de la surface d'onde. Ce sont les gradients du chemin optique qui sont perçus. On a une méthode différentielle. Comme la différence de marche est proportionnelle à d il est évident que cette méthode est moins sensible que la méthode du dédoublement total mais elle est d'un emploi extrêmement simple et l'expérience montre qu'elle donne de très bonnes images.

3. Méthode du dédoublement longitudinal

Lorsque l'élément biréfringent est placé avant l'objectif du microscope les images ordinaire et extraordinaire peuvent être à une distance très grande l'une de l'autre. En faisant la mise au point sur l'image ordinaire, on ne peut pas percevoir l'image extraordinaire qui disparait complètement par défaut de mise au point. Dans le plan de l'image ordinaire, la lumière extraordinaire produit un fond uniforme qui interfère avec l'image ordinaire. On observe donc une seule

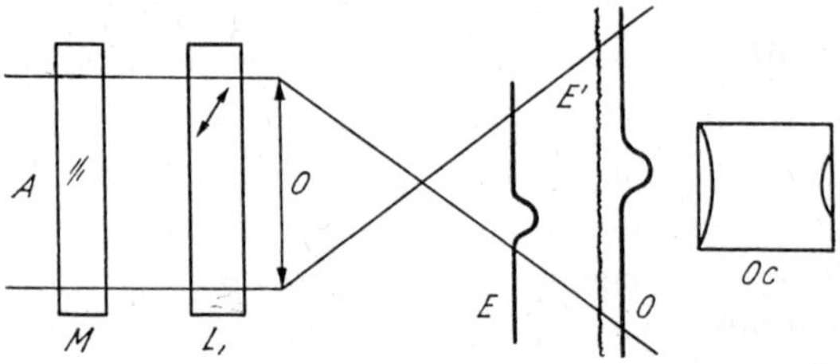

Fig. 7. Méthode du dédoublement longitudinal.

image, mais la sensibilité tout en étant plus grande que celle de la méthode différentielle est néanmoins inférieure à celle de la méthode de dedoublement total.

Le principe de la méthode est indiqué schématiquement sur la fig. 7. L'élément biréfringent L_1 est placé avant l'objectif O et celui-ci donne une image ordinaire en O et une image extraordinaire en E. La mise au point se fait à l'aide de l'oculaire $O\,c$ sur l'image ordinaire O dénuée d'aberration. L'image extraordinaire E n'est pas au point et ne donne aucun détail dans le plan de l'image ordinaire.

L'image ordinaire est rendue visible grâce aux interférences de l'image ordinaire O avec le fond uniforme E' produit par l'image extraordinaire E non au point.

4. Diaphragmation du condenseur

Considérons la figure 1. La lame L_1 donne des franges à l'infini qui sont virtuelles en S. Pour que les 2 ondes Σ_0 et Σ_e soient cohérentes il faut que la source en S se projette sur une petite fraction de ces franges. Prenons par exemple un polariscope de Savart en L_1. Les franges à l'infini (virtuelles) en S sont sensiblement des franges rectilignes parallèles et équidistantes (fig. 8). L'image de la source doit avoir l'orientation et les dimensions approximatives de la fig. 7.

Dans le cas de la figure 1 cela conduit à utiliser une fente donc à diaphragmer fortement le condenseur. Pour supprimer la diaphragmation il faut employer un 2ième élément biréfringent, situé avant la préparation, tel que l'on obtienne en S une pupille étendue uniforme et sans que la cohérence soit détruite. Naturellement il faut déplacer le polariseur P_1 de manière que les 2 systèmes biréfringents soient entre P_1 et P_2. Les divers solutions seront indiquées au § 5. Considérons maintenant la figure 4. On sait qu'en observant un WOLLASTON entre polariseurs, on voit des franges rectilignes, parallèles et équidistantes. Ces franges sont localisées à l'intérieur du WOLLASTON et elles sont dirigées perpendiculairement au plan de la figure 4. Si on veut que les 2 ondes Σ_o et Σ_e (fig. 4) soient cohérentes il faut que l'image de la source se projette en F sur une petite fraction seulement d'une frange. On doit avoir encore la disposition de la figure 8. Le phénomène est pour les franges localisées du WOLLASTON ce qu'il était pour les franges à l'infini du polariscope de SAVART. Comme dans le dernier cas on peut supprimer toute diaphragmation à l'aide d'un deuxième élément biréfringent.

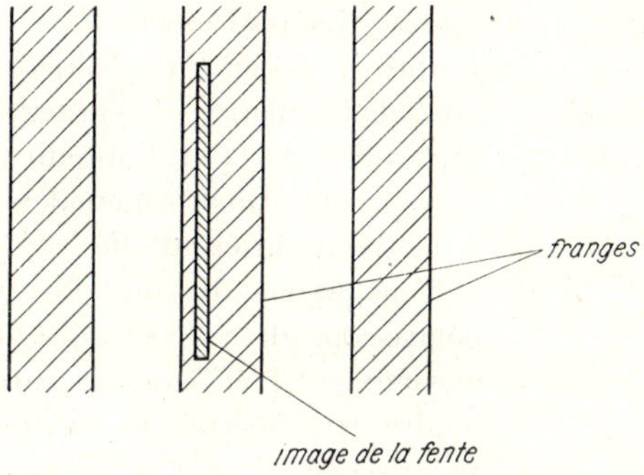

Fig. 8. Disposition de la source dans les franges de l'élément biréfringent pour avoir des ondes cohérentes.

5. Réalisations pratiques

Le premier microscope interférentiel à polarisation a été réalisé par LEBEDEFF qui a appliqué au microscope l'interféromètre à polarisation der JAMIN. LEBEDEFF a utilisé la méthode du dédoublement latéral total. Il a utilisé aussi la méthode différentielle en adaptant le dédoublement à chaque type d'objet. Dans le microscope interférentiel de LEBEDEFF, l'interféromètre est placé entre la préparation et l'objectif ce qui limite les observations aux faibles grossissements.

La figure 9 montre le schéma du microscope de SMITH (shearing system). La suppression de la diaphragmation est obtenue en plaçant un foyer du condenseur C un wollaston W_1 conjugué du wollaston W_2 placé au foyer de l'objectif O du microscope. Ce dispositif applique la méthode du dédoublement total mais il pourrait aussi bien utiliser la méthode différentielle. Dans le cas des objectifs puissants, le plan focal se trouve dans l'objectif et il faut donc réaliser un objectif spécial. Pour pouvoir utiliser des objectifs ordinaires, NOMARSKI a modifié le prisme de WOLLASTON. En inclinant un peu l'un des axes (fig. 10) on rejette le plan de localisation des franges en dehors du WOLLASTON. On peut donc placer

W_2 plus loin que le foyer de l'objectif, pourvu que le plan de localisation des franges coincide avec le plan focal de l'objectif.

La figure 11 donne le schéma d'utilisation des polariscopes de Savart (Françon). La suppression de la diaphragmation est obtenue en plaçant un deuxième

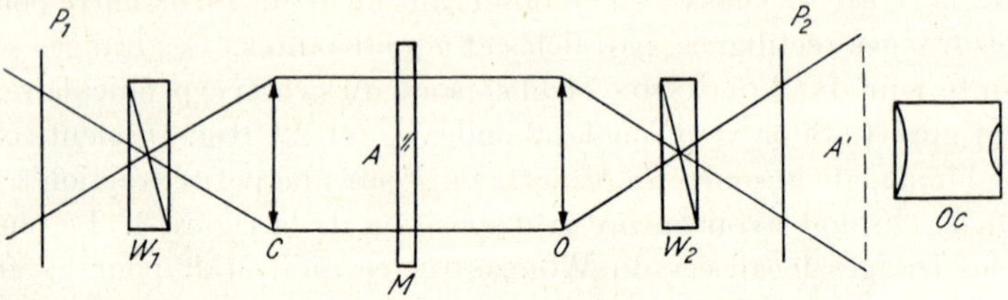

Fig. 9. Microscope interférentiel de Smith (shearing system).

polariscope L_1 avant le condenseur. La position de L_1 ne joue aucun rôle. Il donne des franges en Q un peu après le foyer F de l'objectif. Le polariscope L_2 est situé entre les 2 éléments l_1 et l_2 de l'oculaire. Il est facile de faire coincider les franges de L_1 avec les franges (virtuelles) de L_2 et d'obtenir une pupille uniforme. Nous avons utilisé principalement cet appareil avec la méthode différentielle.

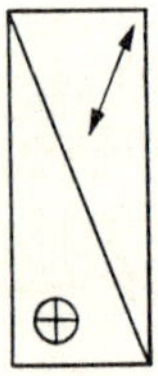

Fig. 10. Prisme de Wollaston modifié dans le microscope interférentiel de Nomarski.

Nous avons dit que les franges à l'infini du polariscope de Savart sont des franges approximativement rectilignes et parallèles. On peut les rendre très rectilignes en modifiant un peu le polariscope de Savart. La figure 12 montre le schéma du nouveau polariscope. Il est formé par 2 lames de quartz identiques, dont les axes sont à 45° et dans le même plan. Une lame 1/2 onde orientée à 45° des axes des lames est interposée entre les deux lames. On supprime ainsi la courbure résiduelle des franges qui deviennent rectilignes.

Ingelstam et Johannson ont employé également le polariscope de Savart dans l'oculaire avec la méthode du dédoublement total. Ils n'ont pas utilisé

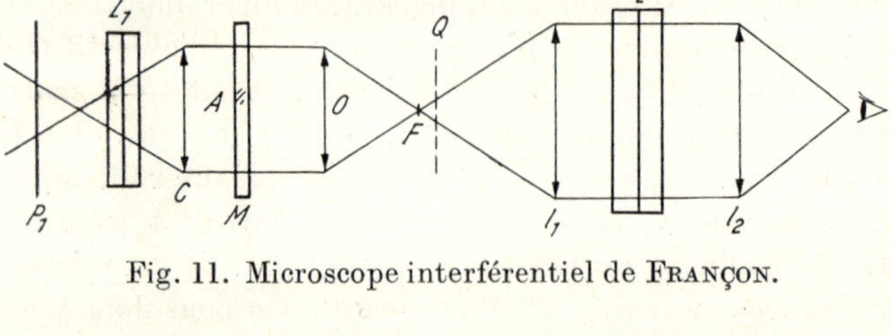

Fig. 11. Microscope interférentiel de Françon.

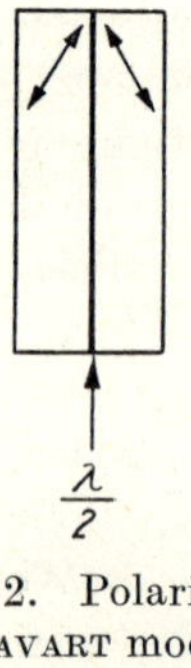

Fig. 12. Polariscope de Savart modifié.

d'autre système biréfringent et l'appareil de JOHANNSON et INGELSTAM utilise une fente placée sous le condenseur.

Les réalisations sont généralement plus compliquées dans le cas de la méthode du dédoublement longitudinal. La figure 13 montre l'appareil de SMITH.

La lame S est une petite lame de spath parallèle à l'axe et collée sur la frontale de l'objectif O. La suppression de la diaphragmation est obtenue par l'emploi d'une lame de quartz Q parallèle à l'axe et collée sur le condenseur C et une lame B analogue à une cuvette de BIOT placée dans le plan focal du condenseur. L'en-

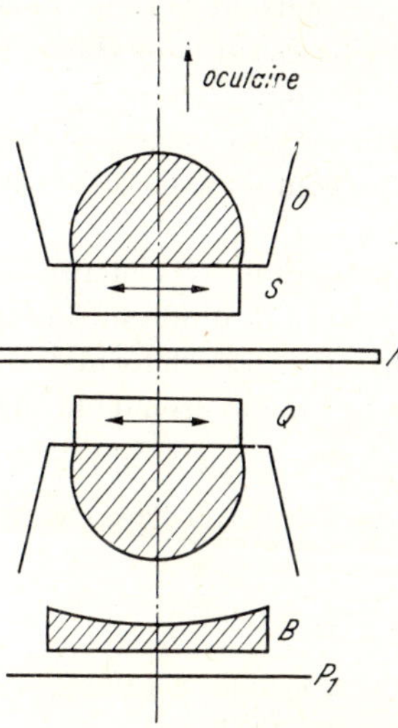

Fig. 13. Microscope interférentiel à dédoublement longitudinal de SMITH.

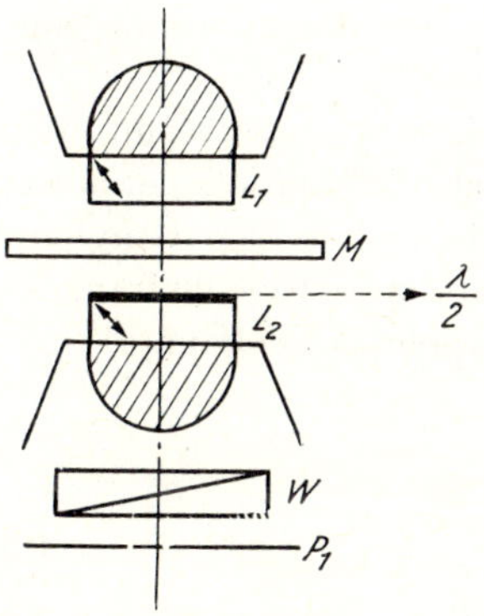

Fig. 14. Microscope interférentiel à dédoublement longitudinal (FRANÇON).

semble $S\,Q$ donne, dans le plan focal du condenseur, des franges circulaires (virtuelles) qui se combinent avec les franges circulaires de B pour donner une pupille uniforme.

La figure 14 donne le schéma d'un dispositif que nous avons réalisé avec M. MARQUET. Les 2 lames L_1 et L_2 collées sur l'objectif et le condenseur sont 2 lames identiques en spath. On colle sur la lame L_2 une lame 1/2 onde dont les axes sont à 45° de ceux de L_2. L'ensemble $L_1\,L_2$ et la lame 1/2 onde donne dans le plan focal du condenseur des hyperboles larges et non centrées. Un WOLLASTON W placé dans le plan focal du condenseur permet de centrer et d'élargir ces hyperboles de manière à avoir une pupille uniforme.

Les lames L_1 et L_2 avec la lame 1/2 onde constituent un interféromètre de JAMIN. Mais la façon dont cet appareil est utilisé ici est très différente de l'utilisation conçue par JAMIN. Par ailleurs la compensation est assurée par un organe supplémentaire le WOLLASTON.

6. Applications

Les applications des microscopes interférentiels à polarisation sont très nombreuses et nous ne pouvons nous étendre sur tous les problèmes qu'ils permettent d'aborder. Indiquons rapidement les applications en biologie où ces appareils rendent de grands services dans l'observation et la mesure des indices et des épaisseurs des détails des préparations transparentes. En chimie, le microscope interférentiel donne des éléments supplémentaires pour l'identification des composés organiques (mesure de l'indice de réfraction de l'eutectique formé par le composé étudié et une substance de référence). En cristallographie les microscopes interférentiels à dédoublement latéral permettent l'étude de la croissance des cristaux. Enfin les appareils interférentiels basés sur la méthode différentielle donnent directement le gradient des surfaces d'onde. Ils sont tout indiqué pour les mesures de pentes, gradients d'indice dans les solutions, déformations des surfaces liquides au voisinage de petits objets en contact avec ces surfaces (tension superficielle).

La figure 15 montre un cristal d'alun d'ammonium à l'oculaire interférentiel (méthode différentielle) et la figure 16 les déformations d'une surface liquide (eau) au contact d'une tige de nylon de 50 μ de diamètre. Les déformations se traduisent par l'apparition de franges qui caractérisent l'inclinaison de la surface liquide pour rapport à l'horizontale.

Paris, Institut d'Optique

Bibliographie sommaire

[1] Elias, C., Interferencia por polarizaçaõ aplicada a medidas dos indices de refraçaõ em microscopia. Instituto de Biofisica, Rio de Janeiro, 1959.

[2] Françon, M., Le microscope à contraste de phase et le microscope interférentiel. Éditions du Centre National de la Recherche Scientifique, 1954.

[3] Françon, M., Polarization apparatus for interference microscopy and macroscopy of isotropic transparent objects. J. Opt. Soc. America **47** (1957) 528.

[4] Johannsson, L. P., An interference microscope for rapid measurements of biological objects. Cytochemical methods with quantitative aims. Academic Press N. Y. (1957) p. 158.

[5] Lebedeff, A. A., Interférometrie à polarisation et ses applications. Revue d'Optique théorique et instrumentale, **9** (1930) 385.

[6] Nomarski, G., Microinterférometrie différentielle à ondes polarisées. J. Phys. Radium **16**, (1955) 9 (S.)

[7] Lau, E. et Rienitz, J., Weiterentwicklung des lichtoptischen Mikroskops. Optik aller Wellenlängen. Akademie-Verlag, Berlin 1959.

[8] Smith, F. H., Microscopic interferometry. Modern methods of microscopy. Butterworths (1956) p. 76.

Fig. 15. Cristal d'alun d'ammonium.

Fig. 16. Déformation d'une surface liquide (eau) au contact d'une tige de nylon.

J. RIENITZ, Berlin

Neue Interferenzmikroskope

Vor fast zehn Jahren wurde von KRUG und LAU das Prinzip des Mikro-MACH-ZEHNDER-Interferometers in die praktische Interferenzmikroskopie eingeführt [1]—[4]. Abb. 1 zeigt die Ausführung. Zwei Prismen 4 mit rhombischer Seiten-

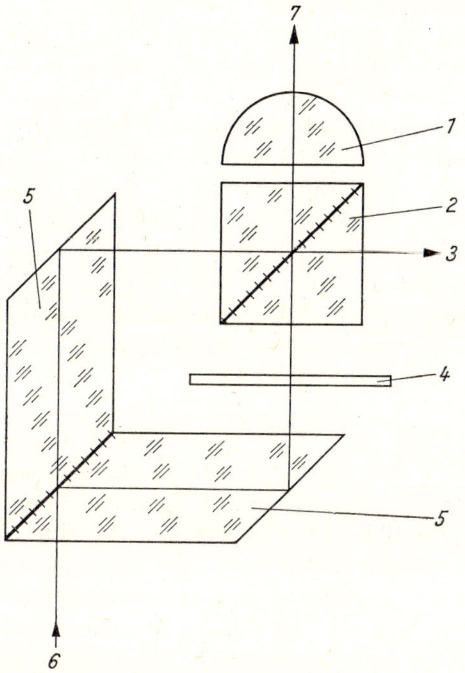

Abb. 1. Durchlicht-Interferenzmikroskop nach KRUG-LAU.
1 — Objektiv; *2* — Vereinigungswürfel; *3* — Objekt; *4* — zwei rhombusförmige Prismen mit teildurchlässiger Kittfläche; *5* — einfallendes Licht.

fläche sind längs einer teildurchlässigen Fläche aneinandergekittet. An dieser Fläche wird das einfallende Licht aufgeteilt. Der eine Teilstrahl, Objektstrahl genannt, durchsetzt nach Totalreflexion an der einen Prismenfläche das Objekt 3. An der teildurchlässigen Fläche des Vereinigungswürfels 2 wird er mit dem anderen Teilstrahl, dem Vergleichsstrahl, vereinigt und gelangt mit diesem gemeinsam in das Objektiv 1 des Mikroskops ein.

Diese einfach aufgebaute Anordnung hat eine Reihe wesentlicher Vorteile, auf die schon verschiedentlich hingewiesen worden ist [1]. Es sei hier nur bemerkt, daß sich die Interferenzen in den meisten Fällen recht einfach deuten lassen, nämlich als Niveaulinien, die durch Ebenen erzeugt werden. Man kann daher einwandfreie Formprüfungen über das ganze Gesichtsfeld machen. Dies wird wesentlich komplizierter, wenn sich abbildende Systeme wie Objektive oder Kondensoren innerhalb des Interferometers befinden. Hier ist die einwandfreie Niveauliniendeutung nur möglich, wenn die Brennweiten und Glasdicken aller dieser Systeme genauestens abgeglichen sind, was in der Praxis streng nicht erreichbar ist. Ein Nachteil der vorliegenden Anordnung ist dagegen, daß die Beleuchtungs- und Beobachtungsaperturen verhältnismäßig klein sind, weil das Interferometer sich vor dem Objektiv des Mikroskops befindet.

Die Beleuchtungsapertur ist bei der hier dargestellten Anordnung bei einem Brechungsindex von 1,5 etwa 0,19, also sehr viel geringer als die erreichbare Beobachtungsapertur, die über 0,5 liegt. Es ist zwar richtig, daß zum Messen mit dem Interferenzmikroskop die Beleuchtungsapertur bei dicken Objekten gering sein muß [5], [6], weil bei weit geöffnetem Aperturkegel über alle in diesem Kegel vorhandenen Gangunterschiede gemittelt wird. Man muß jedoch auch bedenken, daß das Interferenzmikroskop nicht nur zum Messen, sondern sehr häufig nur zum Sichtbarmachen von Phasenstrukturen benutzt wird, ebenso wie z. B. das Phasenkontrastmikroskop. Wenn die Objekte nicht gerade so dick sind, daß die erwähnte Phasenmittelung eintritt, dann gewinnt man an Auflösung, wenn man die Beleuchtungsapertur erhöht und sie im Grenzfall ebenso groß wie die Beobachtungsapertur macht. Dies geht aus der vollständigen Abbeschen Auflösungsformel

$$d \approx 1{,}22 \frac{\lambda}{A_{\mathrm{beob.}} + A_{\mathrm{bel.}}}$$

hervor [7]. Darin ist d der Abstand zweier gerade noch voneinander getrennter Objekteinzelheiten, λ die Wellenlänge des benutzten Lichtes, $A_{\mathrm{beob.}}$ die Beobachtungs- und $A_{\mathrm{bel.}}$ die Beleuchtungsapertur. Ungeachtet der Tatsache, daß in einem industriellen Interferenzmikroskop auf eine größere Beleuchtungsapertur zugunsten eines optisch einfacheren Aufbaus verzichtet worden ist, halten wir den hier angedeuteten Weg doch für den vorteilhafteren, denn reduzieren kann man eine größere Beleuchtungsapertur stets, wenn es erforderlich sein sollte.

Es gibt nun zwei Wege, die Beleuchtungsapertur zu vergrößern. Man könnte in beiden Zweigen des Interferometers je einen Kondensor anbringen (Abb. 2). Das bringt aber die erwähnten Nachteile der abbildenden optischen Systeme im Interferometer mit sich. Aussichtsreicher erscheint der andere Weg, auf die Kondensoren zu verzichten und den Trennkörper so zu gestalten, daß eine möglichst große Beleuchtungsapertur erreicht wird. Man kann dazu den Trennkörper vergrößern, wie es in Abb. 3 dargestellt ist, und außerdem den Flächen, die zum Eintritt und zur Reflexion des Lichts dienen, eine günstigere Lage geben. G. Schulz hat in unserem Institut entsprechende Anordnungen mit Beleuchtungsaperturen bis 0,4 entwicklet [1].

Bei allen diesen Anordnungen ist jedoch die erreichbare Beleuchtungsapertur dadurch beschränkt, daß zum Eintritt des Lichts in den Prismenkörper und zur Totalreflexion des Vergleichsstrahlenbündels zwei getrennte Flächen verwandt werden (1—2 bzw. 2—3 in Abb. 3). Wenn man aber die letztere der beiden Flächen verlängert und teildurchlässig macht, dann kann man mit noch weiter geöffneten Bündeln einstrahlen. Jetzt kann nämlich auch noch durch diejenigen Teile dieser Fläche Licht einfallen, an denen der Vergleichsstrahlengang reflektiert wird. In der

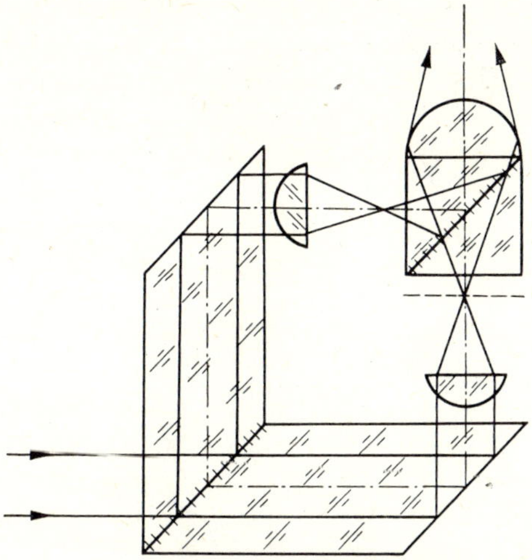

Abb. 2. Durchlicht-Interferenzmikroskop mit zwei Kondensoren.

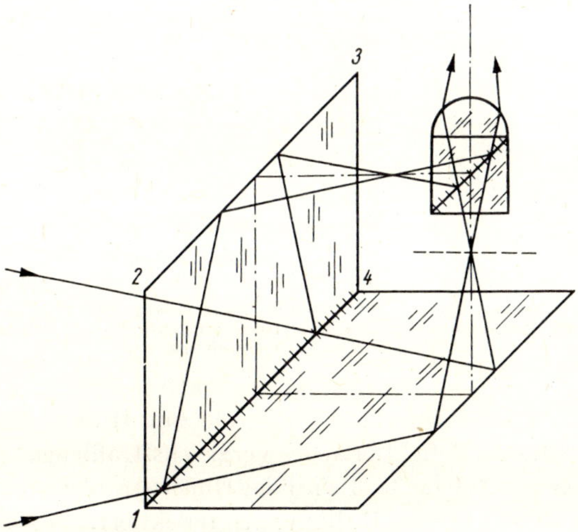

Abb. 3. Durchlicht-Interferenzmikroskop nach KRUG-LAU mit vergrößertem Teilungskörper.

1—2 Fläche, durch die das Licht einfällt; *2—3* Fläche, an der der Vergleichsstrahlengang reflektiert wird; *1—4* strahlenteilende Fläche.

folgenden Abb. 4 ist eine solche Anordnung schematisch dargestellt. Das Licht fällt über eine Kondensorlinse in den Teilungskörper ein, in dem drei teildurchlässig verspiegelte Flächen 1—1, 2—2 und 3—3 zu erkennen sind. Die mittlere, 2—2, dient wie vorher der Strahlenteilung. Durch 1—1 tritt das Licht ein, und das von der Teilungsfläche reflektierte Licht wird an ihr ebenfalls teilweise reflektiert, wobei

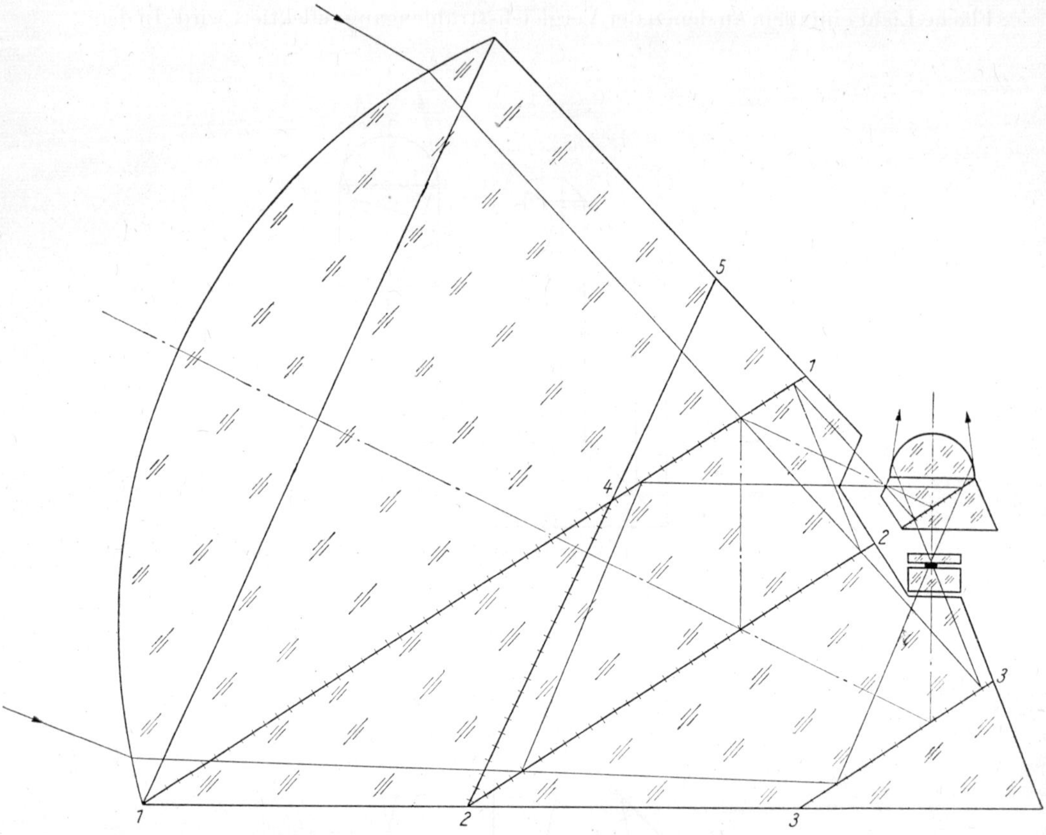

Abb. 4. Durchlicht-Interferenzmikroskop mit neuartigem Trenn- und Vereinigungskörper
1—1, *2—2* und *3—3* teildurchlässige Flächen, von denen *2—2* zur Teilung des Lichts in den Objekt- und den Vergleichsstrahlengang dient; der Trennkörper kann auch erst an der Fläche *2—4—5* beginnen, wobei dann *2—4* ebenfalls teildurchlässig verspiegelt sein muß.

ein gewisser Teil der Fläche, wie erwähnt, sowohl zum Hindurchlassen des einfallenden Lichts als auch zum Reflektieren des Vergleichsstrahlenganges dient. An der dritten teildurchlässigen Fläche 3—3 wird der Objektstrahlengang, der später das Objekt durchsetzt, unter gleichen Bedingungen reflektiert.

Der Trennkörper wird bei dieser Anordnung recht umfangreich, vor allem, wenn man, was in dieser schematischen Darstellung noch nicht geschehen ist, den Raumbedarf des Objektträgers noch mit berücksichtigt. Man kann jedoch zu wesentlich geringeren Abmessungen kommen, wenn man auf den vor der Fläche 2—4—5 liegenden Teil verzichtet und den Kondensor direkt an dieser Fläche anbringt. Damit in allen Teilen des Beleuchtungsaperturbündels die gleiche Intensität herrscht, ist es zweckmäßig, die Fläche 2—4 in geeigneter Weise, ebenso wie die Fläche 4—1, teildurchlässig zu verspiegeln. Zu erwähnen ist noch, daß wir das Interferometer ursprünglich so gestalten wollten, daß der Objektstrahlengang rechts unten totalreflektiert wird. Das bedingt eine stärkere Verspiegelung der Teilungsfläche, weil ja der Vergleichsstrahlengang an der teildurchlässigen Fläche reflektiert wird. Man kann dadurch etwas an Intensität oder besser an „Wirkungsgrad" [8] gewinnen, aber durch die Unsymmetrie können die Polarisationszustände in beiden Teilstrahlenbündeln verschieden sein, was den Kontrast der Interferenzen verringert. Diese Fragen sollen noch näher unter-

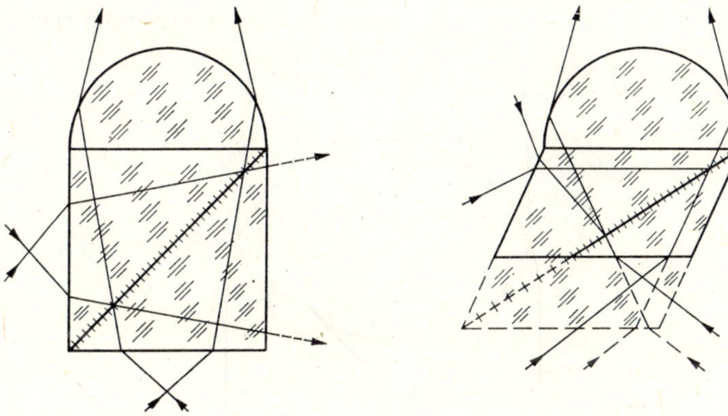

a b

Abb. 5 a) würfelförmiger, b) neuartiger Vereinigungskörper.

sucht werden. Der Vorschlag, die Anordnung durch Aufkitten des Prismas rechts unten und teildurchlässiges Verspiegeln der Kittfläche 3—3 symmetrisch zu machen, stammt von G. Schulz.

Bei dieser Anordnung fällt ferner auf, daß der würfelförmige Vereinigungskörper zugunsten einer anderen Form aufgegeben wurde. Abb. 5 erläutert den Grund dafür. Bei der Würfelform (Abb. 5a) wird im oberen Teil des Würfels ein keilförmiger Raum von dem einfallenden Vergleichsstrahlenbündel nicht benutzt. Man kann den Trennkörper so zu einem rhombusförmigen Körper deformieren (Abb. 5b), daß die obere Mantellinie des Beleuchtungsaperturkegels parallel zur oberen, mit der Frontlinse des Objektivs verkitteten Fläche des Vereinigungskörpers verläuft. Dadurch hebt sich die untere, hier gestrichelt gezeichnete Fläche des Vereinigungskörpers etwas an. Man kann dadurch das Objekt etwas näher an das Objektiv rücken und erhält so eine geringe Steigerung der Beobachtungsapertur gegenüber der beim Würfel möglichen. Auch für eine Auflichtanordnung nach dem Michelson-Prinzip [1]—[3] kann diese Anordnung benutzt werden, jedoch kann, wenn man die volle Beleuchtungsapertur ausnutzen will, das Licht nicht mehr seitlich eingestrahlt werden, sondern nur noch über einen Vertikalilluminator durch das Objektiv, was einen Lichtverlust mit sich bringt. Beim Durchlicht, mit dem wir uns hier beschäftigen, kann man jedoch den Konvergenzpunkt der Strahlen, in den das Objekt gebracht wird, noch weiter nach oben verlegen. Man braucht dann nur, damit er zugänglich wird, die hier gestrichelt gezeichnete Planparallelplatte abzuschneiden und nach unten unter das Objekt zu rücken bzw. sie in geeigneter Weise zur Glasdicke von Objektträger und Deckglas hinzuzurechnen. Daß dabei der Konvergenzpunkt im Vergleichsstrahlengang im Innern des Vereinigungskörpers liegt, ist in diesem Zusammenhang belanglos. Man kann mit einem solchen Vereinigungskörper und dem oben beschriebenen Trennkörper sowohl Beleuchtungs- als auch Beobachtungsaperturen von etwa 0,65 bei $n = 1{,}5$ und 0,75 bei $n = 1{,}8$ erreichen. Dies sind keine theoretischen Grenzwerte, sondern mit praktisch vertretbaren Dimensionen erreichbare Werte. Die praktisch zweckmäßigste Form von Trenn- und Vereinigungskörper ist z. Zt.

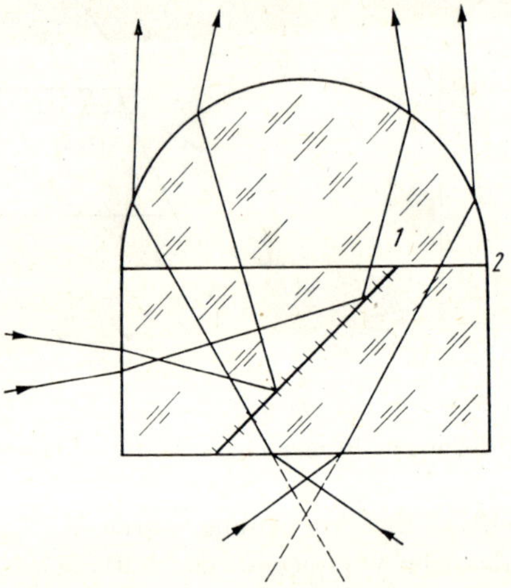

Abb. 6. Neuartiger Vereinigungskörper für Beleuchtungsaperturen, die kleiner als die Beobachtungsaperturen sind.

Die Fläche *1—2* kann, um gleiche Intensitäten im Beobachtungsaperturkegel zu erzielen, teildurchlässig verspiegelt werden.

noch Gegenstand genauerer Untersuchungen, und wir hoffen, damit ein Durchlicht-Interferenzmikroskop mittlerer Apertur mit einem durch die große Beleuchtungsapertur gegebenen maximalen Auflösungsvermögen und einem nach dem Krug-Lau-Prinzip optimal definierten Vergleichsstrahlengang zu erhalten.

Wenn man auf die Gleichheit von Beleuchtungs- und Beobachtungsapertur verzichtet und die erstere kleiner wählt, dann kann man den Vereinigungskörper noch weiter verkürzen und damit die Apertur abermals erhöhen, wie Abb. 6 zeigt. Statt der hier dargestellten rechteckigen Form kann der Vereinigungskörper natürlich auch einen parallelogrammförmigen Grundriß haben. Die Fläche 1—2 wird zweckmäßigerweise teildurchlässig verspiegelt um annähernd gleiche Intensitäten in allen Teilen des Beobachtungsaperturkegels zu erzielen.

Will man dagegen noch höhere Aperturen erreichen, dann kann man nicht mehr auf abbildende Systeme im Interferometer verzichten. Wir hatten oben erwähnt, daß man in jedem der beiden Teilstrahlengänge des MACH-ZEHNDER-Interferometers einen Kondensor anbringen kann. Ebensogut kann man dort je

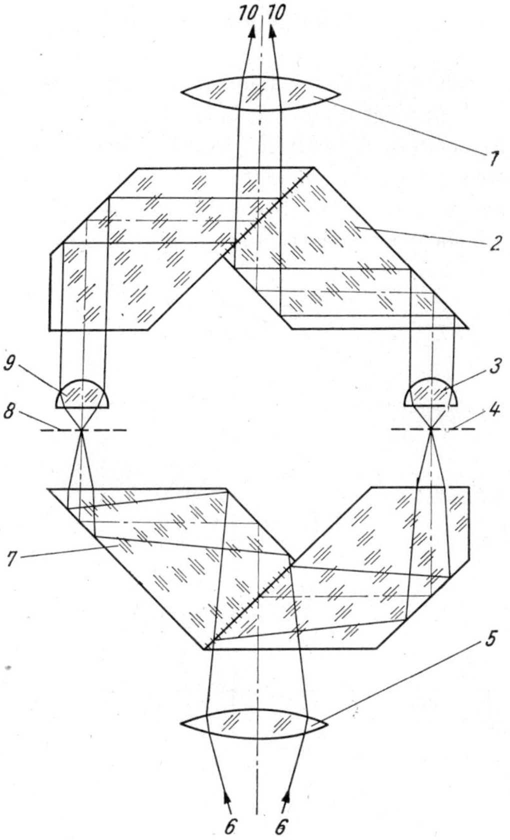

Abb. 7. Durchlicht-Interferenzmikroskop von HORN.

1 — Tubuslinse; *2* — Prismenkörper; *3* — Objektiv; *4* — Objektebene; *5* — Kondensor; *6* — einfallendes Licht; *7* — Prismenkörper; *8* — Vergleichsebene; *9* — Objektiv; *10* — zum Okular.

ein Objektiv anbringen [1], [9], [10] und kann damit die höchsten Aperturen erreichen. Dann befinden sich jedoch vier abbildende Systeme im Interferometer, die sehr schwer abzugleichen sind. Man kann aber auch wie die folgende, nach einem Vorbild von KRUG und LAU [3] entwickelte Anordnung von HORN [1], [11] bis [13] zeigt (Abb. 7), zwei Objektive im Interferometer benutzen und den Kondensor außerhalb anbringen. Dann sind nur noch zwei Systeme abzugleichen, und man kann höchste Beobachtungsaperturen erreichen, jedoch nur kleine Beleuchtungsaperturen. In der industriellen Ausführung dieses Geräts beträgt die letztere 0,12, die Beobachtungsapertur dagegen maximal 1,3.

Hier soll nun ein neues Prinzip behandelt werden, das ebenfalls nur zwei abbildende Systeme im Interferometer aufweist, aber neben höchsten Beobachtungsauch ebenso große Beleuchtungsaperturen ermöglicht. Darüber hinaus hat dieses System den Vorteil, daß sich aus dem gleichen Grundschema zusätzlich mehrere bekannte Durchlicht- und Auflichtanordnungen ohne große Änderungen entwickeln lassen.

Abb. 8 zeigt das Schema dieser neuen Anordnung. Das einfallende Licht 4 durchsetzt die teildurchlässige Fläche 3 sowie das Objektiv 5 und wird an der teildurchlässigen Fläche 6 aufgespalten. Der Objektstrahlengang dringt durch die Fläche 6 hindurch, durchsetzt das Objekt 7 sowie das dem Objektiv 5 möglichst gleiche Objektiv 8, und wird am Spiegel 9 reflektiert. Der Vergleichsstrahlengang wird von der Fläche 6 reflektiert und gelangt über das Objektiv 5 und die teil-

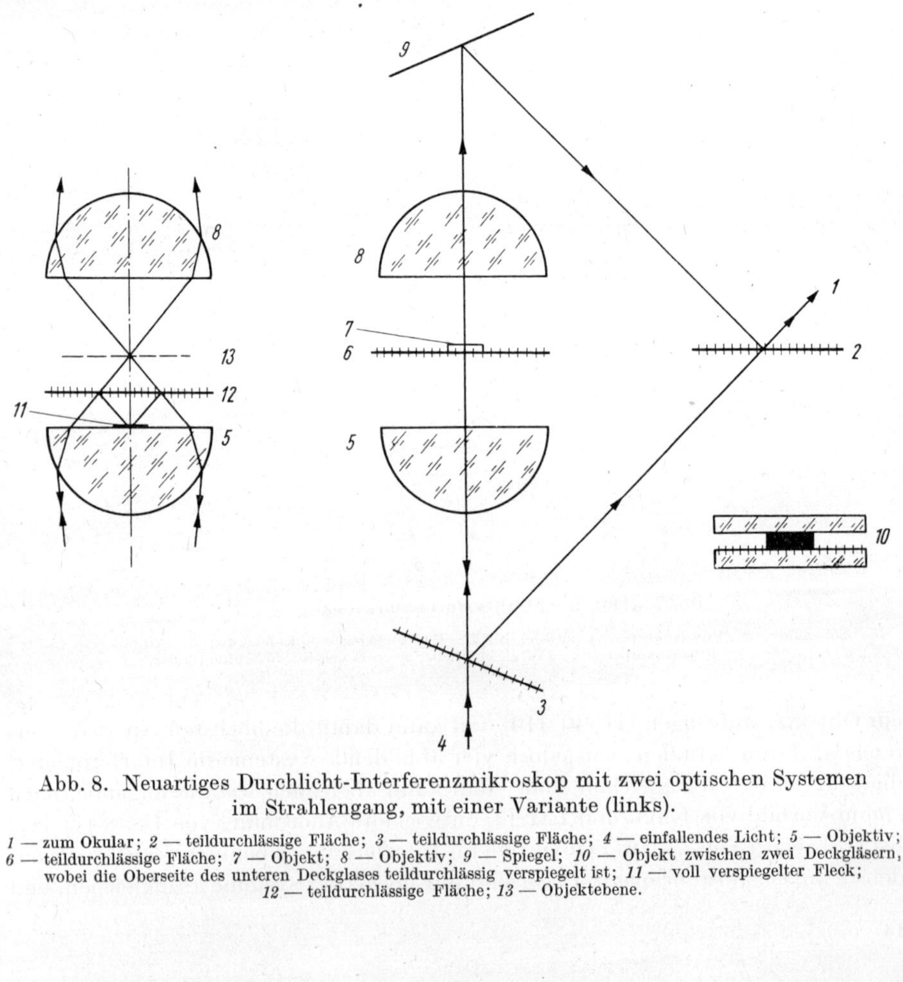

Abb. 8. Neuartiges Durchlicht-Interferenzmikroskop mit zwei optischen Systemen im Strahlengang, mit einer Variante (links).

1 — zum Okular; *2* — teildurchlässige Fläche; *3* — teildurchlässige Fläche; *4* — einfallendes Licht; *5* — Objektiv; *6* — teildurchlässige Fläche; *7* — Objekt; *8* — Objektiv; *9* — Spiegel; *10* — Objekt zwischen zwei Deckgläsern, wobei die Oberseite des unteren Deckglases teildurchlässig verspiegelt ist; *11* — voll verspiegelter Fleck; *12* — teildurchlässige Fläche; *13* — Objektebene.

durchlässige Fläche 3 zu der Vereinigungsfläche 2, wo er mit dem Objektstrahlengang vereinigt wird und mit diesem gemeinsam zum Okular strebt. Hier liegt also die strahlenteilende Fläche unmittelbar unter dem Objekt. Bei 10 ist gezeigt, wie dies praktisch durchgeführt wird: das Objekt muß zwischen zwei Deckgläsern angebracht werden, wobei die Oberseite des unteren teildurchlässig verspiegelt ist.

Im linken Teilbild ist eine Anordnung dargestellt, bei der die teildurchlässige Verspiegelung des Deckglases vermieden werden kann. Das einfallende Licht wird hier an der teildurchlässigen Fläche 12 aufgespalten, die sich unterhalb der Objektebene 13 befindet. Der Objektstrahlengang durchsetzt die Objektebene, während der Vergleichsstrahlengang nach Reflexion an dem vollverspiegelten Fleck 11 und abermaliger Reflexion an der Fläche 12 wieder zum Objektiv 5 zurückkehrt. Diese Anordnung ist analog einem von Mirau angegebenen Auflicht-Verfahren [1], [14]—[18]; bei diesem ist 13 die Oberfläche des (Auflicht-) Objekts. Diese Anordnung hat gegenüber der ersten die Vorteile, daß die teildurchlässige Verspiegelung des Deckglases entfällt und daß die Justierung beim Objektwechsel erhalten bleibt. Nachteilig ist dagegen, daß das Zentrum des Beleuchtungsaperturkegels ausgeblendet wird und daß wegen des Raumbedarfs der teildurchlässigen Fläche 12 höchste Aperturen nicht zu erreichen sind, was mit der anderen Anordnung der Fall ist. Es sei noch bemerkt, daß die Fläche 9 entweder teildurchlässig oder voll verspiegelt sein kann. Die zweite Möglichkeit hat den Vorteil, daß man die Fläche 6 wesentlich stärker verspiegeln kann, so daß die Strahlen, die am Objekt reflektiert werden und als unerwünschte Nebenbilder in den Vergleichsstrahlengang eindringen, wesentlich schwächer werden.

Aus dieser neuen Anordnung können ohne große Änderungen einige bereits bekannte Anordnungen entwickelt werden. Bringt man, worauf E. Urbach hingewiesen hat, in dem von der teildurchlässigen Fläche 3 reflektierten Strahl noch ein weiteres Objektiv 14 und einen Spiegel 15 an (Abb. 9), dann ergibt sich ein von Horn [1], [19] beschriebenes Universal-Interferenzmikroskop. Bei Durchlicht wird das Objekt in der Ebene 13 angebracht. Der Vergleichsstrahlengang läuft über 14 und 15 und zurück in gerader Linie zur Vereinigungsfläche 2. Bei Auflichtbeobachtung bedeutet 15 das Auflichtobjekt, während der Vergleichsstrahlengang über die Objektive 5 und 8 läuft, wobei sich bei 13 kein Objekt befindet.

Weitere Möglichkeiten ergeben sich, wenn man das Licht über die teildurchlässige Fläche 2 einfallen läßt (Abb. 10). Hier ergibt sich eine sogenannte zyklische Anordnung, wie sie zuerst von Sagnac und in der hier vorliegenden Form von Philpot in die Interferenzmikroskopie eingeführt worden ist [1], [9], [20]. Das eine der an der Fläche 2 aufgespaltenen Teilstrahlenbündel durchläuft das Interferometer in Uhrzeigersinn, das andere entgegengesetzt. Das Objekt wird in der Ebene 13 angebracht. Weil beide Teilstrahlenbündel die Objektebene durchlaufen, erhält man zwei Bilder des Objekts im Gesichtsfeld, die sich nicht überdecken, wenn das Objekt genügend klein ist. Man kann aber auch, besonders wenn sich bei größeren Objekten die Teilbilder überdecken, das Bild im einen

Teilstrahlengang defokussieren und erhält dann ein Doppelfokusverfahren. Die Ungleichheit der Flächen 3 und 9 stört hier übrigens die Intensitätsgleichheit der beiden miteinander interferierenden Teilstrahlenbündel nicht.

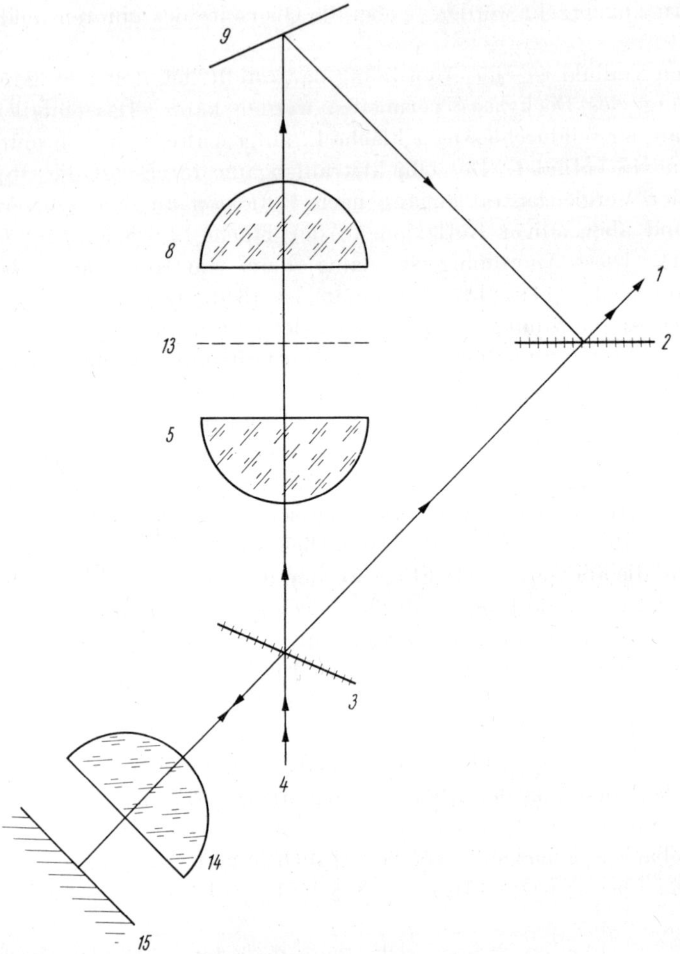

Abb. 9. Universal-Interferenzmikroskop von Horn.
14 — Objektiv; *15* — Spiegel bzw. Auflicht-Objekt. Restliche Ziffern wie in Abb. 8.

Bei gleicher Einstrahlungsrichtung läßt sich mit dem gleichen Grundschema die bekannte Auflichtanordnung von Linnik u. a. [1], [21], [22] herstellen (Abb. 11). Die Objektive 5 und 8 werden in Richtung ihrer Achsen auseinander gerückt. 19 ist das Auflichtobjekt, 18 die Vergleichsfläche.

Für die industrielle Fertigung scheint die soeben behandelte Anordnung mit ihren Varianten eine Reihe von Vorteilen zu haben. Einmal kann man ein Universal-Interferenzmikroskop bauen, bei dem man durch geringe Änderungen von dem einen zum anderen der beschriebenen Verfahren übergehen kann. Es sei daran erinnert, daß jedes Verfahren seine Vor- und Nachteile hat, und daß es gut sein kann, eine Auswahlmöglichkeit zwischen mehreren Verfahren zu haben. Zum anderen zeigen diese Bilder, daß mit nahezu der gleichen optischen und auch mechanischen Anordnung verschiedene Typen von Auf- und Durchlicht-Interferenzmikroskopen hergestellt werden können. Wegen der dadurch möglichen größeren Serie dürfte sich die Fertigung erheblich billiger stellen, als wenn

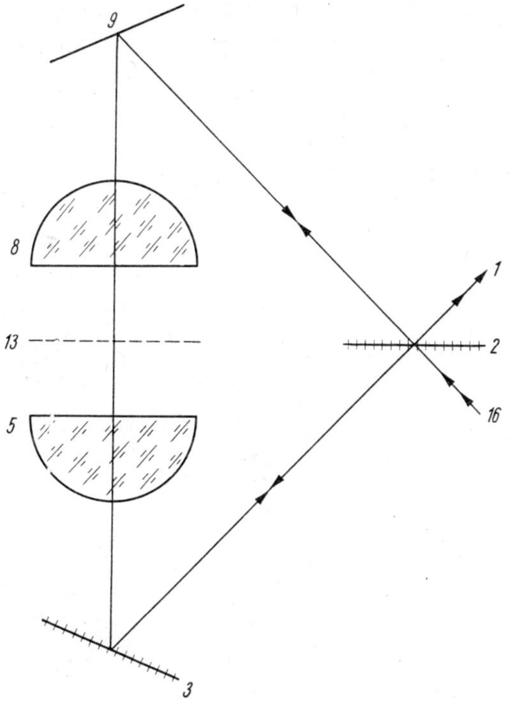

Abb. 10. Zyklisches Durchlicht-Interferenzmikroskop von PHILPOT.
16 — einfallendes Licht. Restliche Ziffern wie in Abb. 8.

man, wie bisher, Auflicht- und Durchlicht-Interferenzmikroskope nach völlig verschiedenen optischen und mechanischen Schemata bauen würde.

Zum Abschluß soll noch auf eine Möglichkeit hingewiesen werden, die die in Abb. 8 dargestellte Anordnung bietet. Bekanntlich mißt man mit dem Durchlicht-Interferenzmikroskop, wenn der Brechungsindex bekannt ist, stets die Dicke des Objekts, kann jedoch nicht unmittelbar seine räumliche Form erkennen. Dazu müßte man zusätzlich eine seiner Oberflächen im Auflicht untersuchen, oder man kann auf eine Durchlicht-Untersuchung verzichten und beide Flächen im Auflicht ermitteln, wie bei dem Zwei-Seiten-Verfahren von G. SCHULZ

[1], [23], [24]. Wenn das Durchlichtobjekt jedoch beständig ist, so daß man auf einer seiner Flächen eine teildurchlässige Schicht aufbringen kann, dann kann diese als Strahlenteiler in der Anordnung Abb. 8 benutzt werden. In Abb. 12 sind links die beiden sich hier ergebenden Möglichkeiten dargestellt. Der große Pfeil links stellt die Richtung des vom Objektiv 5 her einfallenden Lichts dar. Im Teilbild a) befindet sich die teildurchlässige Schicht, in Richtung des einfallenden Lichts gesehen, auf der Unterseite des Objekts, im Teilbild b)

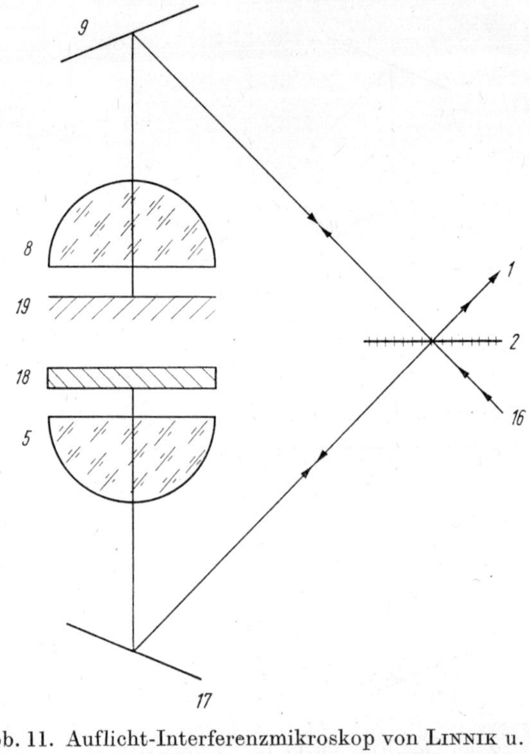

Abb. 11. Auflicht-Interferenzmikroskop von LINNIK u. a.
17 — Spiegel; *18* — Vergleichsfläche; *19* — Objekt. Restliche Ziffern wie in Abb. 8.

dagegen auf der Oberseite. Es sind jeweils die beiden von der Teilungsschicht aufgespaltenen Teilwellenfronten dargestellt, wobei die reflektierte Teilwellenfront naturgemäß die größere Auslenkung zeigt. Die rechte Seite der Abbildung zeigt die beiden Teilwellenfronten in gleicher Richtung laufend, wie es etwa hinter der Vereinigungsfläche 2 der Fall ist. Wenn das Licht nun vor dem Durchsetzen des Objekts geteilt wird, dann sind die Unebenheiten der oberen Objektfläche nur in der oberen Teilwellenfront enthalten. Wenn man mit geringer Beleuchtungsapertur beleuchtet und das obere Objektiv 8 auf die gleiche Apertur abblendet, dann geht praktisch nur das direkte Licht hindurch [25], d. h. die obere Teilwellenfront wird eingeebnet. Die durch das untere Objektiv 5 laufende Teilwellenfront bleibt dagegen erhalten, vorausgesetzt, daß die Blende, die die Beleuchtungsapertur beschränkt, noch vor der teildurchlässigen Fläche 3 angebracht ist. Durch dieses Abblenden des Objektivs 8 wird also die von der unteren Objektoberfläche beeinflußte Wellenfront mit einer ebenen Wellenfront verglichen, und man erkennt somit unmittelbar die Gestalt dieser einen Objektoberfläche. Bei der unten dargestellten Strahlenteilung nach Durchsetzen des Objekts sind die Unebenheiten in beiden Teilwellenfronten enthalten, in der

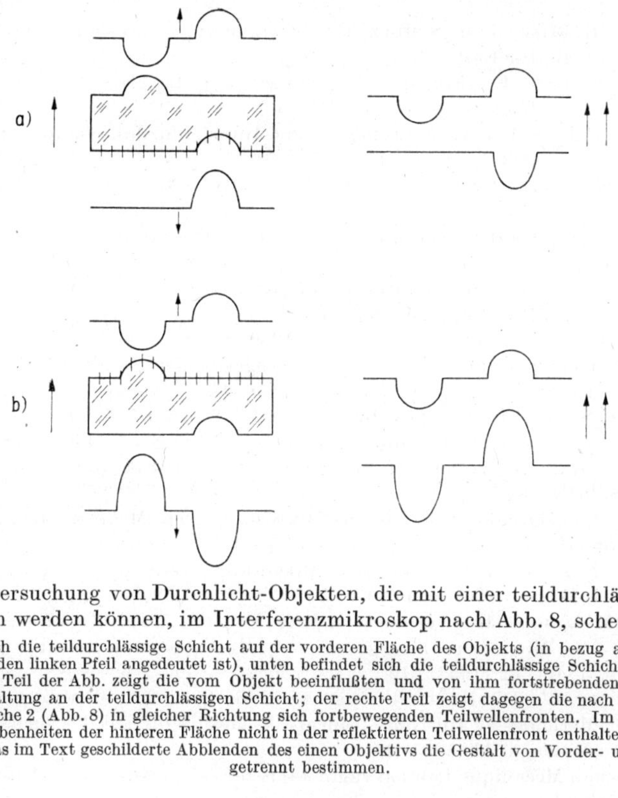

Abb. 12. Untersuchung von Durchlicht-Objekten, die mit einer teildurchlässigen Schicht versehen werden können, im Interferenzmikroskop nach Abb. 8, schematisch.

Oben befindet sich die teildurchlässige Schicht auf der vorderen Fläche des Objekts (in bezug auf das einfallende Licht, das durch den linken Pfeil angedeutet ist), unten befindet sich die teildurchlässige Schicht auf der hinteren Fläche. Der linke Teil der Abb. zeigt die vom Objekt beeinflußten und von ihm fortstrebenden Teilwellenfronten nach ihrer Aufspaltung an der teildurchlässigen Schicht; der rechte Teil zeigt dagegen die nach Passieren der teildurchlässigen Fläche 2 (Abb. 8) in gleicher Richtung sich fortbewegenden Teilwellenfronten. Im oben dargestellten Fall sind die Unebenheiten der hinteren Fläche nicht in der reflektierten Teilwellenfront enthalten; man kann hier jedoch durch das im Text geschilderte Abblenden des einen Objektivs die Gestalt von Vorder- und Hinterfläche getrennt bestimmen.

reflektierten natürlich stärker ausgeprägt. Das Abblenden des oberen Objektivs 8 bewirkt hier eine Vergrößerung der Streifenauslenkung, auch gegenüber dem Fall, daß man das Objekt unverspiegelt in der oben beschriebenen Weise zwischen Deckgläsern (10 in Abb. 8) untersuchen würde.

Zusammenfassung

Es wird über zwei interferenzmikroskopische Durchlichtanordnungen berichtet. Die erste stellt eine Weiterentwicklung des Mikro-MACH-ZEHNDER-Prinzips dar, bei der mit einem Objektiv größere Beleuchtungs- und Beobachtungsaperturen als bisher erreicht werden können. Die zweite gestattet, größte

Beobachtungs- und Beleuchtungsaperturen mit nur zwei optischen Systemen im Interferenzstrahlengang zu erreichen. Sie läßt sich außerdem leicht für verschiedene bekannte Durch- und Auflichtverfahren umbauen und hat somit universellen Charakter.

Berlin-Adlershof, Institut für Optik und Spektroskopie der DAdW

Literatur

[1] Krug, W., Rienitz, J. u. Schulz, G., Beiträge zur Interferenzmikroskopie. Akademie-Verlag, Berlin 1961.
[2] Krug, W. u. Lau, E., Ein Interferenzmikroskop für Durch- und Auflichtbeobachtungen. Ann. d. Phys. (6) 8 (1951) 329.
[3] Krug, W. u. Lau, E., Neue Verfahren der Interferenzmikroskopie. Die Technik **6** (1951) 122.
[4] Krug, W. u. Lau, E., Interferenzmikroskop. DWP 8323, Kl. 42h, Gr. 38, vom 31. 3. 1951.
[5] Schulz, G., Die Aperturfrage beim Interferenzmikroskop, in: Arbeitstagung Optik vom 26. bis 27. März 1954 in Jena, Berlin 1954, S. 51.
[6] Ingelstam, E., Some considerations concerning the merits of interference microscopes. Exp. Cell Res. Suppl. **4** (1957) 150.
[7] Otto, L., Durchlichtmikroskopie. Berlin 1959, S. 29.
[8] Rienitz, J., Über den Einfluß der teildurchlässigen Schichten auf den Wirkungsgrad von Zweistrahlinterferometern. Abhandlungen der DAdW Akademie-Verlag, Berlin 1961.
[9] Philpot, J. St. L., Microscopes, Brit. Pat. 645 464 vom 7. 6. 1948.
[10] Dyson, J., An interferometer microscope. Proc. Roy. Soc. A **204** (1950) 170.
[11] Horn, W., Mikro-Interferenz II, in: Jahrbuch für Optik und Feinmechanik 1958, Wetzlar, S. 0 VI—85.
[12] Grehn, J., Das Durchlicht-Interferenz-Mikroskop — ein Meßinstrument des Biologen. Umschau **58** (1958) 602.
[13] Grehn, J., Das Durchlicht-Interferenz-Mikroskop — ein Meßinstrument des Biologen Leitz Mitt. f. Wiss. u. Techn. **1** (1959) 35.
[14] Précision Mécanique, Interferometers, Brit. Pat. 681 391, Class 97 (i), 30. 3. 1949.
[15] Delaunay, G., Microscope interférentiel A. Mirau pour la mesure du fini des surfaces. Rev. d'Opt. **32** (1953) 610.
[16] Langendorff, G., Die Kontrolle, Wächterin der Qualität. Microtecnic **7** (1953) 343.
[17] Mirau, A., Méthodes et appareils français de mesure du fini des surfaces. Rev. Universelle des Mines (9) **11** (1955) 461.
[18] NN., Précision Mécanique Labinal rugometers for measuring surface finish. Machinery **94** (1959) 18.
[19] Horn, W., Mikro-Interferenz IV, in: Jahrbuch für Optik und Feinmechanik 1959, Wetzlar, S. 0 VI—117.
[20] Sagnac, G., Strioscope et striographe interférentiels. Le Radium **8** (1911) 241.
[21] Linnik, W., Ein Apparat für mikroskopisch-interferometrische Untersuchung reflektierender Objekte (Mikrointerferometer). C. R. Acad. Sci. URSS, Nouv. Sér. (1933) S. 21.
[22] Linnik, W. B., Mikrointerferometer. Optiko-mechanitscheskaja promyschlennostj (Optisch-mechanische Industrie) **8** (1938) Nr. 6 S. 9.
[23] Schulz, G., Dickenmessung dünner Objekte im Auflicht-Interferenzmikroskop. Naturw. **43** (1956) 31.
[24] Schulz, G., Interferentielle Bestimmung von Dicke und räumlicher Gestalt nach dem Zwei-Seiten-Verfahren. Optik **13** (1956) 404.
[25] Lohmann, A., Ein neues Dualitätsprinzip in der Optik. Optik **11** (1954) 478.

H. STEPHANI, Jena

Abbildung eindimensionaler Phasenobjekte im Phasenkontrast

Die einfachste Möglichkeit zur Beschreibung der Phasenkontrastabbildung bietet die bekannte Vektordarstellung des „strengen" Phasenkontrastes. Die Amplituden der Lichterregung werden als Vektoren in der komplexen Ebene gezeichnet; die Intensität ist dem Quadrat der Länge der Vektoren proportional. Die Abbildung eines Phasenobjektes wird also wie in Abb. 1 dargestellt. Im Vergleich zur Umgebung hat das Phasenobjekt eine um φ verschobene Phase. Der Aufspaltung des Objektvektors in Grundvektor und Zusatzvektor entspricht der räumlichen Trennung in direktes und abgebeugtes Licht in der Brennebene des Objektivs. Durch den Phasenring wird das direkte Licht um etwa —90° gedreht und außerdem geschwächt; man erhält so den Objektvektor 0. Man

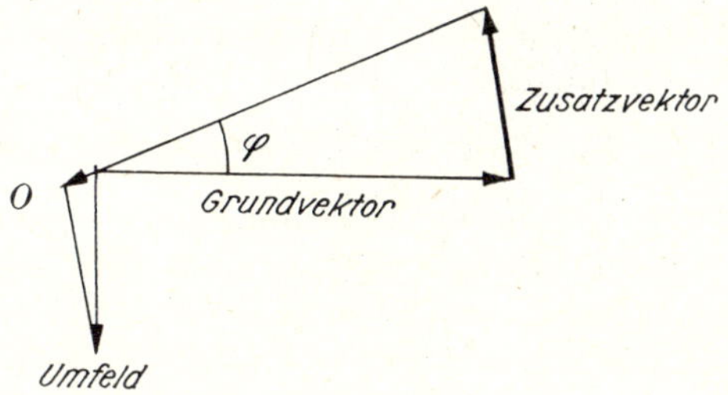

Abb. 1. Vektordarstellung.

kann dann leicht den Kontrast $K = \frac{I_{\text{Obj}} - I_{\text{Umf}}}{I_{\text{Obj}} + I_{\text{Umf}}}$ in Abhängigkeit von Objektphasendrehung und Phasenring ausrechnen. Für ein bei uns zufällig vorhandenes Objektiv erhält man so die Kurve von Abb. 2. Charakteristisch sind das Auftreten von Inversionen (Vorzeichenumkehr des Kontrastes) und das Fehlen einer Symmetrie von positiven und negativen Phasendrehungen (Inversion nicht bei 180°).

Bei diesen Betrachtungen hat man folgende Vereinfachungen vorgenommen: Man hat die nur endliche Objektivapertur A nicht beachtet und, indem man Amplituden addiert, vorausgesetzt, daß das Licht kohärent ist. Kohärentes Licht entspricht aber einer unendlich kleinen Beleuchtungsapertur.

Bei der allgemeinen Behandlung des Problems wird man folgenden bekannten Weg der Abbildungstheorie gehen:

Die Objektstruktur soll nur von einer Koordinate abhängen. Ein reines Phasenobjekt kann dann durch die Objektfunktion $o(y) = e^{i\varphi(y)}$ dargestellt werden. Diese Funktion gibt an, wie eine einfallende ebene Welle $e^{iy\psi}$ durch das Objekt verändert wird: $e^{i[\varphi(y)+y\psi]}$. Die Lichterregung in der Objektivbrennebene erhält man hieraus durch eine Fourier-Transformation: $\int e^{i[\varphi(y)+y\psi+y\xi]}\,dy$. In der Brennebene wirken Phasenplättchen und Aperturbegrenzung als Eingriffsfunktion $t(\xi)\,e^{i\delta(\xi)}$. Nochmalige Fourier-Transformation gibt die Licht-

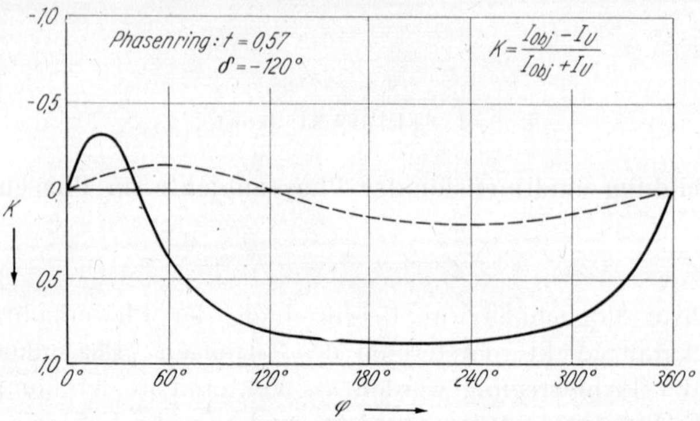

Abb. 2 Kontrast als Funktion der Phasendrehung. — kleines Objekt, ––– nicht aufgelöstes Objekt.

erregung im Bild, durch Quadrieren erhält man die Intensität des Teilbildes, durch Integration über alle Beleuchtungsrichtungen die Gesamtintensität

$$I(x) = \int \left| \int d\xi \int dy \, e^{i\varphi(y)} \, e^{iy\psi} \, e^{iy\xi} \, t(\xi) \, e^{i\delta(\xi)} \, e^{-ix\xi} \right|^2 d\psi \, .$$

Durch geeignete Umformung, indem man Quadrate von Integralen $(\int f(\alpha)\, d\alpha)^2$ ersetzt durch $\int\int f(\alpha)\, f(\beta)\, d\alpha\, d\beta$ und das cos-Additionstheorem benutzt, erhält man

$$I(x) = \int d\psi \int\int\int\int dy\, d\eta\, d\xi\, d\zeta\, t(\xi)\, t(\zeta) \cos [\varphi(y) - \varphi(\eta) + \psi(y - \eta) + \xi(y - x) - \zeta(\eta - x) + \delta(\xi) - \delta(\zeta)] \, . \tag{1}$$

Objektfunktion: $e^{i\varphi(y)}$; $e^{i\varphi(\eta)}$.

Eingriffsfunktion: $t(\xi)\, e^{i\delta(\xi)}$; $t(\zeta)\, e^{i\delta(\zeta)}$.

Die neuen Variablen η (zu y), ζ (zu ξ) wurden hierbei als Integrationsvariable eingeführt.

Beim Phasenkontrastverfahren denken wir uns den Beleuchtungsspalt zwischen $\psi = -B$ und $\psi = B$ und entsprechend den Phasenstreifen zwischen $\xi = \pm B$; der Phasenstreifen hat die Durchlässigkeit t und bewirkt die Phasendrehung δ. Die endliche Beleuchtungsapertur wird berücksichtigt. Man kann die Integration teilweise ausführen und kommt so auf

$$\begin{aligned} I(x) = 8 \int\int dy\, d\eta\, \frac{\sin B(y-\eta)}{y-\eta} \Bigg[& \cos[\varphi(y) - \varphi(\eta)] \frac{\sin A(x-y)}{x-y} \frac{\sin A(x-\eta)}{x-\eta} \\ & + 2\{(t \cos\delta - 1) \cos[\varphi(y) - \varphi(\eta)] + t \sin\delta \sin[\varphi(y) - \varphi(\eta)]\} \\ & \times \frac{\sin A(x-y)}{x-y} \frac{\sin B(x-\eta)}{x-\eta} \Bigg] . \\ & + (t^2 + 1 - 2\, t \cos\delta) \cos[\varphi(y) - \varphi(\eta)] \frac{\sin B(x-y)}{x-y} \frac{\sin B(x-\eta)}{x-\eta} \end{aligned} \tag{2}$$

y, η, φ: Objekt — A: Objektivapertur

t, δ: Phasenplättchen — B: Beleuchtungsapertur

Für die Auswertung habe ich die Faktoren der Gestalt $\frac{\sin C z}{z}$ ersetzt durch eine Rechteckfunktion (Abb. 3). Man kann dann für einfache Objekte die Integration leicht durchführen. Feinheiten gehen bei dieser Näherung natürlich verloren. Die Einzelheiten der Rechnungen sind im Jenaer Jahrbuch 1959/II veröffentlicht; hier möchte ich nur über die Hauptergebnisse berichten.

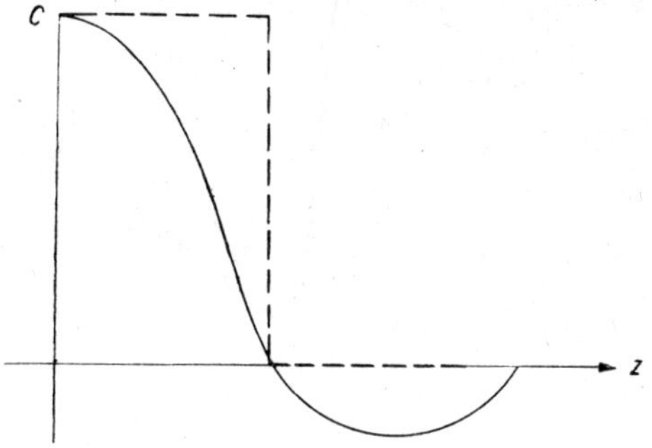

Abb. 3. — — — Näherungsfunktion.

Durch die obige Vereinfachung werden zwei charakteristische Längen eingeführt: $\frac{\lambda}{2A}$ — entsprechend dem Auflösungsvermögen und $\frac{\lambda}{2B}$ — entsprechend der halben Kohärenzlänge im Objekt. Man kann also die Objekte ihrer Größe nach in 3 Gruppen einteilen (Abb. 4). Als Objekte wählen wir Phasenstreifen einheitlicher Höhe. Für Objekte, die noch klein gegen $\lambda/2B$, aber schon größer als $\lambda/2A$ sind, {2}, gibt das Näherungsverfahren für Objektinneres und Umgebung genau die Intensitäten, die auch aus der Vektordarstellung folgen. Durch die Beachtung der endlichen Objektivapertur erfolgt am Objektrand aber ein stetiger Übergang der Intensität.

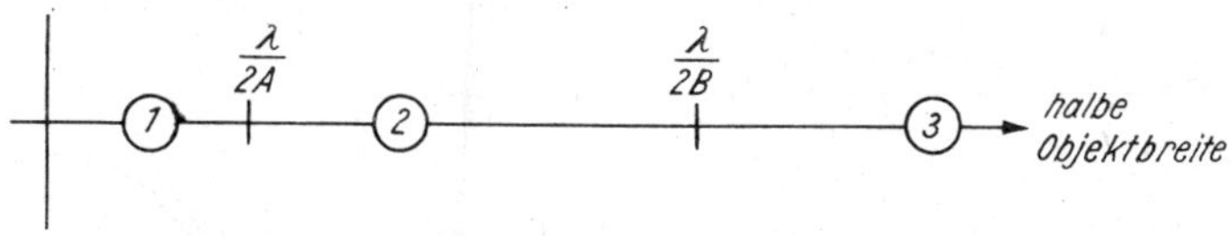

Abb. 4. Einteilung der Objekte.

Objekte unterhalb des „Auflösungsvermögens" $\frac{\lambda}{2A}$, {1}, zeigen ein abweichendes Verhalten. Die Kontraststärke hängt natürlich von der Objektgröße ab. Bemerkenswert ist die Verschiebung des Inversionspunktes; allgemein liegt er bei $\varphi = 2\,\delta$ (δ: Phasenplättchen).

Ich möchte nun zeigen, welche Erscheinungen bei großen Phasenobjekten {3} auftreten.

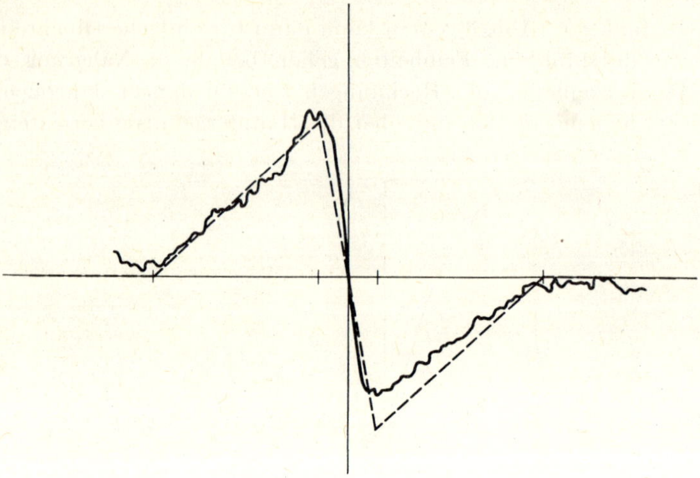

Abb. 6. Phasenstufe der Höhe $\varphi = 6°$ im Phako
——— gemessene, — — berechnete Bildintensität.

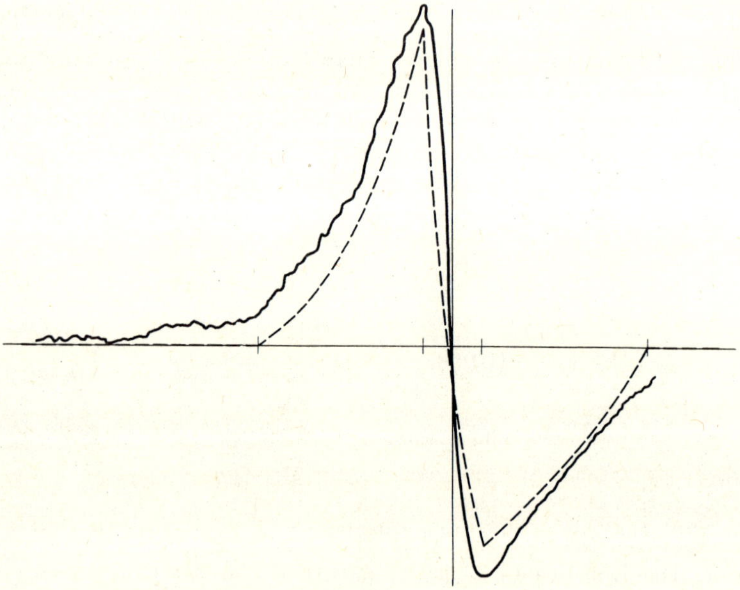

Abb. 8. Phasenstufe der Höhe $\varphi = 42°$ im Phako.
——— gemessene, — — — berechnete Bildintensität.

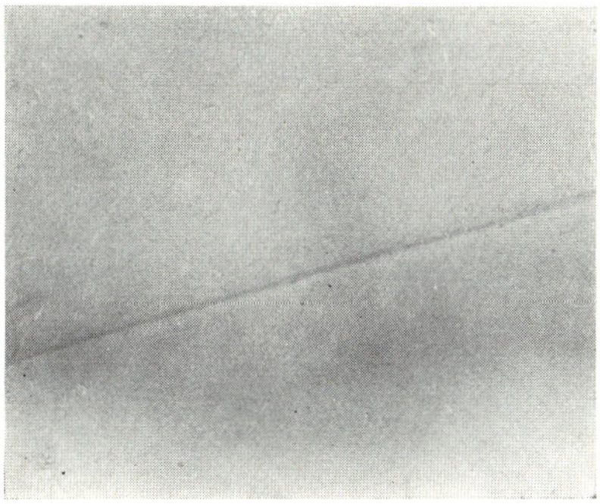

Abb. 5. Phasenstufe der Höhe $\varphi = 6°$ im Phako.

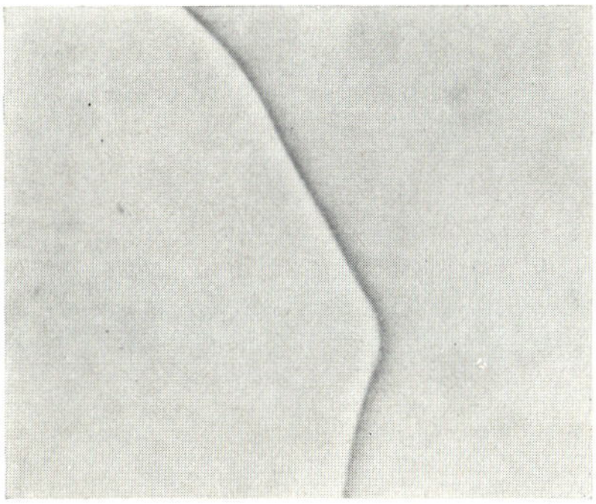

Abb. 7. Phasenstufe der Höhe $\varphi = 42°$ im Phako.

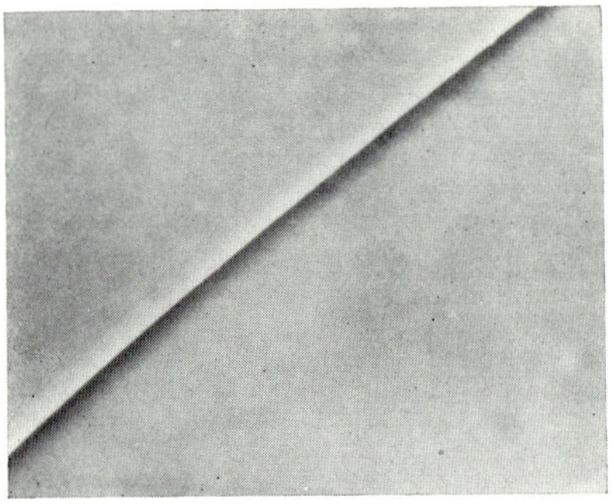

Abb. 9. Phasenstufe der Höhe
$\varphi = 118°$ im Phako.

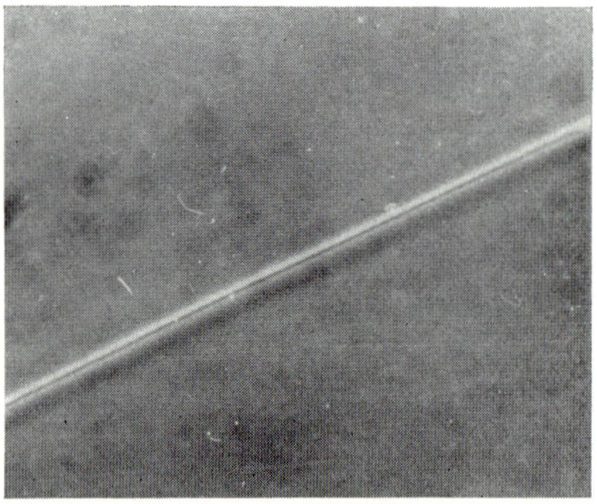

Abb. 12. Phasenstufe der Höhe
$\varphi = 170°$ im Phako.

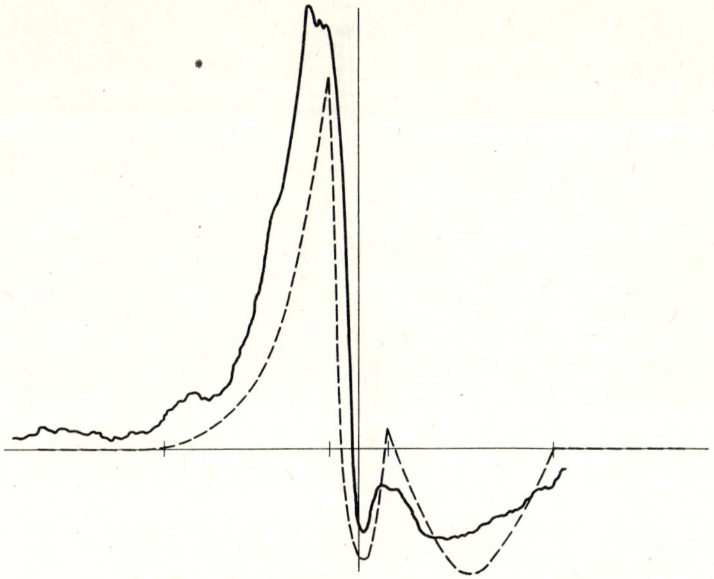

Abb. 10. Phasenstufe der Höhe $\varphi = 118°$ im Phako
——— gemessene, — — — berechnete Bildintensität.

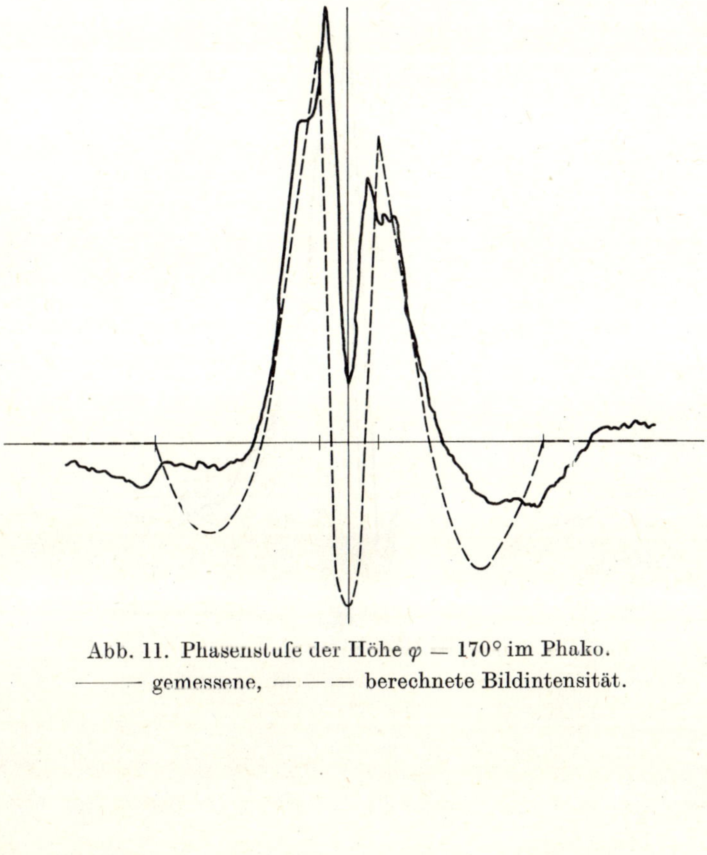

Abb. 11. Phasenstufe der Höhe $\varphi = 170°$ im Phako.
——— gemessene, — — — berechnete Bildintensität.

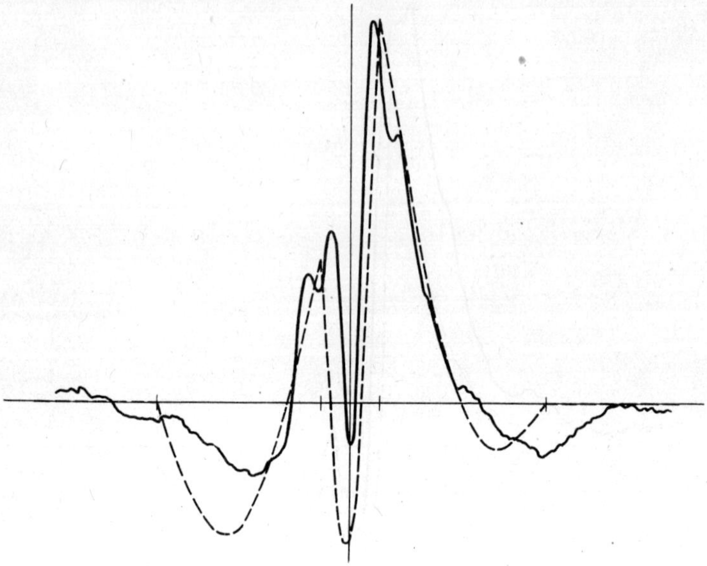

Abb. 13. Phasenstufe der Höhe $\varphi = 216°$ im Phako.
——— gemessene, — — — berechnete Bildintensität.

Abb. 14. Phasenstufe der Höhe $\varphi = 230°$ im Phako.
——— gemessene, — — — berechnete Bildintensität.

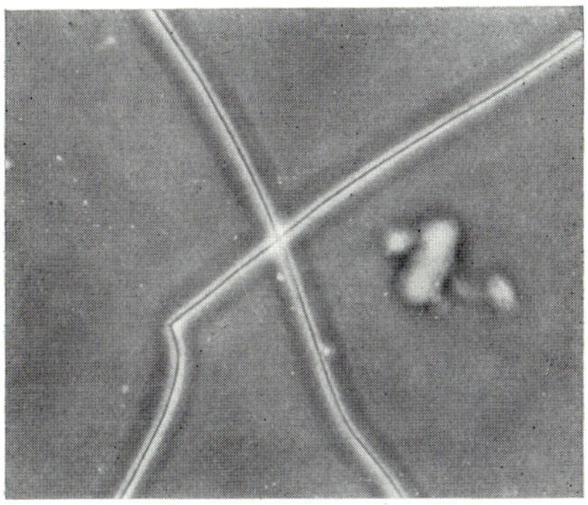

Abb. 15. Phasenstufe der Höhe
$\varphi = 216°$ im Phako.

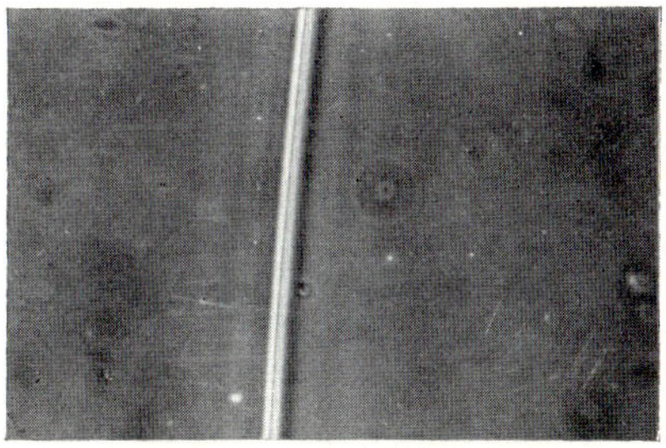

Abb. 16. Phasenstufe der Höhe
$\varphi = 230°$ im Phako.

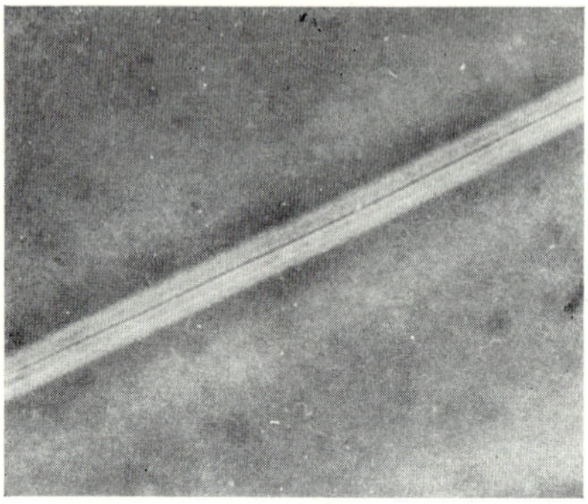

Abb. 17. Phasenstufe der Höhe $\varphi = 170°$
im strengen Phasenkontrast.

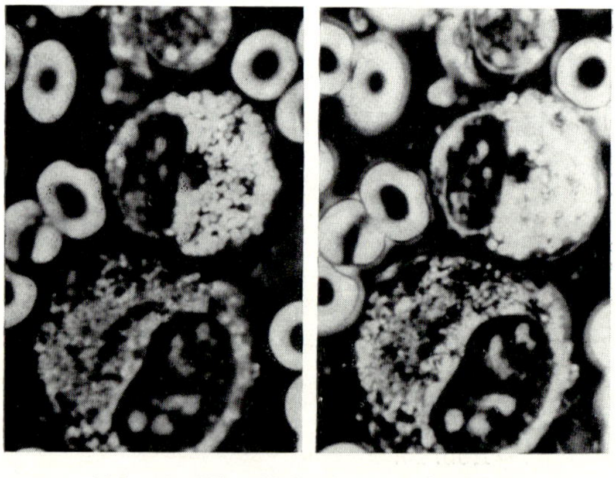

Abb. 19. Blut; links Anoptralkontrast,
rechts negativer Phasenkontrast.

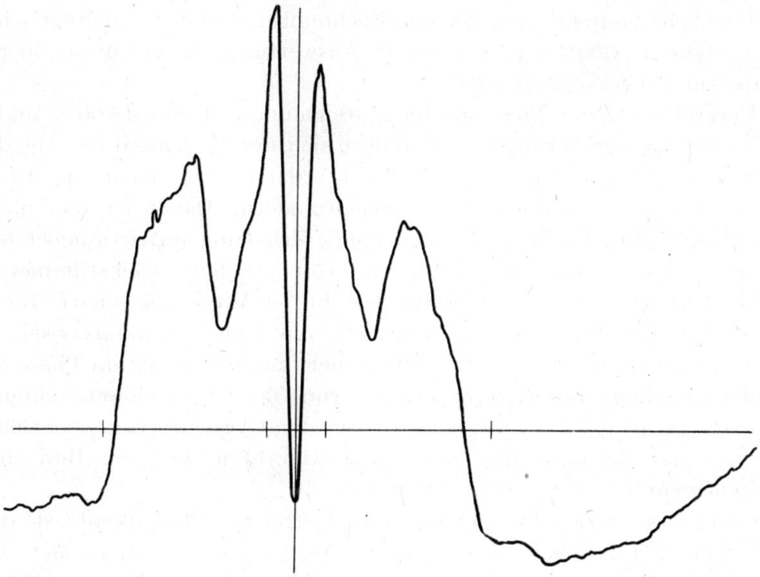

Abb. 18. Phasenstufe der Höhe $\varphi = 170°$ im strengen Phasenkontrast; gemessene Bildintensität.

Für die Rechnungen wurde eine Phasenstufe angenommen; die Aufnahmen wurden an Glasplättchen durchgeführt, die in Öl verschiedener Brechzahl eingebettet wurden.

Das erste Objekt (Abb. 5) zeigt die bekannten Hoferscheinungen.

Sie werden auf der Photometerkurve (Abb. 6) noch besser sichtbar; die absoluten Werte der berechneten Kurve wurden den experimentellen angeglichen, die Abszissenlagen folgen streng aus der Rechnung.

Diese Hoferscheinungen wurden ja schon mehrfach berechnet, aber nur für feste Objektphasendrehungen, da die Rechnungen ziemlich umfangreich sind. Unser Verfahren gestattet eine leichtere Auswertung, obwohl die endliche Objektivapertur berücksichtigt wird.

Bei Vergrößerung der Phasendrehung steigt der Kontrast (Abb. 7 und 8).

Bei weiterer Vergrößerung von φ ändert sich der Bildcharakter Abb. 8 aber sehr. Für das Objekt Abb. 9 sagt die Vektordarstellung schon eine Inversion voraus: Der Kontrast sollte sein Vorzeichen ändern. Davon ist aber nichts zu sehen. Neuartig ist nur, daß rechts eine kleine Erhebung auftritt (jedoch beginnt dies nicht am Inversionspunkt) (Abb. 10). Diese Erhebung wächst immer weiter (Abb. 11), besteht aus zwei hellen Streifen, in der Mitte eine scharfe Randlinie (die von der Aperturbegrenzung herrührt), am Rand nochmals zwei dunkle Streifen. Die Objektaufnahme Abb. 12 erinnert kaum noch an ein Phasenobjekt mit Hoferscheinung. Bei weiterer Vergrößerung der Objektphasendrehung über 180° hinaus ist jetzt die rechte Seite heller; der Übergang von φ zu $360° - \varphi$ entspricht einer Vertauschung der Seiten (Abb. 13 u. 14). Im Bild sind die Feinheiten nicht so gut zu sehen (Abb. 15 u. 16).

Man sieht also starke Abweichungen vom strengen Phasenkontrast, die mit der Beziehung „Hoferscheinungen" nicht genügend gekennzeichnet sind. Unsere Näherung gibt die Einzelheiten überraschend gut wieder. Sie reicht jedoch nicht aus, wenn die Beleuchtungsapertur sehr klein ist, auftretende Beugungsstreifen also nicht mehr durch Integration über verschiedene Beleuchtungsrichtungen geglättet werden. In diesem Fall ist das Bild noch komplizierter (Abb. 17 u. 18).

Zum Schluß noch ein Bild mehr aus der Praxis (Abb. 19). Während bei normalem negativen oder positiven Phasenkontrast die hellen Randsäume erst bei größeren Objektphasendrehungen auftreten, können sie beim Anoptralkontrast wegen der geringen Durchlässigkeit des Phasenringes schon von etwa 50° Phasendrehung ab auftreten. Auf einem Bild aus dem „Atlas der Phasenkontrasthämatologie" von RIND sind sie deutlich zu sehen.

Den Angehörigen des Mikrolabors des VEB Carl Zeiss JENA habe ich für die Unterstützung bei der Herstellung und Untersuchung der Testpräparate zu danken.

VEB Carl Zeiss JENA, jetzt Theoretisch-Physikalisches Institut der Universität Jena

Gy. BENCZE und E. HÓDI, Budapest

Lichtverteilung im mikroskopischen Bilde von optischen Gittern bei verschiedenen Beleuchtungs- und Beobachtungsmethoden sowie Untersuchungen der Konturenschärfe

Es wird über Entwicklungen von Formeln berichtet, die eine Berechnung der Lichtverteilung im Bilde von eindimensionalen Gittern gestatten. Sie sind für verschiedene Beleuchtungs- und Beobachtungsmethoden anwendbar und lassen auch Folgerungen auf die Lichtverteilung im Bilde einer Kante zu, die aber bei bestimmten Beleuchtungsarten auf eine Unstetigkeitsstelle im Bilde führen. Die Formeln lassen sich auch auf die Bestimmung der Konturenschärfe anwenden. Die bei der Ableitung gemachte Voraussetzung eines aberrationsfreien optischen Systems kann fallengelassen werden, wenn vorhandene Aberrationen sich durch einfache Näherung darstellen lassen.

Beobachten wir also als Ding ein eindimensionales Gitter, dessen komplexe Amplitude durch die folgende Funktion

$$\Omega(y,z) = \Omega(y) = \begin{cases} K_1 = y_1\, e^{i\varphi_1} & \text{für } -l < y < 0 \\ K_2 = y_2\, e^{i\varphi_2} & \text{für } 0 < y < +l \\ \Omega\,(y - 2\,n\,l) & \text{für } (2\,n-1)\,l < y < (2\,n+1)\,l \\ & \text{mit } n = \pm 1, \pm 2, \ldots \end{cases} \qquad (1)$$

dargestellt werden kann.

Dabei bedeuten y und z die rechtwinkligen Ortskoordinaten in der Objektebene, $2\,l$ die Länge einer Periode des Dinges, während y_1 und y_2 bzw. φ_1 und φ_2 die Durchlässigkeit und die Phasenverschiebung der einzelnen Gitterteile bestimmen. Nun setzen wir noch voraus, daß unser Abbildungssystem — wenigstens in erster Annäherung — vollständig aberrationsfrei, die Abbildung für die ganze Objektebene isoplanatisch, die Beleuchtung totalkohärent ist und wir außerdem bei unseren Rechnungen die KIRCHHOFFsche Annäherung der Diffraktionstheorie verwenden können.

In diesem Falle erhält man die Verteilung der komplexen Amplitude im Bilde durch die bekannte Integralformel

$$C(y', z') = \int_{-\infty}^{\infty} \int_{-\infty}^{\infty} A(y' - y, z' - z)\, \Omega(y, z)\, dy\, dz\,, \qquad (2)$$

wenn y' und z' die rechtwinkligen Ortskoordinaten in der Bildebene sind; dabei bedeutet

$$A(y', z') = \frac{i\,R}{\lambda}\, e^{-ikR} \int_{-\infty}^{\infty} \int_{-\infty}^{\infty} F(\beta, \gamma)\, e^{-ik(\beta y' + \gamma z')}\, d\beta\, d\gamma \qquad (3)$$

die Verteilung der komplexen Amplitude im Bilde eines einzigen, sich in dem Koordinatenmittelpunkt der Objektebene befindlichen, hellen Punktes.

Die Bezeichnungen in der Formel (3) sind, wie folgt: β und γ bedeuten die Winkelkoordinaten in der Austrittspupille, die sich aus den entsprechenden rechtwinkligen Koordinaten η und ζ in folgender Weise ergeben:

$$\beta = \frac{\eta}{R}, \quad \gamma = \frac{\zeta}{R}, \tag{4}$$

wo R die Brennweite unseres aberrationsfreien Abbildungssystems ist. Die Funktion $F(\beta, \gamma)$ nennt man Pupillenfunktion, und sie ist bei aberrationsfreien Objektiven durch die Formel

$$F(\beta,\gamma) = \begin{cases} 1, & \text{falls der Punkt } (\beta, \gamma) \text{ im Inneren der Austrittspupille liegt,} \\ 0, & \text{falls der Punkt } (\beta, \gamma) \text{ außerhalb der Austrittspupille liegt,} \end{cases} \tag{5}$$

erklärt.

Endlich bedeutet λ die Wellenlänge des benutzten monochromatischen Lichtes und $k = \frac{2\pi}{\lambda}$. Fernerhin werden wir den belanglosen Faktor e^{-ikR} in (3) im weiteren vernachlässigen.

Wenn man die Verteilung der komplexen Amplitude im Bilde bereits ermittelt hat, so erhält man damit die Intensitätsverteilung des Bildes sehr leicht, da letztere — wie bekannt

$$I(y', z') = K \cdot |C(y', z')|^2 \tag{6}$$

ist, wo der Zahlenwert des Proportionalitätsfaktors $K = 1$ gewählt werden kann.

Um also die Lichtverteilung im Bilde eines eindimensionalen Gitters zu berechnen, müssen wir zuerst die Formel (2) auf die Dingfunktion (1) anwenden. Die Auswertung des gewonnenen Integrals kann zum Beispiel so durchgeführt werden, daß man die Funktion $\Omega(y)$ in eine FOURIERsche Reihe entwickelt und diese an die Stelle von $\Omega(y)$ einsetzt. Vertauscht man dann die Reihenfolge der Summenbildung und Integration — was im allgemeinen gestattet ist — und benutzt einige bekannte Integralformeln, besonders solche für BESSELsche Funktionen — die jetzt nicht einzeln angegeben werden sollen — so ergibt sich folgendes Resultat:

$$C(y', z') = i R \lambda \left[\frac{1}{2} (K_1 + K_2) + \frac{i}{\pi} (K_1 - K_2) \cdot \sum_{m=-(M+1)}^{M} \frac{e^{i(2m+1)\frac{\pi}{2} y'}}{2m+1} \right]. \tag{7}$$

Darin bedeutet $M = \left[\frac{l\alpha'}{\lambda} - \frac{1}{2} \right]$, wo $\alpha' = \frac{a}{R}$, also der Quotient aus dem Radius der kreisförmigen Austrittspupille und der Brennweite des betrachteten Abbildungssystems, das heißt die Winkelapertur desselben ist. Formel (7) ist gültig, wenn $M < \frac{l\alpha'}{\lambda} - \frac{1}{2}$ ist. In dem praktisch belanglosen Falle, wo zwischen M und $\frac{l\alpha'}{\lambda} - \frac{1}{2}$ das Gleichheitszeichen gilt, hat man den Ausdruck in der eckigen Klammer in (7) noch durch das Zusatzglied $\frac{1}{2\pi}(K_1 - K_2)\frac{\lambda}{l\alpha'}\sin k\alpha' y'$ zu ergänzen. Wegen der Symmetrie der in obiger Summe vorkommenden Glieder kann die rechte Seite von (7) so umgestaltet werden, daß die Summe nur aus Sinusgliedern mit dem Argument $(2m+1)\frac{\pi}{l}y'$ besteht, wo aber jetzt m nur von 0 bis M läuft.

Formel (7) stellt also die Verteilung der komplexen Amplitude im Bilde eines eindimensionalen optischen Gitters, dessen komplexe Amplitude durch die Funktion (1) charakterisiert wird, bei einer zentralen, kohärenten Hellfeldbeleuchtung dar. Der Vergleich der Formeln (1) und (7) zeigt uns unmittelbar — allerdings unter Berücksichtigung der leicht zu errechnenden Fourierschen Reihe von $\Omega(y)$, die hier aber nicht aufgeführt ist —, daß in dem betrachteten Falle das Abbildungssystem alle Raumfrequenzen des Objektes, die symmetrisch in bezug auf die 0-Frequenz, also auf das direkte Licht, liegen, zwischen gewissen Grenzen, die nach (7) nur von dem Bruch $\frac{l\alpha'}{\lambda}$ abhängen, unverändert überträgt. Jene Frequenzen aber, die außerhalb dieser Grenzen liegen, werden von dem Abbildungssystem nicht übertragen. Es soll aber ausdrücklich betont werden, daß diese Feststellung, die sonst mit der Abbeschen Theorie von der Bildentstehung im Mikroskop völlig übereinstimmt, nur bei einem aberrationsfreien Abbildungssystem zutrifft.

Von der Formel (7) ausgehend, können nunmehr sehr leicht entsprechende Formeln für andere mikroskopische Beleuchtungs- und Beobachtungsmethoden abgeleitet werden, und zwar für positives Phasenkontrastverfahren:

$$C_P(y', z') = i R \lambda \left[\frac{1}{2}(K_1 + K_2) + \frac{1}{\pi}(K_1 - K_2) \cdot \sum_{m=-(M+1)}^{M} \frac{e^{i(2m+1)\frac{\pi}{l}y'}}{2m+1}\right]. \quad (8)$$

Die entsprechende Formel für negatives Phasenkontrastverfahren unterscheidet sich von der vorigen nur darin, daß das zweite Glied der eckigen Klammer statt des positiven ein negatives Vorzeichen hat.

Wenn wir nun zur schrägen Beleuchtung übergehen, dann erhalten wir aus (7) das folgende Resultat:

$$C_S(y', z') = i R \lambda \left[\frac{1}{2}(K_1 + K_2) + \frac{i}{\pi}(K_1 - K_2) \cdot \sum_{m=0}^{2M+1} \frac{e^{i(2m+1)\frac{\pi}{l}y'}}{2m+1}\right]. \quad (9)$$

Im Falle einer schrägen Dunkelfeldbeleuchtung fällt in (9) das erste Glied der eckigen Klammer weg. Nachdem die Verteilung der komplexen Amplitude im Bilde auf Grund der Formeln (7) bis (9) und ähnliche Formeln bereits bestimmt wurde, kann man nach (6) mit $K = 1$ sehr leicht auch auf die Intensitätsverteilung im Bilde schließen. Wegen des Umfanges dieser Formeln sei es uns aber gestattet, sie an dieser Stelle auszulassen. Wir möchten aber noch erwähnen, daß die sogenannte kombinierte Beleuchtung, deren Vorteile besonders durch den Kondensor vom Typ 3 D der ungarischen Gamma Optischen Werke ausgenutzt werden, im wesentlichen aus der inkohärenten Superposition einer schrägen Beleuchtung und einer gegenseitigen schrägen Dunkelfeldbeleuchtung besteht.

Die Ableitung der Formel (7) kann auch in einer eleganteren Weise vorgenommen werden, als es oben geschildert wurde, und zwar durch Anwendung von Fourier-Transformationen und der Diracschen δ-Funktion. Beide Methoden lassen eine Verallgemeinerung zu: Wir müssen nämlich nicht wie oben ein eindimensionales Gitter von spezieller Struktur betrachten, sondern es ist nur notwendig, die Fourierschen Koeffizienten der Funktion $\Omega(y)$ zu kennen.

Jetzt wählen wir als Objekt eine Kante, deren komplexe Amplitude durch die Funktion

$$\Omega'(y, z) = \Omega'(y) = \begin{cases} K_1 & \text{für } y < 0 \\ K_2 & \text{für } y > 0 \end{cases} \tag{10}$$

charakterisiert werden kann. Da $\Omega'(y)$ aus $\Omega(y)$ durch einen Grenzübergang: $l \to \infty$ hergeleitet werden kann, bietet es sich von selbst dar, auch in (7) bis (9) je einen entsprechenden Grenzübergang durchzuführen. So gelangt man von (7) aus zum folgenden Ergebnis:

$$C'(y', z') = i R \lambda \left[\frac{1}{2} (K_1 + K_2) - \frac{1}{\pi} (K_1 - K_2) \cdot \operatorname{Si} k \alpha' y' \right]. \tag{11}$$

Ebenso erhält man aus (8)

$$C'_P(y', z') = i R \lambda \left[\frac{1}{2} (K_1 + K_2) + \frac{i}{\pi} (K_1 - K_2) \cdot \operatorname{Si} k \alpha' y' \right]. \tag{12}$$

In den beiden letzten Formeln kommt also die Funktion Integralsinus vor, die — wie bekannt — durch das folgende bestimmte Integral

$$\operatorname{Si} x = \int_0^x \frac{\sin t}{t} dt \tag{13}$$

definiert ist.

Um auch dafür ein Beispiel zu geben, werden wir nach (6) und (11) die Intensitätsverteilung im Bilde einer Kante bei zentraler Hellfeldbeleuchtung und unter den übrigen oben erklärten Annahmen als Funktion der Größen $y_1, y_2, \varphi_1, \varphi_2, R, \alpha', \lambda$ und selbstverständlich von y' aufschreiben:

$$I'(y', z') = R^2 \lambda^2 \left\{ \frac{1}{4} [y_1^2 + 2 y_1 y_2 \cos(\varphi_1 - \varphi_2) + y_2^2] - \frac{1}{\pi} (y_1^2 - y_2^2) \operatorname{Si} k \alpha' y' \right.$$
$$\left. + \frac{1}{\pi^2} [y_1^2 - 2 y_1 y_2 \cos(\varphi_1 - \varphi_2) + y_2^2] \operatorname{Si}^2 k \alpha' y' \right\}. \tag{14}$$

Wenn man hierin an Stelle der einzelnen Variablen ihre geeignet gewählten Zahlenwerte einsetzt, so kann man mit einem Schlage eine ganze Schar von praktisch wichtigen Spezialfällen numerisch beherrschen. Ganz analog können wir eine der vorherigen ähnliche Formel aus (6) und (12) ableiten.

Leider versagt die eben benutzte Grenzübergangsmethode zum Beispiel bei Verwendung schräger Beleuchtung. Wenn man nämlich an Hand der Formel (8) so verfahren will wie oben, dann würde man sehr bald erkennen, daß das entstandene Integral uneigentlich ist, und zwar in der Weise, daß es eine unendlich große additive Konstante enthält.

Um die Verteilung der komplexen Amplitude auch in dem genannten Falle (und auch in ähnlichen Fällen) bestimmen zu können, mußten wir einen anderen Weg einschlagen. Unsere Rechnungen haben wir dazu so eingerichtet, daß wir von einem eindimensionalen Objekt ausgegangen sind, dessen komplexe Amplitude durch die Funktion

$$\Omega''(y, z) = \Omega''(y) = \begin{cases} K_1 & \text{für } -D < y < 0 \\ K_2 & \text{für } 0 < y < D \\ 0 & \text{für } |y| > D \end{cases} \tag{15}$$

dargestellt werden kann, um darin D gegen Unendlich streben zu lassen. Dieses Verfahren hatte zur Folge, daß so das direkte Licht von dem gebeugten getrennt behandelt werden kann und wiederum FOURIERsche Transformationen benutzend, es endlich zum Beispiel bei Verwendung einer schrägen Beleuchtung für die Verteilung der komplexen Amplitude das folgende Ergebnis geliefert hat:

$$C_S''(y', z') = i R \lambda \left[\frac{1}{2}(K_1 + K_2) - \frac{i}{2\pi}(K_1 - K_2)(\mathrm{Ci}\, 2k\alpha' y' - i \,\mathrm{Si}\, 2k\alpha' y') \right]. \tag{16}$$

Durch Streichen des ersten Gliedes in der eckigen Klammer erhalten wir eine entsprechende Formel für schräge Dunkelfeldbeleuchtung. Aus (16) und (6) mit $K = 1$ kann eine ähnliche Formel wie (14) für die Intensitätsverteilung des Bildes abgeleitet werden.

Aus der Formel (16) ersieht man übrigens, daß bei der Verwendung einer zentralen Hellfeldbeleuchtung oder des Phasenkontrastverfahrens die Verteilung der komplexen Amplitude im Bilde einer Kante ausschließlich durch eine Integralsinus-Funktion bedingt ist, während dieselbe bei Verwendung einer schrägen Beleuchtung oder auch einer schrägen Dunkelfeldbeleuchtung außer einer Integralsinus-Funktion noch von einem Integralcosinus abhängt, der durch das folgende bestimmte Integral

$$\mathrm{Ci}\, x = -\int_x^\infty \frac{\cos t}{t}\, dt \tag{17}$$

definiert ist.

Da aber der Integralcosinus an der Stelle 0 bekanntlich eine Singularität aufweist, folgt daraus sofort, daß bei Verwendung einer schrägen Beleuchtung, einer schrägen Dunkelfeldbeleuchtung oder sogar einer kombinierten Beleuchtung — diese letztere in dem Sinne gemeint, wie es oben bereits entwickelt wurde — im Bilde die Intensität unendlich groß wird, und zwar an solchen Stellen, wo das (kantenförmige) Objekt eine zwar endliche, doch sprunghafte Intensitätszunahme oder auch Intensitätsverminderung hat. In der Tat kann bei solchen Fällen unter dem Mikroskop eine sehr schmale, helle Linie beobachtet werden, was dem Bilde einen scharfen Eindruck verleiht.

Untersuchen wir jetzt noch kurz den Begriff der Konturenschärfe, der besonders in der Mikroskopie eine wichtige Rolle spielt. Betrachten wir dazu nochmals Formel (14), die die Lichtverteilung im Bilde einer Kante bei zentraler Hellfeldbeleuchtung beschreibt. Eine analoge Formel kann wie schon oben erwähnt auch für die Verwendung des Phasenkontrastverfahrens hergeleitet werden. Wenn wir zum Beispiel von Formel (14) ausgehen und die Funktion $I'(y', z') = I'(y')$ mit konkreten numerischen Werten der vorhandenen Parameter in einer Skizze darstellen, erhalten wir etwa den in Abb. 1 dargestellten Kurvenverlauf.

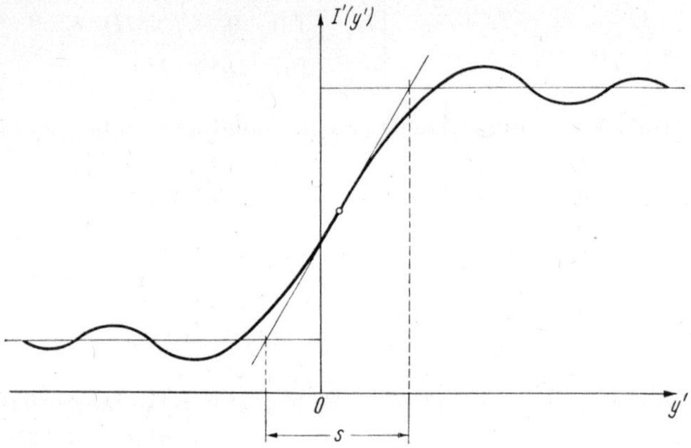

Abb. 1

Wir bestimmen die Tangente im Wendepunkt der Kurve und berechnen die Länge s der Projektion des Tangentenstückes, das zwischen die Niveaulinien $I'(-\infty)$ und $I'(+\infty)$ fällt. Durch diese sogenannte Schärfenstrecke, oder öfters durch deren reziproken Wert kann nunmehr — wenigstens theoretisch — die Konturenschärfe des mikroskopischen Bildes charakterisiert werden. Bei unseren Untersuchungen hat sich aber ergeben, daß diese Maßzahl im Falle einer zentralen Hellfeldbeleuchtung sowie bei Anwendung des positiven oder negativen Phasenkontrastverfahrens, wo also das Bild dem abgebildeten Dinge in gewisser Hinsicht ähnlich ist, auch tatsächlich den Grad des bei Betrachtung des Bildes in uns erregten subjektiven Schärfengefühls ziemlich treu widerspiegelt. In den übrigen Fällen aber, die früher behandelt wurden und die für die Praxis ebenfalls wichtig sind, müssen wir auf die obige Definition der Konturenschärfe verzichten, da die Intensitätswerte im Bilde, eben in den kritischen Punkten, ins Unendliche laufen.

Wir möchten uns zum Schluß kurz und ohne Formeln mit der Berücksichtigung der Aberrationen beschäftigen. Wenn wir nicht über ein ideales Abbildungssystem verfügen, sondern das System eine kleine einzelne Aberration oder aber mehrere gleichzeitig auftretende kleine Aberrationen aufweist, die es also ermöglichen, mathematische Reihenentwicklungen heranzuziehen, dann gibt es zwar kein prinzipielles Hindernis, ähnliche Berechnungen wie oben im aberrationsfreien Falle auszuführen, doch gelangt man sehr bald zu ziemlich komplizierten und umfangreichen Formeln, deren numerische Auswertung nur bei Verwendung einer Rechenmaschine von mindestens mittlerer Leistung rentabel durchgeführt werden kann.

Unsere hier geschilderten Ergebnisse beruhen auf bestimmten Mitteilungen von Kálmán Bernolák, André Maréchal und B. R. A. Nijboer und stellen gewissermaßen die Verallgemeinerung bzw. Erweiterung einiger von ihnen angegebenen Formeln dar. Doch haben unsere Untersuchungen einen theoretischen, vor allem mathematischen Charakter, deshalb ist es zu erwarten, daß aus denselben noch weitere, hauptsächlich praktische Folgerungen gezogen werden können.

F. HODAM, Berlin

Zweidimensionale mikrophotometrische Auswertung photographischer Bilder

Die üblichen mikrophotometrischen Verfahren, bei denen die Auswertung mit Hilfe eines Spaltes geschieht, setzen voraus, daß das Objekt zumindest in Richtung des Spaltes genügende Ausdehnung hat und die Helligkeitsverteilung keine zu großen Unregelmäßigkeiten aufweist. Hierdurch ergeben sich aber Grenzen dieser Verfahren, die vielfach Schwierigkeiten bei der Auswertung photographischer Bilder mit sich bringen. Diese Grenzen machen sich besonders dann bemerkbar, wenn kleinste Objekte mit unregelmäßiger Form und stark unsymmetrischer Helligkeitsverteilung photometrisch auszuwerten sind. In diesen Fällen ist es notwendig, das Originalbild zusätzlich stark zu vergrößern, wobei häufig durch die hierzu notwendige optische Abbildung Verfälschungen der ursprünglichen Lichtverteilung eintreten.

Es wurde deshalb in unserem Institut mit Erfolg ein Verfahren eingesetzt, dessen Grundlagen von Lau, Kind, Roose [1] angegeben sind. Dieses Verfahren, das hier als Schwärzungsreliefverfahren[1]) bezeichnet sei, beruht auf der folgenden Tatsache: Die in einer lichtempfindlichen Schicht enthaltenen Silber-Halogenide werden, soweit sie vom Licht getroffen sind, beim Entwicklungsvorgang in metallisches Silber verwandelt. Die unbelichteten Teile werden später beim Fixieren und Wässern gelöst und entfernt. Hierdurch entsteht einmal eine als Schwärzung bekannte Variation der Lichtdurchlässigkeit der Schicht und zum anderen ein dieser Schwärzung entsprechendes mechanisches Relief. Dieses kann mit Hilfe einer Interferenzeinrichtung sichtbar gemacht werden, so daß die durch die Interferenzlinien gekennzeichneten Orte gleicher Niveauhöhe ähnlich wie die von Landkarten bekannten Höhenschichtlinien ein deutliches Bild des Reliefs und damit der Schwärzung bzw. der Lichtintensität zeigen.

Die Auswertung dieser Bilder kann mit einem üblichen Interferenzmikroskop geschehen. Vorteilhafter jedoch ist wegen der höheren mechanischen Stabilität eine Einrichtung, bei der die zu prüfende Platte in direkten Kontakt mit einer ebenen Glasfläche gebracht wird und so in einfachster Weise die Interferenzen gleicher Dicke beobachtet werden können. Das optische Schema eines solchen Gerätes ist in Abb. 1 dargestellt. Die Beleuchtung erfolgt mit Natriumlicht; zur Beobachtung wird das Bild mit Hilfe eines halbdurchlässigen Spiegels abgezweigt und dem Okular bzw. einer photographischen Kamera zugeführt. Die Betrachtungsvergrößerung ist etwa 60fach.

[1]) Die ursprüngliche Bezeichnung als „Schwärzungsplastik“ wurde aufgegeben, da sie verschiedentlich Anlaß zu irrtümlicher Auslegung gab.

Dieses Verfahren erlaubt also, den Intensitätsverlauf in kleinsten Objekten unmittelbar ohne schädliche Nachvergrößerung zu beobachten, da durch die Vergrößerung des Okularsystems keinerlei Veränderungen des Verlaufs der Interferenzlinien entstehen können. Die Behandlung der photographischen Platte und die Vermeidung einiger Effekte, die die Form des Reliefs verfälschen können, sind in der Literatur [1] beschrieben.

Ein Beispiel der entstehenden Bilder zeigt Abb. 2, in der die Lichtverteilung in kleinsten außeraxialen Bildpunkten dargestellt ist.

Der Zusammenhang zwischen der Ordnungszahl der Interferenzlinien einerseits und der optischen Schwärzung sowie der Intensität des aufgefallenen Lichtes andererseits läßt sich durch Photographie geeigneter Testfiguren ermitteln. Hierzu benutzt man zweckmäßig einen feinen Spalt, von dem man unter Variation

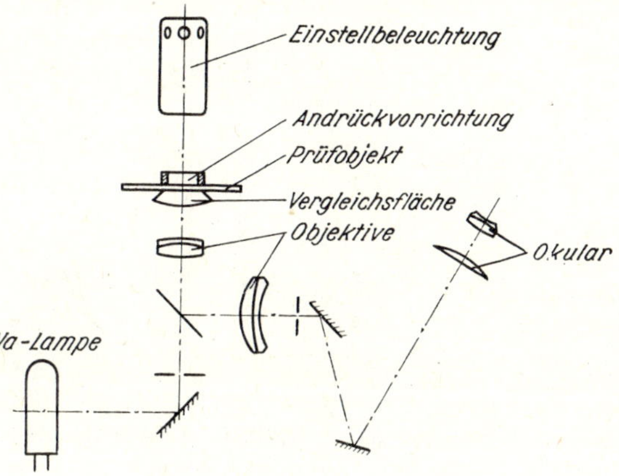

Abb. 1. Schema der Auswerteeinrichtung. Das Okular kann auch gegen eine Kleinbildkamera vertauscht werden.

der Lichtintensität eine Serie von Aufnahmen macht. Wichtig ist hierbei, den Einfluß des SCHWARZSCHILD-Exponenten auszuschalten, d. h. bei den Aufnahmen die Lichtintensität zu regeln und die Belichtungszeit konstant zu lassen. Eine Beschreibung einer speziellen Einrichtung für diese Zwecke ist für einen späteren Zeitpunkt vorgesehen.

Durch Auswertung derartiger Aufnahmen im Interferenzgerät sowie durch Messung der Schwärzung mit Hilfe eines normalen optischen Mikrophotometers lassen sich Kurven gewinnen, die die Reliefhöhe und die optische Schwärzung über der Lichtintensität darstellen und die charakteristisch für ein bestimmtes photographisches Material sind.

Ein Beispiel solcher Kurven zeigt Abb. 3. Der von der bekannten Form der Schwärzungskurve abweichende Verlauf erklärt sich dadurch, daß als Testobjekt, wie bereits erwähnt, ein feiner Spalt verwendet wurde, und deshalb der Kontrast nicht bis zu den aus der Sensitometrie bekannten Werten ansteigt. Der spontane Abfall der Kurve nach Erreichen des Maximums hat seine Ursache darin, daß bei der Messung stets auf die unmittelbare Nachbarschaft des Spaltbildes bezogen wird. Hierdurch macht sich der Einfluß des Diffusionslichthofes stark bemerkbar. Dieses Meßverfahren entspricht aber durchaus den Vorgängen bei der photographischen Wiedergabe kleinster isolierter Objekte. Auch hier ergibt sich der zur Erkennbarkeit notwendige Kontrast stets als Funktion der Schwärzung in der unmittelbaren Nachbarschaft des Bildes.

Tritt bei einem Photomaterial nur ein geringer Diffusionslichthof ein, so ändert sich, wie auch nach Vorstehendem zu erwarten ist, der Verlauf der Kurven (Abb. 4).

Die nach dem Schwärzungsreliefverfahren erhaltenen Bilder ergeben also zunächst eine qualitative Auskunft über die Lichtverteilung in beliebigen kleinen

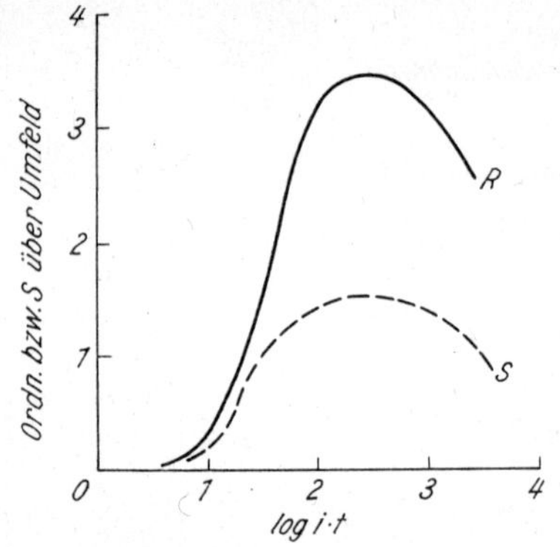

Abb. 3. Kurven der Reliefhöhe (R) und der Schwärzung (S) für eine photographische Platte.

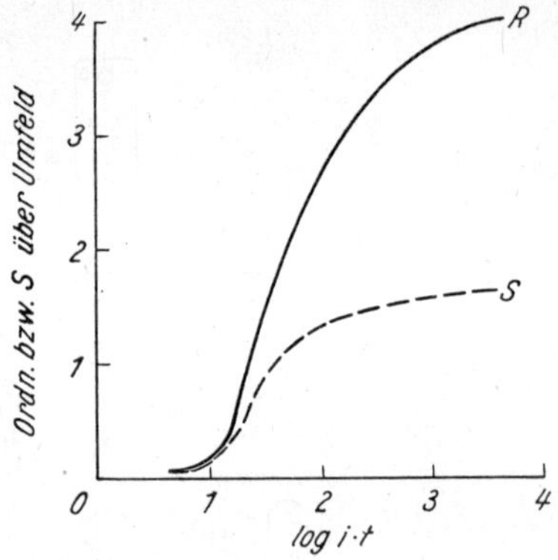

Abb. 4. Kurven der Reliefhöhe (R) und der Schwärzung (S) für eine photographische Platte mit geringem Diffusionslichthof.

Objekten. Für diese Art von Untersuchungen zeichnet sich das Verfahren durch besondere Schnelligkeit aus, die mit Hilfe eines Spaltphotometers nie zu erreichen wäre.

Die quantitative Auswertung von Bildern, wie sie beispielsweise in Abb. 1 gezeigt sind, ist auf Grund der für das jeweilige Photomaterial ermittelten Kurven ebenfalls möglich. Die Genauigkeit dieser Auswertung beträgt etwa 0,5 Ordnungen der Interferenzlinien. Eine Steigerung der Genauigkeit ist bei Objekten, die in einer Richtung genügend Ausdehnung haben, durch leichte Schrägstellung der Platte im Auswertegerät möglich. Hierbei lassen sich ohne weiteres 0,1 Ordnungen der Interferenzlinien bestimmen. Als Beispiel hierfür diene Abb 5. Hierin sind beide Auswertemöglichkeiten — Parallelstellung und Schrägstellung — gegenübergestellt. Sind die Objekte so klein, daß eine Auswertung in der Schrägstellung nicht möglich ist, so kann durch Vergleich mit ausgedehnteren Objekten auf der gleichen Aufnahme die Auswertung und Zuordnung der Interferenzlinien stark erleichtert werden (es sei hierbei auf die kleinen Quadrate in Abb. 5 verwiesen).

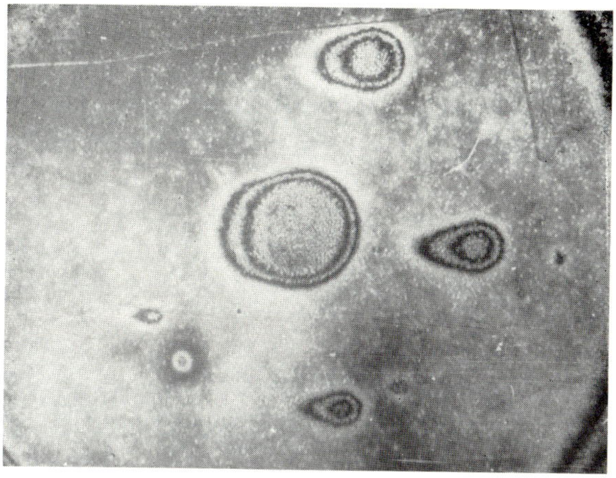

Abb. 2. Lichtverteilung in außeraxialen Bildpunkten eines photographischen Objektivs (Punktgrößen etwa 5···100 μm).

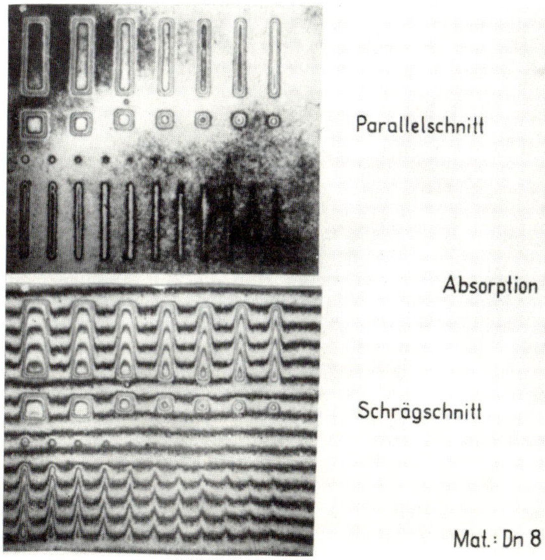

Abb. 5. Beispiel der Auswertung einer Testaufnahme zur Ermittlung der Kontrast-Übertragungsfunktion einer photographischen Schicht.

Das Schwärzungsreliefverfahren wurde bereits für die verschiedensten Zwecke mit Erfolg angewandt. Als qualitatives Verfahren diente es zur eindeutigen Bestimmung der Lage eng benachbarter Spektrallinien und zur Messung des Abstandes von Doppelsternbildern. Hierbei war besonders vorteilhaft, daß eine zuverlässige Messung auch noch dann möglich war, wenn die durch die optische Schwärzung erzeugten Bilder bereits so weit ineinander übergingen, daß sie mit normalen Mitteln nicht mehr zu trennen waren. Ebenfalls wurde das Verfahren zum Studium der Lichtverteilung in kleinsten axialen und außeraxialen Bildpunkten eines Objektivs sowie zur Klärung der Fragen der gegenseitigen Beeinflussung eng benachbarter Details bei photographischen Aufnahmen herangezogen. Es war ferner möglich, mit Hilfe des erwähnten Verfahrens Aufschlüsse über die Kontrastübertragungsfunktion photographischer Schichten zu gewinnen. Über diese Arbeiten und weitere Beispiele wurde an verschiedenen Stellen [2] berichtet.

Das Schwärzungsreliefverfahren stellt somit eine wertvolle Vervollständigung der mikrophotometrischen Verfahren dar und ist durchaus in der Lage, einige bei den üblichen photometrischen Verfahren vorhandenen Grenzen zu beseitigen.

Berlin-Adlershof, Institut für Optik und Spektroskopie der DAdW

Literatur

[1] Lau, E., Kind, E.-G. u. Roose, G., Optik **15** (1958) 162.
[2] Hodam, F., Optik **15** (1958) 153.
Hodam, F. u. Lau, E., Optik **16** (1959) 586.
Hodam, F., Optik **17** (1960) 521.

G. EXNER und W. SCHREIBER

Mikrophotometrische Untersuchungen an Modellpräparaten

Abbildung 1 zeigt den Strahlengang eines einfachen Mikrophotometers, wie es benutzt werden kann zur

Mikrophotometrie[1]),
Mikrospektralphotometrie[2]) und
Mikrodensitometrie.

Der Meßvorgang kann bei den drei Meßverfahren ausgeführt werden entweder bei (zur optischen Achse des Mikroskopes)

fester Präparatlage und beweglichem Empfänger[3])
oder bei
bewegtem Präparat und fixiertem Empfänger.

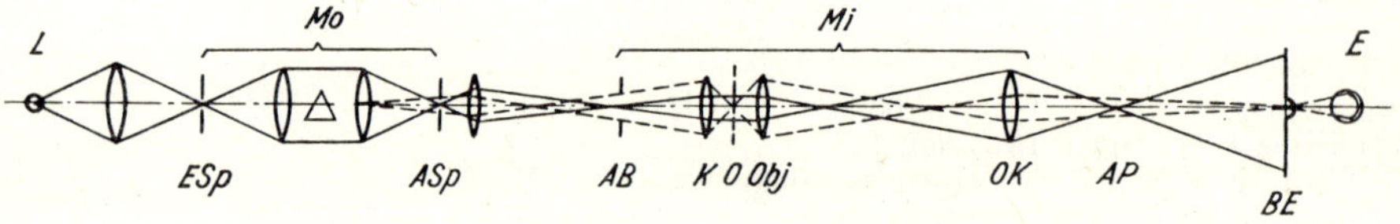

Abb. 1. Strahlengang eines einfachen Mikrophotometers (aus [1])

L — Strahlungsquelle; *Mo* — Monochromator; *Mi* — Mikroskop; *E* — Strahlungsempfänger, dessen Anzeigegerät nicht gezeichnet ist.
Das in der Objektebene *O* befindliche Präparat wird mit monochromatischem Licht beleuchtet und auf einen in der Bildebene *BE* angebrachten Schirm abgebildet, der eine in Form und Größe veränderliche Öffnung hat, die Meßfeldblende. Hinter dieser befindet sich der Strahlungsempfänger.

In beiden Fällen (und bei allen Meßverfahren) erfolgt zuerst

die Leerwertmessung an einer freien Stelle des Mikropräparates bzw. der Fotoplatte bei der Mikrodensitometrie. Ergebnis der Messung ist der Lichtstrom Φ_0.[4])

Dann folgt

die Messung an der interessierenden Präparatstelle. Ergebnis der Messung ist der Lichtstrom Φ_1.

---

1) Eine instruktive Einführung in die große medizinische Bedeutung der Mikrophotometrie haben C. u. R. Leuchtenberger gegeben [2].

2) Ausführliche Darstellung etwa bei Sandritter [3].

3) Mit „Empfänger" ist gedacht an eine Photozelle mit Anzeigegerät oder dergleichen. Eine feste Photoplatte gehört aber auch zwanglos zu diesem Fall, wenn sie etwa aufgefaßt wird als ein Mosaik aus vielen Empfängern, die bei der Mikrodensitometrie der Platte nacheinander „abgelesen" werden.

4) Außerhalb des Sichtbaren heißen dann Φ_0 und Φ_1 natürlich Strahlungsfluß.

Das erwünschte Ergebnis kann sein:

der Transmissionsgrad $\vartheta = \frac{\Phi_1}{\Phi_0}$,

meist ist es aber

die Extinktion $E = -\log \vartheta$ (bzw. bei der Mikrodensitometrie die Schwärzung $S = -\log \vartheta$).

Wird mit λ die Wellenlänge, mit λ_0 eine feste Wellenlänge und entsprechend mit x, y die Gesamtheit der Objektpunkte und mit x_0, y_0 ein fester Objektpunkt bezeichnet, so können die Meßziele der drei erwähnten Meßverfahren kurz mit

$$E(x, y, \lambda_0) \text{ bzw. } E(x_0, y_0, \lambda) \text{ bzw. } S(x, y)$$

charakterisiert werden. Es ist aber ausreichend, den Fall

$$E(x_0, y_0, \lambda_0)$$

zu behandeln.

Es ist verständlich, daß bei Messungen an Objekten der Größenordnung einiger μm viele Fehlerquellen vorhanden sind. Ihre Erforschung wird intensiv betrieben. 1960 hat sich NAORA der Erfahrungen erinnert, die SCHWARZSCHILD und VILLIGER bei der Mikrodensitometrie von Sonnenaufnahmen machten: Die Schwärzung dunkler Stellen der Fotoplatten wurde als zu klein gemessen, wenn sie in einem hellen Umfeld lagen. Die Ursachen sind:

1. unerwünschte Reflexionen an den Linsenflächen der optischen Bauteile,
2. Streuung an Unsauberkeiten wie Schmutz und Fingerabdrücken,
3. Streuung an Inhomogenitäten im Linsenmaterial wie Blasen und Schlieren,
4. Reflexionen an mechanischen Teilen wie Blenden und Fassungen der Optik.

Es war verdienstvoll von NAORA, auf die Bedeutung dieser Erscheinung, die von HARRISON mit SCHWARZSCHILD-VILLIGER-Effekt bezeichnet wurde (vgl. [4]), hinzuweisen und sie zu untersuchen. Da seine Darstellung aber als übertrieben beurteilt wurde, z. B. [5], NAORA spricht von Meßfehlern von mehreren 100%, ergab sich der Wunsch einer eigenen Stellungnahme zum SV-Effekt, wie wir abkürzend schreiben wollen.[1])

Die bisherigen Untersuchungen zum SV-Effekt lassen sich in zwei Gruppen einteilen:

I. Ohne auf die Ursachen des SV-Effekts im Einzelnen einzugehen, werden Folgerungen für die mikrophotometrische Meßtechnik gezogen (vgl. 1.).

II. Es wird versucht, in allgemeinen und konkreten Fällen die oben erwähnten Ursachen voneinander zu trennen, sie zu berechnen usw. (vgl. 2.).

Wir wenden uns jetzt der ersten Problemstellung zu:

---

[1]) Nach Beendigung des Manuskriptes machte uns Herr Prof. SANDRITTER, Frankfurt/Main freundlicherweise auf eine Arbeit aufmerksam, in der die Arbeiten zum SV-Effekt ausführlich referiert, kritisch betrachtet und weitergeführt werden [6]. Wir können auf diese Arbeit nur noch in den Fußnoten eingehen.

1. SV-Effekt und Meßtechnik

Abbildung 2 soll die Begriffe „Leuchtfeld“, „Meßobjekt“ und „Meßfeld im Objekt“ demonstrieren. Das Meßfeld wird stets kleiner als das Meßobjekt gewählt.[1]) Das Meßobjekt wird als Objekt konstanten Transmissionsgrades behandelt.[2])

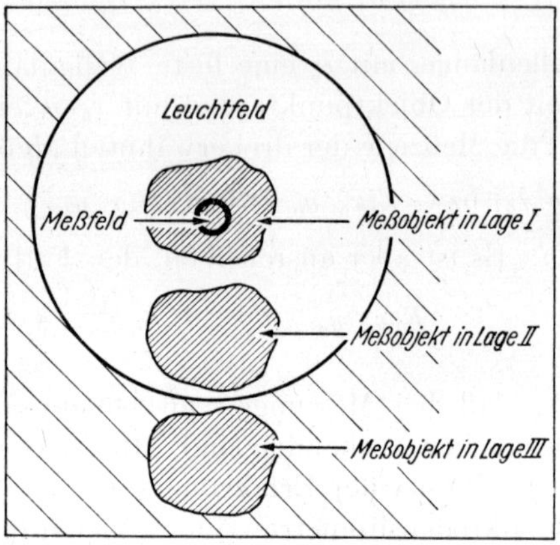

Abb. 2. Die Lage des Meßobjektes relativ zum Meßfeld und zum Leuchtfeld (nach [1]). (Der Durchmesser des Gesichtsfeldes ist — im Objekt gemessen — größer als der des Leuchtfeldes.)

1.1 Fall fester Präparatlage (vgl. Seite 236)

Im Gegensatz zum Idealfall (gemeint ist eine Apparatur ohne SV-Effekt) ist zwischen dem bildformenden Lichtstrom Φ_0' und dem Falschlichtstrom Φ_z' zu unterscheiden. Wird eine gleichförmige Verteilung des Falschlichtstromes in der Bildebene vorausgesetzt (d. h. konstante Falschlicht-Beleuchtungsstärke) ergibt die Messung anstelle des wahren Transmissionsgrades $\vartheta = \frac{\Phi_1}{\Phi_0}$ der idealen Apparatur den scheinbaren Transmissionsgrad

$$\vartheta_s = \frac{\vartheta \Phi_0' + \Phi_z'}{\Phi_0' + \Phi_z'}. \tag{1}$$

Wird $i = \Phi_z'/\Phi_0'$ als relativer Falschlichtstrom bezeichnet, schreibt sich (1)

$$\vartheta_s = \frac{\vartheta + i}{1 + i}. \tag{2}$$

Diskussion: Wird das Meßergebnis, d. h. ϑ_s, kritiklos hingenommen, ergibt sich mit

$$E_s = -\log \vartheta_s \tag{3}$$

[1]) In der Arbeit [6] sind noch mehr Kombinationen diskutiert. Abb. 2 entspricht Fall I in [6].

[2]) Das ist keine wesentliche Einschränkung der Allgemeinheit, erleichtert aber die Darstellung.

ein Fehler im Extinktionsbereich

$$\mu_{sv} = \frac{E_s - E}{E}, \tag{4}$$

der in Abb. 3 als Parameter aufgetragen ist. Er steigt für $i = \text{const}$ bei größerem E rapid an.

Er verschwindet auch für $E \to 0$ nicht, sondern hat den Grenzwert $\frac{-i}{1+i}$. Allgemein gilt $E_s < E$ für $i \neq 0$.[1])

Der SV-Fehler kann offensichtlich korrigiert werden, wenn i bekannt ist. Der relative Falschlichtstrom i kann, wie Gleichung (2) zeigt, bestimmt werden durch Messung des scheinbaren Transmissionsgrades ϑ_s eines „Objektes bekannter Transmission ϑ", am besten eines „vollkommen undurchlässigen Objektes ($\vartheta = 0$)".

Beispiel: Achromat 40/0,65 *T*, Okular *K* 7×, als Kondensor: Apochromat 10/0,30 — volle Apertur, Kameralänge: 250 mm, Wellenlänge: $\lambda = 440$ nm, Leuchtfeldradius: 100 μ, ergibt relativen Falschlichtstrom von $i = 8\%$.

Die Aussage „Objekt bekannter Transmission" und „vollkommen undurchlässiges Objekt" gibt Veranlassung, auf die benutzten Modellpräparate einzugehen.

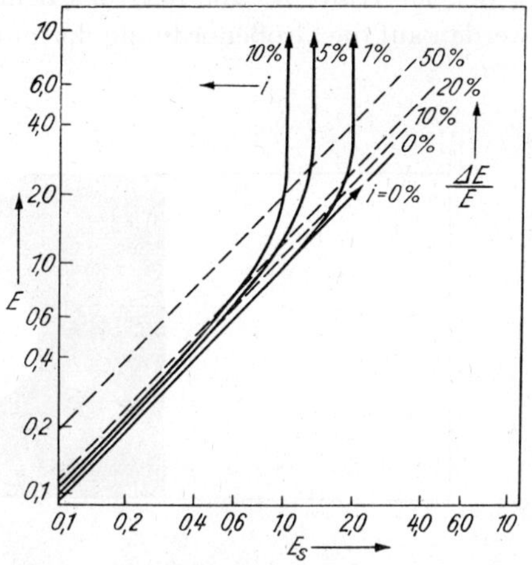

Abb. 3. Zusammenhang zwischen der Extinktion E des Objektes, dem relativen Falschlichtstrom i, der gemessenen (unkorrigierten) Extinktion E_s und dem relativen SV-Fehler $\mu_{sv} = \Delta E/E$

1.11 Anforderungen an die Modellpräparate und deren Herstellung

Bisher wurden bei SV-Messungen oft stark gefärbte biologische Objekte bzw. „schwarze" Partikel wie Rußteilchen benutzt [7], [8]. Wir strebten aber an, daß der Transmissionsgrad der Modellpräparate auch mit makrophotometrischen Methoden geprüft werden kann und wählten folgendes Herstellungsverfahren:

Ein Glasobjektträger wird mit einem Belag versehen, dessen Gleichmäßigkeit und Transmissionsgrad anschließend makro- und mikrophotometrisch überprüft wird. Danach wird eine kreisförmige Fläche von 10 mm Durchmesser (Umfeld) bis auf eine kleine Zentralscheibe ausradiert (Abb. 4). Als wahren Transmissionsgrad kann jetzt dem Objekt der auf der Gesamtfläche gemessene zugeordnet werden.[2])

[1]) Nur im Falle fester Präparatlage und konstanter Falschlicht-Beleuchtungsstärke!

[2]) Vorausgesetzt wird, daß bei der nachträglichen mechanischen Bearbeitung die Struktur der Schicht nicht verändert wird.

Als erwünschten Transmissionsgrad wählten wir $\vartheta = 0$, da das Ziel der Messung die Untersuchung von i war. Mit Silber als Belag ließen sich ohne Zerstörung der gleichmäßigen Struktur der Oberfläche Zentralscheibchen bis 3 μm Durchmesser herstellen. Die Verwendung von Silber schließt aber wegen dessen hohen Reflexionsvermögens nicht aus, daß vom Objektiv reflektiertes Licht abermals von der Zentralscheibe reflektiert wird. Bei Bleisulfid oder Mattlack ist dies nicht der Fall, mit ihnen konnten aber bisher nur Zentralscheibchen über 50 μm Durchmesser hergestellt werden.

Bei der Wahl des Radius r des Zentralscheibchens muß Rücksicht genommen werden auf die Größenordnung der mikrophotometrisch interessierenden Objekte

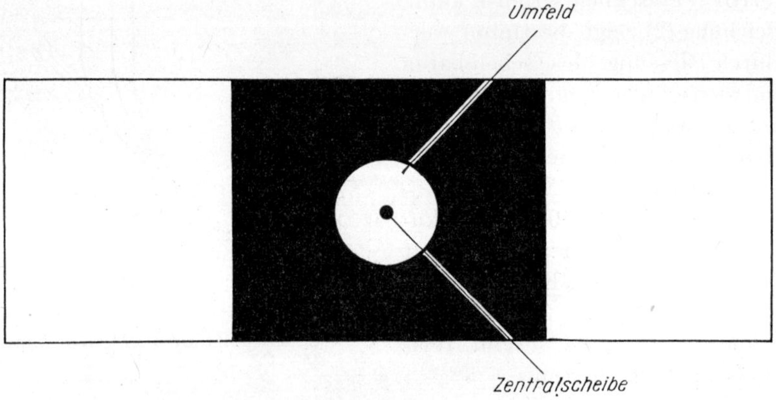

Abb. 4. Modellpräparate: Durchmesser des Umfeldes 10 mm, Durchmesser der Zentralscheibe 3 μm bis 50 μm

(Größenordnung 5 μm) zum anderen aber auch darauf, daß die Falschlichtmessung nicht gestört wird durch Beugung und Aberrationen. Eine Beugungstheorie der Kreisscheibe ist in [9]—[11] gegeben worden und falls $\frac{2\pi}{\lambda} A \cdot r \gg 10$ ist, braucht keine Wellenoptik berücksichtigt werden. (Beispiel: $A = 0{,}65$; $\lambda = 440$ nm, $r = 5\,\mu$m entspricht $\frac{2\pi}{\lambda} A\, r \approx 45$).

Um auf einfache Weise den Einfluß von Aberrationen auf i zu prüfen, wurde der Apochromat 40/0,95 des VEB Carl Zeiss JENA eingesetzt und die Stellung des Korrektionsringes der Deckglasdicke (Einstellbereich 0,12 mm—0,2 mm) variiert. Im Zentrum der Scheibchen von $r \geqq 5\,\mu$m treten dabei keine merklichen Änderungen von i gegenüber dem der Deckglasdicke 0,17 mm entsprechenden Wert auf.

1.2 Fall des bewegten Präparates (vgl. S. 236)

Der relative Falschlichtstrom i kann — wie vor allem Naora zeigte — bei einer gegebenen mikrophotometrischen Anordnung durch Verkleinerung des Leuchtfeldes verringert werden. Bei kleinem Leuchtfeld muß allerdings während der Leerwertmessung das Objekt teilweise oder vollständig aus dem Leuchtfeld gebracht werden. Die Falschlichtströme bei der Messung ohne und mit Objekt werden sich jetzt insofern unterscheiden, als bei der Messung mit Objekt durch Einführen des Objektes in das Leuchtfeld die objektfreie Fläche und damit der die Anordnung durchsetzende Gesamtlichtstrom verringert wird. Es ist jetzt der Falschlichtstrom Φ_z' bei der Messung mit Objekt um einen Faktor ξ kleiner als bei der Messung ohne Objekt, d. h.

$$\vartheta_s = \frac{\vartheta \Phi_0' + \xi \Phi_z'}{\Phi_0' + \Phi_z'} = \frac{\vartheta + \xi i}{1 + i} = \vartheta + \frac{i(\xi - \vartheta)}{1 + i} \qquad (5)$$

mit $\xi = 0, \ldots, 1$ und $i = \Phi_z'/\Phi_0'$.

Wie aus Gleichung (5) ersichtlich ist gilt:

$$\begin{array}{llll} \vartheta_s = \vartheta & \text{für } i = 0 \text{ oder } \xi = \vartheta\,, & \text{d. h.:} & E_s = E\,, \\ \vartheta_s < \vartheta & \text{für } \xi < \vartheta\,, & \text{d. h.:} & E_s > E\,, \\ \vartheta_s > \vartheta & \text{für } \xi > \vartheta\,, & \text{d. h.:} & E_s < E\,. \end{array}$$

Die gemessene scheinbare Extinktion E_s ist also je nach der Größe von ξ und ϑ kleiner, gleich oder größer als die wahre Extinktion E, während nach bisherigen Behauptungen [3; S. 245], [5; S. 425] Falschlicht stets bewirkt, daß eine zu kleine Extinktion gemessen wird.

1.3 Möglichkeiten der Fehlerdefinition

Da die Extinktion E (und nicht der Transmissionsgrad) die wesentliche Meßgröße darstellt[1]), halten wir es für unzweckmäßig, den Fehler in der Transmissionsskala $\left(\text{etwa als } \mu_{sv}^{\vartheta} = \frac{\vartheta_s - \vartheta}{\vartheta}\right)$ bzw. in der Absorptionsskala $\left(\mu_{sv}^{\alpha} = \frac{\alpha_s - \alpha}{\alpha}\right)$ auszudrücken. Instruktiver als Erklärungen dürfte folgendes Beispiel sein (Tabelle 1). ϑ_s ist dabei stets um $\Delta\vartheta = 1\%$ größer gewählt als der wahre Wert ϑ.

Tabelle 1

Der Einfluß der Fehlerdefinition

ϑ	ϑ_s	μ_{sv}^{ϑ}	μ_{sv}^{α}	μ_{sv}
10%	11%	10%	1,11%	4,1%
5%	6%	20%	1,05%	6,8%
2%	3%	50%	1,02%	10,4%
1%	2%	100%	1,01%	15 %

μ_{sv}^{α} täuscht eine hohe Meßgenauigkeit, μ_{sv}^{ϑ} eine niedrige Meßgenauigkeit vor. Daher bleibt nur der Weg, den Fehler in enge Bezeichnung zum gesuchten

[1]) Bei der Mikrophotometrie ist E der Masse proportional und diese das Ziel der Messung (Literatur dazu vgl. [12]).

Endwert zu setzen, d. h. μ_{sv} anzugeben. Daß Naora μ_{sv}^{ϑ} angab, alarmierte die Bearbeiter der Mikrophotometrie, die doch bis Naora ihre Fehler (ohne darauf zu achten) in der μ_{sv}-Skala angegeben hatten! Naoras *Meß*ergebnisse sind also unserer Meinung nach glaubwürdig (vgl. auch Abb. 6), seine Skala allerdings erscheint uns unzweckmäßig.

2. Quantitatives zu den Quellen des Falschlichtstromes

Das Ziel, den Falschlichtstrom sowohl nach seinen Ursachen (Reflexion, Streuung usw.) als auch nach seiner Lokalisierung im Mikrophotometer (Objektiv, Okular, Tubus usw.) aufzutrennen, ist bisher nur teilweise erreicht. Die Verhältnisse sind also noch nicht so vollständig geklärt wie bei Photoobjektiven, wo Kuwabara [13] in klarer Weise die Brücke von den physikalischen Vorgängen und Konstruktionsdaten zu den Streulichtdiagrammen schlagen konnte. Wir beschränken uns daher vorläufig darauf, typische Meßergebnisse mitzuteilen und zu diskutieren.

In Abbildung 5 sind Meßergebnisse der scheinbaren Extinktion E_s eines Testobjektes nach Abb. 4 mit verschiedenen Objektiven in Abhängigkeit vom Radius der Leuchtfeldblende aufgetragen.

In einem vom SV-Effekt freien Mikrophotometer ist eine Abhängigkeit der Extinktion von der Größe des Leuchtfeldes[1]) nicht vorhanden: Es ergibt sich eine Parallele zur Abszisse bei der wahren Extinktion des Präparates. Die drei benutzten Objektive unterscheiden sich bei gleichen Konstruktionsdaten nur durch einen reflexmindernden Belag (T-Schicht) bzw. den aufgedampften Phasenring.[2]) Erwartungsgemäß ist das „entspiegelte“ Objektiv AT am besten geeignet, ergeben sich doch mit ihm bereits bei größeren Leuchtfeldern große Werte der Extinktion. Die i-Skala vermittelt einen Eindruck vom Absinken von i mit r_L, jedoch hat ab $r_L \approx 25\,\mu$m (d. h. $\xi \approx 0{,}9$)[3]) i nur noch formalen Charakter, da wir nach Verfahren 1.2 gemessen, aber nach den Gleichungen von Verfahren 1.1 gerechnet haben. — Der Phasenring des Objektives APh hat einen Transmissionsgrad von 30% und reflektiert ca. 60% des auftreffenden Lichtes. Dieses Objektiv ist daher in dieser Benutzungsweise als Modell eines Objektives mit starken Innenreflexen zu betrachten.

Messungen an stark absorbierenden Objekten haben nur das Ziel, den relativen Streulichtstrom zu messen bzw. verschiedene Objektive zu charakterisieren. Sie geben ein zu kritisches Bild der Verhältnisse. Daher ist in Abb. 6 noch eine typische Meßreihe wiedergegeben, die an aufgedampften Streifen mit $\vartheta \neq 0$ ausgeführt wurde. Deutlich ist das Zustreben zu einem Grenzwert von E_s bei

---

[1]) In Abb. 1 ist die Leuchtfeldblende nicht eingezeichnet, sie befindet sich zwischen Anpassungslinse und Kondensor im Schnittpunkt der gestrichelten Strahlen.

[2]) Das Phasenkontrastobjektiv wurde bei der Messung wie ein normales Hellfeldobjektiv benutzt, d. h. ohne Phasenkondensor!

[3]) Als Schätzwert für ξ haben wir bei dem Objekt mit $\vartheta = 0$ angesetzt das Verhältnis der objektfreien Flächen mit und ohne Objekt im Leuchtfeld.

kleinen Leuchtfelddurchmessern D_L erkennbar. Für jede Streifenbreite wurden zwei Meßreihen ausgeführt, die sich in der Größe der benutzten Sehfeldblende

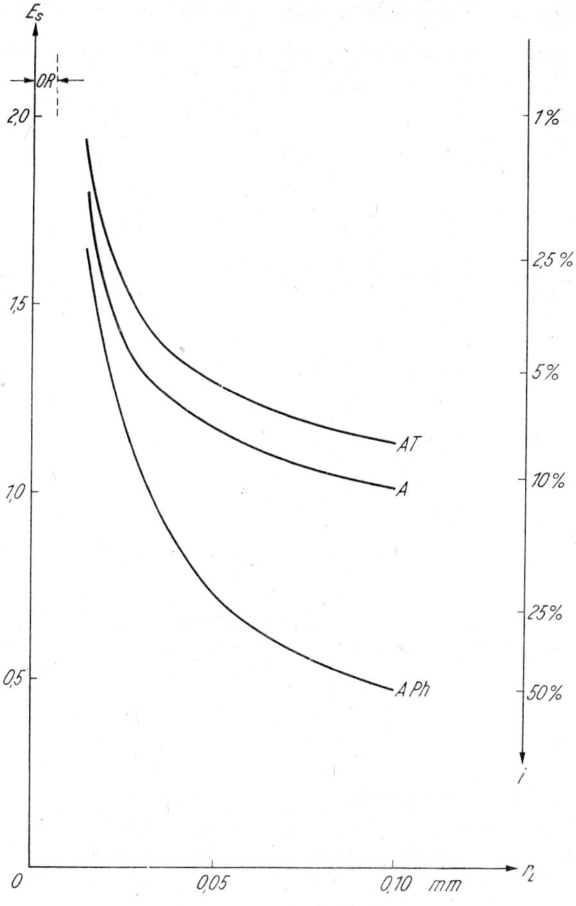

Abb. 5. Scheinbare Extinktion E_s eines Modellpräparates $\vartheta = 0$ nach Abb. 4 mit Silberbelag bei $\lambda = 440$ nm gemessen nach 1.2.

Radius der Zentralscheibe $OR = 7{,}2\ \mu$m
Radius der Meßfeldblende 0,5 μm — gemessen in der Objektebene
Kondensor: Apochromat 10/0,30 — volle Apertur
Okular: *K* 7x
Abszisse: rL = Radius der Leuchtfeldblende im Objekt
Parameter: *AT* Achromat mit *T*-Belag 40/0,65
A Achromat ohne *T*-Belag 40/0,65
APh Achromat-Phasenobjektiv 40/0,65
Die *i*-Werte sind nach Gleichung 2 berechnet.

im Okular unterscheiden. Eine (von ϑ_s nach E_s umgezeichnete) Meßreihe von Naora paßt gut in den Charakter der eigenen Ergebnisse.

Um derartige Messungen auch voraussagen zu können wurden die katadioptrischen Bilder eines Objektives (Achromat 3) und eines Okulares (*K*7x) berechnet. Beispielsweise erzeugt das aus drei Linsen bestehende Okular mit seinen vier Glas-Luft-Flächen sechs katadioptrische Bilder 2. Ordnung, deren Lage bezüglich des regulären Bildes entscheidend für die Verteilung des Reflexlichtes in der Bildebene ist. Daß eine befriedigende Übereinstimmung zwischen Rechnung und Experiment bisher noch nicht erzielt werden konnte, dürfte auf noch zu beseitigende Reflexionen an mechanischen Teilen im Aufbau zurückzuführen sein.[1])

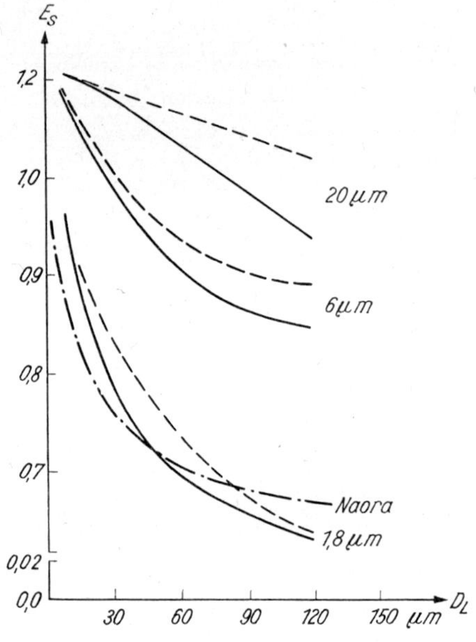

Abb. 6. Scheinbare Extinktion E_s von aufgedampften Silberstreifen gemessen mit Apochromat 20/0,65 und einem Objektiv (Achromat 40/0,65) als Kondensor (aus [1]).

Abszisse: D_L = Leuchtfelddurchmesser im Objekt
Parameter: Streifenbreite
———— ohne Okularblende
— — — — mit Okularblende, d. h. Sehfeldblende von 0,4 mm Durchmesser.

Weitere E_s beeinflussende Parameter sind die Kondensorapertur[2]), die „Kameralänge" (d. h. praktisch der Abstand Okular zu *BE* in Abb. 1) und die Wellenlänge. Erst die von uns bisher noch nicht untersuchte Wellenlängenabhängigkeit von E_s könnte geeignet sein — wie in [13] — den Anteil von Streuung und Reflexion am Falschlicht zu trennen.

VEB Carl Zeiss JENA

[1]) Beispiel: Modellpräparat nach Abb. 4 mit Mattlack, Radius des Zentralscheibchens 46 μm, Kondensor: Achr. 3, Objektiv: Achr. 3, Okular: *K*7x bzw. Plankonvexlinse $f = 38$ mm, r_L stets 350 μm. Radius der Meßfeldblende im Objekt: 25 μm. Die Messung ergab: *i* mit *K*7x: 6,4%; *i* mit Plankonvexlinse: 1,4%; *i* im Zwischenbild d. h. ohne Okular bzw. Linse: 1,4%. (*i* theoretisch des Okulares 0,5%, der Linse 0,06%!)

[2]) E_s nimmt zu mit abnehmender Kondensorapertur (vgl. [1]).

Literatur

[1] Exner, G., Zur Theorie und Praxis der Mikrophotometrie strukturierter Objekte. Dissertation, Friedrich-Schiller-Universität Jena 1960.
[2] Leuchtenberger, C. u. R., Schweiz. med. Wschr. **87** (1957) 1549.
[3] Sandritter, W., Ultraviolettmikrospektrophotometrie. In: Handbuch d. Histochemie, Bd. 1, 1. Teil. Gustav-Fischer-Verlag, Stuttgart 1958, 242.
[4] Naora, H., Exp. Cell. Res. **8** (1955) 259.
[5] Walker, P. M. B., Physikal Techniques in Biological Research. Acad. Press. Inc., New York 1956, 401.
[6] Howling, D. H. u. Fitzgerald, P. J., J. Biophys. a Biochem. Cytol. **6** (1959) 313—337.
[7] Lison, L., Science **118** (1953) 382.
[8] Exner, G., Acta histochemica Bd. **9** (1960) 173—174.
[9] Osterberg, H. u. Pride, G. E., JOSA **40** (1950) 14—22.
[10] Osterberg, H. u. Smith, L. W., JOSA **50** (1960) 362—369.
[11] Smith, L. W., JOSA **50** (1960) 369—374.
[12] Exner, G., Tagungsbericht ,,Optik aller Wellenlängen", Akademie-Verlag, Berlin 1959, 255—258.
[13] Kuwabara, G., JOSA **43** (1953) 53—57.

6. Objektivprüfung

W. HÄUSER, J. SCHILLING und H. ZÖLLNER, Jena

Die Kontrastübertragungsfunktion in geometrisch-optischer Näherung als Korrektionskriterium

Über die allgemeine Übertragungstheorie, in deren Mittelpunkt die Kontrastübertragungsfunktion steht, ist in den letzten Jahren viel gesagt und geschrieben worden. Bei den Anwendungen ging man meist davon aus, sich die Wellenabberation vorzugeben und alle weiteren Betrachtungen hieran anzuschließen.

Von praktischen Erwägungen, insbesondere der Problematik der Korrektion von Photoobjektiven und hier besonders der Objektive mit extremen Forderungen wie der Objektive mit großer Öffnung und der Weitwinkelobjektive, ausgehend, erschien uns die Berechnung der Kontrastübertragungsfunktion konkret vorliegender Photoobjektive aus den Konstruktionsdaten sehr wichtig. Ausgewählt wurden zwei Serien von je drei Kleinbildobjektiven (1:2,8 $f' = 50$ mm und 1:1,4 $f' = 50$ mm) und eine Serie von vier Objektiven für das Mittelformat (1:2 $f' = 100$ mm). Die Kleinbildobjektive liegen als gefertigte Muster vor, während von den Objektiven für das Mittelformat zwei angefertigte Muster sind und die beiden anderen Korrektionsschritten bei der Berechnung des einen der beiden Muster entsprechen. Bei Objektiven dieser Art treten zum Teil erhebliche Restfehler auf, und es erhebt sich die Frage: Wie hat man die Größe der Restfehler im Rahmen des Erreichbaren abzuwägen, um den „besten" Ausgleich über das gesamte Bildfeld wie auch für den einzelnen „Bildpunkt" bei genügender Berücksichtigung des Empfängers zu erreichen und wie sieht die zugehörige Übertragungsfunktion aus?

Die geometrisch-optische Näherung der Berechnung der Kontrastübertragungsfunktion wurde gewählt, weil einmal die wellenoptische Berechnung mit einem mehrfachen Rechenaufwand gegenüber der geometrisch-optischen verbunden ist und zum anderen bei der Größe der Restfehler und dem in der Praxis interessierenden Raumfrequenzenbereich der Einfluß der Beugung vernachlässigt werden darf. Im folgenden wird das Objekt im Unendlichen angenommen.

Den Ausgang zur Berechnung bildet die Formel für den Übertragungsfaktor in geometrisch-optischer Näherung (HOPKINS, LUKOCZ)

$$D(R) = \frac{1}{p} \int_P e^{-2\pi i R \xi} \, dp \; ;$$

integriert wird über die Pupille P; es ist $p = \int_P dp$, ξ sind die auf den Hauptstrahl bezogenen Queraberrationen senkrecht zum Sinustest in der Bildebene und R bedeutet die Raumfrequenz (gemessen in $L \cdot \text{mm}^{-1}$). Für den axialen Objektpunkt (Objektwinkel $\sigma = 0°$) ergibt sich mit

$$p = h_{\mathrm{Rd}}^2 \pi\,, \quad dp = h\, d\varphi\, dh\,, \quad \xi = \tilde{y}' \cdot \cos\varphi$$

(Polarkoordinaten in der Pupille)

$$D_{\sigma=0}(R) = \int_0^{h_{\mathrm{Rd}}} \int_0^{2\pi} \frac{e^{-2\pi i R \tilde{y}' \cos\varphi}}{2\pi}\, d\varphi \cdot \frac{2\,h\,dh}{h_{\mathrm{Rd}}^2}$$

$$= \int_0^{h_{\mathrm{Rd}}} I_0\,(2\pi i\, R\, \tilde{y}')\, \frac{d(h^2)}{h_{\mathrm{Rd}}^2}\,.$$

Dieses Integral im Falle des axialen Objektpunktes und obiges Integral für einen außeraxialen Objektpunkt (Objektwinkel $\sigma \neq 0°$) — Beschränkung auf die beiden Fälle des radialgerichteten Sinustests und des tangentialgerichteten Sinustests — sind numerisch auszuwerten. Unter Voraussetzung der gleichmäßigen Ausleuchtung der Pupille ergibt der Übergang vom Integral zur Summe im Falle des Achsenpunktes

$$D_{\sigma=0}(R) = \frac{1}{N} \cdot \sum_{\nu=1}^{N} I_0\,(2\pi\, R\, \tilde{y}'_\nu)$$

mit den Eingangskoordinaten

$$h_\nu = \frac{h_{\mathrm{Rd}}}{\sqrt{2N}} \cdot \sqrt{2\nu - 1} \qquad \nu = 1(1)\,N$$

für die zu rechnenden sphärischen Strahlen. Im Falle eines außeraxialen Objektpunktes ergibt sich durch Zerlegung des Integrals und näherungsweise Auswertung der Teilintegrale die Darstellung der Übertragungsfunktion durch die Summe

$$D_{\sigma,\,\mathrm{rad}} = \frac{1}{N'} \cdot \sum_{kl}^{N'} \cos\alpha_{kl} \cdot \frac{\sin\gamma_{kl}}{\gamma_{kl}}\, \frac{\sin\delta_{kl}}{\delta_{kl}}$$

mit

$$\alpha_{kl} = 2\pi\, R\, x'_{kl}\,,$$

$$\gamma_{kl} = \frac{\pi}{2}\, R\,(x'_{k\,l+1} - x'_{k\,l-1})\,,$$

$$\delta_{kl} = \frac{\pi}{2}\, R\,(x'_{k+1\,l} - x'_{k-1\,l})$$

für radialgerichteten Sinustest und unter Aufspaltung des Übertragungsfaktors in Betrag und Phase im Falle tangentialgerichteten Sinustests durch

$$|D_{\sigma,\,\mathrm{tang}}| = \frac{1}{N'} \cdot \sqrt{\left(\sum_{kl}^{N'} \cos\beta_{kl} \cdot \frac{\sin\tau_{kl}}{\tau_{kl}} \cdot \frac{\sin\omega_{kl}}{\omega_{kl}}\right)^2 + \left(\sum_{kl}^{N'} \sin\beta_{kl} \cdot \frac{\sin\tau_{kl}}{\tau_{kl}} \cdot \frac{\sin\omega_{kl}}{\omega_{kl}}\right)^2}\,,$$

$$\tan\Theta = \frac{\sum_{kl}^{N'} \sin\beta_{kl} \cdot \frac{\sin\tau_{kl}}{\tau_{kl}} \cdot \frac{\sin\omega_{kl}}{\omega_{kl}}}{\sum_{kl}^{N'} \cos\beta_{kl} \cdot \frac{\sin\tau_{kl}}{\tau_{kl}} \cdot \frac{\sin\omega_{kl}}{\omega_{kl}}}$$

mit

$$\beta_{kl} = 2\pi R \Delta\tilde{y}'_{kl},$$

$$\tau_{kl} = \frac{\pi}{2} R (\Delta\tilde{y}'_{kl+1} - \Delta\tilde{y}'_{kl-1}),$$

$$\omega_{kl} = \frac{\pi}{2} R (\Delta\tilde{y}'_{k+1l} - \Delta\tilde{y}'_{k-1l}).$$

Die zu rechnenden Strahlen gehen durch die Mitte der unter sich gleichen Pupillenelemente (meist Quadrate) der Maschennetzzerlegung der gleichmäßig ausgeleuchteten Pupille.

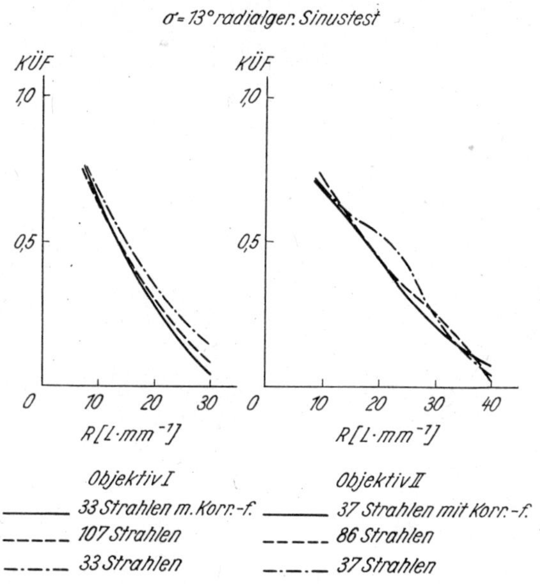

Abb. 1. KÜF zweier Objektive 1:1,4 $f' = 50$ mm für verschiedene Maschengröße der Pupillenzerlegung.

Nun zu den Ergebnissen der Rechnung: Zu jedem Objektiv wurde die Kontrastübertragungsfunktion für den axialen und einen außeraxialen Objektpunkt ($\sigma = 13°$ bzw. $\sigma = 14°$ für radial- und tangentialgerichteten Sinustest) berechnet. Die dazu benötigten Queraberrationen wurden für $\sigma = 0°$ aus fünf durchgerechneten Strahlen durch graphische Interpolation ermittelt (Einteilung der Pupille in 32 Kreisringzonen). Für $\sigma \neq 0°$ zeigt Abb. 1, daß man mit 30 bis 40 durchgerechneten Strahlen für die halbe Pupille unter Verwendung des Korrektionsfaktors nach Hopkins ausreichende Genauigkeit erzielt; hier wurden jeweils die Aberrationen von ca. 100 gerechneten Strahlen für die halbe Pupille benutzt.

Der Klärung der Frage, ob die quadratische Näherung der KÜF (Gauss-Moment) ausreichend ist, dienen die Abbildungen 2, 3 und 4. Die Objektive I und II haben im Falle radialgerichteten Sinustests das gleiche Gauss-Moment, während die KÜF in dem für das Bild wichtigen Raumfrequenzbereich zwischen $10\,L \cdot mm^{-1}$ und $30\,L \cdot mm^{-1}$ völlig verschiedenen Verlauf zeigen. Insgesamt

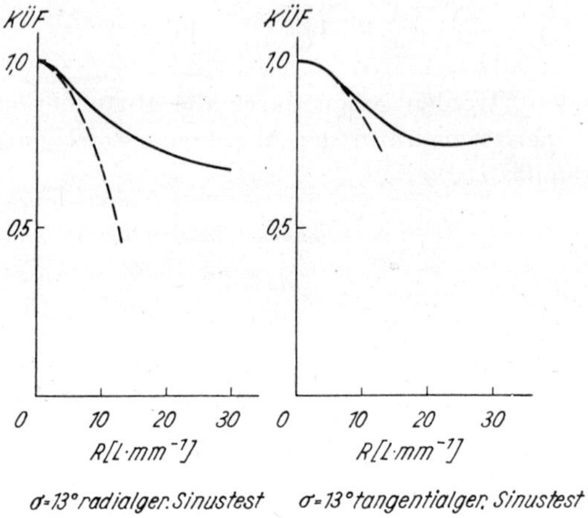

Abb. 2. KÜF und quadratische Näherung. Objektiv I (1:2,8 $f' = 50$ mm).

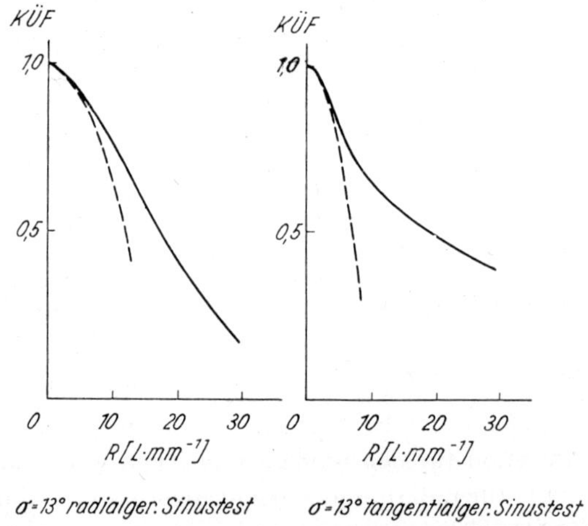

Abb. 3. KÜF und quadratische Näherung. Objektiv II (1:2,8 $f' = 50$ mm).

sieht man, daß die quadratische Näherung im allgemeinen nur für ganz niedrige Raumfrequenzen gültig sein kann (hier bis 5—10 $L \cdot mm^{-1}$). Von einer Gültigkeit der quadratischen Näherung bis zum Wert 0,4 der KÜF kann keine Rede sein, auch bei großen Aberrationen, wenn im Bild eines Objektpunktes ein kleiner intensitätsreicher Kern neben einem verhältnismäßig großen lichtschwachen Hof auftritt, was bereits FRANKE (Opt. Acta **6**, H. 4) zum Ausdruck brachte. Besonders instruktiv in dieser Hinsicht ist das Objektiv II (1:2 $f' = 100$ mm) der Abb. 5 für $\sigma = 0°$ und voller Öffnung. Die quadratische Näherung gibt hier

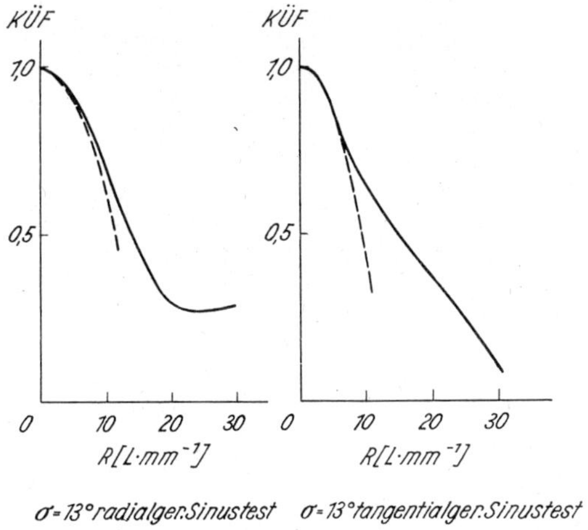

Abb. 4. KÜF und quadratische Näherung. Objektiv III (1:2,8 $f' = 50$ mm).

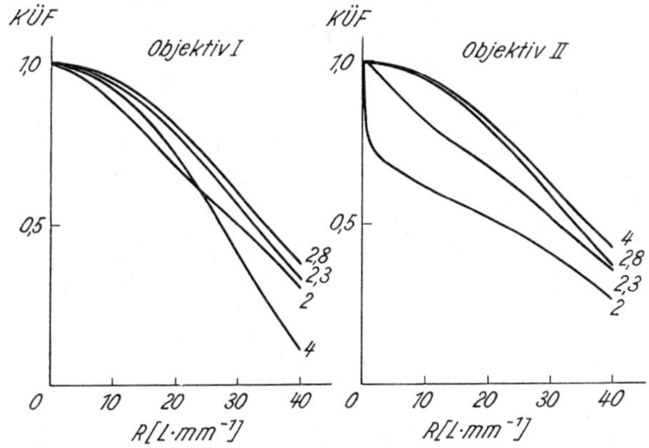

Abb. 5. KÜF zweier Objektive 1:2 $f' = 100$ mm für $\sigma = 0°$ bei verschiedenen Blenden.

richtige Werte nur bis 1 $L \cdot mm^{-1}$, während das Objektiv immerhin in der Mitte des Bildfeldes ein Grenzauflösungsvermögen von 29 μ bei voller Öffnung hat.

Dieses Objektiv, das in den mittleren und äußeren Teilen des Bildfeldes eine ansprechende Korrektion hat, ist noch interessant im Vergleich der Bildmitte bei Abblenden mit einem Objektiv der gleichen Bestimmung (Objektiv I der

Abb. 5). Das Objektiv II gibt gegenüber dem Objektiv I für volle Öffnung infolge des kontrastmindernden Hofes ein kontrastarmes Bild; Gleichwertigkeit wird für die Öffnung 1:2,8 erreicht; für die Öffnung 1:4 ist das Objektiv II dem Objektiv I überlegen (gerechnete und gemessene KÜF der Abb. 5, 6 und 7).

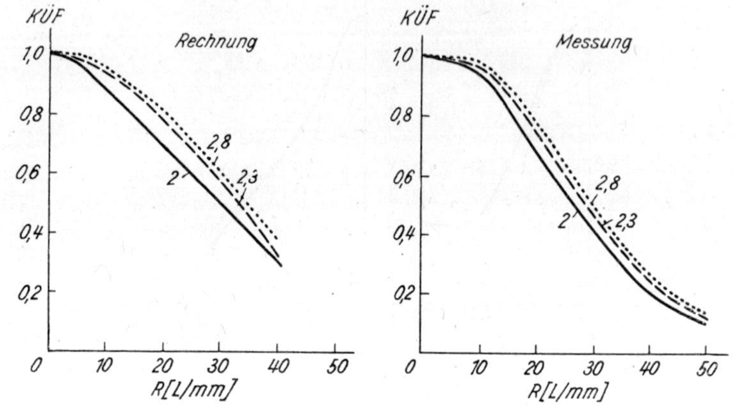

Abb. 6. Berechnete und gemessene KÜF des Objektives I von Abb. 5.

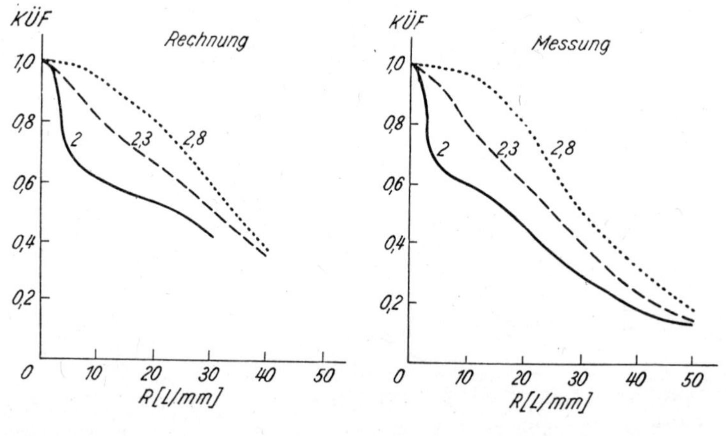

Abb. 7. Berechnete und gemessene KÜF des Objektives II von Abb. 5.

Die Kreistestabb. 8 ist im Einklang mit den Aussagen der gerechneten und gemessenen KÜF. Abb. 9 zeigt die Queraberrationen der Objektive I und II.

Das GAUSS-Moment kann, wie bereits erwähnt, im allgemeinen nur für sehr niedrige Raumfrequenzen zur genäherten Berechnung der KÜF dienen. Für Photoobjektive müssen aber die Raumfrequenzen um $30\,L \cdot mm^{-1}$ hinreichend kontrastreich abgebildet werden. Zur Ergänzung der Aussagen durch das GAUSS-

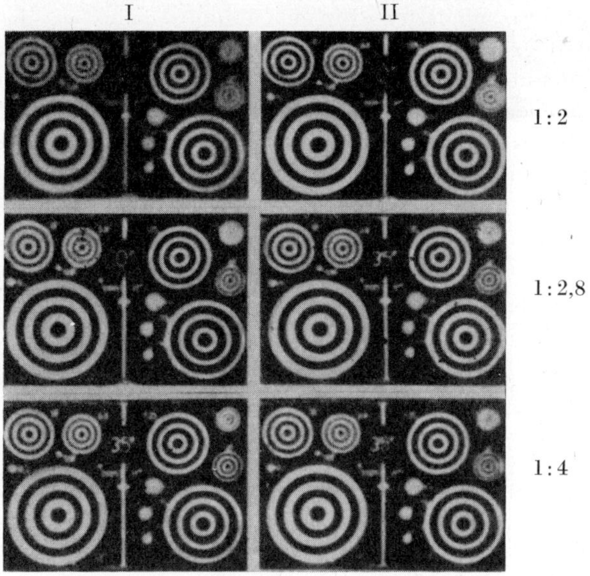

Abb. 8. Kreistestaufnahmen zu den Objektiven der Abb. 5.

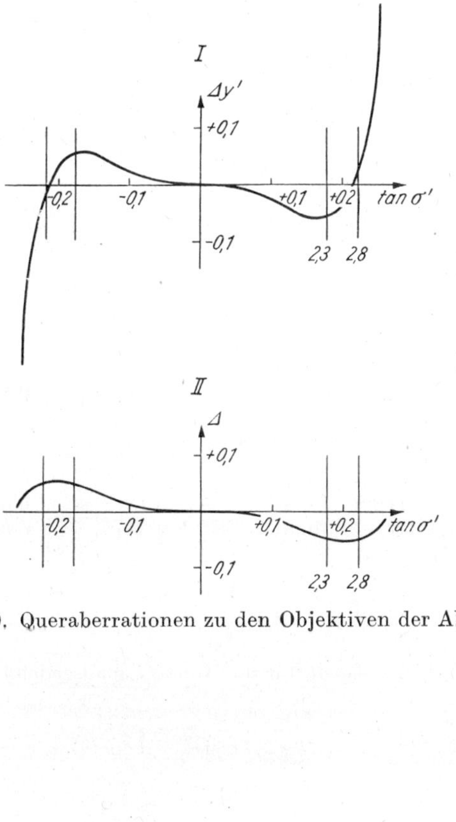

Abb. 9. Queraberrationen zu den Objektiven der Abb. 5.

Moment muß also mindestens für eine Raumfrequenz aus diesem Bereich der Kontrastabfall genauer berechnet werden, obwohl man auch dann (nur eine Raumfrequenz) über den Verlauf der KÜF zwischen dem Bereich der Gültigkeit des GAUSS-Moments und dieser Stützfrequenz im allgemeinen keine genauen Aussagen machen kann. Zur Kennzeichnung der Güte der Korrektion über das gesamte Bildfeld ist deshalb dieses Maß auch nicht geeignet. Wir schlagen deshalb ein Maß vor, das sich aus den Ergebnissen der vorgenommenen Rechnungen herausgeschält hat, der Mittelwert der Fläche unter der KÜF bis zu einer Grenzfrequenz R_G über das gesamte Bildfeld, normiert durch die Fläche im aberrationsfreien Falle

$$Q = \frac{1}{R_G \cdot \sigma_{\max}} \cdot \int\limits_0^{\sigma_{\max}} \int\limits_0^{R_G} T(R, \sigma)\, dR\, d\sigma\,,$$

wobei

$$T(R, \sigma) = \frac{1}{2} \left\{ |D_{\sigma,\,\mathrm{tang}}(R)| + D_{\sigma,\,\mathrm{rad}}(R) \right\}.$$

Da Objektive mit gleichmäßig guter Korrektion über das gesamte Bildfeld anzustreben sind — eventuell mit einem leichten Abfall nach dem Rande hin — hat man noch die Zusatzforderung

$$\frac{1}{R_G} \cdot \int\limits_0^{R_G} T(R, \sigma)\, dR = Q - f(\sigma)\,.$$

Korrektionsmaß: $Q = \frac{1}{n} \cdot \sum\limits_{\nu=0}^{n-1} Q_\nu (R_m = R_G,\, R_0 = 0)$

$$Q_\nu = \frac{1}{R_G} \int\limits_0^{R_G} T(R, \varphi_\nu)\, dR$$

$$\approx \frac{1}{R_G} \cdot \frac{1}{2} \cdot \sum\limits_{\mu=0}^{m-1} [T(R_{\mu+1}, \varphi_\nu) + T(R_\mu, \varphi_\nu)]\,(R_{\mu+1} - R_\mu)$$

Tabelle für $R_G = 30\ L \cdot \mathrm{mm}^{-1}$; m = 3, äquidistante Teilung

Objektiv	$Q_0(\sigma = 0°)$	$Q_1(\sigma = 13°)$	Q
2,8/50 I	0,85	0,82	0,84
II	0,72	0,60	0,66
III	0,69	0,53	0,61
1,4/50 I	0,77	0,41	0,59
II	0,84	0,45	0,65
III	0,81	0,38	0,60
2/100 II	0,79	0,41	0,60
III	0,67	0,45	0,56
IV	0,61	0,54	0,58

Abb. 10. Korrektionsmaß für die Abbildung ausgedehnter Objekte.

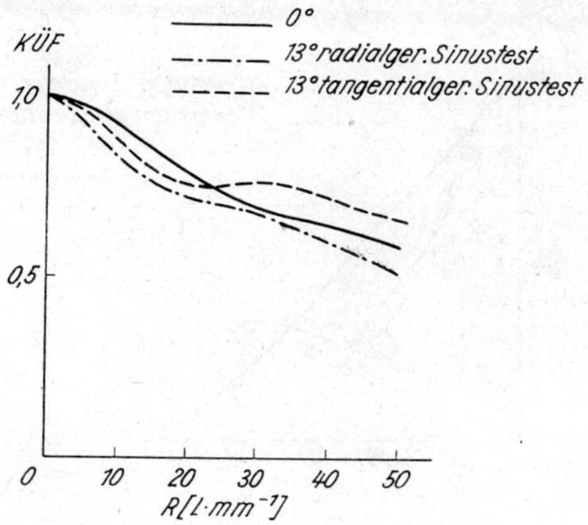

Abb. 11. KÜF des Objektives I (1:2,8 $f' = 50$ mm).

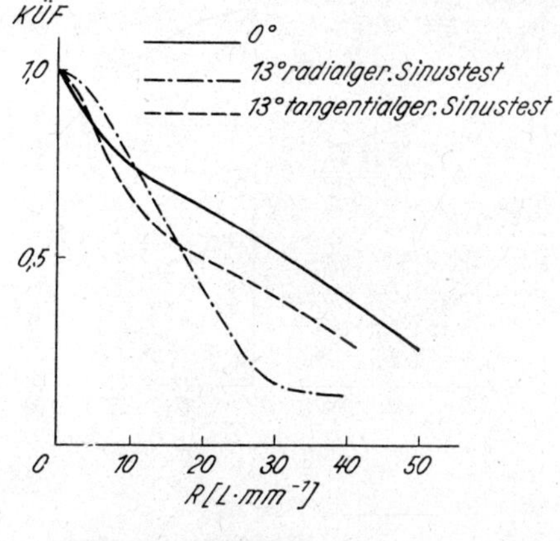

Abb. 12. KÜF des Objektives II (1:2,8 $f' = 50$ mm).

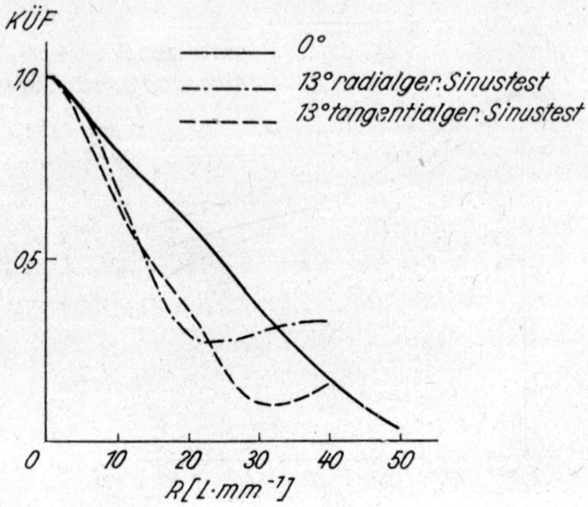

Abb. 13. KÜF des Objektives III (1:2,8 $f' = 50$ mm).

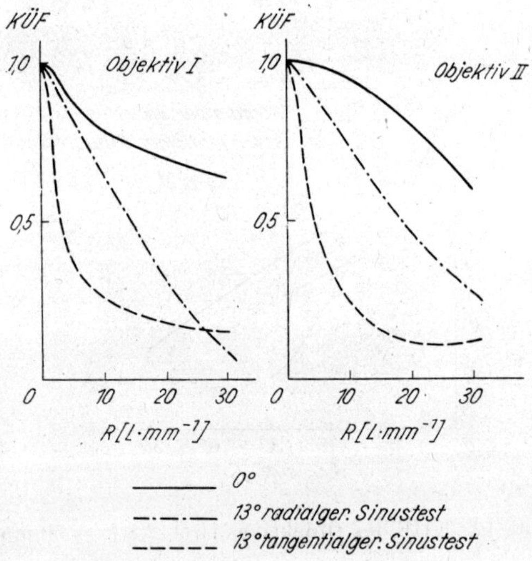

Abb. 14. KÜF zweier Objektive 1:1,4 $f' = 50$ mm.

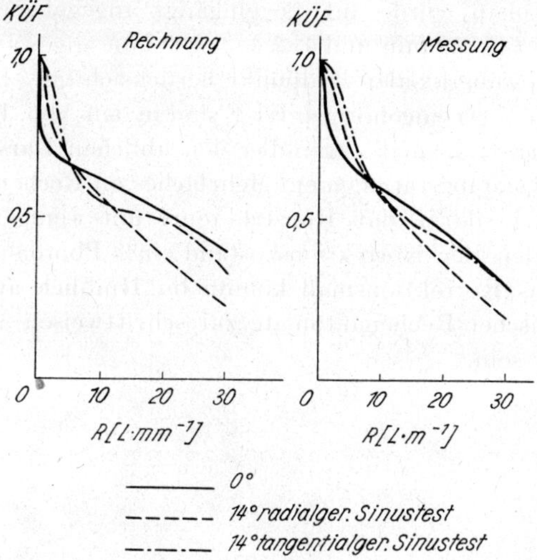

Abb. 15. Berechnete und gemessene KÜF eines Objektives 1:2 $f' = 100$ mm.

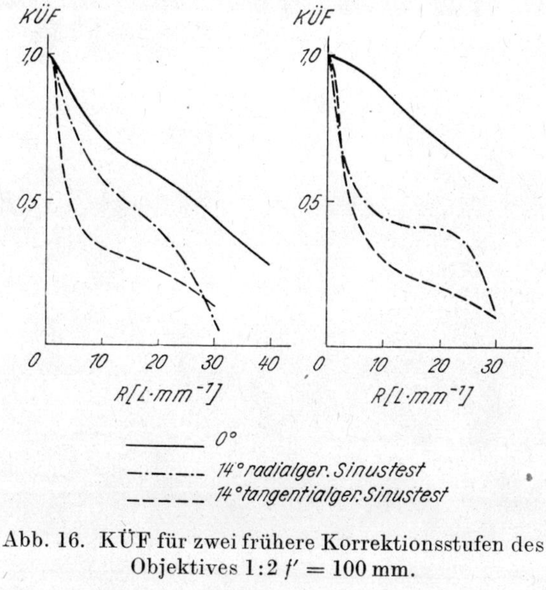

Abb. 16. KÜF für zwei frühere Korrektionsstufen des Objektives 1:2 $f' = 100$ mm.

Zur Anpassung an die jeweiligen Forderungen dienen die Grenzfrequenz R_G und die die Bildpunkte bewertende Funktion $f(\sigma)$.

Das Korrektionsmaß wurde auf die eingangs angegebenen Objektive 1:2,8 $f' = 50$ mm, 1:1,4 $f' = 50$ mm und 1:2 $f' = 100$ mm angewandt; es wurden nur der axiale und ein außeraxialer Bildpunkt berücksichtigt. Die Ergebnisse sind in Abb. 10 tabelliert. Die zugehörigen KÜF sind in den Abb. 11 bis 16 angegeben.

Obwohl das Korrektionsmaß gegenüber den üblichen Darstellungen der Korrektion durch die Queraberrationen ein Mehrfaches an Rechenaufwand erfordert, liegt sein Wert u. E. darin, daß Konstrukteure mit weniger Erfahrung in die Lage versetzt werden, den Korrektionszustand eines Photoobjektivs ausreichend zu beurteilen. Das Korrektionsmaß könnte im Hinblick auf die Verwendung schneller elektronischer Rechenautomate zur schrittweisen automatischen Korrektion brauchbar sein.

VEB Carl Zeiss, JENA

W. REICHEL, Jena

Die Übertragungsfunktion, ein Qualitätsmaß für die Abbildungsgüte, als Hilfsmittel zur optimalen Konstruktion optischer Systeme in Verbindung mit der Wellenaberration[1])

Im Abbildungsprozeß kann man das optische System analog der elektrischen Übertragungstheorie als Übertragungsglied vom Objekt zum Bild oder umgekehrt auffassen.

Eine für das Übertragungsglied charakteristische Funktion ist die sogenannte Übertragungsfunktion, deren Herleitung kurz skizziert sei. Ausgangspunkt bildet das Faltungsintegral

$$B'(u', v') = \iint B(u, v)\, G\,(u' - u, v' - v)\, du\, dv$$
$$= \iint G(u, v)\, B\,(u' - u, v' - v)\, du\, dv\,, \qquad (1)$$

welches einen linearen Zusammenhang zwischen Objekt (B) und Bildintensität (B') für ausgedehnte inkohärente Objekte innerhalb eines isoplanatischen Gebietes darstellt. Der schematische Abbildungsvorgang ist in Abb. 1 aufgezeichnet.

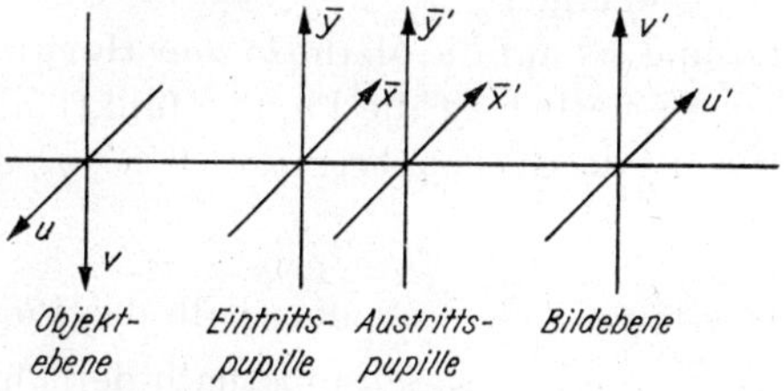

Abb. 1. Schematischer Abbildungsvorgang.

Die Funktion $G(u', v')$ ist die Bildintensität des Beugungsbildes, die durch Beugung am Objektiv und Restfehler bestimmt und als Verwaschungs- oder Übertragungsfunktion bezeichnet wird. Diese ist aber nach

$$G(u', v') = F(u', v')\, F^*(u', v') \qquad (2)$$

der konjugiert komplexen Amplitude proportional, wobei die Amplitude selbst nach dem HUYGENS-FRESNELschen Prinzip in Gestalt eines zweidimensionalen FOURIER-Integrals

$$F(u', v') = \text{const} \iint f(\bar{x}', \bar{y}')\, e^{2\pi i (u'\bar{x}' + v'\bar{y}')}\, d\bar{x}'\, d\bar{y}' \qquad (3)$$

geschrieben werden kann. Die Funktion $f(\bar{x}', \bar{y}')$ ist die FOURIER-Transformierte von $F(u', v')$ und wird als Pupillen- oder Wellenfunktion bezeichnet, da sie durch

[1]) S. auch Jenaer Jahrbuch 1961/I, S. 23—24.

die Wellenaberration bestimmt wird. Gl. (1) kann man mit Hilfe ihrer Fourier-Transformierten in

$$b'(s', t') = b(s', t') \cdot g(s', t') \tag{4}$$

umschreiben und benutzt nun nicht G, sondern g, die Frequenzübertragungsfunktion, als Übertragungsgröße. Man spart dadurch die Bildintensitätsberechnung durch Faltung, was einen Vorteil gegenüber den klassischen Verfahren bedeutet, wo man über die Intensitätsberechnung die Übertragungsfunktion berechnet, wie auf der Tagung „Optik aller Wellenlängen" 1958 in Jena gemeinsam mit Herrn Schmidt berichtet wurde [1].

Normiert man mit der Pupillenfläche und verwendet ein Sinusgitter, welches um das Azimut Φ drehbar ist, dann erhält man die allgemein komplexe Frequenzübertragungsfunktion mit

$$\begin{aligned} D(s', \Phi) &= \frac{g(s', \Phi)}{g(0, 0)} = \frac{\int\int f(\bar{x}', \bar{y}')\, f^*(\bar{x}' - s', \bar{y}')\, d\bar{x}'\, d\bar{y}'}{\int\int f(\bar{x}', \bar{y}')\, f^*(\bar{x}', \bar{y}')\, d\bar{x}'\, d\bar{y}'} \\ &= T(s', \Phi) \cdot e^{i\,\Theta(s', \Phi)} = \Re(s', \Phi) + i\,\Im(s', \Phi)\,, \end{aligned} \tag{5}$$

worin die Frequenzvariable s' sich nach

$$s' = 2\,\lambda\,\Omega\,L' \tag{6}$$

bestimmt, λ die Wellenlänge, Ω die wirksame Blendenzahl und L' die Linienfrequenz in Linien/mm bedeutet.

Zur numerischen Lösung sei auf die Methode von Hopkins und Goodbody [2] hingewiesen, doch dazu wesentlich ist die Pupillenfunktion. Diese Pupillen- oder Wellenfunktion ist aber mit der Wellenaberration $W(\bar{x}', \bar{y}')$ des optischen Systems wie folgt verknüpft:

$$f(\bar{x}', \bar{y}') = \begin{cases} e^{i \frac{2\pi}{\lambda} W(\bar{x}', \bar{y}')} & \text{innerhalb der Pupille} \\ 0 & \text{außerhalb der Pupille.} \end{cases} \tag{7}$$

Die Wellenaberration kann man nun einnmal experimentell auf interferometrischem Wege und zum anderen aus der geometrisch-optischen Strahldurchrechnung, wenn die Aberrationen klein sind, berechnen. Bevor man eine wellenoptische Untersuchung ansetzt, macht man die geometrisch-optischen Fehler klein, denn es empfiehlt sich immer erst dann die Wellenoptik heranzuziehen, wenn die durch Aberrationen verursachten Abweichungen in der Wellenfläche gegenüber einer Kugelwelle klein sind. Man kann natürlich auch in geometrisch-optischer Näherung arbeiten, wie Herr Häuser[1]) berichtete, wenn die Aberrationen groß und die Linienfrequenzen klein sind, wie es für Fotoobjektive mit großem Bildfeld in Verbindung mit normalen Emulsionen oft zutrifft. Für die Umrechnung der Strahlenaberration in die Wellenaberration ist es wesentlich, daß man geschickt normiert und den Integrationsprozeß graphisch durchführt. Es ist weiterhin vorteilhaft, die Wellenaberration nicht direkt in das Integral der Frequenz-

[1]) S. Seite 249 dieses Berichtbandes.

übertragungsfunktion eingehen zu lassen, sondern durch eine Potenzreihendarstellung nach Bildfehlern anzunähern. Obwohl es zunächst nach dem Vorbild von SLEVOGT, die Wellenaberration direkt in das Beugungsintegral eingehen zu lassen, als Vorzug hinsichtlich Genauigkeit erkannt wurde, muß jedoch für jedes System das Integral neu berechnet werden. Nähert man dagegen die Wellenaberration durch eine Potenzreihendarstellung nach der Methode der kleinsten Quadrate an, dann kann man für die einzelnen Bildfehlerkoeffizienten die Übertragungsfunktion einzeln oder kombiniert berechnen und tabellieren, wie es für einige Fälle aus der Schule von Dr. H. H. HOPKINS bereits vorliegt.

Wählt man normierte Polarkoordinaten für eine kreisförmige Pupille, dann läßt sich die Wellenaberration in die bekannte Potenzreihendarstellung aufspalten:

$$\begin{aligned} W(\bar{r}'\ \Phi) = {} & w_{20}\bar{r}'^2 + w_{40}\bar{r}'^4 + w_{60}\bar{r}'^6 + w_{80}\bar{r}'^8 \\ & + (w_{11}\bar{r}' + w_{31}\bar{r}'^3 + w_{51}\bar{r}'^5 + w_{71}\bar{r}'^7)\cos\Phi \\ & + (w_{22}\bar{r}'^2 + w_{24}\bar{r}'^4 + w_{26}\bar{r}'^6)\cos 2\Phi \\ & + (w_{33}\bar{r}'^3 + w_{35}\bar{r}'^5)\cos 3\Phi \\ & + (w_{44}\bar{r}'^4)\cos 4\Phi \qquad 0 \le \bar{r}' \le 1\,, \end{aligned} \tag{8}$$

w_{20}	Defokussierung
w_{40}, w_{60}, w_{80}	Sphär. Aberration
w_{11}	Verzeichnung
w_{31}, w_{51}, w_{71}	Koma
w_{22}	Astigmatismus
w_{24}, w_{26}	Astig. Öffnungsfehler
w_{33}, w_{35}	Dreiblattfehler (trefoil)
w_{44}	Vierblattfehler (tetrafoil),

die hier bis zu Bildfehlern 7. Ordnung (8. Potenz) gegeben ist. Für die hier behandelten Beispiele genügte die Entwicklung bis zur 6. Potenz, die einer Stufung der Wellenfläche mit $\Phi = 90°$ mit der Annahme $w_{33} = O$ und der geometrischen Rechnung für die beiden Hauptschnitte meridional und sagittal entspricht. Der Fehler für die Näherung bei den nachfolgenden Beispielen blieb unter 0,1 λ, was eine ausreichende Genauigkeit bedeutet. Nach diesen allgemeinen Betrachtungen sollen Beispiele folgen.

In Abb. 2 sind die Übertragungsfunktionen für das axiale Gebiet für $\lambda = 588$ nm aufgetragen. Da in der Achse keine echten Phasenverschiebungen auftreten, spricht man von der Kontrastübertragungsfunktion (Verhältnis von Bild zu Objektkontrast) oder Betrag der komplexen Frequenzübertragungsfunktion. Dabei bedeuten die ausgezogenen Linien ein Sinusgitter und die gestrichelt gezeichneten Kurven ein Rechteckgitter. Die Umrechnungsformeln von Sinus- in Rechteckgitter und der Kontrastfaktor K für ein Rechteckgitter, der für die experimentellen Messungen wichtig ist, sind darunter geschrieben. Außerdem ist für Objektive, die für Fernsehzwecke verwendet werden, die dafür erforderliche Grenzfrequenz eingezeichnet. Es ist also wichtig, diesen kleinen Bereich, der für diese Anwendung allein gebraucht wird, maximal zu gestalten. Das ist natürlich am einfachsten, wenn die Aberrationen sehr klein werden. Für ein aberrationsfreies Objektiv, welches nur der reinen Beugung unterliegt und somit das Optimum darstellt, ist die strichpunktierte Kurve eingezeichnet. Es wird sehr deutlich, daß mit steigender Linienfrequenz L' der Kontrast für das reale Objektiv vom idealen stark abweicht, da das vorliegende Objektiv kontraströrichtig für kleine Frequenzen im Sinne der Toleranztheorie von Hopkins [3] für Projektionszwecke korrigiert ist. Im unteren Teil sind die Kurven für ein Fotoobjektiv eingezeicchnet, und man erkennt sofort, daß der Kontrast bei

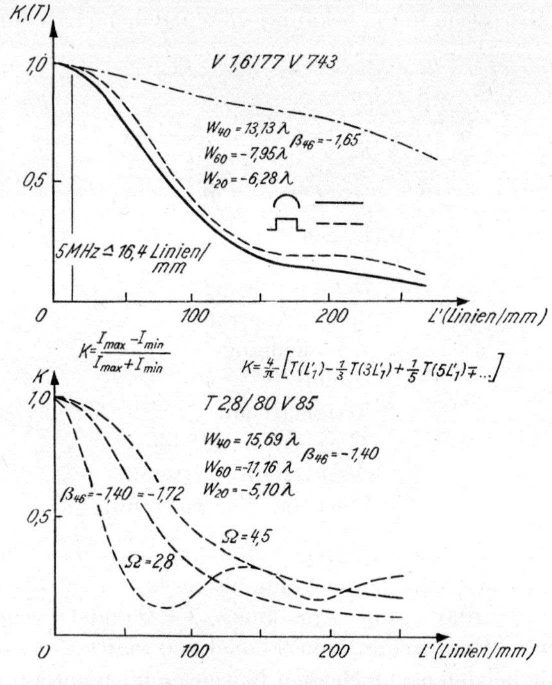

Abb. 2. Übertragungsfunktion, axial nach Rechnung.

größter Blende $\Omega = 2,8$ nicht maximal gestaltet ist, jedoch der Verlauf der Kurve eine hohe Auflösung garantiert. Würde man das Verhältnis von primärer zu sekundärer sphärischer Aberration mit $\beta_{46} = -1,72$ anstatt $\beta_{46} = -1,40$ wie bei dem vorliegenden Objektiv bei gleichbleibender sekundärer sphärischer Aberration wählen, dann würde der Kontrast wie aus Abb. 2 ersichtlich für kleine Frequenzen angehoben. Natürlich kann man Fotoobjektive abblenden, und dann ergibt sich bei der kritischen Blende, die etwa bei $\Omega = 4,5$ liegt, ein wesentlich günstigeres Verhältnis. Für Fernsehzwecke braucht man aber lichtstarke Objektive und kann infolgedessen nicht abblenden, so daß man für die größte Blende kontrastrichtig korrigieren muß. Solche Möglichkeiten sind jetzt durch Anwendung der Übertragungstheorie auf theoretischem Wege möglich, denn bisher konnte der Objektivkonstrukteur nur aus der Erfahrung an Mustern korrigieren.

In Abb. 3 ist für das außeraxiale Gebiet an einem Projektionsobjektiv die komplexe Darstellung der Frequenzübertragungsfunktion erläutert. Da im Sagittalschnitt die echte Phasenverschiebung hinzutritt, bedingt durch die Koma, muß man sowohl Kontrast (Amplitude) T als auch Phase Θ darstellen, was in der rechten Bildhälfte zu sehen ist. Auf der linken Seite ist die komplexe Darstellung gewählt; beide Darstellungen haben Vorteile, deshalb ist keiner der Vorzug zu

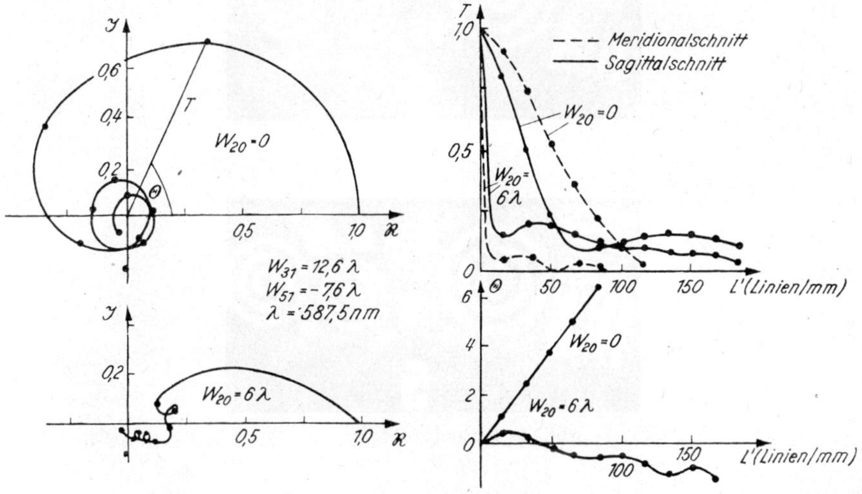

Abb. 3. Übertragungsfunktion, außeraxial nach Rechnung.

geben. Defokussiert man wie in diesem Beispiel um 6λ, dann wird der Kontrast kleiner und es treten merkwürdige Verschlingungen in der komplexen Darstellung auf, die auf Phasensprünge, wie in Abb. 3 rechts zu erkennen ist, zurückzuführen sind. In der komplexen Darstellung ist die Linienfrequenz als Parameter aufgetragen und entspricht den Meßpunkten im Phasen- und Amplitudendiagramm.[1]) Die Phase bedeutet nichts anderes als eine Querverschiebung im Bild, die von der Linienfrequenz L' abhängt. Um eine gute Bildqualität in beiden Schnitten zu erhalten, soll dieselbe stetig mit der Linienfrequenz steigen und einen gewissen Wert nicht überschreiten.

Sobald aber die Verschiebung bei periodischen Strukturen durch die Phase die halbe Gitterkonstante überschreitet, sind die beiden Schnitte gegenseitig versetzt, wie aus Abb. 4 an Kreismiren ersichtlich, und damit ist das Bild unbrauchbar. Das obere Testbild zeigt starke Koma, während das untere geringe Koma und starke Defokussierung besitzt und dadurch die Phasenverschiebung (Versetzung) deutlich am 7. und 8. Kreis hervortritt.

[1]) Kleinster Frequenzintervall $\Delta s' = 0{,}05$.

Berechnet man sich also von einem Objektiv für die einzelnen Bildpunkte die Aberrationskoeffizienten etwa für eine oder mehrere Lichtwellenlängen axial und im Meridionalschnitt, dann kann man auf Grund des aufgezeigten Zusammenhanges zwischen Wellenaberration und Bildgüte, die durch die Frequenzübertragungsfunktion weitgehendst charakterisiert wird, das Objektiv bewerten, mit

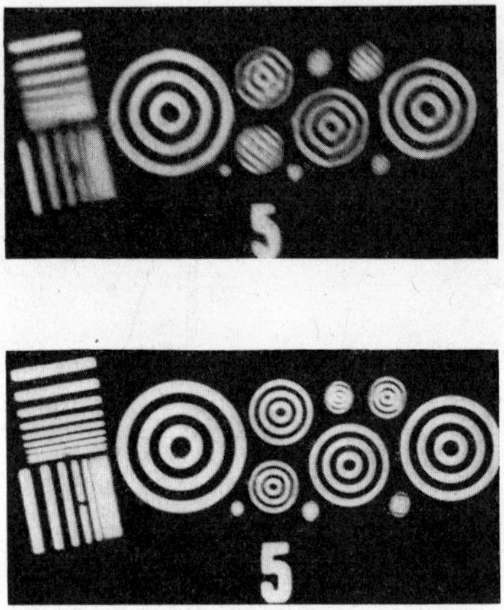

Abb. 4. Kreismirentestbilder.

Projektionsobjektive

	P 1,6/80	*V* 1,6177	*V* 1,6160
	$\lambda = 587{,}5$ nm		
	$w_{40} = 8{,}85\,\lambda$	$w_{40} = 13{,}13\,\lambda$	$w_{40} = 15{,}44\,\lambda$
	$\beta_{64} = -1{,}78$	$\beta_{64} = -1{,}65$	$\beta_{64} = -1{,}51$
	$w_{60} = -4{,}99\,\lambda$	$w_{60} = -7{,}95\,\lambda$	$w_{60} = -10{,}24\,\lambda$

Meridionalschnitt ($\Phi = 0,\pi$)

$\sigma =$	—9′25°	—7′55°	—5′35°	—10′80°	—7′75°	—3′20°	—12′25°	—10′00°	—4′10°
w_2 [1]) =	4,29	3,14	2,31	2,68	1,02	0,70	—1,29	0,82	—2,14 λ
w_4 [2]) =	21,05	1,878	11,60	4,18	7,61	5,41	2,74	— 0,42	2,75 λ
w_{60} =	—10,10	—12,82	—11,36	—1,26	—4,08	—5,00	—1,04	0,59	1,90 λ
w_3 [3]) =	1,35	3,47	4,53	7,23	1,67	4,10	12,61	4,85	7,20 λ
w_{51} =	—14,80	—16,77	—12,86	—5,33	—3,25	—2,25	—7,55	—3,92	—5,07 λ

[1]) $w_2 = w_{20} + w_{22}$, [2]) $w_4 = w_{40} + w_{24}$, [3]) $w_3 = w_{31} + w_{33}$

Abb. 5. Korrektionsdarstellungen.

anderen Typen vergleichen und je nach Verwendungszwecken in den einzelnen Koeffizienten maximal abstimmen. Auch für den Sagittalschnitt kann man aus diesen Angaben Schlüsse ziehen.

In Abb. 5 ist eine solche Darstellung für einige Projektionsobjektive gegeben. Das Objektiv P 1,6/80 hat starke Koma 5. Ordnung, während für die übrigen Objektive die Aberrationskoeffizienten kleiner sind. Die Summe von $W_{31} + W_{51}$ ist bei V 1,6/80 negativ, bei den übrigen durchweg positiv. Die letztere Lage der Koma, wenn die Summe positiv ist, scheint für den Kontrast günstiger zu sein. Das hat auch Dr. Hopkins erkannt, doch läßt sich dieses Verhältnis nicht bei allen Objektivtypen für das gesamte Bildfeld realisieren.

In Abb. 6 ist für den Sagittalschnitt eine stark negative und positive Koma aufgetragen. Der Vorteil hinsichtlich Kontrast ist für den letzteren Fall überzeugend.

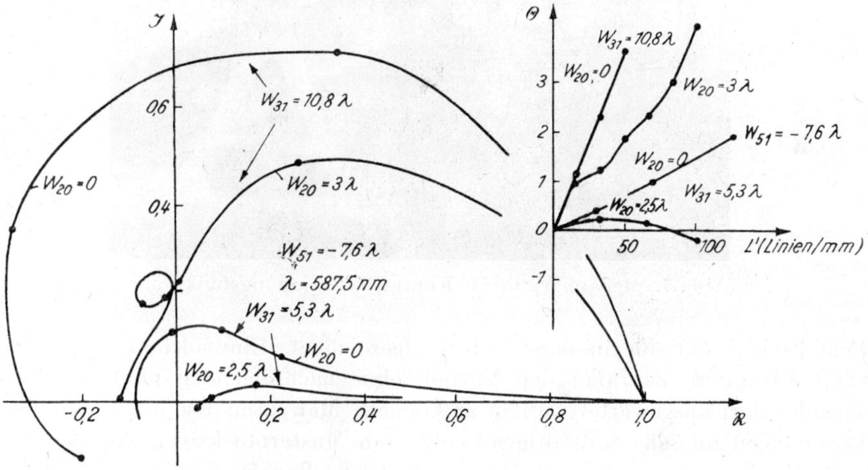

Abb. 6. Übertragungsfunktionen, außeraxial nach Rechnung.

Mit diesen wenigen, aber charakteristischen Beispielen sollte gezeigt werden, daß die Übertragungsfunktionen nicht nur als Gütekriterien für ein optisches System von Nutzen sind, sondern daß man die Aberrationen je nach Verwendungszweck, in der Sprache der Übertragungsfunktionen ausgedrückt, optimal gestalten kann. Natürlich ist dazu der Optikkonstrukteur, der es allein in der Hand hat, die Konstruktionsparameter so zu ändern, daß eine optimale Abstimmung der Aberrationen möglich wird, unentbehrlich. Der erstrebendste Weg, daß man sich Aberrationen vorgibt und ein optisches System berechnet, scheint auf sehr große Schwierigkeiten zu stoßen.

In Abb. 7 ist eine Apparatur zur Messung der Kontrastübertragungsfunktion für Projektionsobjektive in Projektion zu sehen, die im VEB Carl Zeiss JENA entwickelt worden ist. Eine Phasenmessung wurde aus apparativen Gründen nicht vorgesehen. Auf einer optischen Bank sind das Lampenhaus mit Kondensor für die verschiedensten Beleuchtungsquellen, die Testverschiebungseinrichtung im Azimut drehbar, motorisch angetrieben und die Objektivaufnahme für das Prüfobjektiv gegeneinander genau justierbar aufgesetzt. In geeigneter Prüfentfernung ist ein Abtastspalt mit Photozelle auf einer optischen Schiene für die einzelnen Bildwinkel zu verschieben. Für die gewünschten Bildwinkel, Azimute und Einstellebenen wird die Bildintensitätsverteilung mittels des am Spalt vorbeigeführten

Abb. 7. Meßapparatur für Kontrastübertragungsfunktionen.

Prüfgitters direkt von einem Schreiber aufgezeichnet. Eine solche Messung dauer etwa 3 Minuten, hat aber den Vorteil, ohne nachfolgenden photographischen Prozeß sofort ausgewertet werden zu können. Man kann also die beschriebenen Rechnungen an sehr sorgfältig ausgeführten Musterobjektiven und schließlich auch Fertigungsschwankungen experimentell nachprüfen; leider kann in dieser gedrängten Darstellung nicht näher darauf eingegangen werden.

Zum Schluß möchte ich Herrn Dr. Hopkins, London, für einige Anregungen nochmals danken.

VEB Carl Zeiss, JENA

Literatur

[1] Schmidt, G. u. Reichel, W., Untersuchungen über die Intensitätsverteilung im Bild von Objektpunkten mit Gittern verschiedener Gitterkonstanten. Berichtsband der Arbeitstagung „Optik aller Wellenlängen“ der Physikal. Gesellschaft in der DDR 1958. Akademie-Verlag., Berlin 1959, S. 305—12.

[2] Goodbody, A. M., The influence of spherical aberration on the response function of an optical system. Proc. Phys. Soc. vol **72** (1958) 411—24 mit weiteren Literaturangaben.

[3] Hopkins, H. H., The aberrations permissible in optical systems. Proc. Phys. Soc. **70** (1957) 449—70.

CHR. HOFMANN, Jena

Neue Methoden zur Messung der Dezentrierung sphärischer Einzellinsen unter Berücksichtigung einer neuen Definition der Dezentrierung derartiger Linsen[1])

Nachdem in Karlsruhe auf der 51. Jahreshaupttagung der DGaO über eine neue Definition der Dezentrierung sphärischer Einzellinsen [5] vorgetragen worden ist, befaßt sich dieser Vortrag mit der Messung der beiden Flächenkippungen $\Delta\vartheta_1$ und $\Delta\vartheta_2$ und des Azimutes τ von Einzellinsen.

Die Meßbarkeit dieser drei neuen Dezentrierungskoordinaten setzt voraus, daß die Lage der Formachse[2]) durch die Berandung der Linsen eindeutig definiert ist. Das ist aber nur für Linsen, bei denen die *Randdicke* d_R nicht klein gegen den Linsendurchmesser ist, und für Menisken mit Planfase, bei denen der Linsenrand und die Planfase in einem Arbeitsgang gefertigt werden, der Fall. Es mußten deshalb für derartige Linsen, für Menisken und für Linsen mit kleinem Randdickendurchmesserverhältnis unterschiedliche Meßmethoden entwickelt werden.

Da der Zentrierzustand einer sphärischen Einzellinse durch drei voneinander unabhängige Dezentrierungsparameter beschrieben wird, muß die meßtechnisch exakte Erfassung der Dezentrierung im Gegensatz zu den bisher üblichen Verfahren durch drei Meßgrößen erfolgen. Als solche können *radiale Flächenschläge*, *Randschläge* oder *doppelte Krümmungsmittelpunktsablagen* dienen. Einer der drei Meßwerte ist immer ein Azimut. Als Meßgeräte kommen nur die Meßuhr und die in Autokollimination arbeitenden Reflexbildgeräte nach NAUNDORF und nach SCHUCH und NOTNI [12], [13], [14], [15] in Frage.

1. Dezentrierungsmessung an Bi-Linsen mit eindeutig bestimmbarer Formachse

Die Messung selbst kann nach drei prinzipiell verschiedenen Methoden erfolgen, die sich in der Art der Linsenaufnahme, d. h. durch die benutzte Bezugsachse, unterscheiden.[3])

1.1 Bei der ersten Meßmethode dient die *Formachse* der Linse als Bezugsachse, d. h. die Linse muß mit ihrer Berandung aufgenommen werden. Dabei können die drei Dezentrierungsparameter entweder aus Messungen der radialen Flächenschläge oder der Krümmungsmittelpunktsabweichungen beider Linsenflächen ermittelt werden.

---

[1]) Vgl. auch [4], [5] und [7].

[2]) Die Formachse ist die Symmetrieachse der Linsenberandung.

[3]) Zur Messung der Dezentrierung muß eine Bezugsachse gewählt werden. Diese Bezugsachse ist mit der Symmetrieachse der Linsenaufnahme identisch und wird also durch die Art der Linsenaufnahme festgelegt.

1.1.1 Soll die Dezentrierung einer sphärischen Einzellinse aus *Flächenschlagmessungen* bestimmt werden, so muß man rechtwinklig zu den beiden gegen die Formachse verkippten Flächen die radialen Flächenschläge Δrad_1 und Δrad_2 sowie das Azimut τ messen. In Abb. 1 ist dies für $\tau = 0$ dargestellt. Während der Messung wird die Linse um ihre Formachse gedreht. Das Azimut ist dabei die relative Stellung der Taststifte, bei der die Meßuhren Maximalausschläge zeigen.

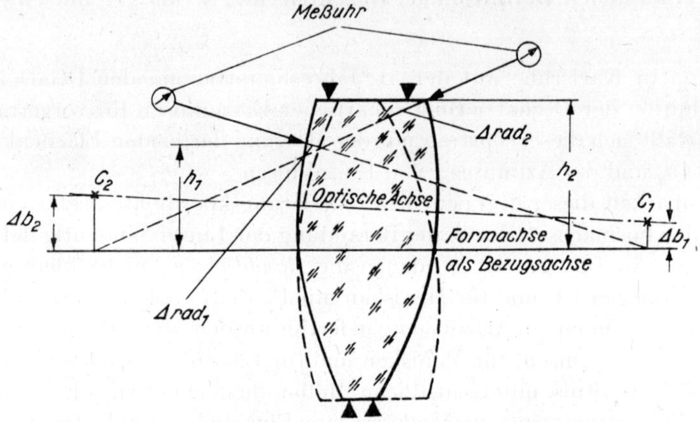

Abb. 1. Bestimmung der Dezentrierung aus zwei radialen Flächenschlägen ($\tau = 0$).

Aus den gemessenen radialen Flächenschlägen erhält man über folgende Gleichungen die Flächenkippungen:

$$\Delta\vartheta_1 = \frac{\Delta\,\mathrm{rad}_1}{2\,h_1}, \tag{1a}$$

$$\Delta\vartheta_2 = \frac{\Delta\,\mathrm{rad}_2}{2\,h_2}. \tag{1b}$$

Es ist also bei dieser Methode erforderlich, die Radien h_1 und h_2 der von den Taststiftspitzen der Meßuhren während des Messens beschriebenen Kreise zu ermitteln.

1.1.2 Zur Bestimmung der Dezentrierung aus den *Krümmungsmittelpunktsablagen* werden mittels optischer Hilfssysteme Lichtmarken in die Fußpunkte der von den Krümmungsmittelpunkten auf die Formachse gefällten Lote abgebildet.

Will man ohne komplizierte Rechnungen arbeiten, so muß man diese Lichtmarken L_1 und L_2 so legen, daß nur jeweils eine Linsenfläche optisch wirksam wird (Abb. 2). Das Licht trifft dabei von zwei Seiten auf den Prüfling. Zur Bestimmung der Dezentrierung wird nur der reflektierte, ungebrochene Teil des Lichtes verwendet. In diesem Fall entsprechen die Ablagen der Reflexe L_1' und L_2' dieser Lichtmarkenbilder in hinreichend genauer Näherung den doppelten Krümmungsmittelpunktsablagen Δb_1 und Δb_2. Das Azimut τ ist direkt meßbar als Winkel zwischen den Richtungen von Δb_1 und Δb_2.

Die Umrechnung der Krümmungsmittelpunktsablagen in die Flächenkippungen erfolgt nach folgenden Gleichungen:

$$\Delta\vartheta_1 = \left|\frac{\Delta b_1}{r_1}\right|, \tag{2a}$$

$$\Delta\vartheta_2 = \left|\frac{\Delta b_2}{r_2}\right|. \tag{2b}$$

An einem von W. Naundorf, Jena, entwickelten Reflexbildgerät können dagegen die Flächenkippungen unmittelbar abgelesen werden.

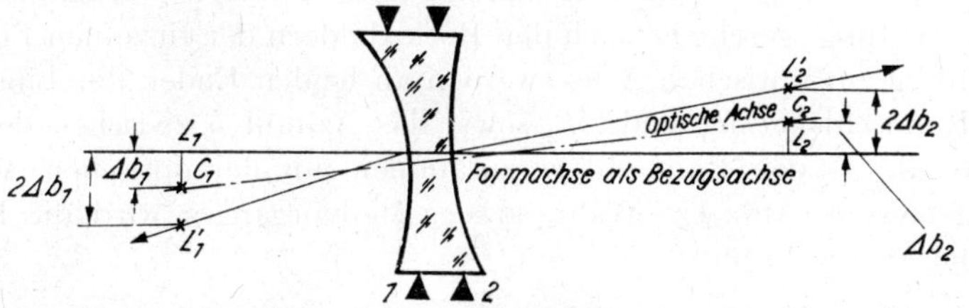

Abb. 2. Direkte Messung der Krümmungsmittelpunktsablagen einer dezentrierten Einzellinse nach der Reflexbildmethode ($\tau = 0$).

1.1.3 Für die Praxis mag es einfacher sein, das Licht nur von einer Seite auf den Prüfling fallen zu lassen (Abb. 3). Da bei diesem Verfahren eine Brechung an einer Linsenfläche auftritt, kann nur die scheinbare Krümmungsmittelpunktsablage der zweiten Fläche gemessen werden. Diese ist von der tatsächlich wirksamen Krümmungsmittelpunktsablage der zweiten sowie von der Vergrößerung

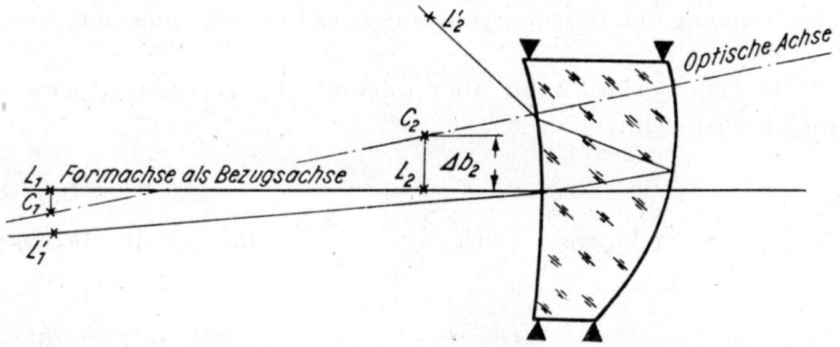

Abb. 3. Indirekte Messung der Krümmungsmittelpunktsablagen einer dezentrierten Einzellinse nach der Reflexbildmethode ($\tau = \pi$).

und der Flächenkippung der ersten Fläche und dem Azimut τ abhängig. Nach Notni [12], [13], Ingalls und Pestrecov [8] läßt sich die Verkippung der zweiten Fläche aus dieser scheinbaren Krümmungsmittelpunktsablage $\Delta b_2'$ mit Hilfe folgender Formel errechnen:

$$\Delta\vartheta_2 = \frac{a\,\Delta b_1 + b\,\Delta b_2'}{|r_2|}. \tag{3}$$

Die Faktoren a und b sind dabei Funktionen der aus einer paraxialen Durchrechnung einfach ermittelbaren optischen Grundgrößen.

In Gl. (3) ist das Azimut τ nicht enthalten, d. h. sie gilt streng nur für den Spezialfall komplanarer Krümmungsmittelpunktsablagen, d. h. nur für $\tau = 0°$ oder $\tau = 180°$.

Ist diese Bedingung nicht erfüllt, so müßte man eigentlich windschief rechnen. Man kann aber näherungsweise die einzelnen Ablagen Δb_1 und Δb_2 in zwei zueinander orthogonale Komponenten zerlegen und auf diese die Gl. (3) anwenden.

1.2 Die zweite Meßmethode benützt die *optische Achse* als Bezugsachse. Es müssen dabei beide Linsenflächen laufend aufgenommen werden. Das Ausrichten des Prüflings geschieht nach den Reflexbildern der einzelnen Flächen.

Rechtwinklig zur optischen Achse werden an beiden Enden der Linsenberandung die Randschläge Δh_1 und Δh_2 sowie das Azimut ϱ zwischen den beiden Ebenen, die die beiden Randschläge zusammen mit der optischen Achse aufspannen, gemessen (Abb. 4). Während des Meßvorganges wird die Linse um ihre optische Achse gedreht.

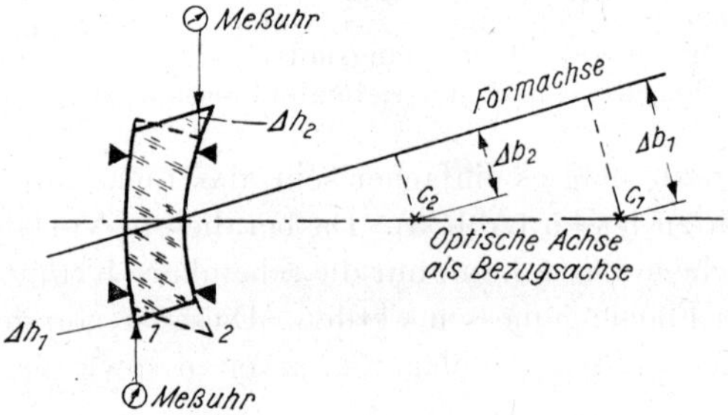

Abb. 4. Bestimmung der Dezentrierung aus zwei Randschlagmessungen ($\varrho = \pi$).

Aus den Meßwerten erhält man über folgende Umrechnungsformeln die drei Dezentrierungskoordinaten:

$$\Delta\vartheta_1 = \left|\frac{1}{r_1}\sqrt{\frac{\Delta h_1^2}{4} + \frac{\Delta h_1 (r_1 - p_1)}{2\,d_R}(\Delta h_2 \cos\varrho - \Delta h_1) + \frac{(r_1 - p_1)^2}{4\,d_R^2}(\Delta h_1^2 - 2\,\Delta h_1 \Delta h_2 \cos\varrho + \Delta h_2^2)}\right|, \tag{4a}$$

$$\Delta\vartheta_2 = \left|\frac{1}{r_2}\sqrt{\frac{\Delta h_2^2}{4} + \frac{\Delta h_2 (r_2 - p_2)}{2\,d_R}(\Delta h_1 \cos\varrho - \Delta h_2) + \frac{(r_2 - p_2)^2}{4\,d_R^2}(\Delta h_1^2 - 2\,\Delta h_1 \Delta h_2 \cos\varrho + \Delta h_2^2)}\right|, \tag{4b}$$

$$\cos\tau = \frac{\Delta b_1^2 + \Delta b_2^2 - \left[\frac{r_1 + r_2 - d}{2\,d_R}\right]^2 (\Delta h_1^2 - 2\,\Delta h_1 \Delta h_2 \cos\varrho + \Delta h_2^2)}{2\,\Delta b_1 \Delta b_2}. \tag{5}$$

Die Randdicke d_R berechnet sich dabei wie folgt aus den Pfeilhöhen p_1 und p_2:

$$d_R = d - p_1 - p_2\,. \tag{6}$$

Die Vorzeichen der Radien r_i sind die der optischen Fertigung, d. h. es sind erhabene Linsenflächen mit positiven und hohle Linsenflächen mit negativen Vorzeichen anzusetzen.

1.3 Die Bezugsachse der dritten Meßmethode ist die *Scheitelnormale einer Linsenfläche*. Dabei wird die Linse mit einer Fläche in einem von H. KLIPP entwickelten Spezialrollenfutter aufgenommen (Abb. 5).

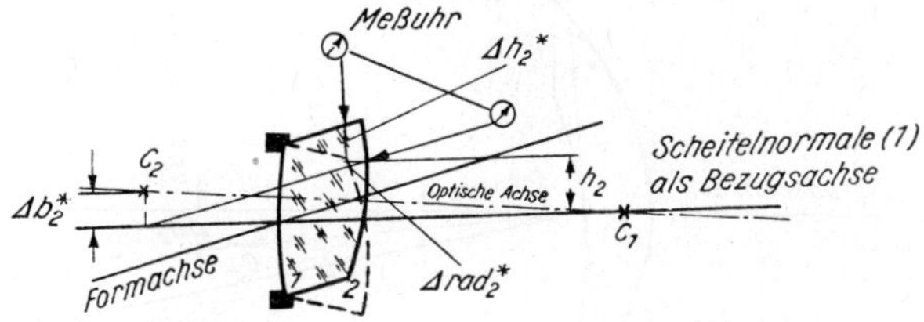

Abb. 5. Bestimmung der Dezentrierung aus einer Flächen- und aus einer Randschlagmessung ($\omega_2 = 0$).

Durch Messung an der nicht aufgenommenen zweiten Linsenfläche wird entweder der radiale Flächenschlag Δrad_2^* oder der Abstand Δb_2^* des Krümmungsmittelpunktes C_2 von der Scheitelnormalen der aufgenommenen Fläche (1) bestimmt. Beide Meßwerte sind durch die Relation

$$\Delta b_2^* = \left|\frac{r_2}{2\,h_2}\right| \Delta\,\text{rad}_2^* \tag{7}$$

miteinander verknüpft.

Mittels Fühlhebel wird rechtwinklig zur Bezugsachse der Linsenrand an der Fläche (2) abgetastet und der Randschlag Δh_2^* gemessen. Weiterhin wird das Azimut ω_2 zwischen den Richtungen von Δb_2^* und Δh_2^* ermittelt.

Aus diesen Meßwerten erhält man die Dezentrierungskoordinaten mit Hilfe folgender Umrechnungsformeln:

$$\Delta\vartheta_1 = \left|\frac{(r_1 - p_1)\,\Delta h_2}{2\,r_1\,d_R}\right|, \tag{8}$$

$$\Delta\vartheta_2 = \left|\frac{1}{r_2}\right| \sqrt{\Delta b_2^{*\,2} + \frac{(r_2 - p_2 - d_R)^2}{4\,d_R^2}\Delta h_2^{*\,2} - \left|\frac{r_2 - p_2 - d_R}{d_R}\right| \Delta b_2^* \,\Delta h_2^* \cos\omega_2} \tag{9a}$$

bzw.

$$\Delta\vartheta_2 = \sqrt{\frac{\Delta\,\text{rad}_2^{*\,2}}{4\,h_2^2} + \frac{(r_2 - p_2 - d_R)^2}{4\,d_R^2\,r_2^2}\Delta h_2^{*\,2} - \left|\frac{r_2 - p_2 - d_R}{2\,h_2\,d_R\,r_2}\right| \Delta\,\text{rad}_2^* \,\Delta h_2^* \cos\omega_2} \tag{9b}$$

und

$$\sin\tau = \frac{\Delta b_2^*}{\Delta b_2}\sin\omega_2 \tag{10a}$$

bzw.

$$\sin\tau = \frac{\Delta\,\text{rad}_2^*}{2\,h_2\,\Delta\vartheta_2}\sin\omega_2\,. \tag{10b}$$

2. Dezentrierungsmessung an Menisken

Da die neue Definition der Dezentrierung [5] sphärischer Einzellinsen auch für Menisken gültig ist [4], [6], können diese im allgemeinen mit Hilfe der angegebenen Meßmethoden ausgemessen werden.

Für konzentrische Menisken und für Menisken mit zentrierender Planauflage müssen diese Meßmethoden allerdings etwas variiert werden.

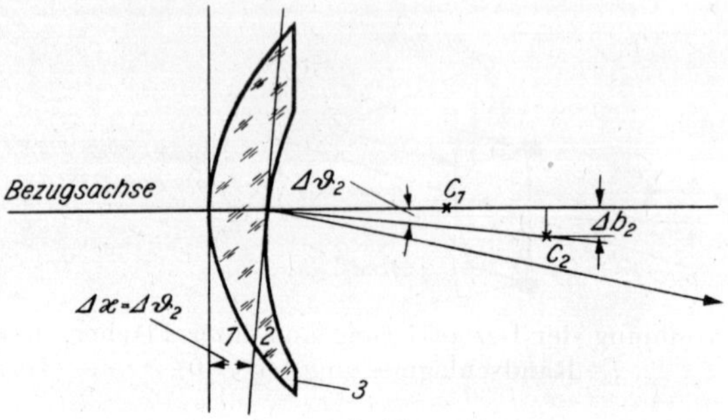

Abb. 6. Messung des Keilwinkels eines Meniskus mit Planauflage ohne zentrierende Berandung.

2.1 Menisken mit zentrierender Planauflage ohne zentrierende Berandung werden im KLIPPschen Rollenfutter mit einer Fläche laufend aufgenommen. Die Verkippung $\Delta\vartheta_2$ der zweiten Fläche gegen die Futterachse ist mit dem Keilwinkel $\Delta\varkappa$ des Meniskus identisch und wird über eine Messung der Krümmungsmittelpunktsablage Δb_2 oder des radialen Flächenschlages Δrad_2 bestimmt (Abb. 6).

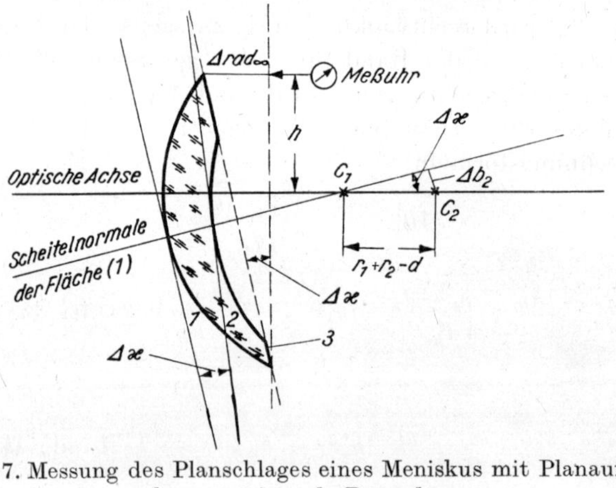

Abb. 7. Messung des Planschlages eines Meniskus mit Planauflage ohne zentrierende Berandung.

Man kann den Keilfehler eines derartigen Meniskus auch aus einer Messung des Schlagfehlers Δrad_∞ der Planfase bestimmen (Abb. 7).

$$\Delta\varkappa = \frac{r_1 + r_2 - d}{2\,h\,r_2}\,\Delta\,\text{rad}_\infty \tag{11}$$

2.2 Der Zentrierzustand exakt konzentrischer Menisken ist ebenfalls allein durch den Keilwinkel bestimmt (Abb. 8).

Bei Dezentrierungsmessungen derartiger Menisken dient entweder die Formachse oder die Scheitelnormale einer Fläche als Bezugsachse. Man mißt entweder die Krümmungsmittelpunktsablage Δb direkt oder bestimmt sie aus einer Flächenschlag- oder (für den Fall, daß die Scheitelnormale einer Fläche als Bezugsachse

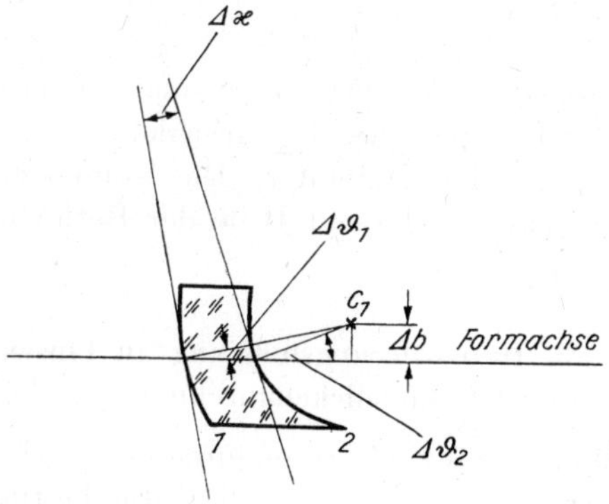

Abb. 8. Dezentrierter konzentrischer Meniskus.

dient) aus einer Randschlagmessung der nicht laufenden Fläche. Aus dieser Krümmungsmittelpunktsablage ergibt sich der Keilwinkel wie folgt:

$$\Delta\varkappa = \Delta b\left(\frac{1}{r_1} + \frac{1}{r_2}\right). \tag{12}$$

Konzentrische Menisken mit zentrierender Planauflage sind immer zentriert.

2.3 Außer der durch die Linsenberandung hervorgerufenen Dezentrierung können konzentrische Menisken noch durch eine Versetzung Δv der beiden Krümmungsmittelpunkte gegeneinander dezentriert sein. Diese im allgemeinen windschief zur Formachse liegende Versetzung wird in eine parallel zur Formachse verlaufende ($\Delta v_=$) und in eine in einer zur Formachse orthogonalen Ebene verlaufende Komponente ($\Delta v_\perp$) zerlegt.

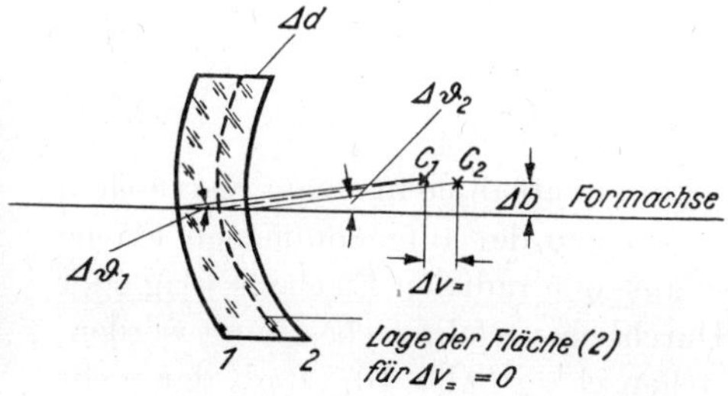

Abb. 9a. Konzentrischer Meniskus mit einer parallel zur Formachse verlaufenden Krümmungsmittelpunktsversetzung.

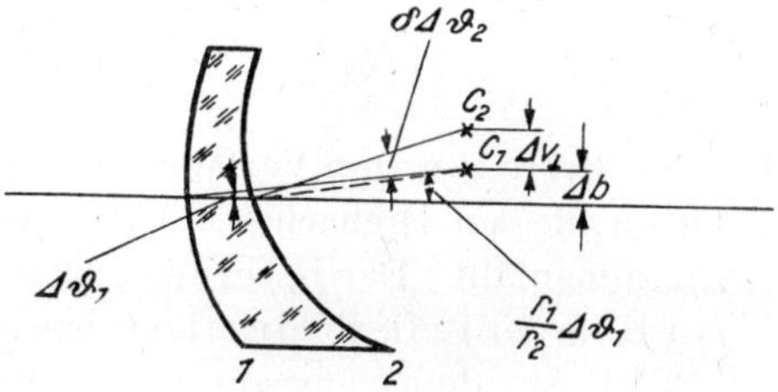

Abb. 9b. Konzentrischer Menikus mit einer in einer zur Formachse rechtwinkligen Ebene verlaufenden Krümmungsmittelpunktsversetzung.

Während die Komponente

$$\Delta v_{=} = |\Delta r_2 + \Delta r_1 + \Delta d| \tag{13}$$

auf Radien- und Dickenfehler zurückzuführen ist (Abb. 9a), bewirkt die zweite Komponente

$$\Delta v_{\perp} = \left| r_2 \sqrt{\Delta \vartheta_2^2 + \left(\frac{r_1}{r_2}\right)^2 \Delta \vartheta_1^2 - 2\left(\frac{r_1}{r_2}\right) \Delta \vartheta_1 \, \Delta \vartheta_2 \cos \tau} \right| , \tag{14}$$

daß die beiden Flächenkippungen voneinander unabhängig werden (Abb. 9b).

Die Bestimmung der Komponente $\Delta v_{\perp}$ geschieht entsprechend Gl. (14) aus den Flächenkippungen und dem Azimut τ. Die Komponente $\Delta v_{=}$ kann durch Radien- und Dickenmessungen oder mit Hilfe der Reflexbildmethode ermittelt werden.

3. Dezentrierungsmessung an Linsen mit kleinem Randdickendurchmesserverhältnis

Bei Linsen mit im Verhältnis zum Linsendurchmesser kleiner Randdicke kann die Richtung der Formachse nicht mehr eindeutig bestimmt werden. Durch Messung kann bei derartigen Linsen nur der Keilwinkel $\Delta\varkappa$ ermittelt werden. Es sind dabei zwei Meßverfahren möglich, die sich dadurch unterscheiden, daß entweder die Scheitelnormale einer laufend aufgenommenen Linsenfläche (1) oder die optische Achse als Bezugsachse benutzt wird.

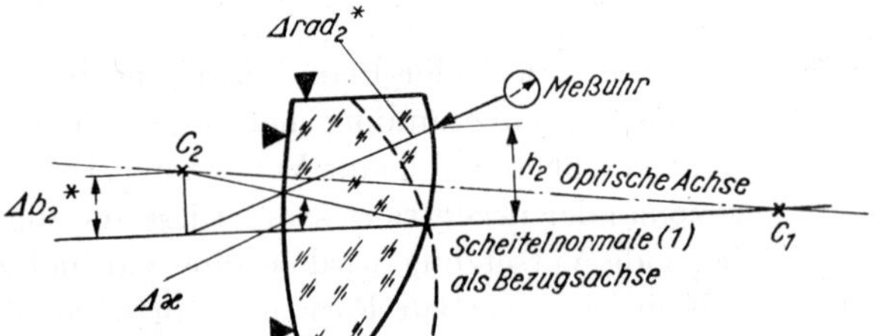

Abb. 10. Bestimmung des Keilwinkels aus dem radialen Flächenschlag.

3.1 Bei dem ersten Verfahren erfolgt die Linsenaufnahme in einem KLIPPschen Futter, dessen Drehachse mit der Scheitelnormalen der aufgenommenen Fläche zusammenfällt. Der Keilwinkel kann dabei aus dem radialen Flächenschlag oder mit Hilfe der Reflexbildmethode bzw. des Durchlichtverfahrens bestimmt werden.

3.1.1 Aus dem gemessenen radialen Flächenschlag (Abb. 10) $\Delta \mathrm{rad}_2$ der nicht aufgenommenen Linsenfläche (2) erhält man den Keilwinkel als

$$\Delta\varkappa = \frac{\Delta\, \mathrm{rad}_2}{2\, h_2} \, . \tag{15}$$

3.1.2 Mit Hilfe der Reflexbildmethode (Abb. 11) wird die Krümmungsmittelpunktsablage Δb_2 der nicht aufgenommenen Linsenfläche (2) gemessen und daraus entsprechend

$$\Delta \varkappa = \left| \frac{\Delta b_2}{r_2} \right| \tag{16}$$

der Keilwinkel berechnet.

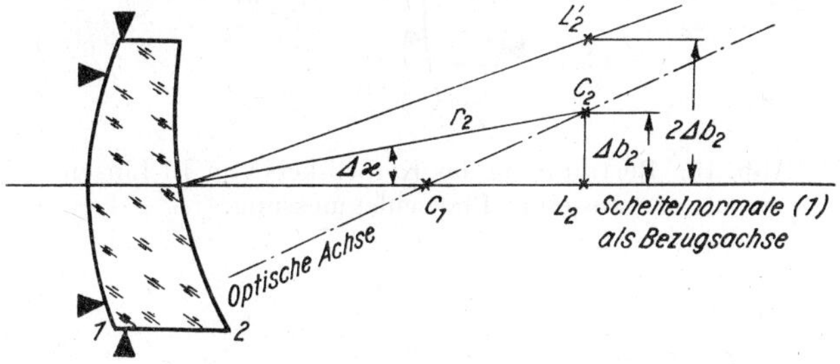

Abb. 11. Bestimmung des Keilwinkels mit Hilfe der Reflexbildmethode.

3.1.3 Bei der *Durchlichtmethode* (Abb. 12) wird der Keilwinkel entweder aus der Ablenkung $\Delta \delta$ eines dünnen Strahlenbündels oder aus dem Schlag $2\,\Delta y'_{F'}$ des bildseitigen Brennpunktes bestimmt.

$$\Delta \varkappa = \frac{\Delta \delta}{(n-1)} \approx 2\,\Delta \delta\,, \tag{17}$$

$$\Delta \varkappa = \left| \frac{\Delta y'_{F'}}{s'_{F'}\,(n-1)} \right| \approx 2 \left| \frac{\Delta y'_{F'}}{f'} \right|. \tag{18}$$

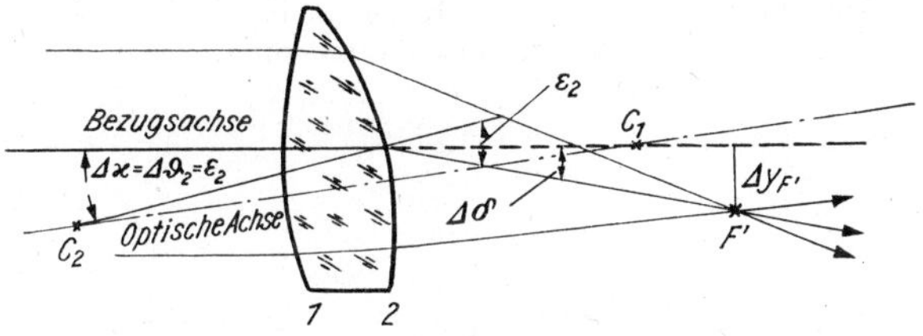

Abb. 12. Bestimmung des Keilwinkels im Durchlichtverfahren.

3.2 Soll die optische Achse als Bezugsachse dienen, wird die Linse mit Hilfe der Reflexbildmethode so ausgerichtet, daß die optische Achse mit der Drehachse der aufnehmenden Ringschneide zusammenfällt. Mit einer Meßuhr wird dann rechtwinklig zur optischen Achse der Randschlag Δh gemessen.

3.2.1 Für Bi-Linsen (Abb. 13) besteht zwischen Keilwinkel und gemessenem Randschlag folgender Zusammenhang:

$$\Delta \varkappa = 0{,}5\,\Delta h \left| \frac{1}{r_2} + \frac{1}{r_1} \right| \approx \frac{\Delta h}{|f'|}\,. \tag{19}$$

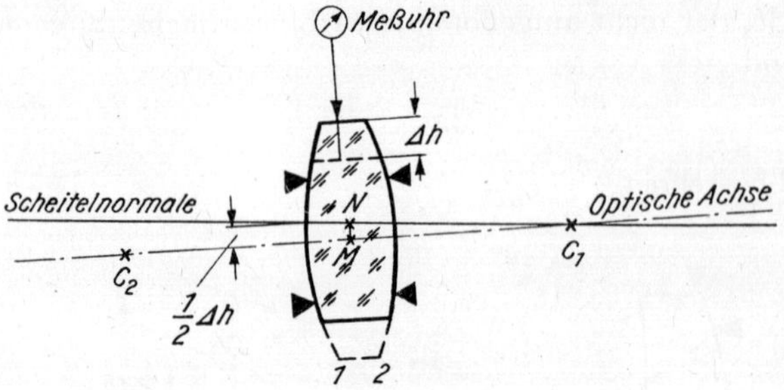

Abb. 13. Bestimmung des Keilwinkels von Bi-Linsen aus einer Planschlagmessung.

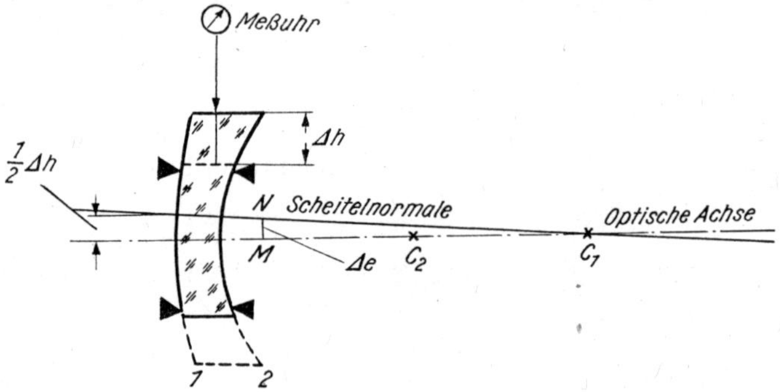

Abb. 14. Bestimmung des Keilwinkels von Menisken aus einer Randschlagmessung.

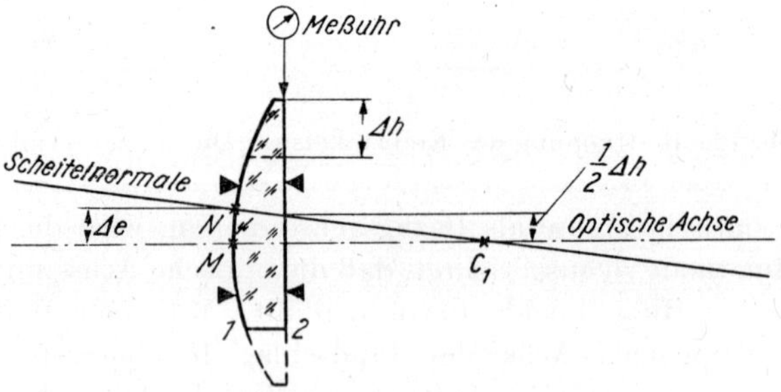

Abb. 15. Bestimmung des Keilwinkels von Plankonvexlinsen aus einer Randschlagmessung.

3.2.2 Bei Menisken (Abb. 14) wird der Keilwinkel nach folgender Gleichung errechnet:

$$\Delta\varkappa = \left|\frac{r_1 + r_2 - d}{2\, r_2 \sqrt{r_1^2 - h_1^2}}\right| \Delta h \approx \frac{\Delta h}{|f'| \sqrt{1 - \frac{h_1^2}{r_1^2}}}\,. \tag{20}$$

3.2.3 Plansphärische Linsen werden bei dieser Methode mit der sphärischen Fläche aufgenommen (Abb. 15). Der Keilwinkel ist dabei durch

$$\Delta\varkappa = \frac{\Delta h}{2\sqrt{r_1^2 - h_1^2}} \tag{21}$$

gegeben.

4. Praktische Erprobung der angegebenen Meßmethoden

Die in dieser Arbeit angegebenen Meßverfahren wurden an verschiedenen Einzellinsen aus der Jenaer Fertigung erprobt.

In Tabelle 1 sind die Meßwerte und die daraus errechneten Dezentrierungskoordinaten von fünf Bikonvexlinsen zusammengestellt. Als Meßgeräte dienten das NAUNDORFsche und das SCHUCH-NOTNIsche Reflexbildgerät [12], [13], [14], [15]. Es wurden die Randschläge Δh_1 und Δh_2 beider Linsenflächen rechtwinklig zur optischen Achse und der Randschlag Δh_2^* sowie die Krümmungsmittelpunktsablage Δb_2^* einer Linsenfläche (2) in bezug auf die Scheitelnormale der anderen Linsenfläche (1) und die entsprechenden Azimute ϱ und ω_2 gemessen.

Tabelle 1

Meßwerte und Dezentrierungskoordinaten von fünf Bikonvexlinsen

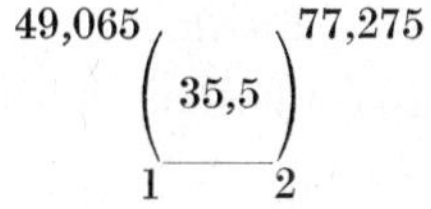

Meßverfahren	Linse	Meßgerät											
		NAUNDORFsches Reflexbildgerät						Reflexbildgerät nach SCHUCH-NOTNI					
		Δh_1 (μm)	Δh_2 (μm)	ϱ (°)	$\Delta\vartheta_1$ (′)	$\Delta\vartheta_2$ (′)	τ (°)	Δh_1 (μm)	Δh_2 (μm)	ϱ (°)	$\Delta\vartheta_1$ (′)	$\Delta\vartheta_2$ (′)	τ (°)
Randschlagmessung rechtwinklig zur optischen Achse	I	14	34	18	1,73	0,63	128	17	37	3	1,82	0,46	123
	II	19	17	0	0,54	0,51	0	18	20	0	0,75	0,32	0
	III	21	17	0	0,49	0,63	0	20	18	35	0,74	0,74	64
	IV	23	41	42	2,06	1,27	149	23	41	50	2,16	1,27	142
	V	9	6	84	0,60	0,41	140	6	7	80	0,43	0,44	139
Rand- und Krümmungsmittelpunktsschlag rechtwinklig zur Scheitelnormalen d. Fläche (1)		Δh_1^* (μm)	Δh_2^* (μm)	ω_2 (°)	$\Delta\vartheta_1$ (′)	$\Delta\vartheta_2$ (′)	τ (°)	Δb_2^* (μm)	Δh_2^* (μm)	ω_2 (°)	$\Delta\vartheta_1$ (′)	$\Delta\vartheta_2$ (′)	τ (°)
	I	22	38	170	2,32	0,70	167	20	30	170	1,83	0,66	166
	II	21	14	180	0,85	0,70	0	14	10	155	0,61	0,53	30
	III	25	16	90	0,98	0,65	90	15	20	130	1,22	0,64	90
	IV	29	36	150	2,19	0,71	128	34	27	155	1,65	0,77	138
	V	38	10	101	0,61	0,80	122	10	6	120	0,37	0,35	138

Der Vergleich der mit Hilfe verschiedener Meßverfahren und Meßwerte gewonnenen Dezentrierungsparameter in Tabelle 1 zeigt, daß die aus den Randschlagmessungen beider Linsenflächen gewonnenen Flächenschläge reproduzierbar sind. Die Azimutbestimmung bereitet wegen der Kleinheit der Dezentrierungen große Schwierigkeiten und ist deshalb weniger gut reproduzierbar.

Die Bestimmung der Dezentrierung aus der Messung des Randschlages und der Krümmungsmittelpunktsablage einer Fläche rechtwinklig zur Scheitelnormalen der zweiten Linsenfläche ist ungenauer, da das Azimut ω_i — wie aus den entsprechenden Formeln ersichtlich ist — einen stärkeren Einfluß auf die zu errechnende Flächenkippung $\Delta\vartheta_i$ hat. Daß die von ω_i unabhängige Flächenkippung $\Delta\vartheta_j$ der aufgenommenen Linsenfläche nur verhältnismäßig ungenau bestimmt werden kann, liegt an der auftretenden Unparallelität der drei Rollenachsen des zur Zeit noch als Versuchsmuster in Jena vorliegenden KLIPPschen Rollenfutters. Durch diese Unparallelität kann die Linse während des Messens angehoben werden, so daß die Bezugsachse nicht mehr mit der Futterachse zusammenfällt.

Im angegebenen Beispiel beträgt die dadurch hervorgerufene Verkippung der aufgenommenen Fläche bis zu 0′ 31.

In Tabelle 2 sind die Randschläge beider Linsenflächen und die Dezentrierungsparameter von vier Bikonvexlinsen und zehn nahezu konzentrischen Menisken zusammengestellt. Die Messungen wurden am Reflexbildgerät nach SCHUCH-NOTNI durchgeführt. Zum Vergleich sind außerdem noch die Keilwinkel angegeben, die bei Aufnahme der Linse mit der Fläche (1) gemessen wurden.

Es zeigt sich dabei, daß der Zentrierzustand von nahezu konzentrischen Menisken im allgemeinen bedeutend schlechter ist als der von Bi-Linsen. Dies erklärt

Tabelle 2

Meßwerte und Dezentrierungskoordinaten von Bikonvexlinsen und Menisken

Linse		Δh_1 (μm)	Δh_2 (μm)	ϱ (°)	$\Delta\vartheta_1$ (′)	$\Delta\vartheta_2$ (′)	τ (°)	$\Delta\varkappa(r_1)$ (′)
48,355 145,22; 24,9; 1 2	I	11	7	0°	0,00	0,51	0	0,84
	II	17	18	10°	0,74	0,32	88	0,75
	III	19	17	35°	0,97	1,16	146	0,67
	IV	7	10	25°	0,60	0,42	130	0,50
35,355 22,23; 13,3; 1 2	I	1400	935	10°	24,50	35,79	0°	1,75
	II	695	450	10°	12,28	10,08	53°	0,58
	III	550	350	5°	5,65	7,76	0°	0,42
	IV	465	320	0°	0,95	9,17	0°	0,58
	V	425	225	10°	11,34	8,54	0°	0,50
39,115 23,82; 16,5; 1 2	I	435	270	10°	5,18	8,90	0°	0,75
	II	825	540	10°	11,07	20,18	0°	1,00
	III	855	530	15°	15,06	22,91	3°	1,17
	IV	1030	590	10°	11,95	16,56	0°	1,33
	V	510	335	10°	6,91	12,62	0°	0,83

sich daraus, daß derartige Menisken wegen des geringen Krümmungsmittelpunktsabstandes $r_1 + r_2 - d$ sehr schlecht zu richten sind.

Weiterhin geht aus Tabelle 2 hervor, daß besonders bei Menisken ein relativ kleiner Keilwinkel nicht ein Kriterium für kleine Flächenkippungen ist. Dies unterstreicht noch einmal die Notwendigkeit, den Zentrierzustand von Einzellinsen mit nicht zu kleinen Randdicken-Durchmesser-Quotienten durch die drei Parameter $\Delta\vartheta_1$, $\Delta\vartheta_2$ und τ zu charakterisieren.

VEB Carl Zeiss, JENA

Literatur

[1] Bihlmaier, O., Bestimmung des Zentrierfehlers von optischen Werkstücken. Die Anwendung des pneumatischen Meßverfahrens in der optischen Fertigung. Diss. Stuttgart 1956, 55.

[2] Boegehold, H., Zu der Thomescheitschen Arbeit über trigonometrische Durchrechnung von Strahlen bei dezentrierten optischen Systemen. Z. Instrum.Kde. **62** (1942) 328.

[3] Conrady, A. E., Decentred Lens-Systems. Month. Not. R. astron. Soc. **79** (1918/19) 384.

[4] Hofmann, Chr., Bemerkungen zur Dezentrierung von sphärischen Einzellinsen. Jenaer Jahrbuch 1960 II, 341.

[5] Hofmann, Chr., Eine neue Definition der Dezentrierung sphärischer Einzellinsen. Optik **17** (1960) 465.

[6] Hofmann, Chr., Über die meßbare Erfassung der Dezentrierung sphärischer Einzellinsen unter besonderer Berücksichtigung der neuen Definition der Dezentrierung sphärischer Einzellinsen. Jenaer Jahrbuch 1961 I, 35.

[7] Hofmann, Chr., Definition und Messung der Dezentrierung sphärischer Einzellinsen. Experimentelle Technik der Physik **9** (1961) 145.

[8] Ingalls, A. u. Pestrecov, K., Centering of Optical Systems. J. Opt. Soc. Amer. **38** (1948) 343.

[9] Martinellé, L., La scentratura delle ottiche e la sua tolleranza ottica. Ottica **3** (1938) 11.

[10] Nessen, F., Über die Abbildung von leuchtenden Objekten in einem nicht zentrierten Linsensystem. Diss. Bonn 1871.

[11] Normblatt DIN 3140, Optikteile, Zeichnungsangaben, Darstellung, Werkstoffe, Oberflächen. Okt. 1958.

[12] Notni, W., Ergebnisse der Zentrierungsmessung an optischen Systemen und der Einfluß der Zentrierfehler auf die Bildgüte von Photoobjektiven. Optik **16** (1959) 659.

[13] Notni, W., Ergebnisse der Zentrierungsmessung an optischen Systemen und der Einfluß der Zentrierfehler auf die Bildgüte von Photoobjektiven. Jenaer Rundschau **5** (1960) 114.

[14] Schuch, K., Methoden zur Messung der Zentrierung optischer Systeme. Optik **16** (1959) 652.

[15] Schuch, K., Methoden zur Messung der Zentrierung optischer Systeme. Jenaer Rundschau **5** (1960) 10.

[16] Schulz, H. Zur Optik dezentrischer Systeme. Z. techn. Physik **21** (1940) 15.

[17] Schwarz, A., Über die optische Achse oder die Cardinale nicht zentrierter dioptrischer Systeme. Diss. Rostock 1892.

[18] Thomescheit, A., Trigonometrische Durchrechnungen bei dezentrierten optischen Systemen aus sphärischen Flächen. Z. Instrum.-Kde. **61** (1941) 201.

[19] Thomescheit, A., Zu den Ausführungen von H. Boegehold, bezüglich meiner Arbeit über Strahldurchrechnung bei dezentrierten optischen Systemen. Z. Instrum.-Kde. **62** (1942) 331.

[20] Scandone, F. u. Ballerini, L., Ottica gaussiane dei sistemi quasi-centrati. Pubblicazioni dell'istituto nazionale di ottica, **2** (1959) 1.

7. Technische Optik, Photometrie, Photographie

E. LAU und G. HESS, Berlin

Photographische Großflächenphotometrie

Eine zweidimensionale Photometrie photographischer Bilder hat insbesondere deswegen eine große Bedeutung, weil das menschliche Auge im wesentlichen für Konturen der räumlichen Struktur des Bildes empfindlich ist und geradezu geneigt ist, Intensitätsverhältnisse zu vernachlässigen. Im Institut für Optik und Spektroskopie sind eine Reihe von Verfahren entwickelt worden, mit denen es möglich ist, die zweidimensionale Intensitätsverteilung zu erfassen. Es sei hier auf die beiden Vorträge hingewiesen, die soeben von Herrn Hodam und Herrn Krug gehalten wurden. Die photometrischen Probleme stellen sehr verschiedene Anforderungen an die Verfahren. Für beleuchtungstechnische Zwecke empfiehlt sich in vielen Fällen ein vor kurzer Zeit von Herrn Greif [1] veröffentlichtes Verfahren ein Bild mit Hilfe der Isohelitechnik in verschiedene Bereiche von Intensitäten aufzuteilen. Man will in diesem Fall gar nicht alle Einzelheiten der Intensitätsverteilungen wissen, sondern nur einen großen Überblick über dieselben erhalten.

Im folgenden wird ein Verfahren [2] beschrieben, welches sehr universell den Intensitätsverlauf in zweidimensionalen Bildern erfaßt. Man schließt sich an das seit vielen Jahrzehnten bekannte Verfahren der Rasterung von Bildern insbesondere für den Druck an. Es soll hier nicht auf diese Technik der Rasterung im einzelnen eingegangen werden. Es sei nur gesagt, daß es mit Hilfe dieses Verfahrens möglich ist, die Intensitätsstufen in Flächen verschiedener Größe zu verwandeln, die unmittelbar der Messung zugänglich sind. Wie den Spezialisten für die Drucktechnik bekannt ist, ist dieses Rasterungsverfahren ungemein anpassungsfähig an den Kontrastumfang eines Bildes. Zur Demonstration der hier vorliegenden Verhältnisse dient Abb. 1. Abb. 1a gibt einen Graukeil wieder, hier in feiner Rasterung der üblichen Reproduktionstechnik. Ein Negativ dieses Graukeils in einer verhältnismäßig groben Rasterung gibt Abb. 1b; Abb. 1c endlich gibt den letzteren Graukeil stärker vergrößert wieder, jedoch in Dunkelfeldbeleuchtung. Die Dunkelfeldbeleuchtung bewirkt, daß sich um jede geschwärzte Stelle ein heller Rahmen bildet, der sich an einer bestimmten Schwärzung des Randabfalls befindet (Streulichtäquidensiten [3]). Es ergibt sich dabei eine ausgesprochene Musterung, die die einzelnen Schwärzungen sehr leicht unterscheiden läßt. In Abb. 2 sehen sie die Intensitätsverteilung von Abb. 2a, einmal durch eine Grobrasterung wiedergegeben (Abb. 2b), und in Abb. 2c diese Rasterung im Dunkelfeld reproduziert. Man sieht in Abb. 2c, wie leicht sich die einzelnen Graustufen unterscheiden lassen. Insbesondere hebt sich eine Art Gardinenmuster heraus; dieses liegt bei 50% Bedeckung des Papiers durch schwarze Stellen. Man kann mit Hilfe dieses Verfahrens nicht nur die einzelnen Schwärzungen unterscheiden, sondern auch sehr gut Gradienten beobachten, und so ein zuverlässiges Bild von der gesamten Intensitätsverteilung erhalten. In der Zeitschrift „Bild und Ton“ ist bereits an einem beleuchtungstechnischen Beispiel die Brauchbarkeit des Verfahrens gezeigt worden. Ich will mich im folgenden auf ein wesentlich interessanteres Objekt beschränken, nämlich den Orionnebel (Abb. 3). Die Aufgabe, eine photometrische Erfassung des Orionnebels zu gewinnen, ist von den Astronomen schon mehrfach bearbeitet worden. Man sieht aber nun aus den hier wiedergegebenen Bildern, wie leicht es ist, mit dem hier beschriebenen Verfahren wichtigste Ergebnisse zu finden und auch in einer wohl besseren Form als bisher darzustellen. In Abb. 4 ist der Abschnitt rechts oben, der in Abb. 3 gestrichelt angedeutet ist, wiedergegeben. In den mit dem Buchstaben A bezeichneten Gebieten ist wohl im wesentlichen die Helligkeit des Nachthimmels zu finden. Dem Nebel etwas näher befindet sich ein in der Abbildung recht dunkel erscheinendes Gebiet (B). Es entspricht einer sehr geringen Intensität. Daran mit ganz steilem Gradienten anschließend findet man über breite Bereiche die Intensität C; merkwürdigerweise finden sich auch im Innern des Nebels Flächen, die im wesentlichen die Intensität C haben. Die sehr dunklen Stellen im Innern des Nebels haben etwa die Intensität B. Der eigentliche leuchtende Ring hat Intensitätsverhältnisse, die hier mit E bezeichnet sind. In diesen Bereichen herrscht einerseits eine sehr hohe Intensität, aber sie ist keineswegs konstant, sondern zeigt einen Intensitätsabfall zu den Rändern hin, während die Intensitätsstufen B und C eine auffallende Konstanz der Intensität mit nur geringfügigen Modulationen aufweisen. In Abb. 5 ist ein Abschnitt, der in der Abb. 3 auf der linken Seite gekennzeichnet ist, wiedergegeben. Man findet hier ähnliche Verhältnisse wie auf Abb. 4, aber auffällig ist, daß ein breiter Bereich mit der Intensität D auftritt; auch dieser weist nur geringfügige Modulationen der Intensität auf. Auch hier sieht man weite Flächen mit der Intensität C eingelagert. Interessant ist, daß sich auf der linken Seite eine Stelle befindet, wo die stärkste Intensität E sich unmittelbar an die Intensität des dunkelsten Nachthimmels A anschließt.

Man erhält also mit dem hier geschilderten Verfahren einen sehr leichten Überblick über die gesamten Intensitätsverhältnisse in dem Orionnebel. In Abb. 6 wird noch einmal, stärker vergrößert, ein Teil der Abb. 4 wiedergegeben. Bei genauerer Betrachtung dieses Bildes erkennt man, daß die typischen Musterungen im Detail doch noch erhebliche Unterschiede aufweisen, die der feinfaserigen Struktur des Orionnebels entsprechen. Es ist klar, daß die Rasterung dem Arbeitsziel angepaßt werden muß. Will man ein Bild in allen Details erfassen, so muß das Bild stark vergrößert und die Rasterung sehr fein sein.

Ich glaube, an diesem Beispiel gezeigt zu haben, wieviel Informationen mit Hilfe dieses Verfahrens gefunden werden können. Natürlich braucht man, um quantitative Aussagen zu machen, noch eine Eichung mit Hilfe eines Vergleichsgraukeils; aber in dem Falle des Orionnebels lag kein derartiger Graukeil vor. Auch muß der Intensitätsabfall nach dem Rande des Bildes berücksichtigt werden. Will man jedoch quantitative Aussagen über die Schwärzung machen, so ist

Abb. 1a. Stufenkeil.

Abb. 1b. Negativ des Stufenkeils in grober Rasterung.

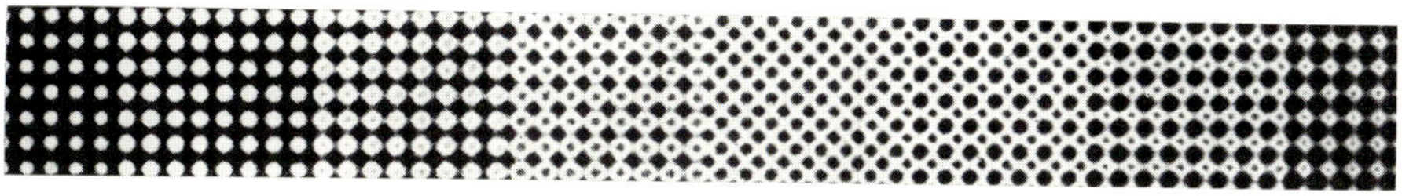

Abb. 1c. Bild von 1b in Dunkelfeldbeleuchtung.

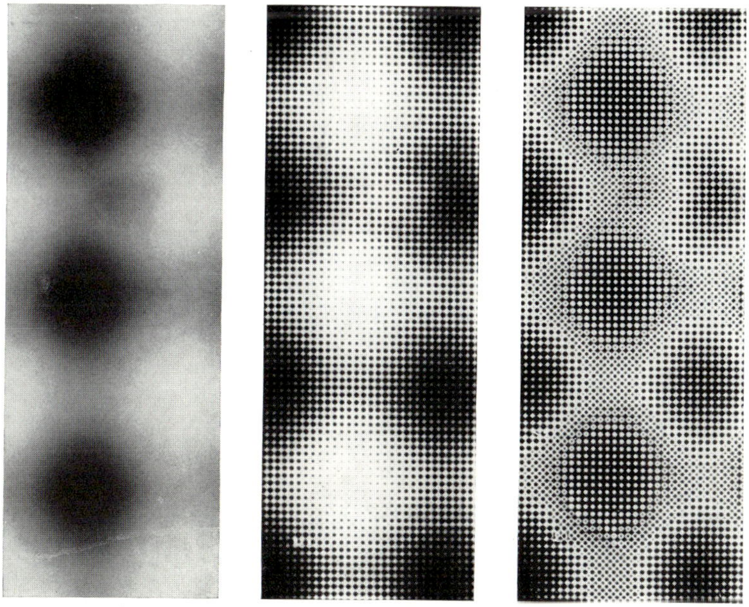

a) b) c)

Abb. 2. Die Intensitätsverteilung a) wird in b) und c) wie in Abb. 1 behandelt.

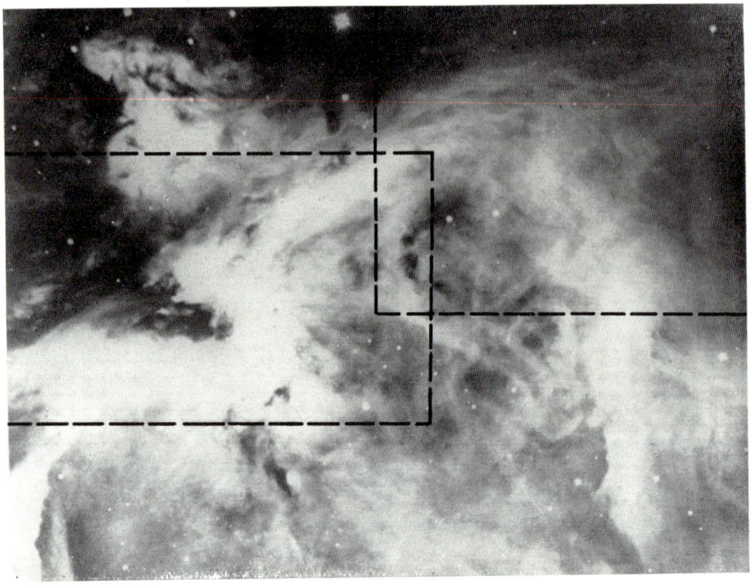

Abb. 3. Orionnebel.

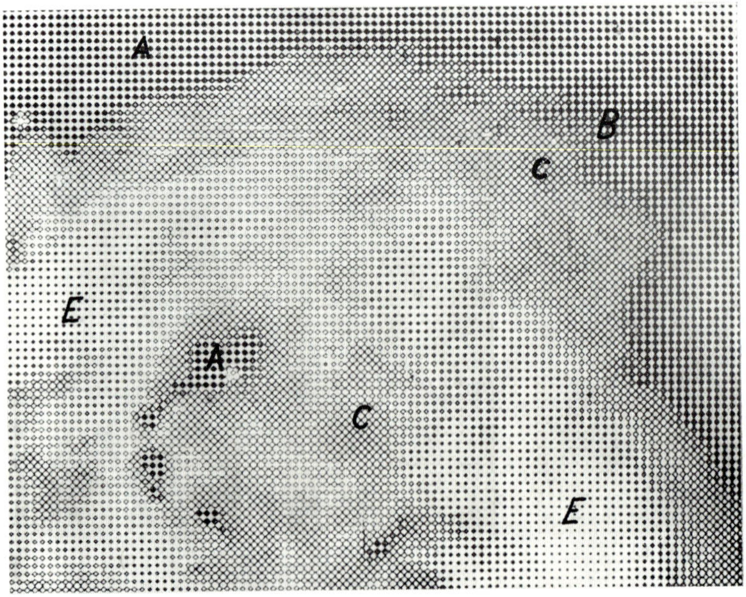

Abb. 4. Ausschnitt aus dem Orionnebel in Dunkelfeldrasterung.

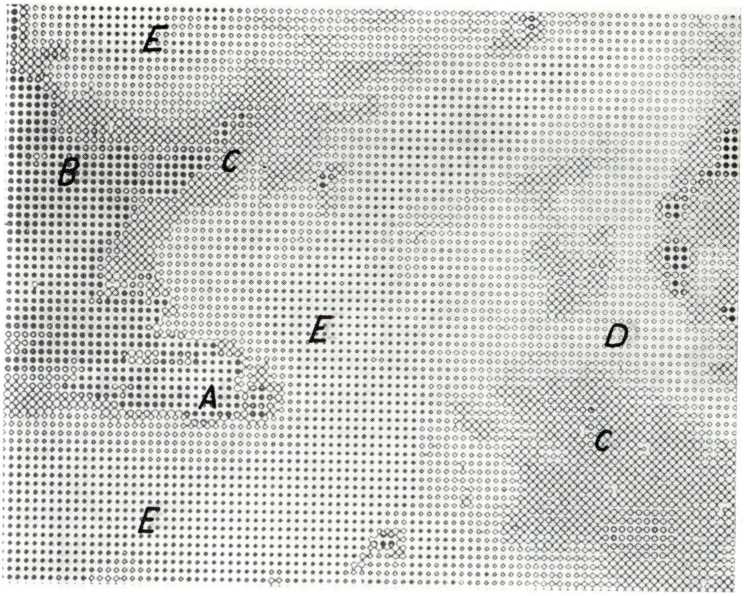

Abb. 5. Anderer Ausschnitt aus dem Orionnebel in Dunkelfeldrasterung.

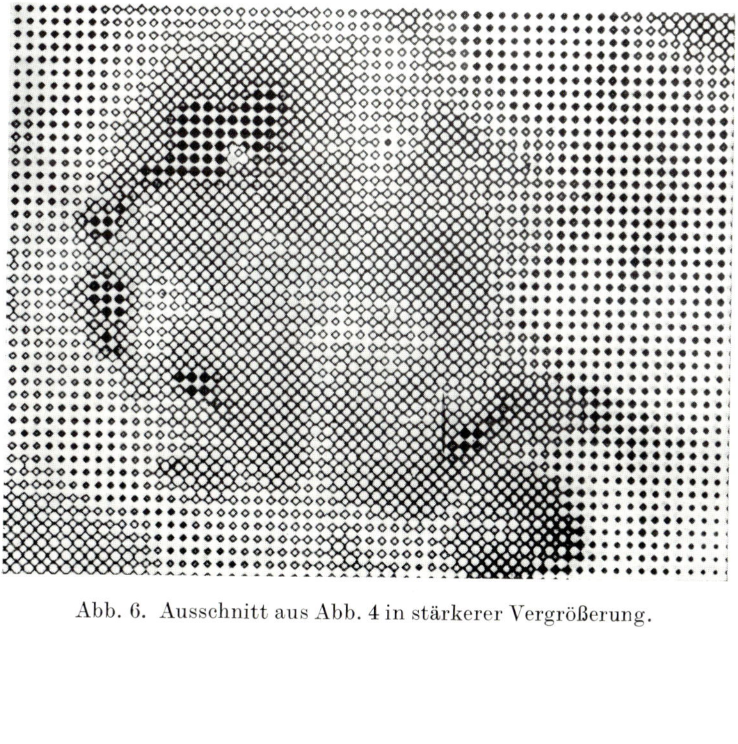

Abb. 6. Ausschnitt aus Abb. 4 in stärkerer Vergrößerung.

es lediglich erforderlich, in einer einzigen Linie durch den Orionnebel den Schwärzungsverlauf aufzunehmen und nachher die Muster mit der erhaltenen Schwärzung zu identifizieren. Bei guten gedruckten Bildwiedergaben auf Kunstdruckpapier kann man bei starker Nachvergrößerung unter Umständen noch eine Photometrierung des Bildes nach dieser Methode vornehmen. Es ist klar, daß nicht nur astronomische Objekte, sondern auch Probleme der meteorologischen Optik, der Mikroskopie u. a. mit solchen Verfahren gelöst werden können.

Man kann natürlich die Rasterpunktgröße noch mit anderen Methoden auswerten; so läßt sich z. B. das Rasterbild mit sich selbst vermessen, indem man zwei etwa verschobene Bilder miteinander kombiniert und die mehr oder weniger großen Überlagerungen der einzelnen Bildpunkte ausnutzt. Unsere Versuche hiermit sind noch nicht abgeschlossen. Es muß dafür eine besondere Technik entwickelt werden.

Es ist merkwürdig, daß man nicht schon längst nach dieser Methode gegriffen hat, wo doch täglich Millionen Bilder gerastert gedruckt werden.

Berlin, Institut für Optik und Spektroskopie der DAdW

Literatur

[1] Greif, H., Die Erzeugung von Leuchtdichte-Niveaulinien in photographischen Aufnahmen. Wissensch. Zeitschrift der Hochschule für Elektrotechnik Ilmenau **5** (1960) 241.

[2] Lau, E. u. Hess, G., Photographische Großflächenphotometrie. Bild und Ton **13** (1960) 71.

[3] Schulz, G., Das Streulichtverfahren der Äquidensitometrie. Feingerätetechnik **2** (1953) 167.

B. KANKELWITZ, W. KRUG und E. LAU, Berlin

Kontraststeuerung photographischer Bilder durch Buntentwicklung

Es wurde bereits früher vorgeschlagen, die Detailerkennbarkeit photographischer Aufnahmen dadurch zu verbessern, daß an Stelle von Schwarzweißbildern Buntbilder angefertigt werden [1]. Auf diese Weise werden unterschiedliche Intensitäten durch verschiedene Farbwerte wiedergegeben und zwischen den beiden Grenzwerten Schwarz und Weiß ist dadurch eine größere Anzahl differenzierbarer Detailstufen bzw. Intensitätsstufen gegeben als bei neutralen Grauwerten. Dies hat seinen Grund darin, daß das farbtüchtige Auge auf Buntkontrast etwa 30mal so empfindlich ist wie auf Helligkeitsunterschiede.

Angewandt wurden solche Verfahren bereits in der Röntgenphotographie sowie bei der Wiedergabe elektronenmikroskopischer Bilder [2]. Der Bunteffekt wurde vor allem durch Aufteilung des Bildes in verschieden frequenzgefilterte Monochromschichten erreicht sowie auch durch Herstellung mehrerer Schwarzweißbilder verschiedener Gradationen oder Exposition, nachträgliches Einfärben und Übereinanderlegen. Das neue Verfahren von Kankelwitz [3], das den folgenden Versuchen zugrunde liegt, geht vom normalen einschichtigen Schwarzweißmaterial aus und hat vor allem den Vorteil, daß es sogar nachträglich auf beliebige Schwarzweißbilder angewandt werden kann. Es würde zu weit führen, das Verfahren hier eingehend zu schildern (das sei einer ausführlichen Abhandlung vorbehalten), sondern es sollen hier einige interessante Möglichkeiten gezeigt werden, wie damit eine vielseitige Kontraststeuerung photographischer Bilder erzielt werden kann.

Das Verfahren von Kankelwitz beruht darauf, daß es möglich ist, einen Graukeil in einen Buntkeil beinahe beliebiger Farbfolge zu verwandeln.[1]) Hierbei wird von einer früheren Entdeckung ausgegangen, daß sich, wie in Abb. 1 schematisch dargestellt, bei der Primärentwicklung der Aufbau der Schwärzung in einem Keil fächerförmig, bei der Sekundärentwicklung (Entwicklung nach Rehalogenieren) parallel fortschreitet (Abb. 2). Geht man vom fixierten Schwarzweißbild aus, dann kann man nach totaler Rehalogenierung zunächst chromogen gelb anentwickeln und anschließend blau ausentwickeln (Abb. 3); dadurch entstehen im

[1]) Auf rein elektronischem Wege mit Hilfe von Fernsehbauelementen haben dies J. F. Fisher und J. Gershon-Cohen [10] durchgeführt, indem sie den normalen Röntgenfilm auf eine Farbbildröhre übertragen. Die Farbumwandlung erfolgt in der Weise, daß bei Ansteigen der Videospannung V von 0 auf 100% die drei Grundfarbensysteme der Röhre unterschiedlich gesteuert werden. Das Blausystem ist bei 0% hell und geht bei $V = 50\%$ auf dunkel, das Grünsystem ist bei $V = 0\%$ und $V = 100\%$ dunkel und ist hell bei $V = 50\%$, das Rotsystem steigt von $V = 50\%$ (dunkel) bei $V = 100\%$ auf größte Helligkeit; hierdurch wird ein Graukeil in die Farben blau — cyan — grau — gelb — rot verwandelt.

Keil zwei Monochromteile, die bei Transparenz eine Farbfolge von weiß über gelb und grün nach cyan ergeben.

Nach diesem einfachen Verfahren wurde der in Abb. 11 sichtbare Graustufenkeil (a) in einen Farbstufenkeil (b) verwandelt. Es ist insbesondere zu sehen, daß eine bessere Nuancierung bis in höhere Intensitätsbereiche erfolgt als im Graubild. In Abb. 13 sieht man ein Interferenzbild (a), dessen Intensitäten in diese Farbfolge verwandelt sind (b); hier sind in einzelnen Bildteilen mehr Intensitätsstufen zu erkennen als im Schwarzweißbild. Es besteht jedoch durchaus die Möglichkeit, eine andere Farbfolge bei diesem Verfahren zu wählen. Wenn man eine der spektralen Augenempfindlichkeit besser angepaßte Buntstaffelung anstrebt, wendet man ein Verfahren an, das in Abb. 4 schematisch dargestellt ist und bei dem vom unfixierten Schwarzweißbild ausgegangen werden muß. Man erhält zunächst das Direktbild in zwei Monochromteilen (purpur D und blau D), fixiert partiell (weiß U) und belichtet die Platte; hierdurch wird der bisher unbelichtete Teil des Keiles noch entwicklungsfähig; die Entwicklung dieses Umkehrbildes geschieht z. B. durch chromogene Gelbentwicklung. Das Umkehrbild (gelb U) ergibt mit den (D)-Schichten in der Transparenz eine Farbfolge von gelb über orange, rot, purpur nach violett.

Die beiden in den Abbildungen 3 und 4 gezeigten Möglichkeiten der Farbschichtung haben den Nachteil, daß die Farbnuancen nicht nur durch Mischung, sondern auch durch Verschieben der spektralen Schwerpunkte in einem einzelnen Monochromteil infolge verschiedener Extinktionsdichte entstehen.

Eine nur durch Farbmischung entstehende Buntstaffelung von gelb über orange, rubin, violett nach blau, erhält man durch spezielle Verfahren, die sich durch das unterschiedliche Verhalten der Keilschicht beim Rebromieren und Rechlorieren ergeben (Abb. 5 u. 6). Weiterhin ist wichtig, daß infolge der möglichst kompakt verwachsenen Ag-Klümpchen der tiefen Schwärzen (gemäß Abb. 7) die Bad-Ionen, die ja das Ag-Gitter beim Umsetzen erweitern, relativ schneller in die feiner verteilten Ag-Niederschläge der helleren Stufen diffundieren. Die in Abb. 8 dargestellte Farbstaffelung ist nun folgendermaßen entstanden: Zweimalige versteilernde Teil-Bromierung (nach Abb. 7) mit jedesmal nachfolgender Purpurentwicklung (p bzw. 2 p), dann Chlorierung, partielles Auflösen des gebildeten AgCl in Sulfitbad, darauffolgende Blau-Ausentwicklung (b). Die Gewinnung des Umkehrbildes in Gelb geschieht nach Abb. 4. Dadurch entstehen folgende Schichten im Querschnitt: Die Direktbilder w(D), b(D), p(D), 2 p(D) sowie die Umkehrbilder w(U) und g(U).

In Abb. 12a der Tafel 13 wird der Graustufenkeil (11a) durch die eben beschriebene mehrstufige Chromogenentwicklung in einen Buntstufenkeil umgewandelt; das Interferenzbild (Abb. 13a der Tafel 14) wurde nach dem gleichen Verfahren behandelt (13c) und zeigt mehr Intensitätsunterschiede und bessere Detailerkennbarkeit. Eine bewußt abrupte gelb-rot-blaue Buntstaffelung wurde beim Röntgenbild (Tafel 15) angewandt, wodurch die Variationsmöglichkeit des Verfahrens demonstriert wird; die Ausbildung von Buntäquidensiten im Bilde (Abb. 14b) ermöglicht eine zweidimensionale Photometrie, die gegenüber

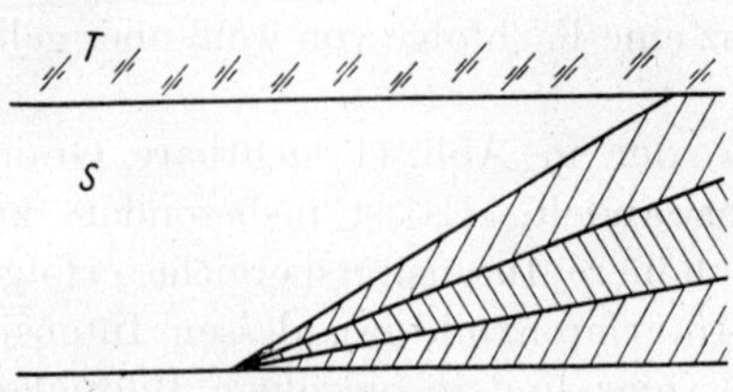

Abb. 1. Fächerförmiger Aufbau der Schwärzung bei Primärentwicklung eines Keiles (*S* Schicht, *T* Schichtträger).

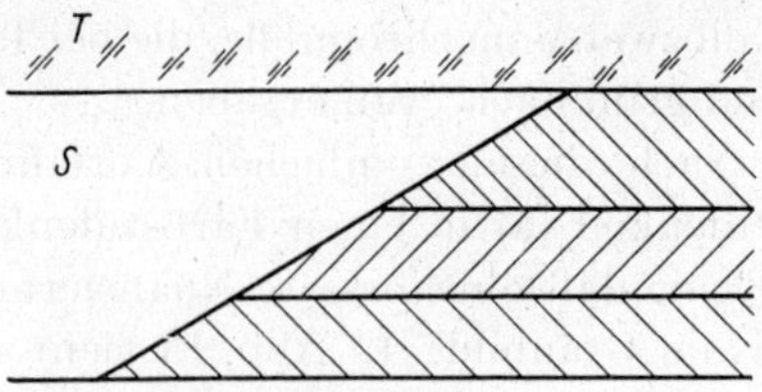

Abb. 2. Paralleler Aufbau der Schwärzung bei Sekundärentwicklung eines Keiles.

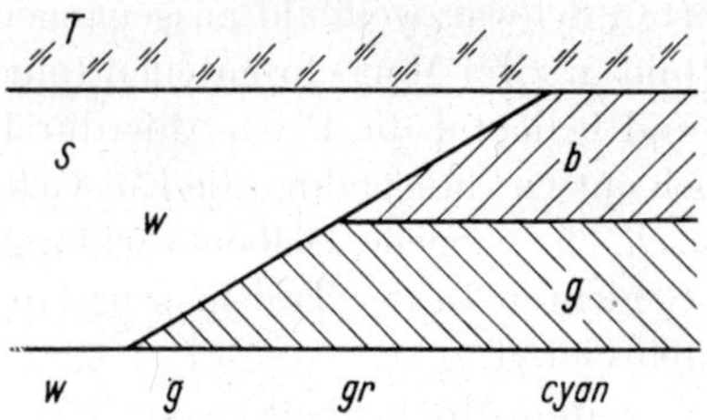

Abb. 3. Buntstaffelung durch zwei Monochromteile: gelb *g* und blau *b*.

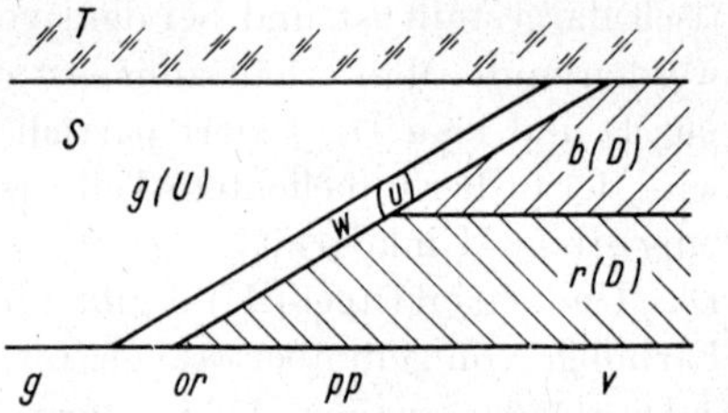

Abb. 4. Buntstaffelung durch zwei Monochromteile, (*D*) im Direktverfahren, (*U*) im Umkehrverfahren gewonnene Teile.

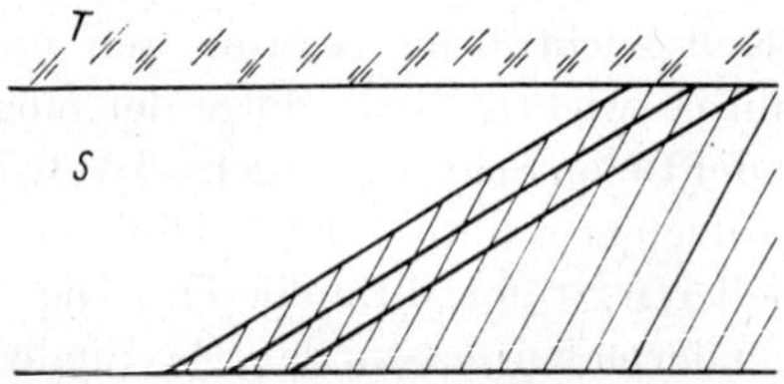

Abb. 5. Die Rebromierung wirkt subtraktiv.

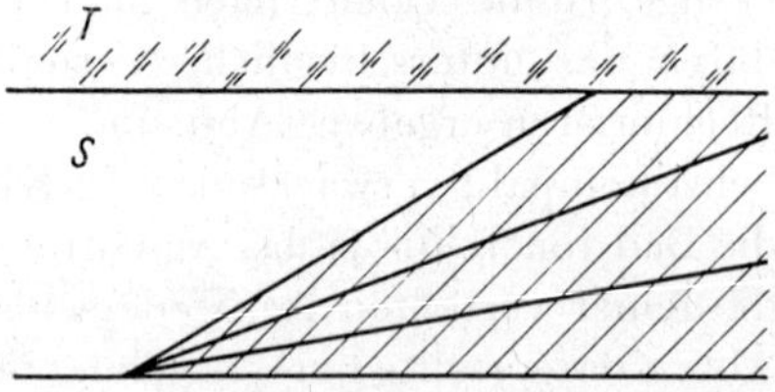

Abb. 6. Die Rechlorierung wirkt relativ (fächerförmig).

Abb. 7. Die Rebromierung nach besonders deckkräftiger Entwicklung wirkt übersubtraktiv.

Abb. 8. Buntstaffelung durch vielstufige Chromogen-Entwicklung.

den Schwarzweiß-Äquidensiten [4] den Vorteil hat, daß der Bildcharakter erhalten bleibt.

Außer der Kontraststeuerung eines photographischen Bildes durch die Buntstaffelung (sinnesphysiologischer Effekt) kann das Verfahren auch als photographischer Frequenzfilter benutzt werden. Die in der Kontrastübertragungstheorie beschriebenen photographischen Frequenzfilter [5] dienen der Bevorzugung bzw. Unterdrückung bestimmter Ortsfrequenzen mit dem Ziel, den Kontrast zu verbessern. Es sei nur kurz erwähnt, daß man dies mit Hilfe von *Masken*, das sind positiv hergestellte Transparenzen, erreichen kann. Die Maske wird mit dem Bild kombiniert (aufeinandergelegt und transparent kopiert): je nachdem, ob die Maske härter oder weicher als das Original bzw. unscharf ist, genau zur Deckung gebracht oder etwas verschoben wird, erhält man Kontrastverstärkung, Reliefwirkung, Äquidensiten, Unterdrückung der niedrigen Ortsfrequenzen u. a. Auch die Isohelie [6] ist ein mehrstufiges Maskenverfahren. Weiterhin können Nachbareffekte, der Herschel-Effekt [7] u. a. Effekte als Frequenzfilter benutzt werden.

Bei dem neuen Verfahren kann man zunächst eine bessere Detailerkennbarkeit der hellen Stellen des Bildes dadurch erzielen, daß das Buntbild (etwa der Buntkeil Abb. 11b) als *Buntmaske* benutzt und auf unsensibilisiertes Schwarzweißmaterial kopiert wird; durch seine hauptsächliche Blauempfindlichkeit wird eine Kopierfähigkeit dieser intensitätsreichen chromogen blauentwickelten Stellen erzielt. Im Gegensatz hierzu werden *schwellennahe* Intensitäten zur Kopierfähigkeit herangeholt, wenn die kleinen Intensitäten gelb entwickelt werden. Man erkennt dies in Abb. 12, in der einmal der Graustufenkeil (Abb. 11a) auf unsensibilisiertes Schwarzweißmaterial (Abb. 12c), dann der Buntkeil (Abb. 12a) auf gleiches Material kopiert wurde (Abb. 12b); während in Abb. 12c weder in den hellen noch in den dunklen Stufen eine Detailerkennbarkeit bzw. ein Informationsgewinn gewährleistet ist, kann man in Abb. 12b von einer γ-Steuerung sprechen, die eine Verstärkung und Abschwächung der Gradation innerhalb verschiedener Teile ein- und desselben Bildes bewirkt. Dies wird in den Kurven 0 und 1 der Abb. 9 deutlich. Der Vorteil dieser Art γ-Biegung ist auch daraus ersichtlich, daß man mittels geeigneter Gelb- oder Blaufilter noch eine Art „Feinjustierung" des Verfahrens in der Hand hat (Kurve 2 in Abb. 9). So wirkt ein Blaufilter noch verstärkend auf den Kopiereffekt des Gelb und eliminiert den zu Blau umgewandelten Schleier vollständig; dagegen gibt ein schwacher Gelbfilter einem zu stark abschwächenden Blau im Bild wieder seine größere Deckung. Überdies wird durch die γ-Biegung auch die Wiedergabe der Bildfrequenzen in den einzelnen Schwärzungsbereichen beeinflußt [5].

Um das Verfahren zu demonstrieren, sei auf Tafel 16 u. 17 verwiesen; hier wurde von einer Aufnahme des Orionnebels ein Buntbild gemäß Farbfolge in Abb. 12a hergestellt. Man sieht bei Kopie beider Bilder auf gleiches Material die Überlegenheit des über die Buntmaske γ-gesteuerten Bildes (Detailerkennbarkeit in den hellen und dunklen Stellen) gegenüber der direkten Kopie des Schwarzweißbildes; die Reproduktion erfolgte zum besseren Vergleich als Positiv.

Um eine von der Ortsfrequenz abghängige Kontraststeuerung ähnlich dem Fluoro-Dodge-Verfahren [7] und dem Logetronic-Verfahren [9] über den gesamten Schwärzungsbereich zu erzielen, kann folgendermaßen vorgegangen werden: Man benutzt ein verstärktes Negativ und kombiniert es mit einer flauen und unscharfen positiven Buntmaske, die auch direkt in das Negativ eingebaut werden kann [11]. Hierdurch erhält man eine Schwarzweißkopie mit unterschiedlicher γ-Steuerung und überdies eine Abschwächung der tiefen Ortsfrequenzen. Der Vorgang ist durch das Gradationsverhältnis von Negativ zu Positiv, den Unschärfegrad und zusätzliche Kopierfilter justierbar.

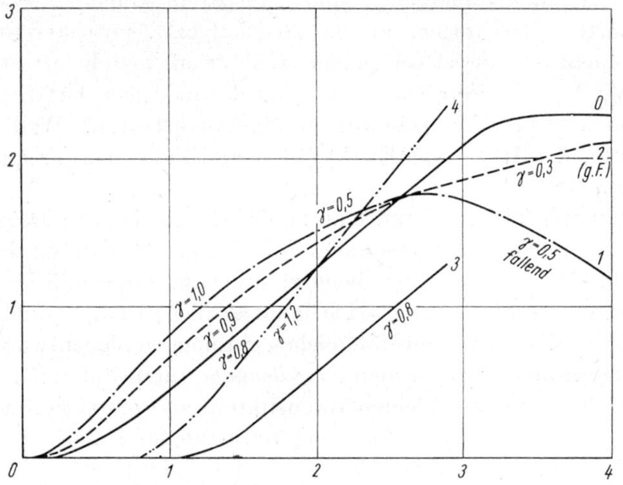

Abb. 9. Variationsmöglichkeiten des Verfahrens (Schwärzungskurven).

Das Verfahren kann auch dazu benutzt werden, um überbelichtete Platten der Transparenz zugänglich zu machen. Das praktisch undurchsichtige Bild konnte bisher nur mit dem Schwärzungsreliefverfahren [8] ausgewertet werden. Durch chromogene Blauentwicklung einer solchen Platte und Kopie dieser Buntmaske auf unsensibilisiertes Material kann das ursprüngliche Bild gewonnen werden.

Ein unterbelichtetes Schwarzweiß-Negativ kann durch chromogene Entwicklung (mit Gelb und Purpur) verstärkt werden. Diese kann oft wiederholt werden, da ja beim Chromogenentwickeln das Ag-Bild immer mit entsteht und bei den einzelnen Körnern viel Farbstoff angehäuft werden kann. Dadurch werden die Durchhangstufen zur Kopierfähigkeit herausgeholt.

Kurve 3 der Abbildung 9 bezieht sich auf den Schwärzungskeil mit nur dem 7. Teil der Belichtung wie bei Kurve 0; Kurve 4 entstand aus Kurve 3, aber durch dreimalige Verstärkung mit Gelb zu Purpur mit Blaufilter gemessen. Man sieht, daß schon aus der Durchhangsschwärzung 0,03 eine Farbdichte 0,3 resultiert; bei Schwärzung 0,5 hat die entsprechende Farbstufe die Dichte 1,2 erreicht und damit die Kurve 0 eingeholt. Durch den Kopierprozeß wird dann das Verstärkungsergebnis noch krasser.

Als Beispiel zeigt Abb. 10 einen Mädchenkopf mit 1/50 sec (statt 1/2 sec) und die Verstärkung des Bildes. Die Bedeutung solcher Möglichkeiten für die Röntgendiagnose liegt auf der Hand, da die Dosis sehr weitgehend verringert werden kann.

Die Verfahren der einschichtigen Buntentwicklung lassen sich nach den bisherigen Untersuchungen zu folgenden Aufgaben und Zielen verwenden.

1. Umwandlung vorhandener (fixierter) Schwarzweißbilder in Buntbilder bzw. Buntentwicklung latenter Bilder mit dem Ziel der besseren Detailerkennbarkeit durch die sinnesphysiologisch kontrastreichere Buntstaffelung der Intensitätswerte (Farbkontrast-Effekt).

2. Herstellung von Buntäquidensiten zwecks zweidimensionaler Photometrie bei Erhaltung des Bildcharakters (Farbvergleich).

a b c

Abb. 10. Mädchenkopf a) richtig belichtet (0,5 sec); b) stark unterbelichtet (0,02 sec); c) Verstärkung von b mittels Buntentwicklung.

3. Zur extremen Verstärkung unterbelichteter Bilder mittels mehrfacher chromogener Gelb-Purpur-Entwicklung, wodurch insbesondere bei Röntgenaufnahmen mit kleinster Dosis gearbeitet werden kann; hierbei hat sich als besonders wichtig das Erhaltenbleiben der Feindetails erwiesen.

4. Zur Abschwächung (und Entschleierung) stark überbelichteter Bilder durch Blauentwicklung der zu intensitätsreichen Stellen. Dies kann für Rückgewinnung eines völlig überbelichteten Bildes für die Transparenz benutzt werden.

5. Zur Herstellung der Buntmaske eines Schwarzweißbildes für eine Schwarzweißkopie mit unterschiedlicher Kontraststeuerung, bei dem also die schwellennahen Werte zur Kopierfähigkeit herangezogen werden und die Stellen hoher Intensität noch Detailerkennbarkeit aufweisen. Durch Kombination des Negativs mit einer flauen und unscharfen positiven Buntmaske können überdies die niedrigen Ortsfrequenzen zugunsten der höheren geschwächt und dadurch Störungen oder nicht interessierende Details im Bild beseitigt werden. Ein solcher Effekt ist bisher lediglich durch elektronische Kopiermaschinen ([7] und [9]) erreichbar (Farbkopie-Effekt).

Wird nun auch noch die vom Buntnegativ entstandene Schwarzweißkopie selber buntumgewandelt, und zwar gemäß 2., so entsteht ein Buntbild 2. Grades, das trotz seines stark vergrößerten (objektiven) Informationsumfanges einen zusätzlichen (sinnesphysiologischen) Detailkontrast gibt.

6. Die Verfahren gestatten eine Nachkorrektur zwecks optimaler Kopie mittels entsprechender Kopierfilter.

Zusammenfassung

Durch chromogene Entwicklung erhält man bessere Detailerkennbarkeit sowie eine zweidimensionale Photometrie mittels Buntäquidensiten; ferner ergibt sich die Möglichkeit der Verstärkung unterbelichteter Bilder sowie die einer besseren Auswertung größerer Schwärzungsbereiche. Bei mehrfarbiger Entwicklung läßt sich der γ-Wert innerhalb einzelner Schwärzungsbereiche unterschiedlich steuern.

Berlin, Institut für Optik und Spektroskopie der DAdW

Literatur

[1] Eichler, W., Chromogenentwickelnde Photomaterialien für Röntgen- und Gammastrahlen. Wissenschaftl. Photographie Darmstadt 1958, S. 596.

[2] Yotsumoto, H. u. Ito, K., Colour photographs by electron microscopie. Bulletin de Microscopie appliqué **6** (1950) 145. — Anderson, F. Thomas, Microscopie électronique sur film en couleurs Eklacircom lumiére du jour. loc. cit. S. 152. — Locquin, M., Transposition en contrastes de couleurs des contrastes en microscopie électronique. loc. cit S. 155.

[3] Kankelwitz, B., Deutsche Wirtsch.-Patente WP 6692, WP 19529, DBP 1076490 u. WPa 57b/69666.

[4] Lau, E. u. Krug, W., Äquidensitometrie. Akademie-Verlag, Berlin 1958.

[5] Lohmann, A., Aktive Kontrastübertragungstheorie. Optica Acta **6** (1959) 319.

[6] Greif, H., Die Erzeugung von Leuchtdichte-Niveaulinien in photographischen Aufnahmen. Wiss. Zf. der Hochschule Ilmenau **5** (1959) 241.

[7] Watson, A., Das Fluoro-Dodge-Verfahren. Photogramm. Engng. **24**, 638.

[8] Lau, E., Kind, E. G. u. Roose, G., Schwärzungsplastikverfahren. Optik **15** (1958) 162.

[9] Werner, K. u. a., Logetronographie. Röntgenbl. **11** (1958) 289.

[10] Fisher, J. F. und Gershon-Cohen, J., Television techniques for contrast enhacement and color translation of roentgenograms. Am. Journ. of Roentgenology, Radium Therapy and Nuclear Medicine **79** (1958) 342—347.

[11] Kankelwitz, B. u. Krug, W., Neue Verfahren der Kontraststeuerung (erscheint demnächst).

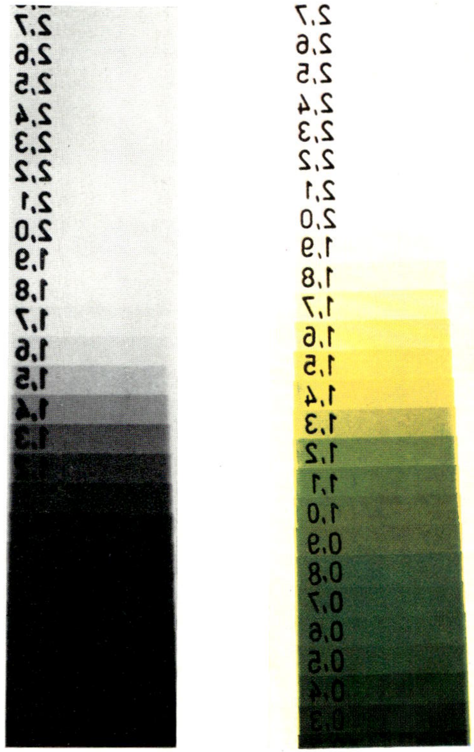

a) b)

Abb. 11. a) Graukeil, b) Buntkeil (w, g, gr, cyan).

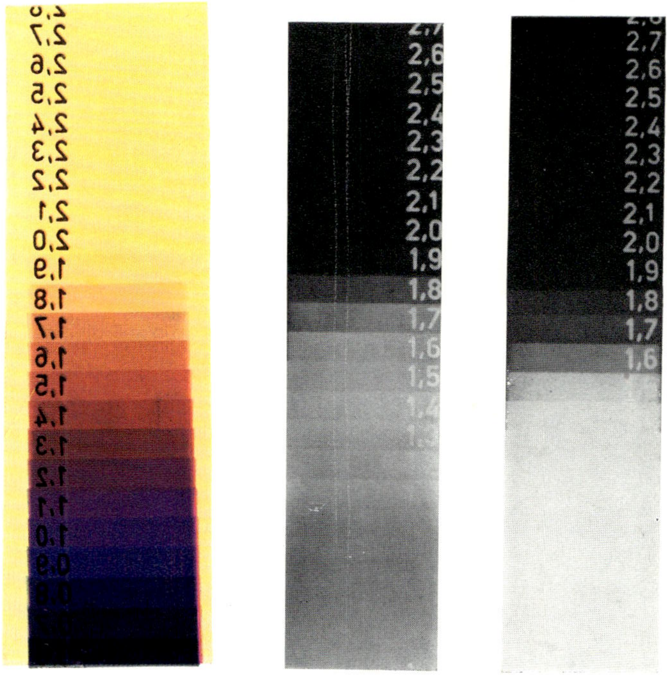

a) b) c)

Abb. 12. a) Buntkeil (g, or, rubin, v, bl), b) Kopie von a, c) Kopie von 11a auf Schwarzweißmaterial.

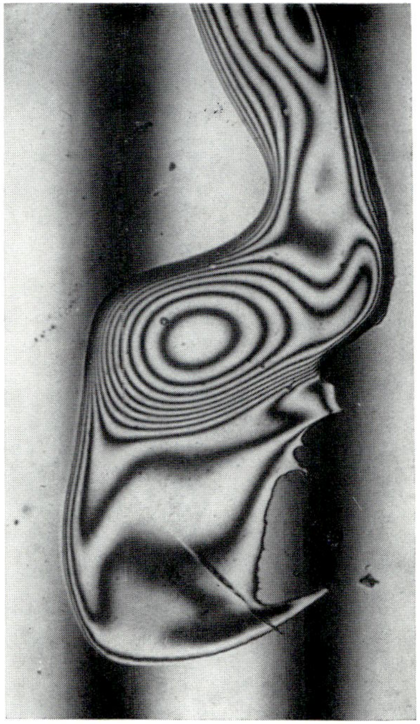

a)

b)

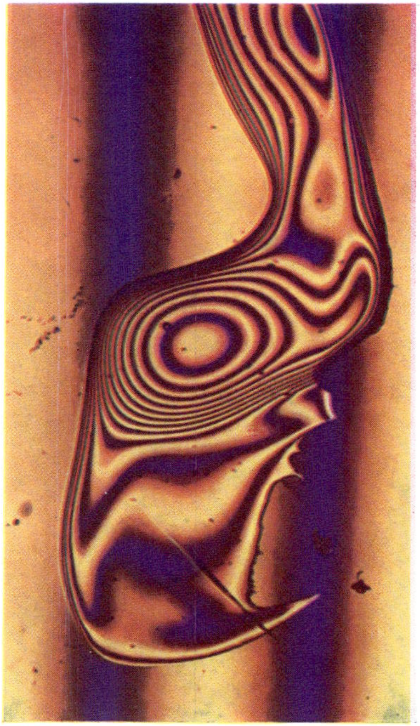

c)

Abb. 13. a) Interferenzbild, b) Buntbild gemäß Farbfolge 11b, c) Buntbild gemäß Farbfolge 12a.

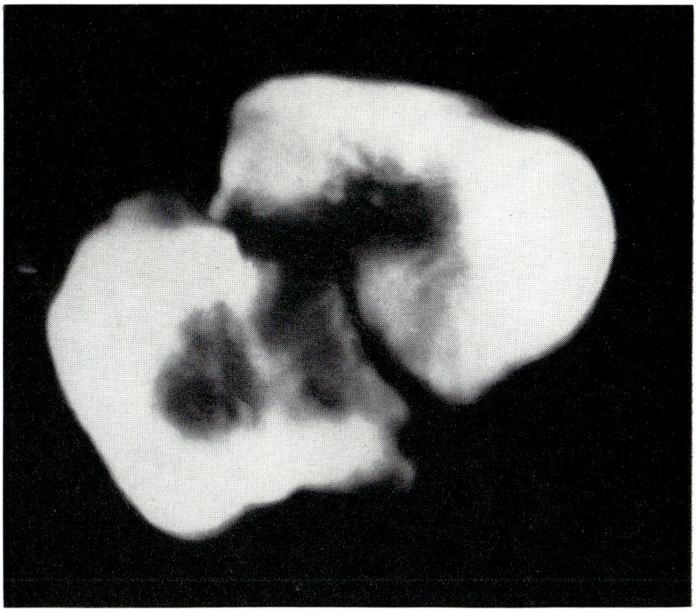

a)

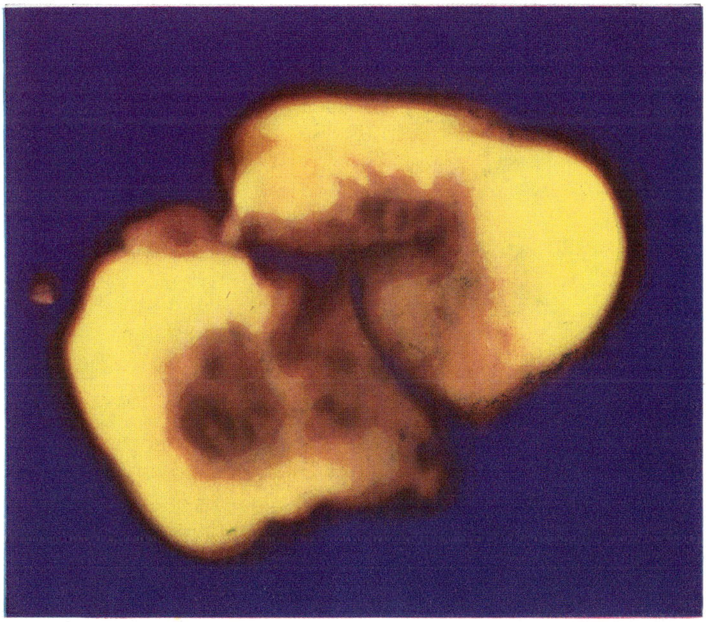

b)

Abb. 14. a) Röntgenbild, b) Buntbild gemäß Farbfolge 12a.

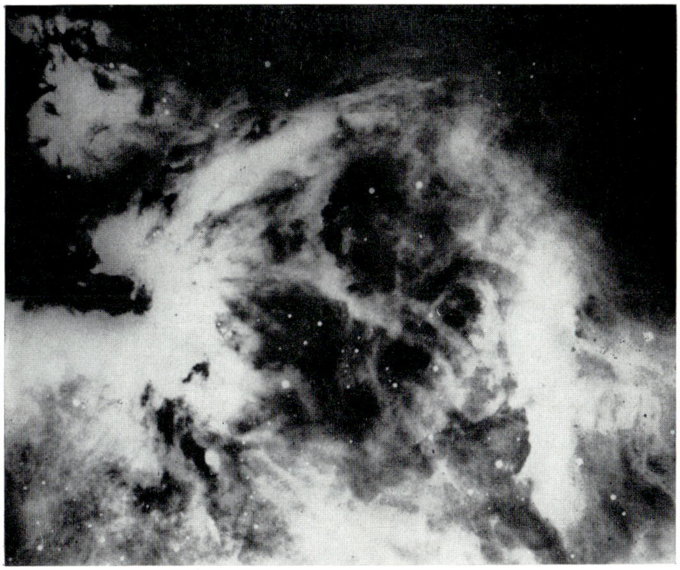

Abb. 15. Positiv.

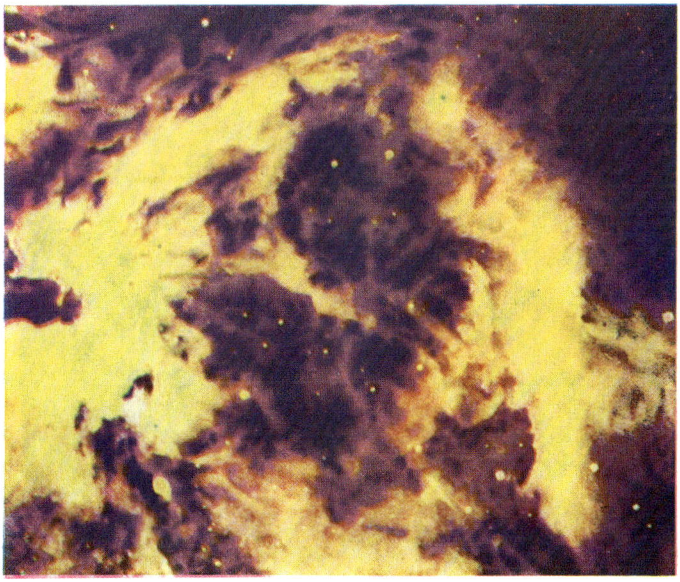

Abb. 16. Buntbild von Abb. 15 gemäß Farbfolge 12a Tafel 13.

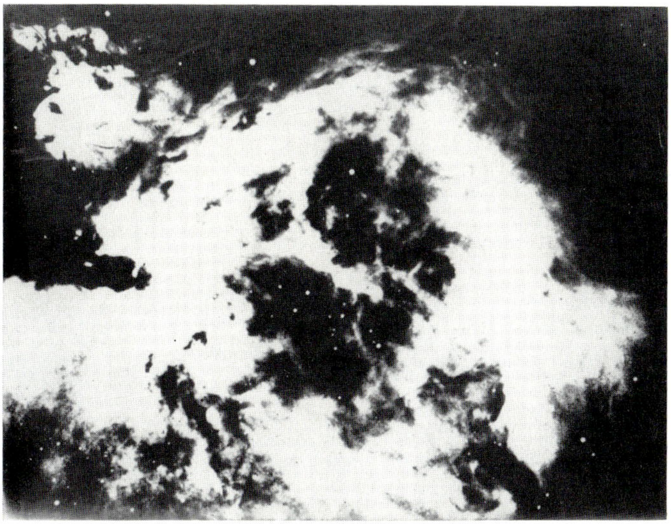

Abb. 17. Positiv-Kopie von Abb. 15.

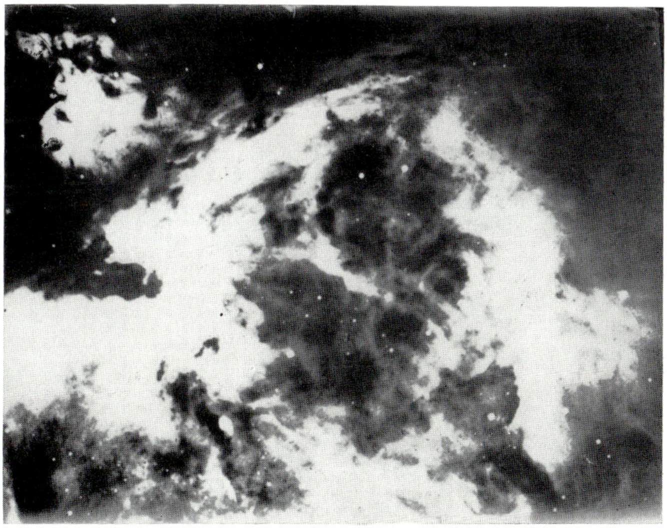

Abb. 18. Positiv-Kopie von Abb. 16 auf Schwarzweiß.

H. KORTE, Braunschweig

Die Photometrie von gestern, heute und (vielleicht) morgen

Die Photometrie von gestern ist schon etwa 200 Jahre alt, sie fing mit den Überlegungen von BOUGUER und LAMBERT an. Solange man aber nur offene Flammen, Fackeln und Kerzen als Versuchsobjekte hatte, waren die Meßergebnisse und die Überlegungen nur von theoretischer Bedeutung. Man studierte die Gesetze der Lichtausbreitung, fand das quadratische Entfernungsgesetz und beschrieb einen Strahler, dessen Leuchtdichte richtungsunabhängig ist (LAMBERT-Strahler). Die eigentliche Lichtmessung wurde erst dringend, als technisch reife künstliche Lichtquellen, nämlich das Gaslicht, auf den Markt kamen, die miteinander verglichen werden mußten. Es stellte sich sofort die Frage nach einem Licht-Standard und nach der Skala, gemäß der man das Licht abstufen wollte. Die Skala wählte man linear, um sie einfach handhaben zu können. Vielleicht machte die Unkenntnis der Eigenschaften des Auges die Wahl leichter. Später hätte man vielleicht eine logarithmische Skala gewählt, wie es in der Akustik geschehen ist. Heute hätten wir auch an einer logarithmischen Skala etwas auszusetzen.

Auf der Suche nach einem Licht-Standard wurden eine Reihe von Flammen-Normalen, vornehmlich in Frankreich, konstruiert, deren Lichtstärke unsere heutige Candela ihre Größenordnung verdankt. In Deutschland führten diese Bemühungen zur HEFNER-Lampe, die ein echtes Primärnormal war, also nach einem Rezept gebaut werden konnte, um dann die definierte Lichtstärke von 1 HEFNER-Kerze abzugeben. Die Lampe hat bis 1941 gedient und die Lichteinheit kaum unsicherer dargestellt, wie das (bis jetzt jedenfalls) unser Schwarzer Strahler tut.

Ein ganz entscheidender Fortschritt, vielleicht der entscheidenste der Photometrie von gestern, war die Erfindung des Photometerwürfels von LUMMER und BRODHUN und die damit zusammenhängende Beantwortung der Frage, wie ein gutes Gesichtsfeld eines visuellen Photometers aussehen muß. Da als Empfänger des Lichtes ausschließlich das Auge in Betracht kam, konnte BECHSTEIN erst jetzt seine vorzüglichen Photometer bauen. Damit war auch die Untersuchung der Eigenschaften des Auges möglich. Es zeigte sich, daß der Mensch nur entscheiden kann, ob zwei in einem guten Gesichtsfeld dargebotene Leuchtdichten gleich sind oder nicht. Diese Entscheidung wird zudem zunehmend unsicher, je verschiedener der Farbeindruck der Gesichtsfeldteile ist. Man mußte in kleinen Stufen die nötigen Farbsprünge überbrücken. Damit waren die Probleme der heterochromen Photometrie geboren und den Staatslaboratorien eine ihrer wesentlichen photometrischen Aufgaben zugewiesen.

Da keine internationalen Absprachen vorlagen, überbrückte jeder für sich die Farbsprünge zwischen den Flammennormalen und den praktisch verwendeten Lichtquellen (vornehmlich Gaslicht). Daß dabei an jeder Stelle was anderes heraus kam, wundert uns heute nicht mehr. Zunächst merkte man aber gar nichts, denn mit Hilfe von Gasbrennern kann man keine Lichtstärken konservieren und von einem Land ins andere tragen. Erst die Einführung der hoch belasteten Glühlampe machte internationale Vergleiche möglich und da stellten sich dann auch die Diskrepanzen heraus. Die Notwendigkeit internationaler Absprachen war erwiesen.

Damit beginnt die Photometrie von heute. Sie wurde 1931 mit der internationalen Festlegung des spektralen Hellempfindlichkeitsgrades $V(\lambda)$ für das Tagessehen geboren. Zur gleichen Zeit wurde angeregt, einen international anerkannten Primär-Standard für das Licht zu schaffen. Die Flammen-Normale hatten keine internationale Anerkennung gefunden. In den angelsächsichen Ländern hatte man sogar einen Glühlampensatz als fundamentalen Lichtstärkestandard der Lichtmessung zugrunde gelegt, obwohl ein solcher Lampensatz bei Verlust unreproduzierbar ist. Der neue Primär-Standard sollte, aus physikalischen Gesetzen hergeleitet, unabhängig vom Ort, jederzeit neu dargestellt werden können. Die Schwarze Strahlung, deren Beherrschung wir Planck verdanken, bietet sich für diesen Zweck sofort an. Es mußte also ein Schwarzer Strahler realisiert werden. Das Kirchhoffsche Gesetz legt dafür einen Hohlraum aus hoch erhitzbaren lichtundurchlässigen Wänden nahe. Aus experimentellen Gründen wählte man als Bezugstemperatur die Erstarrungstemperatur des Platins und als Hohlraum ein Keramikröhrchen, das in ein Wärmebad aus Platin getaucht ist. Das Platin wird durch hochfrequente Induktionsströme erhitzt und die Leuchtdichte der Röhrenöffnung bei der Erstarrungstemperatur des Platins (2042 °K) als Licht-Standard benutzt. Man setzt sie $60\,\frac{\mathrm{cd}}{\mathrm{cm}^2}$. Diese Zahl ist gewählt worden, um den bereits gebräuchlichen Lichtstärkeeinheiten möglichst nahe zu kommen, aber eine runde Zahl für den Primär-Standard zu haben. Dieser Standard ist völlig unabhängig von allen physikalischen Konstanten, sogar von der Temperaturskala. Die Leuchtdichte der Einrichtung ist unabhängig davon, wie man die Temperatur des Platin-Erstarrungspunktes nennt. Erst wenn man rechnen will und die spektrale Energieverteilung benötigt, kommt die Physik ins Spiel. Die Handhabung des heutigen Licht-Primär-Standards ist umständlich und aufwendig. Deshalb befassen sich mit dieser Arbeit nur die Staatsinstitute für die physikalischen und technischen Einheiten. Die Differenzen der Ergebnisse der verschiedenen Staatslaboratorien betragen heute etwa $\pm$ 1%. Das ist noch nicht befriedigend und es ist eine Aufgabe der Photometrie von heute, diese Unsicherheit beträchtlich zu verkleinern.

Das Licht des Schwarzen Strahlers bei 2042 °K ist reichlich gelb. In seiner Farbe entspricht es dem einer Petroleumlampe. Die heute technisch wichtigen Lampen brennen alle wesentlich weißer. Deswegen mußte neben dem Standard selbst auch eine Vereinbarung für die Überbrückung der Farbsprünge getroffen werden. Man beschloß, Blaugläser in den gelberen Strahlengang zu stellen, um ihn dem weißeren in der Farbwirkung anzugleichen. Durch zweimalige Anwendung desselben Blauglases kommt man vom Platinpunkt zur modernen Allgebrauchs-Glühlampe. Ein geeignetes Blauglas wurde in Deutschland hergestellt, zur Ausmessung an verschiedene Staatslaboratorien geschickt und schließlich zerschnitten und verteilt. Damit hatte die Photometrie von heute ihren Weg vom Standard zur Praxis abgesteckt.

Es ist gelegentlich vorgeschlagen worden, den photometrischen Abstand zwischen dem Standard und den in der Praxis wichtigen künstlichen Lichtquellen dadurch zu verkleinern, daß an Stelle des Platin-Erstarrungspunktes der vom Iridium (2716 °K) verwendet wird. Man hätte dann beinahe die gleiche Farbe wie Allgebrauchs-Glühlampen und einen Standard, der etwa 1260mal heller wäre. Auf der anderen Seite müßten erheblich größere Schwierigkeiten bei der Handhabung des Standards in Kauf genommen werden, die zumindest im Anfang auch eine größere Unsicherheit der Lichteinheit bedingen würde. Nach meiner Ansicht sollte man erst einmal den Platin-Standard sicher in die Hand bekommen, ehe man sich neue Schwierigkeiten zutraut. Eine Entscheidung darüber zu fällen, ist eine Aufgabe der Photometrie von morgen. Für diese Entscheidung ist noch ein weiterer Punkt von Bedeutung. Die modernen Lichtquellen, Entladungslampen mit und ohne Leuchtstoff, senden Licht aus, dessen Farbe in weiten Grenzen variiert werden kann. Sie besitzen Farbtemperaturen von 4000 °K und mehr. Darüberhinaus weist ihr Spektrum Linien auf, die dem Kontinuum überlagert sind und deren Wirkung zu Buche schlägt. Damit sind diese Lichtquellen photometrisch vom Iridium-Standard praktisch genau so weit entfernt wie vom Platin-Standard.

Die Betrachtungen leiten über zu den Problemen, die die Normallampen der Photometrie von heute stellen. Die Glühlampen boten kaum Schwierigkeiten. Sorgfältig gebaute Lampen mit verschweißten Elektroden und zugezogenen Haltedrahtösen repräsentieren Lichtstärke oder Lichtstrom hinreichend sicher, wenn sie auf festgelegte elektrische Daten eingestellt werden. Die Temperatur der umgebenden Luft ist dabei in den praktisch vorkommenden Temperaturbereichen ohne Einfluß. Bei Leuchtstofflampen beeinflussen mehrere Parameter die lichttechnischen Daten. Zunächst ist die Umgebungstemperatur von Einfluß, dann ist die Lampe allein nicht betriebsfähig, es gehört ein Strombegrenzer (Drossel oder Widerstand) dazu. Dieser Strombegrenzer beeinflußt den Lichtstrom der Lampe. Bei Betrieb mit ohmschem Widerstand gibt eine Leuchtstofflampe einen anderen Lichtstrom ab als bei Betrieb mit Drossel. Als Vorschaltgerät werden daher bei photometrischen Messungen meist besonders sorgfältig gebaute Drosseln (Referenzgeräte) benutzt. Da Wechselspannung als Speisespannung benutzt werden muß, ergibt sich eine größere Unsicherheit der elektrischen Daten als bei Gleichstrom, den man aus Batterien nehmen kann. Die einzelne Entladungslampe repräsentiert ihren Lichtstrom nicht so sicher wie eine Glühlampe, bei neuen Zündungen stelle sie sich oft etwas anders ein. Es ist vorteilhaft, den Mittelwert aus mehreren Exemplaren als repräsentierten Wert zu betrachten.

Außerdem ist die Kurvenform der Speisespannung von Einfluß. Um die Spannung an der Lampe oder die von ihr aufgenommene Leistung zu messen, muß parallel zur Lampe hinter dem Strombegrenzer Energie entnommen werden. Das kann die Abstimmung Vorschaltgerät—Lampe stören, wenn zu viel Leistung vom Meßinstrument verbraucht wird. Man tut deshalb gut, Leistungsmesser mit hochohmigem Spannungspfad oder elektrostatische Geräte zu verwenden. Es muß noch darauf hingewiesen werden, daß sowohl Strom und Spannung — letztere stark — verzerrt sind. Das Spektrum der modernen Lichtquellen ist von dem des Primär-Standards so verschieden, daß an die $V(\lambda)$-Treue des photometrischen Empfängers größere Ansprüche gestellt werden müssen, als das bei Glühlampen der Fall ist.

Das heute sicherste aber auch aufwendigste Verfahren, Leuchtstoff-Normallampen auszumessen, ist folgendes. Man zerlegt das Licht des Standards und der Leuchtstofflampe spektral und vergleicht jeweils kleine Wellenlängenintervalle miteinander. Die Ergebnisse lassen sich dann rechnerisch zu einer $V(\lambda)$-getreuen Messung zusammenfügen. Ob in allen Ländern der Anschluß an den Primär-Standard zu den gleichen Ergebnissen geführt hat, wird jetzt gerade geprüft. Das National Physical Laboratory hat an alle an diesem Vergleich beteiligten Institute einen Satz Leuchtstofflampen geschickt, und die Lampen werden gerade um diese Zeit in Teddington zur Rückmessung wieder zusammenlaufen. Man darf gespannt sein, ob die Photometrie von heute diese nicht einfache Aufgabe befriedigend bewältigt hat.

Die Meßinstrumente, die Empfänger, seien noch mit einem Wort erwähnt. Die Photometrie von gestern benutzte ausschließlich visuelle Methoden, und auch heute hat man sie noch nicht aufgegeben. Es ist allerdings ganz eindeutig festzustellen, daß die physikalischen Empfänger immer mehr an Bedeutung gewinnen. Für einen Empfänger, der in der Photometrie verwendet werden soll, ist es sehr vorteilhaft, wenn der Photostrom oder die Photo-EMK proportional der auslösenden photometrischen Größe ist. Es sind deswegen Photozellen besonders für Linearität gebaut worden. Von den Zellen dieser Art haben sich besonders die von Gilot-Boutry hervorragend bewährt. Durch die besondere Anordnung von Kathode und Anode erreichen diese Vakuum-Zellen schon bei 1,5 V bis 2 V Saugspannung den Sättigungsstrom. Sie sind im Bereich von 1 : 10 mit einem Fehler von weniger als $1^0/_{00}$ linear.

Die eigentlich für andere Zwecke gebauten Vervielfacher-Photozellen haben sich wegen ihrer hohen Empfindlichkeit und des geringen Rauschpegels allgemein in die Photometrie eingeführt. Bei nicht zu hoher Belastung, weder durch die Versorgungsspannung noch durch die Beleuchtung, arbeiten die meisten Vervielfacher gut linear. Man muß aber einige Sorgfalt auf die Stabilisierung der Stufenspannung verwenden. An dieser Stelle hineingesteckter Aufwand zahlt sich immer aus. Die spektrale Empfindlichkeit z. B. des Vervielfachertyps 6217 der RCA umschließt die $V(\lambda)$-Kurve, so daß man ihn an $V(\lambda)$ angleichen kann, ohne den größten Teil der Empfindlichkeit zu verschenken. Neben diesen anspruchsvolleren Empfängern haben sich auch die einfach zu handhabenden Photoelemente in den letzten Jahren wesentlich verbessert. Die Selen-Elemente haben die unangenehme Eigenschaft, mit der Zeit beträchtlich unempfindlicher zu werden und auch ihre relative spektrale Empfindlichkeit zu ändern, weitgehend verloren. Es lohnt sich heute schon, Arbeit in eine individuelle Anpassung zu stecken. Man kann hoffen, daß das Element über Jahre seine Eigenschaften behält. Die neuen Silizium-Photoelemente versprechen ihrem Aufbau nach von vornherein stabileres Verhalten. Sie werden sicher wertvolle Helfer der Photometrie von morgen werden.

Zusammenfassend kann gesagt werden, daß die Fortschritte der physikalischen Empfänger so beträchtlich sind, daß heute $V(\lambda)$ sicherer mit physikalischen Empfängern dargestellt wird, als es wegen der individuellen Schwankungen durch ein Beobachterauge repräsentiert ist.

Die Photometrie von morgen muß entscheiden, ob sie beim jetzigen Primär-Standard bleiben will oder nicht. Sie wird außerdem Stellung nehmen müssen zu der grundlegenden Frage der relativen spektralen Hellempfindlichkeit $V(\lambda)$. Aus farbmetrischen Messungen läßt sich herleiten, daß die $\bar{y}(\lambda)$-Kurve, die definitionsgemäß mit $V(\lambda)$ identisch sein soll, im Blauen deutlich höher sein muß, wenn man ein Gesichtsfeld von 10° Öffnung verwendet. Der Einfluß dieser möglichen Änderung von $V(\lambda)$ macht sich auf die Lichtquellen in Lichtstromänderungen zwischen 0 und 20% bemerkbar je nach der Art der Lampen. Die modernen Lichtquellen sind dabei am meisten betroffen. Das Gebiet der Farbmessung wird übrigens für die Bewertung von Lampen immer wichtiger, so sind z. B. bei dem oben erwähnten internationalen Vergleich auch die Farbwerte mit eingeschlossen.

Die immer weiter vervollkommneten Empfänger lassen es nicht unmöglich erscheinen, daß die Photometrie von morgen neben den Normallampen Normalempfänger als Repräsentanten von Beleuchtungsstärken verwenden wird. Das muß abgewartet werden.

Die Photometrie, die lange Zeit als abgeschlossen galt, ist jetzt wieder in Bewegung gekommen und man darf gespannt sein, welchen Weg sie morgen einschlagen wird.

8. Röntgen-Untersuchungen

E. NADJAKOV, S. BAKARDJIEV und M. BOJILOV, Sofia

Eine ferngesteuerte Filmkassette zum Vakuumröntgenspektrographen nach JOHANN

In Bulgarien wurde 1958 ein Vakuumröntgenspektrograph [1] mit Konkavkristall, Typ JOHANN, fertiggestellt. In der vorliegenden Mitteilung wird ein im wesentlichen neuer Spektrograph mit Photoregistrierung, hergestellt im Physikalischen Institut der Bulgarischen Akademie der Wissenschaften, beschrieben. Neu sind hier die Filmkassette und der Kristallhalter mit dem dazugehörigen Steuerpult; beibehalten sind die Vakuumanlage, die Röntgenröhre und der Hochspannungsgenerator.

Bisher sind in der Literatur mehrere Spektrographen dieses Typs von verschiedener Konstruktion beschrieben worden, doch liegen noch wenige Versuche einer gewissen Automatisierung vor [1], [3]. Die vorliegende Arbeit dürfte die erste befriedigende Lösung der Frage von der Schaffung einer automatisierten Filmkassette zum Röntgenspektrographen darstellen.

Unser Hauptbestreben war außer auf eine maximale Genauigkeit und sonstige Einzelheiten auch darauf gerichtet, durch Fernsteuerung der Kassette die Häufigkeit des Öffnens des Spektrographen wesentlich zu vermindern. Dies erscheint erforderlich, nicht nur um die Arbeit zu beschleunigen und zu erleichtern, sondern auch um eine höhere Genauigkeit bei Vergleichsmessungen zu erzielen, da sich bei dieser Arbeitsweise die Bedingungen, im Gegensatz zum Lufteinlaß, nicht verändern.

Abb. 1

Abb. 1 zeigt die Gesamtansicht des Spektrographen. In Abb. 2 ist der Kristallhalter zum elastischen Biegen des Kristalls über 4 Spannpunkte angegeben. Die Konstruktion ist gegenüber der früheren [1] vereinfacht; eine ihrer Eigenschaften

Abb. 2

Abb. 3

aus der schwedischen Arbeit [4] ist in neuer Weise beibehalten, nämlich, daß sich die drei Winkeljustierungsachsen in einem konstanten Punkt, der mit dem Mittelpunkt des Kristalls zusammenfällt, schneiden.

Die konstruierte Kassette ist aus Abb. 3 ersichtlich. Sie ist aus zwei massiven Aluminiumblöcken, die in einer horizontalen Ebene zusammengesetzt werden, mit der Fräse geformt. Zur präzisen Ausführung der zylindrischen Filmgleitfläche bei gleichzeitig vorhandener Dunkelkammer, die in denselben Blöcken ausgearbeitet ist und die Gleitfläche umschließt, wurde eine spezielle Technologie entwickelt. Der radiale Genauigkeitsfehler der Gleitfläche liegt unter 0,01 mm. Ihr Durchmesser beträgt 736,52 mm bei 20 °C. Der Arbeitsbereich ist breit: 10° bis 80° Braggsche Winkel. Eine Johannsche Schieberblende bewegt sich radial zum Kristall auf einer berechneten auswechselbaren Kurve, die das Belichtungsfeld des Kristalls von 6—13 mm bis zur höchstmöglichen Weite von 40 mm nach einem solchen Gesetz verändert, daß der Johannsche Fokussierungsdefekt konstant bleibt.

Abb. 4

Das Steuerpult ist aus Abb. 4 ersichtlich. Die Kassette ist nur elektrisch mit der Außenluft verbunden. Alle vom Steuerpult betätigten Operationen werden an diesem selbst kontrolliert.

Die Bewegung der Kassette während der Aufnahme wird mittels eines elektrischen Folgesystems von einem Modell auf dem Steuerpult mit einer Genauigkeit von 2,5′ Braggschem Winkel wiederholt, an dem (d. h. von außen) die Bewegungsgrenzen eingestellt werden.

Der Röntgenstrahlenschlitz hat eine Breite von 4,5 mm (die der Linienhöhe gleichkommt) und kann durch Bleiblenden von je 2,5° Braggschem Winkel verschlossen werden. Deren Heben und Senken wird elektrisch vom Pult aus gesteuert.

Über dem Röntgenstrahlenschlitz ist eine Lichtindexskala angebracht, die die entsprechenden BRAGGschen Winkel angibt. Bei ihrer vom Pult aus betätigten Belichtung werden jene auf den Film projiziert, die dem für die Strahlen geöffneten Arbeitssektor entsprechen.

Die Kassette ist lichtdicht und vor Streustrahlung geschützt. Das Einlegen und Herausnehmen des Films geschieht im Hellen mit Hilfe von kleinen Kassetten, die 5 m Film aufnehmen. Beim Lufteinlaß schließt sich der Röntgen-

Abb. 5

strahlenschlitz automatisch. Der Filmtransport wird vom Pult aus betätigt und dort angezeigt. Das genaue Aufliegen des Films in seiner Bahn zwecks Erzielung einer hohen Aufnahmegenauigkeit sowie dessen Lösen zum Transport, was

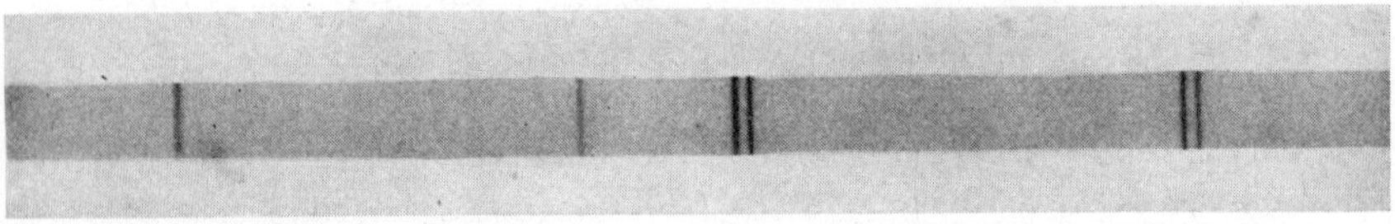

Abb. 6

durch ein vom Pult aus gesteuertes Band bewirkt wird, wurde in befriedigender Weise gelöst.

Die Justierung wird nach einem System durchgeführt, das das Justieren im Spektrographen selbst ermöglicht und das Auswechseln des Kristalls erleichtert. Die radiale Einstellung erfolgt mit Hilfe eines Mikroskops und die Winkeleinstellung sowie die Fokussierung optisch mittels punktförmiger Lichtquelle und Schirm (Abb. 5), wie in Arbeit [1] beschrieben.

Eine der ersten Probeaufnahmen (auf gewöhnlichem, deformierbarem Film, ohne besonders auf die Genauigkeit zu achten), und zwar der Kupfer- und

Nickel-$K_{\beta 1}$- und $K_{\alpha 1 \alpha 2}$-Linien mit Quarz 0001 in erster Ordnung, ist in Abb. 6 gezeigt. Abb. 7 stellt die Photometerkurve der Kupferdublette dar.

Die Linien wurden mit dem Komparator gemessen und die Wellenlängen der Nickel-K-Linien auf Grund der tabellarischen Werte für Kupferlinien (in X-E.) bestimmt: $\beta_1 = 1497{,}15$, $\alpha_1 = 1654{,}49$, $\alpha_2 = 1658{,}33$, gegen $\beta_1 = 1497{,}08$, $\alpha_1 = 1654{,}50$, $\alpha_2 = 1658{,}34$ nach den Tabellen. Die Werte sind aus drei Spektrogrammen gemittelt. Der mittlere Fehler der einzelnen Messung beträgt 0,16.

Das Photometrieren der Spektrogramme zur vorläufigen Charakterisierung des Auflösungsvermögens ergab für die Breite der Kupfer-$K_{\alpha 1}$-Linie in erster Ordnung (auf der Höhe der $K_{\alpha 2}$-Linie) 0,82 und in zweiter Ordnung 0,57, gegen 0,58 bis 0,44 X nach den tabellarischen Angaben für die natürlichen Breiten.

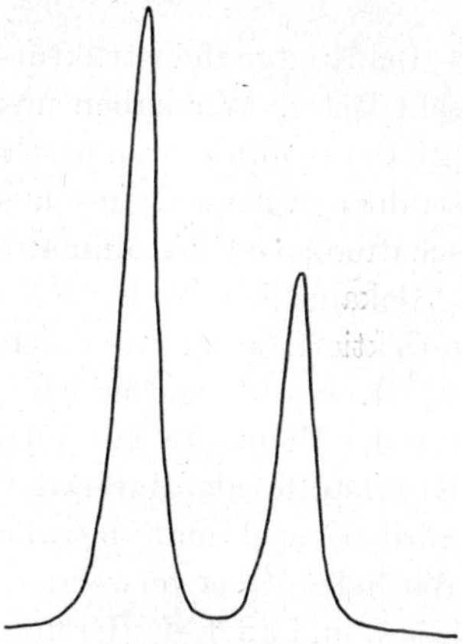

Abb. 7

Der Mechanischen Werkstatt des Instituts und vor allem Milan Kitov, sowie der Werkzeugmaschinenfabrik und dem Starkstromwerk in Sofia sprechen wir an dieser Stelle unseren verbindlichen Dank aus für die tatkräftige Unterstützung bei der Herstellung des Geräts. Ebenfalls danken wir Ivan Iordanov und Dimiter Gentschev für ihre Mitwirkung bei den Probeversuchen.

Literatur

[1] Nadjakov, E., Izwestia na Fiz. inst. s ANEB pri BAN **7** (1959) 347.
[2] Johann, H. H., Z. f. Physik **69** (1931) 185.
[3] Narbutt, K. I., Wainschtein, E. E., Gilwarg, A. B., Beliaew, L. M., Izwestia AN SSSR, seria fiz. **20** (1956) 152.
[4] Sandström, A. E., Arkiv f. Fysik **4** (1952) 517.

D. UNANGST und G. DAMASCHUN, Jena

Kollimation durch Totalreflexion bei Röntgenfeinstruktur-Aufnahmen

Bei Röntgenfeinstruktur-Untersuchungen sind oft die langen Belichtungszeiten sehr lästig. Wir haben uns deshalb, angeregt durch Arbeiten von NÄHRING [1], [2], mit Kollimatoren beschäftigt, deren Wände eine Totalreflexion von Röntgenstrahlen zulassen, um ausführlichere quantitative Aussagen über die Eigenschaften solcher Kollimatoren zu erhalten.

Bekanntlich werden Röntgenstrahlen an hinreichend glatten Oberflächen totalreflektiert, wenn ihr Glanzwinkel kleiner als der Grenzwinkel der Totalreflektion ϑ_0 ist. Ein einigermaßen genau definierter Grenzwinkel existiert allerdings nur für die Elemente mit niedriger Ordnungszahl. Die sich zunächst anbietenden Kunststoffe als Material für die Kollimatorwandung können nicht verwendet werden, weil man bei diesen keine brauchbaren Oberflächen erhalten kann. Wir haben Glas verwendet, weil sich hiervon einwandfreie Oberflächen herstellen lassen und auch der Grenzwinkel der Totalreflexion noch einigermaßen definiert ist [3]. Die von uns benutzte Glassorte zeigte einen Grenzwinkel der Totalreflexion von etwa $4{,}4 \cdot 10^{-3}$ rad.

Betrachtet man einen spaltförmigen Kollimator, der von zwei Platten der Länge $L = 2\,a/\vartheta_0$, die parallel zueinander im Abstand $2\,a$ liegen (Abb. 1) und deren Ausdehnung senkrecht zur Zeichenebene hinreichend groß ist, so kann man, wenn die Querdivergenz klein gehalten wird, die folgenden Betrachtungen eindimensional anstellen; es ergeben sich, wenn der Kollimator von einem hinreichend ausgedehnten Brennfleck mit monochromatischem Röntgenlicht bestrahlt wird, folgende Intensitätsverhältnisse: Der Punkt P_1 auf der optischen Achse am Ausgang des Kollimators wird von einem Bündel der Divergenz $2\,\vartheta_0$ beleuchtet. Dieser Öffnungswinkel ist aber, bei den angegebenen Dimensionen des Kollimators, doppelt so groß wie der des Bündels, das direkt, also nicht auf dem Umweg über die Totalreflexion, den Punkt P_1 beleuchtet. Ein spaltförmiger Kollimator erzeugt daher an seinem Ausgang die doppelte Intensität wie ein gewöhnlicher Kollimator mit gleichen Abmessungen. Macht man den Kollimator länger als oben angegeben, verliert man durch Mehrfachreflexionen etwas an Intensität, die Divergenz verändert sich nicht, die Blendenstreuung nimmt jedoch stark ab. Macht man den Kollimator kürzer, so nimmt die Divergenz zu und der Intensitätsgewinn gegenüber einem gewöhnlichen Kollimator mit gleichen Dimensionen ab. Die Blendenstreuung ist aber erfahrungsgemäß auch jetzt noch kleiner als bei einem entsprechenden gewöhnlichen Kollimator.

Im folgenden werden nur noch Kollimatoren mit den oben angegebenen optimalen Dimensionen betrachtet. Der Punkt P_1 (Abb. 1) wird also von einem

Bündel der Öffnung $2\,\vartheta_0$ beleuchtet. Daran ändert sich auch dann nichts, wenn der betrachtete Punkt über P_1' nach P_1'' wandert. Die Intensität auf der optischen Achse bleibt bis zum Punkt P_1'', der sich in der Entfernung $y = L/2$ vom

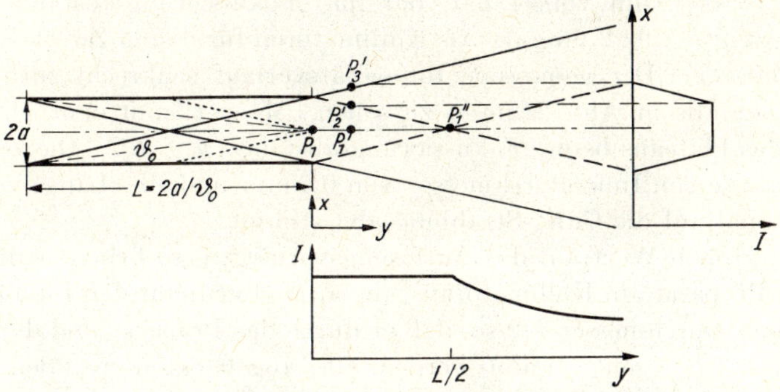

Abb. 1. Strahlengang und Intensitätsverlauf bei einem Kollimator mit reflektierenden Wänden.

Ausgang des Kollimators befindet, konstant und nimmt dann mit $1/y$ ab, wobei y die Entfernung vom Ausgang des Kollimators angibt.

Verschiebt man den Punkt P_1' senkrecht zur optischen Achse bis nach P_3', so ändert sich der Öffnungswinkel des beleuchtenden Bündels und damit die Intensität in den betreffenden Punkten bis zum Punkt P_2' nicht, fällt aber dann linear ab und erreicht im Punkt P_3' den Wert Null. Die Breite des Plateaus im Intensitätsverlauf wird immer kleiner, je weiter der betrachtete Querschnitt durch den Strahl sich dem Punkt P_1'' nähert, wird im Punkt P_1'' Null und vergrößert sich dann jenseits dieses Punktes wieder. Eine Zusammenstellung verschiedener Strahlquerschnitte und der Intensitätsverlauf auf der optischen Achse für einen spaltförmigen Kollimator mit reflektierenden Wänden (Kurven T) ist im Vergleich zu einem gewöhnlichen Kollimator (Kurven B) in Abb. 2 oben dargestellt.

Analoge Betrachtungen über den Intensitätsverlauf entlang der optischen Achse gelten auch für Kollima-

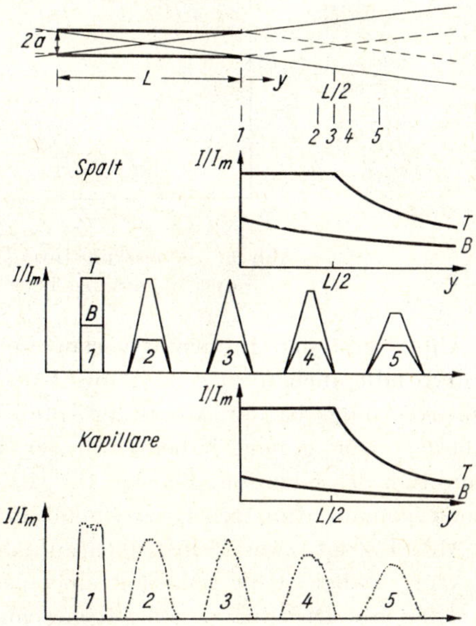

Abb. 2. Verlauf der Intensität bei einem Kollimator mit reflektierenden Wänden entlang der optischen Achse und senkrecht dazu an den Stellen 1 bis 5 (Kurven T) im Vergleich zu einem gewöhnlichen Kollimator (Kurven B) für spaltförmigen (oben) und kreisförmigen (unten) Querschnitt.

toren mit kreisförmigem Querschnitt. Der relative Intensitätsgewinn ist jedoch noch größer, da dieser hier proportional dem Quadrat des jeweiligen Öffnungswinkels ist, so daß man am Ausgang eines solchen Kollimators bereits einen relativen Intensitätsgewinn von 4 hat, der im „Fokussierungsabstand“ $y = L/2$ bis auf 9 ansteigt (Abb. 2 unten). Als Kollimatoren für diesen Zweck eignen sich gut Glaskapillaren. Der gemessene Intensitätsverlauf senkrecht zur optischen Achse ist ebenfalls in Abb. 2 unten zu sehen. Man erkennt deutlich das Verschwinden des Plateaus beim „Fokussierungsabstand“ $y = L/2$. Die verwendete Kapillare hatte einen Innendurchmesser von 0,5 mm und eine Länge von 12 cm. Sie war optimal auf die CuK_α-Strahlung abgestimmt.

Legt man großen Wert auf das Auflösungsvermögen, so bringt man am günstigsten das Präparat am Kollimatorausgang an und krümmt den Film auf einem Kreis mit dem Durchmesser $L/2$ so, daß er durch das Präparat und den „Fokussierungspunkt“ P_1'' geht. Dann werden alle abgebeugten Strahlen auf dem Film „fokussiert“.

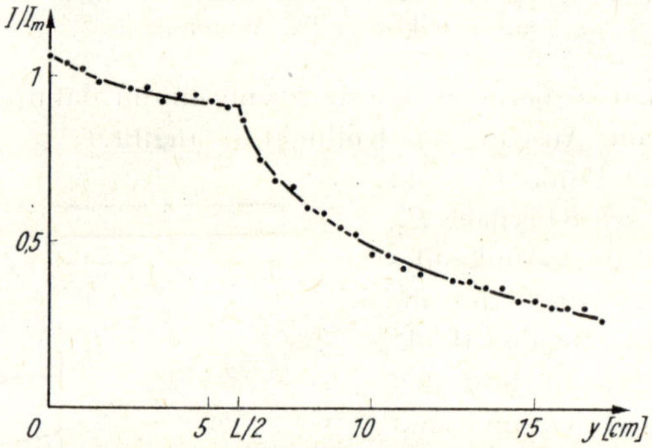

Abb. 3. Gemessener Intensitätsverlauf entlang der optischen Achse bei einer Glaskapillare.

Abb. 3 gibt den Intensitätsverlauf entlang der optischen Achse wieder. Die Kurve fällt auch für $y \leqq L/2$ mit $L = 12$ cm wegen der Luftabsorption etwas ab. Allerdings ist der Abfall der Intensität für $y > L/2$ nicht so stark wie die Überlegungen gezeigt haben, weil der Verlauf der reflektierten Intensität als Funktion des Glanzwinkels sich für Glas schon deutlich von dem Idealfall mit einem genau definierten Grenzwinkel unterscheidet.

Abb. 4 zeigt zwei Feinstrukturaufnahmen von einem Aluminiumblech mit Textur. Dabei ist die linke mit einer gewöhnlichen Bleiblende von 5 cm Länge und 0,8 mm Durchmesser, die rechte mit einer 12 cm langen Glaskapillare mit einem Innendurchmesser von 0,5 mm als Kollimator erhalten worden. In beiden Fällen wurde 1 Std. lang belichtet. Man erkennt deutlich schärfere Linien bei der Aufnahme mit der Glaskapillare, da hier, dank des großen Intensitätsgewinns, mit kleinerer Divergenz gearbeitet werden konnte.

Im zentralen Teil der Abb. 4 links erkennt man radiale Streifen, die durch die Bremsstrahlung entstanden sind und die in Abb. 4 rechts, die mit dem Kolli-

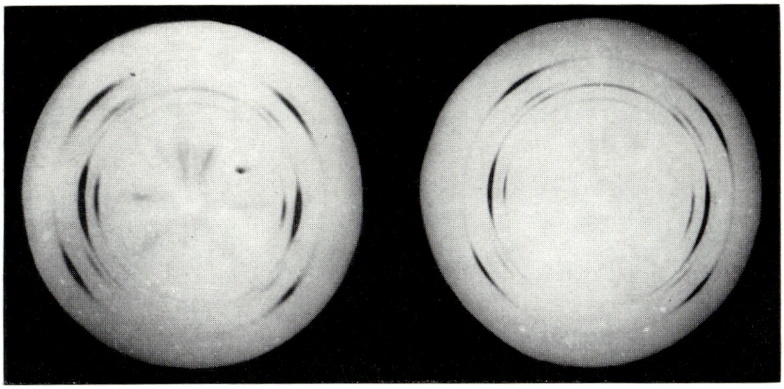

Abb. 4. Feinstrukturaufnahme eines Aluminiumbleches mit Textur, links mit einem gewöhnlichen Kollimator, rechts mit einer Glaskapillare als Kollimator.

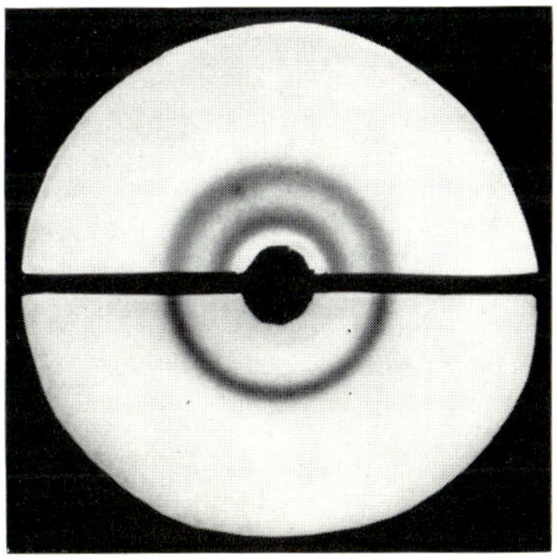

Abb. 6. Debye-Scherrer Aufnahme von Silikongummi. Linke Hälfte mit einem gewöhnlichen Kollimator, rechte Hälfte mit einer Glaskapillare als Kollimator.

mator mit reflektierenden Wänden erhalten wurde, wesentlich schwächer erscheinen. Kollimatoren, die eine Totalreflektion an ihren Wänden zulassen, zeigen nämlich Filtereigenschaften, indem sie die kurzen Wellenlängen des Spektrums gegenüber den längeren schwächen.

Hierzu werde folgende grobe Abschätzung angestellt. Nach der Näherungsformel von KULENKAMPFF [4] gilt für das Bremsspektrum folgende Beziehung:

$$i(\lambda) = C\left[\frac{1}{\lambda_0} - \frac{1}{\lambda}\right]\frac{1}{\lambda^2}\,. \tag{1}$$

Hier ist $i(\lambda)$ die Intensität bei der Wellenlänge λ, C eine Konstante, die vom Röhrenstrom abhängt, und λ_0 die Grenzwellenlänge des Bremsspektrums. Dann ist die Intensität $I(\lambda)$ am Ausgang des Kollimators

$$I(\lambda) = i(\lambda)\, f[\alpha(\lambda)]\,, \tag{2}$$

wobei $f[\alpha(\lambda)]$ eine Funktion des Öffnungswinkels des den jeweiligen betrachteten Punkt beleuchtenden Bündels ist. Macht man den Kollimator so lang, daß er für die Grenzwellenlänge optimal angepaßt ist, so ist für einen Punkt auf der optischen Achse am Ausgang des Kollimators dieser Öffnungswinkel für den spaltförmigen Kollimator durch

$$f_{\mathrm{sp}}[\alpha(\lambda)] = 2\,\vartheta_0(\lambda) \tag{3}$$

und für die Kapillare durch

$$f_{\mathrm{K}}[\alpha(\lambda)] = 4\,\vartheta_0^2(\lambda) \tag{4}$$

gegeben. Er wächst ziemlich gut proportional mit λ an [2]

$$\vartheta_0(\lambda) = k\,\lambda\,, \tag{5}$$

so daß man für den spaltförmigen Kollimator mit den Gleichungen 1, 2, 3 und 5

$$I_{\mathrm{sp}}(\lambda) = C\left(\frac{1}{\lambda_0} - \frac{1}{\lambda}\right)\frac{2\,k}{\lambda} \tag{6}$$

und für die Kapillare mit den Gleichungen 1, 2, 4 und 5

$$I_{\mathrm{K}}(\lambda) = C\left(\frac{1}{\lambda_0} - \frac{1}{\lambda}\right)4\,k^2 \tag{7}$$

erhält. Es tritt also eine Verschiebung des Maximums des Bremsspektrums nach langen Wellen hin auf.

Abb. 5 zeigt das Spektrogramm des Bremsspektrums einer Röntgenröhre mit Silberanode, das mit einer üblichen Spektrometeranordnung mit einer Cadmiumsulfidzelle als Empfänger [5], [6] sowohl mit einer gewöhnlichen Bleiblende als Kollimator (gestrichelte Linie) als auch mit einer Glaskapillare (ausgezogene Linie) erhalten wurde. Die Glaskapillare konnte nicht optimal auf die Grenzwellenlänge abgestimmt werden, so daß die in der Abschätzung angegebenen Verhältnisse nur annähernd realisiert waren. Trotzdem ist eine deutliche Verschiebung des Maximums des Bremsspektrums zu bemerken. Die beiden Spektren sind auf ihren Maximalwert normiert. Die Absorptionskante im kurzwelligen Teil des Bremsspektrums entsteht durch die des Cadmiums im Cadmiumsulfid des Empfängers. Die Linien des Silbers in 1. und 2. Ordnung sind nur angedeutet. Sie dienten zur Eichung des Spektrometers.

Bei Feinstrukturaufnahmen entstehen, besonders bei amorphen Substanzen, durch das Maximum des Bremsspektrums oft Pseudoreflexe, die eine Auswertung erschweren oder bei intensitätsschwachen Reflexen ganz unmöglich machen. Stimmt man den Kollimator mit reflektierenden Wänden auf die benutzte Wellenlänge, etwa die der CuK_α-Linie ab und normiert die Intensitäten auf diese, so wird das Bremsspektrum relativ mehr unterdrückt (Faktor 3 bis 9), als das im Spektrogramm (Abb. 5) zum Ausdruck kommt. Abb. 6 zeigt die mit der CuK_α-Strahlung von einem Silikongummi einmal mit einem gewöhnlichen Kollimator (linke Bildhälfte) und dann mit einer Glaskapillare als Kollimator (rechte Bildhälfte) erhaltenen Diagramme. Der innere, durch das Bremsspektrum entstandene Ring ist bei Verwendung eines Kollimators mit totalreflektierenden Wänden verschwunden. Den gleichen Effekt erhält man durch vorherige Monochromatisierung der Strahlung an einem NaCl-Kristall, allerdings nach etwa 200 Std. Belichtungszeit, während mit der Glaskapillare als Kollimator die Belichtungszeit noch kürzer ist als die mit einem gewöhnlichen Kollimator.

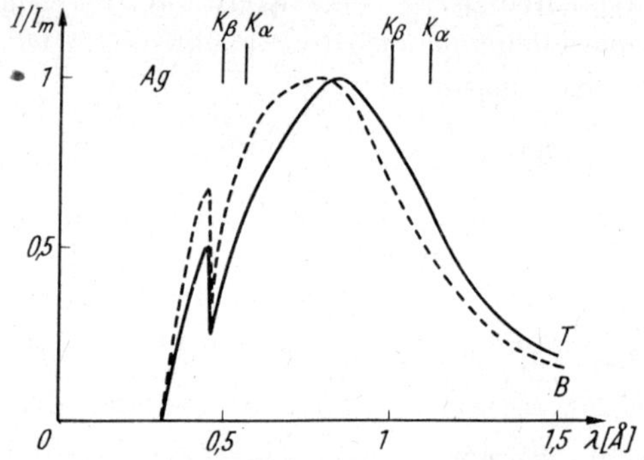

Abb. 5. Bremsspektrum nach Kollimation mit einem gewöhnlichen Kollimator (Kurve B) und mit einer Glaskapillare (Kurve T).

Zusammenfassend kann gesagt werden, daß Kollimatoren, deren Wände eine Totalreflekion von Röntgenstrahlen gestatten, dann mit Vorteil bei Feinstrukturuntersuchungen verwendet werden können, wenn die Strahldivergenz nicht kleiner als $2\,\vartheta_0$ zu sein braucht. Diese Divergenz erreicht man bei den gewöhnlichen Kollimatoren, deren gebräuchliche Länge etwa 5 cm beträgt, durch einen Innendurchmesser von 0,25 mm. Kollimatoren mit diesen Abmessungen werden aber aus Intensitätsgründen bei Weitwinkel-Untersuchungen kaum verwendet.

Jena, Physikalisches Institut der Friedrich-Schiller-Universität

Literatur

[1] Nähring, E., Phys. Z. XXXI (1930) 401.
[2] Nähring, E., Z. techn. Phys. **15** (1934) 151.
[3] Kiessig, H., Ann. Phys. **10** (1931) 715.
[4] Kulenkampff, H., Handb. d. Phys. **23**/2 (1933) 142—206.
[5] Kramer, L., Diplomarbeit, Phys. Inst. d. Univ. Jena 1956.
[6] Schubert, D., Diplomarbeit, Phys. Inst. d. Univ. Jena 1960.

D. SCHUBERT und D. UNANGST, Jena

Über die Widerstandsänderung von Selen und Zinnober bei Röntgenbestrahlung

Die Änderung des elektrischen Widerstandes von Selen unter der Einwirkung von Röntgenstrahlen ist seit langem bekannt. Obwohl Selen als Gleichrichter und lichtempfindliches Organ weit verbreitete Anwendung findet, sind wesentliche Fragen seines Leitungsmechanismus bis heute noch unbeantwortet.

Im folgenden soll über die Wirkung von Röntgenstrahlen auf die p — n-Sperrschicht in gebräuchlichen Selen-Gleichrichterscheiben berichtet werden. Die Wirkung der Selen-Gleichrichter erklärt man sich als Folge der Ausbildung einer Sperrschicht zwischen dem p-leitenden Selen und einer dünnen Schicht aus n-leitendem Kadmiumselenid, die dicht unterhalb der aus einer kadmiumhaltigen Legierung bestehenden Deckelelektrode liegt (Abb. 1). Bei der Herstellung und Formierung wird dafür gesorgt, daß nach dem Aufbringen der Deckelelektrode die Reaktion zwischen Selen und Kadmium in dem gewünschten Umfang vor sich geht.

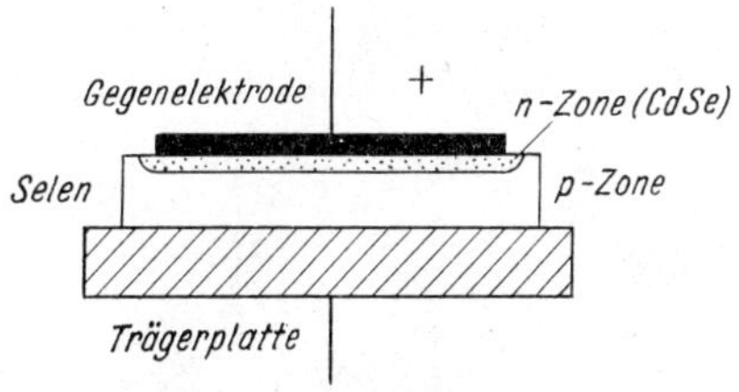

Abb. 1. Aufbau einer Selen-Gleichrichterzelle.

Wir haben den Sperrwiderstand von Selen-Gleichrichterzellen mit einer maximalen Strombelastbarkeit von 60 mA und einer bestrahlbaren Fläche von 2,75 cm² in einer WHEATSTONE-Brückenschaltung in Abhängigkeit von der Dauer einer konstanten Röntgenbestrahlung bei verschiedenen Temperaturen und Sperrspannungen gemessen. Wegen der sehr starken Temperaturabhängigkeit des Sperrschichtwiderstandes waren die Selenscheiben fest an einen größeren Kupferblock angeschraubt, der mit dem Wasserkreislauf eines Universal-Thermostaten U 8 nach WOBSER in gut leitender Verbindung stand.

Eine Feinstruktur-Röntgenröhre mit Molybdänanode lieferte die benötigte Strahlung. Sie wurde bei 45 kVs Wechselspannung und mit 12 mA Röhrenstrom betrieben. In einem Brennfleckabstand von 32 cm befand sich die Selenzelle. Durch mehrmaliges Abgleichen der Brücke während einer Messung wurde einmal der Ausschlag des Schreibers in kOhm geeicht, zum anderen dafür gesorgt, daß die Sperrspannung an der Zelle konstant blieb.

Die Veränderungen des Sperrwiderstandes sind bei der angewandten Röntgenintensität stets reversibel. Der Sperrwiderstand wird mit Beginn der Bestrahlung (Vorgang I) im Laufe von ca. 30 min beträchtlich kleiner und steigt nach ihrem Ende während Stunden wieder auf seinen Ausgangswert an (Vorgang II). Nimmt man an, daß diese Veränderungen nach einem Exponentialgesetz ablaufen und stellt man die Widerstandsänderung logarithmisch über der Zeit dar, so erscheint der Kurvenverlauf stückweise linear. Aus dem Anstieg der Geraden erhält man den Wert der Zeitkonstante, mit der die Änderung des Sperrwiderstandes verläuft. Die Abbildungen 2 und 3 geben den zeitlichen Verlauf des Sperrwider-

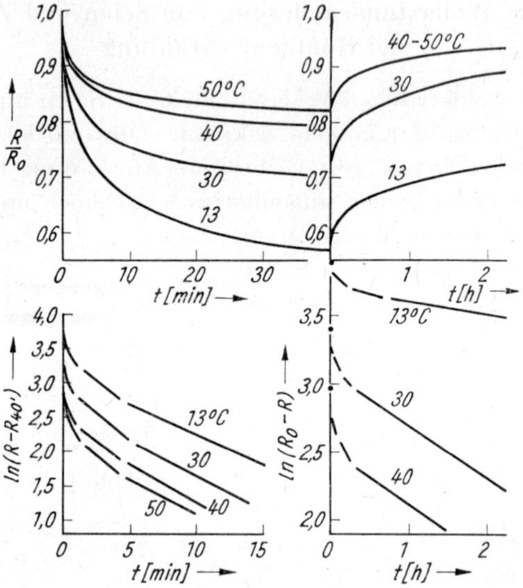

Abb. 2. Zeitlicher Verlauf der relativen Widerstandsänderung bei verschiedenen Temperaturen (lineare und halblogarithmische Darstellung).

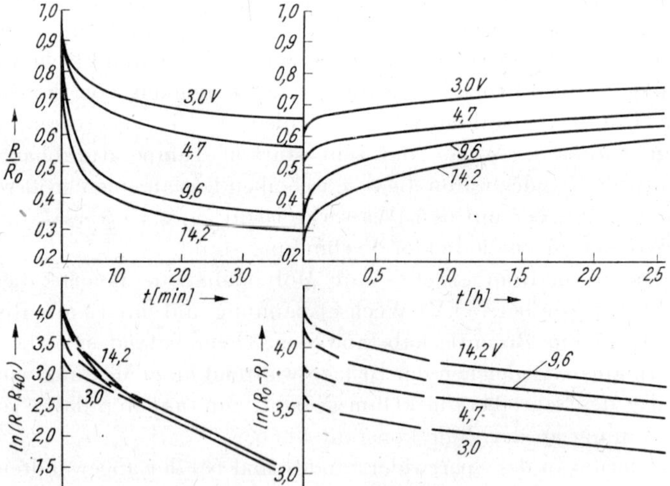

Abb. 3. Zeitlicher Verlauf der relativen Widerstandsänderung bei verschiedenen Sperrspannungen (lineare und halblogarithmische Darstellung).

standes wieder. Kurvenparameter ist einmal die Temperatur, das andere Mal die Sperrspannung. Die Tabellen 1 und 2 enthalten die aus den Kurven entnommenen Werte der Zeitkonstanten für die beiden Meßreihen.

Tabelle 1

Abhängigkeit der Zeitkonstanten [min] von der Temperatur (gemessen wurde bei einer Sperrspannung von 4,7 V)

T [° C]	Vorgang I		Vorgang II		
	τ_1	τ_2	τ_1	τ_2	τ_3
13	6,5	11,6	139	343	570
30	6,1	10,2	46	94	155
40	6,6	9,2	32	53	152
50	6,2	10,2	—	—	—
	6,3 ± 0,2	10,2 ± 0,7			

Tabelle 2

Abhängigkeit der Zeitkonstanten [min] von der Sperrspannung (gemessen wurde bei einer Temperatur von 13 °C)

U_z [V]	Vorgang I		Vorgang II		
	τ_1	τ_2	τ_1	τ_2	τ_3
3,0	10,9		127	308	550
4,7	6,4	10,7 ± 0,5	139	343	570
9,6	5,5		100	235	570
14,2	4,4		120	228	500
			120 ± 12	290 ± 50	550 ± 25

Aus den Messungen ergeben sich folgende Resultate:

1. Das Absinken des Sperrwiderstandes (Vorgang I) nach dem Beginn der Röntgenbestrahlung erfolgt mit zwei verschiedenen Zeitkonstanten.

2. Das Wiederanwachsen des Sperrwiderstandes (Vorgang II) nach dem Ende der Belichtung verläuft mit drei verschiedenen Zeitkonstanten.

Es ist durchaus möglich, daß eine dritte Zeitkonstante beim Vorgang I in der Größenordnung von Stunden deshalb nicht beobachtet wurde, weil die Zellen nur eine Stunde belichtet wurden.

3. Die Zeitkonstanten des Vorgangs II sind bei allen Messungen wesentlich größer als die beim Vorgang I.

4. Eine Temperaturabhängigkeit der Zeitkonstanten macht sich nur beim Vorgang II bemerkbar. Die Zeitkonstanten werden mit der Temperatur von +13 °C bis +40 °C etwa um den Faktor 5 kleiner.

5. Eine Abhängigkeit der Zeitkonstanten von der Sperrspannung wurde nur beim Vorgang I gefunden. Die erste der beiden Zeitkonstanten wird mit stei-

gender Sperrspannung von 3,0 V bis 14,2 V etwa um den Faktor 2,5 kleiner, während die zweite Zeitkonstante bei allen Sperrspannungen gleich groß war.

Diese Erscheinungen sind ähnlich den von Eppe [1] an mit Kadmium kontaktierten amorphen Selenschichten gefundenen Ergebnissen. Kolomojzew und Kodshispirow [2] beobachteten, daß für den zeitlichen Verlauf der bei Röntgenbestrahlung in amorphen Selenschichten auftretenden Photo-EMK nacheinander verschiedene Zeitkonstanten maßgebend sind. Die Verfasser fanden ebenso wie wir im Punkt 3, daß das Abklingen des Effekts stets langsamer vor sich geht als das Anwachsen.

Die erhaltenen Resultate könnte man auf folgende Art erklären: Die $p - n$-Sperrschicht wird unter der Wirkung der Röntgenstrahlen im Laufe der Zeit abgebaut. Nach Eppe [1] dissoziiert das Kadmiumselenid während der Röntgenbestrahlung. Diese Voraussetzung weiter ausbauend, kann man annehmen, daß die Cd^{++}- und die Se^{--}-Ionen die Möglichkeit haben, entweder sich untereinander wieder zu vereinigen oder durch die Wanderung freier Ladungsträger neutralisiert zu werden. Die CdSe-Grenzschicht wird mehr oder weniger umgewandelt in eine Zone neutraler Cd- und Se-Atome, die einen anderen Übergang zwischen Selen und Metall der Gegenelektrode darstellt. Die Sperrschicht wird abgebaut und damit der Sperrwiderstand stark verkleinert, wie es beobachtet wurde.

Die Geschwindigkeit dieses Prozesses wird im wesentlichen durch die Größe des Stromes, d. h. der an der Zelle liegenden Spannung, bestimmt sein, nicht aber von der Temperatur abhängen. Eine Temperaturerhöhung würde wohl ebenfalls den Zellenstrom vergrößern, gleichzeitig aber auch die Rekombinationsrate der Cd^{++}- und Se^{--}-Ionen.

Nach der Einstrahlung von Röntgenlicht werden Kadmium und Selen im Laufe von Stunden wieder miteinander reagieren. Die $p - n$-Sperrschicht kann sich aufs Neue herausbilden. Diese chemische Reaktion hängt naturgemäß sehr stark von der Temperatur, nicht aber von den elektrischen Werten der Zelle ab. Die Punkte 4 und 5 der oben genannten Resultate lassen sich damit erklären. Obwohl die Änderung des Sperrwiderstandes sehr groß ist, wie es die Abbildungen 2 und 3 zeigen, kann man wegen der außerordentlichen Trägheit des Effekts diese Selen-Sperrschichtzellen für Messungen der Intensität von Röntgenbeugungsreflexen praktisch nicht benutzen.

Bei der Durchsicht der ersten Arbeiten über das Gebiet der lichtelektrischen Leitung fällt eine Arbeit von Gudden und Pohl [3] aus dem Jahre 1920 auf über „Lichtelektrische Beobachtungen an isolierenden Metallsulfiden". In dieser Arbeit werden Zinksulfid, Quecksilbersulfid und Kadmiumsulfid untersucht. Alle drei Substanzen zeigen erhebliche lichtelektrische Leitung. Obwohl Zinksulfid und Kadmiumsulfid große Bedeutung als Nachweisorgane für Strahlung und energiereiche Teilchen erlangten, wurden über die Eigenschaften des Quecksilbersulfids kaum weitere Untersuchungen angestellt. Da andererseits wegen der hohen Ordnungszahl des Quecksilbers diese Verbindung Röntgenstrahlen sehr stark absorbiert, erschien der Versuch gerechtfertigt, nach einer lichtelektrischen Wirkung der Röntgenstrahlen im Quecksilbersulfid zu suchen.

Während die schwarze Modifikation des Quecksilbersulfids — Metacinnabarit — eine erhebliche Leitfähigkeit besitzt, ist die rote Modifikation — Zinnober — ein recht guter Isolator. Erhitzt man Zinnober, so geht er bei 375 °C reversibel und ab 410 °C irreversibel in die schwarze Modifikation über.

Zinnober-Kristalle mit Abmessungen von einigen Millimetern sind im natürlichen Vorkommen sehr selten. Die rote Modifikation ist in allen Lösungsmitteln weniger löslich als die schwarze. Deshalb fällt aus einer gesättigten Lösung von HgS in Ammon- oder Alkalipolysulfiden Zinnober aus. Aber auch dabei bekommt man nur selten größere Kriställchen.

Über die den Leitungsmechanismus charakterisierenden Größen ist nach Landoldt-Börnstein [4] außer dem aus den optischen Messungen von Gudden und Pohl folgenden Bandabstand von ca. 2 eV nichts bekannt. Da es von vornherein feststand, daß uns größere Kristallstücke nicht zugänglich sein werden, haben wir als Ausgangsmaterial pulverförmiges Zinnober benutzt. Es gelang, mechanisch recht stabile Plättchen aus dem Zinnoberpulver zu pressen. Mit einer Spindelpresse wurden auf die Probe Drücke von ungefähr 5000 kp ausgeübt. Höhere Drücke einer hydraulischen Presse führten das Zinnober teilweise in die schwarze Modifikation über. Die Plättchen hatten einen Durchmesser von 19 mm und waren 0,2 mm bis 1 mm dick. Sie waren temperatur- und vakuumbeständig. Aus diesen Scheibchen wurden geeignete rechteckige Stücke ausgeschnitten, auf vorbereitete Glasträger aufgekittet und durch im Vakuum aufgedampfte Goldelektroden zu spaltförmigen Photozellen vervollständigt. Der Widerstand dieser Zinnoberzellen liegt in der Größenordnung von 10^{12} Ohm. Sicher verursachen die vielen Korngrenzen einen sehr großen Beitrag zum Zellenwiderstand. Wegen der Temperaturumwandlung kann man die Plättchen nicht höher als bei 300 °C tempern. Manche Pulverproben wurden bei 300 °C bis 350 °C gepreßt. Alle diese Maßnahmen beeinflußten den Zellenwiderstand nicht meßbar.

Während der Bestrahlung mit verschiedenen Röntgenlichtintensitäten wurde der Zellenwiderstand in einer Brückenanordnung gemessen. Zur Nullanzeige benutzten wir einen Gleichspannungsverstärker mit einer Elektrometerröhre als Eingangsstufe. Die Röntgenstrahlen wurden in einer bei 25 kVs betriebenen Röhre mit Kupferanode erzeugt und waren durch ein 7 μm Nickelfilter homogenisiert. Mit Aluminium-Abschwächern konnte man die Intensität im Bereich 1:100 variieren.

Die Abhängigkeit des Photostromes von der Zellenspannung zeigt die Abb. 4. Der Photostrom wächst mit der Zellenspannung zunächst stärker als linear an. Der gerade Teil des Anstiegs in doppelt logarithmischer Darstellung bedeutet, daß die Abhängigkeit einer parabolischen Funktion der Form

$$I_Z = C\, U_Z^{\alpha} \tag{1}$$

genügt. Für kleine Zellenspannungen ist der Parabelexponent $\alpha = 1{,}7$. Bei höheren Spannungen besitzt der Photostrom Sättigungscharakter.

Wahrscheinlich ist für die merkwürdige Spannungsabhängigkeit des Photostromes die Beschaffenheit des untersuchten Materials verantwortlich. Zwischen den zusammengepreßten Pulverkörnern gibt es sehr viele Übergangswiderstände und Sperrschichten. Die elektrische Feldstärke ist bestimmt nicht über den gesamten Elektrodenabstand konstant. Spannungsabhängige Widerstände können durchaus für kleine Zellenspannungen ein Anwachsen des Photostromes nach Gl. (1) mit einem Parabelexponenten größer als 1 verursachen.

Ob der Sättigungseffekt der Spannungsabhängigkeit für höhere Zellenspannungen ein echter Sättigungseffekt infolge zu hoher Feldstärke ist, läßt sich nicht entscheiden, da man über die Lebensdauer und Beweglichkeiten der Ladungsträger im Zinnober keine Angaben zur Verfügung hat. Es ist wahrscheinlich, daß die Wegstrecken der Ladungsträger durch den Durchmesser der Pulver-

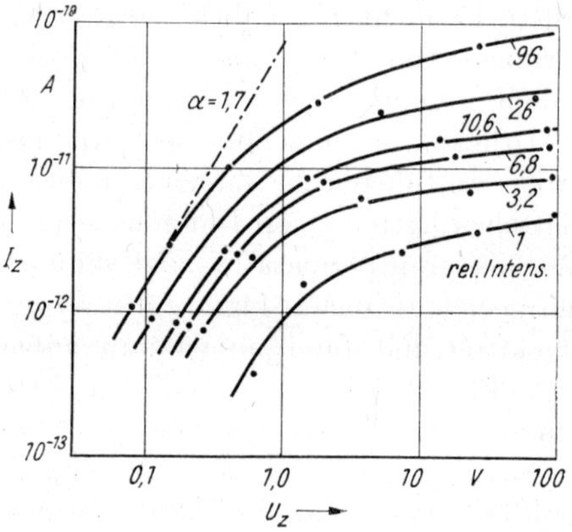

Abb. 4. Spannungsabhängigkeit des Photostromes von Zinnoberzellen bei verschiedenen Röntgenintensitäten (logarithmische Darstellung).

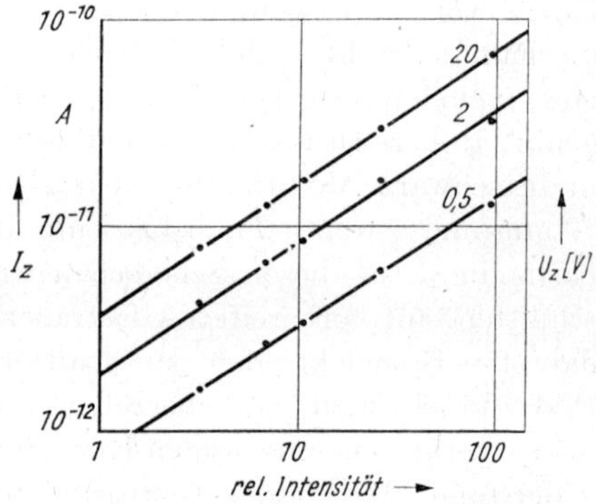

Abb. 5. Intensitätsabhängigkeit des Photostromes von Zinnoberzellen bei verschiedenen Zellenspannungen (logarithmische Darstellung —.

körner begrenzt werden. Die sicher nicht einheitliche Größe der Pulverkörner würde dann auch den relativ breiten Übergangsbereich vom geraden Anstieg zum Sättigungswert in der Abb. 5 erklären.

Die Abhängigkeit des Photostromes von der Intensität der Röntgenstrahlung ist in Abb. 5 dargestellt. Diese Abhängigkeit des Photostromes geht mit einem Parabelexponenten $\alpha = 0,65$.

Die Zinnoberzellen wurden ferner mit intermittierendem Röntgenlicht bei einer Frequenz von 70 Hz untersucht. An einem Arbeitswiderstand von 230 kOhm beobachtete man bei denselben Röntgenintensitäten, wie sie zur Bestrahlung der Selengleichrichter benutzt wurden, Photowechselspannungen in der Größe von 100 μV. Diese Signalspannung lag noch etwa um den Faktor 100 über dem Rauschpegel.

Die Zinnoberzellen waren sehr schlecht an den Verstärkereingang angepaßt. Ein Arbeitswiderstand von 230 kOhm bedeutet für die Zellen mit einem Innenwiderstand von 10^{12} Ohm gleichsam Kurzschlußbelastung. Die Photowechselspannungen vergrößerten sich proportional zu dem Arbeitswiderstand. Es wurden Messungen mit einem Arbeitswiderstand von 3 MOhm, 5 MOhm und 20 MOhm durchgeführt. Photozellen mit derart hohem Innenwiderstand sind ungeeignet für Wechsellichtmessungen. Man kann selbst mit einer Elektrometerröhre als erste Stufe des Verstärkers wegen der unvermeidbaren Eingangskapazität höchstens Eingangswiderstände von 1000 MOhm erreichen, die noch nicht für eine Leistungsanpassung ausreichen.

Die Empfindlichkeit der Zinnoberzellen hätte ausgereicht, um mit ihnen und bei Benutzung eines Gleichstromverstärkers im Gleichlichtbetrieb die Intensität von Röntgenbeugungsreflexen zu messen. Ein derartiger Versuch scheiterte jedoch an der viel zu großen Nullpunktschwankung infolge zeitlicher Inkonstanz des Zellenwiderstandes.

Es erscheint wünschenswert, den lichtelektrischen Effekt des Zinnobers im Röntgengebiet an kompaktem, einkristallinem Material mit kontrollierbaren Reinheitseigenschaften zu untersuchen. Sicherlich würden dann viele unschöne Eigenschaften der aus gepreßtem Pulver hergestellten Zellen, wie sie bei den beschriebenen Messungen aufgetreten sind, verschwinden. Die sehr große Absorption von energiereicher Strahlung läßt den Zinnober als Nachweisorgan besonders für harte Röntgen- und γ-Strahlung als geeignet erscheinen.

Jena, Physikalisches Institut der Friedrich-Schiller-Universität

Literatur

[1] Eppe, R., Z. f. angew. Phys. **9** (1957) 261.
[2] Kolomojzew, F. I. u. Kodshispirow, F. F., J. techn. Phys. SSSR **27** (1957) 899.
[3] Gudden, B. u. Pohl, R., Z. Phys. **2** (1920) 361.
[4] Landoldt-Börnstein, Zahlenwerte und Funktionen. 6. Aufl. Bd. II Teil 6, 1959.

G. ALBRECHT, Jena

Zur Kristall- und Molekularsymmetrie von tris-Dipyridyl-Verbindungen des Ti und V

[V Dipyr$_3$] ist in letzter Zeit deshalb interessant geworden, weil damit von HERZOG und TAUBE erstmalig ein Beispiel gefunden worden ist, daß ein Ligand beim gleichen Element die Stabilisierung positiver und negativer Oxydationsstufen einschließlich Null ermöglicht. Das gleiche trifft in beschränktem Umfang für [Ti Dipyr$_3$] zu. Die Idealsymmetrie der Komplexe ist trigonal. Die 6 N-Atome nehmen die Eckpunkte eines Oktaeders um das Zentralatom ein (Abb. 1). Zentrosymmetrie existiert nicht. Eine Pseudospiegelebene liegt in der Ebene $N_1N_2N_3N_4$. Änderungen in der Wertigkeit der Komplexe werden naturgemäß Änderungen der Bindungsabstände zwischen Zentral- und N-Atomen sowie Verzerrung der Komplexsymmetrie nach sich ziehen. Zu ihrer Erfassung bietet sich die Röntgenfeinstrukturanalyse an.

Mit einem WEISSENBERG-Goniometer wurden Röntgenbeugungsbilder aufgenommen (Abb. 2.) Für die Untersuchungen standen die Komplexe in den Verbindungen Li (Ti Dipyr$_3$] · 3,5 THF[1]) und Li [V Dipyr$_3$] · 4 THF zur Verfügung. Die äußerst luftempfindlichen Einkristalle befanden sich in evakuierten, sehr dünnwandigen Glasröhrchen.

Aus der geometrischen Anordnung der Beugungsordnungen wurden folgende Gitterkonstanten im monoklinen System ermittelt:

	a[Å]	b[Å]	c[Å]	β
Li [Ti Dipyr$_3$] · 3,5 THF:	12,36	17,9	10,13	104,5°
Li [V Dipyr$_3$] · 4 THF:	11,92	17,81	10,06	104,8°

Beide Substanzen sind isomorph. Wegen gleicher Intensität äquivalenter Beugungsordnungen sind die Atomparameter im Ti^{-1} und V^{-1} gleich. Deshalb ist im Folgenden nur von Ti die Rede. Es wird darüberhinaus vermutet, daß das Lösungsmittel THF ungeordnet in Gitter verteilt ist.

Zur Ermittlung der Raumgruppe wurde untersucht, ob gesetzmäßige Auslöschungen gewisser Beugungsordnungen auftreten. Es ergab sich, daß bei den Flächen ($0k0$) nur Ordnungen mit $k = 2\,n$ ($n = 1, 2, 3, \ldots$) auftreten. Das bedeutet, daß eine zweizählige Schraubenachse parallel b vorhanden sein muß. Es kommen im monoklinen System folglich die beiden Raumgruppen $P2_1$—C_2^2 oder $P2_1/m$—C_{2h}^2 in Frage. Auswahl zwischen beiden erfolgt durch Bestimmung der Molekülzahl n pro Zelle. Zu diesem Zweck wurde durch Messung der Fallgeschwindigkeit in Paraffinöl die Dichte ϱ für den Ti-Kristall bestimmt. Es ergab sich $\varrho \approx 1$ g/cm³ und damit $n = 1{,}87 \approx 2$. Die röntgenographische Dichte ist damit

$$\varrho = 1{,}175 \text{ g/cm}^3 .$$

[1]) THF = Tetra-Hydro-Furan.

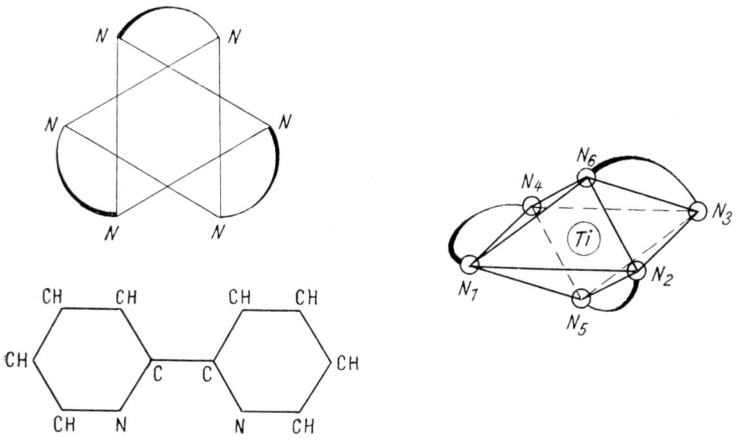

Abb. 1. Zur idealen Komplexsymmetrie, links oben: Projektion des Moleküls parallel zur 3zähligen Achse. Die perspektivisch angedeuteten Bögen stellen das Dipyridyl dar (links unten). Rechts: räumliche Darstellung des Komplexes.

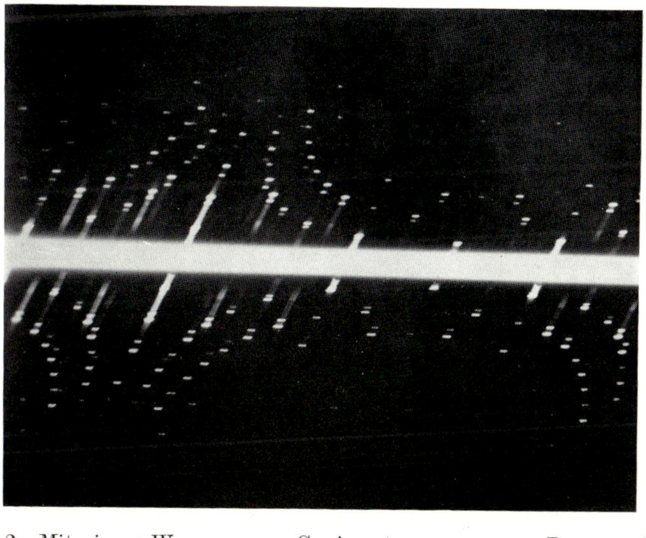

Abb. 2. Mit einem WEISSENBERG-Goniometer gewonnenes Beugungsbild von Li (V $Dipyr_3$) · 4 THF. Kristall wurde um *c*-Achse gedreht.

Weil die Komplexe weder spiegel- noch zentrosymmetrisch sind, muß als wahrscheinliche Raumgruppe $P2_1—C_2^2$ angenommen werden. Auf Grund der Pseudo-Spiegelsymmetrie kann jedoch vermutet werden, daß die höhere Symmetrie von $P2_1/m—C_2^2$ approximiert wird.

Zur Bestimmung weiterer Einzelheiten müssen die Beugungsintensitäten I herangezogen werden. Aus ihnen ermittelt man die Beträge der Strukturfaktoren F gemäß

$$I(h, k, l) \sim P\,L\,G \cdot |F(h, k, l)|^2 \cdot T \cdot A(\vartheta, \psi)\ ;$$

h, k, l sind die MILLERschen Indizes der beugenden Netzebene, $P\,L\,G$ das Produkt aus Polarisationsfaktor, LORENTZ-Faktor und Geometriefaktor und hängt nur vom Beugungswinkel ϑ sowie der Aufnahmemethode ab, $T = \exp - B\left(\frac{\sin\vartheta}{\lambda}\right)^2$ ist der DEBYEsche Temperaturfaktor und A der Absorptionsfaktor, der von ϑ und dem Winkel ψ zwischen Blättchennormale des Kristalls und Primärstrahlrichtung abhängt.

Für Elektronendichte-Projektionen sind jedoch auch die Phasen von F wichtig, weil die Strukturfaktoren im vorliegenden Fall komplex sind:

$$\varrho(x, y) \sim \sum_h \sum_k F(h, k) \cdot e^{-2\pi i(hx + ky)} = \sum_h \sum_k |F(h, k)|\, e^{-2\pi i(hx+ky)} \cdot e^{i\varphi(hk)}\ .$$

Weil die Phasen $\varphi(h, k)$ experimentell nicht meßbar sind, werden zunächst PATTERSON-Funktionen mit den Beträgen von F berechnet.

$$P(x, y) \sim \sum_h \sum_k |F|^2 \cdot e^{-2\pi i(hx+ky)}$$

stellt die Projektion der PATTERSON-Funktion auf die xy-Ebene dar. Sie hat die Eigenschaft, durch die Abstände und Richtungen ihrer Maxima vom Ursprung x- und y-Komponenten zwischenatomarer Vektoren wiederzugeben. Entsprechendes gilt für die Projektion parallel x oder y. Die Höhen der Maxima sind proportional dem Produkt $Z_i \cdot Z_j$ der Ordnungszahlen je zweier Atome. Große Maxima können deshalb den Ti-Ti-Abständen zugeordnet werden. Von den anderen zwischenatomaren Vektoren wird man im allgemeinen keine Auflösung erwarten können, weil ihre Zahl $N\,(N - 1)$ (N = Atomzahl pro Zelle = 74 unter Vernachlässigung von H und THF) sehr groß ist und die Gipfelhöhe im günstigsten Fall ca. $^1/_4$ der Höhe des Ti-Ti-Gipfels beträgt.

In der PATTERSON-Projektion parallel y sind 2 große Maxima, die dem Ti-Abstand entsprechen könnten (Abb. 3). Diese Zweideutigkeit wird aufgehoben durch PATTERSON-Projektion parallel z (Abb. 4). Infolge der Raumgruppensymmetrie muß das Ti-Ti-Maximum auf der Geraden durch $y = b/2$ parallel zu x liegen. Damit ergeben sich die Ti-Parameter in der Zelle zu:

$$x_1 = \ \ 0{,}666;\quad y_1 = 0{,}25;\quad Z_1 = \ \ 0{,}283$$
$$x_2 = -0{,}666;\quad y_2 = 0{,}75;\quad Z_2 = -0{,}283\ .$$

In der z-Projektion sind außerdem hohe Gebirge bei $y \approx 0$ und bei $y \approx b/2$ zu erkennen. Sie bedeuten, daß sehr viele Ti-C, Ti-N, und C-C-Vektoren keine großen y-Komponenten haben. Das ist besonders dann der Fall, wenn 4 Stickstoffatome und 1 Dipyridyl-Doppelring genähert in einer Ebene durch den Ti-Schwerpunkt senkrecht zu y liegen. Restliche Freiheitsgrade werden eingeengt durch die Andeutung eines Pyridinringes im Patterson-Diagramm.

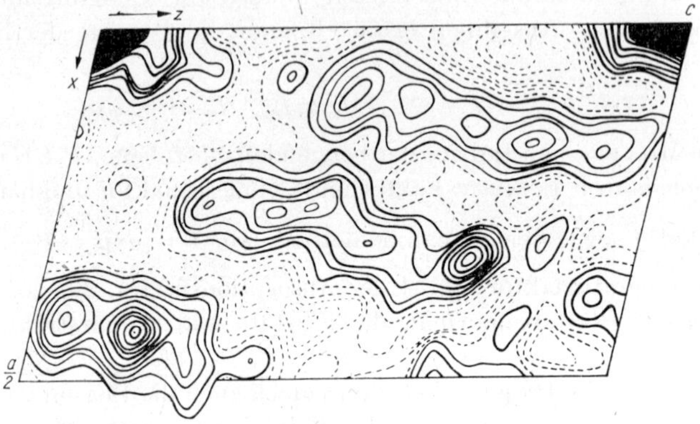

Abb. 3. Patterson-Projektion auf die xz-Ebene.

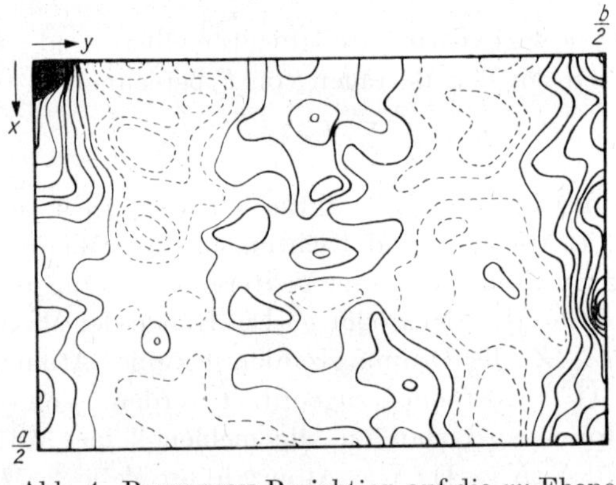

Abb. 4. Patterson-Projektion auf die xy-Ebene.

Die Anordnung der Komplexe in diesem Sinn wird gestützt:

1. Durch Betrachtung der nächsten Ti-Nachbarn eines herausgegriffenen Ti-Atoms in einer xz-Ebene durch $y_1 = 0{,}25$ oder $y_2 = 0{,}75$. Es zeigt sich ein stark verzerrtes 6-Eck. Unter der Annahme der Projektion eines regulären 6-Ecks folgt, daß die 3zählige Achse in der (101)-Ebene gegen die y-Richtung um ca. 44° geneigt ist (Abb. 5).

2. Durch gute Approximation der Pseudo-Raumgruppe $P2_1/m$—C^2_{2h}.

Um zu genäherten Lagen für alle Stickstoff- und Kohlenstoffatome zu gelangen, wurde eine Fourier-Synthese mit den 10 stärksten Beugungsordnungen bei großen Winkeln in y-Projektion gerechnet. Das ist die einzigmögliche zentrosymmetrische Projektion in der Raumgruppe $P2_1\overset{\bullet}{—}C_2^2$. Die Phasen — 0 oder π — wurden aus den Ti-Atomlagen entnommen, weil es unwahrscheinlich ist, daß die bei großen Winkeln schwach streuenden C-Atome die Streuung von Ti stark überkompensieren. Der Komplex wurde nun so in der Fourier-Projektion untergebracht, daß die obigen Ausführungen zutreffen, keine Verstöße gegen bekannte stereochemische Bedingungen auftreten und die Atome wenigstens in der Nähe der Maxima der Darstellung liegen (Abb. 6). Das sich hieraus ergebende Modell ist eingezeichnet und in Abb. 7 noch einmal übersichtlich dargestellt.

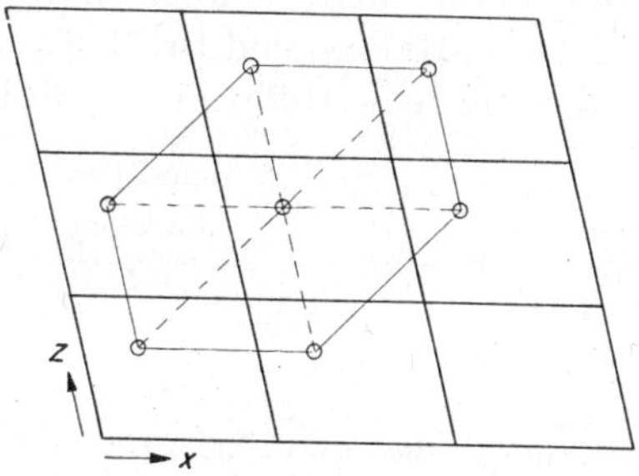

Abb. 5. Die nächsten Ti-Nachbarn eines Ti-Atoms in der Ebene $y = 0{,}75$.

Für die Symmetrie des Komplexes ergibt sich daraus, daß auf Grund der großen Bindungslängen zwischen Ti und N eine starke Stauchung in Richtung der 3zähligen Achse vorliegt. Die Stauchung wird allerdings gemindert durch eine Verdrehung der Pyridin-Ebenen gegeneinander um die Bindung zwischen beiden Ringen als Achse. Für die Verdrehung sprechen im übrigen die Arbeiten von Karle und Brockway, die beim

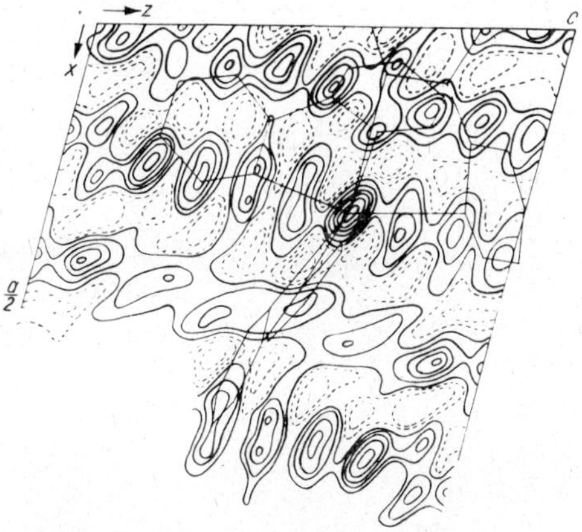

Abb. 6. Fourier-Synthese mit den 10 stärksten Beugungsordnungen bei großen Winkeln.

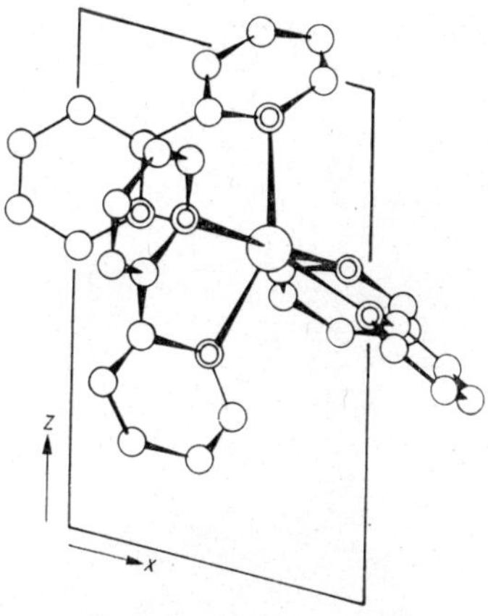

Abb. 7. Komplexmodell in der asymmetrischen Einheit.

Diphenyl eine Verwindung um 45° fanden. Cagle fand im Fall von trans-Dipyridyl zwar ebene Moleküle, vermutete aber für die cis-Stellung, die hier vorliegt, ebenfalls eine Verwindung wegen wahrscheinlicher Interferenz der beiden 3—3′-H-Atome.

Die aus diesem Modell berechneten Strukturfaktoren sind in befriedigender Übereinstimmung mit den experimentell ermittelten Werten. Wie die Anwendung weitergehender FOURIER- und Trial- and Error-Methoden gezeigt hat, ist der vorgetragene Modellvorschlag eine gute Ausgangsbasis für die Verbesserung der Atomlagen des Modells.

Zum Schluß sei gedankt:

Herrn Prof. Dr. W. SCHÜTZ für die großzügige Förderung der Arbeit, den Herren Prof. Dr. S. HERZOG und Dr. R. TAUBE für die Substanzen und Herrn cand. phys. F. UFER für seine Hilfe bei den Rechnungen.

Jena, Physikalisches Institut der Friedrich-Schiller-Universität
Direktor: Prof. Dr. W. SCHÜTZ

Literatur

[1] KARLE u. BROCKWAY, J. Amer. Chem. Soc. **66** S. 1974, referiert von ALLEN u. SUTTON, Acta Cryst. **3** (1950) 46.
[2] CAGLE, F. W., Acta Cryst. **1** (1948) 158.

9. Spektroskopie

P. JACQUINOT, Bellevue

La spectroscopie de FOURIER

La méthode de spectroscopie par transformation de FOURIER qui fait l'objet de cet exposé, a été développée depuis moins de dix ans. Cependant elle a son origine dans les célébres travaux de MICHELSON sur l'étude de la structure des raies par la méthode de visibilité des franges. Mais, alors que MICHELSON se contentait de mesurer la visibilité en fonction de la différence de marche, et de chercher les structures de raies capables de reproduire cette courbe de visibilité, la méthode, dans sa forme moderne, consiste à calculer la transformée de FOURIER d'un interférogramme complet, enregistré en faisant varier la différence de marche d'un interféromètre à deux ondes. Cette transformée de FOURIER reproduit sans ambiguité le spectre de la source. Il serait trop long, dans le cadre de cet exposé, de traiter en détail toutes les propriétés de la méthode. Les plus fondamentales de ces propriétés ont été exposées dans les travaux de divers auteurs [1]—[10]; le plus récent exposé a été fait dans un article sur la spectroscopie interférentielle [11]. Nous rappellerons d'abord quelques unes des principales propriétés exposées dans l'article précédent; puis nous considérerons quelques points nouveaux qui ont été mis en évidence plus récemment, en particulier dans le travail de thèse de Mme J. CONNES [12].

I. Principe général

Considérons un interféromètre à deux ondes, éclairé par des rayons parallèles provenant d'une source dont la luminance, limitée à une étroite région spectrale σ est $B(\sigma)\, d\sigma$ ($\sigma =$ nombre d'ondes), et supposons que nous pouvons faire varier le différence de marche Δ entre les deux faisceaux interférents. Le flux émergent de l'appareil sera alors une fonction de Δ:

$$\Phi(\Delta) = A\; B(\sigma)\, d\sigma \cos^2 \pi\, \sigma\, \Delta = \frac{A}{2}\, B(\sigma)\, d\sigma + \frac{A}{2}\, B(\sigma)\, d\sigma \cos 2\, \pi\, \sigma\, \Delta\, .$$

A étant une constante dépendant des dimensions de l'appareil, et que nous prendrons par la suite égale à 2, pour simplifier les expressions. Ce flux varie en fonction sinusoidale de Δ. Si maintenant l'appareil est éclairé par la lumière provenant d'une source émettant toutes les radiations possibles, de nombres d'ondes σ, le flux est:

$$\Phi(\Delta) = \int B(\sigma)\, d\sigma + \int B(\sigma)\, d\sigma \cos 2\, \pi\, \sigma\, \Delta\, .$$

La partie variable de ce „signal" peut être facilement enregistrée: nous l'appellerons interféregramme $I(\Delta)$. Cet interférogramme est la transformée de FOURIER en cosinus de la répartition spectrale $B(\sigma)$. Réciproquement $B(\sigma)$ est la transformée de Fourier en cosinus de $I(\Delta)$

$$B(\sigma) = \int I(\Delta)\, d\Delta \cos 2\pi\sigma\Delta\,.$$

Le spectre peut donc être abtenu en calculant le transformée de Fourier (en cosinus) de l'interférogramme.

N'importe quel interféromètre à deux ondes peut être utilisé; mais l'apparail de Michelson est certainement le plus avantageux dans le domaine où il est possible de réaliser und lame séparatrice semi-transparente. Il suffit alors, pour faire varier Δ, de donner un mouvement de translation à l'un des deux miroirs. Mais d'autres systèmes peuvent également être employés. Par exemple, pour l'infra-rouge lointain, où il est difficile de réaliser une lame séparatrice, John Strong a proposé un autre type d'interféromètre [4]. Jusqu'à présent nous avons seulement considéré des rayons parallèles: mais il est bien évident que, pour disposer à la sortie de l'appareil, d'une énergie finie, il est nécessaire d'admettre dans l'appareil un faisceau d'angle solide fini. Dans le cas particulier d'un interféromètre de Michelson, on peut facilement calculer [2] la valeur maximum admissible pour l'angle solide du faisceau incident: cet angle est lié au pouvoir résolvant du dispositif, dont nous donnerons plus loin la valeur, par la relation très simple $\Omega R \approx 2\pi$. L'appareil ayant la symétrie optique de révolution, cet angle solide peut être défini par un diaphragme circulaire placé au foyer d'une lentille, sur le trajet des rayons incidents. Si l'on compare cette valeur de l'angle solide à celle que l'on obtient avec d'autres dispositifs spectroscopiques on voit qu'elle est beaucoup plus élevée qu'avec les dispositifs à prismes ou réseaux comportant une fente d'entrée, mais qu'elle est égale à celle que l'on obtient avec un spectromètre interférentiel Fabry-Perot [11]. Ainsi, à l'avantage fondamental que nous verrons plus loin (paragraphe III), s'ajoute, dans le cas d'un interféromètre de Michelson, l'avantage considérable d'admettre une grande étendue de faisceau, conférant au dispositif une luminosité très élevée.

II. Fonction d'appareil

La fidélité avec laquelle un dispositif spectroscopique étudie un spectre, ainsi que toutes ses propriétés de résolution, sont entièrement caractérisées par la „fonction d'appareil“ $W(\sigma - \sigma_0)$, qui est la représentation que l'appareil donne d'une raie parfaitement monochromatique σ_0. Si l'appareil est éclairé par une distribution spectrale $B(\sigma)$, la représentation qu'en donne l'appareil est:

$$B'(\sigma) = \int_0^\infty B(\sigma_0)\, W(\sigma - \sigma_0)\, d\sigma_0\,,$$

ou symboliquement $B' = B * W$ (convolution). Si l'appareil est éclairé par une radiation monochromatique de fréquence σ_0 l'interférogramme se compose uniquement d'une sinusoide pure:

$$I(\Delta = \cos 2\pi\sigma_0\Delta)\,.$$

Mais la différence de marche ne varie qu'entre deux limites, 0 et Δ_M et le spectre obtenu, qui est, dans ce cas, la fonction d'appareil, est donc:

$$B'(\sigma) = \int_0^{\Delta_M} \cos 2\pi\sigma_0\Delta \cos 2\pi\sigma\Delta\, d\Delta = K\, W(\sigma - \sigma_0)\,.$$

La constante K sera choisie de façon à avoir pour $W(\sigma - \sigma_0)$ une expression aussi simple que possible. On trouve:

$$W(\sigma - \sigma_0) = \frac{\sin 2\pi(\sigma - \sigma_0)\Delta_M}{2\pi(\sigma - \sigma_0)\Delta_M} + \frac{\sin 2\pi(\sigma + \sigma_0)\Delta_M}{2\pi(\sigma + \sigma_0)\Delta_M}\,.$$

Cette fonction d'appareil se compose de deux termes: le deuxième est identique au premier, dans lequel σ_0 a été changé en $-\sigma_0$. La fonction d'appareil se compose donc de deux figures centrées, l'une sur $+\sigma_0$, l'autre sur $-\sigma_0$ et l'on peut écrire $W = W^+ + W^-$. En général la largeur de la fonction d'appareil est petite par rapport à la fréquence considérée σ_0, et les deux parties de la fonction d'appareil ne risquent pas d'empieter l'une sur l'autre. Dans certaines applications il sera donc possible de ne pas tenir compte de la partie W^-. Cependant nous verrons qu'il y a certains cas, très importants, où il est nécessaire d'en tenir compte. On doit, dans ces cas considérer que le spectre est exploré par l'ensemble des deux fonctions W^+ et W^-. Mais il est équivalent de dire qu'un spectre fictif, composé du spectre réel $B(\sigma)$ et de son symétrique par rapport à $\sigma = 0$ est exploré par l'unique fonction W^+. On peut en effet écrire symboliquement:

$$B' = B * (W^+ + W^-) = (B^+ + B^-) * W^+\,.$$

C'est ce dernier point de vue que nous adopterons par le suite.

La forme des fonctions W^+ et W^- est familière. La distance entre les deux premiers zéros de chaque fonction est $1/\Delta_M$. La „largeur" de chaque fonction peut donc être prise à $\delta\sigma = 1/2\,\Delta_M$ et c'est cette largeur que nous adopterons conventionnellement comme limite de résolution. Dans ce cas le pouvoir résolvant est

$$\mathfrak{R} = \sigma/\delta\sigma = 2\,\sigma\,\Delta_M = 2\,\Delta_M/\lambda\,.$$

La forme de cette fonction d'appareil est évidemment peu favorable à cause des maximums secondaires, positifs et négatifs, dont la hauteur n'est pas négligeable. Il est donc nécessaire d'améliorer cette forme en diminuant l'importance relative des maximums secondaires. Un tel processus a déjà été proposé pour des fonctions d'appareil dans les instruments d'optique et dans les appareils spectroscopiques classiques et est connu sous le nom d'apodisation. Pour le réaliser il suffit de multiplier la fonction interférogramme par une fonction d'apodisation (ou de pondération) $A(\Delta)$ convenablement choisie. On a alors

$$W(\sigma - \sigma_0) = \int_0^{\Delta_M} A(\Delta) \cos 2\pi\sigma_0\Delta \cos 2\pi\sigma\Delta\, d\Delta\,.$$

L'une des fonctions d'apodisation les plus simples, et qui donne d'excellents résultats est $A(\Delta) = 1 - \Delta/\Delta_M$ pour $0 \leq \Delta \leq \Delta_M$. On calcule alors facilement que l'on a

$$W^+(\sigma - \sigma_0) = \left(\frac{\sin \pi(\sigma - \sigma_0)\Delta_M}{\pi(\sigma - \sigma_0)\Delta_M}\right)^2\,.$$

Cette fonction est également très familière, c'est la fonction de diffraction d'Airy por les intensités. La distance entre les deux premiers zéros est $2/\Delta_M$. La „largeur" de la fonction est alors $1/\Delta_M$. En prenant conventionnellement cette largeur pour limite de résolution $\delta\sigma = 1/\Delta_M$ le pouvoir résolvant est $R_0 = \Delta_M/\lambda$. On remarquera que, non seulement la forme de la fonction d'appareil est alors identique à celle des instruments classiques, mais encore que le pouvoir de résolution est donné par la même relation générale. On peut encore dire que le pouvoir de résolution est égal au nombre de franges de la radiation considérée qui ont été obtenues lors de la variation de la différence de marche entre ses deux valeurs extrêmes. D'autres types de fonction d'apodisation peuvent évidemment être utilisés, mais ils conduisent en général à des résultats assez voisins de celui que nous venons d'obtenir: aussi pour toutes les discussions qui suivent sera-t-il suffisant de considérer les valeurs indiquées ici.

Le procédé physique pour appliquer la fonction d'apodisation est ici particuliérement simple: il suffit de multiplier toutes les ordonnées de l'interférogramme par les ordonnées de la fonction d'apodisation choisie. Dans le cas du calcul de la transformée de Fourier par voie numérique, l'opération d'apodisation est elle-même faite par voie numérique; dans les autres cas tout dispositif analogique peut être utilisé.

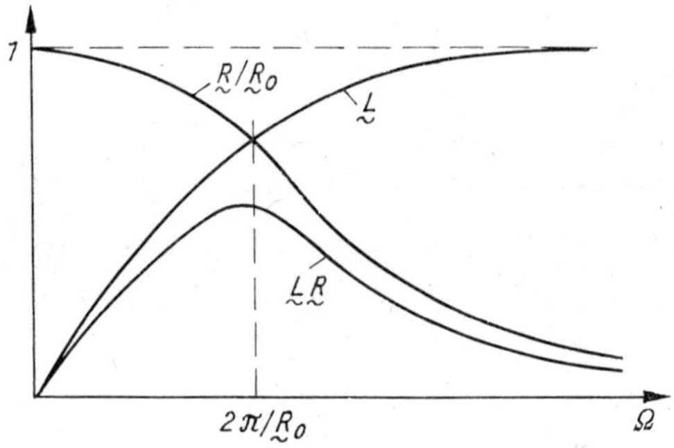

Fig. 1. Variation du produit Luminosité-Résolution pour un interféromètre de Michelson, quand à Δ_M donné, on fait varier seulement l'angle solide Ω sous-tendu par le diaphragme de champ.

Les expressions précédentes ne sont évidemment valables que si tous les rayons intervenant à un instant donné ont la même différence de marche, ce qui serait le cas pour un faisceau de rayons parallèles. Dans le cas où l'on utilise un faiscean d'angle solide fini, le pouvoir résolvant décroit lorsque l'angle solide Ω augmente alors que la luminosité croit. La figure 1 représente les variations du pouvoir de résolution, de la luminosité, et de leur produit, en fonction de l'angle solide du faisceau utilisé. Il faut évidemment utiliser l'angle solide correspondant au maximum du produit: pour cet angle, égal à $2\pi/R_0$, le pouvoir de résolution R est égal aux trois quarts de la valeur R_0 qu'il aurait pour un angle solide nul.

III. Avantage fondamental de la méthode

Dans les méthodes photographiques, le spectre subit un étalement spatial et tous les éléments spectraux étudiés impressionnent simultanément différent points de la plaque photographique. Le temps T nécessaire pour photographier tous les éléments spectraux, qui peuvent être au nombre de plusi eurs milliers est le même que le temps T nécessaire pour photographier un seul élément, et l'information spectrale est exploitée dans les meilleures conditions. Par contre, dans les méthodes d'enregistrement des spectres, un seul ,,élément spectral" est reçu à chaque instant par le détecteur: le temps T' nécessaire pour enregistrer cet élément, déterminé en général par le rapport signal/bruit, croit lorsque la source devient plus faible, ou lorsque la luminosité de l'instrument devient plus faible, ou lorsque le détecteur devient moins efficace: pour enregistrer M éléments spectraux le temps nécessaire est $M\ T'$, et peut devenir considérable pour les études extensives bien que l'efficacité des cellules photo-électriques, qui peut être beaucoup plus grande que celle des plaques photographiques, donne une valeur de T' beaucoup plus petite que la valeur T nécessaire en photographie. On peut remédier à cette infériorité en utilisant plusieurs canaux, mais leur nombre reste nécessairement petit, tandis que la plaque photographique se comporte comme un système ayant un nombre de canaux égal au nombre M d'éléments spectraux étudiés. Or il n'existe pas de plaques photographiques sensibles au delà de 1,2 micron, et jusqu'à présent les systèmes photo-électriques à images sont encore très peu développés dans cette région. Il semble donc que l'on soit obligé, dans l'infrarouge, de subir les infériorités de la méthode d'exploration séquentielle élément par élément. Mais dans la méthode par transformation de Fourier aucune information n'est rejetée, contrairement au cas de l'exploration séquentielle, car tous les éléments spectraux agissent simultanément sur le détecteur: ainsi toute l'information contenue dans le spectre est exploitée dans les meilleures conditions, comme avec la plaque photographique. Le temps T' nécessaire pour observer un seul élément spectral est déterminé, comme dans toutes les méthodes, par la quantité d'énergie apportée par l'élément spectral considéré au détecteur pendant le temps de la variation de la différence de marche entre zéro et Δ_M; T' est donc le même que pour tout autre spectromètre ayant la même luminosité et le même pouvoir résolvant, mais le temps nécessaire pour étudier M éléments est aussi T' au lieu d'être $M\ T'$ comme dans les méthodes d'exploration séquentielles: on a donc un gain très substantiel en rapidité, surtout pour une région spectrale étendue. Comme la plaque photographique, ce système se comporte comme un système ayant un nombre de canaux égal au nombre d'éléments spectraux étudiés. Comme l'a suggéré Fellgett [1] ce système peut être considéré comme un spectromètre multiplex dans lequel les différents éléments spectraux sont discriminés les uns des autres, non pas par une séparation dans l'espace, mais par des modulations sinusoidales à différentes fréquences; ces modulations étant orthogonales, peuvent être séparées par des filtres ou par une analyse de Fourier.

Toutefois cet argument cesse d'être vrai si le ,,bruit de photons" doit être pris en considération. Le signal fourni par le détecteur est en effet toujours accompagné d'un certain bruit, et ce bruit peut avoir son origine soit dans le détecteur lui-même (en l'absence d'illumination), soit dans la lumière. Ces deux contributions au bruit ont des importances relatives différentes suivant le type de détecteur. Dans le visible les cellules photo-électriques et les photomultiplicateurs refroidis peuvent avoir un courant d'obscurité négligeable: le bruit provient entièrement de la lumière et croît avec son intensité; au contraire tous les détecteurs utilisés dans l'infrarouge ont un bruit propre tellement considérable que le bruit de photons peut être négligé par rapport à ce bruit, même pour les illuminations les plus fortes. Dans le cas où le bruit provient uniquement du détecteur (cas de l'infra-rouge) le raisonnement précédent reste entièrement valable, car le fait de recevoir simultanément tous les éléments spectraux sur le détecteur n'augmente pas le bruit. Mais, avec des détecteurs suffisamment bons pour que leur bruit propre puisse être négligé devant le bruit de photons (cas des photomultiplicateurs refroidis dans le visible) les différents éléments spectraux reçus simultanément par le détecteur ajoutent leurs bruits et la puissance de bruit envoyé par M éléments spectraux (supposés d'égale intensité) est M fois plus grand que la puissance de bruit envoyée par un seul élément. Dans ces conditions le temps nécessaire pour obtenir le même rapport signal/bruit doit être lui aussi multiplié par M, de telle sorte que le temps d'exploration total devient $M\ T'$. L'avantage de la méthode est donc entièrement perdu. Il n'en est pas tout à fait de même si les différents éléments spectraux composant le spectre ne sont pas tous de même intensité, et dans certains cas la méthode peut présenter soit une supériorité, soit une infériorité par rapport aux méthodes de balayage séquentiel.

Nous voyons donc que dans l'infra-rouge (étant donné l'état actuel des récepteurs d'infra-rouge) la méthode spectroscopique par transformation de Fourier présentera un avantage considérable d'efficacité permettant soit d'explorer le même spectre dans un temps M fois plus court, soit d'explorer dans le même temps, avec un pouvoir de résolution M fois plus grand, soit d'explorer, dans le même temps et avec le même pouvoir de résolution, le spectre d'une source $\sqrt{M}$ fois plus faible. C'est précisément dans le domaine de l'infra-rouge où les détecteurs sont peu efficaces et où les sources sont en général très faibles que le besoin de méthode efficace se fait impérieusement sentir. Dans certains cas il pourra rester un certain avantage dans le visible; nous verrons d'ailleurs que même dans le visible la méthode peut présenter d'autres avantages.

IV. Transformation de l'interférogramme en spectre par méthode analogique

Une fois que l'on a obtenu l'interférogramme il faut obtenir le spectre en réalisant la transformation de Fourier. Cette opération peut être faite soit par voie analogique, auquel cas on obtient une valeur véritable de l'intégrale, soit par voie numérique, auquel cas le calcul de l'intégral est remplacée par celui d'une somme.

Il existe diverses possibilités pour obtenir l'intégrale de Fourier par voie analogique, mais nous en examinerons seulement deux, l'une valable dans le cas des faibles pouvoirs de résolution, l'autre valable dans le cas des pouvoirs de résolution élevés.

a) Cas des faibles pouvoirs de résolution

On peut enregistrer l'interférogramme sur un ruban magnétique, par exemple, et ensuite faire l'analyse harmonique du signal électrique restitué par le ruban magnétique de l'interférogramme au moyen d'un analyseur d'onde. Il est bien évident que, afin d'utiliser effectivement tout le pouvoir de résolution contenu dans l'interférogramme, le pouvoir de résolution de cette analyse harmonique doit être au moins égal au pouvoir de résolution optique. Or les analyseurs d'onde pouvant difficilement fournir des pouvoirs de résolution supérieurs à quelques centaines, leur usage devra être limité à des valeurs du pouvoir de résolution optique inférieures à 100 ou 200. Le processus est alors simple: l'interférogramme est enregistré sur un ruban magnétique en boucle fermée, et chaque point du spectre est obtenu en jouant une fois (au moins) la boucle de l'interférogramme devant un analyseur réglé sur la fréquence correspondante. Aux nombres d'ondes dans le spectre correspondent les fréquences „FOURIER" $N = \sigma V$ et les fréquences d'analyse $N = r \sigma V$, V étant la vitesse de variation de la différence de marche dans l'interféromètre et r le rapport des vitesses du ruban magnétique à l'analyse et à l'enregistrement. Le spectre est ainsi obtenu point par point, les distances entre deux points consécutifs étant de l'ordre de la moitié de la limite de résolution $\delta \sigma$. Ce procédé pourra être commode pour l'analyse des spectres peu résolus obtenus dans l'infra-rouge lointain avec des sources très faibles [13]. Mais il est évident que son usage est limité aux faibles pouvoirs de résolution.

b) Cas des grands pouvoirs de résolution [16]

Dans ce cas il est nécessaire de réaliser, pour chaque point σ_0 du spectre, l'intégrale de FOURIER au moyen d'un multiplicateur électronique suivi d'un intégrateur. A l'une des entrées du multiplicateur est appliqué le signal $I(\Delta) = I(r V t)$ fourni par le ruban magnétique, et à l'autre entrée un signal sinusoidal $\cos 2 \pi \sigma_0 r V t$ dont on fait varier la fréquence pour explorer les différents points du spectre. Dans le cas du spectre à grand pouvoir de résolution cette fréquence doit pouvoir être modifiée de façon à varier par très petites quantités; ici encore, chaque point du spectre est obtenu en utilisant une fois la boucle du ruban magnétique.

Mais une importante difficulté se présente ici car, d'une part le signal sinusoidal appliqué au multiplicateur pour réaliser l'intégrale doit avoir une fréquence définie avec une précision supérieure au pouvoir de résolution cherché, d'autre part le signal fourni par l'interférogramme est entaché d'erreurs dues au fait que la vitesse de variation de la différence de marche dans l'interférogramme n'est pas exactement constante. Comme nous le verrons plus loin, il est possible de tenir compte de ces causes d'erreurs en les compensant l'une par l'autre. On peut obtenir ce résultat si le signal sinusoïdal de référence $\cos 2 \pi \sigma_0 r V t$ est fourni par l'interféromètre lui-même, éclairé par une raie rigoureusement monochromatique σ_0. Ainsi le signal de chacun des éléments spectraux à analyser et le signal de référence étant affectés des mêmes erreurs, il y aura compensation. Mais on ne peut demander à l'interféromètre de fournir des signaux de référence de fréquence quelconque: aussi les signaux de référence doivent-t-il être produits à partir d'un signal unique fourni par l'interféromètre éclairé par une raie de référence unique, par des opérations de démultiplication et de multiplication de fréquence. On arrive ainsi au dispositif suivant: l'interféromètre est éclairé par une raie monochromatique très fine σ_r, en même temps que par le spectre à étudier; une partie des miroirs est urilisée pour la raie de référence, l'autre par le spectre à étudier; à partir du signal fourni par la raie de référence, on construit un signal sinusoïdal de frèquence $r\,V\,\sigma_r/q$, q étant un nombre très grand, par exemple de l'ordre de 10^6. puis par une opération de multiplication de fréquence on obtient un signal de fréquence $r\,V\,\sigma_r\,p/q$, p étant lui même un nombre très grand pouvant varier par unité. On peut ainsi obtenir tout une série de fréquences permettant de couvrir tout le spectre étudié avec des points dont l'espacement peut être aussi petit qu'on le veut. Dans le dispositif actuellement en construction au laboratoire de Bellevue, les opérations de multiplication et de démultiplication de fréquences se font par des comptages d'impulsions, si bien qu'elles ne comportent aucune erreur. On voit donc que dans le dispositif proposé on obtiendra un spectre dans lequel les fréquences seront calculées par des opérations digitales à partir d'une fréquence de référence unique, alors que les intensités seront obtenues par une opération analogique. Un des avantages de ce procédé est que l'étalonnage du spectre sera fourni sans aucune erreur à partir d'une raie parfaitement bien connue; cette propriété trouvera certainement des applications même dans le domaine visible, par exemple pour l'étude des spectres atomiques complexes.

Aucun dispositif de ce genre n'a encore été réalisé jusqu'à présent, mais l'un d'eux est en cours de réalisation; le dispositif est évidemment très complexe et son étude demandera encore longtemps. Cependant c'est certainement dans des méthodes de ce genre que réside la solution complète du problème de la spectroscopie de Fourier.

V. Calcul numérique de la transformée de Fourier

1. Principe

La méthode le plus fréquemment employée jusqu'à maintenant pour obtenir le spectre à partir de l'interférogramme a consisté à calculer numériquement l'intégrale de Fourier au moyen de grandes machines à calculer. Dans ce cas on mesure sur l'interférogramme des valeurs $I(n\,h)$ en des points régulièrement espacés, d'abcisses $\Delta_n = n\,h$, et on calcule numériquement la somme

$$B''(\sigma) = \sum_{n h = 0}^{n h = \Delta_m} I(n\,h)\,A(n\,h)\cos 2\,\pi\,\sigma\,n\,h$$

pour différentes valeurs de σ. En réalité cette somme n'est pas égale à l'intégrale $B'(\sigma) = \int_0^{\Delta_M} I(\Delta)\,A(\Delta)\cos 2\,\pi\,\sigma\,\Delta\,d\Delta$ mais on peut l'écrire:

$$B''(\sigma) = \int_0^{\Delta_M} I(\Delta)\,A(\Delta)\,R(\Delta)\cos 2\,\pi\,\sigma\,\Delta\,d\Delta\,.$$

$R(\Delta)$ étant une fonction ,,peigne de DIRAC" nulle pour toutes les valeurs de Δ, sauf pour les valeurs $\Delta = n\,h$, et égale à 1 pour ces valeurs (fig. 2). La relation entre $B''(\sigma)$ et $B'(\sigma)$, donnée par le théorème sur la transformée de FOURIER d'un produit de fonction est

$$B''(\sigma) = B'(\sigma) * R'(\sigma) = \sum_{n=-\infty}^{n=+\infty} B'(\sigma - n/h)\,.$$

$R'(\sigma)$ étant la transformée de FOURIER de $R(\Delta)$, c'est à dire une fonction ,,peigne de DIRAC" caractérisée par une période $a = 1/h$ (fig. 3). Le spectre obtenu se

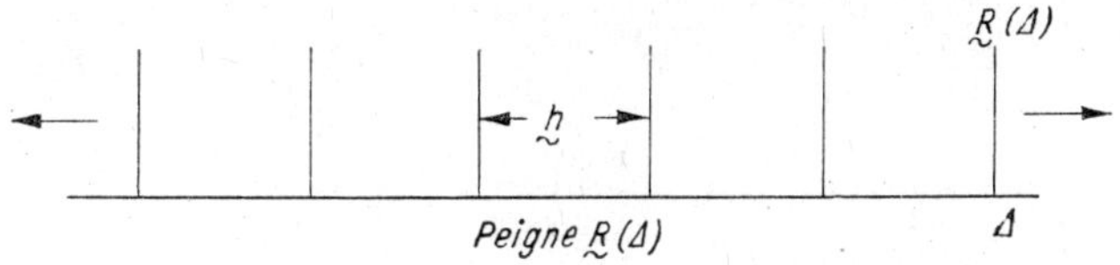

Fig. 2. Calculer la transformée de FOURIER de l'interférogramme $I(\Delta)$ au moyen d'un nombre fini de points est équivalent à calculer la transformée du produit de $I(\Delta)$ par la fonction ,,peigne de DIRAC" représentée ici.

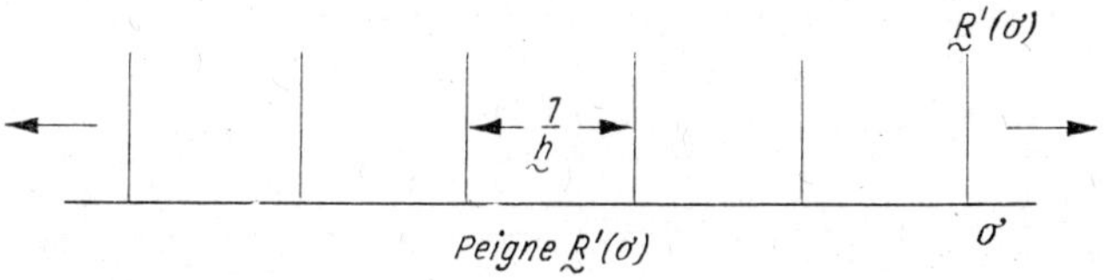

Fig. 3. La transformée de FOURIER du peigne de DIRAC, de pas h, représentée sur la fig. 2 est aussi un peigne de DIRAC, de pas $1/h$.

compose donc de la superposition d'une infinité de spectres identiques $B'(\sigma)$ décalés les uns par rapport aux autres de quantités n/h. On conçoit que cette superposition puisse rendre inutilisable le résultat $B''(\sigma)$ obtenu; la discussion de ce problème est facilité par la considération de la fonction d'appareil $W'(\sigma - \sigma_0)$.

2. Fonction d'appareil — Intervalle spectral libre

On voit, d'après l'expression précédente que la fonction d'appareil se compose maintenant d'une série de pics de forme identique à $W(\sigma - \sigma_0)$, (le pouvoir de résolution n'est pas changé) se reproduisant périodiquement à des intervalles n/h à partir de $W(\sigma - \sigma_0)$. Il y a en réalité deux séries de pics, puisque $W(\sigma - \sigma_0)$ se compose de deux pics W^+ et W^- symmétriques par rapport à $\sigma = 0$ (fig. 4). Mais, comme nous l'avons dit au paragraphe II, il est équivalent de dire que le spectre est exploré par l'ensemble des deux fonctions W^+ et W^- ou que le spectre fictif $B^+ + B^-$ est exploré par la seule fonction W^+ (fig. 5). L'exploration de la partie fictive B^- du spectre n'a aucune importance si W^+ comporte un seul pic, mais dans le cas présent, puisque W^+ comporte une série infinie de pics équidistants, la partie fictive B^- du spectre sera explorée par les pics de W^+ qui se trouvent dans le domaine $\sigma < 0$. Il peut en résulter une inextricable superposition de différentes parties du spectre: la condition nécessaire et suffisante pour que la superposition soit complètement évitée est que l'intervalle spectral occupé ($I\,S\,O$) par $B(\sigma)$ ait une largeur et une position telle que l'ensemble $B^+ + B^-$ ne soit jamais exploré simultanément par plus d'un seul pic de la série de fonction d'appareil $W'^+(\sigma - \sigma_0)$ lorsque σ_0 varie de 0 à l'infini.

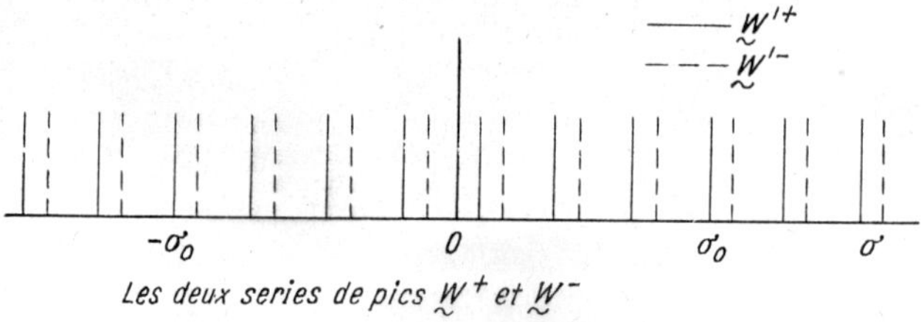

Fig. 4. Dans le cas du calcul de la transformée par voie numérique, la fonction d'appareil W se compose de deux séries de pics W^+ et W^-, symétrique par rapport à l'origine.

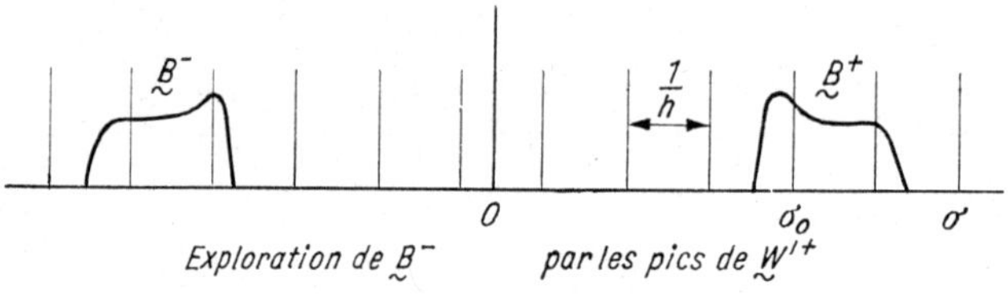

Fig. 5. L'exploration du spectre B par les deux séries de pics W^+ et W^- est équivalente à l'exploration du spectre $B(B^+)$ et de son symétriques B^- par une seule série W^+.

Cette régle étant posée il est facile d'en déduire les résultats suivants:

a) — On définit des intervalles spectraux libres ($I\,S\,L$) compris entre deux fréquences K/h et $(K + 1/2)/h$ (K entier), c'est à dire que leur largeur est $\Delta\sigma = 1/2\,h$ et leurs centres

$$\sigma_\alpha = \frac{2\,K + 1}{4\,h} = (K \pm 1/2)\,\Delta\sigma\,.$$

b) — Si l'intervalle spectral occupé ($I\,S\,O$) par $B(\sigma)$ est bien centré sur une fréquence $\sigma_a = (K + 1/2)\,\Delta\sigma$, sa largeur peut être égale à $\Delta\sigma$. Mais si l'$I\,S\,O$ est mal centré, sa largeur doit être inférieure à l'$I\,S\,L$. Ce résultat peut aussi être obtenu par un raisonnement tout différent, faisant intervenir une analogie avec l'imagerie cohérente donnée par un réseau [14]. On peut dire alors que le problème a été mal posé et qu'il aurait mieux valu le poser en sens inverse: l'$I\,S\,O$ étant donné, compris entre σ_m et σ_n, quel pas h doit on employer pour éviter toute superposition?

Dans le cas (a) où l'ISO et l'ISL coïncident on voit que: $\frac{\sigma_M}{ISL} = k$, k étant un nombre entier. Le pas h et ISL sont alors liés par:

$$h = \frac{1}{2\,(ISL)} = \frac{k}{2\,\sigma_M}.$$

Dans le cas (b) dès que ISO est suffisamment inférieur à ISL pour que: $\frac{\sigma_M}{ISO} = k + 1 + f$, f étant une fraction inférieure à 1, il y a lieu de changer h, ce qui conduit à un autre ISL que nous appellerons $(ISL)'$ plus voisin de ISO que le premier. Il vaut:

$$(ISL)' = \frac{\sigma_M}{k+1}$$

le pas correspondant h' sera alors:

$$h = \frac{1}{2\,(ISL)'} = \frac{k+1}{2\,\sigma_M} \qquad \text{qui est supérieur à} \qquad h = \frac{k}{2\,\sigma_M}.$$

Donc pratiquement, pour étudier un domaine ISO quelconque, on détermine le domaine $(ISL)'$ le plus voisin possible de ISO par les deux relations:

$$\frac{\sigma_M}{ISO} = k' + f \qquad h' \text{ étant un entier}$$

et

$$(ISL)' = \sigma_M/k'$$

la valeur correspondante de h' est $h' = \frac{1}{2\,(ISL)'} = \frac{k'}{2\,\sigma_M}$.

3 — Nombre de points à utiliser

Le nombre des points à utiliser sur l'interférogramme est donc, dans le cas le plus favorable

$$N = \Delta_M/h = \Delta_M \times 2\ (\sigma_M - \sigma_m)$$

et dans le cas le plus défavorable (celui où $\sigma_m < \sigma_M/2$), $N = \Delta_M \times 4\,(\sigma_M - \sigma_m)$. Ce nombre peut être relié aux nombre d'éléments spectraux résolubles dans le domaine $\sigma_M - \sigma_m$, $M = (\sigma_M - \sigma_m)/\delta\sigma$ ($\delta\sigma$ limite de résolution): nous avons vu que $\delta\sigma = 1/\Delta_M$ (dans le cas où on utilise l'apodisation), donc $N = 2\,M$ dans les cas favorables et peut atteindre $4\,M$ dans le cas le plus défavorable. Tel est le nombre N de points que l'on doit faire entrer dans la machine pour obtenir un point σ_0 du spectre. En principe il suffit, pour déterminer complètement le spectre d'avoir un point du spectre par élément spectral; mais il est plus confortable d'en avoir au moins deux, de telle sorte que le nombre de points à calculer est $2\,M$. Avec une machine moderne telle que la machine IBM 704, il faut environ 1 milliseconde par point d'entrée, donc $2\,M$ millisecondes par point du spectre et $4\,M^2$ milliseconde pour tout le spectre. Ce temps qui reste très court tant que le spectre étudié contient peu d'éléments spectraux peut devenir considérable pour les spectres étendus, étudiés à résolution élevée. Ainsi un spectre s'étendant de 5 à 10 microns, étudié avec une limite de résolution $\delta\sigma = 1 \text{ cm}^{-1}$ comporterait 1000 éléments spectraux et le temps de machine IBM 704 nécessaire pour le calcul serait supérieur à une heure. Avec une machine plus lente, comme la machine IBM 650 il pourrait atteindre une centaine d'heures. On conçoit donc tout l'intérêt qu'il y a à développer des procédés de calcul analogique rapide comme celui qui a été exposé précedemment.

Dans le cas où on doit utiliser un grand nombre de points sur l'interférogramme, la mesure des N ordonnées sur l'enregistrement devient extrêmement longue et fastidieuse. Il est alors avantageux [9] de déclancher automatiquement l'impression des valeurs de $I(n\,h)$ sur un ruban perforé, directement utilisable par une machine, chaque fois que la différence de marche passe par une valeur $n\,h$. Le signal qui produit le déclanchement peut être engendré à partie du signal sinusoïdal donné par les franges d'une raie monochromatique de référence avec le même interféromètre mais agissant sur un détecteur séparé. On est certain, en opérant ainsi d'éviter toutes les erreurs sur Δ produites par les imperfections du mécanisme de déplacement du miroir mobile. Ce procédé fait gagner beaucoup de temps sur le relevé des points de $I(n\,h)$ et est presque nécessaire pour l'étude des spectres étendus; mais le temps de machine nécessaire pour le calcul de la transformée de Fourier n'est pas modifié. Dans le cas où les valeurs de $I(n\,h)$ sont relevées graphiquement sur l'interférogramme, il est avantageux d'enregistrer aussi sur le même papier les franges d'une raie de référence et de les utiliser pour déterminer les valeurs de $n\,h$.

4. Filtrages

On désire souvent étudier un intervalle spectral ($I\,S\,E$) inférieur à l'intervalle spectral occupé ($I\,S\,O$) par le spectre. Dans ce cas le nombre de points à calculer déterminé par $I\,S\,O$ est plus grand que celui qui serait déterminé par $I\,S\,E$ et il est utile d'opérer un filtrage de façon à ramener l'$I\,S\,O$ à coïncider avec l'$I\,S\,E$ On peut envisager trois types de filtrage suivant que l'opération est faite avant que la lumière atteigne le détecteur (filtrage „optique“) ou entre le détecteur et l'interférogramme (filtrage „électrique“) ou après l'interférogramme (filtrage „mathématique“).

A — Filtrage optique. C'est le type de filtrage utilisé dans les problèmes analogues posés par la superposition des ordres dans les réseaux ou les appareils Fabry-Perot. Dans le cas présent ce type de filtrage est peu recommandé, d'abord parcequ'il peut être difficile dans l'infra-rouge lointain, et surtout parceque, contrairement aux autres méthodes, il ne filtre pas le bruit.

B — Filtrage électrique: Si l'une des bornes de l'$I\,S\,E$ est voisine de 0 (c'est à dire si

$$(\sigma_M - \sigma_m)/\sigma_M \approx 1)\,,$$

il suffit d'utiliser un filtre passe-bas qui coupe les fréquences „Fourier“ ($N = \sigma\,V$,

V vitesse de variation de la différence de marche) au dessus de $N_M = \sigma_M V$. Ce filtre est le plus souvent constitué par le système enregistreur lui-même. Par contre si $\sigma_M - \sigma_m$ est notablement plus petit que σ_M, l'idéal serait d'employer un filtre passe-bande de largeur $V \times (I\,S\,E)$ dont les limites soient N_M et N_m. Malheureusement il est très difficile de réaliser de bons filtres passe-bande pour des fréquences aussi basses que les fréquences FOURIER généralement utilisées. Une solution élégante, proposée par L. MERTZ [17] consiste à opérer un changement de fréquences („hétérodynage") de façon à ramener le domaine $\sigma_M - \sigma_m$ vers l'origine, par une translation égale à σ_m; on se trouve ainsi ramené au problème précédent. Il est impossible d'entrer ici dans les détails: il suffit d'indiquer qu'on utilise généralement comme „fréquence d'hétérodyne" le signal fourni par l'interféromètre lui-même éclairé par une raie dont la fréquence coïncide avec l'un des bornes de l'$I\,S\,E$ (ou avec un multiple); le changement de fréquence lui-même s'opère suivant les méthodes familières de l'électronique, moyennant quelques précautions pour éliminer les „fréquences images". Le dispositif est relativement compliqué, mais présente de nombreux avantages accessoires dont l'un est de réduire toutes les fréquences FOURIER, permettant ainsi un enregistrement plus facile.

C — Filtrage mathématique. Si l'on fait la convolution de l'interférogramme $I(\Delta)$ avec une fonction $F(\Delta)$ dont la transformée de FOURIER $\Phi(\sigma)$ est un rectangle de bornes σ_M et σ_m on obtient un nouvel interférogramme $I'(\Delta)$ dont la transformée de FOURIER $B'_1(\sigma)$ est le produit de $B'(\sigma)$ par $\Phi(\sigma)$. Cette opération est donc équivalente à l'action d'un filtre passe-bande de bornes σ_M et σ_m. Le nombre de points à calculer est donc défini par l'intervalle spectral ainsi défini, $\sigma_M - \sigma_m$, qui peut être rendu égal à l'$I\,S\,E$. L'opération de convolution peut être faite par voie numérique par une machine électronique usuelle, en remplaçant, encore une fois, les intégrales par des sommes de valeurs discrètes distantes de h'. Un raisonnement analogue à celui qui a été fait précédemment montre qu'on n'obtient pas ainsi véritablement la fonction $I'(\Delta) = I(\Delta) * F(\Delta)$ mais une fonction $I''(\Delta)$ dont le spectre se déduit du spectre de $I(\Delta)$ par des superpositions de spectres décalés de $1/h'$. On voit donc que pour éviter ces superpositions le pas h' doit obéir à des conditions identique aux conditions imposées précédemment à h. Il semble donc qu'on n'ait rien gagné puisqu'il faut utiliser sur l'interférogramme un nombre de points identiques à celui qu'il aurait fallu utiliser sans filtrage. Mais ces points sont utilisés pour calculer une convolution et non une transformée de FOURIER, et le temps de machine (avec une IBM 704) pour réaliser cette opération est, pour un même nombre de points, beaucoup plus faible que pour calculer le spectre. Une fois la convolution $I'(\Delta)$ obtenue, le nombre de points à utiliser sur $I'(\Delta)$ pour calculer la transformée de FOURIER est déterminé uniquement par $\sigma_M - \sigma_m = (I\,S\,E)$ et peut être beaucoup plus petit que si l'on n'avait pas utilisé de filtrage. Dans l'ensemble le gain de temps de machine est de l'ordre de $(I\,S\,O)/(I\,S\,E)$ car le temps de calcul de la convolution est négligeable par rapport au temps de calcul de la transformée de FOURIER.

VI. Diverses causes d'erreurs

Divers phénomènes parasites peuvent modifier les propriétés exposées précédemment.

1. Variation de la luminance de la source au cours de l'opération

Dans tout ce qui précéde on a supposé que la luminance de la source était indépendante du temps. Il est évident que les résultats obtenus sont profondément modifiés si cette luminance varie rapidement en fonction du temps, c'est à dire subit des variations relatives importantes dans un temps inférieur au temps T utilisé pour faire varier la différence de marche entre zéro et Δ_M. Il en résulte en particulier que la méthode n'est pas applicable aux études de lumière pulsée, ou de source alimentée en courant alternatif basse fréquence. Mais si la période des variations de la luminance est de l'ordre de grandeur du temps T, cela équivaut seulement à introduire dans le procéssus une fonction de pondération supplémentaire. $A(\Delta) = A(Vt)$. Il en résulte des modifications peu profondes de la fonction d'appareil. Le pouvoir de résolution et la forme des raies peut être légérement modifiée, mais cela ne suffit pas à rendre la méthode inutilisable, d'autant plus qu'il est relativement facile de corriger les variations de luminance de la source par un dispositif approprié.

2. Imperfections des pièces optiques

Dans le cas particulier où l'interféromètre est un appareil de Michelson le schéma optique est donné par la figure 6. Les lentilles L_1 et L_2 peuvent être de qualité quelconque car les diaphragmes D_1 et D_2 qui sont placés dans leurs

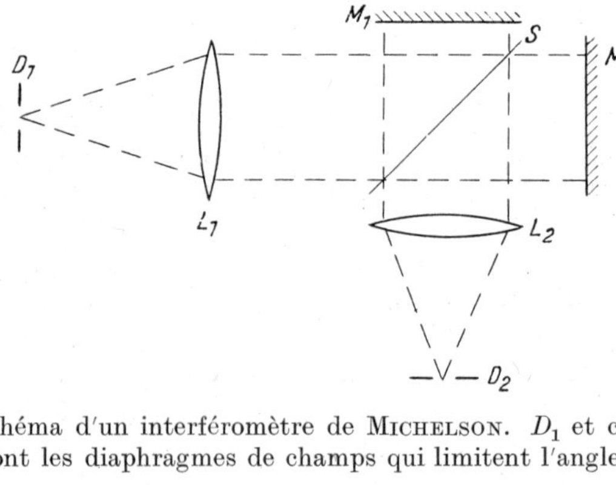

Fig. 6. Schéma d'un interféromètre de Michelson. D_1 et con conjugué D_2 sont les diaphragmes de champs qui limitent l'angle solide.

plans focaux sont beaucoup plus grands en général que les taches d'Airy. Les seules pièces optiques délicates sont les miroirs M_1 et M_2 et la lame séparatrice S. Mais il suffit que ces pièces optiques aient la qualité interférométrique courante (c'est à dire que les défauts doivent être inférieurs à un quart de longueur d'onde), puisqu'il n'y a pas de processus cumulatif comme dans l'interféromètre de Fabry-Perot. D'ailleurs il est facile de montrer que des défauts optiques de ces pièces ou un léger déréglage de l'interféromètre ne modifient pas la fonction d'appareil, mais modifient seulement le contraste des franges obtenues, c'est à dire en définitive la luminosité de l'appareil. C'est ainsi qu'un déréglage correspondant à une variation de la différence de marche d'un bord du miroir à l'autre d'une longueur d'onde rendrait nul le contraste dans l'interféromètre pour cette longueur d'onde et annulerait ainsi la luminosité de l'appareil dans cette région spectrale. Si, maintenant, un mouvement imparfait du miroir pendant son déplacement se traduit par un déréglage variable en fonction de Δ, ceci équivaut à une variation de contraste en fonction de Δ et a donc le même effet qu'une lente variation de luminance de la source en fonction du temps. De toute façon il est relativement facile de réaliser un appareil de Michelson ayant les qualités requises pour que ces défauts n'interviennent pratiquement pas.

3. Erreurs dans la détermination de la différence de marche

En principe le temps n'intervient pas explicitement dans les relations, sauf à propos des considérations sur le bruit que nous développerons ultérieurement, et il n'est, en principe, pas nécessaire que la différence de marche soit une fonction linéaire du temps. La seule condition nécessaire pour que les relations précédentes soient vraies, c'est que les différences de marche Δ' qui sont introduites dans les calculs soient effectivement celles pour lesquelles l'état d'interférence $I(\Delta)$ a été obtenu. Différentes causes d'erreurs peuvent faire qu'il n'en soit pas ainsi, et que le différence de marche utilisée Δ' soit différente de la différence de marche vraie Δ, $\Delta' = \Delta + \varepsilon(\Delta)$, $\varepsilon(\Delta)$ étant une erreur périodique, ou aléatoire, ou de loi quelconque. Dans ce cas la fonction d'appareil doit se calculer en introduisant dans l'expression la valeur $\Delta + \varepsilon(\Delta)$ au lieu de la valeur Δ. Le traitement mathématique du problème est très analogue à celui de la fonction d'appareil d'un réseau tracé avec une vis présentant des erreurs ε, de telle sorte que chaque trait au lieu d'être à la position x qu'il doit réellement occuper se trouve en une position $a' = x + \varepsilon(x)$; on peut ainsi calculer les fonctions d'appareil réelles correspondant à différentes lois $\varepsilon(x)$; la seule différence avec le traitement des réseaux c'est qu'ici la fonction d'appareil s'obtient sous la forme d'une transformée de Fourier, alors que dans le cas des réseaux elle s'obtient sous la forme du carré d'une transformée de Fourier. La conséquence est que l'on obtient des déformations de la fonction d'appareil, ou des ghosts dans le cas des erreurs périodiques, dont l'intensité relative est proportionnelle à ε au lieu d'être proportionnelle à ε^2 comme dans le cas des réseaux. Les exigences sont donc très sévéres et il est pratiquement impossible dans le cas des pouvoirs de résolution élevés d'obtenir des fonctions d'appareil satisfaisantes. Il est le plus souvent nécessaire d'opérer de telle sorte que, quelle que soit la loi de variation de Δ, les valeurs de Δ' utilisées sur l'interférogramme soient exactement égales aux vraies valeurs de Δ. Ceci peut être obtenu en enregistrant en même temps que l'interférogramme $I(\Delta')$ un interférogramme I' donné par une raie monochromatique. Cet interférogramme I' est une sinusoïde pure qui donne mesure exacte de la différence de marche Δ. Dans le cas où la transformation de FOURIER est faite par voie numérique, on utilise des points particuliers (maximums ou zéros) de cette sinusoïde pour relever les points $I(\Delta)$ sur l'interférogramme, comme il a été expliqué au paragraphe précedent. Dans le cas de la transformation de FOURIER par voie analogique, l'interférogramme $I'(\Delta')$ de la raie de référence est utilisée pour engendrer les fonctions sinusoïdales intervenant dans le calcul de l'intégrale de FOURIER.

4. Erreurs dans la détermination du point de l'interférogramme correspondant à la différence de marche $\Delta = 0$

Ce point doit être repéré avec une très grande précision, c'est à dire avec une erreur petite par rapport à la longueur d'onde étudiée. Une erreur ε, même faible dans sa détermination perturbe fortement la fonction d'appareil qui devient dissymétrique et présente des parties négatives importantes: de plus la forme de

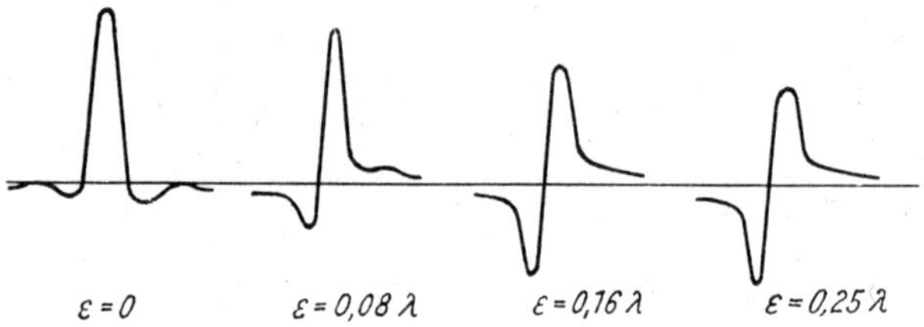

Fig. 7. Diverses formes de la fonction d'appareil pour différentes valeurs de l'erreur ε faite sur le repérage de la différence de marche nulle.

cette fonction d'appareil varie rapidement avec ε/λ de sorte que, dans le cas d'un spectre étendu, les résultats peuvent devenir très difficiles à interpréter. La fonction d'appareil est: $W(\sigma - \sigma_0) = \int_0^{\Delta_M} A(\Delta) \cos 2\pi \sigma_0 (\Delta + \varepsilon) \cos 2\pi \sigma\Delta \, d\Delta$.

On voit que la forme de cette fonction sera très différente de la forme obtenue pour $\varepsilon = 0$, et de plus qu'elle dépendra de ε/λ, c'est à dire de l'erreur mesurée en fraction de la longueur d'onde λ considérée. Mme CONNES a calculé complétement toutes les formes de fonction que l'on peut obtenir lorsque ε varie entre zéro et λ: quelques — unes de ces formes sont indiquées — sur la figure 7. Lors de l'enregistrement, le système électrique utilisé peut produire des déphasages différents suivant les différentes fréquences FOURIER $N = \sigma V$. S'il en est ainsi la fonction d'appareil subit une distorsion variable avec la longueur d'onde: il faut donc toujours utiliser des systèmes de liaison ou des amplificateurs ayant une bande passante suffisamment large pour qu'il n'y ait pas de distorsion de phase dans le domaine des fréqueces de FOURIER utilisées.

VII. Le bruit

On ne saurait évidemment donner une théorie compléte d'une méthode physique quelconque sans prendre en considération le bruit, qui est la limitation essentielle des possibilités. D'importantes propriétés ont été mises en évidence récemment dans le travail déjà cité de Mme J. CONNES.

1. Aspect général du bruit

Le spectre obtenu après transformation de FOURIER est évidemment affecté d'un bruit plus ou moins important, mais l'aspect de ce bruit est entièrement différent de celui que l'on obtient par les méthodes d'enregistrement classiques. En effet le bruit du récepteur se présente comme une fonction du temps sur *l'interférogramme*; mais sur le spectre il apparait comme la transformée de FOURIER de ce bruit. Il est facile de montrer qu'il se présente avec un ,,rayon de corrélation", qui mesuré en σ est de même ordre de grandeur que la largeur de la fonction d'appareil. Il est donc plus facile de confondre le bruit avec un signal faible que dans les méthodes classiques. Afin d'éviter toute erreur d'interprétation, il est donc nécessaire, dans toute expérience, de faire un enregistrement du bruit en l'absence de signal, pour avoir une idée de la grandeur et de l'aspect de ce bruit afin d'éviter toute confusion avec des signaux faibles.

2. Rapport signal bruit dans le spectre

Quand on passe de l'interféromètre au spectre, le bruit est profondément modifié non seulement dans son aspect, mais aussi dans sa grandeur relative par rapport au signal. En effet chaque élément spectral $\delta\sigma$ obtenu sur le spectre contient le bruit correspondant à cette bande de fréquence FOURIER, lequel est d'autant plus faible que la bande de fréquence FOURIER est plus étroite: or la largeur δN de cette bande FOURIER est $\delta N = V\,\delta\sigma = \delta\sigma\,\Delta_M/T = 1/T$ puisque $\delta\sigma = 1/\Delta_M$: la puissance de bruit est donc inversement proportionelle à T. On peut aussi dire que le transformation de FOURIER réalise un processus d' intégration de l'interférogramme opéré sur le temps T, et que le bruit, dans cette opération sera d'autant plus faible que T sera plus grand. Le bruit dans l'interférogramme dépend des caractéristiques du système d'enregistrement (constante de temps) alors que le bruit dans le spectre dépend seulement du temps total d'enregistrement T. Le rapport s/b peut donc être beaucoup plus grand dans le spectre qu'il ne l'est dans l'interférogramme. En particulier lorsque la différence de marche augmente, le signal fourni par l'interférogramme tend à devenir de plus en plus faible, alors que le bruit reste constant: à partir d'une certaine différence de marche, le signal devient beaucoup plus faible que le bruit, et si l'on regarde alors l'interférogramme on a l'impression de ne plus enregistrer que du bruit. Il ne faut cependant pas arrêter l'enregistrement, car bien que le signal soit beaucoup plus faible que le bruit, l'interférogramme contient encore beaucoup d'informations utilisables.

Le temps total T d'enregistrement est déterminé par le bruit du détecteur et la luminance de la source. Avec les sources faibles T devra être long, donc les fréquences Fourier seront basses; dans le cas des sources plus intenses les fréquences Fourier pourront être plus élevées, mais on risque alors d'être limité par la réponse de l'enregistrement lui-même.

3. Cas particulier où la transformation de Fourier est faite par voie numérique

Dans ce cas on risque d'introduire un bruit supplémentaire si le nombre de points utilisés sur l'interféromètre n'est pas suffisant. En effet on peut facilement montrer que la puissance de bruit dans le spectre est proportionnelle à l'aire découpée dans le spectre de puissance du bruit par le carré de la fonction d'appareil. Or nous avons vu que le fait d'utiliser des points discrets sur l'interférogramme donne une fonction d'appareil constitué par une série de pics. Chacun de ces pics contribuera donc au bruit dans le spectre, et la puissance de bruit sera d'autant plus grande que les pics de la fonction d'appareil seront plus serrés, c'est à dire que les points utilisés sur l'interférogramme seront plus distants. Cet effet dépend évidemment de la forme du spectre du bruit. Si aucun moyen de filtrage électrique n'était utilisé — c'est à dire en particulier si toutes les constantes de temps électriques étaient négligeables — le spectre de bruit s'étendrait jusqu'à l'infini, et la puissance de bruit dans le spectre serait infinie. En réalité ce spectre tend toujours à devenir très faible vers les fréquences élevées, ce qui donne une puissance de bruit finie. Mais on voit qu'il y a avantage à limiter le spectre de bruit autant que possible de façon à ce qu'il ne s'étende pas sur un domaine plus large que les fréquences Fourier utilisées. On voit donc que les procédés de filtrage mentionnés au paragraphe V 4 sont utiles, non seulement pour éviter les superpositions des différentes régions du spectre, mais aussi pour empêcher d'introduire un bruit supplémentaire dû au fait qu'un nombre fini de points est utilisé sur l'interférogramme. On voit en particulier que le filtrage optique n'apporte aucune aide pour ce problème de bruit et que les autres procédés de filtrage (éléctrique ou mathématique) devront être préférés. Mme J. Connes a fait une étude systematique de cette question du bruit dans le procédé numérique de transformation et a obtenu en particulier les résultats suivants:

a) — Soit b_0 la valeur du bruit que l'on aurait en utilisant tous les points de l'interférogramme ($h \to 0$) et b la valeur obtenue en utilisant des points d'équidistance h. Le rapport b/b_0 ne dépend que du rapport $h/V\tau$, τ étant la constante de temps du système d'enregistrement: b/b_0 croît lorsque $h/V\tau$ augmente, est de l'ordre de 1, 1 pour $h/V\tau = 1$, et devient égal à $h/V\tau$ lorsque $h \to \infty$. On ne gagne donc rien, du point de vue du bruit à utiliser des points plus rapprochés que $V\tau$.

b) — La valeur maximum du pas h à utiliser peut être déterminé soit par l'ISO ($h < h_s$) afin d'éviter les superpositions, soit par les considérations de bruit ($h < h_e$). Si l'intervalle spectral à étudier s'étend de 0 à σ_M, τ peut être c oisi de telle façon que $h_s = h_b$ sans que b soit supérieur à $1,3\, b_0$ et sans que la distorsion de phase introduite produise de distorsion gènante des fonctions d'appareil. Le système enregistreur se comporte alors comme un filtre passe-bas ne transmettant que les fréquences „FOURIER" correspondant à l'$I\ S\ O$.

sc) — Si l'$I\ S\ O$ s'étend entre deux valeurs σ_m et σ_M telles que $\sigma_M - \sigma_m$ soit sensiblement plus petit que σ_M l'utilisation d'un système se comportant comme un filtre passe bas est désavantageux car il conduit à $h_b \ll h_s$ (en gros on a $h_b/h_s = (\sigma_M - \sigma_m)/\sigma_M$) si l'on veut ne pas introduire de bruit supplémentaire. C'est à dire que le nombre de points à utiliser pour le calcul du spectre est beaucoup plus grand que le nombre minimum nécessaire pour éviter les superpositions. Il faut alors utiliser l'un des procédés de filtrage, changement de fréquence ou filtrage mathématique décrits au paragraphe V. 4; on a ainsi l'avantage supplémentaire que l'$I\ S\ O$ peut être plus grand que le domaine à étudier $I\ S\ E$, auquel doit être adapté la bande passante du filtrage. Le premier procédé revient à ramener toutes les fréquences FOURIER étudiées à s'étendre entre deux limites 0 et $\sigma_M - \sigma_m$; un simple filtre passebas est alors équivalent à une filtre passe bande, très difficile à réaliser, couvrant le domaine des fréquences FOURIER. Le second procédé, qui ne nécessite aucun dispositif électrique compliqué revient à effacer de l'interférogramme par une intégration convenable toutes les composantes du bruit dont le spectre est extérieur au domaine des fréquences FOURIER étudiées. L'utilisation de procédés de filtrage appropriés permet donc, dans le cas ou la transformation de FOURIER est faite par voie numérique, de réduire le nombre de points à utiliser pour calculer le spectre.

VIII. Resultats et conclusion

La spectroscopie de FOURIER est évidemment d'un emploi beaucoup plus compliqué que les autres méthodes, mais grâce à son efficacité beaucoup plus grande elle permettra — et elle a déjà permis — de résoudre des problèmes qu'aucune autre méthode n'est capable de résoudre. Dans le domaine des basses résolutions en infrarouge elle permet d'étudier des sources très faibles au moyen d'appareils très simples [13]. Dans le cas des résolutions plus élevées elle nécessite des dispositifs compliqués et de longs calculs, mais les résultats sont spectaculaires. H. GUSH et Mme CONNES [14] ont obtenu de très beaux spectres de la lumière du ciel nocturne au voisinage de 1,6 micron avec une limite de résolution bien meilleure que ce qui avait été fait jusqu'à présent. De même GEBBIE et DELBOUILLE [15] ont obtenu vers 10 microns de très beaux spectres de l'émission de l'ammoniac à la température de 70 °C seulement avec une limite de résolution de l'ordre de 1 cm; Strong et ses collaborateurs ont obtenu des résultats très beaux dans l'infra-rouge lointain.

Bien que peu développée encore, la spectroscopie de FOURIER est certainement promise à un bel avenir; la réalisation du calculateur analogique rapide entreprise à Bellevue sera probablement un élément important de son développement.

Université de Paris et C. N. R. S., Bellevue

Bibliographie

[1] Fellgett, P., J. Phys. Rad. **19** (1958) 237 et 187.
[2] Jacquinot, P., 17ème Congrès du GAMS, 1954, 25.
[3] Strong, J., J. Opt. Soc. Amer. **47** (1957) 354.
[4] Strong, J. & Vanasse, G. A., J. Phys. Rad. **19** (1958) 192; J. Opt. Soc. Amer. **88** (1959) 845.
[5] Gebbie, H. A. & Vanasse, G. A., Nature **178** (1956) 432.
[6] Gebbie, H. A., Phys. Rev. **107** (1957) 1194; J. Phys. Rad. **19** (1958) 230.
[7] Mertz, L. W., J. Phys. Rad. **19** (1958) 233.
[8] Connes, J., J. Phys. Rad. **19** (1958) 197.
[9] Gebbie, H. A., Symposium de Teddington, Juin 1959.
[10] Jacquinot, P., Opt. Act. **7** (1960) 291.
[11] Jacquinot, P., New developments in Interference Spectroscopy dans ,,Reports on Progress in Physics" **23** (1960) 268.
[12] Connes, J., Thèse, Paris 1961: Rev. Opt., **40** (1961) 45.
[13] Mertz, L., J. Opt. Soc. Amer., 1960, page VI (publicité).
[14] Connes, J. & Gush, H. P., J. Phys. Rad. **20** (1959) 915; J. Phys. Rad. **21** (1960) 645.
[15] Gebbie, H. A. & Delbouille, Communication privée, 1960.
[16] Connes, P., Communication privée.
[17] Mertz, L., Communication au 5ème Congrès de la C. I. O. à Stockholm (1959).

B. VODAR et J. ROMAND, Bellevue

La spectroscopie dans l'ultraviolet lointain

I. Introduction

La région spectrale de l'ultraviolet lointain, rappelons le, est délimitée du coté grandes longueurs d'onde par la limite de transparence de l'air (absorption del'oxygène débutant vers 1900 Å) et du coté courtes longueurs d'onde par les rayons X très mous (100 à 10 Å environ par convention (tab. 1). Elle fut découverte à la fin du siècle dernier grâce aux travaux du pionnier Victor Schumann. Depuis elle fut explorée et sa limite fut progressivement reculée jusqu'aux rayons X grâce à des travaux de savants éminents parmi lesquels nous citerons seulement Lyman, Millikan, Edlen, Holweck, Thibaud [1], [2], [3].

Tableau 1

Tableau général des longueurs d'onde λ, des nombres d'onde ν et des énergies V dans l'ultraviolet lointain

λ Å	ν cm^{-1}	V ev		
2000	$5 \cdot 10^4$	6,16		
1850			*U. V.* Schumann	limite transparence air
1250				limite transparence CaF_2
1050				limite transparence LiF (le réseau devient obligatoire)
1000	10^5	12,33	*U. V.* Lyman	
500			*U. V.* Millikan	
136				Réseau tangent de préférence (pouvoirs réflecteurs trés faibles)
100	10^6	123,3		

Jusqu'à la période del'après-guerre, les difficultés expérimentales propres à cette région, en écartèrent les spectroscopistes, et les recherches furent effectuées par un très petit nombre de chercheurs, le plus souvent isolés ou rassemblés en groupes peu importants. On peut dire qu'il y a une dizaine d'années nos connaissances des propriétés optiques de la matière dans cette région présentaient d'énormes lacunes.

La situation est maintenant très différente [5], [6], [7], [8] en raison des progrès de la technique (technique du vide, technique des réseaux en particulier), mais surtout parce que la région de l'ultra-violet lointain s'est révélée très riche par les données qu'elle nous fournit sur les interactions du rayonnement avec la matière. Les quelques points particuliers ci-dessous mentionnés, en constituent autant d'exemples: 1. pour les atomes, observation des spectres optiques des édifices fortement ionisés, 2. en spectroscopie moléculaire, possibilité d'atteindre des niveaux fortement excités, et d'étudier les divers processus d'ionisation et les spectres des produits ionisés 3. en spectroscopie moléculaire également apparition des bandes intenses et fines (séries de Rydberg) dues à l'excitation d'un électron ne participant pas à la liaison, bandes qui en plus de leur intérêt théorique, ont aussi celui de permettre la caractérisation d'un atome dans une molécule avec la même facilité qu'offre un spectre d'émission pour l'identification des atomes 4. pour tous les types de spectres en général, très grande richesse des spectres en raies ou bandes avec des régions d'absorption très intense, favorables aux applications analytiques 5. la probabilité d'ionisation par photons lumineux est élevée dans l'ultraviolet lointain. On y observe un effet photoélectrique „en volume" pour les métaux. La photoionisation doit par ailleurs, jouer un rôle important, selon les idées actuelles dans le mécanisme de la décharge électrique. 6. Enfin l'un des développements les plus spectaculaires de l'ultraviolet lointain est celui auquel nous assistons actuellement, tant dans le domaine de l'exploration de la haute atmosphère, que dans celui de l'astrophysique. On peut donner une idée de l'importance jouée par l'ultraviolet lointain dans nos connaissances en cette matière, en remarquant simplement que le Dixième Colloque international d'Astrophysique qui a eu lieu cette année même à Liège, était consacré aux spectres des astres dans l'ultraviolet lointain.

Nous ne pouvons développer, au cours de ce bref exposées les différentes questions évoquées ci-dessus, aussi après un rappel des développements récents des techniques expérimentales, nous limiterons nous non seulement à quelques points particuliers pour lesquels les progrès sont particulièrement frappants.

II. Appareils dispersifs

En principe, comme dans toute région spectrale, le matériel de base pour l'étude spectroscopique se compose d'une source, éventuellement d'un absorbant, d'un appareil dispersif, d'un récepteur.

Nous n'insisterons pas sur la nécessité d'opérer sous vide. Grâce aux progrès de la technique du vide, cette sujétion se ramène maintenant à une très minime perte de temps. Cependant un piège à air liquide est presque une nécessité si l'on veut maintenir l'optique à l'abri de la pollution par la vapeur d'huile de la pompe.

L'absence de matériaux optiques transparents sous épaisseur macroscopique pour les longueurs d'onde <1100 Å oblige à concevoir une optique par réflexion, et élimine, dans la grande généralité des cas, le prisme comme appareil dispersif. Ce dernier n'est conservé que dans des appareils de petites dimensions, faible dispersion et grande ouverture, évidemment réservés aux travaux dans la région de SCHUMANN.

Le réseau concave par réflexion est donc utilisé dans la grande majorité des appareils. En incidence normale le pouvoir réflecteur, qui décroît vers les courtes longueurs d'onde, permet toutefois d'utiliser ces réseaux jusqu'à 500 Å environ. Commercialement on peut disposer de réseaux blazés pour 1700 Å, 800 Å, 750 Å et même 500 Å (l'angle de blaze est dans ce dernier cas de 1,7° pour un réseau à 30000 traits par inch). Ces réseaux sont généralement des répliques en plastique sur verre, recouverts d'une couche d'aluminium. L'expérience montre d'ailleurs qu'il est souvent utile d'enlever la couche d'aluminium et d'utiliser le réseau ainsi dénudé ou de recouvrir le plastique avec un matériau autre que l'aluminium, le pouvoir réflecteur de ce dernier étant très médiocre pour les longueurs d'onde inférieure à 1000 Å; nous avons utilisé avec succès le germanium.

En dessous de 500 Å le pouvoir réflecteur est généralement insuffisant en incidence normale, et on utilise le réseau sous grande incidence, l'angle choisi étant généralement supérieur à 80°. On bénéficie dans ces conditions du phénomène de réflexion totale qui se produit dans les régions de longueur d'onde où l'indice des solides devient inférieur à 1, la limitation du spectre vers les courtes longueurs d'onde étant donnée par la formule $\sin \Theta_c \# \frac{e}{c} \lambda \sqrt{\frac{n}{\pi m}}$ où Θ_c est l'angle avec la surface du réseau, et n le nombre d'électrons par cm^3 dans le matériau du réseau. Cette formule semble donner en pratique un ordre de grandeur assez correct, bien qu'elle repose sur des hypothèses assez restrictives. En incidence tangentielle on utilise généralement des réseaux en verre, rayés très légèrement, et non blazés. Le phénomène de superposition des ordres se manifeste alors d'une façon qui peut être très gênante dans certains cas. L'élimination des radiations de plus courte longueur d'onde, par exemple, par une réflexion, facilite le dépouillement des spectres. Signalons que l'on essaye actuellement d'utiliser, dans la région des très courtes longueurs d'onde, des réseaux blazés. Les avantages du réseau en incidence tangentielle sont notables: grande étendue spectrale, grande dispersion; les défauts ne sont pas moindres astigmatisme très élevé, réglage difficile, nécessité d'un positionnement très précis du récepteur, non uniformité de la dispersion. Toutefois l'avantage d'une grande dispersion et la nécessité d'employer ce montage en dessous de 500 Å conduiront vraisemblablement à en généraliser l'emploi.

Cependant, avec les réseaux habituels (de 1 à 3 *m* de rayon) même le montage en incidence rasante ne permet guère d'obtenir une très haute résolution. Deux procédés ont été alors utilisés pour accroître la dispersion. Le premier consiste à utiliser un réseau habituel travaillant dans un ordre élevé. Une prédispersion est alors nécessaire pour séparer la bande de radiation étudiée. Cette prédispersion peut être avantageusement réalisée au moyen d'un réseau (Herzberg ref. [9]), les angles choisis permettant de plus une compensation de l'astigmatisme. Une résolution de 0,03 Å a ainsi été obtenue au voisinage de 1200 Å (Tousey, réseau dans le 13 ème ordre). Le deuxième procédé consistant à utiliser l'association réseau-échelle ne semblait pas avoir donné de très bons résultats jusqu'à ces dernières années, par suite des pertes de lumière causées par les diverses réflexions nécessaires. L'amélioration des pouvoirs réflecteurs, dont nous parlerons plus loin, a permis récemment la conception d'un appareil comportant sur le trajet de la lumière un réseau concave — la fente — un miroir parabolique — l'échelle — un miroir parabolique — un miroir plan. Ce montage permettrait d'atteindre aisément le 1/100 ème d'Angströms [10].

Le spectre obtenu avec le réseau concave en incidence tangentielle est limité vers 50 Å environ, sauf exception (12,1 Å avec 89° d'incidence (Tyren [11]). Il semble que pour la région 50—10 Å la technique du réseau plan en incidence rasante soit préférable (Thibaud, Holweck). Les angles d'incidence atteignent dans ce cas quelques dizaines de minutes. Cette région spectrale est peu exploitée actuellement; cependant on doit signaler de cette région les intéressants travaux des spécialistes de la spectroscopie des rayons X, notamment en France ceux de Mlle Cauchois.

Nous ne pouvons entrer ici dans le détail de la construction des appareils. Toutefois on peut dire que, alors qu'il y a une dizaine d'années la construction des appareils pour l'ultraviolet lointain était, à part quelques rares exemples, tout à fait artisanale, on peut disposer maintenant, tant en France qu'à l'étranger, d'une gamme assez complète de spectrographes et de monochromateurs.

D'une façon générale les constructeurs réalisent des appareils où l'isolement des différentes enceintes est prévu au point de vue vide. Ceci a pour but: 1. de réduire les temps de pompage, 2. de conserver l'optique et particulièrement le réseau toujours sous vide. L'emploi de sas est maintenant général. L'emploi de pièges à air liquide pour éviter la pollution de l'optique par l'huile des pompes paraît être une précaution nécessaire.

Les figures suivantes donnent des exemples d'appareils qui ont été réalisés en France:

— un monochromateur à réseau en incidence normale [12] ayant une focalisation rigoureuse et un faisceau de sortie fixe (fig. 1); cet appareil couplé à un récepteur photoélectrique et à un enregistreur constitue un spectrophotomètre enregistreur utilisable jusqu'à une limite de l'ordre de 700 à 500 Å.

— un spectrographe à réseau en incidence normale (fig. 2) particulièrement adapté à l'étude des spectres d'émission et à l'analyse spectrochimique [13]; cet appareil peut être utilisé avec un récepteur photographique (long châssis couvrant le domaine 2900 Å—500 Å) ou avec un récepteur photoélectrique, avec un certain nombre de fentes fixes suivies de photomultiplicateurs; des vannes à vide permettent d'isoler la chambre photographique et la source, ce qui réduit la perte

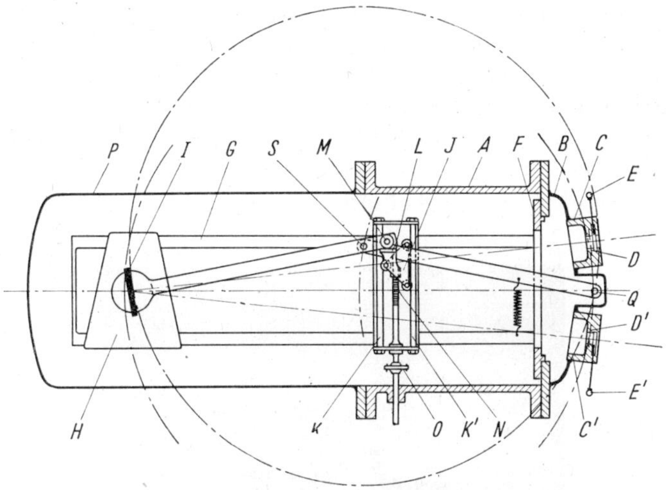

Fig. 1. Monochromateur sous vide à réseau en incidence normale.

A — corps cylindrique; *B, C, C'* — flasque portant les fentes; *D, D'* — fentes; *E, E'* — vannes à vide; *F* — flasque supportant le banc *G*; *G* — banc optique; *H* — platine coulissante; *I* — porte-réseau fixé sur une plateforme tournante; *J* — chariot glissant sur les barres *K, K'*; *K, K'* — glissières pour le chariot *J*; *L* — butée du galet *M*; *M* — galet; *N* — vis d'avance du chariot *J*; *O* — accouplement flexible; *P* — cloche mobile; *Q* — centre de rotation fixe du bras *QS*; *S* — articulation du bras *QS* avec le bras *MI* solidaire de la plateforme *I*.

Fig. 2. Spectrographe à vide à réseau concave en incidence normale, associé à une chambre à étincelles spécialement conçue pour l'analyse spectrochimique d'émission. La chambre d'étincelles ets visible à droite. Le châssis photographique, qui couvre une grande étendue spectrale, est visible de face.

de temps totale entre l'étude de deux échantillons différents à un temps de l'ordre de 2 minutes.

— un spectrographe à réseau en incidence rasante (fig. 3) pour la région 50 Å—1000 Å [14]; ce spectrographe, muni de vannes à vide, permet de même que le précédent un travail rapide; un espace assez large est aménagé dans la chambre contenant le réseau afin de permettre divers montages (cryostats, jets, etc.) pour l'étude des spectres d'absorption.

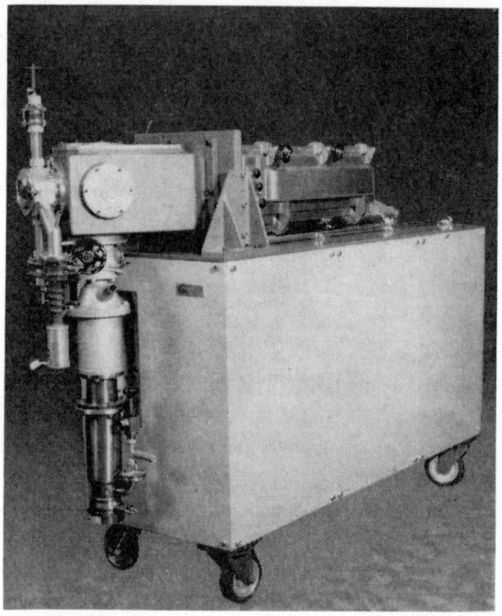

Fig. 3. Spectrographe à vide à réseau concave en incidence tangentielle. On distingue à gauche la source (chambre à étincelles); au centre le compartiment réservé aux études d'absorption et au réseau; à droite, le sas photographique.

Ajoutons pour terminer qu'un monochromateur à réseau concave en incidence tangentielle est en cours de réalisation; cet appareil, grâce à un système de focalisation géométriquement rigoureux aura une fente de sortie fixe et une direction fixe du faisceau de sortie.

III. Récepteurs

L'appareil dispersif est normalement suvi d'un récepteur, qui peut être soit photographique, soit photoélectrique, la réponse des récepteurs thermiques étant généralement très faible dans l'ultraviolet lointain.

Les photons de courtes longueurs d'onde étant très actifs photochimiquement et photoélectriquement, comme nous l'avons dit plus haut, la seule condition à remplir est qu'ils atteignant le récepteur. Sinon il faut les transformer en photons moins énergiques, mais également moins absorbables.

Photographiquement, on peut donc utiliser des émulsions, soit très pauvres en gélatine (plasques SCHUMANN très fragiles), soit sédimentées en surface (Ilford Q, Kodak SWR). Ou encore on utilise des émulsions ordinaires recouvertes d'une couche fluorescente (huile, salicylate de sodium etc.). Le rendement quantique du salicylate est généralement considéré comme constant dans l'ultraviolet lointain. Nous ne nous étendrons pas sur les avantages et inconvénients respectifs de ces procédés.

Les récepteurs photoélectriques (à multiplicateur d'électrons) sont très souvent des tubes commerciaux (par exemple à cathode CsSb) associés à une couche fluorescente (salicylate de sodium). Cependant, on assiste actuellement au développement de tubes sans fenêtre directement sensibles aux rayons ultraviolets [15], [16]. Les dynodes multiplicatrices sont en alliage Cu-Be (plus rarement en Ag-Mg) et la cathode peut être en Ni ou W. Ces tubes possèdent le gros avantage d'avoir un seuil dans l'ultraviolet, d'où un meilleur rapport signal sur lumière diffusée que pour le montage utilisant la fluorescence. De plus pour les radiations de longueurs d'onde inférieures à 1000 Å leur réponse est nettement supérieure à celle des substances fluorescentes. Bien qu'ils nécessitent un dispositif de pompage spécial, leur emploi semble donc devoir se généraliser. Des photomultiplicateurs à fenêtre mince de silice, sensibles jusqu'à 1450 Å, avaient été réalisées il y a déjà quelques années par SCHWETZOFF [17].

Enfin il est possible d'utiliser des photocompteurs dans l'ultraviolet lointain. Par combinaison de la fenêtre et du gaz de remplissage, on peut en faire des récepteurs sélectifs, sensibles seulement dans une bande spectrale relativement étroite qui permet de supprimer l'appareil dispersif dans les cas où une bonne résolution n'est pas nécessaire.

Ils sont par exemple largement utilisés en astrophysique, dans les fusées destinées aux observations, particulièrement dans la région des rayons X mous (2—20 Å) mais aussi pour l'observation dans d'autres régions ($l\alpha$ par exemple) NO+Ne, fenêtre de LiF, fig. 4 réf [18]). Les compteurs sélectifs ne semblent pas bien adaptés à l'utilisation sur des appareils fixes où une large étendue spectrale est requise.

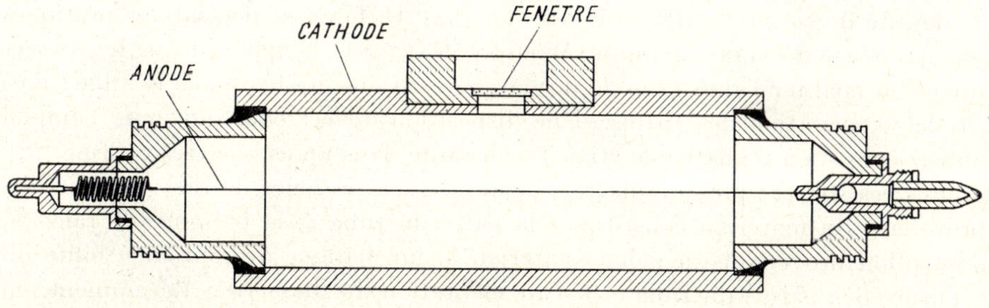

Fig. 4. Photocompteur pour l'ultraviolet lointain (d'après la référence [18]).

Disons pour clore cette brève revue des récepteurs quelques mots sur les récepteurs thermiques. Quelques mesures ont été faites [19] qui devront être reprises car leur importance est grande, le récepteur thermique étant en effet le seul à pouvoir fournir avec certitude une mesure de la répartition de l'énergie dans un spectre donné.

IV. Source

Après cette revue de quelques particularités techniques de l'ultraviolet lointain, nous évoquerons en quelques mots la question des sources de radiation et tout d'abord les sources continues qui sont indispensables pour les travaux sur l'absorption.

Il n'existe malheureusement pas de source d'émission continue de fonctionnement simple; et couvrant la totalité du spectre ultraviolet. Signalons tout d'abord le spectre continu émis par les électrons fortement accélérés (dans un synchrotron). On calcule et on constate que la courbe de répartition présente un maximum à une longeur d'onde λ_m qui croit en même temps que l'énergie E_n décroît (par exemple $\lambda_m = 86$ Å pour $E_n = 255$ MeV). Malheureusement lorsque E_n décroît l'intensité diminue très rapidement et cette source paraît surtout convenir au domaine des très courtes longueurs d'onde. Son avantage est le calcul possible de la répartition énergétique puisqu'il s'agit d'un phénomène élémentaire simple. Elle doit pouvoir servir au moins à la détermination de la répartition spectrale énergétique d'autres sources plus maniables [20], [21].

Les décharges simples dans certains gaz produisent également des spectres continus dont le mécanisme d'émission est d'origine moléculaire. Le spectre continu bien connu de la lampe à hydrogène s'étend jusqu'à 1650 Å environ; un spectre de raies assez riche lui fait suite jusqu'à 900 Å environ. En utilisant des gaz rares très purs excités en haute fréquence afin d'éviter la présence d'électrodes et conserver toute la pureté au gaz on obtient aussi différents continus 600—900 Å pour He, 1070—1650 Å pour A, 1250—1850 pour Kr. Ces spectres sont utilisables en pratique; celui du krypton semble le plus commode.

La méthode la plus générale est l'utilisation du rayonnement de freinage („bremsstrahlung") et recombinaison d'un plasma. Pratiquement ce type de source, déjà ancien, puisque découvert par Lyman, revient à réaliser une décharge de densité de courant suffisante dans un gaz. Différentes réalisations pratiques sont possibles (Collins et Price, Worley, Garton). Il apparait que le gaz sert surtout à faciliter l'amorçage, la décharge ayant ensuite lieu dans le milieu créé par la vaporisation des parois. Une disposition d'électrodes qui évite l'emploi du gaz consiste à réaliser une étincelle glissante dans un espace très confiné [22]. Toutes ces sources présentent trois défauts: 1. la présence de raies en émission provenant du matériau constituant la paroi du tube 2. la présence de raies en absorption provenant du même matériau 3. un manque de reproductibilité du à l'usure des parois du tube et à l'augmentation du diamètre. Récemment, on a pu [23] apporter une grande amélioration à ce type de source en utilisant des capacités spéciales à faible self induction et un montage entièrement coaxial destinés à augmenter la densité de courant maximum. Les tubes utilisés ont un diamètre de l'ordre de 1 cm; pour une capacité d'environ 8 μF et une self de 0,02 μH, la durée effective de la décharge est de 2 μ sec seulement (fig. [5]). Ce type de source convient bien jusqu'à 500 Å et on peut espérer pouvoir descendre plus bas dans un proche avenir. Evidemment elle conserve le caractère d'une source en impulsion à fréquence de répétition assez basse (période de plusieurs secondes) et s'adapte assez mal à des spectromètres à balayage continu du spectre.

Les sources de raies sont nombreuses dans l'ultraviolet lointain. D'une manière générale les lampes à décharges entretenues dans un gaz raréfié donnent lieu à l'émission d'un spectre de bandes ou de raies. Pour prolonger le spectre vers les courtes longueurs d'onde il faut augmenter

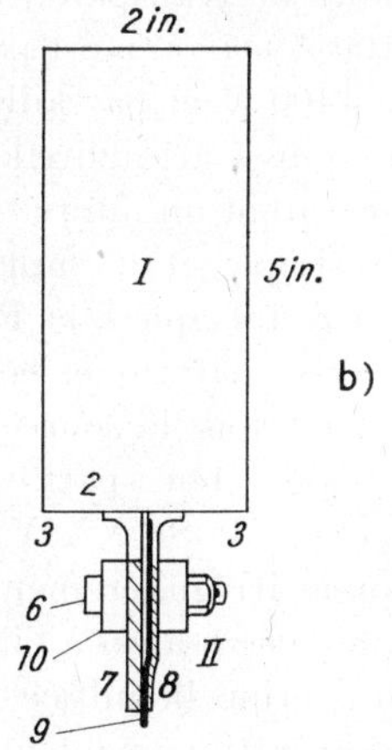

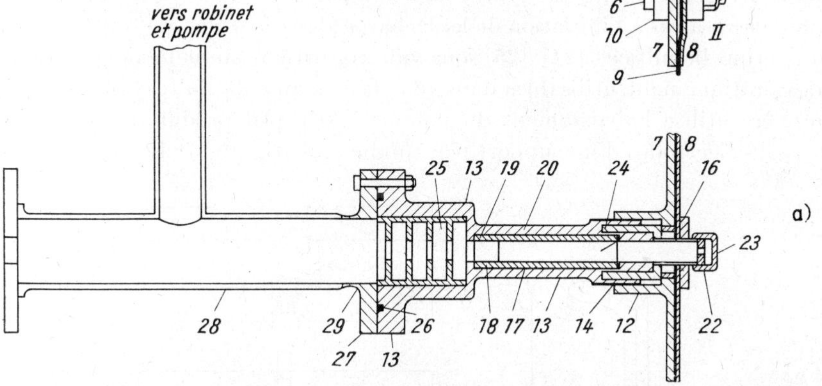

Fig. 5. Schéma d'un tube à décharge en impulsion pour l'obtention du spectre continu de freinage et recombinaison (d'après la référence [23]).

Les symboles ont les significations suivantes: *1* — un des 8 condensateurs; *2* — bornes du condensateur; *3* — électrode à la masse; 3 4/9 électrode isolée connectée coaxialement à l'électrode 15 du tube à décharge; *17* — tube isolant dans lequel se produit la décharge *25* — diaphragmes destinés à réduire les projections vers la fente du spectrographe située à l'extrémité droite du tube 28; les autres symboles ont une importance secondaire.

l'excitation, ce que l'on obtient en faisant des décharges entretenues d'un condensateur (de faible capacité) à travers une telle lampe. En réglant soigneusement les conditions d'excitation et la pureté du gaz on obtient une émission stable d'un spectre de raies atomiques (les molécules ayant été dissociées) dont on peut varier le nombre en changeant la nature du gaz et l'excitation (Weissler). On peut réaliser ainsi des sources très puissantes, où l'énergie peut être répartie sur un petit nombre de raies.

Dans le cas particulier où l'on s'intéresse au spectre même, émis par les matériaux des électrodes, par exemple en vue des applications analytiques, dont nous parlerons plus loin, on peut utiliser deux procédés: Le premier procédé consiste à réaliser une étincelle ordinaire dans un gaz dont la pression soit suffisante pour permettre la formation d'une étincelle conventionnelle et dont par ailleurs la transparence soit bonne dans l'ultraviolet lointain. En pratique la pression est telle (0,5 atm au moins) qu'une fenêtre est nécessaire. Les gaz utilisés peuvent être l'azote ou l'hélium et le plus souvent l'argon. L'extrême limite de transparence d'une fenêtre en fluorure de lithium est au voisinage de 1100 Å mais il n'est pas facile en pratique de descendre par ce procédé en dessous de 1400 Å, et par ailleurs les conditions d'excitation sont trop faibles pour que l'on puisse atteindre les spectres d'atomes très ionisés qui, comme nous le verrons, présentent un intérêt particulier dans l'ultraviolet lointain. Toutefois, ce procédé est simple et d'emploi facile. Il permet d'exciter des raies sensibles d'atome neutre tels que S et P dans la région de 1700 Å et un certain nombre de spectromètres analytiques commerciaux à lecture directe y font appel.

Toutefois, la source d'étincelles la plus générale reste l'étincelle condensée dans le vide („hot spark" de Millikan). C'est une source de très forte excitation (spectre de Sn XXIV obtenu par Edlen). L'étincelle simple de Millikan fonctionne irrégulièrement par suite des champs très élevés et de l'intervalle très faible nécessaires à l'initiation de la décharge dans le vide. L'étincelle glissante", ou „l'étincelle initiée" [24], [25] sous vide constituent actuellement les sources de raies pratiquement utilisables dans tout le domaine de l'ultraviolet lointain. La première utilise l'abaissement du potentiel disruptif produit par l'interposition entre les électrodes d'un support peu conducteur (figure 6). La seconde comporte

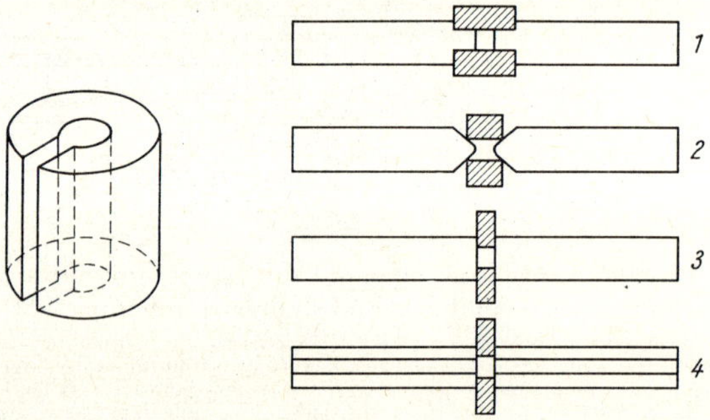

Fig. 6. Diverses dispositions d'„étincelles glissantes sous vide". L'isolant est représenté en hachuré; il est en bon contact avec les électrodes qui sont de part et d'autre. Sa forme est schématisée à gauche; par l'échancrure latérale on recueille le rayonnement émis.

une étincelle glissante de faible puissance produisant un flot de particules chargées initiant l'étincelle principale. En choisissant convenablement les conditions électriques, l'émission lumineuse apparaît presque exclusivement à l'extrémité de l'anode (figure 7). Cette disposition est particulièrement avantageuse pour les applications analytiques (une seule électrode, pas de support, donc d'impureté en contact avec le matériau à analyser). Le spectre de ces étincelles est riche dans l'ultraviolet extrême entre 1000 et 100 Å. Ces sources ont été utilisées dans les travaux sur l'absorption dans ce domaine, dans le cas où une bonne résolution

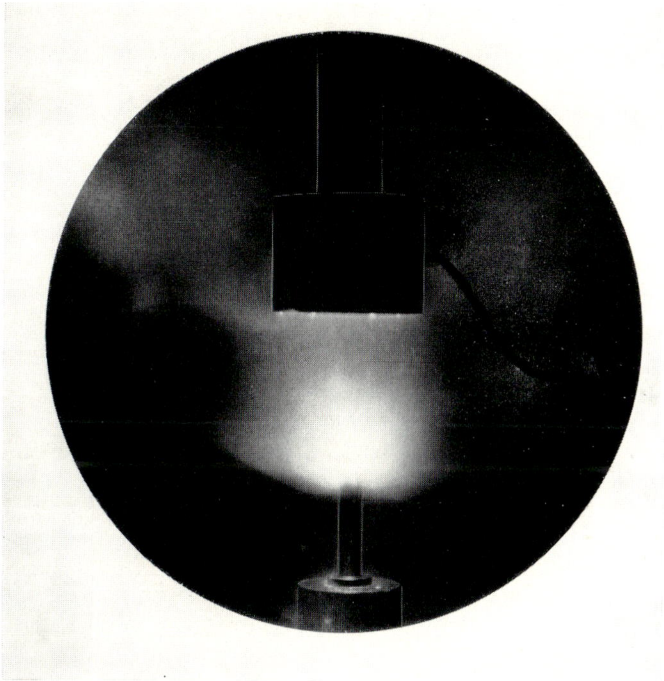

Fig. 7. Etincelle produite par le dispositif à 3 électrodes. Le bloc supérieur comprend la cathode et l'électrode d',,initiation"; l'électrode principale (anode) est en bas à une distance de 23 mm.

n'était pas essentielle (observation des discontinuités d'absorption en vue de déterminer des potentiels d'ionisation par exemple).

Un champ d'application important de ces étincelles est l'analyse spectrochimique dont nous allons dire quelques mots au paragraphe suivant.

V. Spectres d'émission atomique

Nous ne citerons que deux applications:

1. Etude des plasmas en général

L'ultraviolet lointain permet d'observer directement les transitions des fortes énergies qui interviennent dans les plasmas très chauds et dont la connaissance est utile à la théorie des ces plasmas; les pertes par rayonnement dans les plasmas du type thermo-nucléaire se feraient en grande partie dans l'ultraviolet lointain; les raies les plus intenses d'impureté telles que le carbone se trouvent précisément dans cette région spectrale qui est commode pour le contrôle de la pureté du milieu; par ailleurs la largeur de ces raies d'impureté peut donner des indications sur la température et les mouvements des ions.

2. Analyse spectrochimique des métalloïdes

Les méthodes usuelles de l'analyse spectrochimique d'émission qui permettent la détermination de 70 éléments environ perdent leur efficacité lorsque les éléments envisagés ont des potentiels d'ionisation nettement plus élevés que celui de la matrice et lorsque les raies sensibles se trouvent dans l'ultraviolet lointain. Ce cas se présente précisément pour le soufre, le phosphore, l'oxygène, l'azote etc. éléments dont l'importance en métallurgie par exemple est grande. Il est, dans ce cas, avantageux d'utiliser l'étincelle sous vide qui donne naissance aux spectres d'atomes très ionisés, et il est facile de comprendre que les raies émises par une transition $s - p$ de l'électron s de l'ion alcalinoïde, ou de l'un des 2 électrons s de l'ion de degré d'ionisation inférieur d'une unité, seront aussi sensibles que les raies analogues d'un spectre hydrogénoïde émises par les alcalins ou les alcalino-terreux (figure 8). L'étincelle dans le vide permet de produire des ions (par exemple S_{VI}, P_V, O_{IV}, N_V pour les corps cités ci-dessus) et de les exciter. Les possibilités pratiques de cette méthode ont été récemment passées en revue (voir ref. 5 et ref. [26]). Le tableau 2 donne une liste de raies „ultimes" des metalloïdes.

Tableau II

Tableau des raies ultimes de quelques éléments

C_{IV}	N_V	O_{VI}
1 548,19 1 550,77	1 238,80 1 242,78	1 031,91 1 037,61

Si_{IV}	P_V	S_{VI}	Cl_{VII}
1 393,73 1 402,73	1 117,98 1 128,01	933,38 944,52	800,70 813,00

Ge_{VI}	As_V	Se_{VI}
1 188,99 1,229,81	987,69 1 029,50	844,15 886,82

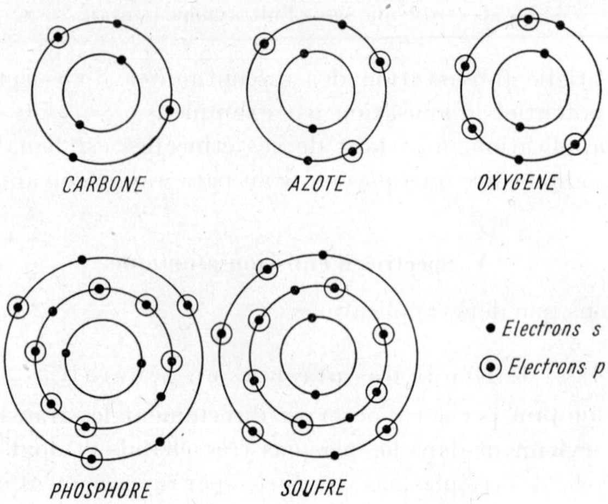

Fig. 8. Structure électronique de divers éléments. L'ion hydrogénoïde du carbone correspond à l'ionisation de 3 électrons (spectre CIV).

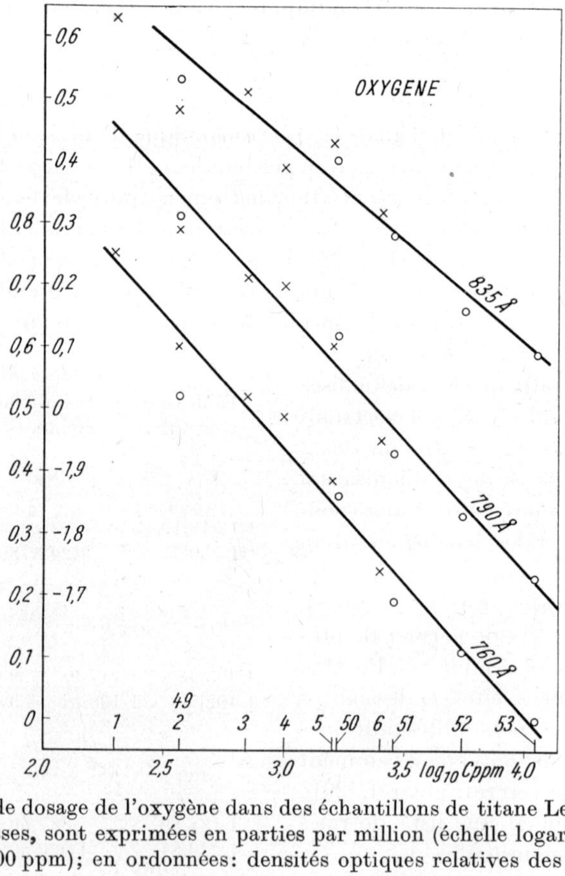

Fig. 9. Courbes de dosage de l'oxygène dans des échantillons de titane Les concentrations portées en abscisses, sont exprimées en parties par million (échelle logarithmique de 100 à 10.000 ppm); en ordonnées: densités optiques relatives des raies.

Un exemple de dosage de l'oxygène dans le titane est donné figure 9. Les essais effectués jusqu'à ce jour portent sur, le dosage de C, S, P, O et N dans les aciers, de O et N dans le titane, et des éléments de la quatrième et de la cinquième ligne (dans des poudres dièlectriques); des teneurs limites variant de 20 à 200 ppm ont pu être décelées.

Cette méthode n'en est encore qu'à ses débuts mais les résultats déjà obtenus semblent très encourageants. Les méthodes utilisant une étincelle dans un gaz (déjà mentionnées à la rubrique des sources), qui sont limitées à la région de Schumann ont également donné de bons résultats, mais elles ne font généralement appel qu'aux spectres d'atomes neutres ou peu ionisés et non aux raies ultimes d'ions hydrogénoïdes; pour cette raison, elles sont moins satisfaisantes en principe; elles paraissent surtout moins d'adaptées à l'analyse directe des gaz dans les solides.

VI. Spectres moléculaires

Nous parlerons surtout des spectres d'absorption. Dans ce domaine on peut classer les développements récents de la manière suivante:

1. Mesure quantitative des coefficients d'absorption continue

Mettant à profit l'existence des sources de raies facilement utilisables décrites plus haut, plusieurs expérimentateurs ont mesuré quantitativement l'absorption en un certain nombre de points du spectre de nombreux gaz et vapeurs notamment des gaz atmosphériques [8], [27]. Deux exemples de telles mesures récentes sont donnés figure 10 et figure 11. La première donne le spectre de l'azote gazeux dans l'ultraviolet extrême [28], [29], la seconde le spectre de la vapeur d'alcool méthylique [30] dans le même domaine. L'observation de ces figures montre qu'on détermine essentiellement l'absorption continue superposée aux spectres de bandes discrètes; cette absorption continue qui correspond aux points de plus faible absorption, présente des discontinuités correspondant aux processus de photodissociation ou de photoionisation. La valeur des potentiels de ces discontinuités constitue une base solide pour la vérification des théories des états électroniques des molécules. Ainsi pour CH_3OH les discontinuités correspondraient aux processus de photoionisation des électrons suivants:

14,3 ev	électron de liaison de la liaison O—C
17,5 ev	électron de liaison de la liaison O—H
20,8 ev	électron de l'orbitale S de CH_3
24,3 ev	probablement dissociation et ionisation simple
31 ev	probablement ionisation d'un électron d'une orbitale 2 S de l'oxygène
37 ev et 53 ev	double ionisation accompagnée ou non de dissociation suivant un processus qui reste à déterminer.

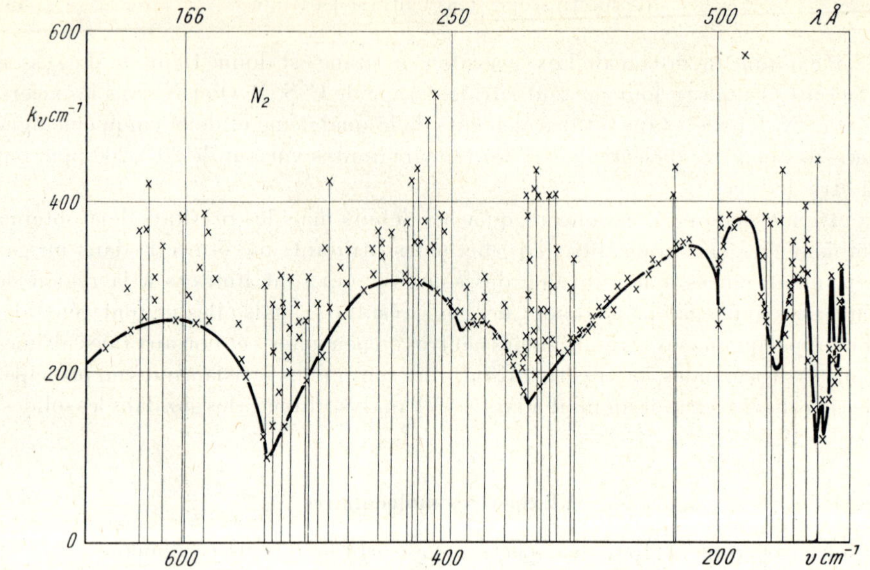

Fig. 10. Courbe d'absorption de l'azote dans l'ultraviolet lointain. L'échelle des nombres d'onde (en abscisses) est en $10^3\ cm^{-1}$. Le spectre de référence est un spectre de raies (étincelle glissante).

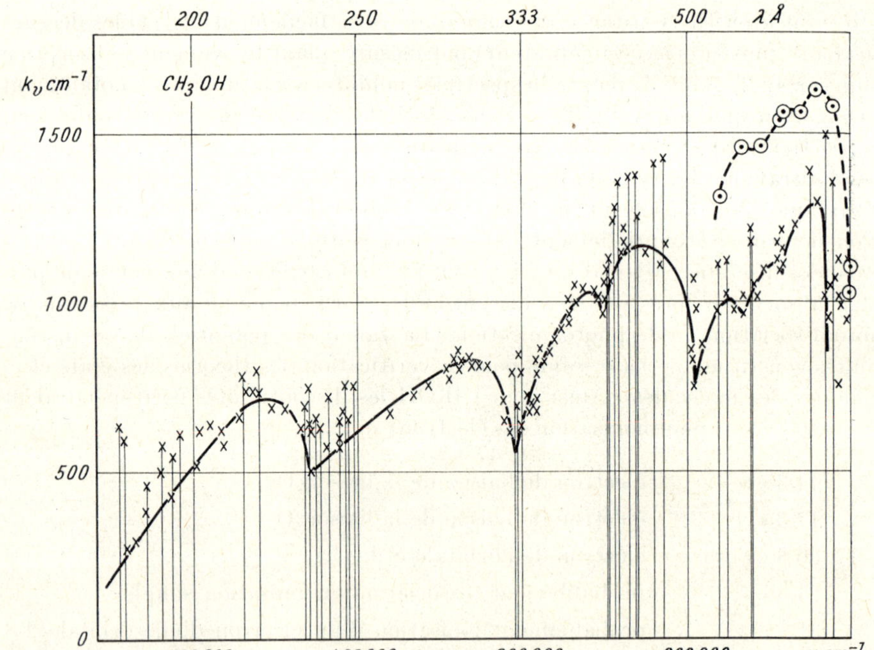

Fig. 11. Courbe d'absorption de la vapeur d'alcool méthylique dans l'ultraviolet lointain — Remarquer les discontinuités d'absorption qui correspondent à l'apparition des phénomènes d'ionisation et de dissociation.

2. Détection directe de la photoionisation et mesure du rendement de photoionisation

Le potentiel de photoionisation est, dans certaines séries organiques du moins, assez caractéristique du composé étudié; c'est ainsi que dans la série benzénique il varie de 9,24 ev pour le benzène à 8,48 ev pour le paraxyléne. La détection de ce potentiel par l'observation du spectre nécessite la localisation de la limite d'une série, parfois difficile à trouver dans le cas de molécules complexes où il peut y avoir superposition de plusieurs processus d'excitation différents. Aussi la détection directe d'un courant de photoionisation constitue-t-elle un moyen qui peut être plus simple et plus précis que l'observation du spectre (voir pour plus de détail la réf. [7]). La détection se fait dans ce cas à l'aide d'un monochromateur suivi d'une chambre d'ionisation.

En plus de la connaissance de la valeur du potentiel de photoionisation, celle de la probabilité de photoionisation est également importante, d'une part, pour une vérification des données théoriques, d'autre part parce que cette probabilité intervient directement dans la théorie des décharges électriques (formation du plasma) et dans la concentration des couches ionisées de la haute atmosphère.

La figure 12 décrit une méthode particulièrement intéressante qui a été utilisée dans l'ultraviolet lointain (voir par exemple référence [24]): la lumière dispersée

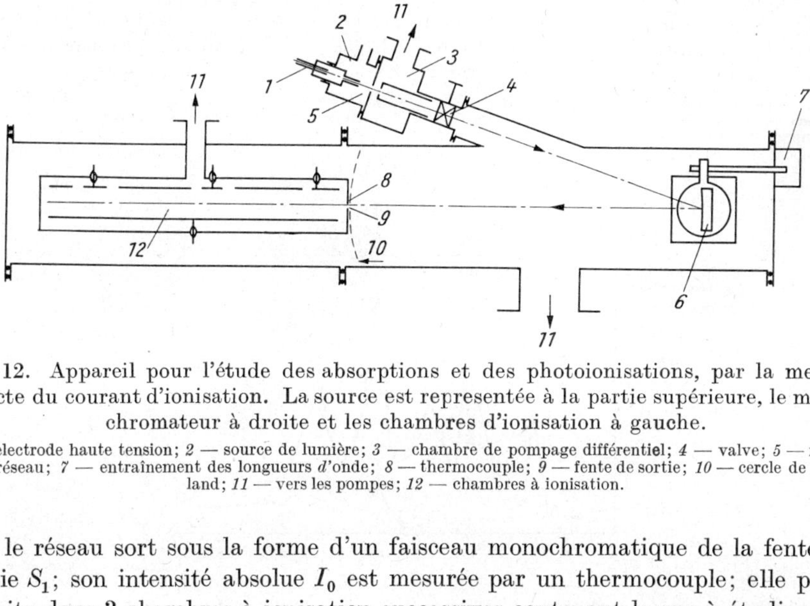

Fig. 12. Appareil pour l'étude des absorptions et des photoionisations, par la mesure directe du courant d'ionisation. La source est representée à la partie supérieure, le monochromateur à droite et les chambres d'ionisation à gauche.

1 — electrode haute tension; *2* — source de lumière; *3* — chambre de pompage différentiel; *4* — valve; *5* — fente; *6* — réseau; *7* — entraînement des longueurs d'onde; *8* — thermocouple; *9* — fente de sortie; *10* — cercle de Rowland; *11* — vers les pompes; *12* — chambres à ionisation.

par le réseau sort sous la forme d'un faisceau monochromatique de la fente de sortie S_1; son intensité absolue I_0 est mesurée par un thermocouple; elle passe ensuite dans 3 chambres à ionisation successives contenant le gaz à étudier; les courants photoélectriques produits dans ces chambres sont dans l'ordre i_1, i_2 et i_3; le rapport i_1/i_2 donne la probabilité d'absorption, le rapport i_2/i_3 la probabilité de photoionisation par photon absorbé. Ainsi les deux grandeurs sont déterminées simultanément dans le même appareil. Les résultats obtenus sur des gaz monoatomiques sont dans une certaine mesure en accord satisfaisant avec les calculs théoriques (voir référence [27]). Mais ces calculs ne sont praticables que pour un processus élémentaire. Dans le cas d'une molécule, même une molécule simple

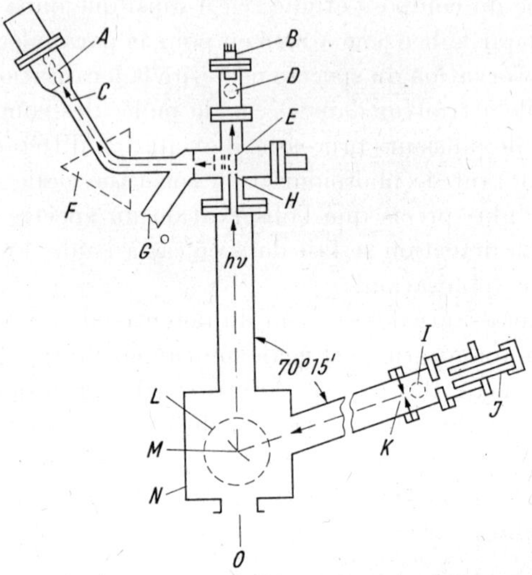

Fig. 13. Appareil pour l'examen par spectrométrie de masse des ions formés par photoionisation dans l'ultraviolet lointain. En bas à droite: source de lumière. En bas au centre: monochromateur. En haut à gauche, spectromètre de masse.

A — photomultiplicateur récepteur d'ions; *B* — photomultiplicateur récepteur de lumière; *C* — faisceau d'ions; *D* — vers les pompes; *E* — chambre de photoionisation; *F* — aimant permanent du spectrométre de masse; *G* — vers les pompes; *H* — fente de sortie du monochromateur; *I* — vers les pompes; *J* — source de lumiére; *K* — fente d'entrée du monochromateur; *L* — plateforme tournante du monochromateur; *M* — réseau; *N* — monochromateur type Seya.

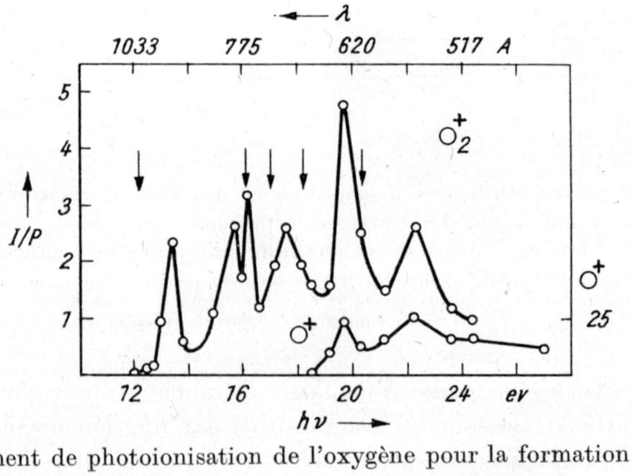

Fig. 14. Rendement de photoionisation de l'oxygène pour la formation de O_2^+ et O^-.

diatomique, plusieurs processus peuvent contribuer à l'ionisation pour une même énergie du photon. Aussi apparaissait-il nécessaire de faire des mesures sur des radicaux ou atomes isolés. Des travaux récents dans ce sens ont été faits en particulier par WEISSLER [31], par la combinaison d'un monochromateur à réseau avec un spectrographe de masse qui analyse les concentrations des divers ions formés par photoionisation (figure 13). Déjà un nombre respectable de résultats ont été accumulés. Une conséquence générale est le fait que l'ionisation dissociative est peu probable. La figure 14 montre, à titre d'exemplare, le rendement de photoionisation de l'oxygène pour la formation de O_2^+ d'une part, et de O^+ d'autre part; on constate que la formation de O^+ est beaucoup moins probable.

VII. Propriétés optiques des solides

Pouvoirs réflecteurs absorption, et effet photoélectrique des couches minces

Les interactions des photons de l'ultraviolet lointain avec les solides se manifestent par les mesures classiques de la transmission, du pouvoir réflecteur, et du rendement photoélectrique. Nous ne décrirons pas ici les méthodes de mesure, qui sont la transposition dans l'ultraviolet lointain des méthodes utilisées par ailleurs.

1. Pouvoir réflecteur

Les pouvoirs réflecteurs étaient jusqu'à ces dernières années considérés comme mauvais dans l'ultraviolet lointain. Effectivement pour les matériaux purs, métaux, diélectriques, ils sont intrinsèquement médiocres, et vers 1000 Å, un pouvoir réflecteur inférieur à 20% est considéré comme normal. Toutefois une étude plus approfondie a montré qu'en ce qui ce qui concerne les couches préparées par évaporation sous vide la contamination de la couche (en particulier son oxydation lorsqu'elle est préparée dans un vide insuffisant ou lorsque la durée des opérations est excessive) et sa structure joueraient un rôle fondamental dans l'ultraviolet lointain. Ainsi le pouvoir réflecteur de l'aluminium est-il bien meilleur lorsque l'évaporation se fait très rapidement, (quelques secondes par 1000 Angströms d'épaisseur) [32]. La pureté des matériaux joue également un rôle très important. Ainsi la figure 15 représente le pouvoir réflecteur des couches de germanium évaporé [33] à partir d'un ruban de tantale pour des températures croissantes (courbes de *A* à *E*). Il est à remarquer que les couches obtenues à température plus élevée contiennent une proportion plus élevée d'atome de tantale. On notera la valeur élevée des pouvoirs réflecteurs obtenus dans ce cas (l'application pratique en a été faite aux réseaux). Enfin la structure cristallisée ou amorphe joue également un rôle considérable.

Ces quelques exemples montrent que les expérimentateurs ont recherché d'une part, les conditions de préparation conduisant aux couches de meilleur pouvoir réflecteur, et par ailleurs, les conditions donnant les couches les plus pures (ce ne sont pas nécessairement les mêmes, comme nous venons de le voir).

Par ailleurs de nouveaux corps ont été étudiés, les semi-conducteurs dont nous venons de donner un exemple, ainsi que des corps comme le sulfure de zinc, qui a, comme le germanium, un bon pouvoir réflecteur.

Une amélioration pratique des pouvoirs réflecteurs a été recherchée en réalisant des couches interférentielles multiples produisant un renforcement de l'intensité réfléchie pour certaines régions et un affaiblissement por d'autres régions. Des exemples de telles couches [32] sont les couches complexes Al-Ge-ZnS et surtout Al recouvert de MgF_2 dont le pouvoir réflecteur atteint 80% au voisinage de 1200 Å. On voit que l'on peut, par cette technique, atteindre des résultats très

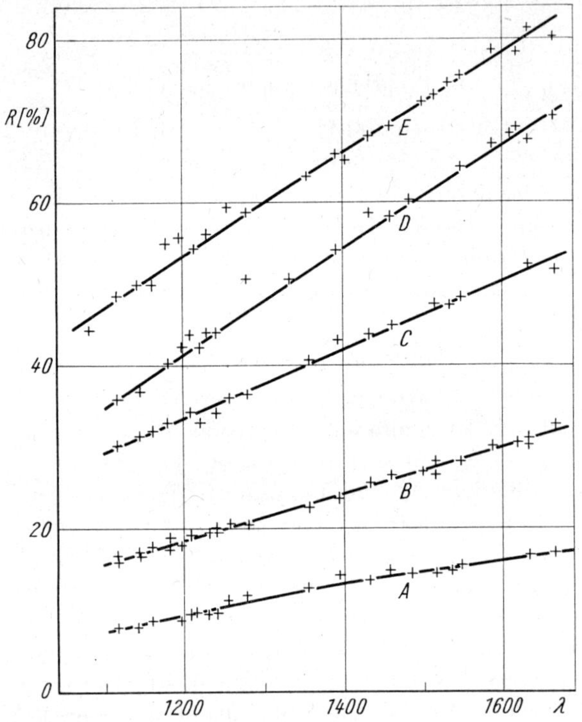

Fig. 15. Pouvoir réflecteur en fonction de la longueur d'onde pour des couches de germanium évanporées à partir d'un ruban de tantale, en fonction de la température de l'évaporateur. Cette dernière va en croissant de *A* à *E*.

intéressants. — Ces travaux, qui ont un intérêt pratique évident, conduisent également à une étude plus serrée du phénomène de la réflexion dans l'ultraviolet lointain, et à la détermination des constantes optiques [34]. Nous ne parlerons pas de ce dernier point, mais nous dirons quelques mots de l'absorption des couches minces.

2. Structure des bandes électroniques des semi-conducteurs

Techniquement les pellicules minces peuvent être étudiées dans la région des courtes longueurs d'onde, soit par évaporation sur un support plastique mince transparent dans cette région (quelques centaines d'Å de „parlodion") soit seules après dissolution ou évaporation du support [31]. Il est presque impossible d'appliquer à ces couches un traitement thermique et leur structure cristalline est généralement imparfaite.

Des exemples de courbes d'absorption sont donnés sur la figure 16 (sélénium amorphe) et la figure 17 (sélénium hexagonal) extraites de la reférence [33].

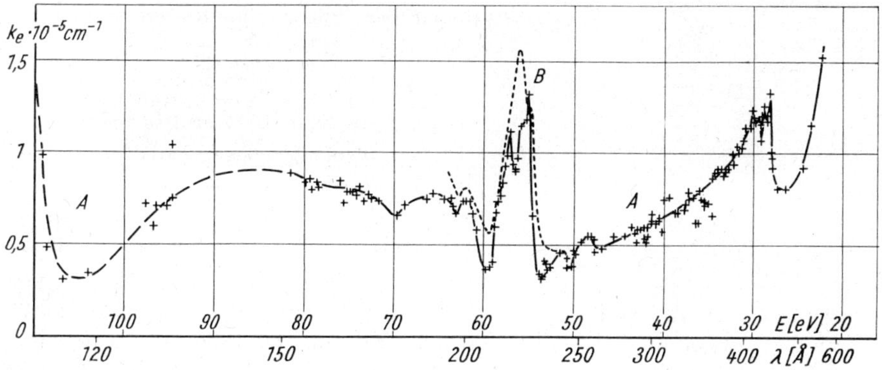

Fig. 16. Courbe d'absorption du Sélénium amorphe dans l'ultraviolet lointain. On observe deux discontinuités d'absorption.

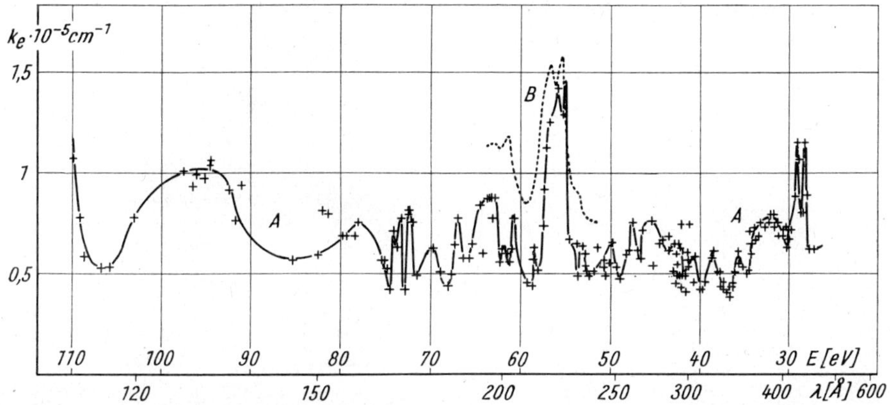

Fig. 17. Courbe d'absorption du Sélénium hexagonal dans l'ultraviolet lointain. En plus des discontinuités de la figure 16, on observe une structure de Kronig. Cette structure révèle la forme de la surface des zones de Brillouin.

Les discontinuités d'absorption ainsi observées peuvent être interprétées comme dues à des transitions d'un électron d'un niveau interne vers la bande de conduction (figure 18). Les niveaux internes, peu perturbés par les interactions avec le réseau cristallin, sont étroits; les spectres donnent donc des indications sur la largeur des bandes supérieures, et sur leur structure. Les deux maxima observés

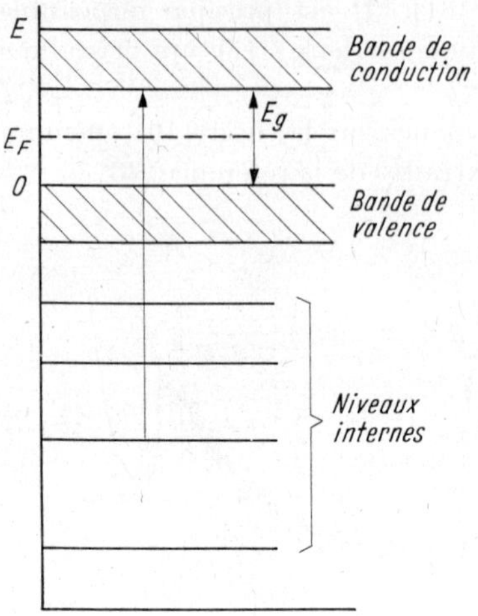

Fig. 18. Schéma des transitions d'un électron d'un niveau interne vers la bande de conduction.

pour le Se à 54,8 ev et 28,0 ev sont dûs respectivement à des transitions des niveaux $M_{4,5}(3\,d)$ et $N_1(4\,s)$ vers la bande de conduction. L'examen des données dans cette région spectrale permet de recouper les résultats abtenus par les spectres X et par ailleurs apporte des renseignements sur la bande de conduction.

3. Résonance de plasma

En ce qui concerne les métaux, on a montré que les régions de transparence que l'on observe dans l'ultraviolet lointain peuvent être interprétés en faisant intervenir le plasma constitué par les électrons libres, plasma dont la fréquence critique est $\nu_P = (n_e^2/\pi\, m)^{1/2}$. Pour les fréquences inférieures à ν_P le plasma se comporte comme un conducteur et l'onde incidente est réfléchie; pour les fréquences plus élevées que ν_P il se comporte comme un diélectrique et peut transmettre une onde électromagnétique. On doit donc observer une région de transparence entre la fréquence du plasma et la plus basse des transitions interbandes.

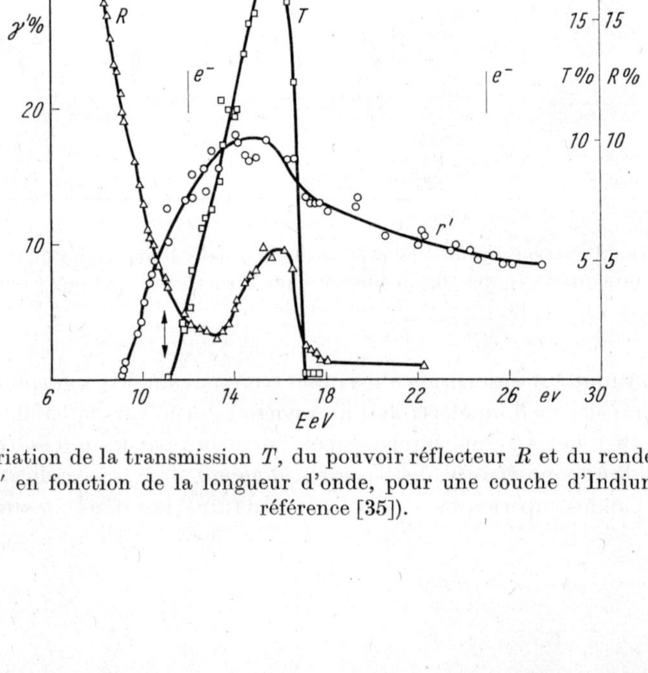

Fig. 19. Variation de la transmission T, du pouvoir réflecteur R et du rendement photoélectrique γ' en fonction de la longueur d'onde, pour une couche d'Indium (d'après la référence [35]).

De tels phénomènes ont été effectivement observés [35]; la figure 19 représente la transmission T, le pouvoir réflecteur R et le rendement photoélectrique γ' pour l'indium. On constate que la région de transparence est limitée du côté des basses fréquences par la fréquence du plasma (11,1 ev) et du côte des fréquences élevées (à 17 ev) par une transition correspondant peut être au bord de la transition $N_{4,5} \rightarrow$ bande de conduction.

L'examen des résultats permet d'établir quelques corrélation entre les grandeurs mesurées (R, T et γ'). Evidemment, dans les régions où T est faible on a R $(1-A)$, et une décroissance de R correspond à un accroissement de A. Ceci peut être interprété soit par une transition interbande, soit par un effet photoélectrique de volume. La tendance générale des résultats expérimentaux est en faveur d'un tel effet photoélectrique.

4. Effet photoélectrique de „volume"

D'une manière générale l'effet photoélectrique est très impotant dans l'ultraviolet lointain, et l'on sait maintenant que les rendements sont très élevés (le rendement quantique atteint et dépasse 10%). Ces rendements peuvent être représentés en fonction de l'énergie des photons incidents par une expression dans laquelle figure essentiellement une quantité μ correspondant au travail d'extraction habituel (relatif à la surface), mais plus élevé, et en écrivant que l'énergie cinétique relative à la composante du moment normale à la surface est plus grande que le travail d'extraction φ. Cette formule semble approximativement vérifiée.

Ces résultats montrent, en tout cas, que l'effet est bien certainement un effet de „volume".

L'existence des effets décrits dans cette rubrique concernant l'état solide indiquent la possibilité de diverses applications: filtres passe-bande, réception photoélectrique, etc. . . Une des applications les plus générales est l'étude des phénomènes de surfaces à l'aide de l'ultraviolet lointain; nous avons vu en effet que la structure et les pollutions exercent des effets énormes sur les propriétés optiques des solides massifs ou en couches minces dans l'ultraviolet lointain.

VIII. Brèves indications sur les applications géophysipues et astrophysiques

Bien que nous n'ayons pas participé à ce type de recherches, nons voudrions clore cet exposé consacré aux principaux problèmes „d'actualité" dans le domaine de la spectroscopie dans l'ultraviolet lointain par une brève revue d'une des plus brillantes applications de l'ultraviolet lointain, celle, déjà évoquée en quelques mots plus haut, qui est relative à la géophysique et à l'astrophysique.

Nos connaissances sur les astres sont presque exclusivement basées sur l'observation des radiations qui forment l'unique lien entre eux et nous. Pendant très longtemps seul le spectre visible fut étudié, mais depuis une quinzaine d'années d'autres bandes de fréquence sont explorées; infrarouge, ondes hertziennes, rayons X, et aussi l'ultraviolet lintain.

Nous ne décrirons pas les détails techniques. Rappelons simplement que depuis 1946 des fusées de types variés emmènent des instruments destinés à enregistrer ou à transmettre les informations reçues. Les grosses difficultés techniques à résoudre, notamment le pointage, rendirent les progrès assez lents au début. La nécessité d'atteindre une altitude suffisante pour éviter l'absorption par l'atmosphère terrestre, le temps relativement faible des observations, semblent être maintenant des difficultés qui ont été surmontées.

La figure 20, d'après un ouvrage de RAWER [36] qui n'est d'ailleurs plus très récent, donne une idée de la composition de l'atmosphère en fonction de l'altitude.

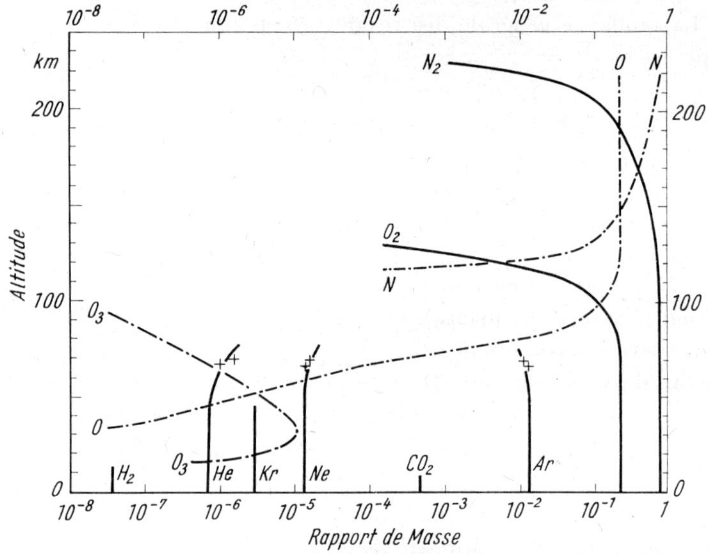

Fig. 20. Composition de l'atmosphère en fonction de l'altitude (d'après la référence [36]).

L'examen de cette figure montre clairement l'importance de l'ultraviolet lointain qui est reponsable de la formation des espèces dissociées ou ionisées et de leur photochimie.

A partir des données actuellement connues, il a été possible de se former une opinion sur les mécanismes responsables de la formation des couches ionisées. Les couches inférieures *D* et *E* seraient produites par des processus moléculaires; (ionisation de NO ou de O_2). Les couches supérieures F_I et F_{II}, à l'altitude desquelles il n'y a plus beaucoup de molécules, seraient produites par l'ionisation de l'atome d'oxygène dont le potentiel d'ionisation est de 13,55 ev, la raie He_{II} 303,3 Å semblent jouer un grand rôle. La forte absorption de cette raie dans la haute atmosphère rendrait compte de la température élevée qu'on y observe. Les interprétations, dans ce domaine, requièrent beaucoup de données et se perfectionnent constamment avec les progrès de l'expérimentation.

Ce qui précède repose sur la connaissance du spectre du soleil. D'ailleurs, pour des raisons expérimentales évidentes, c'est cet astre qui a fait l'objet du plus grand nombre d'observations.

Les résultats obtenus au sujet desquels nous renvoyons pour plus de détails aux références [37] et [38], peuvent être résumés comme suit:

1. L'extension du continu solaire a été observée de 2800 à 1500 Å. Cette région continue correspondrait à une température plus basse que celle relative au continu observé dansle visible. On remarque une chute d'intensité au voisinage de 2100 Å. De nombreuses raies de FRAUNHOFER ont été mesurées et on a pu détecter des raies d'éléments non encore observées dans l'atmosphère solaire (arsenic: raie de résonance à 1890,4 Å).

2. On observe une émission de raies très nombreuses et souvent très intenses. Environ 150 furent observées entre la raie de l'hydrogène $L\alpha$ à 1216 Å et la dernière raie 83,9 Å (probablement émise par Ne VIII). Grâce à une prédispersion, il a été possible d'obtenir les spectres d'excellente résolution et de mettre en évidence entre les raies l'existence de diverses régions d'émission continue.

La conclusion d'ensemble est que le spectre est celui résultant de transitions optiques dans un milieu hautement ionisé, tel que la partie externe de la chromosphère et la couronne (raies de: CIāCIV, OIāOVI, SiI, ā SiIV etc.)

Plusieurs membres de la série de LYMAN de l'hydrogene ont été observés ainsi que le spectre continu qui fait suite (vers 900 Å).

3. Les raies $L\alpha$ (1216 Å) de l'hydrogène, et la raie 303,8 Å ($L\alpha$ de HeII voir réf. [39]) ont été particulièrement étudiées en raison de leur intensité.

L'intensité absolue de ces raies a été déterminée par différentes observations (photographiques et photoélectriques). Les résultats obtenus ne sont pas très concordants, car il est nécessaire de tenir compte de l'absorption dans les couches supérieures de l'atmosphère (les résultats publiés se rapportent à des altitudes de l'ordre de 220 km). L'intensité de la raie $L\alpha$ 1216 Å serait de l'ordre de 3 à 6 ergs/cm^2. sec^{-1}, celle de la raie 303,8 Å de l'hélium serait même plus intense. Le chiffre de 20 ergs/cm^2/sec^{-1} a été avancé comme contribution de l'ensemble des raies autres que $L\alpha$ et HeII 304 Å [39].

4. On a pu réaliser une photographie du disque solaire en $L\alpha$ 1216 Å en utilisant un monochromateur à réseaux, un des réseaux étant déformé mécaniquement afin d'obtenir une image rigoureusement, stigmatique [40]. La radiation est plus intense dans les plages se trouvant au voisinage des taches. On espère mettre en évidence une variation de $L\alpha$ avec l'activité solaire.

5. A l'aide d'un appareil de haute dispersion (réseau utilisé dans le 13 ème ordre), on a déterminé [41] le profil de $L\alpha$ 1216 Å. La largeur totale dela raie est de 1 Å. Le centre de la raie présente une réabsorption relativement large (1/2 largeur egale à 0,4 Å) qui serait due à un processus de rediffusion multiple dans les couches solaires émissives. En outre, au coeur de cette région de réabsorption on a décelé une raie d'absorption étroite (0,05 Å de 1/2 largeur), qui serait due à l'hydrogène atomique interplanétaire situé entre le soleil et la couche E

atmosphérique; à partir de cette demi-largeur on a même pu estimer la température (800 à 2100 °K) de cet hydrogène.

6. On a pu observer avec des photocompteurs très sensibles la radiation $L\alpha$ réémise par le ciel et provenant de l'absorption étroite signalée ci-dessus [38].

Nous ne nous étendrons pas plus sur les observations relatives au soleil, ainsi que sur les conclusions que l'on peut en tirer relativement aux processus intervenant dans la couronne et la partie extérieure de la chromosphère, qui sont le siège de l'émission des radiations ultraviolettes observées. Ces considérations sortiraient du cadre de cet exposé.

On commence également à posséder des données sur l'émission des étoiles dans l'ultraviolet lointain [40]. Des photocompteurs sélectifs sont utilisés et par exemple, on a pu relever les réponses correspondant à une quinzaine d'étoiles dans la bande 1350—1550, et pour quelques unes dans la bande 1290—1350. Toutefois, il semble que la présence de l'hydrogène dans les espaces interstellaires doivent constituer une gêne pour les observations sur des distances aussi grandes.

L'observation de la radiation $L\alpha$ émise par le ciel nocturne donne par ailleurs quelques renseignements sur la couche d'hydrogène située entre le soleil et la terre. Bien que des observations aient été faites à 1200 km, il semble que des vols a des altitudes plus élevées soient nécessaires por déterminer la part jouée par l'hydrogène géocoronal et par l'hydrogène interplanétaire.

Centre National de la Recherche Scientifique, Laboratoire des Hautes Pressions, Bellevue

Bibliographie

[1] LYMAN, T., The Spectroscopy of the Extreme Ultraviolet. Longmans, Green and Co, London 1928.
[2] BOMKE, H., Vakuumspektroskopie. J. A. Barth, Leipzig 1937.
[3] HOLWECK, De la lumière aux rayons X. Presses Universitaires, Paris 1927.
[4] VODAR, B., Progrès récents dans l'Etude de l'Ultraviolet lointain 16ème Congrès du G.A.M.S., Paris 1953, p. 17—55.
[5] VODAR, B.,Spectroscopie d'émission dans l'ultraviolet lointain Publication du G.A.M.S. Paris 1958, p. 125—183.
[6] VODAR, B. et ROMAND, J., Mikrochimica Acta **2—3** (1955) p. 429.
[7] INN, E. C. Y., Spectrochimica Acta **7** (1955) 65.
[8] ROMAND, J. et VODAR, B., Spectrochimica Acta **8** (1956) 229.
[9] DOUGLAS, H. E. et HERZBERG, G., J. Opt. Soc. Am. **47** (1957) 625.
[10] TOUSEY, R., Comm. au Congrès d'Astrophysique, Liège 1960.
[11] TYREN, F., Zeits. f. Physik **111** (1938) 314.
[12] ROMAND, J. u. VODAR, B., Revue d'Optique **39** (1960) 167.
[13] ROMAND, J. et VODAR, B., Revue d'Optique **37** (1958) 329.
[14] ROMAND, J. u. VODAR, B., Revue d'Optique à paraître.
[15] HINTEREGGER, H. E., Phys. Rev. **96** (1954) 538.
[16] Travaux non publiés.
[17] SCHWETZOFF, V., Rev. Gen. Elect. **63** (1954) 71.
[18] CHUBB, T. A. et FRIEDMAN, Rev. Sci. Instr. **26** (1955) 493.
[19] WATANABE, K. et INN, E. C. Y., J. Opt. Soc. Amer. **43** (1953) 32.
[20] HARTMAN, P. I. et TOMBOULIAN, D. H., Phys. Rev. **91** (1953) 1577.
[21] TOMLOULIAN, D. H. et HARTMAN, P. L., Phys. Rev. **102** (1956) 1423.

[22] ROMAND, J., BALLOFFET, G. et VODAR, B., C. R. Acad. Sci. **240** (1955) 412.
[23] GARTON, W. R. S., J. Sc. Instr. **36** (1959) 11.
[24] ROMAND, J., BALLOFFET, G. Melle et VODAR, B., Spectr. Acta **13** (1958) 150.
[25] ROMAND, J. et VODAR, B., J. Phys. Rad. **19** (1958) 732.
[26] BALLOFFET, G. Melle, Ann. Phys. Paris **5** (1960) 1243 (Thèse).
[27] WEISSLER, G. L., Handb. der Physik **21** (1956) 304.
[28] ASTOIN, N. Melle et GRANIER, J. Mme, C. R. Acad. Sc. **244** (1957) 1350.
[29] ASTOIN, N. Melle, J. Rech. C. N. R. S. **38** (1957) 1.
[30] SANSON Melle et DAMANY-ASTOIN, N. Mme, C. R. Acad. Sc. **250** (1960) 4138.
[31] WEISSLER, G. L., SAMSON, J. A. R., OGAWA, M. et COOK, G. R., J. Opt. Soc. Am. **49** (1959) 338.
[32] HASS, G., TOUSEY, R., J. Opt. Soc. Am. **49** (1959) 593.
[33] ROBIN-KANDARE, Mme, J. Rech. C. N. R. S. **49** (1959) 311 (Thèse).
[34] FABRE, D. Melle, ROMAND, J. et VODAR, B., J. Phys. Rad. **21** (1960) 263.
[35] WALKER, W. C., RUSTGI, O. P. et WEISSLER, G. L., J. Opt. Soc. Am. **49** (1959) 471.
[36] RAWER, K., Die Ionosphäre, Ed. Noordhoff, 1952.
[37] lère Conf. sur la Science de l'Espace, Nice 1959 Ed. North-Holland Pab. Co.
[38] 10° Congrès d'Astrophysique, Liège, 1960.
[39] VIOLETT, T. et RENSE, W. A., Ap. J. **130** (1959) 954; (voir aussi: RENSE, W. A. Comm. Conf. de Nice, 1959).
[40] PURCELL, J. D., PACKER, D. M. et TOUSEY, R., Nature **184** (1959) 8.
[41] PURCELL, J. D. et TOUSEY, Comm. à la 1ère Conf. sur la Science de l'Espace, Nice 1959.

С. Л. МАНДЕЛЬШТАМ, СССР

Об уширении и сдвиге спектральных линий в сильноионизованной плазме

Исследования формы спектральных линий принадлежат к числу классических направлений спектроскопии; изучение формы спектральных линий дает возможность исследовать возмущения излучающих атомов окружающими частицами. В связи с ростом в последние годы интереса к исследованиям высокоионизованной плазмы, важное значение приобретает изучение уширения и сдвига линий, обусловленных воздействием электрических полей электронов и ионов. Это даст возможность изучать действие очень сильных, неоднородных и быстропеременных полей, которые нельзя осуществить другими путями. Измерения ширины и сдвига линий в плазме являются также основным методом изучения распределения концентрации заряженных частиц и скорости движения атомов.

В настоящем сообщении кратко излагаются результаты теоретических и экспериментальных исследований, выполненных в последние годы в Физическом институте АН СССР.

Мы выбрали в качестве объекта исследований линии, обладающие квадратичным Штарк-эффектом. В уширении и сдвиге линий с квадратичным Штарк-эффектом основную роль играют соударения излучающего атома с электронами.

Линии имеют дисперсионную форму $I = \frac{\text{const}}{(\nu - \nu_0 - \Delta)^2 + \frac{\gamma^2}{4\pi^2}}$, где γ и Δ соответственно полуширина и сдвиг линий. При пролете электрона на расстоянии r от излучающего атома, на последний действует поле $\frac{l}{r^2}$. Если электрон движется достаточно медленно, мы можем принять, что под влиянием этого поля частота излучения атома смещается на величину $\delta\nu = \frac{C_4}{r^4}$ (1), где C_4 константа квадратичного Штарк-эффекта для верхнего уровня излучаемой линии. Теория Вейскопфа-Линдгольма дает для уширения и сдвига выражения [1]:

$$\gamma_c = 11{,}4\, C_4^{2/3} v^{1/3} n_e \qquad \Delta_c = 9{,}8\, C_4^{2/3} v^{1/3} n_e \qquad \frac{\gamma_c}{\Delta_c} = 1{,}16\,. \tag{2}$$

Наши первые же эксперименты показали, что в большинстве случаев эти выражения не верны. Величина γ для линий с C_4', изменяющимся на 2 порядка, различалась лишь в 3—4 раза, величина $\frac{\gamma}{\Delta}$ практически варьировала для разных линий в пределах от 2 до 10 [2]. И. И. Собельман и Л. А. Вайнштейн показали, что причина расхождения теории и эксперимента заключается в следующем [3]. Выражение (1) по существу предполагает стационарное или квазистационарное воздействие электрического поля на излучающий атом. При быстрых пролетах электрона вблизи атома поляризация электронной оболочки атома не успевает следовать за изменением поля и поэтому применение выражения (1) является не оправданным. И. И. Собельман и Л. А. Вайнштейн разработали нестационарную теорию уширения спектральных линий, основывающуюся на решении уравнения Шредингера для атома, находящегося в изменяющемся во времени электрическом поле. Физическая интерпретация полученных выражений показывает, что в соударения, вызывающие уширение и сдвиг линий, дают свой вклад соударения двух типов: упругие соударения с электронами и ионами, при которых изменяется фаза излучения (механизм Вейскопфа), и неупругие соударения, переводящие атом на ближайший уровень, при которых излучение тушится (механизм, лежащий в основе первоначальной теории Лоренца).

Уширение и сдвиг линий определяются в основном безразмерным параметром β:

$$\beta = \frac{Z\mu}{m} \frac{\Delta E}{KT} \left(\frac{S}{3\, a_0^2\, g}\right)^{1/2} = \frac{2\, C_4{}^{1/2}\, \Delta E^{3/2}}{\hbar^{3/2}\, \mathrm{v}^2}, \tag{3}$$

где Z - заряд, v - скорость возмущающей частицы, ΔE - расстояние верхнего уровня линии от ближайшего возмущающего уровня (предполагается, что имеется только один возмущающий уровень), S - сила линии, соответствующей переходу между этими двумя уровнями.

При $\beta \geq 1$ справедливы предпосылки стационарной теории Вейскопфа-Линдгольма — основной вклад в уширение и сдвиг дают упругие соударения, вызывающие изменение фазы излучения. При $\beta < 1$ вследствие увеличения v, сечение Вейскопфского механизма уширения быстро уменьшается ($\sim \mathrm{v}^{-2}$) и основную роль начинают играть тушащие соударения. Аналогичным образом относительная роль тушащих соударений больше, если $\beta < 1$ из-за близости возмущающего уровня. Основной вклад в сдвиг линий при $\beta \ll 1$ дают соударения с ионами, для которых вследствие малой скорости их движения, вплоть до температуры порядка 10^6 °применима стационарная теория. На рис. 1 приведены значения $\frac{\gamma_H}{\gamma_c}$ и $\frac{\Delta_H}{\Delta_c}$ как функция β.

Следует отметить, что в серии исследований Колба и его сотрудников [4] также развита нестационарная теория уширения и сдвига линий, примененная ими для исследования линий водорода. Результаты общего рассмотрения хорошо согласуются с результатами И. И. Собельмана и Л. А. Вайнштейна.

М. А. Мазинг [5] и М. А. Мазинг и Н. А. Врублевской [6] были произведены экспериментальные исследования уширения и сдвига линий A II, Ne II, Kr II и He I в плазме искрового разряда. Использовался спектрограф с диффракционной решеткой, с дисперсией 2 Å/мм. Ширина линий измерялась фотографически, обычным способом; сдвиг линий измерялся относительно положения тех же

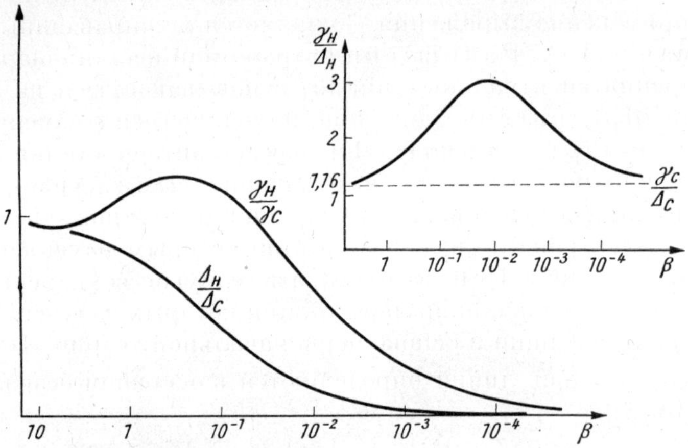

Рис. 1. Изменение $\frac{\gamma_H}{\gamma_c}$ и $\frac{\Delta_H}{\Delta_c}$ как функция β.

линий в спектре разряда в полом катоде. Точность измерения ширины ~ 5—10%, точность измерения сдвига $\sim 0{,}03$—0,05 Å. Параметры разряда искры $U = 14$ кв, $C = 0{,}02\ \mu F$, $L = 10\ \mu$H, электронная концентрация в таком разряде по предыдущим измерениям имеет порядок 10^{17} эл/см³. Исследовано 50 линий A II, 7 линий Ne II, 17 линий Kr II и 3 линии He I. Результаты для A, Ne, Kr оказались весьма сходными. Линии каждого из этих газов можно подразделить на три группы — линии с очень малым сдвигом, линии со средним сдвигом и линии с очень большим сдвигом. Ширина линий меняется в меньших пределах. Соответствующие примеры приведены в табл. I. Произвести сопоставления с теоретическими расчетами оказалось возможным лишь для нескольких линий A II и He I, для которых имеются экспериментальные значения констант. Соответствующее сопоставление приведено на рис. 2. Как следует из этого рисунка, совпадение теоретических и экспериментальных значений для ширины и сдвига оказывается достаточно хорошим. Для остальных линий A II, линий Ne II и Kr II экспериментальные значения константы C_4 отсутствуют, теоретические расчеты констант не надеж-

Таблица I

Ион	К-во иссл. линий	λ Å	Переход	$\gamma_{\text{см}^{-1}}$	$\Delta_{\text{см}^{-1}}$	γ/Δ
Ar II	23	4352,23	$3\,d\,{}^4D_{1/2} - 4\,p\,{}^4P^0_{1/2}$	2,3	—0,37	6,2
		3928,62	$4\,s\,{}^4P_{1/2} - 4\,p\,{}^4S^0_{3/2}$	2,1	+0,26	8,1
Kr II	9	4857,20	$4\,d\,{}^4D_{1/2} - 5\,p\,{}^2S_{1/2}$	3,6	+0,38	9,5
		3754,24	$5\,s\,{}^4P_{3/2} - 5\,p\,{}^4S^0_{3/2}$	2,8	—0,46	6,1
Ne II	1	4409,30	$3\,d\,{}^4F_{5/2} - 4\,f\;{}^4G^0_{7/2}$	9,3	+0,56	1,7
Ar II	18	4732,08	$3\,d\,{}^2D_{5/2} - 4\,p'\,{}^2P_{3/2}$	4,1	—1,8	2,3
		3582,35	$4\,p\,{}^4D^0_{3/2} - 4\,d\,{}^4F_{5/2}$	9,0	—2,6	3,5
Kr II	5	4475,00	$5\,s\;{}^2D_{5/2} - 5\,p\,{}^2P^0_{3/2}$	6,4	+1,6	4,0
		3771,34	$5\,p\,{}^4P^0_{3/2} - 5\,d\,{}^4P_{1/2}$	4,0	—1,3	3,0
Ne II	5	3097,15	$3\,p'\,{}^2F^0_{7/2} - 3\,d'\,{}^2D_{5/2}$	1,8	—0,79	2,3
		4397,94	$3\,d\,{}^4F_{9/2} - 4\,f\,{}^4F^0_{9/2}$	9,8	+1,6	6,1
Ar II	9	4131,73	$4\,s'\,{}^2D_{3/2} - 4\,p'\,{}^2P^0_{1/2}$	7,7	—3,8	2,0
		4218,69	$4\,p\,{}^2D^0_{3/2} - 5\,s\,{}^2P_{3/2}$	7,3	—3,8	1,9
Kr II	8	4694,44	$5\,p\,{}^4D^0_{7/2} - 6\,s\,{}^4P_{5/2}$	7,9	—4,4	1,8
		3470,05	$5\,p\,{}^2P^0_{1/2} - 5\,d\,{}^2D_{3/2}$	15,2	—6,0	2,5

ны из-за недостаточно полного знания схемы термов этих ионов. Следует отметить, что в спектрах всех трех газов имеются группы линий, для которых экспериментальное значение $\frac{\gamma}{\Delta} \approx 5$—10 в несколько раз превосходит ожидаемое теоретическое значение 1,5—3. Причина этого расхождения нами еще не выяснена.

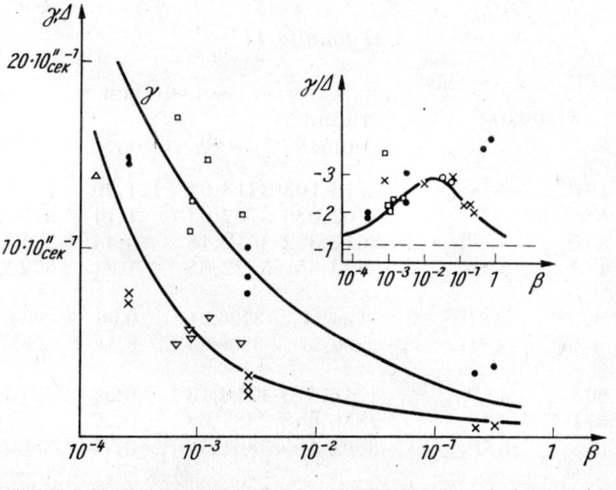

Рис. 2. Сравнение экспериментальных и теоретических значений γ_H, Δ_H и $\frac{\gamma_H}{\Delta_H}$ по линиям A II как функции β. Сплошная линия — вычисленные значения.

Практически, для измерений концентрации заряженных частиц в плазме, по-видимому, целесообразно пользоваться величиной сдвига линий, а не ширины. Для измерений по сдвигу линий, как правило, можно применять выражение стационарной теории и, следовательно, необходимо знать лишь константу C_4, которая часто известна экспериментально и может большей частью быть рассчитана теоретически достаточно точно; для измерений по ширине линий надо знать дополнительно сечения ударов второго рода, расчет которых обычно менее точен.

М. А. Мазинг и Н. А. Врублевская произвели также измерения длин волн линий в спектрах высокоионизованных атомов металлов Si III, Al III, Sn IV, а также Al II [7]. Смысл этих измерений заключается в следующем. Возбуждение спектров высокоионизованных атомов происходит только в достаточно горячей плазме, практически они изучались в мощных искровых разрядах. Электронные концентрации в таких разрядах велики, составляя 10^{17}—10^{19} эл/см³, и таким образом a priori можно ожидать, что измеренные длины волн линий таких ионов в действительности являются смещенными, а не истинными — соответствующими невозмущенному излучению ионов. Для исследования этого вопроса были измерены длины волн 7 линий Sn IV, 6 линий Si III, 9 линий Al III и 6 линий Al II в двух искровых источниках разной мощности (I) $U = 14$ кв, $C = 0{,}02$ μF, $L = 10$ μH, 2) $U = 14$ кв, $C = 0{,}5$ μF, $L = 2$ μH, $R = 8$ Ω); одновременно измерялась ширина линий.

В таблице II приведены результаты измерений длин волн для нескольких линий, одновременно с литературными данными [8]. Как

Таблица II

Ион	Переход	λ табличное	$n_e \sim 1 \cdot 10^{17}$ см$^{-3}$		$n_e \sim 4 \cdot 10^{17}$ см$^{-3}$	
			λ изм	γ Å	λ изм	γ Å
Al III	$4\,^2P^0_{3/2} - 5\,^2S_{1/2}$	3713,103	3713,64	1,29	3714,97	5,12
	$4\,^2P^0_{1/2} - 5\,^2S_{1/2}$	3702,086	3702,63	1,14	3703,84	3,98
	$3\,^2D_{3/2} - 4\,^2P^0_{1/2}$	3612,352	3612,48	0,44	3612,77	1,96
	$4\,^2S_{1/2} - 4\,^2P^0_{1/2}$	5722,65	5722,65	1,21	5722,32	4,20
Si III	$4\,^3P^0_1 - 4\,^3D$	3796,11	3796,24	0,66	3796,52	2,58
	$4\,^3P^0_2 - 4\,^3D$	3806,56	3806,66	0,64	3806,93	2,56
Sn IV	$6\,^2S_{1/2} - 6\,^2P_{1/2}$	4216,073	4216,13	0,58	4215,65	2,74
	$5\,^2D_{5/2} - 6\,^2P_{3/2}$	2886,658	2887,68	0,27	2887,82	1,12
	$6\,^2S_{1/2} - 6\,^2P_{3/2}$	3861,105	3861,16	0,71	3860,89	2,88
Al II	$3\,^1P_1 - 4\,^1S_0$	2816,189	2816,36	0,30	2816,41	0,55
	$3\,^1D_2 - 4\,^1F_3$	2631,553	2631,78	0,69	2631,95	1,47
	$3\,^1D_2 - 4\,^1P^0_1$	4663,054	4663,43	1,32	4663,53	1,98

видно из этой таблицы, для ряда линий изменение длины волны в двух исследованных режимах искры достигает весьма значительной величины $\sim 0{,}5$—$1{,}5$ Å; в таблицу также включены линии, для которых изменение длины волны невелико. Определив по ширине линий значения электронной концентрации в двух использованных нами источниках, мы произвели для нескольких линий экстраполяцию измеренных значений длин волн к „нулевой" электронной концентрации (рис. 3). На эти же графики нанесены литературные данные. Разумеется, такая экстраполяция носит качественный характер. Она показывает, что результаты измерений длин волн линий многозарядных ионов, выполненные несколькими авторами и относящиеся к источни-

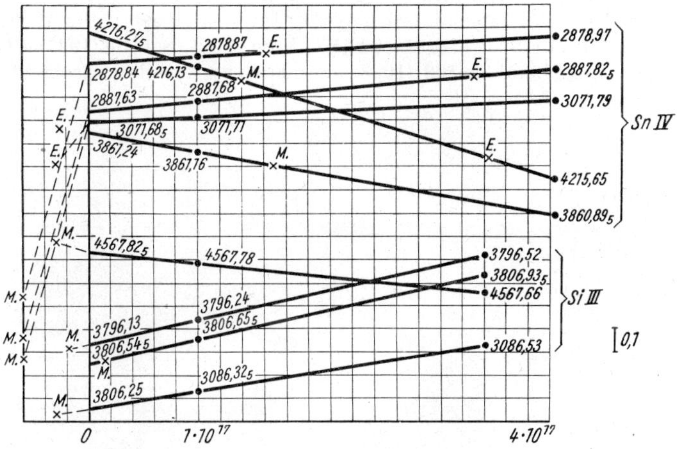

Рис. 3. Изменение длины волны линий Sn IV и Si III как функция электронной концентрации; М и Е — литературные значения.

кам с различной электронной концентрацией могут сильно отличаться друг от друга и от „истинных" значений. Это необходимо учитывать при анализе схем уровней таких ионов и определении энергии уровней. С этой точки зрения представляют интерес измерения длин волн линий атомов высоких степеней ионизации в мощных импульсных разрядах при низком давлении в магнитном поле. В этих разрядах, как известно, достигается весьма высокая температура — порядка нескольких сот тысяч градусов — при низких электронных концентрациях $\sim 10^{14}$ эл/см^3, и таким образом можно рассчитывать, что соответствующие линии не будут сдвинуты из-за воздействия электрических полей электронов. В этих установках однако возникают трудности, связанные с движением излучающих ионов.

Литература

[1] Lindholm, E., Diss. Uppsala, 1942.

[2] Вайнштейн, Л. А., Колошников, В. Г., Мазинг, М. А., Мандельштам, С. Л., Собельман, И. И., Изв. АН СССР, сер. физич., XXII, 718, 1958 г.

[3] Собельман, И. И., Вайнштейн, Л. А., Оптика и спектроскопия **6**, 1959 г., 440.

[4] Kolb, A. C. and Greim, H., Phys. Rev. **111** (1958) 514; Greim, H., Kolb, A. and Shen, K., Phys. Rev. **116** (1959) 4; Greim, H., Kolb, A. and Shen, K., NRL-Report 5485 (1960).

[5] Мазинг, М. А. и Мандельштам, С. Л., ЖЭТФ **36** (1959) 1329.

[6] Мазинг, М. А., Врублевская, Н. А., Доклад на XIII Всесоюзном совещании по спектроскопии, 1960 г.

[7] Мазинг, М. А., Врублевская, Н. А., Мандельштам, С. Л., Доклад на XIII Всесоюзном совещании по спектроскопии, 1960 г.

[8] Moore, Ch., A Multiplet Table of Astrophysical Interest, Washington 1959; Paschen, F., Ann. d. Physik **71** (1923) 142; Rao, K. R., Proc. Phys. Soc. **39** (1927) 408; Fowler, A., Proc. Roy. Soc. London, **103** (1923) 413; Fowler, A., Phil. Trans. **225** A (1925) 626.

О. П. БОЧКОВА, Л. П. РАЗУМОВСКАЯ и С. Э. ФРИШ, СССР

Спектроскопические исследования в/ч разряда в неоне

Аннотация

Методом реабсорбции излучения и методом 2-х зондов исследованы оптические и электрические характеристики безэлектродного в/ч разряда в Ne. Исследования производились в разрядных трубках диаметром 12 мм и 60 мм, длиной 150 и 300 мм соответственно. Получены данные о заселенности $2p^5\,3S\,{}^3P_{0,\overline{1,2}}$, ${}^1P_1$ — и $2p^5\,3p$ У— уровней Ne в зависимости от давления (в интервале 0,5—7 мм рт. ст.) и электронной концентрации. Произведены измерения электронной температутры и температуры газа в разряде.

Введение

Широкое использование различных типов высокочастотных разрядов в качестве источников света при оптических исследованиях [1, 2] а также при спектральном анализе газов, требует более детального изучения процессов возбуждения в высокочастотном разряде. Электрические характеристики в/ч разряда на низких частотах ∼ 1—10 мгц получены целым рядом авторов [3—5], но в этих работах, как правило, не было произведено оптических измерений. С другой стороны, детальные спектроскопические исследования в/ч разряда в гелии, выполненные Гаррисоном [6], не сопровождались какими-либо электрическими измерениями. В настоящей работе сделана попытка заполнить существующий пробел в этих исследованиях: провести одновременно спектроскопические и электрические измерения и сопоставить между собой их результаты.

Аппаратура. Методы исследований

Исследования оптических и электрических характеристик в/ч безэлектродного разряда в неоне проводились в разрядных трубках из молибденового стекла, диаметром 12 мм, длиной 150 мм и диаметром 60 мм, длиной 300 мм. В/ч напряжение подавалось от генератора высокой частоты 6 мгц, мощностью ∼ 350 вт на внешние электроды разрядной трубки. Трубка диаметром 60 мм имела впаянные плоские окошки, расстояние между которыми равнялось 130 мм. Электроды помещались по концам разрядных трубок и не прилегали плотно к поверхности стекла. Трубки присоединялись к обычной высоковакуумной системе с ртутным насосом. Пары ртути вымораживались в ловушках с жидким воздухом. Исследования производились в естественном неоне, содержащем не более 0,3 % гелия; количество других примесей (O_2, H_2, N_2) не превышало 10^{-3} %.

Электрические параметры разряда получались методом двух зондов в трубке диаметром 12 мм. В трубку были впаяны молибденовые зонды диаметром 0,2 мм, длиной 5 мм, расположенные в центре по ее оси. Расстояние между зондами составляло 15 мм.

Электронная температура T_e находилась из зондовых характеристик по методу Джонсона и Молтера [7], электронные концентрации n_e — по формулам Ю. М. Кагана и В. И. Переля для случаев низкого и среднего давления [8, 9].

Наряду с электрическими характеристиками разряда, методом реабсорбции излучения были получены данные о заселенности нижних $2p^5\,3s\,^3P_{0,1,2}$, $^1P_1$ — уровней неона. Метод реабсорбции излучения применялся в наиболее простом его варианте, когда длина поглощающего столба изменялась путем отражения света от сплошного зеркала, помещенного за тазрядной трубкой [6, 10]. Была рассчитана зависимость величины поглощения от оптической плотности для различных коэффициентов отражения зеркал (от 0,5—0,9) в интервале значений $k_0 l$ от 0 до 5. Измерения реабсорбции в трубке диаметром 12 мм проводились поперек излучающего столба, в трубке 60 мм — вдоль. Как нами было проверено ранее, измерения величины k_0 вдоль и поперек разрядной трубки дают результаты, согласующиеся между собой в пределах ошибок измерений.

При вычислении концентраций возбужденных атомов значения сил осцилляторов линий неона брались из работы Ладенбурга [13]; абсолютное значение силы осциллятора линии №, λ 6402 Å бралось равным 0,5. Это значение не может считаться точным и сильно расходится с результатами измерений Гриффитца [14]. Однако, последнее значение нам кажется заниженным и мы полагаем, что значение Ладенбурга $f_{6402} = 0{,}5$ по порядку величины правильно. Таким образом, надо иметь в виду, что абсолютное значение концентраций возбужденных атомов определено с точностью лишь до порядка. Что касается относительных значений, то они получены более точно, т. к. относительные значения сил осцилляторов f для линий нам известны достаточно хорошо.

Далее были измерены абсолютные интенсивности ряда спектральных линий неона, с учетом реабсорбции излучения; по этим интенсивностям оценены концентрации возбужденных атомов на уровнях неона $2p^5\,3p\,Y$.

Оценка температуры газа проведена по допплеровской ширине линий. Для этого строились контуры линий по снимкам, полученным с помощью эталонов Фабри-Перо толщиной 15, 30 и 25 мм. Так как при всех условиях возбуждения в в/ч разряде наблюдается сильная реабсорбция, при измерении допплеровской ширины линий вводились соответствующие поправки на уширение линие вследствие реабсорбции [11]. Все оптические измерения выполнены с использованием спектрографа ИСП-51, с камерой 270 мм и монохроматора с дифракционной решеткой (600 шт/мм, 50×60 мм, $f = 600$ мм). В обоих случаях интенсивность линий измерялась фотоэлектрически. Исследовался только так называемый ,,сильный разряд‘‘ [15].

Концентрация возбужденных атомов

На рис. 1 приводятся концентрации возбужденных атомов на $2p^5\,3sX$- и $2p^5\,3p\,Y$ — уровнях неона в зависимости от давления, полученные в разрядных трубках диаметров 12 мм и 60 мм.

Обращает на себя внимание тот факт (рис. 1 а и б), что заселенности излучающего уровня $2p^5\,3s\,{}^1P_1$ и метастабильного $2p^5\,3s\,{}^3P_0$ очень близки друг другу, тогда как в разряде постоянного тока заселенность уровня $2p^5\,3s\,{}^1P_1$ значительно ниже чем уровня $2p^5\,3s\,{}^3P_0$ [12].

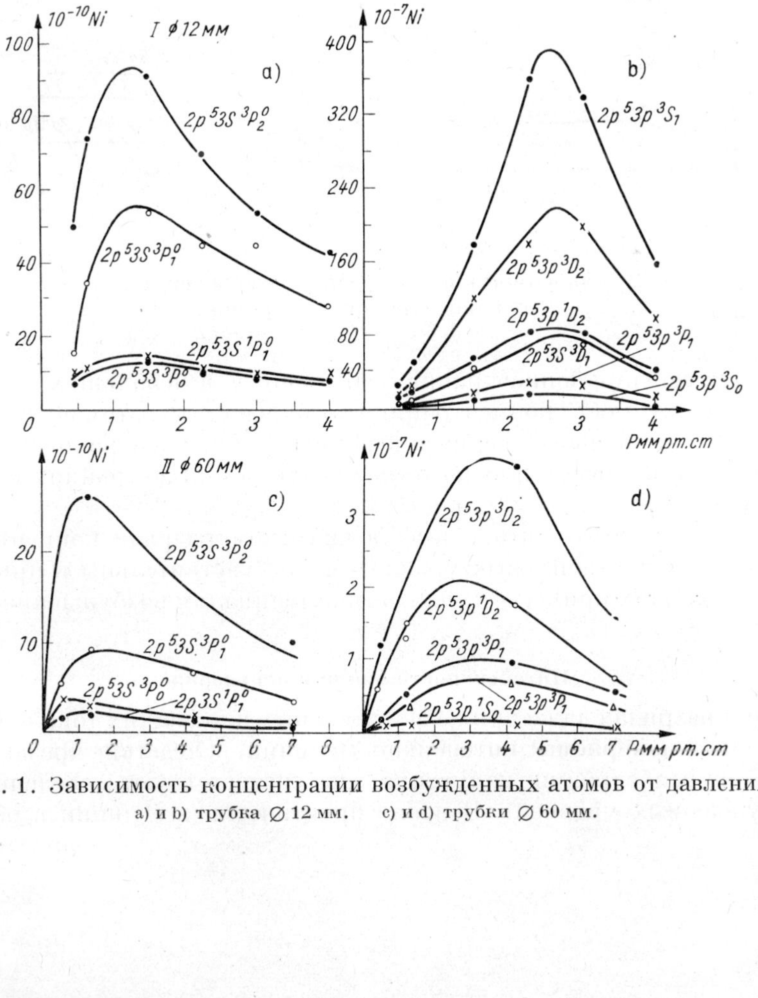

Рис. 1. Зависимость концентрации возбужденных атомов от давления.
а) и b) трубка ∅ 12 мм. с) и d) трубки ∅ 60 мм.

Максимум заселенности $2p^5\,3s\,{}^3P_{0,\overline{1,2}}$ уровней лежит при давлении $\sim 1{,}3$ мм рт. ст. Максимум заселенности уровней $2p^5\,3p\,Y$ расположен при более высоком давлении (2—3 мм рт. ст.). Относительная заселенность уровней, относящихся к электронной конфигурации $2p^5\,3p$, к заселенности уровней конфигурации $2p^5\,3s$ с уменьшением диаметра трубки с 60 мм до 12 мм возрастает более чем на порядок. На рис. 2 приведена зависимость концентрации возбужденных атомов от концентрации электронов.

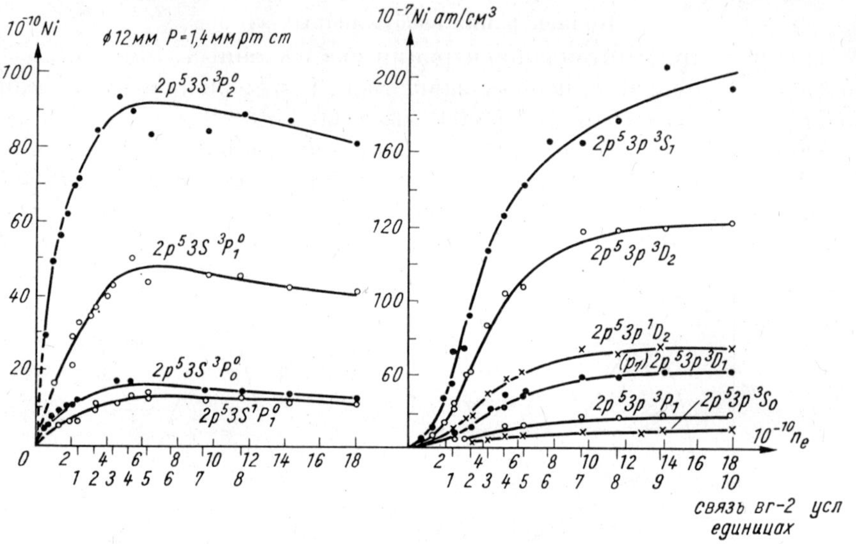

Рис. 2. Зависимость концентрации возбужденных атомов от концентрации электронов.

При изменении концентрации электронов n_e в небольших пределах наблюдается рост концентрации возбужденных атомов на всех уровнях. Дальнейшее увеличение концентрации электронов приводит к образованию очень плоского максимума в концентрациях возбужденных атомов.

Следует заметить, что в высокочастотном разряде концентрации атомов на метастабильных уровнях мало чувствительны к присутствию небольших примесей с меньшим потенциалом возбуждения.

Интенсивности линий в в/ч разряде

В в/ч разрядах даже при незначительных плотностях тока и низких давлениях измеряемые интенсивности линий, вследствие чрезвычайно сильной реабсорбции излучения, не соответствуют заселенностям возбужденных уровней. В неоне практически все линии в области

λ 5800—7000 Å реабсорбированы на 30—50%, а наиболее сильные линии $\lambda\lambda$ 6402, 6163, 6383 обладают интенсивностью в пять раз меньшей, чем при отсутствии реабсорбции излучения. В трубках диаметром 12 мм и меньше реабсорбция излучения наблюдается даже в зеленоголубых линиях, для которых нижними уровнями являются относительно высокие уровни электронной конфигурации $2p^5\,3p$. Измеренные в наших условиях абсолютные интенсивности линий неона на три порядка ниже, чем интенсивности, измеренные Гаррисоном [6] для линий гелия.

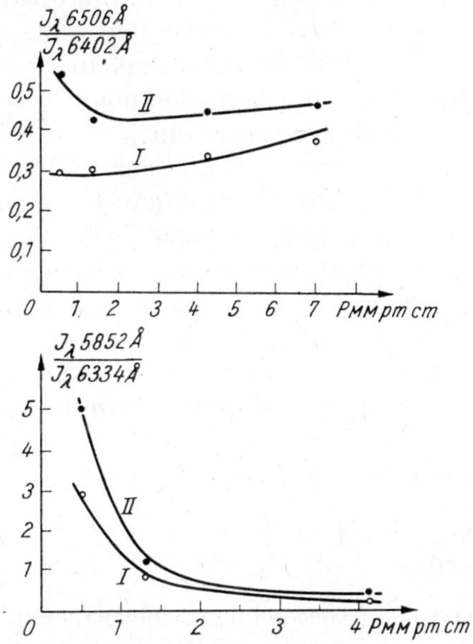

Рис. 3. Ход относительной интенсивности линий.

I — с учетом реабсорбции излучения.
II — без учета реабсорбции излучения.

Относительная интенсивность линий вдоль серий сильно меняется с изменением давления: с увеличением давления интенсивность линий, имеющих в качестве верхнего уровень $2p^5\,3p\,{}^1S_0$, резко падает; интенсивности линий же, для которых верхними являются более низкие уровни, имеют максимум при давлениях, лежащих в промежутке между 1,5—4 мм рт. ст. Интенсивности линий с верхними уровнями, относящимися к конфигурации $2p^5\,4d$ и более высоких, очень малы.

На рис. 3 дан ход относительной интенсивности линий неона с учетом (I) и без учета (II) реабсорбции излучения для различных давлений. Как видно, неучет реабсорбции сильно искажает относительную интенсивность линий, особенно при малых давлениях, когда одни линий уже сильно реабсорбированы, другие-же еще совсем не реабсорбированы.

Температура газа

В наших условиях контур линии практически можно считать допплеровским, но искаженным вследствие реабсорбции излучения. Кроме того контур линий ассиметричен из-за присутствия изотопа неона 22. При измерении полуширины линий бралась неискаженная половинка контура и вводились соответствующие поправки на уширение из-за реабсорбции. Абсолютное значение температуры газа не превышает 300—600 °К и в пределах ошибок измерений мало меняется с изменением условий возбуждения.

Небольшое увеличение температуры газа ($\sim 100^0$) наблюдается при увеличении давления в разрядной трубке. С уменьшением диаметра трубки с 60 мм до 12 мм температура газа возрастает на $\sim 150^0$. Следует заметить, что температуры газа, полученные по разным линиям для одних и тех же условий разряда, в ряде случаев отличаются друг от друга на величины, лежащие за пределами ошибок измерений ширины линий. Эти расхождения восможны из-за неточности учета уширения линий вследствие реабсорбции, или вследствие каких- либо других причин.

При расчете заселенностей уровней $2p^5\ 3s\ ^3P_{0,1,2}$ и $^1P_1$ бралась температура 500 °К.

Электронная температура и электронная концентрация в в/ч разряде в Ne

Значения электронной концентрации n_e и электронной температуры T_e, получились в разрядной трубке ∅ 12 мм при изменении условий возбуждения — давления газа и мощности разряда. Изменение мощности разряда дается в условно определяемых единицах связи в/ч контура с электродами разрядной трубки. При изменении связи изменяется напряжение на электродах разрядной трубки, в результате чего меняется и ток (ток смещения и ток проводимости). Изменению связи от 1 до 10 соответствует линейный рост суммарного тока и напряжения. В условиях нашего эксперимента величина напряжения на электродах расрядной трубки изменялась в пределах от 400—1300 вольт. Величина суммарного тока изменялась от 100 до 500 ма. Какая доля этого суммарного тока приходилась на ток через светящийся газ остается невыясненным.

Как видно из таблицы (см. также рис. 4) с изменением давления электронная температура T_e падает, а электронная концентрация n_e

растет. При изменении мощности разряда за счет изменения связи наблюдается лишь рост электронной концентрации, электронная же температура в пределах погрешностей измерений остается постоянной. Сравнение значений T_e и n_e, полученные в трубках ⌀ 12, 40 и

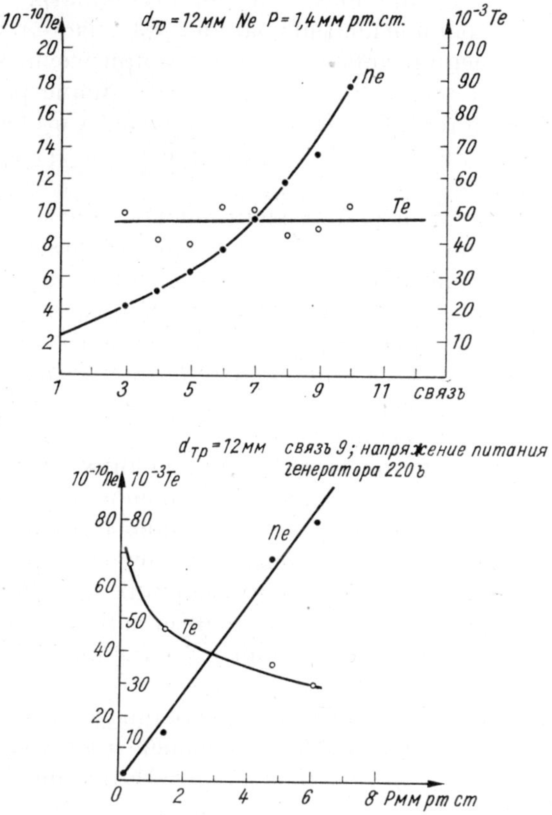

Рис. 4. Зависимость электронной температуры и электронной концентрации

a) от давления,

b) от мощности (связи).

60 мм показывают, что значения n_e практически мало изменяются с изменением диаметра разрядной трубки, а T_e — с увеличением диаметра трубки падает.

Знание концентраций электронов n_e, соответствующих разной степени связи в/ч контура с электродами трубки, позволяет установить зависимости между заселенностью уровней в возбужденных атомах и концентрацией электронов; такие зависимости и были приведены на рис. 2.

Сопоставление результатов измерения

Сопоставление электрических и оптических характеристик в/ч разряда в неоне приводит к выводу, что в/ч разряд характеризуется высокой эффективностью возбуждения. Концентрации возбужденных атомов на метастабильных и не метастабильных уровнях, соответствующих электронной конфигурации $2p^5 3s$, настолько велики, что реабсорбция излучения наблюдается даже при очень низких давлениях и плотностях тока. В трубках малого диаметра реабсорбция излучения наблюдается даже на линиях, имеющих в качестве нижних относительно высокие уровни, относящиеся к электронной конфигурации $2p^5 3p$.

При изменении концентрации электронов n_e в небольших пределах маблюдается рост концентрации возбужденных атомов на $2p^5 3s\,^3P_{0,\overline{1,2}}$, $^1P_1$ — уровнях. Дальнейшее увеличение n_e приводит к образованию плоского максимума, затем наблюдается небольшой спад концентрации возбужденных атомов. В разряде постоянного тока аналогичный ход концентрации возбужденных атомов наблюдается лишь при больших плотностях разрядного тока. Сопоставление электронных температур T_e для в/ч разряда и постоянного тока показывает, что в трубках одинакового диаметра (12 мм) при одних и тех же давлениях и одних и тех же концентрациях электронов T_e в в/ч разряде в 1,5—2 раза выше, чем в разряде постоянного тока. По-видимому более высокие значения электронной температуры и обеспечивают относительно большую заселенность верхних уровней. По своему характеру в/ч разряд имеет промежуточный характер между положительным столбом разряда постоянного тока и разряда в полом катоде [10].

Как отмечалось, существенного различия в заселенности метастабильных $2p^5 3s\,^3P_2$ и $2p^5 3s\,^3P_0$ — уровней и излучающих уровней $2p^5 3s\,^3P_1$ и $2p^5 3s\,^1P_1$ не наблюдается. Метастабильный уровень $2p^5 3s\,^3P_0$ заселен практически одинаково с излучающим уровнем $2p^5 3s\,^1P_1$. Это указывает на большую роль вторичных процессов в плазме разряда. По всей вероятности в процессе заселения излучающих уровней $3s\,^3P_1$ и $3s\,^1P_1$ большую роль играет поглощение резонансных линий неона $2p\,^1S_0 — 3s\,^3P_1\ \lambda\,743$ Å и $2p\,^1S_0 — 3s\,^1P_1\ \lambda\,736$ Å.

Абсолютны езначения концентраций возбужденных атомов значительно ниже равновесных концентраций, соответствующих температуре равной электронной температуре. Так, для давления 1,4 мм равновесные концентрации $2p^5 3s\,^3P_{0,1,2}$ – и $2p^5 3s\,^1P_1$-уровней равны соответственно $4\cdot10^{14}$, $1{,}3\cdot10^{15}$, $2\cdot10^{15}$ и $1{,}2\cdot10^{15}$ ат/см³, что на ~ 3 порядка выше измеренных значений концентраций.

Список литературы

[1] Meggers, W. F. and Westfall, J. of Res. of the Nat. Bur. Stand. **44** (1950) 447.
[2] Forrester, A. T., Gundmundsen, K. A. and Johnson, P. O, JOSA, **46** (1956) 339.
[3] Джерпетов, Х. А. и Патеюк, Г. М., ЖЭТФ, т. **28** (1955) 343.
[4] Левитский, С. М., Шашурин, И. П., Радиотехника и электроника (1959) № 8, 1238.
[5] Аврамов, В. В. и Джерпетов, Х. А., Вестник МГУ (1960) № 3, 55.
[6] Harrison, J. A., Proc. Phys. Soc. **73** (1959) 841—848.
[7] Johnson, E. O. and Moelter, L., Phys. Rev. **80** (1950) 58.
[8] Каган, Ю. М. и Перель, В. И., ДАН СССР **91** (1953) 1321.
[9] Захарова, В. М., Каган, Ю. М., Мустафин, К., Перель, В. ЖТФ **30** (1960) 442.
[10] Фриш, С. Э., Бочкова, О. П. Доклад на 13 совещании по спектроскопии 1960.
[11] Биберман, Л. М., Новодворская, Е. М., ДАН СССР, **106** (1956) 35.
[12] Фриш, С. Э., Богданова, И. П. Сборник памяти Г. С. Ландсберга, изд. АН СССР, 1959 г. стр. 275.
[13] Ladenburg, P., Rev. of mod. Phys. **5** (1933) 243.
[14] Разумовская, Л. П., Бочкова, О. П., Оптика и спектроскопия, т. IV, стр. 271 (1960).
[15] Griffith, Proc. Roy. Soc. **5** (1933) 588.

П. А. БАЖУЛИН, СССР

ИССЛЕДОВАНИЕ ВРАЩАТЕЛЬНЫХ И ВРАЩАТЕЛЬНО-КОЛЕБАТЕЛЬНЫХ СПЕКТРОВ ГАЗОВ МЕТОДОМ КОМБИНАЦИОННОГО РАССЕЯНИЯ СВЕТА

Основным направлением молекулярной спектроскопии оптической лаборатории руководимой покойным Г. С. Ландсбергом являлось исследование колебательных спектров, т. е. спектров инфракрасного поглощения и спектров комбинационного рассеяния света.

В течение ряда лет лаборатория вела исследования спектров индивидуальных молекул. Были разработаны фотографические и фотоэлектрические методы определения основных параметров линий комбинационного рассеяния света, а именно — интенсивности в максимуме линии, интегральной интенсивности, ширины линии и др. Особенно следует выделить работы по исследованию ширины линий — параметр, который почти не изучался до наших работ [1].

Между тем вопрос этот представляет как теоретический, так и практический интерес. Изучение формы и ширины линий комбинационного рассеяния могло бы пролить свет на характер процессов обуславливающих затухание собственных колебаний молекул. Изменение формы линий при изменении агрегатного состояния служило бы более тонким методом обнаружения междумолекулярных взаимодействий ван-дер-ваальсовского типа.

М. М. Сущинским было показано, что знание ширины линий имеет существенное значение при определении истинной интенсивности линий, в частности при проведении количественного молекулярного анализа по спектрам комбинационного рассеяния. Стериным Х. Е. [2] была разработана интерферометрическая методика для исследования ширины и формы линий комбинационного рассеяния. Более детальному изучению были подвергнуты линия бензола $\Delta\nu = 992$ см$^{-1}$ и линия циклогексана $\Delta\nu = 802$ см$^{-1}$. Они наиболее яркие и принадлежат полносимметричным колебаниям молекулы. Были проведены исследования этих же линий в парах. Основные экспериментальные результаты исследований следующие:

1. Контур изученных линий дисперсионный;

2. Ширина линий около 2 см$^{-1}$;

3. При переходе от жидкости к пару ширина линий практически не меняется.

Последнее обстоятельство свидетельствует о слабой зависимости изучаемых линий от междумолекулярных процессов, в частности соударений. Поэтому влияние соударений равно как и других возможных причин уширения заслуживало подробного обсуждения.

Проведенный анализ причин уширения комбинационных линий показывает, что уширение $\delta\nu_c$ вследствие соударений по Лоренцу дает для бензола 0,6 см$^{-1}$, для циклогексана — 0,5 см$^{-1}$. Уширение, обусловленное эффектом Допплера дает, соответственно для бензола и циклогексана $\delta\nu_g = 3{,}6 \cdot 10^{-2}$ см$^{-1}$ и $\delta\nu_g = 3{,}5 \cdot 10^{-2}$ см$^{-1}$ т. е. $\sim 2\%$. Влияние ангармоничности также невелико.

Х. Е. Стериным было рассмотрено влияние ротационного уширения на контур. Тщательный анализ показал, что контур и ширина изученных линий характеризуют в основном изотропную часть рассеяния, соответствующую полносимметричным колебаниям молекул бензола и циклогексана; роль ротационного уширения в данном случае невелика.

Таким образом, ни одна из рассмотренных причин не может объяснить измеренную ширину изученных линий. Можно было бы предположить, что эта ширина характеризует среднюю продолжительность жизни инфракрасного колебания, порядок которой равен 10^{-11} сек. Такое допущение согласуется с дисперсионным контуром линии и с неизменностью ширины при переходе от жидкости к газу, но с другой стороны эта оценка приводит к серьезным затруднениям. Во-первых, обычные радиационные потери должны были бы давать для инфракрасных колебаний гораздо большую продолжительность жизни, особенно если учесть полносимметричность колебаний изученных линий. Такую малую продолжительность жизни (10^{-11} сек) трудно увязать также и с явлением обмена энергии между колебательными и другими степенями свободы, среднее время которого составляет 10^{-5} — 10^{-7} сек.

И. И. Собельман [3] обратил внимание на следующее:

Общие закономерности уширения линии комбинационного рассеяния те же, что и для линии эмиссии (собственное затухание, радиационное и ударное, смещение частоты вследствие влияния внешних полей и Допплер-эффект одинаковы). Специфика — сложность молекулярного спектра и особенность, связанная с вращением молекулы.

Наиболее удобными объектами исследования, которые могут дать сведения о ширине отдельной компоненты, являются Q-ветви основных полносимметричных колебаний симметричных волчков, лишенные ротационной структуры, а также Q-ветви симметричных двухатомных молекул. Однако в обеих случаях совпадение отдельных компонент Q-ветви имеет место лишь в первом приближении. Расщепление Q-ветви, вызванное взаимодействием колебания и вращения, приводит к уширению линии, как правило, значительно большему, чем эффекты межмолекулярного взаимодействия при давлениях 1 — 2 атм.

Зная коэффициенты взаимодействия колебания и вращения можно было бы оценить уширение для бензола и циклогексана. К сожалению этих данных нет и можно лишь грубо оценить. Такая оценка была произведена и дала удовлетворительные результаты. Этим можно объяснить, по порядку величины, уширение, которое наблюдал Стерин. Это заставило значительно глубже подойти к этой проблеме и исследовать более подробно поведение вращательных и колебательных спектров от давления. Поэтому представляют значительный интерес исследования простых бездипольных молекул с хорошо известной структурой и точно измеренными молекулярными постоянными. С этой точки зрения рационально исследования начать с газов при средних давлениях, кинетика движения которых известна, что облегчает интерпретацию результатов. Эффект межмолекулярного взаимодействия в этом случае невелик, а как известно, более всего на него реагирует контур линии. Исследование контуров линий, поскольку теория ударного уширения имеется, позволяет найти эффективные оптические поперечники столкновения, определяющие уширение линий комбинационного рассеяния.

Для исследования применялась как фотографическая, так и фотоэлектрическая методика. Для ряда газов исследования велись в интервале от 1 атм. до 120 атм.

Исследования в газах от 1 атм. до 10 атм. фотоэлектрическим методом проводились Ю. А. Лазаревым [4]. Им была собрана установка, позволяющая фотоэлектрически регистрировать спектр и измерять интенсивности, ширины и контуры вращательных и колебательных линий комбинационного рассеяния паров и газов в указанной области давлений в интервале температур 30—250 °С.

Основные узлы установки: 1) спектрометр ДФС-4 с плоской отражательной решеткой 1200 шт/мм. Линейная дисперсия 6,4 Å/мм и относит. отвер. 1:10. 2) Зеркальная газовая кювета многократного отражения длиной 600 мм и диаметром 40 мм. 3) Две ртутные лампы низкого давления с охлажденным разрядом, длиной 600 мм. 4) Экранирующий кожух с напыленным изнутри MgO. Зеркала кюветы диэлектрические с коэффициентом отражения в области 4000—5000 Å не ниже 95 %. В некоторых опытах использованы алюминированные зеркала. Рабочий ток через лампы не превышал 25 А. Приемником излучения служил фотоумножитель ФЭУ-17, специально отобранный по наилучшему отношению сигнал-шум.

Объектами исследования служили простые газы: H_2, O_2, N_2, CO_2 и CH_4 в чистом виде и в смеси с инертными газами (Ar, He). Все газы тщательно очищались.

Запись вращательных спектров газов производилась со спектральными щелями порядка 0,5—0,6 см$^{-1}$, колебательных (Q-ветви) 0,3—1,5 см$^{-1}$, вращательно-колебательных (Q, P, R, S-ветви) 2—3 см$^{-1}$. Входная и выходная щель одинаковы. Полуширина аппаратной функции, измеренная при щелях 0,1 см$^{-1}$, вместе с возбуждающей

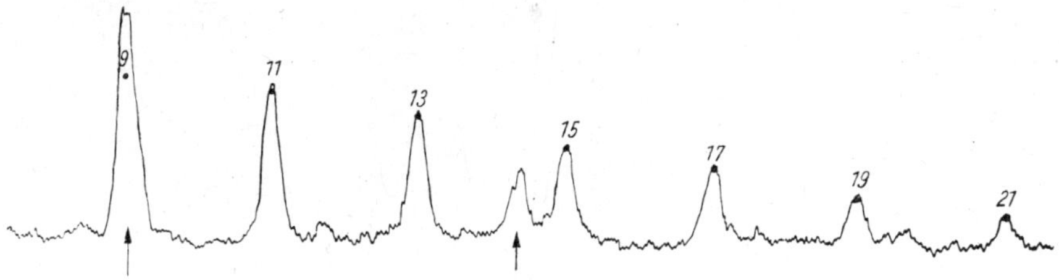

рис. 1

составл. 0,5—0,7 см$^{-1}$ (в зависимости от длины волны). Высота щели 15 мм. Скорость сканирования 3,5 см$^{-1}$/мин. На рис. I приведена спектрограмма для O_2 при 3 атм. Обработка контуров и нахождение истинных ширин для изолированных линий производилась обычным способом с использованием функций Фойгта. Для перекрывающих линий применялся специальный метод.

Исследования фотографическим методом в области давлений от 10 атм. до 200 атм. проводились Г. В. Михайловым [5]. Им был сконструирован специальный осветитель (рис. 2). Три лампы ПРК-2, окруженные охлаждающим фильтром с проточной водой, расположены параллельно рассеивающему объему и освещают его через цилиндрические линзы из органического стекла. Линзы, вставленные на ,,горячей'' посадке, одновременно служат уплотнениями окон освещения. Внутри рассеивающего объема размещена система многократного отражения. Конденсор двухлинзовый, передняя щель зеркальной системы отображалась на щель спектрографа, а задние зеркала — на коллиматор. Спектры комбинационного рассеяния возбуждались линиями ртути 4047 и 4358 Å и регистрировались на спектрографе НИЕТ В-III с линейной дисперсией в области 4047 Å равной 22,7 см$^{-1}$/мм, в области 4358 Å — 36,2 см$^{-1}$/мм. Времена экспозиций колебались от 3 до 40 час. Спектрограф термостатирован. Линии возбуждения, аппаратные функции спектрографа и фотослоя (1,5 см$^{-1}$), последующей обработкой исключались из результатов измерений. Средняя ошибка

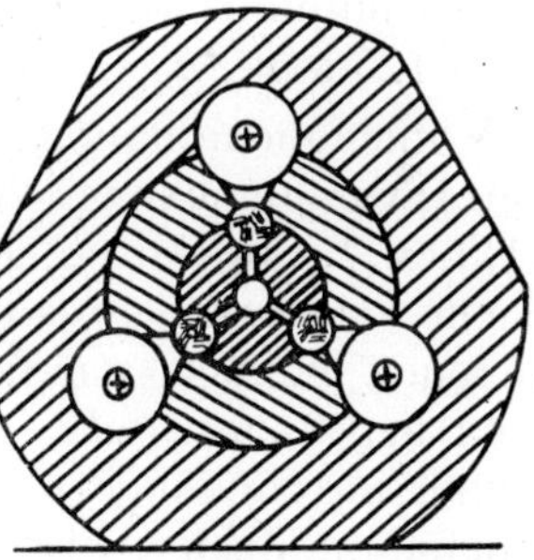
рис. 2

измерения ширины около 10%. На рис. 3 приведены вращательные спектры O_2 при разных давлениях.

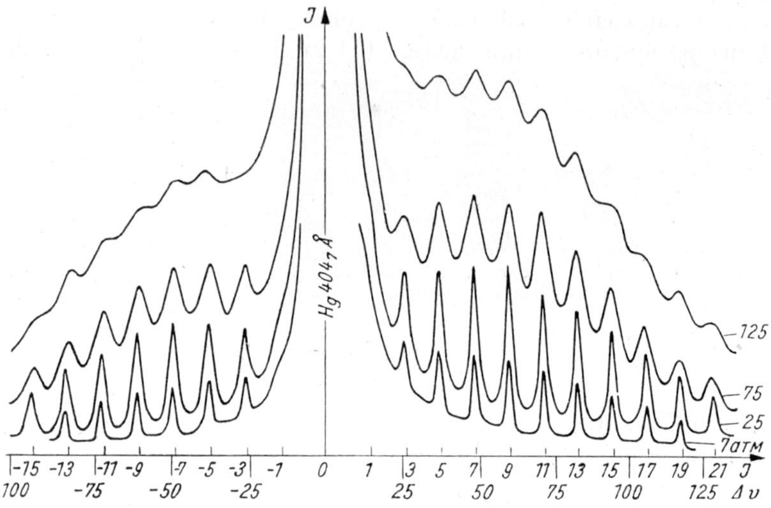

рис. 3

Вращательные спектры

Наиболее полно нами исследован кислород. Исследована зависимость ширины вращательных спектров от давления в интервале от 1 до 125 атм., $T = 300$ °К.

У кислорода наиболее простой спектр. Вращательные полосы соответствуют переходам $\Delta v = 0$, $\Delta J = \pm 2$. Расстояние между линиями 11,5 см$^{-1}$. Спектр O_2 состоит из 0- и S-ветвей вращательной полосы, расположенных по обе стороны линии возбуждения. Линии вращательной полосы наблюдаются вплоть до компонент, соответствующих переходам с $J = 25$ в 0-ветви и с $J = 35$ в S-ветви. Распределение интенсивности в полосе является типичным тепловым. При давлениях выше 74 атм. линии сливаются в сплошную полосу со слабыми максимумами.

Основные закономерности следующие:

а) Частота с точностью $\pm 0{,}2$ см$^{-1}$ совпадает с расчетами по модели нежесткого ротатора

$$|\Delta\nu|\,\text{см}^{-1} = \pm\left[(4\,B - 6\,D)\left(J + \frac{3}{2}\right) - 8\,D\left(J + \frac{3}{2}\right)^2\right]$$

$$= \left[5{,}782\left(J + \frac{3}{2}\right) - 3{,}85 \cdot 10^{-5}\left(J + \frac{3}{2}\right)^2\right]$$

б) Линии имеют дисперсионную форму

$$I(\omega) = \frac{\gamma/2}{(\omega - \omega_0)^2 + (\gamma/2)^2},$$

ширина их γ линейно зависит от давления от 1 до 125 атм. Во всем интервале давлений γ не зависит от J. При определенном давлении для всех J уширение одинаково. На рис. 4 приведена зависимость ширины вращательных линий γ от давления. Основной причиной

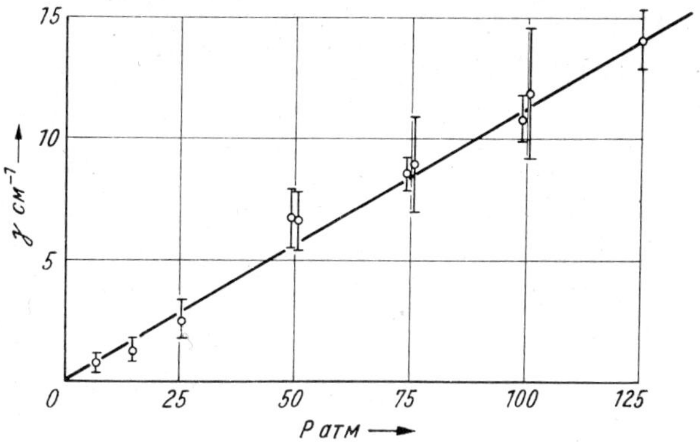

рис. 4

наблюдаемого уширения является уширение из-за соударений молекул. На это указывает отсутствие остаточной ширины при экстраполяции. Дисперсионная форма, линейная зависимость от давления позволяют применить теорию ударного уширения. Из ударной теории [6] ширина γ определяется соотношением

$$\gamma = 0{,}5\,\frac{P\,d^2}{\sqrt{\mu\,T}},$$

где P - давление газа (в атм.), d - эффективный оптический поперечник столкновения (в Å), μ - молекулярный вес, T - температура (γ - выражено в см^{-1}). Из графика, используя γ/P, легко получить величину эффективного оптического поперечника столкновения. В таб. 1 приведены значения оптических поперечников для O_2, полученные различными авторами. Как видно из таблицы, наши значения находятся в хорошем согласии с данными, полученными по поглощению в микроволновом диапазоне при давлениях 1—8 мм Hg [7].

Ширина γ позволяет определить верхнюю границу области действия ударного уширения, которая по ударной теории определяется условием $2\pi\gamma^3 N \ll 1$. Отсюда следует для O_2 ударная теория справедлива для $p < 70$ атм.

Таблица 1

Экспериментальные данные по оптическим поперечникам O_2

Кем измерено	Г. В. Михайлов	Ю. А. Лазарев	Андерсон и др.
Метод	Комбинационное рассеяние		Микровол. поглощение
Область давлений	7—125 атм.	1—10 атм.	1—8 mm Hg
d (в Å)	4,43 Å	4,2 Å	4,35 Å
Газокинетический диаметр 3,61 Å			

В табл. 2 приведены значения оптических поперечников, полученных из вращательных спектров для ряда других газов при низких давлениях, кроме того в таблице приведены данные и для смесей.

Таблица 2

Оптические поперечники (в Å), полученные из вращательных спектров. T = 300 °K

	O_2	O_2+Ar	O_2+He	N_2	N_2+Ar	CO_2	CO_2+Ar	H_2
Наши данные	4,35	3,9	2,2	4,1	3,8	7,1	5,0	<1
Андерсон и др.	4,35	3,57	—	—	—	—	—	—

Газокинетические поперечники соударений (в Å)

	O_2	H_2	N_2	CO_2	Ar	He	CH_4
	3,6	2,7	3,7	4,5	3,6	2,1	4,1

Как видно из приведенных данных, наибольшее отклонение оптического поперечника от газокинетического наблюдается для H_2, у которого вероятность передачи энергии от поступательной степени свободы к вращательной весьма мала [8], и для CO_2, у которого по сравнению с другими изученными газами силы притяжения между молекулами более значительны.

Ротационные крылья вращательно-колебательных полос

Поскольку интенсивность ротационных компонент вращательно-колебательных полос примерно на два порядка меньше, чем для линий чисто вращательного спектра, возможность их регистрации и тем более измерения ширин линий значительно затруднена. Тем не менее нам удалось получить вращательно-колебательные спектры кислорода и метана при давлении 10 ат и произвести оценки полуширин вращательно-колебательных компонент (см. рис. 5). Приведенные

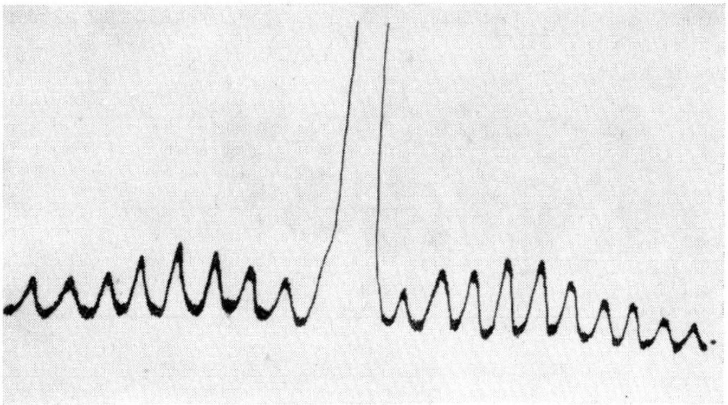

рис. 5

в табл. 3 значения полуширин линий получены как средние из 4—5 спектрограмм и соответствуют переходам с наиболее заселенных уровней.

Для O_2 сопоставление с чисто вращательным спектром, снятым при давлении 10 ат, показывает, что ширина ротационных компонент вращательно-колебательных линий в три раза превышает ширины линий чисто вращательного спектра, что, видимо, обусловлено большим оптическим поперечником в возбужденном колебательном состоянии.

Таблица 3

Полуширина ротационных компонент (в $см^{-1}$) вращательно-колебательных линий

O_2	ν_3 CH_4	ν_2 CH_4
3 ± 1	$\lesssim 1,5$	$\lesssim 2$

р — 10 атм.

Колебательные полосы спектра комбинационного рассеяния

Кислород. В колебательной полосе O_2 ($\Delta v = 1$) наблюдается одна резкая линия с частотой $\Delta\nu = 1555$ $см^{-1}$. Соответ. Q-ветви ($\Delta J = 0$), 0- и S-ветви наблюдались фотоэлектрическим методом. Полоса O_2 имеет асиметричную форму с крылом в фиолетовую сторону. Ширина линии не изменяется от давления (рис. 6).

1. Независимость ширины Q-ветви от давления указывает, что ударное уширение ее невелико. Q-ветвь состоит из переходов без изменения состояния вращения $\Delta J = 0$. Поэтому весьма вероятно, что на ширину Q-ветви влияет только возмущение колебания при

ударе (где эффект возмущения должен быть меньше чем для вращения) и не сказывается возмущение вращения.

2. Наблюдаемая ширина и форма контура Q-ветви полностью объясняется ее вращательной структурой, т. е. взаимодействием колебания и вращения молекулы.

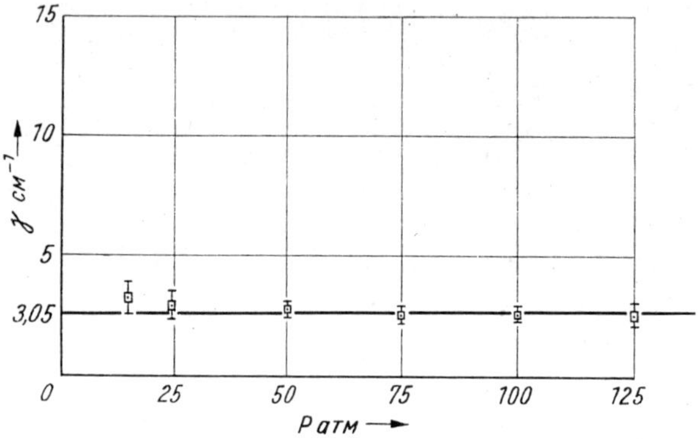

рис. 6

Изменение момента инерции молекулы при колебании меняет расстояние между вращательными уровнями верхнего колебательного состояния, ввиду этого вращательные компоненты Q-ветви не точно налагаются друг на друга, а несколько расщеплены [3]. Как известно, частоты компонент вращательной структуры описываются формулой

$$\omega = \omega_0 - 2\,\varkappa_0\,\omega_0 - \alpha\,J\,(J+1);$$

$\omega_0 - 2\,\varkappa_0\,\omega_0$ — частота несмещенной компоненты. $B_0 - B_1 = \alpha = 0{,}0158$ см$^{-1}$ — постоянная взаимодействия колебания и вращения.

Вероятность перехода $W = C\,(2J+1)\,e^{-\frac{BJ(J+1)}{KT}}$ позволяет определить распределение интенсивности по J-компонентам:

$$J_J = J_0\sqrt{1 + 4\frac{\omega}{\alpha}}\;e^{-\frac{B}{KT}\cdot\frac{\omega}{\alpha}}.$$

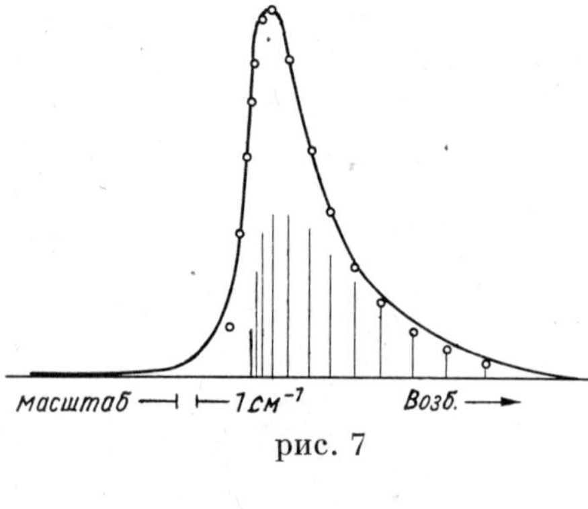

рис. 7

На основании этих расчетов на рис. 7 приведена вращательная структура Q-ветви кислорода. Эта структура, не разрешаемая прибором, и приводит к конечной ширине Q-ветви.

Исходя из этой структуры рассчитан наблюдаемый контур

Q-ветви при $T = 300$ °К, для чего каждая компонента уширена аппаратной функцией гауссовой формы. Полученные результаты показывают, что ширина и форма Q-ветви полностью объясняются уширением составляющих ее компонент вращательной структуры только аппаратными искажениями, при отсутствии их собственного уширения. Поскольку это имеет место для всех давлений, это подтверждает отсутствие ударного уширения компонент Q-ветви.

Нами также были исследованы Q-ветви вращательно-колебательных полос в H_2, N_2, CO_2 (ν_1 и $2\,\nu_2$), $CH_4(\nu_1)$ в интервале давлений 1—10 атм. Обработка колебательных спектров приводит к следующим результатам:

а) все широкие линии являются асиметричными с оттенением как в фиолетовую, так и в красную область; б) контур и ширина сильно поляризованных линий в пределах опыта не зависят от давления. Варьируя ширину отдельных компонент и сопоставляя рассчитанный контур с наблюдаемым, можно дать оценку истинной ширины. Наблюдаемый контур хорошо согласуется с рассчитанным (см. рис. 8).

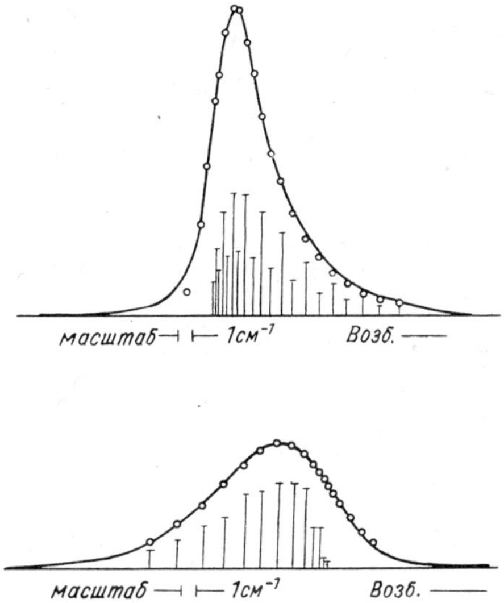

рис. 8

Для H_2-компоненты Q-ветви разрешались полностью (рис. 9), что позволило измерять их полуширину непосредственно. В табл. 4

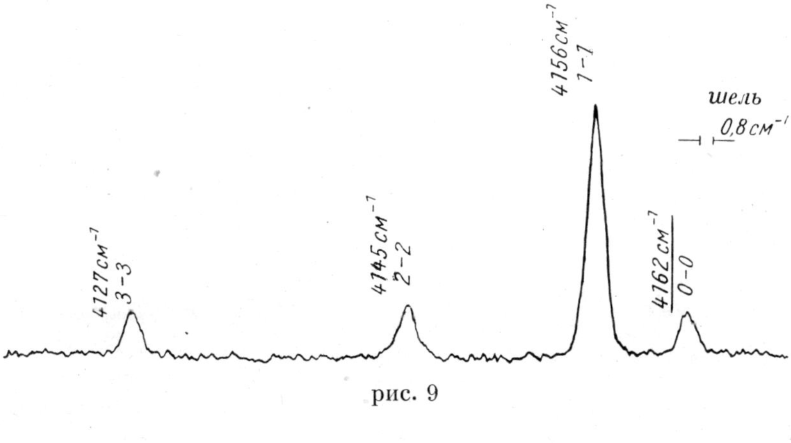

рис. 9

даны оценки истинных полуширин компонент Q-ветви, полученных при давлении газов в 10 ат. Следует отметить особо, что для колебательных частот ν_1 и $2\nu_2$ молекулы CO_2 определение полуширины не только отдельной компоненты, но и всей Q-ветви во всем исследуемом интервале давлений (1—10 атм.) оказалось невозможным ввиду недостаточной точности эксперимента, что непосредственно можно связать с тем, что для этих частот константы взаимодействия колебаний и вращения чрезвычайно малы [9]. Приведенные в работе [10] оценки полуширин указанных линий, по-видимому, сильно завышены.

Таблица 4

Полуширины линий различных газов (в $см^{-1}$) и степени деполяризации

	H_2	O_2	N_2	CO_2		CH_4		
	частота (в $см^{-1}$)							
	ν 4160	ν 1580	ν 2330	ν 1389	$2\nu_2$ 1285	ν_1 2915	ν_2 1535	ν_3 3017
Степень деполяризации	0,05	0,11	0,1	0,05	0,08	0,00	Депол.	Депол.
Спектральная ширина щели	0,8	1	1	0,6	0,6	0,3	2	1
Полуширина наблюдаемой Q-ветви	—	3	2,7	—	—	1,3	6,3	—
Вычисленная γ отдельной компоненты Q-ветви	$< 0,2$	$< 0,3$	$< 0,3$	$< 0,2$	$< 0,2$	—	$1,5 \pm 0,7$	—
	p — 10 атм.							

Для колебаний ν_2 CH_4 момент инерции в возбужденном состоянии меньше, чем в нормальном [11], и поэтому Q-ветвь оттенена (в отличие от O_2) в сторону больших частот. Q-ветвь частоты ν_3 CH_4

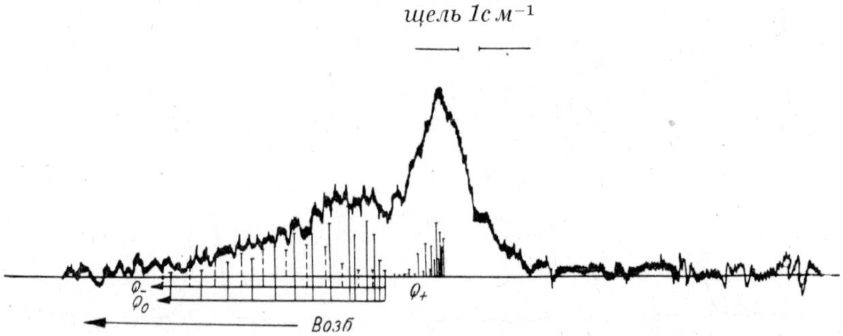

рис. 10

(соответствующей трижды вырожденным колебаниям молекулы) испытывает дополнительное расщепление из-за снятия вырождения вследствие кориолисова взаимодействия колебаний [12], в результате чего ей соответствует двойной максимум (см. рис. 10).

В результате обработки и анализа экспериментальных данных можно прийти к выводу, что для линейных молекул и молекул типа сферического волчка соблюдаются следующие закономерности: а) асиметрия и ширина Q-полосы полностью объясняются расщеплением Q-ветви из-за взаимодействия колебаний с вращением и кориолисова взаимодействия колебаний; б) истинная полуширина отдельной компоненты Q-полосы сильно поляризованных линий в исследованном интервале давлений остается величиной малой (меньше 0,3 $см^{-1}$) и возможность ее определения лежит за пределами точности нашего эксперимента; в) отдельные компоненты Q-ветви деполяризованной линии ν_2 CH_4, измеренные при давлении 10 ат, оказываются уширенными (1,5 $см^{-1}$), так же как и ротационные компоненты колебательно-вращательного крыла. По-видимому, близкие результаты имеют место в инфракрасных спектрах в работе В. И. Мальшева [13].

ЛИТЕРАТУРА

[1] Ландсберг Г. С., Бажулин П. А., Сущинский М. М., Основные параметры спектров комбинационного рассеяния углеводородов. Изд. АН СССР, М., 1956.
Сущинский М. М., Докт. дисс. ФИАН СССР, 1957.
Раутиан С. Г., Усп. физ. наук. **66** (1958) 475.
Бажулин П. А., Раутиан С. Г., Соколовская А. И. и Сущинский М. М., ЖЭТФ т. **29**, вып. 6, (1955) 822.

[2] Стерин Х. Е., Труды физического института, стр. 13, 1958, Изд. АН СССР.

[3] Собельман И. И., Изв. АН СССР, сер. физ. **17**, (1953) 554.

[4] Бажулин П. А. и Лазарев Ю. А., Оптика и спектроскопия т. **8**, вып. 2, (1960) 206.

[5] Михайлов Г. В., ЖЭТФ **36**, (1959) 1368; ЖЭТФ **37**, (1959) 1570.

[6] Собельман И. И., Усп. физ. наук **54** (1954) 551.

[7] Anderson S., Smith, W. V., Gordy, W., Phys. Rev. **87** (1952) 561.

[8] Кондратьев В. Н., Кинетика химических газовых реакций, Изд. АН СССР, М., 1958.

[9] Stoicheff B. P., Canad. J. Phys. **36** (1958) 218.

[10] Welsh H. L., Poshlez P. E., Stoicheff, B. P., Canad. J. Phys. **30** (1952) 99.

[11] Feldmann T., Romanko J., Welsh H. L., Canad. J. Phys. **33** (1955), 138.

[12] Герцберг Г., Спектры и строение двухатомных молекул, М. Л. М. 1949.
Stoicheff B. P., Gumming C., John G. E., Welsh H. L., J. Chem. Phys. **20**, (1952) 498.

[13] Жижин Г. Н., Дипломная работа МФТИ, 1959 г.

Ю. П. ДОНЦОВ и А. Р. СТРИГАНОВ, СССР

Особенности изотопического смещения в спектрах тяжелых элементов

I. Введение

Изотопическое смещение в спектрах тяжелых элементов объясняется, как известно, объемным эффектом. Этот эффект обусловлен влиянием размеров ядра на положение энергетических уровней атома, в результате чего атомные уровни изотопов одного и того же элемента смещаются относительно друг друга. Согласно простой объемной теории, изотопическое смещение в спектрах тяжелых элементов должно быть эквидистантным, т. е. линии изотопов данного элемента, массы которых различаются на одну и ту же величину, должны располагаться по шкале длин волн на равных расстояниях друг от друга. Однако экспериментально давно установлено, что в спектрах ряда элементов имеются аномально большие сдвиги между линиями некоторых изотопов, которые не объясняет объемная теория изотопического смещения.

Ярко выраженная аномальность в виде ,,скачка" изотопического смещения обнаружена в спектрах Sm [1], Nd [2], Gd [3], [4]. Этот ,,скачок" происходит между компонентами изотопов, ядра которых состоят из 88 и 90 нейтронов. Согласно Копфермана и Брикса это явление объясняется большим квадрупольным смещением, обусловленным переходом от сферически симметричного ядра к деформированному. ,,Скачок" в изотопическом смещении наблюдается также в спектре свинца между компонентами четно-четных изотопов Pb^{208} до Pb^{210} [5]. Этот ,,скачок" происходит в случае, когда в ядре к полностью заполненной оболочке с ,,магическим" числом нейтронов $N = 126$ добавляется следующая пара нейтронов в новую оболочку.

Уже из сказанного следует, что исследование изотопического эффекта в атомных спектрах представляет интерес для изучения свойств ядра и для создания его модели.

В соответствии с этим нами были проведены исследования изотопического смещения в спектрах Zr [6], Mo [7] и Ce [8] для того, чтобы доказать ,,скачки" на ядрах с ,,магическими" числами $N = 50$ и $N = 82$. Кроме того с целью получения более надежных данных на границе сферических и деформированных ядер ($N = 90$) было исследовано изотопическое смещение в спектрах Nd [9], Sm, Dy.

2. Экспериментальная часть

Высокая точность определения интервалов между компонентами четно-четных изотопов достигалась 1. хорошим разрешением, 2. применением разделенных изотопов, 3. усреднением большого числа измерений.

1. Изотопическая структура разрешалась интерферометром Фабри-Перо, скрещенным со спектрографом средней дисперсии. Источником света служила разрядная трубка с полым катодом, охлаждаемая жидким воздухом.

2. Разделенные изотопы позволяли исключить взаимное наложение соседних компонентов четно-четных изотопов, а также помехи со стороны сверхтонкой структуры четно-нечетных изотопов. Кроме того, при помощи обогащенных изотопов удалось легко зафиксировать те компоненты изотопической структуры, концентрации которых в естественных пробах недостаточны для спектроскопического обнаружения. В качестве примера в таблице 1 приведен изотопный состав естественной и разделенных проб неодима.

Таблица 1

Наименование пробы		142 Nd	143 Nd	144 Nd	145 Nd	146 Nd	148 Nd	150 Nd
Естест.		27,1	12,2	23,9	8,3	17,2	5,7	5,6
Обогащенные	142	98,5	1,0	0,5	0,1	0,1	0,1	0,1
	144	0,4	1,5	96,6	1,5	0,1	0,1	0,1
	148	0,8	0,7	1,0	0,5	3,1	92,8	1,1
	150	0,5	0,4	1,1	0,4	0,9	2,1	94,6

3. Измерение каждого интервала осуществлялось в 5—6 порядках по 2—3 спектрограммам, сфотографированным с разными промежутками интерферометра. Для усреднения данных по относительному смещению использовалось от 10 до 30 спектральных линий (Mo — 10 линий, Nd — 16 линий, Sm — 29 и 31 линия, Dy — 30 линий). Экспериментальные данные показывают, что относительное изотопическое смещение по разным линиям хорошо соответствует друг другу.

3. Результаты

На рисунке 1 схематически представлена изотопическая структура линий Zr, Mo, Ce по нашим данным. Во всех случаях дано относительное смещение, т. е. один из интервалов принят за единицу (абсолютная величина этого интервала в $см^{-1}$ приведена для одной из линий, обладающей наибольшим смещением). Компоненты изотопов отмечены соответствующим числом нейтронов N. По цирконию и молибдену учтено массовое смещение, и изотопическая структура на рис. 1 включает только объемный эффект. Погрешности при определении относительного смещения в случае спектра циркония составляют приблизительно $\pm 30\,\%$, в спектре молибдена ± 5—$10\,\%$, в спектре церия ± 10—$15\,\%$.

В спектрах Zr и Mo ,,скачок" проявляется между компонентами изотопов Zr^{90}—Zr^{92} и Mo^{92}—Mo^{94}, когда к ядру с $N = 50$ добавляется

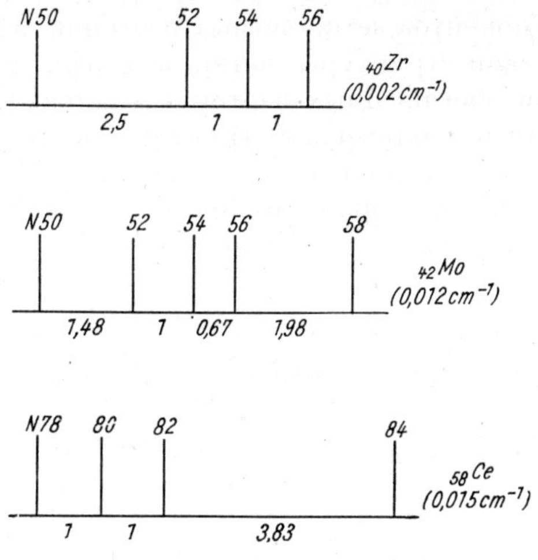

рис. 1

новая пара нейтронов. Этот ,,скачок" недавно был обнаружен также Стоуделем и Хайлигом в спектре стронция [10]. Тщательно промеренные интервалы между всеми компонентами четно-четных изотопов показывают отсутствие эквидистантности в изотопическом смещении в спектре молибдена. Кроме ,,скачка" на $N = 50$ обнаружен ,,скачок" на компонентах изотопов Mo^{98}—Mo^{100}, ядра которых содержат соответственно $N = 56$ и $N = 58$.

В спектре Ce ярко выраженный ,,скачок" происходит на изотопах Ce^{140}—Ce^{142} при добавлении к ядру с $N = 82$ следующей пары нейтронов.

На рис. 2 представлено относительное изотопическое смещение в спектрах Nd, Sm, Dy. Погрешность в определении отдельных интервалов не превышает здесь 1—2 %.

Изотопы Nd, Sm, Dy охватывают область нейтронных чисел от $N = 82$ до $N = 98$, включающие сферические и деформированные ядра. Из полученных результатов по относительному изотопическому смещению в спектрах Nd, Sm, Dy видно, что, помимо известного ,,скачка" при добавлении 45-ой пары нейтронов, наблюдается неэквидистантность в изотопическом смещении, которая выходит за пределы ошибок измерений.

В спектре самария линии с отрицательным и положительным сдвигом имеют несколько различный ход относительного изотопического смещения. Линии с положительным сдвигом дают относительное смещение на интервале $\Delta\nu$ (148—150) в среднем на 0,08 больше, а на интервале $\Delta\nu$ (152—154) на 0,05 меньше, чем линии с отрицательным сдвигом. На интервале $\Delta\nu$ (150—152) с большим квадрупольным

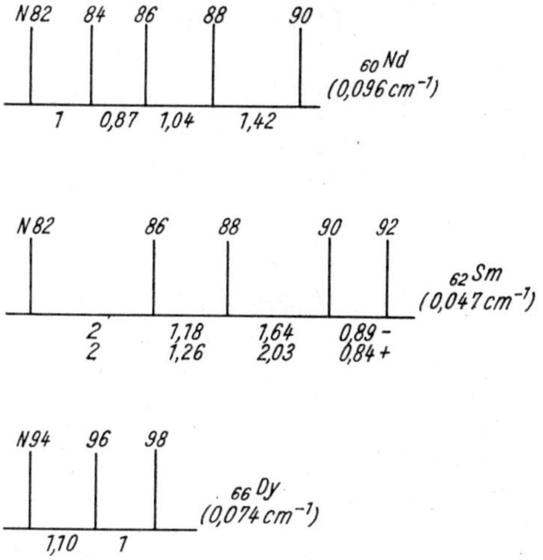

рис. 2

эффектом эта разница достигает 0,39, что в 20 раз превышает погрешность среднего относительного смещения на всех спектральных линиях с положительным сдвигом. Различие относительного изотопического смещения в интервале $\Delta\nu$ (150—152) для линий с отрицательным и положительным сдвигом настолько велико, что численные значения относительного смещения не перекрываются и для отдельных спектральных линий.

4. Обсуждение результатов

О б о л о ч е ч н а я с т р у к т у р а я д р а. ,,Скачки" в изотопическом смещении, обнаруженные в спектрах Zr, Mo, Ce на ,,магических" числах $N = 50$, 82 связаны с оболочной структурой ядра. Они происходят между компонентами изотопов с полностью заполненными оболочками с числом нейтронов в ядре 50, 82 и следующим изотопом, когда новая пара нейтронов попадает в более высокую оболочку.

В спектре Mo „скачок“ проявляется при полном заполнении уровня 4 $d_{5/2}$, когда следующая пара нейтронов попадает на другой уровень 5 $g_{7/2}$.

„Скачки“ в изотопическом смещении около „магических“ чисел показывают, что при добавлении новой пары нейтронов к заполненной оболочке происходит относительно большое увеличение размеров ядра. Отсюда следует, что при заполнении нейтронных оболочек объем ядра не увеличивается равномерно, как это следует из капельной модели. Очевидно можно сделать общий вывод, что эффективный радиус ядра зависит от особенностей заполнения оболочек и от степени их заполнения нейтронами. Это соответствующим образом проявляется в виде неэквидистантности относительного изотопического смещения.

Анализ данных по изотопическому смещению в спектрах Sr [10], Zr, Mo позволил заметить еще одно свойство в изотопическом эффекте, которое прежде не рассматривалось. Речь идет о влиянии заполненной протонной оболочки на величину смещения спектральных линий. В таблице 2 приведено объемное изотопическое смещение в см$^{-1}$ на

Таблица 2

Элемент	38 *Sr*	40 *Zr*	42 *Mo*
ΔA	88—90	90—92	92—94
(ΔT_s)экс.	0,015	0,005	0,017
(ΔT_s)теор.	0,012	0,0129	0,0126

один s—электрон между компонентами изонейтронных пар изотопов Sr, Zr, Mo с $N = 50$ и $N = 52$. В первой строке даны экспериментальные результаты, во второй — теоретические значения. Из сопоставления этих данных видно, что в спектре циркония смещение значительно меньше, чем в спектрах стронция и молибдена. Этот факт не объясняет простая теория объемного эффекта. Однако можно предполагать, что обнаруженное явление обусловлено влиянием протонно-оболочечной структуры ядра. Действительно, 40 протонов в ядре циркония полностью заполняют четыре протонные оболочки, включая оболочку 3 $p_{1/2}$, и образуют устойчивый протонный остов. Распределение заряда в таком ядре будет слабее изменяться при добавлении новых нейтронов по сравнению с ядрами Sr и Mo, где протоны не образуют замкнутой оболочки (в стронции не хватает двух протонов до полного заполнения этой оболочки, в молибдене имеются два протона сверх заполненной оболочки). В этих ядрах распределение заряда при добавлении новых нейтронов изменяется сильнее, чем в ядрах изотопов циркония.

Деформация ядра. Неэквидистантность в области ядер с числом нейтронов от 90 до 116 объясняется в основном наличием статической деформации у этих ядер.

Величину относительного изотопического смещения для двух соседних интервалов можно расчитать по формуле:

$$\frac{\Delta\nu\,(A_1 - A_2)}{\Delta\nu\,(A_2 - A_3)} = \frac{1 + \dfrac{2\,\varrho + 3}{Z^2\,A^{1/3}}\,10^3\,\dfrac{\delta(Q_0^2)_{1,2}}{\delta A_{1,2}}}{1 + \dfrac{2\,\varrho + 3}{Z^2\,A^{1/3}}\,10^3\,\dfrac{\delta(Q_0^2)_{2,3}}{\delta A_{2,3}}},$$

зная внутренние квадрупольные моменты трех четно-четных ядер. Здесь $\delta(Q_0^2)_{1,2}$ и $\delta(Q_0^2)_{2,3}$ — разность квадратов внутренних квадрупольных моментов ядер двух изотопов, A_1, A_2, A_3 — атомные веса изотопов, Z — заряд ядра, величина $\varrho = \sqrt{1 + \alpha^2 Z^2}$, где α — постоянная тонкой структуры. Если провести такие расчеты для изотопов Sm и Dy и сопоставить рассчитанные результаты с измеренным относительным изотопическим смещением, то, как это следует из таблицы 3, для

Таблица 3

Элемент	Sm	Dy
Отношение интервалов	$\dfrac{\Delta\nu\,(150—152)}{\Delta\nu\,(152—154)}$	$\dfrac{\Delta\nu\,(160—162)}{\Delta\nu\,(162—164)}$
Измеренные значения	$1{,}84 \pm 0{,}02$	$1{,}1 \pm 0{,}01$
Вычисленные значения	1,96	0,7

Sm получается довольно хорошее согласие, а для Dy согласие не наблюдается. Полученное расхождение возможно объясняется большими ошибками в определении внутренних квадрупольных моментов ядер, которые могут достигать 25%. Выше приведенное соотношение показывает, что если известны внутренние квадрупольные моменты ядер двух изотопов одного и того же элемента, то по экспериментально найденному относительному изотопическому смещению можно определить внутренние квадрупольные моменты ядер других изотопов.

Поверхностные (деформационные) колебания в ядре. Наши исследования показывают, что явление неэквидистантности проявляется и в случае ядер, которые не обладают статической деформацией. Если опираться на обобщенную модель ядра, то можно считать, что причиной неэквидистантности изотопического смещения в области сферических четно-четных ядер являются *поверхностные колебания в ядре*. Эти колебания сопровождаются так называемыми нулевыми колебаниями электрического квадрупольного момента ядра с амплитудой $\beta_{виб}$.

Усреднение этих колебаний по времени приводит к размазыванию границы ядра, также как это происходит при вращении деформированного ядра. Неравномерное изменение амплитуды этих колебаний в ядрах разных изотопов может привести к неравномерному увеличению эффективного радиуса ядра и дать дополнительный вклад в изотопическое смещение. Это добавочное смещение, которое условимся называть *вибрационным эффектом* в изотопическом смещении, возникает в результате изменения амплитуды нулевых колебаний квадрупольного момента ядер.

Расчет вибрационного эффекта для сферических ядер можно проводить по таким же формулам, как и расчет квадрупольного эффекта в деформированных ядрах [11] . Только вместо изменения квадрата параметра деформации $\delta(\beta^2_{кв})$ берется изменение среднего квадрата амплитуды нулевых колебаний квадрупольного момента $\delta(\overline{\beta^2_{виб}})$. Эта величина определяется по вероятности электрического квадрупольного перехода из основного состояния в первое возбужденное состояние: $B(E\ 2{,}0 \to 2^+)$.

Таким образом, полное изотопическое смещение в спектрах тяжелых элементов может быть представлено суммой из трех членов:

$$\Delta T = \Delta T_{об} + \Delta T_{кв} + \Delta T_{виб},$$

где $\Delta T_{об}$ — объемное смещение, учитывающее возрастание радиуса ядра при добавлении парных нейтронов, $\Delta T_{кв}$ — квадрупольный эффект, связанный с статической деформацией ядра, $\Delta T_{виб}$ — вибрационный эффект, обусловленный нулевыми поверхностными колебаниями.

В таблице 4 экспериментальные данные по относительному изотопическому смещению в спектрах молибдена и неодима сопоставлены

Таблица 4

Mo	ΔA	92—94	94—96	96—98	98—100
	$\Delta T_{экс.}$	1,48	1	0,67	1,98
	$\Delta T_{теор.}$	1,75	1	0,83	1,91
	$\delta(\overline{\beta^2}_{виб})$	0,029	0,003	0,031	0,010
Nd	ΔA	142—144	144—146	146—148	148—150
	$\Delta T_{экс.}$	1	0,87	1,04	1,42
	$\Delta T_{теор.}$	1	0,96	1,14	1,99
	$\delta(\overline{\beta^2}_{виб})$	0,010	0,009	0,014	0,040

с расчетными данными. При вычислении последних наряду с простым объемным эффектом учтена вибрационная добавка. В таблице приведены разности средних квадратов амплитуд нулевых колебаний квадрупольных моментов для соседних четно-четных изотопов, найденные из вероятностей электрических квадрупольных переходов [12], [13]. В случае неодима интервал $\Delta\nu$ (148—150) расчитан по разности $(\beta^2_{\text{кв}} - \bar{\beta}^2_{\text{виб}})$ квадрата параметра деформации ядра изотопа Nd^{150} и среднего квадрата амплитуды нулевых колебаний квадрупольного момента ядра изотопа Nd^{148}. Из приведенных данных видно, что учет вибрационного эффекта достаточно хорошо объясняет наблюдающиеся в изотопическом смещении отклонения компонент четно-четных изотопов от эквидистантного расположения и, по-видимому, значительную часть ,,скачка" на ,,магических" числах.

Изотопическое смещение в спектре Sm. Из анализа изотопического смещения в спектре самария установлено, что на линиях с положительным сдвигом проявляется значительно бо́льший деформационный ,,скачок" $\Delta\nu$ (150—152), чем на линиях с отрицательным сдвигом. Из классификации спектра самария следует, что все линии с положительным сдвигом относятся к переходам типа $4\,f^5\,5\,d\,6\,s^2 \rightarrow 4\,f^6\,6\,s^2$, а линии с отрицательным сдвигом — к переходам $4\,f^6\,6\,s\,6\,p \rightarrow 4\,f^6\,6\,s^2$. Поскольку в этих переходах нижняя электронная конфигурация одна и та же, то положительный сдвиг в линиях обусловлен большим изотопическим смещением уровней, принадлежащих к электронной конфигурации $4\,f^5\,5\,d\,6\,s^2$. Эти большие смещения уровней можно объяснить либо возмущениями со стороны близколежащих уровней сходной квантовой природы, либо ослаблением экранировки двух s—электронов при переходе шестого f—электрона в $5d$—оболочку, в результате чего увеличивается плотность заряда электронов на месте ядра [14].

Данные по изотопическому смещению в спектре самария показывают, что при переходе от сферического ядра к деформированному квадрупольная добавка дает существенно бо́льший вклад в изотопическое смещение в случае взаимодействия ядра с электронной конфигурацией $4\,f^5\,5\,d\,6\,s^2$. Это довольно неожиданный результат, который нелегко истолковать при помощи современной теории изотопического смещения, так как считается, что относительное смещение между компонентами изотопической структуры уровней полностью определяется свойствами ядра. Однако, несомненно ответ нужно искать либо в эффекте возмущения двух электронных конфигураций, либо в эффекте экранировки проникающих s—электронов, учитывая при этом взаимодействие со сферическим и деформированным ядром.

Подводя итоги, следует сказать, что явление неэквидистантности в смещении компонентов четно-четных изотопов обусловлено влиянием оболочечной структуры ядра, а также в случае деформированных ядер изменением статической деформации ядра, в случае же сферических ядер изменением амплитуды нулевых колебаний квадрупольного момента. Поэтому исследование изотопического смещения в атомных спектрах дает возможность проследить за изменением объема, формы и поверхностных колебаний ядра при заполнении нейтронных и протонных оболочек. Все это имеет существенное значение для создания более правильной теории и модели атомного ядра.

ССЫЛКИ НА ЛИТЕРАТУРУ

[1] Schüler, H., Schmidt Th., Z. f. Phys. **148** (1934) 92.
[2] Klinkenberg, P. F. A., Physika **11** (1945) 327.
[3] Speck, D. R., Phys. Rev. **101** (1956) 1725.
[4] Kopfermann, H., Kruger, L., Steudel, A., Annalen der Phys. (6) **20** (1957) 258.
[5] Brix, P., van-Buttlar, H., Houtermans, F. G., Kopfermann, H., Z. f. Phys. **133** (1952) 192.
[6] Донцов, Ю. П., Опт. и Спектр. **6** (1959) 3.
[7] Донцов, Ю. П., Опт. и Спектр. **8** (1960) 446.
[8] Коростылева, Л. А., Опт. и Спектр. **3** (1957) 536.
[9] Донцов, Ю. П., Морозов, В. А., Стриганов, А. Р., Опт. и Спектр. **8** (1960) 741.
[10] Heilig, K., Steudel, A., Naturwissenschaft **47** (6) (1960) 129.
[11] Гречухин, Д. П., ЖТЭФ **38** (1960) 1891.
[12] Alder, K., Bohr, A., Huus, T., Mottelson, B. Winther, A., Rev. Mod. Phys. **28** (1956) 432;
см. также Деформация атомных ядер, сборник статей под редакцией Л. А. Слива, ИИЛ Москва 1958.
[13] Stelson, P. H., McGowan, P. K., Phys. Rev. **110** (1958) 489.
[14] Brix, P., Kopfermann, H., Z. f. Phys. **126** (1949) 344.

H. BUNKE und R. SEIWERT, Berlin

Unelastische Stöße zwischen angeregten und unangeregten Cäsium-Atomen

1. Einleitung

Bei Einstrahlung einer Resonanzlinie in Alkalimetalldampf finden zwischen den angeregten und unangeregten Alkalimetallatomen Stoßprozesse statt, die sich allgemein durch folgende „Reaktionsgleichung" beschreiben lassen:

$$A\,n\,^2P_{3/2} + A\,n\,^2S_{1/2} \underset{Z_{12}}{\overset{Z_{21}}{\rightleftarrows}} A\,n\,^2S_{1/2} + A\,n\,^2P_{1/2} + \Delta E\,.$$

Dabei steht A für das Symbol des betreffenden Elements, und n ist die Hauptquantenzahl des Grundterms und der Resonanzterme. Z_{21} und Z_{12} sind die Stoßzahlen für Überführungen in der einen und in der anderen Richtung. ΔE ist die Energiedifferenz zwischen dem $^2P_{3/2}$- und dem $^2P_{1/2}$-Niveau, die als Resonanzabweichung bezeichnet wird. Der Energiebetrag ΔE muß je nach der Richtung des Stoßprozesses entweder von Anregungsenergie in kinetische Energie oder umgekehrt verwandelt werden.

Wird bei Erhöhung des Dampfdruckes die Häufigkeit der Stoßprozesse groß genug, so muß auch die nichteingestrahlte Resonanzlinie im Fluoreszenzlicht nachweisbar werden. Man kann dann die Intensitäten I_1^2 und I_2^2 der langwelligeren und der kurzwelligeren Dublettkomponente bei Einstrahlung der kurzwelligeren und die Intensitäten I_2^1 und I_1^1 der kurzwelligeren und langwelligeren Dublettkomponente bei Einstrahlung der langwelligeren für verschiedene Temperaturen des gesättigten Alkalimetalldampfes messen und die Quotienten $\eta_{\mathrm{I}} = I_1^2/I_2^2$ und $\eta_{\mathrm{II}} = I_2^1/I_1^1$ bilden. Die Stoßzahlen Z_{12} und Z_{21} für Überführungen $n\,^2P_{1/2} \rightarrow n\,^2P_{3/2}$ und $n\,^2P_{3/2} \rightarrow n\,^2P_{1/2}$ lassen sich, wie noch später gezeigt wird, aus den Intensitätsverhältnissen η_{I} und η_{II} berechnen. Die Stoßquerschnitte erhält man dann mit Hilfe der Formel

$$Q = \frac{Z}{N\,\bar{v}_r}\,, \tag{1}$$

wobei N die Teilchendichte des gesättigten Alkalimetalldampfes und

$$\bar{v}_r = \sqrt{\frac{8\,k\,T}{\pi\,\mu}} \tag{2}$$

die mittlere Relativgeschwindigkeit des Stoßpartners ist (k BOLTZMANNsche Konstante und μ effektive Masse der Stoßpartner).

Von einem der Verfasser und HOFFMANN [1], [2] sind bereits Querschnitte für die Stöße zwischen angeregten und unangeregten Natrium-Atomen und Kalium-Atomen ermittelt worden. Die Untersuchungen wurden jetzt auch auf Cäsium ausgedehnt.

2. Meßanordnung

Als Lichtquellen für die Anregung der Cs-Resonanzfluoreszenz dienten eine Spektrallampe (Fa. Osram, Berlin) sowie eine Kataphoreselampe nach DRUYVESTEYN [3] und eine HOUTERMANS-Lampe [4], die aus Rasothermglas hergestellt waren. Die Kataphoreselampe besaß ein Ansatzrohr, das gesondert erwärmt werden konnte. Dadurch konnte der Cs-Dampfdruck in der Lampe in gewissen Grenzen variiert werden. Wegen der relativ großen Wellenlängendifferenz zwischen den beiden Cs-Resonanzlinien konnten sie mit Hilfe von Interferenzfiltern getrennt werden. Das Resonanzgefäß besaß die Form eines WOODschen Horns und befand sich in einem elektrischen Ofen. Vor der Stirnwand des Resonanzgefäßes war eine Blende mit einer Öffnung von 3 mm ∅ so angebracht, daß die Mittelachse des anregenden Strahles einen Abstand von etwa 6 mm von der Wand der Küvette hatte, durch die das Fluoreszenzlicht austrat. Der Mittelpunkt des Beobachtungsfensters (4 mm ∅) in der Ofenwand lag 6 mm hinter der Stirnwand der Küvette. Die Intensität der Fluoreszenzstrahlung wurde mit Hilfe eines Photokathodensekundär-Elektronenvervielfachers M 13 gek. und eines Lichtmarkengalvanometers vom VEB Carl Zeiss JENA gemessen.

3. Meßergebnisse

Abb. 1 zeigt die gemessenen Intensitäten $I_1^1 + I_2^1$ und $I_2^2 + I_1^2$ in Abhängigkeit von der Temperatur des gesättigten Cs-Dampfes bei Anregung mit einer HOUTERMANS-Lampe. Bei geringerer Betriebsstromstärke und schwacher Erwärmung der Lampe in einem elektrischen Ofen tritt bei niedrigeren Temperaturen des Resonanzgefäßes ein hohes Maximum und nur für die kurzwelligere Dublettkomponente noch ein zweites, schwach angedeutetes Maximum bei höheren Temperaturen auf. Mit wachsender Betriebsstromstärke und Erwärmung der Lampe von außen steigt der Cs-Dampfdruck. Dadurch wird die Resonanzstrahlung innerhalb der Lampe stärker reabsorbiert und die Resonanzlinien, besonders die kurzwelligere mit der größeren Oszillatorenstärke, sind stärker selbstumgekehrt. Wie aus Abb. 1 hervorgeht, wird das Maximum der Kurven $I_1^1(T) + I_2^1(T)$ und $I_2^2(T) + I_1^2(T)$ bei niedrigeren Temperaturen mit steigender Betriebsstromstärke und Lampentemperatur, also mit wachsender Selbstumkehr der eingestrahlten Resonanzlinien flacher, das bei höheren Temperaturen größer.

Das Auftreten der zwei Maxima der Intensitätskurven bei Anregung mit selbstumgekehrten Resonanzlinien ist an anderer Stelle [5] ausführlich diskutiert worden.

Wie FABRY-PÉROT-Aufnahmen ergeben haben, werden von der Cs-Spektrallampe stark selbstumgekehrte Resonanzlinien ausgestrahlt [5]. Es ist deshalb verständlich, daß bei der Anregung mit diesen Linien das Maximum der Resonanzfluoreszenz bei tieferen Temperaturen vollkommen fehlt (Abb. 2). Das ist auch bei Einstrahlung der Resonanzlinien einer Cs-Kataphoreselampe der Fall. Die stark selbstumgekehrten Resonanzlinien der mit 1,5 A betriebenen Spektrallampe

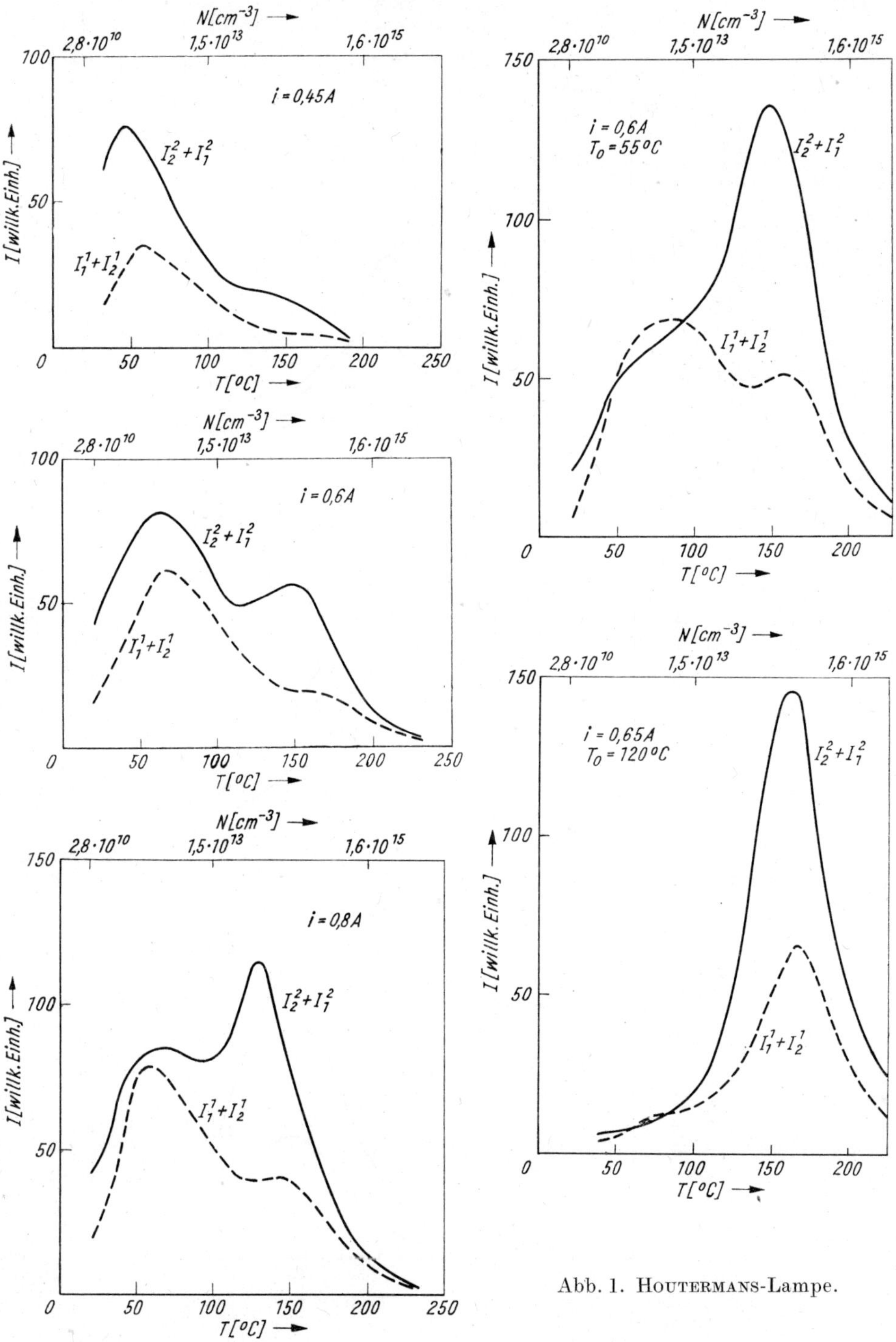

Abb. 1. HOUTERMANS-Lampe.

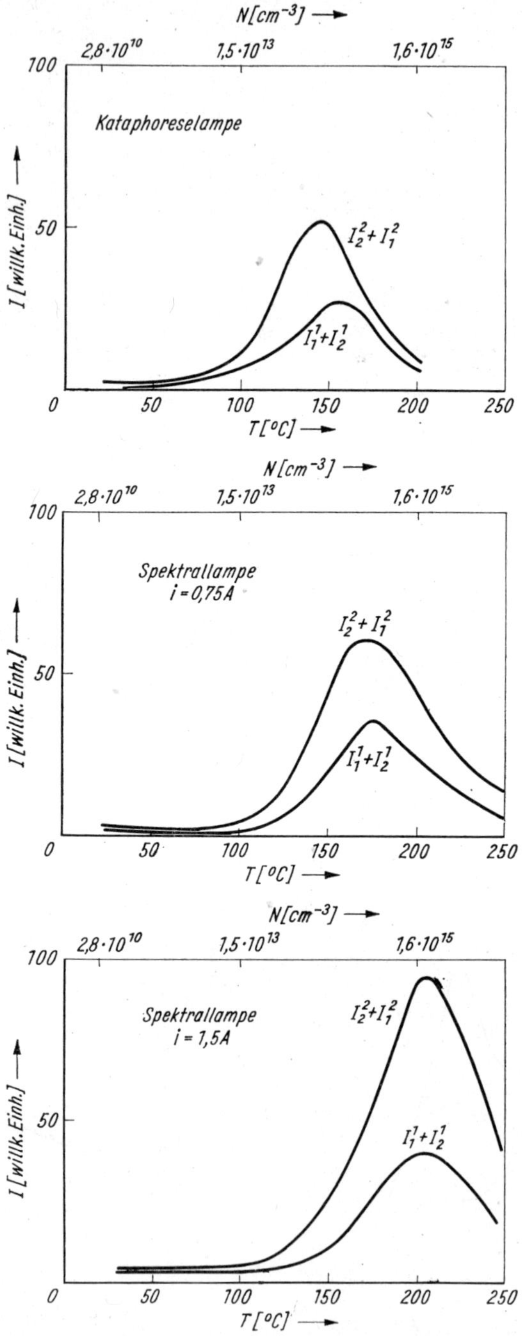
N[cm⁻³] →
2,8·10¹⁰
1,5·10¹³
1,6·10¹⁵
100
50
0
Kataphoreselampe
I [willk. Einh.] →
$I_2^2+I_1^2$
$I_1^1+I_2^1$
50
100
150
200
250
T [°C] →
N[cm⁻³] →
2,8·10¹⁰
1,5·10¹³
1,6·10¹⁵
Spektrallampe
i = 0,75 A
$I_2^2+I_1^2$
$I_1^1+I_2^1$
T [°C] →
N[cm⁻³] →
Spektrallampe
i = 1,5 A
$I_2^2+I_1^2$
$I_1^1+I_2^1$
T [°C] →

Abb. 2

unterliegen in geringerem Maße der Absorption im Cs-Dampf. Dementsprechend erscheint das zweite Maximum bei höheren Temperaturen.

In Abb. 3 sind als Beispiel die Intensitäten I_1^1 und I_2^1 sowie I_2^2 und I_1^2 einzeln als Funktion der Temperatur dargestellt worden. Es handelt sich hierbei um die

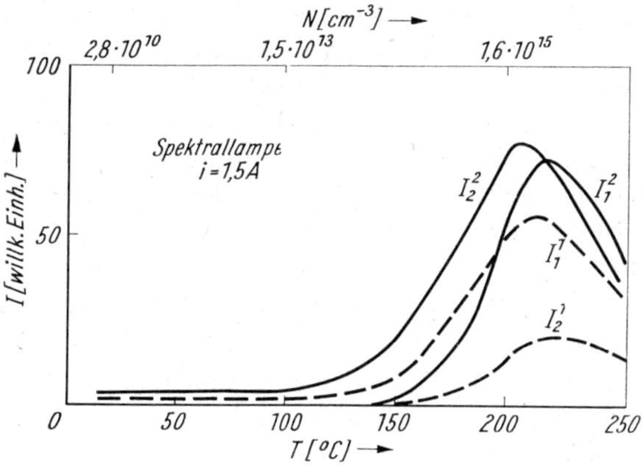

Abb. 3

Ergebnisse von Messungen mit der Spektrallampe (Betriebsstromstärke 1,5 A). Die geringen konstanten Intensitäten bei niedrigeren Temperaturen sind durch Streulicht bedingt. Daß gerade bei verhältnismäßig hohen Temperaturen eine starke Resonanzfluoreszenz auftrat, war für eine genauere Ermittlung der Intensitätsverhältnisse η_{I} und η_{II} günstig, da erst bei diesen Temperaturen die Intensität der nichteingestrahlten Dublettkomponente im Fluoreszenzlicht stärker anwuchs. In Abb. 4 sind η_{I} und η_{II} über T aufgetragen worden.

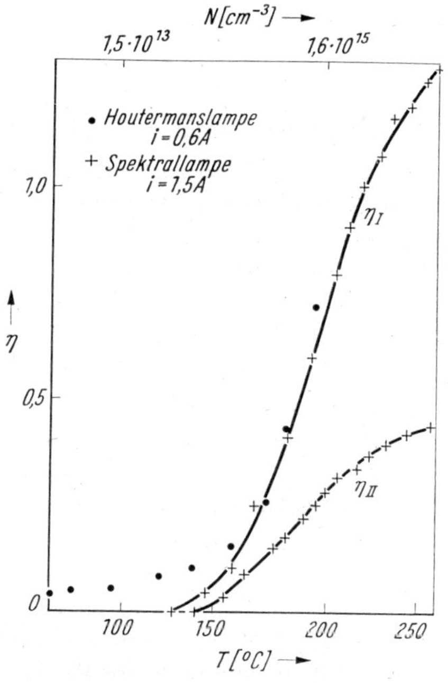

Abb. 4

Bei den Untersuchungen mit Hilfe der Houtermans-Lampe ließen sich zwar die Intensitäten der beiden Dublettkomponenten bei Einstrahlung der kurzwelligeren Resonanzlinie noch bis etwa 180 °C mit ausreichender Genauigkeit messen, aber nicht bei Einstrahlung der schwächeren langwelligeren Resonanzlinie. Deshalb sind in Abb. 4 auch nur η_{I}-Werte eingezeichnet worden; sie sind durch „·" gekennzeichnet.

4. Auswertung

Einer der Verfasser [6] hat früher Bilanzgleichungen für die Zahl der Alkalimetallatome pro cm^3 in den beiden $n\,^2P$-Zuständen aufgestellt und eine Näherungsmethode zur Berechnung der Stoßquerschnitte aus den gemessenen Intensitätsverhältnissen η_{I} und η_{II} entwickelt. Dieses Verfahren soll hier noch insofern erweitert werden, daß nach ihm unter gewissen Bedingungen auch die Auswertung von Meßergebnissen möglich ist, wenn infolge eines geringen Fremdgaszusatzes außer den oben beschriebenen Stößen auch Stoßprozesse zwischen angeregten Alkalimetallatomen und Fremdgasmolekülen stattfinden, bei denen die Alkalimetallatome aus einem $n\,^2P$-Zustand in den anderen oder in den Grundzustand übergehen. Die Stoßzahlen für diese Stoßprozesse sollen folgendermaßen bezeichnet werden: $n\,^2P_{1/2} \rightarrow n\,^2P_{3/2}$ mit Z^F_{12} und $n\,^2P_{3/2} \rightarrow n\,^2P_{1/2}$ mit Z^F_{21}; $n\,^2P_{1/2} \rightarrow n\,^2S_{1/2}$ mit L_1 und $n\,^2P_{3/2} \rightarrow n\,^2S_{1/2}$ mit L_2 (löschende Stöße).

Wenn man die früher [6] aufgestellten Bilanzgleichungen durch die entsprechenden Glieder ergänzt und mit n_1 die Zahl der Alkalimetallatome pro cm^3 im $n\,^2P_{1/2}$-Zustand (mit der mittleren Lebensdauer τ_1) und mit n_2 die Zahl der Alkalimetallatome pro cm^3 im $n\,^2P_{3/2}$-Zustand (mit der mittleren Lebensdauer τ_2) bezeichnet, so erhält man

$$\frac{n_1}{n_2} = \frac{\tau_1\,(Z^F_{21} + Z_{21})}{1 + \tau_1\,(L_1 + Z^F_{12} + Z_{12})} \tag{3a}$$

bei Einstrahlung der kurzwelligeren Resonanzlinie mit der Wellenlänge λ_2 und

$$\frac{n_2}{n_1} = \frac{\tau_2\,(Z^F_{12} + Z_{12})}{1 + \tau_2\,(L_2 + Z^F_{21} + Z_{21})} \tag{3b}$$

bei Einstrahlung der langwelligeren Resonanzlinie mit der Wellenlänge λ_1.

Bei höheren Temperaturen und dementsprechend größeren Teilchendichten unterliegt die Resonanzstrahlung erst Reabsorption-Reemission-Prozessen, bevor sie das Resonanzgefäß verlassen kann. Diese Strahlungsdiffusion bewirkt eine scheinbare Verlängerung der Lebensdauer der angeregten Zustände. Deshalb sind in den Gleichungen 3a und b näherungsweise an Stelle der mittleren Lebensdauern τ_1 und τ_2 „scheinbare Lebensdauern“ $\tau_{1\,\mathrm{sch}}$ und $\tau_{2\,\mathrm{sch}}$ einzusetzen, die von der Temperatur des gesättigten Alkalimetalldampfes und der Geometrie der Anordnung abhängen.

Nähert man das vom anregenden Licht durchstrahlte Resonanzgefäß durch einen sich von $-\infty$ bis $+\infty$ erstreckenden Zylinder mit dem Radius R an, so ist nach Holstein [7]

$$\tau_{1\,\mathrm{sch}} = \frac{\tau_1}{C \cdot D_1(R)} \quad \text{und} \quad \tau_{2\,\mathrm{sch}} = \frac{\tau_2}{C \cdot D_2(R)}\,. \tag{4a u. b}$$

Dabei ist $D_1(R)$ das Durchlässigkeitsvermögen einer Alkalimetalldampfschicht der Dicke R für die langwelligere Resonanzlinie und $D_2(R)$ das für die kurzwelligere Resonanzlinie; die Konstante C hat bei reiner Doppler-Verbreiterung der Linien den Wert 1,60 und bei reiner Dämpfungsverbreiterung den Wert 1,115. Für R kann man den kürzesten Abstand der Mittelachse des anregenden Lichtstrahls von der Wand des Resonanzgefäßes einsetzen, durch die die zur Messung gelangende Fluoreszenzstrahlung austritt.

Die Intensitätsverhältnisse η_{I} und η_{II} hängen in folgender Weise von n_1/n_2 bzw. n_2/n_1 ab:

$$\eta_{\mathrm{I}} = \frac{I_1^2}{I_2^2} = \frac{\frac{1}{\tau_1} D_1(\bar{\varrho}) \frac{h c}{\lambda_1} n_1}{\frac{1}{\tau_2} D_2(\bar{\varrho}) \frac{h c}{\lambda_2} n_2}, \tag{5a}$$

$$\eta_{\mathrm{II}} = \frac{I_2^1}{I_1^1} = \frac{\frac{1}{\tau_2} D_2(\bar{\varrho}) \frac{h c}{\lambda_2} n_2}{\frac{1}{\tau_1} D_1(\bar{\varrho}) \frac{h c}{\lambda_1} n_1}. \tag{5b}$$

Da die beobachtete Resonanzstrahlung aus Volumenelementen mit verschiedenem Abstand von der Fläche kommt, durch die sie aus dem Alkalimetalldampf austritt, ist $\bar{\varrho}$ eine mittlere Schichtdicke; näherungsweise kann man $\bar{\varrho} = R$ setzen.

Schreibt man nun in den Gleichungen 3a u. b $\tau_{1\,\mathrm{sch}}$ und $\tau_{2\,\mathrm{sch}}$ statt τ_1 und τ_2 und setzt dann Gl. 3a in Gl. 5a und Gl. 3b in Gl. 5b ein, so ergibt sich unter Benutzung der Gleichungen 4a bzw. b:

$$\eta_{\mathrm{I}} = \frac{\lambda_2}{\lambda_1} \left\{ \frac{\tau_{2\,\mathrm{sch}} Z_{21}^F}{1 + \tau_{1\,\mathrm{sch}} (L_1 + Z_{12}^F) + \tau_{1\,\mathrm{sch}} Z_{12}} + \frac{\tau_{2\,\mathrm{sch}} Z_{21}}{1 + \tau_{1\,\mathrm{sch}} (L_1 + Z_{12}^F) + \tau_{1\,\mathrm{sch}} Z_{12}} \right\}, \tag{6a}$$

$$\eta_{\mathrm{II}} = \frac{\lambda_1}{\lambda_2} \left\{ \frac{\tau_{1\,\mathrm{sch}} Z_{12}^F}{1 + \tau_{2\,\mathrm{sch}} (L_2 + Z_{21}^F) + \tau_{2\,\mathrm{sch}} Z_{21}} + \frac{\tau_{1\,\mathrm{sch}} Z_{12}}{1 + \tau_{2\,\mathrm{sch}} (L_2 + Z_{21}^F) + \tau_{2\,\mathrm{sch}} Z_{21}} \right\}. \tag{6b}$$

Bei niedrigeren Temperaturen sind die Stoßzahlen Z_{12} und Z_{21} wegen der relativ kleinen Zahl N der Alkalimetallatome pro cm³ (s. Gl. 1!) noch so klein, daß der zweite Summand in den Gleichungen 6a u. b und $\tau_{1\,\mathrm{sch}} Z_{12}$ bzw. $\tau_{2\,\mathrm{sch}} Z_{21}$ im Nenner des ersten Summanden praktisch gleich Null gesetzt werden können. η_{I} und η_{II} können trotzdem mit wachsender Temperatur ansteigen, da die scheinbaren Lebensdauern $\tau_{1\,\mathrm{sch}}$ und $\tau_{2\,\mathrm{sch}}$ größer werden. Wenn das Durchlässigkeitsvermögen D nur noch von der Durchlässigkeit in den Linienflügeln abhängt und die Stoßverbreiterung groß gegenüber der natürlichen Linienverbreiterung ist, so sollten $\tau_{1\,\mathrm{sch}}$ und $\tau_{2\,\mathrm{sch}}$ [2] und damit auch η_{I} und η_{II} bei weiterer Steigerung der Temperatur des gesättigten Alkalimetalldampfes konstant bleiben. Da aber Z_{12} und Z_{21} mit wachsender Temperatur stetig ansteigen, können dann η_{I} und η_{II} noch weiter anwachsen, sobald der zweite Summand in den Gleichungen 6a u. b in die Größenordnung des ersten kommt. Es hängt nun von den einzelnen Stoßquerschnitten und dem Druck des im Resonanzgefäß befindlichen Fremdgases ab, welche Form die Kurven $\eta_{\mathrm{I}}(T)$ und $\eta_{\mathrm{II}}(T)$ besitzen.

Erreicht der erste Summand in den Gleichungen 6a u. b in der oben erörterten Weise einen Maximalwert, der mit η_{I}^F bzw. η_{II}^F bezeichnet werden soll, bevor der zweite Summand einen merklichen Beitrag zum Wert von η_{I} bzw. η_{II} liefert, so ergibt sich aus den Gleichungen 6a u. b bei höheren Temperaturen

$$\eta_{\mathrm{I}}^K = \frac{\lambda_1}{\lambda_2}(\eta_{\mathrm{I}} - \eta_{\mathrm{I}}^F) = \frac{\tau_{2\,\mathrm{sch}} Z_{21}}{C_1 + \tau_{1\,\mathrm{sch}} Z_{12}} \tag{7a}$$

mit

$$C_1 = 1 + \tau_{1\,\mathrm{sch}}(L_1 + Z_{12}^F),$$

und

$$\eta_{\mathrm{II}}^K = \frac{\lambda_2}{\lambda_1}(\eta_{\mathrm{II}} - \eta_{\mathrm{II}}^F) = \frac{\tau_{1\,\mathrm{sch}} Z_{12}}{C_2 + \tau_{2\,\mathrm{sch}} Z_{21}} \tag{7b}$$

mit

$$C_2 = 1 + \tau_{2\,\mathrm{sch}}(L_2 + Z_{21}^F).$$

Wegen der Summanden $\tau_{1\,\mathrm{sch}} Z_{12}$ und $\tau_{2\,\mathrm{sch}} Z_{21}$, die im Nenner der Ausdrücke für η_{I}^F und η_{II}^F stehen (s. Gleichungen 6a u. b!), nehmen η_{I}^F und η_{II}^F bei höheren Temperaturen geringfügig ab.

Aus den Gleichungen 7a u. b erhält man die Stoßzahlen

$$Z_{12} = \frac{1}{\tau_{1\,\mathrm{sch}}} \frac{C_2 + C_1 \eta_{\mathrm{I}}^K}{\frac{1}{\eta_{\mathrm{II}}^K} - \eta_{\mathrm{I}}^K}, \tag{8a}$$

$$Z_{21} = \frac{1}{\tau_{2\,\mathrm{sch}}} \frac{C_1 + C_2 \eta_{\mathrm{II}}^K}{\frac{1}{\eta_{\mathrm{I}}^K} - \eta_{\mathrm{II}}^K}. \tag{8b}$$

Wenn Z_{12}^F, Z_{21}^F, L_1 und L_2 gleich Null werden, gehen die Gleichungen 8a u. b in die früher abgeleiteten Gleichungen über.

Wie aus Abb. 4 hervorgeht, zeigen die η_{I}-Werte, die bei den Messungen mit der HOUTERMANS-Lampe erhalten worden sind, schon bei niedrigeren Temperaturen einen schwachen Anstieg. Da die Fluoreszenzstrahlung bei Verwendung einer HOUTERMANS-Lampe gerade in diesem Temperaturbereich verhältnismäßig groß ist, wie aus Abb. 1 zu ersehen ist, war die Meßgenauigkeit so hoch, daß das geringe Anwachsen von η_{I} deutlich in Erscheinung treten konnte. Nach den vorangegangenen Erörterungen kann der schwache Anstieg von η_{I} dadurch erklärt werden, daß in dem Resonanzgefäß Fremdgas sehr geringen Drucks vorhanden war. Als eine HF-Spannung an das mit Außenelektroden versehene Resonanzgefäß gelegt wurde, konnte keine Entladung beobachtet werden. Bei anderen Resonanzgefäßen, bei denen η_{I} bei etwa 110 °C auf ungefähr 0,2 bzw.

0,3 angestiegen war und dann bis 150 °C nahezu konstant blieb, zeigte sich aber ein schwaches Aufleuchten).[1]

Daß die η_{I}-Kurven bei Einstrahlung der von einer Spektrallampe emittierten kurzwelligeren Resonanzlinien nicht den Anstieg bei niedrigeren Temperaturen zeigen, kann folgendermaßen erklärt werden: 1. Die Intensität der Resonanzfluoreszenz war bei niedrigeren Temperaturen sehr gering (s. Abb. 2!), so daß ein schwaches Ansteigen von η_{I} unterhalb der Grenze der Meßgenauigkeit lag. 2. Da die von der Spektrallampe emittierten Resonanzlinien stärker selbstumgekehrt waren, stiegen die scheinbaren Lebensdauern wesentlich schwächer mit der Temperatur an und dürften erst bei 160 °C etwa den gleichen Wert wie bei der Einstrahlung der von der HOUTERMANS-Lampe ausgestrahlten Resonanzlinien erreicht haben.

Ein Anstieg der η_{II}-Werte bei niedrigeren Temperaturen konnte nicht mit Sicherheit festgestellt werden, da, wie oben schon erwähnt wurde, die Intensität der Fluoreszenz bei Einstrahlung der langwelligeren Resonanzlinie schwächer war und außerdem wegen der im Verhältnis zu $\tau_{2\,\text{sch}}\,Z_{21}^F$ kleineren Werte von $\tau_{1\,\text{sch}}\,Z_{12}^F$ die Intensität I_2^1 bedeutend geringer sein mußte.

5. Stoßquerschnitte

Für die Berechnung[2]) der Stoßquerschnitte wurden mehrere $(\eta_{\text{I}}\,\eta_{\text{II}})$-Wertepaare in dem Temperaturintervall von 180 bis 220 °C herangezogen; denn im Bereich des steilen Anstiegs der η-Kurven ist die größte Genauigkeit der Ergebnisse zu erzielen. Bei der Bildung der Mittelwerte ergab sich: $Q_{12} = 0{,}64 \cdot 10^{-15}\,\text{cm}^2$ und $Q_{21} = 1{,}34 \cdot 10^{-15}\,\text{cm}^2$. Die einzelnen Werte wichen um maximal $\pm 7\%$ von diesen Mittelwerten[3]) ab. Mit steigender Temperatur und der damit verbundenen Erhöhung der Relativgeschwindigkeit der Stoßpartner ist ein geringfügiges Anwachsen der Stoßquerschnitte zu erwarten, das aber zu klein ist, um bei dem zur Auswertung verwendeten Näherungsverfahren in Erscheinung treten zu können.

Eine Abhängigkeit der Strahlungsdiffusion von der Form der eingestrahlten Linie wird bei der bisherigen theoretischen Behandlung der Strahlungsdiffusion

[1]) Das Resonanzgefäß und die zur mehrmaligen Destillation des Cäsiums erforderliche Glasapparatur wurden am Pumpstand sorgfältig ausgeheizt. Das Vakuum betrug am Pumpstand ca. 10^{-5} Torr. Es ist jedoch möglich, daß sich das Vakuum im Resonanzgefäß durch die starke Erwärmung beim Abschmelzen verschlechterte.

[2]) Dabei wurden die von MINKOWSKI und MÜHLENBRUCH [8] angegebenen Werte für die mittleren Lebensdauern der Cs $6\,^2P$-Niveaus und die von CH'EN SHANG-YI [9] publizierten Meßwerte für die Stoßverbreiterung der Cs-Resonanzlinien verwendet. Die Cs-Teilchendichten wurden mit Hilfe einer von TAYLOR und LANGMUIR [10] angegebenen Formel berechnet.

[3]) Nach dem oben beschriebenen Verfahren wurden auch die Meßreihen mit den anderen Resonanzgefäßen, bei denen, wie schon erwähnt wurde, η_{I} bei Anregung mit der HOUTERMANS-Lampe bei niedrigen Temperaturen bereits auf 0,2 bzw. 0,3 anstieg, ausgewertet. Es ergaben sich für die Stoßquerschnitte Werte, die innerhalb von $\pm 20\%$ mit den angegebenen Mittelwerten übereinstimmen.

[7], [11], [12] und dementsprechend auch der oben beschriebenen vereinfachten Methode der Auswertung nicht berücksichtigt. Eine höhere Genauigkeit als etwa $\pm 30\%$ läßt sich ohne eine exaktere theoretische Erfassung der Strahlungsdiffusion oder eine experimentelle Bestimmung der scheinbaren Lebensdauern kaum erreichen. Ob wegen der geringen Intensität des Fluoreszenzlichts die erforderliche Genauigkeit solcher Abklingmessungen mit den z. Zt. vorhandenen Meßmitteln erzielt werden kann, ist jedoch fraglich.

Element	ΔE [eV]	T [° C]	Q_{12} [cm²]	Q_{21} [cm²]
Na	$0{,}21 \cdot 10^{-2}$	287	$17 \cdot 10^{-15}$	$10 \cdot 10^{-15}$
K	$0{,}72 \cdot 10^{-2}$	200—240	$12 \cdot 10^{-15}$	$6 \cdot 10^{-15}$
Cs	$6{,}87 \cdot 10^{-2}$	180—220	$0{,}6 \cdot 10^{-15}$	$1{,}3 \cdot 10^{-15}$

In der Tabelle sind zum Vergleich auch die von einem der Verfasser und Hoffmann [1], [2] ermittelten Stoßquerschnitte für Natrium und Kalium aufgeführt. In Übereinstimmung mit der Franckschen Regel [13] nehmen die Stoßquerschnitte mit wachsender Resonanzabweichung ab.

Das Verhältnis der Querschnitte der in entgegengesetzten Richtungen verlaufenden Stoßprozesse hängt wesentlich von den Unterschieden zwischen den statistischen Gewichten der beiden angeregten Zustände und der Resonanzabweichung ab. So besitzen die Stoßpartner um so seltener die Energie der Relativbewegung, die für Überführungen in den $^2P_{3/2}$-Zustand benötigt wird, je größer die Resonanzabweichung ist, während die Prozesse in der umgekehrten Richtung bei beliebigen kinetischen Energien der zusammenstoßenden Atome stattfinden können.

Für die verhältnismäßig große Resonanzabweichung zwischen den Resonanzniveaus des Cäsiums ist z. B. für $T = 150$ °C und $T = 200$ °C die mittlere kinetische Energie $5{,}5 \cdot 10^{-2}$ eV und $6{,}1 \cdot 10^{-2}$ eV, also kleiner als die Resonanzabweichung $\Delta E = 6{,}9 \cdot 10^{-2}$ eV. Bei den betrachteten Temperaturen besitzen die Stoßpartner nur in 28 bzw. 33 von 100 Fällen die zur Anregung des $^2P_{3/2}$-Zustandes benötigte kinetische Energie. Es ist deshalb verständlich, daß für Cäsium Q_{21} größer als Q_{12} ist, während für Natrium und Kalium, bei denen die Resonanzabweichung wesentlich kleiner ist, der Quotient Q_{12}/Q_{21} annähernd gleich dem Verhältnis der statistischen Gewichte des $^2P_{3/2}$- und des $^2P_{1/2}$-Zustandes ist.

Berlin-Adlershof, Institut für Optik und Spektroskopie der DAdW

Literatur

[1] Seiwert, R., Ann. Physik (6) **18** (1956) 54.
[2] Hoffmann, K., u. Seiwert, R., Ann. Physik (7) **7** (1961) 71.
[3] Druyvesteyn, M. J., Physica **2** (1935) 255.
[4] Houtermans, F. G., Z. Physik **76** (1932) 474.
[5] Hoffmann, K., u. Seiwert, R., Exp. Techn. Physik **8** (1960) 161.
[6] Seiwert, R., Ann. Physik (6) **17** (1956) 371; **18** (1956) 35.
[7] Holstein, T., Phys. Rev. **72** (1947) 1212; **83** (1951) 1159.
[8] Minkowski, R., u. Mühlenbruch, W., Z. Physik **63** (1930) 198.
[9] Ch'en Shang-Yi, Phys. Rev. **58** (1940) 884.
[10] Taylor, J. B., u. Langmuir, T., Phys. Rev. **51** (1937) 753.
[11] Biberman, L. M., Ber. d. Akad. d. Wiss. USSR **27** (1940) 9; J. Exper. Theor. Phys. USSR **17** (1947) 416.
[12] Seiwert, R., Exp. Techn. Physik, Sonderheft Spektroskopie 1955 S. 6ff.; Optik **15** (1958) 758; **16** (1959) 358.
[13] Franck, J., Naturwiss. **14** (1929) 211.

J. SCHANDA, Budapest

Einige Probleme der Messung von Fluoreszenz-Spektren

Bei vielen festkörperphysikalischen Problemen ist die Untersuchung der spektralen Zusammensetzung des Lumineszenzlichtes von großer Bedeutung. Es ist auch üblich, die Spektren in Quantenzahl pro Wellenzahl-Einheit aufzutragen und die Emissionsbänder als GAUSS-Kurven zu betrachten [1].

Wir stellten uns die Aufgabe zu untersuchen inwiefern es aus rein meßtechnischen Gründen möglich sei, neben starken Bändern schwächere zu erkennen und ausmessen zu können. In diesem Zusammenhang möchte ich mich auf das Gebiet der systematischen und quasisystematischen Meßfehler beschränken und statistische und methodische Fragen nicht behandeln. Ebenfalls möchte ich Probleme, die in der Emissionsspektrometrie, wie in der Spektralphotometrie gleichfalls auftreten, nur kurz überblicken, da diese von kritischen Betrachtungen der spektralphotometrischen Meßgenauigkeit her schon wohl bekannt sind.

Dementsprechend möchte ich die Fragen, die die Genauigkeit der Fluoreszenzspektrometrie beeinträchtigen, folgendermaßen einteilen:

Fragen im Zusammenhang mit der Optik,
Probleme der Detektoren und der Meßeinrichtungen,
Vergleichsetalone,
Aufstellungsformen der Meßgeräte.

A. Optische Fehlermöglichkeiten

1. Einstellungsgenauigkeit der Wellenlängen

Zur Spektrometrie von Luminophoren verwendet man Instrumente mittlerer Leuchtstärke, wie zum Beispiel den Zeiss'schen Siegelmonochromator oder den sowjetischen Monochromator UM-2. Instrumente dieser Klasse zeigen eine systematische Wellenlängenänderung während ihrer Lebensdauer, die zum Beispiel bei einem neuen Siegelmonochromator bei 700 nm innerhalb von 3 Monaten 2 nm betrug. Dies kann einen Meßfehler von 3—5% verursachen und soll darauf hinweisen, daß man die Instrumente in regelmäßigen Interwallen in dieser Hinsicht nachprüfen soll.

2. Streulicht

In diesem Zusammenhang möchte ich nur darauf hinweisen, daß bei Lumineszenz-Messungen das Anregerlicht bis auf vier Größenordnungen unterdrückt sein muß [2]. Das bedeutet, daß ein Doppelmonochromator zu bevorzugen ist, oder aber man soll vor dem Monochromator ein UV-Sperrfilter benutzen.

3. Endliche Bandbreite des Monochromators

Wegen der kleinen Intensitäten arbeitet man meistens mit ziemlich großen Bandbreiten. Wenn dies aber noch gar keine Verwischung der eigentlichen Bänder verursacht, so kann doch folgender Fehler auftreten: Wegen der endlichen Bandbreite stimmt die mit Spektrallinien bestimmte wahre Wellenlänge mit der Schwerpunktswellenlänge nicht überein. Bei einer Halbwertsbandbreite $\Delta\lambda = 8$ nm und einer Emissionsänderung von 3%/nm gibt dies in der Wellenlänge einen Unterschied von 1—1,5 nm. Wenn im betreffenden Spektralgebiet der Luminophor und die Vergleichslampe entgegengesetzten Intensitäts-Wellenlängenverlauf haben, so kann man leicht zu Fehlern von 5—10% gelangen, die aber mit der Anwendung entsprechender Korrektionen durchaus vermeidbar sind.

B. Fehlermöglichkeiten bei den Detektoren und Meßeinrichtungen

1. Detektoren

Als *Detektor* wird in der Lumineszenzspektrometrie beinahe ausschließlich der Photoelektronenvervielfacher benutzt. Bei dessen Anwendung, wie bekannt, muß man auf Nichtlinearitäten zwischen Lichtstrom und Photostrom [3], auf spektrale sowie Gesamtermüdungserscheinungen und auf lokale Empfindlichkeitsschwankungen achtgeben.

2. Meßeinrichtungen

Die üblichen Meßeinrichtungen können in drei Gruppen eingeteilt werden:

a) Galvanometer,
b) Gleichstromverstärker,
c) Wechselstromverstärker.

Die einzelnen Einrichtungen arbeiten optimal mit verschieden empfindlichen Vervielfachern. Mit einem 10^{-9} A/mm empfindlichen Galvanometer kann man die Dunkelstromschwankung eines Vervielfachers mit Cs—Sb Photokathode und 1 cm^2 Kathodenfläche in einem Bereich von 1 Hz eben noch nachweisen, wenn der Vervielfacher 10^7—10^8-fache Verstärkung besitzt.

Das Eigenrauschen eines Gleichstromverstärkers ist noch leicht größenordnungsmäßig niedriger zu halten, als das Rauschen eines Vervielfachers mit 10^5—10^6-facher Verstärkung.

Bei Wechselstromverstärkern ist ein optimaler Zeitkonstante-Anzeigezeit-Zusammenhang nicht zu erreichen. Hier ist es sogar günstiger, kleine Vervielfachung anzuwenden, um die an den Eingang des Verstärkers von den einzelnen aus der Kathode austretenden Elektronen herrührenden Impulse am Ausgang klein zu halten, da die Einzelimpulse beim Vervielfacher des vorigen Beispiels bei einer Eingangszeitkonstante von 1 msec die Dunkelspannungsschwankung dreimal überholen.

C. Vergleichslichtquellen

Die größten Unsicherheiten bei der Lumineszenz-Spektrenmessung stammen aus den Fehlern der Vergleichslichtquelle. Der einzige Strahler, dessen Energieverteilung analytisch angebbar ist, ist der schwarze Körper. Da aber die Temperaturwerte und die c_2-Strahlungskonstante nicht genügend genau bekannt sind, ist eine Unbestimmtheit der Meßergebnisse bei dem Platinpunkt, laut Angaben von MOSER, STILLE und TINGWALD [4], im blauen Bereich von 4% vorhanden.

Die Realisierung eines schwarzen Strahlers bei hohen Temperaturen ist schwierig, so pflegte man meistens mit sekundären Normalen zu arbeiten. In dieser Hinsicht kommen die Wolframlampen, Bogen-Lampen und Lumineszenz-Etalone in Frage.

1. Wolframlampen

Da das Wolfram kein grauer Strahler ist, muß man mit einem wellenlängenabhängigen Emissivitätswert rechnen. Die gebräuchlichsten Emissivitätswerte stammen von DE VOS [5] und von LARRABEE [6]. Wie es aus Abb. 1 ersichtlich ist, unterscheiden sich die zwei gezeigten Kurvenpaare bei den Temperaturwerten 2400 °K und 2600 °K der zwei Auktoren: Dies bedeutet einen Unterschied im

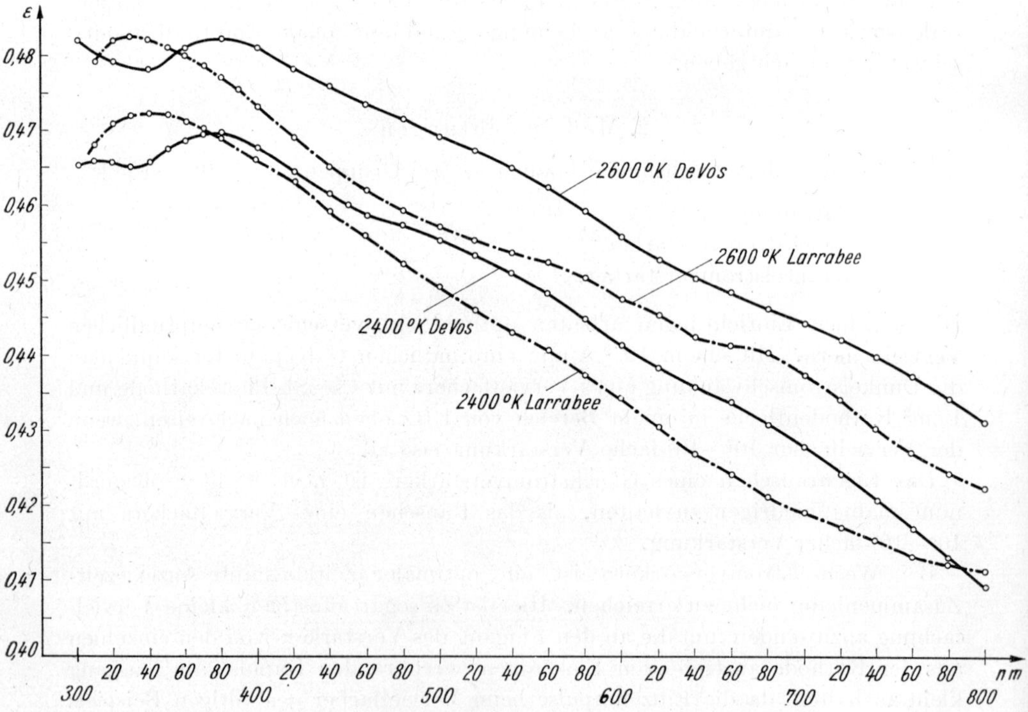

Abb. 1. Spektrale Emissivitätsverteilung von Wolfram nach DE VOS und LARRABEE bei 2400° K und 2600° K.

spektralen Energieverlauf von rund 2%. Solch eine Unsicherheit stammt im Idealfall aus der Lampe, wenn die wahre Temperatur einer gleichmäßig hellen Stelle einer Bandlampe betrachtet wird.

Oft ist es üblich, die physikalische Farbentemperatur, auch Verteilungstemperatur genannt, anzugeben. Da die Emissivität des Wolframs sich nicht nach einer Exponentialfunktion ändert, ist diese Angabe mit kleineren oder größeren Fehlern behaftet. In Abb. 2 ist die Abweichung vom PLANCKschen

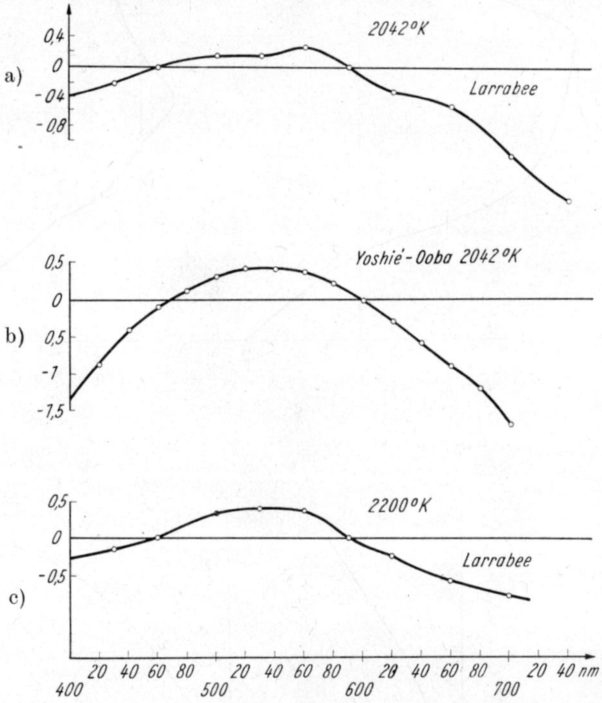

Abb. 2. Abweichung der Spektral-Energieverteilung eines Wolframbandes bei a) 2042 °K nach LARRABEE berechnet; b) 2042 °K nach Messungen von YOSHIÉ und OOBA; c) 220 °K nach LARRABEE berechnet.

Strahlungsgesetz für eine Verteilungstemperatur von 2042 °K einmal mit Emissivitätswerten von LARRABEE errechnet, zum anderen nach einer Messung von YOSHIÉ und OOBA [7] wiedergegeben. Die dritte Kurve zeigt dieselbe Abhängigkeit bei 2200 °K. Aus Abb. 3 sind ähnliche Kurven, mit Werten von DE VOS errechnet, bei 2400°, 2600° und 2800 °K ersichtlich. Abb. 4 zeigt drei Kurven bei der Verteilungstemperatur von 2854 °K. Die erste Kurve wurde mit den DE VOSschen Werten, die zweite nach Messungsergebnissen von FORSYTH und ADAMS [8] errechnet. Allerdings handelte es sich hier um eine Projektionslampe, und die ganze Fläche des Glühkörpers wurde in Betracht gezogen. Die dritte Kurve wurde aus Angaben von HISDAL [9] ermittelt.

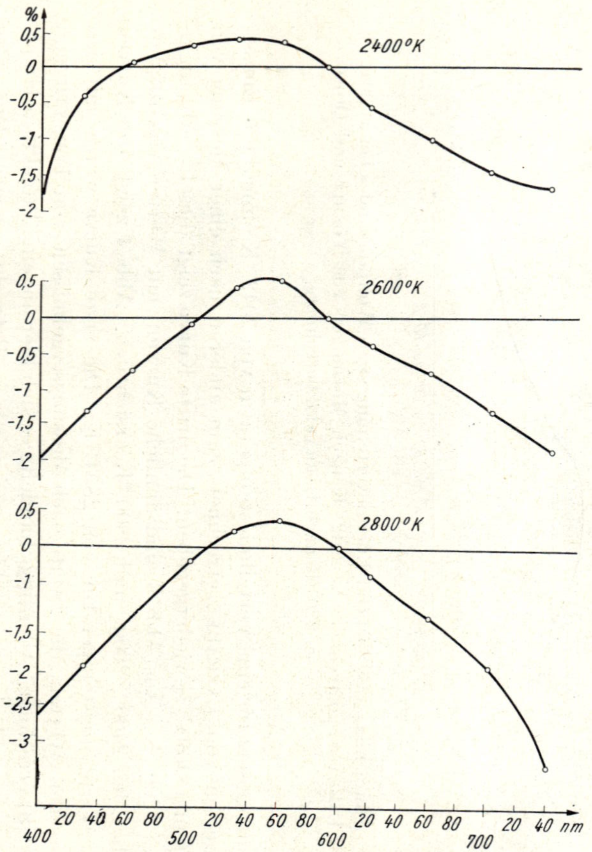

Abb. 3. Abweichung der Spektral-Energieverteilung einer Wolframlampe bei drei verschiedenen Verteilungstemperaturen nach DE VOS berechnet.

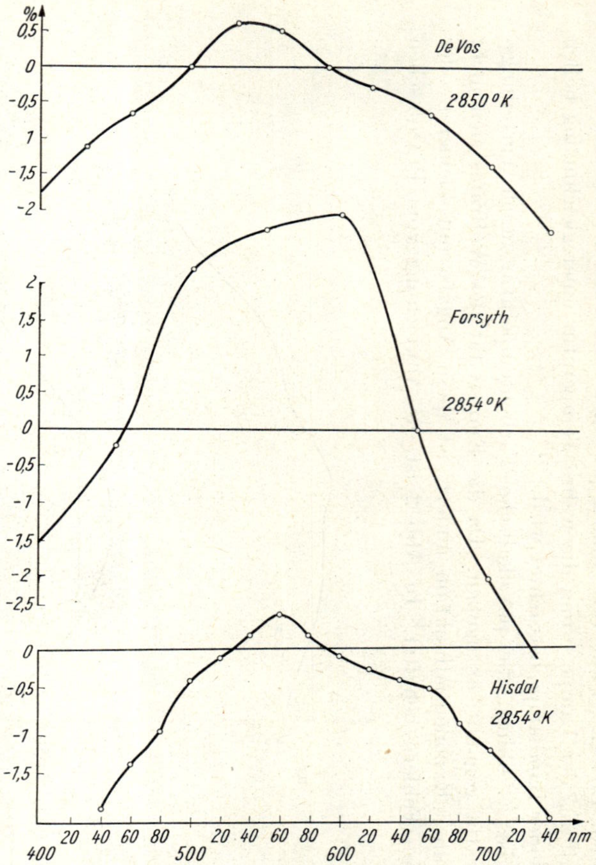

Abb. 4. Abweichung der Spektral-Energieverteilung von Wolframlampen bei der Farbtemperatur des Normalstrahlers „A" berechnet aus DE VOS Emissivitätswerten und aus Meßergebnissen von FORSYTH-ADAMS und HISDAL.

Dies zeigt, daß man bei Verteilungstemperaturangaben, wenn diese sich auf eine gleichmäßig helle Stelle des Wolframbandes beziehen, mit einem Fehler von 1,5—2% rechnen muß. Bei Wolframwendellampen, wie es bei FORSITH und ADAMS der Fall war, obzwar hier vom Inneren der Wendel eine fast schwarze Strahlung austritt, muß man mit einer Abweichung vom PLANCKschen Gesetz von 2—3% rechnen.

Wir müssen uns noch kurz mit den Betriebsarten der Lampen befassen. Wie aus Abb. 5 hervorgeht, nach Messungen von WEAVER und HUSSONG [10], ändert sich mit der Verteilungstemperatur der Lichtstrom am stärksten, der Lampenstrom am schwächsten. Eine Lampenspannungsmessung ist ein viermal so empfindliches Maß für die Verteilungstemperatur als der Lampenstrom. Nach BARNETT, BARRY und PRESTON [11] ist die konstante Spannungsspeisung auch hinsichtlich langfristiger Änderungen günstiger als die konstante Stromspeisung.

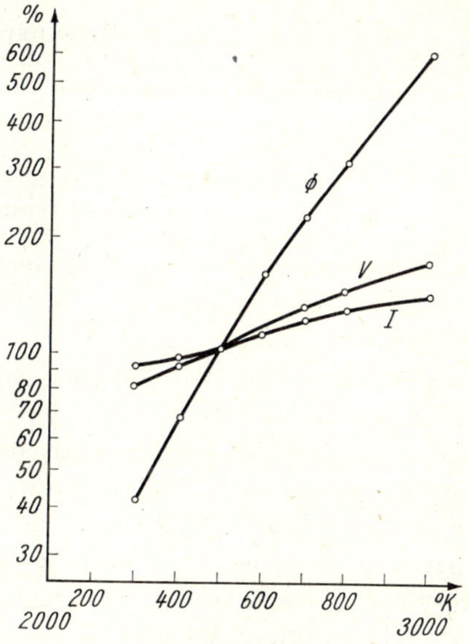

Abb. 5. Zusammenhang zwischen Lichtstrom (Φ), Spannung (V), Lampenstrom (I) und der Farbtemperatur von Wendellampen nach WEAVER und HUSSONG.

Erwähnenswert ist noch, daß der Zustand des Kolbens auch entscheidend sein kann, da selbst der Glaskolben eine Selektivität im Sichtbaren von 2 bis 4% aufweisen kann [9]. Dazu kommt noch eine selektive Schwärzung. Alles zusammenrechnend sei nach PERSON, MARTIN und ROBERTO [12] die Lebensdauer eines Farbtemperaturnormals bei 2854 °K mit 60 Stunden begrenzt. Beim Betrieb der Lampe ist eine Wechselstromversorgung keinesfalls zu empfehlen, da wegen der Modulation des Lichtstromes Abweichungen von der Gleichstromkalibration auftreten können [13].

Zusammenfassend kann gesagt werden, daß bei auf schwarze Temperatur eingestellten Lampen die spektrale Energieverteilungsmessung mit Fehlern von 0,5—5%, bei Verteilungstemperatur-Normalen von 2—10% behaftet ist.

2. Lumineszenz-Etalone

Bei der Untersuchung von Luminophoren kommen als Sekundär-Normale auch Lumineszenzstoffe in Frage. Bei der Auswahl derselben ist darauf zu achten, daß sie bei UV-Anregung ihre Emission bei der Änderung der Anregerwellenlänge nicht ändern dürfen. Ebenso ist solcher Leuchtstoff auszusuchen, der keine, oder nur kleine spektrale Änderung bei Temperaturänderung aufweist.

Oft wurden organische Lösungen, wie zum Beispiel Chininbisulfat [14], angewendet.

Die Anregeschwankungen sind bei radioaktiver Anregung ausschaltbar. Wegen der schnellen Zerstörung des Leuchtstoffes scheiden hier α-aktive Präparate aus. Häufig wurde [15], [16] Strontium 90 verwendet, das β-aktiv ist und eine Halbwertszeit von 220 Jahren besitzt. Als Leuchtstoff wurde über Willemit und ZnS als am besten geeignete Substanzen berichtet.

Zur Zeit kann man zwar diese Frage noch nicht vollständig abschätzen, die mit radioaktiven Präparaten angeregten Leuchtstoffe sollen aber auch als Normallichtquellen an Bedeutung immer mehr zunehmen.

D. Messungen und Meßmethoden

Die Lumineszenzspektrometer kann man in 3 Hauptgruppen einteilen:

1. Direktanzeiger,
2. Korrektionsgeräte,
3. Kompensationsmeßinstrumente.

1. Direktanzeiger sind jene Geräte, die die zu messenden Spektren nicht quantenzahlrichtig anzeigen. Bei denen ist es bei jeder Messung notwendig, die Spektren umzurechnen.

2. Korrektionsgeräte sind jene, bei denen die wellenlängenabhängige Empfindlichkeitsänderung des Instrumentes mit Hilfe von optischen Blenden oder Profilscheiben, aber auch von elektronischen Mitteln (Empfindlichkeits- oder Verstärkungsregelung mit Hilfe von mechanischen oder elektrischen Gebern) [17—21], durchgeführt sind. Alle diese Methoden haben den Nachteil, daß eine nicht ganz gleichmäßige Ausleuchtung des Monochromators, oder eine kleine Dejustierung des Vervielfachers, aber auch spektrale Empfindlichkeitsänderungen zu Fehlern führen können.

3. Kompensationsmeßgeräte. Ähnlich wie die Zweistrahl-Spektralphotometer kann man auch Zweistrahl-Emissionsgeräte bauen. Bei diesen ist die größte Schwierigkeit ein möglichst konstantes äquienergetisches Hilfsspektrum herzustellen. Dies kann mit Hilfe entsprechender Blenden ähnlich wie bei den Photometern und Kolorimetern von Winch oder Nasser erzielt werden, aber auch nach Mitsuhashi [22] mit Hilfe eines zweiten Monochromators und einer Einstellelektronik, die die Lampe auf konstanten Wert regelt. Als Meßwertgeber benutzte Mitsuhaschi ein Thermoelement, konnte aber feststellen, daß auch dies eine Selektivität im Sichtbaren von 2% aufwies.

Die Reproduzierbarkeit der Kompensationsgeräte kann man bis etwa 0,2% steigern. Es sei aber sehr betont, daß eben bei diesen Geräten die Fehler aus endlicher Bandbreite und Streulicht am meisten in Erscheinung treten, da sie meistens mit Spaltautomatik ausgerüstet sind und bei kleinen Meßlichtintensitäten mit großen Bandbreiten arbeiten. So darf man auch die Ergebnisse solcher Instrumente nicht ohne Kritik betrachten und um richtige Resultate zu bekommen, muß man die entsprechenden Korrektionen anwenden.

Zusammenfassung

Die meisten Fehler stammen aus den Normallampen. Mit dem größten Aufwand kann man diese Fehler im großen Teil des sichtbaren Spektrums auf 1—2% herabdrücken. Im blauen und nahen UV-Bereich tritt dennoch ein Fehler von 5—8% auf.

Aus der endlichen Bandbreite und dem Streulicht kann leicht ein Fehler von 10—20% entstehen, der aber teilweise vermeidbar, teilweise korrigierbar ist. Bei Nichtkompensationsgeräten kann ein additiver Fehler von der Empfindlichkeitsänderung des Empfängers von 2—3% auftreten.

Abschließend möchte ich einer angenehmen Pflicht nachkommen, indem ich Herrn Prof. Szigeti und Herrn Dr. Bodó für die Unterstützung dieser Arbeit herzlichst danke.

Forschungsinstitut für Technische Physik
der Ungarischen Akademie der Wissenschaften

Literatur

[1] Szigeti, Gy., Nagy, E., Luminescence and Dielectric Losses of Zinc Silicate. Müegy. Közl. **1** (1948) 1—16.

[2] Lempicki, A., Analysis of Excitation Spectra Measurement. JOSA **48** (1958) 67—70.

[3] Kortüm, G., Maier, H., Zur Frage der Abhängigkeit von Photostrom und Beleuchtungsstärke bei Photozellen und Vervielfachern. Z. f. Naturf. **8a** (1953) 253.

[4] Moser, H., Stille, U. u. Tingwaldt, C., Strahlungskonstanten, Strahlungsäquivalent und optische Temperaturskala. Optik **14** (1957) 291—302.

[5] de Vos, J. C., A New Determination of the Emissivity of Tungsten Ribbon. Physica **20** (1954) 690—714.

[6] Larrabee, R. D., Spectral Emissivity of Tungsten. JOSA **49** (1959) 619—625.

[7] Yoshié, K., Ooba, N., Etalon secondaire de répartition spectrale dans le spectre visible. Rev. Opt. **36** (1957) 561—568.

[8] Forsythe, W. E., Adams, E. Q., Radiating Characteristics of Tungsten and Tungsten Lamps. JOSA **35** (1945) 108—113.

[9] Hisdal, B., Relative Spectral Energy Distribution of Standard Light Sources for Colorimetry. JOSA **48** (1958) 608—613.

[10] Weaver, K. S., Hussong, H. E., Note on the Color Temperature-Candlepower Characteristic of Tungsten Lamps. JOSA **29** (1939) 16—19.

[11] Barnett, W., Berry, R. G., Preston, J. S., The Aging of Vacuum Standard Lamps on A. C. and D. C. Br. J. appl. Phys. **8** (1957) 363—366.

[12] Parson, S. L., Martin, A. E., Roberto, S. N., Recording Spectroradiometers for Luminescent Materials. J. electrochem. Soc. **97** (1950) 41—48.

[13] Condell, W., Spectral Intensity of A. C. Operated Tungsten Lamps. JOSA **47** (1957) 1135—1136.

[14] Melhuish, W. H., A Standard Fluorescence Spectrum for Calibrating Spectro-Fluorophotometers. J. Phys. Chem. **64** (1960) 762—764.

[15] Hanle, W., Kügler, I., Radiolumineszenz als Lichtquelle konstanter Intensität. Opt. Acta **3** (1956) 131—138.

[16] Pritchard, B. S., Trytten, G. W., Radioactive Light Sources for Photometric Standardisation. JOSA **47** (1957) 118.

[17] Schanda, J., Ein automatisches Spektrometer zur Registrierung von Fluoreszenzspektren. II. tschechosl. Spektrogr. Kongr., Tatra-Lomnic 1959.

[18] ZWORYKIN, V. K., An Automatic Recording Spectroradiometer for Cathodoluminescent Materials. JOSA **29** (1939) 84—91.
[19] STUDER, F. J., A Method for Automatic Recording Spectral Energy Distribution from Continous Spectrum Sources. JOSA **37** (1947) 522.
[20] STUDER, F. J., A Method for Automatic Plotting Spectral Energy Distribution of Luminescent Materials. JOSA **38** (1948) 467—470.
[21] LIPSETT, I. R., Versatile Apparatus for Automatic Recording of Absolute Fluorescent Spectra. JOSA **49** (1959) 673—679.
[22] MITSUHASHI, H., Some Considerations of the Balanced Spectroradiometry Sci. of Light **4** (1955) 61—71.

R. SEIWERT und J. TILCH[1]), Berlin

Die sensibilisierte Fluoreszenz eines Mg-Na-Dampfgemisches

Werden in einem Metalldampfgemisch Atome der einen Komponente (A) durch Einstrahlung angeregt und treten im Fluoreszenzlicht auch Linien der Atome der anderen Komponente (B) auf, so liegt eine „sensibilisierte Fluoreszenz" vor. A-Atome sollen sich zunächst in einem Zustand a mit der Anregungsenergie E_a befinden. Da sie optisch angeregt werden, kann dem Übergang in den Grundzustand ein Dipolmoment zugeordnet werden. B-Atome gelangen dann durch Stöße mit den angeregten A-Atomen in Zustände b mit Anregungsenergien E_b. Zum Übergang aus einem Zustand b in den Grundzustand gehöre ein Moment k-ter Ordnung. Die vom Niveau b ausgehenden Linien sind im Fluoreszenzlicht enthalten. Die Querschnitte der Stöße mit einer Übertragung der Anregungsenergie von A-Atomen auf B-Atome hängen von der Resonanzabweichung $\Delta E = E_b - E_a$, der Ordnung und Größe der Momente der Übergänge und der Relativgeschwindigkeit der Stoßpartner ab. Werden zwei Elemente ausgewählt, bei denen in der Nähe des Resonanzniveaus des einen Elements mehrere Niveaus des anderen liegen, so kann sich bei der Untersuchung der sensibilisierten Fluoreszenz deutlich die Abhängigkeit der Wahrscheinlichkeit der Stoßprozesse von der Resonanzabweichung und den Momenten der Übergänge zeigen. Derartige Experimente haben BEUTLER und JOSEPHY [1] sowie FRISCH und KRAULINJA [2] an einem Hg—Na-Dampfgemisch und FRIEDRICH und einer der Verfasser [3] an einem Cd—Cs-Dampfgemisch durchgeführt.

Für die Ermittlung von absoluten Stoßquerschnitten ist eine Untersuchung der Fluoreszenz eines Mg—Na-Dampfgemischs günstiger, da Na-Niveaus mit relativ kleinen Hauptquantenzahlen in der Nähe des Mg-Resonanzniveaus liegen. Die für die Berechnung notwendigen Übergangswahrscheinlichkeiten sind zum Teil gemessen worden oder können leicht nach der Methode der COULOMB-Approximation von BATES und DAMGAARD [4] ermittelt werden. Wie aus Tabelle 1 hervorgeht, treten bei Mg—Na zum Teil sehr kleine Resonanzabweichungen auf. Weiter liegen in dem photographisch zugänglichen Spektralbereich die Linien, aus deren Intensitäten man dann auf die Besetzungszahlen der interessierenden Niveaus schließen kann (s. Abb. 1). Damit sind alle Voraussetzungen dafür vorhanden, daß man später aus gemessenen Intensitäten der im Fluoreszenzlicht enthaltenen Linien Stoßquerschnitte berechnen kann.[2]) Das Experimentieren mit dem

[1]) Vorgetragen von J. TILCH.

[2]) Allgemein besteht ein Vorteil der Experimente zur sensibilisierten Fluoreszenz darin, daß bei geeigneter Wahl der Bedingungen die Meßergebnisse ohne Berücksichtigung einer Strahlungsdiffusion auszuwerten sind.

Mg—Na-Gemisch wird jedoch durch die Aggressivität beider Metalldämpfe gegenüber Quarzglas und normalen Glassorten sehr erschwert. Es wird nun von der Überwindung der erwähnten Schwierigkeiten und dem Nachweis der erwarteten sensibilisierten Fluoreszenz berichtet.

Tabelle 1

Term Mg	Term Na	Termwert σ [cm^{-1}]	$\Delta\sigma$ [cm^{-1}]	ΔE [eV]
	$6\,^2P_{3/2}$	37297,76	2246,40	0,27851
	$6\,^2P_{1/2}$	37296,51	2245,15	0,27835
	$5\,^2F_{7/2;\,5/2}$	37057,6	2006,24	0,24873
	$5\,^2D_{3/2}$	37036,81	1985,45	0,24616
	$5\,^2D_{5/2}$	37036,78	1985,42	0,24616
	$6\,^2S_{1/2}$	36372,65	1321,29	0,16381
$3\,^1P_1$		35051,36	0,00	0,00000
	$5\,^2P_{3/2}$	35042,79	— 8,57	— 0,00111
	$5\,^2P_{1/2}$	35040,27	— 11,09	— 0,00134
	$4\,^2F_{7/2;\,5/2}$	34588,6	— 462,76	0,05737
	$4\,^2D_{3/2}$	34548,79	— 502,57	0,06231
	$4\,^2D_{5/2}$	34548,75	— 502,61	0,06231
	$5\,^2S_{1/2}$	33200,70	— 1850,66	0,22944
	$4\,^2P_{3/2}$	30272,51	— 4778,74	0,59247
	$4\,^2P_{1/2}$	30266,88	— 4784,48	0,59318

Versuche mit einer Hg-HOUTERMANS-Lampe [5] aus Quarzglas schlugen fehl; nach kurzer Zeit wurden die Wände, an denen die Entladung unmittelbar vorbeiging, gebräunt, und das Ansatzrohr, in dem sich das Magnesium befand, bekam feine Risse.

Daraufhin wurde eine Mg-Kataphoreselampe nach DRUYVESTEYN [6] aus Quarzglas gebaut und mit ihr die Mg-Resonanzfluoreszenz ($\lambda = 2852$ Å) in einem Resonanzgefäß aus Quarzglas angeregt. Mit Hilfe eines Photokathoden-Sekundärelektronenvervielfachers wurde die Resonanzfluoreszenz als Funktion der Temperatur des gesättigten Mg-Dampfes gemessen; das Ergebnis zeigt Abb. 2 (strichpunktierte Kurve). Daraus ist ersichtlich, daß die Kataphoreselampe für die Anregung der Mg-Resonanzfluoreszenz geeignet ist. Aus dem Vergleich mit der

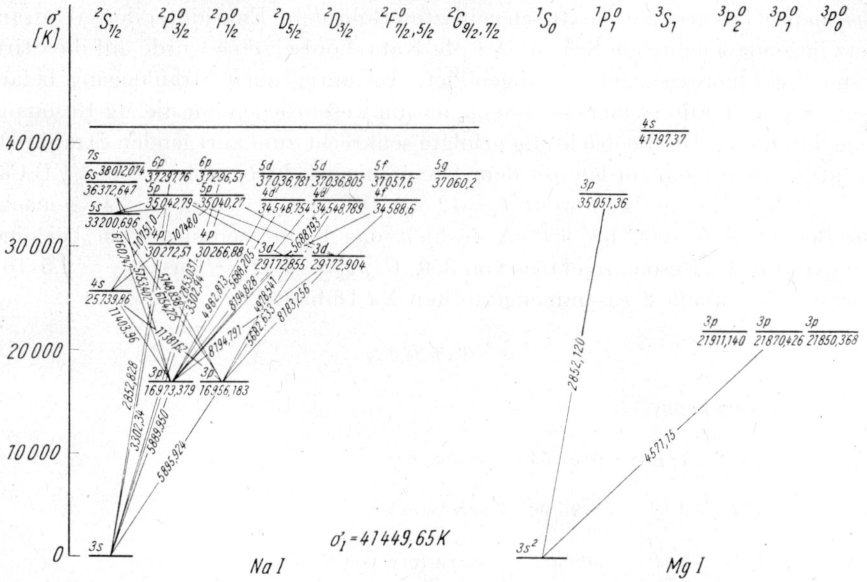

Abb. 1

berechneten Absorption¹) (Abb. 2, ausgezogene Kurve) kann man darauf schließen, daß die von der Kataphoreselampe ausgestrahlten Linien höchstens eine schwache Reabsorption innerhalb der Lampe erlitten haben. Hierfür sprechen auch FABRY-PÉROT-Aufnahmen der Mg-Resonanzlinie.

Da Natrium bereits von etwa 250 °C an Quarzglas stark bräunt, die Resonanzfluoreszenz des Magnesiums aber erst bei Temperaturen über 300 °C so stark wird, daß eine genügende Dichte der angeregten Mg-Atome erwartet werden kann, ist ein Resonanzgefäß aus Quarz nicht brauchbar. Nach einigen Voruntersuchungen erwies sich ein Gefäß als am besten geeignet, das als Kopf eine dünnwandige Kugel aus homogenem natriumfestem Glas hatte. Dieses Glas ist bis etwa 450 °C gegen Na- und Mg-Dampf beständig. Die Metalle wurden im Vakuum in das Resonanzgefäß hineindestilliert; dann wurde das Gefäß vom Pumpstand abgezogen. Zur Erzeugung des notwendigen Dampfdruckes befand sich das

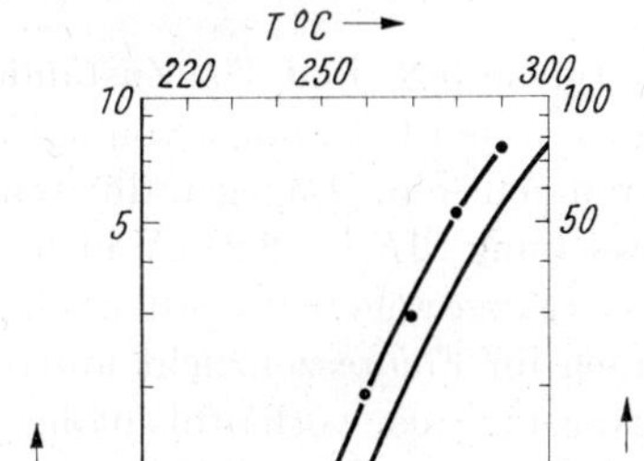

Abb. 2

¹) Die Absorption wurde nach Formeln von MITCHELL und ZEMANSKY [7] für eine Dampfschicht von 1 cm Dicke unter der Annahme berechnet, daß die eingestrahlte und Absorptionslinie in Form und Breite übereinstimmen.

Resonanzgefäß in einem elektrisch geheizten Rohrofen. Eine hinter dem Wolframnetz liegende leuchtende Schicht der Mg-Kataphoreselampe wurde auf die Stirnwand des Fluoreszenzgefäßes abgebildet. Im anregenden Strahlengang befand sich ein UG 11-Filter von Schott-Jena, das im wesentlichen nur die Mg-Resonanzlinie durchließ. Die Beobachtung erfolgte senkrecht zum anregenden Strahl. Die Spektralaufnahmen wurden mit dem Dreiprismenspektrographen vom VEB Carl Zeiss JENA (Kamerabrennweite $f = 12$ cm, Öffnungsverhältnis 1:2,4) gemacht. Im Bereich von 4000 bis 6500 Å enthielt das Fluoreszenzspektrum bei einer Temperatur des Resonanzgefäßes von 350 °C ($p_{Na} = 8 \cdot 10^{-2}$ Torr, $p_{Mg} = 2{,}5 \cdot 10^{-4}$ Torr) die in Tabelle 2 zusammengestellten Na-Dubletts.

Tabelle 2

Nr.	Übergang	Linie λ (Å)	Intensität
1	$5\,^2S - 3\,^2P$	6161/54	stark
2	$3\,^2P - 3\,^2S$	5896/90	sehr stark
3	$4\,^2D - 3\,^2P$	5688/83	stark (etwas schwächer als Nr. 1)
4	$6\,^2S - 3\,^2P$	5153/49	sehr schwach
5	$5\,^2D - 3\,^2P$	4983/79	sehr schwach (etwas schwächer als Nr. 4)

In die 5^2S- und 4^2D-Zustände können die Na-Atome sowohl durch Stöße als auch durch Übergänge von höheren, bei Stoßprozessen angeregten Zuständen gekommen sein. Dagegen dürften die 3^2P-Niveaus wegen der großen Resonanzabweichung $|\Delta E| = 2{,}24$ eV nicht bei Stoßprozessen, sondern nur durch Kaskadenübergänge angeregt worden sein. Daß die beiden Dubletts 5153/48 Å und 4983/79 Å auch im Fluoreszenzlicht auftraten, war nicht erwartet worden, da deren Ausgangsniveaus verhältnismäßig große Resonanzabweichungen gegenüber dem Mg-Resonanzniveau besitzen und außerdem noch die Beträge $|\Delta E|$ von kinetischer Energie in Anregungsenergie umgewandelt werden müssen. Bei einer Temperatur des Dampfgemisches von etwa 350 °C reicht die Energie der Relativbewegung nur bei 12 von 100 Stößen aus, um das Defizit an Anregungsenergie gegenüber dem 6^2S-Niveau zu decken, und nur bei 3 von 100 Stößen, um das Energiedefizit gegenüber den 5^2D-Niveaus auszugleichen.

Bei der Fortführung der Untersuchungen müssen die relativen Intensitäten bereits beobachteter und weiterer im infraroten Spektralbereich liegender Na-Dubletts sowie der Mg-Resonanzlinie gemessen werden, damit dann Stoßquerschnitte berechnet werden können.

Berlin-Adlershof, Institut für Optik und Spektroskopie der DAdW

Literatur

[1] Beutler, H. u. Josephy, B., Z. Physik **53** (1929) 747.
[2] Frisch, S. E. u. Kraulinja, E. K., Dokl. Akad. Nauk SSSR **101** (1955) 837.
[3] Friedrich, H. u. Seiwert, R., Ann. Physik (6) **20** (1957) 215.
[4] Bates, D. R. u. Damgaard, A., Phil. Trans. Roy. Soc. (A) **242** (1949) 101.
[5] Houtermans, F. G., Z. Physik **76** (1936) 474.
[6] Druyvesteyn, M. J., Physika **2** (1935) 255.
[7] Mitchell, A. C. G. u. Zemansky, M. W., Resonance Radiation and Excited Atoms, Kap. III u. IV. Cambridge 1934.

T. SKALIŃSKI, J. ROGACZEWSKI und T. ŻUK, Warschau

Einfluß der Temperatur auf die Verbreiterung der Quecksilberresonanzlinie 2537 Å durch die Fremdgase

Einleitung

Die theoretische Fassung des Problems der Druckverbreiterung der Spektrallinien durch Fremdgase wird auf zweierlei Weise betrachtet; es gibt nämlich eine Gruppe, die sog. Stoßdämpfung, und eine zweite — die statistischen Theorien.[1])

Die Stoßdämpfungstheorien nach den Ansichten von LORENTZ, LENZ und WEISSKOPFF nehmen eine Analogie zwichen dem erregten Atom (S) und dem gedämpften Oszillator an. Der Stoß des Fremdatoms (F) gegen einen solchen Oszillator verursacht den Abbruch oder das Entphasen des emittierten Wellenzuges. Die FOURIERsche Zerlegung der Schwingungen führt in diesem Fall zu einer Dispersionsverteilung der Intensität in verbreiteter Linie, wobei die Halbwertsbreite der Linie $\frac{\gamma}{2}$ gleich $\frac{1}{\tau_0}$ ist, und τ_0 die mittlere Zeit zwischen zwei nachfolgenden Stößen bedeutet.

Die mittlere Stoßzahl τ_0^{-1} pro Sekunde ist laut der kinetischen Gastheorie

$$\tau_0^{-1} = \pi \varrho_0^2 \bar{v} N ;$$

hierbei bedeutet: $\pi \varrho_0^2$ den Wirkungsquerschnitt des S-Atoms für den „optischen Stoß", $\bar{v}$ — die mittlere Relativgeschwindigkeit von S und F, N — die Zahl der F Atome im Kubikzentimeter.

Nach Überlegungen von LADENBURG und REICHE [2] ist die Gesamtabsorption A aus einem kontinuierlichen Hintergrund in einer endlichen Schichtdicke d durch die Formel

$$A = \sqrt{\frac{\pi N f e^2 \gamma d}{m c}}$$

gegeben.

Bei großer Dicke der absorbierenden Schicht ist also die Gesamtabsorption von γ abhängig. In der LORENTZ-Theorie ist γ dem τ^{-1} proportional, also

$$\gamma \sim \frac{1}{\tau_0} \sim \bar{v} \sim \sqrt{T} ,$$

während nach LENZ und WEISSKOPFF der Wirkungsradius ϱ_0 von der mittleren Relativgeschwindigkeit $\bar{v}$ abhängt:

$$\varrho_0 = \sqrt[5]{\frac{k}{\bar{v}}}, \quad \text{was zu} \quad \gamma \sim T^{3/10} \quad \text{führt.}$$

[1]) Ein ausführliches Literaturverzeichnis der theoretischen und experimentellen Versuche dieses Problems ist z. B. in einem zusammenfassenden Bericht von S. ROBINU. S. ROBIN zu finden [1].

Wir sehen, daß gemäß der Stoßdämpfungstheorie die Gesamtabsorption der verbreiterten Linie eine Temperaturabhängigkeit aufweist.

Es ist hier zu bemerken, daß die in weiterer Entwicklung der Stoßdämpfungstheorie durch LINDHOLM [3] eingeführte kontinuierliche Phasenänderung (die nicht nur die Verbreiterung der Linie sondern auch die Verschiebung ihrer Maxima erklären kann) die Abhängigkeit der Halbwertsbreite von der Temperatur unverändert läßt.

Die Einführung der Potentialkurven, die die Wechselwirkung in dem System, das aus den S und F oder S^* und F zusammengesetzt ist, darstellen, erlaubt eine übersichtliche Darstellung der Grundlagen der statistischen Betrachtungsweise dieses Problems.

Mit Rücksicht auf das FRANCK-CONDONsche Prinzip, das für alle Übergänge angewendet werden muß, ist die Linienform durch zwei Faktoren bestimmt:

1. durch die Form der betreffenden Potentialkurven,
2. durch die Häufigkeitsverteilung aller möglichen Konfigurationen von S und F.

Unter der Voraussetzung, daß das Wechselwirkungspotential ein VAN DER WAALSsches ist (also daß die LONDONschen Kräfte tätig sind) und daß nur ein einziges Störatom zu berücksichtigen ist, hat KUHN [4] die Formel für die Intensitätsverteilung in dem langwelligen Flügel der verbreiterten Linie abgeleitet, die auf den zu $(\nu_0 - \nu)^{-3/2}$ proportionalen Verlauf führte. Das KUHNsche Ergebnis ist nur für $\nu_0 - \nu \ll 0$ gültig, weil die dazu nötige große Energiestörung nur durch ein sehr naheliegendes Störatom verursacht werden kann.

Eine Verallgemeinerung dieser Fassung auf eine größere Zahl Störatome, unter Voraussetzung der Additivität der LONDONschen Dispersionskräfte wurde von MARGENAU und anderen durchgeführt [5].

Die wellenmechanische Theorie der Druckverbreiterung der Spektrallinien wurde von JABŁOŃSKI in einigen Arbeiten veröffentlicht. JABŁOŃSKI [6] weist auf eine Analogie des Problems der Druckverbreiterung und der Intensitätsverteilung in Molekularspektren hin. In beiden Fällen ist die Intensitätsverteilung durch die Relativbewegung der Atomkerne bedingt. So betrachtet er ein gigantisches aus $N + 1$ Atomen zusammengesetztes Molekül (ein S Atom und $N - F$ Atome). Die abgeleitete allgemeine Formel geht für den asymptotischen Fall in die KUHNsche Intensitätsverteilung für den langwelligen Flügel über. Im Gegensatz zu den asymptotischen Voraussetzungen, die dem Bereich der Gültigkeit der LORENTZ-LENZ-WEISSKOPFF-Theorie entsprechen, war es nicht möglich, aus der erwähnten allgemeinen Formel die Dispersionsverteilung zu bekommen. Es ist hier zu erwähnen, daß letztens ŁĘGOWSKI mit sehr gutem Erfolg laut der JABŁOŃSKIschen Theorie die Intensitätsverteilung in der durch Argonzusatz verbreiterten Quecksilberresonanzlinie 2537 Å im ganzen Bereich der Linie berechnet hat in voller Übereinstimmung mit verschiedenen experimentellen Ergebnissen [7].

Hier ist zu betonen, daß es in der statistischen Fassung keine Temperaturabhängigkeit der Linienbreite gibt; die Linienform ist durch die mittlere Verteilung der Störatome bedingt. Um eine statistische Deutung für die Verschiebung der Resonanzfrequenz im magnetischen Hyperfeinübergang im Grundzustand der

Alkalimetalle in Anwesenheit des Fremdgases zu geben, hat erst in diesem Jahre ROBINSON bei einem erfolgreichen Versuch eine BOLTZMANNsche Verteilung der Störatome eingeführt. Nach ROBINSON [8] ist diese Verteilung nicht gleichförmig, sondern durch die BOLTZMANNsche Funktion $\exp[-V(r)/k\,T]$ bedingt; hierbei bedeutet $V(r)$ das Wechselwirkungspotential des alkalischen Metallatoms gegenüber dem Fremdgasatom. Dieses Potential ist vom LENNARD-JONESschen Typus (6—12).

Aus allen diesen Gründen war es nach unserer Meinung zweckmäßig, den Einfluß der Stoßzahl auf die Form der druckverbreiterten Linie (beim ungeänderten Einhalten der Werte aller anderen Parameter) näher zu untersuchen. Diese letzte Bedingung ist experimentell für die untersuchte Quecksilberresonanzlinie so zu erfüllen, daß man die Temperatur einer im Absorptionsrohr befindlichen Mischung von Fremdgas und ungesättigtem Quecksilberdampf in weiten Grenzen ändert.

Wegen des nicht zu hohen Auflösungsvermögens des benutzten Spektrographen (etwa 70 000 im betreffenden Spektralgebiet) beruht die beste Meßmethode auf der Bestimmung der Gesamtabsorption der untersuchten Linie.

Experimentelles

Die benutzte Versuchsanordnung war die folgende: Ein paralleles Strahlenbündel aus der im Brennpunkt der Linse befindlichen Wasserstoffentladungslampe lief durch ein, in einem elektrischen Ofen untergebrachtes Absorptionsrohr, das Quecksilberdampf und Fremdgaszusatz enthielt. Nach Durchquerung des Absorptionsgefäßes wurde das Licht mit Hilfe der anderen Linse auf dem Spalt des großen HILGER-Autokollimationsquartzspektrographen (E 478) abgebildet. Die Dispersion in dem betreffenden Gebiet war etwa 2,7 Å/mm. Als Negativmaterial dienten Agfa-Spektralplatten (Blau-Rapid), die eine genügende Empfindlichkeit im untersuchten Spektralbereich bei relativ feinem Korn gewährleisteten. Die aus Quarzglas hergestellten Absorptionsröhren waren 1 m lang und hatten einen Durchmesser von 30 mm. Vor der Füllung wurden die Röhren durch das Standardverfahren sub vacuo entgast und nachdem wurde das Spektralreinfremdgas (Ar, Kr oder Xe) hinzugefügt. Es war keine besondere Hineindestillierung von Quecksilber nötig. Da Quecksilber im Vakuumgerät, das eine Quecksilberdiffusionslampe enthält, immer anwesend ist, weist es einen genügenden Dampfdruck (wenn nicht durch flüssige Luft in der Kühlfalle ausgefroren) auf, um die Totalabsorption in der Resonanzlinienmitte zu sichern.

In den so vorbereiteten Absorptionsröhren betrug die Konzentration des Quecksilberdampfes $4{,}2 \cdot 10^{14}$ At/cm³. Die entsprechende Zahl für die Konzentration des Fremdgases war $1 \cdot 10^{19}$ At/cm³. Als Lichtquelle verwandte man eine Wasserstoffentladungslampe, die durch ein stabilisiertes Netzgerät gespeist war.

Der oben erwähnte elektrische Ofen, gespeist durch Dreiphasenautotransformator, erlaubt die Temperatur des Absorptionsrohres im Bereich von 300 bis zu 1300 °K zu regeln. Die Temperatur im Innern des Ofens wurde in 3 Punkten mit geeichten Thermoelementen gemessen. In jeder Serie der Messungen wurde die Absorptionslinie bei sieben verschiedenen Temperaturen von 300 bis 1300 °K photographiert. Für die Messungen mit Krypton und Xenon als Fremdgas wurden außerdem auf jeder Platte die Intensitätsmarken mit einem Stufenabschwächer und derselben Lichtquelle aufgenommen. Nur für die Messungen mit Argon als Fremdgas war dieses Verfahren nicht nötig wegen der Konstanz der Linienform und Gesamtabsorption im ganzen Temperaturbereich.

Die Auswertung der Platten erfolgte mit Hilfe eines selbstregistrierenden MOLLschen Mikrophotometers bei Anwendung des Übersetzungsverhältnisses 1:100. Die Mikrophotometerkurven wurden auf Intensitätsverteilungskurven und danach auf Absorptionsindexkurven umgerechnet. Aus dem Flächeninhalt unter der Absorptionsindexkurve konnte man die Gesamtabsorption nach der Methode von LADENBURG und REICHE berechnen.

Ergebnisse

Die Versuche über den Einfluß der Temperatur auf die Druckverbreiterung der Quecksilberresonanzlinie 2537 Å durch die Fremdgase umfassen Messungen der Gesamtabsorption und der Asymmetrie, außerdem die Bestimmung des Exponenten in der KUHNschen Formel, die die Intensitätsverteilung in dem langwelligen Flügel der Linie beschreibt.

A. Die Gesamtabsorption

Wir haben schon erwähnt, daß laut der Stoßdämpfungstheorie die Gesamtabsorption mit der Zunahme der Temperatur entweder proportional zu $T^{1/4}$ (nach LORENTZ) oder proportional zu $T^{3/20}$ (nach LENZ und WEISSKOPFF) steigen soll.

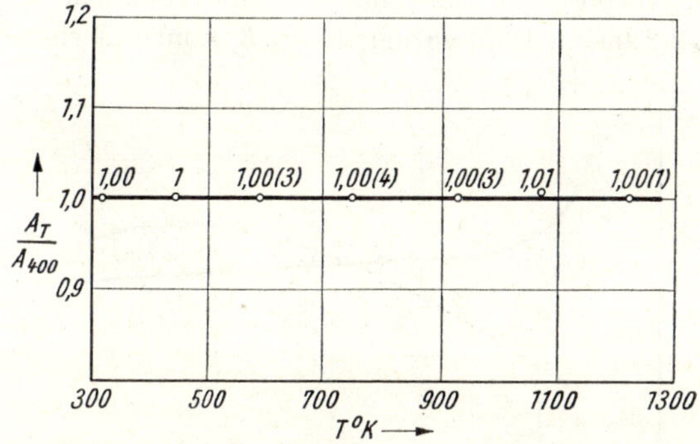

Abb. 1

Für die in unseren Experimenten erreichten Temperaturgrenzen soll die entsprechende Zunahme der Gesamtabsorption A entweder 40% (nach LORENTZ) oder 23% (nach LENZ und WEISSKOPFF) betragen. Der gemessene Verlauf von A mit der Temperatur ist in allen Fällen vollkommen von diesen theoretischen Voraussagen verschieden.

Die Gesamtabsorption der Quecksilberresonanzlinie 2537 Å mit Argon als Fremdgaszusatz blieb im ganzen Temperaturbereich konstant (Abb. 1). Ähnliche

Messungen, die mit Krypton oder Xenon als Fremdgas durchgeführt wurden, haben merkwürdige Änderungen der Gesamtabsorption gezeigt (Abb. 2). Zuerst stieg der Wert der Gesamtabsorption allmählich mit der Temperatur, das Maximum bei 1100 °K erreichend. Danach fiel A auf einen Wert, der der Zimmertemperatur entsprach. Der Maximalwert der Zunahme von A für Kr betrug etwa 7%, für Xe —12%. Alle Messungen haben diesen Effekt bestätigt.

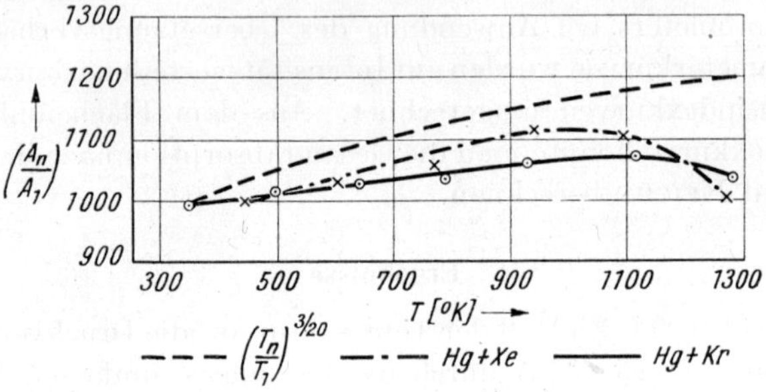

Abb. 2

B. Asymmetrie der Absorptionslinien

Die Asymmetrie der Absorptionslinien wurde nur für Argon und für Xe als Fremdgas gemessen. Die durch Argon verbreiterte Linie erwies eine beinahe konstante Form. Die sorgfältigen Messungen haben jedoch eine sehr leichte Abnahme der Asymmetrie mit steigender Temperatur gezeigt. Ähnliche Messungen für die mit Xenon verbreiterte Linie hat eine ausdrückliche Verminderung der Asymmetrie (von 2,2 bis zu 1,65) gezeigt (Abb. 3, kontinuierliche Kurve).

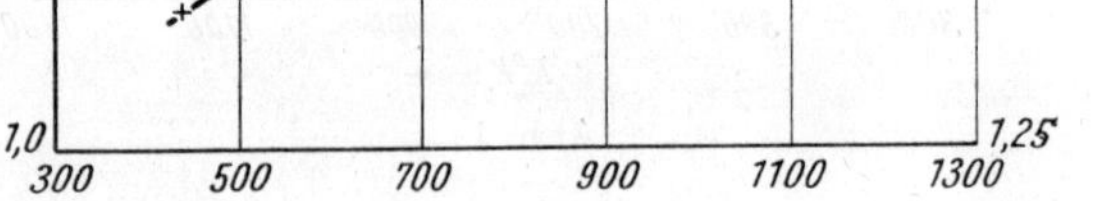

Abb. 3

C. Der Wert des Exponenten m

Laut der Kuhnschen Formel ist die Intensitätsverteilung im langwelligen Flügel der verbreiterten Linie proportional zu $(\nu_0 - \nu)^{-m}$. Im Falle der Londonschen Polarisationskräfte ist m gleich 3/2. Unsere Messungen haben gezeigt, daß der

Exponent m nicht konstant ist, sondern sich mit der Temperatur ändert. Die entsprechende Änderung der m-Werte für die durch Xenon verbreiterte Linie zeigt eine Zunahme von $m = 1{,}3$ bis $m = 1{,}75$ (bei 1100 °K), wo ein plattes Maximum zu sehen ist (Abb. 3, punktierte Kurve). Für die Resonanzlinie, die durch Kryptonzusatz verbreitert ist, bekommt man zwei deutlich abgegrenzte Bereiche mit verschiedenen m-Werten.

Eine ähnliche Beobachtung wurde durch Rühmkorff gemacht [9]. Rühmkorff, seine eigenen Messungen sowie auch diejenigen von Füchtbauer, Joos und Dinkelacker analysierend, hat festgestellt, daß man für dasselbe Fremdgas aber für verschiedene Linienflügelteile auch zwei verschiedene m-Werte bekommt. Dieser Effekt wurde in unseren Messungen nur für Kryptonzusatz beobachtet. Für Xenon als Fremdgas haben wir nun einen einzigen m-Wert gefunden. In beiden Fällen waren die m-Werte temperaturabhängig.

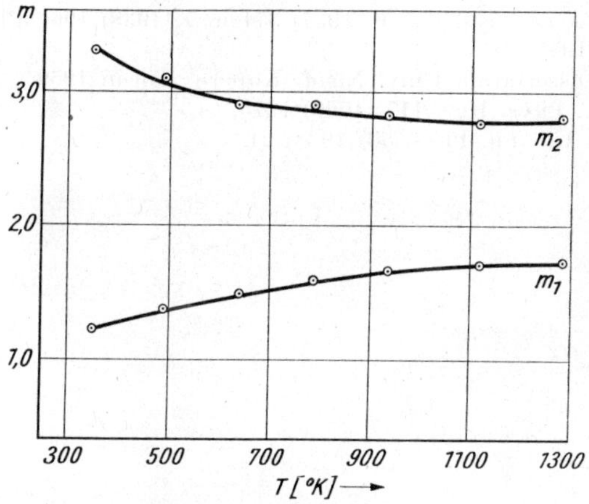

Abb. 4

Für die Linie, die durch Kryptonzusatz verbreitert ist, nehmen die m_1-Werte, die dem näher der Linienmitte liegenden Teil entsprechen, von 1,2 bis 1,7 zu, während die m_2-Werte, die dem Rande der Linie entsprechen, von 3,3 bis 2,8 abnehmen. Im Temperaturbereich höher als 1000 °K bleiben die beiden m-Werte konstant (Abb. 4).

Zusammenfassend kann man sagen, daß:

1. Die Gesamtabsorption ist für die durch Argonzusatz verbreiterte Quecksilberresonanzlinie völlig von der Stoßzahl unabhängig. Dasselbe wurde vorher auch für das Helium als Fremdgas beobachtet.

2. Der Verlauf der Gesamtabsorptionswerte der durch Kr oder Xe verbreiterten Linie deutet auf eine Überlagerung der unveränderten atomaren Absorption und der Absorption durch die schwach gebundene Moleküle, die Quecksilber mit Edelgasatomen formen kann, hin. Die Höhe der Potentialminima für die Moleküle HgKr beträgt nach de Kluiver etwa $4 \cdot 10^{-2}$ eV. Nach einer Abschätzung ist der

Anteil der Molekularabsorption bei 350 °K ungefähr 0,4%, bei 1300 °K dagegen nur 0,03%. Die zuerst beobachtete Zunahme der Absorption ist voraussichtlich auf eine steigende Besetzung der höheren Rotationsniveaus der Moleküle zurückzuführen. Bei den höchsten Temperaturen, bei denen Dissoziation der Moleküle stattfinden kann, hat man es dann nur mit der atomaren Absorption zu tun.

Institut für Experimentalphysik der Universität Warszawa

Literatur

[1] Robin, S. u. Robin, S., Journ. de Phys. **17** (1956) 143.
[2] Ladenburg, R. u. Reiche, F., Ann. Phys. **42** (1913) 181.
[3] Lindholm, E., Dissertation Uppsala 1942.
[4] Kuhn, H., Proc. Roy. Soc. **A 158** (1937) 212.
[5] Margenau, H., Phys. Rev. **48** (1935) 755.
[6] Jabłoński, A., Acta Phys. Pol. **6** (1937) 371 u. **7** (1938) 196. Physica 8 (1940) 541. Phys. Rev. **68** (1945) 78.
[7] Łęgowski, S., Dissertation Univ. Nicol · Kopern · Toruń 1959.
[8] Robinson, L. B., Phys. Rev. **117** (1960) 1275.
[9] Rühmkorff, H. A., Ann. Phys. **33** (1938) 21.

W. G. KÖRBER und H.-E. RÖLLIG, Rossendorf

Beispiele zur Anwendung der photographischen Linienverbreiterung bei der Bestimmung von Spurengehalten

A. Zur Einführung

An Werkstoffe, die im Reaktorbau eingesetzt werden können, werden besondere Reinheitsanforderungen gestellt. Bei den Materialien, die zur Umhüllung von Spaltstoffen dienen, stören außer den Verunreinigungen mit hohem Neutroneneinfangquerschnitt besonders diejenigen, die die Korrosionsbeständigkeit ungünstig beeinflussen. Um die Probleme zu lösen, die sich aus dem Nachweis und der Bestimmung kleinster Verunreinigungsgehalte in den genannten Materialien ergeben, können verschiedene Wege in der Spektralanalyse gegangen werden.

Im Bereich Werkstoffe und Festkörper des Zentralinstituts für Kernphysik in Rossendorf, beschäftigen wir uns in der analytischen Abteilung vor allem mit der Analyse von Uran und Zirkonium. Es soll hier über die spektrographische Bestimmung von drei die Korrosion ungünstig beeinflussenden Verunreinigungselementen in Zirkonium bzw. dessen Legierungen berichtet werden. Dabei handelt es sich um die Metalle Aluminium, Titan und Calcium.

Die zu beschreitenden Wege werden einmal in einer stärkeren und reproduzierbareren Anregung liegen, zweitens in dem Einsatz eines Spektralapparates hoher Dispersion (und das ist besonders bei einem linienreichen Element, wie es das Zinkonium darstellt, wichtig) und schließlich drittens in der Anwendung einer selbst für niedrigste Schwärzungen auf der photographischen Platte noch empfindlichen und genauen Meß- und Auswertemethodik. Wir haben uns insbesondere mit der letztgenannten Möglichkeit beschäftigt.

Die bisher in fast allen Fällen von quantitativen spektrographischen Bestimmungen, die die photographische Platte als Strahlungsempfänger benutzen, angewandte Methode des Schwärzungsdifferenzenverfahrens ist allgemein bekannt und soll hier nicht näher betrachtet werden. Sie wird jedoch zum Zwecke des Vergleichs im Hinblick auf die erreichbaren Genauigkeiten mit dem von uns benutzten Verfahren der Messung der Linienverbreiterung angeführt.

Die Schwärzung der photographischen Platte resp. der als Konzentrationsmaß dienende ΔS-Wert ist nach

$$\Delta S = \gamma \cdot \Delta Y$$

über den Kontrastkoeffizienten γ mit der von der Lichtquelle emittierten Intensität verknüpft, wobei $Y = \log I$ ist. In dem Teil der Schwärzungskurve, in welchem γ konstant ist, stellt die Schwärzung ein eindeutiges Maß der Intensität dar. In dem Teil des sog. Durchhangs der Schwärzungskurve, in dem dies nicht mehr der Fall ist und man die von SEIDEL angegebenen Transformationen in

Anwendung bringt, kann die Schwärzungsmessung zu Analysenfehlern führen. Aus dieser Erkenntnis heraus und anderen Einschränkungen des ΔS-Verfahrens wurde von einigen Autoren [1]—[9] über Verfahren berichtet, die sich die „Verbreiterung des spektralen Spaltbildes", wie es Gerlach und Rollwagen genannt haben, als Maß der Konzentration zunutze machen. Die in verschiedenen Arbeiten angegebenen Meßprinzipien der Verbreiterung der Spektrallinie auf der photographischen Schicht laufen praktisch auf 2 Methoden hinaus:

1. Die von Junkes und Salpeter angegebene Methode der Messung effektiver Linienbreiten in Fortsetzung einer früheren Arbeit von Eisenlohr und Alexy über relative Linienverbreiterung, die als erste eine photographische Linienverbreiterung in der Spektralphotometrie gemessen haben und
2. Die von Gerlach und Rollwagen angegebene und von Coheur durch umfangreiche Untersuchungen begründete Methode der Messung sog. photometrischer Linienbreiten.

Da wir oben feststellten, daß die Schwärzung, eingeschränkt durch den Verlauf der Schwärzungskurve, in begrenztem Umfange nur ein Maß der Intensität darstellt und z. B. in dem oberen bereits wieder umbiegenden Teil der S-Kurve eine Auswertung bereits unmöglich wird, erhebt sich nun die Frage, die wir unseren Untersuchungen voranstellen wollen:

> Ist der Effekt der Verbreiterung der Spektrallinie auf der photographischen Schicht in Abhängigkeit von der vorhandenen Elementkonzentration ein empfindlicheres und vor allem auch genaueres Maß für die von den angeregten Atomen ausgehende Lichtintensität, selbst bei kleinsten Gehalten?

Wir wollen, bevor wir auf die Methodik der beiden Verfahren eingehen, den angeführten Effekt der „Verbreiterung des spektralen Spaltbildes" einmal kurz etwas näher betrachten. Die Breite oder besser natürliche Breite einer Spektrallinie wird durch verschiedene bereits im Emissionsvorgang zu suchende rein physikalische Phänomene bestimmt, die einer Spektrallinie, also einer ansich streng monochromatischen Strahlung einen mehr oder weniger breiten Energiebereich $h \cdot (\nu \pm \Delta\nu)$ einräumen. Hier spielen der Doppler-Effekt, der Stark-Effekt, die Druckverbreiterung, Stöße 2. Art sowie die Überfeinstruktur der Spektrallinien eine Rolle. Die daraus resultierende physikalische Breite ist für gegebene Anregungsverhältnisse als konstant anzusetzen. Man kann sie wenn erwünscht z. B. bei einer Funkenentladung durch Änderung der Parameter wie Kapazität und Induktivität beeinflussen. Darauf soll aber an dieser Stelle nicht weiter eingegangen werden. Vielmehr wollen wir die in der spektrographischen Anordnung bzw. in der photographischen Aufnahme zu suchende Linienverbreiterung betrachten, die sich aus dem Durchgang des Lichtbündels durch den Spektrographen ergibt und ihre Hauptursache in der Streuung des Lichtes in der photographischen Schicht und der Entstehung eines Diffusionslichthofes um die Spektrallinie hat. Da diese Verbreiterung mit der Konzentration zunimmt, soll sie Gegenstand der Ausführungen sein.

B. Zur Methodik

I. Die erstgenannte Methode der Messung sog. effektiver Linienbreiten nach JUNKES und SALPETER geht auf entsprechende Messungen von effektiven Durchmessern an Sternbildern zurück [10] und erfaßt den photographischen Effekt in seiner örtlichen Ausdehnung quer zur Spektrallinie. Die Linie wird symmetrisch in den Meßspalt gebracht und dieser von einer vorher festgelegten Grundbreite b_0 ausgehend geöffnet. Dabei wird immer wieder auf konstantes Durchlicht eingestellt und die Spaltöffnung als Maßzahl für die effektive Breite benutzt. Die Grundbreite, bei der für eine unbelichtete Plattenstelle ein konstanter Lichtstrom, z. B. höchster Ausschlag des Galvanometers bei Benutzung des Zeissschen Schnellphotometers, festgesetzt wird, hat ihrerseits, wie JUNKES und SALPETER zeigten und von uns ebenfalls gefunden wurde, bedeutenden Einfluß auf die Lage der Bestimmungskurve. Dadurch, daß z. B. bei einer großen Grundbreite die Linienflanken weit mehr Berücksichtigung finden, somit also der photographische Effekt in seiner örtlichen Ausdehnung stärker in die Messung eingeht, ergibt sich eine höhere Meßgenauigkeit. Der Grund dafür ist in folgender Tatsache zu sehen: Ihrem Wesen nach sind die Messungen von effektiven Breiten Schwärzungsmessungen. Die üblichen Schwärzungsmessungen erfassen jedoch nur die Zentralschwärzung, also die max. Schwärzung im Linienschwerpunkt; dadurch ist der Anwendungsbereich auch begrenzt, weil der Sättigungswert der max. Schwärzung schnell erreicht ist. Demgegenüber ist der Verbreiterung des photographischen Bildes prinzipiell keine Grenze gesetzt.

Den Zusammenhang dieser Art von Breitenmessungen mit den üblichen Schwärzungsmessungen erkennt man, wenn man mit JUNKES und SALPETER das Verhältnis b_0/b als identisch gleich mit der mittleren Transparenz ansetzt. Dem ΔS-Wert entspricht dann der $\log b_1/b_2$. Der beachtliche Vorteil dieser Methode ist jedoch der, daß der erfaßbare Konzentrationsbereich ein vielfacher von dem des ΔS-Verfahrens ist, da das Verfahren nicht durch Erreichen der Sättigungsschwärzung begrenzt wird. Nachteilig wirkt sich aus, daß bei Benutzung eines nicht für derartige Messungen vorgesehenen Densitometers der Zeitbedarf größer ist. Aus dem bisher gesagten läßt sich festhalten, daß die Messung von effektiven Breiten eine zweckentsprechendere Methode der Schwärzungsmessung als das ΔS-Verfahren zu sein scheint, jedoch erst dann auch eine rationelle Anwendung finden kann, wenn dafür ein entsprechendes Meßspaltphotometer, wie es die Verfasser vorschlagen, entwickelt werden würde.

II. Die zweite von uns angewandte Methode nach GERLACH, ROLLWAGEN und COHEUR benutzt nicht mehr die Schwärzung als Maß der Konzentration. Sie macht sich unabhängig vom Verlauf der Schwärzungskurve und von den damit verbundenen Einschränkungen in der Messung der Intensität. So ist es völlig gleichgültig, ob man im geradlinigen Teil der Schwärzungskurve arbeitet oder in der Zone der Unterbelichtung, das bedeutet aber, daß die Methode für kleinste Linienintensitäten noch genauso geeignet ist wie für höhere. Das Prinzip der Methode ist folgendes:

Es wird die Breite einer starken Linie des Grundelementes gemessen an der Stelle, wo die Linie des Zusatzelements ihre max. Schwärzung aufweist. Diese Breite, die wir im folgenden mit 𝔴 bezeichnen wollen, stellt das Maß für die Konzentration dar. Hierdurch wird mit Hilfe der Schwärzung der Linie des Zusatzelements eine Normierung der Breite am Grundelement durch die Stellen gleicher Schwärzung vorgenommen. Dadurch wird die Methode unabhängig von Entwicklungseinflüssen, der Belichtungszeit und den übrigen die Schwärzung bestimmenden Faktoren. Die Unabhängigkeit vom γ-Wert ist einer der wesentlichsten Vorzüge, der dann besonderes Gewicht erhält, wenn keine für routinemäßige Untersuchungen ausgearbeitete Arbeitsvorschrift vorliegt, die die Plattencharakteristik bereits einschließt. Eine Steigerung der Meßgenauigkeit läßt sich u. a. dadurch erreichen, daß man dem Linienprofil des Grundelements z. B. durch größere Spaltbreite einen flacheren Verlauf gibt, um somit größere Breitenunterschiede messen zu können. Ein Nachteil wäre, daß diese Messungen mit einem Densitometer umständlicher als die üblichen Schwärzungsmessungen sind. Wir haben jedoch zum Aufnehmen der Linienprofile das neue vom VEB Carl Zeiss JENA entwickelte lichtelektrische Registrierphotometer eingesetzt, das eine universelle Anwendbarkeit dieser Methode ermöglicht.

C. Die spektrographische Anordnung

I. Da es sich im Falle des Zirkoniums um ein sehr linienreiches Element handelt, und einige der empfindlichsten Nachweislinien im mittleren bzw. sogar langwelligen UV liegen, ist für die Bestimmungen von vornherein ein Spektrograph mittlerer Dispersion, wie ihn z. B. der Quarzspektrograph Q24 darstellt, wenig geeignet. Wir waren in der glücklichen Lage, den ersten industriell hergestellten deutschen Gitterspektrographen, den vom VEB Carl Zeiss JENA entwickelten 2-m-Plangitterspektrographen, für unsere Untersuchungen einsetzen zu können. Die Ausstattung mit einem Plangitter mit seinem Blaze im UV und einer Strichzahl von 652/mm brachte in der von uns angewandten 2. Ordnung eine Lineardispersion von 3,7 Å/mm. Hervorzuheben ist, daß das Gitter bei der Blaze-Wellenlänge von 3500 Å in der 2. Ordnung immerhin einen Wirkungsgrad von 62% besitzt. Das Zurechtfinden in den Spektrogrammen erfolgte durch Aufnahmen von Vergleichsspektren. An dieser Stelle erscheint erwähnenswert, daß bei der qualitativen Zuordnung der Linien, wenn Überlappungen aus verschiedenen Ordnungen vorliegen können, man zweckmäßig eine Entscheidung über den Wellenlängenbereich, dem die Linie angehört, auf farbphotographischem Wege treffen kann. Mit der vorhandenen Ausrüstung weist der Gitterspektrograph ein recht gutes Auflösungsvermögen von 44 300 in der 2. Ordnung auf. Er reicht jedoch noch nicht aus, um z. B. in einer ca. 1% Nb enthaltenden Zr-Legierung geringe Ti-Gehalte zu bestimmen, da die beiden stärksten Ti-Linien, nämlich 3349,035 und 3349,406 Å noch mit Nb-Linien koinzidieren. Für unsere Methode der Messung der Linienverbreiterung in einem linienreichen Grundelement ist der Gitterspektrograph wegen seiner hohen Dispersion jedoch geradezu unentbehrlich geworden.

Die Anregung wurde von uns mit verschiedenen Geräten vorgenommen. Während zur Anregung der Ca-Linie 3933 als Ionenlinie der FEUSSNERische Funkenerzeuger HF01 und für die Al-Linie 3944 als Atomlinie der Abreißbogen ABR3 eingesetzt wurde, haben wir für die Ti-Linie 3349,41 das vom ungarischen Zentralforschungsinstitut für Physik nach BARDÓCZ entwickelte elektronisch gesteuerte Universalanregungsgerät des Typs BIG300 angewandt. Wir benutzten für die o. a. Ti-Linie als Ionenlinie den Niederspannungsfunken dieses Gerätes. Wir haben denselben bei einer Spannung von 420 V brennen lassen und uns dabei die für kleine Gehalte sehr wesentliche, höhere Lichtstärke zunutze gemacht. Die Spektren zeichneten sich außerdem durch größere Klarheit aus. Wir haben mit

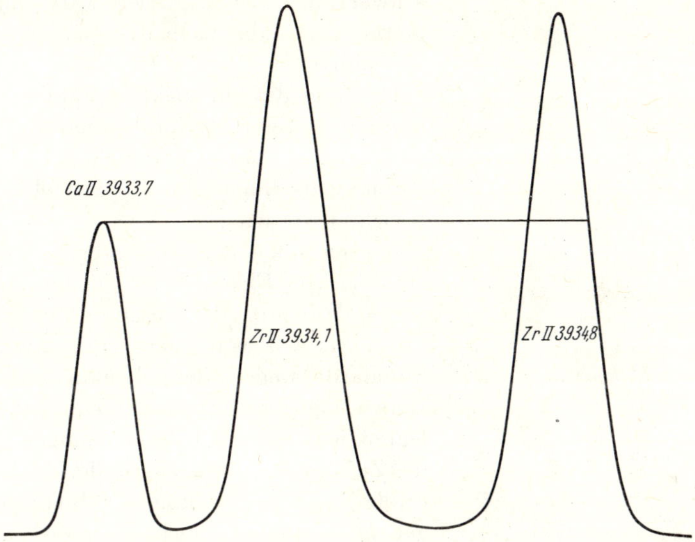

Abb. 1. Auswertung eines Spektrogrammes mit Hilfe der photometrischen Linienbreite.

diesem Niederspannungsfunken recht gute Abfunkkurven erhalten, die schon nach 20 sec von der Einstellung eines brauchbaren Verdampfungsgleichgewichts Zeugnis ablegen. Zur Auswertung der Spektrogramme nach der Methode GERLACH, ROLLWAGEN, COHEUR wurde, wie bereits erwähnt, das lichtelektrische Registrierphotometer Lirepho 2 mit Kompensationsschreiber eingesetzt. Das Linienprofil wurde mit möglichst engem Spalt abgetastet und die entsprechende Kurve selbsttätig aufgezeichnet, wie dies an dem Beispiel von zwei Ca-Linienpaaren gezeigt ist (Abb. 1).

Unter gleichbleibenden Registrierbedingungen wurde in beliebig gewählten Einheiten die Linienbreite an der Zr-Vergleichslinie ausgemessen und zum Logarithmus der Konzentration in Beziehung gesetzt. Mit Rücksicht auf die zu erfassende höchste Konzentration, beispielsweise 10^{-1} % in einem Bereich von 10^{-4} bis 10^{-1} %, ist man in der Verwendung einer möglichst kleinen Breite des Meßspalts dadurch eingeschränkt, daß man beim Zusatzelement dann allzu schnell in

Tabelle 1

Anregungs- und Aufnahmebedingungen für Ca, Ti und Al im Zr

Linienpaar	Gerät	C	L	a	t_v	$t_{bel.}$	Spalt	α	Elektroden
Ca II 3933,67 Zr II 3936,06	HFO 1/4	6 nF	1,5 mH	2 mm	0 s	90 s	18 μ	14°51′	RWI — extra plan
Ti II 3349,41 Zr II 3327,67	BIG 300 II/1	63 μF	50 μH	2,5 mm	15 s	105 s	16 μ	12°35′	Preßelektr. RWI — extra Form 7
Al I 3944,03 Zr I 3925,87	ABR 3	$120/\frac{1}{10}$ 8 A ~		3 mm	15 s	150 s	16 μ	14°54′	Preßelektr. RWI — Kuppenform

dem Bereich der Sättigungsschwärzung mißt, wodurch dann dieser Art der Auswertung eine Grenze gesetzt ist. Für höhere Konzentrationen kann man ohne weiteres auch, wie Coheur zeigte, die umgekehrte Art der Auswertung wählen, nämlich an der Maximalschwärzung einer schwachen Linie des Grundelements die Breite der Linie des Zusatzelements messen. Jedoch läßt sich die Methode nicht anwenden, wenn beide Linien im Bereich der Sättigungsschwärzung liegen. Hier wäre als einzige Methode nur die nach Junkes und Salpeter brauchbar.

II. Über das zur spektrographischen Bestimmung benötigte Eichprobenmaterial, die Verfahrensweise der Untersuchungen sowie die Aufnahmebedingungen soll im folgenden kurz berichtet werden:

Aus Gründen der notwendigen eigenen Herstellung von Eichproben und der reproduzierbaren Anregung der ausgewählten Zr-Bezugslinien (da wir von einer Verwendung innerer Standards wegen des ohnehin schon großen Linienreichtums Abstand genommen haben), legten wir unseren Untersuchungen das Oxyd des Zirkoniums, ZrO_2, zugrunde. In dieser Form erfolgte die Herstellung der Eichproben, ausgehend von einem hochreinen Zirkonylchlorid, das nach einem besonderen Verfahren einer mehrfachen Weiterreinigung unterworfen wurde und annähernd spektralrein erhalten werden konnte. Über entsprechende Lösungen von Zirkonylchlorid mit definierten Zusätzen von Titan und Aluminium wurde nach gemeinsamer Hydroxydfällung dann das Zirkoniumdioxyd erhalten, woraus nach dem von Thümmler und Morgenstern [11] bereits angewandten Tablettenverfahren durch Mischen mit Graphit kleine Preßelektroden gefertigt wurden. In einer gleichfalls aus reinem Graphit bestehenden Halterungselektrode wurden diese gegen Graphitgegenelektroden angeregt.

Für die Ca-Bestimmung wurde das lösungsspektralanalytische Verfahren des Auftropfens von Lösungen auf zwei plane Graphitelektroden benutzt, während als Standards konzentrierte Lösungen von $ZrOCl_2$ mit ebenso nach einer geometrischen Reihe abgestuften Zusätzen von $CaCl_2$ Verwendung finden. Die Anregung wurde mit den bereits o. a. Geräten vorgenommen. Dabei wurden in Tabelle 1 angeführte Aufnahmebedingungen gewählt.

Da zur Auswertung nach der Methode Coheur eine starke Linie des Grundelements erforderlich ist, wurde für Ca gegen die Linien 3934,1 und 3934,8, für Ti gegen die Linien 3357,3, 3356,1 und 3326,8 und für Al gegen die Linie 3984,7 ausgewertet.

D. Ergebnisse und Diskussion

Es soll an dieser Stelle vorausgeschickt werden, daß die spektrographischen Bedingungen so gewählt wurden, daß sie die Voraussetzungen für die Methode des Schwärzungsdifferenzenverfahrens und gegebenenfalls noch für das Verfahren der

Tabelle 2

Anforderungen an Reaktorzirkonium

Element	Höchstzulässiger Gehalt im Zr (nach Lustman u. Kerze)	Bestimmbarkeitsgrenze des Verfahrens
Al	0,01 %	0,003 %
Ti	0,008 %	0,004 %
Ca	0,0025%	0,0005%

Messung effektiver Linienbreiten erfüllten, jedoch nicht gleichzeitig die optimalen Bedingungen für das dritte Verfahren darstellen. Dies war nicht möglich, da für eine Gegenüberstellung dieser Verfahren die gleichen Aufnahmen benutzt werden sollten. Für die Methode nach Coheur hätte nämlich eine größere Spaltbreite (sie betrug hier weniger als 20 μ) ein flacher verlaufendes Linienprofil und damit eine höhere Genauigkeit gebracht.

Die Bestimmungsverfahren für die Elemente Al, Ti und Ca im Zr wurden von uns im Hinblick auf die für ein reaktorreines Metall zu erhebenden Reinheitsforderungen entwickelt, die wie in Tabelle 2 definiert sind [12].

Da das angewandte Verfahren des Arbeitens mit Preßelektroden, wie es auch von Fassel u. a. [13] bereits eingesetzt wurde, zur Untersuchung von Reaktorzirkonium völlig ausreichend erscheint, wurde auf noch empfindlichere Methoden, wie die Carrier-Distilation-Technik oder die Ausdampfungsmethode [14] verzichtet. Für Elemente wie Al, Ti und Si scheidet letztere Methode bereits von vornherein aus.

Die Ergebnisse nach den drei Auswertemethoden und für die drei o. a. Elemente sind untereinander unterschiedlich. Das von uns angewandte lösungsspektralanalytische Bestimmungsverfahren für Ca zeigt bis zur niedrigsten Konzentration von $4{,}6 \cdot 10^{-4}\%$ eine eindeutig verlaufende Eichkurve, wobei die Einzelwerte nach der ΔS-Auswertung mehr oder weniger stark um den Mittelwert streuen, und sich bei einem Ca-Gehalt von $1{,}45 \cdot 10^{-3}\%$ eine Standardabweichung von $\pm$ 25% ergibt (Abb. 2). Für die gleiche Ca-Konzentration ergibt sich, gemessen

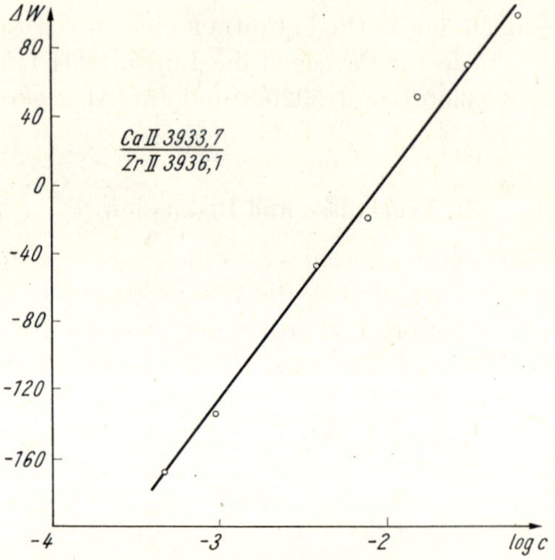

Abb. 2. Eichkurve zur spektrographischen Ca-Bestimmung nach der Methode der Schwärzungsmessung.

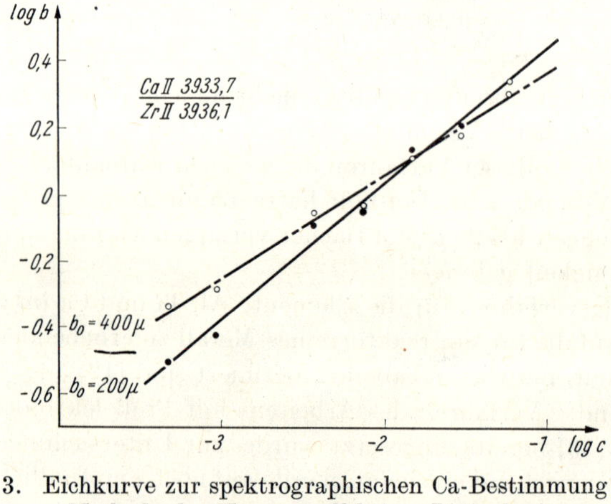

Abb. 3. Eichkurve zur spektrographischen Ca-Bestimmung nach der Methode der Messung effektiver Linienbreiten.

durch effektive Breiten, bei einer Grundbreite von 200 μ eine Standardabweichung von $\pm$ 23% und für $b_0 = 400\,\mu$ bei einer naturgemäß flacher verlaufenden Eichkurve $\pm$ 21% (Abb. 3). Die Methode nach Coheur bringt hier für die geringen Schwärzungswerte von etwa $S = 0{,}1$ durch den zu messenden hohen Breitenwert am

Fuße der Linie des Bezugselements eine Standardabweichung von $\pm$ 16% für das Linienpaar $\frac{\text{Ca } 3933{,}7}{\text{Zr } 3934{,}8}$ und $\pm$ 15% für das Linienpaar $\frac{\text{Ca } 3933{,}7}{\text{Zr } 3934{,}1}$ (Abb. 4). Die hier auftretende geringere Standardabweichung zeigt offenbar, daß Abweichungen, deren Ursprung in den gemessenen Schwärzungswerten zu suchen wäre, in diese Meßmethodik nicht eingehen; weiterhin, daß das zur Bestimmung der Breite vorliegende Profil der Bezugslinien gut gewählt und die auf das Profil großen Einfluß ausübenden Faktoren, wie die Konstanz der Lichtquelle im Hinblick auf deren Ausdehnung, d. h. Elektrodenabstand und Form derselben, keinen Veränderungen unterworfen waren.

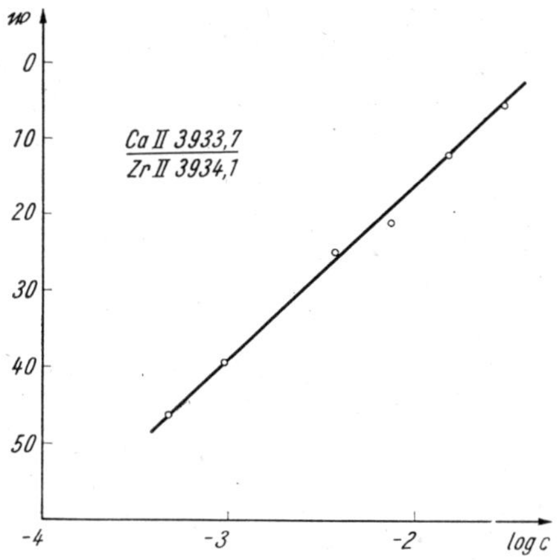

Abb. 4. Eichkurve zur spektrographischen Ca-Bestimmung nach der Methode der Messung photometrischer Linienbreiten.

Das unter Verwendung von Preßelektroden ausgearbeitete Bestimmungsverfahren für Titan weist für das ΔS-Verfahren eine Standardabweichung von nur $\pm$ 4% auf. Ganz ähnlich ergab das Meßverfahren von effektiven Breiten bei den Grundbreiten von 150 μ, 300 μ und 500 μ Standardabweichungen von $\pm$ 4%, $\pm$ 3% und $\pm$ 3,5%. Obwohl die Aussagekraft dieser Unterschiede nur gering ist, ließe sich jedoch ein solches Ergebnis hier wie auch bei der Ca-Bestimmung und der noch folgenden Al-Bestimmung entsprechend zunehmender Grundbreite einmal mit dem bereits dargelegten stärkeren Eingehen der Linienflanken in die Messung und dann mit der die Zunahme an Genauigkeit wieder aufhebenden flacheren Eichkurve deuten.

Die Messung photometrischer Linienbreiten führt hier zu einer ungleich größeren Standardabweichung von $\pm$ 14%, deren Ursache u. a. in der für die gewählten Bezugslinien durch zu kleine Spaltbreite erhaltenen geringen Neigung des Linienprofils und die Veränderungen in der Ausdehnung der Lichtquelle durch den eintretenden Materialabbau bei Graphitpreßelektroden zu suchen wäre, gegen die das Verfahren sehr empfindlich zu sein scheint. Gleichermaßen erscheint der Einfluß der Verteilung der ZrO_2-Partikel in der Elektrode auf die Verhältnisse in der Lichtquelle sehr wesentlich (Tabelle 3).

Das zur Bestimmung des Al ebenfalls angewandte Verfahren des Arbeitens mit Preßelektroden liefert nach dem ΔS-Verfahren für eine Konzentration von $2{,}7 \cdot 10^{-3}\%$ eine Standardabweichung von $\pm$ 18% und nach der Methode der Messung effektiver Breiten bei der Grundbreite $b_0 = 150\ \mu \pm 6\%$ und $b_0 = 300\ \mu$ $\pm 9\%$. Hier ergibt sich ein für letztere Methode günstigeres Ergebnis aus dem steileren Verlauf der Bestimmungskurve im Bereich der vorliegenden Konzentration. Die dritte Methode wurde für diesen Fall in ihrer Anwendbarkeit eingeschränkt durch eine Verzerrung des unteren Teiles des Linienprofils durch benachbarte schwache Linien, ergab jedoch bei den Konzentrationen über $5 \cdot 10^{-3}$ einen eindeutigen Verlauf der Bestimmungskurve.

Tabelle 3

Relative Standardabweichungen der Bestimmungsverfahren

Element	ΔS	$\log \frac{b_1}{b_2}$	$\mathfrak{w}$
Ca	$\pm$ 25%	$\pm$ 21% ($b_0 = 400\ \mu$) $\pm$ 23% ($b_0 = 200\ \mu$)	$\pm$ 15% (an Zr 3934,1) $\pm$ 16% (an Zr 3934,8)
Ti	$\pm$ 4%	$\pm$ 4% ($b_0 = 150\ \mu$) $\pm$ 3% ($b_0 = 300\ \mu$) $\pm$ 3,5% ($b_0 = 500\ \mu$)	$\pm$ 14% (an Zr 3357,3) $\pm$ 14% (an Zr 3356,1)
Al	$\pm$ 18%	$\pm$ 6% ($b_0 = 150\ \mu$) $\pm$ 9% ($b_0 = 300\ \mu$)	—

Um abschließend eine Einschätzung der Methoden zur Messung der Linienverbreiterung gegenüber dem bisher am weitesten verbreiteten Verfahren der Messung von Schwärzungsdifferenzen zu geben, läßt sich nach den bei uns gemachten Erfahrungen und unter Berücksichtigung der vorliegenden Ergebnisse zusammenfassend feststellen:

Die Messung der Linienverbreiterung nach der Methode der effektiven Linienbreiten stellt ein günstigeres Maß für die photographische Schwärzung dar als die Messung der Zentralschwärzung, weil sie nach höheren Gehalten hin keine Einschränkung erfährt und selbst bei kleinsten Gehalten keinen Verlust an Genauigkeit aufweist, ja sogar bei Auswahl einer optimalen Grundbreite noch eine geringe Zunahme an Genauigkeit ergeben kann und keine Anwendung von Stufenfiltern, die die Eichkurven zerlegen, notwendig macht. Die Methode der photometrischen Linienbreiten liefert ein einwandfreieres Maß der Intensität, ist jedoch gegen Schwankungen derselben empfindlicher und wird in den Fällen ihre Überlegenheit beweisen können, in denen die oben diskutierten Einflüsse, die ihren Ursprung in erster Linie in Veränderungen der Lichtquelle haben, bedeutungslos werden. Die Unabhängigkeit vom γ-Wert der photographischen Platte dürfte für eine mögliche Anwendung als leitprobenfreies Verfahren Bedeutung haben.

Für die gewissenhafte Durchführung einer Vielzahl von Messungen sei an dieser Stelle Frau Inge Hoffmann gedankt.

Rossendorf, Zentralinstitut für Kernphysik, Bereich Werkstoffe und Festkörper

Literatur

[1] Junkes u. Salpeter, Spectrochim. Acta **7** (1955) 60.
[2] Junkes u. Salpeter, Spectrochim. Acta Sonderheft (1957) 386.
[3] Eisenlohr u. Alexy, Z. f. physikal. Chemie A **179** (1937) 241.
[4] Gerlach u. Rollwagen, Metallwirtschaft **16** (1937) 1083.
[5] Gerlach u. Rollwagen, Die Naturwissenschaften **25** (1937) 570.
[6] Coheur, J. Opt. Soc. Am. **36** (1946) 498.
[7] Coheur, Mem. Soc. Roy. Sci. Liege **4** (1942) 387.
[8] Eastmond u. William, J. Opt. Soc. Am. **38** (1948) 800.
[9] Rollwagen u. Weltz, Z. f. Naturforschung **4a** (1949) 570.
[10] Kienle, Mitt. Astr. Gesellsch. (1950) 15.
[11] Thümmler u. Morgenstern, Chem. Techn. **7** (1955) 10.
[12] Spindler u. Thümmler, Kernenergie **2** (1959) 781.
[13] Fassel, Howard u. Anderson, Analyt. Chem. **25** (1953) 760.
[14] Korovin u. Lipis, Genfer Bericht 1958 P/2137.

G. EHRLICH, R. GERBATSCH, K. JAETSCH und H. SCHOLZE, Dresden

Einsatz eines hochauflösenden Spektrographen zur spektrochemischen Spurenbestimmung ohne Voranreicherung

Zusammenfassung

In der vorliegenden Arbeit wird gezeigt, daß durch Einsatz eines hochauflösenden Spektralapparates die Empfindlichkeit der spektrochemischen Spurenbestimmung um mindestens eine Größenordnung im Vergleich zu Geräten mittlerer Leistungsfähigkeit (z. B. Q24) gesteigert werden kann. Dieser Befund bestätigt die theoretischen Erwartungen.

1. Einleitung

In den letzten Jahren haben hochreine Stoffe in wachsendem Umfang in Wissenschaft und Technik Eingang gefunden. An die Empfindlichkeit der Spurenanalyse werden deshalb immer höhere Anforderungen gestellt.

Durch die Anwendung massenspektrometrischer und aktivierungsanalytischer Verfahren sind in vielen Fällen extrem niedrige Nachweisgrenzen erreichbar, wie sie etwa für die Spurenanalyse in Halbleitermaterialien erforderlich sind. Die genannten Methoden können aber wegen der nötigen apparativen Voraussetzungen kaum für Betriebs- oder Serienanalysen eingesetzt werden. Deshalb behält die Emissionsspektralanalyse in der Praxis ihre hervorragende Bedeutung als universelles und wenig aufwendiges Spurenbestimmungsverfahren.

Unter den üblichen Bedingungen liegt die Nachweisgrenze für eine Reihe von metallischen Verunreinigungen bei direkter spektralanalytischer Bestimmung etwa im p.p.m.-Bereich (um $10^{-4}\%$). Es wurde schon vielfach versucht, durch Anreicherungsverfahren diese Grenze herabzudrücken. Hier sei nur auf chemische Methoden, z. B. Extraktion [1], [2] oder Mitfällung [3], sowie auf verschiedene Varianten der Verdampfungs- und Ausdampfverfahren [4], [5], [6], [7] verwiesen. Auf diese Weise ist es oftmals möglich, die Empfindlichkeit der spektrochemischen Analyse um 1—2 Größenordnungen zu verbessern. Anreicherungsverfahren gestatten neben der Empfindlichkeitssteigerung meist eine einfache Lösung der Testprobenfrage, sie besitzen aber auch eine Reihe wesentlicher Nachteile, zu denen der zeitliche Aufwand sowie in vielen Fällen die Bestimmbarkeit einer nur beschränkten Anzahl von Elementen und die Verunreinigungsgefahr gehören. Oft ist trotz umfangreicher Vorsichts- und Reinigungsmaßnahmen ein gewisser „Störpegel" an Verunreinigungen nicht zu unterschreiten, obwohl das angewendete Verfahren, absolut gesehen, wesentlich geringere Mengen zu erfassen gestattet.

Aus den genannten Gründen ist es von großem Interesse, Möglichkeiten zur Empfindlichkeitssteigerung bei direkter Anregung zu suchen. Dazu sind verschiedene Wege vorgeschlagen worden, so z. B. Hohlkathodenanregung [8], Ausnutzung der fraktionierten Destillation in der Elektrode [9] und der Kathodenglimmschichtanreicherung [10], die Einblasemethode [11], Anregung unter Schutzgas [12] u. a.

Von den apparativen Möglichkeiten aus gesehen ist eine Steigerung der Nachweisempfindlichkeit bei Einsatz von Spektrographen hoher Auflösung und Dispersion zu erwarten, worauf im folgenden näher eingegangen werden soll.

2. Auflösungsvermögen und Nachweisempfindlichkeit

Die Nachweisempfindlichkeit entspricht bei photographischer Registrierung derjenigen Schwärzung, die noch mit genügender statistischer Sicherheit von den Schwankungen des Untergrundes unterschieden werden kann. Aus einer Arbeit von G. Fratkin [13] folgt, daß die kleinste nachweisbare Konzentration einer Spurenverunreinigung durch die Beziehung

$$\delta C = \frac{K}{\lg\left(1 + \frac{I_L}{I_U}\right)} \tag{1}$$

gegeben ist, wobei mit I_L und I_U die Intensitäten von Linie und Untergrund in der Brennebene des Spektrographen bezeichnet werden. Der Faktor K hängt von den Platteneigenschaften und der gewählten statistischen Sicherheit ab. Die Nachweisempfindlichkeit ist also um so besser, je günstiger sich das Intensitätsverhältnis von Linie zu Untergrund gestalten läßt. Letzteres ist bei nicht zu kleinem Spektrographenspalt durch die Gleichung

$$\frac{I_L}{I_U} = \frac{1}{\Delta\lambda} \cdot \frac{E_L}{E_U} \tag{2}$$

gegeben, wobei E_L und E_U die Beleuchtungsstärken von Linien- und Untergrundstrahlung in der Spaltebene bedeuten. $\Delta\lambda$ ist die spektrale Spaltbreite.

Das praktische Auflösungsvermögen A_p ist durch die bekannte Beziehung

$$A_p = \frac{\lambda}{\Delta\lambda} \tag{3}$$

definiert. Deshalb erhält man für das Verhältnis von Linie zu Untergrund den Ausdruck

$$\frac{I_L}{I_U} = A_p \cdot \frac{E_L}{\lambda \cdot E_U}. \tag{4}$$

Da eine bestimmte Wellenlänge betrachtet wird und die von der Lichtquelle und der Spaltbeleuchtungsgeometrie abhängigen Parameter E_L und E_U als konstant vorausgesetzt werden sollen, ist die direkte Proportionalität zwischen dem Intensitätsverhältnis von Linie zu Untergrund und dem praktischen Auflösungsvermögen klar ersichtlich. Auf diesen Zusammenhang wurde bereits von H. Kaiser [14] sowie G. I. Kibisow [11] hingewiesen. Jedoch sind der Erhöhung der Nachweisempfindlichkeit durch Vergrößerung des Auflösungsvermögens apparativ bedingte Grenzen gesetzt.

Um das erreichbare Auflösungsvermögen eines Spektrographen voll auszunutzen, muß man entgegen den Gepflogenheiten der quantitativen Spektralanalyse mit einer verhältnismäßig geringen („förderlichen“ [14]) Spaltbreite arbeiten. Das zwingt dazu, eine genügend große lineare Dispersion zu wählen, da sonst die auf der Photoplatte abgebildete Spektrallinie eine zu kleine Fläche einnimmt und durch Körnigkeitsschwankungen und Photometerfehler die Genauigkeit und damit die Nachweisempfindlichkeit negativ beeinflußt werden.

Hohes Auflösungsvermögen muß also mit entsprechend großer linearer Dispersion kombiniert werden.

Letztere kann man bei gegebener optischer Anordnung des Spektrographen nur durch Vergrößerung der Kamerabrennweite steigern, was wegen der aus technischen Gründen begrenzten Prismen- bzw. Gittergröße zu einer Abnahme der relativen Lichtstärke führt. Die dadurch bedingte geringe Lichtstärke großer Spektrographen ist oftmals die Ursache dafür, daß die Nachweisgrenze nicht mehr ausschließlich durch das Intensitätsverhältnis von Linie zu Untergrund bestimmt wird, sondern durch die Empfindlichkeit der Photoplatte. Die von Fratkin [13] gemachte Voraussetzung, daß genügend starke Plattenschwärzung durch Verlängern der Belichtungszeit erreicht werden kann, trifft in der Praxis nur bedingt zu.

Zusammenfassend kann hierzu gesagt werden, daß vom theoretischen Standpunkt aus eine Steigerung der Nachweisempfindlichkeit durch Erhöhung von Auflösungsvermögen und Dispersion zu erwarten ist, wenn bei der dann vorliegenden relativen Lichtstärke des Spektrographen die Schwärzungen der Linie sowie des Untergrundes ausreichend sind.

Ob diese Voraussetzung gegeben ist, hängt von der Eigenart des Gerätes, von der Analysensubstanz und von den Anregungsbedingungen in einer Weise ab, die keine allgemeinen Voraussagen erlaubt. Man hat also von Fall zu Fall, insbesondere für jedes Gerät, den Erfolg experimentell zu prüfen und, falls man Auflösung und Dispersion verändern kann, festzustellen, inwieweit deren Vergrößerung sinnvoll erscheint. Derartige Untersuchungen wurden von uns am Q 24 sowie am 2-m-Plangitterspektrographen PGS 2 des VEB Carl Zeiss JENA durchgeführt. Letzterer gestattet durch Einbringen eines Spiegels in den Strahlengang, das zerlegte Licht ein zweites Mal am Gitter zur Reflexion zu bringen und dadurch neben dem normalen Spektrum der entsprechenden Ordnung ein „zweites Spektrum“ mit doppelter Auflösung und Dispersion zu erhalten.

Als Lichtquelle mit gleichmäßiger Untergrundstrahlung und konstantem Linien-Untergrund-Verhältnis diente ein zwischen Kohleelektroden mit Bariumchloridfüllung brennender Gleichstrombogen. Das Salz enthielt Magnesiumspuren. Die Spektren mit der Magnesiumlinie bei 285,2 nm wurden im Q 24 und in der 1. und 2. Spektralordnung des PGS 2 sowie in der 2. Spektralordnung mit doppeltem Durchgang (hinsichtlich Auflösung und Dispersion der 4. Spektralordnung entsprechend) aufgenommen.

Auf Abb. 1 ist deutlich zu erkennen, daß infolge des höheren Auflösungsvermögens schon in der 1. Spektralordnung des Gitterspektrographen trotz etwa vergleichbarer linearer Dispersion das Linien-Untergrund-Verhältnis wesentlich größer ist als im Q 24. Die höheren Ordnungen bringen entsprechend der proportional zur Ordnungsnummer zunehmenden Auflösung eine weitere Verbesserung dieses Verhältnisses.

Eindeutig ist das aus den in Tabelle 1 angeführten photometrischen Schwärzungswerten sowie den daraus mit Hilfe der Plattenschwärzungskurve erhaltenen Intensitätsverhältnissen zu ersehen.

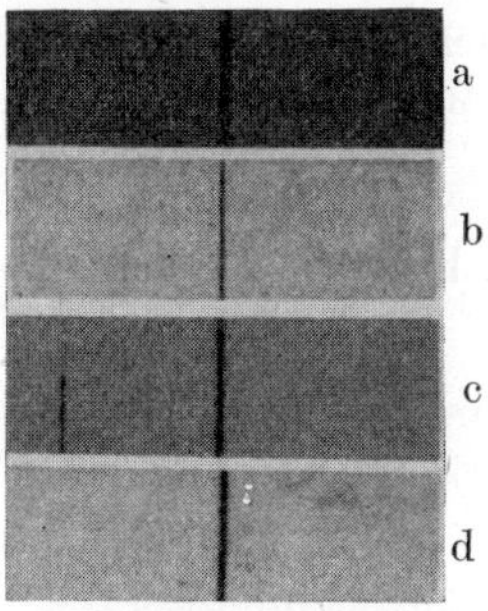

Abb. 1
Die Schwärzung von Linie und Untergrund (Mg 285,2 nm) in Abhängigkeit von der Auflösung *a* — im Q 24; *b* — in der 1. Ordnung des PGS 2; *c* — in der 2. Ordnung des PGS 2; *d* — in der 2. Ordnung mit doppeltem Durchgang.

Da alle Messungen mit konstanter Belichtungszeit durchgeführt wurden, sind an Hand dieser Werte auch Aussagen über die relative Lichtstärke möglich. Die 1. Spektralordnung des PGS 2 ist verhältnismäßig lichtschwach, da die untersuchte Wellenlänge außerhalb des Bereiches bevorzugter Reflexion („Blazebereich") des verwendeten Gitters lag (Maximum bei 500 nm). Im Spektrum der 2. Ordnung wird die Magnesium-Linie bei den verwendeten Öffnungsverhältnissen (Q 24 — 1:30, PGS 2 — 1:28,5) lichtstärker abgebildet als im Q 24, sie liegt hier im Blazebereich des Gitters (Maximum bei 250 nm). Der doppelte Durchgang bringt schließlich eine bedeutende Lichtschwächung mit sich, die um so spürbarer wird, je weiter die gemessene Linie vom Blazemaximum entfernt liegt.

Durch das maximal mögliche Öffnungsverhältnis von 1:11 ist der Q 24 dem PGS 2 hinsichtlich der Lichtstärke natürlich eindeutig überlegen. Für die meisten

Tabelle 1

Das Intensitätsverhältnis der Linie Mg 285,2 nm zum Untergrund

Gerät	Dispersion nm/mm	Schwärzung		$\frac{I_L}{I_U}$
		S_{L+U}	S_U	
Q 24	1,1	2,07	1,55	1,5
PGS 2 1. Ordnung	0,74	1,42 1,23 1,13	0,09 0,065 0,11	7,0
2. Ordnung	0,37	2,20	0,66	8,4
2. Ordnung mit doppeltem Durchgang	0,18	1,65 1,54 1,44	0,065 0,055 0,050	13,5

Aufgabenstellungen der spektrochemischen Spurenanalyse dürfte aber die in der 2. Ordnung des PGS 2 vorhandene Lichtstärke genügen, um durch das weit höhere Auflösungsvermögen eine bedeutende Steigerung der Nachweisempfindlichkeit zu ermöglichen. Ähnliche Überlegungen haben offensichtlich auch für höhere Ordnungen Gültigkeit, sofern Gitter mit geeignetem Blazebereich zur Verfügung stehen.

3. Beispiele für den Einsatz des PGS 2 zu spektralanalytischen Untersuchungen an Reinstmetallen

Im folgenden soll auf die Bestimmung einiger Verunreinigungen in reinem Silizium und reinem Wolfram als praktische Beispiele für den Einsatz des hochauflösenden Gitterspektrographen PGS 2 zur Spurenanalyse eingegangen werden. Entsprechend dieser Aufgabenstellung wird die Bestimmung von Elementen, deren Bestimmungsempfindlichkeit wesentlich von sekundären Effekten (Restverunreinigungen des Testprobengrundmaterials u. ä.) abhängt, nicht beschrieben.

3.1 Spurenbestimmung in Reinstsilizium

Für die Bestimmung geringster Spuren in Reinstsilizium sind einige spezielle Verfahren ausgearbeitet worden [15], [16], die aber verhältnismäßig großen Aufwand erfordern. Die direkte spektralanalytische Bestimmung verschiedener Verunreinigungen des Siliziums im Konzentrationsbereich unter $10^{-4}\%$ ist deshalb von größtem Interesse.

Das Siliziumspektrum zeigt im Ultravioletten bei Anregung in Luft einen starken durchgehenden Untergrund, der im kurzwelligen Bereich im wesent-

Tabelle 2

Aufnahmebedingungen für die Spurenanalyse in Silizium

Spektrograph:	PGS 2
Gitter:	652 Strich/mm, 2. Ordnung, Blaze bei 250 nm
Gitterwinkel:	11,65°
Theoretische Auflösung:	90 000
Dispersion:	0,37 nm/mm
Lichtquelle:	Gleichstrombogen 220 V, 10 A
Spaltbeleuchtung:	Zwischenabbildungssystem der Zeiss-Werke, Elektroden ausgeblendet
Zwischenblende:	5 mm
Spaltbreite:	10 μm
Elektrodenmaterial:	RW-O-Spektralkohlen der Ringsdorff-Werke
Elektrodenform:	3-mm-Stäbe, Trägerelektrode mit 6 mm tiefer Bohrung von 2 mm ⌀, zylindrische Gegenelektrode
Elektrodenschaltung:	Trägerelektrode anodisch
Belichtungszeit:	2 min
Photomaterial:	Platten AGFA Spektral blau extrahart, 9 $\times$ 24 cm²
Entwicklung:	4 min in AGFA Metol-Hydrochinon 1:4

lichen von Siliziumoxyd-Banden und im langwelligen Gebiet von Cyan-Banden der Trägerelektroden herrührt. Mit dem Q 24 sind deshalb, wie eigene Versuche zeigten, die von R. R. Schwangiradse und T. A. Mosgowaja [17] erreichten Nachweisgrenzen von $1 \cdot 10^{-5}\%$ für Magnesium und Kupfer und $5 \cdot 10^{-5}\%$ für Aluminium kaum zu unterbieten. In der 2. Spektralordnung des PGS 2 konnte aber mit den in Tabelle 2 angeführten Anregungsbedingungen die Bestimmungsempfindlichkeit für die beiden letztgenannten Elemente bis auf $3 \cdot 10^{-6}\%$ und für Magnesium bis auf $1 \cdot 10^{-6}\%$ erhöht werden. Nach den Schwärzungswerten von Linien und Untergrund wäre sogar eine Nachweisempfindlichkeit von etwa $1 \cdot 10^{-6}\%$ und für Magnesium noch darunter zu erwarten; es ist aber nicht

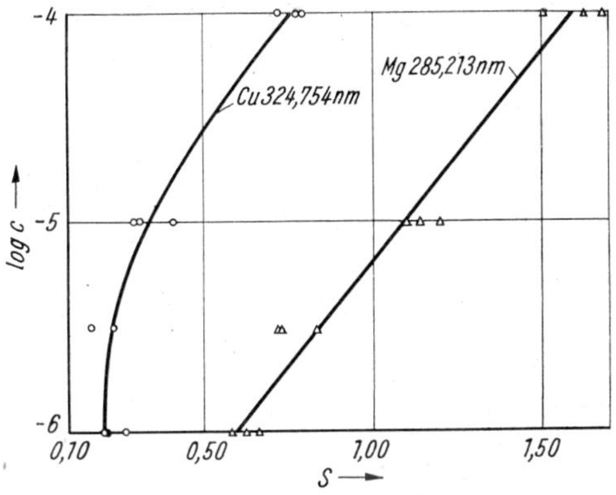

Abb. 2. Eichkurven für die Spurenbestimmung in Silizium.

gelungen, die Restverunreinigungen aus den Spektralkohlen und dem zur Testherstellung verwendeten Silizium unter einen Gehalt von etwa $3 \cdot 10^{-6}\%$ bzw. $1 \cdot 10^{-6}\%$ zu senken.

Die Eichkurven (Abb. 2) veranschaulichen das Gesagte.

Es soll erwähnt werden, daß die Auswertung leitprobengebunden nach Absolutschwärzungen vorgenommen wurde, da Siliziumlinien sich nicht als Vergleichslinien eignen und Verunreinigungen bei Zusatz eines Vergleichselementes nicht ausgeschlossen werden konnten. Die geringe Varianz von 2% für die Schwärzungen der Siliziumlinien innerhalb einer Platte und die Abwesenheit von Korrelationen zwischen den Schwärzungswerten der Verunreinigungslinien und der Siliziumlinien sowie der Verunreinigungslinien unter sich rechtfertigen diese Maßnahme.

Eine exakte statistische Berechnung der Reproduzierbarkeit für die Spurenbestimmung in Silizium konnte nicht durchgeführt werden, da bei den in Frage kommenden minimalen Gehalten viele „Ausreißer" durch den Staub der Luft und ähnliche Fehlerquellen auftreten und deshalb keine Fehlernormalverteilung vorliegt.

3.2 Spurenbestimmung in reinem Wolfram

Für die Spektralanalyse von Wolfram sind eine Reihe von Verfahren bekannt, die alle auf der Unterdrückung des sehr linienreichen Wolframspektrums durch Ausnutzung der fraktionierten Destillation beruhen [18], [19], [20], [21], [22]. Die Nachweisgrenzen liegen meist bei 10^{-3}—10^{-4}%.

In diesem Zusammenhang war es von Interesse zu untersuchen, welche Empfindlichkeit bei Anwendung des PGS 2 mit und ohne Ausnutzung der fraktionierten Destillation erreichbar ist.

In beiden Fällen wurde das Wolfram durch zehnstündiges Glühen bei 900 °C an Luft in das Trioxyd überführt, wodurch eine einfache Testprobenherstellung möglich war. Die Anregungsbedingungen sind in Tabelle 3 enthalten.

Tabelle 3

Aufnahmebedingungen für die Spurenanalyse in Wolfram

1. — mit vollständigem Abbrand
2. — unter Ausnutzung der fraktionierten Destillation.

Spektrograph:	PGS 2
Gitter:	652 Strich/mm, 2. Ordnung, Blaze bei 250 nm
Gitterwinkel:	11,27°
Theoretische Auflösung:	90 000
Dispersion:	0,37 nm/mm
Lichtquelle:	Gleichstrombogen 220 V 1. 9 A 2. 3 A
Spaltbeleuchtung:	Direkte Abbildung der 8fach vergrößerten Bogensäule auf den Spalt
Spaltbreite:	10 µm
Elektrodenmaterial:	1. T1-Spektralkohlen des VEB Elektrokohle Lichtenberg 2. RW-O-Spektralkohlen der Ringsdorff-Werke
Elektrodenform:	5-mm-Stäbe, Gegenelektrode mit 60°-Kegel, Trägerelektrode mit 6 mm tiefer Bohrung von 1,5 mm ⌀, für 1) auf 0,4 mm Wandstärke abgedreht. Trägerelektrode anodisch
Belichtungszeit:	1. 30 sec 2. 60 sec
Photomaterial:	Platten AGFA Spektral blau extrahart, 9 × 30 cm²
Entwicklung:	4 min in AGFA Metol-Hydrochinon 1:4

Die bei vollständiger Verdampfung des Wolframtrioxyds ohne Kohlepulverzusatz für Nickel und Kupfer erhaltenen Eichkurven sind in Abb. 3 dargestellt. Die Bestimmungsgrenze liegt für Kupfer bei $5 \cdot 10^{-5}$% und für Nickel bei $1 \cdot 10^{-4}$%.

Zur Ausnutzung der fraktionierten Destillation wurde Wolframtrioxyd mit gleichen Teilen Kohlepulver, dem 0,1% Germaniumdioxyd als Vergleichssubstanz zugesetzt war, vermischt. Das Wolframspektrum sowie der Untergrund erscheinen sehr stark unterdrückt, während die Verunreinigungslinien weit weniger geschwächt werden.

Dieses verbesserte Intensitätsverhältnis von Linie zu Untergrund kommt aber selbst bei Aufnahme von 5 Elektroden auf ein Spektrum nicht voll zur Geltung, da die Lichtstärke für eine optimale Plattenschwärzung nicht ausreicht. Es konnten deshalb für die beiden Elemente auch mit dieser Methode nur die schon angeführten Bestimmungsgrenzen erreicht werden.

Im vorliegenden Falle kann offensichtlich die gewählte hohe Auflösung wegen der damit verbundenen geringen Lichtstärke nicht voll ausgenutzt werden. Es ist anzunehmen, daß sich hier die durch eine gewisse Verringerung der Auflösung erreichbare Steigerung der Lichtstärke positiv auf die Nachweisempfindlichkeit auswirken würde. Allerdings ist der Auflösungsverlust beim Übergang vom PGS 2 zum Q 24 bereits so groß, daß die mit diesem Gerät ermittelte Bestimmungsgrenzen trotz der hohen Lichtstärke um eine Größenordnung ungünstiger liegen.

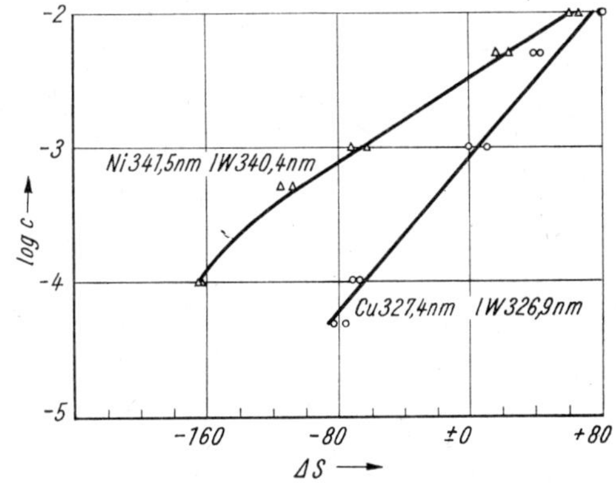

Abb. 3. Eichkurven für die Spurenbestimmung in Wolfram.

Eine statistische Auswertung auf der Grundlage von 20 Meßwerten ergab für die Nickelbestimmung im PGS 2 nach beiden beschriebenen Methoden eine Varianz von etwa 10%. Die fehlerstatistische Charakterisierung der Kupferbestimmung ist aus den schon bei der Siliziumanalyse erwähnten Gründen mit Schwierigkeiten verbunden.

Wir möchten dem Direktor des Instituts für angewandte Physik der Reinststoffe Dresden, Herrn Prof. Dr. phil. habil. E. Rexer, für die Unterstützung bei der Durchführung dieser Arbeit sowie Herrn Dr. rer. nat. D. Schulze für wertvolle Hinweise herzlich danken.

Dresden, Institut für angewandte Physik der Reinststoffe.

Literatur

[1] Koch, O. G., Mikrochim. Acta (1958), 92, 151, 347 u. 402.
[2] Pohl, F. A., Z. analyt. Chem. **139** (1953) 241 u. 423; **142** (1954) 19.
[3] Pittwell, L. R., Appl. Spectroscopy **12** (1958) 54.
[4] Preuss, E., Z. angew. Mineralogie **3** (1940) 8.
[5] Shaw, D. M., Joensuu, O. J. und Ahrens, L. H., Spectrochim. Acta **4** (1950) 233.
[6] Saidel, A. N., Kalitejewski, A. I., Lipis, L. W., Tschaika, M. P. u. Beljajew, Ju. I., Журнал аналитической химии (Zeitschrift für analytische Chemie) **11** (1956) 21.
[7] Mandelstam, S. L., Semenow, N. N. u. Turowzewa, S. M., ibid. **11** (1956) 99.
[8] Lipis, L. W., Успехи физических наук (Erfolge der physikalischen Wissenschaften) **68** (1959) 71.
[9] Scribner, B. F. u. Mullin, H. R., J. Res. Nat. Bur. Stand. **37** (1946) 379.
[10] Mannkopff, R. u. Peters, C., Z. Phys. **70** (1931) 444.
[11] Kibisow, G. I. u. Reswowa, M. I., Инженерно-физический журнал (Ingenieurphysikalische Zeitschrift) **2** (1959) 47.
[12] Thiers, R. E. u. Vallée, B. L., Spectrochim. Acta (1957), Proc. Coll. Spectr. Internat. VI, S. 179.
[13] Fratkin, G., Заводская лаборатория (Betriebslabor), **26** (1960) 971.
[14] Kaiser, H., Erzmetall **5** (1952) 138.
[15] Morrison, G. H. u. Rupp, R. L., Anal. Chem. **29** (1957) 892.
[16] Silberstein, Je. I., Pirjutko, M. M., Jewtuschenko, T. P., Sacharowa, I. L. u. Nikitina, O. N., Заводская лаборатория (Betriebslabor) **25** (1959) 1474.
[17] Schwangiradse, R. R. u. Mosgowaja, T. A., Журнал аналитической химии (Zeitschrift für analytische Chemie) **12** (1957) 708.
[18] Gentry, C. H. R. u. Mitchell, G. P., Metallurgia **46** (1952) 47.
[19] Gegetschkori, N. M., Заводская лаборатория (Betriebslabor) **21** (1955) 1075.
[20] Dyck, R. u. Veleker, T. J., Anal. Chem. **31** (1959) 390.
[21] Lounaama, N., Ann. Acad. Sci. Fenn., Sect. A, Chemica (1955) 63.
[22] Filimonow, L. N., Заводская лаборатория (Betriebslabor) **25** (1959) 936.

CHR. SCHÄFER-BARTHOLD, Berlin

Untersuchungen an verfärbten LiF-Kristallen mit einem Gittermonochromator nach SEYA

I. Versuchsaufbau

Für die Absorptionsmessungen an LiF-Kristallen wurde ein Monochromator mit einem Konkavgitter (Krümmungsradius 50 cm) nach dem SEYAschen Prinzip [1] aufgebaut. Diese Aufstellung zeichnet sich durch eine besonders einfache Arbeitsweise aus, weil zur Wellenlängenvariation nur eine Drehung des Gitters um eine vertikale Achse durch das Gitterzentrum notwendig ist [2], [3], [4]. Die bei der vorliegenden Arbeit benutzten Apparatekonstanten wurden bei GREINER und SCHÄFFER [5] entnommen.

Abb. 1. Versuchsaufbau (SEYA-Monochromator).
Erklärung der Buchstaben im Text.

Abb. 1 zeigt die praktische Ausführung dieser Monochromatoraufstellung, das Gitter G und die Lichtquelle L vor dem Eintrittsspalt E. Zur Registrierung wurde das Gitter kontinuierlich durch einen Motor M gedreht. Das Spektrum wurde hinter dem Austrittsspalt A und dem Kristallhalter K mit einem SEV S in Verbindung mit einem registrierenden Galvanometer aufgenommen.

II. Absorptionsuntersuchungen an LiF-Kristallen

Unter den Absorptionsspektren verfärbter Alkalihalogenide nimmt das Spektrum des LiF eine Sonderstellung ein. Die in Alkalihalogeniden durch Röntgenstrahlen, Elektronen oder Neutronen hervorgerufenen Absorptionsbanden können normalerweise bestimmten Farbzentren zugeordnet werden. Bei den LiF-Kristallen ist eine solche Zuordnung unsicher [6]. Außerdem treten bei stark verfärbten LiF-Kristallen neben den Banden noch scharfe Linien und schmale Banden auf, wenn man das Absorptionsspektrum bei tiefen Temperaturen untersucht. Die Herkunft dieser Linien und schmalen Banden ist noch ungeklärt. Durch eine an die Röntgenbestrahlung anschließende UV-Bestrahlung können die Intensitätsverhältnisse unter den Linien und den schmalen Banden stark geändert werden. Ähnliche Resultate wie durch eine UV-Bestrahlung können durch Erwärmung erzielt werden. Bei den anderen Alkalihalogeniden werden diese Linien und Schmalbanden nicht beobachtet. Umfangreiche Untersuchungen dieser Vorgänge stammen von Pringsheim und seinen Mitarbeitern [6], [7], [8] und werden teilweise durch Experimente von Kaplanski [9] bestätigt.

Die Absorptionsuntersuchungen an LiF-Kristallen, die vom VEB Carl Zeiss JENA stammten, wurden im Spektralbereich von 380—600 nm bei der Temperatur der flüssigen Luft durchgeführt. Die Kristalldicken variierten zwischen 0,4 und 3 mm. Die durchstrahlte Fläche betrug etwa 0,4 cm^2. Die Röntgenbestrahlung erfolgte bei Zimmertemperatur mit einer Wolframröhre, die bei 50 kV mit 20 mA betrieben wurde.

Nach etwa 10stündiger Röntgenbestrahlung zeigte das Absorptionsspektrum Banden, deren Maxima bei 380 und 450 nm lagen. Nach etwa 20stündiger Röntgenbestrahlung traten neben diesen beiden Banden noch scharfe Linien bei 391 und 523 nm auf. Zusammen mit der Linie bei 523 nm erschienen zwei kurzwelligere schmale Banden bei 517 und 512 nm. Diese Resultate bestätigen die Ergebnisse Pringheims und seiner Mitarbeiter.

Nach 30stündiger Röntgenbestrahlung trat zusätzlich zu diesen Linien noch eine weitere, bisher nicht als Absorptionslinie bekannte Linie bei 562 nm auf. Sie wurde bereits früher von Kaplanski [9], ebenso wie die Linie bei 523 nm, im Lumineszenzspektrum röntgenverfärbter LiF-Kristalle beobachtet. Damit wird die Vermutung Kaplanskis nach einem Zusammenhang zwischen Absorption und Lumineszenz verstärkt.

Abb. 2 zeigt das Absorptionsspektrum eines LiF-Kristalles: Kurve 1 nach 30stündiger Röntgenbestrahlung und Kurve 2 nach 30stündiger Röntgenbestrahlung und 20stündiger UV-Bestrahlung. Man erkennt die Bande bei 450 nm, die Linie bei 523 nm mit ihren Begleitern und die Linie bei 562 nm.

Die Änderungen des Absorptionsspektrums der röntgenverfärbten LiF-Kristalle durch eine anschließende UV-Bestrahlung stimmten mit den von Pringsheim beschriebenen Resultaten überein. Die UV-Bestrahlung erfolgte mit einer Hg-Lampe S 250 in Verbindung mit einem Schottfilter UG 1, das von 300—400 nm durchlässig ist, bei der Temperatur der flüssigen Luft. Außerdem konnte die Linie bei 562 nm in Kristallen nach 20stündiger Röntgenbestrahlung durch zusätzliche UV-Bestrahlung hervorgerufen werden.

Bei den beobachteten Linien war die Linie bei 523 nm am intensivsten.

Nun gelang es, die Linie bei 523 nm auch ohne das gleichzeitige Auftreten von Banden in unverfärbten Kristallen hervorzurufen. Dies wurde ohne Röntgenbestrahlung durch eine langandauernde Einwirkung von Wasser und Bestrahlung erreicht. LiF-Kristalle wurden zunächst etwa 1 Tag ins Wasser gelegt und dann etwa 40 Stunden mit UV bestrahlt. Nach $1^1/_2$ monatiger Lagerung wurden sie erneut etwa 5 Stunden mit UV bestrahlt und zeigten nun eine schwache Linie bei 523 nm. Die Rolle, die das Wasser und das UV dabei spielten, ist ungeklärt. In dem übrigen Spektralbereich waren diese Kristalle absorptionsfrei. Kristalle, die ausschließlich die Linie bei 523 nm absorbierten, wurden in je 4 Teilkristalle zerlegt. 2 der Teilkristalle besaßen je eine Außenfläche des ursprünglichen

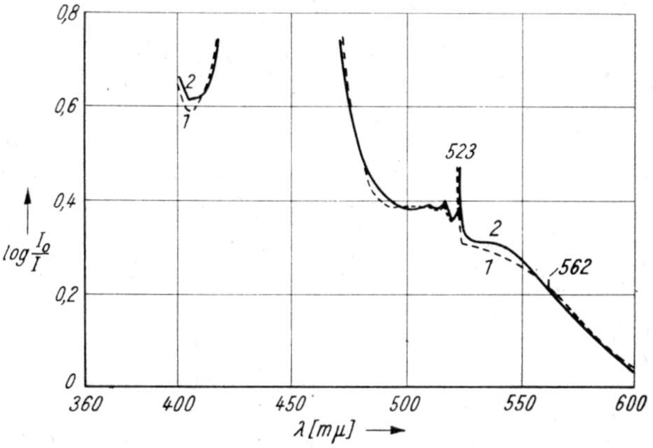

Abb. 2. Absorptionsspektren eines LiF-Kristalles bei 90 °K.
1. nach 30^h Röntgenbestrahlung bei Zimmertemperatur,
2. nach zusätzlich 20^h UV-Bestrahlung bei 90 °K.

Kristalles, die beiden anderen waren innere Teile des Ausgangskristalles. Absorptionsuntersuchungen an diesen Teilkristallen zeigten, daß nur die Kristalle mit einer ursprünglichen Außenfläche die Linie bei 523 nm aufwiesen. Es ist also zu vermuten, daß die Absorption in dem Kristall bei 523 nm auf einem Oberflächeneffekt beruht. Führte man dieselbe Zerlegung bei stark röntgenverfärbten LiF-Kristallen durch, so absorbierten alle Teilkristalle die Linie bei 523 nm.

Berlin, I. Phys. Institut der Humboldt-Universität

Literatur

[1] SEYA, M., Sci. of Light (Tokyo) **2** (1952) 8.
[2] BEUTLER, H. G., J. Opt. Soc. Am. **35** (1945) 311.
[3] NAMIOKA, T., J. Opt. Soc. Am. **49** (1959) 446 u. 951.
[4] GREINER, H., SCHÄFFER, E., Optik **14** (1957) 263; **15** (1958) 51.
[5] GREINER, H., SCHÄFFER, E., Z. Instr. **66** (1958) 188.
[6] DELBECQ, C. J., PRINGSHEIM, P., J. Chem. Phys. **21** (1953) 794.
[7] PRINGSHEIM, P., Z. Phys. **136** (1954) 573.
[8] DELBECQ, C. J., PRINGSHEIM, P., YUSTER, P. H., Z. Phys. **138** (1954) 266.
[9] KAPLANSKI, A. A., Opt. u. Spektr. **6** (1959) 424.

R. GASE, Jena

Spektroskopische Untersuchungen an Stilbenderivaten

Anknüpfend an die Untersuchung der Spektren von Stilbenderivaten im ultravioletten und sichtbaren Bereich bei Zimmertemperatur [1] wurden die Absorptions- und Fluoreszenzspektren von Stilben, Phenylstilben und Biphenylstilben bei der Temperatur der flüssigen Luft vermessen und untersucht, wie die Struktur der Elektronenbanden und die auftretenden Schwingungsfrequenzen zu deuten sind.

Als Lösungsmittel wurde ein Gemisch von Äther und Alkohol verwendet. Zur spektralen Zerlegung diente ein Quarzprismenspektrograph. Die Registrierung erfolgte mit der photographischen Platte.

Die Absorptions- und Fluoreszenzspektren bei —175 °C sind in Abb. 1 in Abhängigkeit von der Wellenzahl dargestellt. Es erscheinen bei allen Verbindungen in Absorption zwei starke Elektronenbanden. Durch die Abkühlung

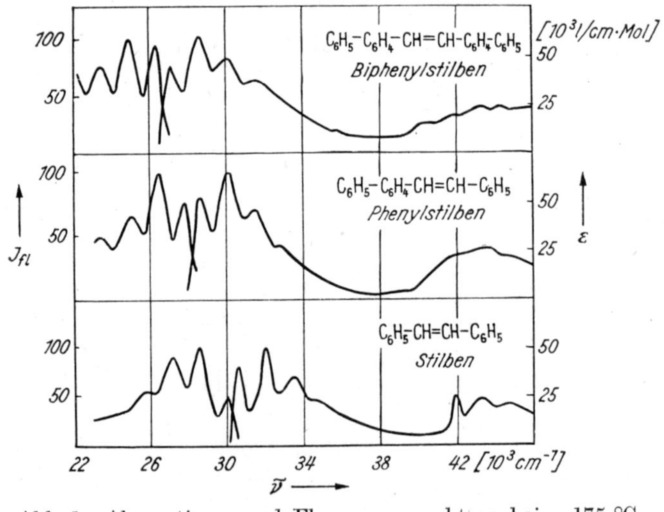

Abb. 1. Absorptions- und Fluoreszenzspektren bei —175 °C.

wird erreicht, daß die Schwingungsstruktur dieser Banden aufgelöst wird. Das Fluoreszenzspektrum (in willkürlichen Intensitätseinheiten links in der Abbildung) ist spiegelsymmetrisch zur langwelligen Elektronenbande gebaut.

Die für die Entstehung des Spektrums verantwortlichen Energieniveaus sind für Stilben in Abb. 2 dargestellt; die Schemata der anderen Verbindungen sind ähnlich. Von einem schwingungslosen Grundzustand erfolgen Übergänge zu den verschiedenen Schwingungsniveaus der beiden angeregten Elektronenzustände. Aus der zunehmenden Breite der Schwingungsniveaus des unteren angeregten Elektronenzustandes wird geschlossen, daß diese aus mehreren nicht aufgelösten Niveaus bestehen. Durch Übergang von dem schwingungslosen unteren angeregten Elektronenzustand zu verschiedenen Schwingungszuständen des Grundzustandes entsteht das Fluoreszenzspektrum. Die Struktur beider Absorptionsbanden läßt sich jeweils durch eine Schwingungs-„Frequenz" (1360 bzw. 1450 cm^{-1}) erklären; für die Fluoreszenz ist eine Frequenz (1450 cm^{-1}) nötig.

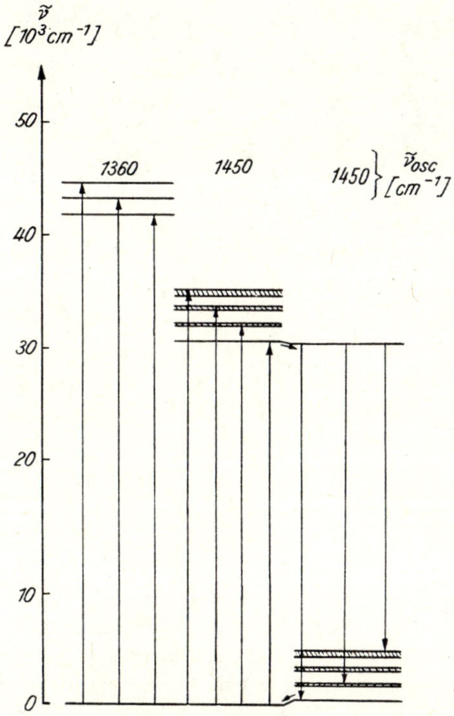

Abb. 2. Energieniveauschema von Stilben. (Aufspaltung der Zustände in Anlehnung an [2].)

Die Lage der Elektronenbanden wurde von Müller und Schubert [1] gedeutet. Die Rechnung erfolgte nach der Femo-Methode. Um die jetzt untersuchte Schwingungsstruktur der Banden zu deuten, wurden die Normalschwingungen nach der klassischen Mechanik berechnet. Eine genauere Berechnung wurde nur für Stilben durchgeführt und die Werte für die größeren Moleküle nur überschlagsmäßig bestimmt.

Zur Gewinnung der Normalfrequenzen und Normalkoordinaten geht man von folgendem Gleichungssystem aus:

$$(G\,F - \lambda\,E)\,\hat{S} = 0\,.$$

G und F sind Matrizen, die die Gesamtenergie — abgesehen von Translation und Rotation — charakterisieren. G hängt von den Massen und F von den Kraftkonstanten des Moleküls ab. E ist die Einheitsmatrix und $\hat{S}$ eine Spaltenmatrix, deren Elemente die Symmetriekoordinaten sind. $\lambda = (2\,\pi\,\nu)^2$ sind die Eigenwerte der Matrix $G\,F$.

Um die Rechnung durchführen zu können, wurden folgende Vereinfachungen gemacht:

1. Zur Berechnung der F-Matrix wurde das Valenzkraftmodell zugrunde gelegt. Es werden nur Kräfte zwischen den Atomen berücksichtigt, zwischen denen eine Valenzbindung im chemischen Sinne vorhanden ist. Die Wechselwirkung zwischen nicht benachbarten Atomen wird also vernachlässigt.

2. Die Schwingungen innerhalb der C—H-Gruppen wurden dadurch abgespalten, daß die entsprechenden Kraftkonstanten unendlich gesetzt wurden. Der dadurch entstehende Fehler ist kleiner als 1%. Die H—C-Gruppen können deshalb als starre Gruppen behandelt werden.

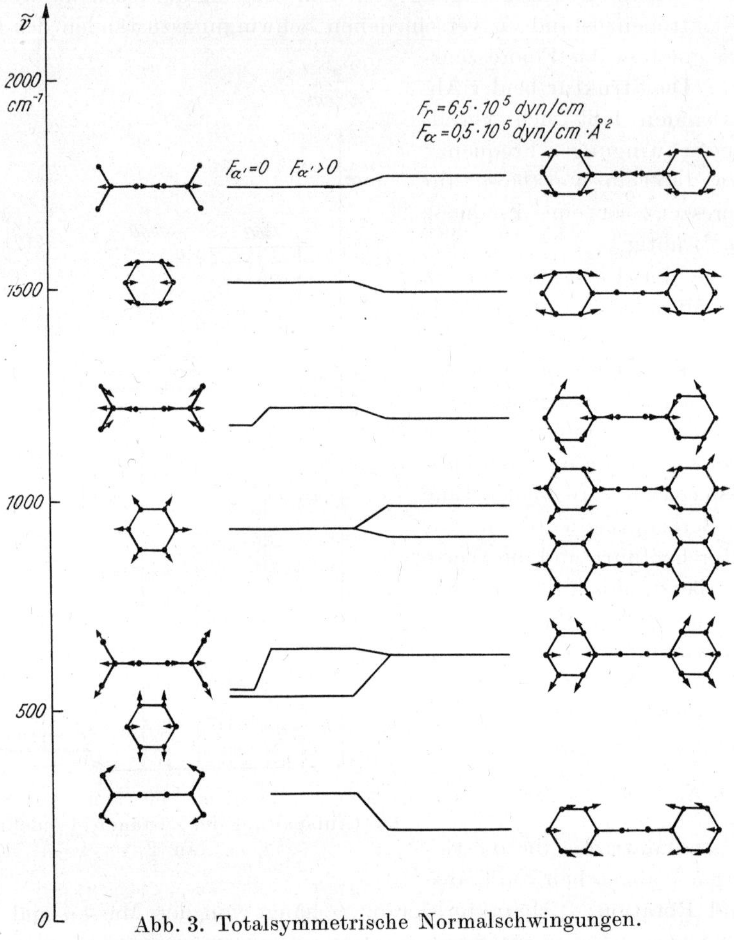

Abb. 3. Totalsymmetrische Normalschwingungen.

3. Es wurden nur die totalsymmetrischen Schwingungen untersucht, da nach dem Franck-Condon-Prinzip bei den untersuchten Spektren Schwingungen mit anderer Symmetrie nicht angeregt werden.

Zunächst wurde zur Orientierung ein einfaches Modell vom Stilben-Molekül untersucht: Der Bindungswinkel der Kohlenstoffbrücke wurde gleich Null gesetzt, so daß das Modell zur Punktgruppe V_h gehört. Alle Kraftkonstanten wurden gleich groß angenommen. Mit diesem Modell sollte vor allem untersucht werden, ob charakteristische Gruppen vorhanden sind. Versuchsweise wurden als charakteristische Gruppen die Kohlenstoffbrücke und der Benzolring mit der Symmetrie V_h benutzt. In Abb. 3 sind für die angegebenen Kraftkonstanten die Normalfrequenzen und die zugehörigen Auslenkungen für das Modell und für die charakteristischen Gruppen dargestellt. Man erkennt, daß die Frequenzen und Auslenkungen der charakteristischen Gruppen im wesentlichen mit denen der entsprechenden Teile des verwendeten Stilben-Modells übereinstimmen. Zusätzlich sind links für die Kohlenstoffbrücke die Frequenzen eingezeichnet, die man erhält, wenn man $F_{\alpha'}$ Null setzt. Dabei ist $F_{\alpha'}$ die Kraftkonstante, die der Änderung des Bindungswinkels der äußeren C—H-Gruppen entgegenwirkt. In diesem Fall werden die Frequenzen kleiner, aber der dadurch entstehende Fehler ist bei den größeren Frequenzen gering.

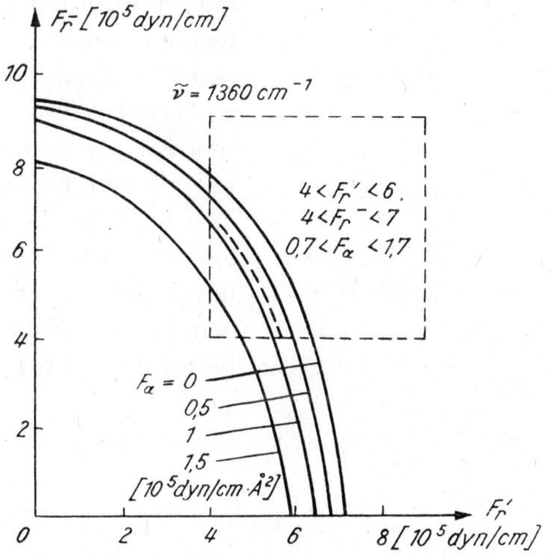

Abb. 4. Die Kraftkonstanten des Phenylrestes.

Durch Vergleich der Stilbenspektren mit den Spektren ähnlicher Moleküle kann man schließen, daß für die Schwingungsfrequenzen der langwelligen Absorptionsbande und für die Frequenzen des Fluoreszenzspektrums die Schwingungen der Kohlenstoffbrücke dagegen für die Frequenzen der kurzwelligen Bande die Schwingungen des Phenylrestes verantwortlich sind [2]. Die gemessenen Frequenzen können jetzt also den charakteristischen Gruppen zugeordnet werden. Für diese Gruppen ist die numerische Rechnung einfacher, und das Modell kann besser an das Molekül angenähert werden. Dadurch wird es möglich, die gemessenen Frequenzen mit berechneten zu vergleichen.

Zunächst wurden die Schwingungen des Phenylrestes behandelt. Hierzu ist es nicht nötig, den Bindungswinkel der Kohlenstoffbrücke zu berücksichtigen. Sämtliche in Betracht kommende Werte der Kraftkonstanten hingegen wurden zur Rechnung hinzugezogen, dabei wurden jedoch die Winkelkraftkonstanten als einander gleich gesetzt. In Abb. 4 wird gezeigt, welche Kombination von Werten die Kraftkonstanten F_r annehmen müssen, damit man bei einer bestimmten

Größe der Winkelkraftkonstanten F_α die gemessene Frequenz (1360 cm^{-1}) erhält. F_r kann allgemein nur innerhalb des gestrichelten Quadrats und F_α nur unterhalb der gestrichelten Linie auftreten. Daraus erhält man die in Abb. 4 angegebenen Werte der Kraftkonstanten.

Bei der Berechnung der Kohlenstoffbrücke wurde der Bindungswinkel entsprechend den tatsächlichen Verhältnissen zu 120° angesetzt (Abb. 5). Die Größe der Kraftkonstanten wurde aus den bekannten Werten der Bindungszahl N ermittelt. Diese sind für den Grundzustand und für den unteren angeregten Zustand näherungsweise gleich, deshalb konnte mit mittleren Werten gerechnet werden. Die Winkelkraftkonstante $F_{\alpha'}$ (Abb. 3) wurde gleich Null gesetzt. In Abb. 5 sind links die gemessene Frequenz, in der Mitte die charakteristischen Frequenzen und rechts die dazugehörigen Normalkoordinaten dargestellt. Die berechneten Frequenzen um 1550 cm^{-1} stimmen etwa mit den gemessenen Frequenzen überein. Die berechnete Frequenz von 1300 cm^{-1} kann der von anderen Autoren [3] aus dem Fluoreszenzspektrum von Stilben gemessenen Frequenz von 1170 cm^{-1} zugeordnet werden. Für den unteren angeregten und den Grundzustand sind näherungsweise die Kraftkonstanten

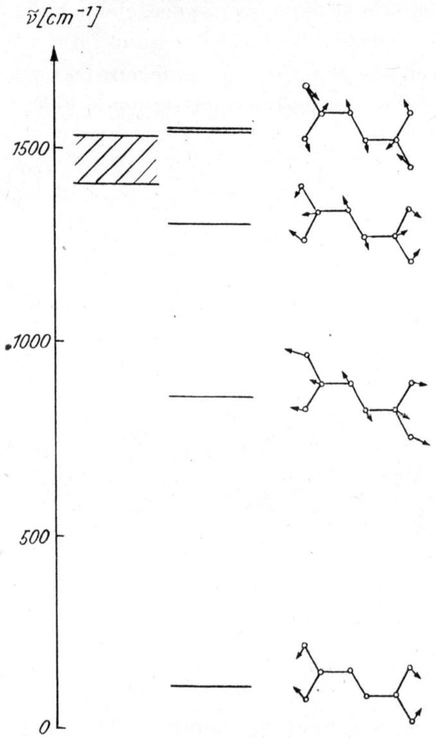

Abb. 5. Gemessene und berechnete Schwingungsfrequenzen der Kohlenstoffbrücke.

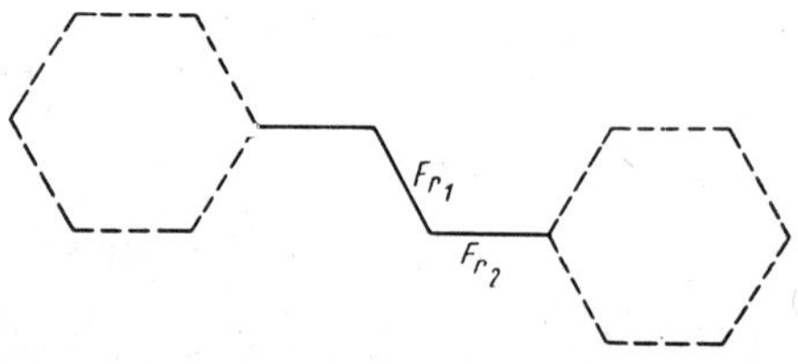

Abb. 6. Die Kraftkonstanten der Kohlenstoffbrücke.

$$F_{r_1} = 6{,}9 \cdot 10^5 \text{ dyn/cm}$$
$$F_{r_2} = 6{,}4 \cdot 10^5 \text{ dyn/cm}$$

gerechtfertigt (Abb. 6). Der Unterschied der Kraftkonstanten im Grundzustand und im angeregten Zustand kann nicht festgestellt werden, weil infolge der Breite der Linien keine Frequenzdifferenz gemessen werden konnte.

Über die Deutung der Spektren der Stilbenderivate kann folgendes ausgesagt werden: Die Schwingung der Brücke wird durch den Anbau weiterer Phenylreste nicht gestört; das äußert sich darin, daß die langwellige Bande und das Fluoreszenzspektrum bei allen Derivaten die gleiche Struktur hat. Über die Schwingung der Benzolringe wird folgendes vermutet: Beim Anbau der Phenylreste behält jeder Ring eine charakteristische Frequenz bei, doch durch die Wechselwirkung der Ringe werden die Frequenzen aufgespalten. Das äußert sich im Spektrum darin, daß bei Phenylstilben und Biphenylstilben die Schwingungsstruktur der kurzwelligen Bande weniger aufgelöst ist.

Herrn Dr. M. Schubert danke ich für Anregung und Unterstützung bei der Durchführung dieser Arbeit.

Zusammenfassung

Die Absorptions- und Fluoreszenzspektren wurden bei der Temperatur der flüssigen Luft vermessen, dabei trat die Schwingungsstruktur der Elektronenbanden hervor. Die daraus experimentell ermittelten Frequenzen werden mit denjenigen berechneten Werten verglichen, die sich aus verschiedenen Modellen ergeben.

Jena, Physikalisches Institut der Friedrich-Schiller-Universität

Literatur

[1] Müller, E. u. Schubert, M., Exp. Techn. d. Phys., Sondernummer **3** (1955) 61.
[2] Hausser, K. W., Kuhn, R. u. Seitz, G., Z. Phys. Chem. **B 29** (1935) 391.
[3] Hausser, K. W., Kuhn, R. u. Kuhn, E., Z. Phys. Chem. **B 29** (1935) 417.

H. HERRMANN, Liebenwalde

Absorptionsspektren von Organophosphoren der Metaphosphorsäure

Unter Organophosphoren versteht man jene lumineszenzfähigen Systeme, deren Trägersubstanzen aus geeigneten anorganischen Verbindungen bestehen, deren Aktivatoren aber organischen Stoffklassen angehören. Als solche Verbindungen können z. B. die teilweise entwässerte Borsäure, kristallwasserhaltiges Aluminiumsulfat, die Erdalkaliphosphate u. a. dienen. Geeignete Aktivatorsubstanzen finden sich fast ausschließlich nur unter den organischen Verbindungen, deren Moleküle Ringstruktur besitzen.

Die Beschäftigung mit den Organophosphoren erfuhr im letzten Jahrzehnt vor allem von Seiten der Chemie eine Intensivierung, als es CHOMSE [1] gelang, aus der vergleichenden Betrachtung der bis dahin bekannten Grundmaterialien einige Regeln abzuleiten, wonach diese Verbindungen bestimmte Voraussetzungen besitzen müssen, damit sie bei Aktivierung nach der Erregung die bekannten Phosphoreszenz-Effekte zeigen. Diese Regeln besagen, daß sowohl die strukturelle Beschaffenheit des Grundmaterials als auch die in ihm vorkommenden kation- bzw. anionbildenden Elemente für das Zustandekommen der Lumineszenzerscheinung wesentlich sind. So ergeben alle diejenigen anorganischen Verbindungen besonders gute Phosphore, die während der Präparation einem Kondensations- oder Polymerisationsvorgang unterliegen. Diese Bedingung ist aber keineswegs hinreichend, sondern die Eignung einer Verbindung als Grundmaterial hängt weitgehend davon ab, welche Stellung die in ihm vorkommenden entschei-Elemente im Periodensystem besitzen. Es zeigt sich, daß mit zunehmender Ordnungszahl dieser Elemente die Phosphoreszenz-Effekte schwächer werden bzw. vollständig ausbleiben können.

Untersuchungen, die eine Reihe von Verbindungen im Hinblick auf ihre Eignung als Grundmaterial zum Gegenstand hatten, bestätigten im wesentlichen diese Regeln [2], [3]. Für die Lumineszenzchemie besteht die Bedeutung dieser Arbeiten vor allem darin, daß das Stadium des mehr oder weniger zufälligen Auffindens neuer Grundmaterialien als abgeschlossen betrachtet werden kann und die Wege für eine systematische Forschung geebnet wurden.

Obwohl durch diese und frühere Arbeiten von CHOMSE nebst Mitarbeitern zweifelsohne Fortschritte auf dem Gebiet der Lumineszenzforschung erzielt worden sind, konnten dennoch bis heute die Ursachen einiger wichtiger Erscheinungen nicht geklärt werden. So ist etwa die Frage nach der Natur des Leuchtmechanismus noch nicht allgemein beantwortet worden. Auch für die empirischen Regeln von CHOMSE steht bis heute noch eine Begründung aus, wenn man einmal von einigen plausiblen Annahmen absieht. Ein weiteres Problem, das sich auch erst durch die Arbeiten der Lumineszenzchemie deutlich herauskristallisiert hat, betrifft die Wechselwirkung Aktivator-Grundmaterial. Man kann nämlich zwei wichtige Beobachtungen machen [3]: 1. Phosphore mit gleichem Aktivator aber verschiedenen Grundmaterialien zeigen unter Umständen eine Verschiebung des Schwerpunktes der Emission. 2. Ein Aktivator, der in ein Grundmaterial phosphoreszenzfähig eingebaut werden kann, ist bei einem anderen nicht in der Lage, ein lumineszenzfähiges System zu bilden.

Wir haben nun untersucht, ob sich definitive Aussagen über die Wechselwirkung Aktivator-Grundmaterial auf Grund von Absorptionsmessungen gewinnen lassen. Wir wählten für alle Präparate das gleiche Grundmaterial und aktivierten es mit verschiedenen organischen Stoffen. Bei der Wahl des Grundmaterials entschieden wir uns für die Metaphosphorsäure glaciale, da sie einerseits hierfür besonders geeignet ist [4], andererseits aber Phosphore auf dieser Basis bisher kaum näher untersucht worden sind. Die Metaphosphorsäure, der auf Grund ihres P_2O_5-Gehaltes die Formel HPO_3 entspricht, erweist sich nach neueren Untersuchungen von Thilo und Sauer [5] als ein Gemisch von Polyphosphorsäuren der verschiedensten Kondensationsgrade. Ihre allgemeine Formel ist

$$H_{n+2}\,P_n\,O_{3n+1}\,,$$

wobei der Kondensationsgrad bis $n = 10$ und höher gefunden wurde. Diese kondensierten Phosphate bilden kettenförmige Anordnungen von PO_4-Tetraedern. Daneben konnten die Autoren auch Spuren von Ionen der Trimetaphosphorsäure nachweisen, die ringförmige Strukturen bildet. Nähere Angaben über die strukturelle Beschaffenheit dieses Grundmaterials können wir nicht machen.

Als Aktivatoren wählten wir verschiedene organische Substanzen, u. a. Terephthalsäure, Acridin, Trypaflavin und Uranin. Allen diesen Stoffen ist nur gemeinsam, daß das Grundgerüst ihrer Moleküle Ringstruktur besitzt, sonst aber sind sie im allgemeinen völlig verschiedenartig.

Die Präparation vollzog sich im Prinzip in der Weise, daß die geschmolzene Metaphosphorsäure mit dem Aktivator versetzt wurde, indem er in die Schmelze eingerührt wurde. Die Präparationstemperatur lag bei 310 °C. Die Dicke der fertigen Präparate betrug im allgemeinen 2—3 mm.

Zur Messung der Absorption diente ein Quarzspektrograph Q 24 vom VEB Carl Zeiss JENA. Es wurden sowohl die Absorptionsspektren der Phosphore als auch die der reinen Aktivatoren in flüssigen Lösungen untersucht. Als Lösungsmittel hierfür benutzten wir Äthylalkohol sowie konzentrierte Schwefelsäure (ca. 93%) und konzentrierte Orthophosphorsäure (ca. 84%). Die Wahl von Säuren als Lösungsmittel erwies sich im Verlaufe der Untersuchungen als zweckmäßig, da im Falle der glasartigen Phosphore die organischen Substanzen sich in einem „sauren" Medium befinden. Vergleicht man nämlich die Absorption der in Alkohol gelösten Aktivatorsubstanzen mit denen der entsprechenden Phosphore, so kann man z. T. recht erhebliche Verschiebungen der Maxima sowie auch gewisse Formänderungen der Absorptionskurven feststellen. Dies beobachteten auch schon Tomaschek [6] und Ragoss [7] an Borsäure-Phosphoren, wobei letzterer die Vermutung äußerte, daß diese Verschiebungen wahrscheinlich auf Assoziationen zurückzuführen sind. Andrerseits ist aber bekannt (s. z. B. [8], [9]), daß sich die Absorptions- und Fluoreszenzspektren vieler organischer Substanzen in Lösung in reversibler Weise ändern, wenn man den p_H-Wert des Lösungsmittels ändert. Diese durch den p_H-Wert bedingten Veränderungen beruhen darauf, daß die betreffenden Stoffe H-Ionen abspalten oder anlagern können. Die durch diese chemischen Umwandlungen entstehenden Formen betrachtet

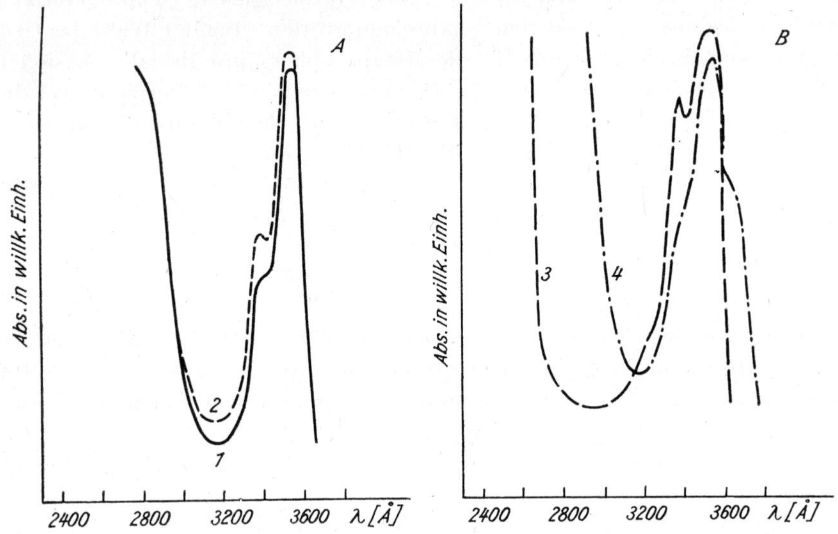

Abb. 1

A — Absorption eines Trypaflavin-Phosphors
1 — bei Zimmertemperatur; *2* — bei der Temperatur der flüssigen Luft

B — Absorption von Trypaflavin-Lösungen
3 — Lösungsmittel konz. H_2SO_4; *4* — Lösungsmittel konz. H_3PO_4

man in der Fluoreszenzphysik bzw. -chemie als neue Stoffe, da sie z. T. unterschiedliche Eigenschaften besitzen. Man sagt hierzu, das Molekül liege in verschiedenen protomeren Existenzformen vor.

Als Ergebnis unserer Untersuchungen können wir feststellen, daß die Absorptionsspektren der Phosphore mit denen der reinen Aktivatoren in sauren Lösungen im allgemeinen gut übereinstimmen, und zwar in bezug auf die Bandenlage wie auch auf die Bandenform. Die Messung des Extinktionsmoduls bzw. Extinktionskoeffizienten selbst konnten wir nicht durchführen, da unsere Phosphore optisch nicht genügend homogen waren. Wir haben uns deshalb mit der Angabe der Durchlässigkeit bzw. auch nur mit den Photometerkurven der aufgenommenen Spektralplatten allein begnügt.

Zur Erläuterung des eben Gesagten wollen wir als Beispiel den Verlauf der Absorption eines Trypaflavin-Phosphors betrachten. Wir möchten uns im Rahmen dieses Kurzvortrages auf dieses eine Beispiel beschränken, da bei den andern Phosphoren ähnliche Verhältnisse vorliegen. Abb. 1, Teil A zeigt die spektrale Abhängigkeit der Absorption eines solchen Phosphors. Seine Aktivatorkonzentration beträgt etwa $1:10^4 \left[\frac{g \text{ Aktivator}}{g \text{ Grundmaterial}}\right]$. Die Größe der Absorption wird in willkürlichen Einheiten angegeben. Kurve 1 gibt den Verlauf der Absorption bei Zimmertemperatur, Kurve 2 den bei der Temperatur der flüssigen Luft wieder. Der Grundgitterabsorption, die etwa im Gebiet von 3050—3100 Å einsetzt, sind zwei Banden vorgelagert, die eindeutig dem eingebauten Aktivator zuzuordnen sind. Die eine Bande, die besonders stark ausgeprägt ist, besitzt ein Maximum bei 3550 Å; das Maximum der anderen Bande liegt bei 3380 Å, wie besonders Kurve 2 zeigt. Bei der Temperatur der flüssigen Luft tritt eine geringe Verschiebung der Eigenabsorption zum kurzwelligen Spektralgebiet ein, wobei sich die Lage der Maxima um etwa 10 Å ändert. Die Erscheinung der Bandenverschiebung bei tieferen Temperaturen ist von verschiedenen Autoren [10], [11] auch an anderen Phosphoren beobachtet worden und dürfte ohne besondere Bedeutung sein. In Abb. 1, Teil B ist der Verlauf der Absorption von reinem Trypaflavin in konzentrierter Schwefelsäure (Kurve 3) und konzentrierter Orthophosphorsäure (Kurve 4) als Lösungsmittel dargestellt. Die Konzentration dieser Lösungen wurde so gewählt, daß sie etwa die gleiche Extinktion wie das Trypaflavin im Phosphor besitzen. Wie ersichtlich, stimmt besonders die Absorption der H_2SO_4-Trypaflavin-Lösung mit derjenigen des Phosphors gut überein. Diese Erscheinung zeigt sich auch bei den anderen Phosphoren, die wir untersucht haben.

Unsere Messungen lassen folgendes erkennen: Die Absorptionsbanden rühren einzig und allein von den eingebauten Aktivatoren her. Das Grundmaterial, die Metaphosphorsäure, absorbiert in dem untersuchten Spektralgebiet nicht selektiv. Dieses Ergebnis ist keineswegs überraschend und entspricht den theoretischen Vorstellungen von organischen Lumineszenzzentren. Jedoch scheint der Einfluß des Grundmaterials auf die Zustandsformen der Aktivatoren bisher nicht näher untersucht worden zu sein. Zwar erwähnen LEWIS und Mitarbeiter in einer Arbeit [12], daß das Fluorescein in den Borsäure-Phosphoren in der gleichen Form wie in einigen anderen Säuren vorliegt, beschränken sich aber auf diese kurze Mitteilung. Ein solcher Einfluß des Grundmaterials ist aber unter den Bedingungen, die bei der Präparation vorliegen, zweifellos durch seinen p_H-Wert gegeben. Da während der Präparation das Material sich in flüssigem Zustand befindet, können sich ohne weiteres elektrochemische Vorgänge abspielen. Die Gleichgewichte, die sich bei diesen protolytischen Reaktionen einstellen, werden — vielleicht mit einer gewissen temperaturbedingten Verschiebung — beim Erstarren der Schmelze fixiert. Außer der Acidität spielen möglicherweise auch noch andere chemische und physikalische Eigenschaften des Grundmaterials eine Rolle.

Die durch den p_H-Wert verursachte Änderung des Absorptionsspektrums wird im allgemeinen auch eine solche des Emissionsspektrums des Phosphors bedingen. Bei Fluoreszenzuntersuchungen an flüssigen Lösungen kann man dies tatsächlich beobachten [8]. Damit hätten wir eine Möglichkeit zur Erklärung des eingangs erwähnten Verhaltens von jenen Phosphoren, bei denen ein und derselbe Aktivator, in verschiedenen Grundmaterialien eingebaut, eine Verschiebung des Schwerpunktes der Emission verursacht. Es kann also durchaus wesentlich sein, ob diese Substanz bei den Bedingungen, die während der Präparation herrschen, einen sauren oder basischen Charakter besitzt, oder ob sie völlig indifferent ist.

Weiterhin können wir unseren Messungen entnehmen, daß der Aktivator in molekulardisperser Form im Grundmaterial vorliegt, d. h., er ist gelöst. Da nämlich die durch den p_H-Wert bedingten protolytischen Veränderungen nur an den Molekülen selbst vor sich gehen, muß die organische Substanz wenigstens zum überwiegenden Teil in molekularer Form vorliegen. Daß dieses nicht selbstverständlich zu sein braucht, zeigen die KAUTSKY-Phosphore, bei denen der Farbstoff nur adsorbiert ist. Es wäre sehr wohl denkbar, daß bei der Präparation der Organophosphore ebenfalls nur eine Adsorption des Aktivators an den vielen inneren Oberflächen der Grundsubstanz stattfindet. Untersuchungen von TRAVNIČEK [13] und SCHMIDT [14] deuten darauf hin, daß sich die Lumineszenzerscheinungen nur dann voll ausbilden können, wenn der Aktivator in molekulardisperser Form im Grundmaterial vorliegt. Allerdings ließen ihre Methoden, die zur Feststellung dienten, ob der Aktivator gelöst ist oder nicht, nicht immer eindeutige Aussagen zu. Von den eigenen Präparaten zeigen tatsächlich nur diejenigen helle Nachleuchterscheinungen, bei denen die von den genannten Autoren getroffene Feststellung mit Sicherheit zutrifft.

Die eingangs ebenfalls erwähnte Erscheinung, daß sich nicht alle Aktivatoren in an sich geeignete Grundmaterialien phosphoreszenzfähig einbauen lassen, kann unter Umständen daran liegen, daß es nicht immer gelungen ist, sie in molekulardisperser Form einzubauen. Es können natürlich auch noch andere Ursachen eine Rolle spielen.

Wenn unsere Messungen auch keine Aussagen darüber erlauben, in welchen definierten Formen die Aktivatoren in den Phosphoren vorliegen — hierzu sind quantitative Messungen erforderlich — so haben sie doch deutlich gezeigt, in welcher Weise ein Einfluß des Grundmaterials auf die Lumineszenzerscheinung vorliegen kann und daß man, zumindest in unserem Falle, dieses Material als festes Lösungsmittel ansehen kann, in dem die Aktivatorsubstanzen gelöst vorliegen.

Zusammenfassung

Es wird durch Absorptionsmessungen an Organophosphoren der Metaphosphorsäure gezeigt, daß die eingebauten organischen Aktivatoren mit dem Grundmaterial, das sich während der Präparation in flüssigem Zustand befindet, durch elektrochemische Vorgänge in Wechselwirkung treten, wodurch diese Moleküle protolytische Veränderungen erleiden können, wenn dies auf Grund ihrer chemischen Konstitution möglich ist. Ferner geht aus den Untersuchungen eindeutig hervor, daß die Aktivatormoleküle zum größten Teil in molekulardisperser Form im Grundmaterial vorliegen.

Diese Arbeit wurde im I. Physikalischen Institut der Humboldt-Universität zu Berlin durchgeführt. Es ist mir ein Bedürfnis, dem Direktor, Herrn Prof. Dr. RITSCHL, für die Überlassung von Institutsmitteln sowie für sein förderndes Interesse herzlich zu danken. Auch Herrn Oberassistent F. SCHWICKERT danke ich für anregende Diskussionen. Für die Herstellung der Phosphore möchte ich Herrn Prof. Dr. CHOMSE und Mitarbeitern hiermit meinen verbindlichsten Dank aussprechen.

Liebenwalde, Phys.-Techn.-Institut der DAdW

Literatur

[1] CHOMSE, H. u. HOFFMANN, W., Forsch. und Fortschr. 2. S. Heft (1950) 32.
[2] AREND, I., Dissertation an der Humboldt-Universität zu Berlin (1952).
[3] SEIDEL, P., Dissertation an der Humboldt-Universität zu Berlin (1955).
[4] CHOMSE, H., Z. anorg. allg. Chem. **233** (1937) 140.
[5] THILO, E. u. SAUER, R., Journal f. prakt. Chemie (4) **4** (1957) 324.
[6] TOMASCHEK, R., Ann. Phys. **67** (1922) 612.
[7] RAGOSS, A., Dissertation Berlin (1922).
[8] FÖRSTER, TH., Natw. **36** (1949) 186.
[9] FÖRSTER, TH., Fluoreszenz org. Verbindungen. Vandenhoeck & Ruprecht, Göttingen 1951.
[10] FRÖHLICH, P. u. MISCHUNG, H., Kolloid-Z. **108** (1944) 30.
[11] SCHWICKERT, F., Unveröffentlichte Messungen I. Phys.-Institut der Humboldt-Universität Berlin.
[12] LEWIS, G., LIPKIN, D. u. MAGEL, TH. T., Journal Amer. chem. Soc. **63** (1941) 5005.
[13] TRAVNIČEK, M., Ann. Phys. (5) **17** (1933) 654.
[14] SCHMIDT, G. C., Ann. Phys. **65** (1921) 247.

J.-P. MATHIEU, Paris

Progrès récents dans l'étude du spectre Raman des cristaux

1. Vibrations fondamentales des cristaux

1—1

Presque toutes nos connaissances sur la structure des cristaux ont été acquises par l'étude de la diffusion des rayons X. La lumière visible, dont la longueur d'onde est des milliers de fois plus grande que celle des rayons X, ne serait pas diffusée latéralement par un cristal parfait dont les atomes resteraient en repos. Mais l'agitation thermique, qui trouble la diffusion régulière des rayons X, permet celle des radiations visibles.

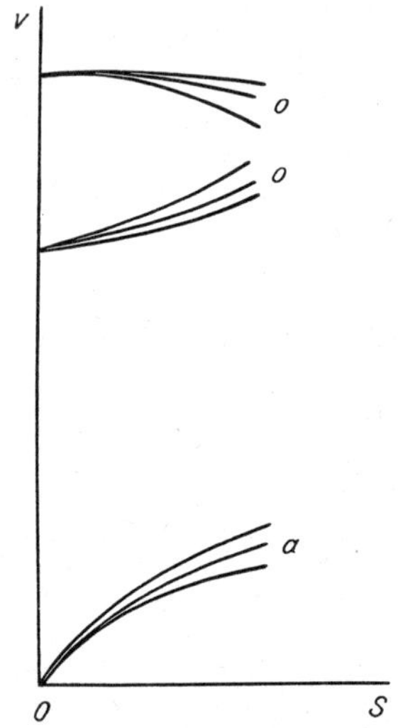

Fig. 1. Branches acoustiques (a) et optiques (o) du spectre de vibration d'un cristal.

Un fragment cristallin, supposé parfait, formé de N mailles contenant chacune p atomes, possède $3\,N\,p$ degrés de liberté. Remplaçant les conditions aux limites par les conditions cycliques [6], on trouve que, le champ de force cristallin étant périodique dans l'espace, les atomes homologues effectuent, à la phase près, les mêmes vibrations, harmoniques en première approximation. Une *vibration fondamentale* d'un cristal est donc définie par la forme de la vibration des atomes d'une maille et par la fonction linéaire qui détermine les relations de phase entre les diverses mailles. On peut regarder les vibrations fondamentales comme formant $3\,N\,p$ ondes élastiques planes et progressives [9]. Chacune de ces ondes est caractérisée par sa fréquence ν et par son vecteur d'onde $\vec{S}$ dont le module $S = \frac{1}{\Lambda}$, Λ étant la longueur d'onde. Il n'y a que N vecteurs d'onde distincts; chacun d'eux pilote $3\,p$ vibrations et le spectre $\nu = f(S)$ a $3\,p$ branches distinctes, en principe discontinues et définies par N points, en pratique continues, car N est toujours très grand (figure 1). Trois vibrations ont des fréquences ν qui s'annulent avec S: elles forment les *ondes acoustiques a* et les branches de courbes $\nu = f(S)$ correspondantes passent par l'origine. Les $3\,p - 3$ branches restantes correspondent aux *ondes optiques o*; lorsque S s'annule, ces ondes deviennent stationnaires et gardent une fréquence élevée (10^{12} à 10^{13} Hz): tous les atomes congruents de chaque réseau simple oscillent en phase dans ces vibrations que l'on nomme *vibrations principales* (ou vibrations homogènes) du cristal [6], [63].

Les longueurs d'onde Λ des ondes élastiques qui produisent la diffusion de la lumière visible (et l'absorption des radiations infrarouges) sont très grandes devant les dimensions des mailles cristallines. En première approximation, les fréquences ν des raies de RAMAN, dues à la diffusion par les ondes optiques, correspondent à $S = 0$: ce sont les fréquences principales du cristal. Elles constituent le *spectre* RAMAN *du premier ordre.*

L'étude des vibrations principales d'un réseau cristallin dont le motif est formé de p atomes se ramène alors à celle des vibrations fondamentales d'un ensemble fini de p atomes, dont le groupe de symétrie est homéomorphe du groupe infini auquel appartient le cristal, les translations de ce dernier groupe étant remplacées par l'opération d'identité [8]. Nous appellerons le groupe fini *groupe de la maille.*

1—2

La théorie classique des vibrations fondamentales des ensembles limités de points est bien connue [34], [45], [50]. Dans chacune de ces vibrations harmoniques (non dégénérées) les déplacements des atomes sont des fonctions linéaires d'une seule variable q_i ($i = 1, 2, \ldots, 3\,p$), nommée *coordonnée normale* de la vibration. Les vibrations doublement ou triplement dégénérées sont définies par deux ou trois coordonnées normales [50].

La théorie quantique de la diffusion de la lumière par les molécules a été donnée par PLACZEK [68]. Le champ électrique $\vec{E}$ d'une onde électromagnétique de fréquence ν_e induit dans une molécule un moment de dipôle électrique $\vec{M}$. Si la molécule effectue une transition entre deux états k et l; il existe dans le rayonnement diffusé des radiations de fréquence $\nu_e \pm \nu_{\text{kl}}$ et il y a entre le moment diffusant M_{kl} et le champ E une relation linéaire vectorielle

$$\vec{M}_{\text{kl}} = [C_{\text{kl}}]\,\vec{E}\,. \tag{1}$$

$[C_{\text{kl}}]$ est le tenseur de diffusion. Dans l'effet RAMAN, k et l désignent des niveaux énergétiques de l'état électronique fondamental: ils ne diffèrent donc que par les états de vibration et de rotation de la molécule. PLACZEK montre que si la fréquence ν_e est grande devant les fréquences de vibrations $\nu_{vv'}$ de la molécule et faible devant ses fréquences électroniques ν_{kl}, la formule (1) peut être remplacée par la suivante

$$M_{vv'} = [\alpha^k_{vv'}]\,E\,. \tag{2}$$

$[\alpha^k_{vv'}]$ désigne le tenseur de polarisabilité de la molécule dans l'état électronique k. Ses composantes sont de la forme

$$\alpha^k_{xy,\,vv'} = \int \psi^*_v\, \alpha_{xy}\, \psi_{v'}\, d\tau \tag{3}$$

ψ_v et $\psi_{v'}$ désignant les fonctions propres des noyaux atomiques dans les états de vibration v et v' de l'état électronique fondamental k. Le tenseur qui intervient dans la formule (2) se rapporte à la polarisabilité électronique de la molécule, car les noyaux atomiques sont trop inertes pour apporter une contribution au moment diffusant, à condition que $\nu_e \gg \nu_{vv'}$; mais la polarisabilité dépend des positions des noyaux. Les intégrales (3) peuvent s'évaluer, si l'on sait exprimer les ψ_v et les α_{xy} en fonction de la coordonnée normale q_i associée à la transition $v \rightarrow v'$, le développement de α_{xy} en série de Taylor suivant les puissances de q_i donne

$$\alpha_{xy} = (\alpha_{xy})_0 + \sum_i \left(\frac{\partial \alpha_{xy}}{\partial q_i}\right)_0 q_i + \cdots . \tag{4}$$

L'indice o indique que les grandeurs qu'il affecte sont relatives à la position d'équilibre. Le deuxième terme se rapporte à la diffusion de Raman dans l'approximation harmonique où $\nu_{vv'} = \nu_i$. Le moment diffusant responsable de l'émission d'une raie de Raman de fréquence ν_i à pour expression

$$M_i = [T_i]\, q_i\, E\, . \tag{5}$$

$[T_i] = \left(\frac{\partial[\alpha]}{\partial q_i}\right)_0$ est le tenseur *de polarisibilité dérivé*; c'est un tenseur symétrique du second ordre.

Chaque raie de Raman est caractérisée par un tenseur $[T_i]$; si la vibration fondamentale est inactive en diffusion tous les coefficients du tenseur doivent être nuls. Dans le cas où le cristal possède des éléments de symétrie, il existe entre les composantes du tenseur $[T_i]$ des relations qui rendent égales ou annulent certaines d'entre elles et, au total, en réduisent le nombre. Les $3\,p - 3$ vibrations principales du cristal, ou les vibrations fondamentales de l'ensemble fini homéomorphe, se classent alors dans des *types de symétrie*, à chacun des quels correspond une forme déterminée du tenseur $[T_i]$.

2. Etude expérimentale des spectres de diffusion

Pour tirer le plus grand nombre possible de renseignements du spectre Raman d'un cristal, il convient de le tailler en forme de parallèlépipède rectangle, dont les arêtes sont parallèles au trièdre OXYZ d'axes principaux de l'éllipsoïde des indices. En éclairant suivant $V\,O$ (figure 2) on peut polariser la lumière selon E_v ou E_w. En séparant chaque fois les composantes parallèles à $O\,V$ et à $O\,W$ du rayonnement diffusé dans la direction $O\,V$, on obtient deux spectres Raman dans chaque cas et la mesure des intensités de chaque raie Raman fournit le facteur de dépolarisation:

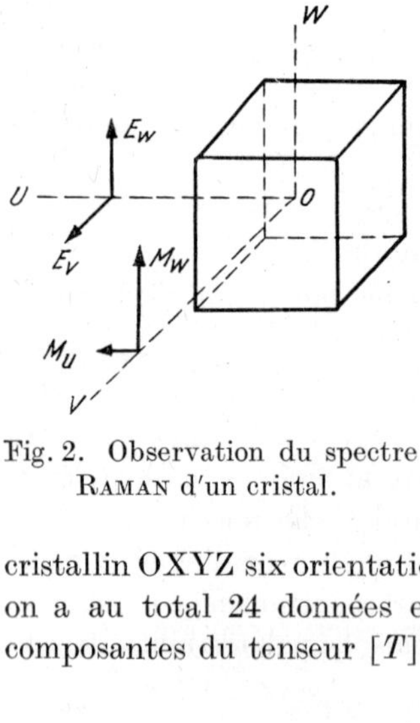

Fig. 2. Observation du spectre Raman d'un cristal.

$$\varrho = \frac{i}{I} = \frac{M_v^2}{M_w^2}\, , \tag{6}$$

rapport des carrés des composantes du moment diffusant. Comme on peut donner au trièdre cristallin OXYZ six orientations différentes dans le trièdre d'observation OUV W, on a au total 24 données expérimentales pour déterminer les carrés des six composantes du tenseur $[T]$ de la formule (5), rapporté au trièdre OXYZ [50].

Les échantillons de cristaux limpides sont généralement de petites dimensions, de l'ordre du centimètre cube. Si, de plus, on veut les éclairer dans une seule direction et analyser la lumière pour les raisons qu'on vient de voir, on ne peut se placer dans les conditions optimales d'éclairement et de montage qui ont été étudiées dans le cas des liquides et des gaz [4], [64]. Presque toutes les recherches sur le spectre RAMAN des cristaux ont été faites à l'aide de récepteurs photographiques. Elles ont bénéficié des progrés réalisés dans la fabrication de sources monochromatiques à grande brillance [78], [79]. Les types de symétrie des vibrations fondamentales peuvent être déterminés par une étude suffisamment complète de la polarisation des raies.

3. Comparaison entre l'expérience et la théorie

La vérification expérimentale de la théorie demanderait le calcul à priori des valeurs des fréquences principales et de celles des composantes du tenseur $[T]$ à partir de la théorie atomique des réseaux cristallins.

Le calcul des fréquences principales n'a été fait que pour un très petit nombre de cristaux cubiques, dont le réseau est diagonal et le motif très simple. La détermination des coordonnées normales est d'une complexité pratiquement insurmontable. Le problème a été abordé par des calculs numériques, dans le cas du diamant [5] et du chlorure de sodium [77] et les spectres du premier et du deuxième ordre ont été prévus de façon satisfaisante.

Dès que l'on a affaire à un cristal dont le motif comprend plus de deux atomes, unis par des liaisons ioniques ou homopolaires, les calculs deviennent inextricables. Il est même difficile de se représenter l'allure des vibrations principales correspondant aux diverses raies du spectre et on doit se borner au classement fondés sur la symétrie.

Dans un grand nombre d'autres cristaux, on peut distinguer des groupes d'atomes liés étroitement entre eux. C'est le cas des cristaux moléculaires que forment la plupart des composés organiques et où la cohésion entre molécules est assurée par des forces de Van der Waals. C'est aussi celui des cristaux ioniques contenant des ions complexes dont les atomes constituants sont unis par des covalences ou des coordinences, tandis que des liaisons ioniques relient ces ions aux ions de signe opposé dans le cristal.

4. Cristaux contenant des molécules et des ions complexes. Vibrations internes et externes

4.1

L'expérience montre alors que molécules ou ions complexes conservent leur individualité à l'état solide, car on trouve, dans le spectre de diffusion du cristal, des raies de fréquences voisines de celles qui existent dans le spectre de la substance liquide, gazeuse ou dissoute: on les nomme *raies internes*, pour rappeler qu'elles sont dues aux déformations internes de l'édifice complexe (ion ou molécule); elles ont des fréquences relativement élevées, parce que les atomes sont fortement liés entre eux. De plus, le spectre du cristal contient des raies nouvelles, de fréquences en général sensiblement inférieures à celles des raies internes, dues aux déplacements mutuels des molécules du cristal[1]): on les nomme *raies externes*. Elles sont caractéristiques de la structure cristalline: elles diffèrent dans deux phases solides distinctes d'une même espèce chimique, calcite et aragonite par exemple [13]; elles disparaissent lorsque la substance est dissoute, fondue ou vaporisée, comme le montrent les exemples suivants

$NaNO_3$	Cristal	100	189	726	1068	1385		
	Solution			720	1050	1390		
$HgCl_2$	Cristal	16	25	42	75	120	312	382
	Liquide				70		314	376

4.2

Cette division des vibrations en internes et externes conduit à faire deux parts dans l'énergie potentielle V de vibration des cristaux de la catégorie étudiée, au moyen d'un raisonnement analogue à celui qu'ont utilisé Born et Oppenheimer pour justifier la séparation des transitions électroniques et vibratoires dans les spectres moléculaires [37]. La première part V_r de l'énergie potentielle dépend des *coordonnées réticulaires*, qui définissent, dans un trièdre de référence lié au cristal, la position des centres de gravité ainsi que l'orientation des molécules de la maille. Ces coordonnées sont en général au nombre de six par groupe d'atomes; elles se réduisent à cinq pour un groupe linéaire, à trois pour un atome ou un ion monoatomique.

La deuxième part de l'énergie potentielle vient de l'énergie intramoléculaire. Mais on ne peut la regarder simplement comme la somme, étendue aux divers ions ou molécules de la maille, des énergies potentielles V_j de ces molécules libres. En effet, chaque molécule est soumise au champ cristallin anisotrope, qui modifie en général les valeurs de ses fréquences fondamentales et peut même abaisser sa symétrie.

Si les fréquences internes sont grandes devant les fréquences externes, les coordonnées réticulaires peuvent être regardées comme constantes durant un nombre important de périodes des mouvements internes; elles interviennent comme des paramètres dans l'expression du potentiel du champ cristallin où se font les vibrations internes. Dans les mêmes conditions, c'est la configuration moyenne des molécules en vibrations qui intervient dans le calcul du potentiel V_r.

A ce point de notre étude, le potentiel du cristal s'écrit

$$V = V_r + \sum_{j=1}^{z} (V_j + V_j') . \qquad (7)$$

---

[1]) Ce qui sera dit de général dans ce qui suit au sujet des molécules s'applique également aux ions complexes.

V'_j désigne le potentiel du champ cristallin agissant sur la molécule j, Z est le nombre de molécules dans le motif cristallin.

Ce n'est pas tout. Les diverses molécules d'une même espèce, qui peuvent exister dans le motif cristallin et qui se déduisent les unes des autres par les opérations de symétrie de la maille, ne vibrent pas indépendamment: elles se comportent comme un système d'oscillateurs couplés [10] ce qui ajoute à l'expression de l'énergie potentielle (7) des termes de la forme $\sum_{jk} V_{jk}$. Ces termes achèvent de lever la dégénérescence d'ordre Z que l'expression (7) laisse encore subsister.

5. Vibrations internes. Multiplicité des fréquences cristallines

5.1

Partant des considérations précédentes, on procédera de la façon suivante pour déterminer dans l'approximation harmonique le nombre et la symétrie des vibrations fondamentales d'un cristal dont la structure est connue par la diffusion des rayons X. La symétrie locale des divers atomes composant le motif cristallin est connue (c'est le *site-group* de HALFORD [33]). On en déduit la symétrie propre à la molécule ou à l'ion complexe dans le cristal; elle ne peut être que égale ou inférieure à la symétrie qu'ils possèdent à l'état libre. Soit n le nombre d'atomes contenus dans la molécule ou l'ion. Les $3n - 6$ vibrations fondamentales de la molécule ou de l'ion libre, qui entraient dans divers types de symétrie, vont

Tableau I

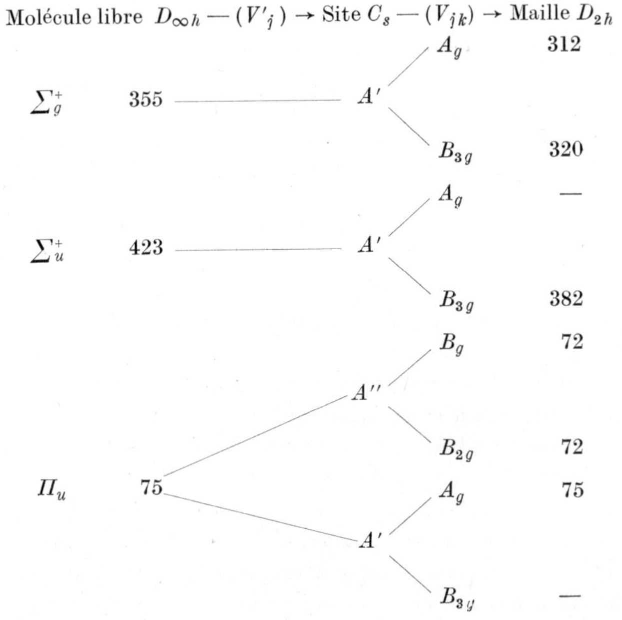

se classer dans des types de symétrie généralement différents lorsqu'il s'agit de la molécule dans le cristal. C'est ce qui traduit qualitativement l'influence du terme V_j' dans le potentiel (7).

D'autre part, les groupes de symétrie locale sont des sous-groupes du groupe de symétrie de la maille (*factorgroup* de Halford) de sorte qu'une vibration fondamentale de la molécule dans le cristal donne autant de vibrations fondamentales qu'il existe de molécules de même espèce se déduisant les unes des autres par symétrie. C'est là l'effet du couplage, c'est-à-dire des termes $\sum V_{jk}$ de l'expression (7). Les vibrations issues d'une vibration donnée d'une molécule appartiennent à divers types de vibration du groupe de la maille. On passe des types de vibration du groupe de la molécule libre à ceux du groupe de site, puis du groupe de la maille, à l'aide de tableaux établis pour les divers groupes de symétrie [3], [17], [33], [85]. Voici, par exemple, la filiation des types de vibration pour le chlorure mercurique $HgCl_2$. La symétrie de la molécule est connue par les spectres électroniques, celle du cristal par les rayons X.

5.2

Dans certains cas, on a pu séparer avec certitude les effets des perturbations dues à la symétrie locale de ceux dûs au couplage.

Par exemple, l'ion SO_4^{2-} possède en solution la symétrie T_d du tétraèdre régulier. Dans le gypse, $CaSO_4$, 2 H_2O, la symétrie de son site est C_2; dans l'anhydrite, $CaSO_4$, elle est C_{2v}. Dans les deux cas, l'abaissement de symétrie doit abolir les dégénerescences de la vibration doublement dégénérée ν_2 et des deux vibrations triplement dégénérées ν_3 et ν_4 de l'ion libre [72]. Dans les deux cristaux, les deux ions SO_4^{--} de la maille sont symétriques par rapport à un centre. Le couplage divise chaque vibration d'un des ions en une vibration symétrique et une vibration antisymétrique par rapport au centre. Seule la première est active en diffusion.

Tableau II

SO_4^{--} libre (T_d):	451 (ν_2)		613 (ν_4)			981 (ν_1)	1104 (ν_3)		
Gypse (C_2) [75]	413	492	621	624	669	1006	1117	1138	1144
Anhydrite (C_2) [16]	416	495	604	626	672	1015	1107	1125	1157

5.3

D'autre part, des cas où une fréquence moléculaire est multipliée par le seul effet du couplage se rencontrent lorsque la vibration fondamentale correspondante n'est pas dégénérée dans la molécule libre. Cela est peu fréquent dans les cristaux moléculaires, à cause de la faiblesse des forces de Van der Waals auxquelles est dú le couplage; on en trouve cependant des exemples dans les spectres de l'acénaphtène [58] et du phénanthrène.

Dans les spectres du gypse, $CaSO_4$, 2 H_2O, les deux vibrations fondamentales de valence des molécules d'eau symétriques par rapport à l'axe binaire sont dédoublées [11]: la vibration totalsymétrique ν_1 donne deux raies, à 3402 et 3404 cm^{-1}; la vibration antisymétrique ν_3 deux raies, à 3496,5 et 3498 cm^{-1}.

Un exemple analogue se rencontre pour les molécules d'eau du cristal de perchlorate de lithium, $LiClO_3$, $3\,H_2O$ [19]. Enfin, la maille de l'acide iodique α IO_3H [18] contient quatre molécules; l'une de leurs vibrations fondamentales donne quatre raies de RAMAN à 627, 633, 642 et 649 cm^{-1}.

5.4

Dans certains cas, l'influence des termes perturbateurs V_j' et V_{jk} de la formule (7) se manifeste simultanément. Ainsi, les mailles orthorhombiques des cristaux de barytite $BaSO_4$, de célestite $SrSO_4$ et d'anglésite $PbSO_4$ contiennent des ions SO_4^{--} qui n'ont plus qu'un plan de symétrie, comme dans l'anhydrite; mais comme il y a quatre ions dans le motif, le couplage doit donner deux fois plus de raies actives que dans l'anhydrite. Pour la vibration doublement dégénérée ν_2, par exemple, l'affiliation des types de vibration, analogue à celle du tableau I, est donnée dans le tableau III. On a indiqué les valeurs des fréquences trouvées pour la barytite [13] et l'anglésite [76]. En règle générale, les cessations de dégérescence produisent des séparations de fréquence plus grandes que les couplages.

Tableau III

Ion T_d	Site C_s	Maille	Barytite	Anglésite
E	A'	A_{1g}	453	439
		B_{2g}	453	438
	A''	B_{1g}	462	451
		B_{3g}	—	450

On peut espérer distinguer les uns des autres les effets du champ cristallin et ceux du couplage, en introduisant la molécule étudiée dans le réseau cristallin de molécules isotopiques [39]. Le procédé a été appliqué à HCl dans DCl [36], pour l'étude du spectre infrarouge. La vibration fondamentale de HCl diffère trop de celle de DCl pour qu'il puisse se produire un couplage, tandis que les champs cristallins sont très analogues dans les deux réseaux.

5.5

On a pu rendre compte, de façon qualitative, de l'importance des séparations de fréquences produites par le champ cristallin sur certaines vibrations internes, en examinant la position, les rayons, les polarisabilités des atomes qui entourent les ions SO_4^{--} dans l'anhydrite [14] et dans l'anglésite [76], les ions CO_3^{--} dans l'aragonite et la cérusite [13], les ions NH_4^+ dans une série de sels simples et complexes [59]. La déformation de ces ions croît avec la polarisabilité de leur entourage. Elle se manifeste par une diminution des fréquences de tension. On a cherché à calculer les perturbations subies par les vibrations internes dans les cristaux moléculaires. Le deuxième terme de l'expression (7) de l'énergie potentielle peut s'écrire

$$V = \sum_{j=1}^{z} (V_j + \sum_{k>j} V_{jk}) \tag{8}$$

V_{jk} désignant l'énergie potentielle mutuelle des molécules j et k. On part de corrélations de vibrations analogues à celles du tableau I. Si l'on sait séparer les coordonnées normales correspondant aux divers types de symétrie de vibration de la molécule en coordonnées correspondant aux vibrations de la maille qui en résultent et si l'on sait évaluer le deuxième terme de la parenthèse de la formule (9), il est possible de calculer, par la théorie des perturbations, la séparation des fréquences dérivées de chaque fréquence fondamentale de la molécule.

Les calculs de ce genre sont laborieux et n'ont été entrepris que dans peu de cas. On a essayé de prendre pour potentiel d'interaction V_{jk} celui des moments dipolaires pour HCl, HBr, HI [36] et pour NO_3^{--} et CO_3^{--} dans le nitre et l'aragonite [23], celui des forces de Coulomb pour les sels d'ammonium [12]. Plus récemment [25] on a cherché à mettre certains termes V_{jk} dans les cristaux moléculaires sous la forme:

$$V_{jk} = \sum_{l} \sum_{m} V_{lj} V_{mk}(r_{lm}), \tag{9}$$

les indices l et m désignant certains atomes des molécules en interaction. Par exemple dans le chlorure de méthyle, le choix d'un potentiel convenable exprimant la répulsion mutuelle des atomes H conduit à un accord satisfaisant entre les valeurs calculées et mesurées des fréquences des vibrations dans lesquelles les atomes Cl ne prennent pas une part trop importante.

6. Prévision des intensités des raies Raman

6.1

La position et l'orientation moyennes des molécules dans les cristaux étant déterminées, contrairement à ce qui a lieu dans les fluides, il existe des relations définies entre le tenseur de polarisabilité dérivé relatif à une vibration de type déterminé de la molécule libre et les tenseurs qui se rapportent, dans le cristal, aux vibrations issues de la vibration considérée [54].

Soit

$$m_i = [t_i]\, q_i\, E \tag{10}$$

la relation entre champ et moment induit dans la molécule pour une vibration fondamentale i. Les vecteurs $\vec{E}$, $\vec{m}$ et le tenseur $[t_i]$ sont rapportés à des axes Oxyz liés à la molécule. Dans le trièdre cristallin OXYZ, le moment m_i s'exprime en fonction du champ E par la relation

$$m_i = [t'_i]\, q_i\, E\,. \tag{11}$$

Les composantes du tenseur $[t'_i]$ s'expriment en fonction de celles du tenseur $[t_i]$ et des cosinus directeurs du trièdre Oxyz dans le trièdre OXYZ.

Si le motif cristallin ne comprend qu'une molécule, le tenseur $[t_i']$ se confond avec le tenseur $[T_i]$ de la formule (5) et l'on obtient sur le spectre de diffusion de la molécule des renseignements plus complets à l'état cristallin qu'à l'état fluide.

Lorsque la symétrie locale fait cesser une dégénérescence, à chacune des vibrations provenant de la vibration dégénérée caractérisée par un tenseur $[t_i]$, correspond un tenseur $[T_i]$ qui a un nombre de composantes moindre que $[t_i']$. L'effet de la pluralité des molécules dans le motif est analogue: chacune des n vibrations résultant d'une vibration par couplage appartient à un type de symétrie différent dans le groupe de la maille et possède un tenseur $[T_i]$ ayant moins de composantes que $[t_i']$.

6.2

On peut faire l'hypothèse que les perturbations que subit la molécule dans le cristal, et qui expliquent la multiplication des fréquences observée, sont cependant assez faibles pour ne pas modifier les valeurs des composantes du tenseur $[t_i]$. C'est ce que nous appellerons l'approximation d'ordre zéro. La somme des composantes de mêmes indices des tenseurs $[T_i]$ relatifs à l'ensemble des vibrations dérivées de la vibration i par cessation de dégénérescence ou par couplage est alors égale (au facteur n près) à la composante correspondante du tenseur $[t_i']$. On peut alors calculer parfois les intensités relatives de toutes les raies d'un même ensemble, si l'on connait l'orientation de la molécule dans la maille et confronter les prévisions du calcul à l'expérience. Prenons pour exemple la vibration ν_2 doublement dégénérée de l'ion SO_4^{--} (Tableaux II et III). Il lui correspond les deux tenseurs suivants, dans le système Oxyz des axes binaires du tétraèdre

$$[t_{2a}] = \begin{vmatrix} -\varepsilon_1 - \varepsilon_2\sqrt{3} & 0 & 0 \\ 0 & -\varepsilon_1 + \varepsilon_2\sqrt{3} & 0 \\ 0 & 0 & 2\varepsilon_1 \end{vmatrix}, \quad [t_{2b}] = \begin{vmatrix} -\varepsilon_2 + \varepsilon_1\sqrt{3} & 0 & 0 \\ 0 & -\varepsilon_2 - \varepsilon_1\sqrt{3} & 0 \\ 0 & 0 & 2\varepsilon_2 \end{vmatrix}$$

Dans le cristal de barytite, l'orientation des axes Oxyz d'un ion SO_4^{--} par rapport aux axes OXYZ de la maille orthorhombique est représentée sur la figure 3. L'ion n'a qu'un plan de symétrie (Tableaux III) et les tenseurs relatifs aux vibrations A' et A'' s'écrivent

$$[A'] = 2a \begin{vmatrix} \cos^2\alpha - 2\sin^2\alpha & 0 & 3\sin\alpha\cos\alpha \\ 0 & 1 & 0 \\ 3\sin\alpha\cos\alpha & 0 & \cos^2\alpha - 2\sin^2\alpha \end{vmatrix},$$

$$[A''] = 2a \begin{vmatrix} 0 & \sqrt{3}\cos\alpha & 0 \\ \sqrt{3}\cos\alpha & 0 & \sqrt{3}\sin\alpha \\ 0 & \sqrt{3}\sin\alpha & 0 \end{vmatrix}$$

a désignant une constante.

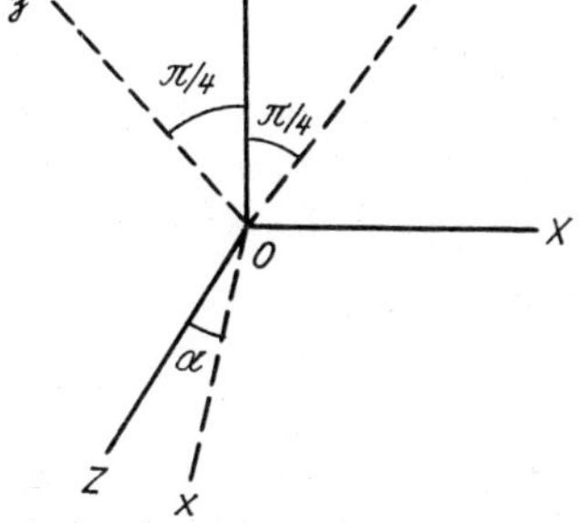

Fig. 3. Orientation de l'ion SO_4^{--} dans la barytite.

Le couplage de ces vibrations entre les autres ions de la maille (Tableau III) donne finalement les tenseurs suivants:

$$[A_{1g}] = 8\,a \begin{vmatrix} \cos^2\alpha - 2\sin^2\alpha & 0 & 0 \\ 0 & 1 & 0 \\ 0 & 0 & \sin^2\alpha - 2\cos^2\alpha \end{vmatrix},$$

$$[B_{2g}] = 8\,a \begin{vmatrix} 0 & 0 & 3\sin\alpha\cos\alpha \\ 0 & 0 & 0 \\ 3\sin\alpha\cos\alpha & 0 & 0 \end{vmatrix},$$

$$[B_{1g}] = 8\,a \begin{vmatrix} 0 & \sqrt{3}\cos\alpha & 0 \\ \sqrt{3}\cos\alpha & 0 & 0 \\ 0 & 0 & 0 \end{vmatrix}, \qquad [B_{3g}] = 8\,a \begin{vmatrix} 0 & 0 & 0 \\ 0 & 0 & \sqrt{3}\sin\alpha \\ 0 & \sqrt{3}\sin\alpha & 0 \end{vmatrix}.$$

L'étude de la barytite aux rayons X donne $\alpha = 10° \pm 10°$. En prenant $\alpha = 13°$, on obtient un bon accord entre les valeurs calculées pour les quatre derniers tenseurs et celle que donne la mesure des intensités relatives des raies Raman du Tableau III [13].

D'autres exemples de succès de l'approximation d'ordre zéro sont donnés par l'étude des vibrations de CO_3^{--} dans l'aragonite [13], [46], de SO_4^{--} dans les sulfates de la série magnésienne [48].

6.3

Il arrive cependant que l'approximation d'ordre zéro ne soit pas valable, les perturbations subies par la molécule dans le cristal devenant trop fortes. On remarque, en effet, que ces échecs se produisent lorsque les différences entre les fréquences de la molécule libre et dans le cristal sont grandes, ainsi que les séparations de fréquence produites par cessation de dégénérescence ou par couplage. C'est le cas pour la molécule $HgCl_2$ (Tableau I), dont la fréquence Σ_g^+ passe de 355 cm^{-1} dans la vapeur à 314 cm^{-1} dans le cristal [7]; c'est aussi ce qui a lieu pour l'ion SO_4^{--} dans l'anhydrite [14] où la vibration ν_2 donne, sous l'effet de la symétrie locale, deux raies distantes de 80 cm^{-1}, alors que l'approximation zéro est valable, on l'a vu, pour la même vibration dans la barytite, où l'écart des fréquences est seulement 10 cm^{-1}. La même approximation n'est pas bonne pour les vibrations triplement dégénérées de SO_4^{--} dans la barytite. Elle échoue, également, dans le cas des vibrations de la cérusite $PbCO_3$ [13] alors qu'elle réussit pour l'aragonite.

7. Vibrations externes

Séparer, comme on l'a fait dans la formule (6), la partie V_r du potentiel de réseau revient à admettre qu'il n'y a pas d'interaction entre les vibrations internes et externes, c'est-à-dire à considérer les molécules comme rigides.

Aux approximations admises (Vibrations harmoniques principales), les mouvements d'ensemble des molécules se classent dans les divers types de symétrie du groupe de la maille. Pour figurer les vibrations externes, on peut diviser ces mouvements en translations et rotations. Les premières sont identiques à celles que ferait dans la maille un point ayant la symétrie du site de la molécule: les atomes et les ions monoatomiques y participent; en combinant les translations des divers molécules et atomes du motif cristallin, on obtient trois translations de l'ensemble de la maille et des *vibrations de translation*. Les secondes s'effectuent autour des axes principaux d'inertie des molécules ou des ions complexes; par suite de l'existence du champ cristallin, elles donnent des *vibrations de rotation* (nommés encore *librations* ou *pivotements*). Les librations des molécules symétriques les unes des autres dans la maille se couplent comme les vibrations internes.

Lorsqu'on regarde les molécules comme des solides indéformables, chacune d'elles est caractérisée, pour ce qui nous occupe, par son tenseur de polarisabilité électronique ou par l'ellipsoïde correspondant, dont les axes principaux coïncident généralement avec les axes principaux d'inertie. Les translations déplacent ces ellipsoïdes relativement les uns aux autres. Les pivotements changent leur orientation et modifient par suite la direction du moment m induit dans la molécule par rapport à celle du champ excitateur E, au rythme de la fréquence de libration, ce qui permet de calculer les tenseurs de polarisabilité dérivés [42], [44], [74]. Ces tenseurs sont relatifs aux axes principaux de la molécule et on les ramène aux axes OXYZ comme on passe de la formule (8) à la formule (9). Les librations des molécules symétriques les unes des autres dans la maille se couplent entre elles, comme les vibrations internes.

Lorsque le motif cristallin ne contient qu'une molécule, le spectre des vibrations externes ne contient pas de vibrations de translation. Les molécules et les atomes dont les centres de gravité coïncident avec des centres de symétrie de la maille ne participent pas aux vibrations de translation actives en diffusion. Lorsque les mailles sont centrées, il arrive fréquemment que les variations de polarisabilité provoquées dans une maille par le déplacement relatif de deux molécules symétriques par rapport au centre soient contrariées par celles que produit le déplacement de l'une d'elles par rapport à la molécule homologue de l'autre située dans une maille contigüe. On conçoit donc que le spectre des vibrations externes soit formé le plus souvent — mais non toujours — de raies dues aux librations [74].

Cependant, la séparation des vibrations externes en translations et relations ne se justifie que lorsque les unes et les autres n'appartiennent pas aux mêmes types de symétrie du groupe de la maille. S'il n'en est pas ainsi, on ne peut souvent pas les distinguer [41].

Dans l'étude des vibrations externes, l'approximation d'ordre zéro consiste à admettre que le tenseur de polarisabilité et l'ellipsoïde correspondant d'une molécule pivotante demeurent les mêmes, que la molécule soit libre ou qu'elle fasse partie du cristal. Dans le cas de nombreux carbures aromatiques et leurs dérivés halogénés, cette approximation conduit à une prévision correcte des intensités observées [74]. Cependant, elle est parfois insuffisante: dans le benzène [43], le dichlorobenzène 1—4 [74], le chlorure mercurique [7], l'éllipsoïde de réfractivité de la molécule est modifié par le champ cristallin.

8. Influence de l'anharmonicité des vibrations

L'harmonicité des vibrations fondamentales n'est qu'une approximation, que l'expérience montre souvent insuffisante. L'anharmonicité peut avoir une origine mécanique (l'énergie potentielle fonction des coordonnées normales contenant des termes d'ordre supérieur au deuxième) et optique (la polarisabilité donnée par (4) contenant des termes quadratiques ou d'ordre plus élevés en q) [47].

Dans tous les cas, on lui doit, dans le spectre des cristaux comme dans celui des molécules, l'apparition de fréquences harmoniques et de fréquences de combinaison. Ces fréquences, lorsqu'elle sont actives, se manifestent plus fortement dans le spectre d'absorption infrarouge que dans le spectre de diffusion. On peut cependant les photographier avec de longues durées d'exposition [64], [72], [79]. Elles forment le *spectre* Raman *du second ordre*. Ce spectre peut contenir des combinaisons de fréquences dont les fondamentales sont actives (diamant) ou interdites (calcite). Dans le cas des halogénures alcalins, il n'existe pas de spectre du premier ordre. Il n'est pas nécessaire que chacune des vibrations qui se combinent soit une vibration principale, mais seulement que la combinaison ait même phase dans tout le cristal. Par exemple, si l'on combine une vibration fondamentale, qui présente une différence de phase φ_1 entre deux mailles déterminées, avec une autre vibration qui a une différence de phase φ_2, il suffit qu'on ait $\varphi_1 + \varphi_2 = 0$ pour que la combinaison soit en phase dans tout le cristal et satisfasse à la condition nécessaire d'activité. Cette condition permet à un nombre considérable de vibrations fondamentales de se combiner, ce qui donne au spectre du second ordre l'aspect d'un spectre continu entre certaines limites.

Un exposé détaillé des recherches théoriques et expérimentales concernant les halogénures alcalins, se trouve dans Menzies [63].

Les cristaux contenant des molécules ou des ions complexes, auxquels on a déjà fait une part spéciale au § 4, se prêtent, ici encore, à une étude particulière. Les combinaisons peuvent se produire entre vibrations internes, comme dans les spectres à l'état fluide, et entre vibrations de réseau, comme dans les halogéneures alcalins. Mais elle peuvent également se former entre vibrations internes et vibrations externes. Comme ces dernières ont des fréquences faibles, les niveaux excités sont peuplés aux températures ordinaires: on doit observer tout un ensemble de raies de part et autre de la fréquence interne. A basse température, les niveaux excités se dépeuplent et la structure de la raie interne doit disparaître progressivement, les combinaisons différentielles s'atténuant les premières [37]. Le cas particulier où la vibration interne est celle d'une molécule à axe principal et où le pivotement se fait normalement à l'axe, de sorte qu'il n'altère pas l'orientation moyenne de l'axe, mais change son carré moyen, a été traité en détail [35].

Des cas de ce genre n'ont pas été étudiés en diffusion, mais seulement en absorption infrarouge [35].

Certaines combinaisons d'une vibration interne dégénérée avec des vibrations externes peuvent faire cesser la dégéneresecence de la première. La dégénérescence ne peut en effet exister que si le champ cristallin où se trouve la molécule présente une symétrie suffisante. Les mouvements réciproques des molécules qui détruisent cette symétrie, peuvent lever la dégénérescence par un mécanisme analogue à celui de l'effet JAHN-TELLER [37].

9. Insuffisance de la théorie élémentaire

9.1

L'approximation qui assimile les vibrations actives en diffusion aux vibrations principales du cristal, en leur attribuant une longueur d'onde infinie, n'est pas toujours suffisante.

On voit sur la figure 1 que, par suite de la dispersion de la courbe $\nu = f(S)$, la fréquence d'une raie de RAMAN pourrait dépendre de la longueur d'onde de la radiation excitatrice: cet effet n'a cependant pas été observé.

D'autre part, pour $S = 0$ (ou $\Lambda = \infty$) il n'y a lieu de distinguer ni l'orientation de la vibration par rapport à celle du vecteur d'onde, ni la direction de propagation de l'onde par rapport au trièdre cristallin. Or, certains phénomènes, que nous allons rappeler, montrent que ces conséquences de l'hypothèse admise ne s'accordent pas avec les faits observés.

9.2 Variations de fréquence des vibrations actives en absorption

Si $S \neq 0$, la figure 1 montre que la fréquence d'une raie RAMAN de vibration peut dépendre de l'orientation de la vibration par rapport à S; dans un cristal cubique, en particulier, elle peut être différente selon que la vibration est longitudinale ou transversale. Le phénomène a pu être mis en évidence dans le cas où la vibration considérée est active en absorption en même temps qu'en diffusion. Les ondes élastiques de la branche optique qui transportent les vibrations produisent alors une polarisation P du cristal et créent un champ coulombien égal à $-8\pi P/3$ ou $+4\pi P/3$, selon que la vibration est longitudinale ou transversale, dans un cristal cubique. Cette différence dans la valeur du champ cristallin peut produire une séparation entre les fréquences ν_l et ν_t des ondes longitudinales et transversales correspondant à la même vibration fondamentale [56]. On a, entre ν_l et ν_t, la relation de LYDDANE [49]

$$\frac{\nu_l^2}{\nu_t^2} = \frac{K}{n_0^2}, \tag{10}$$

où K désigne la permittivité relative du cristal, n_0 son indice de réfraction extrapolé vers les fréquences inférieures à la fréquence d'absorption infrarouge ν_t. D'autre part, la fréquence ν_t coïncide avec la limite inférieure de la bande de réflexion sélective (rayons restants) correspondant à l'absorption ν_t; la fréquence ν_l est située approximativement à la limite supérieure de la bande de réflexion et on a la seconde relation

$$\nu_l^2 = \nu_t^2 + \frac{f}{n_0^2},$$

où f désigne l'intensité d'oscillateur effective [31], [32].

Dans les cristaux uniaxes, les phénomènes sont moins simples. Lorsqu'on fait varier l'angle φ que fait le vecteur d'onde S des ondes élastiques diffusantes avec l'axe optique, on observe des changements de fréquence pour des raies non dégénérées, des dédoublements pour des raies doublement dégénérées. La vibration de l'onde élastique correspondant à l'une de ces dernières a une composante transversale et une composante longitudinale lorsque $\varphi = \pi/2$; les deux composantes sont transversales lorsque $\varphi = 0$. Lorsque φ varie entre $\pi/2$ et 0, la fréquence de la première composante reste fixe et égale à ν_t, celle de la deuxième passe de ν_l à ν_t suivant la loi [30], [70]

$$\nu_\varphi^2 = \nu_t^2 + \frac{f}{n_0^2} \sin^2 \varphi . \tag{12}$$

Les formules (11) et (12) montrent que les variations de fréquence se produisent avec netteté pour les vibrations fortement actives en absorption, qui ont une grande force d'oscillateur f. Il leur correspond, dans le spectre de réflexion [30] et d'absorption [61] infrarouge, des variations de fréquences qui vérifient ou complètent les phénomènes dont il est question ici.

9.3 Anomalies de polarisation

L'étude du spectre Raman d'un certain nombre de cristaux moléculaires ou contenant des ions complexes, faite dans des conditions où la théorie de la polarisabilité semblerait devoir s'appliquer, montre un désaccord entre les valeurs prévues pour les composantes du tenseur de polarisabilité dérivé (5) et celles que l'on déduit des mesures de polarisation du rayonnement diffusé: certaines composantes qui devraient être nulles ne le sont pas et leur valeur dépend de l'orientation du cristal dans le trièdre d'observation. Ces anomalies ont été constatées pour les vibrations internes totalement symétriques des molécules de benzène [26], des ions NO_3^- dans les nitrates alcalins [13] et alcalino-terreux [16], des ions CO_3^{--} dans divers carbonates [13], [76]. Pour les ions CO_3^{--} qui sont parallèles entre eux dans les divers cristaux étudiés, le tenseur correspondant à la raie totalement symétrique devrait être diagonal et le facteur de dépolarisation (6) devrait être nul pour toutes les orientations du trièdre OXYZ dans la figure 2. Or, on ne trouve des valeurs de ϱ voisines de 0 que lorsque la normale au plan des ions est dirigée suivant la direction d'éclairement $O\,x$; lorsqu'elle est parallèle à $O\,y$ ou à $O\,z$, ϱ est compris entre 0,2 et 0,4. On a pu montrer [21], dans le cas de la calcite, que tout se passe comme s'il existait un coefficient transversal du tenseur de polarisabilité, dont la valeur devrait être nulle en théorie. Le moment induit ne dépend donc pas seulement de la direction de la vibration de l'onde excitatrice, mais encore de la direction de propagation de cette onde. Cependant, les longeurs d'onde des ondes lumineuses étant très grandes devant les dimensions des mailles cristallines, et par suite, des orbitales localisées des électrons, les tentatives faites pour préciser les conditions indiquées ci-dessus se heurtent à des difficultés [2], [62]. On a récemment admis [80] qu'il existe, dans les cristaux présentant ces anomalies, certains électrons mobiles, dont les orbitales non localisées s'étendraient à tout le cristal et n'auraient plus, par suite, des dimensions très petites devant les longueurs d'onde lumineuses. Mais on ne connaît pas d'autres phénomènes qui conduisent à admettre cette délocalisation des orbitales.

10. Exemples d'applications

10.1

Les fréquences de diffusion du premier et du deuxième ordre de nombreux cristaux sont aujourd'hui connues, en particulier grâce à l'excitation par la raie de résonance ultraviolette du mercure [79]. Cependant, les difficultés de mesure de la polarisation des raies que l'on rencontre dans ce cas font que les types de vibration des raies n'ont pas été déterminés et que les études les plus complètes se rapportent à l'excitation par les radiations visibles.

Nous n'énumérerons pas les cristaux étudiés et nous nous bornerons à résumer dans ce qui suit les résultats fournis, dans l'étude de quelques problèmes de structure cristalline, par la spectrographie RAMAN, appuyée sur les principes théoriques ou semi-empiriques rappelés dans les paragraphes précédents.

10.2 Détermination et classement des fréquences fondamentales

Alors que dans le spectre RAMAN d'un milieu désordonné, on ne peut distinguer par leur polarisation que les raies dues aux vibrations totalement symétriques, l'étude suffisamment complète du tenseur de polarisabilité d'une raie (§ 2) et des décompositions qu'elle subit dans un réseau de symétrie connue (§ 5) permettent de déterminer le type de vibration qui lui donne naissance. En particulier, dans les cristaux cubiques [16], un seul spectre pris dans une orientation (fig. 2) convenablement choisie, permet de distinguer tous les types de vibration possibles. C'est l'étude des composés cristallisés qui a permis de déterminer les vibrations fondamentales de molécules comme l'hexaméthylènetetramine [22], l'iodoforme [28], d'ions tels que MF_6^{--} (M = Si, Sn, Ti, Zr) [60], $M(H_2O)_6$ (M = Mg, Zn, Cu) [51], ClO_2^- [52]. En faisant varier l'intensité du champ cristallin, tout en conservant la symétrie, on a pu apprécier une limite inférieure des fréquences de tension de l'ion NH_4^+ [59].

10.3 Déformation des molécules par le champ cristallin

La symétrie locale (§ 5) d'une molécule ou d'un ion complexe peut-être confirmée ou révélée par l'étude des cessations de dégérescence (compte tenu des séparations par couplage). Les abaissements de symétrie ainsi mis en évidence échappent le plus souvent à l'analyse des rayons X; leur importance peut se déduire de celle des séparations de fréquences issues d'une même vibration. On a donné dans le tableau II les exemples du gypse et de l'anhydrite. Citons encore ceux de l'ion SO_4^{--} dans la barytite, la célestite [13] l'anglésite [76]; de l'ion CO_3^{--} dans l'aragonite, la cérusite, la strontianite, la witherite [13], [46], le bicarbonate de potassium [15]; de l'ion NO_3^{--} dans le nitre [13].

Dans le même ordre d'idées, indiquons la mise en évidence de liaisons par l'hydrogène, au moyen de l'étude des librations dans l'acide benzoïque [24], l'acide formique, la glace [29], [40].

10.4 Orientation des molécules et des groupes atomiques

La méthode indiquée au § 6, fondée sur l'approximation d'ordre zéro, permet de calculer les cosinus directeurs qui interviennent dans le passage du tenseur $[t]$ au tenseur $[t']$ dans les relations (10) et (11), pourvu que le tenseur $[T]$ n'ait pas une forme trop compliquée. On a pu ainsi déterminer l'orientation de certaines molécules dans la maille cristalline. Exemples: molécules d'eau dans $LiClO_4$, $3H_2O$ [19], dans $CuCl_2$, $2H_2O$ et $CuCl_4Rb_2$, $2H_2O$ [57]; molécules d'acénaphtène [58]; ions SO_4^{--} dans la barytite (§ 6), ions NH_4^+ dans NH_4I [20].

Dans la mesure où l'on peut attribuer une raie de Raman à une vibration déterminée de certains groupes d'atomes ou de certaines liaisons d'une molécule [27], [45], la même méthode permet de déterminer leurs orientations dans un cristal. Exemples: groupes C = 0 et C—H dans l'acide oxalique [54] et dans l'acide tartrique [84]; groupe SCN dans le sel $K_2[Zn(NCS)_4]$, $4H_2O$ [81]; Indiquons encore l'étude des dimères des acides acétiques substitués par l'étude des vibrations OH [69].

Dans les exemples précédents, l'étude du spectre Raman a permis de préciser ou de rectifier les données obtenues à l'aide des rayons X. La méthode a des limites, liées principalement à la validité de l'approximation d'ordre zéro, ainsi qu'on l'a vu au § 6.3. C'est en particulier le cas de la molécule d'eau, dont les fréquences de tension dans les cristaux hydratés sont souvent beaucoup plus basses que dans la vapeur et varient fortement d'un type de structure à un autre; sauf dans des cristaux exceptionnels, mentionnés plus haut, où les molécules conservent leur symétrie et sont peu perturbées, il est généralement impossible de relier les données fournies par le spectre Raman à celles qu'on obtient au moyen des rayons X ou de la résonance protonique [53], [83].

L'interprétation du spectre Raman de la glace présente également des difficultés [40], [66].

La structure de $KHCO_3$, déterminée par le spectre Raman avant l'étude aux rayons X, n'était que partiellement exacte [15].

10.5 Ordre et désordre d'orientation

Si des molécules ou des ions complexes peuvent faire des rotations ou des librations autour d'axes répartis de façon statistiquement isotropes dans un cristal, au lieu d'avoir des orientations d'équilibre bien définies, les relations entre les tenseurs $[T]$ et $[t]$ (§ 6) pour les raies internes sont les mêmes que si les molécules se trouvaient en phase liquide. L'étude de l'effet RAMAN peut donc apporter une contribution aux problèmes d'ordre et de désordre dans ce cas particulier. Citons la transformation des librations des ions NO_3^- autour de l'axe ternaire en rotations dans le nitrate de sodium [82]; le passage d'une orientation uniforme des ions NH_4^+ dans le chlorure d'ammonium à basse température à un mélange de deux orientations audessus de 243 °K [20]; l'existence d'orientation unique des ions NH_4^+ dans les sels de BF_4, PF_6, SiF_6, $SnCl_6$ [59]; le désordre d'orientation des ions CN^- qui accompagne la transformation de CNK à 170 °K [55].

Sorbonne, Laboratoire des Recherches Physiques.

Bibliographie

[1] ALLIN, J., FELDMAN, T. et WELSH, H. L., J. Chem. Physics **24** (1956) 1116.
[2] BARRIOL, J. et FRUHLING, A., J. Phys. Radium **9** (1948) 98.
[3] BHAGAVANTAM, S., Proc. Ind. Acad. Sc. **9** (1939) 224.
[4] BERNSTEIN, H. J. et ALLEN, G., J. Opt. Soc. America **45** (1955) 237.
[5] BORN, M. et BRADBURN, M., Proc. Roy. Soc. **A 188** (1947) 161.
[6] BORN, M. et HUANG, K., Dynamical theory of Crystal Lattice, Oxford 1954.
[7] BRAHMS, S. et MATHIEU, J. P., C. R. Acad. Sc. Paris, **251** (1960) 281.
[8] BRESTER, C. J., Dissertation, Utrecht 1923.
[9] BRILLOUIN, L., Ann. Physique **17** (1922) 88.
[10] CABANNES, J., C. R. Acad. Sci. Paris **207** (1938) 700.
[11] CABANNES, J., COUTURE, L. et MATHIEU, J. P., J. Chim. Physique **50** (1953) G 89.
[12] CAGLIOTI, V. et FURLANI, C., Rendic. Acad. Lincei **24** (1958) 633.
[13] COUTURE, L., Ann. Physique **2** (1947) 5.
[14] COUTURE, L., J. Phys. Radium **9** (1948) 84.
[15] COUTURE, L., J. Phys. Radium **15** (1954) 531.
[16] COUTURE, L. et MATHIEU, J. P., Ann. Physique **3** (1948) 521.
[17] COUTURE, L. et MATHIEU, J. P., J. Physique Radium **10** (1949) 145.
[18] COUTURE, L. et MATHIEU, J. P., C. R. Acad. Sc. Paris **231** (1950) 839.
[19] COUTURE, L. et MATHIEU, J. P., Acta Crys. **5** (1952) 571.
[20] COUTURE, L. et MATHIEU, J. P., J. Chim. Physique **49** (1952) 226.
[21] COUTURE, L. et MATHIEU, J. P., C. R. Acad. Sc. Paris **236** (1953) 1868.
[22] COUTURE, L., MATHIEU, J. P., CREMER, J. et POULET, H., J. Chim. Physique **48** (1951) 1.
[23] DECIUS, J., J. Chem. Physics **23** (1955) 1290.
[24] DIETRICH, W. et MAIER, W., Z. Elektroch. **58** (1954) 788.
[25] DOWS, D., J. chem. Physics **32** (1960) 1342.
[26] FRUHLING, A., Ann. Physique **12** (1951) 401.
[27] GOUBEAU, J., Z. Elektroch. **54** (1950) 505.
[28] GOYPIRON, M. et MATHIEU, J. P., C. R. Acad. Sc. Paris **242** (1956) 3036.
[29] GROSS, E. F., in Hydrogen Bonding. London 1959.
[30] HAAS, C., Spectroch. Acta **8** (1956) 19.
[31] HAAS, C. et HORNIG, D., J. Chem. Physics **26** (1957) 707.
[32] HAAS, C. et MATHIEU, J. P., J. Phys. Radium **15** (1954) 492.
[33] HALFORD, R., J. Chem. Physics **14** (1946) 8.
[34] HERZBERG, G., Infrared and Raman spectra. New-York 1945.
[35] HEXTER, R. et DOWS, D., J. Chem. Physics **25** (1956) 504.
[36] HIEBERT, G. et HORNIG, D., J. Chem. Physics **20** (1952) 918.
[37] HORNIG, D., J. Chem. Physics **16** (1948) 1063.

[38] HORNIG, D. et HIEBERT, G., J. Chem. Physics **27** (1957) 752.
[39] HROSTOWSKI, H. et PIMENTEL, G., J. Chem. Physics **19** (1951) 661.
[40] KAHANE, A., C. R. Acad. Sc. Paris **250** (1960) 500.
[41] KASTLER, A., C. R. Acad. Sc. Paris **227** (1948) 1024.
[42] KASTLER, A., Z. Elektrochem. **54** (1950) 501.
[43] KASTLER, A. et FRUHLING, A., C. R. Acad. Sc. Paris **218** (1944) 998.
[44] KASTLER, A. et ROUSSET, A., J. Phys. Radium **2** (1941) 49.
[45] KOHLRAUSCH, K. W. F., Der Smekal-Raman-Effekt. Berlin 1931.
[46] KRISHNAMURTI, D., Proc. Ind. Acad. Sc. **A 51** (1950) 285.
[47] KRISHNAN, K. S. et ROY, S. K., Proc. Royal Soc. **A 207** (1951) 447 et **A 210** (1952) 481.
[48] LAFONT, R., Ann. Physique **4** (1959) 905.
[49] LYDDANE, R., SACHS, R. et TELLER, E., Physic. Rev. **59** (1941) 673.
[50] MATHIEU, J. P., Spectres de vibration et symétrie. Paris 1945.
[51] MATHIEU, J. P., C. R. Acad. Sc. Paris **231** (1950) 896.
[52] MATHIEU, J. P., C. R. Acad. Sc. Paris **234** (1952) 2272.
[53] MATHIEU, J. P., J. Chimie Physique **50** (1953) C 79.
[54] MATHIEU, J. P., Bull. Soc. Fr. Min. Crist. **77** (1954) 869.
[55] MATHIEU, J. P., Bull. Soc. Fr. Min. Crist. **79** (1956) 96.
[56] MATHIEU, J. P., Physical Society, Year-Book 1956, 23.
[57] MATHIEU, J. P. et COUTURE, L., J. Chim. Physique **50** (1953) 573.
[58] MATHIEU, J. P. et ECOLLAN, M. et J. F., J. Chim. Physique **51** (1954) 250.
[59] MATHIEU, J. P. et POULET, H., Spectr. Acta **16** (1960) 696.
[60] MATHIEU, J. P., POULET, H. et MACHIROUX, R., J. Phys. Radium **17** (1955) 122.
[61] MATHIEU, J. P., POULET, H. TRAMER, A., Z. Elektroch. **64** (1960) 699.
[62] MATOSSI, F. et MAYER, R., Phys. Rev. **74** (1948) 449.
[63] MENZIES, A. C., Ann. Rep. phys. Soc. **16** (1953) 83.
[64] MENZIES, A. C., Rev. Univ. Mines Belgique **15** (1959) 470.
[65] MULLHAUPT, J. T. et HORNIG, D., J. Chem. Physics **24** (1956) 169.
[66] OCKMAN, N., Phil. Mag. Supplement **7** (1958) 199.
[67] PENOT, D. et MATHIEU, J. P., J. Chim. Physique **52** (1955) 829.
[68] PLACZEK, G., Hb. d. Radiologie VI 2, Leipzig 1934.
[69] POLIAKOVA, I. et RASKIN, S., Optics and Spectroscopy **6** (1959) 120.
[70] POULET, H., Ann. Physique **10** (1955) 908.
[71] POULET, H., C. R. Acad. Sc. Paris **246** (1958) 738.
[72] RASETTI, F., Nuovo Cimento **9** (1932) 72.
[73] REDING, F. et HORNIG, D., J. Chem. Phys. **22** (1954) 1926.
[74] ROUSSET, A., La diffusion de la lumière par les molécules rigides. Paris 1947.
[75] ROUSSET, A. et LOCHET, R., J. Phys. Radium **6** (1945) 57.
[76] SCROCCO, M. et MATHIEU, J. P., Ann. Physique **3** (1958) 463.
[77] SMITH, H. M. S., Phil. Trans. roy. Soc. A **241** (1948) 105.
[78] STAMMREICH, H. et FORNERIS, R., J. Chem. Physics **22** (1954) 1624.
[79] Symposia on the vibration spectra of crystals. Proc. Ind. Acad. Sc. A. **26** (1947) 339; A **28** (1948) 254; et Proc. Ind. Acad. Sc. passim depuis 1949.
[80] THEIMER, O., Canad. J. Phys. **34** (1956) 218.
[81] TRAMER, A., résultats inédits.
[82] VASSAS, C., J. Phys. Radium **8** (1948) 91.
[83] WEIL-MARCHAND, A., Ann. Physique **2** (1957) 881.
[84] WEIL, A. et MATHIEU, J. P., C. R. Acad. Sc. Paris **234** (1952) 1868.
[85] WINSTON, H. et HALFORD, R., J. Chem. Physics **17** (1949) 607.

P. SIMOVA, B. SKORČEV und V. KARABAŠEVA, Sofia

Untersuchung der RAMAN-Spektren von Stoffen in verschiedenen Aggregatzuständen

Mit dem Einfluß des Aggregatzustandes und der Temperatur auf die RAMAN-Spektren haben sich zahlreiche Autoren beschäftigt. Sie untersuchten die Veränderungen in der Frequenz, Intensität und Breite der Spektrallinien. Als Ergebnis dieser Untersuchungen, insbesondere der in der letzten Zeit durchgeführten quantitativen Messungen, gelangte man zu folgenden Feststellungen: Die RAMAN-Linien besitzen eine erhebliche (eigene) Breite, die durch die Molekülstruktur bedingt ist [1]; sie verbreitern sich infolge der Rotations- und Translationsbewegung der Moleküle und der zwischenmolekularen Wechselwirkung.

Die Halbwertsbreite der Linien ist gegenüber den Veränderungen des Aggregatzustandes und der Temperatur recht empfindlich. Beim Übergang vom flüssigen in den festen Zustand sowie bei Verminderung der Temperatur beobachtet man eine starke Verengerung der Spektrallinien, wobei die Depolarisationslinien die erheblichste Verengerung erkennen lassen [2]. Dies läßt sich durch die Unterschiede in der Verteilung der Moleküle auf die einzelnen Rotationsniveaus sowie durch die Veränderungen in ihrer chaotischen Bewegung erklären.

Bei Temperaturunterschieden beobachtet man auch schwache Veränderungen in der Intensität der Spektrallinien [2].

Mit der Veränderung des Aggregatzustandes ändern sich die Frequenzen der Spektrallinien im allgemeinen bis 5%, wobei meist eine Verminderung der Frequenz beim Übergang vom gasförmigen in den flüssigen und vom flüssigen in den festen Zustand zu beobachten ist.

Bei manchen Schwingungen ist die Frequenzverschiebung derartig groß, daß sie nicht auf die übliche VAN-DER-WAALS-Verschiebung zurückgeführt werden kann. Auf Grund der Untersuchungsergebnisse dürften diese erheblichen Frequenzänderungen durch die Assoziation der Moleküle in Polymere verursacht sein. Ein typisches Beispiel hierfür ist die Frequenzänderung der Hydroxylbindung in den Spektren der Alkohole, des Wassers, der Carboxylsäuren u. a., die die Fähigkeit besitzen, sich mittels der Wasserstoffbrücke O—H— — —O zu assoziieren.

In manchen Fällen wurden in den RAMAN-Spektren fester Stoffe neue Linien gefunden, die sowohl in der flüssigen als auch in der gasförmigen Phase fehlen. So entdeckte zum Beispiel GROSS als erster im Niederfrequenzbereich des RAMAN-Spektrums von Kristallen Linien, die im Spektrum des geschmolzenen Kristalls verschwinden [3]. Im RAMAN-Spektrum flüssiger Stoffe mit Wasserstoffbrücke sieht man im Bereich der OH-Frequenz im allgemeinen eine breite diffuse Bande, die in manchen Fällen Ansätze einer Struktur erkennen läßt [4], [5]. In den

Spektren mancher dieser Stoffe im festen Zustand und bei niedriger Temperatur beobachtet man jedoch anstatt der diffusen Bande zahlreiche Spektrallinien [6].

In der vorliegenden Arbeit werden die Ergebnisse aus der Untersuchung der RAMAN-Spektren des Chloroforms, Methylalkohols und der Ameisensäure in verschiedenen Aggregatzuständen mitgeteilt.

Das Schema der Versuchsanordnung zum Erhalt der RAMAN-Spektren in Gasen ist in Abb. 1 dargestellt. Zur Erregung der Spektren wurde eine in der Institutswerkstatt hergestellte Niederdruckquecksilberdampflampe mit horizontaler spiralförmiger Röhre verwendet, die mit Gleichstrom von 240 V und 10 A gespeist wird.

Die Konstruktion der von uns angewendeten Gasküvette ist die gleiche wie in den Untersuchungen von PIVOVAROV und BOBOVIČ [7]. Sie besteht aus zwei konzentrischen Glasröhren von 200 mm Länge, zwischen deren Wänden Wasser

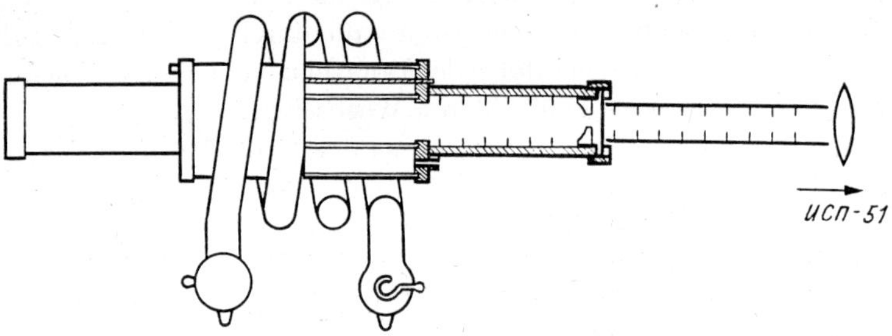

Abb. 1

zirkuliert. Die innere Röhre hatte einen Durchmesser von 40 mm und ist 4 mm dick. Beide Röhren werden an ihren Enden von zwei Bronzeringen festgehalten, die durch drei lange Bolzen angezogen werden. Die beiden Ringe sind mit Metallrohren von 45 mm Innendurchmesser und 150 mm Länge verbunden. In diesen befinden sich Blenden zum Abhalten der Störstreuung, während an ihren Enden die Halter der sphärischen Konkavspiegel befestigt sind. Vorn an der Küvette befindet sich ein dickwandiges Glasfenster, durch das das zu messende Streulicht austritt. Die Glaszylinder wurden auf Dampfdruck bis zu 20 atm geprüft, demzufolge bei der Arbeit ein Dampfdruck bis höchstens 3 atm unterhalten wurde. Der flüssige Stoff wird durch einen speziellen Einlaßhahn in die Küvette gebracht, wonach das Erhitzen beginnt. Dies geschieht durch einen elektrischen Heizkörper (ein um beide Metallrohre gewickelter Widerstandsdraht) sowie durch die Zirkulation des mittels Thermostats erwärmten Wassers zwischen den beiden Glasröhren. Die Justierung der Konkavspiegel erfolgte in der von WHITE [8] angegebenen Weise.

Bei der Prüfung der Küvette hatte sich die Anwesenheit einer erheblichen Störstreuung erwiesen, die bis zu einem gewissen Grade das RAMAN-Spektrum des Gases verdeckt. Mit Hilfe einer Serie zusätzlicher Blenden vor der Küvette gelang es, die Störstreuung erheblich zu vermindern und die Spektren erfolgreich zu photographieren.

Zur Aufnahme der Raman-Spektren von Stoffen im festen Zustand bei der Temperatur der flüssigen Luft wurde die in Abb. 2 gezeigte Versuchsanordnung angewandt. Als Lichtquelle diente eine Niederdruckquecksilberdampflampe mit vertikaler spiralförmiger Röhre, die sich für die konkrete Untersuchung als äußerst geeignet erwiesen hat. Infolge des schwachen Untergrundes im Quecksilberspektrum waren die bei niedriger Temperatur erhaltenen Raman-Spektren recht gut, obwohl die Stoffe bei —180 °C weiß, schneeartig wurden.

Das Raman-Rohr wird in einem speziellen Dewar-Gefäß vertikal aufgestellt (Abb. 3). Das Gefäß endigte mit einem kleinen planparallel geschliffenen Fenster, auf dem ein kleines rechtwinkliggleichschenkliges Prisma aufgeklebt ist, das das Licht von dem Stoff zum Spektrographen wirft. Das Dewar-Gefäß ist von einem Kühler umgeben, in dem kaltes Wasser zirkuliert. Das untere Ende des Gefäßes wird mit dem Schutzrohr des Kondensators verbunden. Auf diese Weise war es möglich, das in den Spalt gelangende Störlicht auf ein Minimum zu reduzieren.

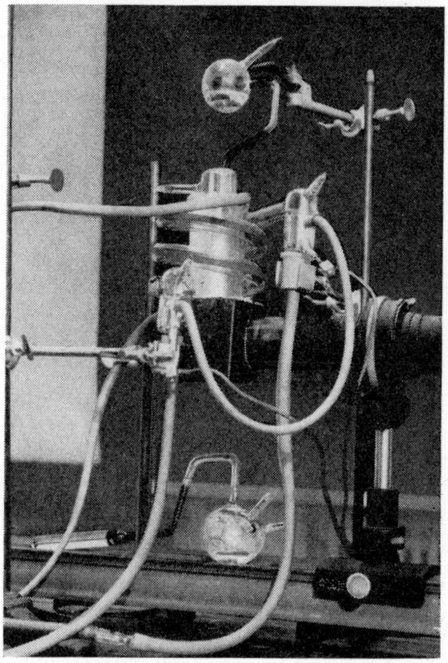

Abb. 2

Die Spektren wurden mit dem Dreiprismenglasspektrograph ISP-51 (Fokusabstand der Photokammer $f = 270$ mm) unter Verwendung von Agfa-Raman-Platten photographiert. Bei der Aufnahme der Spektren von Chloroform- und Methylalkoholgasen wurde 1—2 Stunden, im Falle von Chloroform und Ameisensäure in festem Zustand — 30 Minuten bis 2 Stunden exponiert.

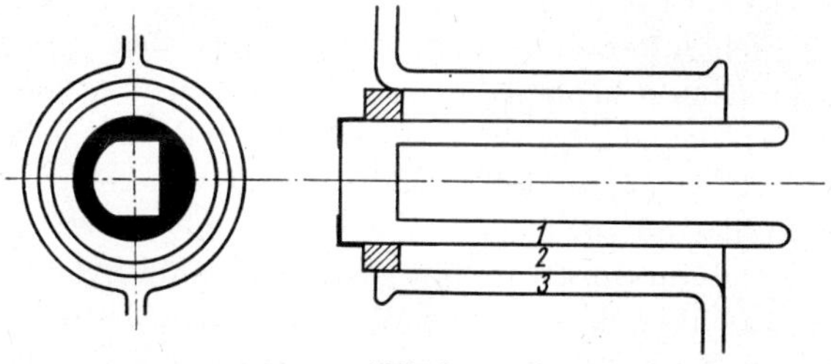

Abb. 3

In Tabelle 1 sind die von uns erhaltenen Raman-Frequenzen für Chloroform und, zum Vergleich, die von Nielsen und Word [9] erhaltenen Frequenzen für gasförmiges Chloroform sowie die Frequenzen für flüssiges Chloroform [10] angegeben.

Der Dampfdruck betrug bei unseren Versuchen 2 atm und in den Versuchen von Nielsen und Word 4 atm. Die Tabelle 1 enthält auch die Frequenz für die CH-Bindung des Ultrarotabsorptionsspektrums gasförmigen Chloroforms.

Tabelle 1

Schwingungsform	Raman-Spektrum Gas ν cm^{-1} Unsere Ergebnisse 90 °C	Raman-Spektrum Gas ν cm^{-1} Nielsen u. Ward	Ultrarotspektrum Gas ν cm^{-1}	Raman-Spektrum Flüssigkeit 20 °C ν cm^{-1}	Raman-Spektrum Festzustand —180 °C ν cm^{-1}
					258
ν_6 $CCL_{3(e)}$	261	261	—	262,5	274
ν_3 $CCL_{3(a_1)}$	368	363	—	365,9	371 (stark)
ν_2 $CCL_{(a_1)}$	675	672	—	668,3	672 (st.)
ν_5 $CCL_{(e)}$	765	760	—	761,2	750 (mitl.)
					783 (schwach)
$\nu_{4(e)}$	1233	1217	—	1215,6	1231 (mitl.)
ν_1 $CH_{(a_1)}$	3034	3030	3030	3018,9	3012 (st.)

Aus der Tabelle 1 sind die Veränderungen ersichtlich, die die Frequenzen bei Änderung des Aggregatzustandes erfahren. Das Spektrum des festen Chloroforms besteht aus schmalen scharfen Spektrallinien. Die durch die Schwingung der CH-Bindung verursachte Frequenz vermindert sich von 3034 cm^{-1} im Spektrum des gasförmigen Zustandes auf 3012 cm^{-1} im Spektrum des festen Chloroforms bei der Temperatur von flüssiger Luft. Die größten Veränderungen beobachtet man bei den Linien 765 cm^{-1} und 261 cm^{-1}. Die Linie 765 cm^{-1} ist auf die entartete antisymmetrische Valenzschwingung der CCl-Bindungen im Molekül des Chloroforms zurückzuführen. Während die Linie im Spektrum des Gases breit und diffus ist, beobachtet man im Spektrum des festen Stoffes zwei schmale Linien von 750 cm^{-1} und 783 cm^{-1}. Anstelle der Linie 261 cm^{-1} im Spektrum des Gases, die auf die entartete antisymmetrische Deformationsschwingung der CCl-Bindungen zurückzuführen ist, beoabchtet man die Dublette 258 cm^{-1} und 274 cm^{-1}. Das Auftreten von zwei Frequenzen an Stelle von einer im Spektrum des festen Chloroforms läßt sich unter der Annahme erklären, daß sich infolge der bei —180 °C verstärkten zwischenmolekularen Wechselwirkung die Symmetrie des Moleküls vermindert, demzufolge die Entartung entfällt und je zwei Frequenzen beobachtet werden: 258 cm^{-1} und 274 cm^{-1} an Stelle von 262 cm^{-1}, und 750 cm^{-1} und 783 cm^{-1} an Stelle von 761,2 cm^{-1}.

Die bei 2 atm Druck im Spektrum des gasförmigen Methylalkohols erhaltenen Spektren sind in Tabelle 2 dargestellt. Wie ersichtlich, haben wir fast das gesamte Spektrum erhalten. Die Frequenzen 2848 cm^{-1} und 2996 cm^{-1} sind auf die Valenzschwingungen der CH-Bindungen zurückzuführen; 2921 cm^{-1} und 2952 cm^{-1} stellen die summarische Frequenz bzw. den Oberton dar. Die Frequenz 1039 cm^{-1} hat ihre Ursache in der Deformationsschwingung der Hydroxylgruppe. Ungeklärt bleiben aber noch eine erhebliche Anzahl von Schwingungen,

Tabelle 2

Type of oscillation [6]	NIELSEN & WARD [5]	Our data gas	Infrared abs. spec. gas [6]	RAMAN scattering liquid [8]
$\nu'' g_{(e)}$ OH			270 (str.)	
			380 (mod.)	
$2\nu_8$		653	band	
		684	860	
		958		
		996		
$\nu_{4(a_1)}$CO	1032	1039 (mod.)	1033,9	1033 (str.)
$\nu_{7(e)}CH_3$				
		1074		
		1107		
		1118		1102 (mod.)
		1142		1151 (weak scatt.)
		1174		
$\nu_4 + 8''$		1205	1209	
$\nu_{8(e)}$ OH		1237	1260	
			1340	1400
$\nu''_6CH_{3(e)}$			1430	
$\nu_3CH_{3(a_1)}$			1455 (mod.)	1459 (str. width)
			1477 (mod.)	
$\nu_2CH_{(a_1)}$	2845	2848 (str.)	2844	2836 (very str.)
$\nu_3 + \nu''$		2921 (mod.)	pressure	2912 (str.)
$2\nu_6$	2955	2952 (str.)	pressure	2939 (very str.)
$\nu_5CH_{(e)}$		2996 (weak)	2977	2994 (str.)
				3380 (str. band)
$\nu_1OH_{(a_1)}$		3688 (str.)	3682	3650 (max. in band)

die im Gasspektrum als sehr schwache Linien erscheinen. Es sind dies die in Tabelle 3 gesondert angegebenen Frequenzen. Interessant ist, daß in der Verteilung der Linien insofern eine gewisse Gesetzmäßigkeit zu beobachten ist, als sie mit einem Zwischenabstand von durchschnittlich 36 cm^{-1} aufeinander folgen.

BORDEN und BARKER [11] fanden bei der Untersuchung des Ultrarotabsorptionsspektrums gasförmigen Methylalkohols im Bereich 600—800 cm^{-1} eine Serie von Banden. Die Intervalle zwischen diesen betrugen ca. 40 cm^{-1}. Sie deuten diese Banden als Folge der freien inneren Rotation der Hydroxylgruppe um die einfache CO-Bindung.

Die freie innere Rotation der Hydroxylgruppe ist sowohl im Ultrarotabsorptionsspektrum als auch im RAMAN-Effekt aktiv. Daher kann angenommen werden, daß die beobachteten schwachen Linien, die im Spektrum der Flüssigkeit fehlen, auf die freie Rotation der Hydroxylgruppe zurückzuführen sind, sofern die in Tabelle 3 gezeigte Gesetzmäßigkeit in der Verteilung der Linien nicht eine Zufallserscheinung sein sollte.

Tabelle 3

ν cm^{-1}	$\Delta\nu$ cm^{-1}
653	
	31
684	
	34
958	
	38
996	
	43
1039	
	35
1074	
	33
1107	
	35
1142	
	33
1174	
	32
1206	
	31
1237	

Die Untersuchungsergebnisse über die Ameisensäure sind in Tabelle 4 angegeben. Bei der Untersuchung des Raman-Spektrums der Ameisensäure in festem Zustand wandten wir unsere Aufmerksamkeit vornehmlich dem Erscheinen der Schwingung der Hydroxylgruppe zu. Ebenso wie beim Chloroform, erfahren die Spektrallinien beim Übergang vom flüssigen in den festen Zustand eine scharfe Verengung, was mit den Ergebnissen anderer Autoren [2] im Einklang steht. Bekanntlich wirkt sich die Entstehung der Wasserstoffbrücke am stärksten auf die Frequenzen der Hydroxylgruppe OH und der Carbonylgruppe C=O aus [5]. Bei Verminderung der Temperatur verstärkt sich die zwischenmolekulare Wasserstoffbrücke; davon zeugt die Verminderung der Frequenz der Carbonylgruppe C=O auf 1610 cm^{-1}. Es ist von Interesse zu bemerken, daß sich im Spektrum der festen Ameisensäure bei niedriger Temperatur die für die Schwingung der CH-Bindung charakteristische Frequenz von 2949 cm^{-1} im Spektrum der flüssigen Phase auf 2965 cm^{-1} erhöht. Die auf die Deformationsschwingung der CH-Bindung zurückzuführende Frequenz 1391 cm^{-1} verringert sich auf 1365 cm^{-1}.

Bei der Untersuchung des Ameisensäurespektrums bei niedriger Temperatur betrachteten wir besonders die Frequenzen im Bereich 3000 cm^{-1}, in denen der Einfluß der Wasserstoffbrücke zu erwarten war.

Tabelle 4

Flüssigkeit 20 °C	Festzustand —180 °C	Schwingungsform
190 (Band)		
677 (mitl)		
703 (schwach)		
865 (schwach)		
1064 (schwach)		
1300 (schwach)		
1396 (mitl)	1365	
1663 (mitl)	1610	
1723 (schwach)		
2750 (schwach)	2896	$\nu'(OH) - \omega$
2949 (sehr st.)	2965	$\nu(CH)$
	3022	$\nu(OH)$
2850—3500 (Band)	3087	$\nu'(OH)$
	3180	
	3216	$\nu(OH) + \omega$
	3280	$\nu'(OH) + \omega$
	3316	

Aus Tabelle 4 ist ersichtlich, daß im Frequenzbereich 2800—3400 cm^{-1} acht Linien auftreten. Die Linie mit der Frequenz 2965 cm^{-1} ist, wie erwähnt, der CH-Bindung im Molekül der Ameisensäure zuzuschreiben. Die übrigen sieben Frequenzen führen wir auf die Schwingung der Hydroxylgruppe zurück. Zu Gunsten dieser Vermutung sprechen folgende Tatsachen: Im Raman-Spektrum der flüssigen Ameisensäure beobachten wir in diesem Bereich eine intensive Linie mit der Frequenz 2949 cm^{-1}, die durch die Schwingung der CH-Bindung verursacht wird, sowie eine sehr breite, diffuse schwache Bande, die sich von 2850 cm^{-1} bis 3500 cm^{-1} erstreckt und auf die Schwingung der OH-Gruppe zurückzuführen ist [5]. Im ultraroten Absorptionsspektrum von HCOOH in Lösung mit CCl_4 fanden wir in diesem Bereich eine intensive Bande. Außer der Frequenz der CH-Bindung bei 2947 cm^{-1} sieht man in der breiten Bande auch zahlreiche andere Maxima, deren deutlichste bei 3000 cm^{-1} und 3077 cm^{-1} liegen.

Das Auftreten derartig vieler OH-Frequenzen findet eine Erklärung in der Annahme, daß sich die Frequenzen der innermolekularen Schwingung der OH-Gruppe und der zwischenmolekularen Schwingung der OH-Gruppe im Dimer summieren [5].

$$\nu = \nu\,(\mathrm{O — H}) \pm n\,\omega\,(\mathrm{H ——— O})\,.$$

Die Frequenz der zwischenmolekularen Schwingung wird zu $\omega = 193$ cm^{-1} bestimmt. Beide Frequenzen, 3022 cm^{-1} und 3087 cm^{-1}, werden durch Valenzschwingung der Hydroxylgruppe hervorgerufen.

Für das Auftreten von zwei Frequenzen für die OH-Gruppe wären zwei Erklärungen möglich: erstens könnte man annehmen, daß die eine Frequenz auf die symmetrische, die andere auf die antisymmetrische Schwingung der Hydroxylgruppe im Dimer zurückzuführen ist. Dies ist aber weniger wahrscheinlich, da die antisymmetrische Schwingung im RAMAN-Effekt inaktiv ist. Verbiegt sich indessen das Dimer unter dem Einfluß der zwischenmolekularen Kräfte, und tritt auch die Frequenz der antisymmetrischen Schwingung auf, so müßte erwartet werden, daß die entsprechende Linie, d. h. 3057 cm^{-1}, bedeutend schwächer als 3022 cm^{-1} sein würde, was experimentell aber nicht der Fall ist. Eine andere Erklärung, die unseres Erachtens auch die wahrscheinlichere ist, wäre die Annahme, daß im Dimer der Ameisensäure infolge des Tunneleffektes des Wasserstoffatoms eine Resonanzaufspaltung vorliegt. Diese Frage ist von KOVNER und ČUENKOV [12] untersucht worden, die für den Verlauf der Potentialkurve, entlang der sich das Wasserstoffatom im Dimer der Carbonsäure bewegt, die einfache Relation

$$U = D\left(1 - \frac{4\,z^2}{R^2}\right)^2 \tag{1}$$

aufstellen, in der D die Höhe der Potentialschwelle, R den Abstand zwischen den beiden Minima, Z den Abstand des Wasserstoffatoms vom Symmetriepunkt bedeutet. Für die Carbonsäure betragen die Abstände C - - - O und O—H 2,7 bzw. 1 Å. R ist in diesem Fall gleich 0,7 Å (Abb. 4). Da eine Potentialkurve mit zwei Minima vorliegt, spalten sich die Schwingungsniveaus der Hydroxylgruppe in zwei Niveaus auf (Abb. 5). Die beiden Linien mit den Frequenzen 3022 cm^{-1} und 3087 cm^{-1} werden nach unserer Hypothese durch die Übergänge $1_+—0_+$ und $1_-—0_-$ entsprechend der Auswahlregel im RAMAN-Effekt hervorgerufen. Folglich läßt sich die Größe Δ wie folgt experimentell bestimmen:

$$\Delta = (E_{1-} - E_{0-}) - (E_{1+} - E_{0+}) = (E_{1-} - E_{1+}) - (E_{0-} - E_{0+})\,. \tag{2}$$

In unserem Falle ist $\Delta = (3087—3022)$ cm^{-1} = 65 cm^{-1}.

Mit Hilfe der experimentell gewonnenen Angaben kann man die Größe der Potentialschwelle für Ameisensäure ermitteln. Zu diesem Zweck muß zunächst Δ als Funktion von D gefunden werden.

Nach KOVNER und ČUENKOV ist

$$E_{i-} - E_{i+} = \frac{h}{\pi R} \sqrt{\frac{2D}{M}} \cdot \frac{1 + \sqrt{\xi_i}}{F\left(\frac{\pi}{2}, k_i\right)} \cdot e^{-\frac{2\pi}{h}\sqrt{2M} \cdot I_i}, \tag{3}$$

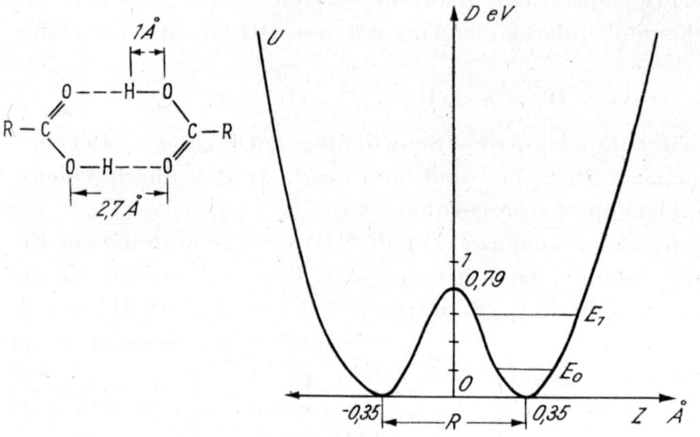

Abb. 4

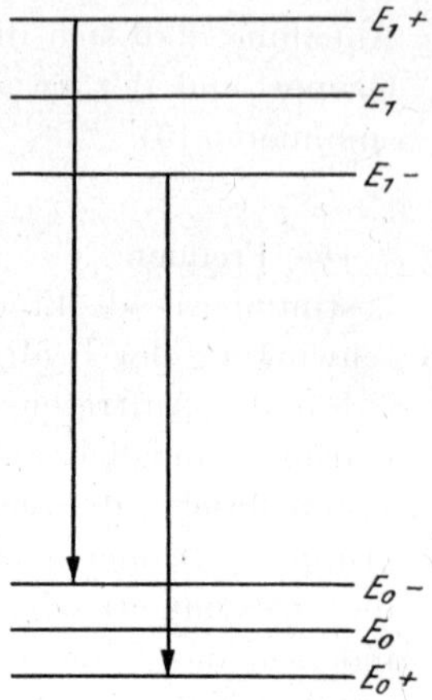

Abb. 5

worin M die Protonenmasse bedeutet,

$$I_i = \frac{R}{3}(1 - \xi_i)\sqrt{D(1 - \xi_i)}\left\{\frac{h_i^2 - 1}{h_i^2} F\left(\frac{\pi}{2}, h_i\right) + \frac{h_i^2 + 1}{h_i^2} \cdot E\left(\frac{\pi}{2}, h_i\right)\right\}, \tag{4}$$

$$\xi_i^2 = \frac{E_i}{D} < 1, \quad K_i = \sqrt{\frac{2\xi_i}{1 + \xi_i}}, \quad h_i^2 = \frac{1 - \xi_i}{1 + \xi_i}$$

und

$$E_i = \frac{2h}{\pi R}\sqrt{\frac{2D}{M}}\left(\nu_i + \frac{1}{2}\right) - \frac{2h^2}{\pi^2 R^2 M^2} \cdot \frac{D}{D_M}\left(\nu_i + \frac{1}{2}\right)^2. \tag{5}$$

$F\left(\frac{\pi}{2}, h_i\right)$ und $E\left(\frac{\pi}{2}, h_i\right)$ sind vollständige elliptische Integrale. Setzen wir $i = 1$ und 0 und berücksichtigen wir, daß nach unseren experimentellen Angaben $E_1 - E_0 = 3054\ \mathrm{cm}^{-1}$, so finden wir $\frac{D}{D_M}$ als Funktion von D. Wir setzen das so gefundene $\frac{D}{D_M}$ in (5) ein und erhalten

$$E_0(D) = \frac{3h}{4\pi R}\sqrt{\frac{2D}{M}} + \frac{3054{,}5}{8}, \quad E_1(D) = \frac{3h}{4\pi R}\sqrt{\frac{2D}{M}} + \frac{9 \cdot 3054{,}5}{8}.$$

Für die verschiedenen D-Werte von 0,5 bis 1,2 eV berechnen wir zuerst E_0 und E_1; sodann ermitteln wir J_i und finden schließlich die Differenz $E_{i-} - E_{i+}$

und Δ als Funktionen von D. Die Ergebnisse der entsprechenden Berechnungen sind in Abb. 6 graphisch dargestellt. Aus dem Diagramm ergibt sich, daß dem experimentell gefundenen Wert $\Delta = 65\ \mathrm{cm}^{-1}$, für die Potentialschwelle der Wert

$$D = 0{,}79\ \mathrm{eV}$$

entspricht.

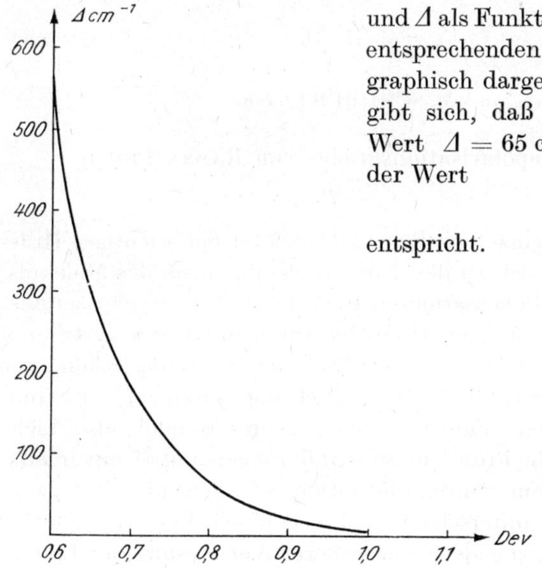

Abb. 6

Bulgarische Akademie der Wissenschaften

Literatur

[1] Резаев, Н. И., Материалы Хвсесоюз. сов. по спектроскопии I (1957) 230.

[2] Соколовская, А. И. и Бажулин, П. А., Материалы X всесоюз. сов. по спектроскопии I (1957) 225; Раков, А. В., също стр. 229.

[3] Гросс, Е. Ф. и Раскин, Ш. Ш., ДАН **24** (1939) 126.

[4] Ландсберг, Г. С. и Ухолин, С. А., ДАН, **16** (1937) 399
Ландсберг, Г. С., Изв. АН СССР сер. физ. № **3** (1938) 373.

[5] Чулановский, В. М. и Симова П. Д., ДАН СССР **68** (1949) 1033.
Симова, П. Д., Изв. на БАН сер. физ. **2** (1951) 107.

[6] Стеханов, А. И., ДАН СССР **92** (1953) 281.
Вальков, В. И. и Масленкова, Г. Л., Вестн. Лен. у-та № **22** (1957) 8.

[7] Пивоваров, М. В. и Бобович, С. С., ЖТФ **26** (1956) 649.

[8] WHITE, J. U., J. Opt. Soc. Amer. **32** (1942) 285.
STOICHEFF, B. P., Canad. J. Phys. **32** (1954) 330.

[9] NIELSEN, J. R., and WARD, N. E., J. Chem. Phys. **10** (1942) 81.

[10] Герцберг, Г., „Колебательные и вращательные спектры многоатомных модекул“, Изд. ИЛ. Москва-Ленинград, 1949.

[11] BORDEN, A. and BARKER, E. F., J. Chem. Phys. **6** (1938) 553.

[12] Ковнер, М. А. и Чуенков, В. А., изв. АН СССР, сер. физ. **14** (1950) 435.

W. ROHMANN und M. SCHUBERT, Jena

Zur Bestimmung des Depolarisationsgrades von RAMAN-Linien

Der Polarisationszustand der einzelnen RAMAN-Linien ist ein wichtiges Hilfsmittel für die Zuordnung der Linien zu den Normalschwingungen des Moleküls. Quantitativ beschreibt man den Polarisationszustand durch den Depolarisationsgrad ϱ, der Auskunft gibt über das Verhalten der Intensitäten des gestreuten Lichtes in zwei senkrecht aufeinanderstehenden Richtungen. Entsprechend der Definition muß das eingestrahlte Licht aus einer Richtung senkrecht zur Streurohrachse auf die Probe einfallen. Fällt ein konvergentes Bündel, also Licht unter verschiedenen Winkeln in die Probe ein, so tritt der sogenannte Konvergenzfehler auf, und es ist zwischen dem wahren (definitionsgemäßen) und dem beobachteten Depolarisationsgrad zu unterscheiden. Ein gewisser Konvergenzfehler läßt sich im allgemeinen nicht vermeiden: Zur sicheren Vermessung der Linienintensität darf die Strahlungsleistung des gestreuten Lichtes einen bestimmten durch die Grenzempfindlichkeit der Nachweisapparatur bedingten Wert nicht unterschreiten. Mit dieser Forderung gerät man in Widerspruch, wenn man versucht, möglichst weitgehende Parallelität des eingestrahlten Lichtbündels zu verwirklichen, um den Konvergenzfehler auszuschalten. Eine genaue Bestimmung des Depolarisationsgrades erfordert daher Kenntnis über den Zusammenhang zwischen dem beobachteten und dem wahren Wert. RANK und KAGARISE [1] gaben unter Zugrundelegung der Methode von EDSALL und WILSON [2] den Zusammenhang

$$\varrho_b = a\,\varrho_w + b \tag{1}$$

an. Bei der Aufstellung dieser Beziehung wurde das unter verschiedenen Winkeln in die Probe einfallende Licht hinsichtlich seiner Wirkung durch ein paralleles Bündel ersetzt gedacht, das unter einem durchschnittlichen Winkel eintritt. Diese vereinfachende Annahme wurde von ihnen gemacht, weil sie sonst für die Rechnung die Winkelverteilung der auftreffenden Strahlungsleistung benötigt hätten, die sich für die verschiedenen Brenneranordnungen nur sehr genähert angeben läßt. Die Konstanten a und b müssen durch Eichung der Apparatur an Linien bestimmt werden, deren Polarisationszustand bereits bekannt ist. Das Verfahren setzt also bereits eine hinreichend genaue Kenntnis gewisser ϱ-Werte voraus.

Im folgenden wird untersucht, welcher Zusammenhang sich zwischen ϱ_b und ϱ_w ergibt, wenn man die Wirkung der unter verschiedenen Winkeln in die Probe einfallenden Lichtstrahlen voll berücksichtigt (ausführliche Darstellung in [3]). Dabei zeigt es sich, daß einige wichtige Aussagen auch ohne genaue Kenntnis der Winkelverteilung der Strahlungsleistung möglich sind. Es wird von der in

Abb. 1 dargestellten Anordnung ausgegangen: Licht fällt unter verschiedenen Winkeln ϑ in die Probe ein. Von einer Polarisationsfolie wird nur der Anteil hindurch gelassen, dessen elektrischer Vektor parallel zur x-Achse schwingt. In z-Richtung wird beobachtet und die gesamte in diese Richtung gestreute Intensität M_p gemessen. Danach wird mit einer zweiten Folie das einfallende Licht parallel zur y-Achse polarisiert und ebenfalls die gesamte in z-Richtung gestreute Intensität M_s bestimmt. Der beobachtete Depolarisationsgrad ergibt sich dann zu

$$\varrho_b = \frac{M_p}{M_s} . \tag{2}$$

Zur Berechnung von ϱ_b muß man wissen, wieviel Intensität unter den verschiedenen Winkeln in das Streurohr gelangt und welcher Teil jeweils davon gestreut

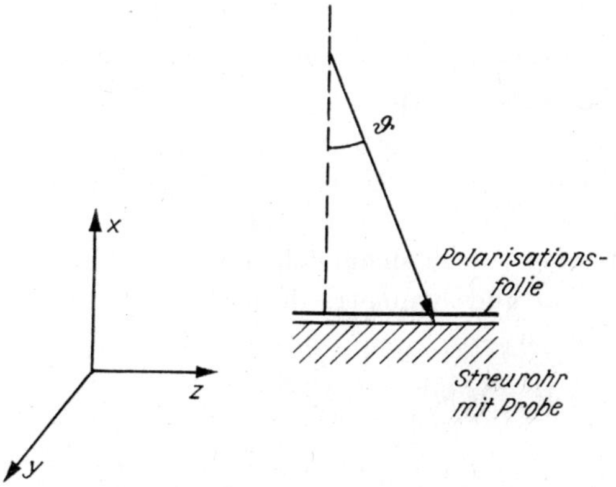

Abb. 1. Schematische Anordnung zur Bestimmung des Depolarisationsgrades.

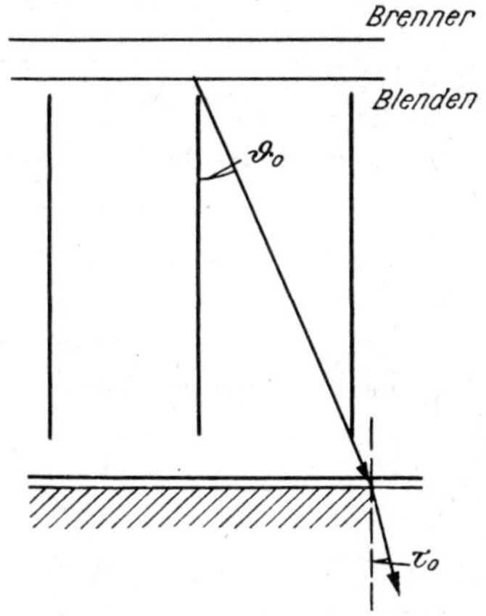

Abb. 2. Begrenzung des Konvergenzwinkels durch Blenden.

wird. Beim Einfallswinkel ϑ errechnet sich für die Intensität einer gestreuten RAMAN-Linie bei parallelpolarisiert einfallendem Licht

$$I_p(\vartheta) \sim \{ \alpha^2 \sin^2 \vartheta + \beta^2 (6 + \sin^2 \vartheta) \} \, I(\vartheta) . \tag{3}$$

Für senkrechte Polarisation beträgt

$$I_s(\vartheta) \sim \{ \alpha^2 + 7 \beta^2 \} \, I(\vartheta) . \tag{4}$$

α und β sind Größen, die mit dem der Schwingung zugehörigen RAMAN-Tensor verknüpft sind. Dabei sind hier — wie auch in den Gln. (5), (7) — ϑ-unabhängige Faktoren weggelassen. $I(\vartheta)$ kennzeichnet die unter dem Winkel ϑ in die Probe einfallende Strahlungsleistung. Sie hängt ab von der Winkelcharakteristik der Strahlungsquelle und von der Geometrie der Lampenanordnung. Durch den Lampenaufbau ist im allgemeinen gewährleistet, oder es läßt sich durch Einführen von Blenden erreichen (Abb. 2), daß der Einstrahlungswinkel einen bestimmten Maximalwert ϑ_0 nicht überschreitet. Unter Berücksichtigung der

Brechung beim Eintritt in die Probe gilt das gleiche für die entsprechenden Winkel τ und τ_0. Durch die Begrenzung der Blenden gelangt dann von einem Flächenelement parallel zur z-Achse unter dem Winkel ϑ nur der Anteil $\left(1 - \frac{\operatorname{tg} |\vartheta|}{\operatorname{tg} \vartheta_0}\right)$ in das Streurohr. Wird die von einem Flächenelement unter dem Winkel ϑ ausgestrahlte Leistung mit $L(\vartheta)$ bezeichnet, so ist die unter diesem Winkel in das Streurohr einfallende Intensität

$$I(\vartheta) \sim L(\vartheta) \left\{1 - \frac{\operatorname{tg} |\vartheta|}{\operatorname{tg} \vartheta_0}\right\}. \tag{5}$$

Einsetzen in Gl. (3), (4) und Integration über dem Winkelbereich ϑ_0 ergibt M_p, M_s und damit auch ϱ_b. Für ϱ_b läßt sich schließlich schreiben

$$\varrho_b = \varrho_w (1 - q) + q\,. \tag{6}$$

$\varrho_w = \frac{6\,\beta^2}{\alpha^2 + 7\,\beta^2}$ ist der wahre Depolarisationsgrad wie er sich für $\vartheta_0 \to 0$ ergeben würde. q ist als Korrektionsgröße aufzufassen, die von ϑ_0 und $L(\vartheta)$ abhängt. Will man keinerlei Annahmen über $L(\vartheta)$ machen, so besteht nur die Möglichkeit, q durch Eichung zu bestimmen. In diesem Fall würde unser Ansatz jedoch keinen wesentlichen Vorteil gegenüber dem von RANK und KAGARISE bieten. Für die meisten praktischen Fälle treffen jedoch sicher folgende Annahmen zu: $L(\vartheta)$ ist in eine Potenzreihe entwickelbar und symmetrisch in bezug auf ϑ. Das heißt, daß wir für $L(\vartheta)$ schreiben können

$$L(\vartheta) = 1 + a_2\,\vartheta^2 + a_4\,\vartheta^4 + \cdots. \tag{7}$$

Geht man mit diesem Ansatz in $q = q(\vartheta_0, L(\vartheta))$ ein und entwickelt nach ϑ_0, so erhält man

$$q = \frac{\tau_0^2}{6} + \frac{7\,a_2 + 1}{180}\,\tau_0^4 + \cdots; \tag{8}$$

dabei wurde von ϑ_0 zu dem Grenzwinkel τ_0 in der Probe übergegangen. Ohne irgendeine spezielle Annahme über $L(\vartheta)$ machen zu müssen, läßt sich erkennen, daß das erste nicht verschwindende Glied von der Charakteristik der Strahlungsquelle gar nicht abhängt und die Lampencharakteristik sich erst in einem Koeffizienten von 4. Ordnung bemerkbar macht. Für kleinere Winkel wird sie sich daher hinsichtlich des Konvergenzfehlers gar nicht bemerkbar machen. Um abzuschätzen, für welche Winkel dieses noch etwa der Fall ist, werde der Verlauf $L(\vartheta) = \cos\vartheta$ angenommen. Die Korrektionsgröße beträgt dann

$$q = \frac{\tau_0^2}{6} - \frac{\tau_0^4}{72} + \cdots. \tag{9}$$

Glieder, die die Lampencharakteristik enthalten, tragen hier für Winkel $\tau_0 \lesssim 40^\circ$ weniger als 5% zur Korrektionsgröße bei. Selbst für relativ große Winkel ist demnach q nur von τ_0 abhängig und es liegt nahe, diesen Winkel zur Bestimmung des wahren Depolarisationsgrades heranzuziehen.

Zur experimentellen Prüfung dieser Überlegungen wurden Messungen an Raman-Linien des CCl_4 mit veränderlichem Winkel τ_0 durchgeführt. Dazu wurden zwischen Strahlungsquelle und Streurohr Blenden eingeführt, deren Abstand variiert werden konnte. Zur Prüfung eignet sich besonders die von der totalsymmetrischen Schwingung $\nu = 459$ cm^{-1} herrührende Linie, deren theoretischer Depolarisationsgrad als Null angenommen wird. Der beobachtete Depolarisationsgrad gibt dann unmittelbar die Korrektionsgröße q an. Abb. 3 zeigt einige durch direkte Registrierung aufgenommene Spektren. Der zur Erregerlinie Hg-e ansteigende kontinuierliche Untergrund wird durch die benutzten Hochdruckbrenner verursacht. Sie wurden an Stelle eines Toronto-Brenners verwendet, um mit Blenden ausreichenden Durchmessers auch kleine τ_0-Werte einstellen zu können. Der Untergrund steigt im interessierenden Bereich nahezu linear an, deshalb läßt sich die integrale Intensität noch mit befriedigender Genauigkeit bestimmen. Im ersten Spektrum schwingt der elektrische Vektor senkrecht zu der aus Einstrahl- und Beobachtungsrichtung gebildeten Ebene, in den übrigen Aufnahmen parallel. Es wurden jeweils die Intensitäten M_p und M_s der Linie 459 cm^{-1} gemessen und $\varrho_b = \frac{M_p}{M_s}$ bestimmt. Für die Abb. 3 wurde der Verstärker auf etwa gleichen Schreiberausschlag in bezug auf M_s eingestellt, so daß die Linienintensitäten M_p (459 cm^{-1}) unmittelbar ein Maß für die Korrektionsgröße darstellen. In Abb. 4 ist das quantitative Ergebnis angegeben. Für verschiedene Blendeneinstellungen, d. h. für verschiedene τ_0-Werte, wurde der Depolarisationsgrad experimentell bestimmt. Die angegebenen Meßpunkte sind Mittelwerte aus

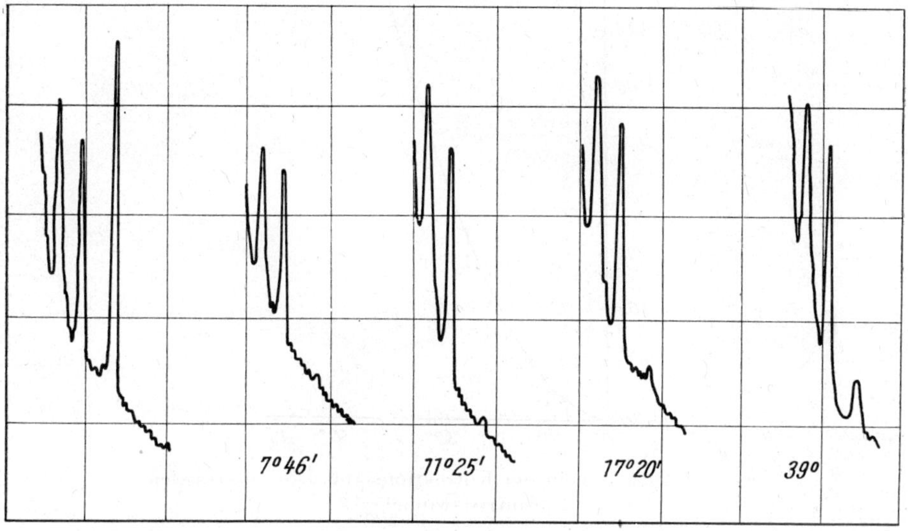

Abb. 3. Raman-Spektren des CCl_4 bei Einstrahlung von linear polarisiertem Licht.

jeweils sieben Einzelmessungen. Die ausgezogene Kurve gibt den theoretisch zu erwartenden Verlauf gemäß $q = \frac{\tau_0^2}{6}$ an. Die Übereinstimmung zwischen experimentellen und theoretischen Werten kann als befriedigend angesehen werden.

Für Unterstützung beim Aufbau der Raman-Lampe haben wir Fräulein Dipl. Phys. E. Meisel zu danken.

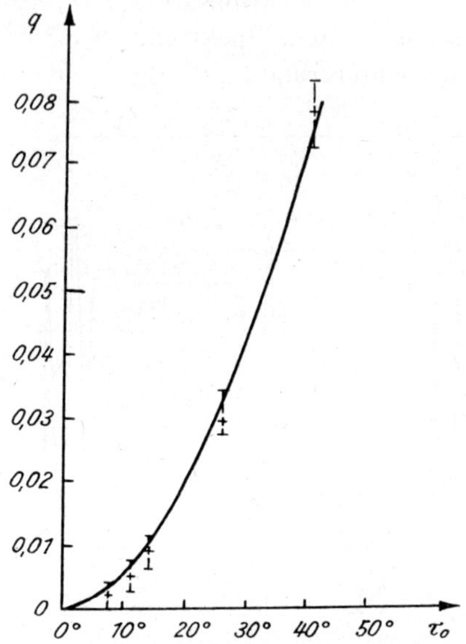

Abb. 4. Abhängigkeit der Korrektionsgröße vom maximalen Eintrittswinkel τ_0.

Zusammenfassung

Es wird über den Einfluß des Konvergenzfehlers auf die Ergebnisse der Messung des Depolarisationsgrades berichtet. Die Berechnung des Zusammenhangs zwischen dem wahren und beobachteten Depolarisationsgrad zeigt, daß die Strahlungscharakteristik der Lampen in erster Näherung unberücksichtigt bleiben kann. Diese Ergebnisse wurden experimentell nachgeprüft.

Jena, Physikalisches Institut der Friedrich-Schiller-Universität

Literatur

[1] Rank, D. H. u. Kagarise, R. E., J. O. S. A. **40** (1950) 89.
[2] Edsall, J. T. u. Wilson, E. B., jr., Journ. Chem. Phys. **6** (1938) 124.
[3] Schubert, M., Exp. Techn. Phys. 8 (1960) 155.

K. PALM, Erfurt

Die Ultrarotspektren der Benzoesäure und der o-Halogenbenzoesäuren[1])

Den im Bereich 400—4000 K aufgenommenen Absorptionsspektren der Säuren im Kristall-, Dampf- und Lösungszustand (Tetra, Benzol) werden die Frequenzen der COOH-Gruppe zugeordnet. Es wird gezeigt, wie die Frequenzen durch den physikalischen Zustand der Säuren, durch die Assoziation sowie durch die Halogensubstitution beeinflußt werden.

In Ergänzung unserer dielektrischen und thermodynamischen Untersuchungen über die Assoziation von Carbonsäuren [1], [2] war es naheliegend, auch aus den Ultrarotspektren der Säuren Aussagen über die Assoziationsvorgänge zu gewinnen. Da vollständige Ultrarotspektren von den Säuren bislang noch nicht existierten, wurden diese an Kristallen, Dämpfen und Lösungen (Tetra, Benzol) im Bereich 400—4000 K aufgenommen und eine Frequenzzuordnung für die COOH-Gruppe — die für die Assoziation verantwortlich ist — getroffen. Es war ein Zweck dieser Arbeit, das Verhalten der COOH-Schwingungen gegenüber dem Wechsel des Aggregatzustandes sowie gegenüber der Assoziation und der Halogensubstitution zu untersuchen, da nur bei bekannten Umgebungsparametern exakte Aussagen über Strukturen und Bindungen möglich sind.

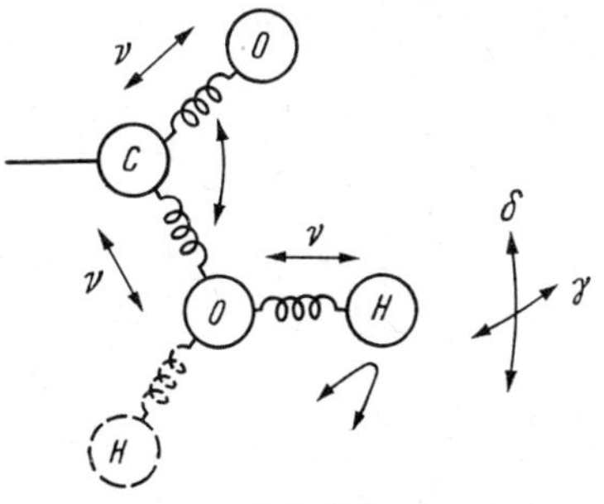

Abb. 1

Die Spektren wurden mit dem Ultrarotspektralphotometer UR 10 vom VEB Carl Zeiss JENA registriert. Bei der Aufnahme der Dampfspektren kam eine temperierbare Metallküvette mit heizbaren KBr-Fenstern in Anwendung. Die Spektren der Lösungen wurden im Kompensationsverfahren aufgenommen und die der Säurekristalle entweder in direkter Durchstrahlung der Kristalle oder mittels der KBr-Preßtechnik gewonnen. Alle Substanzen waren durch mehrfache Kristallisation gereinigt worden.

Die Frequenzen der COOH-Gruppe

Die Zuordnung von Frequenzen erfolgt auf Grund exp. Untersuchungen, die an Benzoesäure- und o-Chlorbenzoesäurekristallen [3], [4], [5] sowie an Ameisen-, Essig- und Benzoesäuredämpfen [6]—[10] bereits ausgeführt worden waren. Im untersuchten Bereich liegen die Absorptionen folgender Schwingungen der COOH-Gruppe:

---

1) Die exp. Untersuchungen wurden im Inst. f. Phys. Chemie der Univ. Jena ausgeführt (Direktor: Prof. Dr. H. DUNKEN).

Streckschwingung ν O—H

Eine intensive freie ν O—H Absorption tritt nur bei den Einfachmolekülen im Dampf- und Lösungszustand auf. In der kristallinen Phase zeigt sich infolge vollständiger Assoziation zu Doppelmolekülen ein breites Absorptionsband — anfangend bei 3350 K bis zu niedrigeren Frequenzen hin — dem zwischen 2500—2700 K schwache Banden überlagert sind. Allgemein werden diese Submaxima, die als charakteristische Absorption dimerisierter Carbonsäuren angesehen werden, zusammen mit der Grundabsorption bei 3100 K der assoziierten O—H . . . O Bindung zugeordnet.

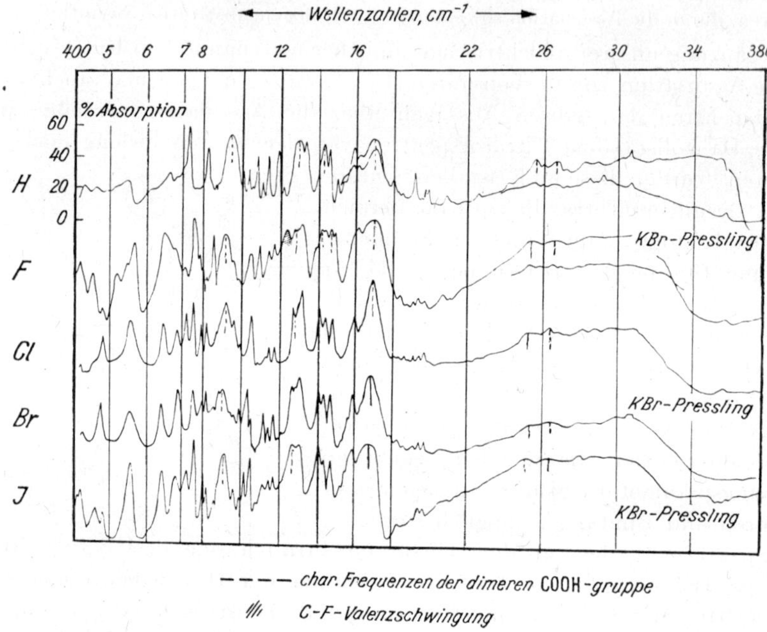

Abb. 2. Die Ultrarotspektren der Säuren im Kristallzustand.

H Benzoesäure — Meßtemperatur 33 °C
F o-Fluorbenzoesäure
Cl o-Chlorbenzoesäure
Br o-Brombenzoesäure
J o-Jodbenzoesäure

Streckschwingung ν C=O

Infolge ihrer Lagestabilität ist die intensive Absorption der Carbonylschwingung in allen Spektren leicht auffindbar.

Streckschwingung ν C—O und Krümmungsschwingung δ O—H (in-plane)

Für diese Banden werden zwei sich widersprechende Zuordnungen angegeben. Von Thomas [11], Hadzi-Pintar [6] u. Sverdlov [12] wird angenommen, daß die höherfrequente Bande B der δ O—H und die Bande A der ν C—O Schwingung zukommt, während WILMSHURST [13] u. KAGARISE [14] die umgekehrte Zuordnung vertreten. Da hier eine Entscheidung darüber nicht möglich ist, wird eine Zuordnung nach der ersten Deutung vorgenommen. Mit den angegebenen Werten für die Benzoesäure:

	δ O—H	ν C—O	
Frequ. d. dimeren Mol.	1470—1420 K	1287—1290 K	[3], [4], [6]
„ „ monomeren „	1340 K	1075 K	[6]

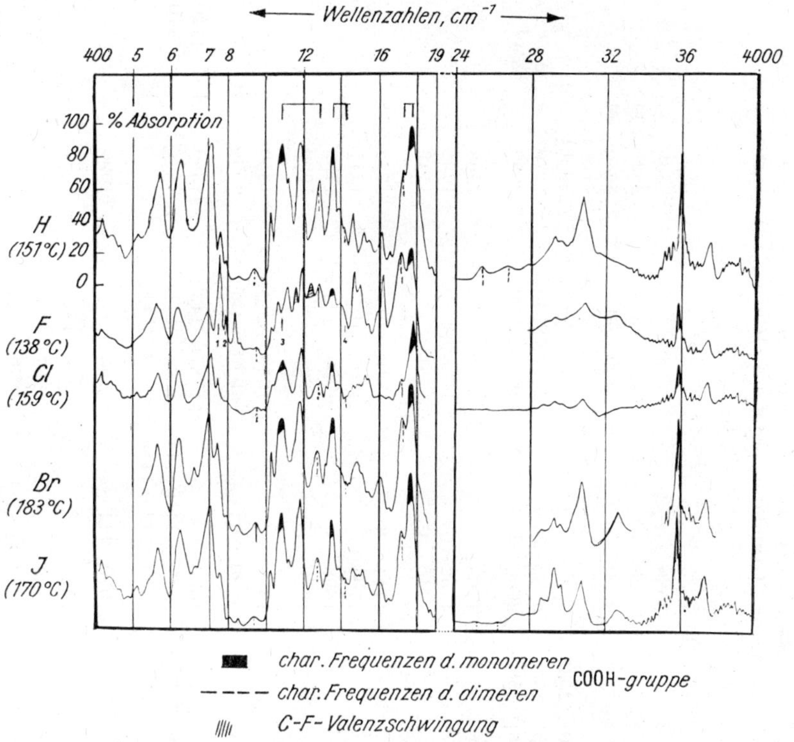

Abb. 3. Die Ultrarotspektren der Säuren im Dampfzustand.

ergibt sich gute Übereinstimmung (Tabelle 1). Es wird für möglich gehalten, daß die δ O—H Bande der dimeren Moleküle in der Dampfphase nicht bei 1418 K liegt, da entweder keine (o-Fluorbenzoesäure) oder nur im Untergrund angedeutete Absorption vorhanden ist, sondern vielmehr einer Absorption bei 1390 K zugeschrieben werden muß. In Tabelle 1 sind deshalb beide Frequenzen aufgeführt.

Krümmungsschwingung γ O—H (out-of-plane)

Die Absorption bei 930 K wird der γ O—H Schwingung im dimeren Ring zugeschrieben. Sie ist wegen ihrer Intensität bei den Kristallspektren leicht auffindbar, wogegen sie in der Dampfphase nur angedeutet ist.

Tabelle 1

Die COOH-Frequenzen der Benzoesäure und der o-Halogenbenzoesäuren

m Säuren im monomeren d Säuren im dimeren Zustand

Es werden Wellenzahlen [cm^{-1}] angegeben. (Bei der ν O—H Schwingung der dimeren Moleküle sind die sekundären Absorptionen aufgeführt, die der Grundabsorption bei 3100 cm^{-1} überlagert sind.)

			H	F	Cl	Br	J
ν O—H	m	D	3583	3580	3585	3585	3585
		T	3538—45	3520—40	3525—30	3525—30	3525—30
		B	3460	3450—55	3440—50	3430—50	3440—50
	d	D	2660; (2590); 2535	—	—	nicht verm.	2639; 2520
		T	2675; (2605); 2550	nicht verm.	2640; 2540	2640—50; 2530—40	nicht verm.
		K	2678; (2608); 2565	2650; 2535	2650; 2530—60	2650; 2550	2640; 2540
ν C = O	m	D	1768	1768—70	1768	1768	1765—68
		T	1742—44	1752—57	1758	1758	1757
		B	1745	1740—45	1751	1749	1750
	d	D	1705	1714—20	1716—20	1722	1719
		T	1698	1704	1707—10	1711	1710
		B	1698	1698	1708	1709	1708
		K	1690—1700	1690—1700	1695	1690	1670—90
B	m	D	1350	1350	1350	1350	1350
		T	1352	nicht verm.	nicht verm.	nicht verm.	nicht verm.
(δ O — H)	d	D	(1387); 1418	(1390) —	(1387); 1420	(1380—1410); 1420	(1380—95); 1425
		T	1419	1419; 1440	1411	1410	1408
		K	1430	1380 1425; 1445	1418	1412	1412
A	m	D	1080—90	1070; 1115	1093	1090	1085
(ν C — O)	d	D	1285	1282	1270; 1288	1278	1275
		T	1290	1280	1267;	1270	1270
		K	1290	1280	1270;	1270;	1270
γ O — H	d	D	938	955	950	950	940—60
		T	936—40	922	925	920—30	—
		K	940	915	918	900	910

COOH-Schwingungen im Bereich 400—900 K

Im bisher wenig untersuchten KBr-Bereich liegen die Frequenzen von

a) der Winkelverformungsschwingung (in-plane) ∢O=C—OH bei 575—700 K [9],
b) der OH-Torsionsschwingung (out-of-plane) der cis- und trans-Form, die bei Ameisensäure zu 638 K (cis) bzw. 582 K (trans.) [8], [9], und bei Essigsäure (monomer) zu 538 K (trans) [9], [10] angegeben wird.

Zwar treten in unseren Spektren bei allen Säuren Absorptionen bei 573 K und 628—638 K auf, die von derartigen Schwingungen herrühren könnten, doch wurde von einer Zuordnung abgesehen, da in diesem Bereich auch die Absorptionen der Deformationsschwingungen des Benzolringes liegen.

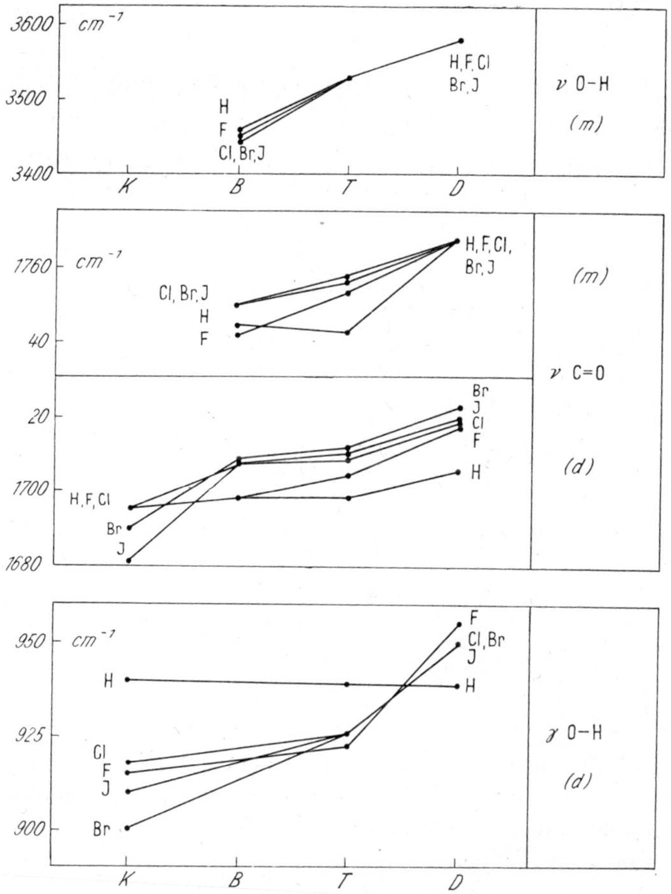

Abb. 4. Die Beeinflussung der COOH-Frequenzen durch den Aggregatzustand.

D Dampfphase
T gelöst in Tetra
B gelöst in Benzol
K im Kristallzustand

(m) monomer
(d) dimer

Frequenzänderungen beim Wechsel des Aggregatzustandes

Der physikalische Zustand der Carbonsäuren hat unmittelbaren Einfluß auf die Lage der Frequenzen, da er den Grad der Wechselwirkung der Moleküle mit ihrer Umgebung bestimmt. Deshalb werden die höchsten Frequenzen im Dampfzustand gemessen und erfahren dann in der Reihenfolge Dampf-Lösung-Kristall eine zunehmende Rotverschiebung, die am stärksten bei der ν OH-Frequenz der monomeren Moleküle ausgeprägt ist (130 K beim Phasenwechsel Dampf-Lösung), bei den anderen Frequenzen 20 · · · 30 K beträgt und die auch von der Halogensubstitution als ,,Umgebung" abhängig ist (Abb. 4). Eine Ausnahme zeigt Benzoesäure, deren γ OH-Frequenz beim Phasenwechsel Dampf-Kristall leicht und deren sekundäre ν OH-Frequenz im Bereich 2500—2700 K um 30 K zunimmt.

Frequenzänderungen durch die Assoziation

Obwohl die Doppelmolekülbildung nicht mit einer grundlegenden strukturellen Änderung der Einzelmoleküle verbunden ist, erfahren die COOH-Frequenzen

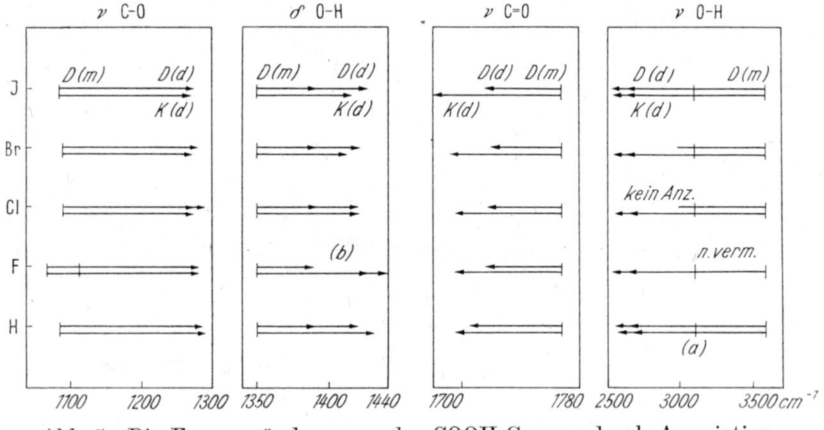

Abb. 5. Die Frequenzänderungen der COOH-Gruppe durch Assoziation.

D (m) Dampfphase, Säuren im monomeren Zustand
D (d) Dampfphase, Säuren im dimeren Zustand
K (d) kristallin, Säuren im dimeren Zustand

durch die *zwischenmolekulare* Assoziation erhebliche Frequenzverschiebungen. Gegenüber den entsprechenden Frequenzen der monomeren Moleküle zeigen die Frequenzlagen der dimeren Säuremoleküle — wenn beide auf den Dampfzustand bezogen werden — im Falle der

ν C—O	Schwingung	eine Frequenzerhöhung	von	180 K	
γ O—H	,,	,, ,,	,,	65 K	
ν C=O	,,	,, Frequenzabnahme	,,	50 K	
ν O—H	,,	,, ,,	,,	500 K	(Abb. 5)

an. In Übereinstimmung mit FLETT [3] ist eine entgegengesetzte Beeinflussung der ν C—O u. δ O—H Schwingung gegenüber der ν C=O u. ν O—H Schwingung erkennbar. Außerdem ist bemerkenswert, daß die angegebenen Differenzen erhalten bleiben, sowohl beim Übergang vom Dampf zum Kristallzustand (nur bei der ν C=O Schwingung tritt eine Frequenzabnahme um 20 K auf) als auch bei der Halogensubstitution, woraus auf einen ähnlichen Bau der Doppelmoleküle, d. h. auf eine Assoziation zu einer ebenen Ringstruktur unter Bildung zweier O—H···O Brücken analog dem dimeren Benzoesäuremolekül geschlossen werden kann.

Eine *innermolekulare* Assoziation etwa beim monomeren Benzoesäuremolekül zwischen dem Hydroxylwasserstoff und dem Carbonylsauerstoff oder beim monomeren o-Fluorbenzoesäuremolekül zwischen dem Hydroxylwasserstoff und dem Halogen ist wegen der gleichzeitigen Anwesenheit von Doppelmolekülen nicht nachweisbar. Die im Spektrum der o-Fluorbenzoesäure auftretenden Abweichungen gegenüber den anderen Säuren (im Dampfzustand fehlt die ν C—O Absorption bei 1090 K, dafür treten zwei Absorptionen bei 1070 und 1150 K auf, keine δ O—H Absorption bei 1420 K; Abb. 3) bedürfen vor einer endgültigen Deutung noch weiterer Untersuchungen.

Der Einfluß der Halogensubstitution

Im monomeren Zustand werden gegenüber Benzoesäure die COOH-Frequenzen durch die Halogensubstitution kaum geändert, nur bei der o-Fluorbenzoesäure ist die ν C—O Bande stark verschoben bzw. zweideutig. Bei den dimeren Molekülen dagegen treten verschiedenartige Frequenzänderungen gegenüber den entsprechenden Frequenzen des dimeren Benzoesäuremoleküls auf, die zudem noch vom Aggregatzustand abhängig sind (Abb. 6).

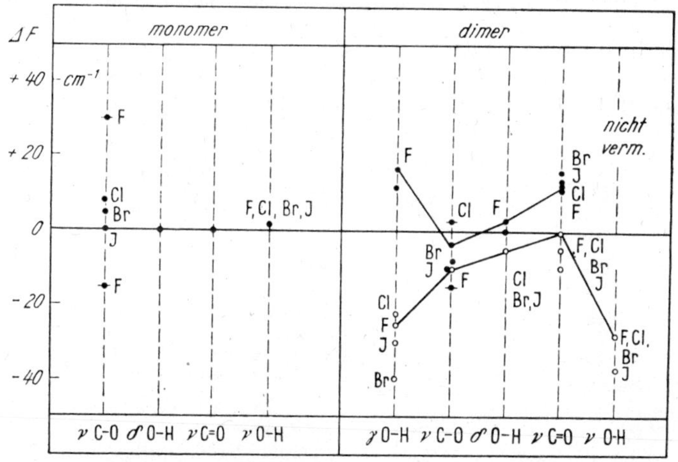

Abb. 6. Der Einfluß der Halogensubstitution (Frequenzänderungen. der o-Halogenbenzoesäuren gegenüber Benzoesäure).

○ kristallin ● Dampfphase -●- Aufspaltung

Während im Dampfzustand Frequenzerhöhungen (11—16 K bei der γ O—H u. ν C=O Schwingung) und -erniedrigungen (4—15 K bei der ν C—O Schwingung) gemessen werden, finden im Kristallzustand nur Frequenzabnahmen statt um

22—40 K bei der	γ O—H	Schwingung	
10—20 K „ „	ν C—O	„	
5—20 K „ „	δ O—H	„	
0—10 K „ „	ν C=O	„	
28—37 K „ „	ν O—H	„	(sek. Absorption),

wobei meist die Reihenfolge F < Cl < Br < J eingehalten wird. Eine Frequenzerhöhung der ν C=O Schwingung durch die el. negativen Substituenten [3] ergibt sich somit nur für die dimeren Halogenbenzoesäuremoleküle im Dampfzustand.

Erfurt, Phys. Labor der Med. Akademie

Literatur

[1] Dunken, H., Palm, K., Z. Chemie **2** (1961) 53.
[2] Palm, K., Dunken, H., Z. Phys. Chem. (1961), im Druck; Z. Naturforschung **16b** (1961) 350.
[3] Flett, M., J. Chem. Soc. 962 (1951).
[4] González-Sánchez, F., Spectrochim. Acta **12** (1958) 12.
[5] Hadži, D., Sheppard, N., Proc. Roy. Soc. A **216** (1953) 247.
[6] Hadži, D., Pintar, M., Spectrochim. Acta **12** (1958) 162.
[7] Hadži, D., Jeremic, Spectrochim. Acta **9** (1957) 263.
[8] Millikan, R., Pitzer, K. S., J. Chem. Phys. **27** (1957) 1305.
[9] Miyazawa, R., Pitzer, K. S., J. Chem. Phys. **30** (1959) 1076.
[10] Weltner, W., J. Am. Chem. Soc. **77** (1955) 3941.
[11] Thomas-Orville, W. J., Disc. Faraday Soc. **9** (1950) 339; Research London **15** (1956) 815.
[12] Sverdlov, I. M., Dokl. Akad. Nauk. SSSR **91** (1953) 503.
[13] Wilmhurst, I. K., J. Chem. Phys. **25** (1956) 478, 1171.
[14] Kagarise, R. E., J. Chem. Phys. **27** (1957) 519.

R. RITSCHL und A. RÖSELER, Berlin

Die Infrarotabsorption von dotierten Germanium- und Silizium-Einkristallen

Die Grundgitterabsorption erfolgt durch Anregung von Elektronen aus dem Valenz- in das Leitungsband des Kristalls. Für Germanium sind im Bereich der Absorptionskante auf Grund der Bänderstruktur direkte und indirekte Band-Band-Übergänge möglich. Bei den direkten optischen Übergängen bleibt wegen der Auswahlregel die Wellenzahl k der Elektronenwellen erhalten und der Übergang erfolgt an der Stelle $k = 0$ in das 0,8 eV ($\lambda = 1{,}54\,\mu$) vom Valenzband entfernte Leitungsbandminimum. Beim indirekten optischen Übergang gelangen die Ladungsträger in das 0,66 eV vom Valenzband entfernte Leitungsbandminimum unter Wechselwirkung mit den Phononen des Kristallgitters. Die Grenze des Siliziums für direkte Übergänge liegt bei 2,5 eV ($\lambda = 0{,}494\,\mu$) und für indirekte Übergänge bei 1,09 eV ($\lambda = 1{,}13\,\mu$). Im daran anschließenden langwelligen Spektralbereich wird die Absorption durch die Beschleunigung der Ladungsträger im Band hervorgerufen. Die Rechnung ergibt folgenden Zusammenhang mit den Kristalldaten:

$$K = \frac{e^3}{\pi\, n\, c^3} \cdot \sum_i \frac{N_i}{m_i^2 \cdot \mu_i} \cdot \lambda^2 \cdot \left[\frac{4\sqrt{2\pi}}{9\pi} \cdot \left(\frac{h\,\nu}{K\,T}\right)^{\frac{1}{2}}\right].$$

K = Absorptionskonstante
e = Elektronenladung
n = Brechungsindex
c = Lichtgeschwindigkeit
N_i = Ladungsträgerzahl der Art i
m_i = Effektive Masse der Art i
μ_i = Beweglichkeit der Art i
λ = Wellenlänge
h = PLANCKsches Wirkungsquantum
ν = Frequenz
k = BOLTZMANN-Konstante
T = Temperatur.

Die eckige Klammer enthält die quantenmechanische Korrektur von FAN [1] und bewirkt einen Anstieg der Absorption proportional zu $\lambda^{3/2}$ anstatt mit λ^2, wie es die klassische Formel angibt. Dem Absorptionskontinuum der freien Ladungsträger sind die Gitterschwingungen und die Schwingungen von Molekülen im Kristall (SiO_2, GeO_2) überlagert. Als weitere Absorptionsursache kommen Verunreinigungen mit Niveaus in der verbotenen Zone in Betracht.

Die Kristalle wurden aus in [111] — Richtung nach dem Czochralski-Verfahren gezüchteten Einkristallen — bis auf eine Ausnahme — senkrecht zur Ziehachse herausgetrennt. Die Germaniumproben hatten die Abmessungen 3,0 × 0,8 × 0,4 cm, während die Siliziumproben 1,5 × 0,8 × 0,4 cm groß waren. Die Messungen wurden bei 293 °K durchgeführt. Die Kristalle waren mit Bor bzw. mit Antimon dotiert.

Die Absorption im Ausläufer der Grundgitterabsorption wurde für n-leitendes Germanium im Wellenlängengebiet von 1,84 μ bis 2,4 μ gemessen. Die Absorption fällt bis etwa 2 μ stark ab und bleibt dann annähernd konstant. Bei den am Rande und in der Mitte durchgemessenen Einkristallen ist die Absorption am Rande größer als in der Mitte (Abb. 1).

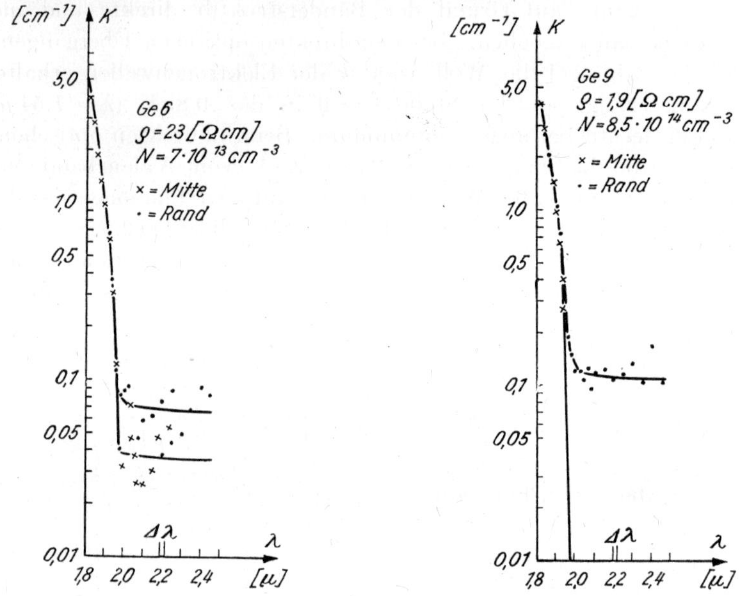

Abb. 1. Die Ausläuferabsorption von n-leitendem Germanium.

Vergleicht man die Absorption für $\lambda = 2{,}2\ \mu$ mit den theoretisch zu erwartenden Werten, so zeigt das Verhältnis von $\frac{K_{\text{exp.}}}{K_{\text{theor.}}}$ eine Abhängigkeit von der Ladungsträgerzahl N (Abb. 2).

Die Kristalle sind aus verschiedenen Einkristallen herausgeschnitten worden. Der fast eigenleitende Kristall ($N = 3{,}7 \cdot 10^{13}\ \text{cm}^{-3}$) ist polykristallin. Ein Meßpunkt weicht bei $N = 5{,}5 \cdot 10^{14}\ \text{cm}^3$ stark ab. Dieser Kristall zeigt in der Ausläuferabsorption ein von den anderen Kristallen abweichendes Verhalten. Obwohl nur zehn Kristalle vermessen wurden, ist zu vermuten, daß die oben angegebene Formel für kleine Trägerkonzentrationen den Absorptionsmechanismus nicht mehr vollständig erfaßt.

Im langwelligen Teil des Spektrums sind dem Kontinuum der freien Ladungsträger Banden des Gitters und GeO_2 überlagert (Abb. 3).

Im Bereich von 2,5 μ bis 10 μ ist die Absorption zu klein, um unter den vorliegenden Bedingungen mit dem Spektralphotometer UR 10 gemessen zu werden. Die Kristalle Ge 4 bis 9 zeigen bei $\lambda = 12{,}5\,\mu$ eine Bande, die nach KAISER,

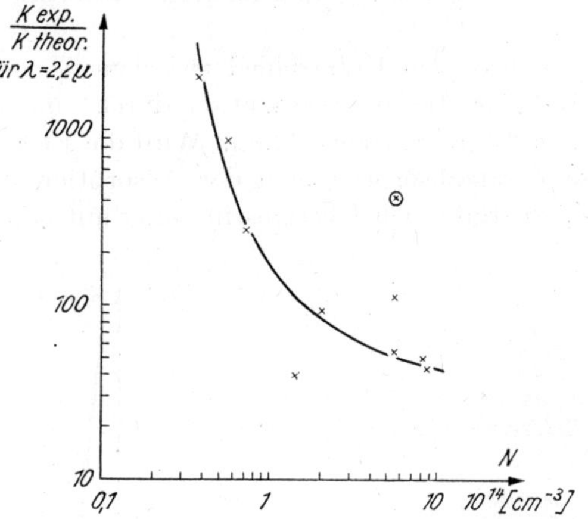

Abb. 2. Das Verhältnis von $\frac{K_{\text{exp.}}}{K_{\text{theor.}}}$ in Abhängigkeit von der Elektronenkonzentration.

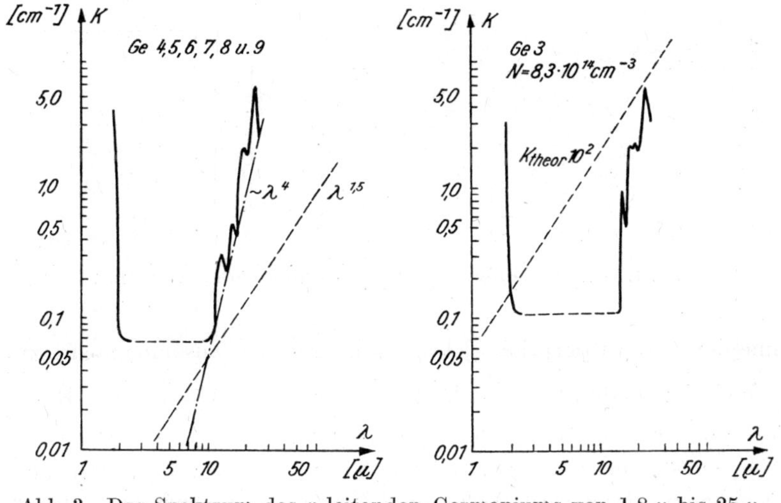

Abb. 3. Das Spektrum des n-leitenden Germaniums von 1,8 μ bis 25 μ.

KECK und LANGE [2] aus drei Komponenten besteht, deren eine bei 11,6 μ dem GeO_2 (GeO_2 hat Banden bei $\lambda = 11{,}5\,\mu$ und 18 μ) zugeordnet wird. Die Bande bei 18 μ im Spektrum des Ge können ebenfalls zum GeO_2 gehören. Diese Kristalle Ge 4 bis 9 zeigen trotz verschiedener Elektronenkonzentrationen alle das gleiche Spektrum. Beim Kristall Ge 3 fehlt die Bande bei 12,5 μ, während bei einer fast eigenleitenden polykristallinen Probe auch noch die Bande bei 15 μ ausfällt. Die Absorption steigt viel stärker als mit $\lambda^{3/2}$ an. Eventuell überlappen sich die Banden so, daß ein stärkerer Anstieg vorgetäuscht wird. Quantitativ unterscheiden sich die theoretische und experimentelle Absorption um ungefähr den Faktor 10^2.

Kessler [3], [4] deutet den Unterschied zwischen Theorie und Experiment im kurzwelligen Teil der Ausläuferabsorption durch eine unselektive Zusatzabsorption, die bis zu 2 cm^{-1} betragen kann. Wird die Elektronenkonzentration so groß, daß diese Zusatzabsorption von der Absorption freier Ladungsträger überschritten wird, so ergibt sich Übereinstimmung mit der Theorie. Wenn die

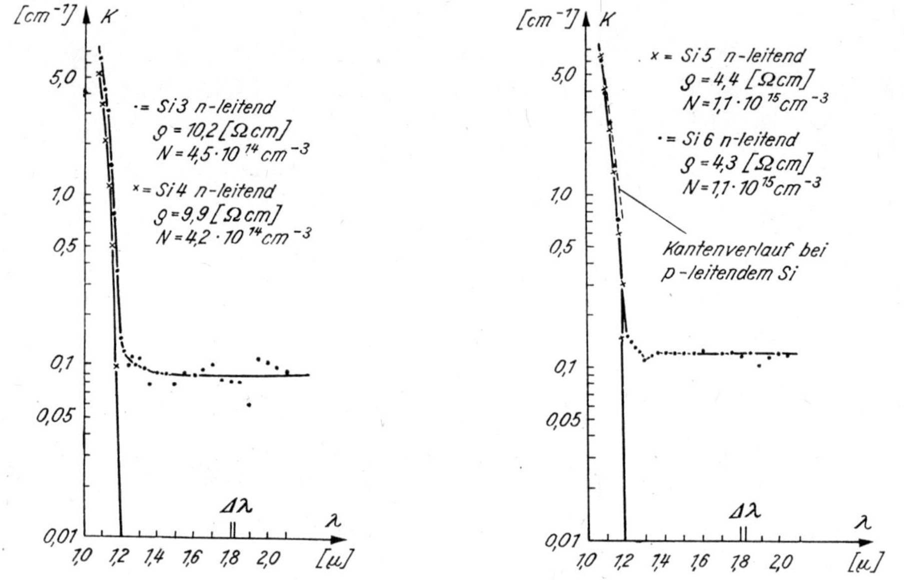

Abb. 4. Die Ausläuferabsorption des n-leitenden Siliziums.

Annahme der Zusatzabsorption richtig ist, sollte kein Zusammenhang zwischen $\frac{K_{\text{exp.}}}{K_{\text{theor.}}}$ und der Ladungsträgerzahl N existieren und Theorie und Experiment übereinstimmen, wenn bei genügend großer Wellenlänge die Absorption von $K = 2$ cm^{-1} überschritten wird. Das ist aber nicht der Fall. Der vermutete Zusammenhang zwischen Absorption und Versetzungsliniendichte hat sich nicht bestätigt.

Die Ausläuferabsorption des Siliziums wurde im kurzwelligen Teil 1,05 μ bis 2,1 μ gemessen. Bei den n-leitenden Siliziumproben ist für je zwei unmittelbar benachbart aus dem Einkristall herausgeschnittene Proben die Absorption des einen Kristalls für längere Wellen konstant, während die des anderen ab 1,2 μ unmeßbar klein wird (Abb. 4).

Es ist unwahrscheinlich, daß die unterschiedlichen Spektren der zusammengehörenden Kristalle durch die Orientierung hervorgerufen werden. Die p-leitenden Probenpaare zeigen kein unterschiedliches Spektrum. Die Ladungsträgerkonzentration ist allerdings auch zehnmal größer, als die der n-leitenden Proben. Der p-leitende Kristall Si 12, der 40 mm lang ist und parallel zur [111] Richtung (Ziehrichtung) geschnitten wurde, zeigt an beiden Enden ein unterschiedliches Spektrum, wie es die n-leitenden Probenpaare haben (Abb. 5).

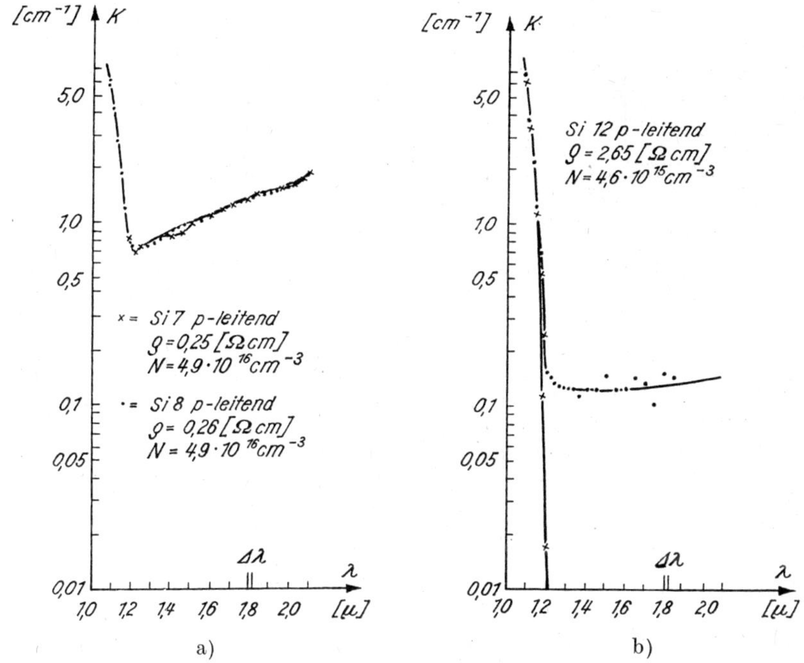

Abb. 5. Die Ausläuferabsorption des p-leitenden Siliziums.

· Am Rande gemessen × In der Mitte gemessen

Hier ist jedoch ein Orientierungseffekt mit Sicherheit auszuschließen. Bei 1,3 μ zeigen einige Kristalle eine geringe Einsattelung im Spektrum.

Im langwelligen Teil der Spektren wächst die Absorption der freien Ladungsträger proportional zu $\lambda^{3/2}$, in Übereinstimmung mit der Theorie (Abb. 6).

Diesem Kontinuum überlagern sich beim n-leitenden Silizium die Banden der Gitterschwingungen. Die Banden bei 8,9 μ und 19,5 μ werden dem Sauerstoff im Silizium ($Si\,O_2$) (2, 5, 6) zugeordnet. Die Absorption des p-leitenden Siliziums wurde nur bis 7 μ gemessen, so daß die Gitterschwingungen noch nicht zu sehen sind. Die Kristalle 7 bis 10 zeigen bei 3,5 μ eine Einsattelung im $\lambda^{3/2}$-Kontinuum und Si 9 außerdem noch eine bei 4,5 μ. Auch bei den Siliziumkristallen zeigt

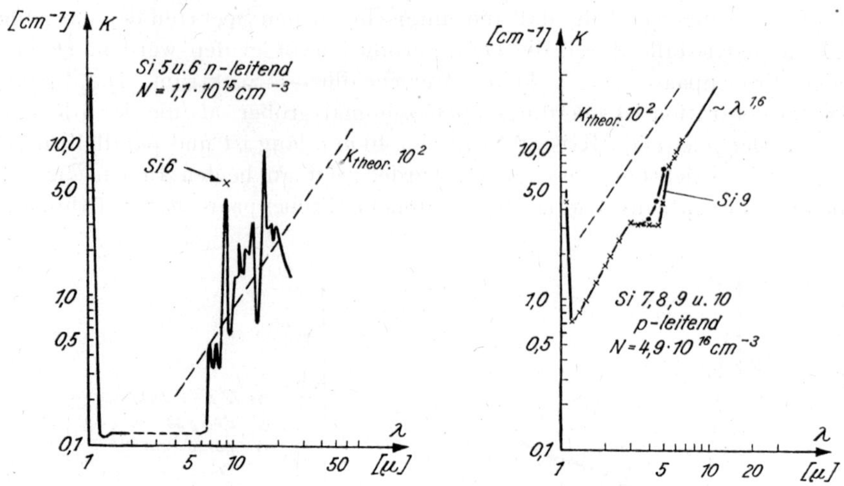

a) b)

Abb. 6. a) Das Spektrum des n-leitenden Siliziums von 1 μ bis 25 μ.
b) Das Spektrum des p-leitenden Siliziums von 1 μ bis 7 μ.

sich eine Abhängigkeit des Verhältnisses $\frac{K_{\text{exp.}}}{K_{\text{theor.}}}$ von der Ladungsträgerzahl N, ähnlich wie Germanium (Abb. 7).

Diese Abhängigkeit ist auch im langwelligen Teil des Spektrums zu beobachten, aber quantitativ wegen der überlagerten Banden nicht anzugeben.

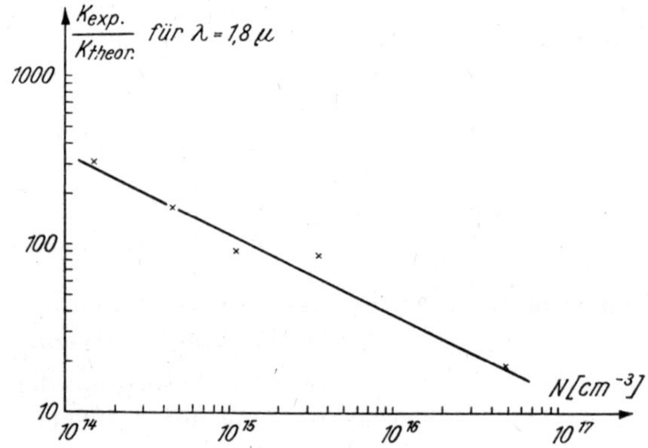

Abb. 7. Das Verhältnis von $\frac{K_{\text{exp.}}}{K_{\text{theor.}}}$ in Abhängigkeit von der Ladungsträgerkonzentration (n- und p-leitend).

Zusammenfassung

An Silizium- und Germanium-Einkristallen wurde die Absorption vom Ausläufer der Grundgitterabsorption bis zur Wellenlänge $\lambda = 25\,\mu$ gemessen. Die Kristalle sind mit Bor bzw. Antimon dotiert. Für n-leitendes Germanium ist die Absorption im Ausläufer am Rande größer als in der Mitte und läßt keinen unmittelbaren Zusammenhang mit der Leitfähigkeit der Kristalle erkennen. Das Verhältnis der theoretischen und gemessenen Absorption zeigt einen Gang mit der Konzentration der Ladungsträger. Im langwelligen Spektralbereich bis $25\,\mu$ steigt die Absorption nicht mit $\lambda^{3/2}$ an, wie es die Theorie fordert. Dem Kontinuum der freien Ladungsträger sind Banden des Gitters und Ge O_2 überlagert. Quantitativ unterscheiden sich die gemessene und theoretische Absorption um etwa den Faktor 10^2. Beim n-leitenden Silizium treten charakteristische Unterschiede in der Ausläuferabsorption für zwei benachbart aus einem Einkristall herausgeschnittene Proben auf. Im langwelligen Teil des Spektrums steigt die Absorption der freien Ladungsträger in Übereinstimmung mit der Theorie für n- und p-leitendes Material proportional zu $\lambda^{3/2}$ an. Diesem Kontinuum sind die Gitterschwingungen und die des SiO_2 überlagert. Das p-leitende Silizium zeigt Absorptionsminima bei $\lambda = 3{,}5\,\mu$ und $4{,}5\,\mu$ im Kontinuum der freien Ladungsträger. Quantitativ liegt der Unterschied zwischen Theorie und Experiment in der gleichen Größenordnung wie beim Germanium. Das Verhältnis der gemessenen zur theoretischen Absorption zeigt unabhängig vom Leitungstyp eine lineare Abhängigkeit von der Ladungsträgerzahl. Die Arbeit wurde durchgeführt im Rahmen eines Forschungsvertrages mit dem damaligen Carl-von-Ossietzky-Werk, Teltow, von dem die Ge- und Si-Kristalle zur Verfügung gestellt wurden.

Berlin-Adlershof, Institut für Optik und Spektroskopie der DAdW

Literatur

[1] Fan, H. Y., Rep. Progr. Phys. **19** (1956) 107.
[2] Kaiser, W., Keck, P. H. u. Lange, C. F., Phys. Rev. **101** (1956) 1264.
[3] Jaumann, J. u. Kessler, R., Z. f. Naturforschg. **11a** (1956) 387.
[4] Kessler, R. u. Riccius, D., Z. f. Naturforschg. **12a** (1957) 443.
[5] Green, C. E., Hogarth, C. A., Johnson, F. A., J. of Electronics and Control **3** (1957) 171.
[6] Kaiser, W. u. Keck, P. H., J. appl. Phys. **28** (1957) 882.

M. ZÁVĚTOVÁ, Prague

Optical properties of single crystals of CdSb and Zn_x $Cd_{1-x}Sb$ solid solutions in infrared

Introduction

In our institute there are made complex investigations of the $Zn_xCd_{1-x}Sb$ solid solutions. At first the solidus and liquidus lines were determined by means of thermal analysis. The single crystals were grown either by modified Czochralski method, or by free crystallization. The exact atomic positions were calculated as a function of composition. An interpretation based on the Pauling's theory of chemical bond, of the dependence of interatomic distances on composition was proposed. The measurements of electrical conductivity, Hall constant, thermoelectric power and optical measurements were carried out. We have reported these investigations on the International Conference on Semiconductors, Prague 1960 [1], [2].

Optical arrangement

Turner et al [3], [4] measured also optical properties of single crystals of CdSb. They observed optical transmission to beyond 30 μ and measured infrared absorption edge at 300 °K and 78 °K. They did not observe any anisotropy.

Fig. 1. Germanium polarizer.

Because the crystals of this system have three crystallographically unequivalent axes it can be expected that also the optical properties may show a certain anisotropy. For this case we turned our attention to clear up this question.

We measured on optically polished planeparallel samples cut from the single crystals in directions perpendicular to the axis *a*, *b*, *c*. The samples were 0,03 cm thick.

At first we made orientation measurements in the range 2—25 μ on the Zeiss UR—10 monochromator and we found that the samples have optical transmission to beyond 25 μ.

Further we have studied infrared absorption edges by means of following arrangement. The radiation from the Soviet monochromator IKS—12, where the NERNST filament lamp was used as the source, was interrupted by a chopper (63 cycles/s) and polarized by the germanium polarizer, then transmitted through the sample and detected by means of a PbS photoresistance. The output of the PbS detector was amplified and measured by the MARCONI wave analyzer. On the Fig. 1 the picture of the polarizer is shown. The LiF lens made the beam parallel; after two reflections on the two germanium mirrors under the BREWSTER angle (76°) the percent polarization was greater than 99% [5]. The two aluminium mirrors shifted the beam so that it remained in the optical axis of the polarizer.

At each wavelength we measured the signal with and without the sample and were interested in their ratio (that means transmission) only.

Experimental results

It was necessary to reduce the results of measurements on different samples to the same maximum transmission, in order to eliminate the undesirable influence of scattering inside the sample and on its surfaces.

On the left side of Fig. 2 the splitting of absorption edge into three edges, corresponding to the radiation polarized in the *a*, *b*, *c* directions of *E* vector, is shown for the case of CdSb. On the right side the influence of Zn content on the position of the particular edges may be seen. The set of three curves denoted by *a*, *b* and *c* corresponds to the dependence of relative transmission on wavelength for the respective direction of *E* vector the curves being plotted for 0, 19 and 25% content of ZnSb. We observed in the case of the *b* and *c* edges the tendency to displace towards shorter wavelengths with increasing Zn content, whereas the *a* edge shifts towards longer wavelengths.

Reflection measurements were performed on thick samples prepared from the same single crystal as the samples for transmission measurements were. Using polarized light we did not observe dependence on the direction of polarization (the error in determination R was $\pm 5\%$). With natural light we found the value of R (equal 42%) in the wavelength range of interest (1—3 μ) practically constant. This approximate value of R was used when calculating the absorption constant K. We carried through these calculation to get some idea about the process of absorption.

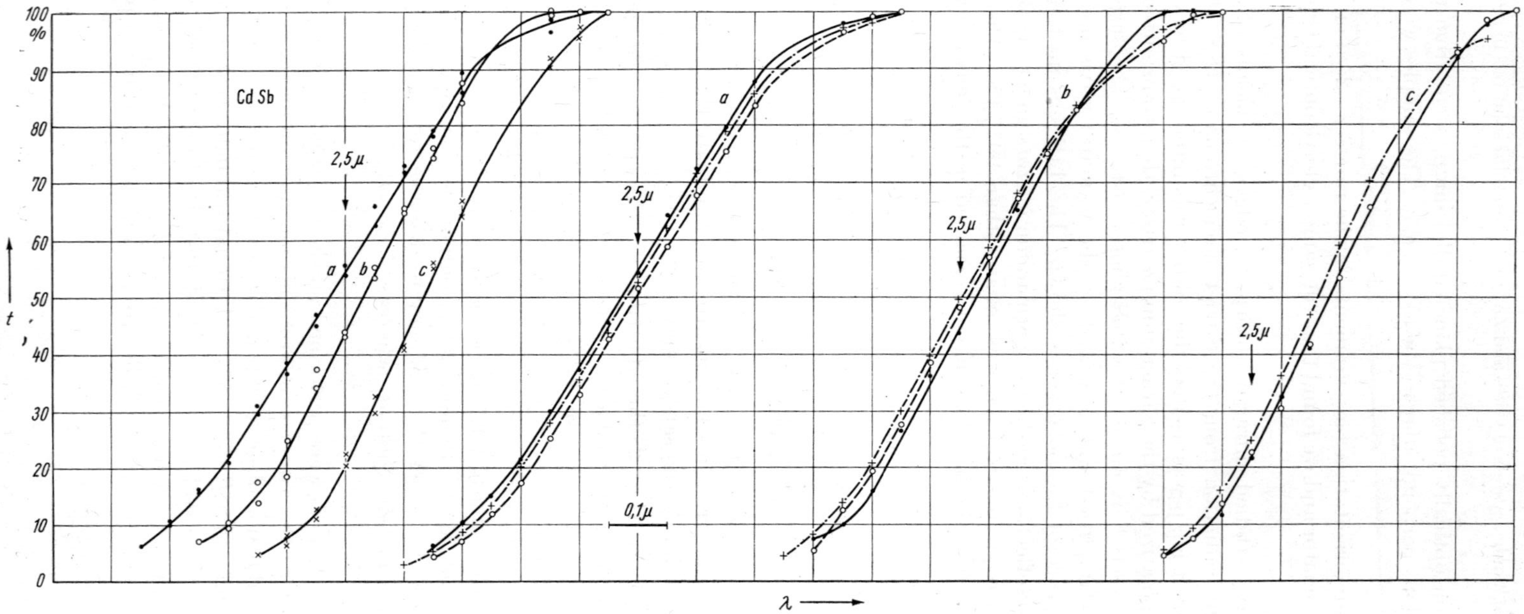

Fig. 2. (left) Transmission of CdSb samples measured with radiation polarized in the direction *a, b, c*; (right) shift of the edges *a, b, c* of the system $Zn_x\,Cd_{1-x}\,Sb$, with increasing content of Zn: . — . x = 0; 0—0 x = 0,19; + — + x = 0,25

The dependence of K vs. $h\nu$ is plotted for the three edges in Fig. 3. A linear dependence $K^{1/2}$ vs. $h\nu$ holds for the edges b and c; for the edge a we get a linear plot taking $K^{1/3}$ vs. $h\nu$. This would mean according to the theory [6] that all the absorption edges correspond to indirect transitions; in the case of edges b, c the direct transitions being allowed, in the case of the edge a the direct transitions being forbidden. We estimated E_g and Θ_b, Θ_c from the relation $K \sim \frac{(h\nu - E_{g_1} + k\Theta_{bc})^2}{e^{\frac{\Theta_{b,c}}{T}} - 1}$ and found the energy gap $E_g = 0{,}423$ eV and the respective temperatures of phonons $\Theta_b = 102$ °K, $\Theta_c = 56$ °K. For a less perfect single crystal we found different values of Θ_b and Θ_c, but the value of E_g was very close to the former one (0,427 eV). It is possible that this difference is caused by larger scattering of light in the less perfect sample.

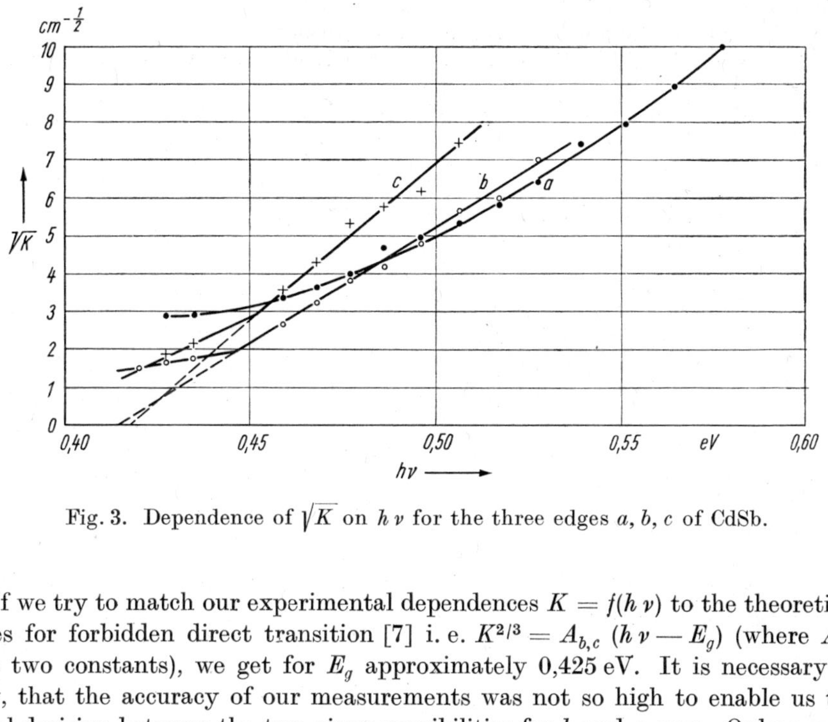

Fig. 3. Dependence of $\sqrt{K}$ on $h\nu$ for the three edges a, b, c of CdSb.

If we try to match our experimental dependences $K = f(h\nu)$ to the theoretical ones for forbidden direct transition [7] i. e. $K^{2/3} = A_{b,c}\,(h\nu - E_g)$ (where $A_{b,c}$ are two constants), we get for E_g approximately 0,425 eV. It is necessary to say, that the accuracy of our measurements was not so high to enable us the final decision between the two given possibilities for b and c axes. Only a very thorough analysis of our results gave a slight indication, that the former one si more probable.

The values found for E_g are in all cases lower than that measured by TURNER et al [4] and than that one calculated from the measurements of temperature dependence of electrical conductivity [2]. Our investigations on optical properties of this system are continued.

Acknowledgements

I wish to thank Dr. J. Tauc and Dr. M. Křížek for continuous interest and valuable discussions, ing. K. Šmirous for preparing single crystals and Dr. K. Toman for orientation of the samples.

Prague, Institute of Technical Physics of Czech. Acad. of Sciences

References

[1] Mikšovský, M., Šmirous, K., Toman, K., Proc. Int. Conference on Semiconductors, Prague 1960.
[2] Štourač, L., Tauc, J., Závětová, M., Proc. Int. Conference on Semiconductors, Prague 1960.
[3] Turner, W. J., Fischler, A. S., Reese, W. E., J. Electrochem. Soc. **106** (1959) 2060.
[4] Turner, W. J., Fischler, A. S., Reese, W. E., Proc. Int. Conference on Semiconductors, Prague 1960.
[5] Edwards, D. F., Bruemmer, M. J., JOSA **49** (1959) 860.
[6] Bardeen, J., Blatt, F. J., Hall, L. H., Photoconductivity Conference. J. Willey, New York 1956, p. 146.
[7] Dresselhaus, G., Phys. Rev. **105** (1957) 135.

T. A. HOFFMANN, Budapest

Die physikalischen Grundlagen des Phototrons

In den letzten Jahren entstanden auf den immer größer werdenden Zwang der Nachrichtentechnik nach rauschärmeren Verstärkern die sogenannten Molekularverstärker. Diese Verstärker benutzen im Gegensatz zu den klassischen Verstärkern, wie Elektronenröhren und Transistoren usw., nicht die Umwandlung der potentiellen und kinetischen Energie der Elektronen, sondern die Wechselwirkung von elektromagnetischer Strahlung und Gesamtenergiezustand der Materie unmittelbar.

Die Basis dieser Art der Verstärkung liegt in den EINSTEINschen Vorstellungen der Emission und Absorption von Strahlung. Zwischen zwei Energieniveaus im Abstand ΔE sind Übergänge möglich, die mit einer Emission bzw. einer Absorption von elektromagnetischer Strahlung der Frequenz

$$\nu = \frac{\Delta E}{h} \tag{1}$$

verbunden sind. Mit dieser Frequenz gibt es drei Prozesse: Absorption, spontane Emission und induzierte Emission. Bei der Absorption geht ein Elektron von dem niedrigeren Niveau zum höheren über, bei den zwei Emissionsprozessen ein Elektron von dem höheren zum niedrigeren. Bei jedem dieser Prozesse ist die Wahrscheinlichkeit des Prozesses, also die Intensität, der Anzahl der Elektronen an dem ausgehenden Niveau proportional. Bei der spontanen Emission ist die Übergangswahrscheinlichkeit noch von der Beschaffenheit der beiden in Betracht kommenden Niveaus abhängig, aber von allen äußeren Umständen unabhängig. Bei der Absorption und der induzierten Emission ist dagegen die Übergangswahrscheinlichkeit auch der Energiedichte der anwesenden Strahlung von derselben Frequenz, ν, und von derselben Polarisation proportional.

Die Anzahl der Elektronen am unteren Niveau sei n_1, die am oberen Niveau n_2, die anwesende Strahlungsdichte der Frequenz ν u_ν. So ergibt sich für die Anzahl der Übergänge pro Sekunde der drei Prozesse:

für die Absorption:	$B\, n_1\, u_\nu$,
für die induzierte Emission:	$B\, n_2\, u_\nu$,
für die spontane Emission:	$A\, n_2$,

wo A und B die EINSTEINschen Übergangskoeffizienten sind.

Die spontane Emission erfolgt inkohärent, die Absorption und die induzierte Emission aber kohärent zur induzierenden Strahlungsdichte. Bei der Verstärkung im Mikrowellenbereich benützen wir nur den kohärenten Anteil der Emission und der inkohärente Anteil liefert nur das Geräusch. Da in jedem Übergang $h\nu$ Energie absorbiert oder emittiert wird, gilt für die kohärent ausgestrahlte Leistung pro Volumeneinheit

$$P_e = h\,B\,(n_2 - n_1)\,u_\nu\,\nu \tag{2}$$

und für die inkohärente Rauschleistung pro Volumeneinheit

$$P_r = h\,A\,n_2\,\nu\,. \tag{3}$$

Aus Formel (2) sieht man, daß eine Verstärkung nur im Falle

$$n_2 > n_1 \tag{4}$$

auftreten kann, wenn also, im Gegensatz zum thermischen Gleichgewicht, die Besetzung des höheren Niveaus höher als die des niedrigeren ist; und zwar ist die Verstärkung um so größer, je größer die Differenz $n_2 - n_1$ ist.

Im thermischen Gleichgewicht an der absoluten Temperatur T gilt

$$n_2 = n_1\,e^{-\frac{\Delta E}{kT}} = n_1\,e^{-\frac{h\nu}{kT}}\,, \tag{5}$$

also immer

$$n_2 < n_1\,. \tag{6}$$

Mit Rückblick auf Formel (5) nennt man daher manchmal in der Literatur den zur Ungleichung (4) zugeordneten Zustand den zu einer negativen Temperatur gehörigen Zustand. Diese Benennung ist aber schon deshalb inkorrekt, weil diese Zustände niemals Gleichgewichtszustände, sondern nur transiente Zustände sind, die mit einer beständigen Lieferung der Energie oder anderswie aufrechterhalten werden können.

Hier werden wir aus den vielen Möglichkeiten der Herstellung einer solchen negativen Temperatur nur das Prinzip des 3-Niveau-Molekularverstärkers besprechen. Benennen wir die drei in Betracht kommenden Energieniveaus nach wachsender Energie 1, 2, 3, die Besetzungszahlen der entsprechenden Niveaus mit n_1, n_2, n_3, die zur Energiedifferenz der entsprechenden Niveaus gehörenden Frequenzen mit $\nu_{13}, \nu_{12}, \nu_{23}$, ferner die Einsteinschen Übergangskoeffizienten mit B_{13}, B_{12}, B_{23} und A_{13}, A_{12}, A_{23}, so gelten die folgenden Zusammenhänge für die absorbierte Pumpleistung der Frequenz ν_{13}, P_p, für die verstärkte Signalleistung der Frequenz ν_{23}, P_e, und Rauschleistung der Frequenz ν_{23}, P_r:

$$P_p = h\,B_{13}\,(n_1 - n_3)\,u_{\nu_{13}}\,\nu_{13}\,, \tag{7}$$

$$P_e = h\,B_{23}\,(n_3 - n_2)\,u_{\nu_{23}}\,\nu_{23}\,, \tag{8}$$

$$P_r = h\,A_{23}\,n_3\,\nu_{23}\,. \tag{9}$$

Hier haben wir angenommen, daß $\nu_{23} \neq \nu_{12}$ ist, ferner daß die ausgenützte Signalfrequenz ν_{23} ist, aber in ähnlicher Weise kann man auch die anderen Fälle, wo ν_{12} die Signalfrequenz, oder $\nu_{23} = \nu_{12}$ ist, diskutieren. $u_{\nu_{13}}$ und $u_{\nu_{23}}$ bedeuten hier die anwesende Strahlungsdichte der Pumpfrequenz bzw. der Signalfrequenz.

Für die Besetzungszahlen gelten in stationärer Arbeitsweise die folgenden Gleichungen

$$B_{13}(n_1 - n_3)\, u_{\nu 13} = B_{23}(n_3 - n_2)\, u_{\nu_{23}} + A_{23}\, n_3 + A_{13}\, n_3 , \tag{10}$$

$$B_{23}(n_3 - n_2)\, u_{\nu_{23}} + A_{23}\, n_3 = A_{12}\, n_2 , \tag{11}$$

$$B_{13}(n_1 - n_3)\, u_{\nu_{13}} = A_{13}\, n_3 + A_{12}\, n_2 . \tag{12}$$

(10), (11) und (12) sind natürlich nicht unabhängig voneinander z. B. die Addition von (10) und (11) liefert (12). Doch gibt es noch eine dritte unabhängige Gleichung für die drei Unbekannten n_1, n_2 und n_3 nämlich die Erhaltung der Gesamtelektronenzahl

$$n_1 + n_2 + n_3 = n = \text{const} . \tag{13}$$

Die Gleichungen (10), (11) und (13) kann man für n_1, n_2 und n_3 auflösen und mit diesen Werten P_e, P_r und P_p aus den Gleichungen (7), (8) und (9) bilden. Dies werden wir hier nur in einem Extremfall durchführen. Dieser Extremfall hat die folgenden Merkmale:

1. Der Übergang $1 \leftrightarrow 3$ sei erlaubt, ferner die Pumpleistung sei klein gegen die Sättigungsleistung, d. h.

$$B_{13}\, u_{\nu_{13}} \ll A_{13} . \tag{14}$$

2. Die zu verstärkende Signalleistung sei sehr gering gegen die Pumpleistung, d. h.

$$B_{23}\, u_{\nu_{23}} \ll B_{13}\, u_{\nu_{13}} . \tag{15}$$

3. Der spontane Übergang $3 \to 2$ habe eine kleine Wahrscheinlichkeit gegen die induzierte Emission, d. h.

$$A_{23} \ll B_{23}\, u_{\nu_{23}} . \tag{16}$$

4. Die spontane Übergangswahrscheinlichkeit $2 \to 1$ sei viel größer als die $3 \to 2$, d. h.

$$A_{12} \gg A_{23} . \tag{17}$$

Mit Beibehaltung der zwei größten Glieder in jeder der Gleichungen (10) und (11) vereinfacht sich unser Gleichungssystem und die Lösung desselben ist in diesem Falle

$$n_1 \approx n , \tag{18}$$

$$n_2 = \frac{B_{13}\, u_{\nu_{13}}}{A_{13}} \cdot \frac{n}{1 + \dfrac{A_{12}}{B_{23}\, u_{\nu_{32}}}} , \tag{19}$$

$$n_3 = \frac{B_{13}\, u_{\nu_{13}}}{A_{13}}\, n , \tag{20}$$

woraus wir mit denselben Näherungen für die Leistungen

$$P_p = n\,h\,\nu_{13}\,B_{13}\,u_{\nu_{13}}\,, \tag{21}$$

$$P_e = n\,h\,\nu_{23}\frac{A_{12}}{A_{13}}\cdot\frac{B_{13}\,u_{\nu_{13}}}{1+\dfrac{A_{12}}{B_{23}\,u_{\nu_{23}}}}\,, \tag{22}$$

$$P_r = n\,h\,\nu_{23}\frac{A_{23}}{A_{13}}\,B_{13}\,u_{\nu_{13}} \tag{23}$$

bekommen.

Jetzt müssen wir zwei Fälle unterscheiden. Ist die zu verstärkende Signalleistung nicht zu groß, so haben wir

$$A_{12} \gg B_{23}\,u_{\nu_{23}} \tag{24}$$

und wir können 1 in dem Nenner von (22) vernachlässigen. Somit bekommen wir aus (22)

$$P_e = n\,h\,\nu_{23}\frac{B_{13}\,u_{\nu_{13}}\,B_{23}\,u_{\nu_{23}}}{A_{13}}\,. \tag{25}$$

Dies besagt, daß wir eine Ausgangsleistung proportional der Signalleistung erreicht haben. Die Verstärkung hängt nach (21) von der Pumpleistung ab.

Im anderen Falle, wo die zu verstärkende Signalleistung groß ist, also

$$A_{12} \ll B_{23}\,u_{\nu_{23}}\,, \tag{26}$$

wird das andere Glied im Nenner von (22) vernachlässigt und somit

$$P_e = n\,h\,\nu_{23}\frac{A_{12}}{A_{13}}\,B_{13}\,u_{\nu_{13}}\,. \tag{27}$$

Dies hängt schon nicht von der Signalleistung ab, aber noch von der Pumpleistung. (27) stellt also die Sättigungsleistung des Systems dar.

Nun müssen wir die Fälle, wo die Pumpfrequenz im Mikrowellenbereich und wo sie im optischen Bereich ist, unterscheiden.

Wenn die Pumpfrequenz im Mikrowellenbereich ist ,— das ist der Fall der in der Literatur allgemein zitierten Molekularverstärker — sind größenordnungsgemäß alle drei Energieniveaus ungefähr in gleichem Abstand voneinander. Die Sättigungsleistung der zu verstärkenden Signalfrequenz ist dann ziemlich leicht erreichbar, also man kann die beiden Fälle (25) und (27) ermöglichen. Wenn wir das Signal-Rausch-Verhältnis betrachten, bekommen wir aus (25) und (23)

$$\frac{P_e}{P_r} = \frac{B_{23}\,u_{\nu_{23}}}{A_{23}}\,. \tag{28}$$

Aus dem thermischen Gleichgewicht können wir das Verhältnis B_{23}/A_{23} ausrechnen, woraus sich ergibt, daß dieses Verhältnis mit der dritten Potenz der Frequenz abnimmt. Das bedeutet, daß wir, mit Hinsicht auf das Signal-Rausch-Verhältnis, im Bereich der niedrigeren Frequenzen den günstigeren Fall haben.

Aus (27) und (23) bekommen wir ebenso für das Signal-Rausch-Verhältnis des im Sättigungsgebiet arbeitenden Molekularverstärkers

$$\frac{P_e}{P_r} = \frac{A_{12}}{A_{23}}. \tag{29}$$

Nach (17) ist also auch im Sättigungsgebiet das Signal-Rausch-Verhältnis groß.

Ist die Pumpfrequenz im optischen Bereich, die Signalfrequenz dagegen im Mikrowellenbereich — solche Apparate nennen wir Phototrone — so ist ν_{13} sehr groß gegenüber ν_{23}. In diesem Falle ist im allgemeinen A_{12} und A_{13} von derselben Größenordnung, die Sättigungsleistung der zu verstärkenden Signalfrequenz liegt also viel höher wie im vorigen Falle und ist kaum erreichbar. So müssen wir uns nur mit dem Fall der Gleichung (25) beschäftigen. Für das Signal-Rausch-Verhältnis ergibt sich wieder Gleichung (28), aber den Zähler dieses Bruches können wir viel größer machen als im vorigen Falle, da die Sättigungsleistung viel höher liegt. Somit ist es möglich, ein größeres Signal-Rausch-Verhältnis zu bekommen. Dies ist nur einer der Vorteile des Phototrons, doch werden wir uns im folgenden gleich mit dem Phototron beschäftigen und den Vergleich mit den anderen Molekularverstärkern verschieben.

Der Grundeffekt des Phototrons beruht am optischen Pumpen. Die ersten Arbeiten, die optisches Pumpen beschreiben, sind die Arbeiten von Kastler und seiner Mitarbeiter [1]. Mit ihrer Methodik ist ein Molekularverstärker als Frequenzstandard mit Na-Dampf gebaut worden. Die Pumpfrequenz war dabei die Resonanzfrequenz des Na-Dampfes, also im Sichtbaren.

Hier werde ich ein anderes Phototron beschreiben, das als Mikrowellenverstärker, Oszillator und auch als Modulator benutzt werden kann.

Als aktiven Stoff benutzen wir atomaren Wasserstoff. Werfen wir daher einen Blick auf die Aufspaltungsverhältnisse der Wasserstoffenergieniveaus. Wir interessieren uns hauptsächlich für den ersten erregten Zustand des Wasserstoffs. Abb. 1 zeigt die Aufspaltung des ersten erregten Zustandes in einem magnetischen Felde, nach der Diracschen Theorie mit dem Lamb-shift berechnet. Die Distanz des unaufgespalteten Niveaus vom Grundniveau ist 1216 Å, die Lyman-α-Linie im Wasserstoffspektrum. Diese Linie benutzen wir daher für das Pumpen. Die Auswahlregeln für Wasserstoff zeigen, daß bei der Absorption der Resonanzlinie das zum magnetischen Felde parallel linear polarisierte Licht Elektronon nur auf die fett ausgezogenen Energieniveaus liefert, während die dünn ausgezogenen Energieniveaus nur durch Licht bevölkert werden können, das in der dem magnetischen Felde senkrechten Ebene zirkular polarisiert ist. Wenn wir also die zum Pumpen benützte Lyman-α-Strahlung dem Magnetfelde parallel polarisieren, kann diese nur die durch die fetten Pfeile bezeichneten Übergänge gewährleisten, also nur die fett ausgezogenen Energieniveaus sind mit Elektronen bevölkert, die dünn ausgezogenen Niveaus aber sind ganz leer. Das ist ein großer Unterschied gegenüber dem mit Mikrowellen gepumpten Molekularverstärker, denn dort müssen wir die im thermischen Gleichgewicht durch Gleichung (5) gegebene Bevölkerungsunterschiede überkompensieren; d. h. die Besetzungszahlen zu invertieren: ein im thermischen Gleichgewicht mehr bevölkertes unteres Niveau muß durch die Einstrahlung weniger bevölkert werden als ein anderes oberes Niveau. Hier haben wir vor dem Pumpprozeß zwei völlig unbesetzte Energieniveaus und beim Pumpen wird ein oberes Niveau mit Elektronen besetzt, während das untere Niveau weiter völlig unbesetzt bleibt. Der nötige Unterschied der Besetzungszahlen ist daher bei einer jeden Pumpleistung erreichbar, wie klein auch diese Leistung sei.

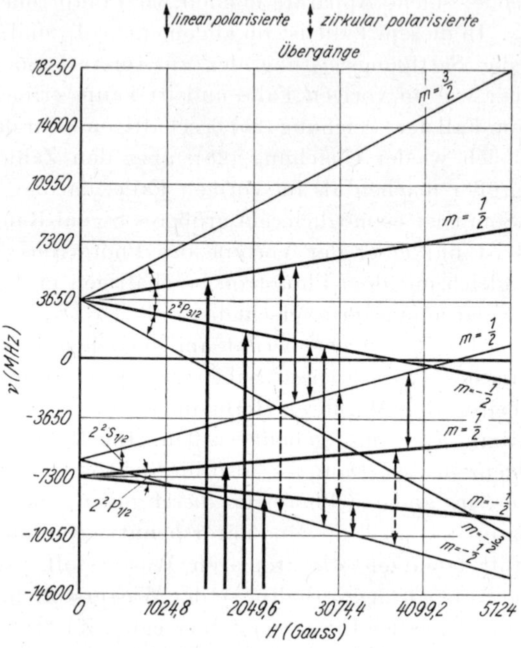

Abb. 1. Aufspaltung des ersten erregten Zustandes des atomaren Wasserstoffes durch ein Magnetfeld.

In Abb. 1 haben wir ferner die durch die Auswahlregeln gegebenen Mikrowellenübergänge eingezeichnet. Die zu dem Magnetfelde parallel linear polarisierte Strahlung liefernden Übergänge sind mit ausgezogenen Linien, die dem Magnetfelde senkrecht zirkular polarisierte Strahlung liefernde gestrichelt ausgezogen. Die von den fett ausgezogenen Niveaus nach oben gehenden Übergänge bedeuten immer eine Absorption, die nach unten gehenden immer eine Emission. Wir können die Mikrowellenbestandteile immer so konstruieren, daß entweder linear oder zirkular polarisierte Übergänge benützt werden, aber nicht beide. Wir werden in unserem Beispiel die linear polarisierten Übergänge benützen. Ein Umstand ist jedoch wichtig. Wir dürfen nicht eine solche Magnetfeldgröße wählen, bei welcher zur gleichen Zeit mit gleicher Frequenz eine Emission und eine Absorption zustande kommt. In diesem Falle wird nämlich die Selbstabsorption die Emission abschwächen, sogar überwiegen. Um dies ausdrücklicher zu zeigen, haben wir in Abb. 2 die aus Abb. 1 ablesbaren Frequenzen der Übergänge in Abhängigkeit von dem Magnetfelde aufgezeichnet. In unserem Falle ist hauptsächlich die zu demselben Polarisationszustand gehörige Emission

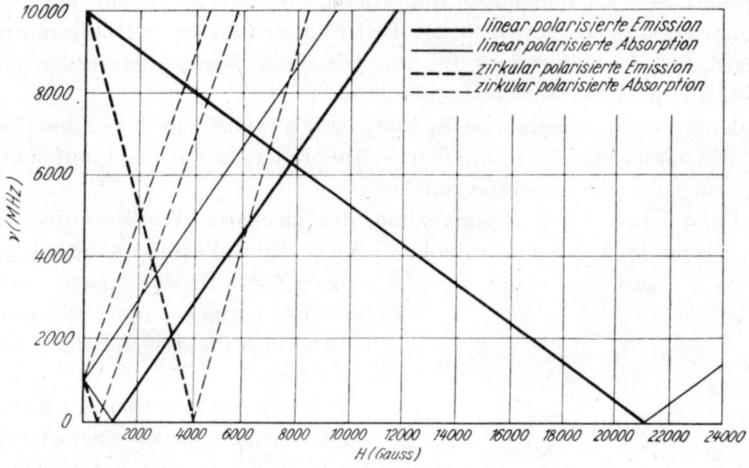

Abb. 2. Mikrowellenübergänge in Abhängigkeit von dem Magnetfeld bis 10000 MHz.

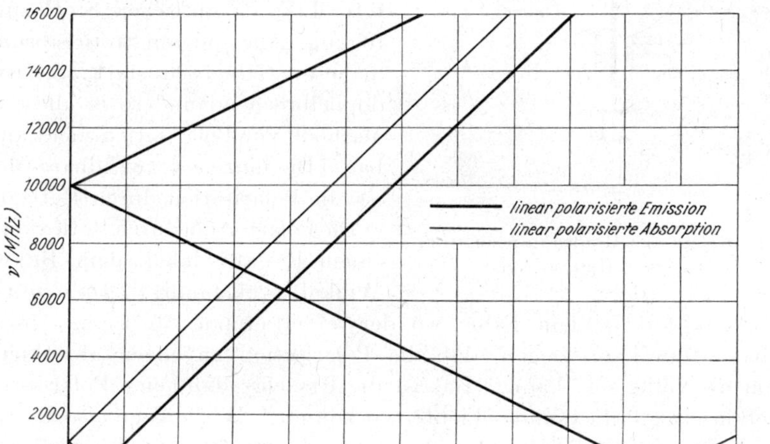

Abb. 3. Linear polarisierte Mikrowellenübergänge in Abhängigkeit von dem Magnetfeld.

und Absorption gefährlich, also die Kreuzungen der entsprechenden Linien. In Abb. 2 haben wir nur die Übergänge unter der Frequenz von 10000 MHz aufgezeichnet. In Abb. 3 zeigen wir dasselbe, aber ausgebreitet auch zu Frequenzen höher als 10000 MHz, jedoch nur mit den für uns wichtigen linear polarisierten Übergängen.

Für unseren Zweck wählten wir eine Magnetfeldstärke von 2700 Oersted und damit eine Frequenz von 8630 MHz.

Die Einzelheiten der Probleme zusammenhängend mit den Mikrowellenbestandteilen besprechen wir hier nicht, nur wollen wir einen Blick auf den benutzten Hohlraumresonator werfen (Abb. 4). Er ist ein zylindrischer Hohlraum mit drei Öffnungen für das Licht und für die Wasserstoffströmung, ferner mit zwei Schleifen für die Ein- und Auskopplung des Signals.

Aus dem vorher Gesagten ist es klar, daß wir noch die folgenden Probleme haben: die Lieferung des Pumplichtes, die Polarisation des Pumplichtes und die Lieferung der Wasserstoffatome.

Das Pumplicht ist die Resonanzlinie des atomaren Wasserstoffes, also die Lyman-α-Linie im Vakuumultraviolettbereich. Eine Wasserstoffentladungsröhre von geringem Druck, versehen mit einem für die Lyman-α durchlässigen LiF-Fenster, war für unsere Aufgabenstellung ausreichend.

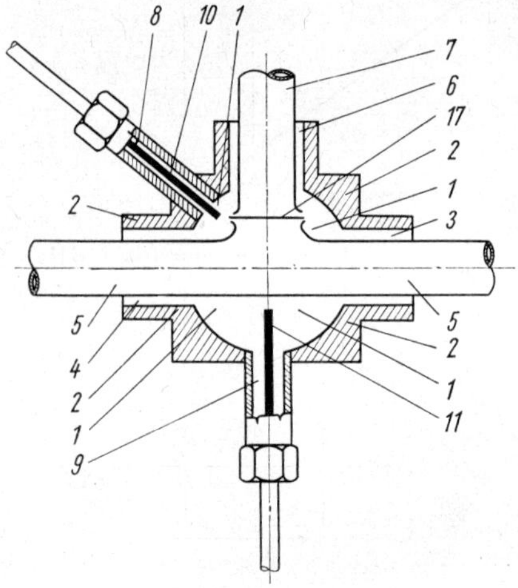

Abb. 4. Skizze des Hohlraumresonators eines Wasserstoffphototrons.

Die Polarisation der Lyman-α-Linie zeigte schon größere Schwierigkeiten. Im Lyman-α-Bereich haben wir nur das äußerst reine, also im Vakuum gezüchtete LiF als optischen Stoff zur Verfügung. Alle anderen Stoffe absorbieren in diesem Gebiet sehr stark. LiF ist nicht doppelbrechend und so ist die einfache Methode zur Polarisation nicht anwendbar. Die einzige verwendbare Methode ist die Polarisation durch Reflexion.

Die Polarisation durch Reflexion ist bei einem Einfallswinkel, dem Brewster-Winkel, vollständig. Dies gilt aber exakterweise nur in dem Falle, wo der reflektierende Stoff eine Absorption Null hat. Man kann zeigen, daß die Polarisation an einem absorbierenden Medium nie völlig sein kann. (Das ist die Ursache, daß keine Polarisation bei der metallischen Reflexion des Lichtes vorkommt.) Wir müssen also als Spiegelpolarisator einen möglichst nicht-absorbierenden Stoff benützen: wieder LiF.

Der polarisierte Anteil des einfallenden Lichtes ist bei Vernachlässigung der Absorption

$$I_{\text{pol}} = \frac{I_0}{2}\left(\frac{n^2-1}{n^2+1}\right)^2, \tag{30}$$

wo I_0 die Intensität des einfallenden unpolarisierten Lichtes und n die Brechungszahl bedeutet. Wie aus (30) ersichtlich, ist der Wirkungsgrad der Polarisation um so größer, je größer die Brechungszahl ist. Bei gewöhnlichen optischen Stoffen ist dieser wegen der verhältnismäßig kleinen Brechungszahl sehr klein,

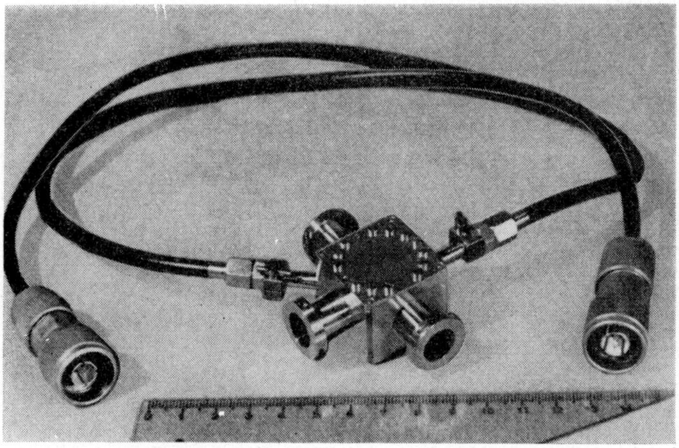

Abb. 5. Hohlraumresonator eines Wasserstoffphototrons im 3 cm-Bereich.

Abb. 6. Geöffneter Hohlraumresonator von Abb. 5 und Wasserstoffdissoziator.

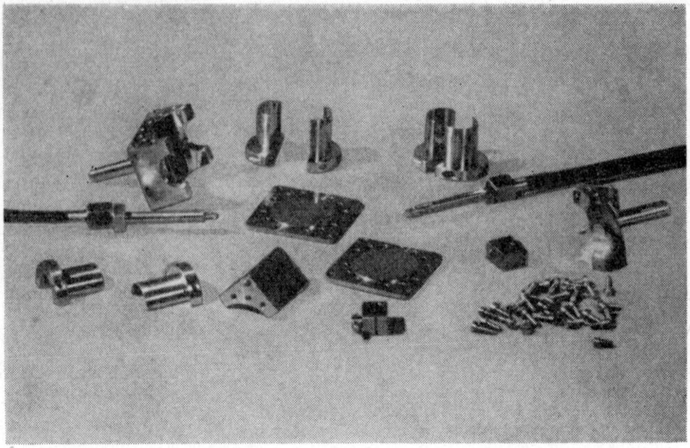

Abb. 7. Zustandteile des Hohlraumresonators von Abb. 5.

Abb. 8. Zusammengebautes Phototron.

z. B. bei $n = 1{,}5$ bekommen wir nur 7,4% des einfallenden Lichtes polarisiert zurück. Im Falle von LiF ist die Sache etwas günstiger, da die Brechungszahl von LiF für die LYMAN-α-Linie zu 1,9 extrapoliert werden kann, was nach (30) einen 16%-igen Wirkungsgrad bedeutet.

Die Lieferung der Wasserstoffatome wird durch kalte Dissoziation erreicht. Die einfachste Methode der Dissoziation geschieht in einer Entladungsröhre. Diese „warme“ Dissoziation ist aber für unsere Zwecke nicht brauchbar, da in diesem Falle teils viele Atome im angeregten Zustand bleiben und zwar fast gleichförmig auf den verschiedenen aufgespalteten Niveaus verteilt, was unseren Mechanismus stark stört, teils viele Elektronen mit Aussendung von Strahlung in den Grundzustand zurückkehren, und auch die so ausgestrahlte unpolarisierte

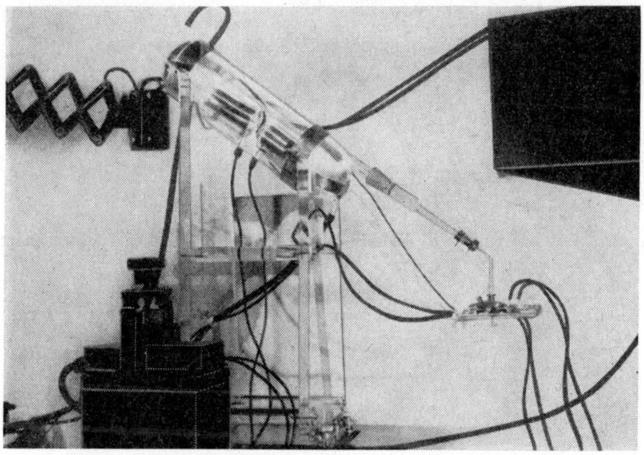

Abb. 9. Entladungsröhre und Polarisatorspiegel.

LYMAN-α-Linie die mit der linear polarisierten Strahlung erhaltene Besetzung der Niveaus verwischt. Die Dissoziation muß also „kalt“ erzielt werden. Das geschieht durch Elektronenbombardement des Wasserstoffmolekülgases mit geeignet gewählten Elektronenenergien. Ohne hierauf näher einzugehen bemerken wir, daß wegen der Rekombination eine recht gute Einstellung der Strömungsgeschwindigkeit des Wasserstoffgases nötig ist, um den Effekt zu erhöhen.

Einige Aufnahmen des auf dieser Basis konstruierten Phototrons sehen wir in den Abbildungen 5—9.

Bei der Konstruktion von Phototronen kommen manchmal auch andere, hier nicht behandelte Schwierigkeiten vor. Doch eine davon und ihre Behebung werden wir hier erwähnen, da dies mit dem spektroskopischen Verhalten in Zusammenhang steht. Es kann vorkommen, daß z. B. durch STARK-Effekt ein Energieniveau sich ganz symmetrisch auf drei Niveaus aufteilt und zwar so, daß wegen der identischen Frequenzen der Emission und Absorption eine Selbstabsorption auftritt (siehe Abb. 10, mit $H = 0$). In diesem Falle können wir

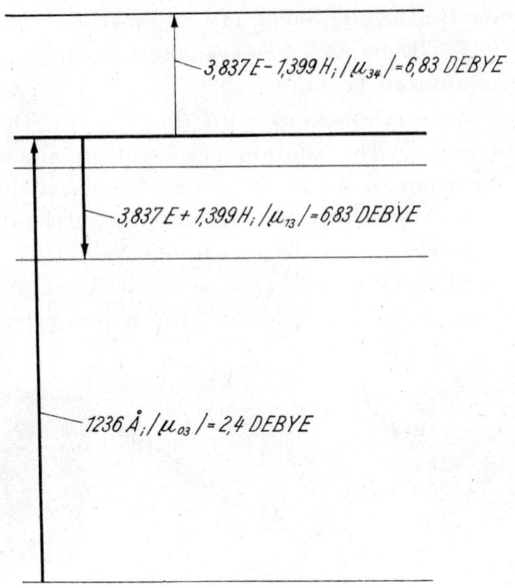

Abb. 10. Anwendung von paralleler Stark- und Zeeman-Aufspaltung.

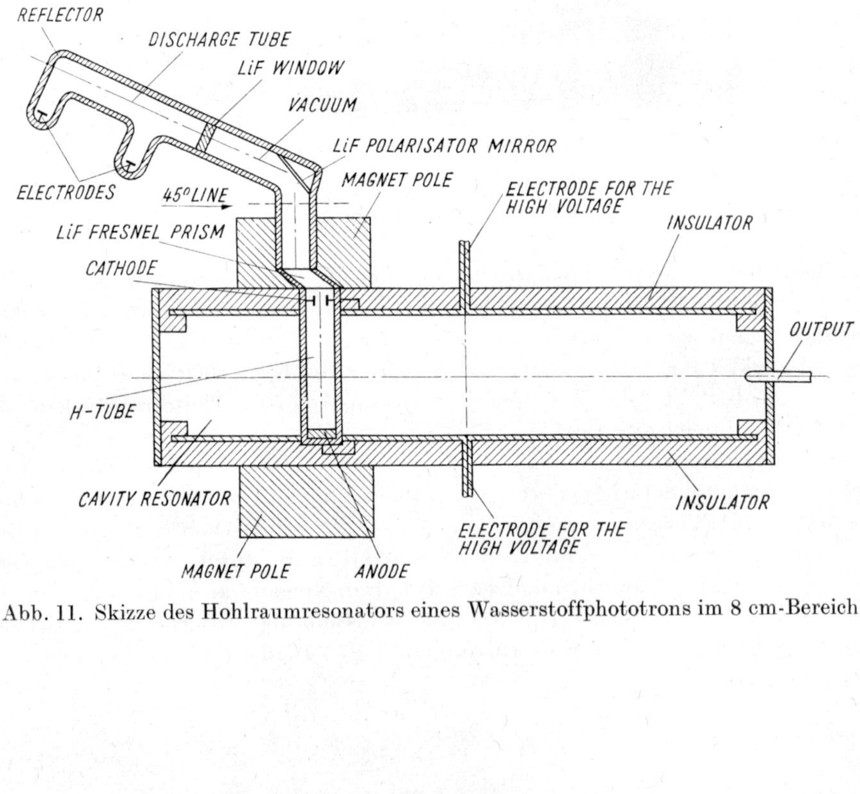

Abb. 11. Skizze des Hohlraumresonators eines Wasserstoffphototrons im 8 cm-Bereich.

mit einer Superposition von einem zum STARK-Felde parallelen kleinen magnetischen Felde das zentrale Niveau so spalten, daß — die Auswahlregeln in Betracht gezogen — die Übergangsfrequenzen der Emission und der Absorption voneinander in genügenden Abstand verschoben sind (Abb. 10). Die Skizze des Hohlraumresonators eines solchen Molekularverstärkers sehen wir in Abb. 11.

Zusammenfassend haben wir einige optische Einzelheiten des Phototrons behandelt. Auf die anderen physikalischen Einzelheiten und auf die nachrichtentechnisch interessanten Eigenschaften können wir hier nicht näher eingehen.

Budapest, Forschungsinstitut für Fernmeldetechnik.

Literatur

[1] KASTLER, A., Journ. de Physique et le Radium **11** (1950) 225; BROSSEL, J. A., KASTLER, A. u. WINTER, J., Journ. de Physique et le Radium **13** (1952) 668; KASTLER, A., Journ. Opt. Soc. Amer. **47** (1957) 460.

B. CAGNAC, Paris

La Méthode de double-résonance

Le terme de double résonance est ambigu; il peut avoir deux significations différentes:

1. un type de transition atomique mettant en jeu simultanément deux quanta électromagnétiques (à la même fréquence, ou à des fréquences différentes).

2. une méthode de travail dans laquelle le système atomique étudié est soumis à deux résonances successives. Cette méthode comporte de très nombreuses variantes. Nous ne parlerons ici que de celles qui utilisent une résonance optique pour permettre l'observation d'une résonance hertzienne.

Une résonance hertzienne établit une communication permanente entre deux niveaux d'énergie, en sorte que leurs populations moyennes s'égalisent; pour qu'elle soit facilement détectable il faut qu'il existe au préalable une différence de populations entre ces niveaux. La différence d'énergie mise en jeu dans le domaine hertzien étant très faible, la répartition de Boltzmann aux températures courantes conduit à des populations presque égales. Un premier rôle de l'optique sera de créer une inégalité de populations notable sans recourir aux très basses températures.

Pour la détection de la résonance elle-même, on peut mesurer soit la perturbation de l'onde hertzienne, soit toute grandeur liée à la modification de la matière. L'optique peut encore être utilisée dans ce second rôle; elle présente l'avantage d'être sensible à un très faible nombre d'atomes (jusqu'à 10^{10} atomes environ) et de s'appliquer à des milieux dilués.

A. Résonance hertzienne dans l'état excité

La première expérience de double résonance optique a été suggérée en 1949 par Bitter d'une part, Kastler et Brossel d'autre part. Elle a été réalisée en 1951 par Brossel. Une cellule de vapeur de mercure placée dans un champ magnétique directeur est irradiée en lumière polarisée de la raie de résonance 2537 Å; les atomes ainsi excités se trouvent alors répartis inégalement entre les sous-niveaux Zeeman de l'état excité. La polarisation de la lumière de fluorescence observée à angle droit, dépendant de cette répartition des atomes dans l'état excité, permet de détecter la résonance magnétique induite entre les sous-niveaux par un champ de radiofréquence. De la position des courbes observées on déduit une valeur précise du rapport gyromagnétique; de leur largeur on déduit la durée de vie du niveau.

Avec la même méthode, on peut étudier en champ nul les résonances haute-fréquence entre niveaux de structure hyperfine; et des écarts hyperfins ainsi mesurés on peut déduire les moments quadrupolaires nucléaires.

La méthode de double résonance a pu aussi être appliquée à l'étude du niveau excité $7^3\,S_1$ du mercure grâce à une excitation optique par échelon. Mais le rendement de ce procédé est faible. Pour étudier les états excités supérieurs il vaut mieux recourir à la méthode d'excitation électronique, dans laquelle l'optique n'est plus utilisée que dans le second rôle, de détection.

Il existe encore une méthode où l'on utilise l'optique uniquement dans le premier rôle, pour peupler inégalement les sous-niveaux de l'état excité. C'est une adaptation de la méthode des jets de Rabi. La détection de la résonance se fait par sélection des atomes du jet dans un champ magnétique inhomogène.

B. Résonance hertzienne dans l'état fondamental

Pour créer l'inégalité de population entre les sous-niveaux de l'état fondamental, on utilise le „pompage optique", imaginé par Kastler en 1950. Si on irradie les atomes avec une lumière de résonance polarisée circulairement à droite σ^+, ils passent du sous-niveau m_F de l'état fondamental au sous-niveau $m_F + 1$ de l'état excité; en retombant ils se répartissent entre les sous-niveaux m_F, $m_F + 1$ et $m_F + 2$ (avec émission d'une lumière de fluorescence de polarisation respective σ^-, π et σ^+). Au total, une part du moment angulaire est transférée de la lumière aux atomes, qui deviennent plus nombreux dans les sous-niveaux de grande valeur de m_F. Le taux d'orientation ainsi obtenu peut être très grand si le „temps de pompage" (inversement proportionnel à l'intensité lumineuse) est petit devant le temps de relaxation. Pour détecter la résonance hertzienne, on peut mesurer soit l'absorption de la lumière polarisée, soit la polarisation de la lumière de fluorescence.

L'état fondamental $6^1\,S_0$ du mercure étant diamagnétique, la méthode appliquée aux isotopes impairs (Hg^{199} et Hg^{201} de spins nucléaires 1/2 et 3/2) conduit à une orientation purement nucléaire, qui peut être très importante parce que les temps de relaxation nucléaires sont relativement longs.

Dans le cas d'une vapeur alcaline, l'orientation est détruite à chaque collision sur les parois de verre de la cellule, ce qui détermine un temps de relaxation court. Pour l'allonger on peut enduire les parois avec des paraffines à longues chaines, ou bien utiliser un „gaz tampon".

L'utilisation d'un gaz tampon à forte pression dépolarise totalement l'état excité et conduit à une autre manière de pompage, préconisée par Dehmelt. Dehmelt a également réalisé l'orientation d'un métal alcalin et même d'électrons par transfert dans les collisions avec un autre métal alcalin optiquement orienté.

On peut aussi étudier les transitions haute fréquence entre les niveaux de structure hyperfine de l'état fondamental. C'est ainsi que des atomes de coesium pompés optiquement sont maintenant utilisés pour réaliser horloge atomique et maser (transition $F = 3 \leftrightarrow F = 4$ à 9192 M^c/s).

Signalons enfin que certaines applications ont été faites de la méthode à l'état solide.

T. MÁTRAI und M. E. KOCZKÁS, Budapest

Beiträge zu dem WIENERschen Interferenzfeld

Es wurden auf dem Gebiet der stehenden Lichtwellen einige Probleme der Absorption studiert um festzustellen, ob die Absorptionsschicht in dem WIENERschen Interferenzfeld auf die Intensitätsverteilung des einen austretenden Lichtbündels eine Wirkung ausübt.

Die ursprüngliche Absicht war, die Absorption von stehenden Lichtwellen in ultradünnen Metallschichten auf Grund eines neuen Prinzipes nachzuweisen. Bei den bisherigen Versuchen [1], die die Existenz der stehenden Lichtwellen beweisen, wird — wie bekannt — durch eine geeignete Absorptionsschicht die Energie der Lichtstrahlung im Interferenzfeld selbst jeweils in eine andere gut nachweisbare Energieart umgewandelt. Das Vorhandensein der Lichtenergie kann durch chemische oder photolumineszente Wirkung, durch Lichtstreuung bzw. durch den lichtelektrischen Effekt nachgewiesen werden.

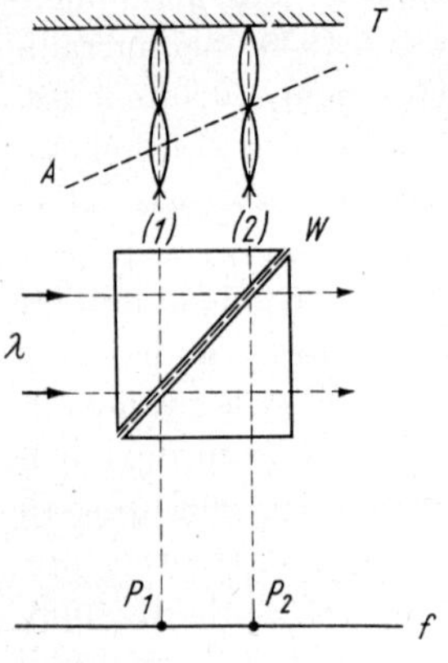

Abb. 1. Schema des Interferenz-Versuches.

Die Verfasser haben an die Ausarbeitung einer solchen Beobachtungsmethode gedacht, bei der die Intensitätsverteilung des austretenden Lichtbündels selbst über die im Feld der stehenden Lichtwellen stattfindende Absorption Aufschluß gibt. Für die praktische Ausführung wurde folgender Versuch zusammengestellt (Abb. 1):

Ein paralleles monochromatisches Lichtbündel fällt von links auf einen Lichtteilungswürfel W; ein Teil des Lichtes fällt auf einen Planspiegel T und wird dort reflektiert. Auf diese Weise bilden sich vor dem Planspiegel stehende Lichtwellen. In dem Feld dieser stehenden Wellen wird eine Absorptionsschicht A geneigt angebracht, deren Dicke im Vergleich zu der Wellenlänge des Lichtes vernachlässigt werden kann. Nach WIENERS Versuchen absorbiert diese Schicht aus dem Lichtbündel (1) einen größeren Teil als aus Lichtbündel (2), da — wie aus der Zeichnung ersichtlich ist — Lichtbündel (1) die Absorptionsschicht gerade entlang einer Ebene mit maximaler Amplitude der Wellen, Lichtbündel (2) dagegen entlang einer Knotenebene schneidet. Wird die durch die Interferenzoptik begründete Annahme gemacht, wodurch die Lichtenergie sich den Lichtstrahlen entlang fortpflanzt und ihre Intensität durch die Lichtwegunterschiede bestimmt wird, so kann die Schlußfolgerung gezogen werden, daß nach Austritt aus dem Interferenzfeld Lichtstrahl (1), der mehr Energie verloren hat, schwächer wird als Lichtstrahl (2). Dieser Intensitätsunterschied kann mit Hilfe einer photographischen Schicht nachgewiesen werden; im Punkt P_1 ist eine geringere Schwärzung zu erwarten als im Punkt P_2. Ist die Schwärzung aber im Punkt P_1 nicht geringer als im Punkt P_2, so würde daraus folgen, daß die erwähnte optische Rechenmethode für diesen Fall nicht angewendet werden kann.

Dieses interessante Problem sollte auf experimentellem Wege entschieden werden.

Zuerst wurden Näherungsrechnungen ausgeführt, um den Intensitätsunterschied zu bestimmen, der durch die verwendete Aluminiumabsorptionsschicht von $\lambda/100$ Dicke in den austretenden Lichtstrahlen (1) und (2) hervorgerufen wird. Es ist offensichtlich, daß bei einer Schichtdicke von $\lambda/2$ bereits kein Intensitätsunterschied mehr auftreten kann.

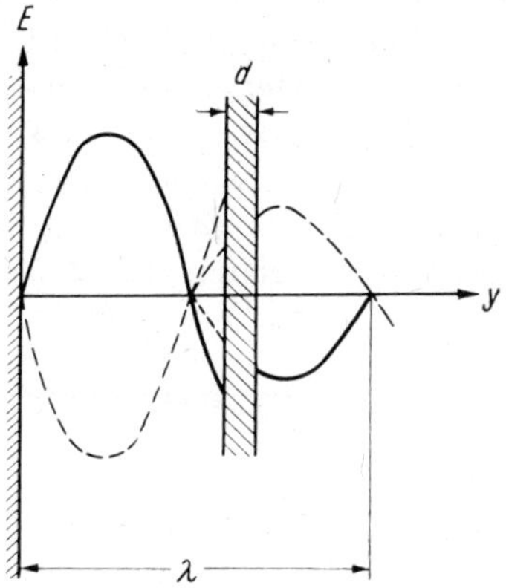

Abb. 2. Wirkung der Absorptionsschicht auf dem sich vor dem Spiegel E befindenden WIENERschen Interferenzfeld.

Ein Lichtbündel der Wellenlänge λ und der Intensität I_0 fällt von rechts (Abb. 2) durch eine absorbierende Schicht der Dicke d auf einen Planspiegel. In dem Feld der stehenden Lichtwellen, die sich vor dem Spiegel bilden, hängt die in der Zeiteinheit von der Schicht absorbierte Energie von dem Abstand y zwischen der Schicht und dem Spiegel, sowie von der Schichtdicke d ab.

Auf Grund der Berechnungen ist die in der Zeiteinheit absorbierte Lichtenergie

$$\Lambda = 8\,A\,T_1\,R_2\,I_0\left\{1 + \frac{\lambda}{4\pi\alpha}\left[\sin\frac{4\pi y}{\lambda} - \sin\frac{4\pi(y+d)}{\lambda}\right]\right\},$$

wobei A und T_1 das Absorptionsvermögen bzw. die Durchlässigkeit der Aluminiumschicht und R_2 das Reflexionsvermögen des Planspiegels bedeuten. Die Größen A und T_1 sind empirische Funktionen der Schichtdicke d.

Auf Grund der Rechnungen ist das Absorptionsvermögen Λ/I_0 der Schicht für stehende Lichtwellen $2^0/_{00}$, falls sich die Schicht an der Extinktionsstelle befindet; stellt man sie jedoch an die Stelle der Verstärkung (bzw. in die Ebene der Wellenbäuche) so beträgt es 69%, wobei die notwendigen empirischen Daten der Monographie von H. MAYER: „Physik dünner Schichten" [2] entnommen sind. — Den Rechnungen gemäß ruft dieser Unterschied in der Intensität des aus dem Interferenzfeld austretenden Lichtstrahls eine Änderung von 69% hervor. Mit Hilfe photographischer Densitometrie kann noch 1/13 dieses Unterschieds mit Sicherheit nachgewiesen werden [3].

Bei Ausführung des Versuches erwies es sich nach WIENER und NERNST als zweckmäßiger, die Absorptionsschicht nicht auf eine Ebene, sondern auf eine Kugelfläche aufzutragen.

Im Prinzip wurde also der Versuch in folgender Weise angeordnet (Abb. 3).

Die Deckfläche des Lichtteilungswürfels wurde nicht plan sondern sphärisch geschliffen. Auf diese Kugelfläche wurde eine ungefähr $\lambda/100$ dicke Aluminiumschicht aufgedampft und darüber ein Planspiegel angebracht. Der Zwischenraum wurde mit einer Immersionsflüssigkeit ausgefüllt, die den gleichen Brechungsindex wie das Glas des Würfels hatte.

Auf einen jeden Punkt P der unter dem Lichtteilungswürfel angebrachten Photoschicht f fallen mindestens zwei Lichtstrahlen. Der eine (1) wird an der Kugelfläche, der andere (2) an dem Planspiegel reflektiert. Diese beiden Lichtstrahlen interferieren miteinander, und infolge der totalen Zylindersymmetrie bezüglich der optischen Achse y des Konvexspiegels ist das Erscheinen von konzentrischen Interferenzringen zu erwarten,

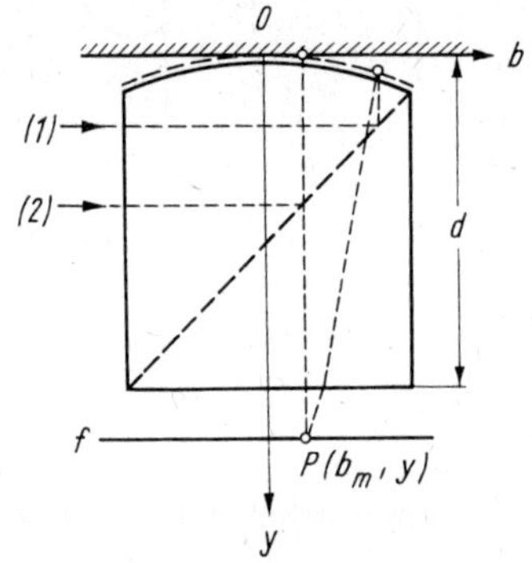

Abb. 3. Entstehen von Interferenz-Ringen infolge einfacher Reflexion.

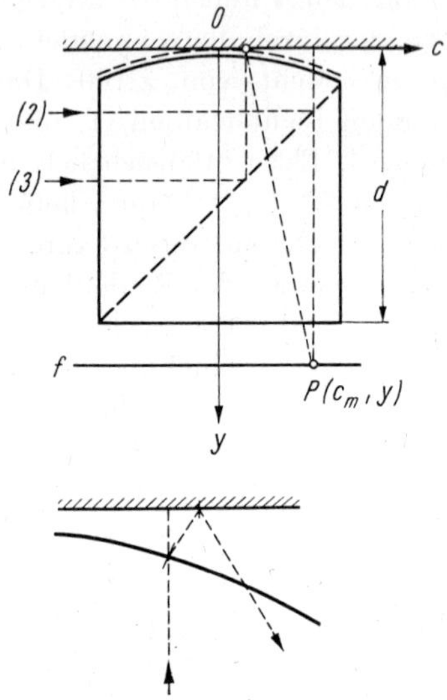

Abb. 4. Entstehen von Interferenz-Ringen infolge Doppelreflexion.

die den bekannten Newtonschen Interferenzringen ähnlich sind. Die folgende Formel gibt den Radius b der Ringe in guter Näherung an:

$$b_m^2 = \frac{m \lambda_0 \varrho}{n}\left(1 - \frac{2\, n\, y}{\varrho} + 2\, d \frac{n-1}{\varrho}\right) \quad m = 1, 2, \ldots,$$

wobei mit ϱ der Krümmungsradius des Konvexspiegels, mit y die Entfernung der Photoschicht vom Planspiegel, mit d die Höhe des Würfels und mit n der Brechungsindex desselben bezeichnet wird. (λ_0 bedeutet die Vakuumwellenlänge.)

Die Intensität der aufeinanderfolgenden Ringe b wird aber nicht monoton abnehmen wie bei den Newtonschen Ringen. Die Verhältnisse sind leider dadurch verwickelter, daß ein Teil des an dem Planspiegel reflektierten Strahls ebenfalls an der Rückseite der Kugelfläche und nochmals an dem Planspiegel reflektiert wird. Das kann sich nach Abb. 4 auch mehrmals wiederholen. Auf diese Weise kommt im Punkt P immer wenigstens noch ein dritter Strahl an. Die Wirkung der mehr als zweimal im Zickzack reflektierten Lichtstrahlen kann aber außer acht gelassen werden, da die Intensität derselben mit wachsender Anzahl der Reflexionen nach einer Potenzfunktion rasch abnimmt. Im unteren Teil der Abbildung ist der Strahlengang infolge der Zickzackreflexion skizziert. Es genügt, die Wirkung des Strahles (3) so zu betrachten, als ob er nur mit einem Teil (2′) des Strahles (2) interferieren würde. Strahl (2), der etwas stärker ist als Strahl (1), kann nämlich als die Resultante von zwei Strahlenkomponenten (2′) und (2″) aufgefaßt werden. Die Amplitude der Strahlkomponente (2′) sei von der gleichen Größenordnung wie die des Strahles (1); in diesem Falle ist die Amplitude der Strahlkomponente (2″) mit der des Strahles (3) vergleichbar. Die Strahlen (1) und (2′) rufen das erwähnte Ringsystem b hervor, während das mit diesem konzentrische neue Ringsystem c durch die Strahlen (3) und (2″) hervorgerufen wird. Mit einer der vorangehenden ähnlichen Berechnung erhält man für den Ringradius c_m die Näherungsformel

$$c_m^2 = \frac{m\,\lambda_0\,\varrho}{n}\left(1 + \frac{2\,n\,y}{\varrho} - 2\,d\,\frac{n-1}{\varrho}\right).$$

Das so entstandene Ringsystem c stört die Intensitätsverteilung des intensiveren Ringsystems b.

Die mit einem Ring c zusammenfallenden b-Ringe werden größere Intensität zeigen. Die anderen b-Ringe werden durch die c-Ringe verwaschen.

Da $c_m \geqq b_m$ ist, ist das erste Ringintensitätsmaximum dort zu erwarten, wo bei einer Ordnungszahl m_c

$$c_{m_c - 1} \approx b_{m_c}$$

gilt.

Aus dieser Bedingung ergibt sich

$$m_c = \frac{1}{2}\left(\frac{\varrho/2}{n\,y - d\,(n-1)} + 1\right).$$

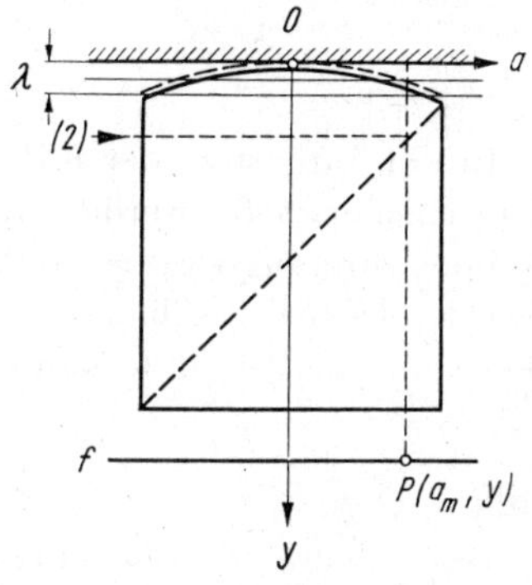

Abb. 5. Vorausgesetzter Einfluß der Absorption auf die Intensität.

Das k-te Ringintensitätsmaximum zeigt sich — wie dies aus der Berechnung hervorgeht — bei der Ordnungszahl $k \cdot m_c$.

In der Intensität des Ringsystems b zeigt sich also eine Periodizität.

Das Lichtbündel (2), durch das das Ringsystem b hervorgerufen wird, tritt jedoch aus einem Feld von stehenden Lichtwellen aus. In diesem Feld erleidet das Lichtbündel eine Absorption. Wird die Intensitätsverteilung durch die Absorption tatsächlich geändert, so bleibt es noch dahingestellt, ob dadurch bei den b-Ringen eine andere bemerkbare Anomalie hervorgerufen wird. Das ist zu bejahen, wie aus dem folgenden hervorgeht.

Die Intensität im Punkt P muß, wie bereits gezeigt worden ist, davon abhängen, ob sich die Absorptionsschicht und die Lichtstrahlkomponente entlang einer Wellenbäucheebene oder einer Knotenebene schneiden (Abb. 5).

Es kann errechnet werden, daß die an der absorbierenden Kugelfläche durch die Schnittlinie der Knotenebene hindurchgehenden Strahlen die Photoplatte von der optischen Achse aus gemessen näherungsweise in einer Entfernung von a_m erreichen, wo

$$a_m^2 = m\,\lambda_0\,\varrho/n$$

ist. Diese Strahlen sind den Folgerungen nach intensiver als diejenigen Strahlen, die die Absorptionsschicht gerade längs einer Wellenbäucheebene schneiden. Der Intensitätsverlauf entlang der Ringe wird auch durch diese Intensitätsmaxima gestört. Die größte Intensität müssen die Ringe aufweisen, in denen die Strahlenkomponente (2) eine maximale Intensität besitzt, d. h. die Ringe, deren Radius mit irgendeinem Wert von a_m übereinstimmt.

Da $a_m \gtreqless b_m$, ist der erste, wegen der Absorption intensivste Ring bei derjenigen Ordnungszahl m_a zu erwarten, bei der

$$a_{m_a-1} \approx b_{m_a}$$

ist.

Aus dieser Bedingung kann auch m_a errechnet werden:

$$m_a = \frac{\varrho/2}{n\,y - d\,(n-1)}\,.$$

In der Intensität der b-Ringe kann daher endgültig eine Zunahme aus zwei Ursachen erwartet werden: teils infolge der Überlappung mit dem Ringsystem c bei der Ordnungszahl m_c, teils infolge der Absorption der stehenden Lichtwellen bei der Ordnungszahl m_a. Diese zwei Effekte summieren sich. An Hand der Formeln für m_c und m_a kann festgestellt werden, daß näherungsweise

$$2\,m_c \approx m_a$$

gilt.

Das bedeutet, daß das durch das Ringsystem c hervorgerufene zweite Maximum, das bei der experimentellen Anordnung bei dem achtzehnten Ring auftritt, durch die Absorption der stehenden Lichtwellen verstärkt werden sollte. Nach den Rechnungen muß dieses zweite Maximum ungefähr doppelt so groß sein wie das erste.

Die experimentelle Aufgabe bestand nun darin, nachzuweisen, ob bei den Ringen das zweite Intensitätsmaximum, das sich in dem Ringsystem b zeigt, bedeutend höher ist als das erste und dritte Maximum.

Zur Durchführung des Versuches erwies es sich als zweckmäßig, einen Lichtteilungswürfel ohne Kittung zu benutzen (Abb. 6).

Es wurde ein Glasprisma mit gleichschenkligem Dreiecksquerschnitt geschliffen, das so bemessen war, daß der auf eine Seitenfläche senkrecht einfallende Lichtstrahl auf der Grundfläche unter einem Winkel $\pi/4$ austrat. Von diesem Prisma wurden die optisch überflüssigen Teile abgeschnitten, d. h. das Prisma wurde mit dem in der Abbildung angegebenen Fünfeckquerschnitt angefertigt. Die eine Seitenfläche wurde als konvexe Kugelfläche mit einem Radius von 1 m ausge-

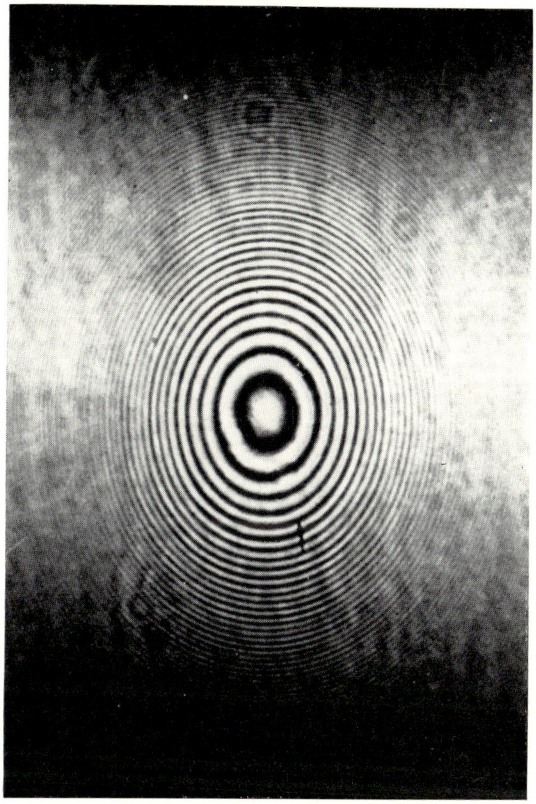

Abb. 8. Interferenzbild.

führt. Auf diese Kugelfläche sowie auf die Grundfläche wurde eine halbdurchlässige Aluminiumschicht aufgedampft. Die auf die Kugelfläche aufgedampfte Schicht diente als Absorber, während die Schicht auf der Hypothenusenfläche als lichtteilende Schicht diente. Der Strahlengang ist aus der Abbildung 6 ersichtlich.

Die Versuchsanordnung ist in Abb. 7 dargestellt.

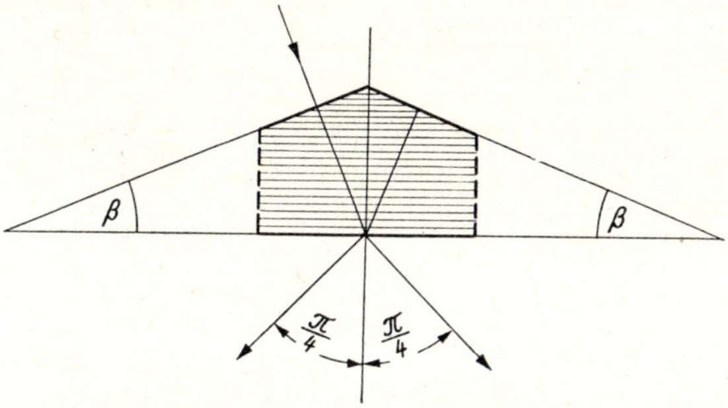

Abb. 6. Profil des bei dem Versuch verwandten Lichtteilungsprismas.

Aus dem Licht einer Quecksilberlampe *Hg* läßt das Filter *S* nur grünes Licht ($\lambda = 5461$ Å) auf den Kondensor *K* fallen; dieser sammelt das Licht auf einer Blende mit kreisförmiger Öffnung *D*. Das von *D* ausgehende homozentrische Lichtbündel wird von dem Objektiv *O* parallel ausgerichtet und erreicht so das

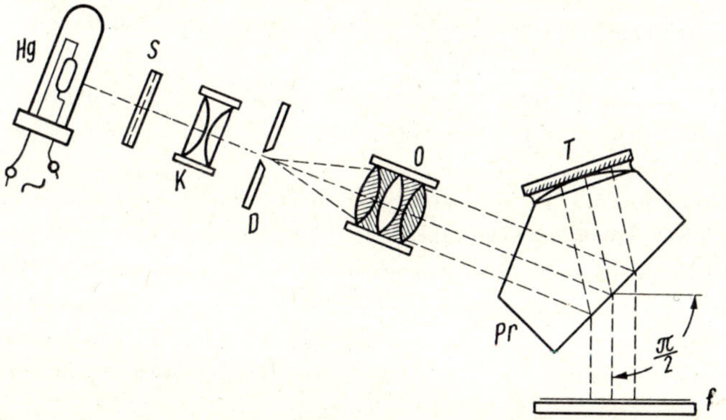

Abb. 7. Skizze der Versuchsanordnung.

Fünfeckprisma *Pr*. An dessen Grundfläche teilweise reflektiert, gelangt es durch die absorbierende Schicht sowie durch die homogene Immersion auf den Planspiegel *T*, von dem es wiederum reflektiert wird. Um das Abtropfen der Immersionsflüssigkeit zu verhindern, wurde der Strahlengang schräg angeordnet. Vor dem Spiegel *T* bildet sich ein stehendes Lichtwellenfeld aus, das die Absorptionsschicht durchdringt. Der aus dem WIENERschen Feld austretende Lichtstrahl verläßt die lichtteilende Schicht und belichtet die in seinen Weg gestellte Photoschicht *f*. Das so erhaltene Interferenzbild ist in Abb. 8 gezeigt.

Auf dem Interferogramm weisen die Ringe eine ovale Form auf, weil das Lichtbündel durch das Prisma astigmatisch wird. Die für Kreisringe durchgeführten Rechnungen behalten jedoch auch in der sagittalen (d. h. mit der brechenden Kante parallelen Schnittebene) ihre Gültigkeit. Den berechneten Radien entsprechen die großen Achsen der Ellipsen. In der Intensität der Ringe läßt sich eine Periodizität mit bloßem Auge kaum bemerken. In der mit Hilfe eines Densitometers aufgenommenen Registrierkurve zeigt sich jedoch deutlich eine Periodizität (Abb. 9).

Die Minima dieser Kurve entsprechen hier je einem Ringe von der Art *b*. Es ist zu sehen, daß der monotonen Abnahme der Ringintensität nach dem fünften Ring eine Zunahme folgt, die ihr Maximum bei dem neunten Ring erreicht. Dann vermindert sich wieder die Ringintensität und bei dem achtzehnten Ring erreicht sie wieder ein Maximum.

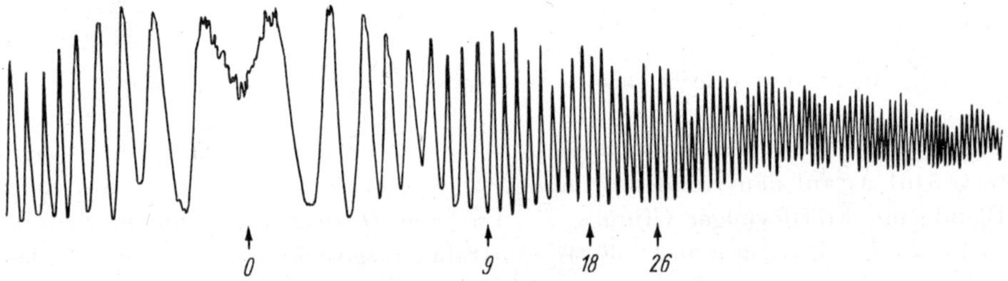

Abb. 9. Registrogramm des Achsenquerschnitts eines Interferenzbildes.

Auch den Rechnungen gemäß sollen sich infolge der Überlagerung der Ringsysteme *b* und *c* die ersten zwei Intensitätsmaxima bei den Ringen 9 und 18 zeigen.

Ziel des Versuches war es aber zu entscheiden, ob die Absorption der stehenden Lichtwellen eine Intensitätsanomalie in dem Ringsystem *b* hervorruft. Wie bereits erwähnt, muß sich diese Anomalie in der Nähe des 18ten Ringes in einer deutlichen Intensitätszunahme erweisen. Betrachten wir nun die Registrierkurve um festzustellen, ob bei dem 18ten Ring eine bedeutend größere Intensität zu finden ist als bei dem 9ten und 26ten Ring. Auf diese Frage gibt die Registrierkurve eine eindeutig verneinende Antwort.

Zu demselben Ergebnis gelangt man bei weiteren Aufnahmen und anderen Wellenlängen. Es kann daher die als paradox erscheinende Schlußfolgerung gezogen werden, daß aus der Intensitätsverteilung des aus dem WIENERschen Feld austretenden Strahlenbündels nicht festgestellt werden kann, welcher Lichtstrahl eine Absorption erlitten hat, das heißt, die Absorption in dem WIENERschen Feld kann keinen Schatten werfen.

Es ist nun gelungen, das paradoxe Ergebnis des Versuches auch theoretisch zu erklären. Bei seiner Deutung kann man auch in dem Metall das Feld der stehenden Lichtwellen als eine Superposition zweier gegenläufiger Wellen auffassen, wofür die FRESNELschen Formeln mit komplexem Brechungsindex angewendet werden können. Die ausführlichen Rechnungen haben gezeigt, daß in der Intensitätsverteilung des austretenden Lichtbündels eine Änderung nicht erwartet werden kann, obwohl sich die Absorption in der geneigten ultradünnen Metallschicht von Stelle zu Stelle ändert, wie dies durch WIENERS Versuch bewiesen wurde.

(Bei dem Entwurf unseres Versuches wurde stillschweigend jedoch unrichtig angenommen, daß die Lichtenergie auch in einem kleineren Gebiet als die Wellenlänge sich entlang den Lichtstrahlen geradlinig fortpflanzt [4].)

Der Versuch bietet jedenfalls einen weiteren Beweis dafür, daß das Superpositionsgesetz seine Gültigkeit für metallene Absorptionsmedien auch in dem sichtbaren Bereich und auch im Fall entgegenlaufender kohärenter Lichtstrahlen mindestens mit der Genauigkeit der Densitometrie behält [5].

Zusammenfassung

In das Feld von stehenden Lichtwellen wurde eine gleichmäßig dünne Metallschicht geneigt angebracht. In dem Lichtbündel, das aus dem Feld heraustritt, wurden zwei Lichtstrahlen untersucht. Von den zwei Lichtstrahlen geht der eine durch die ultradünne Metallschicht an der Stelle der minimalen Absorption (d. h. bei der Schnittlinie der Knotenebene), der andere dagegen an der Stelle der maximalen Absorption (d. h. bei der Schnittlinie der Wellenbäucheebene). Ziel der Untersuchung war festzustellen, ob die verschiedenen Absorptionen der beiden Lichtstrahlen einen Intensitätsunterschied hervorrufen oder nicht. Auf Grund elementarer (energetischer) Erwägungen ist auf diese Frage eine positive Antwort zu erwarten.

Bei den Versuchen wurde auf eine konvexe Linsenfläche ein $\lambda/100$ dicker halblichtdurchlässiger Aluminiumspiegel aufgedampft. Zwischen diesem und einem darauf aufliegenden metallenen Planspiegel befand sich eine homogene Immersion. Dieses Spiegelpaar wurde durch ein lichtteilendes Prisma mit einem parallelen monochromatischen Lichtbündel senkrecht belichtet. Die an dem Plan- bzw. sphärischen Spiegel reflektierten zwei Lichtstrahlen erzeugten auf der in ihren Weg gestellten photographischen Platte Interferenzringe, die den NEWTONschen Ringen ähnlich sind. Es wurde errechnet, welche Kontrastanomalie bei den Interferenzringen infolge des vorausgesetzten Intensitätsunterschieds der Lichtstrahlen, die durch die Metallschicht bei den Schnittlinien der benachbarten Knotenebene und Wellenbäucheebene durchgehen, auftreten kann.

Bei den Versuchen haben sich die erwarteten Kontrastanomalien nicht gezeigt, demnach ist die ursprünglich gleichmäßige Lichtverteilung in dem austretenden Lichtbündel durch die in der gleichmäßig dünnen Schicht periodisch auftretende Lichtabsorption nicht geändert.

Budapest, Zentralforschungsinstitut für Physik der Ungarischen Akademie, Physikalisch-Optisches Laboratorium

Literatur

[1] Jäger, H., Ann. d. Phys. **34** (1939) 280.
[2] Mayer, H., Physik dünner Schichten. S. 299. Stuttgart 1950.
[3] Kortüm, G., Kolorimetrie-Photometrie u. Spektrometrie. S. 163. Springer Verlag, Berlin, Göttingen, Heidelberg 1955.
[4] Novobátzky, K., M. Fiz. Foly. **1** (1953) 5.
[5] Wawilow, S. I., Mikrostruktura sweta. Isd. Ak. Nauk S. S. S. R. Moskau 1950.

A. ARNULF, Paris

La mesure de l'absorption par les brumes et les brouillards entre 0,35 et 10 microns

Les recherches qui font le sujet de cette conférence ont débuté vers 1935, avec la collaboration d'André BAYLE; elles ont porté surtout sur les brumes, et ont été interrompues par la guerre, en 1939, les appareils ayant été détruits.

Le travail a été repris en 1947, avec la collaboration de J. BRICARD, professeur à la Sorbonne et de E. CURE & C. VERET, ingénieurs à l'Office National de Recherches Aéronautiques; le personnel et le matériel nécessaires ont été fournis par ce dernier organisme, le Centre National d'Etudes des Télécommunications et l'Institut d'Optique. Les travaux se sont étendus environ sur une première période de deux ans, où on a surtout étudié des questions de méthodes et d'instruments sur des brouillards artificiels, et sur une autre période de trois ans où l'on a opéré sur les atmosphères naturelles.

Dans ce qui suit, nous examinerons les méthodes, les appareils et les résultats correspondant à la dernière période, et je vous fournirai ensuite quelques indications sur les appareils enregistreurs que nous mettons au point actuellement, et grâce auxquels nous espérons pouvoir reprendre le travail dans la nature d'ici un ou deux ans.

But et nature des recherches

Notre but initial était de connaître comment les rayonnements optiques de diverses longueurs d'onde sont transmis par les atmosphères naturelles, et d'en déduire les domaines les plus favorables. Mais comme au début de ces recherches un grand nombre de laboratoires étudiaient la transmission par les gaz de l'air, nous avons préféré nous spécialiser sur les brumes et les brouillards suivant un plan de travail qui comprend trois parties:

1. Mesure spectrophotométrique directe de la transparence atmosphérique.
2. Mesure des propriétés physiques de l'atmosphère, nature et statistique des particules.
3. Relation entre la transparence et les propriétés physiques, au moyen des théories de la diffusion.

I. Mesure de l'absorption

On mesure, pour chaque radiation monochromatique, le facteur de transmission T, rapport entre le flux Φ transmis par une épaisseur x d'atmosphère, et le flux incident Φ_0. On a:

$$T_x = \Phi/\Phi_0 = e^{-kx} = 10^{-dx}.$$

k étant le coefficient d'absorption, d la densité optique par unité de longueur ($d = 0{,}43\ k$); les résultats qui suivront seront exprimés en densité par kilomètre d'air traversé.

Il convient, avant de passer à la description des appareils, de préciser le domaine spectral exploré et les valeurs des longueurs d'onde choisies à l'intérieur de ce domaine. Les points suivants doivent être examinés.

1. On sait que l'absorption atmosphérique est la résultante de deux phénomènes; l'absorption propre par les gaz de l'atmosphère et l'absorption par la diffusion des aérosols. Dans toutes nos mesures, nous nous efforcerons de diminuer le plus possible l'effet de l'absorption propre des gaz. Ceci est automatiquement réalisé dans les régions où elle est négligeable devant celle due à la diffusion, ce qui est le cas pratiquement de la plus grande partie du domaine visible, et aussi d'un

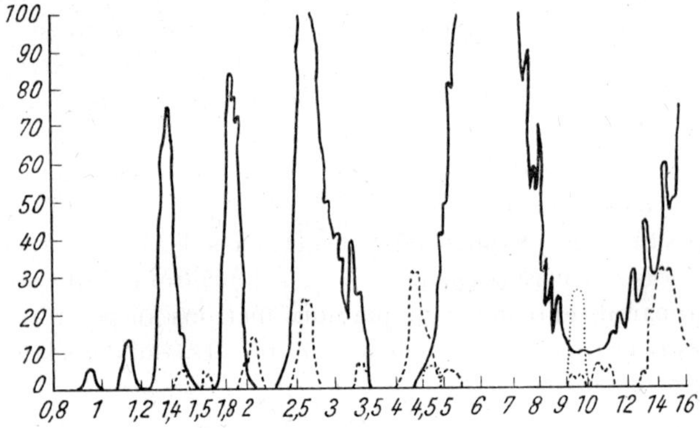

Fig. 1. Absorption des radiations infrarouges par l'atmosphère. En abscisse, longueur d'onde en microns; en ordonnée absorption en pour cent; ———— vapeur d'eau, — — — — — gaz carbonique, ... ozone.

petit nombre de bandes spectrales étroites de l'infrarouge, dites „fenêtres de transmission" (figure 1). Les domaines correspondant à de fortes absorption par les gaz n'ont évidemment pas d'intérêt pour les transmissions à distance; si néanmois il était indispensable de connaître la transmission d'un aérosol dans un tel domaine, il serait très difficile d'évaluer ce qui revient à l'un et à l'autre de ces phénomènes. En effet, en raison de la structure fine extrêmement complexe des bandes d'absorption des gaz, spécialement dans l'infrarouge, la loi de l'absorption en fonction de l'épaisseur n'est plus exponentielle, et varie en fonction de la largeur de la bande spectrale admise dans l'appareil dispersif.

Nous verrons plus loin que la courbe d'absorption par diffusion varie lentement et régulièrement en fonction de la longueur d'onde; il n'est donc pas nécessaire d'un grand nombre de points pour définir cette courbe. Nous utilisons les fenêtres de l'infrarouge, et répartissons les autres points à peu près uniformément dans le visible et l'ultraviolet. Le tableau suivant donne le nombre maximum et le nombre minimum des longueurs d'onde utilisées.

Tableau 1

Liste des longueurs d'onde utilisées, en micron

Nombre maximum	0,35; 0,385; 0,45; 0,50; 0,55; 0,75; 1,24; 1,70; 3,7; 9,5; 11; 13.
Nombre minimum	0,35; 0,55; 1,70; 3,7; 10.

Voici comment les limites du spectre ont été choisies: du côté ultraviolet, l'absorption croît très rapidement quand λ décroit; il n'y a pas intérêt à faire intervenir des longueurs d'onde pour lesquelles la transmission est trop faible par rapport au visible. C'est pourquoi la limite ultraviolette, adoptée au départ à 2500 Å a été ramencée une première fois à 3000 Å, puis à 3500 Å. Du côté infrarouge, il n'y a pas d'intérêt à dépasser 14 μ; nous savons en effet qu'entre 9 et 12 microns existe une fenêtre qui coïncide avec le maximum d'émission des corps à la température ordinaire, et qu'au delà, l'absorption par la vapeur d'eau rend l'atmosphère pratiquement opaque jusqu'à une fenêtre voisine de 0,3 mm, région que pour le moment, on ne peut pas considérer comme accessible aux instruments d'observation infrarouge.

Appareillage pour la mesure de l'absorption

Voici le principe de la méthode: pour chacune des longueurs d'onde du tableau I, on mesure le rapport entre un flux de référence Φ_0, non affecté par la brume, et un flux de mesure Φ, de même étendue géométrique, ayant traversé une longueur x d'atmosphère brumeuse. Pour cela, on égalise les deux flux, en réduisant le flux de référence par un dispositif de gradation, la comparaison des flux étant obtenue par un montage spectrophotométrique classique à double faisceau.

Le domaine spectral accessible s'étend de 0,3 à 13 microns. Le système dispersif est constitué par des prismes en sel gemme et les éléments optiques sont constitués exclusivement de miroirs aluminiés.

La figure 2 montre l'ensemble du dispositif. La source S est un arc électrique à électrodes de carbone, avec un cratère de luminance uniforme de 8 mm de diamètre. Le faisceau qui en est issu est divisé en deux parties.

1. Trajet de mesure. Le miroir projecteur sphérique M_1 forme l'image de la source S sur la surface d'un miroir sphérique A, placé dans l'atmosphère à une distance $x/2$; le miroir A forme l'image du miroir M_1 sur le miroir identique M_2. Ce dernier forme à son tour l'image du miroir autocollimateur A, donc de la source S, sur la fente d'entrés F du monochromateur, après réflexion sur les secteurs pleins du disque tournant modulateur D, à secteurs égaux alternativement réfléchissants et transparents.

2. Trajet de référence. Les deux miroirs plans m_1 et m_2 envoient la lumière issue de la source S sur le miroir sphérique m_3, qui forme l'image de la source en I; cette image est reformée ensuite par le miroir m_4 sur la fente d'entrée F du monochromateur, après avoir traversé le dispositif de gradation de la lumière G et les secteurs vides du disque modulateur D.

La disposition des miroirs du trajet de référence et du trajet de mesure est choisie de manière que les deux images correspondantes soient identiques et rigoureusement confondues, avec le même nombre de réflexions, de manière à réduire au minimum l'effet des variations d'intensité aux divers points de la source et des altérations du facteur de réflexion des miroirs. A partir du disque D, qui assure la substitution des deux faisceaux sur la fente F, avec une fréquence de 3,3 cycles, les deux trajets sont rigoureusement confondus. Le récepteur est un couple thermoélectrique C à fil fin, qui recoit l'image de la fente de sortie F', formée

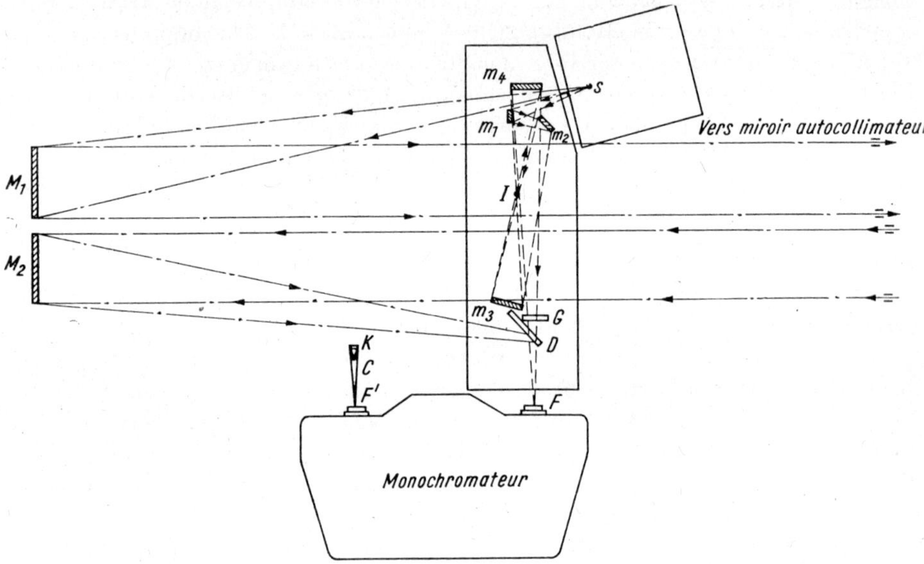

Fig. 2

par un miroir parabolique ouvert à $F/1$. Le courant amplifié est envoyé simultanément sur un oscillographe cathodique, où l'égalité des faisceaux de mesure et de référence est appréciée par l'absence de modulation de la trace, ou, après détection, sur un voltmètre.

Le monochromateur est double, à prismes de sel gemme, placé dans un bâti étanche et désséché; depuis plus de 10 ans qu'il est en service, les prismes n'ont pas montré de trace d'altération.

Le dispositif peut mesurer au maximum, avec la précision requise, des rapports d'intensité de l'ordre de 60. Pour être toujours placé dans ces conditions favorables, il faut pouvoir faire varier la longueur du trajet de mesure, en accord avec la densité du brouillard. Pour cela, les miroirs autocollimateurs sont au nombre de 5, aux distances suivantes, en mètres: 25, 50, 100, 300 et 600, les trajets parcourus par le faisceau de mesure étant le double de ces valeurs. Les diamètres de ces miroirs vont de 10 à 60 cm.

L'appareil et les miroirs sont montés sur des piliers en maconnerie enfoncés dans le sol, et protégés par des cabanes en bois. Tous les miroirs sont munis d'un chauffage électrique, pour éliminer toute condensation de la vapeur d'eau, qui, même invisible à l'oeil nu, est une des causes d'erreur les plus fréquentes.

Le dispositif de gradation est une fente à ouverture symétrique, qui permet de faire varier le flux de référence dans un rapport de 1 à 100.

Exécution des mesures. Les mesures sont effectuées successivement pour chaque longueur d'onde, en égalisant les flux par la manoeuvre de la fente de gradation. Un pointé demande 30 secondes, soit 6 minutes pour 12 points et environ 3 minutes pour un spectre en 5 points. Les mesures sont répétées sans interruption au cours d'un brouillard, ce qui fournit, pour chaque longueur

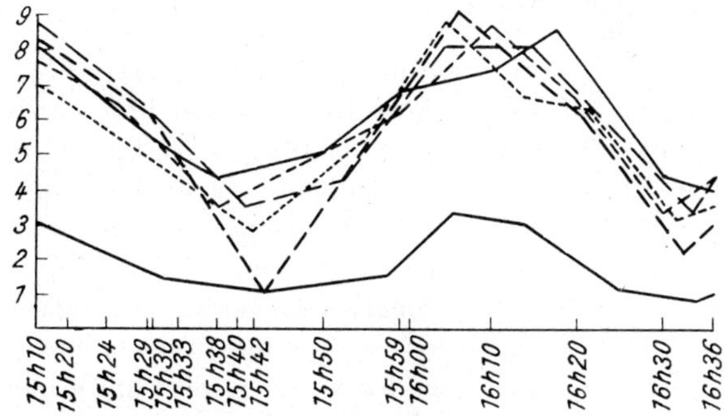

Fig. 3. Evolution de la transmission d'un brouillard en fonction du temps le 16 janvier 1953 pour différentes longueurs d'onde λ: ——— 0,35 μ, — — — — 0,50 μ, - - - - - - - - 0,75 μ, ... 1,24 μ, ——— 3,40 μ, ——— 11,0 μ. En ordonnée, densité optique par kilomètre.

d'onde, la courbe d'évolution du phénomène en fonction du temps. Si cette évolution est assez lente, il est facile de relever sur ces courbes les points de différentes longueurs d'onde correspondant au même instant. Si l'évolution est trop rapide pour que les courbes en fonction du temps aient un sens, on emploie la méthode suivante: les mesures sont faites simultanément pour chaque longueur d'onde et pour une longueur d'onde de référence, obtenue par un photomètre visuel, travaillant sur la même source que le spectrographe, et réglé pour la longueur d'onde 0,55 micron. Les chiffres pour les différents points d'une courbe spectrophotométrique devront tous correspondre à une valeur constante de la densité optique obtenue par le photomètre de référence (fig. 3).

Mesures spectrophotométriques et résultats

Précisons quelques points importants du travail expérimental.

a) Afin d'éviter l'effet de variations éventuelles du facteur de réflexion des miroirs avec le temps, ou de toute cause d'absorption parasite qui aurait pu se produire dans les conditions très dures d'utilisation du matériel, nous avons toujours procédé par comparaison du rapport de ces deux faisceaux par temps clair et par temps brumeux.

b) L'appareil permet d'obtenir les densités optiques à 3% près, pour chaque longueur d'onde; cette précision a été déterminée d'après les écarts des résultats obtenus dans des atmosphères bien stables.

c) La méthode fait intervenir à la fois la lumière transmise directement et la lumière diffusée par le milieu vers le récepteur. Middleton a montré que cette dernière pouvait intervenir de manière appréciable et perturber les résultats, surtout dans les brouillards épais composés de gouttes de grande dimension (diamètre de 5 à 20 microns), dont l'indicatrice de diffusion comporte une pointe aigue dans la direction de la lumière incidente. Dans nos expériences, conduites avec des faisceaux de très faible ouverture, et pour lesquelles la réduction d'intensité par l'atmosphère ne dépassait jamais un facteur 100, nous n'avons pas pu mettre en évidence une perturbation mesurable.

d) Dans ce qui suit, nous avons classé les brumes et brouillards en un certain nombre de types dits „stables"; nous allons définir ce terme. En l'absence de vent, il peut arriver que les courbes spectrophotométriques varient très lentement en fonction du temps; mais on constate que, même dans ces conditions, l'atmosphère n'est pas homogène dans l'espace. Dès qu'il y a du vent, on observe des variations rapides de la densité en fonction du temps; cependant, on trouve de longues périodes pendant lesquelles les courbes conservent la même forme, malgré le changement des valeurs numériques des densités; cela signifie que la distribution des gouttes suivant les diamètres ne varie pas, et que seul change le nombre de celles-ci par centimètre cube. La forme des courbes peut se conserver dans des limites très étendues de densité optique, par exemple entre 5 et 30 par Km. C'est de la stabilité de la forme des courbes, et non de la densité, dont nous parlons quand il s'agit de brouillards dits „stables". De même, lorsque nous parlons de brouillards en évolution, il s'agit aussi des variations de la forme des courbes; nous avons constaté que les formes trouvées sont alors très variées; nous n'en avons pas fait l'étude systématique, mais elle devrait fournir des renseignements fort utiles sur les modes de formation et de dissipation des brouillards.

Classement des atmosphères

1. Brumes. En accord avec les météorologistes, nous les définissons par le fait que la densite optique, pour $\lambda = 0{,}55\ \mu$, est inférieures à 2 par Km. Nous avons obtenu environ 250 courbes, caractérisées par un maximum placé entre 0,40 et 0,55 μ, et par une décroissance très rapide de la densité lorsque la longueur d'onde croît, cette densité devenant 10 à 100 fois plus petite au voisinage de 10 microns (figure 4). Les brumes présentent donc une sélectivité très marquée. Nous verrons plus loin des cas d'atmosphères de même densité dans le visible que les brumes, mais dont la sélectivité est faible.

2. Brouillards stables sélectifs. Ces brouillards n'ont été observés que dans la région parisienne. La position du maximum d'absorption est très analogue à celle des brumes, mais deux types différents doivent être distingués (figure 5).

Le premier a une bonne transparence à 10 μ. On peut ranger dans la même catégorie les fumées artificielles, dont la transparence à 10 μ est presque parfaite, bien que la densité correspondante dans le visible puisse atteindre 50.

Le second type (courbes de haut) est moins sélectif. Son maximum se place aux environs de 0,6 μ, et peut atteindre une densité de 15 à 30 par Km, alors qu'à 10 μ, la densité est un peu inférieur à la moitié de la densité maximum.

3. Brouillards en évolution. L'exemple que nous donnons (figure 6) montre bien combien les courbes peuvent différer avec le temps, mettant en évidence le déplacement du maximum de densité. On constate même assez souvent la présence de deux maximums.

4. Brouillards stables peu sélectifs. La figure 7 a et b représente des courbes caractéristiques, de forme peu variables, même pour celles dont la densité dans le visible est de l'ordre de grandeur de celles des brumes. Il semble qu'alors l'effet soit produit par la succession sur le trajet de mesure de masses d'air diffusant et

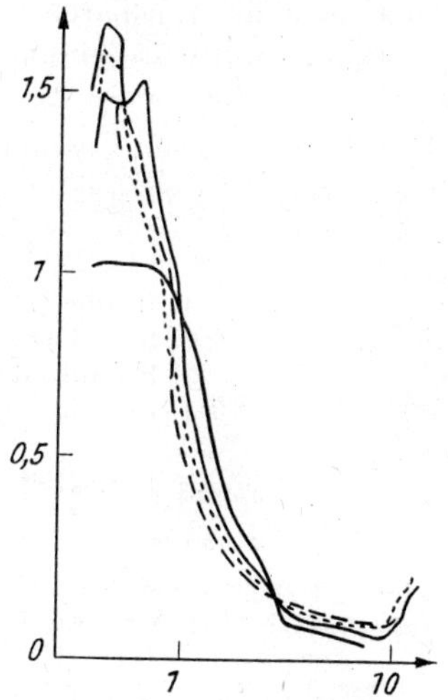

Fig. 4. Absorption par la brume. En abscisse, longueur d'onde en microns; en ordonnée, densité optique par kilomètre; 21 janvier 1953: ——— 1 h 5 m, ——— 11 h 13 m, ——— 11 h 20 m, ——— 11 h 30 m.

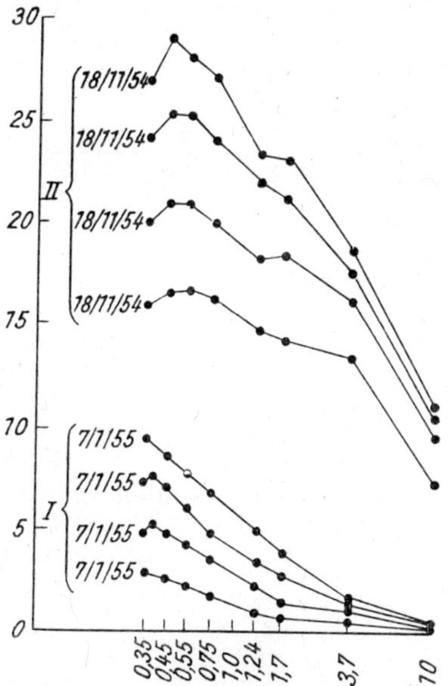

Fig. 5. Brouillards sélectifs (20 km sud de Paris).

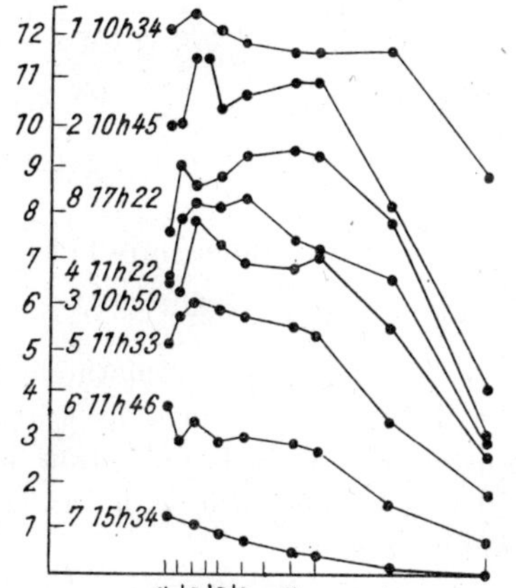

Fig. 6. Absorption par un brouillard en évolution.

de masses d'air transparent qui coexistent sans se mélanger. Dans les courbes de la figure 7b il y a certainement moins de petites gouttes que dans les courbes de 7b.

Le tableau II résume le nombre de courbes de chaque catégorie que nous avons déterminées.

Tableau 2

1. Brumes	250
2. Brouillards sélectifs	15
3. Brouillards en évolution	167
4. Brouillards stables non sélectifs	168

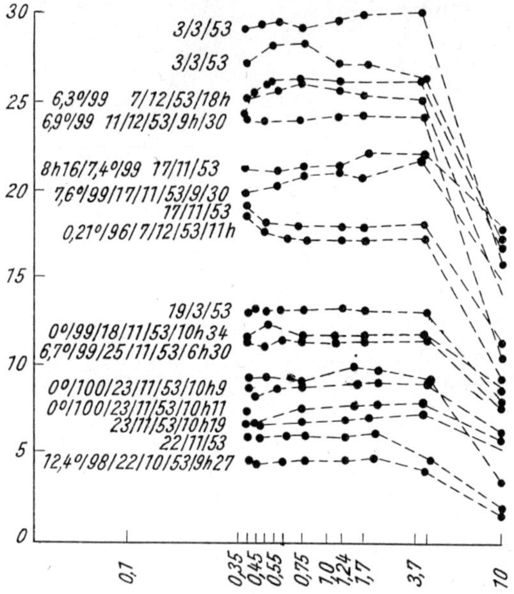

Fig. 7a

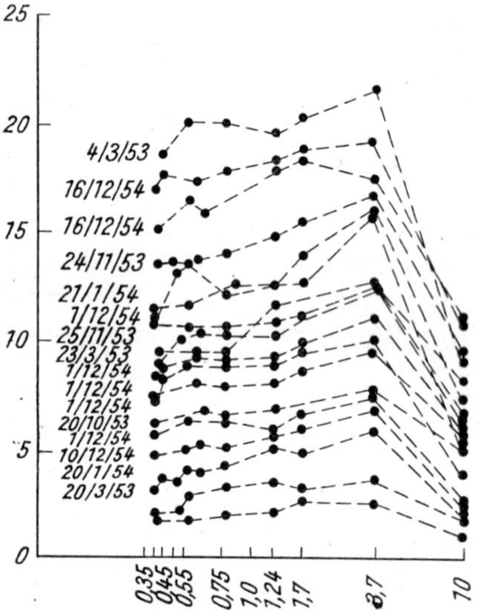

Fig. 7b

Absorption par des brouillards stables pen selectifs.

II. Relations entre l'absorption et la granulométrie des particules

Principe

Nous avons utilisé la méthode déjà appliquée auparavant par Dessens pour le calcul de l'absorption dans le spectre visible connaissant la granulométrie des giuttelettes. C'est l'application de la théorie de la diffusion de Mie.

Une goutte sphérique de rayon r, recevant l'éclairement unité, diffuse un flux lumineux égal à A, où:

$$A = \pi r^2 K .$$

A est dite la „surface effective de la goutte", et K est un coefficient, dit rapport de surface diffusante, donné par ses valeurs numériques. La figure 8 montre l'allure bien connue de cette fonction de diffusion, calculée par Johson & Penndorf, pour des milieux diversement absorbants.

Si nous appelons A_r la surface effective d'une goutte de rayon r, et si nous considérons un milieu monodispersé, c'est-à-dire composé exclusivement de gouttes de ce même rayon r, avec n gouttes par unité de volume, la densité optique D de ce milieu, par unité de longueur, est donnée par:

$$D = n\, A_r \log e\,.$$

Supposons maintenant que le milieu se compose de gouttes de rayons compris entre r_1 et r_2; soit $n_{\Delta r}$ le nombre de gouttes comprises entre les rayons $r - \Delta r/2$ et $r + \Delta r/2$, et K_r le coefficient correspondant à r. On a alors:

$$D = \pi \log e \sum_{r_1}^{r_2} n_{\Delta r}\, r^2\, K_r\,.$$

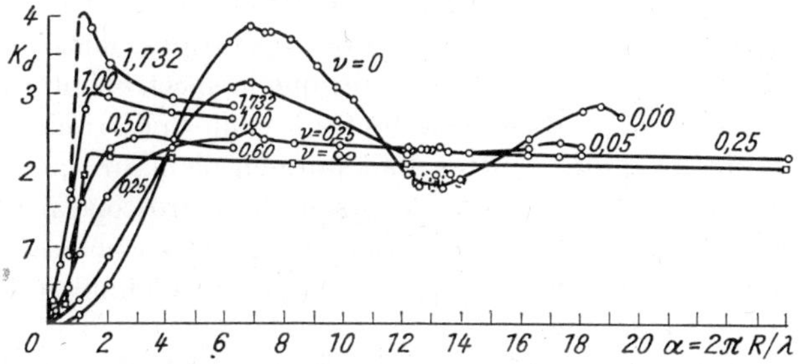

Fig. 8. Variations de K_d avec l'indice complexe m $= 1{,}29\ (1 - i\,\nu)$ pour une sphère de rayon R éclairée par une onde plane de longueur d'onde λ. L'indice réel vaut 1,29 et ν est l'indice d'absorption.

Etude expérimentale de la granulométrie

Le problème expérimental consiste à capter les gouttes, à mesurer leurs diamètres et à les compter. Après avoir comparé diverses méthodes, on a adopté celle de Dessens, de captation des gouttes par des fils d'arraignée très fins, les plus fins ayant des diamètres de l'ordre de quelques centièmes de micron. Les fils sont tendus sur un anneau en plexiglas, les arraignées effectuant ellesmêmes ce travail avec une grande perfection. Après une durée d'exposition à l'atmosphère variant d'une demi-heure, pour les brumes légères, à quelques dixièmes de seconde pour les brouillards épais, l'anneau portant les gouttes est rapidement photographié à 10 places différentes, avec un microscope équipé d'une caméra spéciale, de manière à enregistrer de 500 à 1000 gouttes. Si nest le nombre de gouttes captées par unité de volume, 1 la longueur du fil, V_r la vitesse du courant d'air portant les gouttes et t la durée de la translation des fils dans l'air, on a:

$$n_r = \frac{n_r'}{2\, r\, l\, V\, t} = \frac{n_r'}{r}\, k\,.$$

Ceci suppose que chaque goutte qui touche un fil est capturée.

La captation est faite dans uns appareil où l'air brumeux passe à une vitesse uniforme et connue, ce qui permet d'obtenir les valeurs statistiques par la méthode précédente. Dans les brouillards denses, le temps d'exposition est trop court pour être mesuré avec une précision satisfaisante, et on ne peut obtenir que des valeurs relatives. Pour les transformer en mesures absolues, il faut en outre nesurer directement la masse m d'eau précipitée par unité de volume. On obtient alors le facteur k précédent de la méthode de Dessens par la formule:

$$k \frac{3}{4\,\pi\,\varrho} \cdot \frac{m}{\sum_{r_1}^{r_2} r^2\, n'_r}$$

dans laquelle ϱ est la masse spécifique de l'eau.

On mesure la masse d'eau précipitée en faisant passer un volume connu d'air à travers un tube rempli de laine de verre qui capte les gouttes; la masse du tube est mesurée avant et après le courant d'air et on prend la différence.

Je ne peux pas entrer ici dans le détail des opérations, mais je dois signaler que ces mesures sont beaucoup plus délicates que la spectrophotométrie, et qu'il n'a pas toujours été possible d'éliminer toutes les causes d'erreur.

La mesure du diamètre des gouttes était faite en plein air, quelques secondes après la captation; les observations faites sous le microscope nous ont permis de savoir exactement dans quelles conditions les gouttes changeaient ou non de diamètre au cours des mesures, ce qui nous a permis d'éliminer les opérations incorrectes de ce point de vue.

Une autre cause d'erreurs, à laquelle il est impossible de remédier, vient de ce que la captation est effectuée en un point seulement du long trajet parcouru par la lumière pour les mesures spectrophotométriques, point où la composition locale du brouillard peut être notablement différente de la distribution moyenne le long du trajet de mesure; c'est probablement la cause d'erreurs la plus importante.

Dans le cas de vent, les mouvements des fils pouvaient, soit faire tomber les grosses gouttes, soit au contraire provoquer la coalescence, cela se traduisant soit par un excès, soit par un manque de grosses gouttes dans la statistique.

En dépit de ces difficultés, un certain nombre des courbes d'absorption spectrale calculées à partir de la statistique des gouttes ont été en accord avec les courbes mesurées.

Comparaison entre courbes calculées à partir de la granulométrie et courbes spectrophotométriques

Pour les brumes, 36 groupes de mesures ont été effectuées, correspondant à 82 courbes spectrophotométriques et à 64 prélèvements de gouttes. On a obtenu un accord satisfaisant pour 15 courbes, 9 courbes ont été comprises entre les courbes spectrophotométriques extrêmes, 12 n'étaient pas d'accord. On constate que le désaccord porte toujours sur le visible et l'ultraviolet, les ordres de grandeur étant respectés dans l'infrarouge. Même dans les meilleurs cas, on constate toujours une transparence plus faible pour les courbes mesurées que pour celles calculées à partir des prélèvements. Ceci provient d'un manque de petites gouttes dans la statistique, dû, soit à la coalescence sur les fils d'arraignée, soit à la non captation des gouttes les plus fines, soit au fait que, dans les conditions des mesures, les appareils optiques n'étaient pas suffisants pour révéler avec sûreté les plus petites gouttes.

D'autre part, les calculs que nous avons effectués au début donnaient presque toujours des transparence trop faibles dans la région de 10 μ, à parce que nous utilisions les données de HOUGHTON & CHALKER, relatives à des milieux transparents, alors que l'eau absorbe dans la région de 10 μ. Les essais effectués en tenant compte de cette absorption, à partir des courbes de JOHNSON & PENNDORF donnent un meilleur accord.

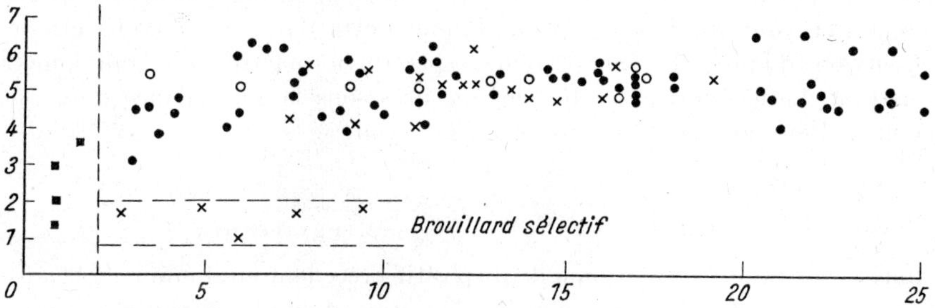

Fig. 9

En ce qui concerne les brouillards, les résultats sont moins satisfaisants; en général, la forme des courbes est correcte, mais il existe des écarts importants sur les valeurs absolues, provenant de ce que la mesure de la masse d'eau condensée donne un chiffre trop faible ou trop fort. Le plus souvent, on constate un excès de grosses gouttes, provenant de la coalescence le long des fils d'arraignée.

D'une manière générale, on peut dire que l'accord est bien meilleur dans l'infrarouge que dans le visible et l'ultraviolet, et que ceci fait présumer qu'une fraction importante des petites gouttes échappe à nos méthodes d'observation. Cela suggère la possibilité de comparer les propriétés des brouillards dans l'infrarouge; la méthode suivante a été adoptée. Nous définissons la sélectivité infrarouge d'un brouillard par l'expression:

$$S_{IR} = \frac{D_{\max} - D\,10}{D_{\max}}.$$

où $D_{\max}$ est la densité correspondant au maximum de la courbe, et $D\ 10\ \mu$ est la densité à 10 microns. Nous considérons alors que l'absorption infrarouge de ce brouillard est équivalente à celle du brouillard monodispersé ayant la même sélectivité. Ceci est fait facilement en utilisant les courbes établies par GAERTNER. La figure 9 représente le graphique obtenu en portant en abscisses les densités pour 0,55 μ, et en ordonnée le rayon des gouttes du brouillard monodispersé équivalent, pour 90 brouillards mesurés. On voit que le rayon équivalent est compris entre 4,5 et 6 microns pour les brouillards non sélectifs, en bon accord avec les mesures de gouttes effectuées par J. BRICARD dans les stratus. Pour les brouillards sélectifs, on trouve aussi un rayon sensiblement constant, mais plus petit, entre 1 et 2 μ.

III. Orientation future des recherches

Les dispositifs dont nous venons de parler ne sont pas automatiques, et pour effectuer simultanément la granulométrie et la spectrophotométrie, demandent la présence sur le terrain d'une dizaine de personnes. Cela entraîne des dépenses importantes, et les crédits dont nous disposions ne nous ont pas permis de poursuivre les travaux au-delà de 1955. Depuis cette date, nous avons étudié la construction d'appareils enregistreurs, spectrophotomètres et granulomètres, permettant d'effecteur l'ensemble des mesures sous la surveillance d'une seule personne. Deux groupes d'appareils ont été étudiés.

1. Spectrophotomètre enregistreur

Nous avons rendu automatique le dispositif précédent en diminuant beaucoup son encombrement. Il ne pouvait être question d'employer comme source un arc électrique dont la régulation automatique est très difficile; nous avons donc été conduit à utiliser deux sources, un arc à mercure à moyenne pression pour l'ultraviolet et le visible, et un filament Nernst pour l'infrarouge. Mais les flux lumineux étant beaucoup plus faibles que pour l'arc, nous avons dû remplacer notre pile thermoélectrique linéaire par un récepteur pneumatique de Luft, analogue au détecteur de Golay, mais dans lequel les déplacements de la membrane indicatrice de pression sont enregistrés par la variation de capacité qu'ils produisent. Dans cet appareil, le dispositif de gradation de la lumière est placé sur le faisceau de mesure, qu'on affaiblit pour l'égaliser au faisceau de référence; le récepteur travaille à flux constant. La fente de gradation commande un enregistreur à plume, qui inscrit les densités sur une échelle linéaire.

L'appareil mesure sur 6 longueurs d'onde: 0,36; 0,43; 0,57; 1,2; 3,7; 10 microns isolés successivement par le monochromateur double; pour chacune d'elles, l'asservissement égalise les flux, puis l'enregistreur marque un point. Les 6 points sont frappés en deux minutes, temps d'un cycle de mesures complet. Dans l'état actuel, la densité la plus forte mesurable est 40 par Km.

Cet appareil a été pendant 6 mois en service continu sur la terasse de l'Institut d'Optique, où il nous a permis de constater la variabilité très grande de l'atmosphère de Paris, et aussi la sélectivité très marquée (transparence complète à 10 microns), sauf un jour où les courbes infrarouges ont bien voulu se décoller du zéro, montrant la présence de gouttes relativement grosses.

2. Granulométre en registreur

Cet appareil est étudié par M. Bricard & Mlle Deloncle. On fait arriver obliquement dans le champ d'un microscope un courant d'air chargé de gouttes, dont chacune produit une trace, dont on enregistre le flux lumineux au moyen d'un photomultiplicateur; dans les premiers essais, on a cinématographié la trace produite sur un oscillographe cathodique (figure 10). En comptant les traces et mesurant les déviations correspondantes, on a ce qu'il faut pour établir une statistique. Les résultats obtenus par cette méthode sont en bon accord avec ceux du cascade impactor (figure 11).

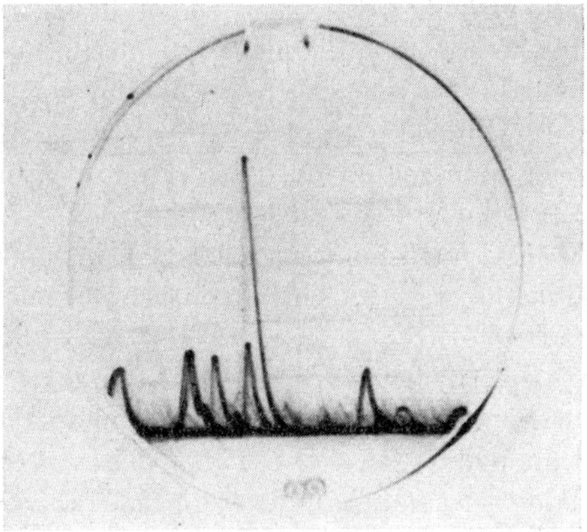

Fig. 10

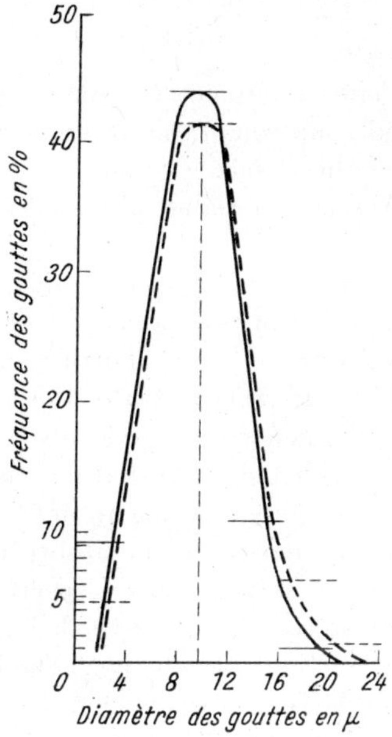

Fig. 11. —— Granulomètre, — — — — Cascade Impactor.

Il reste maintenant à obtenir directement la statistique, ce qui sera fait en classant les impulsions au moyen d'un sélecteur de canaux, analogue à ceux employer couramment dans l'étude des particules nucléaires. Le dispositif est en cours de réalisation.

Dès que le granulomètre sera terminé, nous espérons reprendre les études de l'atmosphère brumeuse, en conjuguant les deux appareils.

A. C. MENZIES, London

Atomic Absorption Spectroscopy and the Flame Mechanism

Flame Photometry involves spraying a solution of a salt into a flame, to bring about emission of the spectrum of the cation element, the energy required coming from the flame.

Absorption flame photometry was due to A. WALSH [1], who in Australia invented and developed the technique of spraying a salt into a flame, but instead of measuring the emission of a line due to the metallic element, measured the absorption of the flame for light of the same wavelength projected through the flame from a source emitting sharp spectral lines.

The difference between the two can be appreciated by considering an atomic energy diagram of two levels, 1 and 2, 1 being the lowest level, or ground state. The unexcited neutral atom has the energy corresponding to level 1. If energy ΔE is acquired by the atom, it will be in the state 2. This acquisition of energy ΔE corresponds to the absorption of a line of frequency ν, where $\Delta E = h\nu$.

In atomic absorption spectroscopy this energy is provided by an external lamp — say a hollow cathode lamp, or when available, a vapour-lamp underrun — e. g. for the alkali metals. The important point is that the energy does *not* come from the flame — the function of the flame is to make a habitat for neutral atoms.

In flame photometry, the energy ΔE has to be provided by the flame; subsequently the atom emits energy ΔE as radiation of frequency ν. It may also lose the energy by collision, with an electron or another atom and there is then no such radiation. Cool flames can only emit simple long-wave spectra, i. e. a relatively few lines, with any reasonable strength, for the energy which they can provide corresponds to a weak excitation potential. (The energy available in the flame comes from the kinetic energy of particles, and the kinetic energy is distributed among them according to the MAXWELL relation.)

The strength of absorption causing an increase of energy of the atom from level 1 to level 2 depends upon the probability of a transition from 1 to 2, and on the population of atoms in the state 1. Similarly the strength of the emission depends upon the probability of transition from 2 to 1, and the population of state 2. The two transition probabilities are equal. Hence the relative strength of the absorption and of the emission depends upon the populations of the two states.

Suppose n_1 is the number of atoms in state 1, and
n_2 is the number of atoms in a higher state 2,
J_1, J_2 are the respective inner quantum numbers of the two states (supposed single),

ΔE is the energy difference between the states,
k is BOLTZMANN constant, and
T is the absolute temperature, equilibrium being assumed.

Then $n_2/n_1 = (2\,J_2 + 1) \cdot \exp\,(-\,\Delta E/k\,T)/(2\,J_1 + 1)$.
The factors $(2\,J + 1)$ are the statistical weights of the two states, and are numbers which are quite outweighed by the exponent term, which is of a very different order.

At the temperatures which occur in the flames commonly used in flame photometry (say 2000° to 3500 °K) the population of the upper state is quite negligible compared with that of the ground state. Because there are so few atoms with energy in the upper state, the intensities of lines emitted by the flame are greatly affected by changes in temperature. The strength of absorption is not affected through the direct effect of temperature on population of the ground state. It may, however, be affected by indirect effects of changing temperature, on chemical and physical properties.

The Technique of Atomic Absorption

Walsh chose to use the hollow-cathode lamp as source, because the sharp spectral lines emitted by it are best suited to the sharp absorptions which take place in a flame. It is this sharpness which provides the resolution higher than would be given by normal prism and grating instruments. The function of the monochromator is to separate a resonance line of the element being investigated, from among the resonance lines emitted by other elements which might be present both in the flame and in the lamp. (For example one might be measuring silver in a spray which contained some copper contamination, and the silver hollow-cathode of the lamp might not be free from copper.) A second function performed by the monochromator is to reduce the light which might otherwise fall on the detector and fatique it.

To prevent the absorption being diluted by emission from the lamp, WALSH [2] used an alternating light output from the lamp, and a detector tuned to the same frequency. The flame, which can be regarded as a direct current source, would then not affect the detector. This technique is not essential, though it can on occasion be advantageous, because in nearly all cases the emission from the flame can be ignored.

WALSH [3] has mostly made use of hollow cathode lamp, monochromator and photomultiplier, with an air-coalgas or an air-acetylene flame. He has also produced a smaller apparatus („Si-ro-spec“) which uses a sodium discharge lamp, colour-filter and photoconductive cell, for the specialised measurement of sodium. HILGER & WATTS have produced an absorption spectroscopy attachment for the Uvispek spectrophotometer, when the flame is virtually treated as if it were an absorption-cell for a liquid, the optical density of the flame being measured directly on the spectrophotometer. The optical density increases as the concentration of the element in the flame increases. The relationship is linear for low concentrations, but curves for high concentrations in a direction indicating less efficient absorption. This curvature is different for different elements, for example, Lockyer and Hames [4] have found that it is very little for silver and gold, and considerable for platinum and palladium. For other examples of metallurgical analysis, see references [5].

The Mechanism of the Flame

It is interesting to consider the individual steps in the process of flame photometry, whether in emission or absorption, and especially as the occasion of this paper is a physical meeting, it is proposed to devote the remainder of it to speculation on what occurs or is likely to occur in the flame.

A. Spray

The spraying of the liquid into the flame may be done directly, or indirectly when the atomiser sprays first into a spray-chamber, which leads to the flame. Consider the latter, since usually it is more regular in its action. The jet which issues from the nozzle becomes unstable when the length exceeds the circumference of the opening of the nozzle, so that the jet breaks up into drops and droplets alternately (Plateau's spherules). One may treat the silhouette of the jet as a cycloid (prolate trochoid) and the shape of the jet as a rotation of this curve about an axis parallel to the base of the trochoid. By making the assumption that the jet ultimately breaks at the turning-points of the trochoid, (because near to these points the pressure within the liquid should change) I find that the ratio of the large mass to the small one is just over 12, which would mean that the droplets formed about 8% of the whole spray entering the chamber. Now in the spray-chamber, the drops reach the sides, while the droplets go on into the flame. The efficiency of such sprays is indeed about 8%, but this should not be taken as a proof of the correctness of the very simple model taken above.

B. Droplets in the Flame

On reaching the flame the droplets are dried by the flame, to form grains of salt. These may well first be hollow, as illustrated by the work of Marshall [6] on aerosols and spray drying. The solution is concentrated until it is saturated, when the crystals will first dry on the outside. Moisture may diffuse through the crust, and more salt be deposited inside the outer shell.

C. Grains in the Flame

The hollow grains are then melted, (forming drops) or decomposed and volatilised. The material may be very difficult to volatilise, so that it may not afford an efficient flame for that reason. The flame is a dynamic source of light — the luminous gases are rushing upwards and disappearing. We may think that there is only limited time for the grain material to make its presence felt, especially if there is only a small zone of the flame suitable for the particular element concerned. Calcium, for example, has a very small zone at the tip of the inner-cone where the conditions are suitable, and if the grain is large, it may pass through this zone before much has been volatilised. The volume of the grain is greater, the greater the concentration of the solution which is sprayed, so that with large concentrations the processes in the flame will not be as efficient as for small concentrations. This may be one of the causes of the curvature of the curves connecting optical density with concentration, referred to under ‚Technique' above.

D. Dissociation and other Processes in the Flame

The extent of the dissociation into atoms which occurs, depends upon the energies available in the flame, which will include higher energies, the hotter the flame. Other processes may intervene, however, to lessen the number of neutral atoms. The metal atom may be ionised; the ionisation is greater, the higher the temperature, and the lower the partial pressure of the element. Another agency is the combination of the metal atom with other atoms, to form molecules or radicles; for example calcium atoms may encounter hydroxyl groups, or oxygen atoms, forming hydroxide or oxide molecules. Whether by ionisation or by combination, the atoms are lost as far as atomic absorption, or atomic emission are concerned.

Conclusion

Atomic absorption spectroscopy is a valuable analytic tool, especially useful when determining some elements which are difficult in emission (zinc, for example), or some elements in the presence of large quantities of others (such as potassium in great excess of sodium).

Interferences of a chemical nature may affect flame photometry both in emission and in absorption. For example, ionisation or chemical combination with other atoms remove neutral atoms from the flame, so that they may take part as atoms neither in emission nor in absorption. There are, however, interferences which are confined to the emission technique.

In detail the mechanism of the flame is like this: —

The mist which is sprayed into the burner through the spray-chamber consists mainly of Plateau's Spherules. These droplets are dried in the flame, forming first hollow grains of salt. They are then further heated, melted and volatilised to an extent depending upon the length of time they remain in the flame.

Dissociation of the vapour produces atoms, but some of these may cease to be individual neutral atoms before they can absorb or emit atomic radiation. The result is that only a fraction of the atoms present may take part in radiation transitions.

References

[1] WALSH, A., Spec. Acta **7** (1955) 108.
[2] BOX, G. F. and WALSH, A., Spec. Acta **10** (1960) 255.
[3] RUSSELL, B. J., SHELTON, J. P. and WALSH, A., Spec. Acta **8** (1957) 317.
[4] LOCKYER, R. and HAMES, G. E., Analyst **85** (1959) 385.
[5] ALLAN, J. E., Analyst **83** (1958) 466. — ALLAN, J. E., Spec. Acta **10** (1959) 800. — GIDLEY, J. A. F. and JONES, J. T., Analyst **85** (1960) 249. — MENZIES, A. C., Analytical Chemistry **32** (1960) 898. — WILLIS, J. B., Spec. Acta **16** (1960) 269, 273.
[6] MARSHALL, W. R., Jr., Chem. Eng. Prog. Monographs **50** (1954) No. 2.

10. Spektralapparate, Methoden

T. TÖRÖK, Budapest

Der heutige Stand des Problems der photographischen quantitativen Auswertung in der Emissions-Spektralanalyse

1. Einleitung

Zunächst müßte erst einmal die Frage gestellt werden, ob es im Zeitalter der direkt ablesbaren Analyseautomaten noch aktuell ist, sich mit dem Problem der photographischen Auswertung der Spektralanalyse zu beschäftigen. Die Antwort auf diese Frage kann auf Grund eines kritischen Vergleichs der klassischen und modernen Auswertungsverfahren gegeben werden. Das ältere Verfahren ist hinsichtlich der Ausrüstung wesentlich einfacher und betriebssicherer, die Investitionskosten betragen etwa um 90% weniger als bei der modernen Methode. Die photographische Emulsion hält oft viele Zehntausende von Spektrallinien eines sehr breiten Wellenlängenbereichs auf einem Bilde fest, und aus der Schwärzung der Linien kann dann auf den Mittelwert ihrer Intensitätsverhältnisse in der Expositionszeit gefolgert werden. Die als Dokument aufbewahrte Aufnahme ermöglicht auch die nachträgliche Bestimmung nicht erwarteter Komponenten. Nachteile der photographischen Methode sind aber die relativ geringere Genauigkeit und der größere Zeitbedarf der Durchführung.

Hieraus folgt, daß die neue Methode das klassische Verfahren überall dort nicht verdrängen wird, wo die Vorteile des letzteren bedeutend sind und seine Nachteile keine wesentliche Rolle spielen. Solche Stellen sind z. B. Universitäts- und Forschungsinstitute, Laboratorien kleinerer Fabriken bzw. Betriebe usw.

Die Aufgabe der photographischen Auswertung

Die Aufgabe der photographischen Auswertung ist die Bestimmung der gesuchten Konzentration auf Grund der entsprechenden Schwärzungswerte (S). Sie läßt sich in 2 wesentlichste Teile aufgliedern: 1. Bestimmung der entsprechenden Intensitäts- bzw. Intensitätslogarithmuswerte (Y) aus der Schwärzung und 2. Bestimmung der unbekannten Konzentration (c) aus diesen Werten. Die erste Phase der Arbeit, die Feststellung des Zusammenhanges zwischen Y und S, beruht auf der sog. Emulsionskalibration. Die zweite Phase ist die Bestimmung der gesuchten Konzentration c mit Hilfe der erhaltenen Y-Werte auf Grund einer vorangehenden analytischen Kalibration. Auf annähernde Verfahren, die bloß orientierende Werte liefern, möchte ich hier nicht eingehen.

Schwärzungstransformation

Die Emulsionskalibration auf Grund der Aufstellung der Schwärzungskurve ist langwierig und schon lange überholt. An ihrer Stelle kommt heute nur noch die sich über die Schwärzungstransformation erstreckende photographische Kennlinie in Frage. Diese läßt sich mit zwei Parametern einfach angeben, und zwar mit der Steilheit der photographischen Kennlinie γ und dem zu ihrem Schnittpunkt mit der Achse des Intensitätslogarithmus gehörenden Y_E-Wert (siehe Abb. 1). Beide sind Funktionen der Wellenlänge. Ein weiterer Vorteil der Anwendung der Schwärzungstransformation besteht darin, daß mit ihrer Hilfe die zum unterexponierten Abschnitt der Schwärzungskurve gehörenden relativ kleinen Schwärzungswerte so einfach zugänglich werden. Das verwendbare Y-Intervall wird so größer. Dabei kann neben den kleineren Schwärzungswerten mit vermindertem Eberhard-Effekt und so mit einem geringen photographischen Fehler gerechnet werden. Die kleineren Schwärzungswerte schließlich können mit größerer Genauigkeit photometriert werden.

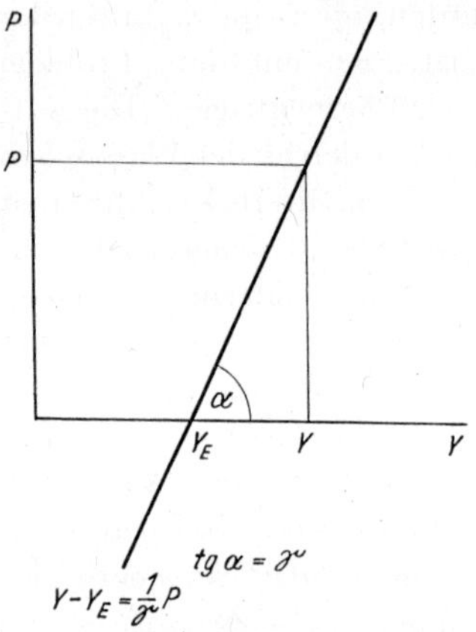

Abb. 1. Die gestreckte photographische Kennlinie.

Aus der Reihe der im Laufe der Zeit ausgearbeiteten zahlreichen Verfahren ist die partiale Seidelsche Transformation, die sog. Kaisersche [1] P-Transformation, weitaus die zweckmäßigste und allgemein angewandte Methode:

$$P = S - \varkappa D_S \,. \tag{1}$$

$\varkappa$ ist hier eine von der Wellenlänge abhängige Konstante und D_S ist der Wert des zu S gehörenden Gaussschen Differenzlogarithmus

$$D_S = S - \log\ (\text{numlog}\, S - 1)\,. \tag{2}$$

Die Schwärzungsabhängigkeit der Transformationskonstante

Genauere Untersuchungen ergaben, daß die Transformationskonstante $\varkappa$ unter Schwärzungswerten von 0,15—0,25, insbesondere im Wellenlängenbereich über 3500 Å in Wirklichkeit nicht mehr als konstant angesehen werden kann, sondern von S abhängig ist. Auch kann beobachtet werden, daß die über ca. 0,5 und unter ca. 0,3 Schwärzungswerten liegenden Abschnitte der transformierten Kennlinien an sich zwar linear sind, diese beiden Teile dennoch keine gegenseitige geradlinige Fortsetzung darstellen. Zwischen den beiden geraden Abschnitten findet man bei Schwärzungswerten von ca. 0,5—0,8 eine Inflexion. Oft weichen auch die Richtungstangenten dieser beiden geraden Abschnitte voneinander ab. Zur Ausschaltung des sich bei Anwendung des konstanten $\varkappa$-Wertes ergebenden Auswertungsfehlers modifizierte Kaiser [1] die Formel der P-Transformation. Wadewitz [2] beschäftigte sich mit der Abhängigkeit des $\varkappa$-Wertes von S. Die durch Kaiser und Wadewitz erhaltenen Ergebnisse — auf die ich hier nicht näher eingehen möchte — scheinen miteinander im Widerspruch zu stehen.

Der Verfasser und Zentai [3] setzten sich die Bestimmung solcher $\varkappa$-Werte zum Ziel, mit deren Hilfe sich für die transformierte Kennlinie der gerade Abschnitt der Schwärzungskurve bzw. deren Verlängerung ergibt. Die Bestimmung dieser $\varkappa$-Werte läßt sich einfach durchführen. Zum Verfahren wird die zur Aufstellung der Schwärzungskurve mit Hilfe eines Zweistufenfilters [4] notwendige Hilfskurve verwendet. Den Zusammenhang zwischen Hilfskurve und Schwärzungskurve zeigt Abb. 2. Die Hilfskurve zeigt den graphischen Zusammenhang zwischen dem Unterschied der zu zwei Filterstufen gehörenden Schwärzungswerte S_a, S_b der Linien — $\Delta S_{a,b}$ und S_b. So lange, bis beide Schwärzungswerte auf den geradlinigen Abschnitt der Schwärzungskurve fallen, ist der Wert von $\Delta S_{a,b}$ maximal (ΔS_m) und unabhängig von S_b. Sobald die zur geringeren Intensität gehörende Schwärzungsstufe (S_b) auf den gekrümmten Teil der Kurve fällt, beginnt $\Delta S_{a,b}$ abzunehmen. Mit Hilfe der auf der Abbildung sichtbaren

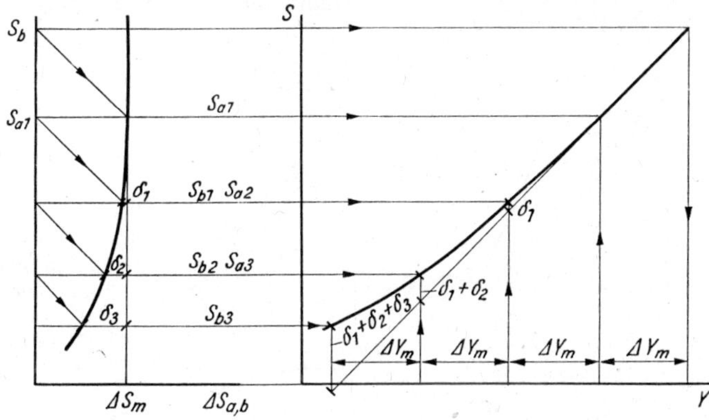

Abb. 2. Zusammenhang zwischen der Schwärzungskurve und ihrer Hilfskurve.

45grädigen Projektion auf der Hilfskurve erhaltenen Schwärzungspaare (S_a, S_b) kann die Schwärzungskurve auf die auf der Abbildung gezeigte einfache Weise aufgestellt werden. ΔY_m ist der Logarithmus des zu zwei Stufen des Filters gehörenden Intensitätsverhältnissen. Der Zusammenhang zwischen den δ-Werten der Hilfs- und Schwärzungskurven geht aus der Abbildung klar hervor. Die Erbringung des einfachen geometrischen Beweises des Zusammenhanges ist an dieser Stelle wohl nicht notwendig.

Der gesuchte $\varkappa$-Wert läßt sich in Kenntnis des Zusammenhanges zwischen den δ-Werten nach der Gleichung

$$\varkappa_n = \frac{\sum_1^n \delta n}{D_n} \tag{3}$$

einfach bestimmen. $\varkappa_n$ ist hier der zum Schwärzungswert S_{bn} gehörende $\varkappa$-Wert, $\sum_1^n \delta_n$ ist die Summe der n zu den S_b-Gliedern der S_a, S_b-Wertpaare gehörenden δ-Werte, und D_n ist der Wert des zu S_{bn} gehörenden Gaussschen Differenzlogarithmus.

Die mit der beschriebenen Methode auf Agfa Spektral-blau-extrahart und -rapid Emulsionen bei verschiedenen Wellenlängen erhaltenen $\varkappa$, S-Kurven sind auf Abb. 3 und 4 gezeigt. Aus den Abbildungen geht hervor, daß sich der Wert von $\varkappa$ mit abnehmendem S-Wert bei größeren Wellenlängen einer Maximumkurve und bei kleineren Wellenlängen entsprechend einer monoton ansteigenden Kurve ändert.

Die erhaltenen $\varkappa$, S-Kurven besitzen jedoch keine praktische Bedeutung, da bei ihrer Anwendung die Emulsionskalibration sehr umständlich wäre. Wir versuchten ebendeshalb die „horizontale Streckung" der $\varkappa$, S-Kurven. Die $\varkappa$, S-Kurven ohne Maximum können gestreckt werden, wenn man die parallel zum geraden Abschnitt der Schwärzungskurve verschobene Gerade als transformierte Kennlinie wählt. Bezeichnet man das Maß der Verschiebung in Richtung der S-Achse mit s, so ergibt sich der Zusammenhang

$$\varkappa_n = \frac{\sum_1^n \delta_n + s}{D_n}. \tag{4}$$

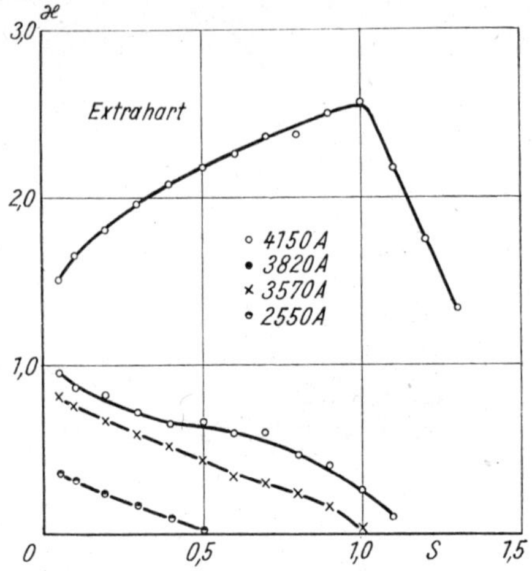

Abb. 3. $\varkappa$, S-Zusammenhang bei Agfa-spektral-blau-extrahart Emulsion.

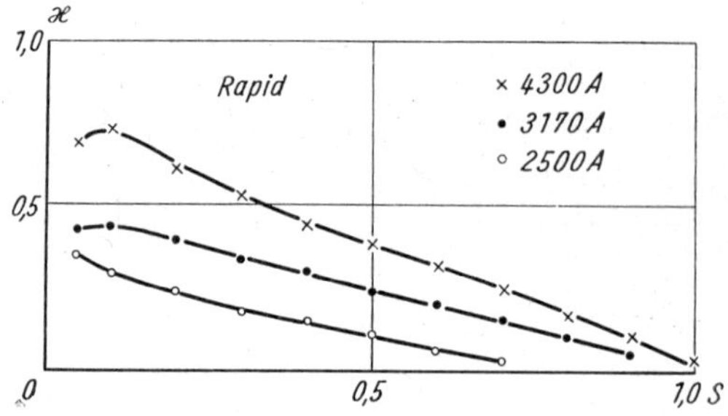

Abb. 4. $\varkappa$, S-Zusammenhang bei Agfa-spektral-blau-rapid Emulsion.

Es ist leicht einzusehen, daß die Differenz zwischen den nach Gl. (3) und (4) erhaltenen $\varkappa$-Werten (s/D_n) mit zunehmendem S-Wert rasch größer wird, da D_n gleichzeitig abnimmt. Während sich also der linksseitige Abschnitt der $\varkappa$, S-Kurve kaum ändert, steigt der rechtsseitige an.

Die Streckung des links vom Maximum liegenden Abschnittes der Maximumkurven ist mit Hilfe der Translation der Schwärzungskurve in Richtung der S-Achse nach oben $(+\delta S)$ durchführbar. So nimmt D_n in den Gleichungen (3) und (4) ab, da zu größeren Schwärzungswerten kleinere D-Werte gehören. Diese Änderung der D-Werte ist bei großen S-Werten gering und nimmt mit kleiner werdendem S-Wert stürmisch zu. Die so erhaltenen $\varkappa$-Werte lassen sich nach Abänderung der Gleichung (4) mit folgendem Zusammenhang ausdrücken

$$\varkappa_n = \frac{\sum_1^n \delta_n + s}{D_{n_s + \delta s}}. \tag{5}$$

Unter „Streckung" der $\varkappa$, S-Kurve darf natürlich niemals die Streckung im mathematischen Sinne verstanden werden. Bezeichnet man nämlich die Abweichung vom konstanten $\varkappa$-Wert mit $\delta\varkappa$, so beträgt der Fehler der Bestimmung von P auf Grund der Gleichung (1)

$$\delta P = -\delta\varkappa\, D_s\,, \tag{6}$$

und der Fehler der Bestimmung von Y

$$\delta Y = -\delta\varkappa \left(\frac{D_S}{\gamma}\right). \tag{7}$$

Der zulässige, zweckmäßig durch γ dividierte Fehler von $\varkappa$ ist also

$$\frac{\delta\varkappa}{\gamma} = -\delta Y \frac{1}{D_s}. \tag{8}$$

Wie ersichtlich, wird $\delta\varkappa/\gamma$ mit zunehmendem S Wert sprunghaft größer. Den praktischen Anforderungen entsprechend wählt man für δY zweckmäßig $\pm 0{,}01$. Wie unsere Berechnungen zeigten, konnten in jedem Falle solche s, δS-Parameter gefunden werden, mit denen die Streckung der auf den Abbildungen 3 und 4 gezeigten $\varkappa$, S-Kurven den obigen Anforderungen entsprechend möglich war. Natürlich genügt es, die Parameter bzw. die sich aus diesen ergebenden, von S unabhängigen $\varkappa$-Werte bei einem bestimmten photographischem Verfahren und für eine Emulsionstype, für die in der Praxis vorkommenden wenigen Wellenlängen, einmal zu bestimmen. Im Wellenlängenbereich zwischen 2500 und 3000 Å sind diese von der Wellenlänge ohnehin unabhängig. In der praktischen Durchführung der Auswertung muß der s-Parameter nicht berücksichtigt werden, dieser verändert nur den Wert von Y_E. Man berücksichtigt den Wert von δS einfach so, indem man beim Photometrieren am nicht belichteten Teil der Platte nicht den Wert $S = 0$, sondern den δS-Wert auf der Galvanometerskala einstellt. Für den Wert von δS ergab sich bei Extrahart-Emulsion bis zur oberen Grenze des UV-Bereiches Null, dann wird δS rasch größer, beträgt z. B. bei 4150 Å bereits 0,08. Bei Rapid-Emulsion variierte der Wert im Bereich zwischen 2500 und 4300 Å zwischen —0,02 und +0,02. Der negative Wert ergab sich bei der Streckung der bei 2500 Å erhaltenen aufsteigenden Kurve.

Die Wellenabhängigkeit der Transformationskonstante

Das zweite grundlegende Problem der photographischen Bestimmung der Y-Werte ist die Frage der Wellenlängenabhängigkeit der Transformation. CANDLER [5] versuchte die Lösung des Problems mit Hilfe der durch ihn ausgearbeiteten sog. Λ-Transformation. HÜBNER u. OHZU [6] und HÜBNER [7] übten Kritik an diesem Verfahren. Sie führten ihre Versuche mit PERUTZ- und ILFORD-Emulsionen durch und stellten fest, daß die Λ-Transformation in diesen Fällen nicht anwendbar ist.

Verfasser und Zimmer [8] untersuchten die Candlersche Transformation gleichfalls. Verwendet man die in der P-Transformation gebräuchlichen Bezeichnungen, so erhält man für die transformierte Schwärzungsdifferenz ($\Delta\Lambda$) folgenden einfachen Zusammenhang:

$$\Delta\Lambda = \frac{1}{\varkappa}\Delta P = \frac{1}{\varkappa}\Delta S - \Delta D_S\,. \tag{9}$$

Vor allem wurde festgestellt, daß die $\varkappa$-Werte infolge der mit Hilfe der üblichen Kaiserschen Formel erhaltenen Streuung der $\Delta\Lambda$-Werte so stark streuen, daß sie praktisch nicht anwendbar sind (siehe Abb. 5).

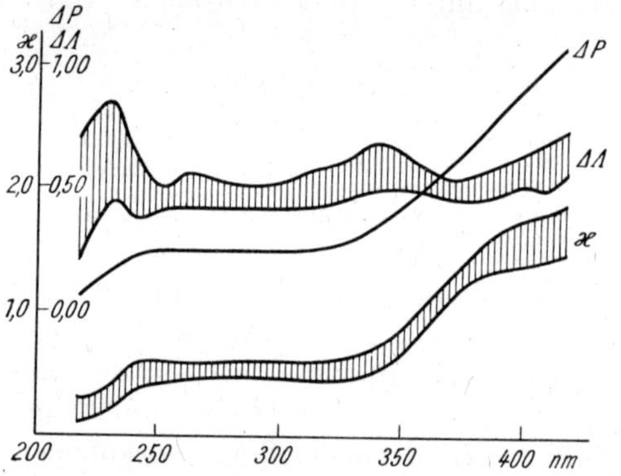

Abb. 5. $\varkappa, \lambda$; $\Delta P, \lambda$ und $\Delta\Lambda, \lambda$ Kurven bei Agfa-spektral-blau-extrahart Emulsion.

Auch wurde festgestellt, daß auf Grund der Gleichungen (1) und (9) der Zusammenhang

$$\Delta Y = \frac{\varkappa}{\gamma}\Delta\Lambda \tag{11}$$

gilt, da

$$\Delta Y = \frac{1}{\gamma}\Delta P \tag{10}$$

ist, was soviel bedeutet, daß $\Delta\Lambda$ von der Wellenlänge nur dann unabhängig ist, wenn auch $\varkappa/\gamma$ davon unabhängig ist. Nach unseren Untersuchungen ist diese Bedingung bei der Agfa-spektral-blau-extrahart Emulsion hervorragend erfüllt, bei der Rapid-Emulsion jedoch nicht. Die Messungen wurden im Wellenlängenbereich zwischen 2200 und 4400 Å durchgeführt. Im ersteren Fall ist $\varkappa/\gamma = 0{,}50$, im letzteren variiert der Wert zwischen 0,35 und 0,70.

Es wurden auch Messungen zur Untersuchung der Änderung des $\varkappa/\gamma, \lambda$-Zusammenhanges von Platte zu Platte bei unter identischen photographischen Bedingungen ausgearbeiteten Emulsionen der gleichen Fabrikationsnummer durchgeführt. Während sich dieser Zusammenhang bei den Extrahart-Emulsionen auch in dieser Hinsicht als unverändert erwies, war dies bei der Rapid-Emulsion nicht mehr der Fall. Zur Beseitigung dieser Änderung arbeiteten wir ein relativ einfaches Verfahren aus, auf dessen Besprechung an dieser Stelle jedoch nicht eingegangen werden soll.

Immerhin kann festgestellt werden, daß zur wellenlängen-unabhängigen Schwärzungstransformation bei der Anwendung von Extrahart-Emulsion nach der einmaligen Bestimmung von $\varkappa/\gamma$ nur die Bestimmung der γ-Wertes für die jeweilige Wellenlänge von Platte zu Platte notwendig ist. Dieses Verfahren ist nichts anderes als die praktische Anwendung der zweckmäßig auf Y umgerechneten Form der P-Transformationsgleichung

$$Y - Y_E = \frac{1}{\gamma} P = \frac{1}{\gamma} S - \frac{\varkappa}{\gamma} D_S \,. \tag{12}$$

Der photographische Fehler

Die Verminderung des photographischen Fehlers und die Klärung seiner Ursachen sind die wichtigsten Probleme der photographischen Auswertung. Der Fehler kann zweierlei Ursprungs sein. Er kann erstens von Ungleichmäßigkeiten bei der Herstellung der Emulsion stammen und zweitens von Fehlern, die bei der Ausarbeitung der Aufnahme begangen werden. Bezüglich der ersteren Gruppe der Fehlerquellen muß festgestellt werden, daß die für wissenschaftliche Zwecke hergestellten Agfa-Spektral-Platten z. B. oft sehr ernste Fabrikationsfehler aufweisen. Solche sind z. B. Kontinuitätsfehler in der Emulsion. Man muß jedoch unbedingt auch mit Ungleichmäßigkeiten in der Schichtdicke der Emulsion, in der größen- und zahlenmäßigen Verteilung der Körner sowie in der Verteilung des in der Emulsion zurückgebliebenen Kaliumbromids rechnen. Letzten Endes verursachen diese Fehler lokale Schwankungen der Empfindlichkeit und Gradation der Emulsion. Die möglichst weitgehende Verminderung dieser Störungen ist Aufgabe der Fachleute der Emulsionsherstellung. Hierzu muß jedoch bemerkt werden, daß diese Fehler — abgesehen von groben Fabrikationsfehlern — keine derartig große Streuung in der Bestimmung von ΔY verursachen, wie die sich bei der Ausarbeitung einstellenden störenden Effekte.

Eine gemeinsame Quelle der Ausarbeitungsfehler sind die Störungen des Austausches der Chemikalien der Entwicklungsflüssigkeit und der in den Emulsionen während des Entwickelns gebildeten Reaktionsprodukte. Charakteristisch treten diese Störungen im EBERHARDschen Effekt zutage. Dieser verursacht jene Erscheinung, daß zu den Linien verschiedener Halbwertsbreiten bei einer Zweistufenaufnahme verschiedene Schwärzungsunterschiede gehören und zwar auch dann, wenn diese in einem engen Wellenlängenbereich liegen und auch, wenn die Schwärzung in einer Stufe fast oder auch vollkommen gleich ist. Die Entwicklungsgeschwindigkeit der intensiveren Stufe der Linien mit größerer Halbwertsbreite wird infolge der sich auf ein größeres Gebiet erstreckenden Bildung von Br-Ionen stärker verlangsamt wie bei den Linien mit kleineren Halbwertsbreiten, und so wird auch der Wert von ΔS kleiner sein. Das gleiche gilt natürlich auch für die ΔP-Werte und über diese auch für die erhaltenen ΔY-Werte.

Sofern die absolute Schwärzung der Grundlinien der Analysenlinienpaare (S_G) von Aufnahme zu Aufnahme praktisch die gleiche bleibt, verursacht dieser Effekt eine systematische Verschiebung, die jedoch mit Rücksicht darauf, daß die Hauptleichkurve unter ähnlichen Bedingungen erhalten wurde, in der Bestimmung der gesuchten Konzentration keinen Fehler nach sich zieht. Die Erfahrung zeigte jedoch, daß es in der Praxis nicht gelingt, eine von Platte zu Platte identische Schwärzung der Spektren zu sichern. Die Ursache dieser auch bei scheinbar vollkommen identischen Versuchsbedingungen auftretenden Erscheinung liegt wahrscheinlich darin, daß sich der Feuchtigkeitsgehalt der Emulsion und der Atmosphäre von Tag zu Tag ändert. Unter solchen Bedingungen ist es zweckmäßig, die Analysenlinienpaare aus Linien mit möglichst gleichen Profilen zu wählen. Nicht nur die Verschiedenheit der Linienprofile, sondern auch die Unterschiede in der Schwärzung des Untergrundes der Linien verursachen einen Eberhardschen Effekt in verschiedenem Maße. All dies führt zu jener Folgerung, daß die heute übliche Methode der Bestimmung der Daten der Schwärzungskurve bzw. transformierten Kennlinie infolge der Verschiedenheit der auf die Intensitätsmarken und Glieder der Analysenlinienpaare bezüglichen experimentellen Bedingungen prinzipiell falsch ist. Ein Ausweg muß in zwei Richtungen möglich sein. Erstens durch Sicherung möglichst ähnlicher experimenteller Bedingungen, zweitens durch möglichst weitgehende Verminderung des Eberhardschen Effekts.

Der Eberhardsche Effekt läßt sich durch Erhöhung des Kaliumbromidgehalts des Entwicklers sowie — was damit übrigens auch verbunden ist — durch Verlängerung der Entwicklungszeit vermindern. Dies vermindert nicht nur die oben erwähnten systematischen Störungen, sondern auch Makro- bzw. Mikro-Fehler, die Streuungscharakter besitzen. Der zwischen dem Inneren der Emulsion und der Entwicklerflüssigkeit vor sich gehende ungleichmäßige Diffusions-Austausch spielt sich von Punkt zu Punkt, insbesondere aber in größeren Entfernungen mit verschiedener Geschwindigkeit ab. Die Ursache hierfür ist die ungleichmäßige Bewegung der Entwicklerflüssigkeit. So werden z. B. die in der Emulsion entstehenden Bromidionen ungleichmäßig herausgelöst, demzufolge zeigt die Reaktionsgeschwindigkeit dann lokale Schwankungen und im Schwärzungswert treten Streuungen auf. Nach unseren früheren Versuchen [9] kann diese Streuung durch Erhöhung des KBr-Gehalts des Entwicklers stark vermindert werden.

Die günstigsten Bedingungen der gleichmäßigen Strömung der Entwicklerflüssigkeit über der Emulsionsschicht liegen am besten bei Filmen, nicht bei Platten vor. Besonders günstige Bedingungen lassen sich z. B. mit der auf Abb. 6a und b gezeigten Vorrichtung [10] schaffen. Der Film wird mit Schicht nach außen auf die Trommel (Abb. 6a) aufgewickelt, die sich mit Hilfe eines Führungsbolzens zentrisch in eine mit Entwickler gefüllte Trommel einlegen läßt. Die Trommel wird dann mit dem Deckel verschlossen und in die auf Abb. 6b gezeigte Drehvorrichtung gestellt. Im äußeren, größeren Gefäß zirkuliert temperierte Flüssigkeit, die eine reproduzierbare Entwicklungstemperatur sichert.

a)

b)

Abb. 6. Filmentwicklervorrichtung.

Nach unseren neueren Versuchen sind die Bedingungen noch günstiger, wenn in der Trommel auch genügend Quecksilber vorhanden ist; wahrscheinlich ist dies auf die geringe Oberflächenspannung und den hohen hydrostatischen Druck des Quecksilbers zurückzuführen.

Die Auswertungskurve

Durch die auf dem Wege der Emulsionskalibration bestimmten, zu bekannten Konzentrationswerten gehörenden $\Delta Y_{Z,G}$-Werte läßt sich die Haupteichkurve aufstellen. Wichtig ist dabei zu bemerken, daß die zu einer Serie des gleichen Typs gehörende Auswertungskurve meist innerhalb eines breiten Konzentrationsintervalls linear ist, sofern die allgemein bekannten Korrektionen (Untergrundkorrektion, Umrechnung der Gewichtsprozente in relativen Prozenten) angewandt werden. Die Lage der Gerade kann also mit zwei Parametern, z. B. der Gerlachschen Homologkonzentration (c_0) und der Steilheit (b) definiert werden.

Bei der Reproduktion der Eichgeraden von Platte zu Platte tritt oft eine Parallelverschiebung dieser Geraden auf, die seltener auch mit Änderungen des Winkels kombiniert ist. Die Erfahrungen mit direktanzeigenden Vorrichtungen lehrten, daß diese Erscheinung auch dort auftritt, und so dürfen ihre Ursachen nicht in erster Linie im eventuell besonderen Verhalten der photographischen Emulsion gesucht werden. Praktisch lassen sich die Verschiebungen jedenfalls am einfachsten mit der Anwendung von Einstellungsproben abwehren. Wenn man eine 2—3fache parallele Aufnahme einer Probe bekannter Zusammensetzung mit einer Serie von zu analysierenden Proben herstellt, so kann der besprochene Fehler durch eine, dem ΔY-Wert der Einstellungsprobe entsprechende parallele Verschiebung der Auswertungskurve ausgeschaltet werden. Wenn sich die Winkelstellung ändert — was in der Praxis kaum vorkommt —, so wird eine Einstellungsprobe niedrigerer und eine höherer Konzentration angewandt.

Die praktische Durchführung der rechnerischen Operationen der Auswertung

Die praktische Durchführung der rechnerischen Aufgabe der Auswertung geschieht heute mit zweckmäßig konstruierten vollständigen Auswertegeräten. Die bisher entwickelten Geräte funktionieren mechanisch. Die Anwendung der Nomogramme bzw. bei einigen Geräten die Anfertigung individuell konstruierter Skalen und graphischer Hilfsmittel ist schwierig und langwierig.

In der Folge soll nun anstatt der wohlbekannten mechanischen Geräte das vom Verfasser und Bajáki entwickelte halbautomatische elektrische Potentiometer-Analog-Rechengerät „Spectrator" besprochen werden [11], [12], bei dem alle diese Nachteile beseitigt sind.

Bei diesem Gerät werden die bei der Auswertung vorkommenden mathematischen Werte als die denselben entsprechenden zahlenmäßig proportionalen Spannungs- bzw. Widerstandswerte hergestellt. Zu diesem Zweck ist das Gerät mit verschiedenen Analogstromkreisen versehen.

Die Multiplikation bzw. Division geschieht mit der Veränderung der durch den betreffenden Stromkreis fließenden Stromstärke.

Die den mathematischen Werten analogen Spannungen, welche bei der Auswertung vorkommen, können mit entgegengesetzter Polarität (in Reihe geschaltet) addiert, bzw. mit gleicher Polarität (parallel geschaltet), subtrahiert werden. Die Zwischenwerte werden von einen Stromkreis auf den anderen, oder wenn sie nur in späteren Operationen nötig sind, in entsprechenden Speichereinheiten durch Kompensation übertragen. In den häufigsten vorkommenden Fällen erfolgt die Kompensation automatisch.

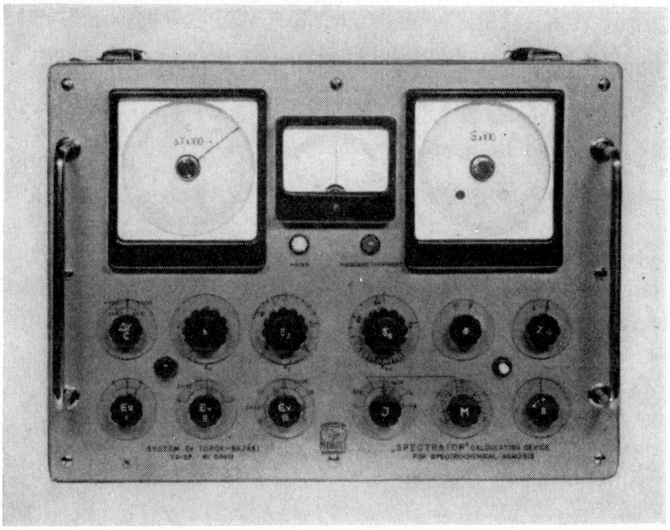

Abb. 7. Vollständiges Auswertegerät „Spectrator“.

Die beiden analogen Hauptstromkreise des Gerätes sind die Rechen- und Auswertungseinheit. Mit der Recheneinheit werden die den an einer Skala eingeführten *S*-Werten entsprechenden *Y*-Werte in einer Phase hergestellt. Die Auswertungseinheit enthält automatische Speicherungspotentiometer und ein ebenfalls automatisiertes, mit einer Doppelskala versehenes Potentiometer zur Ablesung der gesuchten Konzentrations- bzw. ΔY-Werte.

Das Gerät selbst veranschaulicht Abb. 7. Die *S*-Werte werden in die Recheneinheit durch Drehen des in den unteren rechten Ecke befindlichen Knopfes *S* mit Hilfe der Skala *S* eingestellt, die im oberen rechten Teil angebracht ist. Die Resultate werden auf der im oberen linken Teil befindlichen Doppelskala ΔY, *c* der Auswertungseinheit abgelesen. Die Knöpfe *S* bzw, ΔY, *c* bezwecken die Wertgrenzen-Umschaltung der entsprechenden Skalen.

Oben in der Mitte sieht man das Nullinstrument. Dieses Instrument dient zur Kontrolle der Kompensationen. Die beiden Signallampen unter dem Galvanometer zeigen die Einschaltung bzw. eine unrichtige Behandlungsweise an. Gleichzeitig schaltet ein Relais die Meßstromkreise ab. Je drei Zwillingsknöpfe und Operationsschalter dienen zur Einstellung der Konstanten b, c_0, $\gamma_{Z'}$, γ_G, $\varkappa_Z$, $\varkappa_G$. In der nächsten Fabrikationsserie des Gerätes wird anstatt $\varkappa$, $\varkappa/\gamma$ eingebaut sein.

Bemerkenswert ist, daß die Einstellung der γ-Potentiometer auf Grund des Mittelwertes der bei mehreren parallelen Spektralaufnahmen erhaltenen Schwärzungswerte der Intensitätsmarken geschieht. Den Mittelwert bis auf 5 Paare stellt das Gerät selbst her.

Die Schalter Ev. I, Ev. II und Ev. III dienen zur Schaltung der Operationen bei der Auswertung ohne Untergrundkorrektion bzw. bei der Auswertung mit Untergrundkorrektion auf der einen bzw. auf beiden angewandten Linien. Der Servomechanismus kann mit dem neben dem Knopf S befindlichen Druckknopf betätigt werden.

Die Bedienung des Gerätes ist durch das zu den Potentiometern und Schaltknöpfen geordnete einfache Symbolsystem weitgehend erleichtert.

Anwendungsgebiete des Gerätes sind:

1. Auswertung ohne Untergrundkorrektion in zwei Phasen.
2. Auswertung mit Untergrundkorrektion der Linie Z in fünf Phasen.
3. Auswertung mit Untergrundkorrektion beider Linien in acht Phasen.
4. Umrechnung der relativen Prozente in Gewichtsprozente, Einstellung des Gerätes für eine beliebige Serie in zwei Phasen.
5. Auswertung mit Hilfe einer Einstellprobe. Einstellung des Gerätes für eine beliebige Serie in zwei Phasen.
6. Bestimmung des P-Wertes (mit Hilfe der Konstanten $\gamma = 1$ und $b = 1$) in einer Phase.
7. Bestimmung des Y-Wertes (mit $b = 1$) in einer Phase.
8. Bestimmung von ΔP (mit $\gamma = 1$, $b = 1$) in zwei Phasen.
9. Bestimmung von ΔY (mit $b = 1$) in zwei Phasen.
10. Bestimmung des Wertes b in einer Phase.
11. Bestimmung von γ in drei Phasen.
12. Bestimmung von $\varkappa$ in vier Phasen mit einer nachfolgenden Division.

Mittels des Gerätes sind die Auswertungen verschiedenen Typus bzw. andere spektralanalytische Berechnungen gleichzeitig mit dem Photometrieren durchführbar ohne die Notwendigkeit einer Ablesung oder eines Registrierens der Zwischenwerte. Die rasche Durchführbarkeit des Verfahrens erhöht die Kapazität des Laboratoriums wesentlich und ermöglicht eine Einsparung an Arbeitskräften. Diese Umstände bedeuten hauptsächlich bei Massenanalysen wesentliche wirtschaftliche Vorteile.

Der Apparat ist leicht zu handhaben, die Eintragung der Meßergebnisse erfolgt nacheinander in einer streng logischen Reihenfolge und die angewandten Symbole sind leicht verständlich. Es sind keine Nomogramme oder selbstverfertigte Skalen nötig. Infolge der einfachen Bedienungsweise und dank der eingebauten Signalvorrichtung sowie der automatischen Sicherungseinheit sind Irrtümer fast vollkommen ausgeschlossen. Der Gang der Berechnungen beruht auf den modernsten theoretischen Grundlagen der photographischen Auswertung.

Die Genauigkeit der mit dem Apparat erhaltenen Werte stimmt mit den Anforderungen der photographischen Spektralanalyse in jeder Beziehung überein.

Zusammenfassung

Nach einer kurzen Einleitung bespricht der Verfasser das Problem der Schwärzungstransformation mit besonderer Rücksicht auf die Schwärzungs- und Wellenlängenabhängigkeit der Transformationskonstante. Aktuelle Probleme des photographischen Fehlers sind die Rolle des EBERHARD-Effekts in der Emulsionskalibration sowie die Frage der gleichmäßigeren Gestaltung der Diffusions-Austauschprozesse zwischen Entwicklerflüssigkeit und dem Inneren der Emulsion. Nach kurzer Erwähnung der Ausschaltung der Kalibrationskurvenverschiebung schließt die Arbeit mit der Besprechung eines halbautomatischen elektrischen Analog-Geräts zur vollständigen Auswertung.

Budapest, Institut für Anorganische und Analytische Chemie der L. Eötvös Universität
und Materialprüfungsabteilung der Eisen und Metallwerke Csepel

Literatur

[1] KAISER, H., Spectrochim. Acta **3** (1947) 154.
[2] WADEWITZ, S., Spectrochim. Acta **11** (1957) 43.
[3] TÖRÖK, T. u. ZENTAI, P., Magy. Kém. Foly. **66** (1960) 480; Acta Chim. Hung. Im Druck.
[4] TÖRÖK, T., Mérnöki Továbbképzö Int. Kiadv. **59**, II (1948).
[5] CANDLER, C., Spectrochim. Acta **8** (1956) 262.
[6] HÜBNER, H. J. u. OHZU, H., Z. angew. Phy. **11** (1953) 460.
[7] HÜBNER, H. J., Coll. Spectr. Int. VIII. Luzern (1959); Verlag H. R. Sauerländer et Co., Arrau (1961) S. 81.
[8] TÖRÖK, T. u. ZIMMER, K., Magy. Kém. Foly. **66** (1960) 477; Acta Chim. Hung. Im Druck.
[9] TÖRÖK, T., Magy. Kém. Foly. **59** (1953) 191.
[10] TÖRÖK, T., Annales Sci. Univ. Budapest **11** (1960) 425.
[11] TÖRÖK, T., Spectrochim. Acta **11** (1957) 420.
[12] TÖRÖK, T., Acta Chim. Hung. **24** (1960) 143.

E. WINTER, Jena

Über die Eigenschaften von Monochromatoren

Benötigen wir monochromatische Strahlung variabler Wellenlänge zu Meßzwecken, so filtern wir diese aus dem kontinuierlichen Spektrum einer geeigneten Strahlungsquelle mit einem Monochromator aus. Der Monochromator dient also als schmalbandiges Filter.

Die Leistungsfähigkeit eines solchen Filters würde durch eine Schar von Filterkurven mit der eingestellten Wellenlänge und der Spaltbreite als Parameter vollständig beschrieben. Eine Filterkurve läßt sich durch drei Größen charakterisieren: Durchlässigkeit bei der Durchlaßwellenlänge, Halbwertsbreite und Weitabselektion. Dem entsprechen die drei kennzeichnenden Eigenschaften der Leistungsfähigkeit eines Monochromators: Lichtstärke, Auflösungsvermögen als kleinste mögliche Halbwertsbreite und Streulicht. Sie sind im allgemeinen Funktionen der Wellenlänge.

1. Lichtstärke

Von den kennzeichnenden Eigenschaften ist die Lichtstärke am schwierigsten zu definieren. Man könnte zunächst an das Verhältnis von austretendem zu eintretendem Strahlungsfluß denken. Diese Größe bezeichnen wir mit Durchlässigkeit $D(\lambda)$. Mit ihr werden jedoch nur die Verluste im Monochromator erfaßt. Diese Verluste treten auf durch Absorption, bei der Reflexion und nicht zuletzt durch mangelhafte Strahlenvereinigung auf dem Austrittsspalt. Die Durchlässigkeit ist von der Geometrie des Monochromators nahezu unabhängig. Ein Monochromator als optisches System mit seinen beiden Luken — Spalt und Querschnitt des Dispersionssystemes — greift jedoch tiefer in den Strahlengang zwischen Strahlungsquelle und -empfänger ein. Wir müssen daher eine Größe suchen, die der Betriebsdämpfung der Filtertheorie entspricht und die Anpassung an Strahlungsquelle und -empfänger mit in die Definition der Lichtstärke einbezieht. Diese Anpassung ist beim Monochromator wesentlich durch die Geometrie des einfallenden Strahlungsbündels bestimmt. In Anlehnung an den Gebrauch bei Spektrographen hat es sich eingebürgert, das Öffnungsverhältnis der Abbildungsoptik als Maß für die Lichtstärke anzugeben.

Der in ein optisches System eindringende Strahlungsfluß ist bei richtiger Anpassung gegeben durch das Produkt aus Strahldichte $L_e(\lambda)$ der Quelle und Lichtleitwert Λ des Systems. Da das Signal des Strahlungsempfängers dem aus dem Monochromator austretenden Strahlungsfluß $\Phi_E(\lambda)$ proportional ist, ist demnach der aus dem Monochromator tretende auf die Strahldichte der Strahlungsquelle bezogene Strahlungsfluß ein Maß für die Lichtstärke:

$$\frac{\Phi_E(\lambda)}{L\,e(\lambda)} = D(\lambda) \cdot \Lambda\,.$$

Diese Größe hängt aber noch von den Betriebsbedingungen, insbesondere von der Spaltgröße ab. Wir wollen sie deshalb noch auf die Halbwertsbreite $\Delta\,\lambda_{1/2}$ der Filterkurve beziehen und bezeichnen endgültig die Lichtstärke eines Monochromators als den auf die Strahldichte der Strahlungsquelle bezogenen, aus dem Monochromator austretenden Strahlungsfluß je Einheit der Halbwertsbreite der durchgelassenen Strahlung.

Lichtstärke eines Monochromators: $\dfrac{\Phi_E(\lambda)}{L\,e(\lambda) \cdot \Delta\lambda_{1/2}} = \dfrac{D(\lambda) \cdot \Lambda}{\Delta\lambda_{1/2}}\,.$

Untersuchen wir ihre Abhängigkeit von der Geometrie des Monochromators. Der Lichtleitwert ist in erster Näherung gegeben durch

$$\Lambda = \frac{q_s \cdot q_D}{f^2}\,.$$

$l \times b = q_s$ — Spaltfläche, f — Kollimatorbrennweite, q_D — Bündelquerschnitt des Dispersionsmittels.

Für die Halbwertsbreite gilt

$$\Delta\lambda_{1/2} = \frac{b}{f \cdot \dfrac{d\alpha'}{d\lambda}}\,.$$

$\dfrac{d\alpha'}{d\lambda}$ — Winkeldispersion des Dispersionsmittels.

Somit ergibt sich für den von der Geometrie des Monochromators abhängigen Teil der Lichtstärke

$$\frac{\Lambda}{\Delta\lambda_{1/2}} = q_D \cdot \frac{d\alpha'}{d\lambda} \cdot \frac{l}{f}\,.$$

Die Lichtstärke ist dem Bündelquerschnitt und der Winkeldispersion des Dispersionsmittels sowie dem Verhältnis aus Spaltlänge zu Kollimatorbrennweite proportional. Der Maximalwert von l/f wird durch den nutzbaren Bildwinkel der Abbildungsoptik bestimmt.

Dieser Wert für die Lichtstärke gilt für große Spalte, bei denen der Einfluß der Abbildungsfehler und der Beugung vernachlässigbar ist. Mit abnehmender Halbwertsbreite der Linien nimmt dann die Lichtstärke infolge der mangelhaften Strahlenvereingigung ab, um an der Grenze des Auflösungsvermögens auf Null zu fallen. Der Verlauf der Lichtstärke als Funktion der Halbwertsbreite charakterisiert die Qualität der Abbildung eines Monochromators.

Abb. 1 zeigt gemessene Werte der Lichtstärke (in relativen Einheiten) von 2 Monochromatoren. Die unteren 3 Kurven beziehen sich auf den bekannten ZEISSschen Spiegelmonochromator bei verschiedenen Spaltlängen. Über 5 mm Spalthöhe nimmt die Lichtstärke infolge des Astigmatismus nur noch wenig zu. Man sieht ferner, daß man bei kleinen Halbwertsbreiten eine größere Lichtstärke bei verringerter Spalthöhe erhält. Zum Vergleich ist ein neuer bei VEB Carl Zeiss JENA entwickelter Monochromator eingezeichnet, auf dessen Abbildungssystem wir noch zu sprechen kommen. Durch doppelte Durchsetzung des Prismas (entspricht einer doppelten Winkeldispersion) und reichlich 4fache Spalthöhe wird eine 10fach höhere Lichtstärke erreicht. Infolge der besseren Abbildungsqualität nimmt die Lichtstärke wesentlich steiler an der Grenze der Auflösung ab. Auch bei kleinen Halbwertsbreiten nimmt die Lichtstärke mit der Spalthöhe ab.

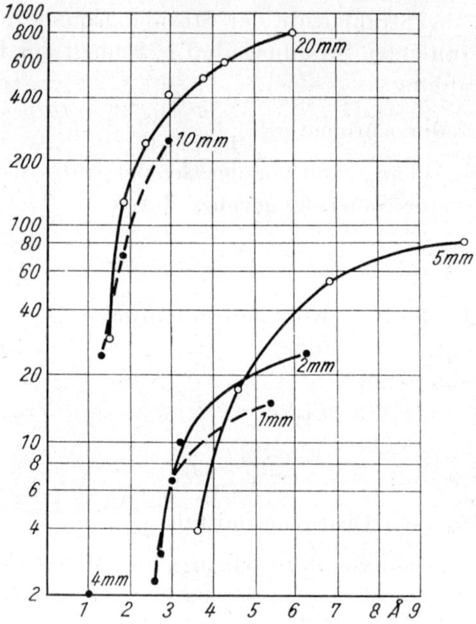

Abb. 1. Lichtstärke in relativen Einheiten als Funktion der Halbwertsbreite bei $\lambda = 589$ nm; Spalthöhe als Parameter.

Obere Kurven: Neuer Spiegelmonochromator des VEB Carl Zeiss, JENA in Autokollimationsaufstellung.
Untere Kurven: Der bekannte Zeiss-Spiegelmonochromator.

2. Auflösungsvermögen

Auch das Auflösungsvermögen der meisten Monochromatoren wird durch die Abbildungseigenschaften bestimmt, da die durch die Aberrationen, insbesondere durch die Koma, bewirkte Verbreiterung des Spaltbildes die für das theoretische Auflösungsvermögen maßgebenden Beugungseinflüsse wesentlich übersteigt. Eine große Zahl von Arbeiten befaßt sich mit der Verbesserung der Abbildungsgüte von Monochromatoren. CZERNY und TURNER [1] übertragen die bekannte Tatsache, daß ein symmetrisches Objektiv beim Abbildungsmaßstab 1:1 frei von Koma und Verzeichnung ist, auf die Optik von Monochromatoren. Ordnet man die Optik eines Monochromators nach ihrem Vorschlag so an, daß der Strahlengang symmetrisch ist, so erhält man zwar astigmatische, aber komafreie, scharfe Spaltbilder. Auf diesem Prinzip beruht der bekannte Zeisssche Spiegelmonochromator.

Dieses Verfahren läßt sich leider bei Autokollimationsmonochromatoren schlecht anwenden, da man sich aus dem Minimum der Ablenkung zu weit entfernen muß, um einfallendes und austretendes Bündel durch getrennte Spiegel abzubilden.

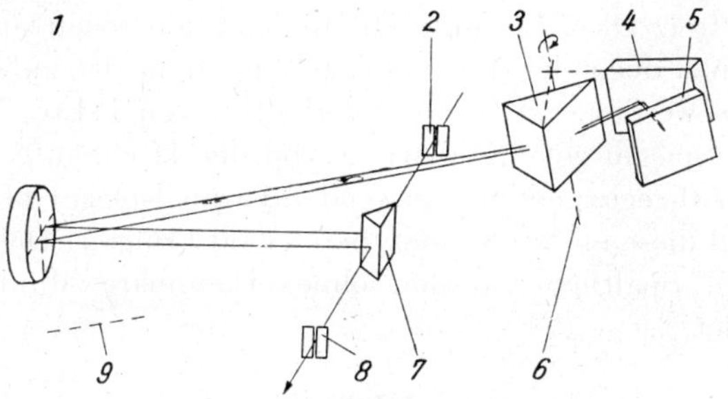

Abb. 2. Strahlengang des neuen Spiegelmonochromators SPM2 vom VEB Carl Zeiss, JENA

1 — Außeraxialer Parabolspiegel; *2* — Eintrittsspalt; *3* — Prisma; *4* — WADSWORTH-Spiegel; *5* — Autokollimationsspiegel; *6* — Drehachse für Prisma und WADSWORTH-Spiegel; *7* — Umlenkspiegelprisma; *8* — Austrittsspalt; *9* — Achse des Parabolspiegels.

Man versucht daher bei Autokollimationsmonochromatoren die Abbildungsfehler gering zu halten durch kleine Einfallswinkel am Hohlspiegel. Dem ist aus konstruktiven Gründen bald eine Grenze gesetzt. Heute ist eine Anordnung weit verbreitet, bei der das Spektrum über oder unter dem Dispersionsmittel erzeugt wird. Diese Anordnung wurde auch bei einem neuen Monochromator gewählt (Abb. 2). Wegen der großen Spalthöhe ist ein erheblicher Einfallswinkel am Hohlspiegel erforderlich. Er bewirkt eine starke Koma, die zwar in Richtung des Spaltes liegt, bei der sich aber Strahlen aus verschiedenen waagerechten Zonen in verschiedenen Bildebenen schneiden. Bildet man den Autokollimationsspiegel als Dachkantenspiegel mit waagerecht liegender Kante aus, so entspricht der Abbildungsstrahlengang wieder völlig dem eines symmetrischen Objektives und die Koma verschwindet. Die Fokusebene liegt dann zwar etwas gegen den Hauptstrahl geneigt, man erhält jedoch ein fast stigmatisches, komafreies Bild. Abb. 3 zeigt die hierdurch erzielte Verbesserung des Auflösungsvermögens am Beispiel der Na_D-Linien. Die Kurven wurden durch direkte Registrierung mit einem SEV gewonnen, zeigen also die Durchlaßkurve in einem linearen Maßstab.

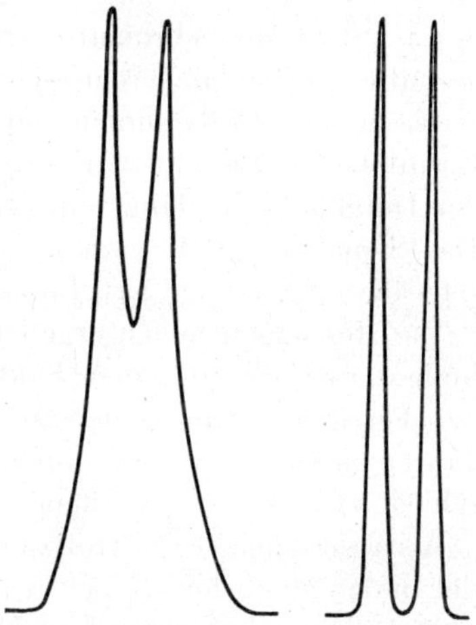

Abb. 3. Auflösung der Na_D-Linien. Monochromator nach Abb. 2 mit sphärischem Spiegel. Links mit einfachem Autokollimationsspiegel, rechts mit einem Dachkantspiegel als Autokollimationsspiegel. Das rechte Bild entspricht auch etwa der Auflösung des Monochromators mit Parabolspiegel.

Eine zweite Möglichkeit der Verringerung der Abbildungsfehler besteht in der Verwendung von asphärischen Spiegeln. Ersetzt man den Abbildungsspiegel durch einen außeraxialen Parabolspiegel, dessen Achse durch den Spalt geht und dem zum Prisma führenden Bündel parallel ist, so ist die Abbildung für die Spaltmitte theoretisch fehlerfrei. Diese Lösung stellt an den praktischen Optiker die größten Anforderungen, hat doch der Mutterspiegel, aus dem die außeraxialen Spiegel herausgeschnitten werden, ein Öffnungsverhältnis von 1:1,6. Nachdem uns die Fertigung dieser Spiegel gelang, sind wir von der Dachkante mit ihren schräg sitzenden Spalten abgegangen und verwenden Parabolspiegel mit dem unerwarteten Ergebnis, daß diese ein großes nutzbares Feld bringen: Die mechanisch vorgesehenen 20 mm Spalthöhe werden ohne erkennbare Minderung der Bildqualität abgebildet.

3. Streulicht

Experimentell schwierig zu erfassen und in seinen Auswirkungen auf das Meßergebnis schlecht zu übersehen ist das Streulicht. In der Literatur sind verschiedene Verfahren zur Bestimmung des Streulichtes von Monochromatoren beschrieben [2], in die aber meistens noch die Energieverteilung des Strahlers und die Empfindlichkeitsverteilung des Empfängers eingehen.

Wir haben das Streulicht nach folgender Methode bestimmt, die ein ausschließlich von dem betrachteten Monochromator abhängiges Ergebnis liefert. In den Monochromator wird eine einzige untergrundfreie Wellenlänge eingestrahlt und der aus dem Monochromator tretende Lichtstrom in Abhängigkeit von der eingestellten Wellenlänge registriert. Als geeignet hat sich eine Natriumdampflampe erwiesen, deren Nebenlinien und Untergrund mit einem Interferenzfilter und einer Eosinfolie geschwächt wurden. Für die Filterkombination haben wir außerhalb der Durchlaßwellenlänge eine Durchlässigkeit von weniger als 0,01% gemessen. Das Signal des SEV beziehen wir auf das mit einem geeichten Graufilter geschwächte Signal der Na_D-Linie.

Die Messungen haben ergeben, daß das Streulicht durch wachsende Verstaubung der Spiegel um einen Faktor 100 ansteigt, wie der Vergleich von frisch aus der Fertigung kommenden Monochromatoren mit den in unserem Labor seit Jahren in Gebrauch befindlichen zeigt. Es sind daher nur sehr schwer Unterschiede zwischen verschiedenen Typen zu erfassen.

Als wesentlichstes Mittel zur Streulichtverringerung hat sich die Begrenzung der in den Monochromator eintretenden Strahlung durch eine in das Dispersionsmittel abgebildete, vor dem Monochromator stehende Blende erwiesen. Jede Streulichtblende im Monochromator bringt die Gefahr selektiver Streulichtmaxima mit sich. Starke selektive Streulichtmaxima werden jedoch meistens durch Strahlung erzeugt, die das Dispersionsmittel auf falschem Wege, zum Teil mehrmals, passiert. Es sei auf ein solches Streulichtmaximum bei dem LiF-Prisma des Zeiß-Spiegelmonochromators hingewiesen, das entsteht, indem Licht hinter den Austrittsspiegel an der Prismenfläche reflektiert wird. Es läßt sich durch eine von uns lieferbare Blende ohne Beschneidung des nutzbaren Bündels beheben.

Reicht die Streulichtfreiheit eines Monochromators nicht aus, so ist zweckmäßig das einfallende Licht vorzufiltern. Geschieht dieses mit einem zweiten Monochromator, so erhält man einen Doppelmonochromator. Es erscheint angebracht, darauf hinzuweisen, daß die bessere Streulichtfreiheit eines Doppelmonochromators dessen einziger Vorteil ist. Das Auflösungsvermögen eines Doppelmonochromators aus zwei gleichen Hälften wird wegen mechanischer Unzulänglichkeiten stets hinter dem eines Einfachmonochromators mit den beiden vereinigten Prismen zurückbleiben. Es erscheint daher die Kombination eines Monochromators hoher Auflösung mit einem kleinen Vormonochromator geringer Auflösung zur Streulichtunterdrückung erfolgversprechender als ein Doppelmonochromator im üblichen Sinne.

Literatur

[1] Czerny u. Turner, Z. f. Phys. **61** (1930) 792—797.
[2] Fröhlich, E., Exp. Techn. d. Phys. **4** (1956) 231—240.

H. BÖTTCHER, D. MALZ und M. SCHUBERT, Jena

Aufbau und Meßergebnisse eines Spektrometers für das ferne Ultrarot

Einleitung

In der vorliegenden Arbeit wird der Aufbau eines Einstrahlspektrometers beschrieben, das im Gebiet der Zehntelmillimeter-Wellen arbeitet und zur Untersuchung reiner Rotationsspektren benutzt werden soll.

Bisher wurden die Rotationsspektren des Wasserdampfes im Gebiet um 160 μm aufgenommen und die vermessenen Linien diskutiert. Diesem Bericht ist eine kurzgefaßte allgemeine Betrachtung über die günstigste Dimensionierung eines Spektrometers für das ferne Ultrarot vorangestellt.

Allgemeine Betrachtungen

Die zur Zeit immer noch beste Strahlungsquelle ist die Hg-Hochdrucklampe. Sie sendet oberhalb 140 μm ein Kontinuum aus, das dem eines schwarzen Strahlers von ~ 5000 °K nahekommt. Es erfolgt also ein Abfall der Strahlungsintensität pro Wellenlängeneinheit nach langen Wellen mit λ^{-4}. Um die kurzwellige Strahlung, die vornehmlich von der erhitzten Quarzwand des Strahlers herrührt, zu beseitigen, muß man umfangreiche Filterungen vornehmen. Dadurch gehen oft 80—90% der zu messenden Strahlung verloren. Sollen möglichst große Energiedichten am Austrittsspalt zur Verfügung stehen, so benötigt man große Bündelquerschnitte der Strahlung. Sie werden ebenfalls im Interesse einer befriedigenden Auflösung verlangt, da die Gitter, um die nötigen beugenden Elemente unterzubringen, recht große Flächen besitzen müssen. Die Genauigkeit der Wiedergabe des am Austrittsspalt vorliegenden Spektrums findet am Rauschen des Empfängers und der nachgeschalteten elektronischen Apparatur ihre Grenze. Aus diesem Grunde ist die Kenntnis der unteren Nachweisgrenze der Empfänger von Bedeutung. Die Auflösung, die durch die Wellenzahldifferenz $\Delta\nu_{\min}$ charakterisiert wird, ist energiebegrenzt. Man erhält aus einer von J. Strong [1] abgeleiteten Beziehung, wenn man die verkleinerte elliptische Abbildung des Austrittsspaltes auf die Empfängerfläche berücksichtigt und außerdem spezielle, für ein Spektrometer gut realisierbare Voraussetzungen über die Geometrie des Strahlungsbündels macht, für $\Delta\nu_{\min}$ den Ausdruck

$$\Delta\nu_{\min} = \sqrt{\frac{P_0}{C \cdot T \cdot V} \cdot \frac{1}{\frac{d\beta}{d\lambda} \cdot h \cdot \sqrt{2A}}}\,. \qquad (1)$$

Hierin bedeuten P_0 die angezeigte Strahlungsleistung, $\frac{d\lambda}{d\beta}$ die Winkeldispersion, C eine Konstante, V die Strahlungsverluste, T die Temperatur des Strahlers, A die Bündelfläche und h die Empfängerhöhe.

Aus der Forderung, daß die gesamte Empfängerfläche vom Spaltbild voll ausgeleuchtet wird, ergibt sich eine Grenzwellenzahl $\nu_{\min}$, bis zu der man das Spektrometer benutzen kann. Aus dem Ausdruck für $\Delta\nu_{\min}$ läßt sich im Hinblick auf die günstigste Dimensionierung folgern:

1. Das Auflösungsvermögen nimmt oberhalb eines A_{opt} durch Vergrößern des Bündelquerschnittes A nicht wesentlich zu. Außerdem bewirkt eine Vergrößerung von A eine Verschlechterung der optischen Abbildungseigenschaften.

2. Durch Verbesserung der Empfänger, also Verminderung von P_0 oder durch Benutzung großer Zeitkonstanten, läßt sich $\Delta\nu_{\min}$ vermindern.

3. Eine Vergrößerung des Eintrittsspaltes bessert die Verhältnisse wenig. Zwar steigt die Energie linear an, jedoch verschlechtert sich das Auflösungsvermögen.

Experimentelle Anordnung und Leistungsfähigkeit

Unter Berücksichtigung dieser Überlegungen entstand die folgende Anordnung (Abb. 1). Die Lichtquelle, eine Hg-Hochdrucklampe, steht außerhalb der optischen Achse des Kondensorspiegels S_1. Die positive Säule der Entladung wird von

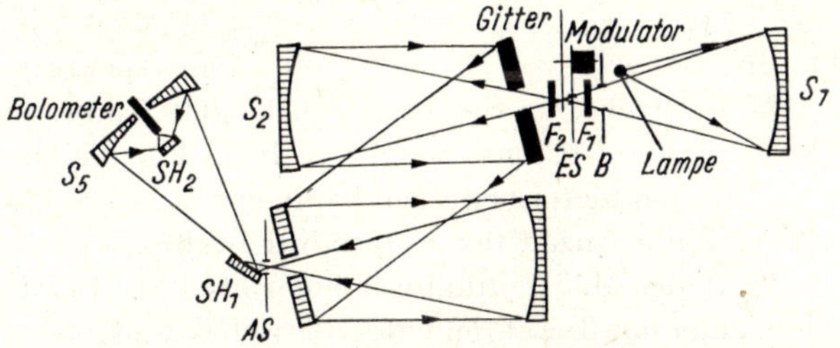

Abb. 1. Strahlengang des Spektrometers.

diesem auf den Eintrittsspalt abgebildet. Anschließend wird die Strahlung moduliert, um die Vorteile der Wechsellichtmethode ausnutzen zu können. Durch die symmetrische Spiegelanordnung nach PFUND werden Abbildungsfehler klein gehalten. Allerdings muß das Gitter durchbrochen werden. Der Empfängerspiegel S_5 paßt das Bild des Austrittsspaltbildes der Empfängerfläche an. Der gesamte optische Aufbau ist auf die Plattform eines Wagens montiert, der in einen Vakuumkessel geschoben werden kann. Vakua von etwa 0,1 Torr beseitigen vollständig den die langwellige Strahlung absorbierenden Wasserdampf. Die Durchmesser der sphärischen Spiegel betragen 25 cm, ihre Brennweiten 60 cm. Der parabolische Empfängerspiegel besitzt eine Brennweite von 11 cm. Das Echelettegitter, mit dem die an späterer Stelle angeführten Spektren aufgenommen wurden, besitzt Abmessungen von $20 \times 20\ \text{cm}^2$, eine Gitterkonstante von 500 μm und ein Gitterelementwinkel von 10° 40′. Die Abtastung des Spektrums erfolgte kontinuierlich durch Gitterdrehung mit verschiedenen Geschwindigkeiten. Die gesamte Strahlungsleistung, die auf den Eintrittsspalt fällt, beträgt größenordnungsmäßig 10^{-6}—10^{-5} Watt. Die theoretisch erreichbare Auflösung beträgt für das benutzte Gitter in 1. Ordnung $\lambda/\Delta\lambda = m \cdot N = 400$. Das Energiemaximum des Gitters liegt bei 178 μm. Für diese Wellenlänge beträgt die spektrale Spaltbreite, bei einer Spaltöffnung von 10 mm, etwa 8,3 μm.

Als Empfänger dienen Metallbolometer mit einer Empfindlichkeit von 10^{-9} Watt für eine Bandbreite von 1 Hz. Ihre Zeitkonstanten liegen bei 5 msec. Das Bolometer liegt in einer Brücke, die zur Erzielung eines günstigen Signal-Rausch-Verhältnisses optimal dimensioniert wurde. Daran schließt sich eine elektronische Nachweis- und Registrieranordnung an, die in ihren wesentlichen Teilen aus einem Vorverstärker, einem Schmalbandverstärker, einem phasenempfindlichen Gleichrichter und einem Integrator besteht. Die Arbeitsfrequenz wurde zu 23 Hz gewählt. Das störende Rauschen wird weitgehend durch den Integrator beseitigt, mit dem Zeitkonstanten bis zu 330 sec eingestellt werden können. Die elektronische Anordnung besitzt eine untere Nachweisgrenze von $1{,}6 \cdot 10^{-9}$ Watt für 1 Hz Bandbreite und bei einem Signal-Rausch-Verhältnis 1. Für die Zeitkonstante von 330 sec beträgt die noch nachweisbare Leistung etwa $4 \cdot 10^{-11}$ Watt. Definiert man ein Signal-Rausch-Verhältnis 5 noch als auswertbar, so erhält man für die energiebegrenzte Auflösung (1) bei 330 sec:

$$\Delta\nu_{\min} = 0{,}142 \text{ cm}^{-1} .$$

Das entspricht im Bereich von $\lambda = 200$ μm einer spektralen Spaltbreite $\Delta\lambda = 0{,}57$ μm. Die dazugehörige Spaltbreite beträgt 0,7 mm; pumpt man den Kessel aus, so kann man auf 0,3 mm heruntergehen. Für die Grenzwellenlänge, bis zu der man das Spektrometer benutzen kann, ergibt sich $\nu_{\min} \approx 1100$ μm.

Nach einstündiger Einbrennzeit der Geräte war, während einer Meßdauer von 10 Stunden, die Drift der Meßanordnung kleiner als 1%. Der Einfluß elektromagnetischer Störfelder muß während des Betriebes weitgehend ausgeschaltet werden.

Die Überprüfung der Anlage auf ihre Reproduzierbarkeit wurde folgendermaßen vorgenommen: Ein willkürlich herausgegriffener Bereich eines Spektrums wurde zu verschiedenen Zeiten nach Wiederherstellung der gleichen Bedingungen vermessen und die Abweichung von dem gemittelten Spektrum bestimmt. Wir erhielten eine mittlere Amplitudenabweichung von $< 3\%$ und eine relative Wellenlängenabweichung von weniger als 1,5‰. Das entspricht einer absoluten Wellenlängenabweichung im Bereich von 170 μm von 0,2 μm.

Die Fehler, die bei der Registrierung eines Spektrums mit dem Verlauf $S(\lambda)$ auftreten, das vor dem Austrittsspalt aufgespannt ist, haben ihre Ursache in der endlichen Spaltbreite, der Zeitkonstanten und der Abtastgeschwindigkeit. Man erhält am Ausgang ein Spektrum $A(\lambda)$, das sich vom wahren Spektrum $S(\lambda)$ um den Verzerrungsfehler und den Rauschfehler unterscheidet. Die Summe der Fehler erreicht ein Minimum, wenn das Produkt aus Zeitkonstante z und Abtastgeschwindigkeit g zur Spaltbreite b in einem bestimmten Verhältnis steht. Die

Verhältniszahl hat einer von uns in einer früheren Arbeit [2] unter sehr allgemeinen, auch im vorliegenden Fall zutreffenden Voraussetzungen berechnet. Für den Fall eines integrierenden RC-Gliedes ergibt sich

$$\frac{z_{\mathrm{opt}} \cdot g_{\mathrm{opt}}}{b_{\mathrm{opt}}} = \frac{1}{4}. \qquad (2)$$

Von diesen Ergebnissen wurde im folgenden Gebrauch gemacht.

Aufnahme von Spektren

Das Spektrometer wurde in einem Spektralbereich von 140—180 μm erprobt, und zwar am Rotationsspektrum des Wasserdampfes. Dieses Spektrum, herrührend von Molekülen, die asymmetrische Kreisel sind, stellt ein ausgezeichnetes Testspektrum dar, da es eine Vielzahl von Linien aufweist, die, von 20 μm ausgehend, sich bis in das Gebiet der cm-Wellen erstrecken. Die Abstände der Linien

Tabelle 1

Übergänge im Bereich von 140—180 μm

berechnete Linien		Übergänge $J_r'' \to J_r'$	gemessene Linien λ [μ]	
ν [cm^{-1}]	λ [μ]			
69,64	143,6	8_{-4} — 8_{-2}	143,5	143,5*
69,20	144,5	3_0 — 4_{-2}	144,4	
68,13	146,8	4_0 — 4_{-2}	146,7	
67,70	147,7	10_5 — 10_3	147,7	147,7*
67,25	148,7	6_{-4} — 5_2	148,6	
65,87	151,8	8_3 — 9_1	151,9	151,9*
—	—	?	152,7	152,7
64,96	153,9	9_4 — 10_2	154,0	154,0*
—	—	?	155,0	155,0
—	—	?	155,6	155,6
64,01	156,2	3_{-2} — 3_0	156,3	
		4_1 — 5_{-1}		
63,21	158,2	4_{-4} — 3_2	—	
62,81	159,2	9_{-8} — 8_4	159,3	159,3*
62,29	160,4	5_{-1} — 5_1	160,3	
—	—	?	165,0	165,0
—	—	—	—	—
60,10	166,4	11_8 — 12_6	—	—
59,95	166,8	7_{-3} — 7_{-1}	166,8	
59,80	167,2	6_{-4} — 6_{-2}	—	—
58,87	169,9	6_{-2} — 6_0	169,8	
—	—	?	170,3	170,3
—	—	?	172,7	172,7
57,29	174,6	2_{-1} — 3_{-3}	174,6	
		6_{-6} — 5_0		
57,13	175,0	5_{-5} — 4_1	—	—
55,69	179,6	1_{-1} — 2_{-2}	179,6	
55,43	180,4	2_{-1} — 2_1	180,4	

liegen im Mittel bei 1—2 cm^{-1}. Doch kommen auch Abstände von 0,1—0,01 cm^{-1} vor. Zur Ausmessung dieser Spektren braucht man keine Küvetten, da sich, falls man nicht besondere Vorkehrungen trifft, genügend Luftfeuchtigkeit im Strahlengang befindet.

Einen Überblick über das Erwartungsspektrum im Wellenlängenintervall von 140—180 μm gibt die Tabelle 1 (siehe auch [3], [4]). In der ersten Spalte finden sich die berechneten Wellenzahlen, in der zweiten die dazugehörigen Wellenlängen. Die dritte Spalte gibt die Übergänge an, denen die Linien zuzuordnen sind. Die von uns vermessenen Linien findet man in der vierten Spalte. In der letzten Spalte schließlich sind diejenigen Linien vermerkt, die wir aus unseren Spektren reproduzierbar entnehmen konnten, und über die, soweit uns bekannt

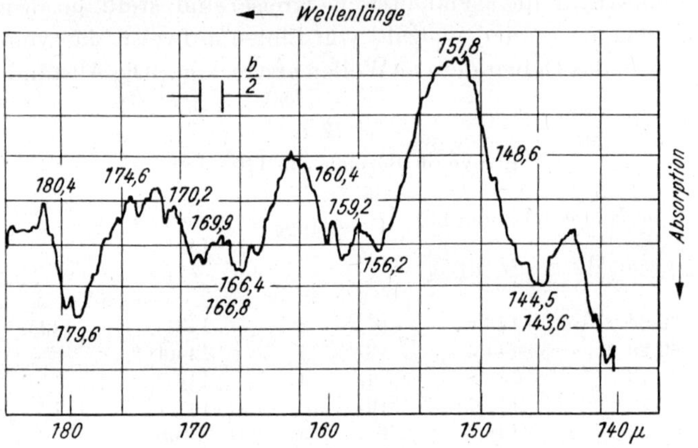

Abb. 2. H_2O Spektrum im Bereich 140—180 μm. Spaltbreite 6 mm, Zeitkonstante 300 sec, Abtastgeschwindigkeit 0,0024 $\mu m \cdot sec^{-1}$.

ist, in der Literatur noch keine Angaben gemacht wurden. Den gesternten Werten in der letzten Spalte konnten unter Verwendung des in der Literatur angegebenen Materials über die Rotationsterme ($J \leqq 12$) des Wassermoleküls Quantenzahlen des oberen und unteren Zustandes zugeordnet werden. Für die ungesternten Werte war das nicht möglich. Es handelt sich aber auch hier um Wasserdampflinien, denn die Linienstärken änderten sich in der erwarteten Weise mit der Wasserdampfkonzentration. Es wird vermutet, daß zur Klärung dieser letzteren Übergänge Terme mit Rotationsquantenzahlen $J > 12$ herangezogen werden müssen, was aber erst geschehen kann, wenn eine Erweiterung des tabellarischen Materials vorliegt. Die ausgezogenen Striche in der letzten Spalte beziehen sich auf berechnete Linien, die von uns nicht experimentell nachgewiesen werden konnten. Auch aus der Literatur ist uns ihr Nachweis nicht bekannt geworden.

In den Abb. 2—4 sind die registrierten Spektren wiedergegeben.

Die Abb. 2 zeigt ein Spektrum des H_2O-Dampfes im Gebiet von 140—180 μm. Hierbei ist die Optimalbeziehung der Gl. (2) nicht eingehalten worden ($z \cdot g/b = 0{,}14$), deshalb erkennt man nur eine grobe Struktur. Den vier Absorptionsstellen ist je eine Reihe nicht aufgelöster Linien zuzuordnen. Die spektrale Spaltbreite betrug 5 μm. Unter diesen Bedingungen ergibt sich eine relativ schlechte Auflösung.

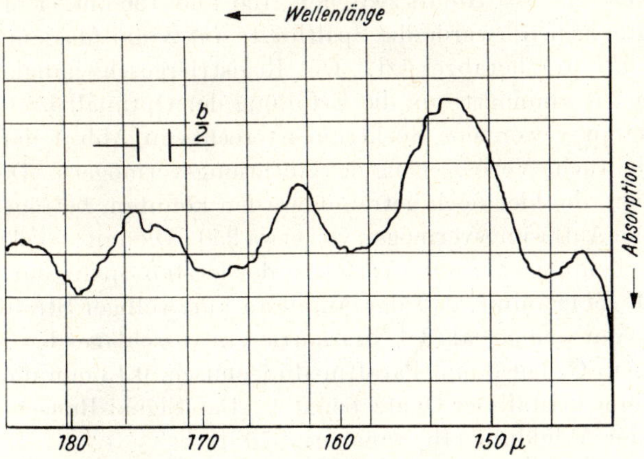

Abb. 3. H_2O Spektrum. Spaltbreite 3,5 mm, Zeitkonstante 300 · sec, Abtastgeschwindigkeit 0,0024 μm · sec^{-1}.

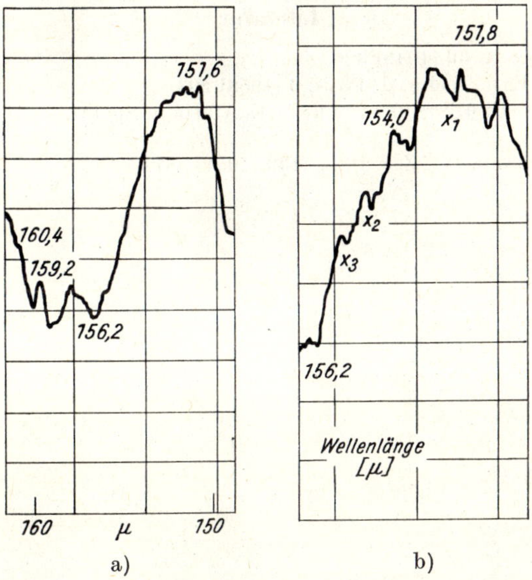

Abb. 4a und 4b. Vergleich der Auflösungsvermögen.

Zur Aufnahme des zweiten Spektrums (Abb. 3) wurde die Spaltbreite auf 3,5 mm herabgesetzt. Die Optimalbeziehung ist gut erfüllt. Man erkennt das gleiche Profil wie im ersten Spektrum. Jedoch treten jetzt mehr Linien hervor. Die spektrale Spaltbreite betrug 2,8 μm. Das Auflösungsvermögen beträgt in diesem Falle etwa 150. Das heißt, es konnten noch Linien aufgelöst werden, die einen Abstand von etwa 1 μm im betrachteten Spektralbereich besaßen.

Abb. 4 zeigt links einen Ausschnitt aus dem zweiten Spektrum. Bemerkenswert ist hier der unaufgelöste Abfall zwischen 150 und 156 μm. Um diesen Abfall genauer zu untersuchen, wurde die Spaltbreite auf 2 mm (das entspricht 1,6 μm spektrale Spaltbreite) herabgesetzt. Die Registriergeschwindigkeit wurde auf 0,0012 $\mu m \cdot sec^{-1}$ vermindert, um die Erfüllung der Optimalbeziehung zu garantieren. Das damit gewonnene Spektrum ist rechts in Abb. 4 dargestellt. Man erkennt eine deutliche Verbesserung des Auflösungsvermögens. Der kleinste Abstand der Linien, die hier noch getrennt werden konnten, beträgt 0,6 μm. Dies entspricht einem Auflösungsvermögen von etwa 250. Die mit x_i gekennzeichneten Linien entsprechen ungesternten Werten in der letzten Spalte der Tabelle 1.

Nachträglich sei erwähnt, daß der Anteil an kurzwelliger Strahlung $< 30\,\mu$m in diesen Spektren weniger als 1% des mittleren Ausschlages betrug. Als Filter wurden in diesem Gebiet 3 mm Paraffin-Rußgemisch, 0,13 mm dickes schwarzes Papier und 1 mm kristalliner Quarz benutzt. Das Signal-Rausch-Verhältnis ist im Spektrum der Abbildung (4b) annähernd 70:1.

Jena, Physikalisches Institut der Friedrich-Schiller-Universität

Literatur

[1] Strong, J., J.O.S.A. **39** (1949) 320.
[2] Schubert, M., Exp. Techn. d. Phys. **6** (1958) 203.
[3] Jaroslawski, N. G. u. Stanewitsch, A. E., Optik u. Spektroskopie (russ.), Okt. 1958, S. 383.
[4] Genzel, L., Eckard, W., Z. f. Phys. **139** (1954) 587.

G. GEPPERT, Leipzig

Ein neues registrierendes Zweistrahl-Doppelweg-Infrarot-Spektralphotometer

Es wurde der Versuch unternommen, ein von der üblichen Arbeitsweise der bekannten Infrarot-Spektralphotometer abweichendes System zu erproben. Die meisten industriell hergestellten Zweistrahlgeräte für das mittlere Infrarot besitzen einen optischen Strahlabschwächer im Vergleichsstrahl, der von einem Servomotor so abgeglichen wird, daß die Differenz zwischen Meßstrahl und Vergleichsstrahl Null wird. Die Stellung des Strahlabschwächers ist dann ein direktes Maß für die Intensität im Meßstrahl. Diese Anordnung hat folgende Nachteile:

1. Die Genauigkeit der Intensitätsmessung ist von der Präzision des Strahlabschwächers abhängig.
2. Besonders bei kleinen Intensitätswerten treten Fehler durch Beugung auf.
3. Die Spaltbreite muß nach einem empirisch ermittelten festen Programm gesteuert werden. Bei Verwendung verschiedener Prismen sind für jedes Prisma eigene Programme erforderlich.
4. Das feste Spaltprogramm versagt in allen Fällen, wo im Vergleichsstrahl Absorptionen auftreten, also besonders bei Kompensationsmessungen.

Trotz all dieser Nachteile ist das Prinzip des optischen Nullabgleichs so beliebt, weil es gegenüber den meisten anderen Systemen das günstigste Signal-Rausch-Verhältnis aufweist. Ein Vergleich zwischen verschiedenen Systemen hinsichtlich Signal-Rausch-Verhältnis und Genauigkeit der Intensitätsmessung wurde von Golay angestellt [1].

Das im folgenden beschriebene Gerät geht zum Teil auf eine Anregung von Plíva [2] zurück. Die Anordnung soll folgende Vorteile ermöglichen:

1. Der Intensitätsvergleich erfolgt nicht durch einen optischen Abschwächer, sondern durch elektrische Verhältnisbildung, was prinzipiell genauer ist.
2. Die Spalte werden automatisch vom Vergleichsstrahlsignal gesteuert, so daß die Energie im Vergleichsstrahl konstant bleibt, unabhängig von der Art des verwendeten Prismas.
3. Durch eine Doppelweg-Anordnung nach Walsh [3] wird mit nur einem Prisma ein Doppelmonochromator erhalten, dessen Streulichtanteil gegenüber dem Einfachmonochromator verschwindend klein ist.

Der Strahlengang des Infrarot-Spektralphotometers IR-3 ist auf Abb. 1 schematisch dargestellt. Als Strahlungsquelle *Str* dient ein Nernst-Stift, der mit den beiden Hohlspiegeln Sp_1 und Sp_2 in einem kleineren Gehäuse untergebracht ist. Die in zwei parallele Teile aufgespaltene Strahlung geht durch den Zwischenraum zwischen dem kleinen und großen Gehäuse, wo genügend Platz zum Anordnen der

Küvetten ist. An den Eintrittsfenstern des Meßstrahls *M* und Vergleichsstrahls *V* zum großen Gehäuse wird der Strahler abgebildet. Weitere Bilder des Nernst-Stiftes befinden sich in der Ebene des Sektorspiegels *SSp* (Sektor 180°) sowie auf dem Eintrittsspalt S_1. Der mit drei Umdrehungen pro Sekunde rotierende Sektorspiegel lenkt abwechselnd Meßstrahl und Vergleichsstrahl auf den Eintrittsspalt des Monochromators. Von dort aus fällt die Stahlung auf den Kollimatorspiegel Sp_{10}, dann zum ersten Mal durch das Prisma auf den Littrow-Spiegel *LS* und zurück durch das Prisma auf den Kollimatorspiegel. Ein ganz bestimmter Teil der spektral zerlegten Strahlung trifft auf den einen Winkelspiegel Sp_{11} und wird über den zweiten Winkelspiegel Sp_{12} zurück auf den Kollimatorspiegel geworfen. Hierauf erfolgt der zweite Durchgang durch das Prisma. Die doppelt zerlegte

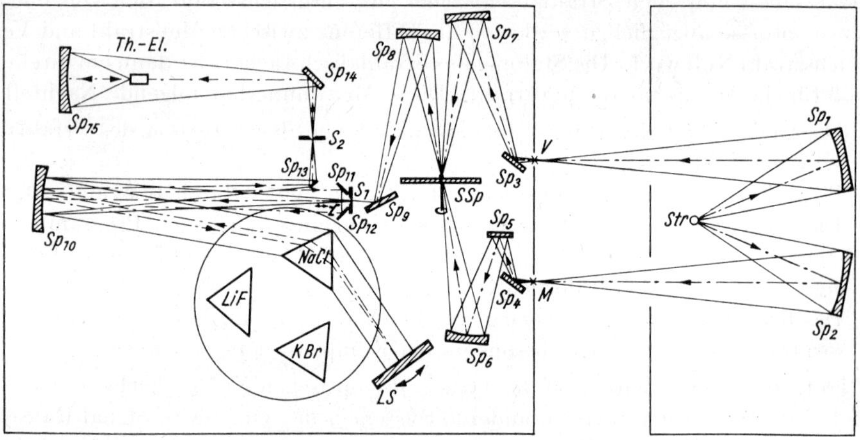

Abb. 1. Strahlengang des IR-3.

Strahlung wird von dem kleinen Planspiegel Sp_{13} auf den Austrittsspalt S_2 gelenkt und gelangt über Sp_{14} auf den Hohlspiegel Sp_{15}, der ein verkleinertes Bild des Austrittsspaltes auf der Auffangfläche des Vakuumthermoelementes *Th.-El.* erzeugt. Zwischen den beiden Winkelspiegeln Sp_{11} und Sp_{12} befindet sich ein elektromagnetisch betriebener Zerhacker, der die Strahlung vor dem zweiten Durchgang durch das Prisma mit 18 Hz moduliert. So kann nur die zweimal spektral zerlegte Strahlung im Thermoelement ein 18 Hz-Signal hervorrufen.

Die Arbeitsweise der gesamten Anordnung geht aus dem Blockschema Abb. 2 hervor. Der Strahlengang ist strichpunktiert gezeichnet, elektrische Verbindungen sind ausgezogen, mechanische Verbindungen gestrichelt. Der Strahlengang war bereits aus der ersten Abbildung ersichtlich. Die im Thermoelement entstandene Wechselspannung gelangt in den Vorverstärker, der einschließlich Eingangsübertrager 1:750 eine etwa 50 000fache Spannungsverstärkung abgibt. Die Bandbreite des Hauptverstärkers läßt sich bei konstanter Verstärkung kontinuierlich regeln. Hinter dem Hauptverstärker wird das 18 Hz-Signal durch ein polarisiertes Relais, das vom gleichen 18 Hz-Generator angetrieben wird wie der Zerhacker *Z*, gleichgerichtet. Die genaue Einstellung der richtigen Phasenlage ist sowohl beim Zerhacker als auch beim Demodulator möglich. Der 18 Hz-Generator ist mechanisch mit dem 3 Hz-Antrieb des Sektorspiegels *SSp* gekoppelt. Die vom 18 Hz-Demodulator kommende pulsierende Gleichspannung wird nun im 3 Hz-Demodulator, einem auf der Achse des Sektorspiegels angebrachten Kontaktsatz, in die Signale vom Meßstrahl bzw. Vergleichsstrahl aufgespalten und zwei in fünf Stufen veränderbaren RC-Gliedern zur Wahl der Zeitkonstante zugeführt. Hierauf wird das Vergleichsstrahlsignal bei Zweistrahlbetrieb an das Meßpotentiometer MP_1 angelegt. Die Differenzspannung zwischen dem Schleifer von MP_1 und dem Schleifer des 100%-Reglers mit dem Meßstrahlsignal wird im Schreiber-Servoverstärker verstärkt und treibt einen phasenempfindlichen Servomotor, der den

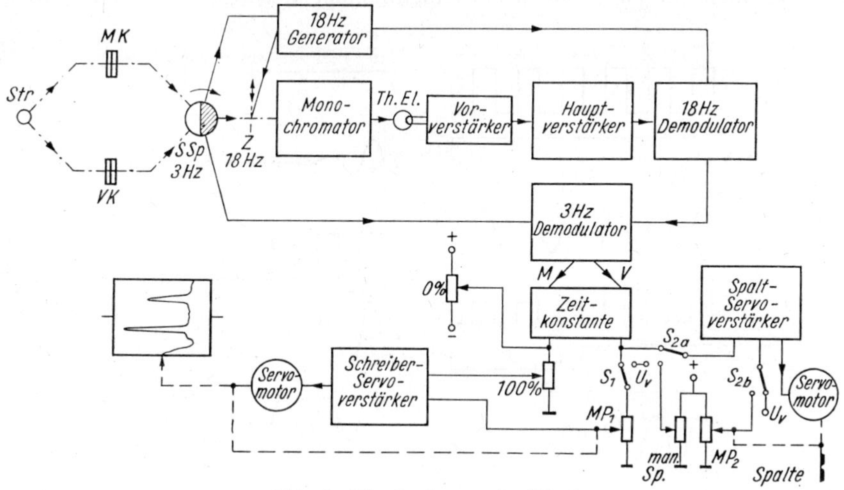

Abb. 2. Blockschema des IR-3.

Schleifer von MP_1 solange verschiebt, bis die Differenzspannung Null ist. Die Schreibfeder an der Registriertrommel ist mit dem Schleifer von MP_1 mechanisch verbunden. Das Vergleichsstrahlsignal wird in ähnlicher Weise dem Spalt-Servoverstärker zugeleitet und mit einer konstanten Spannung verglichen. Ein weiterer Servomotor steuert die Spalte, so daß das Vergleichsstrahlsignal konstant bleibt. Mittels des Schalters S_1 ist eine Umschaltung auf Einstrahlbetrieb möglich, und zwar auf jeden der beiden Strahlen getrennt. Der Schalter S_2 dient zur Umschaltung auf manuelle Spalteinstellung.

Abb. 3 zeigt den Signalverlauf. *a* stellt das optische Signal idealisiert dar, wenn Meßstrahl und Vergleichsstrahl intensitätsgleich sind. Nach Abschalten des 18 Hz-Zerhackers ergibt sich die Form *b*. Elektrisch würde aus *a* die Form *c* entstehen (unter Vernachlässigung jeglicher Phasenverschiebungen). *b* gibt elektrisch die Ausgangsspannung Null. Bei *d* ist der Meßstrahl auf 50% geschwächt gezeichnet, bei *e* nach Abschalten des Zerhackers. *f* zeigt das idealisierte elektrische Signal aus *d*.

Bei der Doppelweganordnung nach Walsh [3] in ihrer ursprünglichen Form, wie sie bei Einstrahlgeräten verwendet wird, und wie sie auch von Plíva [2] für Zweistrahlgeräte vorgeschlagen wurde, ergeben sich nun gewisse Schwierigkeiten, da ein ausreichender Abstand der beiden Modulationsfrequenzen infolge der Trägheit der thermischen Strahlungsempfänger nicht realisierbar ist. Da stets sowohl das mit 18 Hz und 3 Hz modulierte Signal nach dem doppelten Prismendurchgang, als auch ein nur mit 3 Hz moduliertes Signal nach einmaligem Prismendurchgang gleichzeitig auf den Austrittsspalt fallen, und da die Wellenlänge beider Signale naturgemäß nicht die gleiche sein kann, mußte gefordert werden, daß das nicht mit 18 Hz modulierte Signal am Ausgang des Verstärkers nicht in Erscheinung tritt. Bei gleicher Intensität von Meßstrahl und Vergleichsstrahl ist dies tatsächlich der Fall, jedoch bei zunehmender Absorption im Meßstrahl gilt

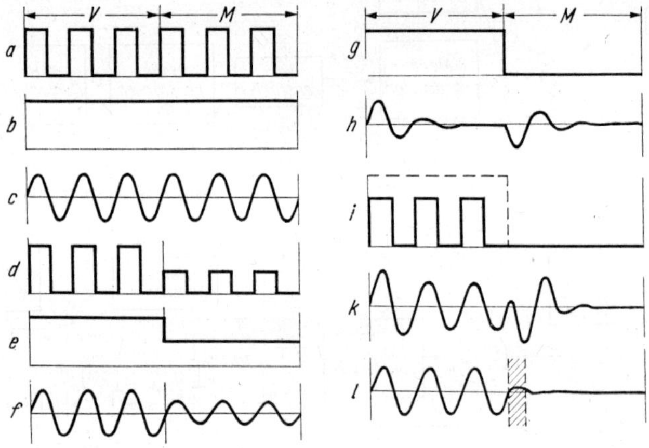

Abb. 3. Signalverlauf beim IR-3.

die Bedingung nicht mehr. *g* zeigt das optische Signal, *h* den zugehörigen Einschwingvorgang des Verstärkers bei verhältnismäßig großer Bandbreite. Eine schmale Bandbreite läßt sich nur bei Einstrahlbetrieb verwenden. *i* zeigt die Überlagerung von Einweg- und Doppelwegsignal, *k* die elektrische Wiedergabe von *i*. (Das Einwegsignal ist fast immer größer als das Doppelwegsignal.)

Den Ausweg bringt nur die optische Trennung beider Signale, was durch Neigen des Kollimatorspiegels und Höhersetzen der Winkelspiegel erreicht wird (Rochester and Martin [4]), so daß Einweg- und Doppelwegsignal genau übereinanderliegen und nur das Doppelwegsignal auf den Austrittsspalt gelangt. Bei *l* ist das Ergebnis dargestellt, das durch Herausschneiden des Umschaltbereichs noch verbessert werden kann. (Diese Art der Doppelweganordnung wurde bereits von Cole [5] für Zweistrahlgeräte mit optischem Nullabgleich vorgeschlagen, wo sie aber wenig Sinn hat.) Man erreicht die doppelte Dispersion und Streulichtfreiheit. Allerdings sind größere Spaltweiten erforderlich, und der Austrittsspalt muß die gleiche Krümmung haben wie der Eintrittsspalt, während bei Einwegbetrieb nur der Eintrittsspalt gekrümmt ist. Infolge des schrägen Durchgangs der Strahlung durch die Prismen erscheint das Bild des Eintrittsspaltes am Austrittsspalt geneigt, was sich durch Neigen der Winkelspiegel ausgleichen läßt. Bei Ver-

Abb. 4. Infrarot-Spektralphotometer IR-3.

Abb. 5. Innenansicht des IR-3.

wendung mehrerer Prismen ist jedoch eine Abstimmung der Prismenwinkel aufeinander erforderlich.

Abb. 4 zeigt die Gesamtansicht des Spektralphotometers, Abb. 5 den Monochromator- und Photometerraum. Die Registrierung erfolgt linear in Wellenzahlen. Registriergeschwindigkeit und Trommelmaßstab lassen sich in mehreren

Verhältnissen umschalten, jedoch genügt ein Registrierpapier mit einer einzigen Koordinatenteilung für alle Bereiche. Das genaue Übereinanderschreiben mehrerer Kurven in verschiedenen Farben ist möglich. Das optimale Auflösungsvermögen wird mit dem sphärischen Kollimatorspiegel leider nicht ganz erreicht. Der Einbau eines außeraxialen Parabolspiegels soll eine Verbesserung bringen. Eine weitere Verbesserung wäre durch ein empfindlicheres Thermoelement mit kleinerer Zeitkonstante (< 10 msec) erreichbar, da dann der Abstand der beiden Frequenzen vergrößert werden könnte.

Leipzig, Institut für Verfahrenstechnik der organischen Chemie der DAdW

Literatur

[1] Golay, M. J. E., J. Opt. Soc. Am. **46** (1956) 422.
[2] Plíva, J., J. Sci. Instr. **31** (1954) 434.
[3] Walsh, A., Nature **167** (1951) 810; J. Opt. Soc. Am. **42** (1952) 94.
[4] Rochester, J. C. O. and Martin, A. E., Nature **168** (1951) 785.
[5] Cole, A. R. H., J. Opt. Soc. Am. **43** (1953) 807.

H. FISCHER, O. NILLIUS, Jena

Rotierende Sektoren als Hilfsmittel bei der IR-Intensitäts-Spektroskopie

Bei infrarotspektroskopischen Untersuchungen an Kristallen fiel auf, daß bei den Spektren der gleichen Kristalle, die mit einem größeren zeitlichen Abstand (einige Monate) aufgenommen wurden, Intensitätsunterschiede der einzelnen Banden auftraten, die nicht innerhalb der Fehlergrenzen der Reproduzierbarkeit lagen und die sich nicht durch Veränderungen der untersuchten Kristalle erklären lassen. Es liegt nahe, hierfür den Empfängerteil des Spektrographen verantwortlich zu machen, und es muß deshalb nach einer Methode gesucht werden, die es ermöglicht, jederzeit die Intensitätsanzeige eines Spektrographen zu kontrollieren. Eine häufig benutzte Methode ist die einer Linearisierung mit Hilfe einer Schachbrettblende. Man justiert das Gerät jeweils auf 0 und 100% Durchlässigkeit ein und verändert dann die Durchlässigkeit stufenweise mit der erwähnten Schachbrettblende. Im Spektralbereich der üblichen IR-Spektralphotometer für das mittlere Infrarot sind diese Schachbrettblenden aber nur für den kleinen Frequenzbereich von 4300—5000 cm^{-1} verwendbar, da das Glas, das als Trägermaterial für die Blenden benutzt wird, in den übrigen Bereichen selber stark absorbiert.

Eine mit Hilfe einer Schachbrettblende aufgenommene Linearisierungskurve bei der Wellenzahl 4500 cm^{-1} ist in Abb. 1 wiedergegeben. Mit der Aufnahme dieser Kurve wird die Linearität des Empfängers einschließlich der Meßblende kontrolliert und daraus auf die Richtigkeit der Intensitätsanzeige geschlossen. Dieses Verfahren erscheint aber ungenügend, da die Linearität innerhalb der vorgegebenen Fehlergrenzen laut der in Abb. 1 wiedergegebenen Kurve gewahrt ist (die in Abb. 1 ausgezogenen Geraden längs der Punkte zeigen die zulässigen Fehlergrenzen an), aber die Abweichungen in den Spektrogrammen doch aufgetreten sind.

Zur Intensitätsschwächung eines Lichtstrahles ist die Verwendung rotierender Sektoren eine bekannte Einrichtung, die auch im Spektralbereich des mittleren Infrarot verwendbar sein müßte. Außerdem ist zu erwarten, daß mittels rotierender Sektoren absolute Werte einer Durchlässigkeitsanzeige, entsprechend dem Dunkelanteil des jeweiligen Sektors, erhalten werden, wenn die Bedingung erfüllt ist, daß der Empfängeranteil das auftreffende Wechsellicht integriert. Diesem Gedankengang folgend, wurden Meßreihen mit rotierenden Sektoren bei drei verschiedenen Frequenzen an einem Spektralphotometer UR 10 des VEB Carl Zeiss JENA aufgestellt. In Abb. 2 sind diese drei Eichkurven des Gerätes wiedergegeben, die im Sommer 1959 aufgenommen wurden, und zwar bei 600 cm^{-1} im

Kaliumbromidbereich (Abb. 2, Kurve 1), im Natriumchloridbereich bei 1600 cm^{-1} (Abb. 2, Kurve 2) und im Lithiumfluoridbereich bei 3000 cm^{-1} (Abb. 2, Kurve 3).

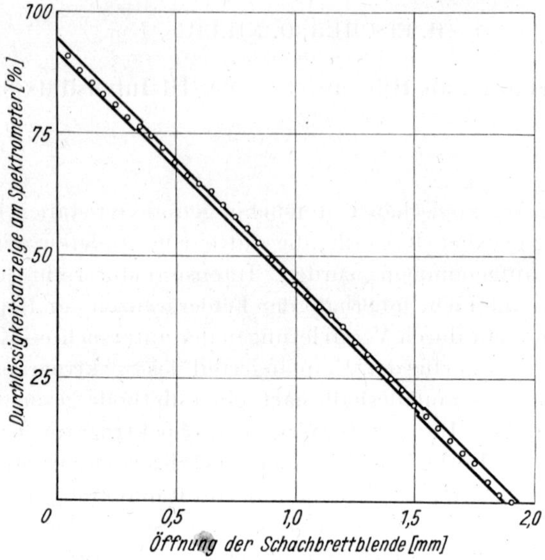

Abb. 1. Linearisierungskurve bei 4500 cm^{-1}.

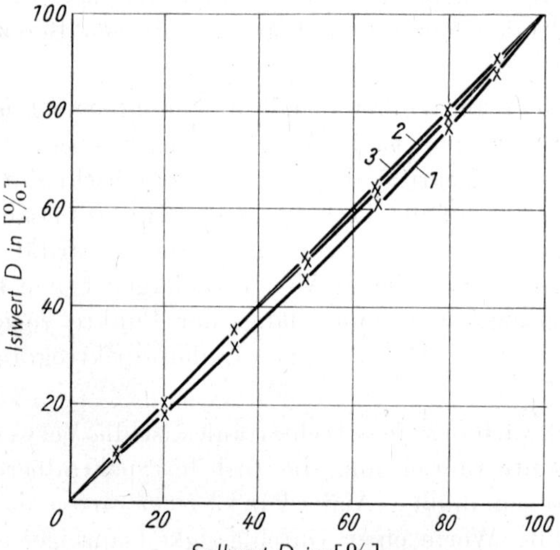

Abb. 2. Eichkurven des Spektralphotometers UR 10 bei 600 cm^{-1} (Kurve 1), 1600 cm^{-1} (Kurve 2) und 3000 cm^{-1} (Kurve 3).

Wie man sieht, ist nur die Kurve 2 für 1600 cm^{-1} eine Gerade. Das zu dieser Kurve gehörende Eichprotokoll ist in Abb. 3 wiedergegeben. Die Einstellungsdaten des Spektrometers für diese Aufnahmen sind folgende: Spaltprogramm 4,

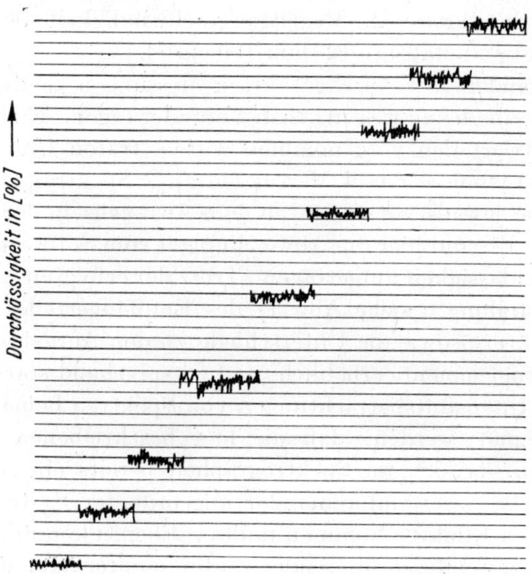

Abb. 3. Eichprotokoll für 1600 cm^{-1}.

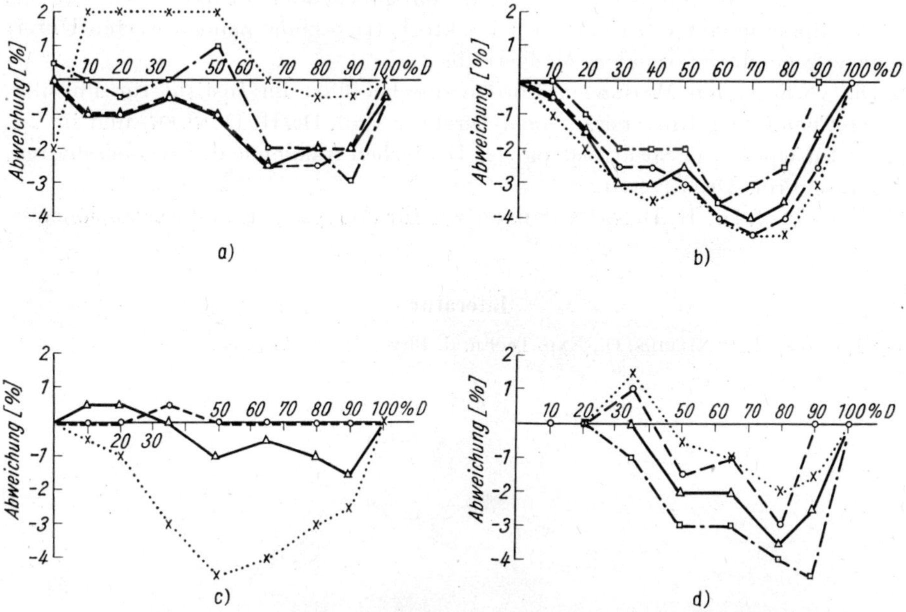

Abb. 4. Darstellung der Abweichung vom Sollwert der Durchlässigkeitsanzeige vor (a und b) und nach (c und d) dem Auswechseln der Thermoelemente an 2 Spektralphotometern UR 10.

×....× KBr-Bereich 600 cm^{-1}, o— — —o NaCl-Bereich 1600 cm^{-1}, Δ———Δ LiF-Bereich 3000 cm^{-1}, □—·—·—□ LiF-Bereich 4500 cm^{-1}.

Verstärkung 5, Bandbreite 2, Registriergeschwindigkeit 50 [cm^{-1}, min^{-1}], Schreibzeit 12 [sec] und Maßstab 12 [mm/100 cm^{-1}].

Die in der folgenden Zeit durchgeführten Messungen zeigten gegenüber der dargestellten Meßreihe keine wesentlichen Veränderungen. Erst als eine Reparatur an den Registrierteilen vorgenommen wurde, traten Unterschiede auf. In Abb. 4 sind die Ergebnisse von 4 Messungen an 2 Spektralphotometern UR 10 wiedergegeben, die jeweils vor und nach dem Auswechseln der Thermoelemente erhalten wurden. Es sind hier die Abweichungen vom Sollwert der Durchlässigkeit über der Durchlässigkeit aufgetragen. Trotz der erfolgten Linearitätsprüfung (für Abb. 4, Darstellung c siehe Abb. 1) des Empfängerteiles sind die Abweichungen vom Sollwert sowie die Unterschiede zu den Aufnahmen vor dem Auswechseln der Thermoelemente erheblich, und entsprechend stark müssen sich die Unterschiede bei Intensitätsbetrachtungen von Spektren bemerkbar machen.

Es kann entgegnet werden, daß die hier beschriebenen Messungen nicht einwandfrei wären, da sich im Spektrographen bereits ein rotierender Sektor befindet, und es bei zwei hintereinander angeordneten Systemen unweigerlich zu stroboskopischen Effekten kommen müßte. Ebenso könnten Störspannungen auftreten, die die Anwendung rotierender Sektoren untersagen würden. Alle diese Einwände wurden geprüft [1], und es ergab sich, daß stroboskopische Effekte nur bei Frequenzen des rotierenden Sektors unterhalb 55 Hz auftreten. Auch die Messung der Störspannung nach der entsprechenden Prüfvorschrift für das Spektralphotometer UR 10 ergab bei Sektorbetrieb keine nennenswerten Unterschiede gegenüber normalem Meßbetrieb.

Die vorliegenden Messungen wurden durchgeführt im Institut für Physikalische Chemie der Universität Jena, Direktor Prof. Dr. H. Dunken, und im Institut für Optik und Spektroskopie der Deutschen Akademie der Wissenschaften, Direktor Prof. Dr. Ritschl.

Herrn Prof. Dr. H. Dunken danken wir für Anregungen und Diskussionen.

Literatur

[1] Fischer, H. u. Nillius, O., Exp. Techn. d. Phys., **9**, 68—74, 1961.

M. SCHUBERT, Jena

Zum Einfluß des Empfängerrauschens in der interferometrischen Spektroskopie

Bei Spektraluntersuchungen sehr intensitätsschwacher Strahlung — beispielsweise im fernen Ultrarot und bei Sternspektren — haben sich Methoden der interferometrischen Spektroskopie gut bewährt. In der vorliegenden Arbeit wird diskutiert, mit welcher Genauigkeit die Spektralverteilung aus der experimentell ermittelten Interferogrammfunktion bestimmbar ist. Dabei werden keine speziellen Annahmen über das zu vermessende Spektrum gemacht.

Zunächst wird beschrieben, welchen Ausschlag das Signal am Ausgang der Gesamtanordnung (s. Abb.) hervorruft. Die zu untersuchende Strahlung wird

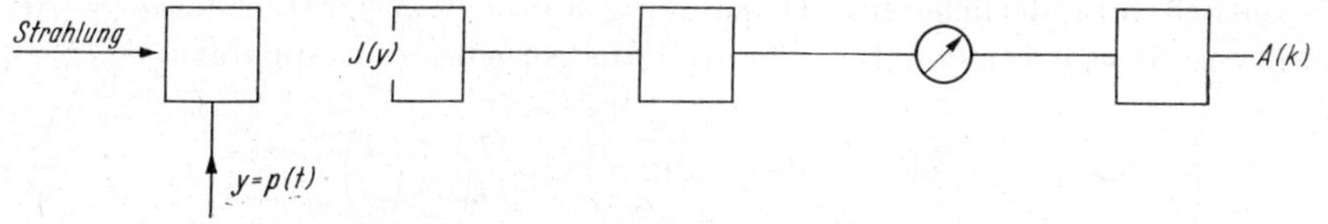

Abb. Schema der Gesamtanordnung.

einer Anordnung zur Zweistrahlinterferenz zugeführt, etwa einem Laminargitter, bei dem die Furchentiefe kontinuierlich verändert werden kann. Man erhält am Ausgang des Interferometers eine Strahlung, deren Intensität von der Weglängendifferenz y der beiden kohärenten Bündel und dem Verlauf $w(k)$ — k ist die Wellenzahl — des zu vermessenden Spektrums abhängt. Für das weitere ist nur der y-abhängige Anteil der Intensität, die Interferogrammfunktion von Interesse; wenn gewisse Bedingungen zur Ausschaltung der ersten und höheren Beugungsordnungen erfüllt sind, ergibt sich dafür

$$I(y) = \frac{1}{2}\int_{k_u}^{k_0} dk'\, w(k') \cdot \cos[2\pi y k'] \,. \qquad (1)$$

k_u und k_o stellen die Grenze des wahren Spektrums dar. Diese Strahlung wird auf einen Empfänger (Empfindlichkeit E) gegeben. Da die optische Weglängendifferenz vom Wert Null bis zu einem Maximalwert y_m linear mit der Zeit t ($y = p \cdot t$) geändert wird, ergibt sich am Ausgang des Empfängers eine zeitabhängige Spannung. Diese wird über einen Verstärker auf ein Registriergerät geleitet. Der Frequenzgang des Verstärkers soll so festgelegt sein, daß zwar alle Signalfrequenzen ungeändert durchgelassen werden, aber die Bandbreite im Hinblick auf das weiter unten zu behandelnde Rauschen möglichst klein ist. Der frequenzunabhängige Verstärkungsfaktor wird so gewählt, daß das am Ausgang der Apparatur zur Verfügung stehende (Näherungs-) Spektrum direkt mit dem wahren Spektrum verglichen werden kann. Das Registrogramm wird einer Frequenzanalyse unterworfen.[1]) Am Ausgang der Apparatur erhält man

$$A_v(k) = 4 \int_0^{y_m} dy \int_{k_u}^{k_o} dk'\, w(k') \cdot \cos\,[2\,\pi\, y\, k'] \cdot \cos\,[2\,\pi\, y\, k]\,. \tag{2}$$

Bei großer maximaler Weglängendifferenz geht $A_v(k)$ in das wahre Spektrum $w(k)$ über.

Die Rauschquellen der Apparatur kann man sich in der Empfängerstufe zusammengefaßt denken. Am Ausgang der Empfängerstufe herrsche signalunabhängiges, weißes Rauschen mit einem mittleren Quadrat $\tilde{\varphi}$ pro Hertz Bandbreite. Die zeitlich veränderliche Rauschspannung hinter dem Verstärker sei $8 \cdot r(t)/E$. Damit ergibt sich für den Rauschanteil am Ausgang der Apparatur

$$A_r(k) = \int_0^{y_m} dy \cdot \cos\,[2\,\pi\, y\, k] \cdot \frac{8}{E} \cdot r\left(\frac{y}{p}\right). \tag{3}$$

Der Gesamtausschlag ist durch

$$A(k) = A_v(k) + A_r(k) = w(k) + \{[A_v(k) - w(k)] + A_r(k)\}$$

gegeben. Die Differenz zwischen Gesamtausschlag und wahrem Spektrum wird durch den Verzerrungsfehler $[A_v(k) - w(k)]$ und den Rauschfehler $A_r(k)$ hervorgerufen. Die Beurteilung der Leistungsfähigkeit der Apparatur soll unabhängig von dem speziellen Verlauf des zu vermessenden Spektrums vorgenommen werden. Die durch Verzerrung entstehenden Fehler sollen in der gleichen Weise behandelt werden wie die durch Rauschen bedingten; denn bei endlicher Meßdauer ist prinzipiell nicht zu unterscheiden, ob die beim Ausgangsspektrum vorliegende Abweichung gegenüber dem wahren Spektrum von einer Verzerrung oder vom Rauschen herrührt. Diese Forderungen werden erfüllt, wenn als Fehlermaß $\mathfrak{F}$ der mittlere quadratische Gesamtfehler, bezogen auf die mittlere quadratische Intensität des wahren Spektrums, benutzt wird.

$$\mathfrak{F}(k) = \frac{1}{\tilde{\psi}} \cdot \langle [A(k) - w(k)]^2 \rangle \qquad \text{mit} \quad \tilde{\psi} = \langle w^2(k) \rangle\,. \tag{4}$$

$\langle \cdots \rangle$ bedeutet Mitteilung über alle möglichen Verläufe der Signalfunktion $w(k)$ und der Rauschfunktion $r(t)$. Dadurch, daß der mittlere quadratische Gesamtfehler auf $\tilde{\psi}$ bezogen wird, hat das Fehlermaß den Charakter eines relativen Fehlers.

[1]) Es wird angenommen, daß die Genauigkeit bei der Auswertung des Registrogramms keine Einbuße erleidet.

Das Fehlermaß $\mathfrak{F}$ enthält die Spektralfunktion in der Form $\langle w(k')\, w(k'')\rangle$ und die Rauschfunktion in der Form $\langle r(t')\, r(t'')\rangle$. Die obengenannten Eigenschaften des Rauschens und des Bandpasses genügen zur eindeutigen Bestimmung von $\langle r(t')\, r(t'')\rangle$. Es ist möglich, ohne spezielle Annahmen über den Verlauf von $w(k)$ auch $\langle w(k')\, w(k'')\rangle$ anzugeben; man benötigt dazu lediglich Kenntnis vom Korrelationsverhalten der Spektralfunktion, worüber sich ohne Willkür Voraussetzungen machen lassen. Als allgemeine Annahmen für $w(k)$ wird im folgenden verwendet: Der Musterpunktabstand hat einen Wert $\mathfrak{k}$ größer Null (diese Voraussetzung ist bei jedem physikalischen Spektrum erfüllt). Wenn man unter $\mathfrak{W}(\xi)$ die FORUIER-Transformierte von $w(k)$ versteht, so sollen die Phasen und Amplituden von $\mathfrak{W}(\xi)$ im Bereich $-1/2\,\mathfrak{k} < \xi < 1/2\,\mathfrak{k}$ für alle ξ die gleiche Wahrscheinlichkeitsverteilung haben, d. h. im FOURIER-Spektrum von $w(k)$ sollen alle „Frequenzen" unterhalb der „Grenzfrequenz" gleichberechtigt sein. Diese Annahmen reichen zur eindeutigen Bestimmung von $\langle w(k')\, w(k'')\rangle$ aus. Damit ist insgesamt auch das Fehlermaß $\mathfrak{F}$ eindeutig festgelegt.

Wenn die Gln. (2) und (3) sowie die Ausdrücke für $\langle w(k')\, w(k'')\rangle$ und $\langle r(t')\, r(t'')\rangle$ in Gl. (4) eingesetzt werden, so ergibt sich $\mathfrak{F}$ in Abhängigkeit von den Meßbedingungen; es handelt sich um eine sehr unübersichtliche Funktion von den Größen k; $\tilde{\psi}$, k_o, k_u, $\mathfrak{k}$; $\tilde{\varphi}$; T, y_m, E ($T = y_m/p$ ist die Gesamtmeßdauer). In allen praktisch wichtigen Fällen ist die Anzahl der Musterpunkte des wahren Spektrums $N = k_o - k_u/\mathfrak{k}$ groß gegen Eins. Wenn man diese Voraussetzung einbaut, kann man eine einfache Beziehung für $\mathfrak{F}$ erhalten. Es gilt

$$\mathfrak{F} = \begin{cases} \mathfrak{R}/\beta^2 & \text{für} \quad \beta < 1 \\ 1 - 1/\beta + \mathfrak{R}/\beta^2 & \text{für} \quad 1 < \beta < 3\,, \end{cases} \tag{5}$$

dabei ist $\beta = 1/2\,\mathfrak{k}\, y_m$, also umgekehrt proportional zur maximalen optischen Weglängendifferenz. In $\mathfrak{R}$, der „reduzierten Rauschleistung", sind einige Meßparameter zusammengefaßt, $\mathfrak{R} = 4\,\tilde{\varphi}/T\,E^2\,\tilde{\psi}\,\mathfrak{k}^2$. Die Wellenzahl k tritt in $\mathfrak{F}$ nicht explizit auf. Für alle k in $k_u < k < k_o$, die nicht gerade an den Intervallgrenzen liegen, hat $\mathfrak{F}$ denselben — in Gl. (5) angegebenen — Wert.

Der Fehler $\mathfrak{F}$ steigt mit wachsender reduzierter Rauschleistung an, allerdings ist der Effekt für große β nicht so ausschlaggebend wie für kleine. Für kleine β wie auch für große nimmt der Fehler hohe Werte an. Im ersten Fall macht sich vor allem der Einfluß des Rauschens, im zweiten Fall der Einfluß der Verzerrung bemerkbar. Der Bereich $\beta < 3$ ist wegen des dort zu großen Verzerrungsfehlers nicht interessant. Für mittlere β ergibt sich ein Minimum. Der hierzu gehörende minimale Fehler $\mathfrak{F}_{\min}$ ist eine Funktion von $\mathfrak{R}$; für kleine Fehlerwerte gilt $\mathfrak{F}_{\min} = \mathfrak{R}$. Bei festen Meßbedingungen hinsichtlich des Signals, des Rauschens und der Meßparameter kann prinzipiell kein kleinerer Fehler erreicht werden. Diese Ergebnisse lassen sich auch auf den Fall der periodischen Interferenzmodulation übertragen.

Ein Vergleich mit den Resultaten bei Abtastverfahren [1], [2] zeigt, daß dort bei günstigster Dimensionierung der Meßeinrichtung der minimale Gesamtfehler proportional $(N\,\mathfrak{R})^{2/5}$ ist. Eine Änderung der reduzierten Rauschleistung hat also nicht so großen Einfluß wie bei der Interferometeranordnung. Bemerkenswert ist vor allem die Abhängigkeit von der Anzahl der Musterpunkte. Beim Abtastverfahren vergrößert sich der Fehler mit der Anzahl der Musterpunkte, während er bei der Interferometeranordnung davon unabhängig ist.

Zusammenfassung

In der vorliegenden Arbeit wird angegeben, welche Genauigkeit sich bei der Verwendung von Interferometeranordnungen erreichen läßt, wenn deren Weglängendifferenz linear mit der Zeit geändert wird. Bei der Ableitung werden keine speziellen Annahmen über das zu vermessende Spektrum gemacht. Die Ergebnisse werden mit den für das Abtastverfahren abgeleiteten Resultaten verglichen.

Jena, Physikalisches Institut der Friedrich-Schiller-Universität

Literatur

[1] Schubert, M., Exp. Techn. Phys. **6** (1958) 203.
[2] Rohmann, W. u. Schubert, M., Tagungsbericht „Optik aller Wellenlängen". Akademie-Verlag, Berlin 1959, S. 89.

11. Anwendungen der Optik und Spektroskopie

L. FOITZIK und K. LENZ, Berlin

Neuere Untersuchungen über die Himmelslichtpolarisation

Einleitung

In den letzten Jahren sind eine Reihe wichtiger Veröffentlichungen über die kurzwellige Himmelsstrahlung erschienen, und zwar vornehmlich Berechnungen der spektralen Leuchtdichte, der Farbe des Himmels sowie der Polarisationsverteilung des Himmelslichtes. Besonders hervorzuheben sind dabei die Arbeiten von CHANDRASEKHAR [1], [2], SEKERA und Mitarbeitern [3] und die Berechnungen von BULLRICH, DE BARY und MÖLLER [4]. Während die letzte Gruppe bestrebt war, die Lichtstreuungen des primären Sonnenlichtes — um den tatsächlichen Verhältnissen in der Atmosphäre gerecht zu werden — sowohl an den Luftmolekülen als auch an den größeren atmosphärischen Dunstteilchen, dem sogenannten Aerosol, zu berechnen, allerdings unter Beschränkung auf eine ein- oder zweimalige Streuung des Lichtes, haben SEKERA und Mitarbeiter, basierend auf den Arbeiten von CHANDRASEKHAR, den Polarisationsgrad des Himmelslichtes am Gesamthimmel sowie die spektrale Verteilung der Himmelsstrahlung unter vollständiger Berücksichtigung der Mehrfachstreuung, aber nur für den Fall der dunstfreien Atmosphäre berechnet. Das allgemeine Problem der Strahlungsdiffusion in der Erdatmosphäre ist theoretisch sehr schwierig zu beherrschen, da es sich nicht ausschließlich darum handelt, die Vielfachstreuung des Lichtes an Teilchen zu berechnen, die klein im Verhältnis zur Wellenlänge sind (Luftmoleküle), sondern es muß darüber hinaus auch die Lichtstreuung an den großen Teilchen erfaßt werden, und zwar nicht nur die skalare Intensität der Strahlung, sondern auch deren Polarisationsgrad, die Lage der Polarisationsebene und evtl. auch der Anteil des elliptisch polarisierten Lichtes. Weiterhin muß bei einer exakten Theorie der Strahlungsdiffusion in dunstgetrübter Atmosphäre noch berücksichtigt werden, daß das Aerosol nicht aus Dunstteilchen einer Art und Größe besteht, sondern meistens ein ganz bestimmtes Größenspektrum vorliegt. Der Nutzen einer vollständigen Theorie würde u. a. darin bestehen, daß durch Vergleich mit Messungen die optisch wirksamen Eigenschaften des Aerosols erfaßt werden könnten, wie z. B. die Konzentration der trübenden Teilchen, der Brechungsindex, die Absorptionseigenschaften und die Größenverteilung.

Meßverfahren

Im Gegensatz zu den vorliegenden Berechnungen der Himmelslichtpolarisation existieren nur wenige Messungen der Polarisation am Gesamthimmel. Dies hat in erster Linie meßtechnische Gründe. Der Polarisationsgrad ist ein relatives Maß; er drückt den Anteil des polarisierten Lichtes am Gesamtlicht aus. Besonders einfach läßt er sich bestimmen durch die Messung zweier zueinander senkrecht polarisierter Komponenten des Lichtes, wobei die eine Komponente parallel, die andere senkrecht zur Polarisationsebene gemessen wird. Der Quotient aus der Differenz und der Summe der Einzelkomponenten ergibt direkt den Polarisationsgrad. Das Aufsuchen der Polarisationsebene jedoch an einem beliebigen Himmelspunkt nimmt mit Ausnahme der Punkte, die im Vertikalkreis der Sonne liegen, mit den bisher üblichen visuellen Polarimetern verhältnismäßig viel Zeit in Anspruch, so daß eine Erfassung der Polarisation am Gesamthimmel durch Messung an vielen Himmelspunkten nicht möglich ist, da die Polarisationsverteilung nicht nur vom Dunstgehalt der Atmosphäre, sondern in starkem Maße

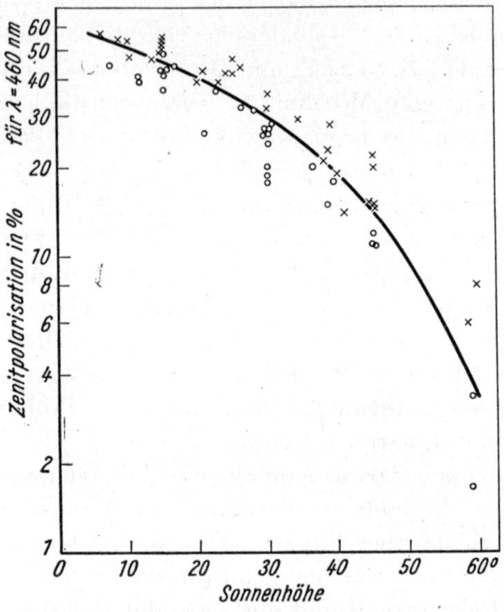

Abb. 1. Abhängigkeit der Zenitpolarisation von der Sonnenhöhe.

auch vom Sonnenstand, der während der Messung nicht konstant bleibt, beeinflußt wird. Abb. 1 zeigt den Einfluß der Sonnenhöhe und des Aerosolgehaltes auf die Zenitpolarisation für den Meßort Berlin-Adlershof in den Jahren 1958—60. Die Zenitpolarisation nimmt mit steigender Sonnenhöhe schnell ab, da sich die Sonne — die unpolarisiertes Licht aussendet — dem Zenit nähert. Die Schwankungen der Zenitpolarisation bei gegebener Sonnenhöhe sind auf unterschiedliche Dunstverteilungen zurückzuführen und nicht statistischer Natur. Der Beweis ist darin zu sehen, daß für die im Diagramm eingetragenen Meßpunkte die entsprechende, ebenfalls vom Aerosolgehalt abhängige Strahldichte bestimmt wurde. Es ergibt sich eine starke Korrelation zwischen Strahldichte und Polarisation, und zwar so, daß überdurchschnittlichen Strahldichtewerten entsprechend niedrige Polarisationswerte (Kreispunkte) gegenüberstehen und umgekehrt (Kreuze).

Während die Bestimmung des Polarisationsgrades an einem Punkt mit einem visuellen Polarimeter, wie schon erwähnt, einige Zeit (1—2 min) erfordert, gestattet unser Meßverfahren eine Ermittlung des Polarisationsgrades, der Polarisationsebene und der Strahldichte in etwa 15 sec. Verwendet wird ein azimutal montiertes lichtelektrisches Polarimeter, bestehend aus einem Streulichtschutzrohr von 50 cm Länge, einem Gerätetubus, einer Abbildungslinse von 500 mm Brennweite, Öffnungsverhältnis 1:6,3, einem Polarisationsfilter für den Wellenlängenbereich 360—830 nm sowie mehreren Farbglasfiltern mit den effektiven Wellenlängen 460, 560 und 640 nm. Als Lichtempfänger dient ein Selenphotoelement, dessen Photostrom an einem hochempfindlichen Galvanometer abgelesen wird. Zur Bestimmung des Polarisationsgrades, der Polarisationsebene und der Strahldichte wird der Meßkopf des Instrumentes, bestehend aus dem Polarisations- und den Farbfiltern sowie dem Photoelement in drei jeweils um 60° gegeneinander verschobene Winkelstellungen gedreht. Die drei dabei gemessenen Intensitätswerte, die eine Funktion der Gesamtintensität, der Lage der Polarisationsebene und damit auch des Polarisationsgrades sind, erlauben die Berechnung der genannten Größen [5]. Die Meßpunkte zur Ermittlung der Polarisationsverteilung am Gesamthimmel werden je nach dem Sonnenstand ausgewählt, wobei mindestens 60 Punkte, verteilt auf drei Horizontalkreise und den Vertikalkreis der Sonne vermessen werden.

Meßresultate

Abb. 2 zeigt als Beispiel eine Messung des Polarisationsgrades am Gesamthimmel bei einer Sonnenhöhe von 35°. Die dünn ausgezogenen Kreise stellen

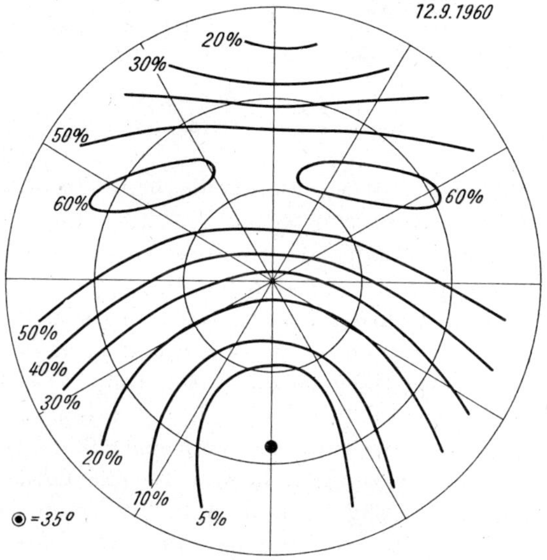

Abb. 2. Polarisationsgrad in % am Gesamthimmel bei einem Trübungsfaktor von 3,5.

die Horizontalkreise 0° (Horizont), 30° und 60° dar. Weiterhin sind eingetragen die Vertikalkreise von 30° zu 30°. Schnittpunkt aller Vertikalkreise ist der Zenit. Die dick ausgezogenen Linien geben den Polarisationsgrad in Prozent für eine Wellenlänge von 460 nm an. Es zeigt sich eine ganz unerwartete Verteilung der Polarisation. Das Gebiet der Maximalpolarisation, das nach den bisherigen Anschauungen etwa 90° von der Sonne entfernt im Sonnenvertikalkreis zu erwarten wäre, ist nach der Messung in zwei Teile, symmetrisch zum Sonnenvertikal aufgespalten, und zwar so, daß im Vertikalkreis selbst die Polarisation nur ein sekundäres Maximum erreicht. Die ersten Verteilungen dieser Art wurden im Januar 1958 gemessen. Seit einiger Zeit sind eine ganze Reihe von Meßserien

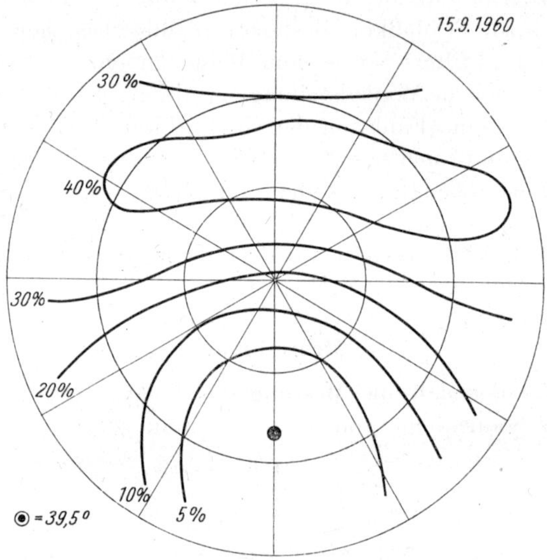

Abb. 3. Polarisation in %, Trübungsfaktor 5.

gewonnen worden, die diesen Effekt bestätigen. Die Gesamtheit dieser Messung läßt bisher folgende Schlüsse zu:

1. Eine Aufspaltung der Maximalpolarisation tritt vorwiegend bei geringen oder mittleren Trübungen auf. Im angeführten Beispiel beträgt der Trübungsfaktor 3,5, die Gesamtextinktion der Atmosphäre ist also $3^1/_2$mal so groß wie die einer reinen, trockenen, nur aus Molekülen bestehenden Atmosphäre. Mit zunehmender Trübung verschwindet die Aufspaltung. Diese Erscheinung ist sowohl den Mittelkarten zu entnehmen, die Polarisationsverteilungen bei verschiedenen, in bestimmten Gruppen zusammengefaßten Trübungszuständen zeigen, als auch aus Einzelmessungen. In Abb. 3 ist eine Polarisationsaufnahme bei ähnlicher Sonnenhöhe (39,5°) wie in Abb. 2, aber mit einem Trübungsfaktor von 5 dargestellt. Die starke depolarisierende Wirkung des größeren Aerosolgehaltes ist deutlich zu erkennen. Es tritt keine Aufspaltung der Maximalpolarisation ein, auch nicht in Form seitlicher sekundärer Maxima.

2. Die Aufspaltung ist um so ausgeprägter, je niedriger der Sonnenstand ist. Mit zunehmender Sonnenhöhe bewegen sich die beiden Maxima in Richtung zum Sonnenvertikal, in der Regel tritt eine Verschmelzung der Maxima für Sonnenhöhen von größer als 45° ein. Die Differenzen zwischen den absoluten seitlichen Maxima und der Stelle maximaler Polarisation im Vertikalkreis der Sonne betragen bis zu 10% bei einer Wellenlänge von 460 nm.
Aus den neuesten Berechnungen von COULSON, DAVE und SEKERA [6] über die Verteilung der Polarisation in der RAYLEIGH-Atmosphäre kann vielleicht ebenfalls auf eine Aufspaltung der Maximalpolarisation geschlossen werden. Jedoch sind die Differenzen nur klein (1—2%) und das Netz der berechneten Himmelspunkte für eine genaue Diskussion etwas zu weitmaschig.

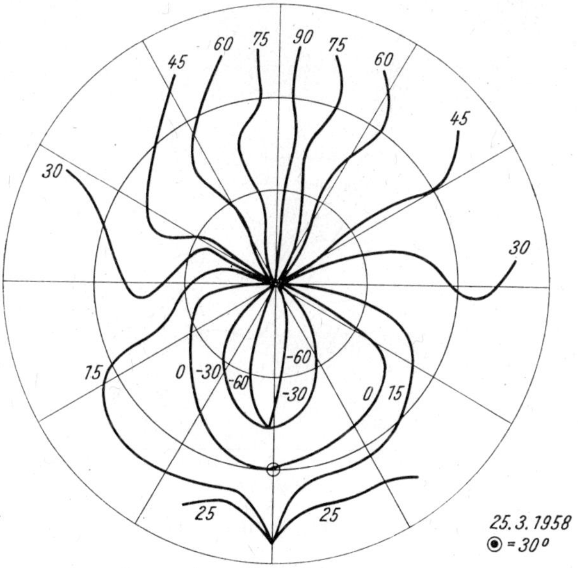

Abb. 4. Neigung der Polarisationsebene in Grad gegenüber den Vertikalkreisen.

Die Messungen der Lage der Polarisationsebene haben ergeben, daß die Polarisationsebene infolge der Mehrfachstreuung nicht immer auf der primären Streuebene senkrecht steht, also auf einer Ebene, die den Beobachtungspunkt, den Beobachter und die Sonne enthält. Bekanntlich treten die größten Abweichungen in der Nähe der neutralen Punkte auf. Kleinere Abweichungen können auch an anderen Stellen auftreten. Ein Beispiel zeigt die Abb. 4. Es ist dargestellt die Neigung der Polarisationsebene gegenüber dem jeweiligen Vertikalkreis durch den Beobachtungspunkt in Winkelgraden. Die Konvergenzpunkte oberhalb und unterhalb der Sonnen zeigen den neutralen BABINET- und BREWSTER-Punkt an. Die Konvergenz der Linien im Zenit ist darauf zurückzuführen, daß durch den Zenit als Beobachtungspunkt beliebig viele Vertikalkreise gelegt werden können, so daß keine eindeutige Winkelangabe möglich ist.

Bemerkenswert ist weiterhin an der Darstellung, daß im Sonnenvertikal gegenüber der Sonne die Polarisationsebene nicht genau senkrecht auf dem Vertikalkreis steht, die 90°-Linie ist azimutal verschoben. Die Ursache für dieses Verhalten können örtliche Inhomogenitäten in der Aerosolverteilung sein.

Untersuchungen der spektralen Unterschiede von Polarisationsverteilungen (Dispersion der Polarisation) ermöglichen es ebenfalls, den Einfluß des Aerosols zu erkennen. In der Rayleigh-Atmosphäre sind die Polarisationswerte für rote Wellenlängen größer als für blaue, eine Folge der größeren optischen Schichtdicke für kleine Wellenlängen. In dunstgetrübter Atmosphäre werden aber häufig auch höhere Polarisationen im blauen Wellenlängenbereich gemessen. In

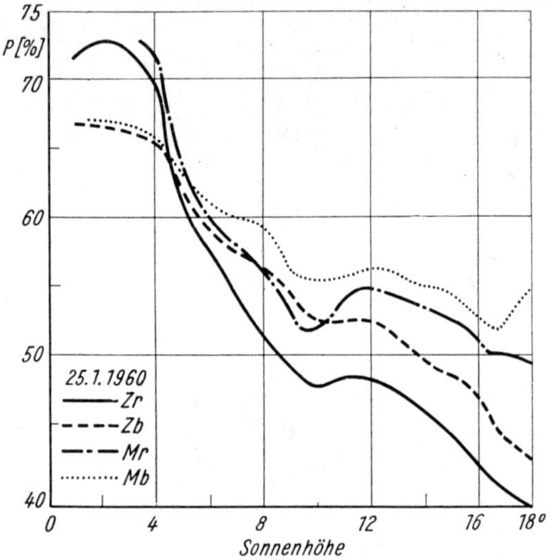

Abb. 5. Zenit- und Maximal-Polarisation für $\lambda = 460$ nm (b) und $\lambda = 640$ nm (r).

Abb. 5 ist der Verlauf der Zenitpolarisation (Z) und der Maximalpolarisation (M) für die Wellenlängen 640 nm (r) und 460 nm (b) in Abhängigkeit von der Sonnenhöhe dargestellt. Die Meßresultate können so erklärt werden: Bei hohen Sonnenständen werden die bodennahen dunsthaltigen Luftschichten kräftig beleuchtet. Das Streulicht des Aerosols liefert dann einen hohen Anteil an der Gesamtstreuung. Daraus folgt eine größere Polarisation für kleine Wellenlängen. Mit sinkender Sonne nimmt dagegen die Streulichtintensität — bedingt durch die größere Extinktion der Sonnenstrahlen — in den unteren Schichten stark ab, so daß das Streulicht der hohen reinen Luftschicht den überwiegenden Intensitätsanteil liefert, wodurch der Polarisationsgrad im roten Bereich größer als im blauen wird.

Vergleicht man die Berechnungen des Polarisationsgrades von Sekera für drei Sonnenhöhen (Abb. 6) mit den Messungen bei ähnlichen Sonnenhöhen, Wellenlängen und unter Berücksichtigung einer gemessenen Erdbodenalbedo von

0,1, so ergeben sich weitere Einzelheiten über den Einfluß der Aerosolstreuung auf die Himmelslichtpolarisation. Abb. 7 gibt für drei Sonnenhöhen den prozentualen Anteil der gemessenen Polarisation im Verhältnis zur RAYLEIGH-

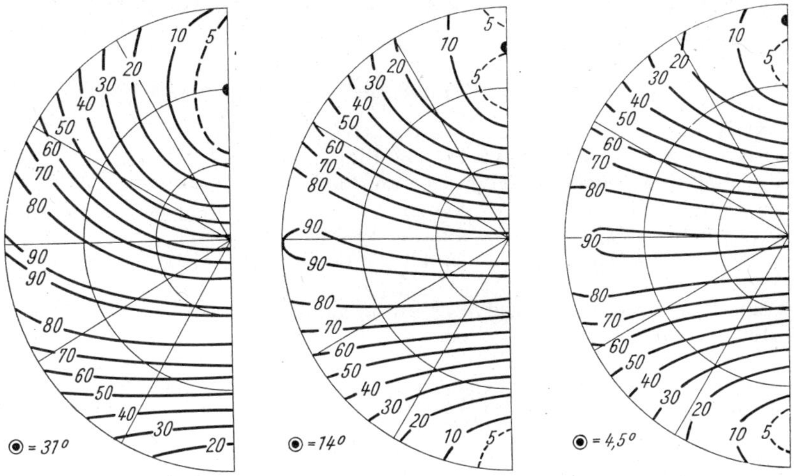

Abb. 6. Berechnete Polarisation der RAYLEIGH-Atmosphäre nach SEKERA [3].

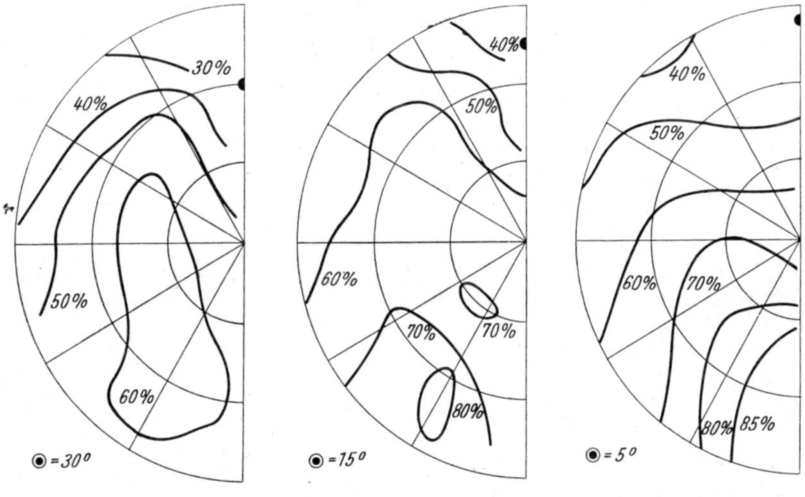

Abb. 7. Gemessene prozentuale Anteile an der RAYLEIGH-Polarisation.

Polarisation an. In Sonnennähe ist die Depolarisation der Strahlung in dunstgetrübter Atmosphäre besonders groß. Dies ist eine Folge der überwiegend vorwärtsstreuenden großen Teilchen. In Sonnenferne werden bei 30° Sonnenhöhe 60% der RAYLEIGH-Polarisation erreicht, bei 5° Höhe etwa 85%. Die

Zunahme ist ebenfalls darauf zurückzuführen, daß die unteren aerosolhaltigen Schichten mit sinkender Sonne schwächer beleuchtet werden und so der Anteil des Rayleigh-Streulichtes aus den oberen Luftschichten relativ zunimmt.

Berlin-Adlershof, Institut für Optik und Spektroskopie der DAdW

Literatur

[1] Chandrasekhar, S., Radiative Transfer. Oxford 1950.
[2] Chandrasekhar, S. and Elbert, D., The Illumination and Polarization of the Sunlit Sky on Rayleigh Scattering. Transact. Am. Phil. Soc. Vol. **44** (1954) 6.
[3] Investigation of Polarization of Skylight. Final Report, Contract AF 19 (122—239). Dept. of Meteorology, Univ. of California 1955.
[4] Bullrich, K., de Bary, E., Möller, F., Die Farbe des Himmels. Geofis. pura e appl. **23** (1952) 69.
[5] Foitzik, L. u. Lenz, K., Einfluß des Aerosols auf die Himmelslichtpolarisation. Optik **17** (1960) 554.
[6] Coulson, K., Dave, J., Sekera, Z., Tables Related to Radiation Emerging from a Planetary Atmosphere with Rayleigh Scattering. Univ. of California Press 1960.

K. LENZ, Berlin

Über das Streuspektrum der Atmosphäre

Einleitung

Die spektrale Energieverteilung des Himmelslichtes wird ganz ähnlich wie die Himmelslichtpolarisation vom Aerosolgehalt der Atmosphäre beeinflußt, da die Streuung des Lichtes in einer dunstgetrübten Atmosphäre nicht nur an den Luftmolekülen, sondern ebenfalls an den größeren Teilchen, dem Aerosol, erfolgt. Es besteht daher die Möglichkeit, durch Vergleich von Messungen und Berechnungen der spektralen Verteilung des Himmelslichtes die optischen Eigenschaften des Aerosols zu bestimmen. Grundlage für die Berechnung des Streuspektrums ist die subozonale Sonnenenergie. Die extraterrestrische Strahlungsintensität der Sonne ist als Berechnungsgrundlage ungeeignet. Der Grund ist darin zu sehen, daß die Sonnenstrahlen, bevor sie in die stärker streuenden Luftschichten unterhalb von etwa 15 km Höhe eintreten, ein Gebiet höherer Ozonkonzentration durchlaufen, wobei sie durch Absorption geschwächt werden. Wird die Ozonabsorption nicht berücksichtigt, so werden die ultravioletten Anteile des Himmelsstreulichtes zu hoch berechnet. Für niedrige Sonnenhöhen wirkt sich auch die Absorption in den CHAPPUIS-Banden des Ozons (430—750 nm) aus [1].

Selbst bei Kenntnis der subozonalen Sonnenenergie ist jedoch eine exakte Berechnung des gestreuten Himmelslichtes sehr schwierig, da Vielfachstreuungen des Lichtes in der getrübten Atmosphäre berücksichtigt werden müssen, ein Problem, das noch nicht allgemein gelöst ist. Berechnungen für den Fall der reinen, wasserfreien Molekülatmosphäre sind von DEIERMENDJIAN und SEKERA [2] nach der Theorie von CHANDRASEKHAR [3] vorgenommen worden. Durch Vergleich dieser Berechnungen mit den Messungen in dunstgetrübter Atmosphäre kann der Einfluß des Aerosols abgeschätzt werden. Qualitativ ist zu erwarten, daß gegenüber den theoretischen Werten für die RAYLEIGH-Atmosphäre die gemessene Intensität des Streulichtes in der Dunstatmosphäre größer ist und darüber hinaus relativ hohe Rotanteile der Himmelsstrahlung auftreten, da die Streuung an den großen Teilchen umgekehrt proportional zur Wellenlänge erfolgt und nicht, wie an den Luftmolekülen, umgekehrt porportional zur 4. Potenz der Wellenlänge.

Das Himmelsspektralphotometer

Zur Messung des Streuspektrums wurde ein Spektralphotometer (Abb. 1) entwickelt, das im folgenden kurz beschrieben wird. Das Spektralphotometer besteht aus einem Monochromator, der um zwei zueinander senkrecht stehenden Achsen schwenkbar ist und auf jeden Himmelspunkt gerichtet werden kann. Dabei ist die Wellenlängengenauigkeit des Monochromators von der Raumlage unabhängig.

Optisch handelt es sich um einen Wadsworth-Einfachmonochromator mit Quarzglas- oder Schwerflint-Prisma und einer Spiegeloptik ($f = 250$ mm). Vor dem Eintrittsspalt befindet sich eine Abbildungslinse aus Quarzglas, welche durch ein Streulichtrohr vor dem direkten Sonnenlicht geschützt ist. Die lineare Eigenpolarisation des gesamten Gerätes beträgt 3% und ist daher bei den Intensitätsmessungen des Himmelslichtes nicht berücksichtigt worden. Das Gesamtstreulicht des Monochromators im Bereich von 330 bis 950 nm ist kleiner als 10^{-4}. Als Lichtempfänger dient ein Sekundärelektronenvervielfacher mit einem spektralen Empfindlichkeitsbereich von 290 bis 1050 nm. Der Antrieb der Wellenlängenschraube geschieht mit einem Synchronmotor, dessen Untersetzung so gewählt wurde, daß das Himmelsspektrum mit dem Quarzprisma in knapp 3 min registriert werden kann. Die Aufzeichnung der Photoströme erfolgt mit einem Multiflexgalvanometer und einem nachgeschalteten Nachlaufschreiber. Das optische und elektronische Blockschema der Anlage zeigt Abb. 2. Als Vergleichsstrahler für die energetische Eichung des Gerätes dient eine

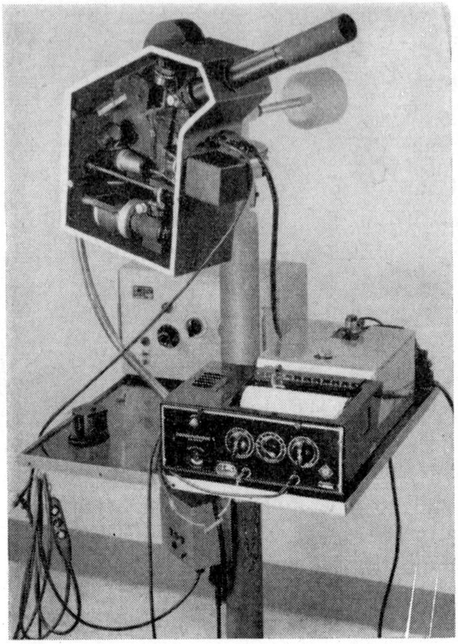

Abb. 1. Spektralphotometer zur Messung des Himmelsstreulichtes.

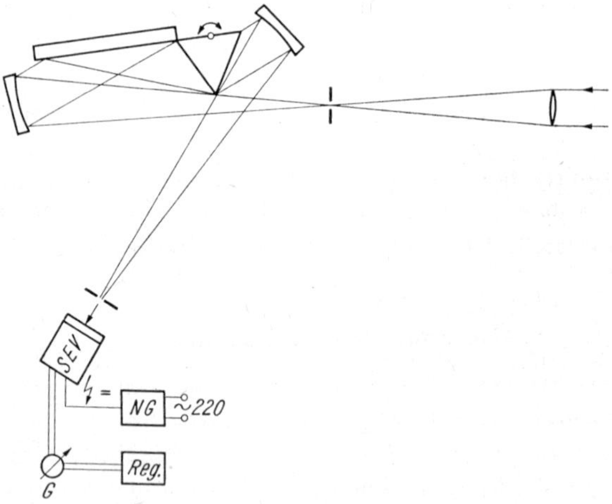

Abb. 2. Optisches und elektronisches Blockschema des Spektralphotometers.

Wolframbandlampe mit Quarzfenster, deren Emission im Bereich von 300 bis 1200 nm in Abständen von 10 nm bekannt ist. Die im Verhältnis zu den Messungen von HESS [4] und GÖTZ u. SCHÖNMANN [5] erzielte höhere Auflösung der Himmelsspektren erlaubt es, die Wellenlängeneichung für jede Registrierung einzeln, aus der Lage der solaren und terrestrischen Absorptionslinien im Himmelsspektrum zu bestimmen. In Tab. 1 sind die wichtigsten Absorptionslinien oder Liniengruppen zusammengefaßt. Die letzten fünf Wellenlängenangaben beziehen sich auf starke terrestrische Linien (O_2, H_2O).

Tabelle 1

Wellenlänge in nm der Absorptionslinien im Himmelsspektrum

328	332	334	336,5	341,5
344	352	359	361	373,5
382,5	393	397	404	409
419	423	431	440,5	447
452	460	470	486	500
517	543	560	573	589
635	656	687	718	762
814	935			

Meßresultate

Eine Originalregistrierung des Zenitstreulichtes bei einer Sonnenhöhe von 41° am 13. 9. 60 zeigt Abb. 3. Auffallend ist die Vielzahl der Absorptionslinien im Streuspektrum, die mit Ausnahme der terrestrischen Linien darauf zurückzu-

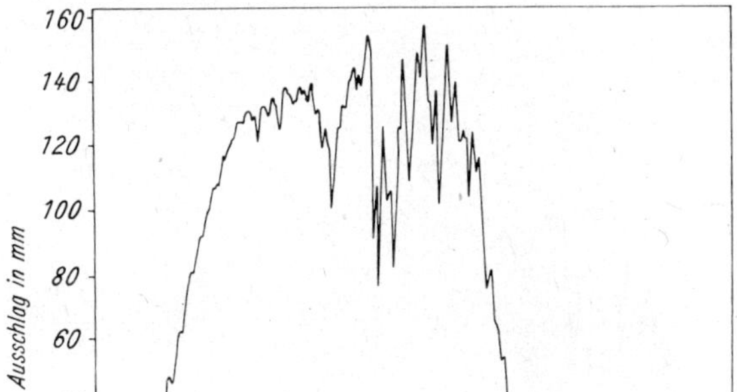

Abb. 3. Originalregistrierung des Zenitstreulichtes.

führen sind, daß die primäre Sonnenenergie an diesen Stellen ebenfalls Absorptionen aufweist. Dieselbe Registrierkurve energetisch ausgewertet, zeigt Abb. 4 (Kurve *Z*). Der Trübungsfaktor nach LINKE betrug 4,5. Bei dieser Trübung liegt das Maximum der spektralen Energieverteilung bei der Wellenlänge

451 nm. Für den Punkt der minimalen Strahldichte, etwa 90° von der Sonne entfernt im Sonnenvertikal gelegen, verschiebt sich das Maximum der Streulichtintensität nach 401 nm (Kurve M), aber auch allgemein hat sich das Intensitäts-

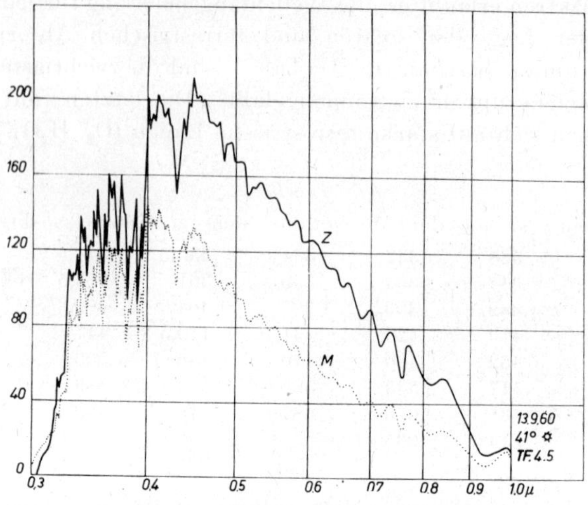

Abb. 4. Zenitstrahlung Z und die spektrale Verteilung der Minimalstrahldichte M (Trübungsfaktor 4,5).

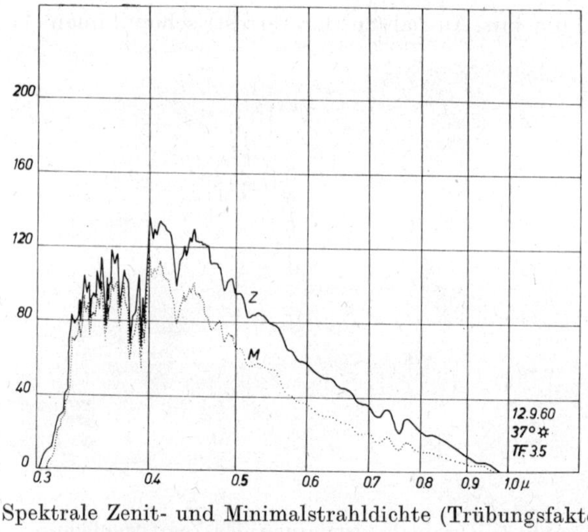

Abb. 5. Spektrale Zenit- und Minimalstrahldichte (Trübungsfaktor 3,5).

verhältnis der blauen zu den roten Wellenlängen erhöht. Berechnet man aus den spektralen Energiekurven für den Wellenlängenbereich 380 bis 720 nm die farbmetrischen Größen: Sättigung und farbtongleiche Wellenlängen, so ergibt sich in bezug auf die farbtongleiche Wellenlänge kein Unterschied ($\lambda_f = 480$ nm) jedoch ist die Farbsättigung im Zenit merklich geringer (14%) als im Punkt der minimalen Strahldichte (22%). Für geringere Trübungen (Trübungsfaktor 3,5) zeigt Abb. 5 eine weitere Registrierung der spektralen Strahldichte des Zenits und der Minimalstrahldichte. Die Gesamtintensität der Strahlung ist geringer, allerdings sind die beiden Abbildungen 4 und 5 durch den verschiedenen Sonnenstand nicht streng vergleichbar. Das Maximum der Strahldichte wird bei der geringen Trübung für beide Beobachtungspunkte im Gebiet von 400 bis 410 nm erreicht. Das Blaurotverhältnis hat sich gegenüber dem vorherigen Beispiel erhöht. Die farbtongleiche Wellenlänge ist dadurch aber nur wenig beeinflußt worden. Die Farbsättigung erreicht Werte von 24% (*Z*) und 29% (*M*). Ab-

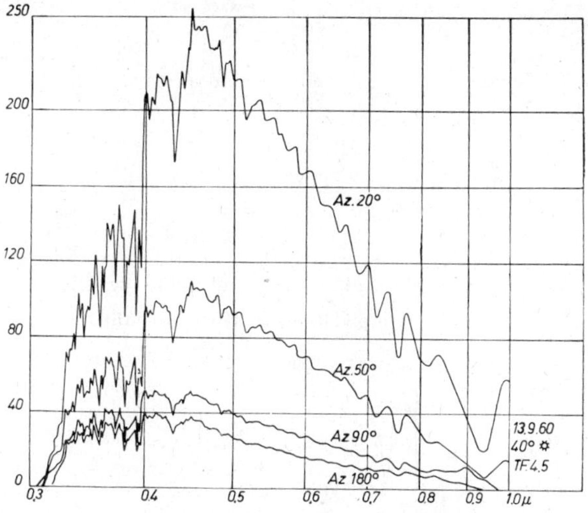

Abb. 6. Die spektrale Himmelsstrahlung im Horizontalkreis der Sonne für Azimutwerte 20—180°.

nehmende Trübung hat also in erster Linie eine Zunahme der Farbsättigung zur Folge. Dies deckt sich mit den Berechnungen von Bullrich, de Bary und Möller [6].

Messungen der spektralen Energieverteilung im Horizontalkreis der Sonne zeigt Abb. 6. Es bedeuten Az 20, 50, 90, 180 Meßpunkte jeweils 20° bis 180° seitlich von der Sonne entfernt. In Sonnennähe ist die Lichtintensität sehr groß, die spektrale Verteilung hat ein Maximum von 450 nm. Die Rotanteile der Strahlung sind als Folge der vorwärtsstreuenden Wirkung der großen Teilchen sehr hoch. Die Streufunktionen — d. h. die Winkelverteilung der Streustrahlung — fallen aus demselben Grund im roten Wellenlängenbereich von der Sonne zum Gegenvertikal sehr viel stärker ab als die blauen Streufunktionen, die vorwiegend von der Molekülstreuung beeinflußt sind. Die Intensitätsverteilungen seitlich und entgegengesetzt zur Sonne entsprechen etwa den in Abb. 5 gezeigten Verteilungen für die Zenit- und Minimalstrahldichte.

Eine Energieverteilung des Himmelslichtes in Horizontnähe ist in Abb. 7 dargestellt. Der Meßpunkt liegt etwa 30° unterhalb der Sonne, 10° über dem Horizont. Der Rotanteil der Strahlung ist außerordentlich hoch, die UV-Strahlung relativ niedrig, das Maximum der Strahlungsverteilung sehr breit. Es liegt im

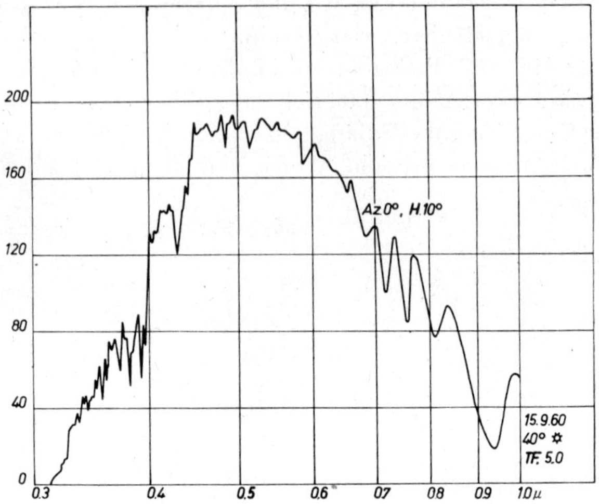

Abb. 7. Himmelslicht in Horizontnähe.

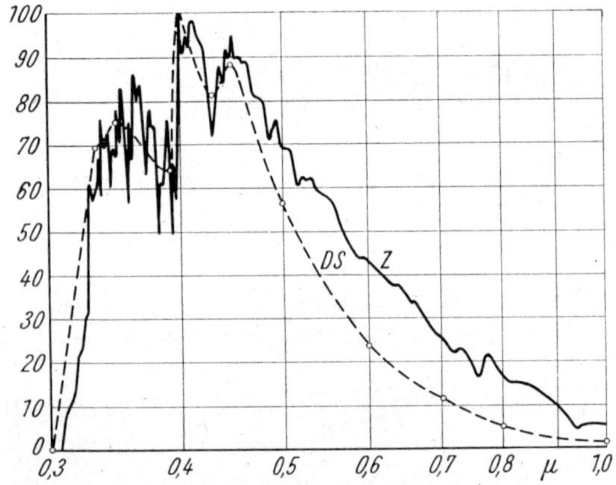

Abb. 8. Berechnete Himmelsstrahlung nach Dave-Sekera (*DS*) für ein horizontales Flächenelement und gemessene Zenitstrahlung *Z*.

Bereich zwischen 450 und 552 nm. Die farbtongleiche Wellenlänge beträgt 548 nm. Dieser grüne Farbton wird durch die geringe Farbsättigung (6%) nicht wahrgenommen. Der Himmel erscheint weißlich.

Für eine Sonnenhöhe von 37° zeigt Abb. 8 die gemessene Himmelslichtverteilung im Zenit mit einem Trübungsfaktor von 3,5 und die nach Dave und Sekera unter Berücksichtigung einer Ozonschicht von 0,5 cm berechnete spektrale Energieverteilung einer RAYLEIGH-Atmosphäre. Die Kurven sind nicht streng vergleichbar. Der ausgeglichene Verlauf der Kurve *DS* beruht darauf, daß bei der Berechnung die solaren Absorptionslinien nicht berücksichtigt wurden. Hervorzuheben ist, daß die berechnete Verteilung für den Wellenlängenbereich größer als 500 nm einen stärkeren Abfall zeigt als alle gemessenen Himmelslichtspektren, und zwar sowohl Spektren des Zenitlichtes als auch Spektren von dem Punkt des größten Blaurotverhältnisses, der sich 90° von der Sonne entfernt im Sonnenvertikal befindet. Der flachere Abfall der gemessenen Energiekurven im roten Wellenlängenbereich dürfte auf den Einfluß der Aerosolstreuung zurückzuführen sein.

Berlin-Adlershof, Institut für Optik und Spektroskopie der DAdW

Literatur

[1] DAVE, J. V. and SEKERA, Z., Effect of Ozone on the Total Sky and Global Radiation Received on a Horizontal Surface. J. Met. **16** (1959) 211.
[2] DEIRMENDJIAN, D. and SEKERA, Z., Global Radiation Resulting from Multiple Scattering in a Rayleigh Atmosphäre. Tellus **6** (1954) 382.
[3] CHANDRASEKHAR, S., Radiative Transfer. Oxford 1950.
[4] HESS, P., Die spektrale Energieverteilung der Himmelsstrahlung. Gerlands Beiträge z. Geophysik **55** (1939) 204.
[5] GÖTZ, P. u. SCHÖNEMANN, E., Die spektrale Energieverteilung von Himmels- und Sonnenstrahlung. Helv. phys. Acta **21** (1948) 151.
[6] BULLRICH, K., DE BARY, E., MÖLLER, F., Die Farbe des Himmels. Geofis. pura e appl. **23** (1952) 69.

H. BARTELS, Hannover

Spektroskopie als diagnostische Methode in der Plasmaphysik

I. Einleitung

Die Rolle, die die Spektroskopie in der Plasmaphysik spielt, hat zwei Aspekte. Man kann erstens die spektroskopischen Untersuchungen abstellen auf die Emissionsprozesse selbst, man kann also fragen nach Emissionsprozessen und Einwirkungen auf Emissionsprozesse, die für das Plasma und nur für dieses charakteristisch sind. Beispiele für solche Problemstellungen wären etwa Fragen nach den Gesetzmäßigkeiten bestimmter Verbreiterungen und Verschiebungen von Linien oder Fragen nach den Emissionsmechanismen des Kontinuums. Man kann aber auch die Abhängigkeit der Emission von den physikalischen Gegebenheiten im Plasma dazu benutzen, Informationen über den Zustand des Plasmas und über Vorgänge im Plasma zu gewinnen. Nur von dieser Seite der Plasmaspektroskopie soll hier die Rede sein.

Die Erschließung der Zustände und Vorgänge im Plasma durch eine quantitative Spektroskopie, wie sie zuerst in der Astrophysik entwickelt wurde, bewährte sich in der Folge mit z. T. neuen den anderen Verhältnissen und den anderen Beobachtungsmöglichkeiten angepaßten Methoden auch an Laboratoriumsplasmen. Als es dann KURCHATOW[1]) und seinen Mitarbeitern gelang, durch pinch-Entladungen extrem hohe Temperaturen zu erzeugen und damit die Möglichkeit gegeben schien, in Entladungen Fusionsprozesse zu realisieren, gewann — zusammen mit anderen Methoden, die sich zur Aufklärung der Vorgänge im pinch-Plasma eigneten — auch der diesem Ziel dienende Zweig der Spektroskopie eine besondere Aktualität. Die schlagwortartige Bezeichnung aller dieser Plasma-Untersuchungsmethoden als „diagnostische“ Methoden wurde in diesem Zusammenhang geprägt. Aber das, was sie meint, bleibt nicht auf das pinch-Plasma beschränkt und so soll auch hier das Thema weiter gefaßt werden.

Die beiden Spektren in Abb. 1 sollen uns nur dazu dienen, durch eine ganz grobe Fragestellung einen ersten Anhaltspunkt für die Spezifizierung des Themas zu gewinnen.

Abb. 1a zeigt eine Momentaufnahme des Spektrums in der ersten Phase einer Drahtexplosion in Helium ($p = 300$ torr). Der Spalt liegt quer zur Drahtrichtung. Das Spektrum in der Mitte ist nicht etwa ein Vergleichsspektrum, sondern das Spektrum der Kupferdampfwolke, die sich in diesem Stadium noch scharf gegen das außen leuchtende Helium absetzt. Abb. 1b ist ein Schmierspektrum, das an einem linearen pinch in Xenon aufgenommen wurde ($p = 0{,}5$ torr; Zeitachse von unten nach oben; Beobachtungsstrahl durch die pinch-Achse). Die Frage, um die es hier geht, ist einfach zu formulieren: Was sagen die beiden

[1]) I. V. KURCHATOW, Atomnaya Energ. **1** (1956) 65.

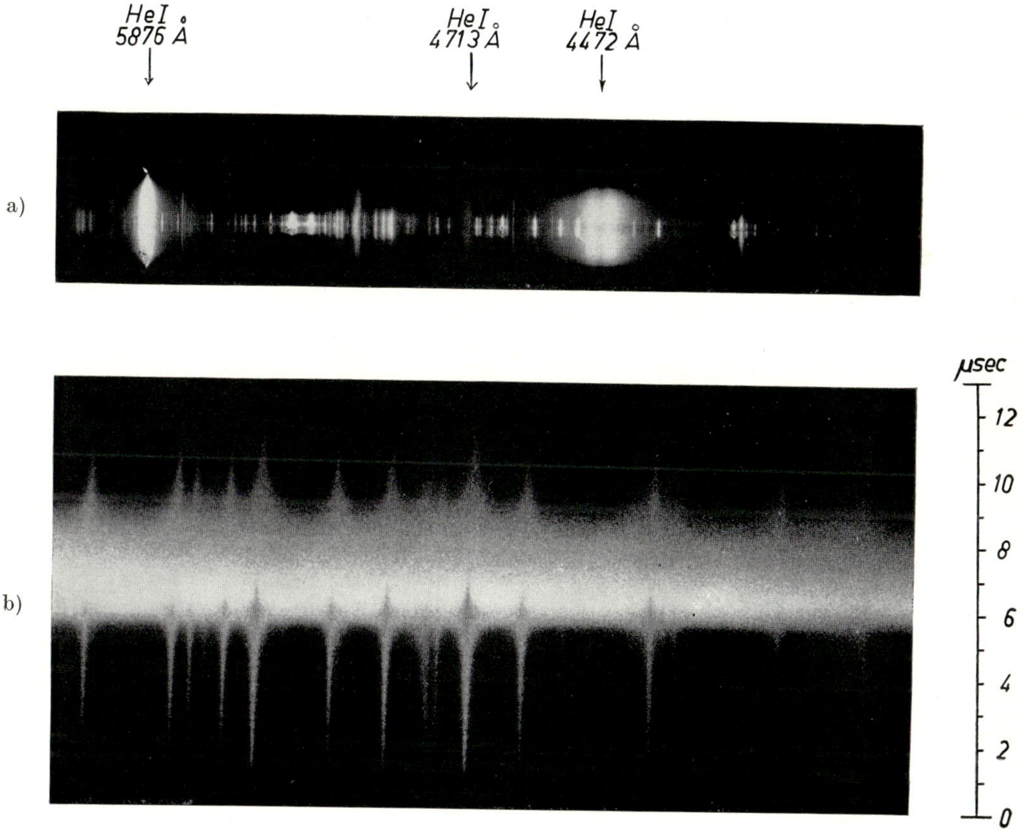

Abb. 1.

a) Momentaufnahme des Spektrums einer Drahtexplosion im Anfangsstadium (Cu-Draht in Helium-Atm.: $p = 300$ Torr. Spalt quer zur Drahtrichtung).

b) Schmieraufnahme des Spektrums an einem longitudinalen pinch in Xenon ($p = 0{,}5$ Torr; Zeitachse von unten nach oben; Beobachtungsrichtung senkrecht durch die pinch-Achse).

Spektren über die Zustände und Vorgänge im Entladungsplasma aus? Ansatzpunkte zur Beantwortung der Frage zeigen sich in beiden Spektren schon auf den ersten Blick. So ist z. B. in Abb. 1a der STARK-Effekt der He I-Linie 4472 Å und die Strahldichte des hier allerdings sehr schwachen und in der Reproduktion nicht erkennbaren Kontinuums, das außerhalb der Cu-Dampfwolke das Heliumspektrum unterlagert, durch die jeweilige Ionen- bzw. Elektronendichte bestimmt, soweit nicht Absorption oder andere Effekte die Verhältnisse störend verzerren. In Abb. 1b dokumentiert sich diese Absorption eindeutig in der Selbstumkehr fast aller Linien und wird damit ihrerseits zur Informationsquelle. Aber in diesem Bericht sollen nicht die einzelnen spektroskopischen Phänomene behandelt werden, die uns auf jeweils verschiedenem Wege Informationen über die Verhältnisse im Plasma geben können. Sie sind schon mehrfach zusammengestellt und für eine geschlossene Darstellung auch deshalb wenig geeignet, weil sie sehr heterogener Natur sind. Hier sollen vielmehr einige Grundfragen herausgestellt werden, die für diese spektroskopische Methodik *im Ganzen* charakteristisch sind. Ausdrücklich sei darauf hingewiesen, daß es sich dabei nur um den Versuch handelt, Gesichtspunkte, die bereits in einer ganzen Reihe von Untersuchungen mehr oder minder explizit zum Ausdruck kamen, systematisch zusammenzufassen, weil sie für die Entwicklung der Methodik in den letzten Jahren wachsende Bedeutung gewonnen haben.

II. Die Rolle heuristischer Annahmen in der diagnostischen Plasmaspektroskopie

Auf eines dieser Probleme stoßen wir sofort, wenn wir versuchen, die einstweilen noch etwas vage Fragestellung, mit der wir in der Einleitung die Zielsetzung charakterisierten, in ein konkretes Meßprogramm umzusetzen. Soll nämlich der Zustand des Plasmas messend erfaßt werden, so müssen als erste Voraussetzung Größen definiert sein, die diesen Zustand beschreiben, auf deren Erfassung also die Messung abgestellt werden kann. Da aber diese Größen hier über ihre Auswirkung im Spektrum ermittelt werden sollen, so müssen weiterhin auch die Beziehungen der Zustandsgrößen zu den spektroskopischen Phänomenen quantitativ gefaßt sein. Damit aber ergibt sich: Jede Messung der Plasmazustandsgrößen setzt in erheblichem Umfang Aussagen über diesen Zustand und seine Gesetzmäßigkeiten voraus. Nun handelt es sich aber bei der Untersuchung von Plasmen keineswegs nur um die Messung bestimmter Werte von Zustandsgrößen, deren Beziehungen untereinander und zu anderen Erscheinungen a priori feststehen, vielmehr sind bei jeder Plasmauntersuchung auch die Beziehungen der Zustandsgrößen zueinander und zu den spektroskopischen Phänomenen a priori in Frage gestellt und deshalb auch sie Gegenstand der Untersuchung; d. h. aber: Die Aussagen, ohne die wir bei einer rationellen Problemstellung nicht auskommen, sind durchaus heuristischer Natur und bedürfen deshalb der Begründung aus dem Meßresultat. Von den Ursachen, die diese Situation bedingen und von den Konsequenzen, die sich daraus für die Methodik ergeben, soll in diesem Kapitel die Rede sein.

Es sei also zunächst die Struktur der Plasmabilder behandelt, die der Methodik zugrunde gelegt werden müssen, und dann an ihnen demonstriert, warum und in welchem Umfang diese Unterlagen für die jeweilige Auswertung in Frage zu stellen sind. Die Bestandteile des Plasmas seien durch Elektronendichte N_e und die hier nicht näher bezeichneten Dichten N_i der neutralen Atome sowie der verschiedenen Ionenarten beschrieben. Es wird angenommen, daß die kinetische Energie der Elektronen auf der einen, der Atome und Ionen auf der anderen Seite je einer BOLTZMANN-Verteilung entsprechen mit der Temperatur T_e für die Elektronen und mit der für die Atome und alle Ionenarten gemeinsamen Ionen-Temperatur T_j. Es wird ferner angenommen, daß sich auch bei schnell verlaufenden Vorgängen durch Anregung und Ionisation sowie Emissions- und Absorptionsprozesse ein Zustand einstellt, der einem stationären Zustand so nahe kommt, daß sich Verteilung von Anregung und Ionisierung aus Ansätzen berechnen lassen, die einem stationären Zustand entsprechen würden.

Der Zusammenhang zwischen der Elektronentemperatur auf der einen, den Ionenkonzentrationen und den Anregungsverteilungen auf der anderen Seite, der sich bei diesen „quasi"-stationären Zuständen einstellt, hängt entscheidend von den Prozessen ab, die in dem jeweiligen Fall als wesentlich wirksam für die Erhaltung des stationären Zustandes angenommen werden. Der Einfluß dieser Prozesse auf das Plasmabild sei an zwei gegensätzlichen Beispielen gezeigt, die hier zunächst nur als Demonstrationsmodelle ohne näheren Bezug auf einen bestimmten Anwendungsbereich gedacht sind. Wenn der stationäre Zustand im wesentlichen durch den Antagonismus von Stoßanregung und Stoßionisation auf der einen Seite, von Stößen II. Art und Dreierstoßrekombination auf der anderen Seite aufrechterhalten wird, stellt sich hinsichtlich der Anregung eine BOLTZMANN-Verteilung ein und ist die Ionisierung durch die SAHA-Gleichung bestimmt und zwar jeweils mit der Elektronentemperatur T_e. Das liegt, da für das Gas als Ganzes Neutralität und für das Elektronengas ohnehin eine BOLTZMANN-Verteilung vorausgesetzt wird, hier nur daran, daß die einander entgegen wirkenden Prozesse zueinander invers sind. Das Gegenbeispiel ergibt sich aus dem ersten Beispiel, wenn wir die Anregungsprozesse belassen, aber Stöße II. Art und Dreierstoßrekombination ersetzen durch spontane Emission und Photorekombination, also durch zwei zu den Anregungsvorgängen *nicht* inverse Prozesse. In diesem Fall stellen sich zwischen der Elektronentemperatur und den Anregungs- und Ionisierungsverteilungen Beziehungen ganz anderer Art ein, die — im Gegensatz zum ersten Beispiel — durch Anregungs- und Ionisierungsfunktionen bestimmt werden. Auch eine andere Feststellung demonstriert den Unterschied recht deutlich: Im zweiten Fall ist — anders als im ersten — die Verteilung der Anregung von der Elektronendichte abhängig, nicht aber das Verhältnis verschiedener Ionendichten. Es sei, um die beiden Modelle einfach zu kennzeichnen, im ersten Fall von einem BOLTZMANN-Plasma, im zweiten von einem Coronaplasma[1])

[1]) Ein diesem Modell entsprechender Zustand wurde zuerst von WOOLLEY und ALLEN [1] für die Sonnencorona angenommen. Eine ausführliche Diskussion dieser beiden sowie anderer stationärer Plasmazustände gibt G. ELWERT [2].

[1], [2] gesprochen. BOLTZMANN- und Coronaplasma seien hier nur besonders markante Beispiele für eine größere Mannigfaltigkeit von Möglichkeiten. Das Coronaplasma wird den Messungen an Plasmen sehr kleiner Dichte zugrunde gelegt. Da die Häufigkeit der im Coronaplasma wirksamen Prozesse mit wachsender Dichte langsamer zunimmt als die Häufigkeit der zu ihnen inversen Prozesse, nähert sich ein Plasma mit wachsender Dichte dem Bild des BOLTZMANN-Plasmas.[1])

Diese Plasmabilder sind nun durch die Gesetzmäßigkeiten zu ergänzen, durch die sich die Werte der Zustandsgrößen im Spektrum auswirken. Im Spektrum handelt es sich im wesentlichen um vier Erscheinungskomplexe:

1. Die absolute Strahldichte und die relative Strahldichteverteilung im Kontinuum,

2. die absolute Intensität von Linien, sowie die Intensitätsverhältnisse verschiedener Linien,

3. die Verbreiterung von Linien durch Störursachen, insbesondere durch lineare und quadratische STARK-Effekte,

4. Verbreiterung von Linien durch den DOPPLER-Effekt.

Über die Beziehungen zwischen den spektroskopischen Phänomenen und den Plasmazustandsgrößen sei hier nur gesagt, was das Thema unmittelbar berührt. Wie im Plasmabild Beziehungen zwischen der Ionentemperatur und den anderen Größen nicht festgelegt sind, so steht auch Punkt 4 in dieser Aufzählung isoliert da. Denn bei den drei anderen Gruppen stehen die spektroskopischen Phänomene in Beziehungen zur Elektronentemperatur und zu den Teilchendichten. Diesen Beziehungen liegen bei den Punkten 1 und 3 theoretische Ansätze wie etwa die Theorie der ungestörten Photorekombination oder experimentelle Messungen unter definierten Bedingungen wie etwa STARK-Effekte in homogenen Feldern zugrunde, die nun auf die Verhältnisse in einem Ionen-Elektronen-Gas übertragen werden. Dabei müssen notwendig — explizit oder implizit — Aussagen über Eigenschaften des Plasmas eingehen. Damit werden die Spektralphänomene zu spezifischen Eigenschaften eines Plasmas, die grundsätzlich nur an der Emission eines Plasmas geprüft werden können. Die unter 2 zusammengefaßten spektralen Merkmale haben an sich keinen für ein Plasma spezifischen Charakter. Aber hier geht das Plasmabild mit den im Plasma als wirksam angenommenen Prozessen wesentlich in die Beziehungen zwischen Linienintensitäten und Zustandsgrößen ein.

Damit begründet sich nun auch die Aussage, die am Anfang dieses Abschnitts vorweg genommen wurde, um die Fragestellung zu formulieren: Jede Messung von Plasmazustandsgrößen erfordert mit Notwendigkeit auch eine Kontrolle des Plasmabildes, in dessen Rahmen diese Größen einen Zustand beschreiben, und

[1]) Diese Feststellung wird auch nicht dadurch berührt, daß mit wachsender Dichte die Anregung und Ionisation durch Absorption Einfluß gewinnt. Wieweit man allerdings, wie im Coronamodell,in Plasmen kleiner Dichte die Absorption ganz vernachlässigen kann, ist eine Frage, die nur von Fall zu Fall zu entscheiden ist. (Siehe Anmerkung auf S. 635.)

das entscheidend in die Auswertung eingeht. Denn, wie die Beispiele oben zeigen, ändert dieses Plasmabild, soweit es durch die im Plasma wirksamen Prozesse bestimmt ist, seinen Charakter mit dem Zustand, dessen Ermittlung Ziel der Messung ist. Es ist also ebenso in Frage gestellt wie der gesuchte Zustand. Darüberhinaus kann es — und wird es im allgemeinen auch — notwendig sein, die Aussagen, die im Plasmabild die für ein Plasma spezifischen Emissionsphänomene als Äußerung des jeweiligen Zustandes deuten, einer Kontrolle zu unterwerfen. Unter Umständen müssen auch allgemeinere Eigenschaften des Plasmabildes — z. B. die für alle Ionenarten gemeinsame Ionentemperatur — in Zweifel gezogen werden. So kommt es zu der Doppelrolle, die das Plasmabild in der experimentellen Plasmaspektroskopie spielt. Auf der einen Seite ist es notwendige Voraussetzung für eine rationelle Fragestellung und für die Berechnung der gesuchten Größen aus den Meßdaten, aber gleichzeitig auf der anderen Seite auch selbst Objekt der Untersuchung. Natürlich mildert sich der heuristische Charakter eines Plasmabildes, das der Auswertung von Messungen in einem bestimmten Zustandsbereich unterlegt wird, wenn sich die experimentellen Erfahrungen in eben diesem Bereich ausweiten. Aber er wird immer dann entscheidenden Einfluß auf die Methodik haben, wenn mit neuer Experimentiertechnik neue Bereiche zugänglich gemacht oder in bekannten Bereichen die Anforderungen an Sicherheit und Präzision der Aussage erhöht werden. Dieses beides aber ist charakteristisch für die derzeitige Situation in der Plasmaphysik.

Wir wollen nun die Konsequenzen, die sich aus dieser Situation ergeben, kurz zusammenfassen. Im Hinblick auf die Emissionsphänomene, die spezifische Eigenschaften des Plasmas sind, wie z. B. die kontinuierliche Emission und die Linienverbreiterung durch Störungen, kann es eine Unterscheidung zwischen einer Plasmaspektroskopie im eigentlichen Sinne und einer „diagnostischen" Plasmaspektroskopie höchstens in den Gesichtspunkten geben, unter denen die Untersuchung angesetzt wird. Aber für die Untersuchung selbst sind solche Gesichtspunkte irrelevant, weil die Untersuchung in beiden Fällen das Plasma als Ganzes zu erfassen hat. Einen eindeutig diagnostischen Charakter gewinnt die Plasmaspektroskopie nur dort, wo sie an Emissionsvorgänge anknüpft, die an sich keinen für das Plasma spezifischen Charakter haben, wie z. B. an Absolutwerte oder Verhältnisse von Linienintensitäten. Aber auch hier muß, weil das Plasmabild zu bestätigen ist, das Plasma als Ganzes erfaßt werden, soweit es Einfluß auf die Zusammenhänge hat, die der Auswertung zugrunde liegen. Was damit gefordert wird, läßt sich am einfachsten an einem Beispiel demonstrieren: Ergibt sich etwa aus dem Plasmabild rechnerisch eine Beziehung zwischen dem Intensitätsverhältnis zweier Linien, der Elektronentemperatur und der Elektronendichte, so ließe sich zwar aus den Intensitätsverhältnissen zweier verschiedener Linienpaare je ein Wert für die Temperatur und die Elektronendichte bestimmen. Aber damit wäre gar nichts ausgesagt über den Wahrheitsgehalt des Plasmabildes, das durch diesen funktionalen Zusammenhang repräsentiert wird. Inwieweit sich das Plasmabild, das der Auswertung zugrunde liegt, mit den im Plasma wirksamen Zusammenhängen deckt, läßt sich erst erkennen, wenn die Zahl der gemessenen Werte so groß ist, daß die gesuchten Größen als Lösungen eines überbestimmten Systems nachgewiesen werden können, wenn also in unserem Beispiel mehr als zwei Intensitätsverhältnisse gemessen werden und dies überbestimmte System durch ein Wertepaar T_e und N_e erfüllt wird. Dabei hängt natürlich der Umfang der möglichen Aussage noch von dem Grad der Überbestimmtheit ab.

Selbst eine nur flüchtige Durchsicht der in den letzten Jahren publizierten experimentellen Arbeiten zeigt sofort, daß der Forderung, bei der Messung von Zustandsgrößen auch die Beziehungen zu erfassen, aus denen sie errechnet sind, gerade dort am wenigsten Rechnung getragen wurde, wo aprioristische Annahmen über diese Beziehungen am unsichersten sind, nämlich unter den extremen Bedingungen, die bei den pinch-Entladungen in den großen Plasmamaschinen auftreten. Hier wird der Auswertung überall das Coronamodell zugrunde gelegt, doch scheinen die Messungen bisher in keinem Fall die Mannigfaltigkeit zu haben, die zu einer Sicherung dieses Plasmabildes gegenüber möglichen Einwendungen[1]) notwendig wäre. In größerer Mannigfaltigkeit liegen Messungen der gleichen Größe an verschiedenen Objekten der gleichen Entladung nur bei Bestimmung der Ionentemperatur vor (Messung der DOPPLER-Verbreiterung an Linien verschiedener Ionenarten). Sie führen zu systematischen und keineswegs unerheblichen Differenzen. Auch sonst trifft, wenn die gleichen Zustandsgrößen sowohl spektroskopisch wie nach einer anderen Methode gemessen werden, die Übereinstimmung, soweit aus den wenig zahlreichen Fällen zu erkennen ist, nicht sehr viel mehr als die Größenordnung. So ist denn auch die dürftige Zensur zu verstehen, die der diagnostischen Spektroskopie in einer Untersuchung [3] erteilt wird, die der Wertung der verschiedenen bei Arbeiten an Plasmamaschinen benutzten diagnostischen Methoden gewidmet ist: Der Messung der Ionentemperatur aus dem DOPPLER-Effekt und der Ionendichte aus STARK-Effektverbreiterungen wird immerhin noch zugebilligt, daß sie „moderately reliable“ und „halfquantitativ“ seien; dagegen werden die Methoden zur Bestimmung der Elektronentemperatur aus Intensitätsverhältnissen und der Elektronendichte aus dem Kontinuum als „not sufficiently evaluated“ gewertet.

Den Forderungen, die oben näher begründet wurden, hat für diesen Sektor der Plasmaspektroskopie erst vor kurzem KOLB [4] in einem Vortrag auf der IV. Konferenz für Ionisationsphänomene grundsätzlichen Charakter gegeben. Nur durch ihre Erfüllung lassen sich die Ursachen für die Unsicherheit der spektroskopischen Methode feststellen und beseitigen. Nur so kann auch die schon oben behandelte enge Verknüpfung zwischen der Plasmaspektroskopie als diagnostischer Methode und der Plasmaspektroskopie im eigentlichen Sinne für die Entwicklung beider Richtungen fruchtbar gemacht werden. Daß unter den extremen Verhältnissen im pinch-Plasma selbst Annahmen, die schon fast den Charakter des Selbstverständlichen angenommen haben, in Frage zu stellen

[1]) So gab in der Diskussion dieses Vortrages S. E. FRISCH (Leningrad) zu bedenken, daß bei den in Frage kommenden Dichten die Absorption der Resonanzstrahlung einen merklichen Einfluß auf die Anregung haben könne.

sind, zeigen z. B. Messungen von Lukyanow und Sinitzin [5], bei denen die Proportionalität zwischen der Strahldichte im Kontinuum und dem Quadrat der Elektronendichte nachgeprüft und für hohe Dichten eine noch nicht geklärte Abweichung gefunden wurde. Kolb selbst hat dann in einer großen Untersuchung an Plasmastoßwellen die Konsequenzen gezogen und sowohl die Größenwerte wie auch das Plasmabild, das ihnen den Rahmen gibt, durch eine entsprechende Mannigfaltigkeit bei der Messung einzelner Größen gesichert. Die geringen Schwankungen der auf verschiedene Weise gemessenen Einzelwerte demonstrieren recht eindrucksvoll die Sicherheit, die die Ergebnisse auf diesem Wege erhalten können und geben deshalb auch den an sich unerwarteten Resultaten ein besonderes Gewicht. Daß allerdings die Durchführung solcher Maximen bei Untersuchungen an pinch-Entladungen bei den geringen Intensitäten in den Druckbereichen, in denen im allgemeinen bei den Plasmamaschinen gearbeitet wird, große experimentelle Schwierigkeiten entgegenstehen, ist sicher auch ein Grund für den nicht ganz befriedigenden Stand der Dinge.

Bei Untersuchungen an Plasmen höherer Dichte, von denen Licht in ausreichender Intensität emittiert wird, — vor allem bei Messungen an stationären Bögen — wurden diese Grundsätze zur Sicherung der Resultate schon in einer größeren Reihe von Arbeiten in systematischer Weise berücksichtigt. Hier wurde im allgemeinen der Auswertung das Bild eines Boltzmann-Plasmas zugrunde gelegt. Wir werden im nächsten Kapitel dafür einem typischen Beispiel begegnen. Auch hier können natürlich bei extremen Verhältnissen, etwa bei sehr hohen Dichten und hohen Temperaturen, Bedingungen entstehen, die sich a priori nicht überblicken lassen und deshalb erst bei Kontrolle des Plasmabildes in Erscheinung treten.

III. Die Geometrie der Plasmasäule als Problem der Methodik

Der vorhergehende Abschnitt geht — ohne daß es explizit zum Ausdruck kommt — von der Fiktion aus, daß der Auswertung spektraler Phänomene unmittelbar der Emissionskoeffizient ε_λ an den einzelnen Punkten im Innern des Plasmas zugrunde gelegt werden kann. Denn nur er steht in einer eindeutigen Beziehung zum Zustand des Plasmas, weil er ausschließlich durch den Plasmazustand an eben dem gleichen Ort bestimmt ist, und deshalb kann auch nur über ihn die örtliche Zustandsverteilung erschlossen werden. Damit zeigt sich aber ein weiteres Dilemma, das allen spektroskopischen Plasmauntersuchungen eigentümlich ist: Die Emissionskoeffizienten sind der unmittelbaren spektroskopischen Messung nicht zugänglich. Unmittelbar zugänglich sind nur die Strahldichten, die aus der Plasmasäule emittiert werden und in denen sich die unter Umständen sehr heterogene Emission längs eines ganzen Beobachtungsstrahls überlagert, evtl. noch modifiziert durch Absorption im Plasma. Aber auch wenn Absorption keine Rolle spielt, wie hier zunächst angenommen werden soll, bleibt in der Strahldichte

$$I_\lambda = \int_{-x_0}^{+x_0} \varepsilon_\lambda(\lambda, r)\, dx$$

die Überlagerung. Aus der Aufnahme der spektralen Strahldichteverteilung auf nur *einem* Beobachtungsstrahl läßt sich die örtliche Variation des Plasmazustandes grundsätzlich nicht erschließen und deshalb auch ebensowenig die für die Auswertung der auf einem Strahl gemessenen Strahldichteverteilung notwendige Homogenität begründen. Vielmehr muß dazu die Variation der spektralen Strahldichteverteilung auf einem Strahl erfaßt werden, der parallel zu sich quer durch

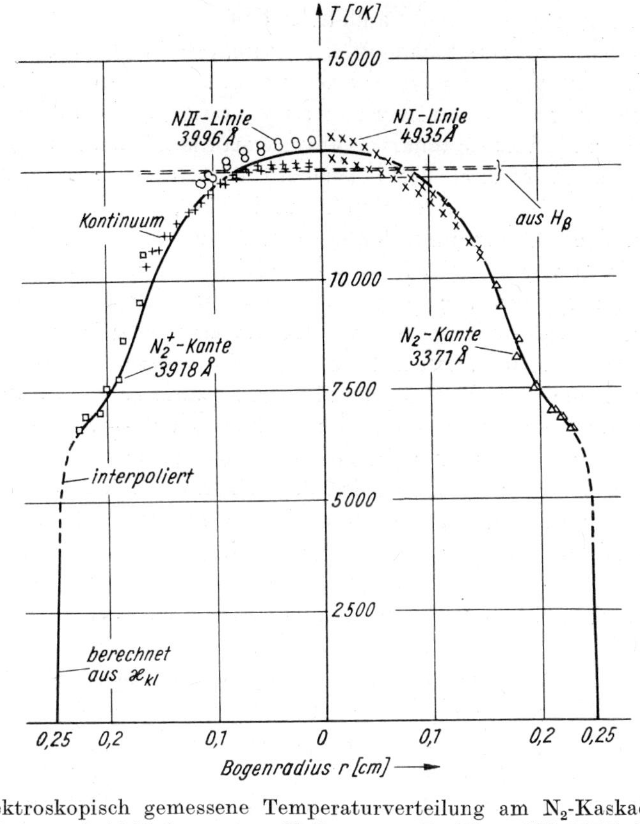

Abb. 2. Spektroskopisch gemessene Temperaturverteilung am N_2-Kaskadenbogen mit 5 mm ∅ bei 100 Amp. Aus: F. Burhorn, Zs. Phys. **155** (1959) 42.

die Plasmasäule hindurchgeschoben wird. Die Lösung Abelscher Integralgleichungen gibt dann für jede Wellenlänge die radiale Verteilung des Emissionskoeffizienten und damit die Grundlagen für eine Auswertung, wie sie im ersten Abschnitt angedeutet wird.

Am konsequentesten wurde diesen Gesichtspunkten in den letzten Jahren bei Untersuchungen von Maecker [6] und seinen Mitarbeitern Rechnung getragen. Als ein Beispiel, das die Präzision, die sich dabei unter günstigen Bedingungen erreichen läßt, besonders eindrucksvoll zeigt, sei in Abb. 2 die von Burhorn [7] an einem stationären Stickstoffbogen gemessene radiale Temperaturverteilung reproduziert. Sie demonstriert auch sehr deutlich die im letzten Kapitel geforderte Kontrolle durch Anwendung verschiedener Meßmethoden oder Meßobjekte. In dem gleichen Zusammenhang sei auch auf ein negatives Beispiel hingewiesen: Wenn das Plasma — etwa wegen eines radialen Temperaturgradienten — auf dem Beobachtungsstrahl nicht homogen ist, sind die auf diesem Strahl gemessenen Linienintensitätsverhältnisse keine gesicherte Grundlage für eine quantitative Auswertung, insbesondere dann nicht, wenn es sich um Linien verschiedener Ionisierungsstufen handelt.

In dem Beispiel von Abb. 2 handelt es sich um eine Messung an einem stationären Bogen. Sehr viel schwieriger ist es, die Bedingungen, die oben an die Strahldichtemessungen gestellt wurden, an einem einmalig ablaufenden, sehr schnell veränderlichen Entladungsvorgang zu erfüllen. Hier soll nicht nur wie oben eine örtliche Verteilung des Plasmazustandes, sondern auch die zeitliche Variation dieser örtlichen Verteilung erfaßt werden, wie das z. B. bei Untersuchungen an pinch-Entladungen der Fall ist. Hier muß zusätzlich — auch das wird insbesondere von Kolb betont — die Forderung erhoben werden, daß örtliche Verteilung und zeitlicher Ablauf an einem einzigen Entladungsvorgang aufgenommen werden, weil bei Vorgängen, die an verschiedenen Entladungsabläufen gemessen werden, selbst kleinste Schwankungen in der Reproduzierbarkeit des zeitlichen Verlaufs die Zuordnung bestimmter Phasen äußerst fragwürdig machen. Die Schwierigkeiten werden deutlicher, — aber auch die Möglichkeiten, die sich zur Lösung anbieten — wenn man ihren Kern herausschält: Es soll eine dreidimensionale Gesamtheit aufgenommen werden, nämlich die Strahldichte als Funktion der Wellenlänge, der Zeit und des Strahlparameters v[1]). Wählt man zur Aufzeichnung der Intensität lichtelektrische Methoden, so kann man den zeitlichen Verlauf stetig auf der Zeitachse von Oszillographen aufnehmen. Dagegen lassen sich die Punkte der anderen Achsen nur unstetig durch Bestückung mit Photozellen (λ-Achse) und durch Bestückung mit Spektralapparaten (v-Achse) realisieren. Verfahren dieser Art — sie wurden in verschiedenem Umfang schon mehrfach zu Messungen eingesetzt — können notwendig werden, wenn extrem kleine Intensitäten zu lichtelektrischen Methoden zwingen. Aber ihre Möglichkeiten sind in anderer Richtung begrenzt.

Bei ausreichender Intensität bieten photographische Verfahren differenziertere Informationen. Hier besteht die Schwierigkeit zunächst darin, daß die Platte nur Platz bietet für die Aufzeichnung der Intensität auf zwei Achsen, von denen die eine von der Wellenlänge belegt wird. Macht man die andere Achse — Richtung parallel zum Spalt — durch passende Abbildung der Säule auf dem Spalt zur v-Achse, so sind die Möglichkeiten der Platte mit einer einzigen Momentaufnahme erschöpft. Wenn man nun aber in den Strahlengang des Spektrographen eine Einrichtung zur kinematographischen Aufnahme des Spektrums einbaut, die solche Momentaufnahmen in bekannten, genau gleichen Zeitabständen untereinander auf die Platte setzt, so gewinnt man auch die Aufzeichnung des zeitlichen

[1]) v sei der senkrechte Abstand des Beobachtungsstrahles von der Achse der Entladung, für die Zylindersymmetrie vorausgesetzt wird.

Abb. 3. Kinematographische Aufnahme des Spektrums eines „pinch“ an einem Metalldampfzylinder (Cu in N_2, Spalt in Kontraktionsrichtung, Zeitfolge von oben nach unten).

Ablaufs. Apparaturen dieser Art hat neuerdings BORTFELDT [8] im Institut des Verfassers entwickelt. Die Kinematographie der Spektren arbeitet nach dem gleichen Prinzip, das der Verfasser dieses Berichtes schon früher zur Aufnahme sehr schnell veränderlicher Vorgänge angegeben hat [9][1]). Abb. 3 zeigt einen Ausschnitt aus einer solchen Bilderreihe, die das Spektrum des pinch an einer durch Drahtexplosion hergestellten Metalldampfwolke zeigt. Der Spalt liegt quer zum Zylinder in der Kontraktionsrichtung.

Es wurde bisher ein Plasma angenommen, in dem die Absorption auch in den Linien so klein ist, daß ihr Einfluß auf die Strahldichten vernachlässigt werden kann. Wie wenig das in dichteren Plasmen zutrifft, zeigen schon oben die Auf-

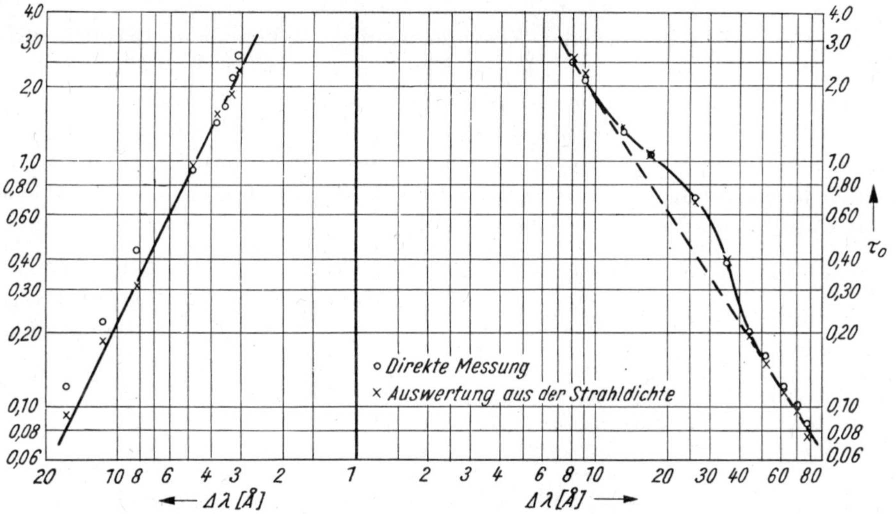

Abb. 4. Vergleich der aus der Strahldichte bestimmten und der direkt an der Hg-Linie 5461 Å gemessenen τ_0-Werte ($\Delta\lambda$ = Wellenlängenabstand von der Linienmitte).

nahmen der kinematographischen Reihe mit Linienumkehr und reinen Absorptionslinien im Kontinuum. Aber gerade in den extremen Fällen, in denen es zur Ausbildung einer Selbstumkehr im Zentrum von Emissionslinien kommt, läßt sich nach einem Verfahren, das der Verfasser ausgearbeitet hat, wenigstens in einem Bereich, der von den äußeren Linienflügeln bis über die Umkehrkuppen in die Linienkontur hineingreift, aus dem Verlauf der Strahldichte die optische Schichtdicke τ_0 für jede Wellenlänge bestimmen [10][2]). Zur Illustration des Verfahrens sei hier lediglich in Abb. 4 die nach diesem Verfahren an einer Hg-Linie (λ = 5461 Å) gemessenen τ_0-Werte mit den Werten verglichen, die im gleichen

[1]) Die in [9] angegebenen Bildfrequenzen sind überholt. Es lassen sich zur Zeit mit der Apparatur Frequenzen bis zu $3 \cdot 10^6$ sec^{-1} erreichen.

[2]) In den beiden Arbeiten allgemeine Grundlagen des Verfahrens; spezielle Ausführungen dazu erscheinen demnächst.

Bogen (Hg-Höchstdrucklampe der Osram-Type HBO 200) durch direkte Absorptionsmessungen gewonnen wurden.[1]) Wie schon oben in anderen Fällen, sei auch hier das Verfahren als solches nicht behandelt, sondern nur nach seinen Konsequenzen für die Methodik eingeordnet. Dabei ergibt sich dann folgendes: Mit dieser Möglichkeit, $\varkappa$ zu bestimmen, ist in den Bereichen einer stärkeren Absorption für die Ermittlung des Absorptionskoeffizienten $\varkappa(\lambda, r)$ und seiner radialen Verteilung genau die gleiche Ausgangsbasis geschaffen wie in den durchlässigen Bereichen für die Ermittlung von $\varepsilon_\lambda(\lambda, r)$ durch Messung der Strahldichten. Denn wegen

$$\tau_0 = \int_{-x_0}^{+x_0} \varkappa(\lambda, r)\, dx$$

entsprechen sich die formalen Zusammenhänge vollkommen. Die Bedeutung dieses Verfahrens erschöpft sich aber nicht damit, daß in Bereichen stärkerer Absorption der Emissionsmechanismus über den Absorptionskoeffizienten zugänglich wird. Ebenso wesentlich scheint zu sein, daß man auf diesem Wege τ_0 in weiten Bereichen des Spektrums sicher abschätzen und damit unmittelbar durch Beobachtungen im Spektrum selbst die Bereiche festlegen kann, in denen die Absorption keine Rolle spielt.

Institut für Experimentalphysik, Technische Hochschule Hannover

Literatur

[1] Wooley, R. u. Allen, C. W., Monthley Notices **110** (1950) 358.
[2] Elwert, G., Z. Naturforschung **7a** (1952) 432, 703.
[3] Wharton, C. B., Howard, J. C. u. Heinz, O., Proc. of the second international conference Genf. 1958, p. 388.
[4] Kolb, A. C., Proc. of the **4th** international conference on Ionisation phenomena in gases II (1959) 1021.
[5] Lukyanow, S. Yu. u. Sinitzin, V. I., Proc. of the Second Intern. Conference, Genf. **32** (1958) 358.
[6] Maecker, H., Proc. of the **4th** Intern. Conf. on Ionisation Phenomena of gases. I (1959) 378.
[7] Burhorn, F., Z. Phys. **155** (1959) 42.
[8] Bortfeld in Vorbereitung.
[9] Bartels, H. u. Eiselt, B., Optik **6** (1950) 56.
[10] Bartels, H. u. Beuchelt, R., Z. Phys. **149** (1957) 549, 608 Berichtigung einiger sehr störender Druckfehler: Z. Phys. **150** (1958) 526.

[1]) Die Abweichungen in den kleineren τ_0-Werten der steil abfallenden kurzwelligen Linienflanke sind mit größter Wahrscheinlichkeit Fehlern der direkten Messung zuzuschreiben.

12. Lichtquellen

CH. POSER[1]) und R. RITSCHL, Berlin

Intensitätsverhältnisse von Quecksilber-Linien in Niederdruck-Entladungslampen

Die aus einer Entladung emittierte Linie erfährt durch das Plasma selbst eine Absorption, die einen um so größeren Wert hat, je dicker die durchstrahlte Schicht ist und je mehr Atome sich im unteren Term der Linie befinden.

Um den Einfluß dieser Absorption auf die Intensitätsverteilung einer Lichtquelle festzustellen, wurde das Intensitätsverhältnis zweier Linien im Quecksilberspektrum jeweils für zwei Schichtdicken einer Niederdruckentladung gemessen. Das Spektrum wurde einmal in Längsrichtung der Entladung aufgenommen (end-on, durchstrahlte Schichtdicke ca. 100 mm), danach senkrecht zur Längsachse derselben Entladung (side-on, durchstrahlte Schichtdicke ca. 1,5 mm).

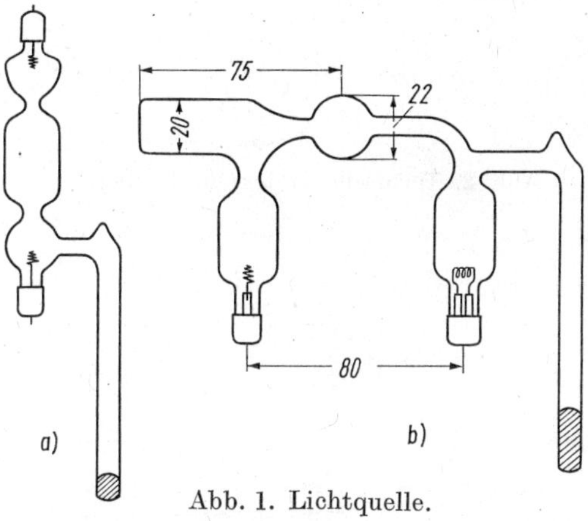

Abb. 1. Lichtquelle.

Wenn eine der beiden Linien im Bogen bevorzugt absorbiert wird, zeigt das Intensitätsverhältnis in beiden Beobachtungsrichtungen einen Unterschied. Die Besetzungszahl der Terme wurde durch Einstellung verschiedener Dampfdrücke und Stromstärken in der Entladung variiert. Es wurde immer das Verhältnis zweier Linien gemessen, von denen die eine auf einem Niveau kleiner, die andere auf einem großer Lebensdauer endet.

Als Lichtquelle diente eine Niederdruckentladung ohne Grundgasfüllung. Die Entladung wurde bei 220 Volt Gleichstrom mit 0,065—1,5 Ampere betrieben. Für das vorliegende Problem ist es wichtig, die durchstrahlte Plasmaschicht in side-on-Beobachtung so gering wie möglich zu wählen. Deshalb eignet sich die HOUTERMANS-Lampe gut für diesen Teil der Messungen (Abb. 1a).

[1]) Vorgetragen von CH. POSER.

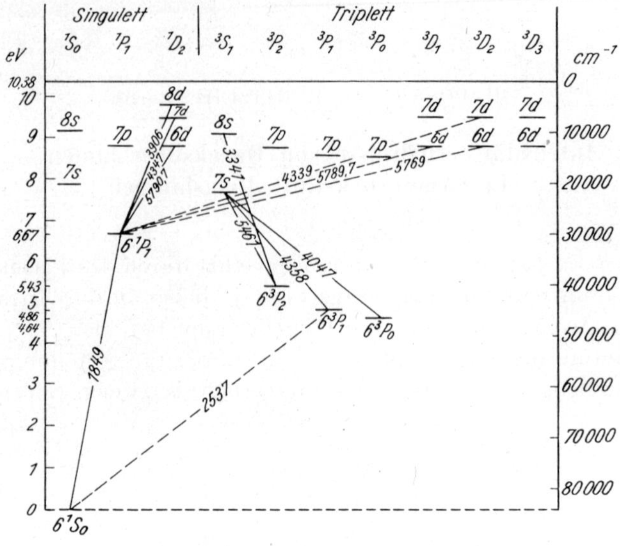

Abb. 2. Termschema des Quecksilbers.

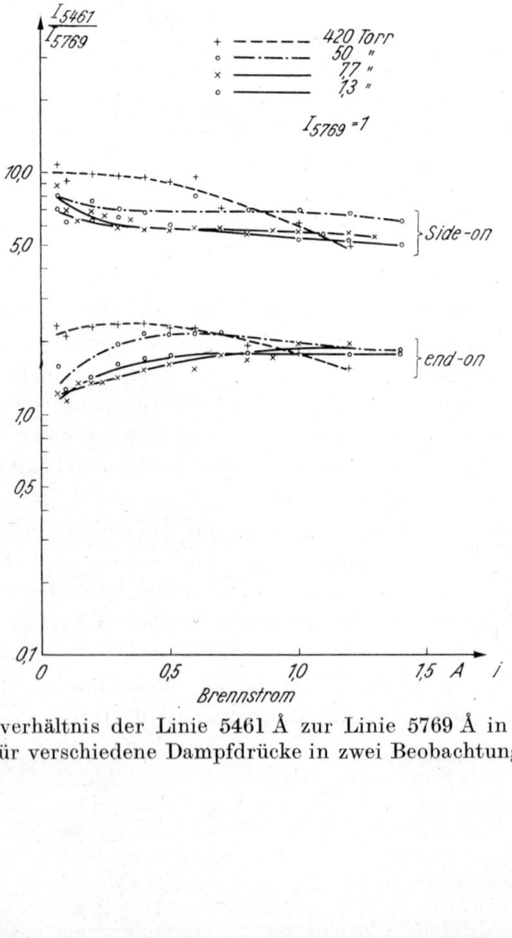

Abb. 3. Intensitätsverhältnis der Linie 5461 Å zur Linie 5769 Å in Abhängigkeit vom Brennstrom für verschiedene Dampfdrücke in zwei Beobachtungsrichtungen.

Die hier verwendeten Lampen unterscheiden sich von der HOUTERMANS-Lampe dadurch, daß die Elektrodentöpfe nach unten verlagert wurden und am Mittelfenster ein zylindrischer Ansatz für die end-on-Beobachtung angeschmolzen wurde (Abb. 1b).

Die Atome im Zustand 6^1P_1 haben die sehr geringe Lebensdauer von $1{,}3 \cdot 10^{-9}$ sec (Abb. 2).

Es befinden sich daher relativ wenig Atome in diesem Zustand. Die Absorption der Linien, die diesen Term als unteren besitzen, ist vernachlässigbar klein im Gegensatz zur Absorption der Linien, deren Endterm metastabil ist.

Das Intensitätsverhältnis der Linie 5461 Å ($7^3S_1 — 6^3P_2$) zur Linie 5769 Å ($6^3D_2 — 6^1P_1$) wurde in Abhängigkeit vom Brennstrom der Lampe für verschiedene Dampfdrücke gemessen (Abb. 3).

In end-on-Beobachtung ist das Verhältnis wie erwartet um einen Faktor $\geqq 3$ kleiner als in side-on-Beobachtung. Dieser Faktor wird mit steigender Stromstärke für alle gemessenen Drücke kleiner. Das kann für niedrigen und für hohen Druck verschiedene Ursachen haben.

1. Niedriger Druck (1—8 Torr)

Für kleine Stromstärken ist der Faktor besonders groß. Er nimmt mit steigender Stromstärke wegen des Anwachsens des Verhältnisses in end-on-Beobachtung ab. Wenn die Absorption der Linie 5769 Å vernachlässigt werden kann, so folgt daraus, daß die Absorption der Linie 5461 Å mit steigender Stromstärke kleiner wird. Der Grund dafür kann in der zunehmenden Entvölkerung der metastabilen Niveaus liegen, die durch kumulative Ionisation bewirkt wird. Darauf weist auch die fallende Charakteristik der Entladung hin.

Aus dieser Messung folgt als Ergebnis, daß bei kleinem Druck die Selbstabsorption mit steigender Stromstärke abnimmt.

2. Hoher Druck (50—400 Torr)

Mit wachsendem Brennstrom nimmt der Faktor ab, weil das Intensitätsverhältnis für die side-on-Beobachtung schneller abfällt als für die end-on-Beobachtung. Die Ursache dafür kann die zunehmende optische Dicke im Bogen sein. Während sich aber die in end-on-Richtung durchstrahlte Schicht hinsichtlich ihrer optischen Dicke kaum noch ändert, wirkt sich die Zunahme der optischen Schichtdicke für die side-on-Beobachtung stärker aus. Bei großem Druck wächst mit steigender Stromstärke die Selbstabsorption.

Zur Untersuchung des vorliegenden Problems ist auch das Intensitätsverhältnis der Linien 5461 Å zu 4358 Å geeignet. Diese beiden Linien haben das gemeinsame obere Niveau 7^3S_1; der Anregungsmechanismus wird deshalb für das emittierte Intensitätsverhältnis keine entscheidende Rolle spielen. Die Linie 4358 Å endet auf dem Term 6^3P_1, der durch die Emission der Linie 2537 Å entleert wird. Seine Lebensdauer wird mit 10^{-7} sec angegeben [2]. Man könnte daher erwarten, daß die Linie 5461 Å stärker absorbiert wird als die Linie 4358 Å.

Das Intensitätsverhältnis wurde in Abhängigkeit vom Dampfdruck für verschiedene Stromstärken gemessen.

Die Ergebnisse zeigen nur für eine sehr kleine Stromstärke einen kleineren Wert des Verhältnisses in end-on-Beobachtung (0,065 A) (Abb. 4). Bei höheren Stromstärken tritt kein Unterschied zwischen end-on- und side-on-Beobachtung mehr auf.

Mit der Entwicklung von RAMAN-Brennern wurde die Intensitätsverteilung im sogenannten blauen Triplett (4358 Å, 4347 Å, 4339 Å) untersucht [3], [4]. Die angegebenen Werte schwanken dabei um eine Größenordnung.

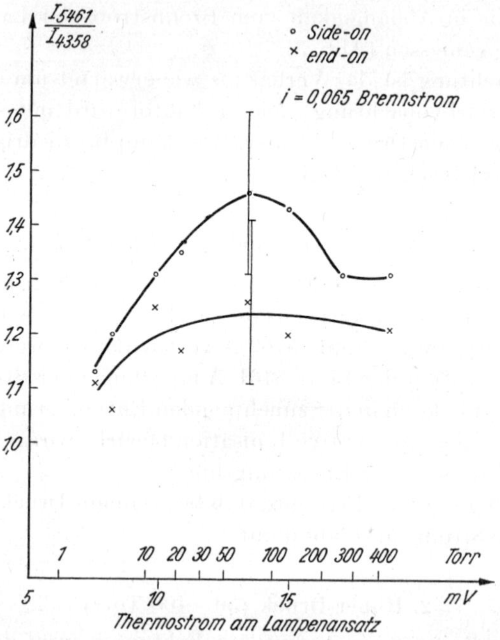

Abb. 4. Das Intensitätsverhältnis der Linie 5461 Å zur Linie 4358 Å in Abhängigkeit vom Dampfdruck für 0,065 A in zwei Beobachtungsrichtungen.

Der Endzustand der Linien 4347 Å und 4339 Å ist der wenig besetzte 6^1P_1-Zustand, der Endzustand von 4358 Å der 6^3P_1-Zustand, der sich nach den vorigen Ergebnissen kaum vom Verhalten der metastabilen $6^3P_{0,2}$-Niveaus unterscheidet. Die Selbstabsorption wird daher einen entscheidenen Einfluß auf die Intensitätsverteilung in diesem Triplett haben und könnte eine Erklärung der großen Abweichungen geben.

Das Intensitätsverhältnis der Linie 4358 Å zur Linie 4347 Å wurde in Abhängigkeit vom Brennstrom für 2 Drücke gemessen (Abb. 5).

Die Werte des Verhältnisses sind in end-on-Beobachtung etwa eine Größenordnung kleiner als in side-on-Beobachtung. Dieses Ergebnis bestätigt die Vermutung, daß sich die Selbstabsorption sehr stark auf dieses Intensitätsverhältnis auswirkt.

Die Selbstabsorption ist nur für das unterschiedliche Intensitätsverhältnis in side-on- und end-on-Beobachtung verantwortlich. Zur Deutung der Abhängigkeit der Intensitätsverhältnisse selber von den Parametern der Entladung müßten die verschiedenen Anregungsfunktionen der Linien herangezogen werden. Dazu fehlen aber exakte Werte der Elektronengeschwindigkeiten.

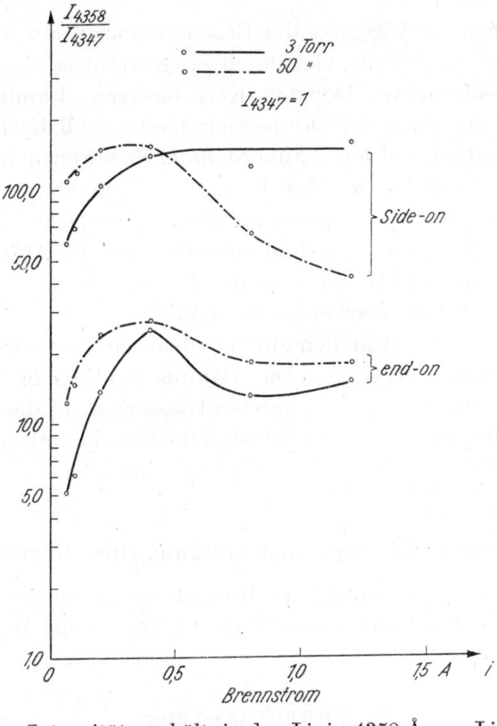

Abb. 5. Das Intensitätsverhältnis der Linie 4358 Å zur Linie 4347 Å in Abhängigkeit vom Brennstrom für 2 Drücke.

Für die Herstellung der Entladungslampen danken wir dem Glasbläser des I. Physikalischen Institus der Humboldt-Universität, Herrn Krebs, sowie Herrn Ihln vom Berliner Glühlampenwerk.

Berlin-Adlershof, Institut für Optik und Spektroskopie der DAdW

Literatur

[1] Houtermans, F. G., Z. f. Physik **76** (1932) 474.
[2] Landoldt-Börnstein, Bd. I, Teil 1, 266.
[3] Schreiber, G., Optik **15** (1958) 724.
[4] Kemp, J. W. u. Jones, J. L., JOSA **42** Nr. 11 (1952) 812.

K. HOFFMANN und R. SEIWERT[1]), Berlin

Lichtquellen zur Anregung der Resonanzfluoreszenz

1. Allgemeine Gesichtspunkte

An die Lichtquellen zur Anregung der Resonanzflucreszenz wird im allgemeinen die Forderung gestellt, daß die von ihnen ausgestrahlten Resonanzlinien einen möglichst wenig geschwächten DOPPLER-Kern besitzen. Damit die Reabsorption der Resonanzlinien innerhalb der Lampe klein bleibt, muß der Dampfdruck in der Lampe niedrig gehalten werden. Außerdem muß vermieden werden, daß die Resonanzstrahlung durch kältere Gas- bzw. Dampfschichten, die gewöhnlich den Entladungskanal umgeben, geht, bevor sie aus der Lampe austritt. Denn in einer kälteren Schicht ist die Absorptionslinie schmaler und der Absorptionskoeffizient in der Linienmitte größer. Daher wird der Linienkern der Strahlung, die eine solche Schicht durchdringt, stärker geschwächt.

Weiter wird von den Lichtquellen eine möglichst hohe Strahlungsleistung und eine große Lebensdauer verlangt. Die Dämpfe zahlreicher Metalle sind sehr aggressiv gegen die gewöhnlich verwendeten Glassorten. In diesen Fällen ergeben sich bei der Herstellung der Lampen Schwierigkeiten, die teilweise durch Verwendung von Spezialgläsern überwunden werden können.

2. Kühlung von Lampen und Anlegung eines Magnetfeldes

Früher kühlte man gewöhnlich die Hg-Entladungslampen mit Wasser und drückte die Entladung mit Hilfe eines Magnetfeldes an die Wand, durch die die Strahlung austrat.

3. HOUTERMANS-Lampe

Eine bessere Lösung des Problems stellt die von HOUTERMANS [1] angegebene Lampenform dar. Sie ist aus Abb. 1 ersichtlich. Die zwischen den beiden Glühelektroden brennende Entladung geht unmittelbar an den nur etwa 2 mm voneinander entfernten Wänden des mittleren Teils der Lampe, die eine Grundgasfüllung von etwa 10 Torr besitzt, vorbei. Ohne daß die Stabilität der Entladung leidet, läßt sich der Metalldampfdruck in verhältnismäßig weiten Grenzen durch Änderung der Temperatur der Lampe variieren, wobei das Ansatzrohr auf der tiefsten Temperatur gehalten wird. Man ermittelt den optimalen Dampfdruck, indem man mit Hilfe der von der HOUTERMANS-Lampe ausgestrahlten Resonanzlinie die Resonanzfluoreszenz anregt und ihre Intensität bei konstanter Temperatur des Resonanzgefäßes mißt. Je geringer die Dampfdichte in der Lampe ist,

[1]) Vorgetragen von K. HOFFMANN.

um so geringer ist die Reabsorption der Resonanzlinie, um so kleiner ist aber auch die Strahlungsleistung. Man muß deshalb einen gewissen Kompromiß schließen.

Die aus Quarzglas hergestellten HOUTERMANS-Lampen haben sich für Hg, Cd und Zn sehr gut bewährt (s. z. B. [2]). Dagegen blieben Experimente mit Mg-HOUTERMANS-Lampen ohne Erfolg, da nach wenigen Stunden infolge der Aggressivität des Mg-Dampfes die Wände, an denen die Entladung vorbeiging, gebräunt wurden und sich Risse im Ansatzrohr ausbildeten [3]. Natriumfestes Überfangglas eignet sich nach Angaben von ERMISCH und einem der Verfasser [4] nicht für die Herstellung von Na-HOUTERMANS-Lampen. Ob die Verwendung von Rasothermglas wie bei den Cs-HOUTERMANS-Lampen [5] zum Ziel führt, ist nicht gesichert, da bei Natrium eine beträchtlich höhere Temperatur als bei Cäsium erforderlich ist, damit sich der erforderliche Dampfdruck einstellt.

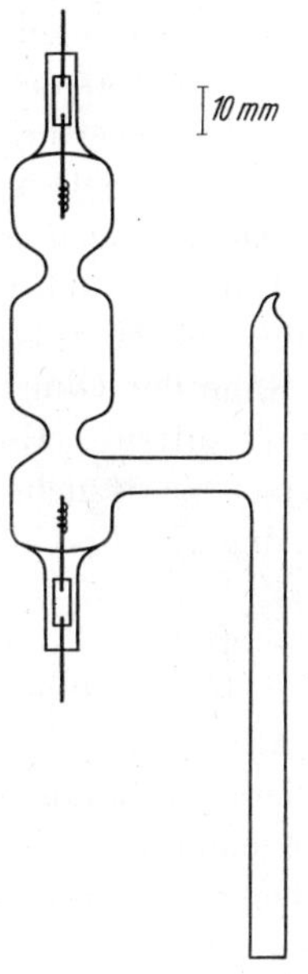

Abb. 1. HOUTERMANS-Lampe.

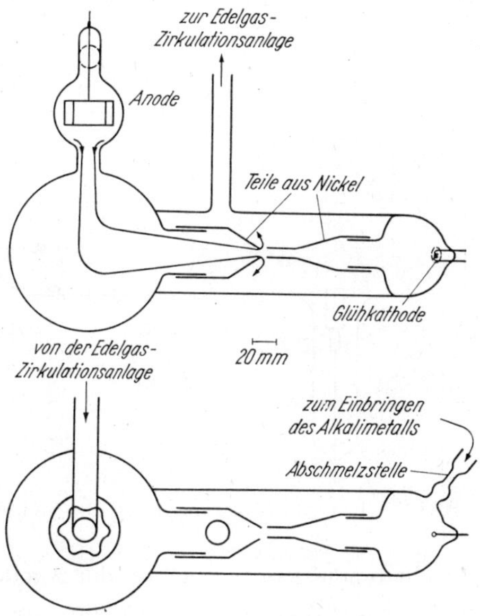

Abb. 2. CARIO-LOCHTE-HOLTGREVEN-Lampe.

4. Die CARIO-LOCHTE-HOLTGREVEN-Lampe

Als noch keine gegenüber Alkalimetalldämpfen beständigen Spezialgläser zur Verfügung standen, entwickelten CARIO und LOCHTE-HOLTGREVEN [6] eine Lampe für Natrium, bei der durch Edelgaszirkulation der Na-Dampf von der Glaswand ferngehalten wird, durch die die Strahlung austritt. Abb. 2 zeigt diesen Lampentyp in einer von DUSCHINSKY [7] verbesserten Form. Die Lampe besitzt eine direkt geheizte Kathode. Das durch mehrere Destillationen gereinigte Alkalimetall befindet sich im Kathodenraum. Die ganze Lampe hängt in einem elektrischen Ofen, durch den der erforderliche Alkalimetalldampfdruck erzeugt wird und sich auch in engen Grenzen variieren läßt. Der Dampfdruck wird außerdem auch durch die Entladung selbst beeinflußt.

Von den Verfassern wurde eine Lampe des beschriebenen Typs für Kalium gebaut und die Intensität der damit angeregten Resonanzfluoreszenz in Abhängigkeit von der Temperatur gemessen. Die erhaltenen Meßkurven deuteten darauf hin, daß die von der Lampe ausgestrahlten Resonanzlinien in ihrem Kern durch Reabsorption innerhalb der Lampe geschwächt waren, aber eine wesentlich bessere Form als die von der K-Spektrallampe emittierten Resonanzlinien besaßen.

5. Die Kataphoreselampe

Druyvesteyn [8] hat einen Lampentyp angegeben, der besonders für Magnesium, aber auch für Calcium und Aluminium geeignet sein soll (s. Abb. 3). Dabei brennt die Entladung in einem Edelgas. Der hintere Teil der Lampe wird mit einer Wärmeisolation aus Asbest versehen, damit durch die Entladung eine genügend hohe Temperatur für die Verdampfung des Metalls, das sich in der Nähe der Glühkathode befindet, auftritt. Es kann auch eine zusätzliche elektrische Heizung angebracht werden.

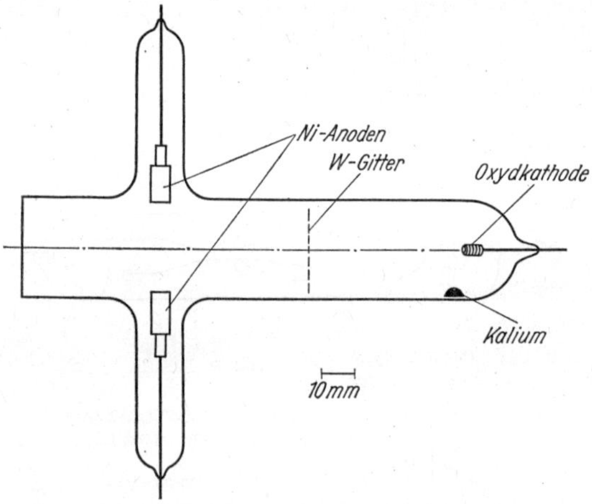

Abb. 3. Kataphoreselampe nach Druyvesteyn.

Für die Kataphorese sind die Atomgewichte und Ionisierungsenergien der Atome des Gemischs maßgeblich. Die Komponente mit dem kleineren Atomgewicht tendiert dazu, sich an der Anode anzureichern, da die leichteren Atome bei Stößen mit Elektronen größere Geschwindigkeiten erhalten können als die schwereren. Dagegen ist die Komponente mit der kleineren Ionisierungsenergie bestrebt, sich an der Kathode anzusammeln, da ihre Atome leichter ionisiert werden können und sich dann als positive Ionen auf die Kathode hin bewegen. Der Entmischungsgrad hängt von der Stromstärke, vom Druck sowie von der Form und Größe der Entladung ab. Bei geeigneter Wahl der Bedingungen können praktisch keine Metallionen in den Anodenraum und damit zum Fenster gelangen. Es sei noch erwähnt, daß ein feinmaschiges Wolfram-Netz eine schärfere Begrenzung des Anodenraums bewirkt.

Die beschriebene Lampenform wurde im Fall des Magnesiums [3], aber auch des Natriums und Kaliums [9] sowie des Cäsiums [5] angewandt. Aus Fabry-Pérot-Aufnahmen der Resonanzlinie 2852 Å einer Mg-Kataphoreselampe war ersichtlich, daß eine gute Linienform vorlag [3]. Die von K-Kataphoreselampen ausgestrahlten Resonanzlinien besitzen eine bessere Linienform als die von Spektrallampen emittierten. Das geht deutlich aus den Schwärzungskurven von Fabry-Pérot-Aufnahmen in Abb. 4 hervor (Dispersionsgebiet $\Delta\lambda = 0{,}219$ Å). Bei Versuchen mit Cs-Kataphoreselampen zeigten sich diese den Spektrallampen bezüglich der Form der emittierten Resonanzlinien kaum überlegen [5].

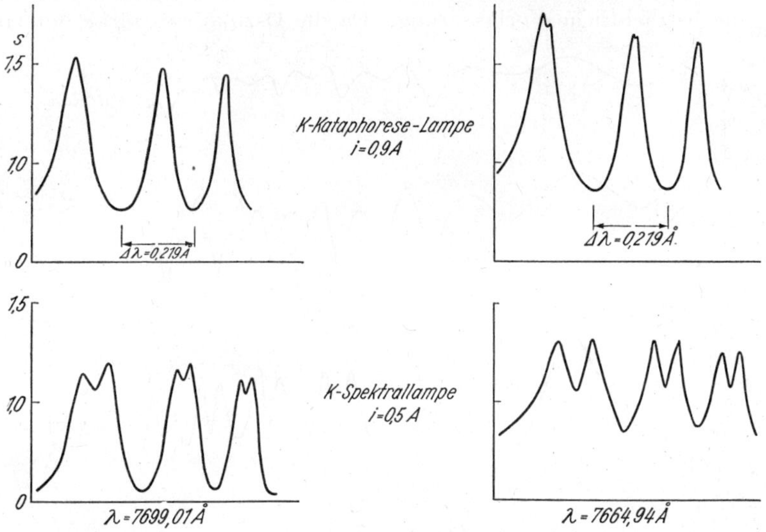

Abb. 4. Schwärzungsverlauf bei den Fabry-Pérot-Aufnahmen der K-Resonanzlinien, die von einer Kataphoreselampe und von einer Spektrallampe ausgestrahlt wurden.

6. Die Spektrallampe

Bei den Spektrallampen, die von verschiedenen Firmen hergestellt werden, ist das Entladungsgefäß von einem Glaskolben umgeben. Der Zwischenraum ist evakuiert; dadurch soll die Wärmeleitung im Entladungsgefäß nach außen hin klein gehalten werden, damit in ihm eine möglichst einheitliche Temperatur herrscht.

Für die Zn-, Cd- und Hg-Spektrallampen ist ein höherer Metalldampfdruck im Betriebszustand (etwa 10^{-3} bzw. 3 atm) gewählt worden, damit die Resonanzlinien zugunsten der Ausstrahlung im Sichtbaren unterdrückt werden. Die aufgeführten Spektrallampen sind also zur Anregung der Resonanzfluoreszenz ungeeignet.

In den Alkalimetall-Spektrallampen, deren Entladungsgefäß aus alkalimetallfesten Spezialgläsern hergestellt wird, herrscht im Betriebszustand ein Dampfdruck von etwa 10^{-5} atm. Fabry-Pérot-Aufnahmen der Resonanzlinien, die von Na-, K- und Cs-Spektrallampen ausgestrahlt werden, haben gezeigt, daß die Linienform sich vom Natrium zum Cäsium hin stark verschlechtert. Das hängt offensichtlich damit zusammen, daß bei ein und derselben Temperatur der Dampfdruck der einzelnen Alkalimetalle mit steigender Ordnungszahl stark anwächst.

Abb. 5[1]) zeigt den Schwärzungsverlauf bei Fabry-Pérot-Aufnahmen für die kurzwelligere K-Resonanzlinie. Bei der vom Hersteller angegebenen Betriebsstromstärke von 1,5 A läßt sich bei dem Dispersionsgebiet von 0,195 Å überhaupt keine Linienform mehr erkennen. Die Herabsetzung der Betriebsstromstärke bringt eine beträchtliche Verbesserung. Da die Oszillatorenstärke der langwel-

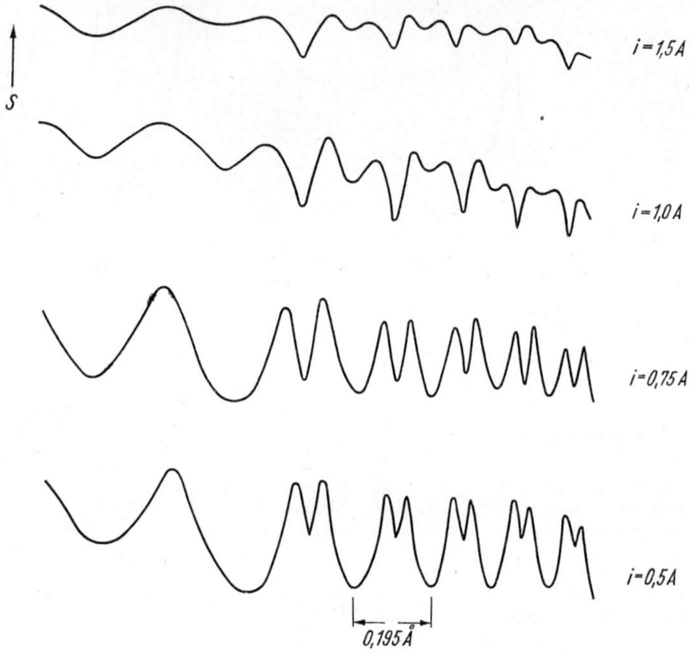

Abb. 5. Schwärzungsverlauf bei den Fabry-Pérot-Aufnahmen der kurzwelligeren K-Resonanzlinie bei verschiedenen Betriebsstromstärken.

ligeren Resonanzlinie nur halb so groß ist wie die der kurzwelligeren, ist auch die Reabsorption der langwelligeren Resonanzlinie innerhalb der Lampe geringer. Das kommt dadurch zum Ausdruck, daß die Einbuchtung in der Linienmitte geringer ist (s. Abb. 4).

7. Die Temperaturabhängigkeit der Intensität der Resonanzfluoreszenz

Wenn der Kern der Resonanzlinie, die zur Anregung der Resonanzfluoreszenz verwendet wird, nicht oder nur wenig geschwächt ist, so steigt die Intensität I der Resonanzfluoreszenz mit der Temperatur des gesättigten Metalldampfes an und fällt nach Durchlaufen eines Maximums wieder ab. Wenn aber die anregende

[1]) In den entsprechenden Abbildungen in [9] sind die Schwärzungskurven für die beiden K-Resonanzlinien vertauscht worden.

Linie eine gewisse Selbstumkehr besitzt, so kann bei höheren Temperaturen noch ein zweites Maximum auftreten. Mit steigender Selbstumkehr nimmt die Intensität im ersten Maximum ab und im zweiten zu. Dementsprechend kann man aus der Form der Kurven $I(T)$ Rückschlüsse auf die Form der anregenden Resonanzlinie ziehen.

Die Kurve 1 in Abb. 6 wurde bei Anregung mit der kurzwelligeren Resonanzlinie einer Spektrallampe (Betriebsstromstärke $i = 0{,}5$ A) erhalten; in diesem

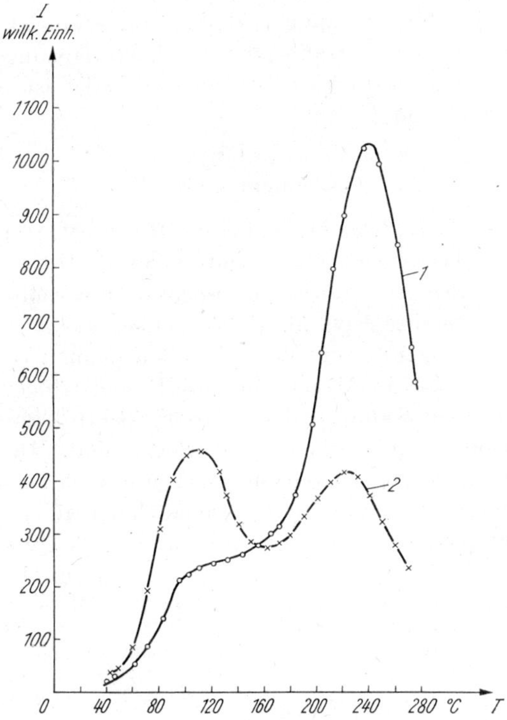

Abb. 6. Temperaturabhängigkeit der K-Resonanzfluoreszenz bei Anregung mit einer Spektrallampe und einer Kataphoreselampe.

Fall ist das Maximum bei tieferen Temperaturen bereits zu einer Stufe verkümmert. Eine stärkere Resonanzfluoreszenz tritt erst in der Umgebung des zweiten Maximums bei verhältnismäßig hohen Temperaturen auf. Bei der Anregung mit beiden K-Resonanzlinien, die von einer Kataphoreselampe (Betriebsstromstärke $i = 1{,}05$ A [Kurve 2]) ausgestrahlt wurden, waren beide Maxima etwa von gleicher Höhe. Daraus kann man folgern, daß die Linienform bei der Kataphoreselampe besser als bei der Spektrallampe ist. Berechnungen der Absorption und Reemission einer selbstumgekehrten Resonanzlinie und eine eingehende Diskussion der Bedingungen für das Auftreten der beiden Maxima wurden von den Verfassern an anderer Stelle [9] veröffentlicht.

8. Einige weitere Lichtquellen

Der Vollständigkeit halber seien noch folgende Lichtquellen erwähnt. Wenn man Resonanzlinien definierter Form benötigt, verwendet man die Resonanzfluoreszenz, die senkrecht zur Anregungsrichtung aus einem Resonanzgefäß kommt, das auf einer bestimmten, möglichst niedrigen Temperatur gehalten wird („Resonanzlampe"). Unter Verwendung einer Hohlkathode, die mit flüssiger Luft gekühlt wird, erhält man selbstumkehrfreie Resonanzlinien geringer Doppler-Breite. Äußerst scharfe Resonanzlinien werden von Atomen eines Atomstrahls senkrecht zur Richtung dieses Strahls und zur Fortpflanzungsrichtung des anregenden Resonanzlichtes emittiert. In allen diesen Fällen ist die Lichtintensität jedoch verhältnismäßig gering.

Zusammenfassung

Zurückblickend kann man feststellen, daß die Houtermans-Lampen von allen in den Abschnitten 3 bis 7 erwähnten Lichtquellen die Resonanzlinien liefern, deren Linienkern am wenigsten durch Reabsorption innerhalb der Lampe geschwächt wird. Leider ist ihre Anwendungsmöglichkeit aus glastechnischen Gründen begrenzt. Bei sehr aggressiven Metalldämpfen können Kataphoreselampen gebaut werden, die im Fall von Magnesium gute Resonanzlinien ausstrahlen und im Fall von Natrium und Kalium jedenfalls den Spektrallampen bezüglich der Linienform der Resonanzlinien erheblich überlegen sind. Der von Cario und Lochte-Holtgreven angegebene Lampentyp ist zwar auch für aggressive Metalldämpfe zu verwenden und liefert bessere Resonanzlinien als die Spektrallampen; ihm ist aber die Kataphoreselampe wegen ihrer Einfachheit vorzuziehen. Durch die Herabsetzung der Betriebsstromstärke erhält man eine bessere Linienform der von Spektrallampen emittierten Resonanzlinien.

Berlin-Adlershof, Institut für Optik und Spektroskopie der DAdW

Literatur

[1] Houtermans, F. G., Z. Physik **76** (1932) 474.
[2] Friedrich, H., u. Seiwert, R., Exp. Techn. Physik **5** (1957) 193.
[3] Seiwert, R., u. Tilch, J., Tagungsbericht „Optik und Spektroskopie alier Wellenlängen". Akademie-Verlag, Berlin 1962.
[4] Ermisch, W., u. Seiwert, R., Ann. Physik (7) **2** (1959) 393; **3** (1959) 428.
[5] Bunke, H., u. Seiwert, R., Tagungsbericht „Optik und Spektroskopie aller Wellenlängen". Akademie-Verlag, Berlin 1962.
[6] Cario, G., u. Lochte-Holtgreven, W., Z. Physik **42** (1927) 22; Lochte-Holtgreven, W., Z. Physik **47** (1928) 362.
[7] Duschinsky, F., Z. Physik **78** (1932) 586.
[8] Druyvesteyn, M. J., Physica **2** (1935) 255.
[9] Hoffmann, K., u. Seiwert, R., Exp. Techn. Physik **8** (1960) 161.

13. Randgebiete

E. FREYTAG, Berlin

Die Temperaturabhängigkeit der Absorptionskante des CaF_2

Während die Grundgitter-Absorptionskanten der Alkalihalogenide seit längerer Zeit Gegenstand experimenteller und theoretischer Untersuchungen sind und auch ihre Temperaturabhängigkeit für einige Beispiele bis zu hohen Absorptionskonstanten gemessen worden ist [1], liegen für das Calciumfluorid bisher nur wenige Messungen vor.

An dünnen aufgedampften Schichten wurde der Verlauf der Absorption an der Grundgitterkante von CaF_2 von SCHNEIDER und O'BRYAN [2] im Gebiet zwischen 1100 und 1200 Å gemessen. Die Durchlässigkeit von Einkristallen wurde an natürlichen Proben bei Zimmertemperatur von SCHNEIDER [3] photographisch und POWELL [4] photoelektrisch bestimmt. Die Verschiebung der Kante mit der Temperatur wurde erstmals von KNUDSON und KUPPERIAN [5] im Bereich zwischen 77 und 291 °K untersucht. Da diese Autoren jedoch bei tiefen Temperaturen durch Kondensation von Dämpfen auf dem Kristall Schwierigkeiten hatten und auch die Reflexionsverluste und Verluste durch Streuung nicht kompensierten, ist den veröffentlichten Durchlässigkeitskurven nur halbquantitative Bedeutung zuzuschreiben.

Die hier vorgelegten Absorptionsmessungen wurden mit einem im I. Physikalischen Institut der Humboldt-Universität Berlin gebauten Vakuumspektrographen streifender Inzidenz mit einem 1 m-Gitter photographisch durchgeführt. Als Lichtquelle diente eine Gleichstromentladung in Wasserstoff, wie sie etwa von JEPPESEN [6] angegeben und von GROMOVA und KULIKOV [7] genauer untersucht worden ist. Sie liefert zwischen 800 und 1650 Å ein intensives Molekül-Linienspektrum. Die Aufnahmen erfolgten auf mit Natrium-Salicylat sensibilisierten Röntgen-Rapid-Film vom VEB Agfa Wolfen und wurden photometrisch ausgewertet. Die beim VEB Carl Zeiss JENA gezogenen Kristalle befanden sich an einem üblichen Kühltopf, der sich auch auf Temperaturen über Zimmertemperatur aufheizen ließ. Um Reflexions- und Streuverluste zu kompensieren, wurden die Linienintensitäten bei höheren Kristalltemperaturen auf die bei 83 °K gemessenen bezogen. Die letzteren wurden mit den Intensitäten ohne Kristall verglichen und im absorptionsfreien Teil auf 100% normiert.

Die errechneten Absorptionskoeffizienten, die durch $k = d^{-1} \ln (I_0/I)$ definiert sind, sind in Abb. 1 dargestellt. Da man bei den Alkalihalogeniden bei einer Auftragung von $\ln k$ über der Energie der Lichtquanten Geraden erhält, wurde diese Darstellung auch hier versucht. Die Meßpunkte wurden für jede Temperatur mit verschiedenen Kristallen gewonnen. Die Fehler der Durchlässigkeiten liegen im allgemeinen bei $\pm$ 20%; die Fehler für ln k sind demgemäß für höhere k-Werte kleiner, im unteren Teil der Darstellung größer.

Im Unterschied zu den Alkalihalogeniden, deren Absorptionsspektrum in dünnen Schichten deutlich vor der Grundgitterabsorption die Excitonenbande zeigen [8], enthält das entsprechende Spektrum von CaF_2 keine solche Bande. Man kann daher nicht erwarten, daß sich völlig analoge Ergebnisse einstellen, wenn auch CaF_2, wie z. B. die Elektronendichteverteilung zeigt [9], eine stark polare Substanz ist. Bei mehr homöopolaren Kristallen, wie z. B. CdS, in denen die indirekten Übergänge eine wesentliche Rolle für die Absorption an der Bandkante spielen, ergibt die Auftragung von $k^{1/2}$ oder $k^{3/2}$ über der Photonenenergie

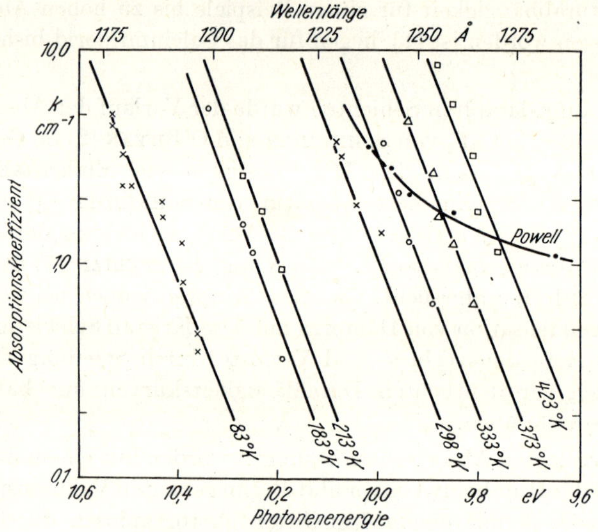

Abb. 1. Verschiebung der Absorptionskante von Calciumfluorid mit der Temperatur.

Geraden [10]. Für die vorliegenden Messungen erhält man in einer solchen Darstellung keine Geraden, so daß diese Näherung nicht gerechtfertigt erscheint.

Die für Alkali- und Silberhalogenide [11] im ln k — E-Diagramm geltenden Geraden besitzen eine Steigerung proportional $1/k\,T$, während die der Abb. 1 innerhalb der Meßgenauigkeit parallel verlaufen. Ihre Steigerung würde der relativ hohen Temperatur von 900 °K entsprechen; die Nullpunkttemperatur von CaF_2 beträgt nur 500 °K. Allerdings liegen die gemessenen Werte von k so niedrig, daß der betrachtete Bereich für die Struktur der Kante selbst nicht unbedingt als repräsentativ angesehen werden kann.

Für diesen Bereich liegt eine reine Verschiebung der Kante vor, die in Abb. 2 über der Photonenenergie für zwei Werte von k aufgetragen ist. Man erkennt, daß sie bei den verwendeten Temperaturen linear ist und etwa $2 \cdot 10^{-3}$ eV/grad beträgt. Sie läßt sich nach der von Möglich und Rompe [12] angegebenen Theorie größenordnungsmäßig erklären: Unter Zugrundelegung des (eindimensionalen) KRONIGschen Modells mit einer endlichen Durchlässigkeit der unendlich hohen Potentialwände zwischen den Atomen ergibt sich durch die Verminderung der Durchlässigkeit bei thermischer Ausdehnung des Kristalls ein Zusammenhang mit der Verschiebung der Grundgitterabsorption. Dann ist nämlich $\Delta\lambda/\lambda = 2\,\alpha$,

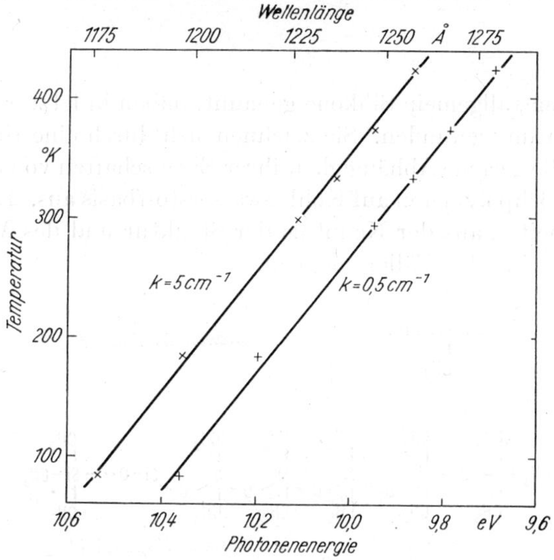

Abb. 2. Abhängigkeit der Photonenenergie von der Temperatur für k = const bei Calciumfluorid.

wo α der thermische Ausdehnungskoeffizient ist. Die Form der Absorptionskante bleibt dabei erhalten. Für CaF_2 ist nun $2\,\alpha = 1{,}14 \cdot 10^{-4}\,\text{grad}^{-1}$, für die relative Kantenverschiebung berechnet man $\Delta\lambda/\lambda = 1{,}9 \cdot 10^{-4}\,\text{grad}^{-1}$.

Die Messungen sollen weiter fortgeführt werden.

Berlin-Adlershof, Institut für Optik und Spektroskopie der DAdW

Literatur

[1] MARTIENSSEN, W., J. Phys. Chem. Solids **2** (1957) 257.
[2] SCHNEIDER, E. G., O'BRYAN, H. M., Phys. Rev. **51** (1937) 293.
[3] SCHNEIDER, E. G., Phys. Rev. **45** (1934) 152.
[4] POWELL, W. M., Phys. Rev. **45** (1934) 154.
[5] KNUDSON, A. R., KUPPERIAN, J. E., Journ. Opt. Soc. Am. **47** (1957) 440.
[6] JEPPESEN, C. R., Phys. Rev. **44** (1933) 165.
[7] GROMOVA, I. I., KULIKOV, S. A., Opt. i Spektroskopia **7** (1959) 130.
[8] EBY, J. E., TEEGARDEN, K. J., DUTTON, D. B., Phys. Rev. **116** (1959) 1099.
[9] WITTE, H., WÖLFEL, E., Rev. mod. Phys. **30** (1958) 51.
[10] BÖER, K. W., GUTJAHR, H., Z. Physik **155** (1959) 328.
[11] URBACH, F., Phys. Rev. **92** (1953) 1324; Phys. Rev. **102** (1956) 1519.
[12] MÖGLICH, F., ROMPE, R., Z. Physik **119** (1942) 472.

G. DAMASCHUN und D. UNANGST, Jena

Ein neuer Ordnungszustand bei Silikonkautschuk

Die Polysiloxane, allgemein Silikone genannt, haben in letzter Zeit eine starke technische Beachtung gefunden. Sie zeichnen sich durch eine Reihe von Besonderheiten, z. B. die geringe Abhängigkeit ihrer Eigenschaften von der Temperatur, gegenüber den Hochpolymeren auf Kohlenwasserstoffbasis aus. Eine Begründung dieser Besonderheiten aus der Kenntnis der Struktur und des Mikroaufbaus ist jedoch noch nicht in allen Fällen möglich.

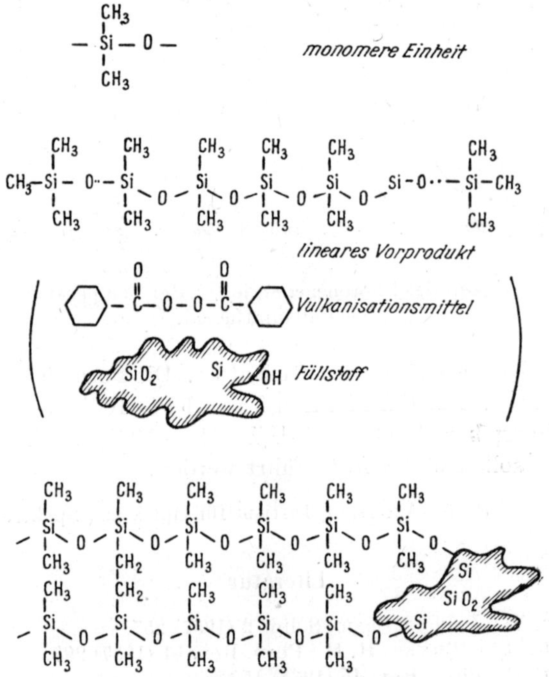

Abb. 1. Chemischer Aufbau von Dimethylpolysiloxan-Kautschuk.

Der chemische Aufbau des einfachsten Polysiloxans soll an Hand der Abb. 1 erläutert werden. Die Monomereneinheit ist die Dimethylpolysiloxangruppe. Sie enthält zwei Kohlenwasserstoffgruppen, andererseits zeigt die von den Silikaten bekannte Si-O-Bindung anorganische Eigenschaften. Um einen Kautschuk zu erhalten, baut man zunächst kettenförmige Molekeln ohne Verzweigungs- und Vernetzungsstellen auf (Molekulargewicht etwa 100 000). Dieser hochviskosen

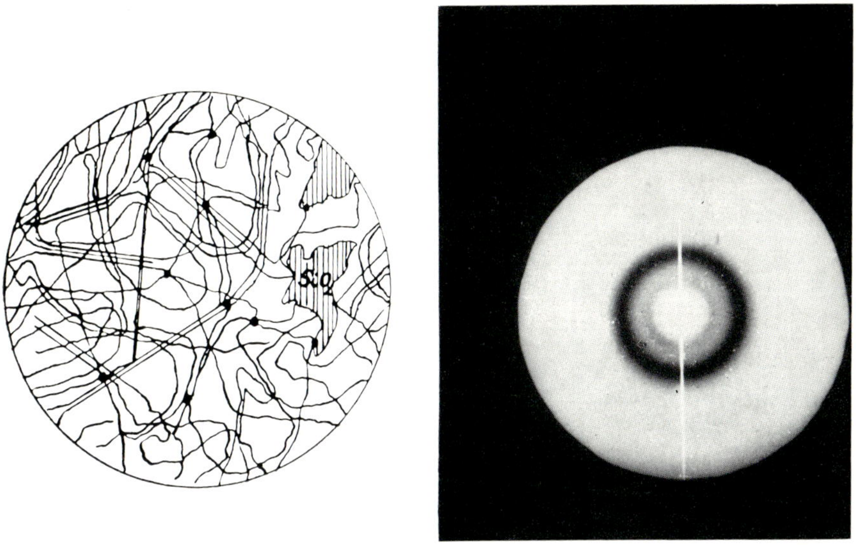

Abb. 2. Beugungsbild von ungestrecktem Silikongummi (Gi 7101) bei Zimmertemperatur mit schematischem Strukturmodell.

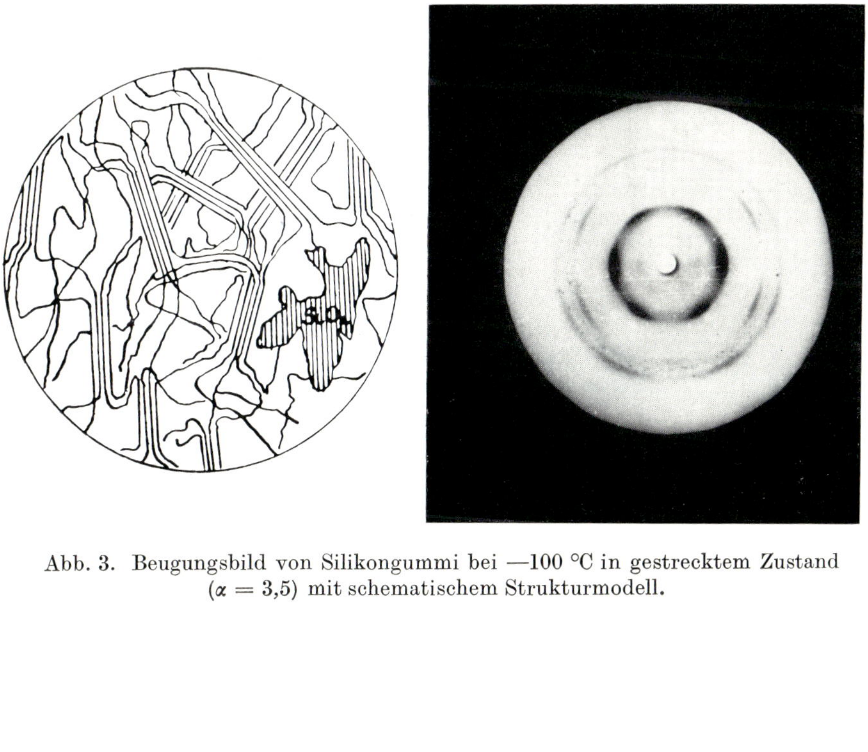

Abb. 3. Beugungsbild von Silikongummi bei —100 °C in gestrecktem Zustand ($\alpha = 3{,}5$) mit schematischem Strukturmodell.

Flüssigkeit werden auf der Mischwalze etwa 0,3 bis 3 Gewichts-% eines Vulkanisationsmittels (Benzoylperoxyd) und 10 bis 30 Gewichts-% eines aktiven Füllstoffes (Aerosil) zugesetzt. Die Qualität des Kautschuks hängt stark von der Art und den Eigenschaften dieses Füllstoffes ab. Das erhaltene Fell wird in einem Preßwerkzeug unter einem Druck von 50—100 kp/cm² bei 120 °C unter Luftabschluß vulkanisiert. Dabei passiert folgendes (siehe Abb. 1): Die Ketten werden so vernetzt, daß auf alle 400—600 Monomereneinheiten eine Vernetzungsstelle kommt. Weitere Fixpunkte erhalten wir durch eine Bindung der Ketten an die Füllstoffpartikel [1]. Im Anschluß wird der Gummi noch unter Luftzufuhr mehrere Stunden bei etwa 200 °C getempert, um die Reste des umgesetzten Vulkanisationsmittels auszutreiben. Eine über dieses Schema hinausgehende Beschreibung der Herstellung der Proben befindet sich bei [2]. Der so erhaltene Silikongummi zeichnet sich dadurch aus, daß er seine elastischen Eigenschaften innerhalb eines Temperaturintervalles von —50 bis +200 °C beibehält. Dem Institut für Silikon- und Fluorkarbonchemie Dresden möchten wir für die Herstellung der Proben danken.

Zur Untersuchung der Struktur und der gegenseitigen Anordnung der Kettenmoleküle verwenden wir die Beugung von monochromatischen Röntgenstrahlen. Die erhaltenen Beugungsbilder enthalten mindestens Informationen über die Korrelation der Elektronendichte von zwei Volumenelementen im Abstand r. Da die Elektronendichte am Atomort ein Maximum hat, können wir Aussagen über Atom und Identitätsabstände und ihren Ordnungsgrad machen.

Zuerst untersuchen wir den ungestreckten Kautschuk bei Zimmertemperatur. Wir erhalten ein Beugungsbild (Abb. 2), wie es für eine amorphe Substanz mit regellos gelagerten Kettenmolekülen typisch ist. Das Maximum zeigt, daß ein minimaler Abstand zwischen den Ketten auf Grund ihrer sterischen Behinderung bevorzugt auftritt. Wird der Gummi gedehnt, tritt ein schwächeres Maximum bei größeren Beugungswinkeln, das den Abständen innerhalb der Kette zuzuordnen ist, auf Grund der Orientierung der Ketten in Dehnungsrichtung, verstärkt hervor. Die Zuordnung der Abstände, in der Kette und zwischen den Ketten, kann auf Grund der radialen Intensitätsverteilung im Beugungsdiagramm des gedehnten Gummis erfolgen.

Bei niedrigen Temperaturen wird die Mikro- und Makro-Brownsche Bewegung der Kettensegmente vermindert und ein Teil kann in exakte Parallellagerungen einschnappen. Wir erhalten Kristallite mit einer dreidimensionalen Fernordnung. In Abb. 3 ist das Beugungsdiagramm des Gummis bei 100 °C zu sehen. Es treten drei Debye-Scherrer-Ringe auf, denen Netzebenenabstände von 6,7, 4,2 und 3,5 Å entsprechen. Wird die Untersuchung an gedehntem Gummi durchgeführt, zeigen die Ringe eine Fasertextur an. Das Diagramm kann mit einer monoklinen Elementarzelle mit folgenden Abmessungen

$$a = 13{,}0\ \text{Å},\ b = 8{,}3\ \text{Å (Faserperiode)},\ \beta = 60^\circ \text{ und } c = 7{,}8\ \text{Å}$$

vollständig indiziert werden. Die Zelle enthält 6 Monomereneinheiten. Die Kristallite haben aus energetischen Gründen eine ziemlich einheitliche Größe von einigen 100 Å. Neben den Kristalliten existieren noch Bereiche mit amorpher Struktur. Aus dem Röntgendiagramm können wir auf Grund des Nebeneinander beider Beugungsdiagramme den Anteil der kristallinen Fraktion bestimmen. Von Alexander, Ohlberg und Warrik [3] wurde dies in Abhängigkeit vom Dehnungsgrad und von der Temperatur für Silikonkautschuk gemacht (Abb. 4). Zu beachten ist, daß bei Zimmentemperatur keine kristalline Phase mehr existiert. Dieses eben geschilderte Verhalten ist für viele Hochpolymere typisch.

Jetzt soll ein zweiter, von uns bei Silikonkautschuk beobachteter Ordnungszustand, der von dem obigen abweicht, beschrieben werden. Werden Proben von Dimethylpolysiloxan-Gummi in bestimmter Orientierung durchstrahlt, erhält man folgendes Beugungsdiagramm (Abb. 5). Neben dem für den amorphen Zustand

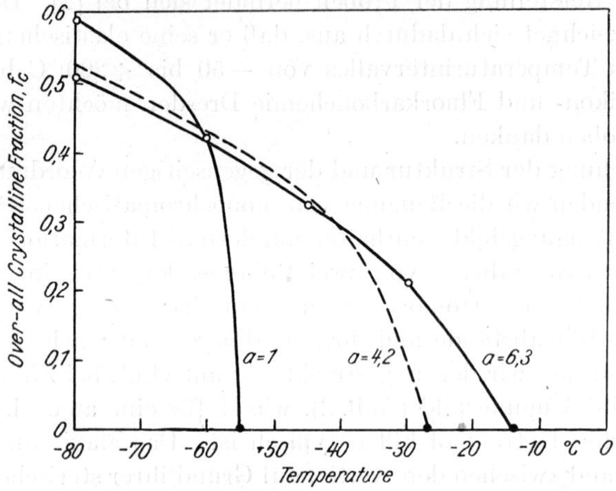

Abb. 4. Aus J. Polymer Sci. 27 (1958) 1.

typischen Diagramm treten drei scharfe sichelförmige Reflexe auf. Eine genaue Vermessung ergibt folgende Netzebenenabstände: 9,40, 4,72 und 3,14 Å. Es handelt sich also um eine Netzebenenschar und die Reflexe in erster, zweiter und dritter Ordnung ($d = 9{,}42$ Å). Die Orientierung wurde mit einem photographisch registrierenden Goniometer vermessen. Es handelt sich um eine zur Druckrichtung beim Vulkanisieren diatrope Netzebene. Die Reihenfolge der Intensitäten beträgt, falls die Beugungsordnungen nacheinander in maximale Reflexionsstellung gebracht werden (30), (10), (20) (Reihenfolge der Ordnungen). Die Schärfe und Intensität (bezogen auf den diffusen Halo) schwankt innerhalb der einzelnen Teile der Probe. Den größten kristallinen Anteil und die schärfsten Sicheln erhält man bei Durchstrahlung deckflächennaher Partien der plattenförmigen Probe (Abb. 6). Hier zeigen die Sicheln eine Aufspaltung in Einzelreflexe (Abb. 7). Dies spricht für größere beugende Bereiche.

Bei anderer Orientierung der Probe zum Primärstrahl treten keine weiteren Reflexe mehr auf. Es wären an und für sich 4-Punktdiagramme zu erwarten, die durch gegen die Netzebene mit $d = 9{,}42$ Å geneigten Netzebenen entstehen. Es

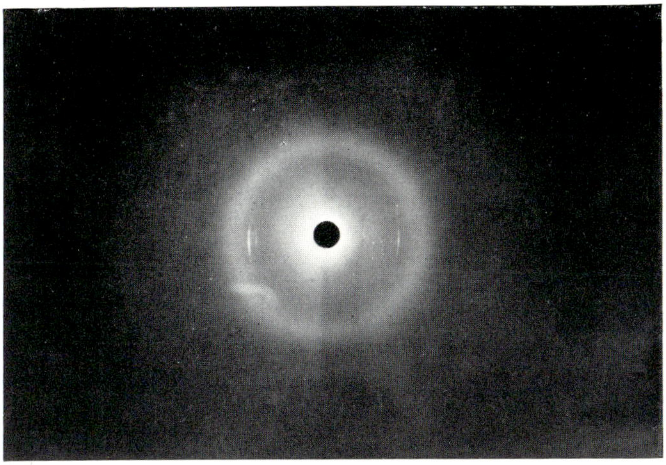

Abb. 5. Beugungsbild von Silikongummi (Gi 7101).

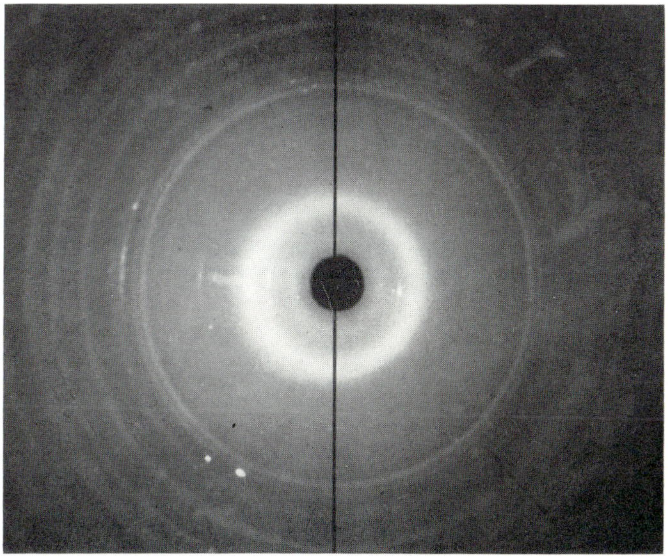

Abb. 7. Beugungsbild von Silikongummi (Gi 7126). Die Ringe stammen von der als Füllstoff beigefügten Kreide.

wurden lediglich bei einigen Proben noch zwei weitere Reflexe, denen Abstände von 7,0 Å und 3,6 Å entsprechen, gefunden. Die ihnen entsprechenden Netzebenen zeigen aber die gleiche, zur Druckrichtung beim Vulkanisieren diatrope Orientierung.

Gegenüber Änderungen der Temperatur ist der Anteil der kristallinen Phase innerhalb eines Intervalls von +170 bis —100 °C nach unseren Messungen unabhängig. Bei tiefen Temperaturen existieren beide Ordnungszustände nebeneinander. Bei Verstreckung der Proben ändert sich die Intensität der Reflexe ebenfalls

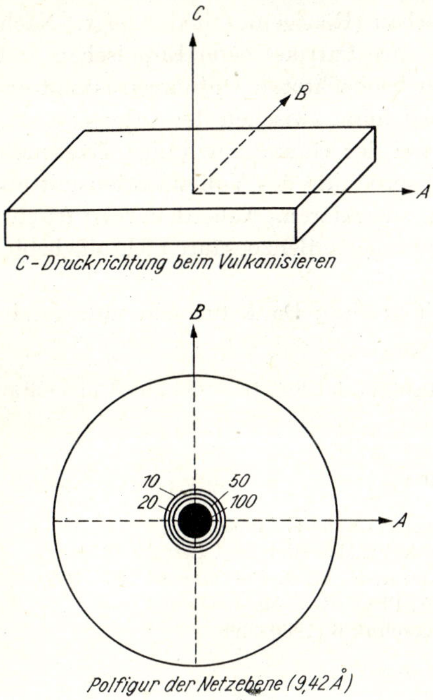

Abb. 6

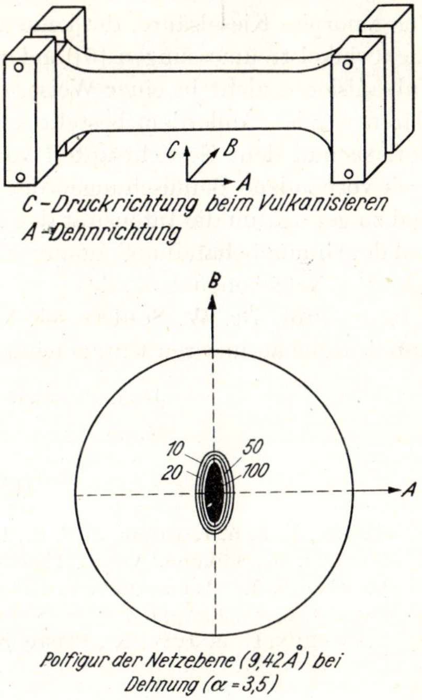

Abb. 8

nicht. Die Orientierung ändert sich in der aus Abb. 8 zu ersehenden Weise. Die Verwacklung der Netzebenen wird in der Zugrichtung verkleinert. Bei einer Dehnung, bei der die Zugrichtung gegen die zur Druckrichtung beim Vulkanisieren senkrechte Ebene geneigt ist, stellt sich die Netzebene parallel zu den Zugkräften ein.

Das Fehlen von 4-Punktdiagrammen ließe sich aus folgendem Modell erklären. Es handelt sich um ein aus wenigen Schichten bestehendes Lagengitter. Die Schichten zeigen parallel zur Schichtebene große Abmessungen, senkrecht dazu besteht das Gitter nur aus wenigen Lagen.

Bei einem solchen Gitter sind asymmetrische Linienprofile zu erwarten [4]. Da die in Einzelreflexe aufgespaltenen Sicheln eine Profilvermessung sehr erschweren und diese nur in Einzelfällen möglich machten, wurde der Gummi in Toluol und Benzol gequollen. Dabei verschwindet die Aufspaltung und die Halbwertsbreite der Linien verdoppelt sich etwa. Nach Trocknung ergibt sich wieder das alte Reflexbild. Die Linien zeigen ein deutlich asymmetrisches Profil, der Abfall nach größeren Winkeln erfolgt langsamer als der nach kleinen Winkeln. Die Bindungskräfte des Gitters müssen so stark sein, daß sie seine Beständigkeit innerhalb des untersuchten Temperaturintervalles erklären. Es handelt sich bei diesen Bereichen offenbar um einen Ordnungszustand des Gummis. Die übrigen Bestandteile scheiden nach unseren Untersuchungen aus. Beim Aerosil handelt es sich um eine amorphe Kieselsäure, die keinen Gitterbau (Röntgenmethode) zeigt. Nach Kleinwinkelstreumessungen [5] ändern sich ihre Partikel beim Einmischen und Vulkanisieren nicht in einer Weise, die den beobachteten Ordnungszustand erklären würde. Außerdem besteht keine Beziehung zwischen der Intensität der Reflexe und dem Gewichtsanteil von Aerosil der Gummimischung. Eventuell noch vorhandene Beimischungen der Zerfallsprodukte des Vulkanisationsmittels sind zu gering, um die Intensität der Reflexe zu erklären. Außerdem zeigt frische und der Gummibehandlung entsprechend getemperte Benzoesäure nicht die beobachteten Netzebenenabstände.

Herrn Prof. Dr. W. SCHÜTZ schulden wir größten Dank für seine anregende Anteilnahme an unseren Untersuchungen.

Jena, Physikalisches Institut der Friedrich-Schiller-Universität

Literatur

[1] WARRIK, E. L. u. LAUTERBUR, P. C., Ind. Engng. Chem **47** (1955) 486.
[2] REUTHER, H., Silikone. Verlag Theodor Steinkopff, Dresden und Leipzig 1959.
[3] OHLBERG, S. M., ALEXANDER, L. E. and WARRIK, E. L., J. Polymer Sci. **27** (1958) 1.
[4] WARREN, B. E., J. Appl. Physics **8** (1937) 645; Phys. Rev. **59** (1941) 693.
[5] DAMASCHUN, G. u. JUPE, K., Plaste und Kautschuk **6** (1960) 298.

OTO ŠTIRAND, Prag

Radiospektroskopische Untersuchung der Zersetzung von K-NH_3-Lösung

In meinem kurzen Vortrag will ich die Benützung einer radiospektroskopischen Methode zur Messung des Durchlaufes einer chemischen Reaktion beschreiben. Es handelt sich um die Zersetzung der Kaliumlösung in flüssigem Ammoniak. Die Unstabilität der Lösungen von Alkalimetallen in flüssigem Ammoniak ist eine der charakteristischen Eigenschaften dieser Lösungen. Sie erschwert nicht nur die physikalischen Untersuchungen sondern auch die praktische Ausnützung der außerordentlichen hochfrequenten magnetischen Eigenschaften dieser Lösungen. Trotzdem gibt es weder eine genaue Erklärung des Mechanismus der Zersetzung, noch ein experimentelles Material, welches verläßlich den Charakter dieser Zersetzung entscheiden könnte. Es gibt nur einige Erwähnungen in der Arbeit von DEVALD, LEPOUTRE [1] und EBERT [2]. DEVALD und LEPOUTRE haben die Lebensdauer der Kaliumlösung in flüssigem Ammoniak bei der Temperatur —33 °C kolorimetrisch gemessen. In ihrer Arbeit gibt es jedoch keine Angaben über den Durchlauf der Zersetzung. In der Arbeit von EBERT wurde der Durchlauf der Zersetzung von Natriumlösungen in flüssigem Ammoniak teils mittels der kolorimetrischen Methode und teils mittels der Methode der Messung der Breite der Resonanzkurve bei der paramagnetischen Elektronenresonanz untersucht. Das Ergebnis seiner Untersuchung zeigt, daß die Zersetzung einen exponentiellen Verlauf hat. Daraus folgt, daß es sich um eine chemische Reaktion der ersten Ordnung handeln sollte. Den anderen Quellen (zum Beispiel YOST und RUSSEL [3]) zufolge soll aber die Zersetzung der Alkalimetallösung in flüssigem Ammoniak eine autokatalitische Reaktion sein.

Alle Messungen der Zersetzung dieser Lösung sind jedoch von ungenügender Genauigkeit. Die kolorimetrische Methode hat eine sehr kleine Genauigkeit, die Ergebnisse haben vielmehr einen Orientierungscharakter. Die Bestimmung der Konzentration auf Grund der Breite der Resonanzkurve bei der paramagnetischen Elektronenresonanz hat im Bereich der niedrigen Konzentrationen auch eine sehr kleine Genauigkeit. Bisher gab es kein experimentelles Material, nach dem man zwischen diesen zwei Hypothesen entscheiden könnte.

Solch ein Material habe ich mit Hilfe einer radiospektroskopischen Methode, und zwar der Methode der paramagnetischen Elektronenresonanz, gewonnen. Der Unterschied besteht darin, daß ich diese Methode zur Messung der Änderung der paramagnetischen Suszeptibilität der Lösung während der Reaktion benützt habe [4].

Für diese Messungen war eine automatisch arbeitende Apparatur eingebaut [5]. Während der Reaktion wurde mehrmals die Resonanzkurve bei der paramagnetischen Elektronenresonanz registriert.

Die erste Abbildung zeigt das Blockschema der Apparatur. Das Magnetfeld ist von Helmholtz-Spulen hergestellt (*HC*). Zu diesem Felde ist senkrecht das hochfrequente Magnetfeld superponiert (z-Achse). Die Kaliumlösung in flüssigem Ammoniak ist in einem kleinen gläsernen Gefäß eingeschmolzen und in der Mitte der Helmholtz-Spulen untergebracht (*S*). Zur Messung des Resonanzeffektes wird ein Autodynoszillator benützt (*AO*). Zur Registration der Resonanzkurve wird ein System von Lock-in-Gleichrichtern (*SD*) mit Registrationsschreiber benützt (*RP*). Die Intensität des Magnetfeldes wird automatisch in der Umgebung

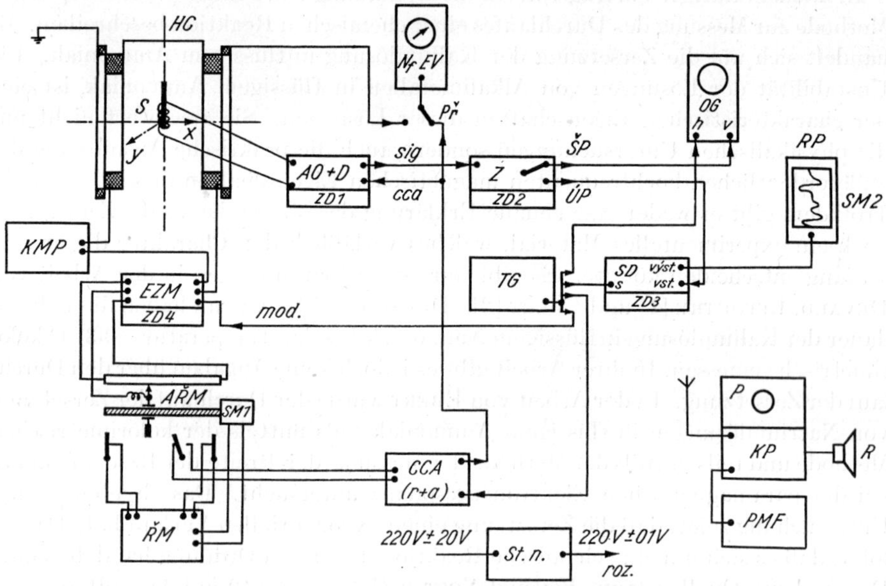

Abb. 1. Das Blockschema der Apparatur zur Messung der Zersetzung von Kaliumlösung in flüssigem Ammoniak.

HC — Helmholtz-Spulen; *S* — Sonde; *AO* + *D* — Autodynoszillator mit Detektor; *Z* — Verstärker mit umschaltbarer Breite des zu verstärkenden Frequenz-Bandes (*ŠP* — das breite Band, *ÚP* — das schmale Band); *OG* — Oszillograf, *v* — die vertikale Ablenkung, *h* — die horizontale Ablenkung; *SD* — Lock-in-Gleichrichter, výst. — Austritt, vst. Eintritt, *s* — Synchronisation; *RP* — Registrationsschreiber mit Synchronmotor SM2; *TG* — Tongenerator; *EZM* — elektronische Stromquelle für die Helmholtz-Spulen; *AŘM* — automatische Regelung des Magnetfeldes mit dem Synchronmotor SM1; *ŘM* — Regelung des Motors SM1; *KMP* — Kompensationsmesser des Stromes; *CCA* — Eichen der Empfindlichkeit der Apparatur, *r* manuelles Eichen, *a* — automatisches Eichen; *ZD1, ZD2, ZD3, ZD4* Stabilisierte Spannungsquellen; *Nf EV* — Niederfrequenz-Voltmeter; *StN* — Stabilisator der Spannung; *PMF* — Präzisionswellenmesser; *KP* — Kommunikationsempfänger; *P* — Panoramatic; *R* — Reproduktor.

der Resonanzfrequenz geändert (*ARM*). Nach der Registration der zwei Resonanzkurven wird die Totalempfindlichkeit der Apparatur automatisch gemessen (*CCA*). Die Frequenz des Autodynoszillators wurde mit Hilfe eines Präzisionwellenmessers und der Normalfrequenz unseres astronomischen Institutes gemessen (*P*, *KP*, *PMF*).

Auf der zweiten Abbildung ist die Registration der ersten Ableitung von zwei Resonanzkurven gezeigt (K_1, K_2). Hier sehen wir auch das Kalibrationssignal der Totalempfindlichkeit der Apparatur (*C*).

Die Größe der paramagnetischen Suszeptibilität ist proportional der Fläche unter der Absorption-Resonanzkurve bei der paramagnetischen Elektronenresonanz. Experimentell wurde nachgewiesen, daß die Form dieser Resonanzkurve im Laufe der Zersetzung immer dieselbe bleibt. Darum ist die gemessene Änderung der Fläche durch die Änderung der Amplitude und Linienbreite in den Wendepunkten der Kurve bestimmt.

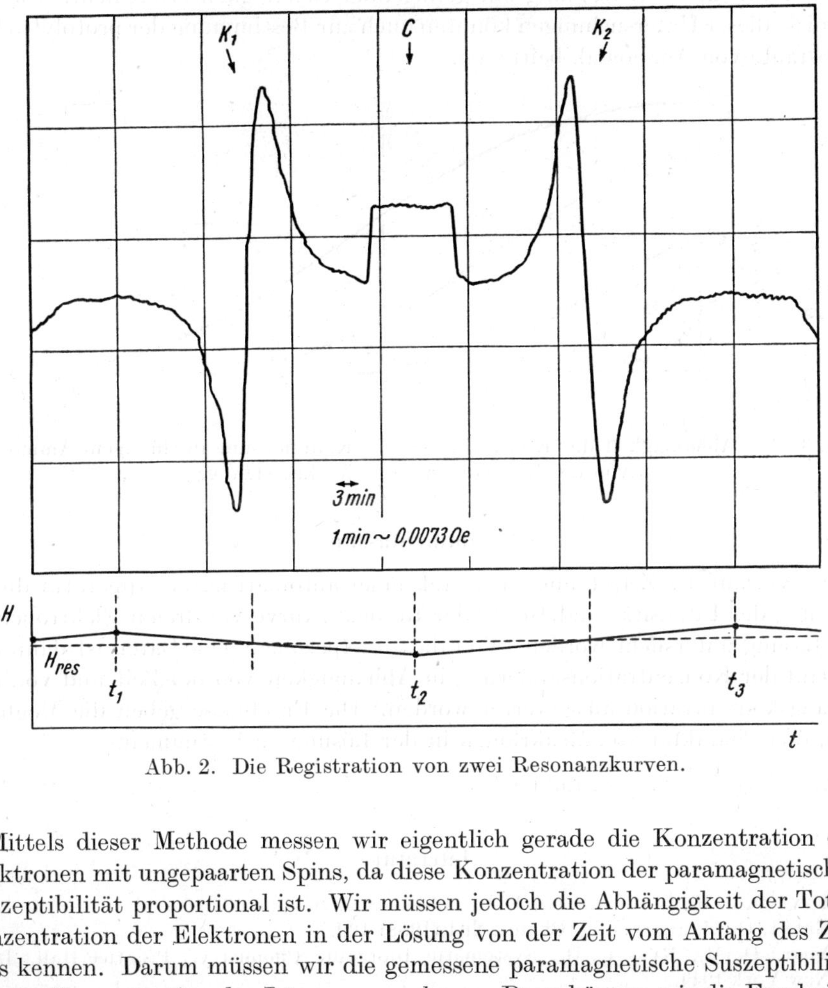

Abb. 2. Die Registration von zwei Resonanzkurven.

Mittels dieser Methode messen wir eigentlich gerade die Konzentration der Elektronen mit ungepaarten Spins, da diese Konzentration der paramagnetischen Suszeptibilität proportional ist. Wir müssen jedoch die Abhängigkeit der Totalkonzentration der Elektronen in der Lösung von der Zeit vom Anfang des Zerfalls kennen. Darum müssen wir die gemessene paramagnetische Suszeptibilität auf die Konzentration der Lösung umrechnen. Dazu können wir die Ergebnisse der Theorie von Dejgen [6] und die experimentellen Ergebnisse von Hutchison und Pastor [7] benützen.

Das Ergebnis der Umrechnung ist auf der dritten Abbildung gezeigt. An der vertikalen Achse haben wir die Konzentration der Lösung im linearen Maßstab und an der horizontalen Achse die Zeit vom Anfang des Zerfalls. Man sieht auf den ersten Blick, daß der Verlauf der Reaktion keinen exponentiellen Charakter hat. Bei näherer Untersuchung kann man ableiten, daß es sich aber auch um keine einfache autokatalytische Reaktion handelt. Es muß sich also um eine kompliziertere Reaktion handeln. Ihre Erklärung ist aber nicht die Aufgabe meines kurzen Vortrages.

Es scheint, daß die beschriebene Methode bisher die einzige ist, die die Messung des Verlaufs dieser Zersetzung mit genügender Genauigkeit ermöglicht. Die Ergebnisse dieser Untersuchungen könnten auch zur Bestimmung der protolytischen Konstante von Ammoniak beitragen.

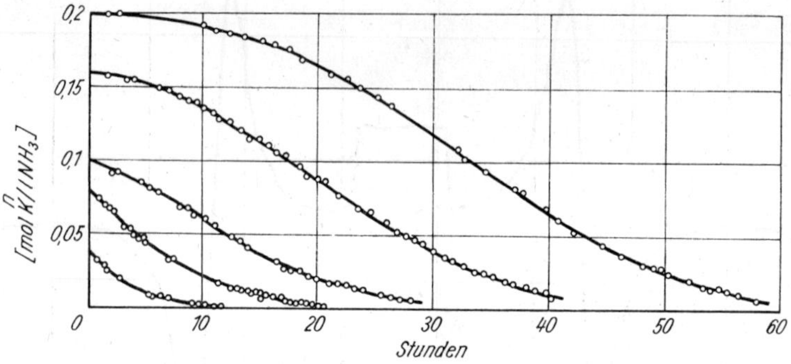

Abb. 3. Die Abhängigkeit der Konzentration der Kaliumlösung in flüssigem Ammoniak von der Zeit vom Anfang der Zersetzung.

Zusammenfassung

Der Verlauf der Zersetzung ist mittels einer automatisierten Apparatur durch Messung der Intensität und Breite der Resonanzkurve von freien Elektronen in der Lösung untersucht worden. Von diesen experimentellen Daten ist dann der Verlauf der Konzentrationsänderung in Abhängigkeit von der Zeit und von der Anfangskonzentration ausgewertet worden. Die Ergebnisse geben die Möglichkeit, den Charakter von Reaktionen in der Lösung zu bestimmen.

Prag, Physikalisches Institut der Tschechoslowakischen Akademie der Wissenschaften

Literatur

[1] Devald, J. F., Lepoutre, G., J. Am. Chem. Soc. **76** (1954) 3369.
[2] Ebert, G., Z. anorg. allg. Chemie **294** (1958) 129.
[3] Yost, D. M., Russel, H., Systematic Inorganic Chemistry. Prentice-Hall, Inc., New York 1944.
[4], [5] Štirand, O., Čs. čas. fys., im Druck.
[6] Dejgen, M. F., Cbirko, J. A., Ukrainskij fizičnij žurnal No. 3 (1956) Tom 1, 245—260.
[7] Hutchison, C. A., Pastor, R. C., Rev. mod. Phys. **25** (1953) 285.

R. SEIWERT und W. TAUSENDFREUND[1]), Berlin

Zum Ultraschallzellenfluorometer nach MAERCKS und KIRCHHOFF

1. Einleitung

Ein Fluorometer besteht aus dem Modulator, in dem ein konstanter Licht- oder Elektronenstrom moduliert wird, und aus dem Analysator, in dem die Phasendifferenz zwischen diesem Strom und dem Strom des damit erregten Fluoreszenzlichts gemessen wird. Ist die Abklingkurve exponentiell: $\Phi(t) = e^{-t/\tau}$, und ist der Erregungsstrom sinusförmig moduliert, so läßt sich aus der Phasendifferenz φ und der Modulationsfrequenz ω' die Abklingzeit τ nach der Gleichung $\tau = 1/\omega' \operatorname{tg} \varphi$ bestimmen.

Die Anregung mit Elektronen ist insofern vorteilhaft, als ein Elektronenstrahl mit höheren Frequenzen und größerer Genauigkeit moduliert werden kann als ein Lichtstrom. Die Anregung mit Elektronen hat jedoch den Nachteil, daß die Leuchtstoffe durch den Elektronenbeschuß zerstört werden können und daß in Gasen niedrigen Druckes die Laufzeiten der Elektronen innerhalb des fluoreszierenden Volumens in die gemessene Phasendifferenz eingehen können. Auf jeden Fall muß noch berücksichtigt werden, daß die Anregungsmechanismen für Elektronen und Licht verschieden sind. Darum sind sowohl Messungen mit Elektronen- als auch mit Lichtanregung unentbehrlich. Es sei noch darauf hingewiesen, daß im Fluorometer mit Lichtmodulation die Phasendifferenz zwischen dem Erregungs- und dem Fluoreszenzlichtstrom direkt gemessen werden kann, weil hierbei gestreutes Erregungslicht mit dem Fluoreszenzlicht verglichen werden kann.

Wenn auch die elektrische Phasenmessung genauer und schneller ist, erscheint es doch gerechtfertigt, auf den Analysator mit laufender Ultraschallwelle näher einzugehen. Er empfiehlt sich durch die Einfachheit seines Aufbaus. Eine Diskussion der bei den verschiedenen Ausführungsformen auftretenden Fehler und der Möglichkeit ihrer Abstellung lohnt sich im Hinblick darauf, daß so die günstigste Bauart festzustellen ist, während rein experimentelle Erfahrungen leicht zum Verwerfen einer Meßanordnung führen können, in der unerkannte Fehlerquellen die Meßergebnisse unsicher machen.

2. Die Apparatur

Ein Lichtstrom wird moduliert, wenn er durch ein in der Zeit periodisch veränderliches Gitter, etwa eine stehende Ultraschallwelle, tritt. Diese Form des Modulators wurde von BECKER, HANLE und MAERCKS [1], [2], [3] angegeben.

---

[1]) Vorgetragen von W. TAUSENDFREUND.

Die Phasenverzögerung des Fluoreszenzlichtes kann als Verschiebung der in Erregungs- und Fluoreszenzlicht stroboskopisch aufgenommenen Beugungsbilder der laufenden Ultraschallwelle bestimmt werden. Maercks [4] photographierte die beiden Beugungsbilder nacheinander, indem er jeweils während der Aufnahme des einen Streifensystems den Teil der Photoplatte, der für das andere Streifen system vorgesehen war, mit einem Schieber abdeckte. Kirchhoff [5] nahm die Beugungsbilder gleichzeitig auf, indem er an die Vorderseite der schräg zum Modulator und Analysator stehenden Fluoreszenzküvette einen dünnen Grauglasstreifen preßte, so daß auf der Photoplatte ein dreiteiliges Bild entstand: in der Mitte das Streulichtstreifensystem und zu beiden Seiten das Fluoreszenzlichtstreifensystem. In einer von den Verfassern erprobten Anordnung wurde der Streukörper, ein dünner Draht, außerhalb der Fluoreszenzküvette angebracht.

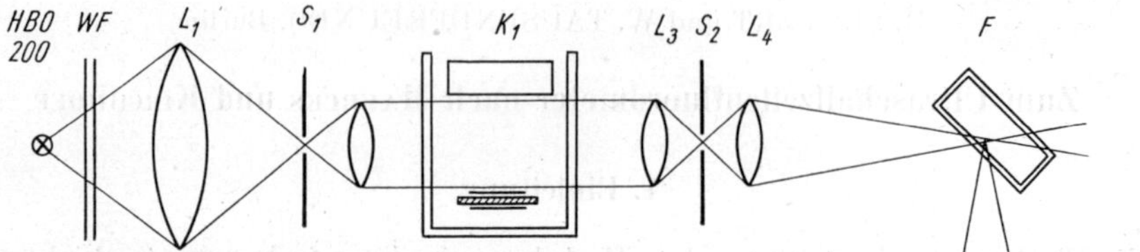
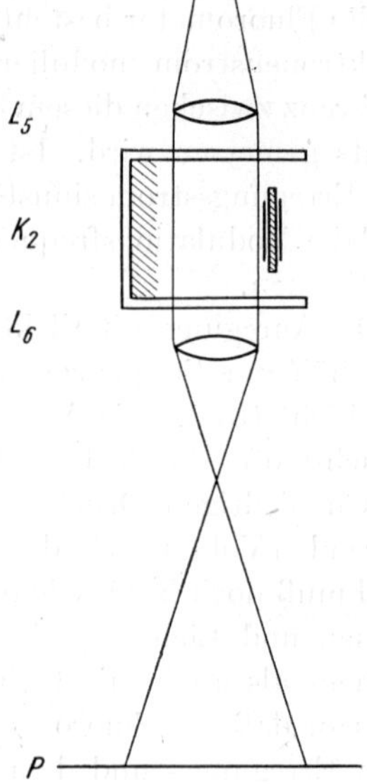

Abb. 1. Ultraschallzellenfluorometer nach Maercks.

3. Die Fehlerquellen

Der Nachteil der Maercksschen Ausführungsform des Analysators besteht darin, daß sich während der Aufnahme die Temperatur des Schallmediums in den beiden Ultraschallküvetten und damit die Schallwellenlänge ändern kann. Eine Änderung der Schallwellenlänge in der ersten Ultraschallküvette bewirkt allgemein eine Verschlechterung der Modulation des Erregungslichtes. In der zweiten Ultraschallküvette hat sie zur Folge, daß sich der Streifenabstand im Beugungsbild ändert; dadurch erscheint das Streifensystem des Beugungsbildes eines Ausschnittes der laufenden Ultraschallwelle als Ganzes verschoben, und zwar um so mehr, je weiter dieser Ausschnitt vom Schwingquarz entfernt ist. Eine Temperaturänderung um 0,1 °C kann einen Fehler der Phasendifferenz von 15% hervorrufen [6].

Um diese Fehlerquelle auszuschalten, verringerte Kirchhoff die Temperaturschwankungen mit Hilfe eines Thermostaten. Außerdem nahm er die Beugungsbilder gleichzeitig auf, wodurch sich Temperaturänderungen in beiden Ultraschallküvetten gleichmäßig auf beide Streifensysteme auswirkten. Die KIRCHHOFFsche Anordnung hat jedoch den Nachteil, daß das Fluoreszenzlichtstreifensystem vom Streulichtstreifensystem überlagert wird. Deswegen kehrte RAU [7] zur MAERCKSschen Ausführungsform des Analysators zurück.

Die Verfasser verhinderten die Überlagerung der beiden Streifensysteme, indem sie den Streukörper neben der Fluoreszenzküvette in einer genügenden Entfernung von fluoreszierenden Volumen anbrachten. Durch geeignete Blendenaufstellung wurden die Strahlenbündel des Streu- und Fluoreszenzlichts so begrenzt, daß sich auf der Photoplatte das Streulicht- und das Fluoreszenzlichtstreifensystem längs einer zu den Streifen senkrechten Geraden berührten. Infolge des Auseinanderrückens von Streukörper und fluoreszierendem Volumen können die Unterschiede in den Einfallswinkeln der ebenen Streulichtwelle und der ebenen Fluoreszenzlichtwellen etwa zehnmal so groß werden wie bei den anderen Ausführungsformen des Analysators. Jedoch kann der dadurch bedingte Phasendifferenzfehler klein gehalten werden, wenn die Bildebene in eine bestimmte Entfernung von der abbildenden Optik gebracht wird [8].

Es muß darauf hingewiesen werden, daß auch in den Ausführungsformen von MAERCKS und von KIRCHHOFF der winkelbedingte Fehler der Phasendifferenz bei ungünstiger Wahl der Bildweite sehr groß werden kann. Weicht z. B. die Entfernung zwischen der zur Bildebene konjugierten Ebene und der laufenden Ultraschallwelle um 1 cm von der ausgezeichneten Entfernung ab, so beträgt der Fehler der Phasendifferenz 22% [6]. Es kann angenommen werden, daß MAERCKS und KIRCHHOFF die Bildebene so einstellten, daß die Kontraste im Beugungsbild maximal wurden. Hierbei werden aber die Entfernungen im Gegenstandsraum noch stärker variiert als im angegebenen Beispiel.

Bisher wurde auch noch nicht der Fehler beachtet, den man bei der Voraussetzung sinusförmiger Modulation begeht. Die Intensität der 0-ten Beugungsordnung hinter der stehenden Ultraschallwelle ist nach RAMAN und NATH [9] proportional $J_0^2\,(a \sin \Omega\, t)$; darin bedeuten $J_0(x)$ die 0-te BESSEL-Funktion 1. Art, a die Amplitude der Phasenmodulation der ebenen Lichtwelle nach Durchlaufen des Schallfeldes und Ω die Schallkreisfrequenz ($\omega' = 2\,\Omega$).

Für die Messung am günstigsten sind möglichst große Amplituden a der Phasenmodulation; denn die Intensitätsmodulation von $J_0^2\,(a \sin \Omega\, t)$ ist um so stärker, je größer a ist, und von $a = 2{,}40$ ab, wo $J_0^2\,(a \sin \Omega\, t)$ vollständig durchmoduliert ist, werden bei weiterer Steigerung von a die Hauptmaxima immer spitzer und die „Aufhellungszeiten" immer kürzer (s. Abb. 2).

Für a-Werte, die ungefähr gleich 2,4 oder größer sind, darf man aber nicht mehr voraussetzen, daß die Erregung sinusförmig moduliert ist. Man muß dann nicht nur die Oberwellen in der Erregungskurve, sondern auch die im momentanen Beugungsbild der laufenden Ultraschallwelle mitberücksichtigen. Treten noch keine Nebenextremwerte in den stroboskopisch stehenden Beugungsbildern auf, so muß man unterscheiden zwischen der Phasendifferenz $\tilde{\varphi}_a$ zwischen den Maxima und der Phasendifferenz $\tilde{\varphi}_i$ zwischen den Minima der stroboskopisch stehenden Beugungsbilder von Streu- und Fluoreszenzlicht. Es gilt

$$\tilde{\varphi}_a < \varphi_1 < \tilde{\varphi}_i\,,$$

wenn mit φ_1 die Phasendifferenz zwischen den Grundwellen bezeichnet wird, und zwar ist der Unterschied zwischen $\tilde{\varphi}_a$ und φ_1 kleiner als der zwischen φ_1 und $\tilde{\varphi}_i$ [8]. Bei eigenen Messungen waren die Unterschiede zwischen $\tilde{\varphi}_a$ und $\tilde{\varphi}_i$ deutlich zu erkennen und lagen in dem speziellen Fall bei 15%.

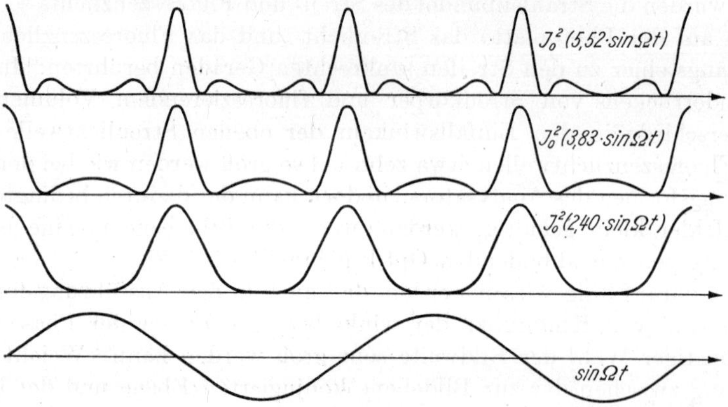

Abb. 2. Die Intensitäten der nullten Ordnung des Ultraschallgitters für $a = 2{,}40$; $a = 3{,}83$; $a = 5{,}52$.

Weil nun exakt

$$\tau = \frac{1}{2\,\Omega}\operatorname{tg}\varphi_1$$

ist, liefert die Gleichung $\tau = \frac{1}{2\,\Omega}\operatorname{tg}\tilde{\varphi}_a$ zu kleine und die Gleichung $\tau = \frac{1}{2\,\Omega}\operatorname{tg}\tilde{\varphi}$ zu große Abklingzeiten; nach der Formel $\tau = \frac{1}{2\,\Omega}\operatorname{tg}\frac{\tilde{\varphi}_a + \tilde{\varphi}_i}{2}$ erhält man auch noch zu große Werte, wenn auch der Fehler geringer ist.

4. Zur Auswertung der photographierten Beugungsbilder

Bei der Photometrierung muß die Verschiebung des Fluoreszenzlichtstreifensystems gegenüber dem Streulichtstreifensystem mit möglichst großer Genauigkeit bestimmt werden.

Die Platte wird mit ihren Streifen möglichst parallel zum Spalt eines selbstregistrierenden Photometers ausgerichtet. Der Transport der Platte erfolgt senkrecht zur Streifenrichtung. Es empfiehlt sich, mehrere Kurven anstatt nur einer von jedem Streifensystem aufzunehmen. Wenn die Streifen in ihrer Gesamtheit nicht ideal gerade sind oder nicht genau senkrecht zur Transportrichtung liegen, so tritt das dann bei der Auswertung der Photometerkurven eines Streifensystems in Erscheinung und kann bei der Bestimmung der tatsächlichen Streifenverschiebung berücksichtigt werden. Falls die in die erste Ultraschallküvette eintretende ebene Lichtwelle statt von einer Schallwelle von mehreren schwach phasenverschobenen moduliert wird, können alle Streifen des Systems starke Versetzungen erleiden. Auch das kann man bei der Auswertung erkennen und zum Teil ausgleichen.

Berlin, Inst. f. Optik und Spektroskopie der DAdW
und Inst. f. Theoretische Physik der Humboldt-Universität

Literatur

[1] BECKER, H. E. R., HANLE, W., u. MAERCKS, O., Z. Physik **37** (1936) 414.
[2] HANLE, W., u. MAERCKS, O., Verh. dtsch. physik. Ges. (3) **19** (1938) 40.
[3] MAERCKS, O., Z. Physik **109** (1938) 598.
[4] MAERCKS, O., Z. Physik **109** (1938) 685.
[5] KIRCHHOFF, W., Z. Physik **116** (1940) 115.
[6] TAUSENDFREUND, W., u. SEIWERT, R., Optik **18** (1961) 163.
[7] RAU, K. L., Optik **5** (1949) 277.
[8] TAUSENDFREUND, W., Veröffentlichung in Vorbereitung.
[9] RAMAN, C. V., u. NAGENDRA NATH, N. S., Proc. Ind. Acad. Sci. (A) **3** (1936) 75.

H. G. KLOSS und G. WENDEL, Berlin

Ein neues Phasenfluorometer

Zur direkten Messung von Fluoreszenzabklingzeiten unter 10^{-8} sec, wie sie bei organischen Leuchtstoffen und bei Gasen auftreten, werden Fluorometer verwendet, sofern sich die Intensität der Anregung hochfrequent modulieren läßt. Das ist z. B. bei Licht-, Elektronenstrahl- und Röntgenanregung möglich. Das Meßprinzip der Fluorometer besteht darin, den Leuchtstoff periodisch anzuregen und die Verzögerung der Lichtemission gegenüber der Anregung zu messen. Unter der Voraussetzung sinusförmiger Anregung und eines exponentiellen Abklingverlaufs erhält man für die Phasendifferenz zwischen Anregung und Emission den Ausdruck

$$\mathrm{tg}\,\varphi = \omega\,\tau\,,$$

ω ist die Modulationsfrequenz, τ die Abklingzeit. Dadurch wird die Messung der Abklingzeit auf die Bestimmung einer Phasendifferenz zurückgeführt.

Für die Lichtmodulation steht im wesentlichen nur die auf MAERCKS [1] zurückgehende Ultraschallmethode zur Verfügung, deren Anwendung bei Frequenzen über 10 MHz große Schwierigkeiten bereitet. Wir regen deshalb den Leuchtstoff durch Elektronen an, da eine Elektronenstrahlmodulation auch noch bei wesentlich höheren Frequenzen durchgeführt werden kann.

Zur Bestimmung der Phasendifferenz zwischen Emissionslicht und Anregung sind praktisch nur elektrische Meßverfahren brauchbar. Dazu wird das Fluoreszenzlicht in einem Multiplier in ein entsprechendes elektrisches Signal verwandelt und dessen Phasendifferenz gegenüber der Modulationsspannung am Elektronenstrahlrohr im einfachsten Fall durch eine Verzögerungsleitung und eine Oszillographenröhre bzw. einem phasenempfindlichen Gleichrichter gemessen.

Zwei entscheidende Verbesserungen dieses Meßverfahrens sind von SCHMILLEN [2] sowie von BORISOW und TUMERMAN [3] angegeben worden. SCHMILLEN mischte das Fluoreszenzsignal mit einer Hilfsfrequenz, die mechanisch erzeugt wurde, und erhielt dadurch ein niederfrequentes Signal. Die Phasenlage des Fluoreszenzsignals relativ zu einem phasenkonstanten Vergleichssignal wird durch den Mischvorgang nicht geändert, wenn das Vergleichssignal mit derselben Hilfsfrequenz gemischt wird. BORISOW und TUMERMAN führen die Mischung im Multiplier durch. Diese Verbesserungen setzen die Störanfälligkeit gegenüber Einstreuungen des Modulationssenders auf den Verstärkereingang sowie den Rauschpegel des Signals wesentlich herab und erleichtern dadurch die Verstärkung und die Phasenmessung. Das führt zu einem erheblichen Gewinn an Meßgenauigkeit und Empfindlichkeit, womit auch schwach leuchtende Substanzen einer Messung zugänglich werden.

Auf Grund dieser Erfahrungen haben wir ein neues Fluorometer entwickelt, dessen Blockschaltbild Abb. 1 zeigt. Die Anregung des Leuchtstoffs L geschieht entweder direkt durch einen Elektronenstrahl oder es wird nach einem Vorschlag von HANLE [4] durch die Elektronen ein im UV strahlender Leuchtstoff erregt, dessen Emission dann der eigentlichen optischen Anregung dient. Das Strahlerzeugungssystem E enthält eine Wolframkathode und arbeitet mit einer Beschleunigungsspannung von 60 kV. Die Anode des Strahlrohres liegt auf Erdpotential und trägt ein LENARD-Fenster, durch das ein Elektronenstrahl in Luft von Atmosphärendruck austritt. Zur Messung genügen Strahlströme von 10^{-8} bis 10^{-6} A. Die Modulation des Elektronenstrahls geschieht durch eine Hochfrequenzspannung am WEHNELT-Zylinder des Strahlsystems, die von einem quarzgesteuerten Sender erzeugt wird. Diese Frequenz beträgt 33 MHz.

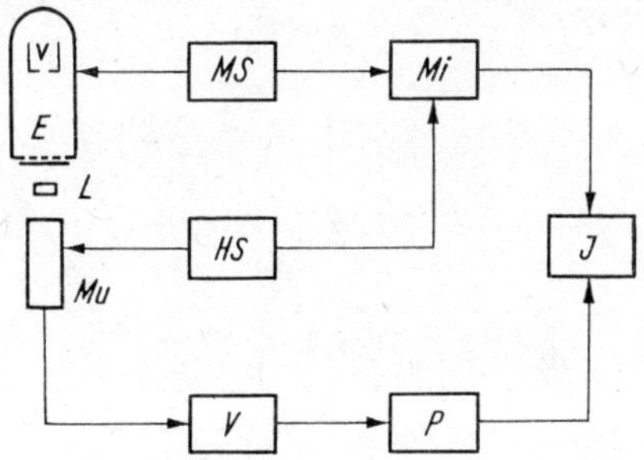

Abb. 1. Blockschaltbild des Fluorometers.

Das Fluoreszenzlicht fällt auf die Kathode eines Multipliers Mu und ruft dort einen hochfrequent modulierten Photostrom hervor, der bis zur 4. Dynode linear verstärkt wird. An der Dynode 5 liegt das Überlagerungssignal, das die Mischung bewirkt. Bezüglich des Mischvorganges besteht zwischen dem Multiplier und einer Mehrgitterröhre kein prinzipieller Unterschied, wenn man das System Kathode-Gitter 1 mit der Photokathode, die Spannung am Gitter 1 mit der Lichtintensität an der Photokathode und das Mischgitter mit einer der Dynoden identifiziert. Die Empfindlichkeit des Multipliers entspricht dann der Röhrensteilheit. Ist nun die Steilheit der Röhre abhängig von der Spannung am Mischgitter, so läßt sich daraus bekanntlich die Mischsteilheit berechnen. In Analogie hierzu zeigt Abb. 2 die Abhängigkeit der Empfindlichkeit des Multipliers von der Spannung an der 5. Dynode. Das Gebiet des steilen Anstieges der Kurve b—c wird von der Überlagerungsspannung überstrichen. Das so entstehende Signal mit der Differenzfrequenz kann an der Anode des Multipliers abgenommen werden. Abb. 3 zeigt die Schaltung des Multipliers.

Das Überlagerungssignal wird von einem zweiten quarzgesteuerten Sender erzeugt und unterscheidet sich in seiner Frequenz um etwa 5 kHz von der des Modulationssenders. Diese Differenzfrequenz von 5 kHz stellt einen optimalen Kompromiß dar. Einerseits ist sie ausreichend niedrig, so daß Schalt- und Röhrenkapazitäten noch keinen Einfluß ausüben und Widerstände noch als ohmsche Widerstände angesehen werden dürfen. Das erleichtert die Konstruktion der Phasenschieber und des schmalbandigen Verstärkers. Andererseits ist die Frequenz hoch genug, um an die Frequenzkonstanz der Sender keine allzu hohen Anforderungen zu stellen und um eine automatische Verstärkungsregelung zu ermöglichen.

Das vom Multiplier gelieferte Fluoreszenzsignal durchläuft einen automatisch geregelten RC-Verstärker V mit einer Bandbreite von etwa 400 Hz und zwei

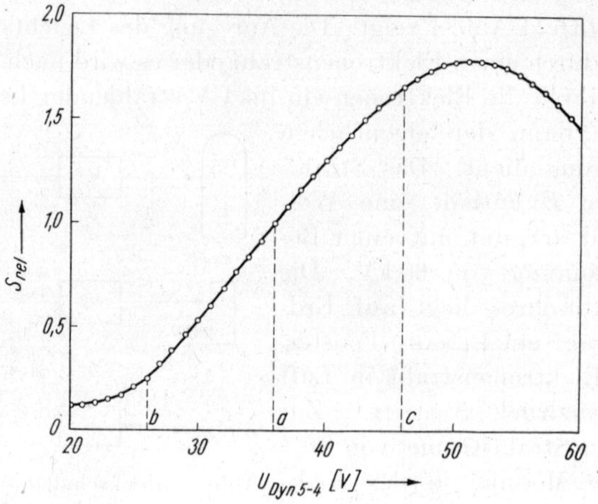

Abb. 2. Empfindlichkeit des Multipliers.

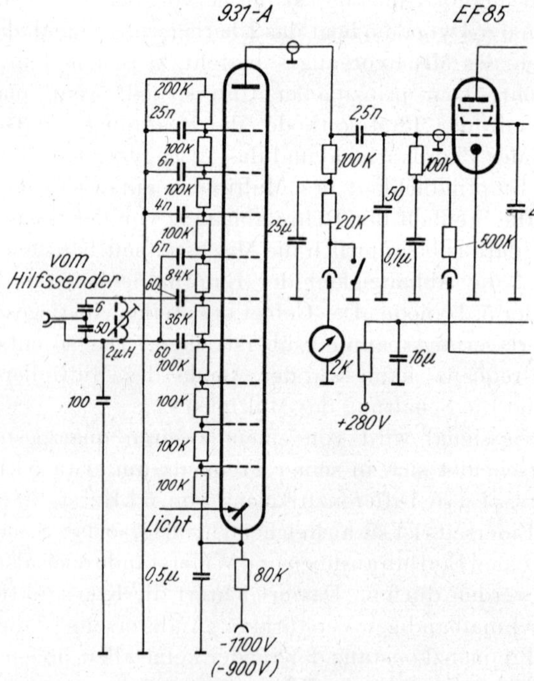

Abb. 3. Schaltung des Multipliers.

RC-Phasenschieberbrücken *P*, in denen seine Phasenlage genau meßbar verändert werden kann. Ein Phasenindikator *I* übernimmt den Phasenvergleich mit einem konstanten Vergleichssignal, das aus den Signalen des Modulationssenders *MS* und des Überlagerungssenders *HS* in einer Mischstufe *Mi* gebildet wird. Abb. 4 zeigt das Schaltbild des Phasenindikators. Sein Prinzip besteht darin, aus dem Fluoreszenzsignal und dem Vergleichssignal einmal die Summe und einmal die Differenz zu bilden. Dazu werden das Fluoreszenzsignal an die Eingänge *A* und *C* angelegt, das Vergleichssignal liegt am Eingang *B* und mit umgekehrter Phase am Eingang *D*. Das Summen- und das Differenzsignal werden gleichgerichtet und die von der Phasenlage abhängige Differenz dieser Gleichspannungen wird an einem trägen Nullinstrument angezeigt. Der Nullabgleich geschieht mit Hilfe der Phasenschieber und ist weitgehend unabhängig von den Amplituden der

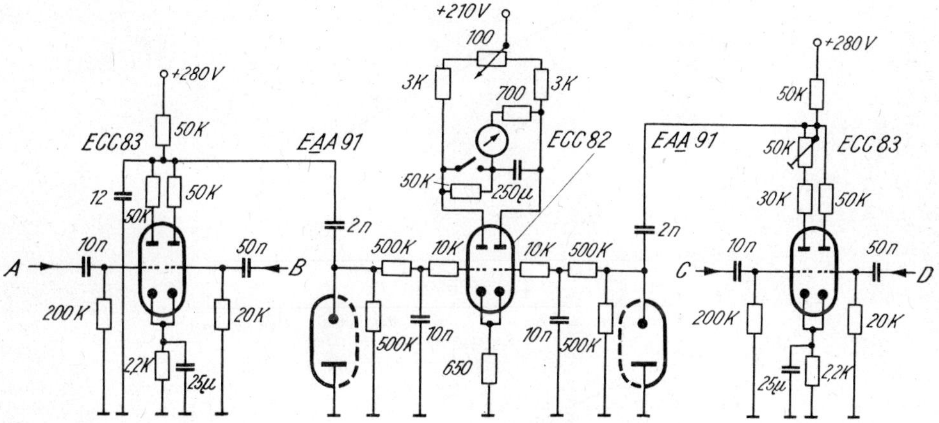

Abb. 4. Schaltung des Phasenindikators.

Signale sowie von Störungen durch das Rauschen des Multipliers. Dadurch wird die Anzeige sehr stabil. Phasendifferenzen von 0,2° werden noch deutlich angezeigt. Bei größeren Phasenwinkeln ist die Anzeigegenauigkeit $\pm 1{,}5\%$. Die automatische Regelung des Verstärkers gestattet, 6 Zehnerpotenzen der Fluoreszenzintensität zu erfassen. Die untere Grenze ist durch das Rauschen des Multipliers gegeben und liegt bei einer Intensität, die mit dunkeladaptiertem Auge eben noch wahrnehmbar ist. Geringe Helligkeitsschwankungen während der Messung beeinflussen den Meßvorgang nicht.

Mit einem Fluorometer können grundsätzlich nur Relativmessungen gegenüber einer Bezugssubstanz durchgeführt werden. Als Bezugssubstanz bietet sich Luft von Atmosphärendruck an. Ihre Abklingzeit ist ausreichend kurz und vor allem konstant. Da der Zusammenhang der Abklingzeit mit dem Phasenwinkel nicht linear ist, muß zur Auswertung der gemessenen relativen Phasenwinkel die absolute Abklingzeit der Bezugssubstanz Luft bekannt sein. Sie läßt sich nur indirekt bestimmen. Nach Hanle und Jansen kann man dazu die Fluoreszenzlöschung heranziehen. Wir verwendeten die Eigenlöschung der Luft mit wachsendem Druck und als Kontrollmessung die Löschung einer Anthracenlösung durch Nitrobenzol. Für die Verringerung der Abklingzeit kann man ansetzen

$$\tau(p) = \frac{\tau_0}{1 + p/p'}.$$

τ_0 ist die Abklingzeit des ungestörten Moleküls, p' der Halbwertsdruck bzw. die Halbwertskonzentration. Näherungsweise gehen dann für große p die Abklingzeit τ und damit auch die absolute Phasenverschiebung φ linear mit $1/p$ gegen Null. Abb. 5 zeigt die gemessenen relativen Phasenwinkel über $1/p$ aufgetragen. Verlängert man die Kurven bis $1/p = 0$, so stellt der Schnittpunkt

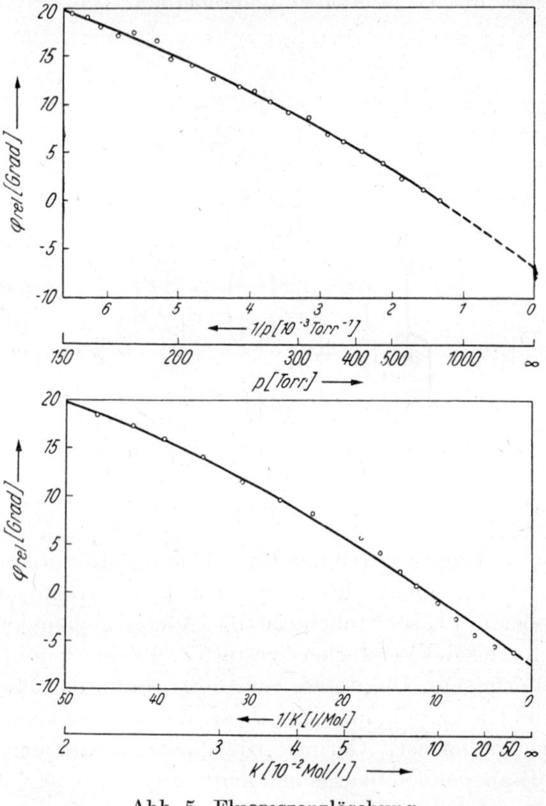

Abb. 5. Fluoreszenzlöschung.

mit der Ordinate den relativen Phasenwinkel einer Substanz mit der Abklingzeit Null dar. Mit umgekehrten Vorzeichen ist das der absolute Phasenwinkel der Bezugssubstanz Luft. Aus ihm ergibt sich die absolute Abklingzeit der Luft bei Zimmertemperatur und 760 Torr zu

$$(6{,}0 \pm 0{,}4) \cdot 10^{-10} \text{ sec.}$$

An vergleichbaren Werten ist uns nur eine Arbeit von SCHMIDT [5] bekannt, der für reinen Stickstoff bei Drücken zwischen 300 und 500 Torr Abklingzeiten von etwa $50 \cdot 10^{-10}$ sec gemessen hat, wobei er allerdings die Abklingzeit der Luft gleich Null setzte. Berücksichtigt man, daß Sauerstoff bereits in geringen Konzentrationen stark löschend auf die Stickstofffluoreszenz wirkt, so steht der von uns gemessene Wert $6 \cdot 10^{-10}$ sec nicht im Widerspruch zu den Messungen von SCHMIDT.

Aus dem Fehler der Abklingzeit der Bezugssubstanz läßt sich die Genauigkeit der Absolutmessungen ermitteln. Zwischen $2 \cdot 10^{-8}$ und $5 \cdot 10^{-10}$ sec ist sie besser als 10%. Der Anzeigeempfindlichkeit des Indikators von 0,2° entspricht eine kleinste erkennbare Zeitdifferenz, d. h. ein zeitliches Auflösungsvermögen von $2 \cdot 10^{-11}$ sec. Zur Prüfung dieses Auflösungsvermögens wurde in einem Kontrollversuch der Lichtweg Leuchtstoff-Multiplier um 2 cm verlängert. Dieser Licht-

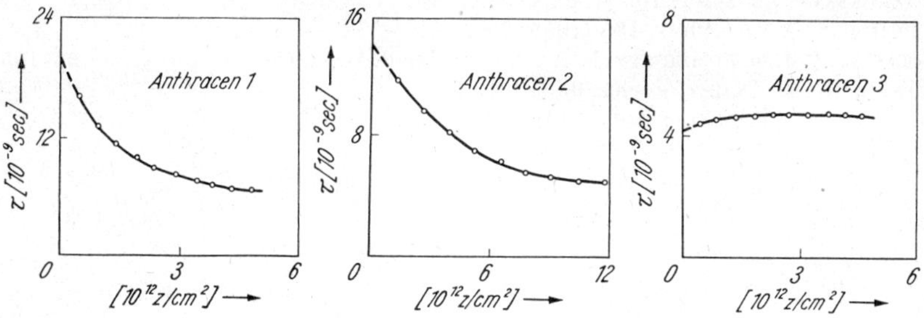

Abb. 6. Zerstörung bei Elektronenbeschuß.

wegdifferenz entspricht eine Zeitverzögerung von $6{,}7 \cdot 10^{-11}$ sec, gemessen wurden im Mittel $7{,}5 \cdot 10^{-11}$ sec.

An einigen organischen Leuchtstoffen wurden Messungen der Abklingzeit durchgeführt. Es ist bekannt, daß bei der Bestrahlung organischer Leuchtstoffe mit Elektronen auch Veränderungen der Abklingzeit auftreten. Die hohe Empfindlichkeit des Fluorometers ermöglichte Messungen bei sehr schwacher Anregung, so daß die Abnahme der Abklingzeit mit der Bestrahlung verfolgt werden konnte. Eine Extrapolation auf den Beginn der Bestrahlung, d. h. auf die unbestrahlte Substanz ergab für Phenanthren eine Abklingzeit von $8{,}4 \cdot 10^{-9}$ sec,
für Naphthacen $7{,}0 \cdot 10^{-9}$ sec,
und für Stilben $2{,}3 \cdot 10^{-9}$ sec.
Als besonders empfindlich gegenüber der Bestrahlung erwies sich Anthracen. Abb. 6 zeigt den Verlauf der Abklingzeit für 3 Proben unterschiedlicher Reinheit. Die am wenigsten verunreinigte Probe 1 hat im unbestrahlten Zustand die längste Abklingzeit, und der Abfall mit der Bestrahlung ist am steilsten. Wir müssen daher annehmen, daß die durch Elektronenbeschuß bewirkte Abnahme der Abklingzeit auf eine Erhöhung der Konzentration der Löschmoleküle zurückzuführen ist. Ist die Substanz bereits mit einer größenordnungsmäßig vergleichbaren Zahl von Löschmolekülen verunreinigt, dürfte ein Elektronenbeschuß kaum eine Veränderung bewirken, wie die Probe 3 zeigt.

Zusammenfassung

Wir haben ein neues Fluorometer entwickelt, welches mit Anregung durch Elektronen arbeitet und den Phasenvergleich elektrisch durchführt. Die Transposition des Phasenvergleichs auf eine Tonfrequenz durch Mischung im Multiplier, die Verwendung eines geregelten Verstärkers und eines stabilen Phasenindikators gestatten auch an sehr schwach leuchtenden Substanzen Messungen mit hoher Genauigkeit durchzuführen. Es wurde die absolute Abklingzeit der Luft zu $6 \cdot 10^{-10}$ sec bestimmt und die Abnahme der Abklingzeit organischer Leuchtstoffe bei Elektronenbeschuß untersucht.

Literatur

[1] MAERCKS, O., Zs. Phys. **109** (1938) 598.
[2] SCHMILLEN, A., Zs. Phys. **135** (1953) 294.
[3] BORISOW. A. J. u. TUMERMAN, L. A., Nachr. Akad. Wiss. UdSSR, phys. Ser. **23** (1959) 97.
[4] HANLE, W., Zs. Naturforschg. **9a** (1954) 370.
[5] SCHMIDT, K., Zs. Naturforschg. **11a** (1956) 398.

M. STRAUSS, Berlin

Über theoretisch zu erwartende Abweichungen vom PLANCKschen Gesetz im Gebiet sehr hoher Frequenzen

Obgleich die Gültigkeit des PLANCKschen Strahlungsgesetzes experimentell nur für einen relativ kleinen Frequenz- und Temperaturbereich erwiesen ist, gab es bis vor kurzem keinerlei theoretische Gründe, an der unbeschränkten Gültigkeit dieses Gesetzes zu zweifeln. Es ist zwar zuzugeben, daß bei der theoretischen Begründung des PLANCKschen Gesetzes die Kopplung des Photonenfeldes mit den anderen Teilchenfeldern, insb. also die virtuelle und aktuelle Paarerzeugung, unberücksichtigt bleibt. Die Berücksichtigung dieser Effekte hat in der Tat wichtige Folgen für die Physik sehr hoher Temperaturen, wie sie möglicherweise im Innern mancher Sterne vorkommen, ändert jedoch nichts am PLANCKschen Verteilungsgesetz. Dagegen ist mit merklichen Abweichungen vom PLANCKschen Gesetz im Gebiet sehr hoher Frequenzen zu rechnen, wenn es außer h und c noch eine dritte universelle Konstante l gibt, wie dies durch eine Reihe bekannter Tatsachen und Überlegungen nahegelegt ist. Die neue Konstante l müßte dann auch im Strahlungsgesetz vorkommen. Da wir gegenwärtig nicht wissen, wie die künftige $h — c — l$-Theorie aussehen wird — es gibt bekanntlich verschiedene Vorschläge in dieser Richtung — erscheint es naheliegend, die Frage der Verallgemeinerung des PLANCKschen Gesetzes durch Einbeziehung der universellen Konstanten l *unter ausschließlicher Benutzung möglichst allgemeiner Prinzipien* zu untersuchen. Eine solche Untersuchung kann zwar naturgemäß keine absolut vollständige Lösung des Problems bringen — tatsächlich wird die Lösung zwei unbestimmte Funktionen enthalten; dafür aber hat man die Garantie, daß man sich auf das Resultat verlassen kann. Zudem kann man hoffen, daß sich aus dem Resultat gewisse Fingerzeige für die weitere Forschung ergeben.

Bei der Ableitung des folgenden Resultates wurden lediglich die folgenden Postulate benutzt:

1. Erster und Zweiter Hauptsatz der Thermodynamik;
2. Prinzip der adiabatischen Invarianz;
3. Zwischen Quanten, die zu verschiedener Frequenz gehören, besteht keine Wechselwirkung;
4. Für $l \to 0$ muß sich das PLANCKsche Gesetz ergeben.

Diese Postulate führen zu der folgenden Verallgemeinerung des PLANCKschen Gesetzes:

$$\varrho(\nu, T) = n_\nu \cdot \bar{u}(\nu, T) = \frac{8\pi\nu^2}{c^3}\chi \cdot \frac{h\nu\Gamma}{e^{h\nu\Gamma/kT} - 1}. \qquad (1)$$

Die hier neu auftretenden Größen χ und Γ sind unbekannte numerische Funktionen der neuen dimensionslosen Variablen

$$y = \frac{\nu}{\nu_0} = \frac{\nu l}{c} = \frac{l}{\lambda}\,; \tag{2}$$

sie werden gleich 1 für $y = 0$. Über die physikalische Bedeutung dieser Funktionen möchte ich hier nur folgendes sagen: Die Funktion χ ist ein Maß für die relative Frequenzänderung bei adiabatischer Expansion des Strahlungshohlraums; die Funktion Γ hingegen enthält außerdem noch den Zusammenhang von Strahlungsdichte und Druck. Die genaue Definition von χ und Γ findet sich in der Mitteilung an die *Monatsberichte der Deutschen Akademie der Wissenschaften zu Berlin*, Heft 7, 1960.

Was die Diskussion des verallgemeinerten PLANCKschen Gesetzes betrifft, so ist vor allem darauf hinzuweisen, daß die BOSE-Statistik erhalten bleibt. Dementsprechend ist zu erwarten, daß man auch den Quanten des verallgemeinerten MAXWELL-Feldes den Spin 1 zuschreiben kann. Allgemein gesprochen ist dies ein Hinweis darauf, daß die Begriffe „Spin“ und „Statistik“ nicht an die gegenwärtige (lineare und lokale) Form der Feldtheorie gebunden sind.

Zweitens ist zu sagen, daß χ und Γ als unabhängig voneinander zu gelten haben. Es ist also der Fall denkbar, daß Γ identisch $= 1$ ist und nur χ mit der Frequenz variiert. Dies ist sozusagen die harmloseste Verallgemeinerung des PLANCKschen Gesetzes. Möglicherweise entspricht diese Verallgemeinerung der Theorie des nicht-lokalisierbaren Feldes, wie sie von Herrn HEBER vorgeschlagen wurde. Dagegen deutet der Fall eines frequenzabhängigen Γ auf eine nicht-lineare Verallgemeinerung der bisherigen Theorie hin.

Wie man sieht, wäre es von allergrößtem theoretischen Interesse, die Existenz und die Art eventueller Abweichungen vom PLANCKschen Gesetz experimentell zu untersuchen. Leider muß man sagen, daß dies eine recht schwierige Aufgabe sein wird. Nimmt man an, daß l von der Größenordnung 10^{-13} cm ist, so sind starke Abweichungen vom PLANCKschen Gesetz erst bei Frequenzen zu erwarten, die noch um einige Zehnerpotenzen größer sind als jene, bei denen Paarerzeugung einsetzt.

Trotzdem ist die Sache nicht ganz so hoffnungslos, wie sie auf den ersten Blick erscheint. Man kann etwa daran denken, sehr genaue Messungen der Strahlungsintensität bei konstanter Wellenlänge und variierender Temperatur zu machen — eine Methode, die schon RUBENS und KURLBAUM benutzten. Mit solchen Messungen könnte man die Temperaturabhängigkeit von ϱ_T, d. h. der partiellen Ableitung von ϱ nach T, bestimmen und mit dem entsprechenden Ausdruck des PLANCKschen Gesetzes vergleichen. Die Theorie ergibt für das Verhältnis der beiden partiellen Ableitungen den Ausdruck

$$r = \varrho_T / \mathring{\varrho}_T = \chi\, \Gamma^2 \left(\frac{e^x - 1}{e^{x\,\Gamma} - 1}\right)^2 \quad \text{mit} \quad x = \frac{h\,\nu}{k\,T}\,. \tag{3}$$

Dabei ist $\mathring{\varrho}$ die Strahlungsdichte nach dem PLANCKschen Gesetz. Für kleine x, d. h. im RAYLEIGH-JEANSschen Bereich, wird dieser Ausdruck einfach gleich χ:

$$r \simeq \chi \qquad \text{für} \qquad x \ll 1\,. \tag{3a}$$

Es ergibt sich also hier die Möglichkeit, die Funktion χ direkt und unabhängig von der Funktion Γ zu bestimmen. Leider liegt gerade dieser Fall experimentell ungünstig. Da nämlich die Wellenlänge als Funktion von T und x durch die Formel

$$\lambda = \frac{h\,c}{k\,T\,x} = \frac{1{,}44}{T\,x} \tag{4}$$

gegeben ist, muß man in jedem Fall das Produkt von x und T groß machen, um eine hinreichend kleine Wellenlänge, und damit eine hinreichend große Abweichung vom PLANCKschen Gesetz, zu erzielen. Da jedoch im hier betrachteten Fall x als klein gegen 1 vorausgesetzt ist, müßte man zu extrem hohen Temperaturen gehen. Nimmt man z. B. an, daß Effekte von der Größenordnung $y \sim 10^{-7}$ gerade noch meßbar sind, so entspricht dem eine Wellenlänge von etwa $3 \cdot 10^{-6}$ cm und für $x = 1/10$ eine Temperatur von 5 Millionen Grad.

Wesentlich günstiger liegen die Verhältnisse im entgegengesetzten Fall, d. h. im Bereich großer Werte von x, also im WIENschen Bereich. In diesem Falle reduziert sich nämlich der Ausdruck (3) für r auf

$$r \simeq \chi\ \Gamma^2\, e^{2x(1-\Gamma)} \qquad [x \gg 1]\,. \tag{3b}$$

Da Γ nur wenig von 1 abweicht, also

$$\Gamma = 1 + \varepsilon \qquad |\varepsilon| \ll 1$$

gilt, reduziert sich dies weiter auf

$$r \simeq \chi\,(1 - 2\,\varepsilon\,x) \qquad [x \gg 1]\,. \tag{3b$'$}$$

Da jetzt x nicht mehr nach oben beschränkt ist, kann man es so einrichten, daß die Abweichung der Größe r vom Werte 1 meßbar wird. Mißt man z. B. bei einer Wellenlänge von $\lambda = 2{,}88 \cdot 10^{-5}$ cm im Temperaturbereich von 500 bis 5000 °K, so variiert x von 100 bis 10 und $2\,\varepsilon\,x$ von etwa 10^{-6} bis 10^{-7}. Ein Effekt dieser Größenordnung sollte noch experimentell erfaßbar sein. Dabei ist allerdings angenommen, daß das Zusatzglied ε ein Effekt erster Ordnung in $y = l/\lambda$ ist. Effekte zweiter Ordnung in y wären auf diese Weise sicher nicht mehr nachweisbar.

Zum Schluß möchte ich meiner Überzeugung Ausdruck geben, daß die hier so hervorragend und zahlreich vertetene Experimentalphysik Mittel und Wege finden wird, um das oben diskutierte Problem der Existenz und Art eventueller Abweichungen vom PLANCKschen Strahlungsgesetz zu entscheiden. Sie würde damit auch der theoretischen Forschung einen unschätzbaren Dienst erweisen.

14. Empfänger

D. SPÄNKUCH, Berlin

Ein Verfahren zur Bestimmung der Oberflächenempfindlichkeit von Thermoelementen

Die lokale Empfindlichkeitsverteilung auf der Empfängerfläche von Thermoelementen wird meist in der Weise gemessen, daß die wirksame Oberfläche des Empfängers mit Hilfe eines möglichst kleinen Spaltes in zwei zueinander senkrechten Richtungen abgetastet wird. Als Ergebnis erhält man eine lokale Empfindlichkeitsverteilung der Empfängerfläche in Querschnittdarstellung. Das Verfahren, das im folgenden näher beschrieben wird, sieht eine punktförmige Abtastung vor. Jedem Punkt der Empfängerfläche kann also eine bestimmte Empfindlichkeit zugeordnet werden.

Abb. 1 zeigt das Prinzip, den Strahlengang des Verfahrens. Das Bild der Lichtquelle wird durch das optische System eines Mikroskops in der Objektebene des Mikroskops wesentlich verkleinert abgebildet. In dieser Ebene befindet sich die wirksame Oberfläche des Strahlungsempfängers, der auf dem Kreuztisch des Mikroskops befestigt ist und in genau definierte Stellungen gebracht werden kann. Im Strahlengang befinden sich zwei Blenden, die den Strahlengang begrenzen. Die erste mit 10 mm ⌀ ist in 250 mm Entfernung vom Okular, die zweite mit 1—1,5 mm ⌀ befindet sich in der hinteren Brennebene des Objektivs. Die Frage, welches Objektiv und welches Okular verwendet werden, hängt im wesentlichen von der geometrischen Form des Strahlungsempfängers ab, dessen Oberflächenempfindlichkeit gemessen werden soll. Entscheidend dabei ist die Entfernung zwischen Empfängerfläche und der Ebene des Schutzfensters, das den eigentlichen Empfänger umgibt, denn mit dem Objektiv kann nicht näher an die Oberfläche herangegangen werden. Wenn diese Entfernung den Arbeitsabstand übersteigt, der durch Objektive der üblichen Bauart erreicht wird, kann ein Spiegelobjektiv nach Dyson [1] Verwendung finden (Abb. 2). Abb. 3 zeigt den ganzen Aufbau. Als Strahler fand eine Lichtwurflampe 12 V, 100 W Verwendung. Der Empfänger ist hier ein vom VEB Carl Zeiss JENA neu entwickeltes Vakuumthermoelement. Grundsätzlich können mit diesem Verfahren auch andere Strahlungsempfänger vermessen werden. Bisher wurden jedoch nur Thermoelemente untersucht. Die Ergebnisse zeigen die Abbildungen 4—7.

Zuerst ein vom VEB Carl Zeiss JENA neu entwickeltes Vakuumthermoelement 5901 (Abb. 4). Die Empfängerfläche ist rund und mit 3 mm ⌀ angegeben. Die eingetragenen Kreise sind die Meßpunkte. Sie liegen in einer abgetasteten Linie in 0,2 mm Abstand nebeneinander. Die Größe des abtastenden Lichtfleckes ist daneben eingezeichnet. Bei jeder neuen Empfängerfläche, die abgetastet werden sollte, wurde die Messung mit dem Aufsuchen des Maximalausschlages begonnen und der Koordinatenursprung in das Maximum gelegt. Dadurch war die erste Thermoableitung des Thermoelementes automatisch erfaßt. Bei einem genügend feinen Abtasten des Thermoelementes wurde die zweite Thermoableitung durch erhöhte Empfindlichkeit gegenüber der Umgebung leicht gefunden. Die Thermoableitungen heben sich aus der gleichmäßigen Empfindlichkeit der Empfängerfläche leicht heraus, sind aber nicht von gleicher Qualität. Der Abfall am Rande kommt dadurch zustande, daß der Lichtfleck nicht mehr die ganze Empfängerfläche trifft. Die durchschnittliche Empfindlichkeit der Oberfläche ohne Lötstellen liegt bei 75. Die 30 ist dann die Linie, bei der die Hälfte des Lichtfleckes noch die Empfängeroberfläche trifft. Sie kann also als der Rand der Oberfläche angesehen werden. Eine Vermessung der effektiven Oberfläche eines Empfängers ist auf diese Weise gut möglich.

5902 ist ein Thermoelement von ähnlicher Struktur (Abb. 5) wie das vorhergezeigte. Die Thermoableitungen heben sich aus einer

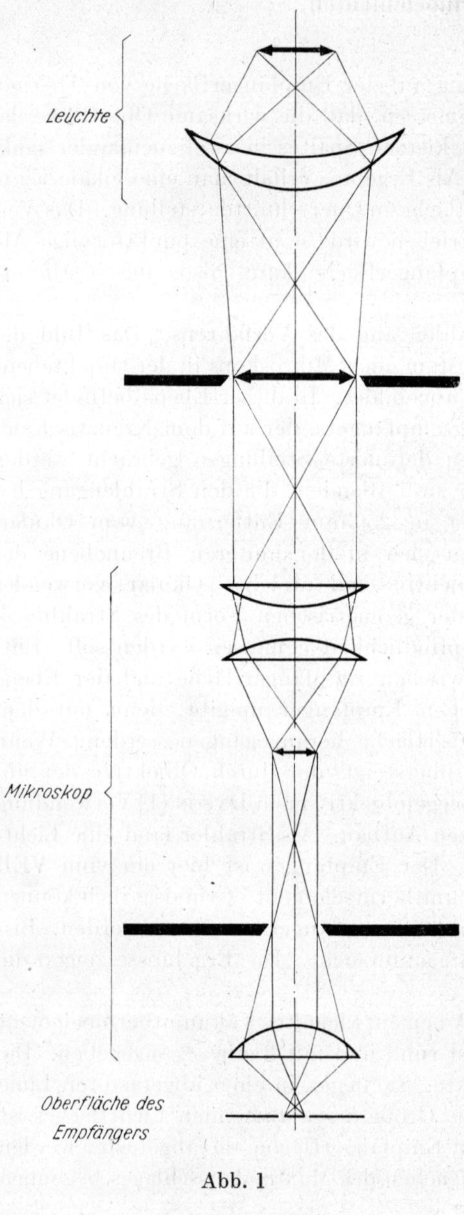

Abb. 1

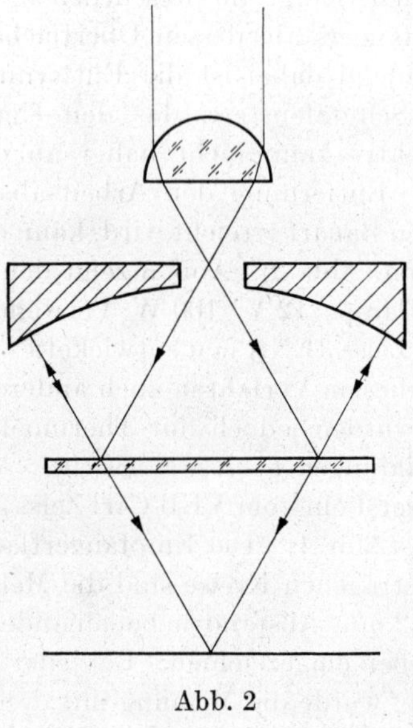

Abb. 2

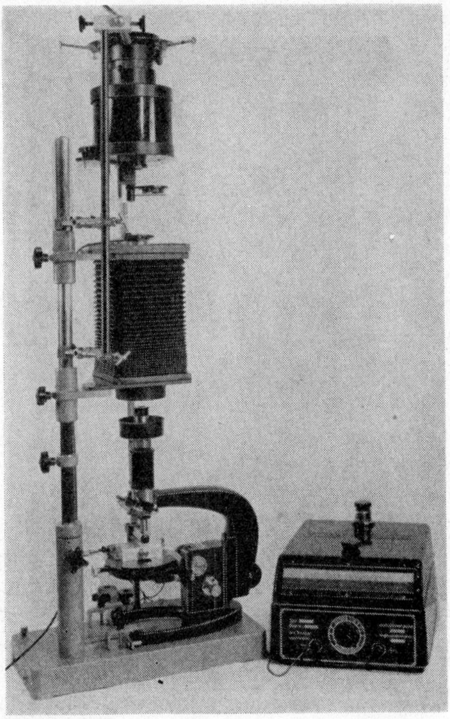

Abb. 3

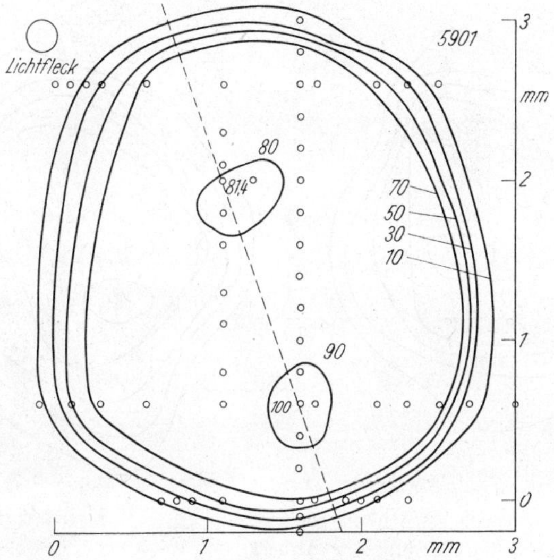

Abb. 4

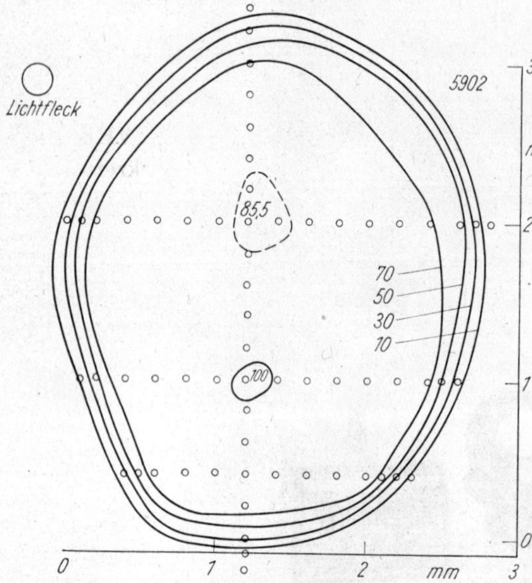

Abb. 5

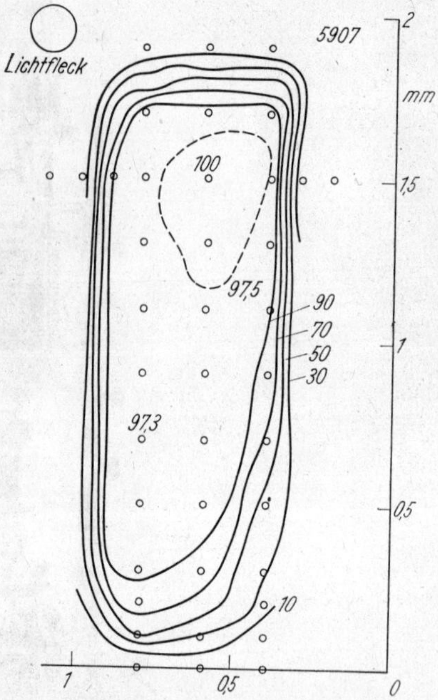

Abb. 6

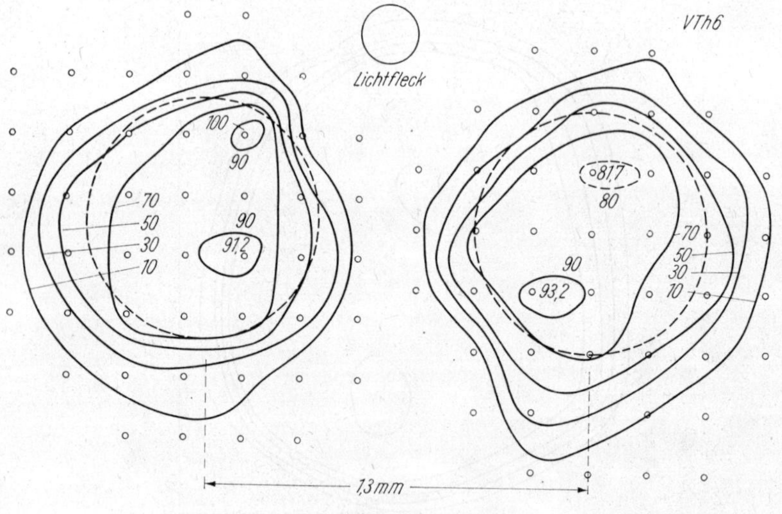

Abb. 7

gleichmäßig empfindlichen Umgebung heraus, die eine Thermoableitung aber nur ganz schwach.

Die Empfängerfläche des Vakuumthermoelements 5907 (Abb. 6) ist rechteckig mit den angegebenen Abmessungen 0,5×2 mm. Die Empfängerfläche ist gleichmäßig empfindlich, die Thermoableitungen sind durch etwas erhöhte Empfindlichkeit aber nur angedeutet. Bemerkenswert ist der Empfindlichkeitsrückgang der rechten unteren Ecke. Auch die Thermoableitung 97,3 ist gegenüber der Umgebung 97,0 fast nur zu erraten.

Abb. 7 zeigt eine Vermessung eines Thermoelementes von Kortum vom VEB Carl Zeiss JENA. Das Thermoelement besteht aus zwei gleichgroßen kreisförmigen Empfängerflächen, die im Normalgebrauch hintereinander geschaltet werden. Jede Empfängerfläche besitzt zwei Thermoableitungen, die Empfindlichkeit nimmt stetig vom Maximum zum Rand ab.

Die vermessenen Thermoelemente zeigen eine genügend gleichmäßige Empfindlichkeit über die Empfängerfläche. Von Kortum wurde in der Jenaer Rundschau 1957 [2] die Vermessung eines Thermoelementes mit einem Spalt gezeigt, wo jedoch Abweichungen der Empfindlichkeit bis zu 100% auftraten.

Ein punktförmiges Abtasten von Strahlungsempfängern ist sehr angebracht und liefert für die Gütekontrolle sehr präzise Angaben über die Eigenschaften eines Strahlungsempfängers.

Herrn J. Rienitz, Herrn K. Lenz und Herrn E. Urbach sei auch an dieser Stelle für das gezeigte Interesse an der Arbeit gedankt.

Berlin-Adlershof, Institut für Optik und Spektroskopie der DAdW

Literatur

[1] Otto, L., Durchlichtmikroskopie. Berlin 1959, S. 98.
[2] Kortüm, H., Zur Leistungsfähigkeit der Thermoelemente bzw. Thermosäulen, übe Bedeutung und Messung der Zeitkonstante. Jenaer Rundschau 2 (1957) 67—74.

A. VAŠKO, Prag

Ermüdungserscheinungen an infrarotbestrahlten Cäsiumoxydkathoden

Die Ermüdungserscheinungen an Cäsiumoxydkathoden wurden zum erstenmal von DE BOER und TEVES [1], [2] untersucht, welche qualitativ die Abhängigkeit der Ermüdung von einer Reihe von Faktoren festgestellt haben. Bezüglich der Spektralabhängigkeit der Ermüdung wurde in ihren Arbeiten festgestellt, daß die Ermüdung in der Richtung vom violetten zum roten Ende des sichtbaren Spektrums abnimmt und im infraroten Gebiete gar nicht auftritt. Einige Resultate dieser Autoren über die lichtbedingte Ermüdung wurden später von TIMOFĚJEV und KONDORSKAJA [3] sowie von PAKSWER [4] bestätigt.

Wir haben uns mit dem Studium der durch Infrarotstrahlung hervorgerufenen Ermüdung von Cäsiumoxydkathoden beschäftigt und — im Gegensatz zur Behauptung von DE BOER — eine sehr bedeutende Ermüdung gefunden. Weiter wurde von uns eine anomale Ermüdungserscheinung beobachtet, welche sich in einer weiteren Abnahme der Empfindlichkeit der Photokathode noch längere Zeit nach Beendigung der Bestrahlung äußert [5].

Später wurden zwei Arbeiten über die Ermüdungserscheinungen an Cäsiumoxydkathoden veröffentlicht. KUWABARA [6] hat die Ermüdung bei sehr niedriger Bestrahlungsstärke mit sichtbarem Licht gemessen. Seine Resultate unterscheiden sich wesentlich von denen DE BOERS. BORZJAK und seine Mitarbeiter [7] haben in Übereinstimmung mit uns eine bedeutende infrarotbedingte Ermüdung gefunden und auch die obenerwähnte anomale Ermüdungserscheinung beobachtet.

Die experimentellen Resultate DE BOERS und seine Erläuterung wurden in zahlreichen Monographien über photoelektrische Effekte und Photozellen universell übernommen [8]—[11].

In diesem Referat möchten wir die Resultate unserer Ermüdungsmessungen an infrarotbestrahlten Cäsiumoxydkathoden erwähnen und zeigen, daß die eben erwähnte Schlußfolgerung aus den Arbeiten von DE BOER und TEVES keine allgemeine Geltung hat.

Als Lichtquellen für unsere Messungen wurden Glühlampen benutzt, deren Qualität der von sekundärphotometrischen Normalen entspricht. Zur Abgrenzung der Spektralgebiete wurden Absorptionsfilter benutzt, deren Spektraldurchlässigkeit im sichtbaren und infraroten Gebiete bis auf 2,3 μ gemessen worden war. Es wurde festgestellt, daß sie im ultravioletten Gebiet nicht die geringste Durchlässigkeit zeigen. Es wurde stets die gesamte Fläche der Photokathode bestrahlt. Nach der Beendigung der Bestrahlung wurden die Photozellen im Dunkeln bis zur Erholung auf die Anfangsempfindlichkeit gehalten; über jede wurde ein

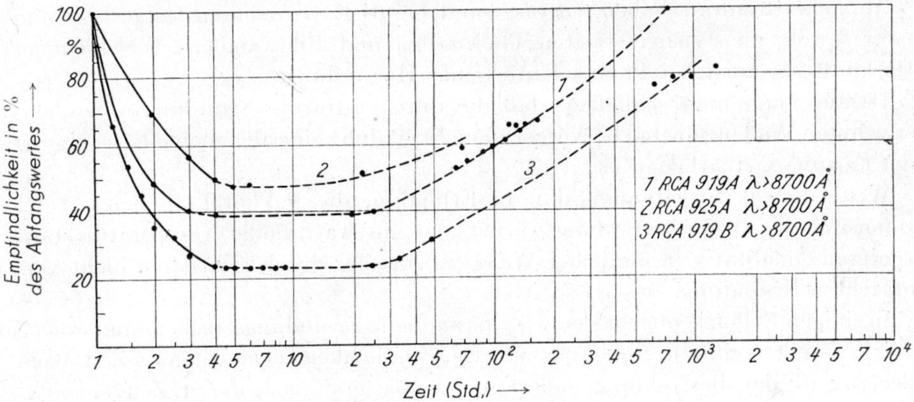

Abb. 1. Der Ermüdungsverlauf der Vakuumphotozellen mit undurchsichtigen Photokathoden RCA 919A, B und 925A durch Infrarotstrahlung von Wellenlängen $\lambda > 8700$ Å bei Zimmertemperatur. Die ursprüngliche lichtelektrische Stromdichte war

bei der Kurve 1 .... 0,9 μA/cm²,
bei der Kurve 2 .... 0,4 μA/cm²,
bei der Kurve 3 .... 0,9 μA/cm².

Durch die Vollinien wird der bei Bestrahlung, durch die gestrichelt gezeichneten Linien der im Dunkeln gemessene Ermüdungsverlauf dargestellt. Durch die Buchstaben A, B werden einzelne Exemplare desselben Types unterschieden.

genaues Protokoll geführt. Unter dem Begriffe „Ermüdung" ist also in diesem Referate nur die reversible Abnahme der Empfindlichkeit zu verstehen.

Aus den Abbildungen 1 und 2 kann man ersehen, daß die Infrarotstrahlung von Wellenlängen $\lambda > 8500$ (resp. $\lambda > 8700$ Å) eine recht große Ermüdung bei Cäsiumoxydkathoden hervorrufen kann.

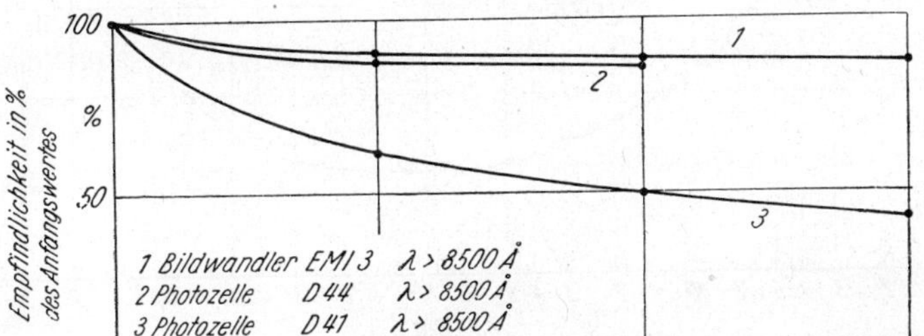

Abb. 2. Die Ermüdung von drei durchsichtigen Photokathoden: des Bildwandlers EMI 3 und der im Laboratorium hergestellten Vakuumphotozellen D 44 und D 41 bei Infrarotbestrahlung im Wellenlängenbereich $\lambda > 8500$ Å bei Zimmertemperatur. Die ursprüngliche photoelektrische Stromdichte war

bei der Kurve 1 .... 0,1 μA/cm²,
bei der Kurve 2 .... 0,07 μA/cm²,
bei der Kurve 3 .... 0,09 μA/cm².

Ähnliche Resultate haben wir insgesamt bei 64 Experimenten festgestellt und zwar sowohl an seriengefertigten Photozellen und Bildwandlern verschiedener Herkunft als auch bei Photozellen eigener Herstellung.

Daraus kann man schließen, daß die durch infrarote Strahlung von obenerwähnten Wellengebieten hervorgerufene Ermüdung eine allgemeine Erscheinung der Cäsiumoxydkathoden ist.

Weiter haben wir gefunden, daß die Ermüdung dieser Photokathoden mit der Intensität der Infrarotstrahlung wächst und mit wachsender Temperatur stark abnimmt, qualitativ in ähnlicher Weise wie bei der durch sichtbares Licht verursachten Ermüdung.

In einigen Fällen beobachteten wir eine anomale Ermüdungserscheinung, welche sich in einer weiteren Abnahme der Empfindlichkeit noch längere Zeit nach Beendigung der Bestrahlung äußert und wobei erst nach dieser Zeit eine Erholung der Empfindlichkeit erfolgt.

Abb. 3 zeigt den Verlauf einer solchen anomalen Ermüdung einer durchsichtigen Bildwandlerphotokathode infolge Infrarotbestrahlung mit Wellenlängen $\lambda > 8500$ Å bei Zimmertemperatur.

Aus den in Abb. 4 wiedergegebenen Kurven kann man entnehmen, daß die normale und die anomale Ermüdung im Wellengebiet $5800 < \lambda < 9500$ Å praktisch nicht auftritt; wenn sich aber der Schwerpunkt der Bestrahlung nach längeren Wellen hin verlagert, vergrößern sich die beiden Ermüdungserscheinungen in entsprechendem Maße (bei demselben photoelektrischen Strome).

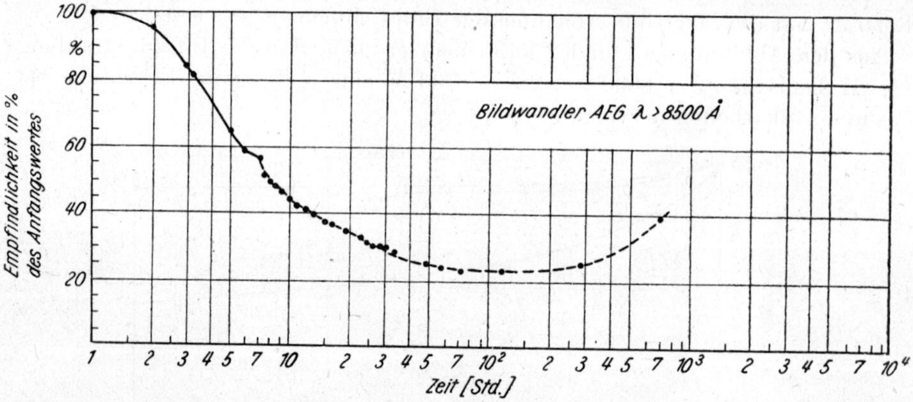

Abb. 3. Der Bildwandler AEG. Die ursprüngliche photoelektrische Stromdichte war 0,2 μA/cm². Durch die voll ausgezogenen Kurven wird der Verlauf der Empfindlichkeit bei Bestrahlung, durch die gestrichelt gezeichnete Linie der Ermüdungsverlauf im Dunkeln dargestellt. Es ist ersichtlich, daß die Empfindlichkeit der Photokathode nach 6 Stunden auf 57% der ursprünglichen Empfindlichkeit gesunken ist. Nach der Beendigung der Bestrahlung wurde der Bildwandler im Dunkeln bei Zimmertemperatur gehalten und in bestimmten Intervallen möglichst schnell die Empfindlichkeit der Photokathode gemessen. Diese hatte rasch im Dunkeln weiter abgenommen, bis nach 110 Stunden das Minimum von 23% der ursprünglichen Empfindlichkeit erreicht wurde, worauf die Empfindlichkeit wieder anstieg und nach 710 Stunden der Wert von 39% erreicht wurde.

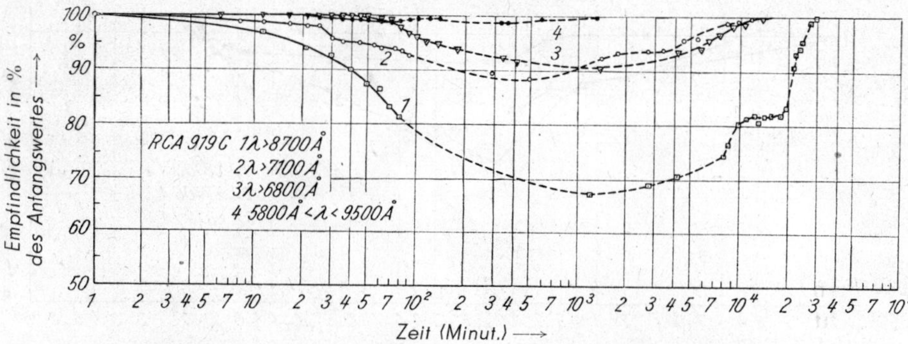

Abb. 4. Auf diesem Bilde zeigt die Kurve 1 einen normalen und einen anomalen Ermüdungsverlauf der Photozelle RCA 919C bei Infrarotbestrahlung mit Wellenlängen $\lambda > 8700$ Å. Gleichzeitig wird hier auch der ganze Verlauf der Erholung bis zur ursprünglichen Empfindlichkeit dargestellt, wie er sich bei Zimmertemperatur im Dunkeln entwickelt hat. Auf demselben Bilde stellen die Kurven 2, 3 und 4 den Ermüdungsverlauf derselben Photokathode dar, immer bei gleichem photoelektrischen Strome (Stromdichte 0,14 μA/cm^2) und bei der gleichen Spannung auf der Photozelle während der Bestrahlung durch Wellenlängen $\lambda > 7100$ Å, $\lambda > 6800$ Å, resp. $5800 < \lambda < 9500$ Å bei Zimmertemperatur. Die vollausgezogenen Kurven zeigen den Verlauf der Empfindlichkeit während der Bestrahlung, die gestrichelt gezeichneten denselben, sonst im Dunkeln gemessenen Verlauf.

Aus den auf den vorangehenden Abbildungen wiedergegebenen Messungen ist die Existenz der anomalen Ermüdung der Cäsiumoxydkathode bei Zimmertemperatur ersichtlich.

An einer Reihe anderer Cäsiumoxydkathoden haben wir auch eine derartige anomale Ermüdung festgestellt; auf Grund der bisherigen Resultate war es aber leider nicht möglich zu entscheiden, unter welchen Bedingungen diese Ermüdung zustande kommt.

Durch weitere Versuche soll die Frage geklärt werden, ob hier vielleicht auch Sekundärerscheinungen eine Rolle spielen.

Zum Schluß möchten wir auf die möglichen Ursachen des Widerspruches unserer Messungen mit denen von de Boer hinweisen.

de Boer und Teves [1] führen in ihrer Arbeit nicht das spektrale Durchlässigkeitsgebiet des gebrauchten Infrarotfilters „Wratten Infrared" an, ohne es nach dem Kodak-Wratten-Katalog näher zu charakterisieren. Wir sind der Meinung, daß es dem im Katalog vom Jahre 1932 [12] angeführten Filter No. 87 entspricht, welches die Strahlung von Wellenlängen etwa $\lambda > 7400$ Å durchläßt. Aus der vorherigen Abb. ist zu entnehmen, daß es sich um ein solches Wellengebiet handelt, welches nach unseren Messungen im Vergleich mit der Strahlung des Gebietes $\lambda > 8700$ Å eine weitaus geringere Ermüdung verursacht. Für die Erklärung der Unstimmigkeit haben wir deshalb an derselben Photokathode drei Versuche durchgeführt, bei welchen sie mit der Strahlung von Wellenlängen $\lambda > 8500$ Å, $\lambda > 7400$ Å, resp. $\lambda > 8700$ Å bestrahlt wurde.

Alle diese drei Messungen wurden bei gleichem ursprünglichen photoelektrischen Strome und bei gleicher Spannung an der Photozelle durchgeführt.

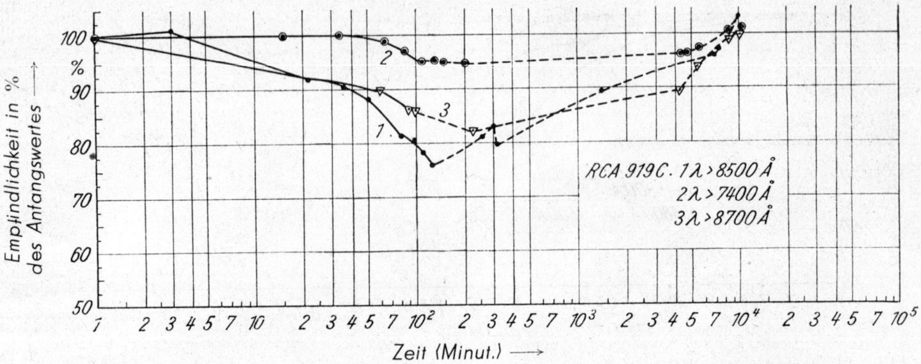

Abb. 5

Nach jedem Versuch wurde gewartet, bis sich die Photokathode auf den ursprünglichen Wert der Empfindlichkeit erholt hatte.

Aus Abb. 5 ist ersichtlich, daß die Bestrahlung mit Wellenlängen $\lambda > 8500$ Å (resp. $\lambda > 8700$ Å) eine bedeutende Ermüdung hervorruft, während die Strahlung von Wellenlängen $\lambda > 7400$ Å eine sehr kleine Ermüdung hervorgerufen hat.

Es scheint uns, daß de Boer seinen experimentellen Befund, daß nämlich die Infrarotstrahlung von Wellenlängen $\lambda > 7400$ Å nur eine geringe Ermüdung hervorruft, unzulässiger Weise auf die Wirkung von Infrarotstrahlung beliebiger spektraler Verteilung verallgemeinert hat.

Der komplizierte Aufbau der Cäsiumoxydkathoden hat zur Folge, daß sowohl ihre Struktur, wie auch der Emissionsmechanismus bisher nicht befriedigend erklärt werden konnte.

Das Studium der Ermüdungserscheinungen kann einer der Wege sein, die zu dieser Erklärung führen.

Bemerkung von Prof. Simon, Berlin:

Schade, daß nicht monochromatisch gearbeitet wurde, sondern mit Wellenlängengebieten. Es gibt nämlich selektive Maxima, in der Spektralabhängigkeit der Ermüdung z. B. bei Cd-Kathoden bei 13000 Å.

Literatur

[1] de Boer, J. H., Teves, M. C., Zs. f. Phys. **74** (1932) 604.
[2] de Boer, J. H., Elektronenemission und Adsorptionserscheinungen. Leipzig 1937.
[3] Timofějev, P. V., Kondorskaja, N. S., Phys. Zs. d. Sowjetunion **9** (1936) 683.
[4] Pakswer, S., J. of Appl. Phys. **18** (1947) 203.
[5] Vaško, A., Kolář, F., Čs. čas. fys. **3** (1953) 329.
[6] Kuwabara, C., J. Phys. Soc. Japan **8** (1953) 229.
[7] Borzjak, P. G., Bibik, V. F., Kramarenko, G. S., I AN SSSR, Radiotechn. a elektron. **1** (1956) 358.
[8] Lukjanov, S. J., Fotoelementy. Moskva-Leningrad 1948.
[9] Zworykin, V. u. Ramberg, E., Photoelectricity and its Applications. New York 1949.
[10] Görlich, P., Die lichtelektrische Zelle. Leipzig 1951.
[11] Simon, H., Suhrmann, R., Der lichtelektrische Effekt und seine Anwendung. Berlin 1958.
[12] Wratten Light Filters. 11 ed., New York 1932.